U0214012

扬州市园林志

《扬州市园林志》编纂委员会 编

广陵书社

图书在版编目（ＣＩＰ）数据

扬州市园林志 / 《扬州市园林志》编纂委员会编
. -- 扬州 : 广陵书社, 2018.9
ISBN 978-7-5554-1081-2

Ⅰ. ①扬… Ⅱ. ①扬… Ⅲ. ①园林－概况－扬州
Ⅳ. ①TU986.625.33

中国版本图书馆CIP数据核字(2018)第208722号

书　　名	扬州市园林志
编　　者	《扬州市园林志》编纂委员会
责任编辑	刘　栋　王志娟

出版发行　广陵书社

　　　　　扬州市维扬路 349 号　　　　邮编 225009

　　　　　(0514)85228081(总编办)　　85228088(发行部)

　　　　　http://www.yzglpub.com　　E-mail:yzglss@163.com

印　　刷　无锡市极光印务有限公司

装　　订　无锡市西新印刷有限公司

开　　本　889 毫米 × 1194 毫米　1/16

印　　张　48

字　　数　1168 千字

版　　次　2018 年 9 月第 1 版第 1 次印刷

标准书号　ISBN 978 - 7 - 5554 - 1081 - 2

定　　价　468.00 元

《扬州市园林志》编纂委员会

主 任 委 员：何金发　余　珽

副主任委员：赵御龙　殷元松

委　　　员：（按姓氏笔画排序）

张思忠　张家来　陆士坤　周　超　周玉清　赵　岚　柏桂林
顾　健　唐红军

《扬州市园林志》编纂领导小组

组　　　长：赵御龙

副 组 长：张家来　周玉清　唐红军　陆士坤　赵　岚　周　超　顾　健

成　　　员：（按姓氏笔画排序）

王海燕　仇　蓉　包智勇　李文斌　杨　震　沐春林　陆　健
陈　静　宗明祥　赵　群　胡安荣　夏东进　徐　红　徐　亮
徐　梅　徐亚萍　唐　华　黄春华　董其富　裴建文

《扬州市园林志》编纂人员

主　　　编：赵御龙

执行副主编：徐　亮

编　　　纂：（按姓氏笔画排序）

万　平　韦金笙　方　凯　孙桂平　李金宇　沈学峰　陈　跃
范续全　徐　亮　高艳波　黄春华　裴舒禾

特 聘 编 审：陈　华　刘扣林　黄　静　傅　强　庄晓明

图 片 编 辑：李斯尔

顾　　　问：韦金笙　许少飞　孙传余　孙如竹　陈景贵

图 片 摄 影：（按姓氏笔画排序）

马恒福　马晓平　王　卓　王虹军　司新利　华康森　刘江瑞
李斯尔　杨　勇　吴　瑜　邹　培　陈建新　茅永宽　孟德龙
赵　青　夏恩龙　郭义富　黄永高　程建平　程　曦

烟雨瘦西湖

二十四桥景区夜景

壺天自春

个园壶天自春

何园复道回廊

古韵浓郁的宋夹城遗址公园

古运河风光带

中央公园

荷花池风光

鉴真堂晨曦

序

记得有一副楹联："天地方圆，敢秉公心著信史；志书今古，应教正道泽乡邦。"当时看到这副对联时，心中还没有太多的感触。但当我为即将付梓出版的《扬州市园林志》作序之时，心中不禁感慨良多。

1949 年 10 月 29 日，新中国成立才 28 天，苏北扬州行政区专员公署作出重要决定，成立扬州市园林管理处，这或许是全国最早的专门园林管理机构。为什么新中国刚刚成立，百废待举之时，会作出这一重要决定？我想原因很简单，因为在清康乾盛世"扬州园林之盛，甲于天下"，我们共产党人要做得更好。

1986 年 7 月，我从南京林业大学毕业，也许因为我的家乡兴化属于当时的扬州大市，我十分幸运进入扬州园林绿化部门工作。当我来报到时，扬州园林部门其实已经是 37 岁的"元老级"部门。记得大学期间，同学们来自全国各地，谈到各自的家乡，我每自作为扬州人，扬州园林也成为我最好的"吹嘘"资本。那时候，我迷上了陈从周先生的《扬州园林》，用中学好友送给我当时流行的塑面笔记本抄写了全文。清代李斗的《扬州画舫录》也成为大学期间啃得最多的一本书。每当读到书中刘大观"扬州以园亭胜"的评语时，心中油然而生的是一种自豪感。

上世纪 80 年代末 90 年代初，扬州园林处于快速发展的阶段。我们恢复、建设卷石洞天、西园曲水、白塔晴云、春台明月、片石山房等景点，开通"乾隆水上游览线"，蜀冈－瘦西湖风景名胜区申报成为第二批国家级重点风景名胜区。我们园林部门成功举办琼花节、二分明月节等重大节庆活动，社会贡献度、知名度越来越高。就在这一时期，老一辈园林人就萌生出编纂《扬州市园林志》的愿望。然而，当时我们所处的是一个高歌凯旋的时代，继承、发展传统的呼声显得那么微不足道，老一辈良好的编志愿望被一个接着一个的园林工程、旅游项目所挤压，昙花一现便悄无声息。

中共十八大提出尊重自然、顺应自然、保护自然的生态文明理念。建设美丽中国，实现中华民族永续发展成为时代发展的最强音。这为我们扬州园林部门送来了"及时雨"，园林部门的春天终于真正地到来了。也正是基于此，我们超前谋划，率先开展城市公园体系建设工作。同时，我们积极申办第十届省园艺博览会和 2021 年世界花卉园艺博览会。2016 年 10 月 28 日，筹划历时 14 年的中美合作的美国"中国园"项目开工仪式正式举行，建成后将成为以扬州园林为代表的中国园林"走出去"的最佳范例。

2016年11月底，市方志办殷元松主任与我不谋而合，共同商定在2018年9月28日第十届省园艺博览会开幕前，编纂出版《扬州市园林志》，向各位到扬州参会的园博会嘉宾介绍、宣传扬州园林。更重要的是通过志书编纂，全面、客观、系统地记录扬州园林发展的历史和现状，为后世的园林绿化工作提供存世垂鉴、彰往昭来的参考书。

"文章千古事，得失寸心知。"本书能够顺利出版，离不开每一位编纂人员的努力。记得2017年4月，我局从全系统内确定相关人员担纲纂写任务，到现在志书成稿即将付印，仅仅16个月的时间。"未觉池塘春草梦，阶前梧叶已秋声。"16个月对于人的一生而言稍纵即逝，但我知道，对于每一位参与志书编纂的人员而言却是非常难"熬"的一段时光。编纂志书，这样首创性的工作，对于每一位而言，压力实在太大。各位编纂人员克服困难，尽心尽力，终于如期完成书稿的撰写任务，体现了扬州园林人的团结协作、甘于奉献精神。省内及市内的方志、园林、文史界的专家为本志书的出版献言献策、慷慨付出，为志书出版贡献良多。作为本书的主编，其实做得很少。在此，我要向各位专家、各位编纂人致敬，表达我心中的感激之情。当出版社要求我最后签名付印时，我的双眼禁不住溅出泪花，蓦然在耳边响起一首耳熟能详的歌词："信念藏于心内，感激暖暖热爱，即使我有泪笑着强忍。"笑和泪是为了这一场——扬州园林69年的等待！

扬州市园林管理局局长、党委书记
住建部风景园林专家委员会委员　赵御龙
中 国 公 园 协 会 副 会 长

2018年8月30日于扬州荷花池畔

凡　例

一、本志遵循辩证唯物主义和历史唯物主义，全面客观记述扬州市风景园林、城市绿化的历史和现状。

二、本志记述范围为扬州市区，包括广陵区、邗江区以及扬州经济技术开发区、蜀冈－瘦西湖风景名胜区、生态科技新城等功能区属于城市建成区范围的部分。

三、本志上限不限，下限至2016年底。

四、本志记述详今明古，立足当代，着重记述风景园林、城市绿化的现状。

五、本志纪年，民国前用朝代年号加注公元纪年，民国以后用公元纪年；1949年10月1日中华人民共和国成立前（后）统称新中国成立前（后）；志中"解放前"是指1949年1月25日扬州解放前；年代前未注明世纪的，均指20世纪；志中所用"现""今"一般指下限之年。

六、本志人物部分收录对扬州风景园林、城市绿化有较大贡献和影响的已故人物，以生年先后排列为序；园林植物内容主要为木本植物，重要的草本植物略加记述。

七、本志历史地名、机构、官职均按当时地名、称谓，需要时注明现代名称。

八、本志所采用的档案文献资料和调查采访的资料，一般不标明出处，必要时随文注出。所用数据、图片由相关管理部门、业务部门提供，不再一一注明。

目　录

Contents

  扬州是国务院首批公布的 24 座历史文化名城之一，以园林著称于世。扬州地处江淮要冲，自然条件优越，物质基础丰厚，文化繁荣昌盛，为扬州园林的发展创造了有利条件。扬州园林初兴于汉，繁盛于唐，鼎盛于清。清代刘大观称："杭州以湖山胜，苏州以市肆胜，扬州以园亭胜，三者鼎峙，不可轩轾。"金安清在《水窗春呓》中指出："扬州园林之盛，甲于天下。"扬州园林具有悠久的历史、独特的营造技艺和浓郁的个性特色，展示了中国文化的精华。在世界园林史上，扬州园林有着重要地位和独特价值。

一

  国学大师钱穆先生曾言："扬州一地之盛衰，可以觇国运。"扬州园林的盛衰则是扬州这座城市命运最为典型、集中的反映，从一个侧面可以折射中国政治、经济、文化的发展历程。扬州园林无疑是中国历史、文化以及对世界文化影响作用的重要实证。

  扬州园林源于汉代。有汉一代，广陵（今扬州）先后成为荆王、吴王、江都王、广陵王的都城。吴王刘濞时期，铸铁煮盐，国用饶足。《汉书》记载，刘濞建"长洲之苑"，此为扬州园林最早史书记录。《汉书》还记载，江都王刘建"治宫馆"，其子刘建"游章台宫""游雷陂"。由此，扬州园林初兴是以汉代王室宫苑为代表的。

  魏晋南北朝时期，扬州的社会、经济、文化得到较快的发展。受魏晋以来山水画、山水诗的影响，具有山水画意的写意园林逐步出现。南朝刘宋时期，以山水园林风格为主的官衙园林在扬州兴起。元嘉二十四年至二十六年（447—449）徐湛之就任南兖州（今扬州）刺史期间，在城北"起风亭、月观、吹台、琴室，果竹繁茂，花药成行。招集文士，尽游玩之适，一时之盛也"（《宋书》），这是扬州见于史籍记载的第一次官府造园活动。

  隋大业元年（605）、六年和十二年，隋炀帝三次游历江都（今扬州），并以此为陪都。大业六年，隋炀帝二下江都，建成上林苑、长阜苑、萤苑等离宫别苑。在长阜苑内，依林傍涧，竦高跨阜，随城形置归雁、回流、九里、松林、大雷、小雷、春草、九华、光汾、枫林十宫，还在扬子津口建临江宫（一名扬子宫，内有凝晖殿，可眺望大江），在城东五里建新宫。明代曾棨称："广陵城里昔繁华，炀帝行宫接紫霞。"隋炀帝的宫苑内建筑雄伟精美，景色奇丽丰富，达到扬州园林史上皇家园林的顶峰。

  唐代，扬州是大都督府和淮南节度使治所，为东南第一大都会，城市规模仅次于长安、洛阳。安史之乱后,扬州繁华富庶达到顶峰,有"扬(扬州)一益(成都)二"之誉。"街垂千步柳,霞映两重城""园林多是宅,车马少于船"等诗句是唐代扬州城市园林化景观的真实写照。唐代,扬州官府重视园林绿化。开元二十六年(738),开凿瓜洲新河后不久,河堤两岸随之绿化。李白诗云:"两桥对双阁,芳树有行列。爱此如甘棠,谁云敢攀折。"(《题瓜洲新河饯族叔舍人贲》)当时,官府倡导人工植树,树木整齐成列,管理有序,无人攀折。唐代,官署园林兴盛,著名的有郡圃、水馆、水阁等。咸通年间(860—873),李蔚镇守扬州期间,开创池沼,构茸亭台,莳培花木,蓄养奇禽异畜,建成一座规模较大的公众游乐园,开扬州园林史上"公园"之先河。

唐代扬州佛道两教兴盛,寺观众多,著名的有禅智寺、大明寺、法云寺、惠昭寺、木兰院等40多处。唐代寺观多呈现园林化景观,成为众多游人的游览胜地。李白、高适、刘长卿、刘禹锡等到此登临栖灵塔,留下脍炙人口的诗篇。刘禹锡诗云:"步步相携不觉难,九层云外倚阑干。忽然笑语半天上,无限游人举眼看。"描述寺庙园林游人如织的情景。

唐代,扬州私家园林兴盛,著名的有南郭幽居、崔秘监宅、周济川别墅、王慎辞别墅、崔行军水亭、白沙别业、王播瓜洲别业、萧庆中宅园、席氏园、郝氏园、樱桃园、周氏园、万贞家园等。周师儒宅园花木楼榭之奇,号称"广陵甲第"。郝氏园是崇尚自然、野趣天成的名园。方干诗云:"鹤盘远势投孤屿,蝉曳残声过别枝。凉月照窗攲枕倦,澄泉绕石泛觞迟。"诗中"澄泉绕石"或为扬州园林以石叠山的最早记录。诗人张祜曾流连李端公后亭,赋诗云:"古城连废地,规画自初心。眺出红亭址,裁成绿树林。竹敧丛岸势,池满到檐阴。暗草通溪远,闲花落院深。……短桥多凭看,高堞几登临。漫厕宾阶末,无因和至音。"诗中描绘李端公后亭这一园林中红亭与绿荫互相映衬,明池与暗溪一显一隐,平园与雉堞高下临视的景观特色。该对比景观是园主人规划源于初心,立意高远所致。众多私家园林的出现是唐代扬州经济繁荣、人文荟萃的具体体现。从诗人吟咏可知,唐代扬州私家园林已经成为文人写意园林的典型代表。

宋代,扬州是东南重镇。北宋时期,扬州园林以官筑园林为主,私家园林较少。南宋时期,由于扬州处于宋金交战前沿,造园活动不及北宋。两宋时期官筑园林有郡圃、平山堂、真州东园、茶园、时会堂、春贡亭、摘星楼、水晶楼、筹边楼、骑鹤楼、皆春楼、镇淮楼、云山阁、万花园、波光亭、竹西亭、无双亭、玉立亭、四柏亭、高丽亭、迎波亭等。平山堂位于蜀冈中峰,为北宋庆历八年(1048)欧阳修所建,因眺望江南诸山,与堂齐平,故名。北宋元祐七年(1092),苏轼任扬州知州,为纪念欧阳修,在平山堂北建谷林堂。平山堂、谷林堂是人文价值极高的园林景点,影响至今,千年不衰。北宋皇祐四年(1052),施正臣、许元、马遵等在真州建造东园,规模宏大,园内有亭台、楼阁、清池、佳花、美木,可乘画舫泛水,并向平民开放。郡圃在北宋咸平年间、庆历年间等均有增建。南宋建炎元年(1127),扬州成为宋高宗赵构行在之地,郡圃成为皇帝御园。绍兴、庆元年间,郡圃又有修建。宝祐五年(1257),贾似道重修郡圃,规模宏大,花木竞发,脱尽官筑园林习俗,跨入山水园林行列,定期向平民开放。值得一提的是,南宋咸淳年间(1265—1274),伊斯兰教创始人穆罕默德第十六世裔孙普哈丁在扬州传播伊斯兰教。德祐元年(1275),建礼拜寺,又称仙鹤寺。他去世后安葬在扬州运河东侧坡冈上,在他墓园旁建有清真寺。仙鹤寺、普哈丁墓园是中阿友好史上珍贵的实物见证,建筑工艺、景观设计等融合伊斯兰建筑风格,体现出扬州园林兼容并包的文化特性。

元至元十三年(1276),在扬州设置江淮行省。后又在扬州置淮南、江北行中书省。同时,元朝还在扬州设淮东道宣慰司。宣慰司下设扬州路总管府,领有真、滁、通、泰、崇明五州。有元一代,扬州还常作为行御史台和行枢密院以及江淮盐运使司的驻地,政治地位很高。扬州"介江南北,而以其南隶浙西,其北隶河南,壤地千里,鱼盐稻米之利擅于东南""商贾云集,舟楫溯江"。《马可·波罗行记》中记载,扬州城池广大,工商业发达。吴师道咏扬州诗云:"画鼓清箫估客舟,朱竿翠幔酒家楼。四城列屋数十万,依旧淮南第一州。"发达的经济催生出官府园林和私家园林的涌现。但官筑园林规模和数量均不能与唐、宋两代相比。元代,政府虽对官员、平民住宅规模作出规定,但"江南三省所辖之地,民多豪富兼备之家,第宅居室、衣服器用僭越过分,逞其私欲,靡所不至"(《通制条格》卷27《杂令·侵占官街》)。在经济发达的扬州,私家园林数量不少,比较有名的有明月楼、平野轩、居竹轩、菊轩、梅所、西树草堂、竹深处、竹西佳处亭、李使君园、崔伯亨园、淮南别业等。园林风格受当时画风的影响,多以平远山水或单一题材为主,植物造景的园林居多,多建竹园,平淡中见意境。

明代中后期,漕运畅通,扬州盐业经济发达,社会经济较元代有较大的发展。受江南造园技术和风气的影响,扬州园林逐步走向成熟。其标志为名园迭出、叠石兴起和《园冶》的问世。明代私家园林有皆春堂、红雪楼、藏书万卷楼、菊轩、竹西草堂、闫氏园、冯氏园、王氏园、嘉树园、慈云园、迁隐园、灌木山庄、深柳堂、水月居、于园、寤园、影园等。其中以于园、寤园、影园名气最大。于园以叠石为胜。寤园、影园为计成设计、建造。特别是影园建成后,园主人多次在园中举办诗文酒会,影响很大。

清初,扬州园林追求"虽由人作,宛自天开",崇尚自然,意境深远,名园迭现。休园、依园、白沙翠竹江村、片石山房(双槐园)、万石园、乔氏东园、小玲珑山馆(街南书屋)、静慧园、南园、贺氏东园等均为一代名园。其中,万石园、片石山房假山为著名画家石涛堆叠,开扬派叠石之先河。

清乾隆年间,扬州园林发展达到顶峰。当时城内外园林逾百,风格多样,尤以瘦西湖园林集群最为著名。城内园林主要集中于东关街、南河下一带,除休园、万石园、安氏园、小玲珑山馆外,著名的还有康山草堂、退园、徐氏园、易园、驻春园、静修养俭之轩、别圃、容园、双桐书屋、朱草诗林、秦氏意园等。城南有九峰园、秦园、秋雨庵、水南花墅、漱芳园、南庄、黄庄、梅庄、锦春园等名园。据《扬州画舫录》记载,从1751年至1765年,扬州北郊瘦西湖一带形成二十景,分别为卷石洞天、西园曲水、虹桥揽胜、冶春诗社、长堤春柳、荷浦薰风、碧玉交流、四桥烟雨、春台明月、白塔晴云、三过留踪、蜀冈晚照、万松叠翠、花屿双泉、双峰云栈、山亭野眺、临水红霞、绿稻香来、竹楼小市、平冈艳雪。1765年后,又增加绿杨城郭、香海慈云、梅岭春深、水云胜概四景,合称二十四景,呈现出"两堤花柳全依水,一路楼台直到山"的盛况。扬州瘦西湖园林集群是十八世纪"乾隆风格"园林在南方的代表作品,充分利用自然,又极力发挥人工;重视环境总体,又突出各园特征;布局奇巧变化,而工艺精致考究;空间诡谲参差,而尺度法则严谨。(王世仁语)乾隆时期,以瘦西湖为代表的扬州园林是中国古典园林发展顶峰的代表作。

清嘉庆后,由于海运的发展、盐法的改革等,扬州的城市地位迅速下降,扬州盐商大多数困顿、潦倒。瘦西湖周边的园林由于缺少维护,逐渐颓废。嘉庆年间,扬州城内旧园林尚存休园、康山草堂、双桐书屋、静修养俭之轩、容园、小玲珑山馆等。同时,新建棨园、青溪旧屋、城南草堂、小倦游阁等小型宅园。规模较大的个园、棣园等则是在旧园基础上改建的名园。咸丰三年(1853)、六年、八年,太平军三次攻入扬州,战争对扬州园林造成毁灭性的损坏,瘦西湖上除白塔保存完好外,其余景点均湮没不存。

"同光中兴"及其后,扬州盐业经济稍有复苏。两淮盐运使方濬颐逐步修复平山堂及湖上园林部分旧观。城内私家园林也开始恢复发展,出现小圃、壶园、冰瓯仙馆、养志园、寄啸山庄、小盘谷、裕园、退园、娱园、约园、金粟山房、卢氏意园等。除寄啸山庄外,大部分园林规模较小,仅略有池轩之胜。

清末至民国初,随着津浦铁路开通,扬州失去优越的交通地位,经济更为衰弱,扬州园林随之日渐衰败。民国初年,扬州众商人集资在小东门北建成"公园"。该园林名为"公园",对市民开放,但整体布局、结构以及造园手法仍未摆脱传统园林窠臼,但"公园"内增设茶座、大餐厅、影戏场等游憩设施,为扬州园林带来一股清新之气。民国初年,金德斋购买西园曲水旧址,建造可园。国民政府在发展经济的同时,对瘦西湖湖上园林稍有修复。1915 年,在桃花坞旧址建成徐园,补筑"长堤春柳"。1921 年,陈臣朔在贺氏东园嘉莲亭旧址修建凫庄。1926 年,国民党中央执行委员叶秀峰在虹桥西岸长堤春柳西侧冈阜上,修建叶林,以法桐为行道树,广植松柏,引种多种名贵外来树种,建成扬州首个植物园。1930 年 6 月 7 日,国民政府颁布第一个文物法规《古物保存法》。受此影响,扬州地方政府有计划地逐步修复瘦西湖景点。1931 年,国民党中央常委、扬州人王柏龄募资修建熊园。该园"飞甍反宇,五色填漆,一片金碧,照耀湖山"。1931 年 7 月 3 日,国民政府公布《古物保存法施行细则》。1933 年,王柏龄发起组织委员会,重修五亭桥。1936 年,国民政府成立江都县风景委员会,负责瘦西湖风景区建设,沿瘦西湖周边筑环湖马路,遍植海桐、杨柳等。同时,在北门外建草地公园等,以期渐次恢复北郊旧观。

民国年间,城内所建园林更趋于小型化、平民化,但数量可观,有萃园、平园、息园、匏庐、汪氏小苑、祇陀精舍、邱园、蔚圃、逸圃、怡庐、八咏园、憩园、可园、餐英别墅、问月山房、刘氏庭园、蛰园等。其中,萃园、蔚圃、餐英别墅、怡庐、匏庐等小型宅园为造园名家余继之所设计、建造。余继之为叠石名家,善用隙地造园,以少胜多,饶有个人风格。

1937 年抗日战争全面爆发后,扬州鲜有新的园林建设。1937 年 12 月 14 日,日军侵占扬州,对扬州园林造成极大破坏。瘦西湖、个园、何园、吴氏宅第等遭到日伪军不同程度的洗劫。吴道台府的芜园、祠堂被日本军人强行改为练兵场。解放战争期间,瘦西湖一带沦为国民党军队的养马场。其间,无论是北郊瘦西湖还是在明清古城内,园林景观,衰败不堪。

二

新中国成立后,扬州园林进入一个全新的复兴时期。1949 年 1 月 25 日,扬州解放。为保护、传承扬州园林这一历史瑰宝,2月10日,市军事管制委员会发布关于保护名胜古迹和图书文物的"一号通令"。8月,市建设科制定《扬州市建筑管理暂行规则》,并于同年12月27日经扬州地区行政专员公署批准实施。10月29日,扬州专署批准成立扬州市园林管理处,接管瘦西湖徐园、叶林、小金山等,将瘦西湖作为免费的人民公园对外开放。扬州市园林管理处成为全国最早的园林管理机构之一。1950年,市人民委员会确定瘦西湖风景区和古城遗址保护区以及将毗邻瘦西湖的西郊作为大专院校文教区等城市改造方针。1951年5月8日至6月8日,苏北行署在瘦西湖风景区举办苏北地区土特产物资交流大会,近30万人次参观。

1952年,市园林管理处改名为市园林管理所。1954年1月,市政府明确瘦西湖风景区区域范围。8月30日,扬州遭受特大洪涝灾害,瘦西湖风景区受淹长达一个多月。10月8日,市人民委员会成立瘦西湖风景区整建规划委员会,开展瘦西湖风景区整修工作。经逐年整修建设,大虹桥至五亭桥沿湖部分景观得到恢复。吹台改建为三面圆门形式,成为中国园林框景艺术的典范。1955年,上海同济大学建筑系调查城市历史沿革、自然条件、园林绿地、名胜古迹等,编制出《扬州市城市现状调查》。1956年,江苏省提出《城市发展远景规划意见》,扬州市编制城市规划初步方案,明确瘦西湖风景区用地范围。1957年5月1日,瘦西湖公园、平山堂经整建后对外开放。1959年10月1日,何园(寄啸山庄)经市园林所接管整修,对外开放。10月1—8日,瘦西湖公园举办规模浩大的新中国成立10周年游园活动。

60年代初,市人民委员会明确市园林所隶属市城市建设局。1961年10月,市政府成立园林调查小组,对城市住宅园林进行全面调查,查访住宅园林56处、文物古迹30处。1962年5月,市人民委员会发出《关于加强保护园林建筑、文物古迹、古老树木的通知》,制定《扬州市古建筑、庭园、树木保护管理暂行办法(草案)》,并公布70多处文物保护单位。1964年6月,市人民委员会设立市园林管理委员会,管理瘦西湖、平山堂、观音山、回回堂、仙鹤寺、何园、个园、史公祠、小盘谷、文峰塔、高旻寺、冶春园等10多处园林名胜。

1966年"文化大革命"开始,扬州园林首先受到冲击。7月,史公祠、瘦西湖、观音山受到红卫兵"破四旧"的冲击。何园、文峰公园关闭。8月,平山堂划归市园林管理所管理。1968年11月,大明寺、观音山移交市"五七"干校办校。个园由扬州地区阶级教育展览馆移交给扬州地区京剧团。1969年3月,何园移交给无线电厂作为厂房。1970年3月,瘦西湖园容园貌进行政治化改造,5月1日,重新对外开放。1973年春季,大明寺及平山堂重新划归市园林管理所。同年11月,鉴真纪念堂建成。11月22日,市园林管理所改为市园林管理处。"文化大革命"后期,由于外事接待的需要,扬州园林事业发展迎来新的契机。

新中国成立后,先后于1950年、1951年、1952年、1955年、1956年、1957年多次发动群众,开展以公共绿化为主的城市园林绿化建设,城市面貌发生较大改变。"文化大革命"期间,城市绿化无人管理,部分公共绿地被侵占,城市公共绿化面积、人均绿地面积均有所下降。

三

1978年12月,中共十一届三中全会胜利召开,为扬州园林的发展带来春天,扬州风景园林事业得到全面恢复和发展。从1990年开始,江泽民三次为扬州题词,为扬州发展指明方向。扬州园林在"把扬州建设成为古代文化与现代文明交相辉映的名城""建设更加富裕文明秀美的新扬州"进程中贡献突出。回顾40年的非凡历程,扬州园林取得了令人瞩目的业绩。

管理体制几经重大调整

80年代开始,国家落实宗教政策,曾经隶属于市园林部门管理的大明寺、文峰寺、东郊公园移交宗教部门管理。

1983年3月,扬州实行市管县体制,市园林处隶属于市城乡建设环境保护局。1986年7月,为适应历史文化名城和旅游城市发展需要,市政府建立市园林管理局,隶属于市城乡建设委员会,为二级局建制。市城市绿化办公室由市城乡建设委员会划归市园林局。市园林局直管瘦西湖公园、盆景园、个园、何园、茱萸湾公园、古建公司、花鸟盆景公司等7家事业单位,后又成立市园林供销经理部、文峰公园。

1988年8月1日,蜀冈-瘦西湖风景名胜区被国务院公布为第二批国家重点风景名胜区。为加强对风景名胜区工作的领导,市政府于次年5月设立蜀冈-瘦西湖风景名胜区管理委员会办公室。1991年9月16日,市政府成立蜀冈-瘦西湖风景名胜区管理委员会,下设办公室,与市园林管理局合署办公。1995年,市区绿化办公室归市园林局管理。1996年12月10日,市园林局升格为市政府直属正处级事业单位,与蜀冈-瘦西湖风景名胜区管理委员会办公室合署办公。2001年12月28日,扬州市机构改革,市园林局仍为市政府直属正处级事业机构,与市蜀冈-瘦西湖风景名胜区管理委员会办公室合署办公,两块牌子、一套班子,履行风景园林、城市绿化行政管理职能。

为加快蜀冈-瘦西湖风景名胜区的建设进程,2004年2月,市政府成立瘦西湖新区建设领导小组,下设指挥部。扬州瘦西湖旅游发展有限责任公司成立,与瘦西湖新区建设指挥部实行两块牌子、一套班子,为瘦西湖新区建设的投融资主体。2006年1月,市委蜀冈-瘦西湖风景名胜区工作委员会和蜀冈-瘦西湖风景名胜区管理委员会成立。2012年12月,瘦西湖风景区管理处整建制划归蜀冈-瘦西湖风景名胜区管理委员会管理。

古典园林得到有效保护

随着改革开放的深入和旅游发展的需要,扬州老城区的古典园林经修缮后逐步对外开放。1979年5月,何园经整修后对外开放。1982年2月,个园对外开放。1988年9月,史可法纪念馆建成对外开放。1990年5月,卷石洞天复建后对外开放。1991年,二分明月楼公园对外开放。2000年以后,琼花观、普哈丁墓园、汪氏小苑、吴氏宅第、趣园、卢氏盐商住宅、罗聘故居、壶园、逸圃、李长乐故居、胡仲涵故居、华氏园等古典园林修复后对外开放。2010年以后,小盘谷、匏庐、岭南会馆、冬荣园、丁莫臣宅第、马士杰宅第、街南书屋等修缮复建后对外开放。这些古典园林像一串串珍珠,串起扬州园林旅游靓丽的风景线。

风景名胜事业快速发展

为加快景区发展,扬州市持续改善瘦西湖水质环境。1979年10月,对瘦西湖进行全面疏浚。2003年底,投资1.97亿元实施的瘦西湖活水工程全面完成,实现瘦西湖水域"死水变活、活水变清"目标。

1991年5月5日,瘦西湖"乾隆水上游览线"开通。1994年7月,建设部原则通过《蜀冈－瘦西湖风景名胜区总体规划》。1995年7月,《蜀冈－瘦西湖风景名胜区总体规划》经国务院批准实施。1996年6月27日至7月,蜀冈－瘦西湖风景名胜区风光片参加"全国风景名胜区展览"并获金奖。1997年8月,蜀冈－瘦西湖风景名胜区获得省级文明风景名胜区称号。1999年10月,蜀冈－瘦西湖风景名胜区被命名为第二批全国文明风景旅游区示范点。2001年1月,蜀冈－瘦西湖风景名胜区被国家旅游局评为国家AAAA级旅游景区。2007年4月,宋夹城湿地公园建成对外开放。2009年2月,蜀冈－瘦西湖风景名胜区被授予"全国文明风景旅游区"称号。9月,蜀冈－瘦西湖风景名胜区被授予"国家文化旅游示范区"称号。2010年4月,国家旅游局在瘦西湖万花园举行"江南园林迎世博"旅游景区服务质量提升月活动暨国家AAAAA级旅游景区颁牌仪式,蜀冈－瘦西湖风景名胜区成为全市首家国家AAAAA级旅游景区。2011年9月,"走进江苏——江苏最美的地方"推选活动结果揭晓,瘦西湖风景区获得"江苏最美的地方"评比第1名。2014年4月,双峰云栈复建后对外开放。2015年2月,市委明确提出以更宽视野、更高标准、更大手笔把蜀冈－瘦西湖风景名胜区打造成为"世界级景区"工作目标。

城市公园绿化引领示范

1981年7月,市政府在荷花池建成南郊水上公园,即荷花池公园,这是改革开放后扬州市最早建成的城市公园。1982年10月,市委发出开发茱萸湾公园的决定,建设扬州占地最广的公园,拉开城市公园建设的帷幕。90年代,先后建成竹西公园、文津园、肯特园等公园。2000年后,公园建设步伐进一步加快,建成蜀冈西峰生态公园、曲江公园、明月湖公园、润扬森林公园、体育公园、引潮河公园、京杭之心绿地、蝶湖公园、李宁体育公园、跑鱼河公园、自在公园、蜀冈生态体育公园等综合性公园。2015年9月,市政府召开城市公园体系建设推进会,提出建设以市级公园、区级公园、社区公园和各专类公园构成的大、中、小合理搭配的城市公园体系,按照"生态、运动、休闲、旅游、科普等功能叠加"的总体定位和"十个有"的建设标准,大力推进公园体系建设。至2016年12月31日,建成并对外开放的城市公园210个,其中免费公园有180个,占公园总数的86%。扬州公园城市建设走在全国前列。

1980年,市政府编制园林绿化规划,将其纳入城市总体规划,为扬州市绿地建设打下良好基础。市园林部门发动群众,掀起全市园林绿化植树高潮。1988年,初步形成点线面相结合的城市绿地景观。1992年,根据城市总体规划要求,结合扬州市园林绿化的实际情况,制定第一轮较为全面系统的绿地规划并付诸实施。1997年2月,扬州市被命名为省首批园林城市。2002年,市委、市政府提出创建国家园林城市工作目标,将每年新增100万平方米城市绿地的工作任务纳入市政府为民办实事项目。2003年12月,扬州市被建设部命名为国家园林城市。2004年12月6日,由扬州日报社、市建设局、市园林局和市城建控股集团市政总公司联合举办的"新扬州十景"评选活动揭晓,扬州国际展览中心——中心公园、文昌广场、曲江公园、蜀冈西峰生态公园、漕河风光带、古运河风光带——东关古渡、汉陵苑、汪氏小苑等园林景点成为"新扬州十景"。2007年,扬州市被建设部列入全国首批11个国家生态园林城市试点城市之一。2007年2月,编制完成《第二轮城市绿地系统规划(2004—2020)》,

将创造"水绿相依,园林古今辉映;城林交融,绿地南秀北雄"的生态园林城市,营造最佳人居环境作为规划目标。同年9月,扬州在全国率先建立永久性绿地保护制度。2015年10月,第三轮城市绿地系统规划评审通过。2016年5月18日,扬州市获第十届省园艺博览会承办权。同年9月30日,扬州市获2021年世界园艺博览会承办权。

世界文化遗产申报取得突破

新世纪以来,以扬州园林为主体申报世界文化遗产工作是市委、市政府孜孜以求的目标,申报世界文化遗产的进程充满曲折、艰辛和挑战。2000年11月30日至12月1日,园林专家孟兆祯、周维权、甘伟林、刘管平、杜顺宝等到扬州参加影园规划设计方案研讨会期间,建议扬州园林应当积极申报世界文化遗产,这是扬州申遗发出的最早声音。2001年1月20日,联合国教科文组织官员浅川滋男到扬州考察瘦西湖公园、个园、何园等园林景点,市政府表达申报世界文化遗产的愿望。2007年1月18日,市政府成立瘦西湖及扬州历史城区申报世界文化遗产办公室,全面启动扬州园林申遗工作。9月26日,扬州成为中国大运河联合申报世界文化遗产牵头城市。2010年,开始编制"瘦西湖及扬州盐商园林文化景观"申遗及保护管理规划文本。2014年6月22日,中国大运河通过第三十八届联合国教科文组织世界遗产委员会会议审议,被列入世界遗产名录,瘦西湖、个园等扬州园林景点成为世界文化遗产点,扬州园林的"突出普遍价值"为国际社会所普遍认可。

滚滚长江,东流不息。历史长河中,扬州园林已经度过2200多个春秋。汉代扬州园林是"藻扃黼帐,歌堂舞阁之基;璇渊碧树,弋林钓渚之馆";唐代扬州园林是"竹歊丛岸势,池满到檐阴。暗草通溪远,闲花落院深";清代扬州园林是"两堤花柳全依水,一路楼台直到山"。新的历史时期,"要把人们心目中的扬州建设好,满足世界人民对扬州的向往"。扬州园林承载着更多的梦想和希冀。扬州园林人必须坚持生态文明发展理念,加快公园城市建设步伐,创造扬州园林的再次辉煌,把扬州建成"望者忘餐、行者忘倦、旅者忘归、居者忘老"的宜居、宜业、宜游的美丽家园。

大 事 记

汉

高帝十一年（前196）—景帝三年（前154）

吴王刘濞兴建长洲苑、钓台、雷陂等离宫别苑。《汉书》卷五十一记载，吴王有"长洲之苑"，此为扬州园林最早史书记载。

景帝三年（前154）—武帝元狩二年（前121）

江都王刘非建有宫苑。《汉书》卷五十三记载，刘非"治宫馆"，其子刘建"游章台宫""游雷陂"。

成帝元延二年（前11）

在古后土祠建蕃釐观。唐中和二年（882），高骈增修。旧传有琼花一株，一名琼花观。宋欧阳修建无双亭。明宣德年间（1426—1435），郡守韩弘增修。明万历二十年（1592），吴秀建玉皇阁于三清殿后。清乾隆二年（1737），增建文昌祠。后观内建筑屡遭破坏。观后有井，名玉钩井。现仅存三清殿及琼花台等。

两晋 南北朝

东晋太元十年（385）前

太傅谢安建别墅，后舍宅为寺，名谢司空寺。义熙十四年（418），易名兴严寺。唐证圣元年（695），改名证圣寺。唐广明二年（881），始名天宁寺。后圮。明洪武年间重修。清乾隆南巡时于寺西建行宫、御花园。寺规模宏伟，为扬州八大名刹之首。咸丰三年（1853），寺毁于兵火。咸丰四年春，僧真修募造山门、禅堂、斋厨、观音阁、廊房、拾骨塔。同治、光绪年间，两淮盐运使方濬颐拨款重建天王殿、大雄宝殿、华严阁、方丈楼等。

宋元嘉二十四年（447）

南兖州剌史徐湛之于广陵蜀冈之宫城东北角池侧营构风亭、月观、吹台、琴室。

宋大明年间（457—464）

建大明寺。

隋

仁寿元年（601）

文帝于大明寺建栖灵塔，以供佛骨。

大业二年（606）

建上方禅智寺，一名竹西寺。

大业六年（610）

隋炀帝二下江都，建成上林苑、长阜苑、萤苑等离宫别苑。在长阜苑内，依林傍涧，竦高跨阜，随城形置归雁、回流、九里、松林、大雷、小雷、春草、九华、光汾、枫林十宫，还在扬子津口建临江宫（一名扬子宫，内有凝晖殿，可眺望大江），在城东五里建新宫。

唐

永贞元年（805）

僧智完移建西方寺。

宋

庆历八年（1048）

欧阳修知扬州，建平山堂。

元丰二年（1079）

王观著《扬州芍药谱》。

元祐七年（1092）

苏东坡为纪念其师欧阳修，始建谷林堂。

嘉定元年至十七年（1208—1224）

崔与之在开明桥西建四望亭。

宝祐五年（1257）

贾似道镇守扬州，重建郡圃。

德祐元年（1275）

伊斯兰教主穆罕默德十六世裔孙普哈丁到扬州传教，建仙鹤寺。

元

至元元年至三十一年（1264—1294）

僧申律开山建观音山寺。明洪武二十年（1387），僧惠整重建，名功德山，又名观音阁（《宝祐志》作摘星寺）。

建法海寺。明洪武十三年（1380），僧昙勇重建。

明

万历十年至十二年（1582—1584）

知府虞德华在南门宝塔湾古运河畔始建文峰寺，僧镇存募建文峰塔。

万历十九年（1591）

扬州知府吴秀开新城城隍，筑梅花岭。

崇祯七年（1634）

郑元勋在扬州旧城南门外古渡桥北水中长屿上建影园，由计成设计。

清

顺治八年（1651）

南河总督吴惟华在扬子桥三汊河复建高旻寺，并建成天中塔七级。

康熙十二年（1673）

扬州太守金镇与汪懋麟重建平山堂。

康熙十四年（1675）

扬州太守金镇与汪懋麟在平远楼后建真赏楼，即晴空阁。

康熙二十三年至四十六年（1684—1707）

康熙六次南巡，多次驻跸扬州。康熙三十八年（1699），康熙第三次南巡至扬州，见天中塔年久倾圮，欲颁内帑修葺，为皇太后祝寿祈福。两淮盐商在江宁织造曹寅、苏州织造李煦倡导下，争相献金，修缮天中塔，并扩建庙宇。康熙四十二年（1703），康熙第四次南巡，亲临降香，登塔远眺，但见"旻天清凉，玄气高朗"，因此赐名高旻寺。

康熙三十二年（1693）

石涛定居扬州。石涛在扬州营造万石园、片石山房两处园林，前者早废毁，后者部分假山和楠木厅保留在今何园内，其假山被誉为石涛叠石的"人间孤本"。

康熙四十九年（1710）

乔国桢在扬州城东甬里庄构筑东园，园内建其椐堂、几山楼、心听轩、西池吟社、分喜亭、西墅、鹤庵、渔庵等。后毁。

雍正十年（1732）

知府尹会一重浚瘦西湖。

汪应庚在大明寺左侧建平楼。后其孙汪立德等增高为三级，又称平远楼。

雍正十二年（1734）

马曰琯于崇雅书院旧址建梅花书院。

乾隆元年（1736）

盐商汪应庚重建平山堂。

乾隆二年（1737）

盐商汪应庚于平山堂西侧增筑芳圃（西园）。

乾隆十五年（1750）

两淮巡盐御史吉庆挑浚瘦西湖。

乾隆十六年至四十九年（1751—1784）

乾隆六巡扬州，游览蜀冈、隋堤、香阜寺、天宁寺、虹桥等名胜。

乾隆十八年（1753）

为乾隆南巡从天宁寺登舟游览瘦西湖，在天宁寺西园建行宫，宫前筑御马头。

乾隆二十年（1755）

两淮巡盐御史普福挑浚瘦西湖。

乾隆二十二年（1757）

开莲花埂新河，建莲花桥（五亭桥）。

乾隆二十二年(1757)前后

程志铨筑"梅岭春深"。

乾隆二十六年(1761)

两淮巡盐御史高恒挑浚瘦西湖。

汪玉枢得九尊太湖峰石,置于南园内,南园始称为九峰园。

乾隆三十年(1765)

大明寺更名法净寺。

北郊瘦西湖至平山堂建成卷石洞天、西园曲水、虹桥揽胜、冶春诗社、长堤春柳、荷浦薰风、碧玉交流、四桥烟雨、春台明月、白塔晴云、三过留踪、蜀冈晚照、万松叠翠、花屿双泉、双峰云栈、山亭野眺、临水红霞、绿稻香来、竹楼小市、平冈艳雪二十景。以后又陆续建成绿杨城郭、香海慈云、梅岭春深、水云胜概四景,计二十四景。

乾隆三十七年(1772)

扬州人士在梅花岭史可法衣冠冢侧建史公祠。

乾隆四十二年(1777)

为纪念民族英雄李庭芝、姜才,在城北梅花岭建双忠祠。

乾隆四十三年(1778)

在天宁寺行宫西建文汇阁,收藏《钦定古今图书集成》。与镇江文宗阁、杭州文澜阁作为江南分藏《四库全书》之所。后阁毁。

乾隆四十四年(1779)

张霞、巴树保在五亭桥北岸西偏重修"白塔晴云",岁久园毁。

乾隆四十九年(1784)

重修莲性寺白塔。

乾隆六十年(1795)

李斗撰《扬州画舫录》十八卷。

嘉庆元年至二十五年(1796—1820)

始建阮家祠堂。

嘉庆九年(1804)

在太傅街建文选楼。

嘉庆二十三年(1818)

两淮盐商总商黄至筠在东关街清初寿芝园基础上建个园。

道光元年至三十年(1821—1850)

员氏建二分明月楼,为扬州旱园水做之实例。

同治八年(1869)

在新城仓巷始建岭南会馆。光绪十年(1884)增建。

同治十二年(1873)

为纪念两江总督兼管盐政曾国藩,建曾公祠。

光绪五年(1879)

两淮盐运使欧阳正墉于平山堂北重建欧阳祠。

光绪九年（1883）

何芷舠购得吴氏"片石山房"旧址，建寄啸山庄，俗称何园。

光绪十四年（1888）

吴引孙出任浙江宁绍台道台期间，在扬州北河下建造吴氏宅第，俗称吴道台宅第。

光绪二十年至二十三年（1894—1897）

扬州盐商卢绍绪在康山街建卢姓盐商住宅。主体建筑为前后七进楼厅，共104间。

光绪三十年（1904）

两江、两广总督周馥购得大树巷徐氏小盘谷。

宣统三年（1911）

各商集资在小东门北废城基上兴建"公园"，大门在大儒坊。

民　国

民国初

钱业经纪人李鹤生在东关街个园西部购买住宅，改建成逸圃。

盐商周静成在花园巷西首路北建平园。

钱业经纪人黄益之建怡庐，由造园名家余继之营构。

民国早期

卢殿虎建造匏庐，为造园名家余继之营构。

1915年

在清初韩园、桃花坞故址建徐园，内祀徐宝山。

在兴建徐园时乡绅杨丙炎补筑长堤春柳。

1917年

11月10日，日本近代思想家德富苏峰到扬州，游览史公祠、瘦西湖、平山堂、大明寺。

1918年

冶春后社诗人胡显伯在小七巷萃园西侧营造息园。

1918—1919年

扬州盐商集资在旧城七巷东首潮音庵故址大同歌楼地基上营造萃园。

1920年

5月19日，美国哲学家杜威游览瘦西湖。

1921年

陈重庆之子陈臣朔在凫庄上建别墅。

1922年

盐商刘氏购得光绪午间所建陇西后圃，经修建改名刘庄（亦名馀园半亩）。后在园南住宅处开设怡大钱庄，亦称怡大花园。

1924—1927年

江都叶秀峰在长堤春柳土阜西侧始建叶林，又名叶园，占地4.8公顷。叶氏聘请张伯思规划设计，以法桐为行道树，广植松柏，引种日本五针松、平头赤松、猿猴杉、柳杉、扁柏、花柏及美国薄壳山核桃等外来树种。

1927 年

6月1日下午4时,北伐军总司令蒋介石到扬州,在何应钦、马文东陪同下,到瘦西湖徐园赴宴。6月2日上午,游览瘦西湖、平山堂等名胜古迹。近午时分,蒋介石在省立第五师范操场举行的欢迎会上作演讲。演讲中他称赞"扬州乃古美丽之区,古称文化之邦"。午后,乘轮船赴镇江,中途游览高旻寺。

1928 年

6月14日上午10时,蒋介石、宋美龄在王柏龄陪同下,参观游览瘦西湖、平山堂。下午乘车渡江回镇江。

1931 年

王柏龄为纪念辛亥革命先烈熊成基,在瘦西湖东岸清乾隆间净香园故址募资兴筑熊园。

1936 年

4月,江都王振世撰成《扬州览胜录》。

江都县风景委员会筑环瘦西湖小路。沿北城河两侧由广储门外起沿丰乐下街、绿杨村、大虹桥、莲花桥至蜀冈一带,环植海桐、杨柳等。北门外建草地公园。

1946 年

5月5日,江都县政府批准《江都县警察局管理瘦西湖游船规则》。

1947 年

6月28日,修建长堤春柳小亭。

7月21日,江苏省政府批准《江都县风景整理委员会组织规程》。

8月14日,修理新北门桥。

是年,江都县在瘦西湖风景区域与北城河沿线栽植榆树、白杨、枫杨等1.2万株。

是年,江都县政府主持修理徐凝门东首里城垣、龙头关城墙、新南门城墙、天宁门城墙、便益门城墙及小东门城墙。

1948 年

8月,江都董玉书撰著《芜城怀旧录》,由上海建国书店刊行。

1949 年

2月10日,市军事管制委员会通令,要求党政军民团体保护文物古迹、园林、寺庙、图书、古物,严防敌人破坏。

6月9日,文峰塔年久失修,为保存古迹,保证游人安全,特布告规定未修理以前,一律禁止登塔。

6月30日,扬州市成立疏浚城河委员会。

8月18日,市委决定,立即修筑街道、疏浚城河、整理风景区,其经费来源由政府与全市人民共同筹集,并从8月起征收市政建设捐。

中华人民共和国

1949 年

10月29日,苏北扬州行政区专员公署决定成立扬州市园林管理处,在徐园冶春后社设立办公室,接管徐园、叶林(叶园)、阮家坟,负责扬州园林维修和管理。

1950 年

春季,市政府发动全市机关、学校、团体开展绿化植树运动。

春季,疏浚荷花池(原九峰园旧址),补种荷花。

是年,市园林处主持维修徐园听鹂馆、疏峰馆,并重叠倒塌的峰石、假山。

1951 年

春季,苏北行署为筹备苏北地区土特产物资交流大会,拨专款整修瘦西湖徐园、小金山、五亭桥、白塔等,新建小金山南岸小红桥、北岸石桥,重建凫庄水榭、草亭等,作为人民公园,于 5 月 1 日对外开放。

春季,铺筑新北门桥至大虹桥、大虹桥至徐园、小金山至五亭桥、五亭桥至平山堂道路路面,并栽植行道树,整修平山堂、观音山。

5 月 8 日至 6 月 8 日,苏北行署在瘦西湖风景区举办苏北地区土特产物资交流大会,近30 万人次参观,签订合同和协议总金额 533 亿元(旧人民币)。5 月 8 日,举行开幕式。5 月18 日,举行 4 万人游湖晚会。6 月 8 日,闭幕。

5 月 19 日,苏北人民行政公署批复扬州市人民政府的请示,指令将徐园、叶园命名为"劳动公园"。

12 月 9 日,新中国成立后首次对史可法墓、瘦西湖、平山堂、观音山等处文物景点大规模整修工程完工。

1952 年

春季,为迎接亚洲及太平洋区域和平会议代表团一行数十人访问扬州,继续整修瘦西湖风景区。

7 月 10 日,市政府成立市文物风景管理委员会。

9 月 17 日,整修瘦西湖风景区设施及道路开工。

10 月 24—28 日,亚洲及太平洋区域和平会议代表 70 余人参观苏北淮河水利工程,游览瘦西湖。

是年,扬州市园林管理处改名为扬州市园林管理所。

1953 年

秋,扬州博物馆在史公祠举办太平天国革命史料展览。

10—12 月,重点维修瘦西湖小金山各厅馆,重建风亭。加固玉佛洞、五亭桥,新建劳动大厅。维修法海寺及白塔,登塔台阶由原南向一面阶改为东西两面阶。同时维修法净寺、观音山、旌忠寺等寺庙建筑。

1954 年

1 月,市政府公布瘦西湖风景区区域范围。

8 月 30 日,扬州遭受特大洪涝灾害。瘦西湖关帝殿、钓鱼台、绿荫馆、湖上草堂、月观、徐园、长堤春柳等处受淹进水,延续 1 个多月。

8 月,市烈士墓园在蜀冈万松岭建成。

10 月 8 日,市人民委员会成立瘦西湖风景区整建规划委员会。潘江任主任委员,江树峰任副主任委员,下设园林、文物、建设、设计、管理 5 个组,研究瘦西湖风景区水灾后的整修工作,确定该景区区域范围。

是年,在西园曲水增建草亭两座。拆砌观音山太峰阁危险石驳岸,加固小金山风亭,维修五亭桥。

1955 年

2—6 月,新建瘦西湖八龙桥、劳动公园六角亭、儿童游乐场、花廊、徐园金鱼池,修建凫庄、钓鱼台和西园曲水草亭,铺筑沿河路面。同时修理观音山鉴楼,整修文峰塔,修建个园内桂花厅、牡丹亭。

4 月 6 日,市政府印发《瘦西湖风景区管理规则》。

4 月,上海同济大学部分师生到扬州实习,对城市现状进行勘测调查,绘制各类现状图及古典园林测绘图。

冬季,扬州市发动群众绿化植树,重点绿化蜀冈中峰和东峰南向坡面。

1956 年

10 月 18 日,省人民委员会公布全省第一批文物保护单位,莲花桥(五亭桥)被列为建筑二级文物保护单位,莲性寺白塔被列为三级文物保护单位。

是年,长堤春柳歇脚亭由路中移迁湖边,改建为临水方亭,置座栏,仍悬"长堤春柳"匾额。

是年,荷浦薰风(湖中岛)新建一草亭,并植松、竹、梅等花木。维修凫庄。

1957 年

2 月,全市开展绿化植树活动。

3 月 7 日,法净寺平远楼牮正工程开工,山门前枋楔(牌楼)斜撑拆除,加固基础。7 月 28 日竣工。

3 月 18 日,瘦西湖长堤春柳翻建路面等项目工程开工。5 月 30 日竣工。

春季,市园林所征用长堤春柳和疏峰馆西侧农田,并进行绿化。

5 月 1 日,瘦西湖公园、平山堂经整建后对外开放。

5 月,市园林所在劳动公园西南侧新建小型动物园(部分动物由史公祠迁入)。

6 月,整修个园假山,改建大虹桥。

7 月 1 日,在大虹桥西侧新建竹木结构公园大门及长廊,翻修长堤路面,用竹篱将长堤、小金山、劳动公园联成一园,命名为瘦西湖公园,并于是日对外售票开放。

8 月 30 日,省人民委员会公布全省第二批文物保护单位。普哈丁墓被列为古墓葬二级文物保护单位,市烈士陵园被列为革命纪念物二级保护单位,仙鹤寺、阿拉伯文墓碑被列为艺术建筑类二级文物保护单位,莲花桥被列为四级文物保护单位,廿四桥被列为名胜古迹类三级文物保护单位。

8 月,法净寺(大明寺)被省人民委员会公布为省级重点文物保护单位。

9 月 29 日,文峰塔大修工程开工。改木栏为混凝土栏,并加钢撑,同时整修塔院建筑及围墙。1958 年 2 月 5 日竣工。

9 月,维修加固瘦西湖白塔。

11 月 2 日,在瘦西湖公园小金山举办市菊花展览开幕式,共展示菊花 259 个品种 1 万余盆。

11 月 2 日,瘦西湖竹结构大门工程开始兴建。

1958 年

1—3 月,市委、市人民委员会发动全市群众义务劳动,对老北门桥至五亭桥的湖段进行全面疏浚,开展瘦西湖清淤积肥支农运动。

12 月,市人民委员会制定《瘦西湖水库规划》和工程施工方案,并成立指挥部,发动群众义务劳动,水库工程破土动工。同时在五亭桥北开挖杨庄小运河。

1959 年

3 月 25 日,市文物保管委员会整修普哈丁墓。

春季,瘦西湖水库工程指挥部拆迁长春桥西侧、五亭桥、白塔西北侧农舍,迁移八龙桥至五亭桥北岸坟墓。同时,将上述土地及劳动公园西侧坟地划归瘦西湖公园,并进行绿化。

春季,四桥烟雨遗址所在长春队,由市商业局管理,北段交富春花园;南段交花木商店,建立苗木基地。

春季,瘦西湖内迁建水云胜概厅(俗称大桂花厅)、白塔厅、长春亭。

5 月 25 日,扬州市印发《扬州市市区、风景区、名胜地区树木绿化保护管理办法》。

6 月,瘦西湖水库工程停工,先后挖土 5 万多立方米,破坏南宋夹城地形地貌,并留下若干后遗症。

10 月 1—8 日,瘦西湖公园举行游园活动,欢度国庆 10 周年。

10 月 1 日,何园(寄啸山庄)经市园林所接管整修,对外开放。

10 月,经市人民委员会批准,市园林所实行"所带队"行政体制。双桥公社园林大队以及双桥大队的劳动、新庄、卜桥生产队划归市园林所领导。

12 月 15 日,扬州地区大运河绿化和建设鱼池指挥部成立,杨可夫任指挥。

是年,维修普哈丁墓园和阿拉伯文墓碑。兴建西园曲水亭、船舫等。

是年,卷石洞天南端汀屿迁建"歌吹古扬州"台一楹。

1960 年

3 月,市人民委员会明确市园林管理所隶属市城市建设局领导。

3 月,维修大虹桥。

是年,西园曲水西端水池迁建石舫一座。

是年,兴建四桥烟雨楼、浮梅亭、夕阳红半楼、船舫等。

1961 年

5 月,文峰塔经加固大修后交市园林所管理,并对外开放。

7 月 1 日,市园林所组织花卉盆景,参加在南京玄武湖公园举办的省第一届花卉展览会。

7 月 1 日,法净寺内唐鉴真和尚纪念室对外开放。

9 月,市城市建设局、市文化处联合组成园林调查小组,对全市住宅园林进行全面调查,查访住宅园林 56 处、文物古迹 30 处。

10 月,市城市建设局、市文化处、市文物保管委员会等部门有关人员组成扬州园林名胜古迹、名贵花木普查小组。

11 月 21 日,市人民委员会发出加强保护全市庭园、假山石的紧急通知。

1962 年

3 月,古建筑、园林专家陈从周教授应聘为扬州园林顾问,并带领同济大学部分师生到扬州实习,调查扬州园林,并测绘部分住宅园林现状图。

3月,1959年实行"所带队"体制时划归市园林所领导的园林大队、双桥大队的劳动、新庄、卜桥生产队退归双桥公社。退队同时,征用水云胜概周围、法海寺西北侧及大虹桥西岸、十兄弟坟等处土地约5.34公顷,使瘦西湖公园各景点连成一片。

5月2日,市人民委员会印发《关于加强保护园林建筑、文物古迹、古老树木的通知》和《扬州市古建筑、庭园、树木保护管理暂行办法(草案)》。公布第一批文物保护单位名单:平山堂、五亭桥、白塔、大虹桥、小金山、回回堂、仙鹤寺、琼花观等文物保护单位70多处,古树名木有银杏、广玉兰、枸杞、黄杨、古槐等。

5—6月,扬州开展古树名木调查,发现百年以上的银杏等38株,其中唐代银杏、古槐各1株,宋代枸杞1株、银杏1株,其余古花木大多是明清两代所植。

6月25日,市人民委员会印发关于加强保护风景名胜的通告。

8月17日,扬州市举行史可法诞生360周年纪念活动。耿鉴庭为纪念活动在北京征集题词。朱德、郭沫若、赵朴初、蔡廷锴、陈叔通、沈钧儒、蒋光鼐、李根源、邓拓、吴晗等党和国家领导人、著名人士题词。

1963年

1—2月,维修法净寺(大明寺)。

1月,市文物保管委员会对市区砖刻门楼进行调查,发现37处比较完整而精致的砖刻艺术品。

4月下旬,最高人民法院院长谢觉哉到扬州,视察瘦西湖公园、法净寺。

6月29日,为迎接唐鉴真大和尚圆寂1200周年纪念活动,中国建筑学会副理事长、清华大学建筑系主任、建筑专家梁思成教授,受中国佛教协会委托,到扬州考察地形,为规划设计鉴真纪念堂作准备。

7月,法净寺全面维修。洛春堂改建为鉴真和尚纪念室,四松草堂改建为鉴真纪念堂门厅。

9月,唐鉴真大和尚纪念碑落成。全国人大常委会副委员长、中日友好协会会长郭沫若题书碑额,中国佛教协会副会长赵朴初撰书碑文。

10月13—15日,日本佛教界、文化界代表团到扬州参加为纪念鉴真和尚圆寂1200周年而举行的法会和鉴真纪念堂奠基典礼。中日双方代表在平山堂签订中日文化、佛教有关协定,通过日方团长大谷莹润转赠日本唐招提寺琼花、紫竹、马尾松、芍药等。

11月16日,扬州市一批名菊选送广州参展。

12月19日,市人民委员会印发《关于禁止在平山堂、观音山风景区取挖黏土的通知》。

12月25日,西方寺经修葺面目一新。

是年,市政管理处绿化队在湾头红星岛北端(大运河堆土区上)新辟苗圃7.2公顷,主要种植刺槐及豆科植物,以改良土壤。

1964年

1月8日,市绿化办公室成立,组织协调全市绿化工作。

5月11—13日,连云港、扬州、淮阴、泰州、南通5市城市绿化座谈会在扬州召开。

6月11日,市人民委员会决定设立市园林管理委员会,管理瘦西湖、平山堂、观音山、回回堂、仙鹤寺、何园、个园、史公祠、小盘谷、文峰塔、高旻寺、冶春园等10多处园林名胜。

10月10日,史可法祠修缮竣工,郭沫若题写楹联:"骑鹤楼头难忘十日,梅花岭畔共仰千秋。"

10月,市人民委员会转发国务院通知,全市机关、学校、单位不准养花,培育的花木盆景(含温室)移交给市园林所瘦西湖公园,由盆景艺人培育、养护。其中,明末古柏1盆,清朝中期古柏2盆,系古刹天宁寺遗物。另一批盆景由地委移交。

12月29日,市人民委员会印发《扬州市城市公共树木暂行管理办法》。

是年,瘦西湖公园清退生产队土地,并补批征用土地手续后明确界址,修建围墙。

1965年

是年,城市绿化共栽植乔木17.81万株,其中城市公共绿化植树3.8万株,园林绿化植树6.1万株,群众植树7.09万株,市区公路绿化植树0.82万株。

1966年

7月26日,扬州师范学院红卫兵于晚间冲入史公祠"破四旧"。市园林所干部得知后,连夜组织职工换下瘦西湖公园匾额,改贴"人民公园",将各厅馆名贵家具、字画陈设(清瓷屏风、红木宫灯等),分藏于四桥烟雨楼、法海寺。

7月27日,扬州师范学院、扬州师范学院附中、扬州中学、新华中学红卫兵,相继进入瘦西湖"破四旧",将法海寺天王殿、大雄宝殿的佛像和白塔佛龛内的观音大士像全部推翻。

7月27—28日,市园林所干部、职工为保护徐园、小红桥首两对石狮,及时将其放倒,埋入地下保存。同时,将名贵盆景、花木移至花房后堆场保护。

7月27—29日,先后两批红卫兵到观音山"破四旧",佛像被打翻,佛经化成纸浆,整个观音山被洗劫一空。文物交市博物馆保存。

7月28日,何园、文峰公园关闭,并将其中名贵家具、书画、陈设妥善保存。

7月29日,按市委紧急指示,市园林所对法净寺进行保护。市园林所干部进驻后,将鉴真楠木像及文物资料和各殿堂名贵家具、书画、陈设、法器集中至大雄宝殿予以保护。同时将"四大天王"、欧阳修石刻像加以保护。

8月,市人民委员会决定将平山堂划归市园林所管理。

8月,除瘦西湖公园对外开放外,其他各园均闭园保护。

1967年

4月20日,市军事管制委员会印发《关于保护革命文物和古代文物的通知》。市园林所对瘦西湖公园、何园、文峰公园代管大明寺的古代文物,再次进行清理,并妥善加以保护。

1968年

11月,法净寺、观音山移交市"五七"干校办校。

是年,个园由扬州专区阶级教育展览馆移交给扬州专区京剧团,作为办公、练功、住宿用房。

1969年

3月,市革命委员会决定,将何园移交给扬州无线电厂作为厂房。

1970年

3月,市基本建设局召开会议,动员市园林所和瘦西湖公园干部、职工全面整治园容园貌。

1971 年

3 月，市基本建设局决定将文峰公园划归市自来水公司代管，筹建宝塔湾水厂（即二水厂），寺庙建筑作为办公用房及仓库、宿舍。

1972 年

5 月，为确保交通安全，翻建瘦西湖大虹桥，将原单孔改为 3 孔，加长桥身，降低坡度。桥墩改用钢筋混凝土，桥身青石块堆砌，桥栏、桥面用花岗岩精凿而成。

12 月，市革命委员会批准瘦西湖公园、法净寺为外事开放单位。

1973 年

春季，法净寺再次划归市园林所管理。

5 月 24—26 日，日本"日宗恳"（全称是日中友好宗教者恳话会）访华代表团一行 11 人在中国佛教协会副会长赵朴初陪同下，到扬州访问，参拜法净寺（大明寺）和鉴真纪念堂堂址。

6 月，日方提出承建鉴真纪念堂意向，经赵朴初请示周恩来总理后，决定委托扬州市承建。

6 月，市革命委员会抽调人员组建鉴真纪念堂建设指挥部。按梁思成教授规划设计方案，由市建筑设计室进行施工设计。

7 月，鉴真纪念堂开工，11 月落成，耗资 24 万元。该建筑由清华大学教授、建筑学家梁思成总体设计，市建筑设计室在清华大学协助下完成具体设计工作。1984 年，获城乡建设环境保护部全国优秀设计一等（一级）奖，并获国家计划委员会颁发的国家优秀设计金质奖章。1989 年，被评为扬州市十佳建筑之一。2004 年，被国家列为经典建筑。

10 月 23 日，市革命委员会生产指挥组同意市园林所拆建瘦西湖八龙桥。

11 月 22 日，经市革命委员会批复同意，市园林管理所改名为市园林管理处。

是年，市革命委员会决定将普哈丁墓园划归市园林所管理。

1974 年

5 月，中国佛教协会副会长赵朴初再次陪同日本"日宗恳"访华团访问扬州及法净寺。

10 月 12 日，老挝军事代表团一行 4 人到扬州游览瘦西湖。

10 月，瘦西湖公园竹木门厅改砖木门厅。

11 月 26—28 日，芬（兰）中协会访华团一行 16 人到扬州游览法净寺、瘦西湖。

1975 年

1 月，市区下放 114 名知识青年到市园林处下属苗圃场劳动锻炼。

4 月 7 日，突尼斯共和国总理赫迪·努伊拉和夫人一行 12 人访问扬州，游览瘦西湖公园等处。这是扬州首次接待的政府首脑代表团。

5 月 15 日，冈比亚共和国总统贾瓦拉和夫人一行 15 人游览瘦西湖公园。

7 月 8 日，几内亚比绍政府代表团游览瘦西湖公园。

10 月 28 日，尼泊尔王国贾伦德拉、迪伦德拉亲王游览瘦西湖公园、法净寺。

1976 年

1 月 10 日，市革命委员会决定成立市绿化领导小组。

1月24日,市革命委员会印发《关于保护树木、加强绿化管理的通告》。

8月,市委、市政府进行紧急动员和全面部署,要求各单位做好防震、抗震的充分准备。市园林处及时动员瘦西湖公园、何园、大明寺职工将名贵家具、陈设等集中保管,上设保护架;名贵花木盆景放置空旷处;居住在园内宿舍区的干部、职工搭建防震棚,并组织干部、职工日夜值班。

1977 年

3月19日,西萨摩亚议长利奥塔率领的议会代表团游览瘦西湖公园。

1978 年

10月29日,成立市园林绿化管理委员会。是年冬,发动群众参与城市园林绿化建设,这是"文化大革命"结束后开展的第一次园林绿化植树活动。

1979 年

3月,为迎接"日本国宝鉴真和尚像中国展",省政府专项拨款90万元,抽调地、市有关部门领导成立工程指挥部,并组织施工队伍,对法净寺进行全面整修。维修天王殿、大雄宝殿,改建上山坡道,新建斋堂、寮房,粉刷、油漆各厅馆,对所有大小佛像整修贴金等。

3月,维修平山堂西园假山,征用土地1.33公顷,开辟环园石径,迁建柏木厅、楠木厅,新建听石山房、方亭等。

5月1日,何园由扬州无线电厂还归市园林处,经突击整修,再度对外开放。

5月1日,扬州工艺厂与市园林处在何园联合举办灯展,展出各种工艺彩灯200多盏。灯展历时4个多月,参观者10万多人次,中央新闻纪录电影制片厂将此摄入《古城扬州》纪录片。

5月21日下午,中共中央副主席李先念等一行30余人到扬州视察工作。22日,视察瘦西湖、平山堂。

6月19日,建立扬州花鸟盆景公司,隶属市园林处,为集体所有制企业。

6月,市园林处接管个园,进行局部维修。

10月1日,市园林处组织扬派盆景赴京,参加全国盆景艺术展览,并承担苏北盆景馆布展任务。

10月12日,市委决定今冬明春对瘦西湖(从新北门起到平山堂)进行疏浚。市委成立疏浚瘦西湖领导小组,下设办公室,办公室设在市园林处。

11月11日,中国佛教协会副会长赵朴初到扬州,与地、市领导就迎接鉴真坐像回国巡展、法净寺改回大明寺原名等问题交换意见。

11月,扬州红园盆景参加在英国、比利时、联邦德国举办的盆景展览会,获得金奖、银奖。

12月7日,文化部部长周扬等到扬州参观法净寺、鉴真纪念堂、史可法衣冠冢和江都引江水利枢纽工程。

12月,市政府成立瘦西湖疏浚指挥部,疏浚大虹桥至法净寺段湖道,同时开挖五亭桥至二十四桥新湖道。

1980 年

1月,法净寺经国务院批准恢复开放。

3月10日，扬州古典园林建设公司成立，与市园林管理处一套机构、两块牌子。1981年11月26日，经省建委批准，扬州古典园林建设公司为省古建公司的分支企业。

3月，法净寺、观音山维修工程竣工。3月中旬，为迎接日本唐招提寺鉴真像到扬州巡展，根据中国佛教协会副会长赵朴初建议，法净寺恢复原名大明寺，全面整修后，对外开放。观音山布展唐代出土文物，山下新辟停车场。

4月14日，鉴真大师坐像由日本唐招提寺住持森本孝顺长老护送，坐像巡展委员会主任、中国佛教协会副会长赵朴初在上海迎接，18日抵达扬州，江苏省暨扬州市各界人士1000余人在大明寺集会欢迎。19日，在大明寺举行"鉴真大师像回故乡——扬州巡展"开幕式和森本孝顺长老赠送的石灯笼安放点火仪式，森本孝顺长老和大明寺住持能勤法师互赠礼品，同植樱花树苗。25日闭幕，参观者20万人次。

4月22日，观音禅寺大修竣工。扬州唐代文物陈列室对外开放。

春季，市园林绿化委员会发动群众，掀起城市园林绿化植树高潮，全市栽植乔灌木及花卉75.56万株。公共绿化的重点是文化路、石塔路、瘦西湖、平山堂等处。

春季，除继续修建平山堂风景区外，重点整顿平山堂、观音山周围环境，平整平山堂山脚下停车场地，迁移平毁坟墓1200多座，平毁、拆除观音山前小山头及小街民房4户。组织郊区农民对瘦西湖从大虹桥至平山堂全长近4公里河道进行全面疏浚。拆迁市政府门口旧衙署门厅建成瘦西湖北大门，新建凫庄水榭、儿童游乐场、新动物园，添置画舫、小游艇。整顿西园曲水作花木生产经营基地。

10月，文峰公园、普哈丁墓园经整修对外试开放。

1981年

1月1日，市政府决定将大明寺移交给市民族宗教事务处和市佛教协会管理。

3月，国家文物局拨款维修天宁寺、重宁寺。

4月20日，在鉴真大师像回扬州巡展一周年之际，仿日本唐招提寺鉴真大师干漆夹纻像在大明寺鉴真纪念堂安放。

5月，美国林德布雷德旅行社组织美、日、英、墨西哥等国旅行者，由苏南乘船到扬州游览古运河，这是新中国成立后扬州首次接待游览古运河的外国旅行者。

7月1日，荷花池苗圃初步改建成荷花池公园，对外试开放。

7月18日，市茱萸湾公园筹备处成立。

荷花池公园建立，隶属市政管理处领导，为集体所有制性质。

8月2日，扬州古典园林建筑工程队建立，为集体所有制企业，隶属市园林处，实行独立经济核算。

9月7日，原属红园花木鱼鸟服务公司领导的长春生产队划归市园林处领导，其经济性质不变。

9月10日，市绿化办对全市古树名木进行普查登记。

9月20日，扬州五一食品厂发生火灾，厂区内原盐商卢绍绪住宅的二、三、四、五进楼厅被烧毁。

9月24日，国家城市建设总局科研教育设计局、园林绿化局在扬州召开"中国盆景艺术的研究"成果审定会，通过科研成果《中国盆景艺术》，扬派盆景被列为全国树桩盆景五大流派之一。

10月1—30日，扬州地区园艺学会、市园林处联合在瘦西湖公园举办扬州地区盆景艺术展览，重点展出传统的扬派盆景和新发展的山水盆景。

10月27日，市园林绿化管理委员会进行调整。11月18日，市城建局增设绿化管理股。

12月13日，市五届人大四次会议通过《关于开展全民义务植树运动的决议》。市政府积极响应，发动全市群众开展植树运动，栽植市区盐阜路、汶河路等主要干道行道树4992株，建街道小花圃98个。栽植各种树木75万株，公共绿地恢复到46.7公顷，人均绿地2.02平方米。

1982 年

1月15日，市园林处组织扬派盆景参加在香港举办的江苏盆景艺术展览。

2月8日，扬州市被国务院公布为全国第一批24座历史文化名城之一。

2月11日，市绿化委员会成立。

2月22日，为庆祝扬州市与日本唐津市缔结友好城市，个园对外开放，并举办扬州市·唐津市风光图片展览。

2月25日，市政府印发《扬州市绿化管理暂行规定》。

3月25日，省政府印发《关于重新公布江苏省文物保护单位的通知》，对全省文物保护单位进行调整补充，瘦西湖莲花桥、大明寺、个园、何园、天宁寺、小盘谷被列为省级文物保护单位。

3月，大明寺被国务院列为全国汉族地区重点开放寺庙。

4月，市政府为开发茱萸湾风景名胜区，停办景区内砖瓦厂，与市政苗圃合并，建立茱萸湾公园，直属市建委。

春，对市区汶河路、盐阜路等14条道路进行绿化植树。

5月1日至6月2日，市园林处组织各县（市）园林部门参加省建委在南京玄武湖举办的江苏盆景艺术展览，并负责布置"扬州馆"。市园林处黄杨盆景《凌云》获最佳盆景奖。

5月，扬州市从保护历史遗产出发，整修一批园林、寺院、楼塔，并加强绿化工程。

6月29日，市政府公布全市第二批文物保护单位名单，共有观音山、汪鲁门住宅、吴道台宅第、萃园、杨氏小筑、冶春园等18处。

8月2日，市政府成立天山汉墓搬迁领导小组，决定将高邮县天山汉墓搬迁到蜀冈－瘦西湖风景区。1986年6月19日，天山汉墓迁建复原工程举行开工典礼。1999年3月18日，扬州汉广陵王墓博物馆一期工程竣工，并开馆。

8月2日，仙鹤寺全面整修竣工。

8月5日，为有利于保护瘦西湖风景区和便于对湖面统一经营管理，市政府决定将瘦西湖水面划归市园林处管理。

8月30日，扬州古典园林建设公司从市园林处划出，改属市建筑工程局领导，企业性质不变。

9月30日至10月4日，市绿化办公室在史可法路南段举办首届扬州花市。

12月，市政府为综合整治解放桥周围环境，决定将原垃圾堆放场划归市园林处，筹建东郊公园。

1983 年

3 月，实行市管县体制，市园林管理处隶属市城乡建设环境保护局领导。

4 月，仙鹤寺修复结束。

5 月 1 日，位于解放桥东南角的东郊公园经市园林部门整修后对外开放。

5 月 22 日，中共中央副主席、国家主席李先念视察大明寺。

7 月 21 日，市政府审议市园林处的盆景园规划方案，决定拨款 10 万元，在西园曲水旧址筹建扬州市盆景园。

9 月 16 日，市园林处征用五亭生产队土地 8 亩，重建瘦西湖"白塔晴云"，工程由旅日华侨陈伸捐款，用于陈设"扬州剪纸"。

10 月 8 日，扬州古典园林建设公司重新划归市园林处领导。

10 月 10 日，中国花卉盆景协会在何园召开首次全国盆景老艺人座谈会，探讨、交流盆景技艺。同时举办全国盆景艺术研究班。

10 月 18 日，扬州古典园林建设公司承建盆景园"西园曲水"工程，迁移市区明末清初大厅三楹，复建濯清堂、浣香榭、游廊等建筑。

11 月 2 日，省文管会拨款 10.8 万元，维修五亭桥。主要工程是加固桥基，维修桥体（石桥）部分，由市政桥梁队承修。

11 月 18 日，市绿化委员会成立。

12 月，由中国建筑学会规划、环保、建筑、园林学术委员会联合召开的历史文化名城保护学术讨论会在扬州举行。

1984 年

2 月 3 日，全国政协副主席、中国人民解放军总政治部主任肖华上将视察大明寺。

2 月 25 日，瘦西湖风景区被省政府列为省级风景名胜区。

4 月 24—25 日，全国人大常委会副委员长、中国民主建国会中央委员会主席胡厥文视察大明寺、瘦西湖公园。

4 月 29 日，省建委同意瘦西湖"白塔晴云"景点复建方案。

5 月 19 日，瘦西湖风景名胜区被市公安局和市环保局列为禁猎区。

9 月，市园林处将瘦西湖花房的盆景集中移至盆景园。翌年 10 月 8 日，市园林处调配管理人员，组建扬州市盆景园。

12 月 23 日至 1985 年 1 月 3 日，市园林处组织扬派盆景赴香港，参加由中国贸易促进会江苏分会、香港华润艺术有限公司联合举办的江苏盆景艺术展览。

1985 年

7 月 18 日，市第一届人大常委会第十六次会议决定：银杏、柳树为扬州市市树，琼花为扬州市市花。

8 月 14 日，市建筑工程公司等单位为日本厚木市承建的仿瘦西湖小金山顶的古典建筑风月亭开工，9 月 10 日竣工。10 月 18—23 日，在日本厚木市举行赠亭落成剪彩仪式。

9 月 30 日，在国务院关心下，经城乡建设环境保护部和中国船舶工业总公司磋商，决定将 723 所占用的何园住宅部分、片石山房遗址移交市园林处整修。

10 月 1—30 日，市园林处组织扬派盆景参加由中国花卉盆景协会在上海举办的中国盆景评比展览。市园林处黄杨盆景《巧云》获一等奖。

12月23日至1986年1月3日,扬派盆景参加在香港举办的江苏盆景艺术展览。

1986年

1月11日,经国家旅游局审定方案,市计委批复同意市园林处复建瘦西湖二十四桥景区。

4月13日至5月13日,国际园艺生产者协会组织17个国家在意大利热那亚市国际博览中心举办第五届国际花卉博览会。市园林处组织盆景参加展览,设计施工的中国盆景馆,获最佳布置设计银质奖。

5月4日,几内亚(比绍)共和国国民议会议长卡尔门·佩雷拉一行5人游览瘦西湖。

6月24日,马里(苏丹)共和国总统穆萨·特拉奥雷偕夫人一行36人游览瘦西湖。

6月29日,以亚历山大·祖庐总书记为首的赞比亚联合民族独立党代表团一行31人游览瘦西湖等处。

7月1日,茱萸湾公园初步建成对外开放。

7月11日,刚果劳动党中央委员、妇女革命联盟总书记加马萨·艾丽丝·泰雷丝夫人一行3人游览瘦西湖。

7月14日,市政府批复同意将市园林管理处改建为市园林局(副处级),隶属市城乡建设委员会领导,下辖瘦西湖公园、盆景园、个园、何园、茱萸湾公园、古建公司、花鸟盆景公司,主管全市园林和城市绿化工作。

9月21日,市园林局征用双桥乡卜桥村薛庄、伍庄、念四村民小组土地1.5公顷,重建瘦西湖二十四桥景区(玲珑花界)。

10月1日,市盆景园对外试开放。

10月9日,市瘦西湖二十四桥景区建设办公室建立,负责筹建二十四桥景区。10月24日,市园林局举行重建二十四桥景区开工典礼。景区工程由扬州古典园林建设公司及江都古典园林建设公司承建。10月27日,瘦西湖二十四桥景区开工兴建。1988年12月12日,二十四桥主体建筑熙春台及游廊、十字阁复建竣工,获省优秀设计二等奖、市十佳建筑第二名。

11月25日,以巴勒斯坦民主解放阵线总书记纳耶夫·哈瓦特迈赫为团长的代表团游览普哈丁墓、大明寺等处。

12月3日,省建委在扬州主持召开瘦西湖风景名胜区总体规划评议会,对瘦西湖风景名胜区总体规划进行评议,建议更名为蜀冈-瘦西湖风景名胜区。

12月3—5日,瘦西湖风景名胜区规划鉴定会召开。

12月17日,英国前首相詹姆斯·卡拉汉到扬州访问,参观扬州漆器厂,瞻仰普哈丁墓,游览瘦西湖。

1987年

2月19日,市园林局与市宗教事务管理处签署东郊公园资产移交清单。

2月20日,市城乡建设委员会召集市规划办、市园林局有关人员审定《蜀冈-瘦西湖风景名胜区总体规划》。

3月3日,市园林管理处瘦西湖公园更名为市瘦西湖公园,市园林管理处何园更名为市何园,市园林管理处个园更名为市个园,均为副科级单位。市茱萸湾公园定为副科级单位。

3月3日,市盆景园、扬州花鸟盆景公司建立,均为副科级单位。

3月19日，民主柬埔寨主席诺罗敦·西哈努克亲王及夫人莫尼克公主游览瘦西湖公园。

3月30日，应德中友好协会和联邦德国盆景之友协会邀请，市盆景园盆景巡展组参加联邦德国国家园林节，市盆景园副主任万瑞铭应邀作扬派盆景现场剪扎表演。

4月28日至5月7日，市园林局组织扬派盆景赴北京参加第一届中国花卉博览会，黄杨盆景《凌云》获佳作奖，由市园林局规划设计的江苏馆获展出奖。

5月21日，市编制委员会批复市园林局机关设置：组织宣传科、保卫科、秘书科、绿化管理科、规划建设科、生产经营科。

5月27日，市园林局组织编制《茱萸湾风景名胜区总体规划》。

5月，根据建设部有关规定，市园林局组织编写蜀冈－瘦西湖风景名胜区申报资料，提交省政府向国务院申报第二批国家重点风景名胜区。

6月2日，新加坡共和国第一副总理兼国防部部长吴作栋偕夫人到扬州访问，游览瘦西湖公园。

8月24日，市政府公布茱萸湾风景名胜区为市级风景名胜区。

9月1日，市盆景园明末桧柏盆景，因树龄老化等原因枯萎，经市园林局和江苏农学院等单位专家会诊抢救无效。

10月24日，桥梁专家茅以升考察瘦西湖公园。

11月7—25日，市园林局与市绿委、瘦西湖公园联合举办市首届菊花品种评比展览，市区及各县园林、绿化共16家单位送展163个品种菊花，评出特等奖1盆、一等奖31盆。

11月14日，东郊公园划交市伊斯兰教协会管理。

11月17日，市计委批复同意成立市园林供销经理部。

12月，由市红园花木鱼鸟公司承建的具有中国清代建筑风格的六角亭在英国伦敦唐人街竣工。

1988 年

1月13日，何园、个园被国务院公布为第三批全国重点文物保护单位。

1月23日，市政府在仪征召开绿化工作会议。

8月1日，蜀冈－瘦西湖风景名胜区被国务院公布为第二批国家重点风景名胜区。

8月5日，经市政府批准，瘦西湖水面划归市园林局统一管理。同意市瘦西湖公园建立瘦西湖水产养殖场。

8月10日，市编制委员会批复同意市园林局机关生产经营科分设为计划财务科、公园管理科。市盆景园与扬州花鸟盆景公司由合署办公改为分开管理，单独核算。

10月1日，市盆景园对外试开放。

1989 年

1月6日，扬州花鸟盆景公司更名为扬州花木盆景公司。

2月7日，国家主席杨尚昆视察瘦西湖公园和个园。

3月22日，文峰公园建立，相当于正股级。

5月2日，蜀冈－瘦西湖风景名胜区管理委员会办公室成立。

9月5日，扬州古典园林建设公司9名工程技术人员赴美国华盛顿承建世界技术中心大厦内中国园林翠园、峰园。

9月11—14日,市园林局承办省风景园林工作会议,副省长张绪武到会并讲话。

9月25日,建设部城建司、中国园林学会、中国花卉盆景协会追授市盆景园已故盆景老艺人万觐棠"中国盆景艺术大师"称号。

9月25日至10月25日,市园林局组织参加在武汉市举办的第二届中国盆景评比展览,市盆景园黄杨盆景《腾云》获一等奖。

9月26日至10月3日,市园林局组织参加在北京举办的第二届中国花卉博览会,由市园林局设计的江苏馆获布展一等奖。红园水旱盆景《垂钓图》获一等奖。

10月1日,何园片石山房景点修复工程竣工,获省优秀设计一等奖、国家优秀设计三等奖。

10月20日,国家旅游局局长刘毅考察蜀冈–瘦西湖风景名胜区。

1990年

2月19日,中共中央总书记江泽民接见台湾"统联"访问团时,发表有关扬州二十四桥景区的讲话:"中国是个历史悠久、文化灿烂的国家。各地都有不少文物古迹。我的家乡扬州就有不少。唐朝诗人杜牧的诗'二十四桥明月夜,玉人何处教吹箫',写的就是我们扬州。我小时候一直在找这二十四桥,直到二月十八日晚上,家乡来人告诉我说,这二十四桥如今已经恢复原貌。如果大家有机会的话,希望你们到扬州看看。"

4月18日,国务委员黄华视察市盆景园、瘦西湖公园。

5月1日,市盆景园卷石洞天景点复建工程竣工,并对外开放。景点复建工程获省优秀设计一等奖、国家优秀设计表扬奖。

6月18日,市盆景园黄杨盆景《腾云》获日本大阪国际花卉博览会金奖。

6月26日,市园林局与上海文化出版社共同举办《扬州园林品赏录》(朱江著)新闻发布会。

6月,市园林局与市绿化委员会、江苏电视台联合录制《中国扬州园林》(上、下集)专题电视艺术片。

7月8日,上海市委副书记吴邦国考察瘦西湖公园、个园。

9月20日至10月30日,扬州市举办第九届扬州花市。

9月26日,在古禅智寺遗址东侧建造的竹西公园对外开放。公园占地7.33公顷,为苏北首家由农民创办的公园。

9月26日至10月6日,省第六届盆景艺术展览在红园和竹西公园举行。扬州市参展的250余盆盆景中,获一等奖3个、二等奖8个、三等奖38个、优秀作品奖15个。

10月31日,纺工部、水利部、林业部、化工部、电子工业部、劳动部等部长考察瘦西湖公园、个园。

11月11日,全国政协副主席洪学智视察瘦西湖公园。

11月12日,国务委员兼国家计划委员会主任邹家华视察瘦西湖公园。

12月5日,二分明月楼由市饮服公司移交市园林局。

是年,市政府决定在市一中西侧蕃釐观旧址上修复蕃釐观。1993年动工,1996年竣工。1999年在大殿后建琼花园,修复无双亭和琼花台。

1991 年

3 月 18 日，二分明月楼修复工程开工，12 月 31 日竣工。

4 月 15—25 日，在中国盆景、插花、根艺、石玩展览上，市盆景园送展的 18 盆扬派盆景中，黄杨盆景《碧云》、桧柏盆景《峥嵘》获大奖，柳椤木盆景《探云》等 4 盆盆景获优秀奖。

4 月 15 日至 5 月 15 日，市园林局与省建委在瘦西湖公园举办省园林艺术精品展览。

4 月 18 日，中共中央政治局常委李瑞环视察瘦西湖公园、个园。

5 月 1—10 日，在中国盆景艺术流派作品邀请展上，市盆景园获环境布置优秀奖 1 个，参展的桧柏盆景《峥嵘》获继承传统奖，黄杨盆景《碧云》获艺术创新奖。

5 月 5 日，乾隆水上游览线开通。

5 月 10 日，中央新闻电影制片厂专题摄制瘦西湖乾隆水上游览线纪录片。

5 月 26—29 日，市园林局与建设部城市建设司、中国风景园林学会联合举办中国首届风景园林美学学术研讨会。

7 月，瘦西湖公园、市盆景园、茱萸湾公园等公园遭受特大水灾。瘦西湖一片汪洋，水位陡增 120 厘米～140 厘米。多处堤岸塌方，小金山滑坡，长堤等处水深达 60 厘米～80 厘米，部分厅馆进水 80 厘米～120 厘米，盆景、树木被淹。瘦西湖公园停止开放 5 天，市盆景园停止开放 2 天。7 月 24 日，抢修小金山景点，9 月 24 日竣工，重新开放。

9 月 16 日，扬州市成立蜀冈 – 瘦西湖风景名胜区管理委员会，下设办公室，与市园林管理局合署办公。

9 月 18 日，市政府印发《关于严禁在蜀冈 – 瘦西湖风景名胜区墓葬的规定》。

9 月 22 日，市园林局和市旅游局在二十四桥景区试办二十四桥中秋赏月晚会。

10 月 2 日，省委书记沈达人、省长陈焕友考察市盆景园、瘦西湖公园。

10 月 12 日，中共中央总书记江泽民陪同朝鲜劳动党中央总书记、朝鲜民主主义人民共和国主席金日成视察扬州，参观蜀冈 – 瘦西湖风景名胜区。

10 月 16 日，市政府印发《扬州市蜀冈 – 瘦西湖风景名胜区管理办法》。

11 月 19 日，全国人大常委会副委员长彭冲视察瘦西湖公园。

11 月 27—28 日，市园林局与省建委举办第四届省园林旅游商品交易会。

是年，扬州市首次实行义务植树登记卡制度。

1992 年

2 月 27 日，市政府发文，同意市园林局与扬州师范学院中国古代文化研究所联合成立扬州文化研究所，下设扬州园林文化、扬派盆景、扬州历史文化、戏曲曲艺 4 个研究室。10 月 6 日，成立大会在市园林局召开。1994 年 2 月，扬州文化研究所编辑的《园林无俗情——中国首届风景园林美学学术研讨会论文集》由南京出版社出版。

3 月 8 日，朝鲜劳动党中央委员、最高人民会议议员、朝鲜记者同盟委员会会长、朝鲜《劳动新闻》代表团团长玄竣极一行 6 人游览瘦西湖公园。

4 月 8 日，省人大常委会副主任凌启鸿率 11 个省辖市人大农经委主任一行 45 人考察瘦西湖公园。

4 月 24 日，全国人大常委会正部级以上干部一行 20 人考察蜀冈 – 瘦西湖风景名胜区。

5 月 24 日，以朝鲜最高人民会议议长杨亨燮为团长的朝鲜议会代表团一行 10 人游览瘦西湖公园。

8月19日，建立市荷花池公园，相当于副科级。建立市二分明月楼公园、市园林水上管理队，相当于正股级。

9月14—16日，'92中国扬州二十四桥金秋赏月会在瘦西湖公园举行。

9月16—22日，在南京举行的中国海峡两岸盆景名花研讨会暨走向世界"中华杯"盆景名花精品大赛中，扬州红园参赛的8盆盆景中获4个一等奖、4个二等奖，同时获最高集体荣誉：走向世界"中华杯"名花盆景精品大赛优胜奖杯。

9月28日，市花卉鱼鸟市场建立并开业。

11月8日，在无锡市举办的全国第四届菊花展览中，瘦西湖公园获"百菊赛"佳作奖。

11月16日，在广州市举办的全国第二届插花展览中，瘦西湖公园插花《板桥遗韵》获二等奖。

12月下旬，市园林局组织300余盆花卉盆景参加香港北区第六届花鸟虫鱼展览会，瘦西湖公园金弹子盆景《国泰果丰》获亚军，市盆景园黄杨盆景《瑞云》获季军。

是年，瘦西湖公园静香书屋建成。1993年，以1∶1比例参加德国斯图加特1993年世界园林节国际园林博览会"中国园"的展出，获德国园艺家协会金奖、联邦政府铜奖，并作为永久性保存的园林建筑景点。

1993年

2月5日，全国政协副主席、中国佛教协会会长赵朴初视察瘦西湖公园。

4月17日，乌克兰最高苏维埃主席伊万·斯捷潘诺维奇·普柳希一行13人游览瘦西湖公园、市盆景园、个园。

4月21日至5月5日，在中国第三届花卉博览会上，扬州市参展的园林景点"烟花三月下扬州"获银质奖。

4月23日，泰国国会主席兼下院议长玛鲁·汶纳率领泰国国会代表团一行20人游览瘦西湖公园。

6月21日，建立市文津园，相当于股级。

7月29日，《蜀冈－瘦西湖风景名胜区总体规划》编制领导小组和专业工作组成立。

9月11日，原在瘦西湖公园内的吟月茶楼单独设立，相当于股级。

9月28日至10月7日，'93中国扬州二十四桥金秋赏月会在瘦西湖公园举行。

1994年

2月19日，中共中央政治局委员、国务委员兼国家体改委主任李铁映视察瘦西湖公园。

3月30日，贝宁国民议会议长温贝吉、副议长阿乔维游览乾隆水上游览线。

4月26日，市政府提请市三届人大常委会第七次会议审议《蜀冈－瘦西湖风景名胜区总体规划》。

4—12月，文津园改造工程实施。

5月20日，中共中央政治局常委、国务院总理李鹏视察蜀冈－瘦西湖风景名胜区。5月21日，视察个园。

5月10—30日，市园林局组织参加在天津举办的第三届中国盆景评比展览，市盆景园的黄杨盆景《行云》、红园的榔榆盆景《雄健》获一等奖。

6月6日,瘦西湖公园动物园东北虎产下二雌一雄3只幼仔,这是扬州有史以来第一次人工繁殖东北虎成功。

6月21日,国务委员兼国家计划生育委员会主任彭珮云视察市盆景园、瘦西湖公园。

7月12—14日,建设部在扬州召开《蜀冈－瘦西湖风景名胜区总体规划》评审会,规划获原则通过。

9月15日至10月15日,扬州第十一届花市举行。

9月15日至10月15日,'94中国扬州二十四桥金秋赏月会在瘦西湖公园举行。

9月23日,纳米比亚国民议会议长莫斯·佩纳尼·奇滕德罗等沿乾隆水上游览线观灯赏月。

9月28日,新加坡内阁资政李光耀游览瘦西湖公园。

9月30日,扬州市在瘦西湖举行大型国庆游园晚会。

10月11日,全国人大常委会副委员长彭冲视察个园。

10月13日,全国人大常委会原副委员长廖汉生视察瘦西湖公园、个园。

10月20日,《扬州市蜀冈－瘦西湖风景名胜区资源费征收办法》经市政府研究通过,颁布执行。

12月下旬,在香港北区第八届花鸟虫鱼展览中,市园林局参展盆景《六月雪》获冠军,《紫杉》获季军,《金弹子》获优异。

1995年

3月30日,中共中央政治局委员、国务院副总理李岚清视察蜀冈－瘦西湖风景名胜区。

4月18—28日,'95中国扬州琼花节举行。

4月28日,市广播电视局移交个园北区并签订移交协议。移交土地东西长59.38米,南北宽136米,总面积8421.93平方米。

5月26—29日,扬派盆景参加第三届亚太地区盆景雅石展览。

6月19日,中共中央政治局委员、书记处书记、国务院副总理姜春云视察市盆景园、瘦西湖公园。

8月30日,全国人大常委会副委员长王光英视察瘦西湖公园。

9月7日,扬州古典园林建设公司实施香港北区公园改建工程,12月底竣工。

9月8—15日,'95二十四桥中秋赏月游园晚会举行。

9月11日,建立扬州风景园林监察队,相当于副科级。

9月27日,全国人大常委会副委员长、全国民盟中央主席费孝通视察瘦西湖公园。

10月4日,市绿化办城市组改为市市区绿化办公室,科级建制,在市建委统一领导下,由市园林局负责管理,市园林局一名副局长兼任市区绿化办主任。原市绿化办城市组的3名事业编制列为市区绿化办编制。市市政管理处绿化队成建制划归市市区绿化办公室领导,该单位原规格、性质、人员编制、经费渠道等不变。

11月12日,瘦西湖公园参加中国第五届菊花品种展览,获1枚金牌、2枚银牌、2枚铜牌。

12月18日,市区绿化办及市政绿化队划归市园林局管理。

12月22日,虹桥修禊、清妍室、锦泉花屿、梳妆台、蜀冈朝旭、春流画舫六组水榭全面动工。

12月下旬,在香港北区第九届花鸟虫鱼展览会上,市园林局参展盆景《金弹子》获亚军,悬崖式盆景《斜树》获季军。

1996 年

2月14日,二分明月楼公园对外开放。

3月7日,市市政绿化队更名为市市区绿化队。更名后,原单位规格、编制、经费渠道等不变。

4月12日,中共中央政治局委员、中央书记处书记、国务院副总理吴邦国视察瘦西湖公园。

4月24日,中共中央政治局原常委宋平视察瘦西湖公园。25日视察个园。

6月13—15日,中国风景园林学会花卉盆景分会在扬州召开第四届理事会第一次会议。

6月27日至7月3日,蜀冈－瘦西湖风景名胜区风光片参加在北京中国革命博物馆举办的全国风景名胜区展览,获金奖。

7月5日,《蜀冈－瘦西湖风景名胜区总体规划》经国务院原则批准。

9月12日,全国人大常委会副委员长倪志福一行20人视察瘦西湖公园。

9月13日,华国锋视察瘦西湖乾隆水上游览线。

9月21日,市饮食服务公司管辖的冶春南园(芍萝园)划交市园林局所属的文津园管理。9月23日,冶春南园初步改造开放。

9月25日至10月5日,由市政府主办、市园林局承办'96中国扬州二十四桥金秋赏月会举行。

9月30日,省委书记陈焕友参观'96中国扬州二十四桥金秋赏月会。

10月5日,副省长张怀西参观'96中国扬州二十四桥金秋赏月会。

10月22日,国家副主席荣毅仁视察瘦西湖公园。

11月22日,全国人大常委会副委员长吴阶平、全国政协副主席万国权视察蜀冈－瘦西湖风景名胜区。

12月10日,市园林局改为市政府直属正处级事业单位,与蜀冈－瘦西湖风景名胜区管理委员会办公室合署办公。

1997 年

1月6日,全国人大常委会委员长乔石视察瘦西湖公园。

2月21日,扬州市被省政府命名为首批园林城市。

4月20日,中日樱花友谊林第十次访华代表团在瘦西湖公园水云胜概前西侧栽植日本樱花50株。

4月11—20日,在第四届中国花卉博览会上,市园林局参展的“扬州熙春台”景点获设计布置银牌奖。

5月13日,市园林局组织干部、职工30人,赴京参加中央电视台国际部《正大综艺》栏目录制的《友城专题——扬州》。该专题在中央电视台6月29日二套、7月6日一套、7月7日八套节目中播出。

5月24日,国务委员司马义·艾买提视察瘦西湖乾隆水上游览线。

9月30日至10月3日,举办瘦西湖公园'97国庆晚间游园活动,并燃放焰火。

10月1日,荷花池公园建成对外开放。

10月16日至11月6日,由市园林局、市花卉盆景协会主办,市盆景园承办的扬州盆景展览在市盆景园举办,12家单位的400余盆盆景参展。

10月18日至11月6日,由中国风景园林学会、省建设委员会、市政府主办,市园林局承办的第四届中国盆景评比展览在瘦西湖公园举行。第四届中国盆景评比展览有全国53个城市的882盆(件)盆景参展。市盆景园的黄杨盆景《凌云》,瘦西湖公园的山水盆景《雨沐春山》、黄杨盆景《碧云》,红园的水旱盆景《古木清池》,竹西公园的刺柏盆景《绿云》以及个人雀梅盆景《峥嵘岁月》获一等奖。

10月25日,国务院副总理邹家华视察瘦西湖公园。

11月4日,全国人大常委会原副委员长彭冲视察瘦西湖公园。

11月7—12日,上海东方电视台组织部分艺术家孙道临、秦怡、李炳淑、赵志刚、马莉莉在瘦西湖公园、个园进行表演活动。

11月22日,国务委员陈俊生视察瘦西湖乾隆水上游览线。

1998年

4月17日,中共中央政治局委员、国务院副总理钱其琛视察市盆景园、瘦西湖公园、个园。

5月8日,肯特—扬州友好园建成。

5月23—24日,全国政协副主席陈锦华视察何园、个园、市盆景园、瘦西湖公园。

5月27日,泰国王储玛哈·哇集拉隆功游览瘦西湖乾隆水上游览线。

8月上旬,个园北区全面启动建设,12月底竣工并对外开放。

8月11日,蜀冈–瘦西湖风景名胜区被命名为省级文明风景名胜区。

9月22日,市园林局在建设部、南京市政府主办的第二届中国国际园林花卉博览会上获组织奖,并获一等奖4个。

10月28日至11月28日,在第六届中国菊花品种展览中,瘦西湖公园参展的十八凤环(独头)获二等奖,蕊珠宫(独头)获三等奖,百菊赛获最佳奖,展台布置获优秀布置奖,插花《家乡》获三等奖。

11月22日,由中共中央政治局委员、中共上海市委书记黄菊,上海市委副书记、市长徐匡迪,上海市人大常委会主任陈铁迪,上海市委副书记、上海市政协副主席王力平组成的上海市党政代表团,考察瘦西湖公园。

11月25日,国家创建优秀旅游城市验收组检查瘦西湖乾隆水上游览线、瘦西湖公园。11月26日,验收组检查个园、何园,晚上检查荷花池公园。荷花池公园晚间对外开放。

1999年

1月11日,李行、吴思远、谢铁骊等70多位内地、香港、台湾的导演及影视界名人游览瘦西湖公园、何园、个园。

4月7日,泰国公主玛哈·扎克里·诗琳通一行24人游览瘦西湖公园。

5月1日,经'99昆明世博会专业评审组评比,扬州红园送展水旱盆景《古木清池》获大奖,瘦西湖公园送展的黄杨盆景《碧云》获金奖。市园林局获建设部'99昆明世博会参展先进单位奖。

5月23—24日，中央军委原副主席张震视察个园、乾隆水上游览线。

9月11日，全国人大常委会原副委员长陈慕华视察乾隆水上游览线。

9月14日，中国科学院院士何祚庥参观何园。

9月18日至10月31日，瘦西湖公园举办'99瘦西湖庆国庆金秋赏花游园会。9月30日，举办庆祝建国50周年晚间游园活动。

10月5日，全国人大常委会副委员长铁木尔·达瓦买提视察瘦西湖公园。

10月11—13日，扬州市与日本厚木市举行结为友好城市15周年纪念活动。10月11日，日方访华成员约60人在"四桥烟雨楼"区域植吉野樱200株。

10月20日，蜀冈–瘦西湖风景名胜区被中央文明办、建设部、国家旅游局联合命名为第二批全国文明风景旅游区示范点。

10月21日，市园林局参加中央文明办、建设部、国家旅游局在北京召开的关于广泛深入开展建设文明风景旅游区活动座谈会。

2000年

4月15日至5月10日，2000年中国扬州"烟花三月"旅游节举行。

4月16日，中共中央政治局常委、国务院总理朱镕基视察瘦西湖公园。

4月16日，位于古运河西岸中部的气澄壑秀景点落成。该景点由香港创新发展集团董事会主席陈城及其夫人刘婷捐资100万元修建。

4月16日，瘦西湖水环境整治工程开工。

4月20日，扬州中国盆景博物馆挂牌建立，市盆景园被定为西馆，扬州红园被定为东馆。

4月20日，扬州琼花观复建工程竣工，对外开放。

4月23日，位于古运河西岸中部的古河新韵景点落成揭幕。该景点由全国政协委员、香港嘉华集团主席吕志和捐资80万元修建。

8月20日，扬州古典园林建设公司与镇江国际经济技术合作公司首次合作，承接德国曼海姆市路易森公园的园中园——中国园"多景园"。2001年1月15日开工建设，9月12日竣工。

9月8日，扬州二分明月文化节开幕。

9月16日，瘦西湖公园与市盆景园门票并轨。

9月18日，全国政协副主席王兆国视察瘦西湖乾隆水上游览线。

9月19日，全国人大常委会副委员长丁石孙视察瘦西湖乾隆水上游览线。

9月20日至10月15日，市园林局组织参加省首届园艺博览会。在室外景点展览中，市园林局参展的作品《绿杨城郭是扬州》获二等奖；在盆景评比展览中，市园林局选送的盆景获特等奖1个、二等奖1个、三等奖4个；在插花比赛中，获一等奖2个、二等奖1个、三等奖1个。

9月23日至10月22日，市园林局组织扬派盆景参加在上海举办的中国国际园林花卉博览会，黄杨盆景《岫云》、黑松盆景《虎踞龙盘》获一等奖，刺柏盆景《将军风度》获二等奖，黄杨盆景《叠云》《青云》获三等奖。

10月20日，中共中央总书记、国家主席江泽民为扬州市题词："把扬州建设成为古代文化与现代文明交相辉映的名城。"

10月22日,法国总统希拉克在中共中央总书记、国家主席江泽民陪同下,视察瘦西湖公园、古运河风光带东关古渡段、扬州博物馆、汉广陵王墓博物馆。

2001年

1月11日,蜀冈－瘦西湖风景名胜区被国家旅游局评为扬州市首家国家AAAA级旅游景区。

2月19—27日,全国政协副主席钱伟长在扬州视察江都水利枢纽工程和扬州城市建设、园林管理等。

4月11日,全国人大常委会原副委员长胡启立视察瘦西湖公园。

4月15日至5月15日,2001年中国扬州"烟花三月"旅游节举办。

4月28日,国务委员、国务院秘书长王忠禹在扬州视察城市建设、旅游景点建设。

5月15日至6月5日,扬州市5件盆景作品在第五届中国盆景评比展览中获一等奖,分别是市盆景园黄杨盆景《彩云》、桧柏盆景《苍龙出谷》,瘦西湖公园雀梅水旱盆景《游龙戏水》,红园树石盆景《清泉石上流》和山水盆景《巴山烟雨》。在此展览会上,万瑞铭、赵庆泉被建设部城建司、中国风景园林学会授予"中国盆景艺术大师"称号,徐晓白、韦金笙获"中国盆景突出贡献奖"。

5月,瘦西湖公园被公安部、国家旅游局评为全国旅游安全先进单位。

6月8—11日,在第十五届全国荷花展上,荷花池公园选送的碗莲"案头红"获碗莲栽培技术评比二等奖。这是扬州市荷花在全国评比中首次获奖。

6月25日,普哈丁墓被国务院公布为第五批全国重点文物保护单位。

9月18日,瘦西湖公园接待到扬州参观的1800名参加第六届世界华商大会的代表。

9月18日,全国政协副主席霍英东视察瘦西湖乾隆水上游览线。

9月24日至10月8日,在第二届省园艺博览会上,扬州市承建的岩石园获园林景点奖二等奖。

10月1日晚,扬州电视台和中央电视台第四套节目在瘦西湖公园联合举办《天涯共此时——2001年中秋晚会》,并通过国际卫星向世界转播。

10月26日至12月9日,在第七届中国菊花品种展览会上,扬州市参展作品获插花艺术奖二等奖2个及百菊赛二等奖、展台布置二等奖。

12月6日,文昌广场建设工程开工,2002年1月5日竣工,其中绿地面积8000平方米。

12月8日,扬州古典园林建设公司受山东省东营市外办、侨办的委托,在美国总统布什的家乡得克萨斯州米德兰市建设、安装东米友谊亭。工程于2002年1月28日竣工。

12月28日,市政府机构改革。市园林局仍为市政府直属正处级事业机构,与市蜀冈－瘦西湖风景名胜区管理委员会办公室合署办公,两块牌子、一套班子,受市政府委托履行风景园林、城市绿化行政管理职能。

2002年

1月1日,荷花池公园实行免费开放。

1月,市区绿化队胡晓玲被省政府表彰为劳动模范。

4月16日,普哈丁墓园对外开放。

4月17日,中共中央政治局原候补委员、全国人大常委会原副委员长王汉斌视察瘦西湖公园。

4月18日,汪氏小苑对外开放。

5月1日,中共中央政治局委员、中国社会科学院院长李铁映视察瘦西湖公园。5月2日,视察个园、何园。

5月18日,全国人大常委会副委员长、全国妇联主席彭珮云视察瘦西湖公园。

6月17日,全国政协副主席毛致用视察瘦西湖公园。

7月7日,全国政协副主席王文元视察瘦西湖公园。

7月18日,在第十六届全国荷花展览会上,荷花池公园选送的碗莲"含笑"获碗莲栽培技术评比二等奖。

8月16日,中共中央政治局常委、国务院副总理李岚清视察瘦西湖公园。

8月18日,全国政协副主席张克辉带领中国台湾彰化商校校友参访团,视察瘦西湖公园。

8月22日,国际盆栽协会第一副主席苏义吉与世界盆栽联盟第一副主席岩崎大藏到扬州参观交流扬派盆景及其剪扎技艺。

8月26日至9月30日,在全市范围内开展风景园林绿化图片征集活动,共征集彩照600张,经园林绿化和摄影专家评选,选用176张彩照编成《绿杨城郭新扬州》画册。

9月9日,瘦西湖公园面向全国征集公园旅游口号,至10月30日,共收到应征信件4600余封、应征口号9000条。2003年3月9日,召开征集旅游口号活动专家评选座谈会,经近20位专家评选,评出银奖2个、铜奖3个,金奖空缺。

9月20日,2002年中国扬州二分明月文化节开幕,10月底结束。

9月,普哈丁墓园等9家单位(场所)被命名为第二批市爱国主义教育基地。

10月22日,汪氏小苑、朱自清故居、吴道台宅第等13处文物古迹被省政府公布为第五批省文物保护单位。白塔、吹台被公布为省级文物保护单位莲花桥的扩充项目。

10月24日,全国政协副主席杨汝岱视察瘦西湖公园、个园。

11月22日,个园南部住宅修复工程启动。2003年9月10日竣工,历时295天。2003年10月1日,个园南部住宅全面对外开放。

11月28日,扬州市"绿杨城郭、生态扬州"绿化工程启动。

2003年

3月1日,瘦西湖公园投入80万元取得中央电视台七点档《新闻联播》前的5秒广告播映权。广告播映为时2个月。

3月6日、3月8日,市旅游局和武汉市武昌区旅游局分别在扬州瘦西湖公园、武汉黄鹤楼公园举办"故人西辞黄鹤楼,烟花三月下扬州"扬州武昌两地旅游互动首游式,首开全国跨省互动游的先例。

3月12日,市绿化委员会、市园林局、市林业局在润扬森林公园组织出市委、市人大、市政府、市政协领导和扬州军分区、预备役师官兵、机关干部及邗江区四套班子领导、机关干部代表参加的千人义务植树活动,栽植水杉、垂柳等树木近万株。

3月27日,巨幅扬州风光剪纸《个园》在扬州工艺厂制作成功。该剪纸作品由工艺美术大师庞建东设计,面积16平方米,是迄今为止国内最大的剪纸作品。

4月13日,在由中央电视台、中国旅游报社、同里镇政府联合举办的首届"同里杯"神州导游风采大赛中,瘦西湖公园导游王燕获决赛第二名。

4月18日,中央电视台和市政府联合在瘦西湖风景区举办2003年中国扬州烟花三月国际旅游节大型文艺晚会。

4月19日,中共中央政治局原委员、原国务委员兼国防部部长迟浩田视察瘦西湖公园。

4月21日,中共中央政治局委员、书记处书记、中宣部部长丁关根视察瘦西湖公园、个园。

6月7日,省旅游局在"非典"疫情得到有效控制之后,组织千家旅行社、140家景点开展"放飞心情 快乐旅游"的阳光特惠行动。活动当天,扬州所有景点免费对游客开放。

6月28日至7月12日,在第三届省园艺博览会上,市政府获组织工作奖,扬州市建设的《疏林花境》《湿地生态园》获造园艺术一等奖。

8月7日,中共中央政治局常委、国务院副总理李岚清视察瘦西湖公园。

8月17日,中共中央政治局常委、中央纪律检查委员会书记吴官正视察瘦西湖公园、何园。

8月18—19日,扬州市创建国家园林城市工作通过省创建国家园林城市考核组考核。11月20—21日,扬州市创建国家园林城市工作通过建设部创建国家园林城市专家组检查考核。12月30日,扬州市被建设部命名为"国家园林城市"。

8月22日至9月30日,市城市环境综合整治办公室投资620万元,改造荷花池公园。改造后的荷花池公园为开放式公园,全园有6个出入口。10月1日,荷花池公园实行敞开式开放。

11月2日,扬州市召开纪念大会,纪念鉴真东渡日本1250周年。同日,1250年前鉴真东渡日本时带去的3颗舍利子由日本唐招提寺长老益田快范、执事西山明彦护送回归大明寺供奉;鉴真学院奠基;召开鉴真东渡研讨会;举办鉴真东渡成功1250周年书画展及赵朴初诗碑揭碑仪式。

11月14日,全国人大常委会副委员长、全国妇联主席顾秀莲视察瘦西湖公园。

是年,蜀冈-瘦西湖风景名胜区管委会被评为全国国家重点风景名胜区综合整治先进单位。

2004年

1月1日,位于蜀冈-瘦西湖风景名胜区内的蜀冈西峰生态公园建设一期工程开工。一期工程总面积40公顷,由绿化、道路、附属设施三部分组成,其中绿化总面积28公顷。4月竣工。该工程是市政府2004年为民办实事重点工程。

2月1日,漕河风光带工程由漕河景观改造工程1~6区、7~16区、漕河老干部活动中心新建工程、漕运起点工程等组成。其中,漕河景观改造工程1~6区、7~16区2月1日开工,4月10日竣工。漕运起点工程7月1日开工,9月25日竣工。漕河风光带绿化工程8月13日开工,9月18日竣工,绿地面积7.5公顷。该工程2004年被列入市政府为民办实事重点环境综合整治工程。

2月8日,市瘦西湖新区建设领导小组成立,领导小组下设指挥部。扬州瘦西湖旅游发展有限责任公司成立,公司与瘦西湖新区建设指挥部实行两块牌子、一套班子,为瘦西湖新区建设的投融资主体。2月28日,扬州瘦西湖旅游发展有限责任公司揭牌。

4月10日，扬州市在文昌广场、荷花池公园广场、维扬广场、来鹤台广场和世纪广场举行"爱绿护绿，爱我扬州"主题活动。

5月1—2日，中共中央总书记、国家主席胡锦涛在扬州视察，并视察瘦西湖水环境综合整治工程。

6月9—10日，全国人大常委会副委员长、民建中央主席成思危到扬州视察工作。在扬州期间，成思危视察瘦西湖活水工程等。

6月12日，中共中央政治局常委李长春视察瘦西湖活水工程。

7月8日至8月20日，由中国花卉协会、市政府主办，中国花卉协会荷花分会、市园林局承办，宝应县农林局协办的第十八届全国荷花展在扬州和宝应举行。

8月8日，根据市政府第59期专题会议纪要第四条："红园内目前所有的盆景由市园林局与市富春饮食服务公司邀请市政协有关领导与园林专家评估，共同商定处理。原则上所有有一定特殊价值的盆景均应由市园林局接收管理"。8月31日，市园林局邀请市政协有关人员会同市园林局、市富春饮食服务有限公司的6位专业人员组成工作小组，对红园现存盆景进行全面审查，按专家小组制定的遴选标准，最终确定入选移交市园林局管理的精品盆景160盆。10月18日，移交盆景完毕。

9月23日至2005年3月16日，在第五届中国国际园林花卉博览会上，市园林局组团参展，市盆景园参展的黄杨盆景《瑞云》获金奖。

9月25日，茱萸湾公园猛兽散养园建成。猛兽散养园由瘦西湖公园投资、扬州古典园林建设公司承建，占地1700平方米，其中狮舍200平方米、虎舍520平方米、熊舍130平方米，为砖混结构。9月下旬，瘦西湖公园动物园的20多只狮、虎、熊陆续在茱萸湾公园猛兽散养园安家。9月30日，茱萸湾公园猛兽散养园对外开放。

9月30日至10月10日，在第六届中国盆景展览会上，市园林局组团参展，市盆景园参展的圆柏盆景《横空出世》获金奖。

10月23日至11月21日，在第八届中国菊花展览会上，瘦西湖公园组团参展的作品获展台布置艺术奖金奖1个、百菊赛奖银奖1个、专项品种奖银奖2个、专项品种奖铜奖5个、菊花盆景奖银奖1个，参展的命题插花艺术获插花艺术奖铜奖1个。

11月23—24日，中共中央政治局常委、国家副主席曾庆红视察瘦西湖水环境综合整治工程、大明寺、蜀冈西峰生态公园、漕河风光带、古运河改造工程、便益门广场、市工艺美术馆等。

12月6日，由扬州日报社、市建设局、市园林局和市城建控股集团市政总公司联合举办的"新扬州十景"评选活动揭晓，润扬长江公路大桥、扬州火车站、扬州国际展览中心——中心公园、文昌广场、曲江公园、蜀冈西峰生态公园、漕河风光带、古运河风光带——东关古渡、汉陵苑、汪氏小苑成为新扬州十景。

是年，瘦西湖公园导游班被建设部、共青团中央命名为建设系统2003年度"全国青年文明号"。

2005年

1月5日，市五届人大常委会第十二次会议决定增补芍药为扬州市市花。

1月26日，润扬森林公园一期建设工程开工，4月16日竣工。公园占地232公顷，其中水域湿地47公顷、绿地150公顷,绿化覆盖率70%以上。公园一期工程完成项目有近70万平方米的各种建筑、园林景观,主要包括人工湖、千米花堤、商业街、纪念馆、景观主干道、10公顷的市民广场、景观广场、停车场以及其他基础设施。

2月11日,全国政协副主席廖晖视察瘦西湖公园。

2月22日,市政府召开协调会,决定将准提寺移交给市园林局,市园林局委托个园对准提寺进行经营和管理。2月24日,办理资料和现场交接手续。3月18日,准提寺维修工程开工,4月14日竣工。原藏经楼作为民间收藏展览馆,于4月20日对外开放。

3月9日,在润扬森林公园举行义务植树活动,市领导、机关干部和预备役师、扬州军分区官兵近千人参加,共栽植大规格水杉、女贞、国槐等树木1500多株。

3月12日,举办"我为大桥种棵树,绿化扬州我的家"大型群众性义务植树活动,逾千名市民主动参与。

4月9日,中共中央政治局委员、书记处书记、中央组织部部长贺国强视察瘦西湖公园。

4月20日,扬州市举办2005中国扬州旅游发展国际论坛。与会国内外专家围绕瘦西湖新区开发、扬州古城、古运河保护与利用3大主题,探讨新形势下扬州旅游业发展的新理念、新思路。

4月20日,市扬派盆景博物馆开馆。

4月24日,何园收到国家文物局古建筑专家组组长罗哲文从北京寄出的"晚清第一园"的亲笔题字。

4月30日,中共中央政治局常委、全国人大常委会委员长吴邦国出席润扬长江公路大桥开通仪式,并视察瘦西湖公园。

5月2日,中共中央原总书记、国家原主席、中央军委原主席江泽民视察瘦西湖公园,并题词"诗画瘦西湖"。随后视察何园。5月3日上午,视察个园。

5月2日,扬州首个"市民日"。市民们在荷花池公园、古运河风光带等地举行"欢乐扬州"系列活动。

6月3日,中国个园·首届扬州书画艺术大赛在扬州举行。

6月6—7日,中共中央政治局委员、书记处书记、中宣部部长刘云山视察扬州市文明城市创建工作、城市建设、文化建设、旅游资源等。6月6日,视察"双博馆"、瘦西湖公园等。

6月15—16日,《扬州市城市绿地系统规划(2004—2020)》通过由省建设厅组织的专家论证。

7月5日至8月31日,第十九届全国荷花展分别在北京和青岛举办,荷花池公园选送的碗莲"火花""露半唇"均获碗莲栽培技术评比一等奖。

7月24日,圭亚那合作共和国总理塞穆尔·阿奇博尔德·安东尼·海因兹游览瘦西湖公园。

7月,瘦西湖公园被全国双拥工作领导小组、中宣部、民政部、中央文明办、解放军总政治部授予"军民共建社会主义精神文明先进单位"称号。

8月13日,瘦西湖公园、个园、何园、市盆景园、市茱萸湾公园、市荷花池公园、市市区绿化队分别更名为瘦西湖风景区管理处、个园管理处、何园管理处、市扬派盆景博物馆、茱萸湾风景区管理处、荷花池公园管理处、市城市绿化养护管理处,相当于正科级。

8月,蜀冈–瘦西湖风景名胜区管理委员会办公室被建设部表彰为"2004年度国家重点风景名胜区综合整治先进单位"。

9月6—7日,全国政协副主席阿不来提·阿不都热西提率全国政协考察团到扬州视察,其间视察瘦西湖风景区。

9月6—16日,市扬派盆景博物馆参加在北京举办的第八届亚太盆景赏石会议暨展览,选送的黄杨盆景《行云》、榔榆盆景《饮马图》、圆柏盆景《苍龙出谷》、五针松盆景《清泉石上流》均获亚太参展入围奖和亚太佳作奖。

9月8日,中日友好协会会长宋健视察瘦西湖风景区。

9月10日,诺贝尔物理学奖获得者、美籍华裔物理学家丁肇中教授游览瘦西湖风景区。

9月12—14日,全国政协副主席、民革中央常务副主席周铁农视察扬州,其间视察瘦西湖风景区、个园。

9月18日至10月20日,在第四届省园艺博览会上,扬州市参展的《广陵观琼》获造园艺术奖二等奖。个园管理处选送的《探云》获盆景艺术奖一等奖。

9月20—22日,以全国政协副主席李蒙为团长的全国政协"循环经济发展情况"视察团视察扬州。9月21日,视察瘦西湖活水工程。

9月26日至10月16日,在首届中国绿化博览会上,扬州选送的刺柏盆景《汉柏凌云》获一等奖。

9月28日至10月6日,在第六届中国花卉博览会上,市扬派盆景博物馆选送的榔榆盆景《溪水人家》获一等奖。

10月4日,中共中央政治局委员、全国人大常委会副委员长、全国总工会主席王兆国视察扬州市城市建设、文化建设和旅游资源,并视察个园。

10月29—30日,中共中央政治局委员、国务院副总理曾培炎与随行的国务院副秘书长汪洋,视察扬州市城市建设、文化建设、旅游资源和汽车产业等。10月29日,视察瘦西湖风景区。10月30日,视察个园。

11月1日,中国国民党副主席江丙坤率国民党台商服务中心大陆访问团访问扬州,游览瘦西湖风景区。

11月25日,市政府发文明确,市蜀冈-瘦西湖风景名胜区管理委员会为市政府派出机构,正县级建制;不再保留原与市园林局合署办公的市蜀冈-瘦西湖风景名胜区管理委员会办公室。

12月,瘦西湖动物园搬迁至茱萸湾风景区内。

2006年

1月1日,市委蜀冈-瘦西湖风景名胜区工作委员会和蜀冈-瘦西湖风景名胜区管理委员会成立。

1月13日,中美两国政府共同建设的"中国园"项目在美国华盛顿奠基。

2月27日,瘦西湖风景区导游班被全国妇联评为全国"三八"红旗先进集体。

3月12日,在古运河畔举办"我为运河栽棵树,绿化扬州我的家"公益性植树活动,市领导、机关干部、扬州军分区官兵、预备役师的300多名干部共栽植大规格女贞、国槐等树木2800多株。

4月21日,中共中央政治局常委、全国政协主席贾庆林视察瘦西湖风景区。4月22日,视察个园。

4月30日至5月7日，在2006中国（陈村）国际盆景赏石博览会上，市扬派盆景博物馆选送的盆景《古木清池》获特别展示奖，《溪水人家》获铜奖。

4月30日，全国政协副主席、致公党中央主席罗豪才视察个园。5月1日，视察瘦西湖风景区、何园。

4—5月，在第五届中国杜鹃花展览上，瘦西湖风景区管理处选送的杜鹃花栽培获金奖1个、铜奖3个，并获展台评比银奖。

5月3日，全国人大常委会副委员长热地视察瘦西湖风景区、个园。

5月10日，全国人大常委会副委员长布赫视察瘦西湖风景区。5月11日，视察何园。

5月25日，莲花桥和白塔、吴氏宅第、大明寺、小盘谷、朱自清旧居入选第六批全国重点文物保护单位名录。

6月5日，扬州盐商住宅（廖宅、周宅、贾宅）、岭南会馆、文峰塔、逸圃、匏庐等11处入选第六批省级文物保护单位。

6月15日，全国人大常委会副委员长顾秀莲视察瘦西湖风景区。

8月18日，瘦西湖风景区管理处、市名城公司、市旅游发展有限责任公司、市瘦西湖旅行社有限责任公司共同出资组建市古运河旅游有限责任公司，隶属市园林局。

8月，由扬州古典园林建设公司承建的、国内唯一应邀参加泰国世界园艺博览会的"中国唐园"开工，10月竣工，并于2007年3月获2006年泰国世界园艺博览会（A1类）室外国际展园评比一等奖。

9月1日，古运河水上游览线开通。

9月7日，全国政协副主席董建华视察瘦西湖风景区、个园。

10月14日，联合国副秘书长、人居署执行主任安娜·卡朱莫洛·蒂贝琼卡访问扬州，考察瘦西湖风景区。10月15日，考察个园。

11月23日，全国人大常委会副委员长、民革中央主席何鲁丽视察瘦西湖风景区、大明寺、何园、卢氏盐商住宅、双博馆等。

12月15日，国家文物局公布中国世界文化遗产预备名单重设目录，扬州市"瘦西湖及扬州历史城区"入选。

12月18日，蜀冈–瘦西湖风景名胜区内万花园工程开工，2007年3月23日竣工。

12月25日，宋夹城湿地公园工程开工，2007年4月17日竣工。

2007年

1月1日，瘦西湖风景区管理处投入135万元，全年在中央电视台（一套和新闻频道）黄金时段午间《新闻30分》栏目后的城市气象预报进行景区画面宣传。

1月13日，市城市绿化养护管理处、荷花池公园管理处、文津园3家单位合署办公，实行三块牌子、一套班子。

1月16日，瘦西湖风景区管理处与市扬派盆景博物馆正式合并。

1月18日，市政府成立瘦西湖及扬州历史城区申报世界文化遗产工作领导小组，启动瘦西湖及扬州历史城区申报世界文化遗产工作。

2月5日，扬州园林文化研究所、扬州园林古典建筑研究所、扬州园林叠石研究所、扬州盆景研究所、扬州园林动物研究所、扬州城市绿化研究所成立。

2月9日,建设部公布首批20个国家重点公园名单,个园、何园入选。

4月8日,国家邮政总局在瘦西湖风景区熙春台举行首发式,向全世界发行《扬州园林》特种邮票。

4月12日,国务委员唐家璇视察新建的瘦西湖万花园景区。

4月14日,中国国民党副主席江丙坤率台商代表团游览瘦西湖风景区。4月16日,游览古运河。

4月16日,中国国民党荣誉主席连战游览瘦西湖风景区。

4月16日,中共中央政治局原常委李岚清视察古运河。

4月18日,2007中国扬州"烟花三月"国际经贸旅游节开幕式在瘦西湖风景区内万花园举行。

4月27日,瘦西湖风景区管理处获"全国旅游系统先进集体"称号。

4月,瘦西湖风景区管理处徐顺美获"全国五一劳动奖章"。

7月,在第二十一届中国(武汉)荷花展览会上,荷花池公园管理处选送的"碗莲"获碗莲栽培技术评比一等奖。

9月20日至10月19日,在第五届省园艺博览会上,扬州市的"二分明月"景点获造园艺术奖一等奖。

9月23日至2008年4月16日,在第六届中国国际园林花卉博览会上,市政府获组织奖,市园林局获"室内综合展奖"银奖。

9月28日至10月底,在第九届中国菊花展览会上,瘦西湖风景区管理处参展的展台布置获布置艺术项目特等奖,"瘦西湖"获室外景点项目一等奖、百菊展项目二等奖,"黄鹤楼"(菊花多头)获专项品种项目三等奖,"芳溪秋雨"(菊花独头)获专项品种项目三等奖。

9月29日,市五届人大常委会第二十九次会议全票通过《关于建立城市永久性绿地保护制度的决议》,将蜀冈西峰生态公园、曲江公园、明月湖中央水景公园、文昌广场、维扬广场、来鹤台广场、古运河风光带、漕河风光带、荷花池公园、文津园等10块城市绿地定位、定址、定量,作为扬州市第一批永久性绿地加以保护。

10月4日,全国人大常委会副委员长顾秀莲视察瘦西湖风景区、个园、何园。

10月22日,"扬州水上风情游"线路开通。新开辟的旅游线是在整合古运河、二道河、瘦西湖水上游览线的基础上,再增加小运河、宋夹城湿地公园的旅游资源而形成的水上旅游线路,从便益门广场始发,途经东关古渡、吴道台宅第、康山文化园、何园、南门遗址广场、荷花池公园、瘦西湖风景区、宋夹城湿地公园等地,最后停靠在瘦西湖东堤。全程约15公里,历时两个半小时,实行全线通票及分段售票两种方式。

11月,蜀冈-瘦西湖风景名胜区管理委员会获建设部"国家级风景名胜区综合整治优秀单位"称号。

12月18日,扬州市"绿色扬州"暨大江风光带建设启动。

2008年

1月1日,瘦西湖风景区管理处投入145万元,继续全年在中央电视台(一套和新闻频道)黄金时段午间《新闻30分》栏目后的城市气象预报中进行景区画面宣传。

1月7日，瘦西湖传说、扬州叠石、扬州园林建筑艺术、扬派盆景制作技艺、扬州船娘风情文化等104项被市政府公布为第一批扬州市非物质文化遗产代表作。

2月1日，《扬州市城市绿化管理办法》《扬州市市区城市绿线管理办法》施行。

3月15日，扬州2008"烟花三月下扬州"旅游推介会暨城市旅游形象口号与标识发布仪式在北京举行。扬州城市旅游形象口号"诗画瘦西湖、人文古扬州，给你宁静、还你活力"发布。

4月7日，国家文物局古建筑专家组组长、中国文物学会会长、全国历史文化名城保护专家委员会副主任罗哲文考察何园。

4月16日，罗聘故居经全面维修后向社会开放。

4月17日，中国扬州佛教文化博物馆一期工程建成开放。

4月18日，壶园修复工程竣工。

4月18日，李长乐故居整修工程竣工。

4月18日，胡仲涵故居整修工程竣工。

4月18日，华氏园修缮工程竣工。

4月18日至5月18日，首届中国扬州万花会在瘦西湖风景区内万花园举行。

4月20日，国家文物局古建筑专家组组长、中国文物学会会长、全国历史文化名城保护专家委员会副主任罗哲文考察扬州，参观瘦西湖风景区，并题词："中国最秀丽的湖上园林。"

4月21日，全国人大常委会原副委员长、秘书长盛华仁视察瘦西湖风景区。4月24日，视察个园。

4月27日，全国人大常委会原副委员长、中国科学院院长路甬祥视察瘦西湖风景区、个园。

5月13日，全国人大常委会副委员长、民进中央主席严隽琪视察瘦西湖风景区。

6月7日，国务院批准公布第二批国家级非物质文化遗产名录，由市扬派盆景博物馆申报的"扬派盆景技艺"入选。

7月，瘦西湖风景区管理处陈丽获国家旅游局和全国妇联授予的全国旅游系统"巾帼建功标兵"称号。

8月，瘦西湖风景区内的万花园二期工程开工，2009年3月竣工，总占地面积23.7公顷，其中水面面积9.71公顷、建筑面积3666.67平方米、道路与铺装面积2公顷、绿地面积11.67公顷，是2009年中国扬州"烟花三月"国际经贸旅游节的主会场。

9月12日，瘦西湖公园被住房和城乡建设部公布为第二批国家重点公园。

9月29日至10月6日，在第七届中国盆景展览会上，扬州市选送的《浓荫深处》（水旱盆景，榔榆）获金奖。

9月29日，省委书记梁保华考察个园及个园花局里街区。

11月5日，中共中央政治局委员、全国人大常委会副委员长、全国总工会主席王兆国视察个园。

11月20—22日，由中国风景园林学会、市政府主办，中国风景园林学会花卉盆景赏石分会、市园林局承办的第四届中国盆景研讨会在扬州召开，并形成中国盆景发展《扬州宣言》。

12 月 1 日，《扬州市古树名木和古树后续资源保护管理办法》施行。

12 月 18 日，扬州古典园林建设有限公司揭牌建立。

2009 年

1 月 10 日，市扬派盆景博物馆新馆开工，4 月 10 日竣工，4 月 18 日在瘦西湖风景区万花园举行揭牌仪式。

1 月 18 日，扬州旅游景区营销中心成立。

2 月 2 日，中共中央政治局委员、国务院副总理王岐山视察瘦西湖风景区水上游览线。

2 月，蜀冈 – 瘦西湖风景名胜区被中央文明办、住房和城乡建设部、国家旅游局授予"全国文明风景旅游区"称号，是江苏省首家获此称号的景区。

2 月，何园管理处周晓晴被全国妇联、全国妇女"巾帼建功"活动领导小组授予"全国巾帼建功先进工作者"称号。

3 月，阮元家庙及宅第整修工程开工，12 月底竣工。

4 月 6 日，国务院原副总理曾培炎视察个园和花局里街区。

4 月 7 日，江泽民视察瘦西湖风景区水上游览线、万花园一期和二期。

4 月 18 日，2009 中国扬州"烟花三月"国际经贸旅游节开幕式及开幕式晚会"水韵扬州"在瘦西湖风景区万花园举行。同时，第二届中国扬州万花会开幕。

5 月 9—10 日，中共中央政治局常委李长春视察卢氏盐商古宅、古运河、瘦西湖风景区、个园、逸圃等。

6 月 10 日至 8 月 8 日，在第二十三届全国荷花展上，市城市绿化养护管理处选送的碗莲"火花"和荷花池公园管理处选送的碗莲"小佛手""红灯笼"均获一等奖。

6 月 11 日，文化部公布第三批国家级非物质文化遗产项目代表性传承人名单，盆景技艺（扬派盆景技艺）赵庆泉名列其中。

6 月 23 日，环境保护部部长周生贤、副部长张力军及环保部相关司（局）主要负责人考察瘦西湖活水工程。

7 月 18 日，瘦西湖风景区万花园夜游首次开放。

7 月 28 日，何园珍宝馆工程开工，9 月 16 日竣工。

7 月 30 日，市六届人大常委会第十一次会议通过《关于同意确定第二批城市永久性保护绿地的决议》，同意将万花园等 10 个绿化地块确定为第二批城市永久性保护绿地。

7 月，冬荣园修复工程开工，12 月 22 日竣工。

8 月 18 日，国家林业局印发《关于同意扬州动物园增加驯养繁殖大熊猫的行政许可决定》。

9 月 22 日至 2010 年 5 月 8 日，在第七届中国（济南）国际园林花卉博览会上，市政府参展的"扬州园"获室外展园综合奖金奖、设计奖优秀奖、施工奖优秀奖、建筑小品奖优秀奖，瘦西湖风景区管理处送展的盆景《探海》获盆景奖金奖，市城市绿化养护管理处获评先进集体，赵御龙等 4 人获评先进工作者，扬州市获优秀组织奖。

9 月 22 日，蜀冈 – 瘦西湖风景区被文化部和国家旅游局授予"国家文化旅游示范区"称号。

9 月 25—26 日，全国政协副主席孙家正视察瘦西湖风景区、"双东"历史文化街区。

9月26日,第三届中国扬州世界运河名城博览会"月光晚会"在瘦西湖风景区万花园举办。

9月26日至10月26日,在第六届省园艺博览会上,市政府获组织工作奖,扬州市承建的"三友观翠"景点获造园艺术一等奖。

10月18日,全国政协副主席王忠禹视察个园、汪氏小苑、何园。

10—11月,在第三届中国菊花精品展上,瘦西湖风景区管理处获菊花展台"最佳布置奖"。

11月11日,国家林业局印发《关于同意扬州动物园增加驯养繁殖马来熊等野生动物的行政许可决定》。

12月31日,市委对外宣传办公室、市政府新闻办公室命名瘦西湖风景区、个园、何园、大明寺等30家单位为首批市对外宣传采访基地。

是年,宋夹城遗址公园获批国家考古遗址公园。

2010年

3月,匏庐修缮工程开工,12月底竣工。

4月3日,国务委员、公安部部长孟建柱视察瘦西湖风景区。

4月14—16日,人民网、新华网、央视网、中国网、国际在线、新浪、搜狐、天涯、西祠、中江网等12家全国知名网站记者到瘦西湖风景区采风。

4月16日,世界盆栽友好联盟交流中心在市扬派盆景博物馆揭牌。

4月18日,国家旅游局在瘦西湖万花园举行"江南园林迎世博"旅游景区服务质量提升月活动暨国家AAAAA级旅游景区颁牌仪式,瘦西湖风景区被列为扬州市首家国家AAAAA级旅游景区。

4月18日,第三届中国扬州万花会在瘦西湖五亭桥畔开幕。

4月18日,2010中国扬州"烟花三月"国际经贸旅游节在宋夹城考古遗址公园开幕。

4月18日,宋夹城考古遗址公园初步建成开放。

4月26日,联合国副秘书长、人居署执行主任安娜·卡朱莫洛·蒂贝琼卡考察瘦西湖风景区、宋夹城考古遗址公园、个园、何园。

4月28日至5月20日,在第四届中国月季花展暨2010世界月季联合会区域性大会上,市园林局参展的"竹西芳径"获月季(景点)造景艺术奖银奖,瘦西湖风景区管理处选送的"归""和"获月季插花艺术奖金奖,"窃窃私语""竹西佳处"获月季插花艺术奖银奖。

5月2日,中国国民党荣誉主席吴伯雄游览个园。

6月8—9日,上海世博会"扬州友谊日"在扬州举办。57个国家和地区的近百名世博会参展国家及国际组织的官员、上海世博局有关领导和30余名海内外媒体记者分别游览以"烟花三月下扬州""寻找大运河的源头""绿杨城郭,宜居之城"和"精致的盐商生活"为主题的4个世博游扬州示范点。

6月9日,全国政协副主席张梅颖视察个园。

6月14日,扬州市举行"扬州的夏日"夏季旅游系列活动启动仪式。启动仪式上,瘦西湖风景区、个园、何园、汪氏小苑被授予"长三角世博体验之旅示范点"称号。

7月3日至9月3日,在第二十四届全国荷花展上,荷花池公园管理处选送的两盆"红灯笼"和市城市绿化养护管理处选送的两盆"小玉楼"均获碗莲栽培技术评比一等奖。

7月15日,扬州瘦西湖旅游发展集团有限公司挂牌成立。

8月10日,丁氏、马氏盐商住宅修缮与复建工程开工,12月底竣工。

9月10日,全国人大常委会副委员长乌云其木格视察个园。

10月4—6日,国际盆栽协会考察瘦西湖风景区。10月5日,2013年国际盆栽协会50周年庆典暨国际盆景大会签约仪式在扬州举行,扬州市获大会举办权。

10月18日至11月18日,在第十届中国菊花展览会上,扬州市制作的室外展台获展台布置艺术奖金奖、"百菊赛奖"一等奖。

10月27—28日,中共中央政治局委员、全国政协副主席王刚视察卢氏盐商住宅、瘦西湖风景区、个园、何园等。

11月2—4日,中国台湾亲民党主席宋楚瑜一行9人游览"双东"历史文化街区、双博馆、扬州美术馆"八怪书画展"、史可法纪念馆、瘦西湖风景区、个园、何园、大明寺。

11月10—27日,在广州举办的国际盆景邀请展上,市扬派盆景博物馆选送的黄杨盆景《飘云》获金奖。

2011年

1月17日,全国人大常委会副委员长、中国红十字会会长华建敏视察瘦西湖风景区。

1月29日至2月20日,以"美好江苏,幸福扬州""神龙跃两岸,盛世共和谐"为主题的2011年第二届苏台灯会(江苏扬州灯会)在宋夹城考古遗址公园举办。

2月6日,中共中央政治局委员、书记处书记、组织部部长李源潮视察瘦西湖风景区。

2月24日,个园管理处导游接待部被全国妇女"巾帼建功"活动领导小组表彰为全国巾帼文明岗。

4月5日,全国政协副主席李金华视察瘦西湖风景区、宋夹城考古遗址公园等。

4月12日,大运河申报世界文化遗产预备名单公布。扬州市共有16项遗产点(河道)进入立即列入项目,7项遗产点(河道)进入后续列入项目。瘦西湖、个园等成为大运河扬州段申报世界文化遗产预备名录遗产点的"立即列入项目"之一。

4月18日,2011中国扬州"烟花三月"国际经贸旅游节暨万花会在瘦西湖风景区万花园开幕。晚8时,由市委、市政府主办的2011中国扬州"烟花三月"国际经贸旅游节大型文艺晚会《扬州梦·扬州情》在宋夹城考古遗址公园举行。

4月18日,绿杨城郭水上游览线开通。

4月28日至10月22日,在中国2011西安世界园艺博览会上,市政府参展的扬州展园"绿杨村"获综合类金奖、建筑银奖、设计优秀奖、植物配置优秀奖。

5月10日,国家邮政局和个园管理处联合发行的个性化邮册《踏访盐门》在个园首发。

5月10日,全国盐文化遗产开发保护研讨会颁奖仪式在准提寺举行,个园被中国商业史学会授予"中国盐文化遗产保护奖"。

6月8日,全国人大常委会副委员长、农工党中央主席桑国卫,全国政协副主席、农工党中央常务副主席陈宗兴率农工党中央考察团视察瘦西湖风景区。

6月19日,扬州市获"国家森林城市"称号。

6—9月,市园林局开展市区第四次古树名木普查登记工作。

7月8—10日,在第二十五届全国荷花展览会上,荷花池公园管理处选送的碗莲获一等奖1个,市城市绿化养护管理处选送的碗莲获二等奖1个。

7月31日,由中国旅游总评榜组委会、搜狐旅游、中国旅游门票网、《行游天下》等全国20多家网络媒体杂志共同发起的中国最美潜力景区排行榜总榜单揭晓。瘦西湖被列为"中国最具潜力的十大湖"之首。

9月26日至10月26日,在第七届省园艺博览会上,市政府获突出贡献奖,市园林局建设的扬州展园"古刻新韵"获造园艺术一等奖。

9月28日,扬州旅游营销中心有限责任公司成立。

9月30日,由新华报业传媒集团、《中国国家地理》杂志社、省旅游协会、省摄影家协会联合发起的"走进江苏——江苏最美的地方"推选活动结果揭晓,瘦西湖风景区获"江苏最美的地方"五星第一名。

10月4日,全国人大常委会原副委员长热地视察瘦西湖风景区、宋夹城考古遗址公园。

10月6日,全国人大常委会副委员长、九三学社中央主席韩启德视察瘦西湖风景区、宋夹城考古遗址公园。

11月19日至2012年5月11日,在第八届中国(重庆)国际园林博览会上,扬州市参展的《扬州园》获室外展综合奖银奖、施工奖优秀奖,选送的盆景《追云叠影》获室内展盆景奖金奖,扬州市获城市优秀组织奖,市园林局获优秀建设奖和先进集体。

12月,瘦西湖风景区管理处被人力资源和社会保障部和国家旅游局授予"全国旅游系统先进集体"称号。

2012年

1月5日,市六届人大常委会第二十九次会议通过《关于同意确定第三批城市永久性保护绿地的决议》,北城河风光带、肯特园绿地等7块总用地面积62.45公顷的绿地被确定为市区第三批永久性保护绿地。

2月22—29日,由省兰花协会、省花卉盆景赏石协会、市园林局联合主办,市兰花协会、个园管理处承办的2012省兰花邀请展在个园举行。

4月3日,全国政协副主席、九三学社中央副主席王志珍视察个园。

4月8日至5月8日,第五届中国扬州万花会在瘦西湖风景区万花园举行。

4月16—18日,省兰花邀请展(蕙兰展)在个园抱山楼举行。

4月21日,由同程网、市园林局主办,扬州旅游景区营销中心、瘦西湖风景区管理处承办的2011"验客中国"旅游体验博客大赛颁奖典礼在瘦西湖风景区举行。

5月1日,全国人大常委会副委员长、民革中央主席周铁农视察个园。

5月18日,中共中央政治局原常委罗干视察何园。5月19日,视察个园。

7月6日至8月30日,在第二十六届全国荷花展上,荷花池公园管理处选送的两盆"红灯笼"均获碗莲栽培技术评比一等奖,市城市绿化养护管理处选送的两盆"小玉楼"均获碗莲栽培技术评比二等奖。

10月5日,省委书记罗志军考察茱萸湾风景区。

11月17日,国家文物局公布更新的《中国世界文化遗产预备名单》,其中与扬州相关的项目有3个,分别是排序第二的大运河、排序第十三的扬州瘦西湖及盐商园林文化景观、排序第十六的海上丝绸之路。

12月5日，全国人大常委会副委员长司马义·铁力瓦尔地视察个园。

12月20日，瘦西湖风景区管理处整建制划归蜀冈–瘦西湖风景名胜区管理委员会管理。

2013 年

1月，瘦西湖风景名胜区、个园获"2012 美好江苏欢乐游"活动"游客最喜爱的旅游景区（点）奖"。

4月5日，全国政协副主席王家瑞视察个园。4月6日，视察何园。

4月5—10日，美国"探索频道"到扬州拍摄专题纪录片《扬派盆景》。

4月8日至5月8日，第六届中国扬州万花会在瘦西湖风景区万花园举行。

4月18—20日，2013 国际盆景大会在扬州举行，近40个国家和地区的代表以及11个国家驻上海总领事和代表等500多人应邀参会，其中国内外盆景大师13人。会议期间，举办国际盆栽协会50周年庆典、盆景创作表演和专业讲座等活动，在宋夹城考古遗址公园展出国内外精品盆景和赏石作品322件、盆景作品图片100幅，评选出盆景金奖作品10件、银奖作品22件、铜奖作品32件、特别荣誉奖作品1件以及赏石金奖作品8件、银奖作品14件、铜奖作品25件，接待游客6.8万人次。20日下午，2013 国际盆景大会《扬州宣言》碑揭幕仪式在瘦西湖风景区国际盆景大会纪念岛"疏林观风"举行，国际盆栽协会主席托马斯·伊莱亚斯宣读国际盆栽协会《扬州宣言》。

4月20日，由个园管理处投资拍摄的电视音乐艺术片《梦里个园》获第四十六届美国休斯顿国际电影电视节电视片旅游类金奖，即"worldfest 雷米奖"。

4月21日，"全国青少年体育发展计划"启动仪式在个园举行。

5月3日，逸圃、卢氏盐商住宅、贾氏盐商住宅、汪氏小苑被列为全国重点文物保护单位。

5月8日，全国政协原副主席廖晖视察个园。

5月18日至11月18日，在第九届中国（北京）国际园林博览会上，市园林局参展的片石山房获博览会组委会"园博馆室内园施工大奖"。

6月13日，中共中央政治局原常委、全国政协原主席贾庆林视察个园、何园。

9月26日至10月26日，在第八届省园艺博览会上，市政府获突出贡献奖，市园林局获先进集体奖，扬州市承建的"多彩芳庭"景点获造园艺术奖二等奖。

10月24日，由东南大学编制的何园保护规划通过国家文物局组织的专家论证。

10月，瘦西湖风景区被省旅游局、中国江苏网授予"2013 网民最喜爱的江苏十大赏花胜地"。

11月4日，西班牙前首相冈萨雷斯及其夫人、新加坡外交部前部长杨荣文及其夫人，在馥园千秋粉黛演艺剧场观看扬州地方曲艺表演。

12月6日，首批"青奥之旅"指定接待景区、推荐景区授牌仪式在瘦西湖风景区举行。瘦西湖风景区、个园入选20家青奥会指定接待景区。

12月17日，联合国副秘书长吴红波考察个园。

12月30日，瘦西湖南大门环境提升改造工程开工，2014年4月18日竣工。

是年，双峰云栈复建工程开工，2014年4月建成开放。

2014 年

3 月 27 日,市七届人大常委会第十二次会议同意对蜀冈西峰部分永久性保护绿地进行调整。

4 月 3 日,全国人大常委会原副委员长桑国卫视察个园。4 月 5 日,视察何园。

4 月 8 日至 5 月 8 日,第七届中国扬州万花会在瘦西湖风景区万花园举行。

4 月 10 日,扬州水上旅游观光巴士开通。

4 月 18 日,2014 中国扬州"烟花三月"国际经贸旅游节开幕式暨重大项目签约开工仪式在瘦西湖风景区万花园举行。

4 月 19 日,宋夹城体育休闲公园建成开放。

4 月 23 日,中共中央政治局原委员、国务院原副总理曾培炎视察个园。

4 月 28 日,大运河水上旅游专线开通。

5 月 7 日,国务院原副总理吴仪视察个园、何园。

5 月 15 日,中共中央政治局原常委、国家原副主席曾庆红视察何园。

5 月 15 日,扬州动物园"啸峰展区"和"鹤苑展区"获评"中国动物园协会示范展区"称号。

5 月 19 日,瘦西湖风景区、何园入选"畅游江苏"经典旅游景区推荐名单。

5 月 29 日,市七届人大常委会第十三次会议通过《关于同意确定第四批城市永久性保护绿地的决议》。4 块 22.7 公顷绿地成为市区第四批永久性保护绿地。

6 月 22 日,中国大运河通过第三十八届联合国教科文组织世界遗产委员会会议审议,被列入世界遗产名录。瘦西湖、天宁寺行宫、个园等 10 多处被列入遗产点名录。

7 月 8 日,在第二十八届全国荷花展上,荷花池公园管理处参展作品获碗莲栽培技术一等奖 1 个。

8 月 14 日,黑山共和国总统菲利普·武亚诺维奇游览个园。

8 月 18 日,瓦努阿图共和国总理乔·纳图曼游览个园。

8 月 30 日,克罗地亚议长约西普·莱科游览个园。

11 月 11 日,国务院公布第四批国家级非物质文化遗产代表性项目名录,"传统造园技艺(扬州园林营造技艺)"入选。

2015 年

1 月 18 日,扬州旅游景点电子年卡首次发行。

1 月,由市园林局、扬州报业传媒集团联合主办的《绿杨城郭》创刊。2016 年底,该杂志成为国家图书馆馆藏刊物。

3 月 31 日,荷花池公园管理处将蜀冈西峰生态公园(含八卦塘)的管理权及区域内配套设施移交给瘦西湖风景区管理处接管。

3 月,何园管理处导游班获全国妇联颁发的"巾帼文明岗"称号。

4 月 8 日至 5 月 8 日,第八届中国扬州万花会在瘦西湖风景区万花园举行。

4 月 10 日(纽约时间),瘦西湖美景在美国纽约大道 3 号的汤森路透大屏上循环滚动播出。

4 月 18 日,《瘦西湖》特种邮票首发仪式在瘦西湖风景区熙春台举行。

4 月 21 日，住房和城乡建设部、国家文物局公布第一批 30 个中国历史文化街区名单，扬州市南河下历史文化街区入选。

5 月 14 日，扬州六大旅游惠客惠民工程之一的"景点惠客惠民大行动"启动。5 月 19 日起，可使用免费门票进入景点，活动将面向市民发放 24 万张旅游景点免费门票。

5 月 27—29 日，市七届人大常委会第十九次会议审议通过市政府关于《扬州历史文化名城保护规划》《瘦西湖及扬州历史城区周边区域建筑高度控制规划》编制等情况汇报以及《关于调整荷花池公园永久性绿地部分地块用途的议案》情况汇报。

6 月 19 日至 7 月 18 日，荷花池公园管理处和文津园选送的碗莲品种"红灯笼""小玉楼"等参赛作品，在第二十九届全国荷花展碗莲栽培技术评比中获 4 个一等奖。

7 月 4 日，2015 扬州蜀冈 – 瘦西湖风景名胜区规划发展论坛在扬州举行。

8 月 17 日，省长李学勇到扬州调研考察建设中的廖家沟城市中央公园等。

9 月 22 日，史可法广场、阮元广场、扬州中学院士广场、虹桥坊广场、邵伯谢安广场、杜十娘广场等 6 座广场建成开放。

9 月 30 日，市七届人大常委会第二十二次会议通过决议，同意蜀冈中西峰生态修复工程方案。

10 月 9 日，中美共建"中国园"项目签约仪式在扬州举行。

10 月 12 日，扬州市成功申办第三十届全国荷花展。

11 月 18 日，市园林局、何园管理处被中国公园协会授予 2014—2015 年度中国公园协会分支机构及会员单位"突出贡献奖"。

12 月 11 日，省委副书记、代省长石泰峰到扬州调研考察李宁体育园、廖家沟城市中央公园等。

是年，在 2015 年国际盆景大会暨第十三届亚太盆景赏石大会上，瘦西湖风景区管理处（市扬派盆景博物馆）选送的盆景《浓荫深处》获金奖，盆景《追云叠影》《山村风情》获铜奖。

2016 年

1 月 1 日，蜀冈 – 瘦西湖风景名胜区嘉境邻里公园、邗江半岛公园等首批 8 个生态体育休闲公园建成集中开放。

2 月 1 日，《扬州历史文化名城保护规划》获省政府批准实施。

2 月 15 日，省旅游局公布 2015 年江苏十大新景区、十条新线路评选结果，宋夹城景区入选"江苏十大新景区"，扬州舜天国际旅行社申报的淮扬文化生态休闲游入选"江苏十大旅游新线路"。

2 月 21 日，省委、省政府召开全省生态文明建设大会，扬州市获"国家生态市"称号。

4 月 8 日至 5 月 8 日，第九届中国扬州万花会在瘦西湖风景区万花园举行。

4 月 12 日，首届国家重点花文化基地建设研讨会在扬州召开。个园等 8 家单位成为首批国家重点花文化基地，并结成首批国家重点花文化示范基地联盟。

4 月 16 日，扬州经济技术开发区三湾公园、广陵区五台山大桥公园等 15 个生态体育休闲公园建成集中开放。

4 月 19 日，由何园管理处选送的"何氏家训"宣传片登录中纪委、监察部网站。

4 月，在第十三届中国杜鹃花展览中，个园管理处参展项目"个园竹语"被组委会评为室外景点金奖，并作为永久性景点展示在锡惠公园入口处。

5月1日，国际园艺生产者协会主席伯纳德·欧斯特罗姆率队到扬州考察世界园艺博览会申办工作。

5月18日，在第九届省园艺博览会闭幕式上，省政府公布扬州市获第十届省园艺博览会承办权。

6月2日，扬州设计建设的谊园，作为唯一一个参展的中国古典园林作品，在第十届爱尔兰布鲁姆国际园艺节亮相。

6月8日，"中国园"项目成功纳入第八轮中美战略与经济对话成果清单（第21项），中美两国政府重申对该项目的支持，决定在2016年10月30日前实现开工建设。9月，G20杭州峰会期间，"中国园"项目被列入中美元首杭州会晤成果清单（第19项）。10月28日，中美共建"中国园"项目开工仪式在华盛顿国家树木园举行。

6月28—30日，第十二届中国（扬州）赏石展览会专家评审会在茱萸湾风景区举行。10月22—28日，市园林局承办的中国（扬州）第十二届赏石展在茱萸湾风景区举行，全国33个城市的504件奇石参展。

7月28—31日，由中国花卉协会荷花分会、蜀冈－瘦西湖风景名胜区管理委员会、市园林局主办，瘦西湖风景区管理处、荷花池公园管理处承办的第三十届全国荷花展在瘦西湖风景区举办，全国27个省、市110家单位参展，共展出400多个品种、1万盆（缸）荷花。中国花卉协会荷花分会授予荷花池公园管理处"全国荷花展览组织奖先进团体"称号，荷花池公园管理处选送的荷花新品种"小红菊"获得大、中型荷花新品种评比一等奖，培育的碗莲获碗莲栽培技术评比一等奖1个、二等奖3个（其中2个为文津园培育）。第三十届全国荷花展分会场设在个园、何园、荷花池公园、茱萸湾风景区。荷花展期为6月15日至8月15日。

8月20日，中央电视台《新闻联播》播发《扬州：休闲公园为百姓量身定制》。

8—9月，瘦西湖风景区管理处与江南大学合作，运用智能无损检测技术检测瘦西湖风景区内古树名木。在所检测的古树中，约88.6%的古树健康状况良好。

9月30日，扬州市获2021年世界园艺博览会承办权。

10月18日，省政府批复同意《何园保护规划》。

10月26日，国际诗人瘦西湖"虹桥修禊"系列活动在瘦西湖风景区的"虹衢春风"景区开幕。西班牙、墨西哥、哥伦比亚、洪都拉斯、古巴等5国的诗人及国内诗人，与国内外近200名诗歌爱好者雅聚大虹桥旁，共同参与"虹桥修禊"典仪、绿杨城曲水流觞联诗等活动，重现"虹桥修禊"盛景。

10月31日，市政府公布《扬州市第一批历史地名保护名录》，名录包括自然地理实体、行政区域、街巷道路、园林古迹、纪念地等810个需要保护的历史地名。

11月3日，全国人大常委会原副委员长蒋树声视察何园。

12月12日，廖家沟城市中央公园三期、瘦西湖园林花卉主题公园等17个生态体育休闲公园建成集中开放。

第一章　古典园林

园林多是宅，车马少于船

両隄花柳全依水
一路楼台直到山

庚申三月
次韻書時客揚州

平山堂圖

扬州古典园林按布局大致分为湖上园林和城市山林两大类,按属性大致分为官府园林、寺观园林、会馆园林、祠堂园林、书院园林、茶坊酒肆园林、私家宅园等。扬州现存古典园林大致分为瘦西湖园林、宅第园林、寺观园林、祠墓园林4种类型。

瘦西湖园林即一般所指的湖上园林,是明、清时期扬州城西北郊瘦西湖一带的园林。瘦西湖水系是随着隋唐以来城池的变迁,由通向古运河的水道和由人工开凿的纵横交错的城濠组合而成。经元、明、清三代精雕细琢,逐步演变为风光秀丽的风景区,到清代乾隆年间达到高峰。其主要景点24处,形成"两堤花柳全依水,一路楼台直到山"的盛况。时人称"杭州以湖山胜,苏州以市肆胜,扬州以园亭胜,三者鼎峙,不可轩轾"(清刘大观语),更有人认为"扬州园林之盛,甲于天下"(清金安清语)。因与杭州西湖相比,独具一种清瘦秀丽的特质,故称作瘦西湖。清嘉庆之后,瘦西湖园林逐步衰落。新中国成立后,尤其是80年代以来,扬州市重点建设瘦西湖园林,加以系统地规划和建设,先后修复和建设卷石洞天、西园曲水、白塔晴云、二十四桥景区、瘦西湖北区、玲珑花界、石壁流淙、锦泉花屿、双峰云栈等景点,逐步再现康乾年间湖上园林的盛况。瘦西湖园林从北护城河边冶春园起,西北至双峰云栈,景点各具特色、连线成片,"其烟渚柔波之自然,其婉丽妩媚之气质,其人工与自然相融合之天衣无缝,窈折幽胜,仍为苏杭等地园林所无法比拟者。"(汪礼语)瘦西湖园林是国家AAAAA级旅游景区——蜀冈-瘦西湖风景名胜区的主体和核心景观,具备独特的"南方之秀、北方之雄"的园林风格,是中国古典湖上园林的代表作,也是扬州市最为耀眼的城市名片。

扬州宅第园林最早的记载为东晋时期谢安建造的芙蓉别墅。唐代是扬州宅第园林的第一个高峰期,有"园林多是宅,车马少于船"之说。明代中后期,扬州私家园林的数量、质量得到进一步发展。清乾隆时期,扬州园林达到鼎盛,宅第园林数量众多,主要集中在东关街、南河下一带。清嘉庆之后,宅第园林逐步衰落。同治、光绪时期,城区宅第园林出现"中兴"局面,但其数量、规模与清乾隆时期难以相比。新中国成立后,部分宅第园林由于保护不力遭到破坏。改革开放后,宅第园林得到有效保护,部分宅第园林修复后对外开放。现保存较好并对外开放的宅第园林有个园、何园、小盘谷、汪氏小苑、逸圃、吴氏宅第等。

寺观园林是以佛寺、道观建筑空间为主的庭院,是扬州古典园林的重要组成部分。东汉末年,笮融在扬州建寺造像,此为扬州佛教流行的开端。道教在扬州传播也较早,西汉时期,扬州就建有后土祠。其后,扬州大量兴建寺庙、道观,寺观内往往配置花木构成园林,寺观园林化成为扬州寺观的显著特征。寺观园林是扬州古典园林的重要代表。现存寺观园林主要有大明寺、天宁寺、观音山禅寺、琼花观等。

祠墓园林是扬州园林中重要的一支。现保存完好的祠墓园林不多,市区仅存普哈丁墓园、史公祠、欧阳祠、徐园(徐宝山祠园)、董子祠、曾公祠(盐宗庙)等,且大部分仅存祠墓,园林部分废弃不存。

第一节　瘦西湖园林

冶春园

位于丰乐下街。1962 年 5 月，被列为市文物保护单位。

清乾隆年间，今冶春香影廊、水绘阁之北为丰市层楼。乾隆在扬州游历时建有天宁寺行宫。从天宁门至北门，沿河北岸建河房，仿照京师长连短连、廊下房及前门荷包棚、帽子棚做法，称为买卖街。官府令各方商人运来珍异物品，随营为市，而形成丰市层楼。这里还是乾隆游历供应六司百官吃喝的大厨房，其中所备菜肴即满汉全席。后来此处成为餐英小榭、庆升茶楼所在。

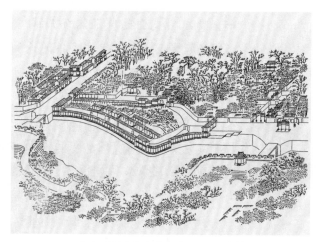

丰市层楼(选自《广陵名胜全图》)

晚清叠石名家余继之在此处建餐英别墅、问月山房等，并在其宅第东侧开设茶社，出售点心、饭菜，兼营花木，称为冶春花社。

香影廊茶社为孙天今四代相传，其旁边水绘阁为孙天今妻弟马金科所开庆升茶社。随时光推移，香影廊四世主人没落，后继无人，香影廊、庆升两茶社均归马金科之子马正良经营。

1970 年冶春园

新中国成立后，公私合营时期，冶春花社、庆升茶社和香影廊合并为冶春茶社。1994年，冶春茶社划归市外事办公室管理，改称冶春花园茶社。市政府拨专款扩建冶春园。在此次修缮过程中，余继之所建的餐英别墅被拆除。2003年，为进一步发展旅游服务业，冶春园归属扬州扬子江投资发展集团管理、经营。

绿杨村

位于北护城河北侧的扬州花鸟盆景市场。

清康乾时期，该处为城闉清梵一景。该景包括斗姥宫、毕园和闵园三部分。由候补道毕本恕、盐课提举闵世俨、知府衔汪重耿先后修建。乾隆三十年（1765）后，被列为北郊二十四景之一。乾隆四十八年（1783），知府衔罗琦有加以修葺。

斗姥宫西为闵园，大门临北护城河，入门为庭院，庭院内叠假山，浚水池，山上有亭翼然，题额"栖鹤亭"。庭院北端为小屋六楹，题额"南漪"。后一层建厅堂三楹，沼池树石，点缀生动，题额"绿杨城郭"。此厅为闵园赏景的最佳处。厅外楹联为"城边柳色向桥晚，楼上花枝拂座红"，生动描绘了这里杨柳依依入涟漪的迷人景致。清嘉庆后，此景渐毁。

晚清时期，在城闉清梵旧址上新建绿杨村，为当时扬城北郊一座有名的茶肆。村前有土墙，墙上有石额题"绿杨村"三字。进绿杨村后，跨过一道板桥，便是林荫小道，路旁花木清香袭人，树木浓荫蔽日，意境深邃。高大的树梢上竖着一根长竿，竿上高悬一白旗，书"绿杨村"三个红字，时人皆用"白旗红字绿杨村"之句来赞美此景。茶肆主人虽然卖茶，也喜莳花弄草，屋后河边，围着竹编的篱笆，篱笆院内植有四时花木盆景。沿着竹篱向东，尽头是一片竹林，竹竿高耸，直上云霄。竹丛之中，有茅亭一座，名为冷香亭。亭的东侧，有一荷塘，池

城闉清梵（选自《江南园林胜景图册》）

塘四周环植杨柳。绿荫深处，又有茅屋三五间，为幽静品茗之所。炎夏时节，文人雅士小集其间，品茗咏诗，凭栏赏荷，暑气为之顿消，有"赤日行天午不知"的惬意。每当重阳时节，绿杨村中开菊花大会。主人以菊花制成龙形，龙口喷水不绝，五光十色，颇为精巧。当时，男女老少到此游赏，极为热闹。

新中国成立后，在此开办扬州花木商店。花木商店人员虽少，但都是业内精英，其中有著名花匠王瑞芝、李乾清、董德余、施正山，盆景艺人许昭仪，养鱼世家朱仁宝、许宏庆，养鸟专家王昆等，经营人才有赵人杰、赵云轩、栾凤林等。由于花木商店位于蜀冈－瘦西湖风景名胜区内，区位得天独厚，加上经营有方，生意兴隆，名气很大。"文化大革命"期间，扬州花木商店改为红园花木商店，后改办化工厂历3年之久。"文化大革命"结束后，花木商店逐渐恢复营业，生产、经营规模进一步扩大。1979年，红园花木商店更名为扬州红园花木鱼鸟服务公司。此时，绿杨村内拥有各式盆景和花木数万盆、金鱼池200余口、养鸟专用楼房一座。扬州红园成为省内最大的花木鱼鸟生产基地。1979年5月，中共中央副主席李先念到红园视察，对红园的生产经营情况给予肯定。中共十一届三中全会后，红园的盆景、鸟类源源不断进入国际市场。其盆景作品先后参加德国、英国、比利时、日本、法国、意大利等国举办的国际花卉园艺展览，并获奖。红园金鱼获得中国花卉博览会二等奖和饲养方法科技进步奖。2000年4月，扬州市成立扬州中国盆景博物馆，红园被辟为东馆。

绿杨村

绿杨村作为扬州红园花木鱼鸟生产基地，大致可分为四部分：村中主体为盆景场，存养盆景千余盆，其中不乏百年古木。村东首为新建的冶春茶社，与茶社相邻的是康乐园浴室。茶社西侧，是200米长的沿河开阔地带，面积5000余平方米，为花鸟鱼虫交易市场。

卷石洞天

位于新北门桥北侧。占地6500平方米。2008年1月，被列为市文物保护单位。

清初，此处为员园，是康熙年间八大名园之一。园内主要有过云涧、典纯亭、夕阳红半楼、养素泉等景点。乾隆年间为北郊二十四景之一，又称洪氏别墅。园主人为洪徵治（1710—1768），安徽歙县人，承父业在扬州从事盐业。乾隆二十七年（1762），因迎接乾隆第三次游历有功，在原有奉宸苑卿官衔上，加官一级。洪徵治在扬州建有两座园林，其中红桥修禊为大洪园,卷石洞天为小洪园。

卷石洞天以怪石老树称胜,洪徵治"以旧制临水太湖石山,搜岩剔穴,为九狮形,置之水中。上点桥亭,题之曰卷石洞天"(《扬州画舫录》)。这座九狮山是叠石名家董道士堆叠,李斗称"郊外假山,是为第一",并为该假山手书条幅。乾隆时期,该园主要景点有群玉山堂、夕阳红半楼、委宛山房、薜萝水榭、契秋阁等。其中,夕阳红半楼为员园

卷石洞天(选自《江南园林胜景图册》)

构筑物,飞檐峻宇,与贺氏东园的夕阳双寺楼并称于扬州。委宛山房是此园颇有特色的景点,其"一折再折,清韵丁丁,自竹中来。而折愈深,室愈小,到处粗可起居,所如顺适。启窗视之,月延四面,风招八方,近郭溪山,空明一片。游其间者,如蚁穿九曲珠,又如琉璃屏风,曲曲引人入胜也"。乾隆中后期,洪肇根修缮此园。清咸丰年间,园林毁于兵火。至民国年间,"水边沙际,怪石纵横,犹想见当年胜概"。1936年左右,在此设三益农场。

新中国成立后,此处多为农田。1958年春季,植树造林,被辟为绿化带。50年代后期,将扬州古城内盐商魏次庚宅园内的"歌吹古扬州"台迁建于卷石洞天南段汀屿。1979年11月,由扬州花鸟盆景公司管理。1983年,市政府决定在卷石洞天、西园曲水两座历史景点遗址上筹建市盆景园。同年10月,开工建设西园曲水景区。1984年10月,组建市盆景园。

卷石洞天园景

1986 年 10 月前, 卷石洞天门厅及夕阳红半楼、委宛山房等附属建筑及门厅外东广场建成, 并于国庆节对外试开放。1988 年, 开始规划建设卷石洞天景区, 规划设计方案由市古典园林建设公司高级工程师吴肇钊担纲编制, 规划建设石屏鹤舞、双木夹镜、泉源石壁、高山流水、曲院花影、松壑云卷、飞泉鸣琴、八方致爽、红楼夕照、瑶台枕流等 10 个景点, 西与西园曲水通连。复建工程从 1989 年开始建设, 至 1990 年 5 月建成。

新建成的卷石洞天景区由东部的水庭、中部的山庭与东北部的平庭三部分组成。东部以巨石为屏, 折而北行, 入群玉山房抱厦, 可见壁泉、潭水。东部画幅借窗之浮动花影, 点缀画舫。循长廊可至水庭。山庭、水庭以长廊相隔。廊中部为廊亭, 廊亭北为爬山廊, 南为叠落式廊。中部的特色是"卷石"与"洞天", 利用瘦西湖北岸的土阜平岗, 因地制宜, 在土丘上堆叠湖石, 以洞壑幽深取胜。洞内仿自然石灰岩溶蚀景观, 玲珑剔透, 因势利导, 岩壑、水岫、溶洞、裂隙, 应形而生。潜流、迭泉分别从溶隙、岩窟款款而下, 呈现忽断忽续、忽隐忽现、忽急忽缓、忽聚忽散的不同水景, 产生不同音响, 形成"非必丝与竹, 山水有清音"的诗意。山庭最南端为两层结构的薜萝水阁, 下层观瀑, 上层观山。阁面北的中间设画幅窗, 山庭尽收眼底。西部土阜蜿蜒, 竹径通幽。修竹之北庭园透迤, 花木扶疏。花墙后夕阳红半楼飞檐峻宇, 斜出山体。楼东委宛山房隐于山后, 花脊卷棚, 四面各异。与委宛山房相对的丁字楼, 呈曲尺形旋律构筑。由于历史原因, 重新建设的卷石洞天景区与乾隆时期的景观格局差异较大, 特别是主要景点假山、夕阳红半楼、委宛山房等的位置改变较大, 建筑形制、风格也与历史不太吻合, 但新的方案较好地体现景点水石相依的总体格局, 该景点规划设计方案获得建设部 1991 年优秀设计评选"城市建设表扬奖"。

2000 年 4 月, 成立扬州中国盆景博物馆, 分为东西馆, 即扬州红园和盆景园, 此处成为西馆。2002 年, 改造卷石洞天瀑布, 增加 3 眼涌泉。2005 年 4 月, 市扬派盆景博物馆在此开馆。2006 年, 修缮卷石洞天门厅。2007 年 1 月, 市扬派盆景博物馆和瘦西湖风景区合并。2013 年 1 月, 市扬派盆景博物馆划归蜀冈-瘦西湖风景名胜区管委会管理。2013 年 4 月, 蜀冈-瘦西湖风景区名胜管委会对该景点进行改造, 拆除园林围墙, 对园内道路进行硬化改造, 增设健身步道、路灯等设施, 并对厅馆进行装修、招商, 改造成为与虹桥坊相呼应的城市旅游、商业公共空间。

卷石洞天一景至今仍保留西北高为土阜、南临湖面、一岛在水的历史景观格局特征。现存薜萝水榭、群玉山房、夕阳红半楼等建筑, 均沿用乾隆时期园林主要建筑的名称。为延续卷石洞天以湖石假山为胜的景观特征, 根据文献记载, 重点修复园中的湖石假山景观, 辅以亭台花木, 一定程度上再现乾隆时期卷石洞天园林景观的特点。

西园曲水

位于大虹桥路, 东与卷石洞天相连, 西与冶春诗社相对。因位于河曲处, 取流觞曲水之义, 得名西园曲水。现西园曲水包括清代西园曲水、虹桥修禊两个景点, 占地约 1.5 公顷。

西园曲水始建于清初, 为西园茶肆。后归属张氏, 故乾隆时期称为张氏故园。康熙、乾隆年间, 先为盐商黄晟所有。黄晟又名黄履晟, 字东曙, 号晓峰, 安徽歙县人, 侨居扬州。黄氏家族以盐业起家, 资财巨万。黄晟与二弟履暹、四弟履昊、六弟履昂, 有"四元宝"之合称。据《扬州画舫录》记载, "黄氏兄弟好构名园, 尝以千金购得秘书一卷, 为造制宫室之法,故每一造作，虽淹博之才，亦不能考其所从出。"黄晟在扬州康山一带建有易园，黄履暹建有趣园、十间房花园，黄履昊建有容园，黄履昂建有别圃，并于乾隆元年（1736）将红桥改建为石桥。黄履昂之子黄为蒲筑长堤春柳一景，黄为荃筑桃花坞一景。

黄晟之后，西园曲水归盐商汪羲、汪灏两兄弟。汪氏家族为安徽歙县人，自先

西园曲水（选自《江南园林胜景图册》）

世就在扬州业盐，财富一度为扬州之冠。汪氏兄弟是盐商商总汪廷璋（？—1760）族侄，汪羲还是盐商商总江春的女婿。兄弟俩先后于乾隆四十四年（1779）、四十八年（1783）修缮西园曲水。

汪氏之后，西园曲水归盐商商总鲍志道（1743—1801）所有。鲍志道原名廷道，字诚一，自号肯园，安徽歙县人。其长子鲍漱芳（约1763—1807），字席芬，一字惜分，自幼随其父鲍志道在扬州经营盐业，聚资百万，颇富声誉。鲍漱芳先后带领众盐商捐输300万两，受到清廷的优叙晋级。鲍氏家族还在天宁门内建有静修养俭之轩园林。

据《平山堂图志》《扬州画舫录》记载，清乾隆年间，西园曲水园中有濯清堂、觞咏楼、水明楼、新月楼、拂柳亭等景点，园林艺术水平很高。觞咏楼后壁开户，裁纸为边，若横披画式，中以木槅嵌合。等到洪氏小洪园花开，抽去木槅，以楼后梅花为壁间画图，时人誉称为"尺幅窗、无心画"。濯清堂前为方池，有十余亩，尽种荷花。觞咏楼西南角多柳，楼廊穿树，长条短线，垂檐覆脊。春燕秋鸦，夕阳疏雨，无所不宜。中间有拂柳亭，北郊杨柳至此曲尽其态。新月楼被称为北郊湖上见月最早处。水明楼窗皆嵌玻璃，仿西方形制，是乾隆时期扬州园林接受西方影响的实例之一。

清嘉庆年间，西园曲水仍属于鲍氏家族。安徽全椒人吴鼐（1755—1821）任教安定书院、梅花书院期间寓于此园，他分题该园厅馆。从题馆诗可知，当时园内主要景点为竹平安馆、录杉野屋、白萍舫、春草闲房、小白鹭洲、秋水廊、悦柏亭、桂阿在水一方亭、待鹤亭等主要景点，与乾隆时期变化较大。

咸丰三年至六年间（1853—1856），该园毁于兵火。

民国初年，扬州人金德斋购西园曲水园址，在此建八角亭，亭四面均玻璃窗，极为轩敞，宜赏梅。金氏在庭后种荷花，仍额"西园曲水"。金氏之后，西园曲水归钱瑞生所有。

1936年后，西园曲水归盐商丁茇臣（1880—？）所有。丁茇臣曾任青岛总商会会长。他将西园曲水改名为可园。园门设在虹桥东堍，门内以松木制成花棚，曲折长数丈，棚上络以秋花，结实累累，别有景致。园中心面南筑草堂四间，草堂外植高柳三五株，短线长条，垂檐拂槛，夕阳疏雨，晴晦皆宜。另植苍松五六株，形如矮塔，松下有花圃，以乱石围四周，中植

芍药牡丹。草堂东南隅筑一土墩，高约丈余，登可远眺蜀冈诸胜。墩上有"西园曲水"石额，嵌置短墙中。园之西有荷池，夹岸多栽柳，柳下间以木芙蓉，水木明瑟，逸趣横生。丁氏还在水曲处新构小亭一座，题额"柳荫路曲"。

1946年前后，又多次更换园林主人。至新中国成立前，该园林废圮。

新中国成立初，除墩上亭基、翠柏尚存，其地多作农田。1955年春，在墩上亭基和西南转角处，复建草亭各一。1958年春，在此植树造林。1960年，从老城区魏次庚宅园中迁来一艘石舫，置于该园水边，又将西南转角处草亭改建为圆形瓦亭。1979年11月，沿大虹桥路筑起围墙。1980年，新建房屋3楹、花房10间，组建扬州花鸟盆景公司。1984年7月，市政府拨专

1960年迁建于西园曲水中的石舫

款在西园曲水、卷石洞天两景点范围内筹建市盆景园。同年10月，动工，拆迁东关街400号蔼园清代建筑大厅3楹，在土墩东侧复建濯清堂。在水池北端新建浣香榭3楹，堂、榭之间以曲廊相连。1985年，将瘦西湖公园培育的扬派盆景移到此园。同年10月，成立扬州市盆景园。1986年，市政府再次拨款，新建西园曲水大门5楹，草亭翻建为瓦亭，续建濯清堂东端曲廊和方亭，维修石舫、拂柳亭等，于1986年国庆节开放。1987年，迁紫气东来巷2号明代民居五楹于北护城河北岸，复丁溪旧观。

2000年4月，成立扬州中国盆景博物馆，分为东西馆，即扬州红园和盆景园，此处为西馆。2005年4月，市扬派盆景博物馆开馆。2007年1月，市扬派盆景博物馆和瘦西湖风景区管理处合并。2013年1月，市扬派盆景博物馆划归蜀冈-瘦西湖风景名胜区管委会管理。2013年4月，蜀冈-瘦西湖风景名胜区管委会将卷石洞天和该景点进行改造。

今西园曲水一景基本延续清康乾时期的空间格局特征，如西南临水、东邻卷石洞天、北侧开旱门、中辟水池、建筑环池布置等。该园与虹桥、倚虹园、卷石洞天之间视线通敞，观景效果良好。园中建筑以曲廊相连，濯清堂、拂柳亭等建筑名称均源于文献记载。池中植荷花，西南侧柳树下建拂柳亭，联曰："曲径通幽处，垂杨拂细波。"也符合《扬州画舫录》的记述。

西园曲水大门

虹桥修禊

位于西园曲水南部小岛。占地约9500平方米。四面环水,为清代倚虹园旧址。

元代,该处建有崔伯亨园。明代失考。清康熙乾隆年间,盐商洪徵治在此建园,称为大洪园。大洪园共有二景,一为虹桥修禊,一为柳湖春泛,二个景点之间以渡春桥相连接。乾隆二十七年(1762),乾隆游历大洪园,赐名为倚虹园,并赐"柳拖弱絮学垂手,梅展芳姿初试啭","明月松间照,清泉石上流"

柳湖春泛(选自《江南园林胜景图册》)

两副对联。乾隆三十年(1765),乾隆再次游历,赐"花木正佳二月景,人家疑近武陵溪"一联和"致佳楼"额。

乾隆年间,倚虹园大门在渡春桥东岸,门内为妙远堂,堂广六楹间,重檐叠拱,窗户洞达,结构雄丽。妙远堂右侧为饯春堂,堂前为药栏,栏北为饮虹阁,峭廊飞梁,朱桥粉郭,互相掩映,目不暇接。饯春堂左为水榭,水榭西为柳湖。由妙远堂后左折,为涵碧楼,楼后曲房窈窕,内叠宣石。涵碧楼右为致佳楼,供御书匾额。直向南为桂花书屋,书屋右侧面对西水榭,接屋而起。书屋后由曲廊北折,再向西是水厅。水厅后叠黄石为假山,山上种牡丹。水南是领芳轩,轩后是一座歌台,歌台十余楹,台旁松柏杉槠,郁然浓荫。近水筑楼二十余楹,抱湾而转,其中筑修禊亭。外为临水大门,筑厅三楹,题为虹桥修禊。旁建碑亭,内供乾隆题书石刻,诗两首:

　　虹桥自属广陵事,园倚虹桥偶问津。闹处笙歌宜远听,老人年纪爱亲询。柳拖弱絮学垂手,梅展芳姿初试啭。预借花朝为上巳,冶春惯是此都民。

　　情知石甃郡城西,遂舣兰舟步薛堤。花木正佳二月景,人家疑住武陵溪。笙歌隔水翻嫌闹,池馆藏筠致可题。片刻徘徊还进舫,蜀冈秀色重相傒。

柳湖即瘦西湖,水由虹桥向南,湖心叠石为山,南北袤亘,"柳湖春泛"四字刻在假山石上。山上建亭,种榆、柳、海桐,亭东是倚虹园一带水榭。湖西岸为土山,点缀两座草亭。南岸为渡春桥,桥西水中为半阁,阁西依岸为桥,桥西北为草阁,额为"辋川图画"。阁西沿土山北折而西,有草亭在水中,名"流波华馆"。再由平桥南折,为湖心亭,向东沿水廊数折,有草屋如舫,名"小江潭"。屋后土山兀起,建亭在山巅。再向北,与西岸草亭相接。

倚虹园是以水取胜的一座名园。一是水厅称胜。水厅窗户洞开，花、山涧、湖光、石壁一一映入眼帘。二是水楼称胜。修禊楼在园东南隅，弯如曲尺，楼下开门，上面供奉御赐匾额及对联，门前是水码头。

倚虹园还是以假山取胜的一座名园。湖中心叠湖石假山，水厅后叠黄石假山，而涵碧楼的假山更有特色。据《扬州画舫录》记载："涵碧楼前怪石突

御题倚虹园（选自《江南园林胜景图册》）

兀。古松盘曲如盖，穿石而过，有崖峻嶒秀拔，近若咫尺。其右密孔泉出，迸流直下，水声泠泠，入于湖中。有石门划裂，风大不可逼视，两壁摇动欲摧。崖树交抱，聚石为步，宽者可通舟。……其旁有小屋，屋中叠石于梁栋上，作钟乳垂状。其下巑岏嵯嶒，千叠万复，七八折趋至屋前深沼中。屋中置石几榻，盛夏坐之忘暑，严寒塞墐，几上加貂鼠彩绒，又可以围炉斗饮，真诡制也。"此可谓"扬州以名园胜，名园以叠石胜"的真实写照。

倚虹园更是以诗文活动而著称于世。康熙元年（1662）、康熙三年（1664），王士禛与诸名士在此修禊。乾隆二十二年（1757）三月三日，卢见曾和诸名士在倚虹园"虹桥修禊"厅修禊。

倚虹园在清嘉庆、道光之后，夷为废墟。民国年间，王振世在《扬州览胜录》中感慨："四方贤士大夫来游邗上者，每以不见斯园为憾。"

新中国成立后，倚虹园遗址一直为蔬菜地。1952年5月，中共苏北区委和苏北行署决定在扬州创办两所高等学校和一所中等专业学校。该园的柳湖春泛遗址被划归苏北师范专科学校（扬州师范学院前身），该处现仍作为扬州大学教学用地。1968年，市政府将虹桥修禊遗址划归扬州园林管理所所有。扬州园林管理所在此开辟虹桥苗圃。1989年12月，市园林局建成丁溪桥，将虹桥修禊与西园曲水景区相连通。1996年12月，虹桥修禊复建规划方案通过论证。1997年10月前，陆续建成饮虹轩、饯春堂、爬山廊、亭、假山、园路等。复建后的虹

虹桥秋禊图

桥修禊景点回廊蜿蜒曲折，山坡高低错落，厅堂建筑依山傍水，因势相连，成为扬派盆景精品展示区，但复建后的景区与乾隆时期的园景差别较大。2013年4月，蜀冈－瘦西湖风景名胜区管委会将该景点与卷石洞天、西园曲水进行改造。

虹桥修禊长廊

今虹桥修禊一景基本保持与虹桥的关联以及"以水胜"的景观特点。园四面环水，北对虹桥及西园曲水。现存建筑饮虹轩、饯春堂等均临水而建，建筑名称与文献记载相符。园西南部一渚在水，方位及形制与水中所建"方壶岛屿"相合。柳湖春泛园址现为半塘，河岸内凹，周边局部有土阜。塘中植荷，环岸栽柳，一定程度延续历史景观的地形特征和植物配置。

2012年1月，市文物考古研究所在倚虹园虹桥修禊一景中进行3处考古发掘，发掘面积44平方米，发现清代砖墙、磉墩、铺砖面、倒塌砖面等园林建筑遗迹，出土龙纹瓦当、筒瓦、滴水、方砖以及大量瓷片。这些瓷片以景德镇窑康乾时期的青花瓷为主，其中两片分别有"大清雍正年制"和"大清乾隆年制"的题款。其中，龙纹瓦当所表现的皇家题材与帝王游历的史实相关，是见证瘦西湖形成背景的珍贵资料。

大虹桥

位于大虹桥路，东西跨瘦西湖。2008年1月，被列为市文物保护单位。

红桥始建于明崇祯年间，是风水先生设立锁水口兼作交通之用。初建时为木板桥，围以红栏杆，故名"红桥"。清顺治十年（1653），史学家谈迁过扬州游览红桥一带，见红桥周边，平原旷寂，一片荒凉景象。

康熙年间，王士禛（1634—1711）首倡在红桥修禊，红桥一时声名远播。康熙元年（1662）春，王士禛与扬州诸名士集于红桥，众人"击钵赋诗，游宴不息"。王士禛作《浣溪沙》3首，其中广为流传的名句有："北郭清溪一带流，红桥风物眼中秋，绿杨城郭是扬州。"众人皆和韵作诗，一时传为佳话。

康熙三年（1664）春，王士禛复与诸名士修禊于红桥，连作《冶春绝句》20首，唱和者更众，一时形成"江楼齐唱《冶春》词"

虹桥（选自《平山堂图志》）

的空前盛况。数年后，王士禛将自己与王
羲之相提并论，在为其诗集作序时说："红
桥即席赓唱，兴到成篇，各采其一，以志
一时盛事，当使红桥与兰亭并传耳。"后
编成《红桥倡和集》3 卷。时人徐釚说：
"虹桥在平山堂法海寺侧，贻上司理扬州，
日与诸名士游宴，于是过广陵者多问红桥
矣。"

民国时期的瘦西湖大虹桥

王士禛任扬州推官期间，专门作《红
桥游记》，描述红桥美景，"出镇淮门，循
小秦淮折而北，陂岸起伏多态，竹木蓊郁，清流映带。人家多因水为园亭树石，溪塘幽窈而明
瑟，颇尽四时之美。拿小艇，循河西北行，林木尽处，有桥宛然，如垂虹下饮于涧；又如丽人
靓妆袨服，流照明镜中，所谓红桥也。"

康熙二十七年(1688)三月三日，孔尚任(1648—1718)在扬州期间，又一次发起红桥修
禊。此次参加的名士 24 人，其中不少还是王士禛的朋友。因为参与者籍属八省，所以孔尚
任称这次聚会为"八省之会"。孔尚任在扬州登梅花岭、游平山堂后，诗兴大发，佳作迭出。
他在《红桥修禊序》中细述此段雅事："康熙戊辰春，扬州多雪雨，游人罕出。至三月三日，天
始明媚，士女被禊者，咸泛舟红桥，桥下之水若不胜载焉。予时赴诸君之招，往来逐队。看两
陌之芳草桃柳，新鲜弄色，禽鱼蜂蝶，亦有畅遂之意。乃知天气之晴雨，百物之舒郁系焉。"

吴绮《扬州鼓吹词序》里《红桥》条记载："在城西北二里，崇祯间形家设以锁水口者。
朱阑数丈，远通两岸，彩虹卧波，丹蛟截水，不足以喻。而荷香柳色，曲栏雕楹，鳞次环绕，绵
亘十余里。春夏之交，繁弦急管，金勒画船，掩映出没于其间，诚一郡之旧观也。"

乾隆元年(1736)，盐商黄履昂出资将红桥改建成为石桥。

乾隆三年(1738)十月十七日，词人厉鹗与扬州诗人闵华、江昱、陈章等 7 人在秋游瘦西
湖后，留下一组流传极广的《念奴娇·湘月》词作，后人就将此视作红桥秋禊。厉鹗作序称：
"扬州胜处，惟红桥为最，春秋佳日，苦为游氛所杂。俗以大舟载酒，穹篷而六柱，旁翼阑槛，
如亭榭然。每数艘并集，或衔尾以进，则烟水之趣希矣。戊午十月十七日，风日清美，煦然如
春。廉风、黄亭、宾谷、苏田招予与授衣、于湘，唤舟出镇淮门，历诸家园馆，小泊红桥，延缘
至法海寺，极芦湾尽处而止。萧寥无人，谈饮间作，亦一时之乐也。悬灯归棹，吟兴各不能已。
相约赋《念奴娇》鬲指声一阕，而属予序之。"后来，杭州诗人汪沆到扬州看望老师厉鹗时，耳
闻红桥秋禊的盛事，便与三位诗友一道，泛舟湖上，写下《红桥秋禊词》，其一为："垂杨不断
接残芜，雁齿红桥俨画图。也是销金一锅子，故应唤作瘦西湖。"

乾隆十一年(1746)后，巡盐御史吉庆、普福、高恒相继重建红桥，在桥上建过桥亭，将红
桥改称虹桥。

乾隆二十二年(1757)三月三日，时任两淮盐运使的卢见曾主持红桥修禊，邀集诸名士于
倚虹园"虹桥修禊"厅，作七律 4 首，其中名句有："十里画图新阆苑，二分明月旧扬州"等，
各地依韵相和者竟有 7000 人。后来，刊行的诗集达三百余卷，并绘《虹桥揽胜图》以纪其胜，
红桥修禊的美名传遍大江南北。

卢见曾在文人雅士宴集时，独创出"牙牌二十四景"的文酒游戏，即将扬州北郊二十四景刻在象牙骨牌上，大家依次摸牌，以所得之景，当场吟诗作句，不能者则罚酒一杯。扬州北郊二十四景随文人诗句声名远扬。

历次红桥修禊的画作有宗定九《虹桥小景图》、卢见曾《虹桥揽胜图》、方耦堂

大虹桥

《虹桥春泛图》、明春岩《虹桥待月图》、程令延《虹桥图》等。

民国期间，桥亭不存。

新中国成立后，先后于1957年、1960年对虹桥进行维修，将台阶改建为坡道。1973年，对虹桥拆除后重建，桥体由单孔扩为3孔，中孔直径8米，边孔直径各4米，以中孔通画舫、游船。桥全长44.36米、宽7.6米，采用钢筋混凝土拱圈，栏杆仍用"一"字式，以存古韵，桥面以城内街道花岗岩条石凿铺而成。桥建成后改称为大虹桥。今大虹桥在红桥原址改建，较好地保留与周边西园曲水、倚虹园、四桥烟雨等园林景观的对景关系，是瘦西湖卷轴画景观中一处重要的景观要素。

长堤春柳

为清乾隆时期北郊二十四景之一，在虹桥西岸，大门与冶春诗社相对，北接韩园。清初为盐商黄为蒲别墅。乾隆四十年（1775），转归盐商吴尊德所有，吴氏加以修葺。园林规划出自白描画家周叔球之手。

据《扬州画舫录》记载，乾隆时期，长堤始于虹桥西堍，逶迤十里，至蜀冈西峰司徒庙。乾隆中后期，沿堤有长堤春柳、桃花坞、春台祝寿、筱园花瑞、蜀冈朝旭五景，长堤春柳为五景之始，南起虹桥。

长堤春柳一景临水岸边，间植杨柳。五步一株，十步双树，三三两两，跋立园中。堤上筑浓阴草堂。堂左有长廊三四折，廊尽有丁字形浮春亭，廊外遍植桃花，与绿柳相间，景色极佳。此地与桃花坞相邻，桃花即由此蔓延一片。桃林中立晓烟亭，亭左为曙光楼，面东，以晓色胜，城中人每于夏日拂晓时在此观露荷。穿过竹林，曲折向北可至韩园。

长堤春柳（选自《江南园林胜景图册》）

清嘉庆后，长堤春柳逐渐荒废。
至咸丰年间，堤柳不复存在。

1915 年，扬州官绅建湖上徐园
时，补筑长堤春柳一段，仍始于虹桥
西塊，至徐园止，长约 1 公里，宽约
3.3 米。沿堤遍种杨柳，间以桃花。
1931 年，在修筑熊园期间，于堤的中
段建一座攒尖翘角式四柱方亭，悬额
为"长堤春柳"，为扬州书法家陈重庆
所书。

民国时期长堤春柳

新中国成立后，长堤补植桃柳以
复旧观。1951 年，铺设长堤春柳路面，栽植柳树。1956 年，拆除原为砖柱的长堤春柳亭，在
其东侧改建为半岸半水、带美人靠的木构件方亭。1957 年春，征用长堤春柳西侧农田植树
造林，并在虹桥西岸北侧新建竹木结构瘦西湖公园门厅、花廊，同时翻建、拓宽长堤春柳路
面。1974 年 10 月，瘦西湖公园原竹木结构门厅腐朽，无法维修，于是改建成由门厅、票房、
走廊、水亭组合而成的瘦西湖公园南
大门。1976 年初夏，长堤春柳亭倒塌，
后改用混凝土梁修复，并在亭南设置
码头。1979 年，补植长堤春柳植物。
2005 年 11 月，用石材铺装长堤春柳
路面，并对长堤区域进行绿化改造。
2006 年，对长堤春柳亭进行油漆养护
出新。

今长堤春柳一景完好保存沿河岸
展开的桃柳景观。南起虹桥，北至徐
园，沿堤岸遍植柳树、桃树，形成狭长
的带状景观。临河建亭，为桃红柳绿
间植入建筑意趣。岸西桃柳后地势高
起，尤其北接桃花坞一带，与《平山堂
图志》中记述的韩园小山亭建于"近
河高阜上"的地形特征相符。长堤春
柳作为瘦西湖主入口，以桃柳间栽的
形式，充分再现扬州"绿杨城郭"的
城市景观特色，园林专家陈从周曾写
到："在瘦西湖的春日，我最爱长堤春
柳一带，在夏雨笼晴的时分，我又喜
看四桥烟雨。"（《瘦西湖漫谈》）

长堤春柳

荷浦薰风

位于虹桥东堤。占地 1.28 公顷。

清前期，此处又名西斋，原为唐氏西庄的地基，后归农户种菊，称为唐村。乾隆年间，盐商江春买下该地建筑园林，称为江园。乾隆二十二年(1757)，江园改为官府所有。乾隆二十七年(1762)，乾隆游历江园，赐名净香园。

江春(1720—1789)，字颖长，号鹤亭，又号广达(行盐旗号为"广达")，安徽歙县人，曾任清乾隆时期盐商首总。江春在扬州还建有康山草堂、东园、水南花墅、深庄等多处园林。其中，康山草堂与扬州马氏小玲珑山馆、淮安汪己山之欢复斋、天津查氏之水西庄，成为当时文人骚客留寓聚居、交流文艺的著名处所。

乾隆时期，江园由青琅玕馆、荷浦薰风、香海慈云三部分组成。青琅玕馆位于江园南部，入园门，修篁夹植，转过竹扉，沿堤北行不远为一厅堂，内奉御书"净香园"额，堂面西临湖。堂右穿竹径至青琅玕馆。再向北为荷浦薰风部分，该景为清扬州北郊二十四景之一，以荷而著名。据《广陵名胜全图》记载："近水人家，往往种荷。江春亦于兹地，除葑草，排淤泥，植荷无数。奇葩异色，如和众香。"是地前湖后浦，湖种红荷花，植木为标以护之；浦种白荷花，筑土为堤以护之。荷浦薰风还包括春雨廊、蓬壶影、怡性堂、天光云影楼、秋晖书屋、涵虚阁等园林建筑。据《平山堂图志》记载，由竹舫向北，为春雨廊。廊之半为绿杨湾，湾前石矼蜿蜒，水中为春褉亭。其旁为肆射之所，地平如砥，左竹右杏。拾阶而上，为怡性堂，匾额系乾隆题书。堂左仿西洋做法建造一组建筑，其玄妙之处从东面直视，一览无余，而进入室内，左右数十折，似无尽头。该建筑是扬州园林受西方影响的实例之一。叠石名家仇好石在怡性堂堆叠宣石假山，为仇好石叠山绝笔。向左出小廊，有屋如半矩，为翠玲珑阁。右折向北，有小池塘，养有金鱼，过小池塘后进入船屋。又出小曲廊，叠石引泉，面南有小亭，

净香园(选自《江南园林胜景图册》)

香海慈云(选自《江南园林胜景图册》)

荷浦薰风

曲水流觞绕之台阶。小亭后右出为半阁,阁下为堂,堂前庭院种植梅花、玉兰,假山为大斧劈皴。堂的后楹就是蓬壶影堂的侧面,命名为天光云影楼。由天光云影楼再向北,为秋晖书屋、涵虚阁,阁与春波桥相连接,桥东为香海慈云。香海慈云一景同样被列为扬州北郊二十四景之一,其中本有一小浦,浦水与湖水不相通,江春在堤上开一小口,以便通水。在堤上竖立一块枋楔,左右立4根柱子,中间为"香海慈云"匾额。该景内有来薰堂、浣香楼、涵虚阁、迎翠楼等园林建筑,从迎翠楼向南望去,可见黄园(趣园)的锦镜阁。

乾隆二十七年(1762)、三十年(1765)年、四十五年(1780),乾隆三次游历江园,并赐诗题额。嘉庆道光以后,江园逐步荒废,旧景无存。同治十年(1871),两淮盐运使方濬颐在净香园故址创办课桑局,购地40亩,植桑树数千株。

1930年,时国民党中央委员王柏龄为首的众多扬州知名人士公议,决定在江园遗址建设熊成基专祠,名为熊园。熊成基夫人程舜仪从抚恤金中捐助10万大洋建园。1931年,熊园开工。《扬州览胜录》记载:"熊园在虹桥东岸瘦西湖上,与对岸之长堤春柳亭相对,其地为清乾隆间江氏净香园故址。邑人王茂如(王柏龄)氏,于民国二十年间募资兴筑,以祀革命先烈熊君成基。园基约占地三十亩,四周随地势高下围以短垣,并湖中浮梅屿旧址亦收入范围以内,占地亦约二十亩。园中面南建筑飨堂五楹,以旧城废皇宫大殿材料改造,飞甍反宇,五色填漆,一片金碧,照耀湖山,颇似小李将军画本。每当夕阳西下,殿角铃声与画船箫鼓辄相应答。"

新中国成立后,在熊园设立工农速成中学,后归苏北师范专科学校。1962年,江园遗址一部分改建成省工人疗养院。"文化大革命"期间,熊园改建为扬州机械厂610车间。1974年,拆除熊园享堂五楹,改建为四层楼车间,熊园景观尽失。1978年,改建为扬州光学仪器厂。1981年8月,市政府决定,迁出扬州光学仪器厂,恢复省工人疗养院。1996年,在省工人疗养院西侧复建净香园门厅建筑群,内有清华堂水榭,在此处湖面遍种荷花,部分恢复江园旧观。2012年,省工人疗养院迁出,在向东退让60米处外建设虹桥坊酒店以及商业街区,2014年建成投入使用。

叶林

位于长堤春柳西侧。占地4.6公顷。

又称叶园,原名"万叶林园",始建于1926年,为扬州人叶秀峰所建。叶秀峰后为国民党第五届中央执行委员,任西康省政府委员兼建设厅厅长、中央调查统计局局长。叶秀峰衣

瘦西湖叶林友谊厅

锦还乡尽游扬州园林之后,有感于扬州园林与古城形象不相符,遂产生新建一座园林的想法。瘦西湖长堤春柳西侧荒地 4.8 公顷,杂草丛生,坟冢遍地,一片衰败的景象,于是将园址定于此地。

叶秀峰建园也为纪念其先父叶惟善,因此命名为万叶林园,人称叶林,又名叶园。1924—1927 年,叶秀峰聘请张炳辰、陈冯佑规划设计。最初规划是先建林,后建园,并提出三条实用原则:一是冬天修剪的枯枝可卖给商店住户,二是春天竹笋可以入市销售,三是林子可以为县城(当时是江都县)园林绿化提供树种(种源地)。于是种植法国梧桐、金松、雪松、狮子松、印度松、日本五针松、平头赤松、猿猴松、柳松、虎头柏、龙柏、露水柏、云猴柏、扁柏、花柏以及薄壳山核桃、茉莉、竹子等珍贵树木近 2000 株,种类近 200 种,其中竹子 13 种、松树 19 种、柏树 15 种。既有从日本、美国、印度引进的树种,又有国内名贵树种。

在其设计规划中,重头之作就是修建图书馆、纪念堂和青年馆。但未及修建,日军侵华,扬州沦陷,工程被迫中止,万叶林园最终成为一座植物园。

新中国成立后,市政府接管叶林。1951 年 9 月,叶林改名为劳动公园。1952 年,叶林与阮家坟进行合并,并于迁坟、整修之后,又从全国各地搜集大量名贵树种补植其中。同年,在全园中心新建劳动大厅 3 楹。1955 年,在东南角新建仿京式六角亭一座。1958 年,将园中原有草屋 5 间,改为四面有红色门窗、环以走廊的瓦房友谊厅。1957 年 7 月,成立瘦西湖公园后,进一步加强对叶林的管理,并规划为裸子植物园,历年增补裸子植物种和变种近千株。1957 年 10 月,在叶林西南角新建占地 6.8 公顷的小型动物园。1981 年,小型动物园改为儿童游乐场。

现林内树木森森,古木参天,主要以银杏、雪松、柳杉、璎珞柏等松柏类裸子植物为主。内有很多百年以上树龄的参天古树被列为扬州市古树名木,成为园林院校广大师生的科普教育之地。

趣园

又名黄园，始建于清乾隆年间，为盐商黄履暹的别墅。乾隆游历扬州，四次到黄园，并四次赋诗，"趣园"之名便是乾隆第一次到黄园所赐名称。园分为"四桥烟雨"和"水云胜概"二景。

据《扬州画舫录》记载，趣园自锦镜阁起，至小南屏止，中界长春桥。桥东为四桥烟雨，桥西为水云胜概。水云胜概园门在桥西，门内为吹香草堂，堂后为随喜庵。庵左临水，结屋三楹，为坐观垂钓，接水屋十楹，为春水廊。廊角沿土阜，从竹间至胜概楼，林亭至此，渡口初分，为小南屏。旁筑云山韶濩之台，黄园于是始竟。今水云胜概一景一定程度保持历史景观的水景特征。岸上面湖所建胜概楼及小南屏，名称均合文献记载。胜概楼前水面舒展，视野开敞。楼后依土阜，与文献记载的地形特征相符。

四桥烟雨在长春桥东，四桥即指长春桥、春波桥、莲花桥和虹桥。（一说四桥为长春桥、春波桥、莲花桥和玉版桥）园内有锦镜阁、回环林翠、四照轩、涟漪阁诸景观。依江园而建的迎翠楼，即为锦镜阁。锦镜阁三间，飞檐重屋，跨园中夹河。阁东为四照轩。轩前有丛桂亭，周围桂花茂盛。北为涟漪阁，阁外石路皆为冰裂纹石铺就。再向北即为澄碧、光霁厅堂。由澄碧堂出，第四层五间即为光霁堂。此堂面朝西，堂下为水码头，与梅岭春深的水码头相对。光霁堂后，道路曲折逶迤，有一方池数丈。其旁的树木、石头皆有数百年的历史，牡丹的枝干粗如梧桐。旁边廊舍或窄或宽，或合或分，或斜或直，或断或连，结构奇特。

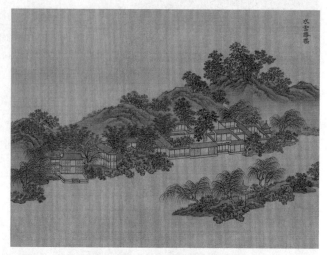

水云胜概（选自《江南园林胜景图册》）

趣园（选自《南巡盛典》）

四桥烟雨（选自《扬州画舫录》）

趣园在清乾隆年间又被称为"碧玉交流"。其中澄碧堂是模仿广州的洋房碧空而建。在康熙时期，广州人得风气之先，率先建造洋房，扬州人也从广州引进了西洋建筑风格。澄碧堂是扬州历史上记录最早的西式建筑。曾三游珠江的李斗在《扬州画舫录》中写道："盖西

四桥烟雨楼

洋人好碧，广州十三行有碧堂，其制皆以连房广厦，蔽日透月为工。是堂效其制，故名澄碧。"澄碧堂今无迹可寻。澄碧堂临湖而建，此处水清如碧，琉璃如玉，交相辉映，流光溢彩，故又名为"碧玉交流"。

嘉庆之后，趣园二景日渐荒废。光绪三年（1877），课桑局于四桥烟雨故址重建三贤祠，以祀欧阳修、苏轼及王士祯三位文学名家。祠外遍植桑树，绿荫葱郁，极富野趣。民国初年，在此面西临湖建卢绍绪墓地。民国后，局撤祠废，于旧址上新建层楼，仍以四桥烟雨名之。

新中国成立之前，四桥烟雨景全废。沿湖为私家墓地，立柱连索围之，其余均为农田。长春桥西岸沿湖为谢氏、宋氏农舍。1952年春，为迎接亚洲及太平洋区域和平会议，对瘦西湖进行全面整修，沿湖私人坟墓全部迁出。1958年，市园林所实行所带队体制，按照《扬州市瘦西湖水库规划》，拆除谢氏、宋氏农舍和沿湖立柱，以长春桥西南堍划一与瘦西湖平行直线，直至五亭桥北，筑路通观音禅寺、大明寺。1959年春，线南沿湖全面绿化，沿湖种植桃柳，土阜种植桧柏、黑松、侧柏、银杏、香樟、竹以及桂花、紫薇、垂丝海棠等花木。路南种植大规格白杨为界，路南白杨与沿湖土阜间辟为苗圃，培植苗木。在水云胜概中段湖面土阜上迁建大桂花厅三楹，在八龙桥北岸土阜下新建温室五楹并辟地培育盆化，东侧土阜上新建圆形长春亭。同年，在四桥烟雨旧址由扬州花木商店、富春花园开辟长春苗圃一队、二队，培育花木。1960年秋，在卢绍绪墓地处新建四桥烟雨楼。1961年，建木质春波桥，连接楼前南端小岛与徐园东门。1962年，在大桂花厅西侧迁建方厅一

趣园残碑

榾。1965年,在岛上建双亭,并建混凝土曲桥与四桥烟雨楼相通。1981年,扬州红园花木鱼鸟服务公司用地划归市园林处。1987年9月,撤销长春苗圃队建制,征用土地1.33公顷。1991年1月,瘦西湖春波桥复建工程开工,4月竣工。2004年,对四桥烟雨楼、丛桂亭进行全面维修。2005—2006年,复建锦镜阁、光霁堂、绿杨澄碧等景点。2010年1月,春波桥修缮工程开工,2月竣工。

现趣园主要建筑包括锦镜阁和四桥烟雨楼等。四桥烟雨楼为此景区的主楼,高两层,坐东面西,面阔三间,重檐歇山顶,四面置廊立于临河台基之上。楼前临水筑平台,围以白矾石栏杆,楼南侧立有趣园残碑。

锦镜阁是根据《扬州画舫录》中记载重建的一座桥和楼阁合为一体的水阁,三开间飞檐重楼,跨越小河(夹河)之上,中空一间可通小船,过河时须从楼梯上第二层楼,如过桥一般,然后从另一边下楼梯到对岸。锦镜阁现为水泥和木材混合建筑。登楼远眺,南望大虹桥,北看长春桥,近处的春波桥和西边的五亭桥,历历在目。四桥形态殊异,色调各别。

今四桥烟雨一景基本保存引四桥景观入园的观赏体验。园西对梅岭春深,面湖建四桥烟雨楼以览四桥景色。园中岸线形状、堤岛格局均能与《平山堂图志》等文献中反映的园景充分对应。园南部跨水复建锦镜阁三间,保持阁上通人、阁下通舟的建筑特色。园中复建有丛桂亭、光霁堂等建筑,名称均与文献记载相符。园中还存乾隆御书"趣园"残碑。

徐园

位于瘦西湖长堤春柳北端。占地6800平方米。2008年1月,被列为市文物保护单位。

该处原名桃花坞,建于清初,为盐商黄为荃别业。乾隆年间,转归盐商郑钟山。该景以桃花取胜,有"北郊白桃花以东岸江园为胜,红桃花以西岸桃花坞为胜"之说。郑钟山,字峙漪,祖籍安徽歙县,后迁籍仪征,在扬州业盐,与江春齐名。郑氏临河架屋,屋右为曲廊。缘荷池而建,池中为澄鲜阁。阁右由深竹径西折,为疏峰馆。疏峰馆之西,山势蜿蜒,列峰如云,幽泉漱玉,下逼寒潭。山半桃花,春时红白相间,映于水面。疏峰馆左由山径行桃花修竹中,山径尽处为蒸霞堂,堂后有红阁十余楹建于半山,一面向北,一面向西,上构八角层屋。阁左山上为纵目亭,亭下隔墙水中为中川亭。至此,长春岭、莲性寺、红亭、白塔宛在眼前。中川亭四周

民国时期徐园

1931年上海精武体育会成员游览徐园

多松柏,亭为八翼,四面皆靠山脊,中耸
重屋。由蒸霞堂阁道,过岭入后山,四
围矮垣,逶迤达于法海桥南。路曲处藏
小门,门内碧桃数十株,琢石为径,人伛
偻行花下,须发皆香。有草堂三间,左
数椽为茶屋,屋后多落叶松,人迹罕至。
后改为酒肆,名曰"挹爽"。嘉庆、道光
后,桃花坞逐步成为农户居住、种植、养
菜之地。

1915 年,在此地建徐宝山祠堂,故
名徐园。徐宝山(1862—1913),江苏
镇江人。辛亥革命时期加入革命党,率

50 年代初徐园大门

军光复扬州、泰州等地,官至扬州军政分府都督,并被孙中山任命为北伐第二军上将军长。
1913 年 5 月,徐宝山身亡后,扬州官绅捐资 3000 多元,申请国民政府专款 1 万元,将原韩园
与桃花坞旧址之间的住户迁出,得到 6000 平方米空地,在此地建祭祀徐宝山的享堂。工程
于 1917 年完工。徐宝山的幕僚吉亮工题名"徐园"。扬州名宦吴恩棠撰写《徐园碑记》,介
绍建园经过。

享堂门口的两口铁镬,为扬州的出土文物,每只重约 3 吨。1924 年,焦汝霖提议将大虹
桥观音庵旁和傍花村后两只铁镬庋藏徐园,后由杨曜主办此事。焦汝霖于 7 月撰写《徐园铁
镬记》认为,铁镬是南北朝萧梁时代的镇水神物。陈重光为《徐园铁镬记》篆书勒石,立于铁
镬东侧。今人徐炳顺考证,铁镬应为寺庙供莲养佛或盛水的器物。

徐园园门

徐园图景

徐园建成是民国时期扬州风景园林建设的一件大事。王振世在《扬州览胜录》里指出，建成徐园，并补筑长堤春柳一段，湖光胜景渐复旧观，"于是海内名流道经邗上者，争买棹泛虹桥访徐园矣。是昔日虹桥之胜在倚虹园，今日虹桥之胜则在徐园，二百年来北郊园林之兴废可于此见焉"。

徐园建成后，冶春后社设于徐园之内，扬州诗人以此作为文酒聚会之地。1921年，康有为到扬州，入住冶春后社，并赋七言律诗一首。

1949年10月，苏北扬州行政区专员公署接管徐园、叶林、阮家坟，并成立扬州市园林管理处，地址设在徐园冶春后社内。1950年春，维修享堂、船厅。1951年5月，苏北行署在瘦西湖举办苏北地区土特产物资交流大会，对徐园、小金山、五亭桥、白塔等景点全面维修，新建徐园通往小金山的小红桥(木桥)，将享堂改称为听鹂馆，面东厅改称为春草池塘吟榭，船厅恢复为原桃花坞疏峰馆旧名，补植松柏、桃柳、红枫、紫薇，花坛栽植芍药。徐园成为新中国成立后扬州最早对外开放的公园，并于1952年5月首次接待出席亚洲及太平洋区域和平会议的嘉宾。1956年，在疏峰馆西侧开辟金鱼池。1959年春，在北端短墙基础上新建木制花廊30间。1960年，新建春草池塘吟榭至疏峰馆曲廊9间。1986年，改建瘦西湖公园办公室。1980年春，在疏峰馆西北角新建澄鲜水榭三楹。

现从长堤向北，迎面一道高墙挡住游人视线，留一圆洞引人入内。园门形如满月，门额上草书"徐园"二字。园中有听鹂馆、春草池塘吟榭、碑亭、疏峰馆等主要建筑。

听鹂馆面南三楹，架梁，站脊，歇山板瓦顶，三面廊，南置卷棚。馆名取诗人杜甫"两只黄鹂鸣翠柳，一行白鹭上青天"诗意。馆内楠木罩槅于1951年由他处移来，精刻松、竹、梅图案，是扬州现存罩槅中的精品。罩隔上悬"听鹂馆"匾额，外柱内侧抱柱悬挂陆润庠楹联："绿印苔痕留鹤篆，红流花韵爱莺簧。"外柱悬挂阮元楹联："江波蘸岸绿堪染，山色迎人秀可餐。"听鹂馆西为春草池塘吟榭，原有廊与榭相连。

春草池塘吟榭面东三楹，架梁，站脊，歇山板瓦顶，三面廊，后檐两侧开八角门。内悬姚元之题"春草池塘吟榭"匾额。外柱悬挂魏之祯所书集联："笔落青山飘古韵，绿波春浪满前陂。"有长廊与疏峰馆相通。

疏峰馆原名船厅，面南三楹。架梁，花脊，歇山板瓦顶，四面卷棚廊。1951 年整修，将中间南北檐、两次间东西山墙改为隔扇。西南隔扇上悬王板哉题"疏峰馆"匾额。馆前怪石嶙峋，形态各异。其中一石形状如伛偻老人，为石中名品。

澄鲜水榭面北三楹，架梁，花脊，歇山板瓦顶，四面廊，中间为隔扇，面北廊上悬王冬龄题"澄鲜水榭"匾额，两侧悬魏之祯撰并书楹联："具体而微，居然峭壁悬崖，平沙阔水；托根虽浅，何方虬枝铁杆，密叶繁华。"澄鲜水榭旁设水码头，为画舫停泊处，这里也是远眺小金山最佳处。

小金山

位于瘦西湖风景区内，是瘦西湖上地势最高的景点。其四面环水，山和园林都在湖心的小岛上，是一组依山临水的园林建筑群，占地 8000 平方米。2008 年 1 月，被列为市文物保护单位。

清康熙时期，小金山成为扬州最著名风景游览胜地。吴绮(1619—1694)《扬州鼓吹词序》记载："城北一水通平山堂，名瘦西湖，本名保障湖。其东南有小金山焉，在城北约二三里。昔刘宋时，徐湛之建风亭、月观、吹台、琴室，植花药，种果竹，召集文士，尽游玩之适。至今虽历经重建，其迹仍在。风亭名未改，月观即东厅也。吹台今呼为钓鱼台。其厅悬有一联，云'一水回环杨柳岸，画船来去藕花天'，则琴室也。每逢夏日，郡人咸乘小舟，徜徉其间以为乐。日夕归来，小舟点点如蜻蜓，掩映夕阳，直如画境，而扬州之风景游览，亦以此为最盛焉。"此时，小金山主要景点为风亭、东厅、钓鱼台、琴室。园主人失考。

梅岭春深(选自《江南园林胜景图册》)

梅岭春深(选自《广陵名胜全图》)

《平山堂图志》记载："长春岭，在保障河中央，由蜀冈中峰出脉突起为此山，主事程志铨加培护焉。山行数折，蜿蜒如蟠螭。山上下遍植松、柏、榆、柳与诸卉竹。纷红骇绿，目不给赏。山麓面东为亭，曰'梅岭春深'，梅花最盛处也。山南建关神勇祠，居民水旱祷焉。祠前迤东，剖竹为桥，曰玉版桥，以通南岸。"乾隆二十二年(1757)，园林主人为盐商程志铨。

《扬州画舫录》记载："梅岭春深即长春岭，在保障湖中，由蜀冈中峰出脉者也。丁丑间，程氏加葺虚土，……后归余氏。余熙字次修，工诗善书，岭西垣门'梅岭春深'石额，其自书也。山僧平川，淮安人，性朴实，居此三十年。熙弟照，字冠五，亦工于诗。岭在水中，架木为玉版桥，上构方亭，柱栏檐瓦，皆裹以竹，故又名竹桥。"乾隆中后期，小金山归盐商余熙。

30年代小金山游船码头

咸丰年间，小金山毁于兵火。同治八年（1869）前后，两淮盐运使方濬颐募资重建。光绪五年（1879），复建。光绪三十年（1904）春，月观因火焚而修葺重建。1934年前，对吹台进行维修。1934年9月，朱偰（1907—1968）在《扬州纪游》中写到："（湖心律）寺西半岛邻水，有亭翼然，前作月门，左右方楔，游人未登亭，即见月洞门中，五亭桥掩映水上；左侧方窗中，白塔岿然天际；取景至妙，俨然图画，即此一亭，可见匠心之巧。吾国建筑师，布景取物，入画而兼有诗意，非胸有丘壑者，不克臻此也。"

民国时期小金山

新中国成立后，对小金山多次维修。1951年，市园林管理处对小金山区域内的诸多建筑进行全面整修，后又因建筑的安全原因多次对其进行简单的保养维护。

1953年秋，对小金山进行全面维修，在通向吹台柳堤中段，建造两侧塑

50年代小金山湖心律寺山门

有八龙头的八龙桥通向北岸。移壶园钟乳石云盆陈列在一对古银杏之间，作为园门对景。移棣园"小蓬壶"青石水盆置绿筱沦涟南平台。重建风亭，改木柱为花岗岩石柱和箱形混凝土基础，并将小金山交市园林所管理，成为继徐园、劳动公园后又一对外开放公园。琴室、绿筱沦涟由僧人售茶。

1954年，扬州遭受特大水灾，吹台长期浸泡水中，建筑倾斜。1955年，落架大修，将吹台南北墙上方窗改为圆形月洞门，东墙改为敞门，上设罩隔，下设两截矮墙。

1957年，整修月观后庭院、桂花厅、棋室，连同月观开辟为接待室。1962年5月，市人民委员会将小金山列为文物保护单位。同年秋，建筑学家梁思成参观静观小区。他称赞该区布局得体，构筑精良，环境典雅，花木幽深，为瘦西湖园中园之佳作。

1973 年，因新建鉴真纪念堂缺三根花岗岩大条石，拆除八龙桥，将桥移至风亭坡下，改建为混凝土平桥。

1977 年冬，将小红桥改建为混凝土仿古桥，拆除原湖心律寺天王殿三楹，改建单墙上圆下方形门。移原置桥南牌楼处明末白石石狮于园门两侧，石狮系原便益门外古北寺遗物，雕刻精良，生动活泼，为扬州石雕艺术佳作。门东侧花墙与琴室相连，西与原墙相连。将关帝殿站脊改为花脊。

1978 年、1983 年，因小金山水土流失严重，两度垒石加土。1986 年 5 月，在原有工程基础上，采用叠石和垒石挡土相结合的手法，解决水土流失，同时应用叠石艺术加固风亭基础，改善原砖砌形似碉堡有碍景观的现象，共叠黄石8000 吨，堆土 1000 立方米，完工后广植春梅。

1988 年 8 月，复建玉版桥，旧址在湖心律寺南侧，改建为北侧。同年11 月竣工。

2003 年，琴室维修，瓦望落地，垕正木构架，更换整修腐蚀之檐柱及木构件；翻盖瓦屋面，增加防水材料；更换中间通道门，恢复砖细门镶框；增添前檐挂楣隔扇，木构架油漆养护。

2005 年，对吹台进行拾屋、油漆养护。2007 年，又进行油漆养护。2006 年，月观、棋室维修，基础、地基使用传统方法进行加固；柱础重新拆装，地坪翻铺方砖；按建筑传统做法，增设月观南北立面围栏，木构件原样恢复，其中腐朽木构架用老杉木制换；墙体重砌。

现小金山景区基本保持清光绪时期景观格局，建筑密集，有关帝殿、琴室、静观小区、湖上草堂、吹台、绿荫馆、玉版桥、风亭、玉佛洞、小南海等诸景。

梅岭春深

小金山

月观

关帝殿

琴室

关帝殿，面南三楹，架梁，花脊，歇山板瓦顶，三面砖砌到顶，面南设廊，全隔扇。殿中上悬"关帝殿"匾额，外柱悬挂翁同龢撰、尉天池书抱柱："弹指皆空，玉局可曾留待去；如拳不大，金山也肯过江来。"东侧开小门至琴室庭院，西侧开小门通湖上草堂，面南庭院置花石纲遗物，南为改建的小金山园门，园门面南上为桑愉题"小金山"石额。

琴室位于正门临湖处，面南三楹，梁架，站脊，硬山板瓦顶，面前全隔扇，两次间置木栏，东侧设小门通观自在亭。后檐中间开门，外嵌"琴室"石额。琴室内悬包契常题"琴室"横额，外柱悬挂魏之祯书旧联："一水回环杨柳外，画船来往藕花天。"

琴室后院三楹，与琴室对合，原为僧舍。面南，三楹，架梁，硬山板瓦顶，后檐、两山砖砌到顶，中间设板门，前后两进建筑间，砖砌白粉墙相连，设砖台栽植花木。北墙中间悬挂李亚如撰并书楹联："借取金山一角，堪夸其

木樨书屋

瘦；移来金山半点，何惜乎小。"西侧八角门通向关帝殿，东侧八角门门额上嵌邓石如"静观"石额，入门为静观小区，由木樨书屋、棋室、月观三组建筑组成。

木樨书屋俗称小桂花厅，面南三楹，梁架，硬山板瓦顶，面南设外廊，东侧通棋室，内悬陈从周题"木樨书屋"匾额。屋前西墙嵌《重修法海寺殿宇记》石碑一方。室内陈设书架及文房四宝。木樨是桂花的意思。庭院内百年桂树，枝繁叶茂。围墙似屏风折叠绵延，有庭院深深的意境。

沿书屋廊折而向北，为棋室。棋室面东三楹，架梁，站脊，硬山板瓦顶，面南设外廊，北侧接廊通月观后门。中悬尉天池题"棋室"匾额，两壁陈列清代青花瓷版嵌屏。该屏风于1962年为市文物商店在天津收购，后转让市园林管理所，陈列于徐园听鹂馆。"文化大革命"期间，隐藏加以保护。1975年4月，复列听鹂馆。1983年春，陈列于棋室。棋室内两

棋室

块棋盘砖,是乾隆四十八年(1783)由苏州监造进贡给乾隆的金砖。

室外庭院与月观后檐相对,月观窗后叠湖石山,北侧湖石花台栽种蜡梅、天竺。南侧湖石花台栽种枇杷,下种牡丹名种玉楼春,系1961年由吉祥庵移栽而来。

棋室北以串廊与月观相接。月观三楹,架梁,站脊,坐西朝东,依水而建,三面回廊,飞檐翘角,南北山墙辟以短窗。西侧景窗尽收庭院内的花木假山之四时变化,如有形窗收无心画。东侧长窗落地,朱栏临水。立廊上,可见夭桃疏柳,横卧水滨,水波荡漾,倒影摇曳。室内中间上悬陈重庆题"月观"匾额,两侧抱柱悬郑板桥旧联:"月来满地水,云起一天山。"室内陈设整套的清式红木家具,做工精良,图案为莲藕、莲花、莲子和鸳鸯等,与扬州民间中秋习俗相合。月观为瘦西湖湖上赏月佳处。

月观向南湖边,有一亭旧称御碑亭,内供奉御制《上巳日再登金山》诗一首,书唐人绝句一首,后改名为观自在亭。亭内放置石桌、石凳,供游人小憩。

月观外廊北端,"梅岭春深"砖砌门楼,题额为清代书法家刘湄年。门内山径蜿蜒,拾级至山顶,可登风亭。

风亭为重檐四角,板瓦顶,花岗岩石柱,箱形混凝土亭基,置坐栏,白石地坪,藻井绘风吹牡丹,四周画百鸟朝凤图案。檐间悬清阮元题"风亭"匾额。亭有挑角,角悬风铃,时有风来,铁马叮咚,清响可听。两柱悬挂王茂如联:"风月无边,到此胸怀何似;亭台依旧,羡他烟水全收。"

风亭藻井

拾级下山有三条石径,西行中段平台为1978年整修小金山所辟,平台石栏为法海寺石栏遗物。在此可远眺五亭桥、白塔、钓鱼台诸景。沿山径西行,越石梁,即达观音殿。

观音殿俗称小南海,面西三楹,架梁,站脊,重檐,歇山板瓦顶。殿前松树挺立,高出檐际,虬枝铁干。殿前六角门通"寒竹松风"半亭。该亭坐落在玉佛洞之顶。栏槛作美人靠,可倚可坐,可凭可眺。在此西望湖水,亭桥卧波,白塔傲然。亭下玉佛洞,内有曲道两转。洞顶原有一尊石造观音像,迁至观音殿。殿有石像6尊,其中有玉女造像1尊。

观音殿

还有一尊由凫庄观音跳移此,因此名作观音菩萨诸像。

沿着小金山门逶迤向西有三间四面开窗的大厅,为湖上草堂。堂为架梁,花脊,歇山板

湖上草堂　　　　　　　　　　　　　　　绿荫馆

瓦顶。前围以石栏，柱头雕有石狮，栏板纹饰古拙，左右栽植苍松、绿梅、紫藤等。堂中间悬清代书法家、扬州知府伊秉绶题额"湖上草堂"。两侧并悬两联，内柱联为："白云初晴，旧雨适至；幽赏未已，高谭转清。"外柱联为："莲出绿波桂生高岭，桐间露落柳下风来。"高坐堂上，可一览莲花桥、白塔，全湖风景，尽收眼底。

　　草堂西建有一座大厅，名为绿荫馆。面南三楹，架梁，站脊，歇山板瓦顶，三面廊，后檐三间。馆内中间上悬陈重庆书"绿筱沦涟"匾额，跋文："此处旧为绿荫馆，二分竹，三分水，致佳境也。取康乐诗句，改题额。"馆外中间上悬刘海粟所题"绿荫馆"匾额，外柱悬其夫人夏伊乔书写旧联："四面绿荫少红日，三更画船穿藕花。"此厅前平台地势宽敞，周围围有石栏杆，台中植一对黑松，树枝虬曲苍劲。松间横置"小蓬壶"青石水盆，由绿荫馆西行经长渚至吹台。

　　吹台又名钓鱼台，平面为方形，重檐台隔板瓦顶，西、南、北向砖砌到顶，各开一园门，面东为敞门，上设罩隔，下置木质短栏。内悬沙孟海题"吹台"匾额，外悬刘海粟题"钓鱼台"匾额，两侧悬挂启功题书旧联"浩歌向兰渚，把钓待秋风。"吹台三面濒湖各开满月洞门予以借景，是中国园林建筑借景的杰出典范，有"三星拱照"之称。吹台旁设水码头，游人到此，颇有濠上观鱼之乐。

民国时期修建的吹台　　　　　　　　　　1954年后修建的吹台

莲花桥（五亭桥）

位于瘦西湖风景区内。2006年5月，被列为全国重点文物保护单位。

莲花桥俗称五亭桥，始建于清乾隆二十二年（1757）三月之前。据《扬州画舫录》记载，莲花桥由巡盐御史高恒为迎接乾隆第二次游历而建。但据《乾隆南巡行宫图》记载，此桥应系扬州盐商首总黄履暹出资营建，时间早于高恒担任巡盐御史。因桥横跨莲花埂，故名莲花桥。桥"上置五亭，

莲花桥（选自《平山堂图志》）

下列四翼，洞正侧凡十有五"。《（乾隆）南巡盛典·名胜图录》《江南园林胜景》刊登绘制于乾隆第四、第六次游历时的图中显示，莲花桥上是五座单独的亭子，中央是重檐六角亭，四角为单檐、圆攒尖顶式亭，无廊连接。赵之壁《平山堂图志》称莲花桥"桥上置五亭，下列四翼，洞正侧凡十有五，月满时，每洞各衔一月，金色滉漾，卓然殊观"。李斗《扬州画舫录》也认为莲花桥"月满时每洞各衔一月，金色滉漾"。苏州人沈复在称赞扬州瘦西湖"虽全是人工，而奇思妙想，点缀天然，即阆苑瑶池、琼楼玉宇，谅不过此"的同时，却认为莲花桥乃"思穷力竭之为，不甚可取"。

咸丰五年（1855），桥上五座亭俱毁于兵火。

莲花桥桥亭重建时间，据《申报》清光绪八年（1882）八月十九日刊登的《复修名胜》、次年七月九日刊登的《竹西碎录》两文的叙述推测，当在清光绪八年至九年（1882—1883）。清宣统二年（1910）拍摄的莲花桥照片显示，此时的五亭是五座独立的四方亭，以短廊相接，更显清秀、生动。

1925年左右，莲花桥渐显荒芜，蛛网织槛，鸟粪涂阶，五座亭子仅剩三座。

1927年，莲花桥局部修复。1928年秋，郁达夫漫游扬州，在《扬州旧梦寄语堂》一文写道："那一座有五个整齐金碧的亭子排立着的白石平桥，比金鳌玉蝀，虽则短些，可是东方建筑的古典趣味，却完全荟萃在这一座桥，这五个亭上。"次年，朱自清在《扬州的夏日》中也写道："五亭桥如名字所示，是五个亭子的桥。桥是拱形，中一亭最高，两边四亭，参差相称。"但到1930年，莲花桥五亭尽倒。潘德华《扬州五亭桥的

清光绪三十三年五亭桥明信片

1927年两座桥亭倒塌后的五亭桥

构造与修缮》中云："我找到当时曾参与修缮五亭桥的老木工谢成有，现年92岁，他记忆清晰地说：'民国二十年淹大水的前一年，五亭桥上就有破烂不堪的五个亭子和连接廊子，淹大水时遭受大风大雨的袭击，然后桥上才没有亭子'。"1930年2月，张大千到扬州游览，并绘《扬州瘦西湖》，图中桥上无亭。

1930年桥亭全部倒塌后的五亭桥

1929年，时任江苏省政府委员兼建设厅厅长的王柏龄发起并组织重建扬州风景整理委员会，倡议修整"已圮之莲花桥(即五亭桥)"。《扬州览胜录》记载："桥上五亭，于民国二十一年邑人募资重建，计费九千七百余金，至二十二年始落成。仪征陈延骅先生有重修碑记，建立桥之中心。"修建经费除募资外，还有风景整理委员会拨款447元。施工单位是招标确定的镇江何元记营造厂。对此次修建，王柏龄撰《重建扬州五亭桥记》，陈含光楷书，王钝泉勒石，有拓片传世。陈含光还撰有《五亭桥铭》。

此次重修，最大的特色是承光绪时期莲花桥样式。亭顶用黄色琉璃瓦，亭廊屋面采用蝴蝶瓦，檐角悬挂铜铃。桥面为砖铺地，立柱直径20厘米左右，均用朱漆，画梁雕栋，焕然一新。从当时史料可以看出，桥上五亭开始有连廊相接，外型基本与如今一致。但柱子过于纤细，桥台厚重，亭柱纤巧，有上浮下沉之感。

1942年，对莲花桥再次修葺，并立石碑于桥上。

新中国成立前几年，莲花桥畔沦为养马场，周围一片狼藉。

1933年修缮后的五亭桥，中间亭内矗立石碑

1951年，为迎接苏北土特产物资交流大会，莲花桥等景观得到修理。1954年，针对桥基下沉、石墙开裂导致木构架下沉的情况，对莲花桥进行揭顶大修。此次大修，桥箱出土，增加钢筋混凝土柱基；原木柱开裂严重，采取木柱外围加钉板条再粉水泥的做法进行加固；柱间坐凳是拆原城区内牌坊对开剖用；黄瓦改用原两淮巡盐御史衙门的黄琉璃瓦。

1956年，莲花桥被列为省文物保护单位。

五亭桥内彩绘藻井

1962年9月29日,《文汇报》刊登桥梁专家茅以升《中国石拱桥》文章,他认为石拱桥"一条重要法则是技术和艺术的统一,不因此害彼"。他认为莲花桥是其中重要的代表。

1978年,对莲花桥进行屋面维修,屋顶更换黄琉璃瓦。

1984年,用混凝土整浇加固莲花桥下沉的基础,用环氧树脂胶合石墙裂缝,同时更换黄色琉璃瓦。在宜兴建陶厂定制的琉璃瓦,原计划是与过去的琉璃瓦在色彩上一致,但由于烧制时厂方配方有出入,结果颜色未如以前皇家建筑琉璃瓦的厚重,却使莲花桥益显轻灵秀美。

1989年,对莲花桥进行系统查勘、测绘和修缮。此次修缮整修屋面,重做宝顶,增加莲花形石礅与石鼓。因1954年用竖向灰板条粉刷扩大柱径造成柱内水分不易散发,加速木柱本身的腐烂,遂采取墩接拼柱法,更换28根柱子。1990年,剥除水泥外粉部分及腐朽部分,将0.2米的原柱作为柱心,用外拼柱法,拼成0.34米柱径,同时对残缺的混凝土"寿"字脊进行添补。

2007年,对桥亭进行保养性维护。屋面揭瓦维修,重做苫背,琉璃瓦翻盖;雷公柱加长;

宝顶、子角梁套兽、庑廊脊兽、混凝土"寿"字脊、鱼龙吻、吻座全按原样换为砖细,望砖补缺;添补扣链式廊脊;拆除现有屋面上及桥台上所有与古建筑不协调的灯带及泛光灯具;风铃(惊雀铃)改用响铜铸造;桥亭木结构用国漆养护出新。

莲花桥造型典雅秀丽,桥亭黄瓦朱柱,配以白矾石栏杆,亭内彩绘藻井,富丽堂皇;桥墩厚实稳重,桥下有彼此相连的 15 个桥洞。园林专家陈从周认为,莲花桥是仿北京北海的五龙亭和十七孔桥而建的。桥含五亭,一亭居中,四翼各一亭,亭与亭之间回廊相连。中亭为重檐四角攒尖式,翼亭单檐,上有宝顶,四角上翘。桥基由大青石砌成大小不同的桥墩组成,成拱券形,由三种不同的券洞联系。15 个桥孔总长 55 米。中心桥孔最大,跨度 7.13 米,呈大的半圆形,直贯东西。旁边 12 个桥孔布置在桥础三面,可通南北,呈小的半圆形。桥阶洞为扇形,可通东西。正面望去,连同倒影,形成五孔,大小不一,形状各殊。驾一叶小舟穿行于桥孔之间,可见每个洞外都有一幅不同的景物,别具诗情画意。

莲花桥已成为扬州的城市标识。80 年代的北京陶然亭公园"华夏名亭园"、拟建的中美两国间合作项目华盛顿"中国园",都将扬州莲花桥作为中国亭文化的代表作复制其中。

莲花桥内景

法海寺

又名莲性寺、白塔寺，是省重点寺院，为尼众清修道场。2006年5月，寺内白塔被列为全国重点文物保护单位。

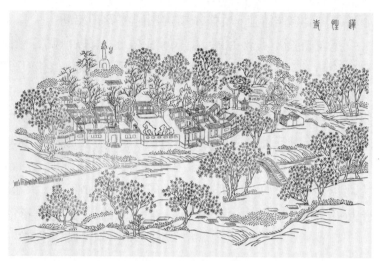

莲性寺(选自《南巡盛典》)

法海寺始建于隋，重建于元至元年间(1335—1340)。明洪武十三年(1380)，僧人昙勇重修法海寺。正统元年(1436)，僧人宏福又对寺庙进行增建。清顺治九年(1652)，在法海寺读书的文人赵柳江、赵岷江弟兄，见法海寺残破不堪，"独力修复莲花古迹，培寺脉而增崇之"，并建敛骨塔院。康熙二十七年(1688)夏，孔尚任数度到法海寺逗留，将法海寺与平山堂、观音阁、虹桥并称为扬州北郊四大名胜。康熙四十四年(1705)，康熙游历，赐名"莲性寺"，并书"众香清梵"匾等，皆勒石建亭，供奉寺中。乾隆二十一年(1756)，刑部郎中王统、中书许复浩、知府张子琏、刘方炟等重修法海寺，建造白塔。乾隆四十九年(1784)，修缮白塔。咸丰年间，寺毁于兵火，白塔也受到破坏。光绪初年，重修白塔，去除53级石阶。光绪中叶，重建法海寺山门一进，重饰白塔，复建云山阁五楹，阁临湖，面湖处以五色玻璃为窗，全湖之胜，尽收眼底。民国初，寺僧重修云山阁，撤五色玻璃窗，改筑砖墙，开壁窗多扇。1936年左右，寺僧募建大殿三楹。

30年代瘦西湖莲性寺和白塔

新中国成立后，此寺仍为寺僧管理。1953年，大修白塔，增筑面南平台，东西两侧各筑38级石阶，其正面移"白塔晴云"石额嵌于石壁，同时发现葫芦顶内藏有文房四宝及血书《金刚经》一部。1957年，发现塔身向东南倾斜，并出现一条裂缝。1958年，按扬州瘦西湖水系规划，拆迁白塔院墙北首西侧农舍。后在法海寺岛西北角迁建白塔厅三楹，使法海寺景观发生根本变化。之后，市佛教协会率寺僧在云山阁开设素菜馆。1962年5月，白塔被列为市级文物保护单位。1963年，大修白塔，用水泥砂浆胶合裂缝，并加腰箍加固，外

50年代法海寺

粉砂浆刷白水泥。1966 年 7 月，破除"四旧"，法海寺内佛像和匾额楹联被捣毁，乾隆御碑被推倒。1967 年，法海寺交市园林处管理。1969 年秋，市园林处在寺内建泥塑收租院展览，展览结束后又成为空寺。1964 年 10 月，在法海寺西侧土阜上，共建房屋三排九楹作为花房。1975 年 10 月，紧连白塔厅南侧（含白塔厅）新建一仿古建筑晴云轩饭店。1980 年 4 月，整修云山阁，悬挂匾额楹联，复设素菜馆。

法海寺山门

1984 年，将白塔镀锌宝盖改为紫铜板，顶端装置避雷针。1987 年冬，在云山阁西北花墙开八角门，并设石阶，方便游客游览白塔。1994 年，法海寺恢复开放后，重建天王殿并重塑佛像。1998 年，建成两层僧房 20 间。同年再建云山阁，上下两层，地下室一层，合讲堂、佛堂、斋堂为一体。2000 年，翻建寮房、云山阁。2003 年，对白塔塔身进行油漆。2004 年，大雄宝殿落成，南北广五楹，高四丈有余，殿宇弘敞，宝相庄严。2005 年 5—8 月，砖铺白塔广场 1200 平方米。

现法海寺主要建筑为山门、大殿、云山阁、白塔。山门面东北，五楹，平面长方形，架梁，站脊，硬山板瓦顶，前檐后檐砖砌到顶。中间三间为天王殿。两次间为楼房，后檐上设方窗，下置板门。山门外两翼筑八字墙，中间两层平台设甬道通湖岸道路，平台两端栽植桧柏、梧桐。后进为佛殿两进，中间设庭院，两端围墙相连，中间各开一圆门，北通云山阁，南通关帝庙、观音堂旧址。庭院山门后檐栽对松，佛殿前檐殿门两侧栽植银杏各一株。佛殿面东北五楹，两进相连为一体，平面近长方形，架梁，站脊，硬山板瓦顶。前进为两层楼房，后进为平房，楼房两山侧脊置马头墙，前檐、后檐砖砌到顶，四次间前后各开方窗。后进为客座，两次间及前进二楼为僧舍。云山阁面南五楹，阁高于地面约两米，中间设台阶上下，架梁，歇山板瓦顶，三面廊，面南全为隔扇，后檐为半木墙隔扇，半木墙外饰木栏，两山与两次间砖砌到顶，两山各开一方窗。

白塔

白塔高 25.75 米，分塔基、佛龛、宝刹三部分。

塔基。象征佛教五十三参的 53 级塔

白塔十二生肖砖雕

下筑台，今不存。1953年秋大修时，改由东西两侧石阶上平台，平台高4.55米，石阶平台南嵌"白塔晴云"石额，台基平面方形（14.4米×14.4米），砖砌，外粉涂白，四面走道，道宽两米，平台四周围以栏杆，往头设石狮42只，走道下空，搁混凝土板。

佛龛。塔基9.3米见方，砖砌，高2.95米，建于平台上，底为方形折角，四面八角。下为束腰。砖雕须弥座，每面各置3龛，每龛各砖雕一生肖像，象征周天十二时辰。须弥座上有半圆突起的莲瓣座和承托塔身的环带形金刚图，从而使塔身从方形须弥座自然而柔和地过渡到圆形塔身。塔身形若古瓶，面南中空，设"眼光门"，内供白衣大士像。塔身底座筑3层底盘，高2.5米，底座直径7.2米。第三层底盘直径5.6米，塔身高6.3米，最大直径7.3米，最小直径4.3米，砖砌。由于年深月久，砖塔发生裂缝，长3.5米，宽0.12米。1957年9月后，三度大修，特别是1963年春的大修，工程量大，工艺要求高，塔身裂缝内用喷枪喷射水泥砂浆胶合，塔身上、中部位各加一道钢箍，外包钢板网，再粉以混凝土，加刷白水泥。这样既保持白塔壮丽，又加固塔身。塔身上端置六角刹基，基高0.77米。

宝刹。圆锥形，由佛教十三层相轮组成，层级高6米，最大直径2.7米，最小直径1.9米，刹端置六角形宝盖，角端悬挂风铃。宝盖原为青铜璎珞，1953年秋大修时，改用镀锌板制作，经多年日晒雨淋，至1983年已破烂不堪。1984年8月维修时，改用紫铜板宝盖，配齐风铃。宝盖上托鎏金黄铜中空葫芦形宝顶，宝顶高2.7米。1963年秋维修时，以宝顶为避雷针引线接地避雷。1984年8月维修时，在宝顶顶端外加避雷针引线接地，以确保避雷效果。

白塔塔身是倾斜的。《扬州画舫录》记载："（寺僧）传宗谓向来塔尖向午由左窗第二隙中倒入，今自右窗第二隙中侧入，恐不直，遂改修。"1984年，经省水利勘察总队勘察，白塔塔尖向东南倾斜，距中心线0.87米。维修后勘察，未发现继续倾斜。

白塔形仿北京北海喇嘛塔，而稍见清瘦修长。陈从周在《园林谈丛》中将北海塔和扬州塔进行对比，指出"然比例秀匀，玉立亭亭，晴云临水，有别于北海塔的厚重工稳"。

新中国成立后，法海寺岛绿化形成秋色景观，沿湖桃柳相间，法海桥至藕香桥道路两侧水杉蔽日，阜坡乌桕，西侧柿树，北端池杉密植成林，与原植银杏、古桑、梧桐、古柏、翠竹，红黄翠绿相间，掩映白塔。

凫庄

位于瘦西湖风景区的中心景区五亭桥东南侧湖屿，占地约1200平方米，建筑面积282.08平方米。1962年5月，被列为市级文物保护单位。

此处系贺氏东园遗址。清雍正年间，山西临汾人贺君召（字吴村）在五亭桥以东一带创建贺园，并在荒滩的周围湖中广种莲藕，在滩上建造嘉莲亭，名列贺园十二景之一。后贺园改为东园，嘉莲亭处开为新河。贺君召邀请画家袁耀绘图，以游人题壁诗词及园中匾联，汇之成册，题曰《东园题咏》。咸丰年间（1851—1861），在太平军与清兵的战争中，贺氏东园遭到彻底破坏，沦为荒滩。光绪二十年（1894）前后，家住大虹桥南面有一位专靠捕鱼为生的张有仁，经常在瘦西湖中捕鱼，看到湖中这块荒滩，起早贪黑，辛勤劳动，锄尽杂草后，在滩地的四周插上杨柳，中间还种上蔬菜。到光绪三十年（1904）前后，原贺氏东

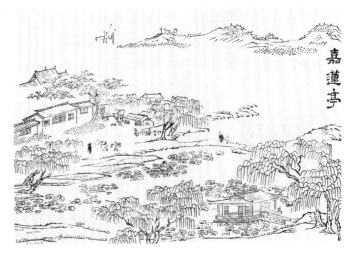

嘉莲亭（选自《扬州东园题咏》）

园主人子孙，凭着家藏的地契文书，把这块滩地卖给陈易。1921年，陈易在此建别墅。

陈易（1892—1960），字臣朔，又字凫忆，号药闲，仪征人，世居扬州，其父为书画家陈重庆。陈易为冶春后社成员，诗、书、画俱佳。所建凫庄因在汀屿之上，形似野鸭浮水，又取《楚辞·卜居》"将泛泛若水中之凫，与波上下，偷以全吾躯乎"之旨趣命名。

新中国成立后，初由寺僧在此售茶。1951年，新建庄西北隅茅亭。1961年夏，翻建西侧水榭。1980年，又翻建茅亭为瓦亭。新建一组曲折有致的连廊，将原有西、南两座主厅连为一体，形成四面环水，水榭滨水、廊成曲尺，建筑高低错落有致的效果，景观也更为丰富。1959年秋，在此开设饭店。1975年，此处改为冷饮室。2006年，进行大修，水下基础拆围重建，地坪改为砖细地墁，墙体水泥粉刷部分恢复为砖细，水泥制柱、椽、栏杆改为木制，增加麻石阶沿，水泥栏杆改为木栏杆等。

凫庄构景以小取胜，细巧玲珑。庄上亭、榭、廊、阁形制多样，山池木石各自配置得当，构成勾心斗角、清雅宜人的优美景观。独特的位置可尽收四方佳景，而自身的建筑也是高低错落，意趣无穷。

凫庄由三组建筑和一座山亭组成，东侧涵碧阁为L形水阁，坐东面西三楹半，周围短栏，是远眺小金山、吹台最佳处。西厅绿波馆面北三楹，外套亭廊，三架梁，花脊，歇山板瓦顶。水上角亭撷秀阁位于北侧土山上，四角，方形，花脊，单檐板瓦顶，上设挂楣，下置美人靠，坐栏下设板砖花饰。南厅芙蓉沜面北三楹，四面皆半墙，两山墙设门，西门与西厅绿波馆间有曲尺形春水廊相连。瓦亭为六角形，单檐板瓦顶，上置六角顶，檐口挂楣，下设坐栏。亭基北侧叠湖石贴壁假山，南坡广

凫庄

种翠竹。凫庄中为水池,池塘旁堆阜垒石,种植紫薇,与东厅、南厅紫薇连成一片,并与沿岸桃柳、角亭桂花、土阜翠竹相借。涵碧阁现作为茶室,供歇足品茗,其外面有一临水平台,于此东眺,钓鱼台如佛掌明珠,伸向湖心,远处风亭翘楚于云天丛绿之间。岛中北侧湖山自水中突兀而起,山顶方亭空灵俊秀,登亭,五亭桥及北岸水云胜概诸景可尽收眼底。

白塔晴云

原为清北郊二十四景之一,位于莲性寺北岸,与白塔相对。乾隆年间由盐商按察使衔程扬宗、州同吴辅椿先后营构。白塔晴云建成于乾隆二十二年(1757),始建者为盐商程扬宗。乾隆四十四年(1779),张霞重修该园。乾隆年间,该园自东向西大致为三段,最东即白塔晴云一景所在,位于莲花桥西北,是晴日观赏白塔景色的佳处。根据《平山堂图志》《扬州画舫录》等记载,此处建筑有桂屿堂、花南水北之堂、积翠轩、半青阁等。桂屿堂前多桂树,临河水中以黄石叠为假山,石上刻"白塔晴云"四字点景。西侧有小溪河,引湖水入园。溪上架红板桥,沿

白塔晴云(选自《江南园林胜景图册》)

溪植垂柳。过红板桥向西行竹径中,至该园中段。此段北依土阜,上植梅花,沿河以朱竹为篱,内构厅事,主要建筑有芍厅、兰渚、苍筤馆、小阁等,厅前植芍、竹,建筑间以小廊连接。由此向西,多植梅花,进入该园西段。主要建筑有水亭、林香草堂、种纸山房、望春楼、小李将军画本、西爽阁、归云别馆等。种纸山房后植芭蕉,建筑间以曲廊连接。望春楼前琢石为水池,池左右建曲桥。楼前石台上有厅,额曰"小李将军画本"。此处当河曲处,西向与熙春台相对,是该园营建的又一重点区域。

嘉庆道光年间,白塔晴云一景渐废。清末及民国期间,未曾复建此景。至新中国成立前,此处为郊区农田。

1984 年,爱国旅日侨胞陈伸捐款 24 万元,在扬州建设剪纸艺术馆。市政府决定复建白塔晴云一景作为馆址。1985 年 5 月,开始施工。同年 10 月,建成一座两进院落的庭园,并对外开放。后来市园林处对景区周围的汀屿、小池、曲溪、土丘等建筑进行修葺,再现清时"别业临青甸,前轩枕大河"的意境。1990 年,复建白塔晴云一景中的望春楼、小李将军画本等建筑。

该园内设积翠轩、曲廊、半亭、林香榭、花南水北之堂、望春楼、小李将军画本等景点。

白塔晴云面湖而筑,与南岸莲性寺白塔相对。园门面东,上嵌书法家赖少其题书"白塔晴云"石额,左下市政府立碑"陈伸先生和其夫人捐赠剪纸艺术馆落成纪念"。园内东院由积翠轩、曲廊、山石水池、花树翠竹组成精巧庭院,既是入园景区,又是连接前庭后院的纽带。北墙花瓶门通后院,曲廊南端步入半亭。过半亭途中院,南为林香榭,榭前临水可欣赏白塔

丽姿，为观赏白塔晴云最佳处。北为花南水北之堂，两堂以廊相连。堂后庭院种植琼花、广玉兰、春梅、山茶、枇杷四季花木，西院栽竹千竿，开门通望春楼。

积翠轩架梁三楹，歇山板瓦顶，前后设廊，中间为隔扇，两次间为半墙隔扇。上悬书法家赵冷月手书"积翠轩"匾额，外柱悬挂书画家王个簃题书、集许浑与刘宪诗句"叠石通溪水，当轩暗绿筠"对联。

东侧庭院内景

林香榭面南三楹，架梁，歇山板瓦顶，前檐、两山设廊，两次间为半隔扇墙，两山砖砌到顶开方窗，后檐砖砌到顶，中间开板门通中院花南水北之堂。榭前平台围石栏，上悬书法家顾文樑题书"林香榭"匾额，外柱悬挂赖少其题书"名园依绿水，仙塔俪云庄"楹联。

花南水北之堂面南三楹，硬山板瓦顶，两山脊置马头墙，面南设廊，前檐中间为隔扇，两次间为半墙隔扇，两山砖砌到顶，上悬书法家赖少其题书"花南水北之堂"匾额，外柱悬挂画家唐云题写集李峤、许浑诗句："别业临青甸，前轩枕大河"楹联。

望春楼，面西五楹，二层七架梁，歇山板瓦顶。楼上下皆为四面廊。正面明间装雕花隔扇，两次间为半墙花隔推窗，下层南北两间作楼梯过道，分别缀以水院、山庭，将山水景石引入室内。楼上均为活动门窗，卸去则成露台，为赏月佳处。上悬郑板桥墨迹"望春楼"匾额，两柱悬挂书画家萧平手书集句楹联："飞阁凌芳树，双桥落彩虹。"底层两侧山墙置木刻落地罩门，雕松、竹、梅、兰纹饰。两柱悬挂尉天池手书集句楹联："才见早春莺出谷，更逢晴日柳含烟。"楼四周为青砖铺砌露台，周以石栏。楼上栏板凿云月图案，云纹柱头，楼头沿墙叠黄石山子。

望春楼（选自《江南园林胜景图册》）

小李将军画本，面东三楹，五架梁，重檐，歇山板瓦顶，四面廊，设美人靠。东面加抱厦，突出门厅。两次间开八角形窗，两山开方窗。面西，中为方窗，外悬郑板桥墨迹"小李将军画本"匾额，两旁为扇面锦窗，以领略熙春台景观。厅西筑露台，越平桥通听箫亭。

今白塔晴云一景位于莲花桥以西的北岸中部，基本延续该景与白塔的景观联系。该景为1984年按传统材料、传统工艺、传统格局临湖面南而建的园林建筑群，东南可遥望白塔。主体建筑花南水北之堂、积翠轩、半青阁等建筑名称均与文献记述相合。望春楼、小李将军画本位于河曲处，与西岸熙春台隔河相对。望春楼前辟水池，两侧建曲桥，建筑方位、形制特征等合于文献记载。

春台祝寿

又称春台明月，位于莲性寺以西的瘦西湖南岸，西达湖水北折处。始建于清乾隆二十二年（1757），是奉宸苑卿盐商汪廷璋所建。主要建筑包括熙春台、镜泉阁、含珠堂、扇面厅等。熙春台，传为当年乾隆为母亲祝寿之处，所有建筑的瓦顶全用彩色琉璃筒瓦，体现皇家园林富丽堂皇的恢宏壮丽气派。后其子按察使衔汪焘，其弟候选道汪元珽重修。乾隆第六次游历前后，即乾隆四十九年（1784），汪廷璋的侄孙、议叙四品衔汪承璧再次修缮。

嘉庆后，该景毁圮。新中国成立后，此处成为农田。

春台祝寿（选自《江南园林胜景图册》）

1986年，按《扬州画舫录》记载及《邗上八景·春台明月》册页、乾隆《南巡盛典图》等有关史料，结合地形地貌现状进行复建。国家旅游总局拨款150万元，市政府拨款96万元在春台明月旧址复建以熙春台为中心的二十四桥景区。景区占地约7公顷，为一组古典园林建筑群，包括新建的二十四桥、玲珑花界、熙春台、十字阁、重檐亭、九曲桥，后又续建栈桥。其布局呈之字形屏列，湖两岸建筑构造旷奥收放，抑扬错落，长廊依云墙伸展，各面转折对景都是一幅山水画卷，是乾隆水上游览线的一处胜景。整个景区在体现"两堤花柳全依水，一路楼台直到山"的意境中起着承前启后的作用。

熙春台位于瘦西湖水北折处，坐西向东，与莲花桥相对，是一组建于宏敞台基上的楼阁建筑群。根据《平山堂图志》《扬州画舫录》等记载，建筑台基以白石砌筑，共分三层，围以石栏杆。一层至二层台基面东开三道台阶，二层台基上再砌建筑基座。台上置湖石假山，栽莳花木。主体建筑为两层楼阁，前出抱厦，与对岸望春楼相对。下层额"熙春台"，上层额"五云多处"。建筑彩绘云气，屋顶覆五色琉璃瓦，华贵庄严。主体建筑北侧连接复道，南侧出露台。其东北建两层楼阁，四出抱厦，平面呈十字形，造型别致。熙春台建筑群气势恢宏，金碧辉煌，颇具皇家风格。熙春台后别有一景名"平流涌瀑"（又称平泉涌瀑），系金匮山水东出红药桥（又称廿四桥）汇于瘦西湖而形成的涌瀑水景。

由熙春台北行，便是二十四桥区域，从湖西岸到东岸，由山涧、栈道、单孔拱桥、三曲平桥和听箫亭组成。山涧两侧双峰对峙，由黄石叠成，竹索栈道横跨其间，名"落帆栈道"。

二十四桥为单孔拱桥，由汉白玉砌筑而成，全长24米，宽2.4米，两端各12级台阶，两

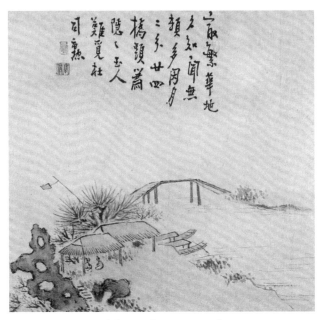

清高翔绘《二十四桥图》

1957 年丰子恺绘二十四桥

边各 24 根汉白玉雕柱，高、宽各 2.4 米。桥上雕饰明月图案，秀丽典雅。

据《扬州画舫录》记载，廿四桥即吴家砖桥，一名红药桥，在熙春台后。"平泉涌瀑"之水，即金匮山水，由廿四桥而来。桥跨西门街东西两岸，砖墙庋版，围以红栏，直西通新教场，北折入金匮山。

今熙春台为 1986 年依据历史文献、图像等资料原址复建，1988 年 12 月竣工。该组建筑坐西面东，与莲花桥、望春楼有极好的对景效果。建于宽广台基上，主体建筑为两层楼阁，前出抱厦，屋顶用琉璃瓦。阁前偏北另建十字阁，四出抱厦，以曲廊与主体建筑相连。该组建

熙春台

筑群体量庞大,气势恢宏,建筑方位、建筑形制与文献记载和图像资料中所载相符,较好地反映春台祝寿一景所体现的盐商园林趋附皇家风格的审美追求。

玲珑花界

位于瘦西湖南岸法海寺与熙春台之间,占地 800 平方米。

始建于清乾隆年间,后毁。1987 年 3 月动工兴建,同年 12 月建成。

此处为瘦西湖内芍药牡丹园,取"洛阳牡丹,广陵芍药"之意。由厅房、曲廊、方亭、水榭、花圃构成。花圃中植牡丹 300 株、芍药 500 塘。玲珑花界由曲廊连接两座轩屋,面北三楹。观芍亭为单檐方亭,立于花坛之中,上悬郑板桥墨迹"观芍亭"匾额,两柱悬挂扬州书画家王板哉手书集句楹联:"繁华及春媚,红药当阶翻。"亭中顶棚为芍

玲珑花界

药彩绘。水榭面南,方形花脊,歇山板瓦顶,南设台阶,北置平台,并设白石栏板。上悬书法家欧阳中石手书匾。两柱悬挂扬州书法家葛昕手书集句楹联:"花柳含丹日,楼台绕曲池。"坐栏观景,熙春台、望春楼、二十四桥诸胜尽收眼底,为游客拍摄二十四桥景区最佳取景处。面南两柱悬挂魏之祯手书集句楹联:"红桃绿柳垂檐向,碧石青苔满树阴。"

石壁流淙

又称水竹居,位于望春楼以北的湖东岸,北接锦泉花屿,是奉宸苑卿、歙县盐商徐士业所建园林。该园始建于清乾隆年间。根据《平山堂图志》《扬州画舫录》等记载,园中有小方壶与石壁流淙两景,其中石壁流淙一景"以水石胜",是该园中占地最大、最具观赏特色的景点。乾隆三十年(1765),乾隆赐名水竹居,有御诗:"柳堤系桂舣,散步俗尘降。水色清依榻,竹声

凉入窗。幽偏诚独擅,揽结喜无双。凭底静诸虑,试听石壁淙。"

自望春楼以北,湖岸变化丰富,水中多岛屿,将湖水隔开,成为时断时续的园中夹河,园林建筑及花木山石即布置在湖岸及水中岛屿上。主要建筑包括小方壶、花潭竹屿、浮桥、静香书屋、半山亭、御碑亭、清妍室、莳玉居、阆风堂、丛碧山房、霞外亭、碧云楼、静照轩、水竹居等。园林各处点缀竹、桂、梅、桃、玉兰、牡丹、藤花等植被。小方壶位于园南部,为水中方亭。水竹居位于园北端,是一组

御题水竹居(选自《江南园林胜景图册》)

曲折变化的"套房",因其前有瀑突泉,周以翠竹,故名。该园石壁流淙一景南起清妍室,北至阆风堂,沿岸以怪石叠为石壁,绵延里许。引水由石隙奔流而下,注于园中夹河,如"匹练悬空","激射柔滑,令湖水全活"。故《扬州画舫录》称"石壁流淙以水石胜"。石壁上植山榴、海柏,石下开观音洞,辅以山麓建筑的衬托,更显石壁的变化,表现极高的艺术构思。如此大规模的叠石和引水工程,是以盐商富足的财力为保障,体现商业经济对园林景观营建的重要作用。嘉庆后,石壁流淙渐废。

今石壁流淙位于望春楼以北的湖东岸,局部散见于湖水相连的小水域,部分延续石壁流淙园中有"夹河"的地形特征。1991年和2007年,分别于遗址南部及东北侧复建静香书屋和石壁流淙两组园林建筑群。静香书屋建筑群中,半山亭、莳玉居、天然桥、静香书屋等建筑名称均与文献记载相符。石壁流淙建筑群中,水竹居、阆风堂、丛碧山房、清妍室、花潭竹屿等建筑名称均与文献相符,并以黄石叠为假山,引水由石隙泻于池中,基本延续石壁流淙一景以水石胜的景观特征。

石壁流淙(选自《平山堂图志》)

石壁流淙

静香书屋是石壁流淙的一个景点,匾额字为集扬州八怪之一金农墨迹而成。院落里,凿池堆山,架桥构屋,曲廊逶迤,小径通幽,可谓步移景换。周围种梅花百株,春寒料峭,瘦梅花繁;院中种植蜡梅、春梅;书屋、家具、栏杆、院门上雕着梅花。

静香书屋进门有假山,山上有亭,名半山亭。院里有池,池中有睡莲、锦鲤。室后有墙,墙下开一洞,引入湖水,流进园内小河。河上有桥,名天然桥。主厅为卷棚式,面水而建,一汪碧水中睡莲婀娜,游鱼戏水,一艘画舫卧波,亭廊环围桥闸,黄石构筑的假山上翼然飞亭。

建筑多以"半制"取胜,即舫为半舫,亭为半亭,月洞口旁的美人靠也取其一半。但一个个的"半",又以廊、墙,或遮或掩或放或收,打破旧式园林的对称规整,显得轻灵活泼。书房内,有松林梅木雕罩格,条几上供桌屏、花瓶,书桌上置文房四宝,多宝架上摆放线装古书,圆桌上一盘围棋,使人进入其中立即体味到《红楼梦》中富贵闲人的洒脱和聪慧,驻足其间,仔细把玩,余味无穷。

石壁流淙园内,叠石为山,形如峻峭的石壁,导引多股泉水,从多处石壁顶部,奔腾下泄如瀑布,注入湖中。园内有长廊长堤、六角亭,还有水竹居、阆风堂、丛碧山房、清妍室等建筑。新建水竹居以乾隆诗中的两句"水色清依榻,竹声凉入窗"作对联。过水廊不远有一院落,院中静香书斋,面对池塘,左右一副对联写道:"飞塔云霄半,书斋竹林中。"

筱园花瑞

位于熙春台以北的瘦西湖西岸,曾名三贤祠,清康熙乾隆年间先后被翰林编修程梦星、盐运使卢见曾、盐商汪廷璋构筑为私园。该园因程梦星、卢见曾在此举行文会活动而著名。

康熙五十五年(1716),翰林编修程梦星告老还乡,购此地建为私园,名筱园。主要建筑有今有堂、修到亭、来雨阁、畅余轩、馆松庵、小漪南等,植被有芍药、竹、荷、梅、桂、松等。园中广植芍药,园主好诗文,"每园花报放,辄携诗牌酒榼,偕同社游赏,以是推为一时风雅之宗"。乾隆二十年(1755),两淮盐运使卢见曾租赁筱园,改旧雨亭为今有堂,改小漪南为苏亭。因苏轼有"三过平山堂下"词句,故苏亭又名三过亭,并以"三过留踪"列入清代扬州北郊二十四景。卢见曾又增

筱园花瑞(选自《江南园林胜景图册》)

建仰止楼、药栏小室、瑞芍亭等建筑,并以春雨阁为"三贤祠",祀欧阳修、苏轼、王士祯三人。园中花开三蒂,以为吉瑞,故以"筱园花瑞"为园中景名,诸文士撰诗文记其事,使该园再次成为文会胜地。罗聘于乾隆三十八年(1773)绘有《饮筱园图》传世。后来该园归奉宸苑卿衔盐商汪廷璋。乾隆四十九年(1784),汪廷璋侄孙汪承璧改春雨阁为翠霞轩,撤苏亭改建为阁道。

嘉庆后,此园逐渐毁圮。

今筱园花瑞遗址部分保留历史景观的地形特征,如熙春台以北地势隆起,与文献中记载"筑土为坡"的"南坡"相符。此外,现存以传统形式建造的苏亭等建筑也合于文献记载。

蜀冈朝旭

位于蜀冈以南的瘦西湖西岸,北接万松叠翠,南邻筱园花瑞,东与石壁流淙、锦泉花屿相对。

根据《平山堂图志》《扬州画舫录》等记载,蜀冈朝旭始建于清乾隆年间,先后为按察使李志勋、临潼人张绪增的私家园林。乾隆二十七年(1762),乾隆赐园中主体建筑名"高咏楼",并赐"山塘返照留闲憩,画阁开窗纳景光"联。

《扬州画舫录》中记该园:"前以石胜,后以竹胜,中以水胜。"园南部"辇太湖石数千石",叠为假山;园中部"本保障湖后莲塘",园主充分利用莲塘水体营造园林景观;园北"移堡城竹数十亩"建为竹林,并建习射圃。园中主要建筑

蜀冈朝旭(选自《江南园林胜景图册》)

包括高咏楼、来春堂、数椽潇洒临溪屋、旷如亭、流香艇、含青室、眺听烟霞轩、初日轩、青桂山房、十字厅、指顾三山亭、竹楼、草香亭等,点缀于假山、荷塘、竹林之间。园中植被除竹、荷外,还有梅、柳、桂、牡丹等。高咏楼为园中主体建筑,两层楼阁,建于荷塘中所筑台基上,坐西面东,与石壁流淙相对。据《扬州画舫录》记载,该楼"本苏轼题《西江月》处",建楼以

蜀冈朝旭

示对先贤的凭吊。

嘉庆之后，该园林逐渐废圮。

新中国成立后，此处为农民栽种之所。1984年，景点遗址部分被国家税务局培训中心使用。1993年2月，中国佛教协会会长赵朴初题写"蜀冈朝旭"景区名。1996年6月实施瘦西湖北区建设工作，蜀冈朝旭部分景点于同年9月建成。

今蜀冈朝旭遗址地势较低，沿湖岸有多处水体遗存，与蜀冈朝旭一景园中多水池的特征相符，一定程度保持历史景观的地貌特征。沿湖复建有来春堂，壁题"蜀冈朝旭"点景，建筑名称与文献记载相符。

锦泉花屿

位于石壁流淙以北的湖东岸，北接观音山。清乾隆年间，先后属刑部郎中吴山玉、知府张正治、张大兴。根据《平山堂图志》《扬州画舫录》等记载，该园"地多水石花树"，引湖水为夹河，南北贯于园中。夹河中有泉两眼，称"锦泉"，又因园中花木繁盛，故名园景为"锦泉花屿"。建筑皆建夹河两岸，东岸有箖竹轩、清华阁、笼烟筛月之轩、香雪亭、藤花榭、清远堂、锦云轩、梅亭等，西岸有微波馆、长桥、种春轩、绮霞楼、迟月楼、幽岑春色等。园中植被主要有竹、梅、桂花、玉兰、牡丹、松、柏、杉等。该园近蜀冈，沿岸多土阜，

锦泉花屿(选自《江南园林胜景图册》)

又兼引水成夹河，使园林空间愈多变化。建筑、花木、假山皆沿夹河错落布置，形成空间丰富、花木繁盛的水园景观。

园主人吴氏、张氏，因园地背山面水，适宜栽种竹子，于是仿高观竹屋、王元之竹楼遗意，构筑箖竹轩。此建筑门、联、窗、槛、床等，均为竹子构成。其中笼烟筛月之轩为竹所。游人至此，身在竹中，耳不闻竹之有声。李斗在《扬州画舫录》中指出："湖上园亭，以此为第一竹所。"嘉庆以后，该景逐渐废圮。后沦为农田。2008年8月复建锦泉花屿一景，2009年4月完工对外开放。

今锦泉花屿位于蜀冈之南的瘦西湖东堤，屈曲变化，部分延续历史上锦泉花屿的地形特征。在东侧复建部分园林景观，其主要建筑清远堂、藤花书屋、箖竹轩、碧云亭、清华亭、香雪亭等，仍沿用历史文献记载的锦泉花屿一景的建筑名称。该处现存水体变化丰富，花木繁盛，一定程度延续锦泉花屿的水园特色。

锦泉花屿区域内的水牌楼底座为大理石，中段支柱为方形，枣红色，牌楼的顶由斗拱支撑，上面是滴水小瓦，牌楼的正中央为当代书法家尉天池所书"锦泉花屿"。该区域包括水牌楼、清远堂、藤花书屋、箖竹轩、碧云亭、清华亭、香雪亭等建筑。东部清华亭下"高山流水"的叠水景观，彰显扬州水城的魅力。此外，水道宽宽窄窄、曲曲弯弯，再现扬州瘦西湖"瘦"

锦泉花屿

之神韵。

　　锦泉花屿水面随时可见铁干虬枝、疏影横斜、花团锦簇、修篁滴翠,均贴着水面,在清流之中临风摇曳。从高处俯视,整个锦泉花屿仿如一组水树竹石盆景。

万松叠翠

　　清北郊二十四景之一,位于蜀冈以南的瘦西湖西岸,原是萧家村故址。东与锦泉花屿隔水相对,南接蜀冈朝旭,是乾隆年间奉宸苑卿吴禧祖所筑私家园林,又称为吴园。后归候选布政司经历汪文瑜重修。乾隆四十三年(1778),界画家袁耀作《万松叠翠》画作传世。乾隆四十九年(1784)前后,候选州同张熊再次重修。

　　据《平山堂图志》《扬州画舫录》等记载,该园分两景,北为万松叠翠,南为春流画舫。园中主要建筑有萧家桥、桂露山房、春流画舫、清阴堂、旷观楼、嫩寒春晓、涵清阁、风月清华、绿云亭,植被以松、竹、桂、桃、柳、梅、牡丹

万松叠翠(选自《江南园林胜景图册》)

为主。万松叠翠一景位于园北部,其地接蜀冈,土阜隆起如山,多植松,故名。半山建绿云亭,亭旁立石刻“万松叠翠”点景。春流画舫一景位于园南部。《扬州画舫录》描述该园特色:“是

园胜概，在于近水。"园中引水为夹河，建筑皆建夹河两岸。临水建有舫屋，名"春流画舫"。

画面为两河夹水，微波夹山隆起，绿云亭四周遍植松树，郁郁葱葱。山峦掩映在云雾缭绕之中，缥缈宛如仙境。近景处，一亭阁伫立于柳树丛中，画法工细，分毫毕现。湖中有游艇画舫，且造型各异。

嘉庆道光后，园渐废，成为农田。1998年，在遗址部分兴建金陵西湖山庄酒店。

春流画舫

今万松叠翠遗址北部地势高起，与蜀冈相接；南部向西北开支河，建桥跨河上，部分保持历史景观的地形特征。沿湖建春流画舫，保持舫屋的建筑形式及景观名称。春流画舫是构形独特的建筑，呈龙舟式样。此处可登高远眺二十四桥及周围景色。远处栖灵塔在其扇面窗形成完整的框景，极富趣味，从画舫中北望，梳妆台全景嵌入。

2010年10月至2011年1月，市文物考古研究所在万松叠翠遗址进行考古发掘，总发掘面积800平方米，发现清代砖铺道路、铺石路面、假山石、石柱础等园林建筑遗迹，出土有大量清代瓷片、砖雕残件等遗物。

双峰云栈

位于蜀冈东峰和中峰之间，九曲池之北。清乾隆年间按察使衔程均所建，鲍光猷重修。布政司理问衔程琦于此建桥，是清扬州北郊二十四景之一。

据《扬州画舫录》记载，由万松亭东侧沿石阶而下，向北过栈道，至主体建筑听泉楼，再沿楼后山径数次折弯，可达露香亭，再沿山径向南，可达环绿阁。阁为两层曲尺形，背蜀冈东峰，面临九曲池。此园在蜀冈东峰、中峰之间堆叠假山成峒（山洞之意），形成三级瀑布，飞琼溅雪，汹涌澎湃，使扬州北郊风景的湖山之气，至此大为改变。双峰云栈紧靠平山堂船码头，自建成后便与万松叠翠、小香雪等园林一样为公共开放园林。

三四十年代，该园林栈道、木桥虽毁，但两峰间之瀑布，雨后犹有可观。"文化大革命"期间，拦河为田，水源被截断，景

双峰云栈（选自《平山堂图志》）

双峰云栈夜景

观彻底损毁。

2013 年，依据《平山堂图志》《扬州画舫录》等历史资料，对该园林进行修复。复建过程中，利用蜀冈东、中峰山涧两侧的山石峭壁以及南北地势的高差形成的瀑布叠水景观，重点突出山石、叠水、栈道等历史景观要素，采用太湖石、黄石堆叠，形成磅礴的气势，基本恢复乾隆年间园林景观风貌，是扬州古典园林修复较为成功的范例。

附：园林遗址

冶春诗社遗址

为清北郊二十四景之一。位于虹桥西南，与西园曲水隔河相望，南接柳湖春泛。今属于扬州大学瘦西湖校区，园林建筑均不存。

根据《平山堂图志》《扬州画舫录》等记载，冶春意为游春，源于清初顺治年间的红桥茶社。康熙初年，王士禛在此修禊，赋"冶春"绝句，故以冶春为名，最脍炙人口的诗句是："红桥飞跨水当中，一字栏杆九曲红。

冶春诗社(选自《江南园林胜景图册》)

日午画船桥下过，衣香人影太匆匆。"清康熙年间，戏剧家孔尚任题冶春社。

康熙、乾隆年间，该园相继为王山蔼、田毓瑞别墅。园东沿水建码头，园北开旱门，通虹桥以西。园中主要建筑有香影楼、云构亭、欧谱亭、冶春楼、槐荫厅、秋思山房、怀仙馆等，以曲廊阁道相连，部分建筑临水而建。园中起土为山，引水为池，多古树，植槐、榆、梽、柳、梅、竹、海桐、玉兰、牡丹、青桂等。又以黄石叠为假山，点缀亭林间。该园以阁道闻名，《扬州画舫录》记载："是园阁道之胜比东园，而有其规矩，无其沉重。或断或连，随处通达。"阁道高低错落，成为园中最有特色的构筑。

嘉庆以后，此景荒废。新中国成立后，诗社故址划归苏北师范专科学校（扬州师范学院前身）。

山亭野眺遗址

为清北郊二十四景之一，乾隆年间布政司理问衔程瑣所建，候选道程如霍重修，后程玏、鲍光猷又加以修葺。

此园在功德山（今观音山）的半腰上，背靠观音山，前临保障河，左右有万松亭、尺五楼等。山亭名叫远帆亭，源于李白的诗句"孤帆远影碧空尽"。远帆亭旁，筑台三四楹，建榭五六楹，廊腰曼回，阁道凌空。此地依傍观音山，每当观音生日，香火旺盛，香客、游人纷至沓来，可登亭闲眺野景。

该园的特点在于其选址，它区别于其他的平地建园，将园址选在半山腰，因此决定其独特的景观视角。由

山亭野眺（选自《江南园林胜景图册》）

于地势高峻，视野开阔，驻足亭内，山下的景色尽收眼底。夏季，是山亭野眺的好季节，站在山上除了能饱览山下湖光园影、荷池稻田，还能伴随微风感受到荷花盛开时的清香。因此，该景命名为"山亭野眺"。

竹西芳径遗址

在扬州城东北五里蜀冈上，南临古运河。

隋代，此处为隋炀帝的宫苑。唐代此处建成禅智寺。由于禅智寺一派园林风光，不少诗人留下佳作，最出名的为诗人杜牧《题扬州禅智寺》，诗云："雨过一蝉噪，飘萧松桂秋。青苔满阶砌，白鸟故迟留。暮霭生深树，斜阳下小楼。谁知竹西路，歌吹是扬州。"唐代名家张祜《纵游淮南》诗云："十里长街市井连，月明桥上看神仙。人生只合扬州死，禅智山光好墓田。"当时寺院藏有石刻，石刻上为吴道子画宝志像、李白赞、颜真卿书，被称为三绝碑。

寺前月明桥，也是竹西一景。"月明桥"匾额，为西域僧人禅山所书。唐开成三年（838），日本僧人圆仁到扬州时，船过禅智寺前桥。在禅智寺中，为日本遣唐副使石川道益举行过悼念法会。

宋代，为上方禅智寺。向子固任郡守期间将竹西亭改为歌吹亭。亭西有昆丘台，相传为欧阳

修游观之所。

明代为上方禅智寺,三绝碑因岁久石泐,僧本初重新刻石。

清康熙四年(1665),王士禛任司理,与诸名士在禅智寺集会,后编成《禅智倡和集》,又名《禅智别录》。王士禛有"四年只饮邗江水,数卷图书万首诗"句。

候选直隶州知州尉涵,历年对禅智寺加以修建。寺院竹西亭后多空地。乔木森立,都是数百年古树。他

竹西芳径(选自《南巡盛典》)

将此地建为别院,穿池垒石,丘壑天然。门房堂室,毕具其北,建以高楼耸立。楼右有泉水,被称为第一泉。泉水在石间,建方厅对之,为禅智寺中名胜之一。

乾隆十九年(1754),翰林编修程梦星重建是寺,并修其间名胜古迹,名额"竹西芳径"。乾隆三十年(1765),乾隆游历,赐"竹西精舍"额。此时园有八景,即月明桥、竹西亭、昆丘台、三绝碑、苏诗帖、照面池、蜀井和芍药圃,因被誉为"竹西佳处"。

咸丰三年(1853),禅智寺毁于兵火。光绪末年,寺僧所建正觉堂五楹,其余房屋十余间。

至新中国成立前,禅智寺即已荒废。"文化大革命"期间,正觉堂及其他房屋被毁。2016年,在古运河边建设"禅智码头",留下禅智寺字样,纪念这一历史上的名寺。

华祝迎恩遗址

在扬州明清古城东北高桥至迎恩桥亭一带,是为迎接乾隆第四次游历而建造。乾隆到高桥需要换上轻舟,从新河方可抵达天宁寺行宫。新河为草河浚深而成,新河两岸由两淮三十总商分工段建设。当时采用的是"档子法"建造,后背用板墙蒲包,山墙用花瓦,手卷山用堆砌包托,曲折层叠青绿太湖山石,同时混杂树木,如松、柳、梧桐、十日红、绣球、绿竹等,分为大中小三号,都是采用的通景"像生"手法。像生手法指的是仿天然产物制成的工艺品,旧时多用绫绢、通草制成花果人物等形状。乾隆时期,扬州采用像生手法建造临时性的园林,从一个侧面反映出扬州园林建设达到登峰造极的水平。

华祝迎恩(选自《广陵名胜全图》)

华祝迎恩一景,工头用彩楼,香亭三间五座,三面飞檐,上铺各色琉璃竹瓦,龙沟凤滴;顶中一层,用黄琉璃。彩楼用香瓜铜色竹瓦,或覆孔雀翎,或用棕毛。仰顶满糊细画,下铺棕,覆以各

色绒毡。间用落地罩、单地罩、五屏风、插屏、戏屏、宝座、书案、天香几、迎手靠垫。两旁设缓锦绥络香禊,案上炉瓶五事,旁用地缸栽像生万年青、万寿蟠桃、九熟仙桃,及佛手、香橼盘景,架上各色博古器皿书籍。次之香棚,四隅植竹,上覆锦棚,棚上垂各色像生花果草虫,间以幡幢伞盖,多锦缎、纱绫、羽毛、大呢等,饰以博古铜玉。中用三层台、二层台、平台、三机四杈,中实镶铁。每出一干,则生数节,巨细尺度必与根等;上缀孩童,衬衣红绫袄裤,丝绦缎靴,外扮文武戏文,运机而动。通景用音乐锣鼓,有细吹音乐、吹打十番、粗吹锣鼓之别。排列至迎恩亭,亭中云气往来,或化而为嘉禾瑞草,变而为矞云醴泉。实在是盐商为奉承乾隆,不惜财力、物力,想尽一切办法所为,以营造欢乐祥和的气氛。乾隆有诗反映出此种情景:"夹岸排当实厌闹,殷勤难却众诚殚。"

由于华祝迎恩一景为临时所为,乾隆游历过后即撤去,该景早不存。但档子法也为湖上园林部分景点采用。

临水红霞遗址

为清北郊二十四景之一。临水红霞即桃花庵,在漕河南岸,迎恩河的东岸,为乾隆时期河南候选州同周柟的别墅。后尉涵加以修缮。嘉庆后逐渐废圮。

据《扬州画舫录》记载,该园林野树成林,溪毛碍桨。中有茅屋三四间,掩映于松楸之中。庵内植桃树数百株,半藏于丹楼翠阁,时隐时现,若有若无。桃花庵前的保障河中,有个小小的岛屿,上面建有茅亭,名额"螺亭"。亭南有一座板桥,通向另一亭子,"亭北砌石为阶,坊表插天,额曰'临水红霞'"。临水红霞美在桃花盛开之际,正如《江南园林胜景》所说:"每春深花发,烂若锦绮。"

临水红霞(选自《江南园林胜景图册》)

该景点的景观特色为桃花的运用,园内水边山际,俱种桃花。春时花开,绚烂夺目,水边碧波潋滟,落照绯花,不异朝霞初出,此景的命名也因此而来。

平冈艳雪遗址

位于桃花庵附近,漕河南岸,邗上农桑对岸。园主人为清乾隆时期河南候选州同周柟。后尉涵重修。

漕河水至此,与瘦西湖水交汇,水面逐渐变阔,水中的荷花和岸上的翠竹尤为茂盛。乾隆年间,周柟在此建平冈艳雪一景,主要景点有清韵轩、艳雪亭、水心亭、渔舟小屋诸景。《扬州画舫录》的作者李斗极为推崇此景,认为住在这里,山地种蔬,水乡捕鱼,采莲踏藕,生计不穷。当时这里植红梅数百株,雪晴花发,香艳动人,故名平冈艳雪。乾隆年间,尉涵重修,"增设廊槛数重,风亭、月榭与修竹垂杨鳞次栉比。近水则护以长堤,遍植莲藕,触处延赏不尽。"

袁耀的《扬州四景图》作于乾隆四十三年(1778),其中《平冈艳雪图》是以水心亭、艳雪亭、渔舟小屋为主体，整个山体斜跨而出，形成对角线的构图。画面表现的是雪后初霁、红梅盛开的景象。在画面的左下角，有数株老梅与对岸水心亭的梅花遥相呼应。在由水心亭经渔舟小屋后的蜿蜒小路上，可见梅树茂密、花开缤纷、暗香浮动。画面中的梅树沿着山径、河滨绽放，点题平冈艳雪。

平冈艳雪（选自《江南园林胜景图册》）

绿稻香来遗址

从趣园向北，为绿稻香来旧址。绿稻香来与邗上农桑、杏花村舍相邻，位置在今傍花村、宋夹城之间。清乾隆间奉宸苑卿王勘仿清康熙《耕织图》而建，其间有农舍、粮仓、蚕房、桑林等，寄寓着封建帝王"劝农"的理想。其旁有万亩稻田，当水稻成熟之时，四处飘逸浓郁的稻香。附近的邗上农桑有风车、水车、仓房、砻房、茅屋、草亭、饷馌桥、报丰祠等景，杏花村舍有篱笆、村舍、浴蚕房、分箔房、染色房、练丝房、成衣房、嫘祖祠等景，与绿稻香来共同构成城市中的田园风光。这是"二十四景"中最具有农家乐味道的景致。

绿稻香来（选自《扬州二十四景诗画图》）

邗上农桑、杏花村舍遗址

清北郊二十四景。在漕河北岸。乾隆年间奉宸苑卿衔王勘营建，其弟王协再修。道光年间，阮元葺居于邗上农桑，后二景逐渐废弃。

据《扬州画舫录》记载，该二景仿照康熙《耕织图》而建，主要景点有仓房、饷馌桥、报丰祠等。祠前建有击鼓吹籥台，台左砻房，右有浴蚕房、分箔房、绿叶亭。亭外种植桑树，绿荫葱葱。树间建大起楼，楼下接长廊，顺廊可达染色房、练丝房。房外有练池，池外为春及堂。堂左有嫘祖祠、经丝房、听机楼。楼

邗上农桑（选自《江南园林胜景图册》）

东有东织房、纺丝房。房外建板桥，过桥后可到西织房、成衣房和献功楼。乾隆十分喜爱该景点，曾有诗句："却从耕织图前过，衣食攸关为喜看。"

《耕织图》是中国农桑生产最早的成套图像资料，以江南农村生产为题材，系统地描绘粮食生产从浸种到入仓，蚕桑生产从浴蚕到剪帛的具体操作过程。邗上农桑、杏花村舍二景成功地将康熙《耕织图》诗歌和焦秉贞的图画以园林的形式再现出来，富有野趣，与当时扬州园林富丽堂皇、琼楼玉宇的风格迥然不同，其造园的立意为重农、劝农的思想，在扬州造园史上有着特殊的意义。

杏花村舍（选自《广陵名胜全图》）

松岭长风遗址

位于蜀冈中峰大明寺东，小香雪北侧。清雍正八年（1730），盐商汪应庚因为蜀冈上平山堂东缺少绿化以荫游人，于是命人移栽松树十万余株。数年后，冈上苍翠满目，具干霄拂云之姿。因此，又在此修缮万松亭。亭位于蜀冈最高处，三城之胜，全淮之雄，一望在目。游人随着曲折山道，登上风亭，在此驻足，可听松涛之声，烦恼俱忘。汪应庚因此被称为"万松居士"。蜀冈之下建有松风水月桥。

乾隆年间，为迎接乾隆游历，汪应庚孙汪冠贤在松岭长风南平山堂船坞中间建接驾厅，为八柱重屋，飞甍反宇，方盖圆顶，中置涂金宝瓶

松岭长风（选自《平山堂图志》）

琉璃珠，外敷鎏金。厅中供奉御制《平山堂诗》石刻。

清嘉庆后，接驾厅、万松亭等建筑逐步废圮，而蜀冈上松树仍郁郁葱葱。1954年，在此建扬州革命烈士陵园，占地5.3公顷。1997年扩建，2005年改建。2009年3月，经国务院批准为全国重点烈士纪念建筑物保护单位。

第二节　宅第园林

个园

位于市区盐阜东路 10 号。占地 2.4 公顷。1988 年 1 月，被列为全国重点文物保护单位。

个园由清嘉庆二十三年（1818）两淮盐业商总黄至筠（1771—1838）在清初寿芝园旧址上扩建而成。

黄至筠建成个园后，延请刘凤诰作《个园记》。嘉庆二十五年（1820），黄至筠好友吴嵩作《个园记跋》。道光十三年（1833）、道光十五年（1835），黄至筠第二子黄奭（1809—1853）将《蔗生图》勒刻上石，汪全泰为题《蔗生图》铭及《水调歌头·忆潮图》，词中有"若年少，怀故里，甚牢骚。自言家居，大涤石屋洞天高"之句，大涤子为石涛别号。据此，可推断个园部分假山或为清初画僧石涛所为。

道光二十二年（1842）四月一日，阮元、梁章钜、梁逢辰等到个园赏芍药。梁章钜作《四月朔日招陪仪征师相看芍药即席赋谢》，诗中有"寿客庄严寿芝馆，宝书稠叠宝云堂"句，宝云堂、寿芝馆为此时个园主要建筑。

道光二十八年（1848），黄奭重修个园，取名"红都胜境"，并题《红都胜境记》。道光三十年（1850），黄家衰落，其子孙将西宅、个园卖给丹徒籍盐商李文安。清末，宅东之屋改为汇源典当行，民国初毁于火灾。中间之屋改为红十字会。

1912 年，李文安将个园及西宅卖给徐宝山。徐宝山去世后，其夫人孙阆仙将个园卖给蒋遂之。1929 年，蒋遂之将个园正宅与西副宅（即现在中路和西路）与花园全部卖给朱瑞徵（朱言吾）。1927 年，个园部分建筑毁于火灾。30 年代，郭坚忍在此开办爱国女子学校。后园林逐渐荒废，住宅由朱、李两家散居。

关于个园的沿革，陈含光于 1912 年作《个园歌（并序）》，序云："个园者，黄氏故园。扬州八商总，黄至筠次居第七。嘉道间，每盐务奏销，常倚黄而办。其园在东关街，度地十余亩，他宅屋称是。黄败，丹徒李氏得园之一角，仍其故名。巨丽已为扬州之冠。清末，李以商业折阅负官债。鼎革后，园属徐故上将宝山家，转移之迹，世莫能明也。允卿为园主人之孙，与仆交厚，故有此作。"

新中国成立后，个园收归公有，先作荣军学校，后转为市人民委员会文化处、省手工业生产合作联社干部培训班扬州办事处办公用房、扬州汽车修理厂厂房。1957 年，市人民委员会拨款整修假山。1958 年，全面维修，用作扬州专区社会主义建设成就展览和农业展览馆馆址，后花园东北部改作富春花园茶社。1962 年 5 月，市人民委员会将个园列为文物保护单位。1963 年，市人民委员会批准将个园拨交扬州博物馆作分部。1964 年，在此建成扬州专区阶级教育展览馆和扬州专区展览馆。

"文化大革命"期间，个园被扬州专区京剧团、扬剧团用作宿舍。1979 年 6 月，市政府将个园划归市园林处管理，进行整修。1982 年 2 月，对外开放。同时，为迎接扬州市与日本唐津市缔结友好城市,举办两市风光图片展览,增开额名"竹西佳处"的园门,并在夏山和秋山上分别增建鹤亭和住秋阁。1982年3月,个园被列为省级文物保护单位。1993年2月,《人民日报》(海外版)将个园与北京颐和园、承德避暑山庄、苏州拙政园并称为"中国四大名园",向海内外推荐。

1998年,投入270万元搬迁园中的市广播电视局,复建占地1.2公顷的万竹园及停车场,园区面积由8000平方米增至2公顷。1998年,市政府将修复个园南部住宅工程列入议事日程,市计委作出《关于扬州个园南部部分居民住房搬迁计划的批复》。2001年1月,正式将"个园南部住宅建筑修缮及室内陈设"立项,决定先行修复福、禄、寿三路房屋。2002年4月,市政府召开个园南部住宅搬迁专题工作会议,明确个园南部住宅27户居民搬迁工作的责任单位和资金来源。南部住宅修复工程项目建设单位为个园,工程总投入1125万元。修复开放后的个园南部住宅占地3000平方米,其中建筑面积2600平方米,较为理想地恢复当初豪门深宅的风貌,成为扬州盐商文化最好的见证之一,在国内外产生影响。2007年2月,个园被建设部评为全国首批20家重点公园之一。

个园扩建与通道整治工程是2007年8月市政府下达的12项"双东、双宁"建设任务之一。该项目占地1.5公顷,建筑面积8300多平方米。同年4月,主题工程竣工,个园景区规模、容量得到提升和扩大,初步形成个园"南宅、东市、北园"的格局。

个园分为住宅和园林两大部分。南部为住宅,门对东关街。据杜召棠《扬州访旧录》记载,个园"屋南向,并列五门,曰'福禄寿喜财'"。现存东、中、西三路住宅和三条火巷。

东路建筑以"鹿"寓"禄",檐口瓦头滴水及门窗隔扇的雕刻都围绕着"禄"的主题。前后有三进。第一进为清美堂,面阔三间,进深七檩,前置三面廊轩呈拱卫之势,是黄家接待一般性来客和处理日常事务的场所,寓意"以清为美",为官清廉为人清白。结构是抬梁式,梁的两端下口带圆势曲线,条端处垫木雕为如意云式样,前后施轩状如船篷,中设屏门,两侧置木雕落地

清美堂

罩。抱柱楹联"传家无别法,非耕即读;裕后有良图,惟俭与勤",屏门楹联"竹宜著雨松宜雪,花可参禅酒可仙",体现出园主耕读传家、勤俭持家的生活态度和以松竹花酒寄情达意的文人情怀。第二进为内厅,为楠木厅,是全家用餐、小型聚会宴请的场所。面阔三间,两侧披廊,进深七檩,格局宽敞,用料考究。结构是抬梁式,圆柱圆梁圆椽,造型丰满雍容,梁两段略做"卷杀"刻弧线,前后施轩。厅堂前置木雕隔扇,后置屏门,两次间是木雕落地罩,周围墙壁置合墙板。屏门挂宋人山水图轴,两侧挂金农撰楹联"饮量岂止于醉,雅怀乃游乎仙",抱柱楹联是"家余风月四时乐,大羹有味是读书"。第三进住宅后连厨房、柴房、天井等,三间两厢,七架梁构架,排山有中柱(立贴式),是非常典型的扬州民居式样。墙面下为条砖勾缝,上

为"三斗一卧"空斗墙。

中路建筑以"蝠"喻"福"，前后三进，建筑装饰等均以"福"为主题。首进是正厅，中、后两进为住宅，为扬州大户人家的传统住宅形式。进入大门，迎面为砖雕福祠，左侧为磨砖仪门，即俗称的"二门"，一对白矾石浮雕石鼓分立两旁，上首匾墙边框围回纹砖雕，中程内是六角形磨砖贴面。仪门内为天井，正方形白矾石铺地。正厅

汉学堂

"汉学堂"为柏木作，面阔三间，进深七檩，是黄家正式的礼仪接待场所。堂前置廊轩，厅堂高敞宏伟、用料硕大，柁梁扁作，形制古朴，简洁洗练，是扬州保存最好、规格最高的明代遗构柏木厅。抱柱槛联"三千余年上下古，一十七家文字奇"。屏门中悬"竹石图"，两侧为郑板桥所撰槛联"咬定几句有用书，可忘饮食；养成数竿新生竹，直似儿孙"。屏门两侧置木刻落地罩隔。屏门后磨砖罩面腰门连着倒座三间，往北是三面回廊，廊檐下置半腰木雕卍字式栏杆，左右两廊，各有磨砖贴面八角耳门通两侧火巷。室内陈设是扬州传统的布置格局，栏中前置长条案，上清供西一屏风，中一座钟，东一花瓶，寓意"终身平静"。前设太师椅一对，中间由小条案隔开；东西两侧阁置官帽椅三只，间错花几两只。中间是圆桌配圆凳若干。桌椅装饰均为竹叶。第二进院落是恢复为黄奭夫妇的居所，三间两厢，正厅进深七檩。第三进与第二进同，东西两侧均有耳门通火巷，恢复为黄锡禧的住所。主厅陈设较为简朴，屏门槛联："云中辨江树，花里听鸣禽。"出自黄锡禧的诗集《栖云山馆词抄》。整个中路建筑装修规整。

西路住宅比东、中两路宏伟考究，明三暗五构筑，以"桃"寓"寿"，是黄家内眷主要的生活场所。第一进大厅"清颂堂"轩敞，寓意"清誉有佳"，是黄氏家族聚会祭祀或者家班排戏唱堂会场所。堂前三面回廊，厅两侧各设套房一间，西套房有楼梯通阁楼。套房前小天井一方，白矾石铺地，阶沿石材是 4.8 米×0.6 米×0.2 米的整块花岗岩。北向置放花坛，植花木少许。厅堂为杉木抬梁结构，檐

清颂堂

桁粗实考究，横跨整个三间，厅檐和廊檐净高 5.2 米，是个园中最高的厅堂，也是扬州古民居中现存最高的厅堂。厅内家具装饰八仙纹样，精致古雅。第二进、第三进房屋均为"明三暗五"式二层楼房，上下计有 10 间，两侧套房前各有天井一方，植花木点缀。中进为主人居所，楼

春山

秋山

夏山

冬山

个园火巷

下西侧卧室连书房，东边有楼梯至二层房。后进楼下是正方卧室，屏门后楼梯通往闺房绣楼，包括卧室、书房、娱乐室、沐浴间等。楼下三面均设回廊。西路两山墙采用观音垛式，三进连绵，起伏自然，宏伟壮观，刚中带柔。西路建筑装饰较为华美精致，檐口瓦头滴水雕刻着寿桃纹样，门窗隔扇雕刻仙鹤，寓意"寿比南山"。三路房屋之间有两条火巷相隔。每进房屋均有耳门通达火巷，耳门外上方有两坡水瓦卷。中路与西路之间火巷原依墙有紫藤，藤荫茂密如盖，今不存。

住宅以北为园林。园以竹为名，以石为胜，分别用笋石、湖石、黄石、宣石叠成四季假山。按春是开篇、夏为铺展、秋达高潮、冬作结尾的顺序，将春宜游、夏宜看、秋宜登、冬宜居的山水画理，运用到个园假山叠石之中。

春山在个园石额门前，两侧遍植翠竹，竹间树以白果峰石，以寸石生情点出雨后春笋之意。

夏山位于西北朝南，以太湖石叠成。"天下之石，独以太湖石为甲贵"，用它点缀园林，更添自然风光。太湖石玲珑剔透，奇态异状，空洞凹穴，洞涡层层相套，大小参差有致，柔曲圆润，神态古雅，具有"皱、瘦、透、漏"的特色。

夏山东侧有七楹长楼，连接夏、秋两山，额名"抱山楼"。楼下梧桐蔽日，浓荫满阶，檐前芭蕉几丛，亭亭玉立。

秋山位于园之东北，坐东朝西，以黄石叠成，拔地而起，峻峭险峻，气势磅礴。山上有亭，额名"拂云"，为全园制高点，可见黄石丹枫、夕阳凝辉，如赏秋山图，是秋日登高之佳处。山上有几条崎岖盘道，时壁时崖，时洞时天，磴道置于洞中，洞顶钟乳垂垂（以黄石倒悬代替钟乳石），一光隐隐从石洞中透入，人在洞中上下盘旋，构成立体交通。盘回山底，有飞梁石室，内置石桌、石凳、石床，可容人小憩。

冬山系用宣石叠成，石白如雪。冬山南墙多留圆洞，称之为"音洞"，阵风掠过，发出萧萧鸣声。冬景与春景一墙之隔，墙上开有圆形漏窗，窗内可闻风竹声声，窗外可见苍翠春色。

个园以假山堆叠精巧而著称。假山利用不同的石色石形，采用分峰叠石和栽、点、围、贴、掇、叠等手法，以石斗奇："石垒的山，石嵌的门，石铺的路，石伴池水壮，石衬青竹秀，石抱参天古树，石拥亭台小楼……石成了个园的主体结构。"个园秋山腹中有曲折磴道，盘旋到顶，这是北派的石法；个园夏山用太湖石叠成，流泉倒影，逶迤一角，是南派的石法。这两种叠石的方法，意味着山水画的南北之宗，统一在一个园子里，构成个园假山的独特风格。

个园亭、台、楼、阁、廊等古典建筑，与四季假山、竹木相得益彰。建筑的总体为较为明显的徽派特色，依照清代官方建筑规制建造，外形体量高大，比其他私家园林建筑更显豪门气派。

宜雨轩为花园正厅，主人筵宾之所，俗称桂花厅。面阔三间，进深七檩，歇山顶嫩戗起戗，四面卷棚廊,中间瓜子过梁,空间开敞。东、南、西三面各有外廊轩,美人靠窄小精致,宽不到 30 厘米,中有宽 12 厘米的几案,可倚靠、置物,巧妙实用。厅主立面为花结嵌玻璃内心仔长窗,采光透景效果好,局部花窗镶嵌蓝色水纹玻璃,据说为原物。厅两面山墙顶雕刻灵芝仙草图形,线条直中带圆,刚中有柔,饱满精致。室内雕有楠木窗隔,宽约 4 米、高约 3.5 米,上雕松竹梅和鹤鹿游春图案,采用较为少见的双面雕手法。

60 年代宜雨轩(选自陈从周《扬州园林》)

透风漏月厅为偏厅,位于宜雨轩东南角,内部雕有上下两重罩隔,刻凤穿牡丹图案,花纹洗练,刀法明快。丛书楼位于透风漏月厅东。觅句廊位于宜雨轩西南,是一座造型奇特的复廊。抱山楼是个园园林部分体量最大的建筑,位于夏山与秋山之间,长 30 多米,上下七楹,南北一楼均有回廊,北侧一楼墙面为粉墙花窗月洞门形式,与南侧入口景墙的月洞门首尾呼应。鹤亭、住秋阁分别位于夏山和秋山上。

抱山楼内景

个园的门窗简洁端正,直中带曲,用料工艺讲究。个园入口正对西路火巷的青砖花窗为扬州现存最大者,入口粉墙镶嵌的六面水磨砖砌花窗是扬州花窗中的精品。

何园

位于市区徐凝门街 66 号。占地 1.4 公顷,建筑面积 7000 多平方米。1988 年 1 月,被列为全国重点文物保护单位。

何园系何芷舠在康熙年间双槐园基础上修建而成。光绪九年(1883),何芷舠辞官归隐扬州,买下康乾时期盐商商总吴家龙双槐园(又称片石山房)旧址扩建园林,取陶渊明《归去来辞》中"倚南窗以寄傲,登东皋以舒啸"句意,将园林命名为寄啸山庄,成为"咸同后扬州城内第一名园"。

光绪二十七年(1901),何芷舠举家南迁上海,何园交管家看管。

1935 年 10 月,为节省生活开支,何芷舠大儿子何声灏一家回到何园居住。1937 年,抗日战争全面爆发后,何声灏全家祖孙三代 20 余人离开何园,回上海。当年,园林专家童隽到何园考察后,在其著作《江南园林志》中写到:"何园为扬州私园之最大而仍存者。住宅在东部,中部正厅,院落重重。西有洋式房屋三排,其后即园林部分,称寄啸山庄。园为盐官何芷舫所建,垂五十年,亭台失修,益以驻军,荒圮日盛。山池之外,为戏台花圃,徒见昔日梨园药栏之盛,主人久以移居沪滨,游者不禁生柳老堂空之感。"

1944年2月,何氏后代从天津回到何园居住。当年5—6月,何氏后代除留片石山房东侧四座院落外,将何园其余部分出售给汉奸殷汝耕。1945年抗战胜利后,国民党政府以日伪财产接收,并在此办祝同中学。1946年,淮安中学迁入何园,1947年初迁出。

1950年5月30日,中国人民解放军苏北军区医院进驻何园,1951年4月29日搬迁至淮安。1953年,省军区文化速成中学(20速中)进驻何园。后为华东军区第五速成中学、南京军区第五速成中学、部队第20文化速成中学驻用。1959年10月,市政府将园林部分交市园林所整修并对外开放。1963年,何园后花园及祠堂以外部分移交国防部第七研究所,后又相继为六机部七院第五研究所(705所)、六机部七院第十研究所(710所)驻用。1962年5月,市人民委员会将何园(寄啸山庄)列为文物保护单位。1969年3月,市革命委员会将园林部分交扬州无线电厂。1972年9月,六机部七院第二十三研究所(723所)由青岛迁至扬州,利用原710所营房开展工作。1979年3月,市政府迁出无线电厂,将北部园林部分重新交市园林处整修,并于当年5月对外开放。1982年3月,何园被列为省文物保护单位。同年9月,在国务院关心下,住宅部分及片石山房由723所移交给市园林局进行整修。1989年4月,投入33.6万元修复片石山房,8月底修复工程完工,1989年10月对外开放。2000年6月27日,何园增挂"石涛纪念馆"的牌子,两块牌子、一套班子,不增加编制。2002年3月,玉绣楼北楼经维修对外开放。2002年4月,何家史料馆对外开放。2003年3月,搬迁办公室,修复东二楼、东三楼,玉绣楼南楼维修后对外开放。2004年4月,根据何家后人回忆,恢复骑马楼,使全园1500多米的复道回廊得以全线贯通,较好地再现晚清扬州私家园林的风貌。2005年4月,同仁馆对外开放。2005年12月,被评为国家AAAA级旅游景区。2007年2月,被建设部评为首批国家重点公园。2007年4月,何家祠堂收回整修后对外开放。

何园建筑部分占全园面积的50%,园林整体疏密有致,小中见大,层次分明。何园正门

寄啸山庄东园贴壁假山

寄啸山庄东园船厅

原开在花园巷的南门，现主要入口的东门是园林对外开放时新建的。从北侧刁家巷入内，为寄啸山庄大门，迎面北向砖雕门楼，月洞门上镌刻的"寄啸山庄"门额，据传是园主人当年亲自题写的园名。何园整体共分寄啸山庄、住宅、片石山房、何家祠堂等四个部分，各个部分既独立成章，又环环相扣、互相交融，组成一个内外有别、居游两便、中西合璧的人居空间。

寄啸山庄东园最壮丽的景观，是右边一座长60多米的贴壁山，沿墙面走向一路攀缘，状若游龙腾蛟，把原本封闭压抑的高墙深院，变成一座抱拥天地自然山川的城市山林。东园贴壁山是江南园林中享有盛名的登楼贴壁山，也称扬派贴壁山。贴壁山的山腰里，藏着一条高低盘旋、曲折迁回的石阶小路，一直通往翰林公子读书楼。

转过玲珑剔透的石屏风，首先敞开山门迎客的是牡丹厅。该厅坐北朝南，面阔三间，进深七檩，单檐歇山顶。它的特色和名称，来自东墙歇山顶尖上的一幅砖雕山花。

牡丹厅北为东园主厅堂，构造装饰比牡丹厅更为精致、华丽。它就是东园建筑群中最具创意的构筑，称为船厅，又名桴海轩。坐北朝南，面阔三间，进深七檩，单檐歇山顶。因为厅的造型像一艘船，厅周围用鹅卵石、瓦片铺成水波纹状地面。厅正前方一条方石板甬道好像是登船的跳板，厅檐下低矮的台阶好比船上的甲板，厅两旁廊柱上悬挂"月作主人梅作客，花为四壁船为家"楹联。构建细节都和船有、水有关，被称为"旱园水做"。厅西侧廊壁间镶嵌着目前国内保存最为完好的苏东坡手书《海市帖》刻石。

船厅后面西北角上为一座小楼，何芷舠大儿子何声灏曾在此攻读。何声灏步祖父何俊后尘，被光绪钦点翰林，此楼又称为翰林公子读书楼。

西园是寄啸山庄的主景区。园中建水池，池中建水心亭。水心亭还是一座戏台，在上面演戏奏曲，轻歌曼舞，可以巧妙借助水面与四周建筑造成的回声和光影，增强音响与视觉效果。水池以北是两层阁楼，阁楼向东连接复道回廊，迤逦向南再折向西，形成楼道环抱水景、三面移步俯观的建筑布局。何园复道回廊全长1500多米，腾挪、缠绕于园中建筑之间，复道

水心亭

凌空，内外分流，回廊曲折，高低错落，构成园林内部的四通八达交通与回环变化之美。复道回廊是何园建筑特色之一，享有"天下第一廊"美誉，建筑专家更把它看作是立交桥的雏形。

水池北面楼阁，楼下蝴蝶厅坐北朝南，面阔五间，进深七檩，单檐歇山顶。楼上是何家藏书楼，名梅花阁，收藏古今典籍、名家字画。楼下是主人的宴客场所，厅内墙上装饰有苏东坡竹石图、唐寅花鸟图、刘墉书法和郑板桥竹石图等木刻壁画。池西桂花厅坐落在山石桂树丛中，面阔三间，进深七檩，单檐歇山顶。

何园花窗数量多，制作精，样式美。它们集中分布在花园与住宅之间的廊壁上，组成一条条优雅别致的花窗带，人们透过花窗，犹如观看一幅幅流动的框画，移步换景，迷离多变，赏心悦目。

何园花窗

从复道曲折南行，即为何园住宅区。何园建筑在继承中国传统造园艺术精华的同时，汲取西洋建筑要素，构成一个东方传统精神与西方生活观念交相杂糅的园居系统。主要表现在建筑布局上追求变化，不拘一格，没有采用传统中轴线式的横路纵进、前堂后屋形式，而是因地赋形，自成面目。

转过西园湖山，为赏月楼，又称怡萱楼。坐北朝南，面阔三间，原是园主人专为母亲建造的居所。复道回廊在怡萱楼再次分流，一是与院中假山石阶组成回环盘旋的上下通道，一是入怡萱楼通往玉绣楼。

主人居住的玉绣楼，是两幢前后并列的两层住宅楼，共计 28 间。玉绣楼主体建筑采用中国传统串楼理念，四周用回廊围成院落。楼内设计采用一梯一户带有拉门隔断的独立套间，与中国住宅传统的厅、厢结构完全不同，房间里点缀的吊灯、壁炉等装饰细节，楼的外立面白矾石基座、清水磨砖墙壁、灯草对尖灰缝、砖木围栏、如意石踏步等，采用中国传统建筑工艺，而腰头半圆翻窗、纹样飞罩、玻璃内门外加百叶门窗等，则透出一派浓郁的欧式风情，被称为"洋房"。

玉绣南楼沿复道回廊向东为骑马楼，面阔六间，进深七檩，单檐歇山顶。它是何园的客舍，国画大师黄宾虹曾寄居于此。

玉绣楼

坐落在全园最南面的楠木厅，又名与归堂。它是何园的主堂正厅，也是园主人接待宾客的正式场所。

出楠木厅往东，为南大门东侧的园中园片石山房。片石山房东侧小院为何家祠堂。

何家祠堂正厅名光德堂。"光德"取自园主人何芷舠之父何俊"登祖宗之堂可对先灵读传记之文，可光旧德我"的训喻。祠堂位于全园东南角。祠堂内东西成一字排开的两座厅堂，各有院落，自成体系，是不多见的祠堂范例。西为享堂，堂西带有一厢房，是签押房，管理何家各种往来账目。享堂四面墙上悬挂《何氏家训》。东为寝堂，是祠堂的正厅，供奉有保存完好的何氏五代祖宗容像。厅内有古井一眼，既便利祭祀用水，又能在家祭时提醒子孙饮水思源、不忘祖宗恩情。

古建筑专家刘敦桢在多部著述中，将何园造园手法概括为"不经见的独特手法"。国家文物局古建筑专家组组长、中国文物学会会长、全国历史文化名城保护专家委员会副主任罗哲文指出："寄啸山庄整体布局严谨，疏密有度，其中尤以北部花园为精彩绝妙之笔。寄啸山庄的楼廊高二层，环抱水池，在其高低不同的视点中，园景产生不同变化，此为江南园林中的孤例。"东南大学教授潘谷西对寄啸山庄西园的布景特点评价有二："一是以水池为中心，假山体量虽大，却偏于一侧，不构成楼厅的对景；二是水池三面环楼，故可从楼上三面俯视园景，这不仅是扬州唯一孤例，也是国内其他园林中所未见的手法。"

附：片石山房

位于扬州明清古城新城花园巷。占地约 1100 平方米。为何园的一部分。

片石山房是以叠石著称的扬州清代早期私家园林，又名双槐园，园主人是清康乾年间盐商商总吴家龙。

康乾时期，吴家龙的片石山房规模较大，南至花园巷，北至习家巷。园中生长两株大槐树，位于今何园寄啸山庄船厅庭院。除假山、水池外，主要建筑有听雨轩、瓶檑斋、蝴蝶厅、梅楼、水榭等。片石山房传至吴家龙之孙吴之黻后逐步废弃。道光年间，现片石山房区域为一媒婆所得，以开面馆，兼为卖戏之所，改造大厅房，仿佛京师前门外戏园式样。光绪年间，片石山房归广东商人吴辉谟所有。光绪九年（1883），今何园北部原属于双槐园的区域为何芷舠所购得。他对该处庐宇、园林进行修缮、增筑，建造西洋楼作为住宅，整修北部东、西两座花园，命名为寄啸山庄。光绪十年（1884）后，何芷舠又收购位于现何园西南角吴辉谟茸居的片石山房区域，并入寄啸山庄。扬州人俗称为何园或何公馆，由于规模宏大，成为"咸同后城内第一名园，极池馆林亭之胜"。

1962 年，同济大学教授陈从周在扬州调查园林、古建筑期间，发现片石山房假山。他从堆叠手法的精妙、形制的古朴，再证以史料，认为片石山房假山为清初画家石涛堆叠。

现片石山房一般专指何园西南角的园中园。此处为原双槐园的精华部分,1989 年复建。门厅置叠泉。入园,水池前一厅为复建的水榭,栏、楣、隔扇雕刻入微。厅中以石板进行空间分隔,其一为半壁书屋,另一为棋室。棋室中置一以双槐园遗物老槐树根制作成的棋台,造型古拙。中间则为涌趵泉,伴以琴台,以南窗框厅外竹石小景为画。琴棋书画,合为一体。水榭在池之南,与池之北的假山主峰遥遥相对,其间崖壑流云、茫茫烟水,颇能体现石涛的诗意:"白云迷古洞,流水心澹然。半壁好书屋,知是隐真仙。"园中原清代早期楠木厅尚存,深厚端庄。楠木厅西墙为系舟,临池而泊,似船非船,似坞非坞。楠木厅北院东墙上嵌集石涛书"片石山房"砖刻四字。园中湖石假山基本保持原貌,西为主峰,东作陪衬,精妙古朴,片石峥嵘。山势东起贴墙蜿蜒至西北角,突兀为主峰,下藏石室两间。出石室拾级磴道而达山顶,层峦叠嶂,峰回路转,岚影波光,游鱼倏忽,使人可得林泉之乐。主峰之东,叠成水岫洞壑,以虚衬实,以幽深烘托峻峭,相得益彰。假山上建半亭,名葫芦亭,充满野趣。假山丘壑中的"人工造月"堪称一绝,光线过留洞,映人水中,宛如明月倒影。全园水趣盎然,池水盈盈。园内新添碑刻,选用石涛诗文 9 篇,置于西廊壁上。

壁上还嵌置一块硕大镜面，整个园景可通过不同角度映照其中。片石山房占地不广，却丘壑宛然，典雅别致，在有限的天地中给人以无尽之感。石涛画作《水色无际图》有题诗："四边无色茫无际，别有寻思不在鱼。莫谓此中天地小，卷舒收放卓然庐。"诗中所描写的情形和景色似乎就是为片石山房所写，用这首诗来概括"窈窕玲珑"的片石山房，可谓恰如其分。

陈从周认为："片石山房假山在选石上用过很大的功夫，将石之大小按纹理组合成山，符合石涛画论上'峰与皴合，皴自峰生'的道理，叠成'一峰突起，连冈断堑，变幻顷刻，似续不续'的章法。因此虽高峰深洞，了无斧凿之痕，而皴法的统一，虚实的对比，全局的紧凑，非深通画理又能与实践相结合者不能臻此。"而且"在叠山上复运用了岩壁的做法，不但增加了园林景物的深度，且可节约土地与用石，至其做法，则比苏州诸园来得玲珑精巧。"片石山房假山作为石涛叠山的"人间孤本"，既是扬州园林叠山技术发展过程中的重要物证，又是石涛山水画创作的重要模型，有着极高的艺术价值。2013年5月，片石山房作为中国园林"教科书"原样复制到北京中国园林博物馆。

片石山房

小盘谷

位于市区丁家湾东大树巷 42 号。占地 5700 余平方米。2006 年 5 月，被列为全国重点文物保护单位。

始建于清乾嘉年间，园主人失考。陈从周认为，从小盘谷园门石额题款笔意看来，"似出陈鸿寿（1768—1822，号曼生，杭州人，西泠八家之一）之手"。嘉庆七年（1802），陈鸿寿客居邗上，作《古柯兰石图》，小盘谷可能筑于此时。陈从周认为，乾嘉时期扬州叠卷石洞天九狮山董道士最为出名，小盘谷假山或为董道士所堆叠，或为受其影响的其他叠石大家所为。

同治十一年（1872），蒋超伯修葺小盘谷。光绪元年（1875），蒋超伯去世后，小盘谷或易主。最迟至光绪七八年间，小盘谷归两淮盐运使徐文达。徐文达热衷造屋建园，在老家南陵建造府第徐家大屋，除花园庭榭外，房屋 99 间半，占地 1 公顷多。小盘谷易手徐文达之后，可能经过他的改造。徐文达去世后，其子徐乃光为偿债务，于光绪二十三年（1897）二月将小盘谷抵给两江总督周馥。

周馥（1837—1921），字玉山，安徽建德人（今属浙江），号兰溪，与徐文达既是同乡，又曾为同事，还是姻亲。周馥接收小盘谷后，于当年四月移居扬州，先在扬州南河下其长子周学海处暂住，八月全家迁入大树巷小盘谷新居。

1912 年进行整修，后设为钱庄。新中国成立后，由解放军接管，在此创办第 20 文化速成中学，改为学员宿舍。1958 年，由市政府接管，开办茶叶公司，设茶叶加工厂。1962 年 5 月，市人民委员会将小盘谷列为文物保护单位。1964 年 6 月，归市园林管理委员会管理。1973 年，由市商业局牵头，建小盘谷招待所，复建桂花楼。1992 年，交扬州五一食品集团公司管理、使用。2000 年，市房产公司收回园林部分，并进行整修。2010 年，泰达文化旅游发展有限公司将住宅、园林修缮后管理使用，并对外开放。

小盘谷由住宅、园林两大部分组成。其中，住宅部分由火巷分隔为东、西两路组合，前后主房各五进。园林住宅东部，由复廊、花墙相隔成东、西两园。园内构筑有曲廊水榭、楼阁，又叠奇峭山石，苍岩峰回路转，石径盘绕溪谷。

主大门原八字磨砖门楼及连门楼排房已改建。门楼对面朝北尚存一字形照壁，照壁中所嵌斜角锦方砖大部分仍完好。进入大门，庭院宽敞，青石板铺地。迎面朝南有精美砖雕福祠一座。左折，朝东月门一道，旁置花墙，入内缀以湖石假山，夹以修竹花木，葱绿清新。

庭院朝南磨砖砌筑仪门。三重叠置飞檐

小盘谷大门

六角锦匾墙,门上首额枋中浮雕"双龙戏珠",形象生动。其龙尾变幻为卷草如意花饰,两下端雕刻对称展翅飞翔蝙蝠。嘴含绶带连绵如意,如意又翻卷成如意云状,大胆夸张,自然自如。额枋两端头雕饰精致如意,卷草花叶丰满,上下围合,在围合中又雕刻银锭一枚、毛笔一支,相互重叠,其寓意"必定如意"。门上两角端平浮雕"琴、棋、书、画"器物。门楼整体显得大气,砖雕雕工技法与造型或为清中期遗存。

从仪门进入为照厅。此路住宅连照厅前后现存老屋共4进。第一进照厅5间。第二进厅堂3楹,面阔12.2米,进深8.85米,建筑面积107.97平方米。厅前两旁置廊,厅堂两侧山墙边各有一条火巷。厅堂上悬有"风清南服"匾额一方,系慈禧太后所题。厅堂后第三进有楼厅上下6间,左右厢房各两间,楼厅后庭院间距开阔。第四进原有花厅4间。第五进披屋3间,已改建。

厅堂西廊接西路住宅。西路住宅前后主房原有5进。第一进从现在"听竹"月门入内,朝南5间。第二进现在从厅堂西廊朝东门额书"迎春"入内,朝南为明三暗五格局,前置步廊。两稍间前小天井筑小花台,植花木。第三进朝东门额书"朝晖",原格局和第二进相同,但两侧厢房已拆。在西稍间原向西又接一套房密室。前有小院一方。现今在稍间向南隔成院墙中开一六角小门入内。门额书"洞天"二字。第四进朝东门额书"向阳"二字。西稍间前向南隔院墙中开一葫芦状小门,额题"揽月"。入内小天井一方,朝南小屋两间。第五进原为8间,相隔成两个院落,后拆除改建成新楼房。

园在宅东。园门西向,月洞门上嵌"小盘谷"石额。园分为东西两部分,中以复廊、花窗、假山连为一墙进行分隔。北端墙头倚山建一单檐六角亭,可览两边景色。南偏廊间辟有桃形门洞,又使东西两园相通。园之精华,多在西园。园内苍峰耸翠,径盘水曲,与楼、

小盘谷石额

堂、桥、阁、亭、廊、竹、树,共纳于方寸之地,皆在一泓曲水两岸展开,组合得宜,疏密相间,错落有致,多有盘谷之势。

西园南端,有湖石假山,高下耸峙。山北,朝东有曲尺形花厅,转入厅后方见一深池自厅后逶迤北去,沿着厅后游廊,至一水阁,阁之南、东、北皆临水。花厅水阁隔水与池东石山、走廊、花墙、竹树相对。池上有曲桥通东岸,桥尽即入山洞,洞内空间宽广,穴窦通光,内置石几、石桌,可以茗棋。洞右西向临水,有洞门,可沿阶下至池边。池边近岩壁处水中有步石数块,循此可凌波而至另一洞门。洞内有磴道可上至洞外半山。东有一亭,可赏两园景色,西有湖石假山,临池直上,峰险壁峭,峦起岩悬,高九米余,名为九狮图山。主峰北延山岩临池水口石上,镌刻"水流云在"四字,出于杜甫五言律诗《江亭》:"水流心不竞,云在意俱迟。"点明此处山水意境,即心意应如流水白云淡然物外。

小盘谷建筑小品非常有特色。首先,门景多样,有月洞门、寿桃门、葫芦门、花瓶门、六角门、八角门、栅栏门等。特别是寿桃门前,旁置一黑石,状如老寿星,与寿桃门相映成趣。其次,门额题字耐人寻味,有"小盘谷""丛翠""通幽""叙花""云巢""霞韬"等。字体包含隶、楷、行、草、篆书法。三是窗式多变,有花窗、漏窗、什锦窗,有六角形、海棠形、扇面形、

小盘谷

寿桃门

书卷形、口子形等多种。最后，雕刻丰富多彩，有砖雕、木雕、石雕。砖雕有平浮雕、浅浮雕、深浮雕、镂雕、浅刻等。如门旁墀头砖雕凤戏牡丹，凤展翅昂首，牡丹突出墙面，呼之欲出。特别是花厅朝东歇山一组砖雕更是一绝，山尖端头雕展翅蝙蝠，口衔镂空雕饰"圆寿"，寿字下面连接绥带，带串双钱，钱上浅刻"太平"二字。钱下垂双丝结须。圆寿旁雕饰对称麒麟，生动有趣，昂首观"圆寿"，四足与尾化为蔓草如意，其寓意是"麒麟欢庆，福寿双全，太平连年，如意吉祥"。整幅图像构图饱满，浑厚劲健，轮廓清晰，寓意多样，吉祥有趣，可谓是上品之作，不可多得的精品。木雕有圆寿、长寿、寿桃、蝙蝠、如意、海棠、圆光、十字如意、十字海棠、十字套方、十字花饰等。石雕有门枕石，浅刻卍字，连绵不断，亦称路路通。最有趣味的是石刻"水流云在"，若细辨，会发现"流"字少了一点，却是借用滴入崖下之水。

陈从周认为："此园假山为扬州诸园中的上选作品，山石水池与建筑物皆集中处理，对比明显，用地紧凑。以建筑物与山石、山石与粉墙、山石与水池、前院与后园、幽深与开朗、高峻与低平对比手法，形成一时难分的幻景。花墙间隔得非常灵活，山峦、石壁、步石、谷口等的叠置，正是危峰耸翠，苍岩临流，水石交融，浑然一片，妙处运用'以少胜多'的艺术手法。虽然园内没有崇楼与复道廊，但是幽曲多姿，浅画成图。廊屋皆不髹饰，以木材的本色出之。叠山的技术尤佳，足与苏州环秀山庄抗衡，显然出于名匠师之手。"

吴氏宅第

位于市区泰州路45号。占地约7930平方米，建筑面积5584平方米。原有建筑99间半。1962年，被市人民委员会列为文物护保单位。2002年，被列为省级文物保护单位。2006年5月，被列为全国重点文物保护单位。

吴氏宅第外景

吴氏宅第又称吴道台府，主人为吴引孙、吴筠孙兄弟。吴氏兄弟祖籍安徽歙县，高祖、辈于清乾隆年间迁至扬州从事盐业，居扬州改籍仪征。吴引孙（1851—1920），字福茨，曾任浙江宁绍台道台，后官至甘肃布政使、新疆布政使、代巡抚、浙江布政使。吴筠孙（1861—1917），字竹楼，先后任河南知府、天津兵备道兼督理钞关、湖南岳常澧道道台、湖北荆宜道台、赣北观察使、浔阳道尹。

　　吴氏宅第建于清光绪年间,当时
吴引孙在宁绍台道台任上。宅第仿
道台府衙修建,建筑由浙江人设计、
施工,建筑材料也都是从浙江运来。
厅、堂、轩、馆十分讲究,采用石雕、
砖雕、木刻等多种工艺,清光绪三十
年(1904)建成。北河下街以东为花
园和祠堂,以西为住宅,跨街立有文
林坊石牌坊。1928年,军阀孙传芳强
占该宅。1942年,日伪一孙姓师长

西式楼

低价强行收购,开设烟厂。同年冬,花园、祠堂被日军铲平,改作练兵场。1945年夏,烟厂发
生火灾,住宅内第四、第五轴线等后进楼房被烧毁。1949年前,吴氏宅第曾为民国省立医院。
新中国成立后,作苏北人民医院医疗用房和职工宿舍。1952年,改为市第一人民医院使用,
后用于职工住宅。1962年5月,市人民委员会将吴氏宅第列为文物保护单位。吴氏宅第长
期用作职工住宅,建筑装修受到改建,加之白蚁蛀蚀、砖瓦风化,部分房屋出现险情,特别是
火巷西侧第三条轴线后面住宅,屋面躺腰,檩条断裂。1998年,迁出居民,筹备维修。2002年,
对吴道台宅第进行全面测绘,编制维修方案。2003年11月启动全面维修工作。

　　吴氏宅第整体布局严谨,坐北朝南,大门东向。主房以火巷为界,分为东西两部分。

　　东部住宅两条轴线。东轴线上保存有门房、西式楼、观音堂、测海楼等建筑。西式楼上

测海楼

有福读书堂

下两层，面阔三间，青红砖夹砌。楼北为小花园。观音堂面阔五间，进深七檩。宅内的测海楼模仿宁波著名藏书楼天一阁而建，其上藏书。楼名出自《汉书·东方朔传》，取"以管窥天，以蠡测海"之意。楼面阔五间，高两层，重檐硬山顶。其下为有福读书堂。楼前东南西三面筑回廊，中为长方形的水池，围以铁花护栏。水池的东南、西南各建有八角攒尖凉亭。西轴线保存有两门厅、轿厅、爱日轩大厅、厨房等建筑。门厅南侧原有一照壁，上有砖雕"福"字样。爱日轩大厅与观音堂齐，面阔三间，进深七檩，东西各有一间穿堂，分别通往后面住宅。厨房两进，面阔五间，两进之间有天井，西有门通火巷。

西部住宅原有3条轴线。东轴线前后3进，依次为对厅、滋德堂大厅、住宅。每进之间有外廊相连，木雕精美。滋德堂大厅面阔七间，进深七檩，两侧为穿堂，通厅后天井。住宅面阔七间（明五暗七），进深七檩，宅后原有两层住宅楼，面阔七间，已毁。中轴线仅存第一进。西轴线已全部毁坏。

东部原有芜园734平方米、吴氏祠堂约267平方米。芜园取名于陶渊明名句"归去来兮""田园将芜，胡不归"句意。芜园和吴氏祠堂已不存，被辟为城市公园绿地，绿地中安置吴家四位杰出后人雕塑。

吴引孙一生嗜书如命，曾花费20年时间，着力收购宋元以来的珍善本及民间优秀坊本书8000多种，近25万卷。测海楼藏书经过登记、分类整理，编成《扬州吴氏测海楼藏书目录》12卷出版，在近代文化界颇具影响。

吴家人才辈出。吴筠孙长房孙辈同胞四兄弟受家庭文化熏陶，奋发好学，成为国内科学文化界的四位名人：吴征铸为南京大学教授、戏曲史专家；吴征鉴曾担任中国医学科学院副院长，是医学寄生虫病专家、医学昆虫学家；吴征铠原为二机部总工程师，北京原子能研究所副所长、中国科学院院士、核物理专家；吴征镒生前任中国科学院植物研究所所长、中国科学院院士、植物学家。

汪氏小苑

位于市区地官第 14 号。占地 3000 平方米，建筑面积 1700 平方米。2013 年 5 月，被列为全国重点文物保护单位。

园主人汪竹铭（1860—1928），祖籍安徽旌德。咸丰年间，汪氏先祖到扬投入盐号，到第二代汪竹铭时，在盐业经营上卓有成就。汪氏小苑分两期建造，中纵、西纵部分为汪竹铭在清末时所购，东纵部分由汪家四个儿子在民国初扩建。小苑以住宅为主，以园相辅，因面积不大，而题名"小苑春深"，因宅主姓汪而称"汪氏小苑"。

抗战期间，扬州沦陷后，汪氏家族离开扬州避难于上海。汪氏小苑先后为日军司令天谷、伪军熊育衡部占用。抗战胜利后，一度为国民党军黄伯韬部占用。新中国成立后，汪氏后人汪礼真回扬州定居，先后将房屋租给苏北行署、扬州制花厂使用。1962 年 5 月 2 日，市人民委员会将汪氏小苑列为文物保护单位。2000 年，由市房产管理局出资修缮。2002 年 4 月，对外开放。

小苑整体布局规整，分为三纵三进，前后中轴贯穿，左右两厢对称，每进门门相对。宅第四个角落分布着四座花园，打破前宅后园的常规模式。1961 年，陈从周教授考察后认为，汪氏小苑"为今存扬州大住宅中最完整的一座"。

船轩

进入小苑大门便是门房，迎面是砖雕福祠，两侧是仪门和火巷。仪门由水磨砖砌成，火巷坐落在中纵与东纵之间，两面墙上布满分布均匀的铁钯锔，封火墙错落有致。东纵第一进为春晖室，中纵第一进为树德堂，西纵第一进为秋娉轩。小苑除三进三纵的主屋外，仆人居室、浴室、书斋、后花厅、轿房等相关配套设施也一应俱全。

可栖徲园门

春晖室

为安全起见，主人还建有暗房、暗阁、暗门、暗壁、暗洞。

春晖室取名出于唐代诗人孟郊诗句"谁言寸草心，报得三春晖"。全室为柏木构成，面阔三间10米，七架梁，进深7.3米，高6.3米，前后卷棚。内悬扬州、民国初书画大家陈含光所题楹联，上联为"既肯构，亦肯堂，丹艧塈茨，喜见梓材能作室"。下联为："无相犹，式相好，竹苞松茂，还从雅什咏斯干。"室内屏风上有六块天然大理石壁画。此外，室内梁柱、卷棚、几案、屏风、花纹玻璃以及海梅、花梨的壁画边框，用料讲究。室内一西洋吊灯为德国手工匠之作品，被称为"镇宅之宝"。由于东纵为民国初年所扩建，建筑风格体现中西结合：西式吊灯、推拉门、抽插式玻璃窗、黄铜包裹门槛及轨道。

中纵第一进树德堂、西纵第一进秋嫣轩与春晖室都是接待宾客的地方。树德堂居中为堂，东西两侧为室为轩。树德堂中一道大门隐于中堂画后面。

汪氏小苑每一进都有天井，天井宽敞，由于房子相对较低，采光很好。天井四周主屋、厢

小苑春深园门

汪氏小苑火巷

房、耳房的房檐置有水槽,在天井的一侧有一道门,可自由出入,互不干扰。

汪氏小苑东南角花园为竹丝门,构造古朴。庭院宽敞,花街铺地用卵石、瓷片、砖条和瓦片,组成松、鹤、鹿、蝙蝠、麒麟,寓意鹤鹿同寿、福寿双全和麒麟送子。倚墙叠湖石假山一座,园中植蜡梅、琼花、紫藤等扬州传统花木。西南角园林为月洞门,上嵌石额"可栖徲",出自《诗经·陈风·衡门》"衡门之下,可以栖迟。"衡门谓横木为门,极其简陋,喻贫者所居。栖迟犹言栖息、安身。此系隐居者安贫乐道之辞。此园中设计最独到之处为船轩,园主人在西界余一块三角地带,巧妙利用花园一角构成船头,越来越窄的地势便成船尾。主人在船轩旁开凿水池,轩东为假山,整座花园清雅可人。

汪氏小苑北部花园规模较大,分为东西两部分。东园与住宅东进之间有门相通,门呈八角形,上题"惜馀"二字。东园建筑有厨房、浴间等。其中,浴间地面砖、墙砖为进口,至今色彩依旧鲜艳。浴间还有水磨石的浴缸,这在当时算是高档奢侈品。厨房、浴室南为三处湖石砌边的花台,园中铺砌笔直的石径。西园北建有花厅六间,名静瑞馆,用罩分隔为二。花厅西有书斋三间,缀五色玻璃。厅南侧靠墙堆叠湖石假山牡丹台,西侧设有游廊。花园东西两部分中以花墙相隔,月洞门面西上额"小苑春深",面东上额"迎曦"。人们的视线穿过漏窗、月门,望隔园景色,深幽清灵,是借景手法的巧妙运用。

汪氏小苑中有精美砖雕、木雕、石雕。木雕分为浮雕、单面透雕和双面透雕。170余幅浮雕图案中,梅兰竹菊、莲荷玉桂、牡丹海棠等四季花卉,或一排相同,或各自不同。单面透雕有凤凰牡丹、松鼠葡萄和蝙蝠寿桃等,象征富贵荣华、多子多孙和福寿双全。双面透雕的金丝楠木门罩"岁寒三友",被专家称为不可多得的精品。西南角小院月牙形踏石由毛笔、银锭、绶带、如意纹字符组成"必定万代如意"。两对门当由仙鹤、鸡冠花、如意、马、华盖组成正侧两组画面,即"马上加冠""官上加官"。

逸圃

位于市区东关街356号,东与个园相邻。占地2000多平方米,建筑面积1400多平方米。2013年5月,被列为全国重点文物保护单位。

逸圃为晚清钱业经纪人李松龄(字鹤生)宅园。日军侵占扬州期间,进驻逸圃。民国后期,逸圃转到国民党第九军军长颜秀武名下。1952年,市人民法院判决作敌产予以没收。初始驻解放军,后成为苏北行署农林处宿舍,又为扬州人民广播电台、扬州国画院用房。2007年12月,进行保护性修缮。2008年4月竣工。现为长乐客栈的组成部分。

大门楼临东关街,坐北朝南。门楼偏东,磨砖对缝砌筑,旁立汉白玉石雕门枕石一对,沉

八角门

厚宽阔，对开墨漆大门。初建时，墨漆大门扇上浅刻朱红色"扬州古明月，陋巷旧家风"对联，字体凝重有力。入门堂右连门房一间，原是守门佣人居住；左接西路住宅。住宅首进面北照厅三间，再西又连书房、客座各两间。客座原有门通东关街，即358号，后封闭。门堂内后檐柱间原置屏门四扇（现不存）。平时进出只开边门，遇有贵客或大事才开中间屏门进出。出门堂拾级而下，两层踏步阶沿石至横长青

石额

石板天井。天井朝南壁面原置磨砖砖雕福祠一座，偏左是磨砖贴面八角门，门宽二米。其上首门额由砖刻平浮雕回纹景框围之，中间浅刻隶书"逸圃"二字，字体圆润飘逸。天井面东为砌筑考究仪门，门饰色泽搭配为青灰色磨砖门墙，白色门枕石对称，黑色国漆对开门扇，门上置古铜色门环一对。首屋檐口重叠三飞式磨砖飞檐，使整体门楼彰显庄穆之势。进仪门，迎面原置屏门遮挡（今不存），入内为对合两进六间两廊围之四合院格局，面北照厅三间，面南主房正厅三楹，原是接待宾客的厅堂，装修考究。三楹厅前置十八扇木雕隔扇，厅明间后步柱间置屏门六扇，两侧次间置木雕落地罩，地面铺方砖。屏门后置磨砖镶面腰门，通后第三进住宅房。此为三间三厢格局。明间置六扇隔扇，后设屏门，下为方砖铺地。两次间为卧室，卧室上置天花板，下置木地板，周围墙壁置合墙板。临天井两面次间耳窗、厢房窗为木雕

园景

灯笼锦式和合窗扇。天井铺青石板。其后第四进格局布置与此同,惜原装修局部改变。再后第五进是两层楼室,同样是三间两厢格局。

逸圃是晚清小型私家园林的代表。月门内廊修直。东墙叠山,委婉屈曲,壁岩森严,与墙顶之瓦花墙形成虚实对比。假山旁筑牡丹台,花开若锦。山间北头尽端,倚墙筑五边形半亭,亭下有碧潭,清澈照人。花厅三间南向,厅后小轩三间,带东厢配以西廊,前置花木山石。轩背置小院,设门而常关,乍看与木壁无异。沿磴道可达复道廊,即由楼后转入隔园。园在住宅之后,以复道与山石相连。折向西北,有西向楼三间,面峰而筑。楼有盘梯可下,旁有紫藤一架,老干若虬,满阶散绿,增色不少。陈从周教授考察后认为:"此园与苏州曲园相仿佛,都是利用曲尺形隙地加以布置的,但比曲园巧妙。形成上下错综,境界多变。匠师们在设计此园时,利用'绝处逢生'的手法,造成了由小院转入隔园的办法,来一个似尽而未尽的布局。这种情况在过去扬州园林中并不少见,亦扬州园林特色之一。"

卢氏盐商住宅(意园)

位于市区康山街 22 号至羊胡巷 63 号、65 号。占地约 1 公顷。2013 年 5 月,被列为全国重点文物保护单位。

园主人卢绍绪(1843—1905),字星垣,江西上饶人。清同治十二年(1873),从江西上饶到扬州,在淮南富安盐场(今东台一带)近20 年,先官后商,时拥有财富 40 余万两纹银。

卢宅大门

卢氏造屋构园开工于光绪二十年(1894),落成于光绪二十三年(1897),花费银钱 7.8 万余两。卢宅又称庆云堂,后人俗称卢公馆,是晚清扬州盐商宅第园林代表。清光绪三十二年(1906),卢绍绪长子卢晋恩、次子卢粹恩于在卢宅创办扬州速成师范学堂,在园后创办译学馆,学员多达一两百人。办学两年,终因资竭而停办。两兄弟去世后,两房分家,二房分得前七进正屋。前五进曾由前河工局等机关租用,后又被伪盐务署及国民党海军留守处占用。新中国成立初,被解放军某部租用。1958 年"大跃进"期间,为扬州制药厂,后归扬州五一食品厂使用。1981 年 9 月 20 日凌晨,发生火灾,烧毁主房前后四进的照厅、正厅、后厅、女厅,二十八间六厢受灾,墙中残柱和厅后中门上硕大阳刻楷书"福"字以及两侧山墙、廊墙未被烧毁。2004 年 10 月,市政府投入 1000 余万元进行修复。2005 年 5 月,对外开放。

卢氏住宅坐落在古城东南端,依照道家说法,此处方位最佳,既受日月光华,又得运河灵气,亦可借盐宗庙之神气、历代先贤之文气。卢宅择建前宅后园,造屋木材皆选上乘杉木,使阳刚大屋与柔美小园相得益彰。

卢宅南向北纵深 190 米,主房前后原有 11 进。从第一进门楼到第七进楼室,每进皆横为七间,通面阔 27.2 米,平均每间阔 3.9 米,是扬州晚清盐商住宅之最。其中,首进门为门

仪门砖雕

楼厅,二进为照厅,三进为正厅,四进为内厅,五进为女厅,六进与七进为楼厅、楼室。两旁由厢廊、厢楼前后相接,形成回字形串楼。除门楼厅以外,余厅以当中三厅为主厅,两旁稍间,边间用可开启屏门壁板或碧纱橱隔扇相隔成偏厅,作为客座或套房、书房。第八进与第九进为明三暗五式格局组合,两侧藏连套房。其后为意园。园后第十进、第十一进也是明三暗五格局。前为书斋、厅,厅后为楼厅、室,其西又接偏房一区。卢氏主房前后走廊与楼廊共有15道,庭院、庭园与天井大小21方,花园一座,深邃火巷一道,总长190米,后隔为两道。原有各类房屋大小200余间,建筑面积近5000平方米。

　　卢宅墙体全部用青整砖、青灰丝缝扁砖砌到顶,不加粉饰,显其本色,有别于江南白灰粉墙、黑烟刷色。卢宅砌墙每块砖料均系特订烧制,比寻常人家砌墙用砖厚实。墙宽0.42米,墙体不但厚实,而且高耸,檐墙通常高6米余,楼室山墙顶高12.2米。从南檐墙角沿着山墙抬头纵观蜿蜒深远高墙大屋,有如城郭之威势。高耸墙体不但显示盐商卢氏之富有,还能防止盗贼翻墙入室、邻居失火殃及。卢宅的墙体不但高厚,墙面还用特制的大铁钯锔,上下左右有序排列,内外拉接加固墙体。

　　磨砖砌筑的砖雕门楼是显示主人身份、地位与富有程度的"脸面",所以砌筑更为考究。砖砖精工水磨,块块对缝砌筑。高耸匾墙式造型,浑然舒朗大气。檐口磨砖出檐重叠,飞挑深远,健劲有致。门楼墙面上缀以砖雕,有线刻、浅刻、浅浮雕、深浮雕、镂雕、透雕等数种雕刻技法,因势而就。其图案取材多样,有瑞兽、花草、树木、器物、人物、屋宇等组合画面,立体感强,内涵丰富,形象生动,寓意吉祥。大门楼门上角端称之雀替的砖雕瑞兽"双龙戏珠",翘飞龙尾变幻为卷草(亦称香草、吉祥草)。珠中浅刻圆寿式图案。上额枋中雕"刘海戏金钱"

及桃、荷、菊、梅四季花卉。下额枋中刻雕人物"三逸图"弹琴、下棋、读书。其中，梅为历史遗存，余为今补雕嵌。额枋中间夹堂板雕四幅相同卷草式如意，其意为"事事如意"。再上匾墙内樘嵌磨砖六角景，其意为"六六大顺"。匾墙四角雕暗八仙器物荷花、葫芦、云板、渔鼓、扇子、花篮、宝剑、笛子，暗指八仙"各显神通"。门旁磨砖柱顶端雕人物"汾阳王郭子仪带子上朝"进入东华门。

福祠

穿过大门厅，迎面是倚壁面镶嵌砖雕福祠，俗称土地祠，是早晚及婚丧喜庆烧香敬神之用。卢宅的福祠比寻常人家福祠大，造型独特，立体感强，图案内容丰富。有海棠式框景，上幅中雕有佛手、桃子、石榴，其意有"多福、多寿、多子"之意。有扇面式回纹景，中间阳刻"如在"，旁雕对称牡丹、"双龙戏珠"。其下有龟背景式隔扇，雕有横楣子，长寿字。立柱到顶屋宇檐角飞挑。福祠雕饰工艺上乘。

福祠右侧是竹丝门，入内高墙夹峙百米余深邃火巷直北抵后花园。福祠左磨砖仪门角端雀替平浮雕"琴棋书画"。其上匾墙嵌磨砖线刻六角景。中间海棠式框景中，雕饰画面为传说"李白殿上醉酒脱靴写番文"的故事。匾墙上下左右四角雕饰"佛手、桃子、荔枝、石榴"，意为"多福、多寿、多子、多孙"。额枋中还雕饰"狸猫换太子""方卿羞姑"等戏文故事。仪门两旁腮墙壁面全满嵌磨砖斜角景（扬州人称之吊角罗底砖），角端砖雕菊花舒展。站在中庭，

庆云堂

串楼内景

举目四顾,古意盎然,气势浑然。

卢宅匾墙式砖雕磨砖门楼造型,比江南、徽派字匾式门楼舒朗健劲。匾墙框景磨砖线脚简洁流畅,缀以砖雕,主题突出,配景简约,浅刻浮雕、镂雕等浑厚,因势而就。繁简得宜,有别于苏南、徽派砖雕堆砌精细、缜密。

卢氏住宅主房前后共有 11 进,每进设有厅堂。其中,正厅体量最大,亦最宏敞。东西横列七间,通面阔 27.2 米,南北纵向进深 12.5 米,檐高 4.6 米,承九桁架步。厅前厅后上置层轩三道,下置前后双廊,廊宽 1.6 米。厅前左右、厅后左右置对称厢廊,廊宽 2 米余。廊墙架设对称清水磨砖硕大花墙,相隔亦漏。透过花墙,可见套房前花木,清幽小天地若隐其间。前后房之间庭院间距宽敞,采光通风适宜。正厅明间、次间前后各置雕花十字海棠景隔扇,沉厚饱满。稍间、边间前后各置雕花灯笼景和合窗扇,窗下槛墙置双层夹板。厅内铺设架空 0.5 米正方砖地面。厅后屏门上首正悬黑底金字大匾额"庆云堂"。四面构筑雍容

水池

大度,厅内陈设豪华典雅,足显卢氏的富有。

宅后为卢氏园的意园。西南有凉亭一座,园北有"水面来风"旧馆,在绿树的掩映下古朴而苍凉。旧馆前有长廊,中有月门通庭院。廊前有池,池中置假山湖石,一泓碧水有暗道通馆内院落,有曲水通幽之意。旧馆后有装修考究的藏书楼一座,保存完好。藏书楼西侧有一架扬州罕见的百余年古紫藤,茂密的藤萝爬满藏书楼西墙。

60年代初,陈从周考察后指出:"这宅用材精选湖广杉木,皆不髹饰。装修皆用楠木,雕刻工细。虽建筑年代较迟,然屋宇高敞,规模宏大,是后期盐商所建豪华住宅的代表。"

街南书屋(小玲珑山馆)

位于市区东关街309号。为清代扬州盐商马曰琯、马曰璐所建,又称小玲珑山馆。约于雍正三年(1725)开工建设,最迟在雍正六年(1728)建成。

马曰琯(1688—1755),字秋玉,号嶰谷,安徽祁门人,后迁居扬州。清代盐商、藏书家,为清代前期扬州徽商的代表人物之一,与弟马曰璐同以诗名,人称"扬州二马"。

马曰璐(1701—1761),字佩兮,号南斋、半槎道人,安徽祁门人。国子生,候选知州。好学、工诗、喜结客,常与名士作诗画之会。

马曰璐《小玲珑山馆图记》称:"于是鸠工匠,兴土木,竹头木屑,几费经营。掘井引泉,不嫌琐碎。从事其间,三年有成。中有楼二:一为看山远瞩之资,登之则对江诸山约略可数;一为藏书涉猎之所,登之则历代丛书勘校自娱。有轩二:一曰透风披襟,纳凉处也;一曰透月把酒,顾影处也。一为红药阶,种芍药一畦,附之以浇药井,资灌溉也。一为梅寮,具朱绿数种,膝之以石屋,表洁清也。阁一,曰清响,周栽修竹以承露。庵一,曰藤花,中有老藤如怪虬。有草亭一,旁列峰石七,各擅其奇,故名之曰七峰草亭。其四隅相通处,绕之以长廊,

小玲珑山馆图

暇时小步其间，搜索诗肠，从事吟咏者也，因颜之曰觅句廊。将落成时，余方拟榜其门为街南书屋，适得太湖巨石，其美秀与真州之美人石相埒，其奇奥偕海宁之绉云石争雄，虽非娲皇炼补之遗，当亦宣和花纲之品。米老见之，将拜其下；巢民得之，必匿于庐。余不惜资财，不惮工力，运之而至。甫谋位置其中，藉作他山之助，遂定其名小玲珑山馆。"

小玲珑山馆

小玲珑山馆建成后，成为当时扬州乃至东南一带诗人、文人集会创作中心。其中的丛书楼是极负盛名的藏书楼，文人厉鹗、全祖望、姚世钰、杭世骏等更是长期寓居于此。清李斗《扬州画舫录》记载："扬州诗文之会，以马氏小玲珑山馆、程氏筱园及郑氏休园为最盛。"乾隆年间，诗人袁枚有诗云："山馆玲珑水石清，邗江此处最知名。横陈图史常千架，供养文人过一生。"乾隆三十八年（1773），马曰琯之

石舫

子马振伯向清廷献书 776 种，用于清廷编修《四库全书》，为全国之冠，受到朝廷嘉奖。

董玉书《芜城怀旧录》记载："乾隆壬寅、癸卯间，金棕亭（于园中）招集一时名流，为文酒之会。越数岁，山馆归于汪雪礓，乃役群力而出之泥中，更获石座，宛然一朵青芙蓉也。"由此可知，大约在乾隆五十年左右，街南书屋归汪雪礓。汪雪礓成为街南书屋主人不久后就病故，其后人将街南书屋卖给运司房科蒋氏。蒋氏买下街南书屋后加以改造，将马氏旧额全部改名。

道光十三年（1833），个园主人黄至筠购得马氏小玲珑山馆，其长子黄锡庆居住其中。

2010 年 3 月至 2013 年 4 月，扬州市实施街南书屋复建工程。复建后的街南书屋园中一泓清池，建筑珠围翠绕，高低错落，布置在池岸四周。入口迎面为四方廊亭，题额"觅句廊"，似廊非廊，似亭非亭，单檐歇山顶，与南北廊道贯通。东柱悬楹联："置身百尺楼上，放眼万卷书中。"循廊道北入，东向一道细磨砖砌长方门洞。内为藤花庵三楹，硬山马头墙，青藤攀援而上。庵前池沼娇小，假山玲珑。悬楹联抱柱："细数落花因坐久，缓寻芳草得归迟。"石出觅句廊，过三折石梁，南北景色迥异。迎面的廊端悬"明月出沧海，青天养片云"楹联。北为湖石假山一区，山之巅，兀立四角方亭，题额"清响阁"，傲视群雄，外悬"室有古今乐，人同天地春"楹联。

丛书楼与清响阁并肩，假山磴道可直达二楼，有侧门直入。楼宇高畅，南向七楹，硬山顶，雕花槅扇门窗，檐下带卷棚。廊下步柱今人集联："学业醇儒富，文章大雅存。"

透风透月两明轩

觅句廊为单面空廊，随形而弯，依势而曲，或蟠山腰，或穷水际，通花渡壑，蜿蜒尽除为亭，联络全园景点。扬州园林专家朱江《扬州园林品赏录》指出："廊虽非园林主体建筑，也非园林必备建筑，但不失为园林的经络，又是园林的升华。有之则通，无之则断；有之则幽邃，无之则平淡。"丛书楼前，曲廊再现，东北转角处，置六角待月亭，单檐攒顶尖。

水池南岸，临水为透风透月两明轩，此为园林中心建筑，典出南朝文人谢譓语："入吾室者，但有清风；对吾饮者，惟当明月。"明轩四面设宽廊，明间前廊柱悬宋诗人林逋名句"疏影横斜水清浅，暗香浮动月黄昏"楹联。槅扇门的绦环板、裙板浮雕精美，各色花卉，摇曳生姿。立轩中回观池塘水面，岸基湖石犬牙交错，柳树飘拂，清丽悦目。对岸华屋高耸，楼阁叠起，组成一幅明丽的山水画卷。

七峰草亭

西南尽处有梅寮，三楹平屋，硬山观音兜。四周假山间，植以梅树，冬去春来，暗香浮动。湖石假山间有洞穴，疑似"石屋"。寮南挂匾与对联："好风穿户牖，明月入帘栊。"

屋西假山突兀，奇峰异石，各擅其奇。山顶一园亭，亭顶茅草苫盖，名为"七峰草亭"。据称当年"扬州八怪"之一的汪士慎在此居住多年，自号"七峰居士"。草堂以西，阶内遍地栽种芍药，品种繁多。殿春时，芍药怒放，争奇斗艳，称作红药阶。灌园用水，出自跟前的浇药井。

绕园内水面一周，回到入口处，南面高楼端在，为进门时所忽视。楼高两层，楼上楼下，四面设宽廊。东廊底层嵌"扬州八怪"书法碑刻，姿肆汪洋，蔚为大观。檐下悬挂今人顾风书"看山楼"匾，楼前南向悬今人朱福烓书唐姚合诗句"近砌别穿浇药井，临街新起看山楼"楹联。

幸存的半截玲珑山石，精心安置在看山楼底层中央厅堂内，上悬"巍然独存"匾，背景为小玲珑山馆图。

复建后的街南书屋与长乐客栈连成一体，成为扬州极富特色的民宿客栈。

刘庄

位于市区广陵路274号（原56号）、276号（原68号）。南北长130余米，东西最宽处50余米，占地6000平方米。1982年，被列为市文物保护单位。

始建于清光绪年间，原名陇西后圃。1917年，在此开办怡大钱庄，1935年闭歇。1922年，盐商刘景德鸠工修理后，改名刘庄，又称怡大花园。

新中国成立初，为左卫街派出所，后成为供销合作社、商业局、公共饮食公司、邗江县委等办公场所。274号为广陵区公安局所有。276号前首房为

假山、水池及戏台

办公用房，后西进居民住用，部分空关。274号与276号之间沿街为商店。

刘庄占地广，房屋数量多，各类房屋有150余间，建筑面积近3000平方米。横有四路住宅组群并列，纵有三进、五进连贯延伸。高墙大屋，幽巷深邃，前宅后园。园构精巧，山石花木鱼池，楼台厅廊俱全。

从东向西，第一路住宅，今存主房前后共有五进，皆面阔三间，体量高大，进深均有7米余。首进面南大花厅，进深8.5米，面积百余平方米。前后原置雕栏花格窗、门扇。第二进为内厅，第三、第四、第五进为三间两厢格局的楼宅。楼下后檐墙有腰门前后贯通，楼上前后相连，形成串楼，楼东为又深又长火巷。楼后空院原为花园部分，现改砌楼宅。园北端朝南七间老楼尚存，楼后为空地。

第二路住宅，今存主房前后共有五进，面阔皆三间。首进即为今广陵区公安分局大门，第二进为宽敞正厅，第三进为内厅，第四进、第五进为三间两厢楼房，前后对合，相互串楼，楼后为花园。由湖石叠石为山，下临鱼池，池上架石桥，山水相映，花木相扶。东置曲廊与北端朝南楼宅相连，拾级登临，可俯视园景。园朝西门隶书"绿漪"题额。楼宅之后为一大空院，原为后花园部分。70年代有散落的黄石与数株白果峰石，峰石绿白相衬清晰，诚为佳品。

第三路住宅，今存主房前后四进相连，为其体量最大的一组老屋。面阔皆为五间铺排。

"馀园半亩"园门

首进朝北照厅五间，第二进为朝南正厅，称之五间厅，体量宏敞，构筑精丽、大梁、大柱、大鼓磴、大方砖地。庭前置高显船篷轩，出檐椽粗圆。飞檐椽深远，气势庄穆。厅后第二进为五间四厢内厅，亦甚考究，然原木雕窗门隔扇和前大厅前装修都已改变。第四进为五间四厢层楼。楼后天井一方，院墙一道，过院墙门即进入沿墙堆叠湖石假山间卵石铺就甬道。园坐北朝南花厅三楹，厅前置廊，西接朝东轩、亭。园内朝东壁间存碑刻4块，东置朝东花墙月门，门额"馀园半亩"。出月门向南为深巷通前南首房屋，东接第二路住宅。出月门巷北沿花厅东墙壁间嵌明代《泼墨斋法帖》等珍贵碑刻 17 块，共有 21 块碑刻。再北抵后大院，院西有后门通三祝巷。花厅后西北隅原有黄石假山及老屋庭院，但今已改变。

第四路住宅，今存前后主房四进。首进门楼磨砖对缝砌筑门上两角砖雕今不存，其余砖雕保存完好。门垛旁屹立磨砖柱浮雕菊花、卷草，其上匾墙樘内嵌斜角锦，樘内四个角端雕饰菊花、卷草，雕刻皆丰满、舒卷、自如。砖柱顶端突出饰物，称之"挂耳"，为一枚雕饰的如意。如意头中浅刻卍字。如意柄中间嵌挂一双柿子，寓意万事如意。再上磨砖三飞式砖檐已损。入内首进朝北照厅三间，朝南正厅三间，其后第三进，第四进为三间两厢，前后相互串联楼宅，楼栏依旧。楼宅后天井一方，存碑刻一块，再后一墙之隔"馀园半亩"花园。

淮安诗人辛笛有游园诗一首："修廊叠石匠心夸，一氏园林兴总赊。且喜秋枫明照里，寻常百姓已当家。"

华氏园

位于市区斗鸡场 2 号、4 号。占地 1000 余平方米。2011 年 12 月，被列为省文物保护单位。

原为清代陈应甫祖业。占地 3000 多平方米，由四路住宅并列组群。中夹两条火巷。老屋 160 余间。从东往西分为四路。

第一路住宅：小园花厅其后共有三进楼室，前后相串，形成串楼。除第一进面对花厅、小园为四间楼室外，其后一进为面阔五间两厢楼室。前置走廊，西侧外接一间作楼梯上下。再后一进为三间两厢楼室，前亦置廊。由西厢楼梯上下。再后为一院落。

第二路住宅：除前首门堂及主房三进外，其后还有主房三进，皆

华氏园正门

华氏园假山

面阔三间两厢式，前后共七进组合。

第三路住宅：进入朝南门堂，面西置一字形磨砖照壁，中镶阳刻"福"字。左折再进入朝东磨砖门楼。主房前后五进，皆面阔三间两厢式，首进面北照厅曾被拆，旁置厢廊。面南为带卷棚正厅三间，其后住宅三进连贯。

第四路住宅：原为陈姓自留私房，前为庭园，今改造整治前，庭园内散落少许有铭文城砖。面南花厅三间。原装修置和合窗扇，其后住房两进，后进天井中在改造整治前置有少许黄石假山。

1917年前后，华友梅购得陈氏旧宅并加以修建。华友梅（1882—1951），名谦恒，字友梅，祖籍无锡东门外华村。早年随其兄华谦（字郎山）在乙和祥盐号供职，后成为盐号股东之一。日军占领扬州后，华氏家道中落，40年代，先将西路住宅变卖给国华大药店老板张凤藻。1950年，又将东路花园、住宅卖掉。

新中国成立后，该园由省第二速成中学租用，后作苏北行署办公用房和机关宿舍。由于此地老屋、小园曾属盐商华友梅所有，60年代初，市文管会将此园命名为华氏园，并公布其为市文物保护控制单位。2008年，搬迁居民，整修后作为长乐客栈的营业用房，对外开放。

华氏园正门为砖雕水磨门，进门为三间门厅，一小庭院。整个建筑群分中、东、西三路。正门为中路，东西各有一火巷与东、西建筑相连。东路第一进三间一厅，累经改造，旧貌难辨。第二进为四间花厅，旧有水池一方。第三进、第四进为砖木结构两层小楼。第三进小楼为上下四开间。第四进为五开间小楼，与中路正房相连。东路有建筑三进。南为轩，面阔三间8.85米，进深2.9米。中为花厅，面阔三间8.4米，进深8.4米，歇山顶，四周置外廊。北为楼屋，面阔三间8.7米，进深6.35米，前有廊。楼东北叠黄石山，设磴道与楼相接。厅东南依院墙建半亭，亭下凿曲尺水池，旁叠湖石和雪石山各一座，厅西南设腰门通小巷，门旁立峰石，植修竹。东路后进为小庭院，庭院东南角有飞檐漏窗方亭，向北残存黄石假山，假山北两层三开间砖木结构小楼一座。

东路住宅以花园为主。园占地百余平方米，山石、水池、花木布置精巧，亦有春夏秋冬之小景。中心位置构筑歇山式四面临虚花厅一座，四个檐角飞翘平缓深远，与西路住宅朝东山墙上首马头墙交相衬托，古意益然。歇山内樘中嵌一幅砖雕，图案为饱满如意一枚，对称卷草舒展,雕工线纹工巧得度,委婉清丽。花厅四面装修和合式窗扇,木雕冰裂纹式样。花厅外廊置木雕美人靠坐凳围之。花厅南庭院由湖石假山群叠,夹以卵石铺就曲折甬道,延伸至西墙腰门通达火巷,门旁立峰石修竹数竿。花厅东南隅靠院墙构建半个方亭,亭下筑曲尺鱼池,旁缀宣石假山。亭南连曲折披廊通连南端轩屋三楹。花厅东北端置黄石假山一区,顺磴道可至北端朝南层楼。层楼面阔四间,主房楼室前置走廊延之西侧厢楼,周以虚栏。登楼倚栏,可赏园内春夏秋冬小景。2008 年修缮前,只剩花厅与黄石假山及楼构架,其余均改变。

西路住宅存主房前后三进,格局依旧,皆面阔三间、杉木构架、七架梁式,南首厅堂前面由三面回廊围之,中间是青石板天井。厅堂为抬梁式,面阔四间 9.3 米,进深 3.1 米,正间前置木雕隔扇,后设屏门,屏门后设腰门通后一进住宅。厅堂两次间前置半腰木雕拐子锦式木栏杆,栏杆背面嵌木板,栏杆上置玻璃窗扇,至今雕栏仍完好。正厅面阔三间 10.9 米,进深 3.1 米。厅堂前上首施船篷轩,下铺方砖地坪。厅堂内外规整典雅。厅堂后二进住宅皆三间两厢格局,构架为立贴式。原装修门窗隔扇、仰尘、合墙板、地板、方砖地及天井青石板一应俱全,2008 年装修时有部分改变。每一进房屋东厢均置耳门通东火巷。耳门砌筑亦考究,门垛皆施磨砖罩面,门上首施挑出的磨砖门檐。

华氏园建筑群高低错落,庭院相连,结构完整,为晚清时期盐商宅第园林代表。

壶园

位于市区东圈门 2 号。2008 年 1 月,被列为市文物保护单位。

原系清代盐商宅园,清末江西吉安知府何廉舫于同治四年(1865)购为家园。一作瓠园。宅东为花园,有假山、亭台、曲桥、方池,间植花木。园中原有钟乳石山水盆景,传为北宋宣和年间花石纲遗物,1953 年移至瘦西湖内小金山。西部住宅存房屋三进,有楠木厅。

《扬州览胜录》记载:"壶园在运署东圈门外,先为鹾商某氏园。清同光间,江阴何廉舫太守罢官后寓扬州,购为家园,颇擅林亭之胜。增筑精舍三楹,署曰'悔馀庵'。园内旧有宋宣和花石纲石舫,长丈余,为鹅卵石结成,形制奇古,称为名品。太守为曾文正公门下士,以词章名海内,著有《悔馀庵诗集》。文正督两江时,按部扬州,必枉车骑过太守宅,往往诗酒流连,竟日而罢。"

蝴蝶厅

壶园传至民国时,仍为廉舫之孙何骈熹守其业。新中国成立之初,园宅尚属何氏。1958 年,归扬州友谊服装厂使用。60 年代初,园中厅阁、亭台、树石虽残,但旧迹仍在。"文化大革命"结束后,被市政府收回。2007 年修复。

清代壶园占地 1.14 公顷,包括今马坊巷及其东侧部分地块,现仅存西南一路住宅和园林部分的西侧,面积约为原来的一半。

壶园完整的布局总体上为南

宅北园的格局,由大小 3 座园林组成,南北纵深长达百米。南部建筑分为东西两路,中间为火巷隔开(为现马坊巷)。原先马坊巷东东侧的一路建筑为壶园的东路住宅,现已拆毁改作他用。西路住宅有厅堂、书房、住宅等三进院落,保存较完整。《扬州览胜录》所云"悔馀庵",并不在园中,而在西路住宅之间,乃主人读书养性所在。庵屋之前,叠少许石,种名品竹。竹高仅逾丈,粗不及寸,且节距短而色泽青黄,为扬州园林所仅见。山石玲珑,其竹其石,已成画幅,雅淡谐和,决非画工所能模拟其万一。

现存园林部分为北园的西侧,主要部分应在火巷东侧,根据记载,园中有红肥绿瘦轩、方池、曲廊、假山等。园内现状假山、地形基本为 2007 年重新设计、建造,假山由园址遗石重构,仅存一株百年玉兰树为原来园中遗植。

壶园现存建筑大多为原址修复翻新,建筑结构规整端正,皆为硬山、歇山顶,饰以砖雕山墙及灰色花瓦通脊和垂脊,

古白玉兰树

细节处理上较纤巧清秀,部分建筑有拱券门窗装饰,体现出扬州园林建筑东西方融合的特点。园林中央的蝴蝶厅为花厅,采用等级较高的扁作方梁,前后有轩,屋面为和合大瓦歇山顶,其戗较为低平而修长,竖带饰以云纹,装折为花结嵌玻璃内芯仔长窗及同款半窗,檐下为简约的宫式万川挂落。

园林东侧的船厅由一座有高台的方亭和一间浮于水面的花厅构成,以庑相接,庑下有路通厅与亭的入口,并架设三折石板桥通往庭院。登高处亭可俯瞰全园景观,低处的厅适宜众

壶园船厅

人聚会,可俯瞰池中鱼戏莲荷。船厅的木作为原建筑遗存,四面嵌海棠花结玻璃内芯仔窗,视线通透。

壶园门窗尺度大,很多长窗三米多高,门槛、裙板尺寸也较大,装折、花纹大多为宫式万川、回纹、书条纹等样式,局部点缀海棠或梅花花结,整体色调采用接近黑色的深酱紫,素雅庄重。水磨青砖花窗造型为入角四方全景样式,尺度宽大,做工讲究,体现出官宅与民宅的差别。

珍园

位于市区文昌中路152号。占地约1500平方米。2008年1月,被列为市文物保护单位。

原为兴善庵,民国初改筑为园林,园主人为清末盐商李锡珍。民国年间,扬州文人李伯通有"小桥穿曲水""四面楼窗启""有雨即飞瀑,无云多假山""水光浮潋滟,石骨露嶙峋""园亭能免俗,树木已成围"等描写该园的诗句,可见当年珍园的规模、建筑、山石、花木的模样。

新中国成立后,珍园被收归国有。1962年5月,市人民委员会将珍园列为文物保护单位。后被辟为市政府招待所,继又改名珍园饭店。

原大门在西面旧城九巷中,现园门朝东。园门上部左右半圆抹角,中间凹入墙内,门额题篆体"珍园"二字。两侧筑花墙,开漏窗数面。园东南侧有湖石假山,山有洞曲,上筑盘道,下临水池,池边架小曲桥达于洞口。假山东端有半亭掩映,西端接以回廊,廊间隔墙开月洞门。回廊北折通方亭,置美人靠及陶质桌凳。园中花木繁茂,植有紫藤、睡莲、丹桂、玉

60年代珍园园景(选自陈从周《扬州园林》)

珍园园门

兰、芭蕉、枇杷、松竹、棕榈等,有百余年白皮松一株。曲径用鹅卵石铺砌。园北部旧有层楼三间,已改建为三层楼房,楼西筑隔墙,门通内宅,门楣题额为"柘庵"。园西偏为住宅,其地旧为庵堂,现改建为二进平房,房前均为花圃。后进庭院东,沿湖石花坛辟池一泓。院西置一六角形井栏,栏壁刻"泉源"二字,背面刻有"珍园主人习真氏题,岁在丙寅天中节"。

冬荣园

位于市区东关街98号。2011年12月，被列为省文物保护单位。

冬荣园

建于晚清，原为合肥张姓商人旧筑，张允和、张充和等四姐妹曾居于此，后转归两淮盐运使司官员陆静溪作住宅，俗称陆公馆。1958年私房改造时，大部分房产被扬州食品制造厂作为职工宿舍，仅中路最后一进为陆氏后人自留房。2009年，"双东"街区整治，居民和陆氏后人均迁出。

冬荣园分为园林和住宅两部分。园林在住宅之北，称为冬荣园。园名出自屈原《楚辞·远游》"嘉南州之炎德兮，丽桂树之冬荣"。园林部分于六七十年代湮没，改建为住宅楼，园内花厅1984年移建至瘦西湖西园曲水。朱江在《扬州园林品赏录》中指出："是园垒土为山，植以怪石，参差错落，如石山戴土，以隆阜为峰，顶结茅亭，遍种松梅，而以'梅作主人'。尚有老本残枝，遗痕犹在。这山林作法，与它园迥异，虽完全出自心裁，但恰是仿自古法。当石山盛行之世，此可谓别具一格，为扬州垒山手法及其风格，留下一个实例。"

宅坐北朝南，分东、中、西三路。东路前后五进，面阔均为三间。首进为主门楼，60年代拆改。门内为南向仪门，磨砖对缝砌筑，门头上端为磨砖重叠三飞式飞檐，匾墙内镶刻磨砖六角锦，额枋中间点缀深浮雕寿鹿图案。仪门后为照厅，面阔三间7.92米，进深1.75米，两侧有廊接正厅。正厅面阔三间7.92米，进深7.7米，前施卷棚，抬梁式结构。内厅面阔三间7.92米，进深6.38米，前施卷棚，两侧置廊。厅后为住宅，面阔三间7.92米，进深5.56米，两侧有厢房。中路前后五进。前为照厅，面阔三间11.2米，进深4.2米，后有廊接正厅。正厅面阔三间10.2米，进深6.85米。厅东侧有暗壁。第三进为住宅，面阔三间10.2米，进深6.38米。宅东有过道。第四、五两进为四合院式住住宅。前进面北，面阔三间10.4米，进深6.6米。后进面南，明三暗五，通面阔19.02米，进深7米。西路前后两进，首进面阔三间10.24米，进深6.1米。前有天井，后为花园。园北为花厅，面阔三间6.47米，进深5.9米。厅北有月洞门通大花园。

蔚圃

位于市区风箱巷4号、6号，后门在宛虹桥17号。占地1700余平方米。2011年12月，被列为省文物保护单位。

始建于清光绪年间，为运商程汇新宅园。1949年前夕，住宅西路房屋被国民党军官李蔚如购买并重修。新中国成立初，先后作市蔬菜公司、邗江县粮食局办公场所。1962年5月，市人民委员会将蔚圃列为文物保护单位。"文化大革命"前，广陵街道办事处搬入，东路住宅被改建为大礼堂。1983年，由市房地产公司负责修缮。

门楼

住宅称为恭寿堂。住宅分东、西两路，中间以火巷相通连。东路住宅即风箱巷4号，原来从南到北前后共有七进，皆面阔三间。中轴贯穿，两厢对称。前厅后室，计有26间。天井5方，青石板铺就。首进为门厅，入内跨过天井即是照厅，迎面朝南为正厅，构架圆作。两旁置廊，正厅后拖接倒座一进。再后为三间两厢格局，住室连贯三进，七架梁式。各进中堂前置木雕隔扇，后置屏门、腰门。方砖铺地，两次间铺木地板。各进西厢房均有耳门通达火巷，并与西路住室相隔相串。火巷今日依旧。东路除后两进尚存外，其前数进均在"文化大革命"初期拆除改建成大会堂。门旁一对白矾石石鼓只存残座。

西路住宅即风箱巷6号，原有房屋五进，除第二进被拆除外，其余保存完好。首进门楼面阔五间16.3米，进深4.3米。大门楼呈八字形，磨砖对缝建筑。门楼最高处施木作天花板，

蔚圃园景

蔚圃门景

匾墙内镶刻磨砖六角锦。第二进原为正厅，现已拆除，东侧廊道台阶尚存。第三进女厅面阔五间14.2米，进深6.1米，梁、柱、桁、椽及磉石、铺地砖均为方形。第四、五进为住宅，明三暗五格局，西侧各另有一间套房。宅后为后院，院西置门通宛虹桥。

花园位于西路第三进厅房前，由近代扬州造园名家余继之设计、建造。园门辟于庭院东南角，南向，上额"蔚圃"。庭院西南隅筑方形凉阁一座，阁又称为船厅，下施美人靠，壁间嵌佛手、桃子、石榴、葡萄等题材砖雕。阁下为池，阁北以廊接厅房。沿院南墙筑湖石假山与花坛，假山虽仅墙下少许，但有洞可导，有峰可赏。院中点以大型太湖峰石，穴大而多，玲珑剔透，具透、漏之妙。配古藤老柏，苍翠葱郁。南向有一厅，对庋以短廊，东廊为南北通道，西廊与水阁相接，下映鱼池，多清新之感。蔚圃虽小，但布局得体，山石、水池、厅间房廊、花木池鱼俱备，有幽深自在之趣。

平园

位于市区南河下723所内。占地3000多平方米，建筑面积1000多平方米。2008年1月，被列为市文物保护单位。

民国初年，盐商周静成所建。民国期间，先被日本人占用，后被国民党陆军中将韩德勤住用。新中国成立后，先有部队驻用，后为南京军区第20文化速成中学使用，再后为国防科委5所、10所、23所使用。

平园由住宅和花园组成。花园位于住宅西偏，又称西花园。

住宅大门为磨砖门楼，偏于东侧。门内天井，南墙朝北，门房两间，并与直北二道门相对。门壁为磨砖雕花，仿砖木结构。门内首进为厅屋，厅后两进住房，再后止于层楼。二门之左，设有小门，与火巷通，乃家人眷属便道。

平园门景

平园墙饰

二门右侧圆门东向，门额嵌"平园"刻石。门内院落，花墙中分，分南北院。南部院落，沿南墙建平屋数间。近门处有百年古树广玉兰两株。北部花墙壁间，数面绿釉瓷板漏窗，图案新颖，色调雅洁。花墙正中是一道圆门，门额上嵌"愒息"，北门额为"小苑风和"。门内一大院落，花厅五楹。明间厅堂，宽敞明亮。在两次间与稍间之间，各以四扇楠木槅扇间隔为书房、起坐。槅扇上刻名人书画，填以锭蓝或石绿，雅淡沉静。院东西两墙，各一角门。东壁角门题额"夕照明邨"四字，门内与住宅西厢相通；西壁角门题额"朝晖净郭"四字。院南圆门两侧，北向各叠一湖石山。东山之侧，有凌霄、黄杨植被。西山之旁，有木樨、碧梧乔木。平园庭院虽不大，确有"净郭"与"明邨"风貌。

萃园（息园）

位于市区文昌中路459号，西营七巷东首。现为萃园城市酒店。1962年5月，列为文物保护单位。

清末，丹徒包黎光在旧潮音庵故址修建大同歌楼，未几，毁于火。1917年，扬州盐商集资，原址建园林，盐运使方潘颐题额"萃园"。据《扬州览胜录》记载："萃园在旧城七八巷间。园门面南，'萃园'二字额，方转运硕辅题。园基为潮音庵故址。清宣统末年，丹徒包黎先筑大同歌楼于此。未几，毁于火。民国七八年间，醝商酿资改建是园。四周竹树纷披，饶有城市山林之致。园之中部仿北郊五亭桥式，筑有草亭五座，为宴游之所。当时裙屐琴樽，几无虚日。十年间，日本高洲太助主两淮稽核所事，借寓园中，由此园门常关，游踪罕至。自高洲回国后，园渐荒废矣。今仅有园丁看守。"

抗日战争时，汪伪师长熊育衡占据此园，改名衡园。解放前夕，国民党军团管处设此。1951年，萃园改为专署第一招待所，并将西部的息园并入。

息园位于西营七巷，1918年为冶春后社诗人胡显伯所建。与西侧萃园，只隔一墙。据《扬州览胜录》记载："民国二年春，胡君于雪后经此晚眺，适见夕阳归鸟，一白无际，同时亦并有一人立高洲桥头玩雪（高洲桥者，日本人高洲太助寓萃园时所造之

60年代萃园园景（选自陈从周《扬州园林》）

萃园假山水池

桥也）。遂就即景成断句云：'鸟飞天末烟，人立桥头雪。'吟罢而去。十六年春，胡君即购其地，小筑园林，以为息影读书之所，因名曰'息园'。园中建楼五楹，其地即为昔日眺雪之处，遂名其楼曰'眺雪'。楼下辟精舍数间，署曰'箫声馆'。"

1980年，拓宽三元路（今文昌中路），新建门厅于现址。

萃园布局不落俗套。园四面以亭、以台，以廊、以屋，相连相属，宛如仙阁四起。园中央掇石植木，花坛起伏，园路曲折，翠竹交加，满园皆绿。园内有百余年瓜子黄杨、垂丝海棠等名木多株。园东平冈横列，冈上遍植常绿书带草，间以点石，栽梅花、桂花等，四季飘香。冈顶有亭，冈西有瓦屋三楹，屋前凿池栽睡莲，意态清新。昔有工字形台基，仿五亭桥款式，上筑草亭五座，后改亭为屋，式样古朴，园中曲廊随势起伏，连接厅屋。萃园东北角有一月洞门，题额"逸池"，内有一泓池水，红栏环绕，竹树点缀。池南有两层小楼一座，格调高雅。池北有仿古青砖楼一座，古朴庄重，内有现代化设备，为宴宾佳处。此楼东临小秦淮，为河滨一景。

萃园几经翻修，建筑秀美，花木繁茂，环境洁雅，清新自然，具城市山林之妙。

怡庐

位于市区嵇家湾3-1号、2号。占地约900平方米。2008年1月，被列为市文物保护单位。

民国初，钱业经纪人黄益之在此设钱庄，名"德春"。园由清末民国初造园名家余继之营建。新中国成立后，由黄益之后人黄印西、朱芷湘夫妇继承西路庭院与住宅部分。1958年，对私改造时公管。后为汶河幼儿园所用。现南部庭园及庭园中厅、廊、厢合计16间，附属花木、山石，保存基本完好。

60年代怡庐雪石花坛(选自陈从周《扬州园林》)　　60年代怡庐花厅(选自陈从周《扬州园林》)

怡庐历史上主大门朝东，入内朝南，原东路以住宅为主。其主房为明三暗四格局，前后主房三进连贯及零星附房。后剩下三间两厢，再后来此旧宅全部被拆除。

怡庐分前后两座院落。前院大门朝东，为两扇对开，磨砖竖向镶框贴面，与两侧小滚头青砖横向扁砌青灰丝缝墙横竖相对，浑然一色，显得简洁大方稳重。大门上两端雀替砖雕不足手掌大尺度，由线刻与浅浮雕雕饰莲叶、莲花、莲蓬、莲籽、莲藕，工巧得度。北侧朝东磨砖镶贴六角小门上两端头雀替砖雕饱满寿桃，形象逼真。大门内有游廊三折，廊宽1.3米，迎面置屏门一道，遮挡园内景。两侧廊道空灵，更显此屏门有"犹抱琵琶半遮面"之效。廊南首西折朝北又游廊三节，西端连接一小门，入内小屋一间。门额白矾石上浅刻小篆"寄傲"。此二字出自东晋诗人陶渊明《归去来辞》"依南窗以寄傲，登东皋以舒啸"。顺小门北向，园墙南首开一对上下两扇窗。窗内枝条是冰梅式，枝条中间分别为海棠式、扇面式框景，框内木雕为"八仙过海，各显神通"。花厅南向又置三节廊道。如此就形成东、南、北三节三连回廊，而且每面廊都是三间，合计为九间，取吉利之数。廊上端横陈挂楣。廊下三面围合磨砖坐凳，旁侧线刻清丽六角锦。

此庭园仅约60平方米，天井也不过10余平方米。但园景叠石、置石、点石、植木栽花配置，高低比例错落匀当，恰到好处。迎大门两侧，对置雪石假山，围之花坛，上植低矮金桂。西南隅

怡庐园景

叠湖石假山一座,旁植百年瓜子黄杨一株,与假山相呼应。地坪全以鹅卵石、小条砖、瓦片、瓷片拼镶成二龙戏珠、麒麟送子、万象更新、狮子盘球等吉祥图案。园西花墙月门将小园与西侧小天井一隔为二,似透若隐,别有情趣。月门磨砖镶边,其上磨砖砖雕围卷草花纹,门额中间为白矾石浅刻篆书"两宜轩",为名家陈含光所书。据说原南向花厅称为两宜轩。此花厅显得小巧,用料、装修也纤细,与整体庭园格局比较相称。花厅前后皆置灯笼景玻璃窗门扇。坐厅中,可观前后景。厅后一小天井内亦置石栽花。怡庐之胜,胜在一厅一室之设,一石一山之植,无不因地制宜,立意为上,格局清新,以小取胜。

陈从周在《扬州园林》一书中指出,怡庐假山堆叠者"余(继之)工叠山,善艺花卉,小园点石尤为能手"。而且,怡庐采用"中国建筑中用分隔增大空间的手法,在居住的院落中是较好的例子""从平面论,此小园无甚出人意料处,但建筑物与院落比例匀当,装修亦以横线条出之,使空间宽绰有余,而点石栽花,亦能恰到好处。至于大小院落的处理,又能发挥其密处见疏,静中生趣的优点"。

怡庐是晚清民国期间扬州宅第园林的优秀代表之一。

匏庐

位于市区甘泉路 221 号。占地 1800 平方米。2006 年 6 月,被列为省文物保护单位。

民国初年,镇扬汽车公司董事长卢殿虎延请扬州造园名家余继之构筑。

1952 年 8 月,市政协租用为办公场所。1984 年 12 月至 1990 年 8 月,为扬州日报社办公地点。2010 年,市政府投资 1100 万元实施修缮,恢复其制式、建筑、庭院、假山等。该工程于同年底完工。

匏庐分住宅、园林两部分。住宅大门东向,磨砖对缝门楼。门内筑东向仪门,北侧置福祠。仪门内由南向北分别为照厅、正厅、住宅及厨房各一进。照厅面北,五架梁,面阔三间 10 米,进深 3.64 米,两侧构厢廊接正厅。正厅面南,为七架梁,抬梁式,面阔三间 10 米,进深 6 米,厅上首为前置柏木卷棚。第三进为住宅,明三暗五,通面阔 16.32 米,进深 6.96 米,两侧为厢房。最后一进厨房已改建。

花园位于宅南,以横长别致著称,小中见大,别有洞天。由狭巷进入,分左右两小院,形

匏庐内景

如葫芦，故称匏庐。狭巷南端尽头，过八角形门，即分东西两院。东院园门圆形，门上额嵌陈延铧篆书"匏庐"石额。东院以回廊通连，南向植细杆梧桐，瘦长如修竹，饶有清妍之姿。经回廊达半亭，亭栏临水，池水由此北折，水池尽头，有轩三间。池边花坛上置数点峰石，小径用鹅卵石砌铺。游人至此，虽则地已穷尽，但随路一转，或东登半亭，或缘池西去，到达园之西部。西院园门方形，嵌"可栖"石额。此院略开阔，园中筑花厅一座，将园为南北两半，北半以黄石垒花坛，种花植木其间；南半以湖石叠假山，缀以青藤，一片葱绿。山右构水阁，阁下临池，蕉影拂窗，明净映波。池水澄碧，植睡莲，金鱼悠游其中，亦得小有天地之旨趣。园极西，似已穷尽，却现角门，额"留馀"二字。循砖路北行，迎面一叠黄石，逶迤而东，似别有洞天，两折却返原地，令人耳目一新。

匏庐面积虽小，但委婉紧凑，为利用不规则余地设计的佳例。

八咏园

位于市区大流芳巷 29 号。2008 年 1 月，被列为市文物保护单位。

传为清代丁宝源所筑家园，1928 年，转卖给刘豫瑶。刘豫瑶买下八咏园后，招募工匠修葺，并请高手设计，叠石成四季假山。浚池养殖金鱼，栽植树木修竹，并在园中建四面厅（俗称花厅）一座，厅内四面皆为玻璃窗，高大敞亮，内铺地板。厅外四周用水门汀（水磨石）做地，中西合璧。刘豫瑶自书全园的楹联匾额。园成，举家入住。1942 年，刘氏全家迁居上海，委托他人看管园林。1953 年，八咏园被公管，市外贸公司驻进。后被改为市外贸公司宿舍区。

八咏园大门

八咏园为东宅西园格局。住宅称为蔾照堂。大门东向，为八字形水磨砖雕门楼。主房南向，一路四进，依次为照厅、正厅、住宅和楼宅。园林分为南北两部分，南园已毁。北园门作月洞形，中部筑花厅。厅南以湖石贴墙作山，山下凿池，沿水池置峰石。厅西以宣石为山，从墙照间突出；厅东筑黄石花坛，作低丘断续，峰石上刻"几生修得到，一日不可无"隶书联句。厅北以花墙隔成一院落，内有书房三间，称为藤花榭。楼宅之后另有一园，园门呈八角形，上额"补园"，有弥补不足之意。门墙左侧嵌横长条石，上刻"此君吟啸处"。园中置黄石花坛。

八咏园为民国时期扬州造园名家精心设计的作品。建造风格为整饬中见错落，轩豁中见幽深。主副宅、主次园宾主分明，匠心周密。主宅以副宅和高墙围裹，园林在最深处，有极好的私密性和防卫性。八咏园园林清幽，小中见大，叠有四季假山，虽然只有夏山起峰，但四季景观的营造颇有特色。

赵氏庭园

位于市区赞化宫旌忠巷 33 号。占地约 2000 平方米。2008 年 1 月，被列为市文物保护单位。

原系布商赵海山宅,坐北朝南,东部住宅,西部花园。东部厅堂前后共三进,西部宅园内南有书斋三间,北有花厅两进,东侧倚墙有半亭。前进花厅面阔三间,进深七檩,厅内置天花,前有卷棚。园内尚存零星山石。整个建筑除局部改建外,保存尚好。

陈从周认为赵宅"厅堂三进南向,门屋及厨房等附属建筑,皆建于墙外,花园亦与住宅以高墙隔离;但亦可由门屋直接入园,避免与住宅相互干扰。在建筑平面的分隔上来说,很是明晰。花园前部东向有书斋三间,以曲廊与后部分隔,后有宽敞的花厅两进,与住宅的规模很相称。"

赵氏庭园住宅建筑

朱草诗林

位于市区弥陀巷东小花园 44 号。1962 年 5 月,被列为市文物保护单位。

园主人为扬州八怪之一的罗聘。

该园是一座小型城市山林,园虽不大,但高下起伏,动中藏静,小中见大。园中旧有芭蕉,金农曾赤膊蕉荫小睡,罗聘作《冬心先生蕉荫午睡图》。园名"朱草",出于西汉东方朔的《非有先生论》:"甘露既降,朱草萌芽。"李善注引《尚书大传》曰:"德光地序,则朱草生。"

朱草诗林园景

晚清时,扬州府甘泉县知县震钧亦居弥陀巷内,邻近朱草诗林,因仰慕罗聘为人,遂题额庭为"朱草诗邻"。

冰瓯仙馆

又称丁氏住宅。位于市区地官第 12 号。占地 4000 多平方米,建筑面积 2000 多平方米。2008 年 1 月,被列为市文物保护单位。

清咸丰同治年间,扬州恩贡生张安宝购建。光绪时期,张宝安之子广东廉州知府张丙炎承其父业。张氏后人后转卖给丁茭臣。1950 年 7 月,丁氏后人丁乐年将房屋租给市公安局使用。1952 年底,房产被收归国有。后在此开设儿童福利院。儿童福利院迁出后,为 40 余户居民租住。2011 年,迁出居民,由市名城建设有限公司修缮。

冰瓯仙馆有各类大小房屋 140 余间,有东、中、西住宅三路及后花园。主房分别为五进、七进、三进贯穿延伸。东路与中路之间夹一火巷。三路住宅首进面对地官第街连成 11 间两层楼房,上下共有 22 间。东、西两个朝南门楼,东部楼宅后被拆除改建平房,西部尚存楼宅旧迹。

东路住宅,前后主房共有五进。第一进照厅三间,天井一方,左右厢廊各四间。朝南第

冰瓯馆内景

二进正厅三间，左右厢廊各两间，厅后天井一方。第三进为三间两厢，其后大庭园一方，内置三座假山，点缀花草及树木大小五株。第四进花厅三间，前后置有隔扇。再后第五进住宅三间二厢，后连厨房四间，天井一方，各进朝西置耳门通火巷。

中路住宅，前后主房连前大门楼共有七进。第二进至第七进除装修变动外其余保存完整。第二进面南磨砖仪门上角端雀替砖雕浅浮雕饰对称鹤、鹿、松树、梧桐树，意为"松鹤延年""鹤鹿同春"，雕工形象生动，姿态各异。其上额枋深浮雕琴、棋、书、画，意为"多才多艺"，雕工饱满洒落。再上匾墙嵌细腻磨砖六角锦，寓意"六六大顺"，四面角端镂雕荷花、牡丹、菊花、梅花四幅，其中以梅花镂空雕饰最为难得，可谓精工之作。再上磨砖斗拱飞檐出檐三飞式，重叠有致，惜局部破损。原本门下有长方形石鼓一对，高浮雕麒麟、凤凰图饰。入内为三面回廊拱卫第三进杉木大厅。面阔三间10.34米，进深9.07米，用料肥硕，高敞轩豁。厅构架前后各置一道柏木卷棚。厅前后原置有木雕隔扇，正间后设屏门。厅后有天井一方，其后为楼住宅。第四进与第五进楼室皆面阔三间，第六进与第七进底层是明三暗四式，楼上为面阔三间，相互形成前后对合串楼。原四面雕饰的楼栏及楼檐磨砖裙边局部尚存，各进东厢置耳门通火巷。

西路住宅，以庭园、花厅为主。第一进为会客室两间，其后沿其中路西山墙接披廊八间，木雕廊栏杆，直抵第三进。廊壁中嵌汉白玉碑刻跋文八块，碑末一块镌有"咸丰七年石樵张安保临"，第二进共有四间，其中三间为船厅，三面木雕玻璃窗扇，厅前走廊栏杆一道，前庭园三座大山石，大小树木12株。船厅后第三进为五间，称之五间厅，西前接两厢。山石一座点缀花木。西路原船厅、五间厅、廊、山石、花木等，今不存。原各路各进房屋内天花板、合墙板、地板、屏门、隔扇等精致装修大部分已损坏。

东路与中路之间火巷较宽亦深，青石板铺地。巷北端有门通其后花园，园久毁，只剩老井一眼。现后花园为 2011 年修缮时恢复。

马士杰故居

位于市区地官第 10 号。占地 4000 余平方米。2008 年 1 月，被列为市文物保护单位。

马氏住宅福祠

马士杰(1863—1946)，字隽卿，高邮人。他和张謇、韩国钧创办泰源盐垦公司，是晚清民国时期扬州著名盐商。

始建于清咸丰年间。民国初年，出售给高邮马氏，后卖给邱渭清，约 1935 年前又转让给国民党中央执行委员、国民大会秘书洪兰友。洪兰友(1900—1958)，名作梅，扬州人，为国民党第五、第六届中央执行委员。新中国成立前夕去台湾。此宅于 1953 年 3 月经市人民法院判决全部没收。后作为儿童教养院和扬州专署地委用房。

马氏住宅，在冰瓯仙馆东侧，平面呈瘦长形，东西距离最窄处只有 20 多米，最宽的地方也只有 30 米左右，而其南北深则达 170 多米，在扬州现存宅第园林中实为罕见。现有各类房屋 102 间。

住宅前后主房连门楼排房共有七进，皆为明三暗五格局。火巷设置在住宅东侧。火巷东北隅另置主房前后两进，前一进住室为三间两厢格局，后一进住室为五间两厢格局。

从火巷北端西折北去原有前后花园两座。园中原有花厅、亭、廊等。前园西有门通至马监巷，后园东北隅有门通浴堂巷，出浴堂巷即抵东关街。

住宅前首照厅、正厅都比后住宅群略宽。火巷依然，南入口宽，越往北走越窄，是扬州传统风水中的"棺材头"火巷形式。

马氏住宅为清后期建筑，门楼砌筑考究。大门两旁侧立砖柱，门垛墙从下到上均为磨砖对缝砌筑，其踏脚线镶贴白矾石。大门上首砌磨砖额枋两道，再上为匾墙式，匾墙内樘为砖细六角锦，中嵌刻栀子花式。再上原有磨砖三飞式飞檐，后遭毁坏。大门楼两侧面墙均为青整砖、青灰丝缝。清水原色扁砌到顶。墙面中至今尚露当年的铁钯锔。

马氏住宅天井

住宅门楼高峻，造型庄穆，磨砖对缝砌筑清丽简约。两侧清水原色墙与门楼匹配浑然一色。和西边的汪氏小苑相比，马氏住宅的门楼更有气魄。

马氏住宅园景

住宅仪门门楼，与大门楼的砌筑比较，砖柱更细腻，上首砖额枋砖雕更细密精致，图案似席纹式编织，中央四瓣式小花点缀。再上匾墙框景与大门楼匾墙花式相似。门旁一对白矾石石鼓残破基座仍存。

进入仪门，即是五架梁的照厅，两侧置走廊，迎面为正厅。前后两进，天井宽敞，构筑规整而又精致。前后两进皆为三间两廊式、明三暗五布局。两侧廊墙上置精致磨砖架设大花窗，图案为海棠十字套方锦。透过花墙，套房前花木小景若隐若现，清新别致。

住宅北为后花园，花园内有花厅、廊道、六角亭等。2012年，市名城建设有限公司修缮时复建。

廖可亭宅第（世彩堂）

位于市区南河下街118号。占地约3300平方米。2006年6月，被列为省文物保护单位。

园主人廖可亭，江西临川人，曾为曾国藩幕僚，清光绪三十一年（1905）十二月，花银6500两购买侯氏余庆堂、常氏慎德堂住宅86间。侯氏、常氏房产原购自三寿堂曾氏，曾氏又系购自唐氏、张氏、郑氏、徐氏等，计十余次易其主。同时，又花银680两购买严葆元、严松杉兄弟数间旧屋和空地，增扩花园部分，即形成现在住宅规模。其中大部分建筑年代可追溯至清代中期。日军侵占扬州后，在廖氏大宅开办"三井洋行"。抗战结束后，国民党军队一度驻扎于此。新中国成立后，房屋公管为民居。

住宅称"世彩堂"，寓意世世代代继其中家业，如堂悬灯结彩。

主房由东、西两路组合，直北火巷两条，花园一座。东路住宅前后纵向有七进，分别由门楼、照厅、正厅及厅后制式一致的三进楼房相连相串。主房面阔五间，其中正厅与其后楼房三进均为大七架式。西路住宅前后主房共有五进，前后皆为楼房制式，以及后一进书斋三间。前三进面阔皆四间布局，后三进面阔皆三间布局。除门楼厅以外，皆为大七架梁式。东路火巷东北还有面阔五间大七架式主房一进，及其余附属房屋。廖氏住宅遗存各类房屋150余间，建筑面积2600余平方米。

廖可亭住宅

东路住宅：首进原门楼偏东朝南，连大门楼6间朝北，楼上下共12间，后被拆除改建。大门楼对面置一字形照壁一座，今照壁残迹尚存。入大门内，东西横向天井一方，青石板铺就。迎面置砖雕福祠一座，今残迹尚存。福祠左朝南高耸磨砖对缝砌筑仪门一座，保存基本完好。两侧连仪门五间，朝南壁面与东西向壁面全部清水磨砖斜角锦嵌面，与高耸仪门门楼浑然一色，有庄穆之感，其体量气势仅次于康山街卢绍绪盐商住宅仪门两侧磨砖嵌面。进入仪门即为照厅，并与左右两侧相接，拱卫第三进朝南正厅五间。正厅宽阔高敞，通面阔17米多，进深9米多，建筑面积160多平方米，气势昂然。厅上首置卷棚，缀以木雕。构架取材楠木，称之为楠木大厅。制式为抬梁式，上铺方椽，这是清中期前作法特征（清后期多为半圆作法）。檐口出椽加飞檐椽挑出深远。构架肥梁粗柱，其柱周长0.7米，其梁直径0.55米。柱下为浑圆青石鼓磴，雕刻四角披巾，由卍字连饰，鼓磴下置"天圆地方"式磉石。地面为金砖铺就。厅后步架原设屏门，后被拆。屏门后穿腰门抵第四进朝南楼厅、楼室，面阔五间，楼上下十间。两侧置楼廊，楼檐板由磨砖钉饰裙边挂檐，不仅美观，而且起封护檐板的作用。其后两进楼厅，楼室规制、面阔、体量、用料、造型与此进相同。各进之间楼下前后原有中门，可分可合。左右置耳门通火巷，与另一路住宅相隔相通。楼上前后相串，可隔可串，现已隔断。其楼宅后北端第七进面南的六角门上四置回纹砖雕镶框围之，中间石额阴刻"味腴"。一对木门扇上刻对联"学如不及，业精于勤"。入内卵石铺地。面南书斋三间，惜今破损。

西路住宅：直北火巷一道，巷西即为廖氏西路住宅楼群。前后主房五进，皆为楼房制式。首进朝北，与东路首进相连，面阔四间，楼上下八间。第二进朝南面阔三间，大七架式，楼上下六间为廖氏花楼厅，原来装修考究，前置卷棚，雕花门格窗扇一应俱全。楼厅上下柱石雕花，左右置厢楼，与首进楼房相串。花楼厅前庭园置花台、山石、花木，惜今多毁坏改变。楼厅后腰门一道，穿过腰门，朝南第三进为大七架仟宅楼，制式三间四厢，天井青石板铺就。腰门磨砖嵌面雕花甚考究。其后第四、第五二进楼宅与此进格式一致。每进朝东厢房有门通火巷。火巷北端原有八角门一道。入内，即为廖氏后小花园，园内原有八角亭一座、小亭一座。东西周围置走廊，另水井一眼。朝西后门一道，通今引市街。

东路住宅之火巷之东面住宅，前部分原是徐氏宅第。但从遗存火巷及两边墙体格局看，历史上乃是一家。后因易主，其后部分仍属廖氏住宅。朝南主房五间，楼上下十间，两旁置厢楼,青石板天井一方。此宅楼前一进后腰门,磨砖照面两端雕北方垂花门式。据传,此处住宅群原为山西人所建,此垂花门式样或可见证。宅之后原有廖氏厨房及其附房,现改变。火巷内有井一眼,今居民仍在使用。

廖宅内存历史价值很高的三块匾额。厅堂正间匾额是麻灰底、墨漆面、贴金字,书魏体"世彩堂"三个大字。字体方峻遒劲,朴拙奇肆,为李瑞清所书。李氏善书法,又长魏体,当年"两江师范学堂"校名为其亲书。厅堂次间两块匾额,一为贴金面、墨漆字,楷书"同规往哲"。一为麻灰底、墨漆面、贴金字,楷书"乡国垂型",字体方正圆润。分别为曾任民国大总统的黎元洪、徐世昌所书。

贾氏庭院（二分明月楼）

位于市区大武城巷1号、3号、5号。占地4000多平方米。2006年5月,被列为全国重点文物保护单位。

建于清光绪年间,园主人为盐商贾颂平。贾颂平为晚清民国时期扬州著名的"盐钱两栖"人物之一。除贾氏庭院外,贾颂平在丁家湾等处还有房产。清道光时期,员氏所建的二分明月楼也被贾氏收购,成为其住宅的北花园。

抗战爆发后,盐运不通,食商全部闭歇,贾家日趋没落。新中国成立后,贾氏庭院分别成为银行宿舍、明月幼儿园、旅社以及居民杂居之所。

大武城巷1号大门内,为一排三间高敞门楼。步出门楼为宽敞庭院,满铺青石板地面,现存主要住宅:庭院西北楼宅三间,楼上下六间,楼南面小天井一方。住宅由东、西两路并列,中间隔一条北去深幽直巷。

二分明月楼

扇形水榭

东路，紧靠门楼面南也有三间楼宅，楼上下也是六间。与面北楼宅，相互呼应，夹持大门楼。据贾氏后人回忆，在民国动荡年代，扬州盐商家中有私人武装的唯有贾家，此两楼宅住过武装保卫人员。面南楼宅后庭园一方，点缀山石花木，朝南花厅两间。其后有天井一方，朝南内厅三间。天井内有耳门通火巷。西路首进朝南大厅三楹，抬梁式，通面阔 12.6 米，进深 9.8 米，建筑面积 123.48 平方米，用料粗实，柱下鼓磴汉白玉制作，方砖铺地，前后隔扇有改动。厅后楼宅三间，楼上下六间，旁有廊连接厅与楼宅。楼宅后，有平房三间两厢，共两进。再后三间平房，东接走廊。平房后原有门通二分明月楼。大厅西原有花园，现分隔给广陵路小学。大武城巷 1 号房屋和庭园原为幼儿园，现常年空关。

大武城巷 3 号内有庭院。右折朝南有门一道，入内为楼宅，前后两进，皆三间两厢，楼上下六间四厢。前后楼可相互串连。两楼之间，四面围以木雕拐子锦楼栏杆。楼宅以东接前后两进平房，前一进三间一披廊，庭园小而雅静。后一进三间两厢一天井。楼宅北一进改建为两层现代小楼，作旅社用，即大武城巷 5 号。

大武城巷 3 号内有庭院，左折有古井一眼。南面有楼宅三间，上下六间。据构建形式与装修风格可知，系民国时期所建。前天井西墙有耳门通火巷，与大武城巷 1 号相连。巷北有门可抵二分明月楼。大武城巷 3 号内的房屋在新中国成立初卖给银行，先为银行宿舍，现为居民杂居。

广陵路 263 号，缩在一短巷内，即二分明月楼。东西宽约 25 米，南北长约 45 米，占地约 1100 平方米。园名取意于唐代徐凝诗句"天下三分明月夜，二分无赖是扬州"，清钱泳题额。此园是扬城园林中旱园水做的孤例。园始建于清代中叶，园主人姓员。光绪年间，由盐商贾颂平购得。园内东阁原为大仙楼，南隅有财神楼，南墙有门通贾氏住宅。园中有蝴蝶厅（1959 年移建瘦西湖"水云胜概"景区，改名"小南屏"方厅）。二分明月楼内的房屋、小园后由贾氏卖给徐氏，再后公管，曾作工厂和民居，遭到一定程度损坏。80 年代末，由政府拨款修复。1991 年对外开放。现归市园林局管理。

园林在广陵路南短巷尽头，于两片高墙的狭缝间夹持门楼。西侧砖墙上刻砖雕画一幅及吟咏扬州古诗词《春江花月夜》（张若虚）、《寄维扬故人》（张乔）、《送孟浩然之广陵》（李白）、《忆扬州》（徐凝）砖刻数幅。园门与曲廊相接，出廊为卵石拼化铺地，图式为五蝠拱寿，正中为新开挖的水池。水池北两层长楼七间，楼通面阔七间，长 23.8 米，前置通廊，硬山重檐，楼檐飞翘，取势空灵，依栏临虚，置美人靠坐凳。楼前园景开阔，确是赏月佳处。明间上悬"二分明月楼"匾额，抱柱题联"春风阆苑三千客，明月扬州第一楼"，出自元代书画家赵孟頫诗句。

园正中水池原以浮出地面的黄石暗示水意，陈从周称之为"旱园水做"，即"将园的地面

黄石假山

压低，其中四面厅（即原园中蝴蝶厅）则筑于较高的黄石基上，望之宛如置于岛上，园虽无水，而水自在意中"。因四面厅早就迁出，1990年修缮时挖水池，改为真水。水池岸用黄石堆砌，水口以月形拱桥锁住，与二分明月楼相呼应。

楼东叠黄石大假山一座，石峰达两层楼高，下构石洞，上有磴道，可登夕照楼（旧名大仙楼）。楼坐东面西，阔三楹，深一架，当心间敞开，露出楼内黄石山壁。原来大假山从室外走入室内，与苏州环秀山庄做法相似，内地面做曲水流觞渠道，为泛杯觞咏之处。偏院内有石阶可至山顶与二层楼面。楼之北侧梢间前面用粉墙围成一院，开月牙门两个，一左一右，如一个明月分成两半，又与园名暗合。水滨种桃树、迎春。夕佳楼为歇山顶，屋顶正脊和垂脊皆用青瓦拼花，当心间出披檐和垂莲柱。当心间前出观景平台，平台上有一井，井口为月牙，用汉白玉勾边，井栏石上，刊刻"道光七年杏月员置"字样，当是员氏旧物。平台临水用花岗石围栏，依栏四望，前方曲廊左走爬山而行，左边水榭，右边二分明月楼。

从夕照楼左出，石板桥沟通池中水榭。榭平面扇形，中间用墙隔成前后两部分。榭半立岸上，半立水中，正面见四柱，当心间开敞，设美人靠，左右抱柱有联："荷风送香气，松月生夜凉。"出自孟浩然诗《夏日南亭怀辛大》《宿业师山房待丁大不至》。次间用粉墙砌筑，中设月牙洞窗。临北槛而望，二分明月楼倒影水面，在月牙桥和树木的陪衬下显得格外端庄。

夕照楼

园西南角为两层楼阁,阁与曲廊相连,廊经一曲三折爬至二层。为增加园趣,廊与外墙留出空地栽花置石,并用马头墙将墙分为两段,墙内设月洞门,依廊建有一亭,名伴月,平面六角攒尖顶,重檐飞角,悬联:"留云笼竹叶,邀月伴梅花。"廊一面倚墙,为半廊式。

二分明月楼通过月色、梅香、竹影、山光、水意、树动、箫声、蛩鸣,将"天下三分明月夜,二分无赖是扬州"诗情画意,尽情烘托,实为扬州小型园林的佳作。

伴月亭

刘氏庭园

位于市区粉妆巷 19 号。占地 3000 多平方米。2008 年 1 月,被列为市文物保护单位。

清光绪至民国年间为盐商刘敏斋宅园。民国后期,原国民党军长黄伯韬在扬州时居于此。新中国成立初,尚存房屋 70 余间,现存 50 余间。此处先为苏北行署供销合作社,接着为扬州地区商业局供销经理部,后又为食品公司。

大门朝东,面阔三间。门楼为八字磨砖形式,砌筑细腻简洁。大门外对面原有照壁,后被拆除改建。越过门堂,步入宽敞大天井,直西甬道十余步,朝南、朝东花墙两面。朝东花墙置六角门一道。门北有古槐树一株及老井一眼。六角门前原有短巷墙一道,后被拆除。六角门内为走廊。门上首朝西壁间嵌汉白玉石额,浅刻行书"澄怀"二字,笔力清秀苍劲。廊檐木雕古朴雅健。庭园花街由卵石、瓦片铺"松、竹、梅"岁寒三友图。走廊两侧分别植绣球、丹枫。朝北花墙下由湖石围合成花台,上植金桂两株及花草。朝南构精致花厅三楹,厅前置木雕隔扇,厅内方砖铺地。厅东次间接套房一间,前置小天井一方,点石栽藤,后毁。厅西廊间置耳门通西火巷。厅北横向狭长小天井内,依北花墙贴壁点缀黄石数块,植梅花、小草。此庭院虽不大,但厅、廊、花墙、湖石、黄石、四季花木衬托春夏秋冬小景,是一处"澄怀"待客之雅舍。在整修拆砌朝南花墙时,金桂、梅花、绣球花旁山石被挖走,使残存旧景尽失。花厅后接两进住宅,前一进住宅是明三暗四格局,后一进住宅是三间两厢格局,现与前花厅隔断,需从西

刘氏庭园大门

侧火巷边门进出。

火巷南端朝西小门墙上石额为线刻隶书"怡情"二字,字体圆润丰满。门内即廊,廊左接朝南花厅三楹,右连朝北走廊,中间天井一方。厅、廊原装修木雕隔扇,窗扇、楣子局部尚存。厅内天花板上,残留当年挂彩灯铜质勾件数枚。天井内原有水池,临水贴壁假山,植梅花,现不存。朝北走廊南接一进小五架三间两厢房,与花厅小景组合成一区精致修身养性小天地。

火巷南端朝东磨砖门楼,其上三飞式磨砖飞檐及匾墙内磨砖六角锦依旧完好。旁边磨砖砖柱顶端悬挂镂空砖雕卷草如意花叶一枚仍在。门上首额枋两端砖雕已残,但依稀可见"双龙戏珠"图案。门角一对雀替砖雕花饰仅剩一只。入内朝南正厅三楹,朝北照厅三间,两旁置厢廊。照厅南接四落水花厅三间,在装修时已改变,前小景亦不存。朝南正厅后接宽敞住宅两进,七架梁式,皆三间四厢格局。天井青石板铺就,堂屋方砖铺地,卧室铺木地板,上置天花板,周围置合墙板。每进东厢房置耳门通火巷。从正厅前西廊出,抵西院落又接一区朝南三间两厢住宅。在住宅南面、西侧、北面有很大空院,原应有花园,久废。新中国成立后,将空地上砌建许多楼房、平房。院南首有门通达禾稼巷。

周扶九住宅(贻孙堂)

位于市区青莲巷19号。占地约3700平方米。2006年6月,被列为省文物保护单位。

园主人系清末盐商周扶九,住宅称为贻孙堂,包括中式传统建筑和西式洋楼两部分。中式建筑原为周氏后人居住,新中国成立后没收公管,现为直管公房。西式楼在抗日战争期间,用作日军慰安所。新中国成立前夕,楼卖给上海邱氏,后转归市邮电局,现为邮电局职工宿舍。

周扶九住宅门楼

主房分东、中、西三路。东路前后四进,南面两进为对合中式楼房,面阔五间18.59米,进深6.73米,高两层,东西有厢楼,楼上、下置回廊。楼上西北隅构阁亭,背面西墙上嵌楷书"紫气东来"砖额。亭下辟月门通中路住宅及北向火巷。北面两进为罗马古典复兴风格楼房,砖混结构,高两层,四披水屋面。楼坐落于麻石须弥座式台基之上,青砖墙体,廊柱呈方形,用红砖砌筑。窗头为砖砌半圆形拱券,门头为碑砌尖顶拱券。南北置走廊。栏杆为铁制如意花瓶式。屋面置老虎窗。北侧洋楼面阔三间13.08米,进深18.52米。南侧洋楼面阔13.08米,进深为北侧洋楼一半。中路原有建筑七进,为门楼、照厅、正厅和四进住宅楼,现存门楼和四进住宅楼。门楼面阔五间,上、下两层。大门为清水磨砖砌筑,呈凹字形,面阔4.2米,通高7.6米,缀以砖雕福、禄、寿三星图案。四进住宅楼为传统砖木结构三间两厢式串楼,前后贯通。西路共五进,由南向北依次为三间两厢对合平房两进、五间平房一进、三间平房一进和三间楼房一进。

蛰园（杨紫木住宅）

位于市区彩衣街 30 号。占地 2949 平方米，底建筑面积 2189 平方米。2008 年 1 月，被列为市文物保护单位。

园主人系晚清广东盐运使杨紫木。民国年间，房屋部分出售给李氏。现为民居。

建筑坐北朝南，以杨总门巷分东、西两路。门房南向，面阔三间，硬山顶。门楼为清水磨砖砌筑，上为三飞式磨砖飞檐，匾墙四周回纹图案，正中饰海棠形砖雕人物故事《八仙过海》。两侧墙垛上部置镂雕花球。东路建筑四进，面阔均为三间，分别为杨总门 3 号、4 号、6 号、7 号。西路原有建筑九进，现存八进，第六进拆改为现代两层住宅楼。花园位于两进住宅之间。园门西向，月洞形，门上嵌篆书"蛰园"石额。园内花木、假山俱毁，仅存古井一眼。

蛰园砖细门楼

杨氏小筑（杨鸿庆住宅）

位于市区风箱巷 22 号、18 号、16 号，茂盛桥东 6 号（原称观音堂巷）。占地约 900 平方米。1982 年，被列为市文物保护单位。

始建于民国初年，园主人为裕丰隆钱庄大管家杨鸿庆，亦称杨氏小筑。新中国成立后，房屋多为出租。50 年代末，房屋大部分公管。70 年代后期，修缮。

住宅占地不广，布局参差，分东、中、西三路。前后火巷两重、大小天井十三方，间、厢、披房共 30 余间。房屋体量不大，如寻常人家民居，但构筑规整，主次分明，能隔能合，功能齐全，居者可适。其中，一小庭园不足 60 平方米隙地小筑，为扬州典型小巧玲珑佳构杰作，由造园名家余继之构建。

大门面南，青砖青灰丝缝砌筑。其门上首匾墙由青灰粉饰线刻六角锦式，连门楼四小间披房，除大门面南外，余三间面北。入大门迎面有砖雕福祠残迹。左折推开朝东对开门，小天井一方，穿过面南二门又一天井，迎面正厅三楹，左

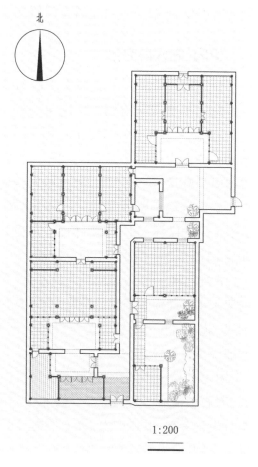

北

1:200

杨氏小筑平面图

右对称厢廊，右廊有门至东火巷。厅堂构架圆作，抬梁式，七架梁。厅内原四周置合墙板，方砖地面，前置隔扇，后设屏门。屏门后穿中门至后进住宅，明三暗四格局，东厢有耳门至东火巷。此路住宅除屋面、构架、部分隔扇，楣子尚存外，余装修已改变。

入大门偏东，进火巷数步，有面西小门一道，入内即为门廊。左接面南馆舍两楹。馆内四周置壁板及暗壁橱一对。地面铺方砖，前檐置木雕半玻隔扇。因为内设盆花玉兰，外依东墙湖石旁植金桂树，园主人将此馆为"金桂玉兰馆"。门廊右连南向斜坡廊，廊边置木栏坐凳，随坡廊步步升高至西南角，依墙角构小亭一座，主人称之"猗香亭"，并以猗香亭主作别名。亭角翼翘平缓，两面玻璃窗扇。沿亭边有青石板阶沿石围之。南面墙上端架砖砌空透花墙，顺墙折东向北。沿墙壁蜿蜒散置湖石假山，点植修竹、花木其间。山石不大，但漏、透、瘦、皱俱形。小园宽不过十步，长不过十余步，中间却用六角小门、半截花墙一分为二，使小园园景似隔似透。南园中掘小水池一泓，旁置盆景兰花，北面小天井由瓦片、砖条、卵石铺就园"寿"花街。

60年代初，陈从周考察后认为"此小园咫尺面积，前后分隔得宜，无局促之感，反觉左右顾盼生景的妙处"，并提议将此园命名为杨氏小筑。

金桂玉兰馆后为小院落一方，顺馆后檐墙西折抵火巷及西路住宅。院落北，面南有住宅两进，皆七架梁式。前进三间四厢，后进明三暗四及两边厢房。沿院落北，西折南北向火巷一道拐弯至茂盛桥东巷。院落东接东路厨房两间。厨房后檐墙有门通后住宅三间两厢，厨房天井南有门通前三间一厢，厢房有门通外，即风箱巷18号。厨房东有天井，内有水井一眼，井北有门至后进住宅，井南首有门通外，即风箱巷16号。

伊园（陈六舟宅第）

位于市区糙米巷（旧时称曹李巷）6号、8号、10号。始建于清中期。现为居民住用。

陈六舟宅三座门楼并列连在一起，历史上全部属陈氏一门家族的产业。陈仲云（陈嘉树）、陈六舟（陈彝）父子曾先后获殿试会考二甲第一名，陈六舟侄陈咸庆也曾参加会试。扬州人称陈家为"一门三进士，父子二传胪"。扬州获此殊荣的家庭，独此一家。"父子传胪"曾挂匾于府堂，传为佳话。陈氏后人陈重庆、陈含光均为扬州名人。

陈氏老宅6号、8号磨砖门楼上没有繁复的砖雕，檐口三飞式砖檐局部残破，墙面斑驳。6号大门框已坏，对开大门仍在，但破损严重。8号门楼用砖封闭，从其西另开一门进出。10号门楼在新中国成立后拆除改建。

6号门楼4间，五架梁，入内左折正厅三楹，杉木圆作，七架梁，抬梁式。厅内古拙简朴，构架未动。厅前置圆料船篷轩，轩弯椽圆作，而不像常见方形。桁下荷叶墩作法系明代遗构形式，施一对长方形镂雕荷花、仙鹤，两鹤相互顾盼，意为"和合"。其后原有腰门通后进住宅部分及后厨房、老井。

8号门楼七小间，原迎面有福祠残迹。入内其西仪门还剩半边磨砖门垛。仪门内天井一方，青石板铺地，迎面正厅三楹，东接客座一间。此厅堂是陈氏正厅，专为接待礼仪场所。厅构筑规整考究，取材广木，大七架梁，圆作，抬梁式，前置船篷轩，轩弯椽扁作，桁下雕如意卷草，其荷叶墩为如意云式，极为精美。其梁、柱皆粗实，柱下磉石亦古拙，方砖地面破碎不少，厅前木雕隔扇和厅后屏门仍在，改作厅隔间之用。厅后有腰门至后进明三暗四格局住宅。此路住宅从其遗存迹象看,历史上前后共有五进房屋,现成居民大杂院。依此路住宅西墙有南北向巷道,巷西尚存前后三进住宅,为三间两厢式,部分由陈氏后人居住。

10 号一路住宅新中国成立后拆除改建,难寻旧屋遗存。陈氏在此除住宅外,原有伊园,但今不存,只留陈重庆光绪二十一年(1895)作《伊园坐雨》诗存世:"东风吹紧雨如绳,抱膝空斋梦未成。隔竹有声摇烛穗,煎茶何处沸瓶笙。"

金粟山房

位于市区东关街羊巷 23 号,陈彝建。

大门坐西朝东,东门楼呈八字形,磨砖丝缝砌筑,门首额枋上夹堂板嵌卷草如意卷图案四幅,寓"事事如意"。入内门樘三间,三架梁式,门樘南连排房五间,门樘北接排房四间。现门樘与原存房屋隔断。原入内面南有两路住宅相互毗连,朝南前后各三进,面阔皆五间两厢。现只存前后两进,原南首一进因市第一中学建住宅楼而拆除。现存前一进两路一排十间,原排山板壁拆除,隔成笼式车棚。后一进一排十间四厢为居民杂居。在此西路住宅之后,尚存原金粟山房小园。

民国初年,陈重庆对此宅扩建增修,并作诗《园桂盛开寄怀》云:"金粟山房梦想间,浓薰香馥围雕栏。昔母归宁我侍侧,老人扶杖花同看。"另有《双燕》诗云:"小园半亩锁深幽,便当元龙百尺楼。灼灼桃花红似火,阴阴梦径冷于秋。当年作伴琴诗酒,入世相看风马牛。只有归巢双燕子,轻梭玉剪拂银钩。"

张联桂宅第

张联桂在扬州老城区宅第有两处,一处在市区木香巷 5 号(前大门原在南河下街),称为春晖堂,俗称老公馆;一处在市区广陵路 218 号,称为延禧堂,俗称新公馆。清光绪年间购建。2008 年 1 月,被列为市文物保护单位。

张联桂(1838—1897),字丹叔,又字弢叔,江都浦头镇人。曾任广西布政使、广西巡抚。中日战争爆发,张联桂反对议和,力争不得,愤懑致疾,因病免职。

木香巷 5 号现存旧门楼一座,门墙改砌。入内有朝南住宅楼一幢,楼上下六间四厢,呈凹字形,构架完整。小瓦屋面,硬山顶,扁砖墙,楼下装修局部改动。从东厢房木楼梯拾级而上至楼廊,原木本色楼栏依旧古朴。栏杆装修是对称回纹锦式,中间置十字如意状木刻花饰。楼板檐口铺磨砖方砖,檐边贴磨砖裙边,使之护檐板,利泛水,构筑考究。木香巷 5 号原是张宅的后门,原大门在南河下,紧邻大盐商汪鲁门住宅之东,两家之间有火巷相隔。张宅原有范围从南河下至木香巷,南北长一百余米。原有房屋由东西两路主房并列,西路前后有房五进,并有庭园。东路前后有房七进,由门厅、照厅、正厅、内宅、楼宅组成。住宅除老爷、太太、妻、妾、婢女、佣人等住房外,最后一进作观音堂,供佛事用。东北隅有书斋、花厅。原正厅明间上悬"春晖堂"匾额,两次间悬"御书""福寿"匾额。慈禧太后曾赐张联桂"寿"字木匾。此匾在"文化大革命"期间被红卫兵劈掉中间一块,但仍能辨识中间"寿"字。木匾右端第一行书"慈禧端佑康颐昭豫庄诚寿恭钦献崇熙皇太后",第二行书"光绪二十年十月初一日"。左端书"头品顶戴兵部尚书侍郎广西巡抚张联桂"。

张联桂南河下的老宅,前面大部分于 1956 年被国家征用,改建为工厂。现仅剩其后木

木香园

广陵路 218 号张联桂宅第

香巷 5 号遗存两层木楼一幢,楼上下六间四厢和水井一口,及东侧火巷高墙。东路原主房南段在新中国成立前大部分被拆除,北段仅剩砖旧楼一幢,楼上下六间与西路楼房毗连,1952 年由张氏后人翻改建,大门开在木香巷 3-1、3-2 号,其庭园构筑精致,称之"木香园",庭园内有花木、假山、鱼池、五步廊、熙秋亭、映月桥等小景。

广陵路 218 号宅第(原称左卫街)是张联桂于光绪十八年(1892)任广西巡抚后购得。光绪二十年(1894),张联桂因病免职归里养病居此。光绪二十三年(1897)卒于此。新中国成立后,此宅列入公管,先为团市委办公处,后为民居。此宅占地 2100 平方米,房屋 70 余间,建筑面积 1000 余平方米,由遗存东西两路和东北隅住宅一组及火巷、庭园等组群。1982 年,被列为市文物保护单位。90 年代初,因拓宽徐凝门路需要,大部分房屋拆除。

原大门楼面南一排五间,后改建,穿过门楼,横向长天井一方,青石板铺地。

西路住宅:左折面东砖雕门楼残破。入内东西两侧廊房宽阔,庭院宽敞。面南正厅五间,硬山封檐,两侧山墙平檐口以下青整砖扁砌,檐口以上山尖部分整砖空斗墙砌筑。正厅通面阔 17.19 米,进深 9.22 米,建筑面积 158.49 平方米。柱、梁用料较粗,构架为抬梁式,大柁梁扁作制式,两端施拨亥腮嘴。明间曾悬挂匾额"延禧堂"。厅前檐柱与步柱之间原有走廊,上施卷棚,下置隔扇。1925 年,张宅转卖给牧师后改称"三一堂",前檐隔扇改砌砖墙。明间砌磨砖门垛,置对开门及花旗松窗扇,嵌彩色玻璃。此厅用料较大,木质陈旧古朴,扁作柁梁,雕琢并不繁富。厅后还有三进房屋,皆明三暗五置式,并与前厅在一轴线上。第一进为内厅,因柱础、柱、梁、桁、枋皆取方形制作,包括窗门、隔扇、楣子装修图案亦取方框形式,故称方厅,总体格局协调和谐。第二进楼宅已改建。第三进楼宅基本完整,窗下槛墙贴磨砖斜角锦,余装修局部改动。再后有空院一方。从前厅到后楼宅天井、庭院都铺青石板地面,各进后檐墙有腰门前后相通,东厢房有耳门与东宅相通。

东路住宅:从大门楼入天井,右折直北火巷,进入火巷西折入门为面南花厅三间。西南隅附一厢偏厅,花厅前后皆施木雕隔扇。花厅前置走廊,前庭园面北有花台,植花木少许。此厅或名为四照轩。厅后有住宅两进,皆三间两厢格局,再后原有花园,花木、水池、小桥。70 年代,犹见散落假山。

李长乐宅第

位于市区东关街345号、五谷巷41号。占地2000余平方米。2008年1月，被列为市文物保护单位。

宅第主人李长乐于清同治年间购建。李长乐，字汉春，盱眙半塔集人（今属江苏）。先后任千总、参将、副将、湖北提督、湖南提督、直隶总督。

宅第原有房屋大小约80余间，建筑面积1000余平方米，组群布局分东、中、西三路及小花园。新中国成立后，大部分房屋先后分别由第二服装生产合作社、木器生产合作社、皮鞋生产合作社（后改超英皮鞋厂、扬州皮鞋厂）使用。扬州皮鞋厂先后于1978年、1982年两次拆除老房子计579.39平方米，翻建成楼房。后房屋转给市规划局、市规划设计院使用。2008年，市名城建设有限公司整体修缮，在此建成长乐客栈。

李长乐宅第巷景

东路住宅：原五福巷6号，大门楼坐北朝南，大门西旁有土地祠、上马石，门楼对面有大照壁。进入门楼，内有照厅、正厅。正厅为柏木构架，其后为两进住宅，前后主房连门楼共有五进，皆面阔五间。再后还有厨房、附房小院等。

中路住宅：大门楼朝东，门楼比寻常人家宽阔，呈八字形，磨砖丝缝砌筑。大门两侧腮墙樘内嵌斜角锦小方砖，四角缀砖雕角花。门上端两道磨砖额枋砖雕不存。八字墙上首磨砖额枋上部匾墙樘内斜角锦砖饰完好，清晰细腻。门楼顶端三叠有致磨砖飞檐完整，天花板局部脱落。八字墙两端上首突出磨砖垂花柱，下端精美砖雕花篮。八字门两边墙垛上端有砖雕。门楼内为大庭院，右折，坐北朝南主房前后原有三进，皆为三间两厢式。

西路住宅：穿过门楼、庭院，迎面朝东仪门尚完整。门垛磨砖罩面，门上匾墙嵌磨砖六角锦，其上磨砖三飞砖飞檐完好。沿仪门外边北向有火巷一道。巷内青整砖灰砌高墙，墙面整齐，墙头檐口下为磨砖抛方砖，檐口瓦头整齐划一，猫头上为蝙蝠飞翔，滴水瓦面为花叶桃子，寓"福寿双全"之意。高墙顶端砌筑独脚屏风五垛，高低错落，排列有序。

仪门内有天井一方，朝南正厅三楹，七架梁，称为"尊礼堂"，原有匾额悬于堂上。再后穿腰门为住宅房三进，皆面阔三间两厢格局，制式一致，与前厅堂在一中轴线上。天井皆铺青石板地。朝北三间，为芋香馆。芋香馆南首为小园一座，内有牡丹、芍药、花台、鱼池、假山等。此路西边还有小园，称为药草园，种植药草、花木，周围有书房、账房、厨房、柴房、花房等。

娱园图

卞宝第宅第（小松隐阁）

位于市区广陵路 219 号。占地约 3000 平方米。2008 年 1 月，被列为市文物保护单位。

又名丁士云住宅。购建于清嘉庆年间。其子卞宝书、卞宝第大规模增修。卞宝第（1824—1892），字颂臣，号娱园，仪征籍，世居扬州。清咸丰辛亥举人。曾先后任刑部主事，郎中、御史、府尹，直至闽浙巡抚，湖广、闽浙总督等职。

抗日战争期间，日军侵占扬州，此地为中央储备银行，日本银行也在此。新中国成立初期为苏北分行，后改为人民银行，又改为工商银行。1966 年 3 月，宅第南部住宅被烧毁。现为居民杂居之所。

历史上卞宝第住宅范围北抵广陵路，南达丁家湾 86 号，园在住宅东南部，位于今卞氏住宅东侧新扬饭店南部，又称为小松隐阁。卞氏宅第大门楼在广陵路，大门楼前原有石鼓一对，以及可启动的高门槛。进入门楼有仪门、前厅、正厅，皆面阔五间。前厅用于处理一般事务，正厅用于接待客人。新中国成立后被拆除，砌成楼房。原来东南部的花园内，除花木、假山、鱼池外，还有小松隐阁、绿野堂、濠梁小筑诸景，今皆不存。原有汉白玉"观鱼乐"石额，今嵌砌在广陵消防中队与新扬饭店相隔的围墙中间。

卞宝第宅第遗存建筑尚有 1000 平方米，有完好的前后两进主楼与烧残一进楼宅。楼与楼之间、稍间与稍间之间，旁置厢楼互连相串。还有亭座、火巷、老井、汉白玉大石额浅刻楷书"观鱼乐"三字。卞氏住宅前后三进楼宅呈日字形，这在扬州老屋中不多见。前后三进制式一致，皆五间，前后楼之间由厢楼相连。从楼宅体量与构筑上来看，比寻常人家楼宅规模要大得多，砌筑宽敞高峻、考究。五间通面阔 19.5 米，进深 8.5 米。楼与楼间距 7 米，采光通风充足。前后楼之间，楼下明间有腰门前后贯通，楼上稍间有厢楼前后相连，形成串楼。楼宅墙体厚实，厚 0.42 米。全部用青整砖扁砌到顶，砖系特制，比寻常青整砖宽厚。墙面上还间隔等距离铁钯锔。南首一进楼宅虽经烧毁，墙体至今壁立如初。现存完整的后两进楼宅两山墙上博风砖皆施磨砖贴面，楼板檐亦施磨砖贴面。楼栏杆取材粗实，葵式制作，中间木雕十字海棠如意锦，做工考究。楼下前后檐施船篷轩，并用柏木制作。东厢楼楼下中间，至今还存厚实的对开大门通东侧火巷。火巷宽 2.6 米，巷内存老井一眼。楼西端留存一座角亭，为单檐攒尖式，四坡落水。亭南北各有老式平房两间。

胡仲涵故居

位于市区东关街 306 号、312 号。占地面积 1000 多平方米。2008 年 1 月，被列为市文物保护单位。

始建于民国初年，为银行家胡仲涵住宅。民国年间，胡仲涵在南通开设泰龙钱庄，后在上海中南银行任经理。40 年代末，因病回到东关街 306 号老房子。现遗存各类老屋 50 余间，布局完整。新中国成立前，东关街 306 号正厅及后一进租给陈德培开设西医诊所。1954 年，为公安机关办公使用。东关街 312 号胡氏偏房南部住宅，新中国成立前曾租给中医王孝曾开设中医诊所，后为居民住用。北部住宅为胡氏后人自留房。2008 年，市名城建设有限公司搬迁居民，整体维修后对外开放。

东关街 306 号住宅原为小八字磨砖对缝门楼，旁置汉白玉石鼓一对，门扇厚实，铁皮包镶，钉饰花纹"五福盘寿"。大门下置一尺余高门槛，门楼东连门房一间。入内面南墙壁每块砖面皆经过刨磨加工砌筑，墙面光滑细腻，为扬州老房子中所少见。墙面上原有福祠，后毁，残迹尚存，现修复。磨砖门楼于 90 年代拆毁扩大为现代门饰。大门至福祠墙壁之间为青石板天井。福祠右置一门，磨砖罩面。入内，火巷可直北。福祠左为磨砖对缝仪门，为扬州大户人家住宅传统布局形式之一。

入仪门照厅三间，面南正厅三楹，柏木构架，两旁置厢廊。东廊置耳门通东小天井，入内，南北各置套房一间。厅前大天井青石板铺地，套房内小天井由卵石铺地。东墙有耳门通火巷，门侧贴磨砖罩面。正厅装修已改动，但套房装修依旧古朴，柏木隔扇裙板木雕吉祥花卉、果实、飞禽。宅内墙壁皆置合墙板，上置天花板，扬州人称之"板笼子"，暗红色油漆鲜亮如初。正厅后有屏门。越过正厅，穿过腰门入后进，迎面住宅为明三暗五格局。两厢窗下槛墙磨砖砌筑。天井青石板铺地，前后间距宽敞，采光充足。东厢置耳门通火巷，正房堂屋和前厅堂地面为方砖铺地。卧室为架空木地板，其墙壁和顶层皆施合墙板、天花板。其板暗藏机关，有暗橱、暗壁、暗门，西套房西板壁还暗连两间暗房，暗房西壁有暗门通联东关街 312 号后进住宅东房间。暗房北墙还有一暗门，通北端东西向窄巷。东套房床后亦有小门通此窄巷。巷北置六角小门抵后庭园与面南花厅。

庭院围墙上架设通透花窗。庭院内由条砖围之，卵石铺地，中间铺设圆形

内景

假山水池

"寿"字图案。庭院东置磨砖月门通东火巷。庭院东南角置花台,植少许花木,西南角依墙贴叠湖石假山,山石不多,但与庭院整体格局、占地范围、空间比例协调和谐,其中伸出一块硕大湖石,状似蛟龙探水,惟妙惟肖。下凿曲状鱼池,旁置石栏。

面南高台上的花厅为中西合璧建筑,三面置廊临虚,屋面为单檐歇山式,四面角檐凌空翘飞。厅内门窗取材柳安木材,作西式装修。花厅底层构筑的地下室,面积60余平方米,比汪氏小苑地下室大了许多。其进出口在厅内西间地板下,花厅后有门通后进厨房四间三披,厨房前天井有井一口,井东有门通达东火巷。厨房后有后门,出后门有后院,院西有门至另外一巷道,对面即个园朝东月门。院北与富春花园一矮墙相隔,并可与富春花园相连,通今盐阜路。当年主人建房设置暗橱、暗壁、暗门、暗房、暗地下室、暗窄巷,并使其房与房之间"门套门,门绕门"。住宅东面火巷的东墙上至今还残留门框残迹。

东关街312号是胡氏偏房,面北照厅三间,面南正厅三楹,旁置厢廊,厅前置隔扇,后置屏门。厅后穿腰门,后连住宅三间两厢,共有两进。

棣园(湖南会馆)

位于市区南河下街68号中船重工第723研究所内。市级文物保护单位。

始建于明,数度兴废。清初,属程汉瞻所有,称为小方壶。乾隆年间转归黄阆峰,改名为驻春园。后归洪钤庵,改名小盘洲。清道光二十四年(1844),被包松溪购得,重新整修,始名棣园。"棣园"石额系太子太傅阮元书。江苏巡抚梁章钜曾称:"扬城中园林之美,甲于南中,近多芜废。惟河下包氏棣园,最为完好。"清代画家王素《棣园全图》图册,计有絜兰称寿、沁春汇景、曲沼观鱼、梅馆讨春、鹤轩饲雏、方壶娱景、洛卉依廊、汇书夕校、竹趣携锄、桂堂延月、沧浪意钓、翠馆听禽、眠琴品诗、平台眺雪、芍田迎夏、玲珑拜石等十六景。

同治年间,园为太平军叛将李昭所占。光绪初年,湖南众盐商出资购买此园,改称湖南会馆。新中国成立前,湖南会馆曾先后驻日军、国民党军队。新中国成立初,先驻部队,后为国防科工委第23所使用,旧屋、旧景几乎全部拆除,砌新楼房宿舍,仅剩八字门楼今还在。2008年1月,湖南会馆门楼被列为市文物保护单位。

扬州老房子、老门楼遗存很多,但至今保存最大的、最完整的、最有历史价值的砖雕门楼,首推湖南会馆门楼。门楼呈四砖柱、五幅面、八字形、屏风状、牌楼式,称之为五凤楼的造型。门楼东西横向通面阔18余米,竖立正门楼高近11米。门楼整体展现幅面100余平方米,且整幅墙面全部用清水磨砖精工砌筑。门楼上缀以48幅精雕细琢树木、花卉、人物等砖雕吉祥图案。从门楼顶上看,正楼、次楼、边楼屋檐磨砖飞挑三重叠合形式,底层为仿木作斗

湖南会馆门楼

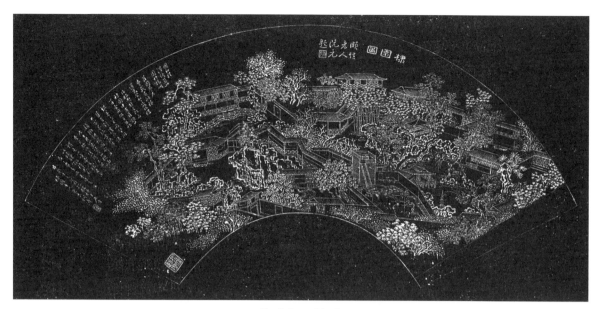

棣园图石刻拓本

拱式,弯曲有度,中层为出檐方椽式,上层为飞椽式,上下重叠有致,出檐深远大气。特别是正楼、次楼翼角飞翘,檐牙高啄,似有凌空欲飞之势,亦衬托门楼具有雄浑台阁气象。磨砖斗拱底下,五层叠加磨砖飞檐,叠加有圆有方,其线脚、圆度层次清晰。正门楼中间较宽一层缀以三幅平浮雕莲花、卷草、拐子锦,绵延不断。正门楼其上匾墙,上端磨砖楞枋中嵌五幅深浮雕图案,正中间一幅雕飞翔蝙蝠咀啄绶带,带结如意,左上角雕双钱叠加,右上角雕八宝中的"方胜",左下角雕花生,右下角雕银锭,并由雕刻绶带缠绕绵亘,谐音吉祥。其左右各两幅又分别雕荷花、牡丹、梅花、菊花,意为一年四季花常开。两侧磨砖砖柱顶端镶挂耳镂雕柿子一对和如意一柄,意为"事事如意"。匾墙樘内嵌磨砖六角锦饰面,寓意"六六大顺"。匾墙樘内四角浮雕角花,从左到右,从上到下,雕四株吉祥树,分别是佛手树、桃子树、李子树、石榴树,意为"多福、多寿、多子、多孙"。匾墙樘内字匾框平浮雕回纹锦连绵,中嵌汉白玉石额,浅刻"湖南会馆"楷书四个大字。此四字为后添加的。匾墙下磨砖楞枋中嵌四幅深浮雕,由树木、人物、城门、山石组成,人物有官员、武将与小童、戏文,惜头皆不存,难辨其意。楞枋下磨砖夹板中雕对称卷草连绵。大门上首楞枋两端平浮雕对称卷草如意(卷草也称香草)。中间一幅深浮雕厅堂三楹,内悬六只灯笼。两旁松树、梧桐,中雕八个人物,细辨应为八仙聚会。虽其中七人的头不存,但尚能从其中一人裙服能断定为何仙姑。楞枋两端下面各深浮雕一幅莲花卷草。大门上雀替平浮雕回纹、花叶为近补,显得生硬粗糙。一对墨漆大门厚实,其门槛又高又厚又重,虽可上下启动,但移动吃力。门旁竖侧一对石鼓为后来添补,原来湖南会馆石鼓是深浮雕狮子盘球,立体感很强的圆石鼓,而不是竖立石鼓。

60年代棣园戏台(选自陈从周《扬州园林》)

《棣园十六景图册》

次楼上端飞檐两侧镶小形博风砖,深浮雕卷叶菊花与旁砖柱上首雕柿、如意相得益彰,其雕工极为精丽,圆婉丰腴,线脚明晰。两次楼上首磨砖楞枋嵌深浮雕各四幅,分别是:梅、兰、竹、菊,寓意四君子;桂花、牡丹、海棠、玉兰,寓意四佳人。两次楼和两边楼腮墙皆嵌磨砖六角锦,整体门楼浑然一色,雍容大度。

湖南会馆南邻南河下街,北至原花园巷,东与原江西会馆相连,西至居士巷。原在居士巷与南河下交接处有砖发拱券圈门,后拆除。湖南会馆大门对面原有一座大照壁,后拆除,但残迹尚存。照壁之南,原来建有湘园。园内有诸多建筑,专供湖南籍乡邦到扬州的穷困人士食宿。会馆内,建有房屋百余间,前宅后园,前面住宅部分有三路。会馆大门楼五开间,楼上下共有十间,今存楼上下八间,过门楼即青石板天井,面南仪门内有正厅,楠木构架,其后还有数进房屋,后拆除改建楼房。今除门楼排房外,均无迹可寻。历史上在大门楼以东还有一个对开的门楼,平时正门楼不常开,东面门楼作为平时进出的大门。进入此门楼有一宽阔火巷,火巷直北抵后花园,巷北头花园门前有一阁楼,敬奉大仙,称为大仙楼。花园内原有戏台,据说曾国藩任两江总督到扬住湖南会馆内,盐商为其祝寿演戏,戏台上悬一联:"后舞前歌,此邦三至;出将入相,当代一人。"曾国藩见此一笑说:"此乃江阴何太史廉舫手笔也。"园内原有花厅、亭、山石、鱼池等,池上有曲桥。巷东还有一座园林。

现在湖南会馆北端原幼儿园的西侧,还遗存当年旧筑一幢,面阔三间,单檐歇山顶,歇山尖上尚存砖雕如意卷草。此旧筑形式上为四面厅,四面有翼角飞翘。除正房三间外,四面置轩廊,为船篷轩式;从结构上看为方厅,柱、椽、石鼓磴皆是方形,楣子雕刻图案也是方形。此厅东侧当存面阔三楹厅堂,高敞轩昂,极考究,用料肥硕。柱径0.4米,大梁0.6米,圆作,构架为圆料回顶式,进深10余米,面阔12米,面积120平方米,前后置宽阔的船篷轩。其厅又连宽阔轩廊,廊轩为鹤胫式,精致大度,极为少见。此廊向东折接北向走廊,在厅前两侧接厢廊,廊道宽敞。

徐宝山住宅

位于市区南河下84号、88号。占地3000余平方米。2008年1月,被列为市文物保护单位。

住宅主人为清末民初军阀徐宝山,后几易其主。新中国成立后,房屋公管,先后办过食堂、整流器厂、美术工场。现为居民住用。

住宅为组群布局,由东、西两路并列组合,中间夹火巷直北贯通前后,相隔左右两路房屋,互相关联。84号为东路住宅,首进原有磨砖门楼一道,门旁立白矾石门枕石一对,惜门楼于1966年被拆卖。当地居委会在原地建三间办公房,即今86号。其后面朝南依壁原有砖雕福祠一座,今残迹尚存。福祠右有火巷直北抵后花园花厅、楼房。福祠左设仪门一道,后改建。入内庭院宽敞。朝东遗存南北向的通透厢廊四间,廊前置木雕海棠如意和合窗扇。窗下槛墙原为板式,现改砌砖墙。厢廊前青石板阶沿石考究,侧面刻两道线脚条并形成束腰状。

庭院内至今散落磉石、井栏及少许山石、花木。庭院北高墙一堵,墙东西两端各置磨砖罩面。六角小门通后庭园,园内原有廊、楼、亭阁及竹林、山石。朝南原有面阔五间两层木楼厅,前置楼栏与廊道。楼廊端部飞檐翘角凌空。楼厅后有空院,后建为住房。

西路住宅即今88号内,前后主房共有七进。分别由门厅、照厅、正厅、楼厅及后连贯住房三进。除门厅四间外,其余布局均为三间两厢式。首进大门与二进仪门磨砖门楼虽残破,但仍显当年健劲雄势。穿过仪门，面南正厅三楹，两旁置廊，厅、廊及厅前庭宽敞，惜部分改建。厅后天井一方，朝南置木楼厅一座，主要梁架取材楠木，用料粗硕，不施油漆，尽显楠木本色，称为楠木楼。楼上东面原有跨火巷骑马楼，与东路朝东楼廊、亭阁相接至朝南五间楼厅。楠木楼后，顺设北廊一道与左右厢廊连接拱卫面南大七架梁住宅一进。

此进住宅屋宇高敞，西房间西侧原置板壁隔成暗室一区，可见当年造屋之用心。一般人将此板壁当成合墙板壁，而不知内藏暗室，今此板壁虽拆，但骨架仍存。其后两进住宅亦很宽敞，制式一致。后一进为徐氏后人自留房，有门通西旗杆巷。房后原亦有空院，后建新房。

许榕楣住宅

位于市区丁家湾 59 号、88 号至 92 号、102 号。占地 4000 多平方米。2008 年 1 月，被列为市文物保护单位。

许榕楣，字云甫，祖籍安徽，清末民国初在扬州经营谦益永盐号、汇昌永钱庄，曾任扬州食商公会会长。其宅名尊德堂，作为食商公会议事之处。日军侵占扬州后，逃难到上海。

许榕楣住宅房屋合计 180 余间，建筑面积 3000 平方米。整体

许榕楣住宅

布局、构架基本完整，面南 4 座门楼皆磨砖砌筑，门框、门内皆铁皮包镶，钉饰纹路一致，门框为回纹景，内扇为棱角景，锈色斑驳。横向连排，五路并列，纵向十三进、五进不等。房屋之间设有火巷四道，直北前后通达，左右相隔，分合自如，外实内静。主房布局三间两厢、明三暗四，前后串楼，疏密有致。组合由厅、廊、堂、室、厢、楼等，主次分明。建筑高度与天井间距比例适宜，采光充足。

从东向西，59 号房屋面北对合两进，六间两厢，原为许氏轿房及轿夫居住。88 号门楼朝南，入内迎面原有精美砖雕丹凤朝阳福祠一座。左折广庭宽敞，西南植老干黄杨一株，苍劲弯恭，宛如迎客。西南抬梁式正厅三楹，东连客座一间，厅堂高敞清雅。厅后穿腰门西南住房两进相连，皆明三暗四组合，堪为静谧。内装修隔扇、窗门、屏门、天花板、合墙板、地板皆一应俱全，方砖地面、青石板庭院皆保存完好。磨砖罩面腰门，砖雕雀替（门上两角端）莲花朵、莲蓬含籽，大柿子、小柿子工巧得度，浑厚有趣，寓意为"连生贵子""事事如意"。正厅隔扇裙板雕香案、香炉、香草、汉瓶、花瓶、花草各异，造型不雷同。隔扇板雕琴、棋、书、画、笔、银锭、如意，寓意"多才多艺""必定如意"。隔扇与窗扇樘内雕灯笼景式，上下雕蝙蝠，左右雕如意，中镶玻璃。整体木装修隔扇、窗扇、楣子显得格调和谐，古朴典雅，保存完好。

丁家湾 90 号原为许氏开设的谦益永盐号。入内有巷直北，巷首东折面南磨砖罩面两门。入内对合两进，六间两厢，面南一进，四面皆置隔扇。其后面北三间，庭院一方。朝南楼宅两进，皆三间两厢布局。前后相连串楼。庭院东首入月门至花厅两间。巷首西折面南正厅三楹，

火巷

前置船篷轩,正间原上悬"尊德堂"匾额(今不存)。其后楼宅两进,格调一致,相连相串。再后为空院,院中水井一口,西折连楼一幢。

丁家湾 92 号入门楼东折,前后客座五进,独立各一间,前置独立小天井一方,小庭院精致静幽,皆有门通西火巷。巷西主房前后四进,面阔皆三间。首进正厅三楹,体量较大,用料较粗。厅后楼宅三进,前后通达,能分能合。

丁家湾 102 号主房前后三进,明三暗四式。

广陵路 250 号为许氏开设汇昌永钱庄,占地约 1500 平方米。原有房屋前后七进,现存六进。旧屋 27 间 24 厢 2 披廊,建筑面积近 1000 平方米。主体建筑保存完整,皆面阔三间。第二进楠木厅体量较大,古朴轩昂,用料肥硕,柱径 0.4 米。厅后楼房前后共三进,平房一进。再后原有花园、角亭,后毁改建。

魏次庚住宅

位于市区永胜街 40 号。占地约 2000 平方米。2008 年 1 月,被列为市文物保护单位。

始建于民国初年,宅园主人为盐商魏次庚。魏次庚为湖南衡阳人,祖辈随曾国藩征剿太平军,后定居扬州业盐致富,汉口有盐仓出租,仪征有田租收入,还在左卫街(今广陵路)打

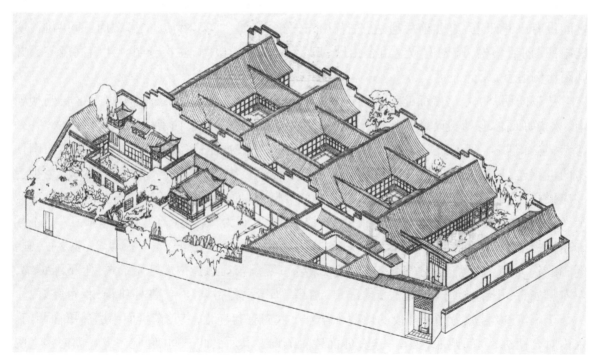

魏次庚住宅轴测图(选自陈从周《扬州园林》)

铜巷斜对面开设古董店。

宅第原有老屋、厅、室、廊、阁及杂屋合计 70 余间,建筑面积 1000 余平方米。占地为不规则的平面。东西向,南端宽不过 26 米,北端宽 41 米,南北之间长约 53 米,房屋占地与庭院小园基本各占一半。布局精当,居者适宜,游观雅致,是扬州中型宅第园林在不规则中求规则、不变中求变的典型实例。宅与园之间设置火巷一道,将平面一分为二,东面住宅布局规整严谨,西面小园因地制宜、布局灵活精巧。新中国成立初,魏氏将宅园卖给政府,一直为扬州图书馆使用,其产权归属扬州图书馆。最后一进居民住用。

魏氏住宅大门坐东朝西,呈小八字形。门楼磨砖砌筑,未缀砖雕,质朴简洁,但见气势。门楼比寻常人家高峻许多,体现以高峻工整见长的特色。铁皮包镶钉饰花饰大门隐显"五福盘寿"吉祥图案。大门旁一对原有白矾石雕琢石鼓久已不存,仅剩残座。

入大门,过天井,即为朝西仪门。门侧一对遗存的白矾石雕琢石鼓至今完好。穿过仪门,即进入魏氏东路主要住宅。此路住宅布局为前厅后宅,共有五进房屋,计有 24 间 14 厢,大小庭院 11 座。总体布局严谨,大中寓小。前首为对合两进厅堂,朝北照厅四间,朝南正厅三楹,旁各置套房一间。两厅之间庭院宽敞,青石板铺成。朝南正厅右接厢房两间,其中一间即为仪门的门堂。厅前左依东墙构花坛一座,植樱桃树一株。树旁点置湖石两块,高低参差。正厅构架抬梁式,前上置轩篷,下置木雕隔扇,后置屏门,屏门后穿腰门即抵住宅。前后有三进住宅相连,格式一致。卧室内墙四周均置合墙板,正间堂屋前置隔扇。后设腰门,使之前后住宅相通,能隔能合。堂屋两旁次间前各接厢房两间,相互对应。槛墙置磨砖六角锦,上置玻璃窗扇。次间旁连套房各一间,套房前置小庭院。庭院虽小,栽花点石,清幽雅静。每进西套房前小庭院有耳门通火巷,穿火巷即抵西花园。火巷为南北向,两侧高墙衬托火巷深幽,火巷前后通达,中间设三道门。巷南首西侧邻门楼杂屋有看门仆人居住,其后为厨房、柴房、小庭院,内置水井一口,白矾石井栏依旧。再后即为花园,花园由一道花墙将园分隔成前后两座小园,前园占三分之二,后园占三分之一。前园中构花厅三楹,单檐歇山,四面绕以回廊,上有四面翘角。此厅旧有郑板桥书"歌吹古扬州"匾额。厅东贴墙披廊一道,有门通火巷。廊南有小阁一座,廊北连花厅北廊,越廊穿过花墙间门,可抵后园船舫的船头部位,船尾接阁一座。此船阁构筑小巧精致,船西又隔花墙一道,将后小园又一分为二。园西面南有月门与前园相通,园西院墙有后门通永胜街。新中国成立后,将此后小园旧筑船舫拆移北门外西园曲水景区,其余旧筑拆移瘦西湖公园内。原有花木山石唯剩黄石数块围之粗实玉兰树一株。

园林专家陈从周考察魏次庚住宅后认为:"这园虽小,而置二大建筑物,尚能宽绰有余,是利用花墙划分得宜,互相得以因借之法,使空间层次增加,也是宅旁余地设计的一种方法。"

诸青山住宅

位于市区国庆路 342—346 号。占地 1000 多平方米。2008 年 1 月,被列为市文物保护单位。

始建于清末民国初,宅第主人为盐商诸青山。诸青山祖籍浙江余姚,清末在扬州盐务四岸公所任职,发家致富后购此宅增建。他还在运司街(国庆路)开设庆馀钱庄。日军侵占扬州时,全家迁至上海。现宅园为诸家后人及居民杂居。

诸宅隐于巷内,可谓闹中取静。巷口朝西,其上原有砖刻阳文楷书"永庆里",后毁。巷

"藏密"石额门   云山式山墙

内数步面南磨砖八字大门即为诸宅。过门堂迎面磨砖仪门,其上匾墙磨砖六角景清丽,原磨砖额枋缀砖雕陈迹仍在。入内,庭院青石板铺地,面南正厅三楹,古朴宏敞,构架大梁与步柱接点独特,为榔头榫式。装修考究,尤以花梨木雕紫竹飞罩为最,镂空雕饰,工艺精美,丝毫无损。飞罩后六扇高大屏门完好如初。穿过屏门面北为抄手步廊,庭院为青石板铺地。面南住宅明三暗四格局,两侧厢房槛墙磨砖龟背纹景细腻完好。堂屋北腰门通后火巷,火巷东西两头各有耳门,东耳门至东密室,西耳门通西小花园。园内原有水池假山,后毁。面东墙上扇面式题额"青云山馆"。

诸宅正厅、正宅、庭院布局规整宽敞,比例均匀,采光充足。厅与宅、廊与厢均有门通客座、套房、小天井,相连另路住宅书斋、闺房、密室、小庭院,使之大中寓小,变化多端,曲折得宜,分合自如。庭院内植花,依壁栽藤,十分清幽。诸宅正房连套房,套房通书房,书房藏密室,大小庭院相通。此套中套、藏中藏的独特布局,正如厅东庭院六角门上石额阴刻行书"藏密"之意。"藏密"两字与汪氏小苑火巷北端门首"藏密"两字应为同一人所书。

厅与宅西也有类似东西套中套的布局。西另一路住宅前后三进,宅北亦有小花园,惜毁。花园面东门上嵌砖额,阴刻行书"馀园"二字,落款为庚午年(1930),扬州篆刻家黄汉侯书。出小花园北折门通探花巷。园东有附房两间两厢,下有地下室,其出口一在门堂边,一在花园内,保存完好。诸宅墙面亦有特色,园墙上架砌花墙,正厅两侧山墙均为云山式,如龙蛇走,十分壮观。宅内隔墙上架多种花样磨砖漏窗,有海棠景、葫芦状、银锭式等,颇有特色。

方尔咸住宅

位于市区引市街31号、31-1号、渡江路44号总门内。占地1600多平方米。2008年1月,被列为市文物保护单位。

方尔咸(1873—1927),字泽山,别号无争,扬州人,清光绪十五年(1889)17岁中举人,曾为两江总督张之洞幕僚,精盐务,推为盐场场董。其兄方尔谦(1872—1936),字地山,精史地、考据,工联语、甲骨文,先后受聘山西大学堂、京师大学堂(北京大学前身)教授文史,曾被袁世凯聘教其子。时称方氏兄弟为"扬州二方"。

宅园始建于清末，现存旧屋 37 间 14 厢，另改建三间三披屋，建筑面积 1100 平方米，大小庭院 13 处及小花园一座，园林后毁。新中国成立初为铁器合作社，后改为红旗铁工厂（阀门厂前身），1958 年公管。现为居民杂居。

大门在引市街 31–1 号，坐西朝东，呈八字屏风状，门楼宽阔，为引市街中最显眼、最讲究的门楼。墙体厚实，砌筑精工，磨砖对缝，缝细如丝。门上磨砖额枋、匾墙镶嵌砖雕，"文化大革命"时泥封至今，保存完好。老宅组群由南北两路并列，中夹火巷。平面布局，排列有序，规整严谨，主次分明，曲折有度。门楼面阔三间，上有阁楼。入内长方形庭院，迎面福祠毁坏，左折朝西穿二门堂（已拆改）至方形庭院。朝西原有门通火巷抵渡江路。右侧花厅两间，花厅面西原有小苑，后毁。

方尔咸住宅

长方形院落内有井一眼，散石数块，其中汉白玉雕石栏杆一块。朝东正厅五间，厅堂高显，构架考究，进深较大，间距亦宽，很有气势。正厅为居民住用，部分空关。厅后为两进朝东木楼互连，明三暗五格局，前后格式一致。楼下木雕隔扇局部尚存，楼上置步廊，楼栏杆木雕卍字式海棠景。楼后有对合各一间宽敞内室。每进房屋正间后檐墙腰门皆置磨砖门罩，腰门前后贯通，能分能合，每进北侧厢房小庭院均有门通火巷。

青溪旧屋

位于市区东圈门 14 号、14–1 号。占地 1000 平方米。2008 年 1 月，被列为市文物保护单位。

青溪旧屋为清嘉庆、道光、咸丰年间扬州经学家刘文淇故居，也是其曾孙、中国近代著名人物刘师培故居。刘文淇（1789—1854），字孟瞻，仪征人，世居扬州，一生经学、校勘学、史地学研究著述成果丰硕。其子刘毓崧（1818—1867），字伯山，治《左传》，编书、校书、著书颇多。其曾孙刘师培（1884—1919），字申叔，号左盦。

刘氏故居始建于清中期，东与张姓私房毗连，南临东圈门街，西至罗总门巷，北抵韦家井巷，由住宅一路与西侧花园并列组成。原有各类房屋 20 余间，建筑面积近 400 平方米。现部分为刘氏后人居住、部分为公管房屋，大部分改建。

青溪旧屋

大门临东圈门街，坐北朝南，门的位置偏东。沿街朝南高墙围垣，为乱砖墙青灰丝缝砌筑。门墙为青整砖立线砖垛青灰丝缝砌筑，不加粉饰，黑漆大门厚实。门下端两侧置尺许方形青石门枕石一对。其门楼、外墙，高峻浑然，凝重庄朴。门楼、门墙在 2000 年东圈门整治改造时，因倾斜而放倒，依原样用原材料、原工艺重砌。

经大门入门堂，迎面原有屏门四扇遮挡内天井，平常只开边侧一扇进出，遇有大事才打开中间屏门进出。

屏门内原有小天井一方，迎面依壁福祠一座。左折向西入内，青石板天井一方。朝北原有对照厅三间，其中亦做过轿房，朝东原有厢房，兼作书房。迎面朝南正厅三楹，为来客接待礼仪之厅。厅前置步廊，廊东、西两端原有八角小门。东小门出，通南北向火巷一道，直北抵韦家井，即韦家井 1 号。西小门入内通西花园。正厅前置木雕隔扇，上置卷棚，厅后步架置六扇屏门，屏门上端悬挂匾额，题书"光照堂"。两旁悬挂匾额，分别是"硕德耆年""重游泮水"。原前面对照厅在 1945 年即倒塌拆除，门楼重修。

穿过厅后中门至后一进住宅，为朝南前带走廊的明三暗四格局。廊东端置小门通火巷，火巷内虽有搭建，但格局依旧。廊西端置小门通西花园。此进住室在抗日战争时期改建。窗门隔扇、天花、地板、合墙板改为近代式样。西侧套房廊间前，可观赏前小天井花墙、花窗、花坛、花木。过此进住室中门后，又天井一方，左右旧式披房各一间，再穿过一道门，即进入最后一进，朝南三间两厢，七架梁式，从构架看仍是清代中期遗构。

花园在住宅西侧，基本呈南北向规整长方形，占地 400 平方米。花园内东南隅原有小八角亭一座。新中国成立初期因失修而毁。花园内西北隅原有小土山，植榆、枫树等。园中间依围墙边旧有小竹林。园南墙有凌霄一株，攀附蔓延墙头。还有柏、桂、柿子、石榴等花木果树。园西北高土台上，植类似琼花或石棉一株，围大干粗。新中国成立后，园林仍完整。"文化大革命"期间，园内花草树木被全部砍掉，砌房造屋，即今东圈门 14-1 号。

青溪旧屋四字，为刘文淇当年自题于门楣之上。日本名学者小泽四郎编《仪征刘孟瞻年谱》云："籍仪征，居邗上名居，云青溪旧屋。"

据刘氏后人回忆，刘师培即出生于厅后一进西套房内，前面书房是刘师培小时候读书学习的地方，花园内角亭是青年刘师培写作著书的地方。

絜园

位于市区新仓巷 37 号，旧时为康山镇仓巷 39 号。占地 2600 多平方米。2008 年 1 月，被列为市文物保护单位。

园主人魏源（1794—1857），字默深，又字墨生，号良图，湖南邵阳人。清思想家、史学家。任兴化知县、高邮知州、两淮盐运史海州分司运判等职，对兴修水利、改革盐政作出贡献。清道光十五年（1835），魏源购建宅第，范围东至公用巷道，西至旗杆巷，南至原长生庵及王姓住房，北至本宅后墙巷道。原有各类房屋 60 余间，总体由住宅、花园两大部分组成。住宅与花园几乎各占二分之一。北为规整住宅部分，南为精巧花园部分，中原有古微堂、秋实轩、古藤书屋诸景。今

魏源像

剩少许残破旧屋与散落的少许湖石假山，可见证当年胜景。魏源住宅与园林于1917年转卖给蔡氏。蔡氏后人又于1951年3月卖给苏北行署。后作为市委党校。现少部分旧屋尚存，大部分改建，花园毁，为居民住用。

花厅山墙

　　大门朝东，比寻常人家宽阔许多，磨砖大八字门墙做工精细，对面置一字形照壁一座。进入魏氏宅第，有并列建筑东、中、西三路。东路首进朝东五间，中间为大门堂，左右为各两间门房。门房西，朝南朝北各接厢房一间，为五间两厢格局，中间天井一方。南面厢房后檐外墙接花园内走廊。北面厢房后檐天井一方。朝西厨房两间，朝北连柴房一间，天井西南北向短巷一条，这就是第二进。再后大天井一方，即是第三进朝南住房三间，后面北接东、西厢房各一间，小天井一方，即三间两厢。

　　穿过大门楼西向天井过道，朝东有磨砖仪门一座，入门披檐式走廊朝西三间，对面朝东亦置对称走廊三间。中间大天井一方。首进朝南正厅三楹，前置走廊，与左右走廊相接。厅前走廊东西两端各置角门一座，入内分别有小天井一方，朝南各置套房一间，隔成明三暗五式。厅堂屏门后原有六扇隔扇，其后长形天井一方，朝南腰门一道，入内朝北披屋三间，称之对照房。再后天井一大方，朝南住房五间两厢，亦是明三暗五式，这是第三进。再后为空院一方。

　　过中路大厅西廊朝西两门一道、走廊一厦、天井一方，朝南抱厦三间。今抱厦朝南歇山尖上仍遗存当年"鲤鱼跳龙门"等砖雕残迹。室内还遗存部分木雕窗门隔扇。抱厦中间一间后檐小天井一方，左右两间前亦有小天井一方。抱厦南原有两翻轩式船厅三间，披屋一间及前空地、原屋花园部分。

　　魏氏花园称为絜园。原花园内以鱼池坐中，池北朝南置花厅，四面临虚，卵石铺就曲径环绕，西侧临荷池一方，四周缀以湖石、黄石假山，池中有石桥，西有石径，南池边置石桌、石凳。池东南隅置斗室、附房，西南隅筑亭阁及竹林。园内原植有许多花草树木。"文化大革命"期间，絜园景点、鱼池、假山、亭阁花木等尽毁，改作防空洞。

　　魏源交游甚广，与龚自珍关系最为密切。据民国《江都县志》记载："絜园，邵阳魏明府源寓庐，在钞关门内仓巷，有古微堂、秋实轩、古藤书屋诸胜。道光间，合肥龚舍人自珍至扬州馆园中，龚无靴，假于魏，魏足大而龚小，一日客至，剧谈大笑，龚跳踞案头，舞蹈乐甚。洎送客，靴竟不知所之，后觅得于帐顶。当双靴飞去，龚不觉，客亦未见。名士风流，至今传为佳话。"

第三节　寺观园林

大明寺

位于市区平山堂东路8号。占地约30公顷。2006年5月，被国务院公布为全国重点文物保护单位。

分为左、中、右三部分区域。南北中轴线上有牌楼、山门殿兼天王殿、大雄宝殿。大殿庭院东西各有"文章奥区"与"仙人旧馆"两门相对，出两门便是东西两园，夹山寺而立。东园内也分为左、中、右三个区域，各成体系。南北中轴线偏东的左区域为鉴真纪念堂建筑群，中间是平远楼和藏经楼，再向东延伸便是塔区。塔区以栖灵塔为中心，顺时针排列着弘佛亭、卧佛殿、药草园、钟楼、鼓楼。西园分建筑与园林两个区域。紧贴大雄宝殿西首的是平山堂区，由南至北依次排列着平山堂、谷林堂、欧阳祠。再向西向下延伸至水边，便为西园区。绕水而立有乾隆御碑亭、待月亭、第五泉、美泉亭、天下第五泉、康熙御碑亭、鹤冢、听石山房等名胜。2003年3月，大明寺筹办鉴真佛教学院。2011年3月，国家宗教局批复设立鉴真佛教学院。

寺庙区

始建于南北朝刘宋大明年间（457—464）。隋仁寿元年（601），寺内建栖灵塔，又称栖灵寺。唐末，吴王杨行密重修殿宇，命名为秤平寺。宋真宗景德元年（1004），僧人可政化缘募捐，

集资建七级多宝佛塔，宋真宗赐名"普惠"。明天顺年间（1457—1464），僧人沧溟福智禅师重建大明寺。后经正德、嘉靖、隆庆三朝，寺院失修荒废。其间有光禄署丞火文津复兴大明寺。明万历年间（1573—1619），扬州知府吴秀重建大明寺。崇祯十二年（1639），盐漕御史杨仁愿再度重建寺庙。清顺治十四年（1657），扬州人赵有成联合僧佛生、佛霭以及本地士绅，请扬州知府傅哲祥发书，延请焦山寺住持僧受宗旨复兴大明寺。清代盐商商总汪应庚为复兴寺院出力颇多。乾隆三十年（1765），乾隆题书"敕题法净寺"。咸丰三年（1853），寺毁于兵燹。同治九年（1870），两淮盐运使方濬颐重建寺庙。1934 年，国民党中央执行委员王柏龄（字茂如）一度重修寺庙未成。1944 年，住持昌泉禅师与游客程帧祥募集资金，全面修茸法净寺，历经三年完工。

新中国成立后，法净寺得到保护和修缮。1951 年，修缮法净寺。1957 年 8 月，法净寺被列为省文物保护单位。1963 年，为迎接纪念唐代大和尚鉴真圆寂 1200 周年盛会，寺庙整体修缮。1966 年，红卫兵"破四旧"，要砸烂寺庙佛像。由于周恩来总理的关心以及扬州地方政府采取封闭庙宇的措施，法净寺才成为扬州城唯一佛像未被捣毁的寺院。1973 年，鉴真纪念堂建成。1979 年 3 月，省政府拨款对寺庙全面维修。1980 年 4 月，法净寺复名为大明寺。1985 年 4 月，福缘寺的藏经楼被移建至大明寺内。1988 年，大明寺住持瑞祥法师在东园内重建栖灵塔，立奠基石。1995 年底，栖灵塔建成。2012 年，全面启动修缮与提升工程。大雄宝殿揭顶大修，改造提升西花园景观，修缮平山堂、欧阳祠、鉴真纪念堂、楠木厅。开建东花园景区，建造戒台，对平远楼、栖灵塔、钟鼓楼、卧佛殿等维修改造。

沿百级台阶御道，便见一个三面陡坡、拔地凌空的旷地。大明寺山门立其上。山门前耸峙着一座牌楼，四柱三楹，下礅石础，仰如华盖。中门之上刻有篆书"栖灵遗址"四字额，纪

牌楼

念昔日栖灵塔和古栖灵寺。因为此地曾归属大仪乡丰乐区，所以石额背面相应刻着"丰乐名区"四字匾。牌楼为明代火文津复兴寺院时所建。1915年，两淮都转盐运使姚煜重修，石额上两幅篆书为姚煜手书。牌楼前两只青石狮原是乾隆年间重宁寺的遗物，1961年被移置此处。山门两侧院墙上对称地各嵌有一方字大如斗、笔力遒劲的五字楷书横碑。东侧横碑立于雍正年间，为清初书法家蒋衡所书

法净寺(选自《南巡盛典》)

"淮东第一观"，出自宋代秦观所作的《次子由平山堂韵》中"游人若论登临美，须作淮东第一观"的诗句。西侧横碑上刻有清代雍乾年间书法家王澍的手笔"天下第五泉"。

　　牌楼后为山门殿正门。石额上"大明寺"三字是赵朴初从隋朝《龙藏寺碑》中集字而成，古风洋溢。大明寺山门殿与天王殿共用一殿。山门殿北为大雄宝殿。大殿坐北朝南，面阔三间，带回廊，三重檐歇山顶，灰瓦屋面，镂空花脊，前后附加硬山披廊，庄严肃穆。

　　大明寺主体建筑依山势由低而高逐渐登升，反映出中国寺院建筑的典型特点。新中国成立后，寺院陆续增建鉴真纪念馆、藏经楼、卧佛殿、栖灵塔、钟鼓楼诸建筑，虽偏离中轴线，但位置合理，与主体建筑呼应。

　　鉴真纪念堂建筑群在大明寺南北中轴线的偏东位置，大雄宝殿后身。它包括陈列室、门厅、碑亭、正殿四部分，同样形成一个南北中轴线的建筑群体。纪念堂由建筑学家梁思成主持方案设计，草创于1963年，1973年11月建成，保持唐代寺庙建筑的艺术风格，是国内罕见的建筑精品。2004年，被国家列为经典建筑。

　　由鉴真纪念堂碑亭前小道东行，有下山坡道，坡尽头进入东园。东园内前有平远楼，后有藏经楼。1985年复建的藏经楼坐落于"华藏世界"小院之中。清代汪应庚在寺东建造的藏经楼，咸丰年间毁于兵火。今藏经楼是将福缘寺中残存的七楹藏经楼拆迁移至此改建而成。楼外轩阔疏廊，楼前筑有月台，围以石栏，两侧砌有石阶。二楼檐下悬赵朴初题写的"藏经楼"匾额。

鉴真纪念堂

藏经楼南为平远楼,高三层,阔三间,单檐歇山顶。楼下前置卷棚廊,矮寺一层;二楼槛窗横陈,与寺持平;三楼正中悬"平远楼"匾额,高寺一层。此楼初建于清雍正十年(1732),由汪应庚建,称为平楼。后其孙汪立德等增高为三层。咸丰年间,楼毁于兵火,同治年间,方濬颐重建,增题"平远楼"额。楼前为宽敞幽静的庭院,东侧尚存"印心石屋"四字横碑,是道光题赠两江总督兼两淮盐政陶澍之物。

南隅有古琼花一株,距今逾 300 年,为康熙年间大明寺住持道宏禅师亲手所植,依然茎叶繁茂。

塔区

隋文帝仁寿元年(601),大明寺内建栖灵塔,塔高九层,雄踞蜀冈,塔内供奉佛骨,被誉为隋文帝所建舍利塔中尤为峻峭的一座。隋唐时期,栖灵塔是扬州主要胜迹,诗人李白、高适、刘长卿、刘禹锡、白居易等均曾登临栖灵塔,赋诗赞颂。唐会昌三年(843),栖灵塔遭火焚。宋景德年间,僧人可政募缘集财在原地建七级佛塔,不久倒塌。1980 年,鉴真大师塑像回扬"探亲",各界人士倡议重建栖灵塔。

1988 年,大明寺方丈瑞祥法师在该寺东园选址建塔并立奠基石。1995 年 12 月竣工。该塔为仿木构楼阁式,主体结构为钢筋混凝土,内部木结构楼阁式,总建筑面积 1865 平方米。塔身方形,共九层,置于 2.5 米高的承台之上,塔下设地宫。东西南北每面四柱三间,一门二窗,平座与屋檐由斗拱支撑。塔高各层不一,包括地宫在内总高度 73 米。2015 年 4 月,完成大明寺栖灵塔观光电梯改造工程。

栖灵塔

平山堂区

大明寺西侧有八角形门洞,上嵌"仙人旧馆"砖额,为清光绪年间住持星悟禅师所题。取自唐代王勃《滕王阁序》诗句"俨骖騑于上路,访风景于崇阿;临帝子之长洲,得仙人之旧馆"。仙人旧馆由平山堂、谷林堂、欧阳文忠公祠组成。

平山堂为时任扬州知州欧阳修所建。宋庆历八年(1048),他在蜀冈中峰、大明寺西侧构建山堂,作为讲学、游宴之所,并在堂前亲植柳树。因在堂前可远望江南诸山,故名平山堂。宋嘉祐八年(1063),平山堂废,直史馆丹阳刁约复修。宋绍兴末年(1162),平山堂圮。隆兴元年(1163),周淙复修。宋淳熙年间(1174—1189),赵子濛加修,郑兴裔又"创而大之"。开禧年间(1205—1207),平山堂圮。嘉定三年(1210),赵师石复修。宝庆年间(1225—1227),史岩之加修。元明两代,平山堂兴废不详。元代,季孝元诗有"蜀冈有堂已改作"句,舒岫诗

平山堂

有"堂废山空人不见"句。明万历年间（1573—1620），吴秀任扬州知府期间修复平山堂。清康熙十二年（1673），金镇、汪懋麟修复平山堂。乾隆元年（1736），汪应庚重建平山堂。清咸丰年间，平山堂毁于兵火。同治元年（1862），方濬颐重修。1915年，盐运使姚煜重修平山堂。新中国成立后，于1951年、1953年、1979年、1997年进行大修。

平山堂面南而建，五楹，七架梁，硬山屋顶。西南设卷棚，北有短廊与谷林堂相接。堂北檐下悬林肇元所题"远山来与此堂平"匾额。平山堂中楹上方悬方濬颐所题"平山堂"三字匾。两侧悬朱公纯撰联："晓起凭栏，六代青山都到眼；晚来对酒，二分明月正当头。"两联中间可透过玻璃方窗看到谷林堂。中联上方西、东两侧分别悬挂刘坤一题"风流宛在"匾和马福样题"坐花载月"匾。

平山堂南有庭院，为清时行春台遗址。行春台，北宋刁约始建。清康熙十二年（1673），汪懋麟、金镇仿其制重建，"堂前高台数十尺，树梧桐数本"。其后，汪应庚重加修葺。现植有紫藤、琼花、棕榈、侧柏、怪柳、瓜子黄杨、蜡梅、紫薇、阔叶十大功劳等，并补栽"欧公柳"。庭院南有古石栏。栏外植有桂花、淡竹、棕榈、青桐、桦树、枇杷等。

谷林堂位于平山堂之北。宋元祐七年（1092），苏轼由颍州徙知扬州，为纪念恩师欧阳修而建此堂，取自己诗句"深谷下窈窕，高林合扶疏"中的"谷""林"二字为堂名。苏轼（1037—1101），字子瞻，眉山（今属四川）人，出自欧阳修门下。他在欧阳修担任扬州知州后，曾经三过扬州。元丰二年（1079），苏轼第三次经过扬州并稍作逗留，作《西江月·平山堂》："三过平山堂下，半生弹指声中。十年不见老仙翁，壁上龙蛇飞动。　欲吊文章太守，仍歌杨柳春风。休言万事转头空，未转头时皆梦。"后人将这首词刻石，嵌于堂前西侧廊壁上。

元祐六年（1091），苏轼上任扬州知州后，公事之余，常常到平山堂诗酒流连。为纪念欧公，他兴建谷林堂，作《谷林堂》诗一首："深谷下窈窕，高林合扶疏。美哉新堂成，及此秋风初。我来适过雨，物至如娱予。稚竹真可人，霜节已专车。老槐若无赖，风花欲填渠。山鸦争呼号，溪蝉独清虚。寄怀劳生外，得句幽梦余。古今正自同，岁月何必书。"谷林堂原在大雄宝殿后，宋后久废。清同治九年（1870），盐运使方濬颐在真赏楼旧址重建。新中国成立后，多次维修。

谷林堂面南而建，五楹，七架梁，面南设廊和栏杆，硬山屋顶，东与大雄宝殿毗连。堂中上方悬集自苏轼"谷林堂"三字匾，中堂原为方濬颐所书"遗址在栖灵，稚竹老槐，风景模糊今异昔；开轩借真赏，焚香酹酒，仙踪苍止弟从师"联，曾散轶，今补出。

谷林堂面南东、西两侧分别各设一个长方形花坛，植有蜡梅、天竺、麦冬、虎耳草等植物。花坛旁植有圆柏4株，其中1株为古树名木，树龄120年。谷林堂两山墙下有黄石花坛，内植斑竹等。

谷林堂

谷林堂再往北便是欧阳祠，又名欧阳文忠公祠、六一祠。欧阳修晚年号六一居士，其作品《六一居士传》中写到："客有问曰：'六一，何谓也？'居士曰：'吾家藏书一万卷，集录三代以来金石遗文一千卷，有琴一张，有棋一局，而常置酒一壶。'客曰：'是为五一尔，奈何？'居士曰：'以吾一翁，老于此五物之间，是岂不为六一乎？'"

为纪念欧阳修知扬州之德政，扬州人当时建生祠于旧城，岁久祠废，后移祀平山堂。清乾隆五十八年（1793），两淮盐运使曾燠按滁州欧阳修像拓本，刻石嵌于平山堂壁间。咸丰年间，平山堂毁于兵火。光绪五年（1879），两淮盐运使欧阳正墉在谷林堂北建欧阳祠。1953年、1963年，两度维修。1974年春大修，1997年进行修缮。

欧阳祠面南而建，五楹，九架梁，方梁方柱，单檐歇山顶，室内北侧两边设落地罩槅，东、南、西、北四面设卷棚，并有正方形廊柱24根。欧阳祠规模宏巨，体量高大。中槅上悬武中奇书"六一宗风"匾，两旁悬清薛时雨原题李圣和书联："遗构溯欧阳，

欧阳祠

公为文章道德之宗,侑客传花,也自徜徉诗酒;名区冠淮海,我从丰乐醉翁而至,携云载鹤,更教旷览江山。"中枢北墙面南的墙壁上,嵌有光绪五年(1879)九月欧阳修裔孙、江苏候补道欧阳炳按临摹于滁州醉翁亭之清宫内府藏本所刻的欧公石刻像,像的上部有欧阳正墉临摹乾隆十七年(1752)初夏乾隆为欧阳修画像所题御书像赞。像的左侧下方刻有"光绪己卯秋九月裔孙欧阳炳敬摹邗江朱静斋镌"。欧阳修石刻像与题书均由邗江石工朱静斋勒石,刀工精致,石像传神,加之石面稍凹,造成光线折射,远看为白胡须,近看为黑胡须,且观者从任何角度看,石刻像的脸、眼、足始终正对观者,世称神品。

欧阳文宗公祠东南侧圆门可通鉴真纪念堂,西南侧圆门则通往西园。

西苑区

西苑亦称御苑、芳圃、西园,位于平山堂西侧蜀冈之上。初建于清雍正年间,后为迎接乾隆南巡陆续修建。乾隆二年(1737),汪应庚购地数十亩扩建芳圃。至乾隆十六年(1751),乾隆首次到扬时,西苑初具规模。乾隆数度南巡,御苑日臻完善。清咸丰年间,毁于兵火。同治年间,两淮盐运使方濬颐重修。清末修缮。1942年,王振世撰写《扬州览胜录》时,西苑"惟余古木藤萝,荒池怪石,使怀古者增无穷感喟。"

据《平山堂图志》记载:"园在蜀冈高处,而池水沦涟,广逾数十亩。池四面皆冈阜,遍植松、杉、榆、柳、海桐、鸭脚之属。蔓以藤萝,带以梅竹。夭桃文杏,相间映发。池之北为北楼,

楼左为御碑亭。内供圣祖书唐人绝句、我皇上御书诸碑刻。楼前东南数十步为瀑突泉,高可丈余,如惊涛飞雪,观者目眩。楼西,度板桥,由小亭下,循山麓而南。又东,有屋如画舫浮池上,遥与北楼对。舫前为长桥数折,以达于水亭。亭在池中,建以覆井。井即应庚浚池所得。谓即古之第五泉者也。亭前兀起,为荷厅,筑石梁以通往来。舫后南缘石磴,循曲廊东转,缘山而下,临池为曲室数楹,修廊小阁,别具幽邃之致。阁东复缘山循池而东,山上有小亭,过其下,折而北,穿石洞出,明徐九皋书'第五泉'三字刻石在洞中。洞上为观瀑亭,亭后又北,为梅厅,西向,厅前列置奇石,石上有泉,即明释沧溟所得井,金坛王澍书'天下第五泉',五字刻于石。泉以南数步,又一瀑突泉与厅对。园中瀑突泉二,以拟济南泉林之胜,无多让焉。泉北逾山径,由石磴延缘而上,东至于平山堂。"

新中国成立后,西苑进行三次大修。1951年,政府拨款维修大明寺,同时整理西苑。1963年,在井亭上复建美泉亭,亭旁叠山,上嵌王澍题"第五泉"石额;维修康熙碑亭、乾隆碑亭、待月亭;同时收集园内散乱黄石,在康熙御碑亭西侧临水处,由扬州叠石世家王老七(王再云)维修黄石假山,整理沿池黄石池岸小品。从市区壶园移建船厅至池中汀屿。1979年,在园内水池南岸临水处迁建市区辛园的柏木厅三楹,在水池西北阜上迁建市区南来观音庵的楠木厅三楹,在水池西侧埠上新建方亭一座,同时切除美泉亭通往听石山房(柏木厅)池埂,增高康熙碑亭西侧临水处的黄石假山,在待月亭东侧叠山筑洞,开辟环园石径。此后经多次修缮后,西苑臻于完善。

大明寺西园

西苑占地数十亩，四周丘陵起伏，层峦叠翠，开阔粗犷，远视如深山大峰；与东侧雄壮的大明寺、栖灵塔交相呼应。园中凹陷若釜，一池清泓，碧波沦涟，为一旁恬淡的平山堂增添一丝秀气。池北有砖舫，浮现水际，小轩隐现；池东黄石假山拔地而起，中空外奇，外部森严石壁，似不可攀跻，内部空透异幻，洞壑磴道各抱险势。园内建筑依山傍水，因势嵌缀，错落有致。顺时针有乾隆御碑亭、待月亭、第五泉、美泉亭、天下第五泉、康熙御碑亭、鹤冢、听石山房、楠木厅等名胜古迹。加之鸟鸣不绝，水流潺潺，立其中顿觉襟怀爽畅。

北丘之上有一座三开间的楠木厅，为清初建筑，1979年从城区南来观音庵迁来。1993年秋，立石涛墓塔于楠木厅北侧，同时，立莲溪法师、能勤法师、瑞祥法师墓塔于其旁。2011年，以楠木厅为主体，建成石涛纪念园。从楠木厅前沿石径蜿蜒东去，经过一片茂密的树林，复由石阶登亭，又到满月门。

天宁寺

位于市区丰乐上街3号。占地1.19公顷，建筑面积5000多平方米。1982年3月，被列为省文物保护单位。

天宁街对面护城河北岸，相传为东晋太傅谢安别墅。东晋太元十年（385），谢安镇广陵时居此处。其子司空谢琰舍宅为寺，初名谢司空寺，后易名兴严寺。唐证圣元年（695），以年号为名，在此建证圣寺。广明二年（881），改名正胜寺。北宋真宗大中祥符五年（1012），又改名兴教院。宋政和二年（1112），全国重要州府均建天宁寺，宋徽宗赐兴教院为天宁禅寺。南宋

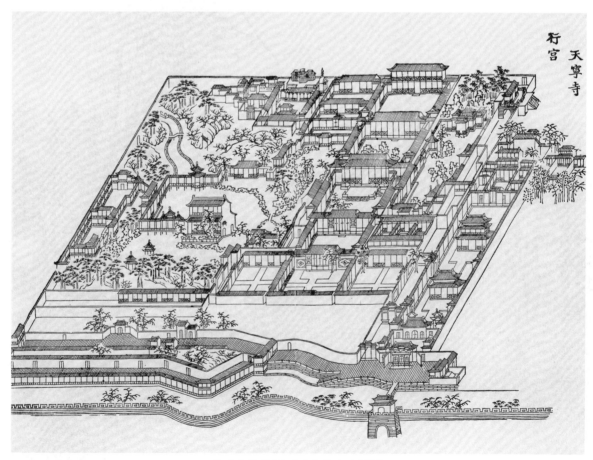

天宁寺行宫（选自《广陵名胜图》）

绍兴十三年（1143），改名报恩光孝寺。元末寺毁。明洪武十五年（1382）重建，仍称天宁禅寺，香火鼎盛，堪称"淮南第一禅林"。寺院历经正统、天顺、成化、嘉靖间修葺。

清代康熙、乾隆年间达到极盛。康熙六次游历扬州，驻跸天宁寺，先后赐给天宁寺"萧闲""皓月禅心""寄怀兰竹""般若妙源""净因"匾额和"禅心澄水月，法鼓聚鱼龙""珠林春日永，碧溆好风多"两副楹联。康熙还授命两淮巡盐御史曹寅在寺内设立扬州诗局，主持刊刻《全唐诗》，纂修《佩文韵府》。天宁寺西园下院为枝上村，南构弹指阁三楹。枝上村西为马氏兄弟行庵。行庵西为张四科、陆钟辉别墅让圃，曾在此举办"邗江雅集"。清乾隆二十年（1755），为迎接乾隆游历，扬州盐商于天宁寺西侧建行宫、御花园，寺前建御马头。乾隆二十二年（1757），乾隆第二次游历时颁赐"江南诸寺之冠"。

清高翔《弹指阁》图

清李斗《扬州画舫录》记载："天宁寺右建大宫门，门前建牌楼，下甃白玉石，围石阑杆。甬道上大宫门、二宫门、前殿、寝殿、右宫门、戏台、前殿、垂花门、寝殿、西殿、内殿、御花园。门前左右朝房及茶膳房，两边为护卫房，最后为后门，通重宁寺。御赐扁二，为大观堂、静吟轩。联六，为'窗意延山趣，春工叠物情'一；'树将暖旭轻笼牖，花与香风并入帘'二；'丽日和风春淡荡，花香鸟语物昭苏'三；'钧陶锦绣化工叠，松竹笙簧仙籁谐'四；'成阴乔木天然爽，过雨闲花自在香'五；'窗虚会爽籁，坐静接朝岚'六。玉井绮阑，铅砌银光，交疏对罍，云石龙础，莫可弹究。"

行宫御花园中，有大观堂、文汇阁。文汇阁建于乾隆四十五年（1780），又名御书楼，是清代七大藏书阁之一，颁贮《古今图书集成》及《四库全书》全帙。咸丰四年（1854），天宁寺及其行宫毁于战火，文汇阁及其藏书荡然无存。

同治四年（1865），两淮盐运使方濬颐重建天宁寺。光绪七年（1881），复建藏经楼。光绪十七年（1891），寺内建御碑亭两座，寺外建牌楼，规模壮丽。宣统三年（1911），建华严阁两层，寺院规模逐渐恢复。

抗日战争期间，天宁寺为日军所占。抗战胜利后，寺院成为国民党兵营，寺院建筑遭到破坏。新中国成立后，天宁寺有寺房百多间，住僧百余名。在寺内开办军区干部学校，拆除牌楼、御碑亭，改建钟鼓楼、藏经楼等。1955年后，部队迁出，寺内改办扬州专区文艺学校，设立社会主义教育展览馆直至1959年。后又改造殿房，设扬州专署第二招待所。至70年代末，天宁寺面目全非。1984年初至1987年10月，国家和省、市政府累计拨款140余万元重修天宁寺。1988年10月，扬州博物馆从史公祠迁入天宁寺内。2005年，扬州博物馆迁出。2007年，天宁寺内万佛殿（藏经楼）修复工程开工。2008年，在天宁寺内建成国内建筑面积最大、信

天宁寺全景

息传播最全面、展示方法最新颖的中国扬州佛教文化博物馆。2014年，万佛殿入藏商务印书馆出版的原色原样仿制版《四库全书》（文津阁本）。

现天宁寺建筑群前后五进，寺门朝南，门开五洞，正门上端嵌砌"敕赐天宁禅寺"石额，山门殿前坐两只石狮。三门殿第二道门为偏门，寺内筑东、西甬道各一条，长约百米。另有数十间庑廊和十多个配殿，素有"一庙五门天下少，两廊十殿世间稀"之说。东廊中有客堂、斋堂。第二进是天王殿。第三进是大雄宝殿。第四进是二层华严宝阁，即译《华严经》处，系清宣统三年（1911）寺僧愚谷重建。阁前原有铁塔一座，后运往北京皇宫。阁后是七楹三层的藏经楼，规模宏大，又称为"万佛楼"，为扬州佛教寺院第一崇楼。藏经楼旁有两小殿，东边原为方丈室，首进两间客厅，客厅东北有僧楼两座，东西并列。庭前花木幽深，饶有山林逸趣。

清代，大画家石涛以及"扬州八怪"中的郑板桥、金农、李鱓等人，均曾客居天宁寺内。

观音禅寺

位于市区平山堂路18号。2008年1月，被列为市文物保护单位。

观音禅寺是扬州山寺的代表，位于蜀冈东峰之上，与大明寺隔壑相望。宋人在山上建楼，因其地势高耸，称之为"摘星楼"。元代，僧人申律在此开山建庵。明洪武十二年（1379），僧人惠整等募建天王、观音二殿，名为功德山，又名功德林。此后，僧人善缘建山门，额曰"云林"。明末清初，因寺中主供观音菩萨，遂改名为观

山门

观音山(选自《平山堂图志》)

音禅寺,山名也改为观音山。清乾隆六年(1741),盐商商总、光禄寺少卿汪应庚捐以万金修葺。乾隆三十年(1765),乾隆游历该寺,题"功德林""天池"二匾,楹联"渌水入澄照,青山犹古姿"以及"峻拔为主"四字。咸丰年间,观音禅寺毁于兵燹。同治九年(1870),两淮盐运使方濬颐复修山寺。光绪年间,寺院又被大火所毁。后由僧人润之、至岸等募化重建,历时十余年。

新中国成立后,1951年、1963年,两次维修观音禅寺。"文化大革命"期间,寺空僧散。1968年,市"五七"干校进驻寺院。1969年,大殿内佛像全部拆毁,作为礼堂。1979—1980年,大修,筹建扬州唐城遗址文物保管所,布置扬州唐代文物陈列展,对外开放。后又在此创办国家文物局华东文物干部培训班。1984年,寺院交还宗教部门,恢复观音山禅寺。美籍华人李长科还愿捐资,方丈如皓主持,重修庙宇,再塑佛像。

观音禅寺坐北朝南,依山而筑,建筑高低错落,寺因山而倍显巍峨,山因寺而独具灵气。山南麓建有八字墙拱门,门前一对石狮子,门上题额,南为"观音山",北为"功德林"。沿着砖铺的山道向东北方向登山,坡路两边砌有砖墙,高可半人。山腰有山门殿三间,上刻"观音禅寺"石额一方,殿内塑有哼哈二将。过山门,迎面红墙上嵌横立碑石,镌刻楷书"名山胜景"四字,上下落款分别为"大清同治九年岁次庚午仲冬月""钦加布政使衔两淮盐运使方重建"。向左拾阶而上,有一满月门,门上刻"第一灵山",再步行数米,便上山巅,山巅前为天王殿三间。殿前有宽敞平台石栏。石栏外有一焚香池,供香客向庙外诸神敬香,称为"梵天香海"。殿东侧墙上王柏龄所题"钟楼"二字。殿西侧有一小堂。

寺中布局与旧时记载的有所不

鉴楼

同。天王殿正中设佛龛，前供弥勒佛，后为护法韦驮，两旁列四大天王。过天井为圆通宝殿，面阔五间，重檐花脊。殿前有宝鼎，镌"观音山摘星寺"及"千佛宝鼎"字样。大殿东侧配殿为伽蓝殿和地藏殿。大殿背后是大悲楼（即藏经楼），共两层。楼下为般若堂，是宣讲佛法之所。大悲楼西侧有一小院，院内东侧有一座两层的香光阁，面南有一座供奉华严三圣的普光明殿。院西有一角门，下行数阶，便是讲堂和斋堂，斋堂后有一门，出门可见一汪池塘，是当年乾隆作《题天池》五律一首赞誉的"天池"。

地藏殿内有一小门，上嵌"净居地"石额。此门通往鉴楼。相传观音山为隋炀帝所建"迷楼"旧址。为警戒后人，改迷楼为鉴楼。

仙鹤寺

位于市区南门街 111 号。占地 1740 平方米，建筑面积 690 平方米。1995 年 4 月，被列为省文物保护单位。

始建于南宋德祐元年（1275），由西域人普哈丁募款创建，因附近建有清白流芳的石牌坊，又称为清白流芳大寺。明洪武二十三年（1390），哈三重建。嘉靖二年（1523），商人马宗道与寺住持哈铭重修。清乾隆年间（1736—1795），大规模重修。新中国成立后，先后由幼幼小学、市清真寺民主管理委员会、市人民委员会、市体委、扬州搪瓷厂等部门和单位使用管理。1962 年 5 月，被列为市级文物保护单位。1979 年，由市政府拨款 20 万元将其中居民于 1980 年上半年迁出。1981 年，由市民族宗教部门管理组开展整修工程，修缮礼拜殿、水房、门房、厅房等，1982 年国庆节前竣工。1986 年以后又局部修缮。仙鹤寺现为伊斯兰教活动场所，由市伊斯兰教协会管理。

仙鹤寺大门

仙鹤寺整体呈南北走向，寺门朝东，寺院整体以仙鹤的形体布局、建造，其中寺门为鹤头，南北两井为鹤眼，寺门至大殿的甬道为鹤颈，大殿为鹤身，南北两厅为鹤翅，院中两株柏树为鹤足，大殿后临河的一片竹林为鹤尾。

寺院现存主要文物建筑包括门厅、礼拜殿、望月亭、诚信堂，以及古井、石刻等附属文物，还有水房、附房、客座等附属服务建筑。院内存宋代银杏一株，有 800 多年树龄。

门厅坐西朝东，单檐硬山顶，面阔一间，宽 3.5 米。礼拜殿坐西朝东，分前后两殿，均为乾隆时重建的硬山式砖木结构建筑。前殿面阔五间 17.9 米，进深三间 9.25 米，高 8.2 米，为单檐硬山顶，前带卷棚轩廊，廊深 2.8 米；后殿为重檐硬山顶，即为窑殿所在，面阔五间 17.1 米，进深一间 5.9 米，中间采用勾连搭式结构连接。大殿南侧山墙外建有一座歇山顶望

仙鹤寺内景

月亭，系明代所建。望月亭对面院南建有一座坐北朝南的三间七架梁楠木厅，名为"诚信堂"，均为明代建筑。诚信堂又称为"老厅"，是讲经、议事、接待重要客人的场所，面阔三间，进深四间，硬山顶，建筑面积90平方米。诚信堂南面的院落有一口古井，旁设花坛。

仙鹤寺与泉州清净寺（又名麒麟寺、圣友寺）、广州怀圣寺（又名光塔寺、狮子寺）、杭州真教寺（又名凤凰寺）并称为中国伊斯兰教东南沿海四大名寺。

高旻寺

位于市区南郊古运河与仪扬河交汇处的三汊河口。1962年5月，被列为市文物保护单位。

清顺治八年（1651），南河漕运总督吴惟华在此兴建一座七层宝塔，称为天中塔，希望以此塔镇锁风水，纾解水患，指引航向。四年后天中塔建成。塔成后，在塔的左营增建三进梵宇，称作"塔庙"，召来僧人侍奉香火，塔庙即为高旻寺的前身。乾隆三十七年（1772），高旻寺住持昭月法师的《天中塔记》中详细记载这段历史："扬州城南茱萸湾高旻寺，本曰塔庙，始于顺治八年辛卯。恭顺侯漕台大人吴公讳惟华者，念维扬黎庶水患频遭，心伤意惨，发心购地，庀材积料，于是年春兴工创建天中宝塔，于十一年甲午秋，周四年而功成。七级之中，吴公均有诗章碑记存焉。"

康熙三十八年（1699），康熙第三次游历至扬州，视察运河时，看见天中塔年久失修，欲修葺该塔，为皇太后祈福。在江宁织造曹寅和苏州织造李煦倡导下，盐商争相捐金，修缮天中塔，扩建塔庙。为安置御赐金佛和碑石，高旻寺在正殿后面增建金佛殿和御碑亭。为感圣恩，两淮盐商和普通百姓纷纷为寺庙捐金。时寺内尚无住持，曹寅到任扬州后，延请高僧纪荫出山，成为高旻寺第一代住持僧。

康熙四十二年(1703),曹寅、李煦和两淮盐商在高旻寺旁开始修建行宫。行宫规模远远超过寺院,大宫门居中朝南,寺院在行宫东侧,山门朝东,后缩数丈,毗邻河道,处于从属地位。行宫内东院筑宫室,西院建花园,凿地为池,引活水入池中。环池杂栽花树,叠石为峰,构木为桥,间以亭台楼榭,极水木清幽之胜。康熙第四次游历,登天中塔,后亲自题匾额"高旻寺"。康熙四十四年(1705),康熙又御制《高旻寺碑记》,颁赐如来脱沙泥金佛一尊。

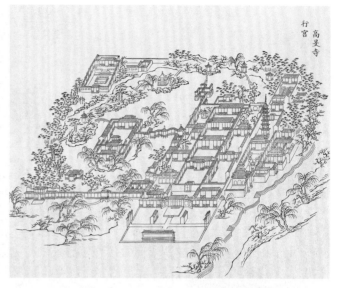

高旻寺行宫(选自《广陵名胜图》)

康熙四十四年(1705)春,康熙第五次游历,驻跸塔湾行宫。由于新建宫室大大超过原寺的殿宇,以至于康熙几乎把高旻寺当成一座新建的寺庙。康熙第六次游历以及乾隆的六次游历,均驻跸于行宫,留下诸多诗词、匾额和楹联。康熙赐予的匾额就有"晴川远适""禅悦""凝远""蒵湾胜览""水月禅心"等,乾隆留下"江月澄观""邗江胜地""江表春晖"等。高旻寺获此殊荣,越发大兴土木,建有大山门、御牌坊、无梁殿、大殿、御书楼(五云楼)、禅堂、方丈、僧寮、客舍等,层楼杰阁,参差耸立于河西,地位也高于扬州其他名刹。

乾隆每次游历扬州,都先住进高旻寺,次日才骑马入扬州城,至天宁寺行宫。

高旻寺在清代中叶达到鼎盛。乾隆三十六年(1771)夏天,一场飓风,吹断塔顶中柱。金顶、轮套等物件坠落打损塔身。当年,两淮盐商集资重新修建。次年,竖立塔心中柱。

道光二十四年(1844),天中塔再次倒塌。咸丰三年至六年间(1853—1865),寺院、僧舍、行宫和御花园等建筑被太平军烧毁。同治至光绪初年,寺僧募建殿堂,恢复庙宇。寺内存至近代的主要殿宇及亭台僧舍,多数于这一时期建筑的。光绪中叶,在月朗法师主持下,继续有所增扩,新建御云楼等建筑。

1918年,来果禅师住持高旻寺,宗风大振,与镇江金山寺、宁波天童寺、常州天宁寺并称为佛教禅宗四大丛林。

"文化大革命"初,佛像全部被捣毁,文物、法器被抄一空,僧人被赶出寺门,工厂、学校入驻其中。1975年,拆除大雄宝殿。1983年,高旻寺被列为汉族地区重点开放寺庙之一,政

民国期间高旻寺

民国期间高旻寺

府拨款数百万元，先后迁出寺内蚕丝厂、中学、印刷厂等，进行恢复重建工作。德林法师接任方丈，历经 30 年，先后建成禅堂、大雄宝殿、天中塔、法堂、上客堂、大斋堂、讲经堂、来果老和尚纪念堂、罗汉堂、藏经楼、山门殿、水阁凉厅等。

高旻寺主体建筑分为三个区域：以大雄宝殿为核心的宝刹区、东部天中塔与旧山门遗址区、后山禅房与西部水域形成的禅修区。三个区域各具构建理念，形成相互映照的轴心与轴线。正山门则不依附于任何一个区域，而是以整体寺院为参照物，居中而立，与绕寺围墙融为一体。

宝刹区

高旻寺山正山门面南而立，四柱三檐，与围墙融为一体。正中门额嵌有"高旻寺"三字金匾，四周饰以双龙戏珠浮雕，颇具皇家气派。门额左右两侧为青莲底色金字楹联："三汊洪流从地涌出一刹海，九龙真脉千秋万代法王家。"两侧为"自在""庄严"门楣。山门背面上书"正法久住"，左右对联"鸟语花香尽是真如妙性，风清月白全然自在天机"，两侧门楣为"解脱"与"吉祥"。山门对面有照壁墙，墙上"歇即菩提"金字。

正山门西行两百米有西山门，名为"开甘露门"，后有"天外天中天"门。北行两百米有二道山门，二道山门比正山门略低略宽，正中有朱色金字门额"禅宗古道场"，楹联是禅宗祖师慧能的偈语"本来无一物，何处惹尘埃"。背面上额"茱萸湾胜览"，楹联为"此是选佛场，心空及第归"。

山门往东进入宝刹区域。中轴线上第一进是弥勒宝殿，歇山顶大殿建在数米高的基座之上，比一般的天王殿高阔。出弥勒殿为息心亭，息心亭北为广场，中轴线上有一只巨大的铜香炉，直径 4 米，高 1.25 米，重 13 吨，名为"大香海"。香炉后面正对寺院大雄宝殿。大雄宝殿两旁是两座三层的藏经楼，大雄宝殿前方东西两面是两座四层高五百罗汉堂。

大雄宝殿三楹两重檐，长宽皆 40 米，飞檐翘角，底层设廊，

大雄宝殿

六根朱红廊柱。殿外东西墙上有石雕壁画,画尽佛的一生。殿前右立青狮,左立白象。大雄宝殿装饰华丽、金碧辉煌,巨大的圆塔形光明灯焕发出金色光芒,俨然是皇家寺院风范。殿内一改过去32根巨柱支撑的传统模式,仅留有两根直柱,空间开阔。佛坛上供奉的释迦牟尼佛。

大殿左右有两座高大的藏经楼,藏经楼分为三层,第一层是阅览室,第二层存放藏经,第三层称多宝楼,存放贵重文物。

塔、遗址区

清代高旻寺和行宫的范围,较今高旻寺所占面积稍大。其中,行宫占地约五分之四,寺院仅占五分之一左右。行宫大宫门居中,高旻寺在行宫东侧,又比行宫围墙东南角后缩数丈。高旻寺山门在寺院东南角,朝东邻河而开,进门右转,有大殿五楹,殿后左右建御碑亭两座,再后为金佛殿,四周围以高墙,为前院。围墙北开左右两门,通后院。后院内为天中塔和藏经楼、念佛堂等建筑。前院和后院的东廊房外,又分别围成前后两个院落,僧寮客舍,大多建于院内。重建后的高旻寺,宝刹区域地处当年行宫的范围。宝刹区东部有一组黄墙蓝瓦黑窗组成的院落,与金碧辉煌的殿宇群恍若两个世界。这里原是高旻寺的寺院梵域,主要有虚云法师开悟的禅堂、老山门、天中塔等。

沿着大雄宝殿东侧北行,东面红色墙上开一门洞。过门洞,沿狭窄走道东行数十米,左侧便是斋堂,门上悬"五观偈"匾额,名为五观堂。五观堂往北,有一座普普通通的两层小楼,明黄色的外墙,绿色明瓦,黑木格子窗,称之为大寮,也是虚云法师时代的禅堂。从大寮回头,转入左侧胡同,便进入塔院。高旻寺的宝塔被佛家认为是三汊河九龙之神珠。1933年3月,天中塔仅修好一层,备好两层石料,因战乱终止。1984年,德林法师筹划重建宝塔,1998年,天中塔建成。第一层塔周63米,向上逐层收身,各级回廊均保持两米宽度,以利于登临者远眺。佛塔外观呈八角形,每个角有龙形翘角,每个檐角上挂着大铜铃。

塔院南是高旻寺的老山门。老山门开拱门一洞,门前置一对石狮,正门上方嵌砌康熙手书"敕建高旻寺"汉白玉石额,左右贴对联"一轮红日乾坤照,万道霞光进寺门"。高旻寺本是临水寺,"门前为通津,方袍自安处"。老山门原在水边,朝东迎河而开。自从地基垫高后,老山门与高旻寺围墙连成一体,与

夕照下的天中塔

河道间隔出一条小道。

　　小道上还存有当年水道码头边接驾时的四个青石所制旗杆墩，如今深埋在地下。

　　老山门正对的水边，现立一石碑，上书"高旻寺行宫"。老山门与江心洲普同塔院隔河相望。普同塔院是高旻寺的下院，两院来往以码头摆渡为主。

禅修区

　　位于大雄宝殿后部与西部连成的弧形区域。

　　东藏经楼后面有一门，是进入禅院的第一道大门，门楣为"阿兰若处"。穿过此道门，东面为一座幽静的两层小楼。西面穿过一个月亮门，便是僧人和居士禅修住宿的区域。四周茂密林木掩映着各式精巧仿古的建筑，颇具扬州园林的风格。月亮门旁有对联："有佛处不得住，无佛处即走过"，横批"念佛是谁"。禅院第二道大门上横批为"最高学府"，两旁对联为"不于其中起分别，是故此处最吉祥"。

　　高旻寺的禅堂名叫道海堂，是高旻寺的第四代禅堂。禅堂虽隔在宝刹区之外，空间方位上却对准以大雄宝殿为核心的中轴线。禅堂对面为韦驮殿。

　　从禅堂向西，往北穿过一夹道，出曲径通幽门，是高旻寺的后园。北山坡上有一片紫竹林，林中高处隐约可见一座六角亭，西边院落里有亭台水池、假山、花草树木构成的园林。从东藏经楼的东侧，穿过大雄宝殿的后身，绕至西藏经楼的西侧，可见佛门建筑倒映在一片绿荷葱郁的湖水当中，湖亦作为寺中的放生池，湖东侧即为宝刹区，湖南北各有栈道通往湖中，北栈道湖心亭供奉海岛观音，南栈道口建有一座水晶宫。湖心还有一座孤岛，岛上有石室，是寺里高僧闭关修炼的关房。湖、岛、亭台背衬着雄伟的大殿建筑群和耸立的天中塔，构成一幅壮丽而诗意的美景。

　　湖岸西侧建一座圆顶大禅堂，作为高旻寺弘法的大讲堂。前面是一片田园，田块划分整齐，种植各种菜蔬。

文峰寺

　　位于市区宝塔路16号。2006年5月，被列为省文物保护单位。

　　始建于明万历十年（1582），与寺同建的文峰塔是目前扬州所有寺院中存留时间最长的塔。因寺院位于城南古运河畔，自明朝起，文峰塔即成为京杭运河出入扬州城的地标性建筑，寺也因塔而名。

　　据康熙《扬州府志》记载："文峰寺，在城二里，官河南岸。明万历十年知府虞德晔建浮屠于此，住持僧真玉因建寺以文峰名，千世贞为之记。"明朝兵部侍郎王世贞作《文峰塔记》，记录修建文峰塔的过程。

　　文峰塔为七层八面砖木结构楼阁式宝塔，下为砖石须弥座。每层八拱门，底层回廊围绕，二至七层为挑廊做法。塔身青砖青瓦，廊为木结构，塔顶为八角攒尖屋顶，

民国时期文峰寺

文峰寺

通高 44.75 米。相传朝阳升起时，文峰塔影倒映在南园（今荷花池公园）的水面之上，恰似笔蘸砚池，成为一景，名为"砚池染翰"。清康熙七年（1668），山东郯城发生 8.5 级地震，波及扬州，文峰塔塔尖倾倒坠地。次年，徽商闵象南捐资修葺，将塔尖增高一丈五尺。咸丰三年（1853），太平军三下扬州与清军激战，文峰寺地处险要，遭遇兵火，文峰塔木质结构全部毁损，只余砖构塔身。1912 年，青权、宗仰、峰屏、寂山等发起重修文峰塔。1919 年，文峰塔得以重修。翌年，文峰塔合尖。1923 年，塔落成。

现文峰塔北门东壁上，嵌有 1925 年扬州文化名人陈含光撰书的《新文峰塔记》石刻。其时，扬州学者徐谦芳写道："今扬州南有文峰塔，经僧募修，焕然一新。"

文峰塔下为文峰寺，寺门朝西，面临运河。这里古称三湾，运河进入扬州这一地段，有三湾以蓄水势。在此建塔，有"塔镇河妖"之说。文峰塔上的灯龛，亦有航标作用。由明及清，粮船盐艘进入扬州城皆由塔下经过，帆樯林立，盛极一时。文峰寺门前立有碑石，上书"古运河"三字，以记录历史盛况。唐代高僧鉴真和尚第一、二、四、六次东渡，由此解缆入江。清代康熙、乾隆数次游历，也从此经过。新中国成立前后，文峰寺寺房尚有两进，加上两边厢房，形成四合院，德林法师住寺。1957 年、1961 年，市政府两次对文峰塔进行修整。1962 年 5 月，市人民委员会将文峰塔列为文物保护单位。1964 年 6 月，成立园林管理委员会，管理文峰寺等 13 处园林名胜。1966 年 7 月，文峰公园关闭。1971 年 3 月，文峰公园划归市自来水公司代管，寺庙建筑作为筹建宝塔湾水厂（即二水厂）办公用房及仓库、宿舍。1980 年 10 月，该处被辟为文峰公园，归市园林处管理。

1998 年 4 月、1999 年 4 月，市政府两次作出会议纪要，同意将市第五中学（今田家炳实验中学）内原万寿寺天王殿、藏经楼、戒台等古建筑移迁至文峰寺，实行异地保护。2001 年 7 月，文峰寺对外开放。2002 年 7 月至 2003 年 1 月，文峰塔大修，矫正塔身，撤除所有水泥构件，恢复木结构原貌。2010 年，油漆文峰塔所有木构建，恢复其旧貌。

目前，文峰寺主要建筑有天王殿、钟鼓楼、大雄宝殿、僧寮等。大雄宝殿下面建有 400 多平方米的般若讲堂，开展讲经说法活动。2015 年 7 月，文峰寺出土残缺石碑。碑文为雍正十一年所撰刻的《重修扬州文峰寺》，碑文涉及隋仁寿年间建舍利塔以及城南官河等，或可将文峰寺、文峰塔的历史追溯至隋代，此历史遗存无疑具有重要历史价值。

祇陀林

位于市区引市街 84 号。2008 年 1 月，被列为市文物保护单位。

祇陀林山门

民国初年，此处原是辛亥名士徐宝山的宅邸。徐宝山（1862—1913），字怀礼，镇江丹徒人。因属虎，且为人善勇好斗，人称"徐老虎"。徐宝山初为盐枭，后受清廷招安，官至江游历防营统领。辛亥革命中，他率军光复扬州、泰州等地，官至扬州军政分府都督、第二军军长，长驻扬州。1913 年 5 月，被人用暗藏于古董箱内的炸弹，炸死于引市街 84 号家中。

徐宝山死后，他的二夫人孙阆仙皈依佛门。1914 年，改宅为庵，初名祇陀精舍，后称祇陀林，并亲自为之题名。孙阆仙带发修行，直至 1947 年病逝前三天在此庵剃度出家，法号朗潜。

"文化大革命"期间，祇陀林佛像悉数遭毁，尼众全部清走。1978 年以后，庵堂陆续修复，佛像重塑，尼众回归。1982 年 4 月，元庆师太从镇江金山寺请来释迦牟尼佛像，恢复主殿旧观，修缮庵房。1983 年初，祇陀林被批准为对外开放的女众道场。

祇陀林黄墙朱门，建筑以素雅见长，分左、中、右三条轴线。中轴线有五进建筑。首进拱形庵门上嵌"祇陀林"金字石额。其次为大雄宝殿，内供释迦牟尼佛、观世音菩萨、地藏王菩萨三尊佛像，大殿东西两壁挂有十六尊者画像。第三、四进为法堂，第五进为方丈室。左轴线建筑两进，前为云房，后为斋堂。斋堂西首念佛堂，内供千手千眼观世音镀金像，陈列"佛说十法界图解"及彩色印制的观世音像。右轴线建筑两进，分别为玉佛殿和祖堂。玉佛殿内供有一尊 1990 年缅甸佛教徒赠送的释迦牟尼玉佛。庵堂东侧云房前有一院落，院中筑花坛，院东隔以黄墙，中开月洞门。这里曾是被誉为"佛国桃园"的小型园林，原存有罕见的黑峰石两块。

西方寺（扬州八怪纪念馆）

位于市区驼岭巷 18 号。1982 年 3 月，被列为省文物保护单位。

西方寺大门

西方寺前身是隋朝所建的避风庵，旧址在江边，江中有大风大浪时，行船多会停泊在庵前避风。相传唐朝初年，当地人见庵前江畔夜放光明，就地挖掘出三尊两尺多高的石佛。唐太宗闻知，以为吉兆，特敕赐"西方禅寺"额。后寺庙倾圮。唐永贞元年（805），僧人智完迁建西方寺于西方寺巷。

西方寺内景

　　明洪武五年(1372)，僧人普得重建西方寺。永乐十四年(1416)，僧人宗铎等重修西方寺。清康熙年间(1662—1722)，南源禅师驻该寺三十余年。他向两淮巡盐御史刘锡、盐商闵世璋等募资重建寺院。乾隆十三年(1748)，高邮人张启山施田2公顷。清代"扬州八怪"之一的画家金农曾寓居于西方寺，并于乾隆二十八年(1763)在此去世。金农寄寓该寺时，西方寺满目疮痍，金农诗云："无佛又无僧，空堂一盏灯。"乾隆四十八年(1783)，僧人实润向扬州知府恒豫、江都知县杨恪曾、甘泉知县陈太初募资重修西方寺。

　　咸丰三年(1853)，西方寺遭太平天国兵燹，除大殿外，其余寺房皆毁，住持达仁以身殉寺。同治初年，达仁和尚之徒松厓返回西方寺，决心重修庙宇，并作《复生记》，自号复生。光绪初年，僧人道澄与其徒久亭继续修建西方寺，但均未能恢复旧观。

　　民国以后，西方寺住持先后为达修、普诚，有寺田10公顷。1912年，在寺内办务本镇北小街国民学校，新中国成立后迁出。之后，寺房先后为步兵学校、美术公司、公交公司、市文管会使用。1993年11月，在西方寺设立扬州八怪纪念馆，并在原山门殿处新建门厅，成为国内唯一展示"扬州八怪"艺术的专业性纪念馆。1994年，移建市级文物保护单位徐家祠堂古建筑。1996年，增筑假山、水池，1998年，完成复原金农寄居室。2003年，完成东园建设。

　　西方寺身在古巷，坐北朝南，寺外不足百米有唐代古槐树一株，是槐古道院遗存。寺内建筑有前后三进，分别为山门殿、大殿、经堂。东有厢房，西有菜园。菜园北边有两进房，构成一个幽静的院落，方丈室、客座均在其内。大殿为明代建筑，廊房、方丈室为晚清复建。大殿座北朝南，面阔五间15.67米，下为石台座，上为重檐歇山顶，所有构架多为楠木制成。柱顶做卷杀，成覆盆形式。所有梁架全部露明造，正中缝做抬梁形式，为月梁形制。大殿内彩绘系五彩遍装，不用藻井。主要部分梁、檩、枋的彩绘多用连枝图案，花纹轮廓简单，为明代早期彩绘之风格。柱子、斗栱原来都有彩绘,现存小片彩绘和一些痕迹。大殿后有古银杏一株,树干数围,枝叶繁茂,为明代栽种。

大殿的西北角有一前后两进的小院,原为西方寺方丈室。"扬州八怪"代表人物金农七十岁时寄居于此,在此度过他生命的最后七年。内有金农卧室、画室、客堂及念佛堂,再现金农晚年生活场景。

东西廊房主要陈列"扬州八怪"书画作品,展示他们的创作成就、艺术特色。

琼花观

位于市区文昌中路 360 号。2008 年 1 月,被列为市文物保护单位。

始建于西汉元延二年(前 11),为供奉后土女神的后土祠。唐初,祠内即有珍异之树一株,花朵清丽,形态奇特。来济(610—662)有诗赞其为"标格异凡卉""烨然如玉温"。李邕、李德裕、杜牧等皆有诗咏。淮南节度使杜惊对其赞之不绝,诗中称之为玉蕊花。北宋至道二年(996),扬州知州王禹偁因观内琼花叶茂花繁,洁白可爱,作《后土庙琼花诗》

琼花观牌坊

两首。北宋政和年间(1111—1118),取《汉书·礼乐志》"惟泰元尊,媪神蕃釐"义,改名为蕃釐观,宋徽宗题书"蕃釐观"匾额。世人以此观中有琼花,俗称为琼花观。宋仁宗、宋孝宗曾将琼花移植都城皇庭内,均不得活,只能重迁回扬州。宋代,琼花在扬州历经劫难,长生不死。元至正十三年(1353),琼花枯死,道士金丙瑞补植聚八仙,并筑琼花台一座。明万历二

三清殿

琼花台

十年(1592),扬州知府吴秀在三清殿后建弥罗宝阁,阁高三层,高大壮丽,登阁可俯视全城。

清顺治、康熙年间,先后有两代张天师羽化在蕃釐观内,蕃釐观因此被道家正一派视为圣地。乾隆初增建。乾隆四年(1739),弥罗宝阁毁。乾隆十年(1745),复建弥罗宝阁,高三层,高大宏丽。《儒林外史》作者吴敬梓晚年常常流连于琼花台畔。他的侄子金兆燕有诗云:"峨峨琼花台,郁郁冬青枝。与君攀寒条,泪下如连丝。"光绪中期,弥罗宝阁又毁。至清末,琼花观逐渐衰败。民国时期,三清殿尚存。

新中国成立前,琼花观北部改作江都县立中学,观内仅存琼花台、大殿、玉钩井、焚纸亭、门楼、石牌坊(仅存四柱)。新中国成立后,琼花观改作扬州财经学校,大殿被拆除改建为大礼堂。1952年,扬州财经学校改为市第一中学后,门楼被拆除,琼花台、玉钩井、焚纸亭倾坏。1962年5月,市人民委员会将琼花观列为文物保护单位。"文化大革命"期间,石牌坊被毁。1993年,市政府出资800万元重修琼花观,1996年完工。1999年,在殿后建琼花园,恢复无双亭和琼花台。

重建后的蕃釐观,观门仍朝南。观前的石牌坊系明代所建,石质呈糙米色,有左右两根石柱,上圆下方,柱端似华表,左雕赤鸟,右刻玉兔。门楼三间,上嵌一方石额,"蕃釐观"三字为清代文人刘大观所题。其后是三间单檐山门殿。观内甬道中有一株老榆树,两侧各植四株琼花。甬道两侧各建上下两层,每层22间廊房,廊房南北两端各两间,中间三间稍高,形成中间小殿房、两头四角亭的格局。主殿三清殿是一座砌在高基平台上的五楹重檐大殿,系1993年将兴教寺大殿移建于此,保留着明代建筑规模宏大、气象雄伟的特点。平台四周围以白石栏杆,殿前植有两株银杏树。平台石梯两侧各植一株龙爪槐、两株琼花。甬道东西侧各建两层楼结构的仿古廊房。大殿后方围墙外为琼花园,园中有古琼花台。台北侧偏东,于湖石假山上重建无双亭,亭西侧为玉钩井。园中央凿曲池,池西为小花厅,厅东筑白石平台,临池砌白石栏杆。花厅西南建玉立亭,由曲廊东延至园之东墙。玉立亭北院中有300年树龄古银杏一株,古树西侧设园门。园内小桥流水,花木繁茂。

琼花观无双亭

第四节 祠墓园林

史公祠

位于市区广储门外街 24 号,南临护城河,东临史可法路,西与天宁寺相邻,北连长征路,与重宁寺隔路相望,内有明末清初民族英雄史可法衣冠冢、祠堂。2013 年 5 月,被列为全国重点文物保护单位。

祠墓所在地为古梅花岭,系明代万历十二年(1584)扬州知府吴秀疏浚护城河堆集的淤泥小丘,后因广植梅树而得名。吴秀还在此建偕乐园。

史可法(1602—1645),字宪之,号道邻,河南祥符(今开封市)人。明崇祯进士,初为西安府推官,后任南京兵部尚书。南明弘光政权建立后,任兵部尚书兼东阁大学士。后督师江北,加太子太保、兵部尚书、武英殿大学士,开府扬州。清顺治二年(1645)四月,清兵围困扬州,史可法拒降固守,城破被执,不屈而死。嗣子副将史德威寻遗骸不得,乃葬其衣冠于梅花岭下。

史可法纪念馆大门

清初,建祠于此,后圮。清乾隆三十三年(1768),两淮盐运使郑大进建祠,扬州知府谢启昆作《史忠正祠记》。乾隆四十五年(1780)、四十九年(1784),乾隆游历扬州,特追官祭奠。清咸丰年间(1851—1861),祠毁于战火。清同治九年(1870),重建。1935 年,邑人王茂如捐修。1948 年,又进行维修。

新中国成立后,重修史公祠,在此设扬州博物馆。1953 年,在史公祠举办太平天国革命史料展览。1956 年 10 月,史可法祠、墓被列为省级文物保护单位。1962 年 5 月,市人民委员会将史公祠列为文物保护单位。1957 年 7 月,在史公祠前北护城河建筑石桥,9 月完工。1964 年 6 月,归市园林管理委员会管理。1979 年,江苏省与扬州市两级政府拨款修建史可法祠,并对史可法墓进行挖掘整理。1982 年 3 月,史可法祠、墓再次被列为省级文物保护单位。1988 年 9 月,扬州博物馆迁至天宁寺。1988 年 9 月,建史可法纪念馆。

现祠墓大门临北护城河,东为墓,西为祠,并列相连,粉墙黛瓦,林木葱郁。东大门为硬山结构门厅,门两边有槟榔纹石鼓一对,门额上题"史可法墓"四字。门旁悬"史可法纪念馆"牌,由朱德题写。进门为一庭院,两边为廊房环抱。院中有参天古银杏两株,树龄 200 多年,

享堂

枝繁叶茂,浓荫蔽日。院正中为享堂,歇山屋面,翘角飞檐。四面有卷,三面为廊。堂前两边檐柱上悬张尔荩撰名联:"数点梅花亡国泪,二分明月故臣心。"其后悬楠木楹联:"时局类残棋,杨柳城边悬落日;衣冠复古处,梅花冷艳伴孤忠。"堂内明间上悬"气壮山河"横匾。正中为2米高的史可法干漆夹纻坐像,系1985年为纪念史可法殉难340周年塑造。坐像正襟危坐,神态坚毅。坐像背后为云纹形落地梅花罩隔,枝干苍劲,繁花满树。两边悬有道光二十年(1840)吴熙载篆书的楹联:"生有自来文信国,死而后已武乡侯。"堂内陈列为史可法生前使用过的腰带玉片、印章及《史氏扬州城东支谱》,是"扬州十日"的形象记录。

享堂后为史可法衣冠墓,墓前牌坊上有隶书石额"史忠正公墓"。墓地银杏蔚秀,蜡梅交柯,墓前有三门砖砌牌坊,三面围墙。正中立有1.8米高的青石墓牌,上镌"明督师兵部尚书兼东阁大学士史可法之墓"。碑后台上为墓冢,封土一丘,芳草萋萋。"文化大革命"中,墓

史可法墓

冢被夷平。1979年修复时，出土料器腰带"玉片"20块，确证为衣冠冢，与史籍记载相合。墓墙外两边有黄石花坛，遍植修篁、蜡梅，花时香绕墓门。

墓后两边院墙各开一月洞门，额题"梅花岭"。门内四时花木鲜秀，有土阜东西横亘园中，即为梅花岭。岭上株株梅花，春来暗香浮动。岭南长廊壁上嵌有《重修梅花岭史阁部祠墓碑记》《梅花岭碣》和梅花石刻等碑石。岭东与一楼阁相连，横匾题曰"梅花仙馆"，循岭上石级可上。楼

"梅花岭"石额圆门

前蜡梅丛中矗立一太湖峰石，原为城南"九峰园"中名石，窍穴千百，玲珑剔透。岭中部叠有假山，其下有曲洞可穿行。岭北为晴雪轩三楹，单檐歇山，三面有廊。轩内陈列史可法墨迹，故称遗墨厅。厅前有楹联一副："殉社稷，只江北孤城，剩水残山，尚留得风中劲草；葬衣冠，有淮南抔土，冰心铁骨，好伴取岭上梅花。"厅内壁上嵌有史可法小像及其墨迹石刻多方。其中最著名的是史可法《复睿亲王多尔衮书》和家书手迹。史可法在给多尔衮的拒降书中，义正辞严，表示要"鞠躬致命，克尽臣节"。厅前有树龄二百多年的蜡梅一株，枝虬叶茂，绿荫如盖，是扬州市内最古之蜡梅。厅东西向有方亭翼然，西侧则有小阁三间，斑竹为林。其间花木扶疏，一派园林风光。

假山

祠堂

史可法祠在墓西侧,大门和墓门并列,形式结构相同,门上额题"史可法祠"四字。内门为四方庭院,两边有抄手廊环抱。廊间有门,东可通享堂,西可向北通梅花岭。庭院中植青桐、修竹和广玉兰,幽静宜人。正中为祠宇三楹,匾额"祠堂"。祠堂明间高出,两次间略低,为歇山屋面,连为一体,挑角飞檐,高低错落,造型别致。堂前悬楹联两副。前为清谢蕴山撰:"一代兴亡关气数,千秋庙貌傍江山。"后为清姚煜题:"尚张睢阳为友,奉左忠毅为师,大节炳千秋,列传足光明史牒;梦文信国而生,慕武乡侯而死,复仇经九世,神州终见汉衣冠。"堂内正中为木雕神龛,其上悬横匾,题曰"亮节孤忠"。龛内悬史可法遗像,乌纱朱袍,凛然端坐。其下供奉史可法栗主,上题刻"明督师太傅兼太子太师建极殿大学士兵部尚书史公神位"。神龛东壁上为《史可法生平大事年表》,西壁上为清文学家全祖望所撰名篇《梅花岭记》全文。神龛两边平橱中陈列文物、资料。在东边的立橱中,还陈有史可法亲自监造的宋城用铁炮拓本。

1985年6月13日(农历四月二十五日)是史可法殉难340周年的纪念日,在史公祠内举行史可法塑像揭幕典礼。

普哈丁墓园

又称为回回堂、巴巴窑。位于市区文昌中路167号,解放桥南侧、古运河东岸的土冈上。占地1.67公顷。2001年6月,被列为全国重点文物保护单位。

相传普哈丁为伊斯兰教创始人穆罕默德第十六世裔孙,南宋咸淳年间(1265—1274)在扬州传播伊斯兰教,建仙鹤寺,德祐元年(1275)在扬州去世。地方官按其遗嘱,将他埋葬于此。明《嘉靖惟扬志》记载:普哈丁"墓在东水关河东,洪武二十三年(1390),哈三重建,嘉靖二年(1523),商人马重道同住持哈铭重修"。明末清初,墓园遭劫,破坏严重。清康熙五十一年(1712),重建窑亭五座及四壁围墙。乾隆五十一年(1786),重修大殿三间、厅房五间。道光年间(1821—1850),湖水泛滥,石岸墙基均被冲毁。道光二十五年(1845),重修殿宇石工。咸丰三年(1853),寺毁于战火,后募捐重修大殿、窑亭、"天方矩矱"门厅三间。同治七年(1868),建东讲经堂。光绪三年(1877),重修大殿、水房。光绪九年(1883),重建北讲经堂、北亭台一座。光绪二十六年(1900),重修围墙,换造石栏。光绪二十九年(1903),重修东讲经堂。

新中国成立后,该寺仍作为大运河沿线重要的伊斯兰教宗教活动场所和宗教胜地对外开放。1952年,市政府拨款对残损的部分墓亭和古建筑进行小规模维修。1957年8月,普哈丁墓被省人民委员会公布为全省第二批文物保护单位。1959年3月,整修普哈丁墓园,将保存在仙鹤寺的元代阿拉伯人捏古柏等5人墓碑移至普哈丁墓西侧。同年10月,维修普哈丁墓园和阿拉伯文墓碑。1962年5月,市人民委员会将普哈丁墓园列为文物保护单位。"文

天方矩蒦

化大革命"期间关闭。1973年,交市园林处管理保护。1980年10月,普哈丁墓园经整修对外试开放。1982年12月,市园林处在普哈丁墓园东侧筹建东郊公园,经冬春,护塘堆山,绿化种植,点缀建筑小品,新建门楼、接待室、厕所,1983年5月对外开放。1984年4月,新建5人墓碑亭,8月新建望月楼。1987年11月,市园林处将普哈丁墓园、东郊公园移交,市民族宗教事务处,由市伊斯兰教协会管理。1992年,对墓园古建筑进行油漆。2002年4月,经过全面修缮后对外开放。同年9月,普哈丁园被命名为第二批市爱国主义教育基地。2009年,普哈丁墓进行全面恢复与保护。

　　普哈丁墓园分为清真寺、墓区和园林区三部分,相互以花墙相隔,又以石阶或门相连,院落整体布局严谨,建筑、亭台、墓亭依地势起伏而分布,庭院轩榭中杂以古木香花,有丘、池、亭、阁、花、树,环境清幽而肃穆,园中有700多年、400多年树龄的银杏各1株,老干虬枝,苍劲有力。墓园坐东朝西,正门临河,门额刻石"西域先贤普哈丁之墓",下署"乾隆丙辰重建"。

　　大门南侧有一拱门,门内是清代建的清真寺,为教徒做礼拜的活动场所,由门厅、礼拜殿、水房组成。其中,礼拜殿坐西朝东,面阔三间,殿前庭院东端墙上攀援香水月季,香溢满园。殿内有拱形圣龛及由阿拉伯文《古兰经》组成的图案,具有浓厚的伊斯兰宗教氛围。每逢先贤归真纪念日、开斋节、古尔邦节等重要节日,这里会举办一些宗教性活动。直对大门是石阶甬道,石阶两旁有浮雕石栏,雕刻有狮子戏球、鲤鱼跳龙门、三羊开泰等吉祥图案。甬道顶部为墓区门厅,上方嵌有"天方矩矱"石额,厅阔三楹,为四角攒尖顶。门厅后的墓区是墓园主体部分,由北墓区和南墓区组成。北墓区又为墓区的核心区域,有普哈丁墓、法纳墓、古墓葬群、阿拉伯人墓碑等多处墓葬和墓亭建筑;南墓区为明清以来中国伊斯兰教的阿訇和穆斯林墓葬群,清代回族爱国将领左宝贵衣冠墓等。普哈丁墓亭位于北墓区的中心,是一座

普哈丁墓

砖石结构的建筑,平面呈方形,四出拱门,亭内为砖砌圆形穹顶,是典型的阿拉伯风格的建筑"拱拜尔",四角砌叠涩菱角牙与圆形穹顶相接,外貌呈中国传统亭式四角攒尖顶,上复青色筒瓦,饰以紫红、黄、蓝色相间的瓷葫芦顶。墓葬于亭中央地下,地面用青石砌成五级矩形墓塔,每层悬出的周边顶面雕有精美的牡丹花纹,正面浮雕缠枝草和如意纹。第三层墓塔石侧面阳刻阿拉伯文《古兰经》中章节。石墓塔有轻度残缺。法纳墓亭、古墓葬群等分布在普哈丁墓亭周围,呈环绕状布置,建筑形式、结构和特征皆同于普哈丁墓亭,但其体量略小,建筑工艺稍有逊色。元代阿拉伯人墓碑碑亭在普哈丁墓亭西北侧,建于1984年,平面呈长方形。四通墓碑平行放置在墓亭中央的白矾石底座上,碑呈莲花瓣形,均以青石镌刻而成。周边和侧面镌有各色图案花纹,正反两面均刻有碑文,以中文、阿拉伯文夹有波斯文刻成。碑

文记载亡者的姓名、身份、死亡日期，还刻有《古兰经》《穆罕默德言行录》等经文摘录，以及《格言》《祷文》，还有出自名家之手、盛行于当时西亚、北非的古代诗歌。

园林区位于墓园东部，围墙上开有月门，与墓区相连。园中山势起伏，池水清澈，叠石精湛，绿树成林，鸟鸣鱼戏，意境清幽静雅，颇具野趣。居高处，可静坐栖息，于方寸之地，

园林区

俯瞰园林胜景，处低势，可动观四周，于移步换景中，体味园林韵律。整个古典园林依托地势高低错落，造就出一幅秀山环抱碧水之景，与墓区内庄严肃穆的环境形成鲜明对比，既承接墓区的幽静，又开拓一方修身养性的乐土。

附：东郊公园

位于解放北路西侧。1984年春改建园门，由一对古黄门柱组成，上置四角大封顶，顶下浮雕秋叶纹饰。冰裂纹石板地坪，铁栅门，门柱两侧围以花墙，园门对景以树林为屏，林下叠有湖石小品，植大叶黄杨球。门景处理简中有势。

进口北拐，林木葱茏，林间点一方亭。过方亭豁然开朗，土阜尽端，面池构筑接待室五楹，面南中间三楹设廊，内为接待室。接待室西端利用原有高大枫杨，补栽银杏、花灌木，形成树丛，与东侧土阜紫薇共同烘托接待室。接待室前一水池，池内散布睡莲，池岸桃柳相间。东端地边还栽有一丛池杉，西端土阜遍植红叶李。

东郊公园以园地制宜、相互因借的造园手法，利用地形地貌，扩池堆阜。与原有野林配植花木，普哈丁墓园格调一致，组成一区新的胜景。

接待室西行出西门楼，沿河便达普哈丁墓园正门。

阮元宅第、家庙

位于市区毓贤街（原称牛录巷）6号、8号。占地约2000平方米。2002年，被列为省文物保护单位。

阮元（1764—1849），字伯元，号芸台，又号雷塘庵主，扬州邗江人。先后历任礼、兵、户、工等部侍郎，浙江、江西、河南巡抚，漕运总督，湖广、两广、云贵总督，休仁阁大学士，道光二十六年（1846），晋太傅衔。道光二十九年（1849），卒于扬州，谥号文达。

阮元宅第及家庙始建于清嘉庆年间（1796—1820），后一直由阮氏后人居住。其中，西路家庙于1952年7月由阮氏后人卖给苏北公安学校，后为职工学校，再后为居民住用。80年代末，市文管会拨款维修。2009年2月起，对阮家祠堂本体维修，同年10月完成。2016年4月，建成阮元家庙展示馆，提升改造广场景观，复建隋文选楼。

阮元宅第及家庙由东、西两路组合，东路为宅第，西路为家庙。约30余间。东路住宅原有前后五进，原首进门厅与第二进朝南正厅久毁，已复建。首进门厅对面朝北一字形照壁。东路从第三进至第五进格局、构架、墙体尚好。第三进原是阮家内厅，坐北朝南，面阔三间，厅堂高显，左右置廊，门在东廊。厅中铺设斜角锦方砖地。第四进与第五进为大七架梁，三间两厢住宅。

阮元家庙

第五进住宅庭院青石板铺地，庭院宽敞，点缀少许花木。面南三间前置走廊。堂屋前置简洁方格棂条隔扇，左右次间下砌砖槛墙，上置简朴槛窗。入内，方砖铺地，左右板壁相隔次间。后布架置屏门，旧家具陈设色调沉稳，古朴肃穆。其后院朝东小披屋内藏有一联，红底黑字漆："学守诗书艺通射御，质敦布粟荣被纶綍。"书者嵇璜，为阮元的前辈学者。

西路为阮氏家庙，临街朝南照壁间嵌一块0.6米×3米的汉白玉石浅刻，书"太傅文达阮公家庙"。入内院原有《阮氏家庙碑记》。大门厅、二门厅祠堂前后三进在一中轴线上，格局完好。三进之间前后庭院设甬道。第一进面阔三间，屋面上置垂脊，前后檐下置凤头昂斗栱。第二进亦面阔三间，檐下木雕莲花垂柱。第三进面阔五间，为祠堂。前廊上原置船篷轩，左右两旁置厢廊各三间。家庙建筑规模、体量不大，布局特征与北方宫殿的形制类似，是扬州老城区仅存完整的家庙建筑。西路还有三间两厢房屋一进。

阮元家庙石刻

徐宝山祠

参见第一章《古典园林·瘦西湖园林·徐园》。

欧阳祠

参见第一章《古典园林·寺观园林·大明寺》。

天地本無私春花秋月儘我留連得閒便
是主人且莫問平泉草木 壬戌春日
開生面真不減清閟畫圖
湖山信多麗傑閣幽亭憑誰點綴到裵別
李聖和書

平山堂圖

南巢希光堂圖

儀徵相國阮夫子命汪鴻寫

宮　　　　　師　揚公弟田縣

謹受谷保絶斯蘇朗堂於發無門蓮萬
題業政相一圖暢氣是南丑術奮我柳
　羅　國章勉蒙清口萬菩桃是堂一
　士　夫業占　惠乜柳　吟李　開
　琳　子呈七　属天州待肩頌　並

　　清末民初，受西方文化和上海、南京大城市影响，扬州风靡近代文明时尚。清宣统三年(1911)，由各商集资在城内小东门之北，利用废城基兴建一座公园。1936年，在北门外建草地公园，沿堤植柳树、桃树。

　　1949年10月29日，苏北扬州行政区专员公署成立扬州市园林管理处。扬州成为全国最早成立园林管理机构的城市之一。在市政府领导下，修复、改建一批公园，维修建筑、种植绿化、疏浚河道，使名胜古迹得到保护和复兴。60年代，扬州有大小不等庭园60余所。

　　"文化大革命"期间，公园横遭破坏，大量园地被占、被毁，亭廊破损，花木凋零。

　　1980—1988年，在整修原有公园的基础上，新建文昌园、茱萸湾公园、荷花池公园、东郊公园、盆景园。至1984年底，扬州市共有10座公园可供游览。1986年，扬州市被评为全国绿化先进城市。1988年起，公园建设实行统一规划，分级负责，结合城市环境综合治理，建设速度加快，特别是居住区配套公园数量激增。同时，公园建设由市向区扩展，扬州市郊区兴建竹西公园、笔架山公园、曲江公园。

　　进入21世纪后，按照《扬州市城市总体规划方案》和城市发展战略，扬州市园林绿化和公园绿地建设步伐加快，先后建成蜀冈西峰生态公园、润扬森林公园以及明月湖公园、体育公园等大型公园绿地，建成文昌广场、火车站广场等市民广场，实现扬州大型绿地从无到有、从有到大、从大到美的转变。围绕水乡特色，建成13.5公里古运河和二道河、漕河、邗沟河等滨河绿化风光带。结合城区道路绿化改造，增设一批街头小游园和小型市民广场。

　　2015年9月，扬州市拉开以绿地为载体，以"生态、运动、休闲、旅游、科普等功能叠加"为总体定位，以提升城市生态环境、增加市民生态福利为目标的公园体系建设序幕，以"市民开车10～15分钟可以到达市级公园，骑车10～15分钟可以到达区级公园，步行5～10分钟可以到达社区公园或滨河带状公园"的标准，实施省、市政府提出的"城市公园绿地10分钟服务圈"目标。

　　2016年初，扬州市制定公园体系建设"一年突破计划，三年行动计划、五年建设规划"。仅2016年，就新建、改扩建并开放公园80座。至2016年底，扬州市公园绿地面积2166.09公顷。

第一节　综合公园

茱萸湾风景区

位于市区茱萸湾路 888 号,东临古运河,西傍大运河,北通邵伯湖,南望江都水利枢纽工程。占地 50 公顷。

沿革

茱萸湾形成于汉代。地北有茱萸村,因遍植茱萸树闻名。此处又因地处运河弯道,而名茱萸湾。现湾头古镇老街石拱圈门上仍有清代大学士阮元题写的"古茱萸湾"石额。

西汉时,吴王刘濞从此地开茱萸沟通海陵仓,使之成为历代盐运、漕运的必经之地。隋炀帝开凿大运河后,茱萸湾成为水路进入扬州的门户和重要港口,古镇也逐渐成为远近闻名的繁华之地,店肆相连、市声不断。盛唐时期,许多诗人描写这一带景色风光。姚合写道:"江北烟光里,淮南胜事多。市廛持烛入,邻里漾船过。有地惟栽竹,无家不养鹅。春风荡城郭,满耳是笙歌。"刘长卿在《送子婿崔真甫、李穆往扬州》中描写茱萸湾:"渡口发梅花,山中动泉脉。芜城春草生,君作扬州客。半逻莺满树,新年人独远。落花逐流水,共到茱萸湾。"

茱萸湾是古运河从北面进入扬州市区的门户,隋炀帝三下扬州,清康熙、乾隆帝六次南巡都经过这里。鉴真赴洛阳、长安游学,来回都是从茱萸湾上船、登岸。西域禅山法师和意大利马可·波罗也是从这里登岸进入扬州城。唐代,日本共派出 19 次遣唐使,从第 6 次起都是走南路从扬州登岸经茱萸湾赴京城。

近代茱萸湾地势的形成与运河息息相关。1959 年,疏浚京杭大运河时,市区段从湾头裁弯取直,直通六圩入江,使茱萸湾形成一个三角形岛屿。京杭大运河扬州市区段竣工后,该岛称为红星岛。1963 年,市政管理处绿化队在红星岛北端新辟苗圃 7.2 公顷,广植刺槐、黑松、柳树和其他豆科植物。同时,改良土壤,培育大量观赏树木、花卉,改善该岛植物景观效果,为茱萸湾公园开发奠定基础。

1982 年 10 月,市委发出《关于开发茱萸湾公园的决定》,对茱萸湾实施总体规划建设。在三角形半岛上,建设扬州占地最广的公园,主要开展苗圃培植、花木培育、盆栽制作等,是扬州市绿化苗木基地。1986 年 7 月,茱萸湾公园建成开放。1987 年 8 月,茱萸湾公园被市政府确定为市级风景名胜区。

1987—2003 年,茱萸湾公园作为绿化苗木基地的同时,逐步完善基础设施建设,推动植物景观改造升级,引进开辟经营项目。2001 年,市园林局投资建成 7.07 公顷四季花卉园,形成春有梅花、桃花、芍药、琼花、茱萸,夏有紫薇,秋有桂花,冬有蜡梅的四季花卉观赏区。

2002 年,茱萸湾公园原样修复蝴蝶厅,并辟为茶社。对碑亭进行维修,翻盖绿色琉璃瓦;新置大理石碑,碑顶、碑座雕有云头、波浪纹饰。碑南向刻有"挹江控淮"四字,为陈泽浦书。碑亭为四角重檐四方亭,位于蝴蝶厅与灯塔之间,四周设座栏,外为平台,并围以白矾石栏板。

一期工程主要建设荷花观赏区,植荷 1.2 公顷;建设月季园 6700 平方米;芍药园铺设草坪 1000 平方米,栽植绿篱 1.6 万株,有紫叶小檗、金叶女贞等。

二期工程由扬州古典园林建设公司设计建设,2002 年 11 月开工,2003 年 4 月竣工。工程主要由门厅、园路、曲桥、拱桥、停车场五部分组成。门厅主要由售票房、帆墙、壁刻三部分组成。门厅东侧由 3 块高低不等的帆墙交错而成,主色调均为白色。门厅西侧为以白色罗马岗石为底、以蒙古黑花岗岩做轴头、灰白色花岗岩镶边的壁刻,内容选用唐代诗人刘长卿《送子婿崔真甫、李穆往扬州》诗,字体为隶书,为金陵张炳文所书。帆墙与壁刻下为花坛,植四季草花。园路位于公园东侧的运河边,由片石铺成,状似冰裂纹,全长 1500 米。沿古运河曲折蜿蜒,由南至北有曲桥、拱桥、平台、灯塔,为该园内的新游览线路。曲桥位于茱萸湾大门内的东侧,为九曲中环,钢筋混凝土结构,仿土黄色松木板桥面,全长 140 米。拱桥位于园路中段,桥身由青砖砌成,桥面及台阶由青石方砖铺成,长 6.5 米。停车场位于茱萸湾公园门厅东侧,占地约 0.7 公顷。

2003 年 5—8 月,瘦西湖公园投资,在茱萸湾公园内新建虎舍。虎舍位于茱萸湾公园西南角,建筑面积 480 平方米,由扬州古典园林建设公司承建。主体建筑面南而建,为单层框架结构,采用钢筋混凝土基础,由管理用房、廊道、暗笼、明笼、活动区组成。虎舍有东北虎 5 只,有雄有雌,其中有扬州大学生物科学与技术学院认养的 2001 年 7 月出生雄性东北虎"春春"和市级机关幼儿园认养的 2002 年 4 月出生雄性东北虎"欢欢"。

2003 年底,改造芍药园,建成芍药池 3 个;扩大荷花观赏区面积,新建 7000 平方米蜀桧的植物迷宫,建成植物观赏片区。

2004 年 12 月,茱萸湾公园内猴岛建成。猴岛由瘦西湖公园投资,扬州古典园林建设公司承建,占地 4700 平方米,设 2 米宽园路 150 米、木栈道 160 平方米、木平台 500 平方米。猴岛四面环水,用 500 吨湖石假山做成水帘洞形式,作为猴子藏身之处。2004 年 12 月,原瘦西湖公园动物园的猴子全部到此安家。

2005 年,建海狮表演馆,占地 1000 平方米;建动物表演馆,圆形,建筑面积 500 多平方米。

茱萸湾环岛水上游项目于 2005 年 6 月开航,环游红星岛、新河岛、凤凰岛、万福闸等线路。

2004 年 12 月,扬州动物园由瘦西湖整体搬迁至茱萸湾。扬州动物园始建于 1958 年,原位于瘦西湖风景区内,属"园中园"式动物园。2005 年,茱萸湾公园更名为茱萸湾风景区管理处(扬州动物园),并挂牌成立市野生动物救助中心。2011 年,获国家 AAAA 级旅游景区称号。

动物园

扬州动物园先后繁殖成功国家一级保护动物东北虎、金钱豹、梅花鹿、丹顶鹤、绿孔雀、金丝猴等 200 多只。1994 年 6 月,瘦西湖公园动物园东北虎产下二雌一雄 3 只幼仔,这是扬州有史以来第一次人工繁殖东北虎成功。1996 年 6 月,丹顶鹤人工繁殖成功。2002 年 7 月,首次繁殖成功金钱豹一胎两只,填补扬州市在哺乳纲食肉目猫科动物金钱豹繁殖史上的空白,为动物园动物繁殖创下新记录。2002—2016年,繁殖动物的种类数量不断增加。2016年,首次繁殖成活金丝猴1只、赤大袋鼠1只、灰大袋鼠1只。

2005—2016年,茱萸湾公园建有华东地区一流生态动物展区,展出动物60余种1000多头(只),其中家一级保护动物15种、国家二级保护动物21种。建有鹤鸣湖、草食居、啸峰园、猿猴王国、熊猫馆、袋鼠园等动物观赏区,其中鹤苑、啸峰园被授予"全国动物园展区规划设计示范区"称号。

鹤鸣湖

鹤鸣湖位于公园南侧,靠近南大门。2010年10月建成,占地6公顷。主要包括4个功能区:火烈鸟展示区、天鹅鸳鸯等展示区、鹤类展示区、东堤水禽生态繁育区。引进和展示鹤类品种共13种:丹顶鹤6只、白鹤6只、黑颈鹤6只、白枕鹤6只、灰鹤6只、白鹤6只、黑鹤6只、白头鹤4只、蓑羽鹤6只、沙丘鹤2只、灰冠鹤4只、黑冠鹤4只、蓝鹤4只。

草食居位于公园东南部,建于2005年,占地1.5公顷,投资200万元。设杉木栈道200米,建木桥3座、六角亭式木屋1座、两开间木屋1座、单开间木屋1座。2009年3月,对草食居进行改造,增加展区面积。2012年12月,对草食居栈道进行改造,主体结构及栏杆采用混凝土仿木结构,沿景观轴线设置部分观赏平台。

啸峰园位于公园南部,2004年9月建成,占地1公顷,投资600万元,是扬州动物园成立以来最早的生态化展区,展示东北虎、非洲狮和棕熊三种大型食肉动物。2004年9月,茱萸湾公园猛兽散养园建成,占地1700平方米,其中狮舍200平方米、虎舍520平方米、熊舍130平方米,为砖混结构。猛兽展区分内外两个部分,内展区为1000多平方米的笼舍饲养区,

啸峰园

草食居

猿猴王国

建有笼舍 30 多间；外展区为 7400 平方米的坡型半散养区。

　　猿猴王国位于公园中部，2008 年底开工兴建。一期工程占地 1 公顷，投资 900 万元，2009 年 1 月建成开放。二期工程于 2009 年 3 月开工，4 月竣工。三期工程于 2014 年 3 月开工，4 月建成。展出方式为两种：笼养形式和岛屿形式。笼养形式展出的动物有金丝猴、长臂猿、黑叶猴、赤猴、黑帽悬猴，岛屿形式展出的动物有环尾狐猴、松鼠猴、黑猩猩。

　　熊猫馆位于公园中部，占地 2000 平方米，投资 400 万元。2008 年 3 月开工，4 月竣工开放。从成都卧龙大熊猫保护中心引进大熊猫 1 只、小熊猫 3 只。展出形式为两部分，一部分为内展区，主要包括大熊猫、小熊猫内展馆，管理用房；一部分为外展区，主要为大熊猫、小熊猫活动场地。

　　袋鼠园位于公园中部，原址为紫薇园，2015 年 4 月建成，占地 1500 平方米。袋鼠园展出赤大、灰大 2 种袋鼠共 8 只。

植物专类园

　　至 2016 年，植物园共有植物 375 种，分别隶属 110 科 180 属，植物绿地率 92％ 以上，绿化覆盖率 95％ 以上，素有扬州"城市绿肺"之称。

　　茱萸园位于公园北部，占地 1 公顷，是全国最大的公园茱萸观赏区。建园时仅有少数留存，1984 年从南京引进 10 多株及部分小苗建茱萸林。2011 年 1 月改

千萸林

造提升,扩大面积,从河南南阳引进200多株近百年的大规格茱萸,在原有茱萸林中自然栽植,通过改造地形、穿插小路,引领游客近距离观赏。2012年,建设茱萸专类园,引进灯台树、光皮梾木、四照花、红瑞木、毛梾等,进一步增强茱萸品牌效应。2014年4月,中国公园协会举行首届中国公园最佳植物专类园区评选活动,"千萸林"获首届"中国公园最佳植物专类园区"称号。

江苏市树市花园位于公园北部,占地1000平方米。2014年,结合"江苏市树市花聚扬州"活动,在茱萸湾宝塔下建设江苏市树市花园,种植全省13个省辖市的共17种市树市花。

芍药园位于公园北部,占地3000平方米,2001年建成。2010年2月改造提升,3月竣工。2015年,又引进30多个品种2000塘芍药。在保持原有植被的基础上,合理规划园路,将芍药栽于石池中,引进金带围、凤羽落金池、火炼赤金、杨妃出浴等100多个芍药品种,形成不同品种展示区,间以石蒜,山石池边配置相应的球类、灌木类植物加以点缀,增强冬季景观效果。

芍药园

琼花园位于公园东北部古运河边,占地1000多平方米,1996年建成。因建在地势较高的山丘之上,又名"琼花山",是扬州最大的琼花观赏点。

桂花园位于公园中部,建于2003年,占地1.26公顷。有2000多株金桂、银桂和丹桂,并从如皋引进10多株几十年老树穿插园中,树木错落有致,疏密相宜。

紫薇园位于公园中部,占地1公顷,2004年3月建成。植有紫薇、银薇。6—9月,花开满园,绚丽多彩。有白色、粉色、红色、紫色,素有"盛夏绿遮眼,此树红满堂"的赞语。

梅花园位于公园中部,占地1300多平方米,1993年建成。有骨红、檀香、绿萼等2000多株40多年老树自然栽植在山脚下,又称梅花山。山上建赏梅亭。

雪松林位于公园中部,占地2公顷。由2000多株40～50年树龄的雪松形成,地势起伏,前区有广阔的向阳草坪,是集观赏、疏散、休憩于一体的优美景观林。

卫矛林位于公园南部,占地8000平方米。2009年,将园区内散落的20多株50～60年树龄老树集中栽植,以广玉兰为背景,集中展示。

水杉林姿色优美,叶色秀丽;香樟林四季常青,冠大荫浓;栾树林姿态端正,枝叶茂密。春季繁花满园,夏季绿荫满地,入秋红果累累;柿子林枝繁叶大,秋果叶红,丹实似火。

园景

佛寺遗踪"第一丛林"位于公园东北部,是全国有史可考的"二十四丛林"中"第一丛林"。碑为青石,石质坚硬。字为行草,清新飘逸,为清乾隆年间碑刻真迹,也是"二十四丛林"

迄今保存下来唯一的佛寺石刻真迹。

宋井位于公园东北部。2005 年,京杭大运河"三改二"水利工程施工时,在茱萸湾古运河畔发现该井。经考证,为宋代叠角站砖圈砌的宋井,结构、样式极为罕见,因其造型和内部结构与一般水井有很大区别,故有相当的文物价值。

导航灯塔位于公园最北部。1982 年,水利部门为利于通航和分洪安全,在此兴建高 5 层楼的导航灯塔。2005 年重建,由市航道管理处投资,扬州古典园林建设公司承建。灯塔为 7 层六角形,塔高 22 米,上 2 层为木结构仿古建筑,下 5 层为框架钢筋混凝土结构。塔身基础较深,为 20 余米的混凝土灌注桩。

"抱江控淮"纪念碑亭位于公园西北部。80 年代,市政府在茱萸湾兴建水利纪念碑亭,并立碑石,碑体正面隶书"抱江控淮"。

茱萸轩位于公园东北部。据传,创立道教茅山派的齐梁隐士陶弘景到茱萸湾,见此地植有茱萸树,可采药炼丹、济世救民,遂建一轩。此轩后毁于战火。现茱萸轩为 80 年代初在原址重建,砖木结构,南接有廊道和凉亭,古朴厚重。

聆弈馆位于公园北部。聆弈馆是聆听水声、风声、竹声、鸟声等天籁之音的佳处,一向被文人雅士称为"水云深处"。聆弈馆为砖木结构歇山式古建筑,三楹,建筑面积 170 平方米。庭院中植两株广玉兰。

服务设施

儿童乐园位于公园西南部,草食居内,2014 年建成。有转椅、轨道火车、咖啡杯、喂奶鱼等项目。2016 年,新增旋转木马、滑滑梯项目。

游乐场位于公园西部,2000 年建成。游乐设施主要有碰碰车、飞行龙、卡丁车、转椅等。此后,陆续增添海盗船、动感单车等。

导航灯塔

抱江控淮碑

互动项目有跑马场、动物海狮馆、射击打靶、拓展训练等。

商业服务有鹿鸣苑餐厅、9个经营网点。2016年，公园新建生态烧烤场。

内部管理

茱萸湾风景区管理处（扬州动物园），属全民事业单位，两块牌子、一套班子。2016年有职工82人，年接待游客80多万人次。管理处下设综合办公室、财务审计科、动物管理科、市场营销科、经营管理科、园容基建科、安全保卫科7个部门。

2011年，举办2011中国扬州首届茱萸文化节。2012年10月，举行茱萸湾建园30周年庆典暨第二届茱萸文化节。2015年5月，举办2015珍惜濒危植物保护科普展。2016年10月，举办中国（扬州）第十二届赏石展，全国33个城市的504件奇石参展。

荷花池公园

位于城区西南部，荷花池路西侧。占地9.9公顷，其中水面5.3公顷，是在明清名园影园、九峰园遗址上新建的一座现代风貌与传统风格相融合的综合性城市公园。

沿革

公园原名南池、砚池，因池中广植荷花而得名。清初，汪玉枢在池边建有别墅，名南园，为当时扬州八大名园之一。园临砚池，隔岸有文峰塔，景名"砚池染翰"。园主购得太湖奇石九峰，大者过丈，小者及寻，玲珑剔透，相传系宋代花石纲遗物。该园旧有澄空宇、海桐书屋、玉玲珑馆、雨花庵、深柳读书堂、谷雨轩、风漪阁诸胜。乾隆南巡游此，赐名"九峰园"，并纪事略。扬州今尚存一峰，称"南园遗石"。嘉庆之后，园渐圮。咸丰年间，废而不存。1965年，市政工程队将荷花池东北一片荒地辟为城市绿化育苗基地。

1981年7月，荷花池苗圃初步改建成荷花池公园，并试开放。主要有西部一片黑松林，另有二球悬铃木、罗汉松、春梅、蜡梅、棕榈等树种。

荷花池全景

1995年3月，荷花池公园建设全面启动。主要建设公园西大门门厅、220平方米附属用房及厕所、配电房，完成二道河拱桥主体、响水河小石桥建设，公园周边环境清理整治和"双拥楼"定点工作。1996年，建设湖心岛水榭亭、湖心荷花仙子雕塑及1800平方米游泳池、345.6平方米附属用房，铺设园路412.5平方米，新建60平方米配电房。1997年，建成三角园、"砚池染翰"景点和"一片南湖""玉玲珑馆""临池""曲廊"等，建筑面积960平方米，并建成五曲桥、小拱桥。复建九峰园，购置青石狮1对、峰石9尊，并觅回南园遗石1尊。拆迁并安置东大门居民住宅9户及两侧有关单位办公用房、经营用房等，建成东大门及两侧围墙。1997年9月竣工，同年10月对外开放。1998年8月，完成"五岳之外滴泉""砚池观鱼"工程。

2002年1月，按照市政府为民办实事目标，荷花池公园实行免费开放。2003年8—9月，市城市环境综合整治办公室投资620万元，对荷花池公园进行全面改造。10月，荷花池公园敞开式开放。2004年，实施绿化改造工程，补植乔木、灌木、草坪等。2005年，维修公园东西门厅、船厅墙体，湖心岛曲桥栏杆，更换草坪护栏，进行湖心岛亮化改造，安装西入口、影园北入口护栏；补植龙爪槐、紫薇等117株，杜鹃等植物坪约400平方米、麦冬150平方米、草坪1000多平方米。

2007年3—4月，投资218万元，实施绿化提升工程、码头和局部景观工程、水下清淤工程和零星工程。2007年9月，市五届人大常委会第二十九次会议将荷花池公园确定为第一批城市永久性保护绿地。

2014年1月，荷花池公园成为市区首座健康主题公园。

2015年7月，荷花池地下停车场建设工程启动，工程包括荷花池停车场地库主体建设、荷花池支路改造、停车场与苏北医院联络通道、景观恢复4项内容，投资3亿元。

2016年，公园进行全面改造提升，包括道路系统、路灯、地被植物、节点景观、文化廊、亲水平台、休息座椅等。在公园西区荷花塘，打造荷花观景平台，市民可近距离观赏荷花。在影园遗址广场周围，增加园林文化展示窗口，重建4座人行桥梁，对水体进行清淤和生态治理。

园景

全园由九峰园、影园、西区娱乐活动园三部分组成。三园互相交融，各具特色。

九峰园位于公园东部，是清代扬州一座名园，盐运使何焵所建，后归歙县人汪玉枢，改建为南园。《扬州画舫录》卷七《城南录》记载："南池距九莲庵不远，南池即莲花池。"《平山堂图志》又云："隔岸文峰寺有塔，俗呼塔曰

御题九峰园（选自《江南园林胜景图册》）

文笔,故此称南池为砚池。"汪氏因于南园题曰"砚池染翰"。园内有深柳读书堂、谷雨轩、风漪阁诸胜。清乾隆二十六年(1761),园主于江南得太湖石9尊,置九峰于园内,因石建亭馆台榭,以石而得名。以两峰置海桐书屋,两峰置澄空宇,一峰置一片南湖,三峰置玉玲珑馆,一峰置雨花庵屋角。乾隆于次年巡游扬州时,题名"九峰园",并赋诗:"策马观民度郡城,城西池馆暂游行。平临一水入澄照,错置九峰出古情。雨后兰芽犹带润,风前梅朵始敷荣。忘言似泛武夷曲,同异何妨细致评。"

"砚池染翰"以九峰园为心,九峰园以九石为魂。九石各有特色,"大者逾丈,小亦及寻。如仰如俯,如拱如揖,如鳌背如驼峰,如蛟舞螭盘,如狮蹲象踏,千形万态,不可端倪。"清道光后,峰石大都散佚。故清人高文照有诗云:"名园九个丈人尊,两叟苍颜独受恩。也似山王通籍去,竹林惟有五君存。"

嘉庆年间,九峰园逐渐荒废。至民国初年,园中九峰仅存其一,后移至旧城公园。"文化大革命"后期,又移至史公祠梅花仙馆前,称之为"南园遗石"。1996年,市园林部门在九峰园旧址建荷花池公园,将其移入原址,并选置八峰湖石,与之相伴,恢复九峰景色。现九峰园按《荷花池公园总体规划》复建。东门厅单檐歇山,三开间,厅前置青石狮1对。门前广场1500平方米。迎门立峰石1尊,高7米,重22吨。在东门西北侧一峰名"玉玲珑",即"南园遗石",为九峰园之魂。余7块峰石依据地理位置分隔出不同的艺术空间,形成以观赏峰石为主开敞的古典园林。湖心岛上,依南园遗风新建"砚池染翰"主厅、玉玲珑馆、临池亭、曲廊、湖心岛平台、拱桥等。"砚池染翰"主厅为五开间,外围设置平台,用莲蓬图案点缀平台的白矾石栏杆,以蝴蝶图案装饰栏杆板,营造"众蝶戏莲"的氛围。主厅南侧为十间曲廊,曲廊中间设有垂花门厅,成为湖心岛水上入口。主厅东侧为造型特异的十字脊重檐四角方亭,因其东侧植有大面积荷花,取名"临池"。主厅西侧为玉玲珑馆,小瓦花脊,在挂楣、花脊等木装修上,运用龙形图案于角牙、撑牙之中。立于玉玲珑馆,可欣赏到西侧水面的彩色程控喷泉和荷花仙子雕塑。在湖心岛与荷花池北岸由90米长的五曲桥相连,造型精致的黄麻石小拱桥点缀其间,使曲桥有高低变化之感。曲桥有坐凳式的栏杆。五曲桥西侧水面,是面东而立高4米、重8吨的汉白玉雕塑"荷花仙子",其凤凰头饰和飘逸的长带,展示唐代仕女的形象。水影、月影交错,灯影、柳影辉映,光影迷离,气象万千。

影园位于公园西北角,占地7200平方米。建成于明崇祯七年(1634),为郑元勋私家园林,由《园冶》作者吴江人计成监造。是年,郑元勋会试落第,

影园遗址

湖心岛

又遭丧妻和眼疾,购废圃以造园奉母,工程历一年八个月。董其昌以园之柳影、水影、山影而名之,并书"影园"二字为赠。郑元勋撰有《影园自记》。

此园在湖中长屿上,隔水蜀冈,蜿蜒起伏,有小桃源、玉勾草堂、半浮阁、小千人坐、读书处、一字斋、湄荣亭、媚幽阁诸胜。建成不久,清兵入城,园毁于战火。2003 年 7—12 月,影园遗址恢复。影园北入口设有黄石碑刻,简介影园遗址概况。入园,通过铺装及断垣残壁等写意方式表现园内主要景点一字斋、草亭、湄荣亭、玉勾草堂、读书藏书处、媚幽阁、淡烟疏雨等,展现历史遗址的风韵和沧桑。南部为影园广场,广场东北角设有花岗岩石碑,碑上镶嵌铜牌碑文,刻有明代郑元勋《影园自记》。绿化系据《影园自记》的记载进行种植,有柳树、桃树、广玉兰、乌桕、意杨、云南黄馨、女贞、香樟等树木,菖蒲、茭白等湿生植物,杜鹃、草坪等地被植物,再现影园风韵。

西区娱乐活动园位于荷花池公园西侧。1995 年底开工,1996 年 7 月竣工。建有露天游泳池。2014 年改建,拆除游泳池等,增加体育健身设施。

荷花池位于公园中心地带。宗元鼎《荷花池》:"中宵凭槛意凄其,楼上星河宛四垂。五月香风来菡萏,安江门外有莲池。"每当盛夏,这里荷香四溢,莲水一色,是扬州人赏荷的胜地。公园因荷花池而得名。为了体现公园的历史风貌,丰富文化内涵,1996 年,在荷花池中围湖建岛,广植荷花。岛上亭桥堂榭皆巧借湖水,似与青荷碧叶一同漂浮于绿水之上。2003 年,结合史书记载,开辟荷花池东区和西区观荷景点,池植荷花 1 公顷,更显该园荷花特色。

绿化种植

1999 年,公园从武汉引进 158 种观赏荷花,以缸栽形式分布在东西区,形成东西呼应、水陆并举的荷花观赏区。2002 年,引进"太空莲"等新品种,继续扩大缸栽荷花规模。2003 年起,公园在郊外开辟品种荷花培植基地,基地面积 1 公顷。2004 年 3 月,从武汉再引进品种荷花,新增 196 个品种,公园荷花品种总数达 400 种,培植品种荷花 7000 缸(盆),并首次从南京引种睡莲 16 个品种。该园每年培植数千缸荷花,成为扬州市荷花培植中心,被列为第十八届全国荷花展唯一供荷基地,并连续获得全国碗莲栽培技术评比大奖。2004年7月,荷花池公园承办第十八届全国荷花展,展期一个半月。2009年6月,荷花池公园选送的碗莲"小佛手""红灯笼"获第二十三届全国荷花展一等奖。2015年6月,荷花池公园和文津园选送的碗莲品种"红灯笼""小玉楼"等参赛作品,在第二十九届全国荷花展碗莲栽培技术评比中,获4个一等奖,该园还入选"江苏十大最美赏荷地"。2016年7月,由中国花卉协会荷花分会、蜀冈–瘦西湖风景名胜区管理委员会、市园林局主办,瘦西湖风景区管理处、荷花池公园管理处承办的第三十届全国荷花展在瘦西湖风景区举办,全国27个省市110家单位参展,共展出400多个品种、1万盆(缸)荷花。中国花卉协会荷花分会授予荷花池公园管理处"全国荷花展览组织奖先进团体"称号,荷花池公园选送的新品种"小红菊"获得大中型荷花新品种评比一等奖,培育的碗莲获碗莲栽培技术评比一等奖1个、二等奖3个。

荷花池公园内以女贞、柳树为主要树种,游憩地区根据不同空间和环境,种植雪松、香樟、广玉兰、水杉等树种,采用孤植、丛植、片植或植物坪形式,并间植紫叶李、垂丝海棠、樱花、紫荆等,周边设球类植物,疏密相宜、高低错落、层次分明。2016年,全园有树木50余种1.7万株。

曲江公园

位于市区文昌中路与观潮路交会处,保护范围东至运河北路,南至公园规划红线,西至观潮路及规划红线,北至文昌中路。占地15.8公顷(水面9.07公顷)。

沿革

曲江之名出自西汉枚乘《七发》"曲江观涛"的典故,并成为扬州东郊一处地名。曲江公园处,原为鱼塘、庄台民房、少量菜地和水塘,系通扬运河旧河床,俗称沙河,环境较差。2003年底,市政府将曲江公园建设列为2004年市政府为民办实事重点工程。2004年2月,曲江公园一期、二期工程开工,9月竣工开放。主要建成广场、水域、绿地三大板块,成为东区市民良好的休闲活动场所。随着京杭大运河风光带的建设,该公园通过东、北两个方向通透的景观视廊,与运河景观带连成一体,成为文昌大桥西桥头重要的景观节点。2007年9月,市五届人大常委会第二十九次会议将曲江公园确定为第一批城市永久性保护绿地。

2010年,根据全国文明城市创建要求,对曲江公园进行全面提升,主要对公园内部分绿化进行分散移栽,并新栽银杏、香樟等大型乔木以及桂花、垂丝海棠等各类树种。在公园西入口广场新建"曲江潮"浮雕墙。

2012年,为推进全市"法治文化名城"战略,打造具有地域特色的法治文化品牌,曲江公园增挂"曲江法治文化公园"牌子,增加6座法治历史人物石像、6本打开的"石书"、法治宣传长廊、法治标语条石30块、法治文化大舞台等景点。

2015年,曲江公园全面升级改造,增设体育元素,新建1.2公里长智慧健身步道、健身测试小屋、棋牌桌椅、篮球场、排球场、太极区、跳舞广场、儿童游乐场、风雨长廊等基础设施,工程总投资500万元。同时,对公园西北入口的广场进行改造。在靠近观潮路的公园入口南侧附近新建乒乓球馆、警务室、监控室等,广场两侧增加高杆灯,改造喷水池,并对绿化进行提升。

曲江公园全景

园景

公园内建有"九龙戏水""百舸争流""五月卧波""乘风破浪""水柱起舞""露珠滴翠""人造海滩""荷塘月色"八大景点,湖水、喷泉、花坛、水池、木廊、景石、亲水平台等,与起伏的地形、丰富的植物相互映衬。

广场位于公园西北角。有江泽民亲手题写的"曲江公园"四字。

名人雕塑位于公园入口。雕有包拯、董仲舒、戴天球、鄂森、胡显伯等人塑像。

人工湖位于公园中心。水域面积9.07公顷。高处为大理石铺成,水岸低处是一排木板铺成的百米长堤。

木廊位于公园西北侧入口。设有两排上百米长廊,长廊内设置两长排石凳。

"曲江潮"浮雕位于公园西北角,2010年建成。浮雕墙长30米,高3米,正面由3个板块组成。左边用文字介绍"观潮"由来,中间依据西汉枚乘《七发》对广陵曲江观涛的精彩描述,用汹涌的波涛反映潮水形成、鼎盛、消失的场景。右边通过文字介绍21世纪以来经济建设、城市建设等方面取得的成果。浮雕墙背面抄录《七发》部分文字。

绿化种植

公园绿化空间层次分明,错落有致。公园四周植香樟等常绿乔木,以屏障园外住宅建筑。公园绿化以香樟为基调,广玉兰、雪松、桂花、柳树、银杏、棕榈等为骨干。湖边植柳树、桃树、云南黄馨等,池内植荷花。路边、林下植八角金盘、龟甲冬青等。园内还植有金边黄杨、石楠、金森女贞、小叶女贞、柿、香橼、梨、杨梅、枇杷、石榴、无花果等乔灌木。公园树木共有50余种。

服务设施

公园广场中间原先的警务亭改造成健身测试小屋。健身测试小屋面积10平方米,配有健身运动健康管理显示系统,设置LED显示屏。

公园设儿童活动场地,游乐项目有旋转木马、海盗船、空中旋转飞机、蹦蹦床等。同时设生态停车场。

京杭之心绿地

京杭之心位于广陵新城中央商务区,西傍京杭大运河,北临文昌东路,东接京杭路,南接运河东路北侧。占地8.4公顷,由京杭国际会议中心、五星级酒店和"C"形水湾等组成。

"C"形水湾项目于2009年4月开工,2010年12月开坝放水,2011年9月建成对外

京杭之心

开放。项目包括景观、绿化、游艇码头、灯光等。京杭国际会议中心是运博会永久性会址,2010年10月开工,2011年9月竣工。皇冠假日酒店为京杭国际会议中心的重要配套设施,2010年10月开工,历时4年建成,建筑面积5.63万平方米。

人工湖水域面积6公顷,呈"C"形,综合采用声光电系统。人工湖周边景观分为城市阳台区、文化体验区、花林漫步区、运河记忆区4个景观空间分区,建有特色心形构架及座墙雕塑、亲水平台、可坐式台阶、组合式音乐喷泉、主要步道及无障碍坡道、临时商业售卖亭、梯田式草坡看台、申遗标志位置、游船码头、防洪堤、特色水中灯柱、特色艺术构架、滨水散步道、上层观湖平台、假日市集广场、滨河绿地、水街入口桥及构架等景观。

音乐喷泉呈长方形,由2700平方米浮台承载湖中喷泉,喷泉可喷出60米高的水柱,与两侧的辅助喷泉合奏出不同造型。喷泉表现主题为"运河神韵,柔美扬州",水形包括:长虹贯日、扶摇直上、花篮开合、王者皇冠、盛世百合、数控跑泉、水袖摇曳、山形孔雀、有凤来仪、鸽舞迎宾、圣境雾霭等。各种水形围绕中间的圆形喷泉,基本呈现对称分布。

雕塑位于人工湖北侧,是京杭之心的标志之一。雕塑由3艘"帆船"组成,中间最高的"帆船"高9.75米,两侧"帆船"高8.55米。"帆船"上铭刻《运河记》,并绘有高楼大厦和祥云等图案,寓意"扬帆远航"。《运河记》赞颂古代劳动人民开挖运河的伟大功绩:赞我先民,开我运河。肇始春秋,二千沧桑。沟通中国,华夏辉煌。天圆地方,悠悠汤汤。护佑我族,源远流长。

会议中心总建筑面积2万平方米,地上3层,地下1层。该建筑采用经典唐风中规格最高的形式庑殿,顶为四坡形。其层层交叠的线形屋面,结合20多米高的玻璃幕墙,大跨度室内空间,以及更加轻盈、富有现代感的立面建筑造型,使会议中心建筑更能反映其艺术内涵。会议中心共有大小会议室9间。一楼大会议厅最大可容纳800人。大会议厅西侧是两个多

功能厅,面积140平方米。东入口还有两个小休息区,中间是总服务台。二层的大小会议室共5间。

皇冠假日酒店,地上15层,地下1层,建筑总高度70米,是一个集住宿、宴会、餐饮、休闲于一体的商务休闲酒店。建筑顶部采用歇山顶格局,飞檐翘角,古色古香。门厅后侧三楼上方,还设有两幢仿古小楼。

园区以背景林为边界,划分水岸空间与都市空间,在两者中配置特色树及灌木、地被,近水岸边配置耐水花灌木。京杭之心沿水湾绿化品种有100多种,大型树木500多株,有香樟、朴树、银杏、榉树、柳树等,并植有樱花、白玉兰、琼花、鸡爪槭、石楠等。为增强层次感,还栽植迎春、红花檵木、小叶女贞、金边黄杨、云南黄馨、杜鹃、金钟花、南天竹、加拿大常春藤、大花萱草等,地被主要以草坪为主。

三湾公园

位于古运河三湾段,是扬州市公园体系建设五大核心公园之一。范围为东至大学南路,南至新328国道,西至规划经八路,北至开发路。占地101公顷,其中陆地面积63.4公顷、水域面积37.4公顷。公园围绕古运河三湾段轴线,打造东西两大片区,实施水系疏浚优化与运河驳岸改造、生态修复与保护、基础设施建设与景观提升、公共服务与配套设施完善四大工程,建成集生态保护、自然野趣、科普教育、休闲观光、运河文化等功能于一体的湿地公园。总投资34.5亿元。

沿革

扬州地势北高南低,三湾地处下游,上游来水流经三湾时,水势直泻难蓄,历史上漕舟、盐船常常在此搁浅。三湾是扬州古城的门户,也是江浙鱼米之乡进贡皇粮的水上必经之途。明万历二十五年(1597),扬州知府郭光复将文峰寺以南一段运河舍直改弯,河道从100多米延长至1.7公里,河宽扩至100米左右,凿成"Ω"形状,以减缓水势流速,保证行船的畅通和安全。改造前的三湾,大部分为农田、庄台,并聚集染化厂、养殖场等高污染小企业,生态

三湾公园

环境遭受破坏。2014 年,市委、市政府决定打造三湾湿地保护区,向扬州建城 2500 周年献礼。

工程于 2014 年 9 月启动。2014 年 12 月,市开发区启动环境整治。2015 年 6 月开工建设,9 月平整土地,10 月河塘清淤。2016 年 2 月,园区栽植绿化。3 月,九龙冈建成。4 月,一期工程建成开放。7 月,建设体育设施。8 月,玉凤台建成。9 月,二期工程建成开放。10 月,园内桥梁开工建设。12 月,津山远眺景点开工建设。三湾公园以"百姓的家园、市民的公园、游客的乐园"为设计理念,立足原有湿地资源,充分利用绿色生态技术,构建圈层保护体系。内环设置为湿地保护核心,为生物营造最自然、原生态的栖息繁衍环境。中环设置为湿地缓冲区,作为与外环的过渡,通过设置观鸟长廊、观鸟屋,让市民充分感受到湿地原有风貌,尽可能减少生态环境的人为破坏。外环通过滨运河岸拓展,形成带状公园空间格局。整体上形成可休闲、可游览的最外层城市公园系统,实现公园和城市的完美融合,达到"园在城中、城在园中"的效果。公园对开放区域进行环境综合整治和提升,从山体造型立意、园林亭廊元素、花草植被布置等方面进行打造,力求精致。园区内锦瑟桥、琴瑟桥、七曲栈桥将公园水体有机串联,观鸟码头、塔影码头、世纪码头亲水而建,实现一步三景,景随步移。

园景

世纪码头位于公园西侧。码头建有一座形态独特的临水建筑——听雨榭。它以现代建筑材料和现代艺术理念,构造出船桅风帆的造型意象,传递着古今交融的运河文化内涵。

剪影桥横跨古运河,位于公园北侧。剪影桥采用双塔自锚式钢质吊杆悬索结构,全长168 米,单跨跨度 120 米,宽 20 米,将古运河东西两岸有机连接,登桥远眺,可以尽赏古运河三湾段美丽风光。剪影桥融入扬州剪纸拉花艺术元素,设计新颖、造型独特。

乐水园位于公园西南侧,是一组盆景式微缩湿地景观,也是一处科普教育体验区。乐水园有独特微循环系统,设有黄石假山、特色喷泉、多种水生植物,可以让游客零距离亲近自然,感受湿地。

"听泉四景"景区位于公园西南侧,由听泉园、闻香园、融乐园、观涛园四组景观组成。

观鸟屋和观鸟廊位于公园东南侧,是三湾最佳观鸟处。

琴瑟桥采取架空的廊桥并融合扬州古筝元素,使得扬州古筝的传统形象和廊桥的概念相互契合。此桥既能限制人流,又便于游人观赏湿地美景。

凌波桥,位于公园西南侧。桥结构采用下沉式系杆拱,长 223 米,单跨跨度 148 米,宽16 米。桥身设计与"水流波纹"产生互动,大小波浪造型让人感受到"扬州多水,水扬波"和"水城共生"的底蕴特色。

九龙冈,植被覆盖,郁乎苍苍。与玉凤台遥遥相望,构成三湾公园雄刚阴柔、珠联璧合的绝配对景。九龙潭位于九龙冈山脚,潭中映九龙。还配套建有九曲木桥。

津山远眺,位于公园东南侧,是三湾公园至高点。占地 4000 平方米,主峰高 12 米,整个山体是扬州市单体最大的叠石假山群。山间有形形色色湖石精心叠出的动物群像,形肖神似,引人入胜。山上建有双亭,名为"尔汝亭"。"尔汝",出自杜甫诗"忘形到尔汝",有彼此亲昵的意思。

音乐广场,一端是当代雕塑家创意制作的高山流水主题雕塑,抽象造型的林立峭壁,地铺纹样的流动水线,以及两山两侧延展的透雕部分用册页表达的古诗词。

诗韵长廊，铸刻33首代表扬州历史风貌的诗词。结合栈桥铺装设计，采用铸铜工艺，将诗词铸于铜板上，与地铺石材相接。诗词的排列方式各异，漫步在栈桥上，能领略扬州的人文风采。

帆影码头，位于公园东侧。码头上建有"流采亭""风雩亭"。

玉凤台，位于公园中心。原是润程混凝土厂倾倒的混凝土废料，建设时因地制宜，巧妙地叠石成山，铺设曲折步道，配以绿植，造型独特。登上玉凤台，三湾湿地美景一览无余。

古陶广场，位于公园西入口。取意"陶陶太古民风淳，诈伪不萌情意真"，并建有古陶喷泉。

城市书房，位于公园东南侧。书房邻水而建，分为两层，融入中国传统水岸建筑中水榭和画舫精髓。书房以两株生态树为设计出发点，将文化符号植入空间，采用木本色材质引入绿色植被，并充分考虑人性化功能设置，营造一个藤质环保式阅读空间。书房内设有电子阅读区、自助借还机等配套设施。书房面积280平方米，藏书近2万册，报刊30种，拥有30万种电子书、22个大型数据库、6个自建数据库等。

动植物

三湾公园树林成片，水草丰茂，鸟类品种繁多，发现有红头潜鸭、黑翅长脚鹬、金眶鸻、喜鹊、白头鹎、红嘴鸥、戴胜等40多种，其中红头潜鸭是2015年濒临灭绝的二级保护动物。园区内共栽植500多种植物，其中草本植物200多种。植有香樟、银杏、桂花、朴树、水杉、柿、池杉、落叶杉、红豆杉、黄金香柳、沙柳、桃树、石榴、刺五加、三角梅、细茎针茅、矮蒲苇、芦苇、金边胡颓子、美女樱、朱蕉、金边丝兰、金叶苔草等。公园内还建有漫樱园、琼花园、梅香园、水杉林、香橼林等主体景观林。漫樱园也是扬州市较为集中的樱花观赏区。

服务设施

公园设体育健身运动区，有篮球场、笼式足球场、羽毛球场等。原为扬州城郊接合部一处棚户区，河道壅塞，污水横流，垃圾成堆。2014年，市委、市政府启动该区域环境整治工程，使之成为良好的城市河道景观。

园区内还设置5条长度不一的健身环道，配备儿童攀爬游乐园、健身步道等多种参与性活动场所，满足各年龄层次市民休闲健身需求。东入口广场和北入口广场是全民健身活动的场所。

蜀冈西峰生态公园

位于蜀冈-瘦西湖风景名胜区西端，扬子江北路与平山堂路交会处。占地36.8公顷。

沿革

蜀冈西峰位于唐城遗址以西，与中峰似断似连，又自成一体。《扬州画舫录》称，扬州山以蜀冈为首。蜀冈在郡城西北大仪乡丰乐区三峰突起：中峰有万松岭、平山堂、法净寺诸胜；西峰有五烈墓、司徒庙及胡、范二祠诸胜；东峰最高，有观音阁、功德山诸胜。冈之东西北三面，围九曲池于其中。池即今平山堂坞，其南一线河路，通保障湖。冈上树木丰茂，绿水萦绕。

蜀冈西峰生态公园

及至峰上，地势平坦，曲径通幽。司徒庙在康熙年间荒废，邑绅汪天与重加修饰。五烈祠，邑绅汪应庚亦重加修饰。范文正公祠在西峰，明崇祯间，巡按御史范良彦建。安定胡公祠在西峰，本为安定书院故址，后改为司徒庙，今复改为公祠。蜀冈西峰古名吴公台，又名斗鸡台、弩台。明末清初时为扬州守备官兵营区，康熙初年改作军田之用，乾隆年间复改建为官兵操练之所，人称"大教场"。八卦塘、双墩、玉钩斜均为清代盛景，后毁。民国时继作阅兵、操演、打靶场地。抗日战争初期，一度改建为军用飞机场，后渐荒废。

新中国成立后，原址初为扬州行政区示范农场，后相继为苏北区农业试验场、省扬州农场、省农业综合试验站、省农业科学研究所、扬州专区农业技术中心站、扬州专区农业科学研究所、"五七"农场新四连、扬州专区农业科学研究所、扬州地区农业科学研究所、江苏里下河地区农业科学研究所。蜀冈西峰生态公园为原桃园部分，东起扬子江北路，南至平山堂西路，西至农科所，北至台扬路，以及山下八卦塘区域。

2003年，市政府投资1亿多元，与农科所进行土地置换，搬迁农科所生化厂、研究室、浴室、菜场和23户农庄。2004年1月，蜀冈西峰生态公园一期工程开工，总建设面积36.8公顷，由绿化、道路、附属设施三部分组成。其中，绿化面积28公顷，于2004年4月建成开放。2007年9月，市五届人大常委会第二十九次会议将蜀冈西峰生态公园确定为第一批城市永久性保护绿地。

园景

公园围绕扬州文化特色，将扬州历史文化与现代城市公共开放空间紧密结合，恢复历史著名景点八卦塘和玉钩亭，使蜀冈西峰生态公园成为蜀冈－瘦西湖国家重点风景名胜区历史文脉的延续和升华。

玉钩亭位于蜀冈西峰生态公园东侧。相传，蜀冈西峰原为隋炀帝埋葬宫人的地方，称为玉钩斜。唐元和年间，淮南节度使李夷简镇守扬州，在此处修建玉钩亭。原亭子早坍塌，现亭子系2004年按照唐代形制重新修建。亭子为四角攒尖葫芦顶，台面铺设青灰色地砖。四根朱漆大柱,中段微鼓,撑起巨大的亭盖,出檐壮阔,斗拱雄奇。南北两面的柱子间有围栏相连。东西敞开,上悬篆书匾额"玉钩亭"。亭东北角,几块太湖石托着一块石板,上刻:"蜀冈西峰,旧有隋炀帝葬宫人处,称宫人斜。唐宪宗元和间,淮南节度使李夷简镇守扬州,于此建玉钩亭,后遂称玉钩斜。亭早圮,今按唐制重修。"

八卦塘,位于蜀冈西峰生态公园南侧,相传为芸娘墓址。芸娘是《浮生六记》主人公,死后葬于扬州西郊金匮山,确切的墓址地点无法考证。金匮山因窑厂取土被基本推平,现建为八卦塘景观绿地。八卦塘工程2011年2月开工,3月建成。占地4.5公顷,投资1042.17万元。主要为改造绿化和景观两部分,其中绿化部分包括乔木、灌木、地被栽植,景观部分包括木栈道、重檐圆亭、木拱桥、坐凳、湖石花池布置。植物运用上,注重体现春景秋色季相变化,打造春花、夏荫、秋色、冬绿景观效果。改造后的八卦塘,不仅为广大市民提供休闲散步的场所,而且进一步提升城市品位、完善城市功能,形成自然生态的城市绿地新景观。

绿化种植

公园在原生态环境基础上,按"生态优先,保护景观多样性和生物多样性"原则,以绿化为主,适地适树,合理搭配,保留原有地形地貌和长势良好的高大树木,大量栽植乡土树种,兼顾引种适应性、观赏性强的树种。主要是对香樟、意杨、水杉、广玉兰等原有大小林木予以保留和充实,根据生物多样性原则,构建树林草地、密林、滨水植物和复层林植物群落,科学配置银杏、紫叶李、紫薇、枫香、红枫、榉树、柿树、枇杷等常绿、落叶乔灌木,水菖蒲、茭白、水芋、水葱、水竹、灯芯草、千屈菜等水生植物以及蕨类植物和苔藓植物。新植各类树木80多种60多万株。营造出浓郁的自然生态气息和"三季开花,四季有景"的优美园林景观效果,使公园成为扬州城西北一处舒适、恬静的"绿肺"。

服务设施

蜀冈西峰生态公园建设充分尊重原有地形地貌、水系和植被,兼顾休闲和游憩功能,设置环形主干道,疏通围合若干游步道,修整原有池塘,配置园路、茶亭、水电、厕所、坐凳等基础设施,并在园内采用太阳能灯照明,进一步突出生态理念。

竹西公园

位于市区竹西路30号,占地8.9公顷,其中水面约占6%。以唐代古迹"竹西亭"命名。

沿革

唐代,蜀冈末微之处,有一座古上方禅智寺,寺前沿官河蜿蜒西向的一条小道旁,是一片幽静的竹林。杜牧作《题扬州禅智寺》:"雨过一蝉噪,飘萧松桂秋。青苔满阶砌,白鸟故迟留。暮霭生深树,斜阳下小楼。谁知竹西路,歌吹是扬州。"从此,人们便称这条小道为"竹西路",上方禅智寺遂改为"竹西寺",又取杜牧诗意,几番修建"竹西亭"。

据《扬州画舫录》载:竹西芳径旧时即为上方寺,又名禅智寺、竹西寺。最初为隋炀帝行宫,后舍宫为寺,赐名"上方禅智寺"。唐代,禅智寺以其丰富的文学意蕴盛称海内外。众多文人墨客在此游历赋诗,张祜《纵游淮南》:"十里长街市井连,月明桥上看神仙。人生只合

竹西公园大门

扬州死,禅智山光好墓田。"唐代赵嘏《和杜侍郎题禅智寺南楼》、罗隐《春日独游禅智寺》等都是吟咏禅智寺的佳作。寺旁有竹西亭,宋朝扬州知州向子固改名"歌吹亭"。亭西有建于五代用于祭祀的昆丘台。欧阳修做扬州知州时,昆丘台出现严重倾斜,于是加以重建。唐宋以后,战乱不断,此处日渐荒芜。直至清乾隆十九年(1754),翰林编修程梦星重建该寺。乾隆曾三游竹西寺,并题"竹西精舍"匾额。乾隆第三次游竹西寺时,该园有八景,即月明桥、竹西亭、昆丘台、三绝碑、苏诗石刻、照面池、蜀井和芍药圃,因又被誉为"竹西佳处"。竹西佳处到清代后期荒废。

至新中国成立时,就剩光绪末年寺僧所修"正觉堂"5间,还有旁舍10余间,昔日繁盛景象不复存在。"文化大革命"中,仅剩的房屋也毁于一旦。只留下"第一泉",至今水质甘甜,且井水无论怎么煮沸都不会有水垢,堪称一奇。

1989年7月,郊区城北乡农民在离原址约半公里处建竹西公园,恢复"竹西佳处"月明桥、竹西亭、三绝碑、苏诗石刻、蜀井等部分景观。1990年9月,竹西公园建成开放,此为苏北首家由农民创办的公园。园门上"竹西公园"匾额,为林散之题写。1990年,该园被省农林厅确定为省盆景出口基地之一。1993年,竹西公园举办苏北地区首次郁金香展览。1995年,又建立以竹西公园为主体的竹西集团,逐步形成集花卉、盆景生产经营和旅游观光为一体的综合性园林,也是扬州郊区农民集资创办的第一家古典园林。1997年4月,成为市三级园林绿化企业。1999年5月,被省建委确定为二级园林绿化企业。2002年4月,中央电视台《扬州世纪行》在竹西公园拉开帷幕。

园景

竹西公园共分4个区域,即园前区、庭园区、娱乐活动区、盆景区。

园前区有门厅五楹,上悬林散之题书"竹西公园"匾额。门厅北耸立一座高大景屏,透过景屏方窗,绿竹青翠,亭树朦胧,全园景色隐约可见。

庭园区主要包括月明桥、竹西精舍、竹西亭、蜀井、苏诗、三绝碑等。

月明桥位于公园西北角。隋唐时名桥，现桥为80年代末90年代初新建。

竹西精舍位于公园中部。清代扬州官商为迎接乾隆南巡，于竹西寺内增建驻跸之所，"竹西精舍"四字为乾隆题写。现四周环水，中建厅堂三楹，飞檐翘角，古朴典雅。室内上悬"竹西佳处"横额，内侧悬有"谁知竹西路，歌吹是扬州"诗句。

竹西亭位于公园西南角。始建于唐代咸通年间。《扬州画舫录》记："寺左建竹西亭"，亭名本取小杜诗"谁知竹西路，歌吹是扬州"句，后改名"歌吹"，屡毁屡复，又改祀王竹西。今移建寺左，旧址遂墟。现竹西亭为仿古六角双檐亭，登亭远眺，全园景色尽收眼底。

竹西亭

蜀井位于公园西北角。《广陵览古》卷二载："蜀井在蜀冈上，禅智寺侧，其泉脉通蜀，故名。"当年，苏轼盛赞竹西胜景，亲评蜀井为"第一泉"，并欲"剩觅蜀冈新井水，要携乡味过江东"。

苏诗石刻位于公园西北角。原镌刻苏轼所作《次韵伯固游蜀冈，送叔师奉使岭表》，清代王士禛为苏诗石碑举行入嵌仪式，后邀请文友聚会，按苏诗原韵和诗，一并加以石刻，汇成苏诗长廊。廊长百余米，除有苏诗石刻，其中还装嵌有赵朴初及扬州当地书法家熊百之、李圣和等作品，内容是自隋至近代文人歌颂扬州和竹西的诗文。

三绝碑位于公园西北角。《嘉庆重修扬州府志》卷六十四载："禅智寺三绝碑，吴道子画宝誌禅智像，李太白赞，颜真卿书。明僧本初重刻。"原碑已毁，明代寺僧本初重刻，碑高1.55米，宽73厘米。

童学馆位于公园西北角。创办于2006年，系北京金色摇篮潜能教育集团旗下，全国连锁的儿童国学潜能开发教育机构。

绿化种植

公园内花卉盆景五彩缤纷，植有香樟、银杏、朴树、日本五针松、女贞、桃树、石楠、棕榈、芭蕉、紫叶李、紫薇等乔灌木；地被主要以麦冬和草坪为主；荷塘内种植水生植物，有睡莲、鸢尾等。盆景园主要以扬派盆景为主，有黄杨、榆桩、日本五针松等。园内还建有梅园、桂圃、芍药圃。梅园有龙游梅、宫粉、大红、朱砂、杏梅等20余品种。

服务设施

公园建有大型儿童游乐场和野炊天地。游乐项目有旋转飞机、欢乐城堡、旋转木马、碰碰车、影院、海盗船、激战鲨鱼岛、魔幻迷宫、儿童攀岩等。

园内还建有台商文化娱乐活动中心，有游船、垂钓等设施，集会议、旅游、休闲三位一体，充分体现综合服务功能。

润扬森林公园

位于瓜洲古镇，润扬长江大桥北接线以东，瓜洲渡口以西，古运河与长江交汇处。占地232公顷，其中绿化面积150公顷、水域面积47公顷，绿化率70％。

沿革

润扬森林公园地处长江扬州段。此江段受构造条件和潮汐等多种因素影响，是长江下游河床演变最大的河段之一。春秋战国以前，此处为长江喇叭口。秦汉以后，江面逐渐收缩，河口向东海迅速推进，江面由原来的23公里缩窄至今最宽处仅2公里～3公里。新中国成立后，党和政府十分重视江岸治理。70年代起，国家对六圩段江岸进行整治。1970—1975年，在京杭运河口以西筑7道丁坝。此后，又在京杭运河口以东进行平顺抛石护岸。经过30多年治理，江岸趋于稳定。

润扬森林公园是市委、市政府为配合润扬长江公路大桥、打造"生态扬州、人文扬州"而建设的一项生态景观工程，是集旅游胜地、休闲园地、度假天地于一体的生态公园。森林公园一期工程由邗江城市建设置业有限公司投资4亿元，主要建设基础设施和绿地。2005年1月动工，4月建成开放。完成土建1万多平方米，种植高大乔木6万余株、人工草坪20多公顷。主要景点有一堤、一湖、一街、一馆、一路、三场。2005年4月，全国人大常委会委员长吴邦国在公园为润扬长江公路大桥开通剪彩。同年，中央电视台和市政府在公园滨江广场举行大型文艺演出。同年12月，省林业局组织专家组论证通过《江苏扬州润扬湿地公园总体规划》。

润扬森林公园

2006年2月，成立扬州市瓜洲国际旅游度假区管理委员会，负责公园基础设施建设与日常管理。同时，邗江区政府每年安排80万元润扬森林公园运营管理专项经费，并明确公园四址范围，东、南、西均为自然隔离，北侧用铁栅栏分隔，界址明晰，便于管理。

2008年5月，上海中为投资有限公司参与润扬森林公园维护和开发建设。2009年，润扬森林公园划分为三部分，即太阳岛运动休闲俱乐部、生态住宅开发和瓜洲国际露营地。2010年5月，建成营地服务中心、洗浴中心、交友服务中心、演艺大厅、江月缘大酒店、月亮湾爱情岛、农耕生活体验区、拓展训练基地、CS丛林野战、汽车服务中心、草坪帐篷营区、自驾车标准营区、森林木屋营区等多个功能区。

2015年6月，公园引进奇瑞途居露营地项目。公园内共有121辆房车、17幢木屋、6幢树屋，可同时容纳千人住宿、餐饮、会议及上万人游览。2016年，扬州途居国际露营地接待游客50万人次，实现营业收入1764万元。建设18洞国际标准高尔夫球场，2016年平均接待游客人数2500人/月，累计实现营业收入674万元。2016年11月，获国家AAA级旅游景区称号。

园景

公园主要景点有千米花堤、人工湖、商业街、大桥纪念馆、主入口广场、纪念广场、滨江广场、景观主干道等。

主入口广场位于公园东部。建筑面积1.5万平方米，并建有大型雕塑"琼花赋"，在精美的灯饰、名贵的花木、游船码头的映衬下，充分展示出润扬森林公园的个性美。

千米花堤长2.4公里，以"春江花月夜"为主题，沿堤布置若干充分反映滨江风光的各类景观。走在花堤上，可一览"长江东去"的豪迈景象，感受"京口瓜洲一水间"的诗情画意，领略"一桥飞架南北"的江桥壮观。

滨江广场面积1.7公顷，是公园内主要景观广场，也是扬州重大公共活动的场所之一。广场建有大型文艺活动表演舞台等设施。

纪念广场面积1公顷，建有展示馆和实物艺术雕塑，有亭、台、楼、阁、游船码头等，是重大纪念性活动场所。

瓜洲商业街建筑面积9000平方米，造型古典，能满足旅游商业及餐饮娱乐多功能需求。

大观楼是一座有历史意义的建筑，高度超过长江四大名楼。大观楼四周建台，即前有天台，后有地台，东有日台，西有月台。依春夏秋冬四季，布置花坛。

绿化种植

公园内滩涂遍布，芦苇广被，群鸟栖息，拥有保存完好的生态湿地环境。园内动植物资源丰富，存在生长较好的水杉林，三面环水，为形成湿地森林景观奠定基础；野生植被有蛇莓、芦苇、菖蒲等乡土植被种类；植物品种丰富，有香樟、榉树、椰榆、朴树、桑、枫香、无患子、樱花、栾树、桃树、红枫、水杉、紫薇、蜡梅、迎春、海桐、春梅、垂丝海棠、芦苇、菖蒲等80余种。

服务设施

公园配有戏水乐园、烧烤场、停车场等。

引潮河公园

位于市区百祥路与文汇西路交会处北 200 米。占地 10.7 公顷，是为主城区 5.8 平方公里范围服务的一座开放式城市公园。

沿革

引潮河是市区一条排水主河道，东至邗江路，西至润扬路。又名银潮河、运草河，旧为粮草运输水道。全长 1600 米，河面宽 20 米，河岸两侧为城市绿地。

2007 年，投资 4200 万元，实施引潮河综合整治工程，包括驳岸、亮化、绿化，建设园林景观小品，2008 年底竣工。2009 年 7 月，市六届人大常委会第十一次会议将引潮河公园确定为第二批永久性绿地保护对象。2010 年，维修公园破损路面，对木栈道、步行桥等进行油漆出新，并提升绿化。2016 年 3 月，启动引潮河综合整治和提升改造工程，包括绿化提升、景观改造、体育休闲设施建设等，7 月建成开放。

园景

公园被文汇西路、百祥路隔成三大块，最西一块以市民休闲、文化展示为主，中间一块以自然生态空间为主，东边一块以休闲娱乐、市民健身为主。

文化广场位于公园东侧，主要由喷泉、银杏树阵、一组小品构成。喷泉长 20 米、宽 8 米，中间用景石点缀，景石上雕刻"引潮河风光带"大字。喷泉东侧有一山石耸立，山石为太湖石，高 12.7 米，重达 46 吨，名为"游龙金凤"。山石最顶端是两只展翅欲飞的凤凰，下面是两条

景石

盘旋的巨龙。广场正中间栽植银杏。小品主要是大理石材质石雕"九龙公道圣杯",记载浮梁县令进贡洪武帝"九龙杯"的故事。该杯水满则漏尽,寓公道公平、谦益满损。因公道镇为洪武帝发祥之福地,遂名为"九龙公道杯"。

叠石瀑布位于公园东侧。分为上下五级,每一级设有一个浅水池,用于蓄水。层层叠叠的瀑布与黄石、植物构成一道风景线。

引潮河公园一景

观景亭位于公园西侧,为钢架结构,双层圆形,用防腐木作为外装饰。亭内置塑木坐凳。

休息长廊位于公园南入口北侧,为钢架、混凝土结构,玻璃顶。廊内设置塑木坐凳。

文化景墙位于公园西侧,为钢架结构,在金属板上采用镂空工艺,雕刻瓜洲古渡等9组壁画。景墙周边栽植爬藤植物蔷薇。

甘泉亭位于公园东侧,为钢架结构,四周围以仿木栏杆,亭上设楹联"廉泉驱绩命,惠政荡清风"。邗江境内有泉,涝不盈,旱不竭,泉水清冽,称甘泉。甘泉亭寓人品清正应如泉水清洁,楹联告知世人做人为官之基本准则。

茶隐亭位于公园东侧,为钢结构,因阮元茶隐避寿故事得名。亭前建有阮元雕塑及大理石雕"阮元诚廉"。

绿化种植

公园栽植大片紫竹林、桃树林、梅树林和松树林,还植有香樟、银杏、栾树、朴树、无患子、柳树、国槐、枫杨、枫香、樱花、桂花、鸡爪槭、柿、紫薇、红枫等乔灌木,配植石楠、南天竹、十大功劳、绣球、金叶女贞、大花糯米条、红花檵木、火棘、玉簪、萱草、红花酢浆草等,并植有荷花、芦竹、香蒲、梭鱼草等水生植物。

服务设施

内部配套设施齐全,设有儿童游乐场、茶楼、3处公厕、1片篮球场以及休息座椅、垃圾桶、配电房等服务设施,入口处设有停车场。

明月湖中央水景公园

位于市区文昌西路与国展路交会处。占地23.4公顷(含水面),保护范围为环湖纵深50米内。

沿革

公园定性为文化休闲公园,四周是居住、商贸、行政用地。公园以规则与自然相结合的手法，因地制宜建设人工湖岸线景观和沿文昌西路景观。2002 年 7 月，开工建设扬州国际展览中心，历时 100 天完工。同年 8 月，开挖人工湖，这是市区开挖的第一个人工湖。2005 年 2—4 月，进行景观亮化建设，安装各类灯具 1400 盏，种植大树 9440 株，绿化面积 3.93 公顷。公园由人工湖、跨湖大桥、环湖路、扬州国际展览中心组成，是继扬州老城区各传统景点之后，集休闲、娱乐、游览于一体的又一新景观。2006 年，实施景观绿化提升工程。2007 年 9 月，市五届人大常委会第二十九次会议将明月湖中央水景公园确定为第一批永久性绿地保护对象。

2016 年 9 月，实施明月湖中央水景公园及周边绿化景观提升改造工程，完善内部健身步道，实现人行步道与骑行步道分离，打造沿湖林荫道。对涉及步道建设范围内绿地景观进行梳理和提升，保留大乔木，减少内部灌木，打造树林草地，增加阳光草皮，提高公园绿地使用率。

园景

明月湖处于公园中心，湖面 12.57 公顷，是以赵家支沟河床为基础人工开凿的湖泊。2007 年 3 月，命名为明月湖。岸边设亲水平台 4 个，湖面上架设的东西向跨湖大桥将明月湖分为南湖和北湖两个区域，南湖上设人行步道木桥 1 座，北湖中有地势起伏的小岛 1 座，并有一条 1 米宽的通道与岸边相连。岸上设有集会广场和亲水步道。

跨湖大桥全长 372 米，为 2 座平行分列桥，是市区通向扬州火车站和扬州环城高速公路西入口的主要通道。

环湖路是人工湖周边的一条主要交通干道，全长 1570 米、宽 50 米，双向四车道，将扬州国际展览中心、双博馆、扬州职业大学新校区和市体育公园等连为一体。

扬州国际展览中心位于公园北侧。建筑面积 1.5 万平方米，其中展厅 8100 平方米、服务区 1900 平方米、休闲区 2100 平方米。

明月湖荷花

绿化种植

公园植有香樟、杜英、栾树、银杏、广玉兰、朴树、女贞、合欢、桂花、紫叶李、紫荆、樱花、琼花、石楠、红枫、垂丝海棠、紫薇等乔灌木，配植紫藤、凌霄、南天竹、金叶女贞、海桐等，地被有麦冬、三叶草、马尼拉草坪，湖内种植大面积的荷花。公园共有30余种植物，层次分明，季相变化明显。

服务设施

公园辟有儿童游乐广场，设休息长廊，并设置可发光的运动秋千。

明月湖东南侧建有两爿篮球场、一爿沙滩排球场、一爿笼式足球场、一爿排球场和一爿停车场。沿湖设置休闲座椅，沁岛北侧设置休息长廊。园内还建有健身沿湖跑道，设置健身器材。

明月湖中央水景公园全景

扬子郊野公园

位于市开发区临江路以西，江海路以北，江海学院以东，吴州路以南。占地 93.4 公顷。

沿革

原址为河塘。2003 年初，为落实市委、市政府"打造绿杨城郭，建设生态扬州"的部署和市开发区统一规划，在施桥镇孙集村和扬子村启动"森林公园"项目一期工程，流转土地

扬子郊野公园大门

34.8 公顷。2004 年 3 月，启动"鲁能银杏园"项目建设，流转土地 12.1 公顷。两园共流转土地 46.9 公顷。

2008 年 2 月，启动"森林公园"项目二期工程，并更名为扬子津生态园。2010 年 3 月，施桥景卉绿化专业合作社全面接管生态园，成立施桥花木场。2015 年，施桥花木场更名为扬子生态休闲体育公园。2016 年，更名为扬子郊野公园。2016 年 4 月，市开发区对公园进行提升和扩建，提升扩建工程以自然生态为主旨，围绕生态旅游、运动休闲及适生植物展示三大功能，营造"以水为墙、以林为幕、以河为脉、以堤为路"的特色空间。南扩 33.4 公顷，共投资 3500 万元，绿化覆盖率 80%。2016 年 8 月建成开放。2016 年 11 月，举办"中海·运河丹堤杯"2016 扬州市"定向越野跑—施桥站"活动。公园年接待游客 36 万人次，是一座集文化旅游、生态观光、休闲娱乐、体育运动于一体的半开放式公园。

园景

公园内建有多个功能区，包括动物观赏区、文化展示区、儿童游乐区、市民健身区等。

景墙位于公园入口处，以中国古代景墙为框，配置造型树和景石，组成精致的入口景观。

动物观赏区主要展示马头羊、黑山羊、黄牛、孔雀、梅花鹿、雁、鹅等。

竹韵轩为公园内一处综合性文化驿站，包括琴、棋、书、画四大体系，设有漂流书架，为各个年龄阶层的游客提供文化享受和知识交流的平台。

园内建有休憩凉亭、林间的绿色栈道、景观桥、观景木平台、休闲座椅等景观小品。

绿化种植

公园以绿地、树木、河流等自然生态景观为依托，建有玉晖园（玉兰）、三醉园（芙蓉）、五福园（梅花）、远香园（桂花）、凌波园（荷花）、念亲园（紫荆）、紫霞园（紫薇）等 7 座赏花主题园。园内植物共有 200 余种 10 多万株。按照"四季有花、草木含情"的思路，以适生植被为主题，通过合理的观景路线，形成春赏玉兰夏踩莲、秋闻木犀冬咏梅的多样化体验。香樟、银杏、水杉等上百种植物合理穿插，相映成景。

服务设施

公园设有游客服务中心,建有大型儿童乐园、大型无动力儿童设施和环保地面,配备大型篮球场和笼式五人制足球场、乒乓球场、羽毛球场、运动健身广场、2050 米环形健身步道、多套健身路径等。同时建有 6 座星级公共厕所。

蝶湖公园

位于市区维扬路以西、祥和路以东、茉莉花路以南、蝴蝶路以北。南北宽 230 米,东西长 370 米,占地 9 公顷。服务半径 2000 米,服务小区 40 个、人群 10 万人,是综合性公园。

沿革

原址为旧厂房。2010 年,市开发区将建设蝶湖公园作为城市建设和环境提升的重点工程之一。工程总投资 2500 万元。2010 年 1 月开工,5 月完成人工湖开挖,工程包括绿化景观、硬质铺装、喷泉、停车场、亮化等。2011 年 7 月建成开放。2014 年 1 月,蝶湖公园实施亮化提升工程,总投资 83 万元,安装草坪灯 60 套、LED 投光灯 30 套、庭院灯 45 套等。2014 年底,新城河蝶湖段实施污水截流、清水活水、防洪排涝、交通组织、景观提升等五大工程的综合改造。2014 年 5 月,市七届人大常委会第十三次会议将蝶湖公园确定为第四批永久性绿地保护对象。

2015 年 12 月,市开发区对公园南北侧入口处景观进行提升,改造水景,并增加篮球练习场、乒乓球场、空竹练习场及体育健身器材 14 组等,沿湖增加塑胶跑道。总投资 300 万元。2016 年 4 月竣工。

园景

公园内建有亲水浅滩、云帆、蝶湖及诗韵广场、石竹广场等景点。

东入口被 3 座大花圃隔开,设有反映扬州人文历史的主题雕塑。

景墙位于公园南侧,呈长方形,北侧为阶梯式台阶,设有景观雕塑。

蝶湖是公园核心景观,面积 6.7 公顷,湖深 4 米。从空中看,湖呈蝴蝶形状。

亲水浅滩位于公园东南角邻近水面的区域,大大小小鹅卵石从岸边一直延伸到水里,面积 1000 平方米。浅滩上设置 8 颗银色"巨蛋",每一颗"巨蛋"上印有一副扬州地标性建筑:文昌阁、五亭桥、东关街、东门、江渔、扬州车站、万福闸、万福大桥。

园内还建有假山、观景平台、休闲长廊等景观小品。

绿化种植

植物紧扣"蝴蝶"主题,打造多彩的植物景观。公园入口处 4 株五针松与山石错落形成巨型盆景。园内栽植 100 多种

蝶湖公园

植物,有香樟、银杏、乌桕、广玉兰、雪松、垂丝海棠、樱花、桂花、春梅、红枫、蜡梅、结香、石竹、翠竹等,草本植物和灌木搭配错落有致。

服务设施

公园建有篮球练习场、健身设施、儿童活动区等。沿河主要区段建有长 300 米、宽 2 米塑胶跑道。

扬子津古渡公园

位于古运河东西两侧滨水景观,北起沪陕高速,南至吴州大桥向南 200 米。总面积 31 公顷。

一期工程位于古运河两岸,以华扬大桥为核心,东岸南起吴州大桥、北至横沟河,长 1.7 公里,宽 50 米;西岸南起吴州大桥、北至扬力集团南围墙,长 2.4 公里,宽 50 米。实施内容包括绿化景观、园林设施、亮化、步道、球场、音响、公厕、停车设施、

扬子津古渡牌坊

配套服务用房、体育健身场所及设施、儿童乐园、亲水栈道以及华扬大桥梯道。一期工程于 2015 年建设,2016 年 4 月建成对外开放。二期工程于 2016 年 12 月开工,2017 年 4 月建成开放。

古运河西侧建有廉政法治文化广场、篮球场、木栈道、健康塑胶步道、小型健身场、儿童游乐场及各类休闲广场。廉政法治文化广场,占地 1200 平方米,毗邻扬子津古渡大牌坊和清风亭,以廉政与法治为主题,分别设置升旗台、廉政法治景墙、小型廉政法治宣传舞台和廉政法治学习看台。廉政法治文化广场至清风亭之间设置 6 块廉政法治宣传碑。

华扬桥桥底空间宽敞。桥西桥底梁柱及顶部喷涂海底世界主题彩绘图案,桥底设有轮滑场、攀岩区、四面投篮区、乒乓球区、儿童游乐场。桥东桥底顶部喷涂蓝天白云图案,梁柱喷涂运动主题及休闲主题图案,桥底设有四面投篮区、老人健身区、餐饮区、卫生间及自行车租赁区。

扬子津古渡公园

　　古运河东侧建有球类服务中心,占地2500平方米。服务中心南侧为户外运动球场,占地5200平方米,其中包含两爿标准网球场、两爿标准篮球场、两爿标准五人制笼式足球场、两爿标准羽毛球场、1组四面投篮区。服务中心北侧为儿童游乐场,占地2400平方米。儿童游乐场往北100米为文艺演出广场,占地1200平方米,为市民提供露天文艺演出、电影放映场地。运河东侧设置自行车环道,总长约2.5公里,沿路设置围合式休闲坐凳、树阵广场及休闲草地。

　　河道沿线两旁以柳树为主,岸边片植垂丝海棠、红枫、黑松等。

　　公园内常绿与落叶树种相结合,植有银杏、香樟、朴树、栾树、樱花、雪松、紫薇、桂花、女贞、池杉、乌桕、紫叶李、桃树、银杏、石榴、黑松等20多个品种,配植杜鹃、洒金桃叶珊瑚、红花檵木、枸骨、海桐等。

花都汇生态公园

　　位于唐子城景区、城北片区接壤处,东至鸿福三村,西临瘦西湖路,北起肖庄路,南至鸿福二村,是景区和城市融合的重要节点。占地16公顷。

沿革

　　70年代,原址是一座砖瓦厂。1990年,成为城市生活垃圾填埋场。1999年,小茅山多元化垃圾处理厂建成使用后,此处填埋场停用10多年。2011年,瘦西湖隧道开工,建设过程中产生的大量泥浆全部运送至垃圾填埋场周边,日晒风干,变成一座黄土山。

　　2015年,蜀冈-瘦西湖风景名胜区管委会为打造特色民俗文化商业街区,发展配套商业和文创办公,进一步提升景区功能和居民生活环境,对垃圾填埋场进行改造。工程投资1.6亿元。2015年10月开工,对垃圾场进行封场处理,对基础钢结构进行加固,对泥浆池进行固化处理,对厂房及设备进行利用改造,对污染植被实施植物生态修复,充分利用原有资源,变废为宝,实现功能大转变。同时,改造滩涂湿地4.15公顷。完成内部道路2.4万平方米,铺装广场8200平方米,建设公共建筑及其他建筑面积1792平方米。2016年8月,园艺体验中心建成开放。花都汇的建造,以国内外先进的花鸟园发展模式,充分发挥自身独特的城市空间资源及浓郁的人文底蕴优势,对原址厂房进行改造整合,营造集娱乐休闲、花卉盆景展示、花鸟鱼宠市场、儿童乐园等功能复合的综合生态公园。

花都汇·扬州园艺体验中心

虹越·园艺家

园景

扬州园艺体验中心是公园核心景观，占地3公顷。主场馆为小茅山垃圾处理厂厂房，分为4座大型馆和两座小型展馆。4座大型展馆包括：1号馆，即花都汇主体场馆，占地4500平方米，为热带鱼展示馆，馆内还设有儿童乐园等设施。2号馆，包括虹越园艺家和瘦西湖盆景直销中心。瘦西湖盆景直销中心占地2400平方米，是园林式的盆景艺术展销馆，融展示销售、技术推广、艺术沙龙于一体。3号馆，为高科技、新概念产品展示区，占地1公顷，引进奥园平行进口车销售及其全球购项目。4号馆，为便民服务区，占地2000平方米，内设扬州地方特色美食店"趣园小馆"。两座小型展馆为崖柏馆和"半亩园居"多肉植物展销馆。

集装箱街区，位于花都汇东侧。占地2公顷，由大小不一的264个集装箱组成，集装箱颜色以黄、绿、蓝、黑色为主。这条街区也成为扬州首条时尚集装箱街区。

公园将原厂房废旧遗弃的工业设备，作为公园工业景观小品，放置在花都汇的各个主出入口。

园内还建有景观亭、汀步、水池、休息座椅等景观小品。

绿化种植

公园生态修复工程注重绿色生态的打造，利用原有地形地貌，在改造过程中形成多变的空间。植物配置采用乔、灌、草复层绿化模式。较多地使用乡土植物，使用生长健壮、无病虫害的苗圃苗，并最大限度地保留原有植被。绿化面积10.3公顷、种植景观树2.2万株，有香樟、朴树、乌桕、银杏、桂花、红枫、黑松、池杉、紫薇、樱花、香橼、柿树、五针松、白玉兰、黑松、鸡爪槭、桃树等乔灌木，配植柞木盆景、杜鹃、天竺葵、海桐、红花檵木、石楠等，池内植荷花，地被以麦冬、草坪为主。

服务设施

园内建有游客服务中心、咖啡馆，设有滑草场和塑胶跑道，配备部分体育设施。

廖家沟城市中央公园

位于市区东部区域，是江淮生态廊道的重要组成部分。保护范围，南至沪陕高速，北至万福路，东至廖家沟东侧约500米范围，西至廖家沟西侧100米～200米范围，占地360公顷。

沿革

原址原为村庄、农田、滩涂地。2014年，按照市政府"把廖家沟城市中央公园打造成世界一流的中央公园"目标，由市园林局组织规划，广陵区与生态科技新城具体组织实施，3月完成概念规划国际招标，8月完成全域规划深化设计和8个纪念林专项规划编制。

公园以"传承上一个2500年的扬州文化，演绎下一个2500年的绿色精彩"为设计理念，将廖家沟滨水区打造成持续生长的滨水绿色廊道、繁荣生态的城市中央公园、绚丽多彩的全民互动乐园，具有主题纪念林、多元建筑景观空间、多元市民参与空间及多彩慢行道四大特色。工程总投资16亿元，由广陵区（西岸）和生态科技新城（东岸）共同建设，建设周期5年。一期工程总投资5亿元。2014年6月开工，建成广陵大桥南侧14公顷先导区，2015年4月竣工开放。二期工程于2015年1月开工，文昌东路至老宁通公路、文昌东路至万福路之间消落带及堤顶路等区域建成，面积100公顷。三期工程于2016年5月开始施工，实施范围东至堤顶路，南至文昌东路，西至规划站西路，北至农科所用地（不含高铁广场），总面积20公顷，10月完成景观施工，11月完成供电、供水、室内装修等配套建设施工，宁通高速大桥至沪陕高速大桥段竣工开放。

园景

公园分为生态观光公园、大桥公园、体育休闲公园、滨水社区公园等功能区块。各区块有相应的主题，又互相交融。

生态观光公园

濒临水源地。在防洪堤内区域，保留梳理现状，构筑南北生态廊道，达到水源保护地良

廖家沟城市中央公园大门

好的生态环境。在防洪堤外区域，通过开挖水系以增加公园排蓄水与水体净化能力，同时兴建企业纪念园、新源纪念园、儿童生态探险园、水资源科普园4座小型专题主题园，打造以生态保护与修复为主题，集科普教育、观光游览为一体的生态公园。

企业纪念园，总面积13.9公顷，北接万福路，西邻滨水路，南侧毗邻廖家沟水源地。场地主题为企业林，种植有2500株香樟纪念林。公园入口为树阵广场。园中特设一条企业展示之路，扬州各大企业信息展示在沿主园路布置的景墙和地刻之中。

新源纪念园，是纪念新源县与扬州市深情厚谊的载体，也是扬州人民了解新源历史文化的窗口。新疆伊犁州新源哈萨克自治县，位于新疆维吾尔自治区西北部，是扬州市2011年以来的对口支援地。园内景观空间体现新源特色，将草原景观引入园区之内，并引种密叶杨、夏橡、天山白桦、新疆杨、赛威氏野苹果等新源乡土树种。花毡廊架位于主入口区域，具有较强的景观识别性，形成浓浓的哈萨克艺术氛围。园内兴建3座纪念石碑，分别为新源县简介、哈萨克族简介、援疆历史进程，以汉文与哈萨克文两种文字展示。葡萄廊架，以新疆特色晾房及葡萄风干架为设计原型，廊架上交错的木板上以文字的形式记刻着新源历史。园区内还设置哈萨克毡房、细君公主雕像、草原石人、千年胡杨景观木、黑走马铜雕等一系列景观小品。

儿童生态探险园，建有儿童活动设施、船形廊架等，为孩子们提供一个参与性的、发现自然之美的室外课堂，也是亲子互动活动区域。

水资源科普园，设置水之源科普长廊、水源保护雕塑、湿地景观带，形成以水为主题的景观体验园区。还设置观景长廊、水上栈道、特色景观小品等景观设施。

大桥公园

位于文昌路城市发展轴上，东至沙湾路，西至堤顶路，濒临扬州新的中央商务区。公园通过空中栈道、覆土建筑、艺术地形、观赏草等景观元素，打造多元景观空间，并融合休闲商业、娱乐活动、趣味游园，形成现代都市公园。大桥公园由滨水路、沙湾路、文昌东路三条城市道路自然分割成三大片区。

大桥公园A区，为大桥公园绿色空间，保留原有苗圃林、道路防护绿地。采莲广场，是

廖家沟城市中央公园

大桥公园主入口广场,旁边配套 48 个机动车停车位。以"江南可采莲,莲叶何田田"为空间意境,蓝白色系铺装模拟水体流动,若干绿岛像船漂浮在地面上。莲蓬形状的节能灯具散植在船形绿岛之上,并结合雾森技术,营造江南水乡的空间特色。广场内部设喷泉。林间建有 3 座以"林、木、山、石"为主题的趣味小游园。城市生态阳台、滨水生态建筑为园区内部重要建筑,与大型生态堆坡有机结合,既消化场地内因挖湖而形成的土方,又创造多维度立体空间。阳光草坪,处于 4.5 米高草坡上,面积 1500 平方米,是公园重要活动空间。芳草园,以大面积观赏草为特色,结合石滩、挡墙、疏林,构成一个自然、精致的景观空间。

大桥公园 B 区,与李宁体育公园隔水相望,通过景观桥梁与李宁体育公园相连,为李宁体育公园引入人流,提供滨水休闲场所。

大桥公园 C 区,防洪堤以西区域,作为廖家沟滨水休闲带的主入口,设置入口广场以及电瓶车起点站。

体育休闲公园

紧邻李宁体育公园,为扬州鉴真国际半程马拉松赛主题广场和永久起跑点,并建有拓展训练基地。

马拉松广场,以扬州鉴真国际半程马拉松赛为主题,以海浪为平面蓝本,建有海浪特色铺装、"扬马"冠军廊架、"扬马"灯管主题雕塑、足迹旱喷、冠军林等景观。海浪铺装以黑灰为主色系,同时把"扬马"标志物的五种色系融入到铺装中,凸显马拉松文化。"扬马"冠军廊架采用海浪翻滚的形态。"扬马"冠军廊道,有室外博物馆之称,通体"中国红",体现地域特色。"扬马"灯管主题雕塑,通过不同颜色钢管的排列,组合成"扬马"标志物的形式,体现现代感和时尚感。足迹旱喷,结合"扬马"冠军脚印,建成地面凸起的"扬马"冠军介绍地雕,足迹脚印体现"不积跬步无以至千里"寓意,并纪念"扬马"的历届优胜者。

拓展训练基地,位于马拉松广场南侧、李宁体育公园东侧,为市民绿色户外运动场所。北面建有 105 米 × 68 米标准足球场,最大观众容量 4000 人。足球场北侧建有 1280 平方米大舞台。南面为拓展训练区域,包括成人拓展区、儿童拓展区、真人 CS 以及烧烤区等。

滨水社区公园

位于防洪堤沿线。区域内腹地东西较窄,周边以居住用地为主。沿消落带建有阳光草坪、荻芦寻鱼、碧波夕照等景观节点,沿线设置教育科普牌。

郊野乐园

田园体验板块,在原有基本农田、杨树林基础上,结合村落改造,建成娱乐性田园,含创意农庄、艺术农田、趣味栈道园等。

生态观光板块,保留原有林地、农田,增设休憩娱乐设施,建成多彩片林景观。

趣味科教板块,利用原基本农田、杨树林、村落,植入自然公社、户外讲坛、多彩娱乐、农田迷宫等内容,是集科教、娱乐、美观为一体化的城市近郊体验园。

绿化种植

公园建设 8 个纪念林,占地 42.37 公顷(各个主题林面积约 5 公顷)。8 个纪念林中,廖家沟西侧广陵区域内有 3 个:北边新万福大桥南侧生态观光公园内,建成以香樟为主干树种的企业林;中间老宁通高速大桥北侧体育休闲公园内,建成以栾树为主干树种的名城友人林;

南边滨水社区公园内，建成以玉兰为主干树种的劳模林。廖家沟东侧生态科技新城区域内有5个：北边新万福大桥南侧多彩城市公园内，建成以红枫为主干树种的新人林、以柿树为主干树种的希望林；南边郊野乐园内，建成以银杏为主干树种的寿星林、以竹为主干植物的名人名家林和以榉树为主干树种的成才林。廖家沟西侧广陵区域新万福大桥南侧，紧靠企业林，建有"新源林"，占地3.8公顷，为纪念扬州与新疆新源县的友谊，林内除常规林木栽植以外，试验性地引种新源当地部分林木树种。种植林，主要有雪松林、银杏林、垂丝海棠林、意杨林、榉树林、丹桂林、樱花林等。公园内观赏果树达到10多种，其中有柿树、杨树、桃树等，还植有香樟、银杏、女贞、乌桕、水杉、柳树、白玉兰、杨梅、桂花、红瑞木、垂丝海棠等乔灌木，并有大片的油菜花、向日葵、金鸡菊、松果菊、大滨菊等多年混播花卉点缀其间。

服务设施

公园依托防洪堤设置多彩健身步道，园内跑道长7.6公里、宽2米。还设有足球场、篮球场、两处大型沙滩游乐场。配备生态停车场、厕所、休息坐椅等服务设施。

2016年扬州市区部分综合公园情况一览表

表 2-1　　　　　　　　　　　　　　　　　　　　　　　　　　　单位：公顷

序号	名　称	位　置	开放年份	面　积
1	廖家沟城市中央公园	南至运河东路，北至万福路，廖家沟以西	2015	360
2	润扬森林公园	瓜洲	2005	232
3	瘦西湖风景区	大虹桥路28号	1957	200
4	三湾公园	古运河三湾段	2016	100.8
5	扬子郊野公园	临江路以西，江海路以北，吴州路以南	2010	93.4
6	茱萸湾风景区	茱萸湾路888号	1986	50
7	蜀冈西峰生态公园	平山堂西路18号	2004	36.8
8	扬子津古渡公园	吴州路至新328国道	2016	31
9	明月湖中央水景公园	文昌西路与国展路交会处	2005	23.4
10	花都汇生态公园	瘦西湖路以东	2016	16
11	曲江公园	文昌中路与观潮路交会处	2004	15.8
12	引潮河公园	百祥路与文汇西路交会处北200米	2008	10.7
13	荷花池公园	大学南路105号	1981	9.9
14	蝶湖公园	祥和路	2011	9
15	竹西公园	竹西路30号	1990	8.9
16	京杭之心绿地	京杭之心	2011	8.4

第二节 社区公园

万福锦园公园

位于市区万福路与运河北路交会处。占地2公顷。2016年3月,广陵区政府投资300万元,利用运河名城锦园小区东南角三角形空地兴建社区公园,即万福锦园公园,同年6月建成,7月开放。

万福锦园公园

河畔植疏林草地,林间置健身设施,还生态环境于百姓,遂成周边群众休闲健身佳处。园内栽植香樟、雪松、水杉、合欢、二球悬铃木、意杨、樱花等乔灌木近1000株,细叶麦冬70多万株。铺设景观园路300米,安装景观庭院灯70多盏、体育器材2套20件。园内还设有健身步道、仿木休闲桌椅。

广陵湾(大王庙)公园

位于市区古运河南侧,江都路至运河北路段,全长2.1公里,占地5.48公顷。项目投资900余万元,2016年7月开工,同年8月建成,9月开放。广陵湾(大王庙)公园采用借景、透景等手法,建成融运河风光、运河历史的开放式生态公园。

公园在靠近扬州闸扬子颐和苑东北部建有1万余平方米的休闲广场。广场采用石材铺装,并设置园路,与运河健身步道连接。广场东北角建有古典风格的配套服务用房。广场内建有标准篮球场、高低杆篮球场、草坪式足球场各1片。

园内植物以疏林草地为主,种植香樟、银杏、榉树、朴树、雪松、水杉、乌桕等乔木,配植桂花、春梅、红枫、鸡爪槭、樱花、垂丝海棠、紫荆、海桐等灌木,形成树形优美的植物组团。

沿古运河设有2.1公里长的透水混凝土健身步道,结合河岸地形地貌,铺装小广场、公共厕所、塑胶场地、乒乓球台等设施,并与沿河

广陵湾(大王庙)公园

的扬子颐和苑、联发君悦华府小区以园路相连。公园内安装 LED 地埋灯 56 套、金卤灯 81 套、台阶灯 33 套、双臂路灯 10 套、庭院灯 102 套以及 52 套监控设备。

施井社区公园

位于市区施井路北侧、沙施河两侧。占地 1.3 公顷。公园一期工程，占地 1.24 公顷。二期工程，占地 512 平方米。项目投资 800 万元，2016 年 5 月开工，同年 12 月建成开放。

施井社区公园

施井社区公园一期主要建设 2800 平方米休闲广场、1100 平方米健身步道、儿童活动区域、下沉广场、景观绿化。二期主要建设标准篮球场、羽毛球场等体育设施。公园对沙施河边原有绿化进行提升改造。园内植有乌桕、无患子、银杏、朴树、广玉兰、香樟、桃树、榉树、白玉兰、红枫、樱花、桂花、垂丝海棠、紫荆、石楠、杜鹃、小叶女贞等乔灌木。

文昌花园游园

位于文昌花园内。占地 2.24 公顷。2002 年，文昌花园在东郊兴建，由市房产管理局投资，市古典园林建设公司承建。文昌花园中心广场工程，2004 年 8 月开工，12 月竣工，总建筑面积 45 万平方米，南北纵深 160 米，东西长 280 米。

文昌花园游园

广场为直径 42 米的圆形，设有东、南、西 3 个出入口，内设亭台、雕塑、小桥、喷泉、点石、河道、花架廊、玻璃廊等。开挖长 412 米小河两条，铺装花岗岩广场路面 500 平方米，铺设路面 150 平方米、木平桥台 650 平方米，设小桥 4 座、木质花架廊两座、玻璃廊 6 间、树池与花池 26 个、运动沙坑两个，安装石栏杆 1 处、花岗岩坐凳 1897 米，铺装花岗岩石汀步 180 米，湖石、黄石、滩石堆叠 1100 吨，改造人防透气孔 7 座、出入口两个、喷泉 185 只。广场中心设有 1 座高 6.8 米的仙鹤雕塑。文昌花园水系间用小桥、点石映衬。绿化种植以间植为主，成片为辅，与亭台、雕塑、小桥、喷泉、点石、花廊等相得益彰。

半岛公园

位于市区兴城西路以南、润扬路以西、国展路以东。占地 8.2 公顷。原地块"脏乱差"，乱建乱搭较多，有收废品的、小作坊、预制场等。工程总投资 4000 万元，2015 年 5 月开工，

2016 年 1 月建成开放。

半岛公园

半岛公园主要功能为居住生活及商业附属用地,也是景观带和视线主轴上的重要节点。每天到此健身、打球、跳广场舞、散步、游玩的 1000 多人次。半岛公园还举办文艺汇演、全民体育节等大型活动。

半岛公园分为 7 个区块,分别为主入口区、乐活休闲区、竹林幽园区、中心湖区、商务休闲岛区、植被绿化区、贤德文化广场。园内绿化品种丰富,达 40 余种,植有七叶树、栾树、香樟、广玉兰、柳树、银杏、榆树、池杉、水杉、黑松、鸡爪槭、樱花、琼花、紫薇、桂花、垂丝海棠、红枫、木槿、紫荆等乔灌木,配植迎春、金叶女贞、红花檵木、龟甲冬青、杜鹃、南天竹、石楠、海桐、洒金桃叶珊瑚、阔叶十大功劳、火棘等。

公园还配套建有两爿羽毛球场、1 爿篮球场、1 爿网球场、1 座儿童游乐区、1.5 公里健身步道、6 座景观桥、两座公共厕所,以及园路、景墙、休息坐凳等。

秀水湾公园

位于市区博物馆路西侧,赵家支沟栖祥路南侧河道。占地 1.7 公顷。工程总投资 500 万元。2015 年 8 月开工,2016 年 1 月建成开放。

秀水湾公园

秀水湾公园充分利用原河道凹形特征,以"湾"为主题,水岸曲折,水湾与半岛共生,一端半岛,一端水湾,将水的态势展现得淋漓尽致。园内利用道路开辟出入口广场、多功能薄水广场、树阵小广场等多处开放广场,以层级式弧形带状铺装,渐次低向水面,辅以步道、平台、景墙、花架、水景、仿木栈道、密林等元素,为周边市民提供一处开放自由、与水互动、与景互融的新型休闲公园。公园入口栽植广玉兰、桂花等,园内植有香樟、水杉、白玉兰、樱花、紫叶李、石楠、木芙蓉、金丝桃、杜鹃、洒金桃叶珊瑚、瓜子黄杨等,地被以草坪、麦冬、红花酢浆草为主,并植有芦苇、鸢尾、菖蒲、梭鱼草等水生植物。公园通过博物馆路桥下通道与水晶广场相连,成为赵家沟景观带的一部分,与相邻景观形成有机整体。

师姑塔生态体育公园

位于邗江区,启扬高速公路以东,兴城西路以南,建设大街以北,学苑路以西。南北长 850 米,东西宽 100 米,占地 7.8 公顷。工程总投资 3000 万元,由市业恒城市建设投资管理有限公司投资建设。2015 年 9 月开工，2016 年 2 月建成开放。公园因当地曾有一座佛塔"师姑塔"而得名。

师姑塔生态体育公园

公园以绿地延展面为基础，水路贯通为流线，运动休闲为节点。公园四周高速公路与城市干道围合，外围交通通达便利。公园主入口设在蒋王路与临西路交会处，3 个次入口分别设在临西路与南北道路交会处。内部以一条健身慢跑路为主线贯穿南北，游园散步路穿插其间。局部水面架设景桥，形态分为拱桥、双桥和平桥。公园利用高速公路绿化带，结合东片区排水，以河道为纽带，沟通水晶广场、商业水街、半岛公园、水晶湖等核心区域，两边配以各种健身项目以及健身步道。公园北端为师姑塔文化展示区。该地块原有一座师姑塔，"文化大革命"时期被毁，改造时在原址复建。文化展示区还建有文化休闲广场、登高望远台、亲水平台等设施，打造"岛上灯塔"般的区域性标志。靠近居住区附近地块为青少年健身活动区与慢享生活休闲区，南端为主要景观观赏区。公园西侧高厚度的绿地，有效阻隔高速公路噪音与污染。园内植物 30 多种，有榉树、柳树、广玉兰、水杉、朴树、香樟、榆树、意杨、黑松、鸡爪槭、红枫、含笑、紫叶李、池杉、白玉兰、樱花、垂丝海棠、紫薇、石榴、桂花、琼花、杜鹃、红花檵木等，地被以麦冬为主，园内还植有睡莲、芦苇、菖蒲等水生植物。

公园配套建有两爿网球场、两爿篮球场、1 爿门球场、1 爿笼式足球场、1 座儿童游乐场、5 座景观桥、两座公共厕所、1.4 公里健身步道，还建有运动形态人物雕塑。

竹溪生态体育休闲公园

位于邗江区竹西街道上方寺路与三星路交会处。占地 3 公顷。总投资 600 余万元，是 2016 年扬州市城市建设和环境提升重点工程。公园于 2015 年 12 月开工建设，2016 年 6 月完成河道开挖、景观地形塑造、绿化栽植及园路、亭廊、栈道、亲水平台、景观灯等设施建设，7 月建成开放。

竹溪生态体育休闲公园

竹溪生态公园是集生态游憩、园林景观、科普教育、文化健身于一体的多功能生态绿地空间。公园建有广场、亲水平台等，通过木亭、木廊等古色古香的建筑，展现竹溪文化，彰显"最文、最绿、最慢"特质，形成生态与文化的结合。

公园以改变单一景观、优化环境质量为特色，加大乔灌木种类和配植丰富度，栽种近 2000 株季相、色相不一的苗木，有香樟、朴树、栾树、银杏、广玉兰、桂花、樱花、红枫、桃树、石楠等乔灌木，配植瓜子黄杨、海桐、金边黄杨、日本珊瑚树等，并充分利用原有地形地貌，形成一个生态、自然、休闲性相结合的公园。

公园建有笼式篮球场、小型露天篮球场、健身器材、儿童娱乐设施、健身步道等配套服务设施。

揽月河生态体育休闲公园

位于市区同泰路北侧、揽月河南侧、真州中路西侧，以及绿杨路东西两侧。占地 1.55 公顷。揽月河于 2008 年开挖而成，长 2.1 公里、宽 28.2 米，东起赵家支沟，西与沿山河相接。2015 年，新盛街道在揽月河周边结合绿化工程，新建揽月河开放式生态体育休闲公园。工程投资 800 万元。2015 年 12 月开工，2016 年 8 月竣工，9 月开放。

揽月河生态体育休闲公园

公园共分为 3 个片区。第一片区位于真州中路西侧、同泰路北侧，面积 1.55 公顷，投资 800 多万元，建有 1 爿演出广场、两爿灯光篮球场、1 爿笼式足球场、5 爿羽毛球场，以及公厕 1 座、宣传长廊 120 米、亲水平台 100 米、健身路径等。第二片区位于绿杨路东侧、同泰路北侧，面积 8700 平方米，建有 3 爿试投篮球场、3 爿儿童笼式足球场、1 座公厕以及健身路径等。第三片区位于同泰路北侧、绿杨路西侧。建有 300 平方米儿童嬉戏场地，配备儿童娱乐设施。公园还建有广场舞场地、广场舞看台、健身设施场地、休息亭等。园内植物有 30 多种，包括榆树、朴树、广玉兰、女贞、香樟、水杉、乌桕、银杏、合欢、柳树、桃树、琼花、红枫、桂花、垂丝海棠、夹竹桃等乔灌木，配植金叶女贞、龟甲冬青、石楠、杜鹃、海桐、枸骨等。

三汉河生态公园

位于市区邗江南路与仪扬河交会处西南角。占地 3.4 公顷。公园原址为苗圃。项目总投资 1000 万元。2016 年 8 月开工建设，12 月建成开放。工程主要由景观、绿化、道路排水、强电等四部分组成。

三汉河生态公园

公园结合原有苗圃林带、田园机理,打造以"田园印象"为主题的现代园林景观。公园南北设置两个主要出入口。结合服务用房、水景、健身广场,形成北侧主入口景观。各类运动项目沿内部步行线路布置,减少对外侧健身步道的影响。

公园植有香樟、银杏、朴树、落羽杉、意杨、红枫、日本晚樱等树木,并植阳光草坪,绿化面积 1.8 公顷。

园内建有垂钓中心,并设有笼式足球场、篮球场、篮球训练场、儿童活动场地各 1 片,3 片羽毛球场(轮滑场),以及健身器械场地两处、户外桌椅 10 组、生态停车场等设施。

橡树湾东侧小游园

位于市区橡树湾小区东侧、真州中路西侧,北侧为黄泥沟。占地 1.1 公顷。2015 年,蒋王街道投资 250 余万元,对橡树湾小区东侧及周边环境进行综合治理,7 月建成对外开放,为周边市民提供休闲活动场所。

小游园嵌入以廉政文化为主题的雕塑、石刻等。一进入公园,首先映入眼帘的就是 3 块巨石印章,印章上刻有"廉洁诚信""廉洁奉公""反腐倡廉"。

橡树湾东侧小游园

主广场景墙上,不锈钢剪纸画栩栩如生,有孔子授业、苏东坡扬州为官等古代德廉故事。右边设有孔子、老子两尊雕塑,塑像基座上刻着各自的至理名言。

雕塑后面是廉政景墙,雪白的景墙上镶嵌着清廉扇的窗花。草坪上是一块块印有莲花的石刻地雕。

小游园内建有长廊、亭台、健身步道、健身广场、阳光草坪以及颇具特色的树阵广场。园内还配备篮球场、乒乓球场。

园内植有榉树、银杏、女贞、乌桕、朴树、香樟等,绿化面积 3000 平方米。

邗上冯庄公园

位于市区百祥路慈心堂南侧。占地 1 公顷。公园前身是紫阳苑健身广场,建成于 2007 年 9 月。2016 年 3—4 月,邗上社区投资 100 万元,对健身广场进行升级改造。2016 年 6—7 月,社区将一房一亭一廊分别命名为邻里坊、蔚风亭和常青廊,并将居民推荐的 20 名"冯庄好人"事迹布置在常青廊

邗上冯庄公园

上,倡导文明新风,宣传身边好人,传递正能量。

邗上冯庄公园融入运动、休闲、生态、文化四个元素,建有两爿标准篮球场、12 组健身路径器材、两座凉亭、鹅卵石路径、喷泉、长廊、健身广场、休闲平台、休息长椅、文化宣传栏、厕所、小卖部、停车场等。

公园入口对称式立植榉树,园内植有柳树、广玉兰、银杏、香樟、枇杷、紫叶李、棕榈、紫薇、桂花、山茶等乔灌木,配植日本珊瑚树、红花檵木、蜀桧、金边黄杨、小叶女贞、瓜子黄杨、海桐等。

嘉境邻里公园

位于市区北城路与江都北路(南北向)交会处。南北长 240 米,东西宽 125 米,占地 3.12 公顷。2015 年 8 月开工,2016 年 1 月建成开放。

嘉境邻里公园

公园南入口建有小提琴雕塑、漫画长廊,西入口设有人物雕塑,中心广场区设有占地 850 平方米的配套用房。园内还建有茶餐饮店、书吧、活动室、厕所等配套设施。公园内部设有 500 米环形跑道。公园西侧,建有两爿篮球场(高低篮球架)。篮球场东侧建有 4 爿羽毛球场地、笼式足球场、成人健身区。篮球场南侧建有儿童娱乐广场,同时配套健身器材、阳光草坪。公园植有广玉兰、合欢、水杉、银杏、朴树、香樟、无患子、柳树、红枫、桂花、杏树、石楠等乔灌木,配植小叶女贞、红花檵木、海桐等,并植菖蒲、芦苇等水生植物。

佳家花园社区公园

位于市区江平路北侧,佳家花园社区中心部位。占地 6000 平方米。2016 年 7 月建成开放。

公园建有假山、亲水木栈道、木亭、公益画廊、汪中文化展示等景观小品。植有香樟、银杏、柳树、广玉兰、朴树、栾树、红枫、桂花、女贞、枇杷、

佳家花园社区公园

紫薇、杏树、桃树、垂丝海棠等乔灌木,配植海桐、枸骨、黄杨、石楠等,并植黄菖蒲、睡莲等水生植物。

鸿福家园社区公园

位于市区鸿福路北侧,黄金坝路西侧,紧邻花都汇公园。占地 7000 平方米。2016 年 2 月建成开放。

公园建有儿童休闲活动广场、景观长廊、休闲坐凳、迷你型篮球场、体育健身器材等设施。公园南侧设置花箱作为分隔带,花箱内栽植石楠。园内植有香樟、广玉兰、银杏、榉树、桂花、红枫、枸骨等树木。

鸿福家园社区公园

友谊社区公园

友谊社区公园

位于瘦西湖西侧,邗沟路南侧。占地 1.1 公顷。2012 年 4 月建成开放。

园内建有树阵广场、清风亭、健身步道、休憩长廊等设施。植有香樟、雪松、朴树、柳树、白玉兰、女贞、桂花、紫叶李、桃树、石榴、垂丝海棠等乔灌木,并配植海桐、石楠等,地被以三叶草、麦冬、草坪为主。

板桥道情公园

位于市区长春桥西侧,紧邻宋夹城河。占地 5.6 公顷。2016 年 3 月建成开放。

郑板桥,"扬州八怪"代表人物之一,其《道情十首》雅俗共赏,流传至今。园内配有休憩凉亭,将板桥道情文化园铜雕主景—郑板桥与饶五姑娘诗文订情故事,以扬州傍花村为背景,用情景雕塑的形式呈现出来。在岸边绿地内,设置渔翁、樵夫、道人、头陀、书生、乞儿等雕塑。园内还建有木栈道、

板桥道情公园

园路、汀步、点石等景观小品。园内植有乌桕、朴树、柳树、春梅、鸡爪槭、桂花、垂丝海棠、紫荆、樱花等乔灌木,配植金钟花、龟甲冬青、杜鹃、枸骨、石楠等,地被以草坪、麦冬为主。

朴树湾公园

位于市开发区朴席镇朴园南,仪扬河北侧。东西长630米,南北宽45米,占地2.8公顷。投资500万元,2015年10月开工,2016年1月建成开放。

公园内建有沿河大堤、亲水平台、游园步道、休息长廊、健身路径等。植有香樟、朴树、桂花、柳树、樱花等乔灌木,配植石楠、红花檵木等,地被以草坪为主。

朴树湾公园

扬子新苑体育休闲公园

扬子新苑体育休闲公园

位于市开发区施桥镇扬子新苑安置小区南侧。东西长300米,南北宽12米～40米,占地1.1公顷。投资600万元。2015年11月开工,2016年1月建成开放。工程包括绿化、景观、配套服务设施等。

公园植有香樟、紫叶李、栾树、桂花、石楠、琼花、蜀桧等,路边栽植红叶石楠作为绿篱,地被以红花酢浆草和麦冬为主。园内配备篮球、羽毛球、乒乓球运动场地以及沿河慢步道等服务设施。

世纪广场公园

位于市区江阳路与维扬路交会处。占地2.1公顷。投资200万元,2016年2月建成开放。

公园包含鸿舜门前市民广场、欧尚门前广场、扬州商城门前广场3个部分。配备有体育健身器材、笼式篮球场等设施。

鸿舜门前,雕塑周边用红花檵木、杜鹃、海桐围绕,并植有广玉兰、银杏、

世纪广场公园

罗汉松、桂花、鸡爪槭、石楠、石榴、樱花、金叶女贞、金边黄杨等,地被以麦冬为主。

欧尚门前集散广场植有银杏、香樟、朴树、石楠、垂丝海棠、桂花等乔灌木,配植金叶女贞、红花檵木、海桐、杜鹃、小叶女贞、枸骨等。

扬州商城门前广场植有杜仲、银杏、香樟、鹅掌楸、二球悬铃木、鸡爪槭、紫薇、桂花、女贞、孝顺竹等，并配植海桐、狭叶十大功劳、洒金桃叶珊瑚、八角金盘、红花檵木、蔷薇等，地被以草坪为主。

顺达广场公园

位于市区顺达路以西，二桥河路以南。南北长190米，东西宽90米，占地2公顷。项目投资100万元，2016年2月开工，3月建成，4月开放。

顺达广场公园

广场内建有木亭、木廊、弧形石材长廊、临水平台、圆形广场、石材汀步等，配备篮球场、健身器材、停车场、树池坐凳及儿童游乐设施等服务设施。

广场北入口建有对称式坐凳，中间树池列植石楠；南入口在停车场植女贞、石楠、海桐，树池规则栽植银杏，片植槐树、女贞、香樟，列植紫叶李。沿河栽植柳树，河内植有梭鱼草、菖蒲等水生植物。园内还植有广玉兰、山茶、乌桕、夹竹桃、紫薇、鸡爪槭、桂花、樱花、雪松等乔灌木，配植石楠、海桐、红花檵木、金叶女贞、金边黄杨、杜鹃、狭叶十大功劳等。

扬子津监庄生态公园

东起扬子江路，西至邗江路，北临328国道，南依沪陕高速公路。总长1600米，平均宽170米，占地17公顷。

园址原为农户、农田以及少量厂房，总体地势平坦，北侧有东西走向的中心河穿越。

工程投资5000万元。2016年1月开工建设扬子江路至邗江路段，4月建成开放。实施中心河改造780米，新开河道700米，新建沥青道路350米、游园步道1065米、汀步480米、塑胶跑道200米、亲水平台和亲水栈道各两个、景观亭1座、停车场两爿以及景观桥、箱涵和6座滚水坝等。

公园绿化以香樟、广玉兰、桂花等常绿树种为背景，榉树、栾树、红枫、樱花等观花观叶树种为主色调，在重要节点种植大树及桩景树种。总体以疏林草地为主，局部点缀亲水平台及园林小品。绿化面积8.3公顷。

扬子津监庄生态公园

园内设有沿河塑木栈道、管理用房、体育健身器材、休息坐凳等服务设施。

富瑞公园

位于扬州南绕城高速公路出入口，范围为328国道以南、扬子江南路东西两侧。占地20公顷。投资4000万元。2016年1月开工，4月建成开放，实施内容包括绿化景观、河塘改造、园林设施、灯光亮化等。

公园内建有自然水景、亲水亭廊、篮球场、儿童游乐区、体育健身场所等。

公园绿化以疏林草地式种植为主，通过环形阵列、线形阵列、孤植大树等种植手法，以植物的个体美、延续美展现城市中央公园的整体美。

富瑞公园

公园被扬子江路隔成两块。南绕城出口以环形阵列种植香樟、榉树、银杏、日本晚樱、桂花等植物，打造南绕城出入口生态形象。扬子江沿路以线形阵列种植香樟、银杏为主，背景林则乔灌木搭配组合，以丰富整体层次。匝道内以雪松、女贞、银杏、栾树、日本晚樱、二乔玉兰等常绿、色叶树种阵列种植，满足快速通道人眼视界对植物所呈现色调的感知度。池塘周边以水杉林为主，池塘内植以荷花，搭配种植黄菖蒲、芡实、水生美人蕉等水生植物，丰富水体景观效果。

古运河八里段公园

位于市开发区八里镇西北角，北起八里敬老院，沿古运河向南延伸800米。占地1.92公顷。总投资1500万元，2016年4月开工，8月建成，9月开放。

公园围绕敬老院和古运河，实施景观绿化、休闲步道、健身器材和儿童娱乐设施等，为老人和周边居民提供优美环境和休闲健身空间。公园植有香樟、朴树、银

古运河八里段公园

杏、樱花、垂丝海棠等乔灌木，配植石楠、红花檵木、杜鹃等，地被以草坪和麦冬为主。

泰安城镇社区公园

位于太平河两岸，占地1.66公顷。总投资1200万元。2016年4月开工，2016年8月建成，9月开放。

公园以"滨河、休闲、健身"为主题，巧借"七河八岛"独有风景，为市民打造一个融文化娱乐、体育锻炼、休闲休憩等功能于一体的滨水公共开放空间。

公园A区为球场健身区，建有篮球场、足球场，配备健身器材等设施；B区为休闲娱乐区，建有羽

泰安城镇社区公园

毛球场、乒乓球台、健身步道、棋类石桌等设施；C区为眺望观景区，建有观景平台、休憩长廊、景观亭阁等设施，并设有黄石假山，假山处建有木栈道天桥；D区为勤廉广场区，建有何氏家训小品、百廉墙、廉政长廊等设施。

公园树池植有榉树、栀子花、沿阶草，入口石碑处植有红花檵木、瓜子黄杨、南天竹、造型五针松等。园内乔灌木有乌桕、香樟、朴树、银杏、国槐、柳树、栾树、桂花、石楠、红枫、鸡爪槭、紫薇、紫荆、樱花、垂丝海棠、木槿等30多个品种，配植金边黄杨、海桐、金叶女贞、杜鹃、龟甲冬青、石楠、小叶女贞、蔷薇、绣线菊等，并植有马鞭草、月见草、萱草等地被。

小运河体育休闲公园

公园北起裔王路、南至四通路、东临曙光路。全长1.1公里，占地3.77公顷。投资5000万元，2015年12月开工，6月建成，7月开放。

公园以带状水系为依托，利用小运河两岸进行景观提升，设置沿岸景观带，融入体育休闲功能，同时保留历史文化记忆，是一处集景观性、参与性和文化性于一体的滨水生态风光带。

公园分为历史文化区、运动休闲区。历史文化区通过印刻景观浮雕墙，介绍小运河历史演变，描绘杭集十里桑园农耕林作、生机盎然的繁荣景象。运动休闲区结合集散场地和绿地，合理设置篮球场、儿童沙坑、健身器材等设施，并通过滨水两侧休闲步道相串接。园内还设有造型雕塑。沿河岸以黄石点缀，并设置景观廊桥、亲水栈道、亲水平台、休闲座椅等。

公园内植有银杏、香樟、栾树、落羽杉、桂花、樱花、桃树、春梅、木槿等乔灌木，配植石楠、红花檵木、狭叶十大功劳、大花六道木、龟甲冬青、海桐、杜鹃、萱草、迎春、金叶女贞等，地被以草坪为主，沿河边栽植再力花、鸢尾、菖蒲、花叶芦竹等水生植物。

小运河体育休闲公园

2016 年扬州市区部分社区公园情况一览表

表 2-2   单位：公顷

序号	名　　称	位　　置	开放年份	面　积	类型
1	富瑞公园	扬子江南路两侧	2016	20.00	居住区公园
2	扬子津监庄生态公园	沪陕高速以北，328 国道以南	2016	17.00	居住区公园
3	宏溪新苑社区公园	宏溪新苑	2010	11.11	居住区公园
4	瘦西湖新苑游园	瘦西湖安置区	2009	8.80	小区游园
5	半岛公园	兴城西路以南，润扬路以西，国展路以东	2016	8.20	居住区公园
6	师姑塔生态体育公园	北依兴城西路，南靠蒋王中路，东邻站南路，西贴扬溧高速	2016	7.80	居住区公园
7	蓝山庄园社区公园	蓝山庄园	2009	6.98	居住区公园
8	运河人家社区公园	运河人家	2000	5.81	居住区公园
9	板桥道情公园	长春路西侧	2016	5.60	居住区公园
10	广陵湾（大王庙）公园	古运河南侧大王庙	2016	5.48	居住区公园
11	中海玺园游园	中海玺园	2014	5.30	小区游园
12	和昌森林湖社区公园	和昌森林湖	2015	5.04	居住区公园
13	三笑花苑游园	杭集镇三笑花苑	2004	4.50	居住区公园
14	万豪西花苑社区公园	万豪西花苑	2015	4.32	居住区公园
15	杉湾花园小游园	杉湾花园	2010	4.00	小区游园
16	小运河体育休闲公园	杭集镇曙光路西侧	2016	3.77	居住区公园
17	头桥市民广场	头桥	2004	3.70	居住区公园
18	杉湾花园社区公园	杉湾花园	2010	3.63	居住区公园
19	杭集中心广场公园	曙光路东侧，翟庄路南侧	2008	3.50	居住区公园
20	三汊河生态公园	邗江南路与仪扬河大桥交会处西南角	2016	3.40	居住区公园
21	海德庄园社区公园	海德庄园	2007	3.35	居住区公园
22	嘉境邻里公园	江都北路以东，玉箫路以北	2016	3.12	居住区公园
23	竹溪生态体育休闲公园	三星路与上方寺路交叉口西南角	2016	3.00	居住区公园
24	九龙湾润园公园	九龙湾润园	2013	2.90	居住区公园
25	朴树湾公园	朴席朴园南，仪扬河北侧	2016	2.80	居住区公园
26	天顺花园小区游园	天顺花园	2005	2.39	小区游园
27	文昌花园游园	文昌花园	2003	2.24	小区游园
28	世纪广场公园	江阳路与维扬路交会处	2016	2.10	居住区公园
29	栖月苑小区游园	栖月苑	2002	2.10	小区游园
30	万福锦园公园	万福路与运河北路交会处	2016	2.00	居住区公园
31	连运小区公园	连运小区	2006	2.00	居住区公园
32	顺达广场公园	东临顺达商业广场	2016	2.00	居住区公园

续表 2-2

序号	名　称	位　置	开放年份	面　积	类型
33	古运河八里段公园	八里敬老院南侧	2016	1.92	居住区公园
34	梅香苑小区游园	梅香苑	2001	1.85	小区游园
35	秀水湾公园	博物馆路西侧,赵家支沟栖祥路南侧	2016	1.70	居住区公园
36	泰安城镇社区公园	泰安镇金泰北路太平河两岸	2016	1.66	居住区公园
37	梅花山庄游园	梅花山庄	2000	1.63	小区游园
38	康乐广场社区公园	康乐小区	1996	1.56	小区游园
39	揽月河生态体育休闲公园	同泰路北侧,揽月河南侧,绿杨路东西两侧	2016	1.55	居住区公园
40	海德庄园小区游园	海德庄园	2007	1.50	小区游园
41	宝带小区游园	宝带小区	1996	1.50	小区游园
42	莱福花园小区游园	莱福花园	2003	1.50	小区游园
43	四季园小区游园	四季园小区	1991	1.31	小区游园
44	施井社区公园	沙施河两侧	2016	1.30	居住区公园
45	玉盛公园	利民路与祥园路交会处	2016	1.30	小区游园
46	新城花园小区游园	新城花园	1998	1.20	小区游园
47	石油新村小区游园	石油新村	2000	1.15	小区游园
48	友谊社区公园	邗沟路南侧	2012	1.10	居住区公园
49	橡树湾东侧小游园	橡树湾小区	2015	1.10	居住区公园
50	扬子新苑体育休闲公园	扬子新苑小区南侧	2016	1.10	居住区公园
51	沙头市民广场	沙头	2015	1.00	居住区公园
52	许庄社区廉政广场	许庄社区	2005	1.00	居住区公园
53	邗上冯庄公园	百祥路慈心堂南侧	2016	1.00	居住区公园
54	依云城邦小区游园	依云城邦	2012	0.80	小区游园
55	鸿泰家园小区游园	鸿泰家园	2006	0.76	小区游园
56	东方百合园小区游园	东方百合园	2005	0.74	小区游园
57	翠岗小区游园	翠岗小区	1999	0.72	小区游园
58	鸿福家园社区公园	鸿福家园	2016	0.70	居住区公园
59	骏和天城小区游园	骏和天城	2009	0.67	小区游园
60	鸿福三村小区游园	鸿福三村	2000	0.61	小区游园
61	佳家花园社区公园	佳家花园	2016	0.60	居住区公园
62	武塘小区游园	武塘小区	1998	0.30	小区游园
63	瘦西湖名苑小区游园	瘦西湖名苑	2012	0.26	小区游园

第三节 专类公园

文津园

位于市区汶河北路东侧，南接文昌阁，北临冶春。占地 1.7 公顷。

沿革

园以文津桥而得名。明弘治九年（1496），扬州府同知叶元在府学东之汶河上建文津桥。1952 年，填汶河筑路，文津桥埋于地下。1993 年 2 月建园时，此地为居民区，全是低矮平房，市政府征用居民区辟建公园，搬迁居民 200 余户，1993 年 4 月建成开放。项目投资 1000 万元。1994 年 4—12 月，对文津园中部"源远流长"景观进行改造完善，并补植绿化。1996 年 9 月，改建苎萝园并划入文津园，整修苎萝园主厅，铺设厅前平台，新铺园路 600 平方米。2001 年，加固文津园假山，维修八水亭、无双亭、苎萝园六角亭。2002 年 12 月，市城市环境综合整治办公室投资 247 万元，对文津园进行全面提升，改造黄石假山，建设"山泉涌动"景点、3 块小型公共广场，铺设卵石园路，补植绿化等。2003 年上半年，拆除文津园中部不锈钢雕塑，改置花坛，园内增加休闲设施。2004 年 4 月，文津园北区景观改造工程开工，8 月竣工。工程主要恢复苎萝园旧有景观，建设鲜插花艺术展示长廊和 200 平方米广场。2005 年，对文津园北区苎萝园六角亭、四方亭进行油漆出新，完善厅房西侧绿化，铺修园路。2007 年 9 月，市五届人大常委会第二十九次会议将文津园确定为第一批城市永久性保护绿地。2010 年，实施文津园北区草坪改造。2011 年，更换、维修仿木桩栏杆，拆除喷泉，补栽园内花灌木、地被等。2012 年，维修加固无双亭。

文津园是扬州市高标准建设的小游园之一，造园置景继承扬州传统造园艺术，突出山石造景，体现扬州园林山小、水瘦、园亭胜的特点。为表现扬州深厚的历史文脉和文化底蕴，沿着寓意渊源流长、水意旱做的"旱津水道"，由北向南次第体现盘古开天、秦砖汉瓦、唐宋元明清和现代文明，虚水与实水巧妙结合，古代文化与现代文明交相辉映。

园景

公园总体呈长方形，由南区、中区街心花园，北区苎萝花园组成。

南区建有歇山单檐丁字阁和体现南方之秀的湖石假山。

中区街心花园由南部、中部、北部三部分组成。南部位于文昌阁东北，建有银杏树阵

文津园

广场、商业服务用房;中部以八水亭、水池、曲桥为主景点,周围水池呈长条形,设有石栏杆;北部以无双亭、黄石假山为主景点。无双亭为双层重檐翘脚亭,呈十字形,上层四翘角,下层八翘角。欧阳修在扬州时作诗称"曾向无双亭下醉,自知不负广陵春",无双亭由此而来。黄石假山,有的深埋入土地,有的斜露在地面,描写的是盘古开天、混沌初开的抽象意境。往南,乱石假山中流出潺潺清泉,象征扬州历史文化源远流长。水池中青砖绿瓦清晰可见,象征秦砖汉瓦璀璨文明。石灯笼、无双亭表现的是盛唐和宋朝的扬州故事。八水亭和曲桥象征明清时期的江南风情。

文津园

北区苎萝花园建有四面八方亭,主体结构为四面,有 8 个方向、12 根柱子,由古建大师吴肇钊设计。还建有六角亭、花架廊等。

绿化种植

公园内,用乔、灌、草复式丛林营造浓郁的城市山林氛围,形成高低错落的天地线和林缘线。绿化以落叶树为主,植物 40 多种,有银杏、鹅掌楸、朴树、广玉兰、雪松、女贞、香樟、白玉兰、日本五针松、樱花、琼花、桃树、桂花、鸡爪槭、紫叶李、红枫、垂丝海棠、紫薇、芍药等乔灌木,配植阔叶十大功劳、金丝桃、八角金盘、洒金桃叶珊瑚、美人蕉、南天竹、杜鹃、金边黄杨、海桐、大叶黄杨、红花檵木、枸骨、日本珊瑚树、小叶黄杨、石楠等,池内植有睡莲,地被以麦冬为主。

服务设施

公园内配有茶吧、休息广场、厕所、休息座椅等。

李宁体育公园

位于市区滨水路以西,文昌东路以南,东至沙湾路,南至健民路。占地 14.33 公顷,总建筑面积 5.13 万平方米,地上建筑面积 2.93 万平方米,其中综合馆建筑面积 1.43 万平方米、游泳馆建筑面积 4475 平方米、培训中心建筑面积 1.01 万平方米;地下建筑面积 2.2 万平方米。2015—2016 年,李宁体育园接待全国各地参观团 300 余批次 3 万余人次,入园参观、运动人数 150 万人次。

沿革

园址原是农田。2014 年,广陵新城管委会批准将该地块辟为公园。公园由北京土人城市规划设计有限公司、市城市规划设计研究院有限责任公司负责总体规划和绿化设计。总投

李宁体育公园

资5亿元,2013年8月动工兴建,2015年2月竣工,10月开放。

公园四周为水系所环绕,采用堆山方式,形成"三山两河"城市景观。"三山"为综合馆、游泳馆、体育培训馆3座建筑;"两河"为体育园南北两侧景观水系,即十里河和高家河。同时,通过覆土式建筑处理,体现节能理念。覆土屋顶花园也为市民提供生动有趣、可达性良好的城市活动空间。

园景

园区南侧绿化区和主入口,设置密林、滨水广场以及2.5公里环园慢跑道;北侧设立滨水活力休闲区,包含沙滩区、下沉式休闲广场、部分环园慢跑道、亲水平台、木质眺台、两座步行桥和极限运动区。其中极限运动区包括攀岩壁、小轮车和滑板区、活力器械区以及定向运动项目等。东部为户外舒缓氧吧,建有密林、阳光草坪、架空环园慢跑道、环氧吧慢跑道、休憩露营地、瑜伽氧吧等。

综合馆为两层结构,局部一层,分为3个馆区,包括乒乓球馆、羽毛球馆、壁球馆、艺术体操馆、多功能馆等。

训练馆为三层结构,分为3个区,包括训练室、体能检测中心、餐厅、康复室、健身房等。

游泳馆为一层结构,包括体育培训厅、室内成人游泳池、室内儿童游泳池、大堂、管理用房等。

室外还建有儿童戏水池、成人泳池、5片篮球场、3片网球场、6片足球场、配套用房等设施。

绿化种植

公园道路两旁植有香樟、银杏、广玉兰、栾树等,配植二球悬铃木、朴树、桂花、紫薇、樱花、红枫、石楠、海桐等植物,地被以马尼拉草坪为主。全园植物品种20余种。

肯特园

位于市区文昌西路石塔桥南。占地 300 平方米。

1994 年 4 月，扬州市与美国肯特市结为友好城市。1997 年，肯特市出资在扬州市建"肯特—扬州友好园"。1998 年 5 月建成，并举行赠园仪式。2012 年，肯特园进行景观提升。

公园呈长条形，园中建有亭台、雕塑以及西式长廊、

肯特园

园灯、坐凳等西式小品，具有较强的美国西部风情和现代气息，并设有健身设施。树种配植采用常绿树与落叶树相结合，花灌木与地被植物的搭配，呈现季相变化。园内植有朴树、雪松、银杏、构树、水杉、女贞、红花檵木、石楠等乔灌木。绿地内亭、廊、路、林错落有致，是老城区不可多得的街头游园。

市体育公园

位于市区文昌西路与真州北路交会处，东临市文化艺术中心和京华城生活广场，西接扬州火车站，占地 20.96 公顷。

市政府投资 2 亿元，2004 年 12 月开工建设，2005 年 3 月实施景观绿化工程，2005 年 10 月竣工开放。2009 年，实施训练场建设工程。2010 年，实施体育场建设工程。市体育公园依山势地形而建，是一座以体育为主题，集比赛、训练、健身、休闲于一体的公园。

公园分为中心广场区、体育场馆区、训练场区、健身区等。

中心广场位于公园南北入口，设有上下台阶、水景、广场铺地。

体育场馆区包括综合体育馆、游泳跳水馆。综合体育馆由主馆和附馆组成，建筑面积 2.5 万平方米，内高度 31 米，占地 1.27 公顷。造型别致，外形如富士山，是一座甲级综合型体育场馆。游泳跳水馆，建筑面积 2.5 万平方米。

训练场区位于公园东侧，为市体育运动学校和省中长跑竞走项目训练基地。占地 14 公顷，总建筑面积 2.69 万平方米。

体育场位于体育公园中

体育公园

央位置,总建筑面积4.7万平方米。

健身区位于公园西侧,有儿童游乐场、室外篮球场、网球场等。

公园还建有景观桥、休息花廊、雕塑等景观小品。

公园植物以四季常青的树木为主,两个山头的绿化以灌木为主,平地以草坪为主。且乔灌木相间种植,常绿树与落叶树相结合,同时加大花灌木与地被植物等下层花木的栽植,呈现丰富的季相变化。植有香樟、桂花、女贞、金叶女贞、大叶黄杨、瓜子黄杨等近20种乔灌木及高羊茅、马尼拉草坪等。

公园内设有咖啡厅、小卖部、茶室、厕所、停车场等服务设施。

蜀冈生态体育公园

位于市区经圩二路南侧、润扬北路东侧、平山堂西路北侧、邗江北路西侧。占地30公顷。

原址为村庄、农田。总投资1.5亿元。2015年2月开工,6月建成开放,是一座集儿童游乐、青年运动、老年健身于一体的综合性体育休闲公园。

公园分为亲子趣味运动休闲区、体育对抗运动区、老年运动休闲区、生态休闲区、中心活力广场等功能区。亲子趣味运动休闲区,设有趣味滑梯区、儿童活动区、趣味迷宫、休闲迷宫、迷宫广场等。

体育对抗运动区设有篮球、足球、网球、羽毛球标准场地及其他球类练习场地,另建有露天可拆卸式游泳池。老年运动休闲区建有老年门球场等。生态休闲区建有太极盘、垂翁栈道、沙坑、阳光草坪等。中心活力广场是联系亲子活动园区与运动休闲区的枢纽,建有大舞台、LED大屏,可作为大型主题活动场地。公园还建有景观桥、小木屋、四角亭、栈桥、假山跌水、亲水平台、廊、雕塑等景观小品。

园内建有以"梅"为主题的听梅园,荟萃不同品种的梅。听梅园北侧是一片密林,中央是草坪剧场。听梅园南侧设有一个湖泊,沿湖边建有听梅亭、叠溪、梅岭以及健身场地。公园植有银杏、鹅掌楸、女贞、朴树、栾树、香樟、广玉兰、二球悬铃木、枫杨、雪松、红枫、鸡爪槭、木槿、紫叶李、桃树、山茶、枇杷、杏树、垂丝海棠、西府海棠等树种,以及琼花林、梅林、苹果林、石榴林、樱花林等,配植红花檵木、金叶女贞、金边黄杨、金丝桃、杜鹃、龟甲冬青、金钟花、狭叶十大功劳、小叶女贞、枸骨、海桐等,地被主要有草坪、麦冬、三叶草等。

蜀冈生态体育公园

公园内设有服务管理用房、休息坐凳、健身步道、两爿机动车停车场、1 爿非机动车停车场、3 座公厕。

扬州双博馆广场绿地

位于市区西路与博物馆路交会处，明月湖西侧，与扬州国际展览中心隔湖相望。占地 1.13 公顷。

扬州双博馆即扬州博物馆、扬州雕版印刷博物馆。双博馆工程于 2003 年 1 月奠基，10 月开工，2004 年 4 月主体工程封顶，2005 年 10 月建成开放，是国内外颇有影响的藏

双博馆

品丰富、功能齐全、具有鲜明地方特色的综合性博物馆。2012 年 1 月，市六届人大常委会第二十九次会议将双博馆广场确定为第三批永久性绿地保护对象。

广场内建有人物雕塑，设有健身路径。

广场绿化品种丰富，植有香樟、朴树、银杏、乌桕、广玉兰、女贞、水杉、黑松、罗汉松、琼花、樱花、石楠、桂花、紫薇、蜡梅、鸡爪槭、垂丝海棠、木芙蓉等乔灌木，配植金叶女贞、红花檵木、云南黄馨、月季、枸骨、杜鹃、麦冬等，共有 30 多个品种。

宋夹城体育休闲公园

位于市区长春路北侧，瘦西湖路西侧，紧邻保障湖。占地 40 公顷。

沿革

南宋时期，扬州成为抗御金兵、元军的前哨要塞。南宋绍兴二年（1132），郭棣知扬州后，修缮宋大城，并在唐城旧址上重建城池，叫"堡寨城"。此城与宋大城南北对峙，中间相隔一公里，遂又版筑一座夹城以连接这两座城。宋夹城北门连着"堡寨城"的南门，南门直通宋大城，今长春桥北的童家套、笔架山高地即宋夹城故址。从此，扬州一地有三城，史称"宋三城"。"夹城"后被元兵所毁。明《嘉靖惟扬志》卷十一《军政》记："宋时三城，其夹城、宝祐城不可骤复矣，而大城亦止西南一隅，以当时户口甚少也。"

2008 年，在历史原址上复建宋夹城考古遗址公园，恢复建设东、西、北 3 座城门，以及十字街、兵营、兵器库、粮仓、吊桥等历史景点。2010 年 4 月，宋夹城考古遗址公园建成开放，先后承办 2010 年扬州烟花三月国际经贸旅游节、2011 年苏台灯会、2013 年国际盆景大会、2015 年"缘系千秋·情定扬州"——中国扬州 2500 周年城庆今世缘集体婚礼等大型活动。

2013 年，市委、市政府《关于加快推进民生幸福工程，着力提升民生幸福水平的意见》要求，将宋夹城建设成为对全民开放的集生态、休闲、运动、文化于一体的体育休闲公园。一期工程于 2013 年 7 月动工，12 月底竣工，建成环湖道、综合馆、网球馆、羽毛球馆、乒乓球馆

等配套设施。二期工程于 2014 年 1 月动工，4 月建成开放。主要对城门楼和空地进行绿化提升，对室内外场馆进行调整完善，建成露天文化音乐台、儿童游乐区、户外婚庆活动广场等配套设施。2015 年，公园南门生态停车场建成，停车位 250 个。宋夹城体育休闲公园自开

宋夹城体育休闲公园北门

园来，入园游客和市民超过 180 万人次，成为市民平时锻炼休闲的好场所。宋夹城首创国内 CEAD（中央生态活动中心）模式，并复制到各个县（市、区），为全市同类型公园建设做出楷模，提供发展经验。2016 年 2 月，获国家 AAAA 级旅游景区称号。

园景

双瓮城。采用不破坏现有遗址结构、全框架可逆性形式建设，墙体表面全部装饰以活体麦冬，既减轻墙体的重量，也具备立体装饰绿化的效果。

宋城书坊，位于公园西侧。书坊因地制宜，与城楼浑然一体。室内陈设雅致，以宋代装饰风格为主，是一处融合阅读、品茗、休闲、娱乐等功能于一体的综合性文化空间。

扬州历史文化展示厅，位于公园西侧，是举办扬州各类文化作品展览的场馆。

音乐广场，位于公园北侧，是具有坡度的阶梯广场，能够很好地收纳音效。音乐广场为音乐、婚庆、演出等功能为一体的大型活动场所。

景观桥，2015 年 5 月建成，钢结构，是水上游览线沿途新景观。

宋城国际击剑俱乐部，2015 年 9 月建成开业，面积 2000 平方米，是目前扬州市规模最大、档次最高、场馆设施最齐全的击剑运动场馆。

鲜果多饮料吧，原为军营、粮仓，后用玻璃罩对粮仓进行保护，内部改设为鲜果饮料吧。

宋夹城体育休闲公园景观桥

户外球场，按照国家标准建设。建有 7 爿网球场、两爿篮球练习场，免费对外开放。还设有两爿儿童篮球练习场。同时设有 6 爿羽毛球场、两爿排球场、5 爿笼式足球场。

室内球类综合馆，位于公园北侧。包括羽毛球馆、网球馆、篮球馆。

乒乓球馆，位于公园东侧。占地 2500 平方米，配备 20 张标准乒乓球桌和发球训练机等。

园内还建有亲水木平台、沿湖塑木栈道、棋艺连廊、宋城山庄、保龄球馆、中冠高尔夫俱乐部等。

绿化种植

宋夹城既是体育公园、遗址公园，又是湿地公园。公园南北大道两侧 800 株银杏依次排开，东西两侧梧桐树整齐划一，庄重典雅。公园内共有 200 多种植物，主要植有香樟、雪松、广玉兰、水杉、枇杷、紫薇、樱花、紫叶李、桂花、琼花、垂丝海棠、紫藤等品种，还植有荷花、芦苇、梭鱼草等水生植物。

服务设施

公园建有大型儿童游乐场、游客服务中心、环湖水道、健身步道、自行车道。配套建有户外健身器材、水上游乐设施、露天文化音乐台、室外婚庆活动广场、青少年轮滑运动基地、宋夹城健康驿站等设施，并建有餐饮服务网点。

鉴真广场

位于瘦西湖水域最北侧、大明寺山脚下。占地 1.2 公顷。投资 3500 万元，2014 年建成。建设单位为瘦西湖旅游发展集团。

鉴真广场西侧立有一组大型群雕"鉴真东渡"。雕塑高 7 米，精雕细刻，高大壮观。在六位弟子簇拥下，鉴真大师两眼炯炯有神直视前方，左手向前伸展，右手紧握禅杖。六位弟子表情和动作栩栩如生，或挥手、或合十、或执物，或抬头、或平视。雕塑采用三角形金字塔式结构。最前面是像云彩一样的波浪，表现他们为弘扬佛学文化，不惜生命、百折不挠的坚强意志。

广场东侧建有沿河栈道、古典亭、游船码头，南侧建有冶春茶社，西侧设有游客服务中心、公交服务厅。广场配有休息座椅。

鉴真广场

广场植有朴树、柳树、桂花、樱花、红枫、垂丝海棠等乔灌木,配植红花檵木、杜鹃、海桐、石楠、松果菊、麦冬等。

扬州革命烈士陵园

位于蜀冈万松岭,平山堂东路 16 号。占地 2.43 公顷。

扬州革命烈士陵园

烈士陵园建于 1954 年 8 月。1957 年建成烈士纪念馆,建筑面积 100 平方米。1997 年向北扩建。2005 年 3 月进行改、扩建。2009 年,再次对烈士陵园纪念馆进行升级改造。改建后,纪念馆建筑面积 2000 平方米,其他附属用房 500 平方米。系全国重点烈士纪念建筑物保护单位。

园内建有入口牌楼、凭吊广场、烈士诗抄碑、烈士纪念碑、烈士墓区、纪念馆等纪念建筑物。烈士陵园入口牌楼古朴典雅,上面镌刻着江泽民亲笔题字"扬州革命烈士陵园"。集散广场两侧建有 6 座碑壁,上面镌刻着全国著名烈士诗抄。凭吊广场占地 5000 平方米,可一次容纳 5000 人祭扫。广场两侧嵌卧着 8 个直径 4.5 米的石雕花圈。烈士纪念碑高 7.8 米,白色,上置碑顶,下设碑座,长方碑身砖构。碑身正面铭刻仿毛泽东书体金字"革命烈士永垂不朽"。碑前设青石供桌,阴面镌刻市委、市政府撰写的碑文。烈士墓群由苏浙军区第四纵队政委韦一平烈士主墓和抗日战争、解放战争以及新中国成立后为革命献身的烈士墓组成,韦一平烈士墓呈半球型。烈士纪念馆为西南五楹,五架梁,站脊,硬山板瓦顶。纪念馆内陈列烈士遗像 107 幅、遗物 38 件。

1998—2012 年,陵园连续被评为市文明单位。1998 年被省委宣传部命名为省级爱国主义教育基地,2000 年被命名为省级优秀学校德育教育基地,2004 年被命名为省青少年校外活动示范基地。2008 年和 2009 年,先后获得全省和全国重点烈士纪念建筑物保护单位的称号。

陵园绿化以松、柏为基调,采取多层次种植,依据地形变化,合理安排观赏空间。道路台阶两旁、花坛内,种植雪松、刺柏,配植女贞、银杏、广玉兰、桂花、垂丝海棠、琼花、夹竹桃、紫薇、红枫、鸡爪槭、日本珊瑚树、金边黄杨、瓜子黄杨、迎春、石楠、海桐、红花酢浆草、麦冬等品种。

跑鱼河公园

位于万福闸东侧、老万福路南侧、廖家沟与太平河之间。占地 3.5 公顷。

1972 年,扬州市开建跑鱼河鱼道,为鱼类洄游建起一条"绿色通道"。全长 541.3 米,是当时国内长度最长、水头较大的鱼道。万福闸、太平闸共用此条鱼道。万福闸东侧设一个喇叭状的西入口,鱼道的水由东向西汇入廖家沟。鱼道中有一道道水泥隔板,鱼道东端接一个圆形水池,水池一边北通万福路鱼道、一边南接另一条鱼道,整个形状像一个躺着的"Y"。每年春夏季节,鱼从鱼道逆流而上,在太平闸北 20 米处到达鱼道总出口,最后洄游到太平河。项目投资 2200 万元,2015 年 4 月建成,是集鱼类洄游文化科普和生态环境保护教育于一体的文化主题公园。

跑鱼河公园

公园分为四大板块:跑鱼河历史展示区、鱼洄游文化展示区、鱼文化体验园、鱼艺术展示园。跑鱼河历史展示区以铭牌等形式对跑鱼河 40 多年的鱼道历史进行展示。鱼洄游文化展示区,介绍鱼洄游知识,展示鱼洄游文化,提高人们生态保护意识。鱼艺术展示园结合现有防汛建筑加以改造,为鱼类文化、闸站文化展示馆。

公园小广场绿草地上建有一装饰墙,绘有"鱼壁画",壁画面积 100 平方米。

鱼道两侧设置滨水空间,建有亲水木栈道与观景平台,市民可近距离观赏鱼儿洄游。公园建有 3 米宽一级园路、1.5 米宽二级园路以及 1 米宽三级园路贯穿其间。公园还建有体验区和儿童活动攀爬墙、造型雕塑。园内植有意杨、雪松、朴树、水杉、香樟、银杏、琼花、樱花、桂花、红枫、枫杨、紫荆、垂丝海棠等乔灌木,配植小叶女贞、绣球、南天竹、金丝桃、杜鹃、金边黄杨、锦带花、红花檵木、金叶女贞、石楠,地被以萱草、麦冬为主。

2016 年扬州市区部分专类公园情况一览表

表 2-3 单位:公顷

序号	名 称	位 置	绿地面积	类 型
1	引江公园	邗江路	90.30	水利公园
2	宋夹城体育休闲公园	长春路北侧,保障河以南	40.00	遗址公园
3	高旻寺	仪扬河与古运河交汇处西南	32.02	文化公园
4	蜀冈生态体育公园	平山堂西路与邗江北路交叉口	30.00	休闲公园
5	大明寺	蜀冈中峰	28.00	寺庙公园
6	市体育公园	文昌西路、真州北路交会处	20.96	体育公园
7	生态之窗体育休闲公园	自在岛横河两岸	16.60	休闲公园
8	李宁体育公园	滨水路以西,文昌东路以南	14.33	体育公园
9	隋炀帝墓考古遗址公园	邗江路与台扬路交会处	13.58	遗址公园
10	园林景观工场	瘦西湖路以西,江平路以北	9.00	休闲公园
11	瓜洲古渡公园	古运河下游与长江交汇处	5.70	纪念性公园
12	唐罗城北墙遗址公园	平山堂东路	4.60	遗址公园

续表 2－3

序号	名　称	位　置	绿地面积	类　型
13	史可法纪念馆	史可法路与丰乐上街西北部	4.00	纪念性公园
14	跑鱼河公园	廖家沟至太平河之间	3.50	休闲公园
15	观音山禅寺	观音山	2.50	寺庙公园
16	扬州革命烈士陵园	大明寺东侧	2.43	纪念性公园
17	个园	东关街	2.40	历史名园
18	红园	新北门桥至老北门路	2.20	休闲公园
19	市盆景园	新北门桥至大虹桥北城河北岸	2.04	盆景园
20	文津园	汶河北路东侧,南接文昌阁	1.70	休闲公园
21	普哈丁墓园	城东古运河东岸	1.50	纪念性公园
22	重宁寺	重宁南巷与长征路西北部	1.50	寺庙公园
23	何园	徐凝门街	1.40	历史名园
24	小盘谷	丁家湾	1.33	历史名园
25	市少年宫公园	南通西路	1.33	儿童公园
26	琼花观	文昌中路琼花观街	1.28	历史名园
27	鉴真广场	大明寺山脚下	1.20	纪念性公园
28	扬州双博馆广场绿地	文昌西路与博物馆路交会处	1.13	纪念性公园
29	东门遗址公园	泰州路与东关街交会处	0.99	纪念性公园
30	吴道台宅第	泰州路旁	0.84	历史名园
31	梅花书院	广陵路	0.80	历史名园
32	街南书屋	东关街	0.80	历史名园
33	卢氏盐商宅第	康山街康山文化园旁	0.64	历史名园
34	茅山公墓	北郊小茅山	0.60	墓园林地
35	天宁寺	丰乐上街	0.59	寺庙公园
36	文化公园	金湾路与金湾河交会处	0.53	休闲公园
37	壶园	东圈门	0.46	历史名园
38	文峰公园	文峰路西北	0.38	寺庙公园
39	准提寺	盐阜东路	0.30	寺庙公园
40	汪氏小苑	东圈门	0.28	历史名园
41	旌忠寺	汶河路文昌阁附近	0.26	历史名园
42	仙鹤寺	汶河南路	0.18	寺庙公园
43	蔚圃	皮市街风箱巷	0.17	历史名园
44	二分明月楼	广陵路	0.10	历史名园
45	肯特园	石塔桥南	0.03	纪念性公园

第四节 游园

古运河风光带

位于古运河市区段,东至古运河,南至响水桥,西至高桥路、泰州路、南通路一线,北至五台山大桥。占地 12.7 公顷。古运河风光带充分展示运河文化,是古城扬州一道靓丽的风景线。

沿革

古运河城区段,从湾头经黄金坝、大水湾、宝塔湾、扬子桥至瓜洲入长江,总长度 29.3 公里。综合整治之前,古运河城区段河床普遍淤浅,断面缩狭严重,淤泥最深达 2 米,水运通航能力和城市排水能力下降,生态环境恶化,沿河居民生活环境条件差,运河景观资源与旅游资源未得到开发利用,沿岸两侧树种单调。

1998 年 10 月,市区古运河综合整治工程开工,2003 年底竣工。总投资 3 亿元,共疏浚河道 13.5 公里,新建驳岸,设立防洪墙,治理污水,整治两岸绿化环境。先后搬迁居民 3200 多户,拆迁危旧房屋、棚户近 50 万平方米,沿河 100 多家工厂退城进园。建成"东关古渡""气澄壑秀""双亭"等一批景点。

2005 年,扬州市提出打造"人文、生态、繁华、欢乐"古运河的目标,并启动"运河文化公园"一期工程,提升沿河景观、丰富文化内涵。

2006 年 2—4 月,市政府实施徐凝门桥—五台山大桥段环境综合整治建设。东岸在原有景观基础上,新建仿古围墙、沿河小道和园路,新增银杏园、柳树林、曲江园、曲江源头、普哈丁墓绿化广场、健身广场等节点景观,在风光带沿线栽种香樟、黄杨、紫玉兰等多种植物。西岸在保存原有景观建筑前提下,完善滨河道路系统,新建东关古渡南北两个亲水平台以及碧天广场、树阵广场等,增建滨河步道、实木园路。整合原有绿化,增加层次,丰富景观,与东岸遥相呼应。

2007 年,市政府实施大王庙—康山园段沿河景观提升,建成联合国人居奖纪念广场及吴道台宅第码头、长生寺码头、洼子街码头;整治康山园—响水桥段沿河环境,搬迁居民 280 多户,绿化 3 公顷,改造美化民房 130 余间,新建仿古围墙 2900 米。整治响水河,建成南门遗址广场。整治大王庙—茱萸湾段两侧环境,重点整治沿线与古运河相通的河口环境及沿河绿化,建成禅智寺码头。建成官河碑林广场、运河文化广场、龙头关廊亭,制作"大运千秋"大型铜壁画,安装浮雕壁画等。

2008 年,市政府实施钞关闸管理用房工程,建成歇山顶式仿古建筑、扇面亭及连廊等。实施会馆广场工程,占地 400 平方米,用石材浮雕图文并茂地表达古城扬州昔日繁盛的商业街肆及盐运、漕运的古运河节点线路,集中介绍扬州各商业会馆的建筑特点与相关重要事件。实施古运河文化长廊工程,新建"和"字广场、照壁 1 处、文化长廊 400 米、木栈道步行

古运河风光带大水湾段

桥 1 座等。2007 年 9 月，市五届人大常委会第二十九次会议将古运河风光带确定为第一批城市永久性保护绿地。

2009 年，古运河沿线开展新一轮环境整治和景观提升工程，主要包括贮草坡—通扬桥段环境综合整治工程、大王庙—五台山大桥段景观提升工程、徐凝门桥—会馆广场段景观提升工程。同时启动三湾湿地公园建设。2014 年 5 月，扬州古运河景区获评省级水利风景区。

园景

古河新韵，位于东关古渡的北侧。泰州路东侧一太湖石上镌"古河新韵"四字。峰石后面为小广场。广场东建有一组亭廊建筑，长数十米，南北两端各建一方亭，中间有折廊相连。廊下有低栏，供人坐憩。折廊顶部高低参差，亭檐翼角轻举。从高空看这组建筑，形似两柄如意相连。四周丛植大量桂花，配植香樟、马褂木、日本珊瑚树、黄秆乌哺鸡竹、杜鹃、美人蕉、一叶兰、麦冬等花草，形成"红花绿叶、金竹辉映、丹桂飘香、心旷神怡"的观赏主景和古河新容的风貌。

古河新韵北侧，置两湖石，一立一卧。立石高近 3 米，有透漏空灵之美，向西石面镌"亲亲河边草"五字。卧石长四五米、宽三余米，石面有纵向深皱，有深山大壑之象。两石周边植有桃树、银杏、香樟。

气澄壑秀，位于风光带中段。透过林木，可见东北近河岸处叠有黄石山一座，山后绿竹如屏。向北洼地上，建有一座东西向木桥，桥下洼地用四季草花组合成图案。桥北高树下，建有阁式双亭、曲径小道等园林小品。四周丛植、点植女贞、银杏、白玉兰、黄山木兰、金钱松、龙柏、三角枫、石楠、紫薇、凤尾竹等，形成茂林修竹、青草丛布、气势磅礴的滨河园林景观。

双亭西面建有小广场，小广场北侧建一座四面厅，南向额书"运河今昔"。四面厅中央展台上置今日古运河新景地图模型，四壁悬列古运河综合整治工程之前旧景原貌。

四面厅向东近河岸处，有廊曲折向北，廊下设美人靠，廊间悬古运河新景大幅图像。廊

古运河风光带东关古渡段

的尽头，建有一座厅屋，厅门向西，前面建有一小广场。

撷芳俪浦，位于便益门桥北。南端建有一座单檐方亭，北端建有一座八面重檐亭。中间有十数间长廊曲折连接，正中以双亭组合门道。重檐亭旁边，建有一座四五米高湖石假山，并设有曲池。

东关古渡，位于东关街东端，原为明清东关古渡遗址。在此处设置码头，修建仿古建筑物和古渡牌楼作为标志，与东关街形成对景。两侧配植柳树、孝顺竹、红枫、红瑞木、罗汉松等观赏树木。

康山文化园，位于风光带南段，是以康山草堂为文化背景，以卢氏豪宅建筑、水文化博物馆、淮扬烹饪博物馆以及盐商文化为展示主体的文化园。园区面积广阔，南通东路穿园而过，将园区分为南北两区。南区以绿化风光带芳草茂林为衬景，建有一组亭廊楼台建筑群。北景建有一座重檐楼阁，楼东有厅堂、曲室20余间与之相接。北流小河东边建有楼、堂、阁。南端则建有一拱形石桥。从高处看，这组水边建筑群形似如意。以平面图观之，似"羊"之古字"羊"，意含吉祥。

水文化博物馆，位于南通路东南侧，占地520平方米。水文化博物馆北侧，隔康山街东端尽头，为盐商卢绍绪豪宅。卢宅东侧，建有两座高楼，并建有小山，点以黄石，遍植竹树。山顶上建有一座重檐六面亭，即为重建之数帆亭。

绿化种植

河岸绿化是古运河风光带的重要景观，运用柳树与碧桃搭配模式，形成一桃一柳景观，展现扬州"烟花三月"桃红柳绿的春景与"两岸花柳全依水"的绿化特色。桃与柳间植主景线背后，增植一行速生金丝垂柳作为背景树种，形成层次分明、色调丰富的河岸景观。行道树绿化主要是杂交鹅掌楸与香樟，下层种植一串红等草花，形成落叶树与常绿树复层配置、结构与层次鲜明的绿色景观。风光带内还植有栾树、枫香、银杏、杜仲、梓树、黄连木、桂花、五角枫、山核桃、合欢、乐昌含笑、香樟、山杜英、山桐子、雪松、广玉兰、罗汉松、枇杷、青冈栎、柿、湿地松、落羽杉等乔木,配植琼花、紫薇、丁香、夹竹桃、木槿、木芙蓉、枸骨、十大功劳、海桐、紫叶李、番叶榴、山茶、金钟花、石楠、火棘、孝顺竹等花灌木,还植有紫花苜蓿、金盏菊、石蒜、红花草、葱兰、芍药、萱草、薄荷等地被植物。

北城河风光带

　　位于古城区盐阜路北侧。从便益门起至丁溪桥,长2.1公里,宽22米,占地2.06公顷。1936年,广储门以西两岸沿河环植海桐、杨柳,在北门外建草地公园。1947年,广储门至新北门沿河栽植榆树、枫杨等。1952年,新北门至便益门沿河补植柳树,间植碧桃。1957年、1959年,绿化补植。1965年,沿河东段广植榆树、侧柏。1988年,在沿河南岸兴筑上下两条小路,附设栏杆,配植桃、柳。1994年,市涵闸河道管理处疏浚北城河。1995年,整治北城河御马头,恢复乾隆水上游览线。1996年,北城河疏浚完成,新建北城河新北门桥至老北门桥段沿河两岸平水驳岸800米,红园南侧沿河护坡和白矾石栏杆300米,天宁寺桥至新北门桥沿河南岸城堞700米。1997年,完成北城河新北门桥—老北门桥段疏浚工程。2001年1—5月,实施瘦西湖水环境整治工程,再次对北城河进行综合整治,共建块石挡土墙2700米,绿化5000平方米,铺设沿河小道2500平方米。2002年3月,翻建改造便益门闸站。2005年3—5月,对北城河进行景观改造,建成水上舞台、售票亭各1座,搭建木制观景台320平方米,铺设沿河沥青道路1900平方米、面包砖道路1800平方米,建设水上码头两座,砌筑围墙120米,增设路灯32盏,装饰桥梁1座。北城河河道两岸植有柳树、女贞、小叶女贞、紫薇、八角金盘、海桐、金丝桃、孝顺竹等,建有古典特色的花池、木架廊、六角亭、麻石铺装等,与南侧绿树成荫、季相分明的林荫大道——盐阜路,共同构成"绿树相连、景水相融"的自然风光。2012年1月,市六届人大常委会第二十九次会议将北城河风光带确定为第三批城市永久性保护绿地。

北城河风光带

沿山河风光带

位于市区沿山河两侧绿地，东至文昌西路、西至真州中路桥。占地2.88公顷。

2004年12月至2005年4月，实施沿山河绿化改造工程。2008年12月，实施沿山河景观绿化提升工程。2010年，对沿山河东沿线进行绿化提升。沿河两岸绿化以高大乔木为主，配植柳树、红枫、樱花、桃树、金丝桃、夹竹桃、丝兰、红花檵木、海桐、枸骨等近30个品

沿山河风光带

种，融入园路、亭台、坐凳、亮化等配套设施。2012年1月，市六届人大常委会第二十九次会议将沿山河风光带确定为第三批城市永久性保护绿地。

漕河风光带

位于市区新万福路北侧，东起五台山大桥西闸道，南至新万福路，西至瘦西湖路，北至漕河。占地4.3公顷，是供市民休闲活动的滨河带状公园。

漕河是瘦西湖与古运河通连的水道之一。清代，从高桥河口向西至迎恩桥一段为华祝迎恩之景。自迎恩桥向西至长春桥一段有邗上农桑、杏花春雨、平冈艳雪、临水红霞四景。后皆荒废不存，河道亦淤浅阻塞。

1999年，实施漕河整治工程，建平水驳岸5383米。2000年10月，漕河列入瘦西湖水环境整治工程，主要包括清淤和局部驳岸加固维修。2002年10月，翻建高桥闸。2003年，市政府又将漕河列入城市水环境综合整治工程。2003年11月至2004年4月，对漕河高桥闸至糜庄闸段进行综合整治，完成漕河风光带工程建设。共拆除房屋9000多平方米，驳岸600米，漕河南岸遍植花草名木，安装彩灯700多盏，新建亭台水榭6座、亲水平台14座，铺

漕河风光带

华祝迎恩牌坊

设园路和休闲广场 1 万多平方米，沿河摊铺卵石滩。2005 年 3—10 月，实行漕河北岸景观改造工程，绿地面积 8000 平方米。工程包括实施绿化、亮化，修缮围墙、新建人行木桥、华祝迎恩牌坊、迎恩桥，新建迎恩茶坊及门前树阵广场。

　　2005 年 11 月，被列入扬州市"十大文化工程建设"项目。同年 12 月，入选"扬州新十景"，被誉为"河道与环境并重，碧水与风景媲美"的市民休闲区。2007 年 9 月，市五届人大常委会第二十九次会议将漕河风光带确定为第一批城市永久性保护绿地。

　　迎恩桥，位于凤凰桥街与新万福路交会处，是一座券拱砖桥。南北两侧桥栏有砖饰图案，额石白底绿字。东西两面桥栏上嵌有"迎恩桥"石额。桥上建桥亭，为单檐四方攒尖顶式。桥东侧北岸坡上建有一座迎恩亭，六角重檐攒尖顶。石阶顺河坡而建，与河岸白石平台相接。

　　迎恩茶坊，位于迎恩亭桥东。茶坊东建有一座单檐方亭，水上设白石平台，平台东、西、北三面建白石护栏。亭西南与廊接，廊为双面空廊，向西曲折绵延 20 间。茶坊主楼面朝南，楼体为三间两层，单檐歇山顶，两层皆有宽廊，廊柱间护以石栏。

　　漕河虹桥，位于迎恩茶坊的东侧，形似彩虹。漕河两岸新楼林立，此桥建后，既增加景色，又方便生活，故称之为便利桥。

　　虹桥东建平台，平台北侧筑一组合式亭"三波亭"，即三亭聚合为一。

　　宋高丽馆遗址，乾隆《江都县志》载："（高

小迎恩桥

丽馆）在南门外，宋元丰七年，诏京东淮南筑高丽馆以待朝贡之使。馆内有亭名南丽，建炎间圮。绍兴三十一年，向子固重建。匾其门曰'南浦'，易其亭曰'瞻云'，以为迎饯之所。"为加强中韩友谊，市政府在该处建纪念亭。2001年9月，市文物局在亭内立纪念碑。遗址内建有一座三楹四面厅，单檐歇山顶，周以宽廊，坐西朝东。厅东侧建曲池，用黄石驳岸。曲池北端建有平桥，由西向东，护以石栏。桥头建一座四方亭，单檐歇山顶。亭内覆一石碑，上书"宋高丽馆遗址"。遗址东侧筑有一座平台，在黄石上镌隶书"漕河"二字。

听帆亭，位于高桥东侧，漕河流入古运河水口之南。亭为四方重檐攒尖顶，亭中碑上书"南巡御道"，建于水边高台之上，周边植有柳树、桂花。

漕河风光带植物约100余个品种，有香樟、银杏、广玉兰、柳树、柳杉、朴树、国槐、榔榆、枫杨、紫薇、鸡爪槭、红枫、桂花、蜡梅、丁香、紫叶李等乔灌木，配植红花檵木、金丝桃、南天竹、石楠、杜鹃等，水池河岸边植有鸢尾、香蒲等，地被植物有玉簪、萱草、红花酢浆草、麦冬等。漕河风光带既有大量密集的林带，又有大面积草坪，高低错落，疏密有致，色彩丰富，使植物群落和周围环境有机结合，成为集生态、休闲、旅游、文化为一体的景观风光带。

公园还配有休憩座椅、老年活动中心等。

邗沟风光带

位于市区邗沟路以南、邗沟河以北。占地5.6公顷，是供市民休闲活动的滨河带状公园。

邗沟始凿于公元前486年，《左传》载："哀公九年，吴城邗，沟通江淮。"1988—1992年，恢复邗沟名胜，实施邗沟河绿化工程，全长2500米。

1994年，新建黄金坝闸，调控邗沟河水位，为瘦西湖换水。2001年，利用国债实施古运河—邗沟河—瘦西湖水上游览线项目，全面整治古运河—邗沟河—螺丝湾桥段。2001年4—9月，实施驳岸、绿化、铺设南岸沿河小道等工程。2003年，整治邗沟河北岸，铺设沿河小道，绿化1公顷，建设黄金坝木桥1座，沿河安装路灯。2005年，完成邗沟河风光带改造工程。新增绿化面积1.8公顷，实施预埋亮化管线、广场铺装、水池湖石安装、园路铺设、四角亭、八角亭等工程。2008年9月，实施邗沟风光带东段（史可法北路至古运河）绿化景观建设工程，包括地形改造、植物配置、置石等。2009年，实施邗沟风光带绿化提升工程。

邗沟风光带

2009年7月，市六届人大常委会第十一次会议将邗沟风光带确定为第二批城市永久性保护绿地。2015年，实施吴王夫差广场建设工程，建造吴王夫差雕塑，实施景观绿化等。

螺丝湾桥至黄金坝一线河道为古邗沟遗址，长1450米，宽50米～60米。其上有古邗沟桥，为明清时修建的两头门石桥，两侧桥墩均嵌有清代所留"邗沟桥"刻石。河边有"全国重点文物保护单位京杭大运河古邗沟故道"石碑（国务院2006年5月公布，省政府2007年5月立）。

风光带西侧沿线建有古典亭、木亭廊、石凳、景墙、石桥、亲水栈道等，配备公厕、健身器材、石凳等服务设施。

风光带植有雪松、广玉兰、银杏、香橼、柳树、香樟、朴树、栾树、白玉兰、乌桕、女贞、楝树、罗汉松、桂花、鸡爪槭、红枫、紫薇、樱花、石榴、紫荆、山茶等乔灌木，配植小叶女贞、红花檵木、枸骨、阔叶十大功劳、狭叶十大功劳、石楠、月季、洒金桃叶珊瑚、龟甲冬青、云南黄馨、凌霄等。

二道河滨河绿带

二道河北起大虹桥，与瘦西湖相连，南入荷花池后与古运河相通，全长2.3公里。滨河绿带占地1.44公顷。

1951年，扬州城墙全部拆除，作为护城河的二道河失去护城的功用，但仍是市区排涝的重要渠道之一。1988年，扬州市组织近20家单位，局部整治二道河，建块石护坡，沿岸建栏杆、小道，沿河西岸建成全线绿化带，栽植柳树500多

二道河滨河绿带

株，南端和石塔桥附近栽植碧桃。1993年，于骑鹤桥南侧西岸增设水榭景点小品。1995年，全面疏浚二道河。1996年，完成二道河疏浚工程，建西门街桥北侧两岸沿河挡土墙和栏杆。2000年，二道河纳入瘦西湖水环境整治工程进行整治。2003年4—12月，二道河作为城市水环境综合整治项目之一，再次进行景观改造，实施挡土墙、土方整形、水电、假山、绿化等工程。2007年3—4月，二道河再次进行景观提升。主要整治荷花池内国防园环境，补植二道河沿岸绿化，整修出新亭台、码头、踏步等基础设施，拆移河边全部5座垃圾房和数十只垃圾箱，完善邵庄段和来鹤桥南东侧污水截流，拆除来鹤桥东岸南侧破旧房屋及沿线视线范围内的披棚和违章建筑，在沿河重要节点建喷泉、假山等。空中整治主要是对河道沿线有碍景观的房屋墙体、屋顶、阳台、屋檐等进行美化，整治、整修沿河路灯、杆线、招牌，并提升沿河亮化水平。2009年3—4月，实施二道河绿化提升工程，在老干部活动中心、双虹桥至石塔桥等处，栽植红花檵木、杜鹃、云南黄馨等。

河道两旁植柳树、桃树。绿化带还植有桂花、紫叶李、贴梗海棠、日本珊瑚树等乔灌木，

配植红花檵木、杜鹃、槟榔、云南黄馨、金丝桃、茶梅、瓜子黄杨、日本女贞等近60个品种。在河边较宽处，与码头相结合，建有古亭、廊、亲水平台等小品，并点缀黄石，乔木、灌木，花卉、地被相得益彰，由南至北形成一条水上观光绿带。二道河与瘦西湖连成一线，成为瘦西湖—古运河风光游览线的重要组成部分。

新城河绿化带

新城河绿化带

新城河又名排涝河，是西部水系一条重要河道。北起沿山河，南经市开发区蝶湖后，折向东汇入古运河，全长6.23公里。绿化带占地4.46公顷。

新城河开挖于1957年，北起沿山河，南讫龙衣庵，与古运河相通。因河床为沙性土质，水土流失严重，河床坍塌淤浅，河道常阻塞，引排不畅。1986年春，市水利局牵头组织郊区和邗江县联合治理，实施沿河11座桥梁修建、块石护岸、块石护坡，并结合河道拓浚，铺筑西岸公路，建成长6公里林带。工程总投资157万元，当年5月完工。1998年，实施换水工程。2000年，完成新城河吟月桥至赏月桥段清淤工程。

2005年3—11月，扬州市启动新城河综合整治工程，总投资10多亿元。北起沿山河，南至蝶湖，重点实施污水截流、清水活水、河道交通、景观提升等工程，打造西区南北向"活水走廊"。新建人行便桥两座，沿河安装路灯，铺设绿化2.95公顷。2014年4月，实施新城河综合整治景观工程，2015年9月竣工，投资8.5亿元。工程包括绿化提升、休闲广场建设、沿河步道打造等，绿化改造面积3公顷。在文昌路等路口节点设置景观石，在文昌路南北两侧的新城河西岸打造对称性景观带，两侧各新栽一株直径40厘米的大香樟树，新栽多株银杏和乌桕。

风光带植有广玉兰、香樟、雪松、朴树、棕榈、合欢、柳树、鸡爪槭、黄金槐、樱花、紫叶李、垂丝海棠、红枫、夹竹桃、女贞、琼花、石榴等乔灌木，配植金边黄杨、红花檵木、杜鹃、洒金桃叶珊瑚、南天竹、金丝桃等，共有40多个品种。

风光带内设有亭、园路、休闲广场、休息座椅、厕所等设施。

黄泥沟滨河绿带

位于市区站南路东侧、黄泥沟西侧，北起文汇西路，南至江阳西路。全长2公里，占地12.3公顷。

2012年1—4月，投资1000万元，实施滨河整治工程，包括河道清淤、土方开挖、驳岸墙建设、拆除3座旧桥、新建两座景观拱桥等。以"绿染城郭，花开城中"为主题，将道路交叉口作为重要节点建设，增设供市民休闲、娱乐、健身的设施，在沿河绿化带设置亭、廊、亲水

平台以及健身散步道。在重要节点堆土成坡，通过起伏的地形，营造高低错落的景观效果。

风光带建有休闲广场、亲水平台、石拱桥、木亭、木质坐凳、健身步道、弧形廊架，沿河线一段布置石块、石材树池坐凳，部分节点入口用黄石点缀。黄石上分别刻有"廉""法"，并建有水池，水池内设有鱼状雕塑。

风光带通过点景、组景的造景手法，合理搭配植物，落叶树为景，常绿树为林，结合小乔木和花灌木，形成四季有绿、四季有花、季相分明的植物群落景观。文汇西路与站南路交会处入口，采用对称式手

黄泥沟滨河绿带

法，栽植圆柱形石楠、榔榆造型盆景、红花檵木、金叶女贞等。风光带有植物 60 多个品种，种植香樟、女贞、柳树、黑松、朴树、国槐、水杉、栾树、鹅掌楸、乌桕、黄连木、落羽杉、棕榈、银杏、二球悬铃木、桂花、鸡爪槭、夹竹桃、红枫、石榴、白玉兰、紫荆、琼花等乔灌木，配植栀子花、云南黄馨、月季、美人蕉、金边黄杨、金叶女贞、枸骨、大叶女贞、海桐、石楠等，并植有荷花、芦苇等水生植物，地被以常春藤、麦冬为主。

蒿草河滨河绿带

位于市区蒿草河两侧，从念四河至荷花池，全长4.1公里，占地 3.03 公顷。

蒿草河部分河段大致为唐罗城西城壕及明万历二十年（1592）郭光复开宝带河之一部分，新中国成立后由西郊农民利用旧有河床疏浚理直而成。1995 年，整治蒿草河西驳岸，沿市人大办公楼东侧建挡土墙、栏杆等。1996 年，完成蒿草河（双桥路南北）沿河两岸挡土墙和栏杆。1997 年，完成蒿草河土坝桥段驳岸工程。同年，完成蒿草河市中医院西侧沿河小道。1998 年 11 月，再次整治蒿草河，实施砌筑平水驳岸、铺设沿河小道等工程。2000 年，疏浚蒿草河杨庄河河口至荷花池段。2004 年 11 月至2005 年 4 月，重新整治蒿草河。一期工程从念四河

蒿草河滨河绿带

至文汇东路,全长 2700 米;二期工程从文汇东路至荷花池,全长 1300 米。主要是疏浚河道、新建驳岸、安装栏杆、砌筑青砖仿古墙,沿河小道铺设,路灯安装,绿化提升,增加配套设施。

　　河道两侧以柳树为主,同时种植银杏、朴树、国槐、香樟、紫叶李、雪松、枇杷、女贞、白蜡、桃树等近 40 个品种。

玉带河滨河绿带

　　位于市区玉带河两侧,从问月桥至凤凰桥,全长 1.1 公里,占地 1.1 公顷。原有一定绿化基础,两侧遍长枫杨、刺槐等。1988 年,全面清淤疏浚,陆续兴筑块石护坡和沿河栏杆、小道,沿河栽植柳树、碧桃、紫叶李、丁香、棕榈等。1995 年,玉带河再次疏浚,建平水驳岸。1996 年,疏浚玉带河宵市桥以南段,清淤近 3000 立方米。2000 年,玉带河列入瘦西湖水环境整治项目。2002 年,完成玉带河宵市桥以北段综合整治,改建驳岸墙

玉带河滨河绿带

300 米,铺设小道 1200 平方米,砌筑仿古墙 780 米。沿河实施大面积绿化,安装路灯,新建亲水平台,增设休闲娱乐设施等。2003 年 1—4 月,重新整治玉带河全线,共疏浚 3 万立方米,加固、重建驳岸墙 410 米。

　　河道两旁以常绿树种与落叶树种相结合,栽植柳树以及雪松、香樟、女贞、银杏、石楠、紫荆、桃树、琼花、日本珊瑚树等近 30 个品种。

小秦淮河绿带

　　小秦淮河旧称新城市河,位于老城区内。北起水关桥,南至古运河。绿带占地 3 公顷。

　　小秦淮之名始见于清康熙年间。清宣统三年(1911),在小秦淮河中段的小东门北,利用废城基兴建河滨公园,内构大厅、草堂、假山石,配植花草树木。后多次改造。1952 年,沿河补植柳树,间以碧桃。1959 年,补植绿化。1979 年,补植枫杨。1988 年,疏浚河道,新建护坡,提升绿化。

小秦淮河绿带

1993年、1996年、1997年，先后3次疏浚小秦淮河。2002年7—9月，实施小秦淮河整治工程，拆除两岸违章建筑，建设驳岸，铺设小道，配套安装麻石栏杆，修缮古桥7座（大东门桥、务本桥、新萃园桥、萃园桥、公园桥、小东门桥、小虹桥），重建古桥1座（新桥），安装路灯，提升绿化，设置果壳箱和休闲椅，修建亲水平台等。

河道两旁以柳树、云南黄馨为主，常绿树种与落叶树种相结合，植有枫杨、女贞、广玉兰、枇杷、香樟、石榴、桂花、桃树等乔灌木，配植小叶女贞、大叶黄杨、瓜子黄杨等，花池、木架廊、麻石铺装，六角亭、休息座椅等点缀其间。在务本桥西侧辟有一绿地，设古亭、木平台、健身设施等，植桂花、垂丝海棠、白玉兰、琼花、月季、石楠、金叶女贞等。

唐子城护城河绿带

唐子城护城河位于蜀冈－瘦西湖风景名胜区蜀冈高地，与宋堡城和宋夹城的护城河相互贯通，蜿蜒7公里。绿带占地7.34公顷。

1996年，国务院公布扬州城遗址（隋—宋）为全国重点文物保护单位。同年，省政府批复实施《蜀冈－瘦西湖风景名胜区总体规划》，将唐子城·宋堡城城垣及护城河遗址定位为文化景区。疏浚后的唐子城护城河，河道最宽处18米，最窄处6米多，正常水位2米，最深处4米。护城河堡城村段，曾经是扬州闻名的"花木之乡"，历史上有"十里栽花算种田"的传统。

2015年5月，唐子城护城河疏浚工程竣工。绿带内建有清二十四景之一"双峰云栈"、唐亭、环河3000米自行车健身道及1000米景观栈道，成为集遗址保护、文化展示、历史体验、观光休闲、康体养生等多功能为一区的生态文化休闲体验区。

绿带内植有广玉兰、朴树、白玉兰、桑树、柳树、雪松、乌桕、水杉、构树、国槐、桂花、樱花、紫叶李、石榴、红枫、桃树、春梅、棕榈、紫薇、垂丝海棠、日本珊瑚树等乔灌木，配植石楠、红花檵木、海桐、枸骨等，地被以红花酢浆草为主，并植梭鱼草、芦苇、蒲草等水生植物。

唐子城护城河绿带

文昌广场

位于市区文昌阁东南侧，东至喷泉广场，南至文昌百汇商业区，西至汶河路，北至市总工会大楼。占地8000平方米，是集文化、休闲、娱乐于一体的市民休闲活动广场。

1959 年，为迎接国庆 10 周年，市政府填平汶河建汶河路。1964 年，始建路边绿地，形成新中国成立后扬州城内最早的市民广场。1979 年，广场重新改造，堆建假山，栽植文昌花圃，栽编竹栏 400 余米，植树 2125 株，铺设园内简易道路 300 多米，拆除 3 层楼高的防空洞洞口。经改造后的文昌花圃绿树成荫，花草茂

树阵广场

盛。1983 年，组织机关干部承担文昌广场绿化任务，栽植篾竹 100 塘、大叶黄杨绿篱 1.3 万株及各种花木 106 盆。1992 年，汶河路拓宽，文昌广场面积扩大。1999 年 9 月，投资 26 万元，再次拓宽改造文昌广场，铺设沥青路面，拆除广场北侧公共厕所，配植绿化。改造后，文昌广场中心花园以文昌阁为中心，呈南北椭圆形，面积 2400 平方米，内植常绿低矮灌木、花卉、草坪等，点缀部分园艺小品。2001 年 12 月，投资 4000 万元，在市工人文化宫原址上进行改造建设。2002 年 1 月竣工，当年春节开放。项目总面积 3 公顷，绿化面积 8000 平方米，保留影剧院和工人之家南侧主楼，拆除一些附属建筑和居民住宅。2003 年 12 月，文昌广场改建。2007 年 9 月，市五届人大常委会第二十九次会议将文昌广场绿地确定为第一批城市永久性保护绿地。2013 年，文昌广场改造提升，拆除旱喷，改造跳泉，实施广场硬化及周边绿化提升。

广场以"水之韵"作为造景主题，突出扬州地方风情和民俗文化，保留和翻新工人文化宫、电影院及文物景点"怡庐"等建筑。设有巨石广场、儿童乐园、树阵广场、旱喷泉广场、下沉式广场以及工人之家、影剧院、图书馆、游戏厅等，形成宫中有场、场中有园的市民休闲活动区。

广场植有广玉兰、银杏、雪松、二球悬铃木、女贞、白玉兰、香樟、桂花、鸡爪槭、龙爪槐等乔灌木，间植红花檵木、瓜子黄杨，配植石楠、洒金桃叶珊瑚、杜鹃、金钟花等，地被以麦冬为主。

广场内设有儿童游乐场、休息座椅、厕所、24 小时自助图书馆等服务设施。

来鹤台广场

位于市区邗江路与文昌西路交会处，东至邗江路，南至文昌西路，紧邻西区大润发超市。占地 1.5 公顷。广场为来鹤台写字楼配套绿地，是集景观、娱乐于一体，供市民健身、休闲的多功能广场。

工程于 2002 年 10 月开工，2003 年 4—11 月实施绿化工程。2007 年 9 月，市五届人大常委会第二十九次会议将来鹤台广场确定为第一批城市永久性保护绿地。2016 年，实施广场改造提升工程。

广场内建有人工湖、双亭、休闲廊、中心广场、儿童游乐场等设施，配有休憩座椅、健身

器材。

广场南入口处以造型五针松作为主景，园路两侧以香樟、银杏为规则式栽植，配植合欢、朴树、红枫、樱花、石楠、桂花、棕榈、杜鹃等乔灌木，并植麦冬、红花酢浆草等地被植物。沿河栽植睡莲，岸边以再力花及芦苇丰富河面景观。广场植物有 60 余种。

来鹤台广场全景

树人苑绿地

位于扬州中学西侧。占地 2 公顷。始建于 1988 年，因邻近树人堂而得名。树人苑与树人堂之间栽植榆树，形成空间分隔。2001 年，树人苑实施绿化提升工程。2012 年，实施改造工程。绿地以假山、水池、楼台、亭廊作衬托，设置游人休息健身区及儿童娱乐场所，做到古典园林与现代园林相结合。植物配置注重常绿树种和

树人苑绿地

落叶树种相结合，植有广玉兰、香樟、女贞、枫杨、国槐、水杉、银杏、桂花、棕榈、红枫、紫薇、紫叶李、垂丝海棠、夹竹桃等乔灌木，配植八角金盘、云南黄馨、金钟花、南天竹、金丝桃等。

廉政广场

位于市区文昌西路与维扬路交会处东南角。又名清恪广场，原为市民休闲广场。占地 1.2 公顷。2004 年建成。2005 年，实施景观改造，建设"亭、镜、石"景观。2009 年 7 月，市六届人大常委会第十一次会议将廉政广场确定为第二批城市永久性保护绿地。2011 年 2 月改建。2012 年，实施广场绿化景观提升工程，增设羽毛球场、篮球场、厕所等便民设施。2015 年，修缮部分景观设施，新建"清风扬州"廉政主题文化景墙，补植绿化，增设照明系统等。

广场由"廉石、清亭、鉴镜"三组景观构成，从扬州历史上最具廉政教育意义的人物和故事中取材，成为广

廉政广场廉石

场的一大亮点。廉石为"板桥石"，东北侧设有郑板桥石刻像，南侧以景墙的形式记述郑板桥生平简介及其任山东潍县知县时所作《潍县署中画竹呈年伯包大中丞括》诗："衙斋卧听萧萧竹，疑是民间疾苦声。些小吾曹州县吏，一枝一叶总关情。"清亭为"春风亭"，纪念清代江苏巡抚、廉官张伯行。张伯行在任以"一丝一粒，我之名节；一

廉政广场

厘一毫，民之脂膏"为座右铭，百姓如沐春风，曾为其筑"春风亭"。鉴镜为"古铜镜"，以在扬州出土的战国、西汉和唐朝铜镜为原型，放大铸造而成，取"以铜为镜，可以正衣冠；以古为镜，可以知兴替；以人为镜，可以明得失"之意，形象生动，寓意深刻。

广场内还设有健身步道、厕所、休息座椅等服务设施。

广场以木本植物为骨干，形成由乔木、灌木、地被等综合而成的绿化配置，结构合理，功能协调。广场内有成片种植的刚竹作为绿色背景，土丘高低错落有致，植有女贞、银杏、雪松、朴树等大乔木，配植日本五针松、玉兰、桂花、琼花、鸡爪槭、紫叶李、紫薇、白蜡、石楠、海桐、月季、红花檵木等，草坪为四季常绿的高羊茅草坪。

五台山大桥公园

位于市区五台山大桥两侧。占地 3.6 公顷。

五台山大桥公园前身为五台山大桥桥头公园。2005 年 3 月开工，10 月竣工开放。建有三角亭、四方亭、八角重檐亭、木桥、拱桥、曲桥、假山、水池、园路、树阵广场、坐凳、亲水平台等。假山上嵌有"五台胜境"四字，点明景意。主要景观之一的"叠石瀑布"独具特色，6 个喷泉涌出的河水顺 4 层跌石流下，形成 3 层瀑布景观。2009 年 7 月，市六届人大常委会第十一次会议将五台山大桥桥头公园确定为第二批城市永久性保护绿地。

2015 年，市城控集团对五台山大桥公园进行提升改造。建设 1 爿多向投篮球场、1 爿羽毛球场，篮球场面积 341 平方米，羽毛球场面积 225 平方米。增设 1 爿街舞广场、1 爿儿童活动场地。对部分区域进行绿化景观提升，提升绿化面积 1.2 公顷。

五台山大桥公园

园内植物近 50 个品种，有银杏、落羽杉、杜英、女贞、香樟、广玉兰、鹅掌楸、朴树、桂花、桃树、柳树、女贞、琼花、杨梅、春梅、红枫、垂丝海棠、石楠、罗汉松、鸡爪槭、南天竹、狭叶十大功劳、山茶、洒金桃叶珊瑚、日本珊瑚树等，并植水生植物芦苇等。

配套建有环形步道 1 条、篮球场两片、羽毛球场 3 片、乒乓球桌 8 张、各类棋牌桌椅 20 套、组合健身器材 1 套、广场舞场地 3 片、非机动车停车场 1 片、机动车停车场 1 片。

琼花园

琼花园

位于市区文昌西路与大学路交会处西北角。占地 2300 平方米。始建于 1986 年。1997 年，改造琼花园。2010 年，实施绿化提升工程。园内建有花架廊、假山、水池、古亭等景观小品。大量种植琼花，采用乔木、灌木和地被植物相结合，营造丰富的季相变化。园内还植有银杏、朴树、女贞、日本五针松、黑松、棕榈、桂花、鸡爪槭、紫薇、金丝桃、石楠、金边黄杨、大叶黄杨、小叶女贞球等，地被植物以马尼拉草坪、麦冬为主。

江陵花园绿地

位于市区淮海路与文昌中路交会处西南侧。占地 1900 平方米。建成于 2004 年。园内建有花架廊、假山、古亭等建筑小品，与植物相辅相成。树种配植采用常绿树与落叶树相结合，植有枫杨、女贞、日本珊瑚树、垂丝海棠、桂花、鸡爪槭、美人梅、紫荆、八角金盘、枸骨等，花架廊上植紫藤，并种植一些竹类植物，地被以麦冬为主。

江陵花园绿地

文汇广场绿地

文汇广场绿地

位于市区邗江路和文汇路交会处西南角。占地 1.9 公顷。始建于 1994 年。2015 年，对广场进行功能提升，增添篮球练习场及部分健身设施。广场植有乌桕、银杏、香樟、柿树、桂花、石榴、紫荆等乔灌木，配植南天竹、红花檵木、金边黄杨、海桐等，地被以草坪为主。广场设有公厕、座椅、凉亭等设施。

火车站站前广场绿地

位于扬州火车站站前广场两侧。占地2.9公顷。2004年2月开工，4月建成开放。工程包括道路分隔带绿化、路肩绿化、边坡绿化、停车场分隔带绿化、旱喷广场绿化、广场东侧山绿化六部分。工程在满足广场集散功能的前提下，进行适当的竖向设计，增强立面景观效果，形成丰富的林缘线和林冠线景观。内部植物多样，景观丰富，是与火车站配套

火车站站前广场绿地

的交通型广场休闲绿地。植有香樟、女贞、国槐、日本五针松、鸡爪槭、紫薇、桂花等乔灌木，配植杜鹃、金边黄杨、红花檵木、龟甲冬青、小叶女贞等。

2016年扬州市区部分游园绿地情况一览表

表2-4　　　　　　　　　　　　　　　　　　　　　　　　　　　　　　　　单位：公顷

序号	名　称	位　置	面　积
1	新通扬运河滨河绿地	新通扬运河	48.40
2	京杭大运河风光带	江扬大桥至扬州大桥两侧	45.00
3	西银沟绿化带	西银沟两侧	33.50
4	古运河风光带	古运河两侧	12.70
5	黄泥沟滨河绿带	黄泥沟两侧	12.30
6	沙施河滨河绿带	观潮路西侧	11.82
7	赵家支沟绿化带	赵家支沟两侧	11.41
8	河滨公园带状绿地	河滨公园	10.58
9	仪扬河滨河绿带	仪扬河从西银河至吕桥河段的北侧	8.14
10	文昌西路街头绿地	文昌西路	7.80
11	唐子城护城河绿带	平山堂东路北侧	7.34
12	站南路沿河风光带	站南路沿河两侧	6.20
13	邗沟风光带	邗沟河南北侧	5.60
14	念四河绿带	杨柳青路南侧	5.25
15	新城河绿化带	新城河两侧（江阳中路以北段）	4.46
16	漕河风光带	漕河两侧	4.30
17	七里河林荫带	七里河两侧	3.53
18	杭集镇匝道广场	杭集镇匝道	3.50
19	堡城东花园	堡城东花园	3.30

续表 2-4

序号	名 称	位 置	面 积
20	南绕城入口广场绿地	南绕城入口广场	3.25
21	五台山大桥公园	五台山大桥两侧	3.20
22	汊河镇农民公园	汊河镇	3.10
23	蒿草河滨河绿带	蒿草河两侧	3.03
24	小秦淮河绿带	小秦淮河两侧	3.00
25	宝带河绿带	宝带河两侧	2.92
26	火车站站前广场绿地	火车站站前广场两侧	2.90
27	沿山河风光带	沿山河两侧	2.88
28	护城河滨河绿带	护城河北侧	2.76
29	四望亭路街心花园	四望亭路北侧,扬子江中路西侧	2.50
30	北城河风光带	北城河两侧	2.06
31	蒋王镇市民公园	蒋王镇市民公园	2.00
32	北门遗址广场	万福西路与凤凰桥街交会处	2.00
33	树人苑绿地	扬州中学西侧	2.00
34	文汇苑东侧河道绿化	何桥路西侧文汇苑东侧	2.00
35	文汇广场绿地	邗江路与文汇路交叉口西南侧	1.90
36	邗城广场绿地	邗城广场	1.64
37	城北入口处绿地	城北入口处	1.51
38	来鹤台广场	文昌西路与邗江中路交会处	1.50
39	四望亭河绿带	四望亭河两侧	1.50
40	二道河滨河绿带	二道河两侧	1.44
41	维扬路街头小游园	维扬路邗江地税局纳税服务大厅边	1.29
42	廉政广场	维扬路与文昌西路交会处	1.20
43	东门遗址广场	泰州路	1.20
44	玉带河滨河绿带	玉带河两侧	1.10
45	安康北苑小游园	安康路与江都路交会处	1.02
46	杨庄街旁游园	杨庄	0.98
47	冶春花园	冶春花园	0.90
48	文昌广场	文昌中路与汶河南路交会处	0.80
49	仙鹤遐龄绿地	仙鹤遐龄	0.74
50	长河滨河绿带	长河两侧	0.73
51	跃进桥游园	运河西路与解放南路交会处	0.62
52	杨庄河滨河绿带	杨庄河两侧	0.53

续表 2-4

序号	名　称	位　置	面　积
53	西门遗址广场	石塔菜场北入口东侧	0.50
54	玉器街小游园	玉器街与史可法东路交会处	0.48
55	老虎山路小游园	史可法路与老虎山路交会处	0.45
56	扬大附中北侧绿地	淮海路与瘦西湖路交会处	0.45
57	三友园绿地	三友园	0.42
58	平山小星塘路边绿地	平山小星塘路	0.40
59	解放北路街头绿地	解放北路	0.40
60	高桥北街游园	高桥北街	0.33
61	平山园艺苑绿地	平山园艺苑	0.30
62	琼花园	文昌西路与大学路交会处西北角	0.23
63	江陵花园绿地	淮海路与文昌中路交会处西南侧	0.19
64	日报社小游园	扬子江中路与文汇东路交会处	0.19
65	红旗河小游园	红旗河	0.16
66	荷花池三角园	荷花池路与江阳中路交会处	0.14
67	外资工业园绿地	外资工业园	0.13
68	市政府西侧绿地	市政府西侧	0.12
69	荣华大酒店门前绿地	荣华大酒店门前	0.06
70	蓝天娱乐城绿地	蓝天娱乐城	0.06
71	珍园门前绿地	珍园	0.05

续表 2-4

第三章　城市绿地

山亭野眺

只种杨棚莲花埂，不种桑麻芍药田

曉起憑欄六代青山都到眼

晚來對酒二分明月正當頭

朱公純撰

庚申春日 尉天池書

平山堂圖

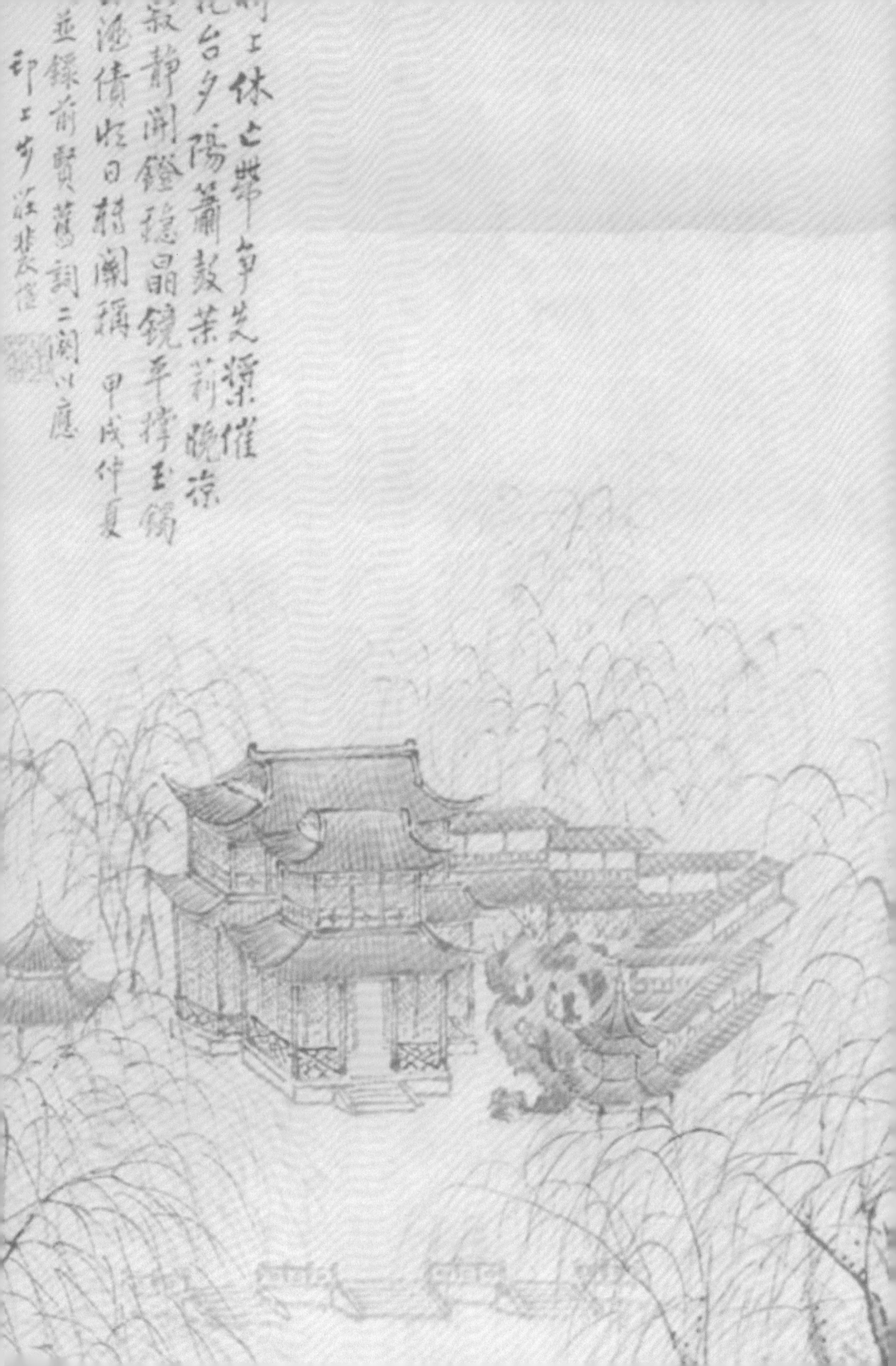
休〻莫〻爭先槳催
台夕陽簫鼓茉莉晚涼
寂靜聞鐙穩晶鏡平撐玉鏡
甲戌仲夏
並錄前賢舊詞二闋以應

早在唐代,扬州就是一座绿树成荫的城市,有"街垂千步柳""有地惟栽竹"之说。宋代,官府多次修建郡圃,规模越来越大,是城市公共绿地的发端。同时,宋代扬州花木业发达,官府经常举办"万花会"活动,扬州芍药、琼花闻名于世。清乾隆时期,扬州园林绿化兴盛一时,呈现出"家家住清翠城闉,处处是烟波楼阁"的城市风貌,赢得"绿杨城郭是扬州"的美誉。清嘉庆后,由于盐业经济的衰落,扬州园林绿化呈衰败景象。民国前期,先后在徐园、长堤春柳、凫庄、叶林、浮梅屿等处实施绿化,小有建树。1936 年,江都县风景委员会筑环湖小路,沿北城河两侧,由广储门起沿丰乐下街、绿杨村、大虹桥、莲花桥至蜀冈一带,环植海桐、垂柳等。其后,由于抗日战争及解放战争的影响,城市绿地建设陷于停顿。

新中国成立后,先后于 1950 年、1951 年、1952 年、1955 年、1956 年、1957 年多次发动群众,大搞以公共绿化为主的城市园林绿化建设,城市面貌发生较大改变。"文化大革命"期间,城市绿地无人管理,部分公共绿地被侵占,城市公共绿地面积、人均公共绿地面积均有所下降。1978 年,首次恢复开展群众绿化植树活动。1988 年开始,城市公共绿化纳入市政府目标管理,并建立党政负责人分管绿化地段责任制。90 年代,市政府将城市绿化提上重要议事日程,城市景区、景点建设列为城市绿化重点,单位绿化向组合式、立体式、园林式方向发展。1997 年,扬州市被省政府命名为首批省园林城市。

进入 21 世纪,扬州市通过规划建绿、整治增绿、见缝插绿等多种途径,加大城市绿化力度,实现每年新增城市绿地 100 万平方米以上。2003 年,扬州市被建设部命名为国家园林城市。2007 年,扬州市被建设部列入全国首批 11 个国家生态园林城市试点城市之一。2007 年,扬州在全国率先建立永久性绿地保护制度,以地方立法的形式将公园绿地划为永久性绿地加以保护。至 2016 年,市区建成区绿化覆盖面积 6528 公顷,绿化覆盖率 43.82%,绿地面积 6201.81 公顷,绿地率 41.63%,城市人均公园绿地面积 20.69 平方米。

80 年代开始,扬州市致力于城市绿地系统建设,历经初期规划、第一轮绿地系统规划(1990—2010)、第二轮绿地系统规划(2004—2020)和第三轮绿地系统规划(2011—2020)四个阶段,注重均衡绿地布局,为城市绿化的发展留足空间,提升城市生态环境、增加市民生态福利。从 2015 年开始,大力推进公园体系建设、城市绿地建设,形成分布均衡、层次分明的城市公园体系,初步显现健康中国的扬州样本宜居城市。

第一节　城市绿地系统规划

初期规划

1980年,市政府编制园林绿化规划,将其纳入《扬州市城市总体规划(1982—2000)》中。根据"突出重点,兼顾一般;名符其景,体现特色;提高水平,形成气候;全面发动,专群结合"的指导思想,制定绿化方案,为扬州市绿地建设打下良好基础。

规划原则和要求　贯彻为生产、为人民生活服务的方针,有计划、有步骤地进行园林绿化建设,搞好管理,继承和发扬传统技艺、传统品种。充分发挥绿化功能作用,加速实现城市园林化。充分发动群众,有规划地种植,迅速扩大绿地面积,努力提高绿化覆盖率。根据均匀合理分布原则,结合自然地形、水质、道路、名胜古迹,采取点、线、面结合,远近结合,城郊结合,形成完整合理的绿化系统。保持发扬扬州园林绿化历史风格和群众爱好,绿化配置上围绕一个"水"字,突出一个"柳"字,强调一个"花"字,达到绿化、美化、香化。

规划指标　近期(1985年):风景区苗圃面积达到75公顷,指标为每人3平方米;街区绿化面积为50公顷,指标为每人2平方米。远期(2000年):风景区苗圃面积达到185公顷,指标为每人6平方米;街区绿化面积为120公顷,指标为每人4平方米。

规划内容　此次园林绿化规划主要对市区绿化进行系统规划,指导瘦西湖风景区、公共绿地、专用绿地、园林绿化生产用地及郊区绿地五个方面的绿地建设。

瘦西湖风景区　性质为区域性风景区及全市性文化休息公园,主要对风景区控制范围、布局进行规划。要求在风景区严格控制区内不得建造园林以外任何建设项目,建成春波桥、恢复大明寺东园,延长水上游览线,开辟夜间游览,充实活动内容,讲究绿化配置等内容。

公共绿地　布设市区公园,如个园、片石山房、何园、小盘谷等特色建筑作为区级公园逐步完善并对外开放。市区零散分散古典庭院目前维持现状,日后组织到旧城改造中。街道广场绿地填空补缺,做到绿化美化。根据不同广场性质对广场绿地分别给予布置。利用河流小岗绿地,设置河岗绿化带。考虑功能要求,做好防护绿地建设。

专用绿地　分为居住街坊绿地和工厂、机关、学校、医疗卫生、部队驻地内部绿地,保护并完善其绿化用地。

园林绿化生产用地　对花圃苗圃等园林绿化生产用地进行扩充,近期要求增加500亩(33.33公顷),远期发展到1000亩(66.67公顷)。同时增加育苗品种。

郊区绿地　号召各公社搞好郊区绿化建设,传承栽树种花传统技艺。

规划实施及建设成果　1980—1985年,城区植树158.18万株,花灌木86.27万株,绿篱559.17万株,草坪8.55公顷,育苗54公顷,城市公共绿地由1980年的33.7公顷增至98.1公顷,人均占有绿地面积从1.97平方米提高到3.77平方米,绿地覆盖率从12.7%提高到23.2%。扬州逐步形成具有地方风格和传统特色的、环境优美的、大中小配套和点线面相结合的绿化系统。

第一轮绿地系统规划

1992 年,根据《扬州市城市总体规划(1982—2000)》的要求,市建委、市规划局等部门对与规划有关的城市现状进行大量的调查统计和分析研究,并根据省建设委员会的文件要求,结合扬州市园林绿化的实际情况,制定第一轮较为系统全面的绿地规划——《扬州市城市绿地系统规划(1990—2010)》,确定以"三大绿色环带"把各类园林绿地串连起来,达到点、线、面结合。1992 年 11 月,该规划通过省建设委员会组织的省级评审鉴定,成为扬州市园林绿化建设的重要依据。

规划原则和要求　遵照《中华人民共和国城市规划法》《城市规划定额指标暂行规定》等文件要求,《扬州市城市绿地系统规划(1990—2010)》以历史文化名城为特色,以名胜古迹为依托,综合城河水系逐步组织河道纵横风景游览网络,充分发挥扬州纵横贯通的水系特点,组织滨河道路园林绿带、公园、街道、广场绿地,传承传统绿化造园技艺,努力扩大城市绿地,继承和发扬古城扬州园林特色,积极开展城郊结合的大环境绿化,形成点线面相结合的滨河绿带环绕的绿地系统。

规划指标　以 1990—2010 年作为规划年限。规划范围:北至槐泗河,东至湾头镇,南至横沟河,西至排涝河。城市规划范围内达到绿化覆盖率 35%,绿地率 30%,人均公共绿地面积为 7 平方米~ 12 平方米。

规划内容　将园林绿地规划成为三个明显的环状绿带:内环带以市内的北城河、古运河、二道河、树人苑等地的绿地为主,形成第一圈绿色环带;二环带有北郊的蜀冈 – 瘦西湖风景名胜区,高压线绿色走廊、铁路沿线防护林带,以及平山茶场,西部有瘦西湖,里下河农科所果园、山河林场,东有大运河沿岸绿带、凤凰林场,南有横沟河,形成近郊绿色环带;最外环的绿环是东北远郊的邵伯湖水系和槐泗河风光带,南有长江沿岸及瓜洲防护林带,西有仪征白羊山大片绿色森林以及广大农田防护带,构成扬州市外围以大型水体为主的绿色大环境。

此次规划较系统列出 6 类绿地,分为公共绿地、防护绿地、生产绿地、专用绿地、道路河道绿地、风景名胜区。

公共绿地　包括古典园林系列、市级公园系列、区级公园系列、街头花园和居住区小游园、滨河园林绿带 5 个系列。市级公园主要有瘦西湖公园、茱萸湾公园、盆景园、儿童公园、体育公园、文峰公园、荷花池公园、曲江公园、烈士陵园、平山公园及蔬菜公园,作为供全市人民休息、游览、娱乐及体育活动的场所。区级公园是指规模较市级公园小,服务半径小,归属区政府管理,主要为附近居民服务的公园绿地,主要有东花园、竹西公园、桥园、笔架山公园、凤凰公园、山河公园和东郊公园。街头花园、居住区小游园是指地处道旁的小型公共绿地,主要功能是美化街道和供行人及附近居民游憩,如琼花园、树人苑、文昌花园等。为了充分发挥扬州古运河等内城河系的特点,规划古运河园林绿带、邗沟河园林绿带、北城河园林绿带、小秦淮河园林绿带、玉带河园林绿带、高潮河园林绿带、二道河园林绿带、蒿草河园林绿带及城东河园林绿带 9 条滨河园林绿带。

防护绿地　为减轻东、南、北部工业造成的下风向环境污染危害,保护人民身心健康,规划槐泗河防护林带、铁道防护林、蜀冈防护林带、古运河引风林带、曲江防护林带、市区到下港的新干道林带、沿山河下的排涝河、南过境线防护林带及仓库防护林 9 条防护林带。

生产绿地 是为城市绿化建设提供植物材料的基地,包括苗圃、花圃和草圃等。根据国家有关规定,城市生产绿地必须占城市总用地面积的3%以上。

专用绿地 扬州市部分现有小区只有零星宅旁绿地,没有公共绿地,故需加强完善居住小区公共绿地的配备与小区建设同步进行,达到人均1平方米的公共绿地标准。

道路河道绿地 街道绿地反映城市风貌及城市文明水平,城市规划街道绿化断面应占路宽的20%～30%。

风景名胜区为满足国内外游客在扬州旅游需要,促进城市生态平衡,对瘦西湖风景区、茱萸湾风景区、西部风景区、高宝湖风景区及滨河风景区进行系统规划。

规划实施及建设成果 市委、市政府明确城市绿化部门在城市工作中的领导地位,加强城市规划、土地管理等部门与城市绿化部门的紧密配合,宏观上控制绿化用地不受侵占。加强专业绿化工作队伍建设,做好施工、管理工作。保证绿化资金来源,广开资金渠道,多方筹集绿化经费。

1990年,各级党政领导相关负责人签订任期3年的绿化目标责任状。至1992年底,县城以上的城市绿地面积新增737.16公顷,其中新增公共绿地117.78公顷,绿地覆盖率20.27%,人均公共绿地3.32平方米。1996年,城乡绿化造林的各项指标都完成或超额完成第三轮绿化目标责任状的要求。县城镇和扬州市区分别新增绿地面积247.93公顷和12.4公顷,绿地总面积达2468.45公顷和1426公顷,公共绿地面积新增67.3公顷和3.15公顷,公共绿地总面积分别达388.29公顷和260公顷,人均公共绿地分别达4.3平方米和7.3平方米。

"十五"期间,城市绿化覆盖率、绿地率、人均公共绿地面积分别由2000年的35.9%、32.92%、8.1平方米增加到2004年的36.93%、33.83%、9.68平方米,城市绿地面积由2000年的1604.2公顷增加到2004年的2266.38公顷。2003—2005年,新增绿地面积分别为114.36公顷、160公顷、134公顷。

第二轮绿地系统规划

2005年6月,省建设厅组织省内规划、风景园林及植物方面专家在扬州召开《扬州市城市绿地系统规划(2004—2020)》评审会。2006年底,该规划修改完成。

2007年,根据《扬州市城市总体规划(2002—2020)》和《城市绿地系统规划编制纲要(试行)》,市园林局会同市规划局及南京林业大学风景园林学院等单位,共同编制完成《扬州市城市绿地系统规划(2004—2020)》。2007年2月,上报市政府批复同意,纳入城市总体规划。

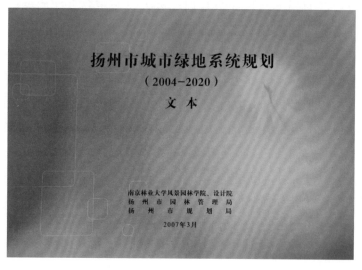

《扬州市城市绿地系统规划(2004—2020)》

规划原则和要求　创造"水绿相依,园林古今辉映;城林交融,绿地南秀北雄"的生态园林城市,营造最佳人居环境。

规划指标　以 2004 年为规划基准年,近期至 2007 年,中期至 2010 年,远期至 2020 年。近期目标:合理规划布局各类绿地,通过新增精品绿地和绿地改造途径,大幅度提升绿地数量与质量,城市规划建成区绿地率 37%,绿化覆盖率 40%,人均公园绿地面积不低于10.5 平方米,形成城乡一体化绿地系统。中远期目标:全面改善城市生态环境质量和城市景观风貌,提高城市绿地的物种丰富度,城市规划建成区绿地率 40%,绿化覆盖率 45%,人均公园绿地面积不低于 12.3 平方米,形成完善的城市绿地景观系统和完备的城市游憩系统。远景展望:弘扬历史文化,实现传统水乡园林和现代生态园林融为一体的"园林扬州",保护和建设城市生物多样性,城市规划建成区绿地率 43%,绿化覆盖率 48%,人均公园绿地面积不低于 14.8 平方米,营造人与自然和谐共生的最佳人居环境。

规划内容　从规划结构、规划分区、规划布局、分类绿地发展规划几个方面对市域绿地、规划区绿地、主城区绿地进行地域系统规划。市域绿地系统布局按环、网、珠、片四个层次进行,将市域划分为沿江发展区、丘陵发展区、里下河发展区、"三湖一河"风光旅游区和中心城市发展区。规划南北向依托京杭大运河河网水系和京沪高速公路形成的绿网;东西向依托宁通交通走廊、沿江高等级公路、宁启铁路过境交通及其体系所串联的城镇群体形成的绿带,形成沿长江—京杭大运河丁字口、链珠式的城市绿化发展格局。规划区的规划结构和规划布局与市域绿地系统规划类似,但规划用地分为沿江地区、丘陵地区、沿湖地区和主城区4 个地区。主城区形成"一弧、二片、三横、四带、四楔、六区"的绿色景观视廊结构。绿地规划形成 6 个城市特色景观分区,分别为山水景区、古城风貌区、现代新城区、滨河景观区、生态新区和滨江风貌区。规划从公园绿地、生产绿地、防护绿地、附属绿地和其他绿地 5 类进行规划。

公园绿地　包括综合公园、社区公园、专类公园、带状公园和街旁绿地。公园绿地总面积 1482.87 公顷,规划增加面积 949.95 公顷。

生产绿地　根据扬州市建成区状况,结合园林绿化的发展趋势,规划生产绿地总面积319.9 公顷,占主城区面积的 2.5%。将苗圃进行分级,分为综合性苗圃与专类苗圃,在建设用地的各个范围内根据不同品种、规格苗木的需求,因地制宜布置不同等级的苗圃。同时结合科普教育,做好引种驯化工作,使生物多样性首先在生产绿地中体现。

防护绿地　规划防护绿地总面积 2080.83 公顷。

附属绿地　将道路绿化、单位绿地及居住绿地统称为附属绿地,分别进行细化规划。

其他绿地　规划其他绿地面积 3087.74 公顷,如新建扬州白羊山森林公园 385 公顷,扩建茱萸湾—凤凰岛风景区 1492.14 公顷,保留廖家沟景观林 20.6 公顷等。

规划实施及建设成果　市园林局加强城区园林建设立法工作,落实绿化指标,实施绿线管制,做到规范管理,有法可依。加强绿化建设宣传,提高全民参与意识。对广大群众进行园林绿化知识宣传教育,提高绿化意识,普及园林绿化的科学知识和法律知识。落实资金来源,保证绿化建设按规划顺利进行。加大人才培养和引进力度,促进城市园林绿化事业发展。

2007 年 9 月,市五届人大常委会第二十九次会议全票通过《关于建立城市永久性绿地保护制度的决议》,将蜀冈西峰生态公园、曲江公园、明月湖中央水景公园、文昌广场、维扬广场、来鹤台广场、古运河风光带、漕河风光带、荷花池公园、文津园等10块永久性保护绿地定位、定址、定量,作为扬州市第一批永久性绿地加以保护,总面积118.2公顷,此举属国内首创。2008年,扬州市新增城市绿地321.93公顷,其中公共绿地184.7公顷。2008年底,城市绿化覆盖面积3259.2公顷,城市绿化覆盖率43.46%;绿地面积3055.22公顷,绿地率40.74%;城市人均公园绿地面积18.71平方米。市区完成新(改、扩)建绿化工程41项,绿地面积177.75公顷,其中新增城市绿地面积151.33公顷。建成区绿化覆盖率、绿地率、市区人均公园绿地面积分别达到43.46%、40.74%、12.15平方米。2009年7月,市六届人大常委会第十一次会议通过《关于同意确定第二批城市永久性保护绿地的决议》同意将万花园等10个绿化地块确定为第二批城市永久性保护绿地,总面积100.5公顷,两批永久性保护绿地总面积218.7公顷,约占市区公园绿地面积的15%。2009—2011年,扬州市分别新增城市绿地124.32公顷、278公顷、151.9公顷,完成政府每年新增城市绿地100公顷以上的要求,陆续建成古运河风光带、保障湖风光带、蜀冈西峰生态公园、宋夹城湿地公园、润扬森林公园、茱萸湾公园、凤凰岛公园,新建曲江公园、明月湖景观带,完成沿主要道路和河流的景观建设,逐步形成"水—冈—城"一体的生态格局,"绿杨城郭新扬州"工程实施效果明显。

第三轮绿地系统规划

随着扬州新一轮总体规划——《扬州市城市总体规划(2011—2020)》的修编,中心城区用地扩大,原有的绿地系统规划与扬州城市发展趋势已不相适应。2014年,市园林局组织南京林业大学工程规划设计院与南京林业大学风景园林学院(联合体)开始修编《扬州市城市绿地系统规划(2014—2020)》。2015年10月,该规划经市园林局组织的省级专家评审通过。

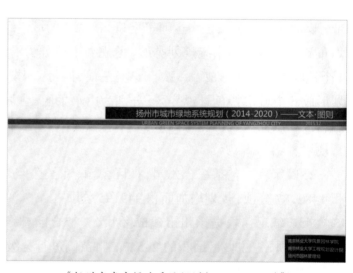

《扬州市城市绿地系统规划(2014—2020)》

规划原则和要求 以生态学原理为指导,强化生态绿地保护和建设,注重扩大绿量,重建城市发展与自然生态环境的平衡。扬州市绿地系统规划根据城市总体发展战略,以《扬州市城市总体规划(2011—2020)》为依据,因地制宜地进行布局,科学安排各类绿色空间。使绿地布局合理、功能完善,注重不同类型绿地间的相互联系,形成合理的绿色生态网络,并注重与城郊生态绿地的联系,注重与城市文化相结合,注重生态要素的提炼和挖掘,塑造特色。挖掘扬州悠久的历史文化传统,传承历史文脉,融合文化内涵;综合运用园林手法,保护乡土植物资源,合理选择植物材料,尽可能多的增加植物种类,形成具有地方特色的绿地景观,营造休闲环境,彰显城市特色。

规划指标 从近期(2014—2016年)、远期(2016—2020年)和远景(2020年以后)三个时期对绿地建设进行规划。近期目标指在扬州达到国家园林城市各项绿地指标的前提下,努力争创国家生态园林城市,继续完善绿地布局,向更好的人居环境迈进。至2016年,城市规划建成区中心城区绿地面积 8718.5 公顷，绿地率 40.93%，绿化覆盖率 45%；公园绿地面积达到 3148.12 公顷，生产绿地 639.38 公顷，防护绿地 1145 公顷，附属绿地 3786 公顷，其他绿地 70750 公顷，人均公园绿地面积不低于 16.93 平方米。远期目标为确保城市人均公园绿地面积，注重城乡统筹发展和城市绿化全面推进，提升城市居民绿地休闲与游憩环境质量。

2015 年 10 月 11 日扬州市城市绿地系统规划修编成果评审会

至 2020 年，城市规划建成区中心城区绿地面积 9229 公顷，绿地率 41.95%，绿化覆盖率 45.2%；公园绿地面积达到 3565.8 公顷，生产绿地 693.6 公顷，防护绿地 1154.5 公顷，附属绿地 3815.08 公顷，其他绿地 77492 公顷，人均公园绿地面积不低于 16.98 平方米。远景目标是巩固绿地的建设成果，结合大环境绿化与城市绿地，完善各类绿地的建设，形成体系完整、功能完善、特色鲜明的绿地系统。

规划内容　规划范围分市域、规划区、中心城区三个层次，对扬州市系统进行分析研究和规划编制。

市域范围　为扬州市行政区范围，现有中心城市 1 个（扬州市区）、县级市两个（仪征市、高邮市）、县 1 个（宝应县）、乡镇 61 个（扣除纳入城区的城镇），其中有国家级、省级重点镇 9 个，包括公道镇、李典镇、氾水镇、曹甸镇、大仪镇、邵伯镇、小纪镇、菱塘回族乡、三垛镇。全市辖境面积为 6634 平方公里。市域绿地系统布局按链、片、核、带四个层次进行，形成"双链、四片、多核、多带"的布局结构。"双链"：沿邵伯湖—廖家沟—芒稻河等形成的南北生态廊道及沿长江形成的东西生态廊道；"四片"：由城镇绿地发展区沿江发展区、西北丘陵区、里下河湿地区、三湖湿地区构成；"多核"：在市域范围内建设荡滩、湿地保护区、自然保护区、生态功能保护区、森林旅游观光区等点珠状绿地，营造点缀市域的绿色链珠；"多带"：以市域范围内的道路、河流为主骨架，在其两侧规划建设 20 米～ 30 米、50 米～ 100 米不等的防护林带，交错形成生态绿网，成为城市的绿色经脉。

规划区　为扬州市区及其行政代管范围，面积 2358 平方公里。其中行政代管区域为仪征朴席镇，区域面积 48 平方公里。规划结合城市生态要求、自然形态及布局特点，将扬州规划区生态绿地结构概括为"两廊、四片、七心、八园"为主体的生态网络。"两廊"：分别为仪扬河—夹江生态廊道（东西廊），邵伯湖—芒稻河—廖家沟生态廊道（南北廊），串联规划区范围内主要绿色生态斑块。"四片"：分别为北部湿地保护片区、东部里下河农业产业片区、南部沿江片区、西部中心城镇片区。北片为湿地保护片区，西侧靠近仪征，为浅丘陵地貌，东侧沿邵伯湖、大运河，地势低洼；南片为沿江片区，濒临长江，地势低洼，水网密集；东片为里下河农业产业园区，主要为江都区里下河地区，各乡镇以生态高效农业为主。南片与北片之间为中心城镇区，以邗江区为中心，创建扬州文化特色核心。"七心"：指以重要生态廊道的交叉点、脆弱点在规划区范围内建成的湿地保护区、自然保护区、生态功能保护区、森林旅游观光区等点珠状绿地,营造点缀市域的绿色链珠。主要是渌洋湖自然保护区、"七河八岛"水生态保护区、江都仙城生态园区、三江水源保护区、瓜洲水源保护区、朴树湾水源保护区等。"八园"为分布于规划区边缘的8个城市郊野公园,其对于保护、改善城市生态环境,维持生态系统的多样性以及稳定性有着重要作用。8个郊野公园分别为渌洋湖郊野湿地公园、三江郊野公园、扬州西郊郊野公园、朴席郊野公园、夹江湿地公园、李典生态保护公园、江都东郊城市森林公园、江都丁伙郊野森林公园。

中心城区　东至廖家沟、壁虎河一线,南至长江、夹江一线,西至扬溧高速,北至扬溧高速、槐泗河一线,面积640平方公里。中心城区以城市现有的条件为基础,以城市建成区规划发展的方向为依据,形成"一脉、两环、四楔、四廊、多带、点线成网"的绿色景观视廊结构,按"环、网、楔、园"4个空间层次进行。"环":指的是以市内北城区、古运河、二道河和瘦西湖形成内城水系环,以启扬—扬溧高速公路防护林、京沪高速防护林和仪扬河—夹江生态廊道构成城市的绿色外环。"网":为主城区的道路网和江河网,是城区的骨架部分,南北、东西向相互交错连接,形成城市的绿地经脉。"楔":指从城市外围渗入主城区的3个绿楔,构成贯穿全城区的绿色景观廊道。"园":是以市级综合公园和大量区级公园均匀分布在市区的各个区域,充分拓展城市公园绿地,依托现有的绿地网架,形成能体现扬州市古代文化与现代文明交相辉映的城市"星宿"。

规划实施及建设成果　扬州市贯彻"三同步"的原则,即同步规划、同步设计、同步建设,对全城区的一切绿地的养护管理负责检查、监督、指导。同时坚持和完善各级领导干部任期绿化目标责任制,抓好新建区域的园林绿化建设。加强绿化宣传,普及绿化知识,开展全民绿化教育。市政府在土地征用政策上给予优惠,承担相应的园林绿化建设和养护费用,安排一定的资金投入,积极引进外资。此外,对园林规划设计、施工、苗木等园林企业单位实行行业管理,制定各类绿地的养护标准和管理规范,在全市范围内推动绿化养护工作;对园林专业技术干部、技术工人进行业务培训,并负责专业职称的评定;健全机构,加强宏观调控。

2011年,市建成区绿化覆盖面积5353.73公顷,绿化覆盖率43%;绿地面积5052.75公顷,绿地率40.58%;城市人均公园绿地面积17.96平方米。2012年,市建成区绿化覆盖面积5508.22公顷,绿化覆盖率43.03%;绿地面积5206.24公顷,绿地率40.67%;城市人均公园绿地面积18.11平方米。2013年,市建成区绿化覆盖面积5704公顷,绿化覆盖率43.2%;绿地面积5392公顷,绿地率40.85%;城市人均公园绿地面积18.32平方米。2014年,市建成区绿化覆盖面积5914公顷,绿化覆盖率43.61%;绿地面积5596公顷,绿地率41.27%;城市人均公园绿地面积19.07平方米。2015年,市建成区绿化覆盖面积6119.77公顷,绿化覆盖率43.71%;绿地面积5800.77公顷,绿地率41.43%;城市人均公园绿地面积21平方米。2016年,市建成区绿化覆盖面积6528公顷,绿化覆盖率43.82%,绿地面积6201.81公顷,绿地率41.63%,城市人均公园绿地面积20.69平方米。市区主要完成马可·波罗花世界公园等多个绿化项目,累计新增城市绿地面积139.58公顷,其中公园绿地109.85公顷,道路、河道绿地10.03公顷,单位绿地2.1公顷,居住区绿地16.25公顷,其他绿地1.35公顷。

第二节　城市公园体系建设

　　2012年底，市委、市政府决定将城市中心的老体育场拆迁，在宋夹城遗址上打造一座全民体育休闲公园，为公园体系建设提供示范和基础。宋夹城体育公园作为开篇大作，与蜀冈体育休闲公园、扬子津古渡体育休闲公园一起拉开扬州城市公园体系建设的序幕，掀起一场以公园体系建设为主题的城市更新运动。2014年，扬州市编制《扬州市中心城区绿线规划（2014—2020）》，提出让城市绿地与外围自然生态空间之间有机联系，形成"园在城中、城在园中、城园一体化"的绿地格局，突出滨水带状绿地特色，营造"绿杨城郭"的绿化氛围。

　　2015年9月，扬州市启动高水准、多层次、全覆盖的城市公园体系建设。9月2日，扬州市召开城市公园体系建设推进会，以"市民开车10～15分钟可以到达市级公园，骑车10～15分钟可以到达区级公园，步行5～10分钟可以到达社区公园或滨河带状公园"的标准，解读省政府提出的"城市公园绿地10分钟服务圈"。公园体系由市级公园、区级公园、社区公园和游园构成。增加便民型街头绿地，建设好、运营好基本成型的市级公园。规划建设一批社区级的体育休闲公园，基本配置为20亩（1.33公顷）左右的土地，栽50株以上树木，有一条步道，设置儿童游乐设施或高低篮球架、秋千等，也可配备雕塑、文化设施。各个点状公园通过绿色廊道相串联，依托蜀冈-瘦西湖、淮河归江水系、夹江、仪扬河，结合周边自然生态资源和文化资源，在扬州主城区形成具有较大规模的生态中心，构建四通八达的"绿色网格"。

　　2016年，公园体系建设成为"迈上新台阶、建设新扬州"的标志性工程。扬州市制定区域性公园规划，推进公园体系规划布局。建设仪征枣林湾园博会主展场，市区打造5大核心公园、50个社区公园和50个"口袋"公园（扬州市将面积在0.5公顷以下的小游园称为"口袋公园"），推进各县（市）城区和重点中心镇群众身边的公园建设。2016年，由法律专家、公

2016年8月4日，市园林局召开《扬州公园体系建设与长效管护方案》（讨论稿）座谈会

园管理专家、公园管理部门等相关人员组成《扬州市公园管理条例》立法工作小组，推进《扬州市公园管理条例》立法。市园林局做好传统私家园林的保护和开发，协调推进公园体系建设。与市委督查室、规划及其他有关部门对接，制定《关于扬州市公园体系建设"五年总体规划、三年行动计划、今年突破计划"的方案》《100个社区公园规划建设预排表》《50个"口袋"公园规划建设情况一览表》等，形成公园体系建设进展情况专报60期，掌握公园建设动

态,保证建设进度。至2016年底,60个公园及"突破计划"中20个公园全部建成并对外开放,其中市区(含江都区)有46个:广陵区6个、邗江区8个、江都区11个、扬州经济技术开发区11个、生态科技新城4个、扬州化工园区2个、蜀冈–瘦西湖风景名胜区2个、市城控集团2个。扬州市建成并对外开放的公园有198个,其中免费公园169个,占公园总数的85.35%。

2016年扬州市区建成公园情况一览表

表3-1

地区	序号	名称	位置	类型	占地面积(公顷)	投资(万元)	体育、休闲设施等配置	新建/提升	建设周期	开放时间
广陵区	1	廖家沟新源林公园	滨水路东侧、文昌路以北、万福路以南	社区公园	1	1200	绿色漫步道、自行车道、儿童探险园	新建	2015.8—2016.10	2016.4.16
	2	廖家沟拓展区公园	滨水路东侧、健民路以南	区级公园	19.8	6000	成人拓展项目区、青少年拓展项目区、CS野战区、标准足球场等	新建	2016.1—2016.9	2016.4.16
	3	运河锦园南侧公园(万福锦园公园)	万福路以北、运河北路以西	社区公园	2	300	健身步道、仿木休闲桌椅、嵌入式体育设施	新建	2016.3—2016.6	2016.7.1
	4	高桥体育休闲公园	东至滨河路、西至京杭大运河、南至G40高速、北至G328国道	区级公园	11	1200	健身步道、球类场地	新建	2016.4—2016.8	2016.9.1
	5	广陵湾公园(江都路—运河北路段)	古运河江都——运河北路段	社区公园	5.48	900	健身步道、球类场地	新建	2016.7—2016.8	2016.9.1
	6	施井路公园一期	施井路和沙施河交汇处	社区公园	1.3	800	儿童活动区域、篮球场、羽毛球场、健身步道、下沉广场、休闲座椅等	新建	2016.05—2016.12	2016.12.12
邗江区	7	秀水湾公园	博物馆路西侧、赵家支沟栖祥路南侧河道	社区公园	1.7	500	健身步道、休闲架廊、栈道等	新建	2015.8—2016.1	2016.1.1
	8	蒋王半岛公园	博物馆路西侧、赵家支沟栖祥路南侧河道	社区公园	8.2	4000	羽毛球场、篮球场、网球场、健身步道、儿童及老年人活动场地	新建	2015.5—2016.1	2016.1.1
	9	蒋王师姑塔生态体育公园	启扬高速公路以东、兴城西路以南、建设大街以北、学苑路以西	社区公园	7.8	3000	网球场、篮球场、门球场、笼式足球场、羽毛球馆、健身步道、儿童及老年人活动场地	新建	2015.9—2016.2	2016.2.3
	10	邗上冯庄公园	百祥路慈心堂南侧	社区公园	1	100	篮球场、健身器材、凉亭、长椅	提升	2016.3—2016.4	2016.4.16
	11	竹溪生态体育休闲公园	三星路与上方寺路交会处西南角	社区公园	3	600	栈道、亭廊、亲水平台、篮球场、健身器材	新建	2015.12—2016.6	2016.7.1
	12	新盛揽月河开放式生态体育休闲公园	真州中路西侧、同泰路北侧	社区公园	1.55	800	健身步道、健身广场、阳光草地(风筝放飞)、垂钓、笼式足球场、篮球场、羽毛球场(轮滑场)、健身器材等	提升	2015.12—2016.8	2016.9.1
	13	玉盛公园	利民路与祥园路交汇处	社区公园	1.13	200	健身步道、健身广场、篮球场、羽毛球场、健身器材等	提升	2015.10—2016.6	2016.9.10

续表 3－1

地区	序号	名称	位置	类型	占地面积（公顷）	投资（万元）	体育、休闲设施等配置	新建/提升	建设周期	开放时间
邗江区	14	三汊河生态公园	邗江南路与仪扬河大桥交汇处西南角	社区公园	3.4	1000	健身步道、健身广场、阳光草地（风筝放飞）、垂钓、笼式足球、篮球、羽毛球场（轮滑场）、健身器材等	新建	2016.8—2016.12	2016.12.12
江都区	15	龙都社区体育休闲公园	长江路北侧	社区公园	4	200	健身步道、健身器材、小篮板、轨道棋、休闲架廊、舞池等	提升	2016.1—2016.4	2016.2.3
	16	新都社区体育休闲公园	龙川大桥南西侧樱语园	社区公园	2.2	50	健身广场、健身步道、休闲架廊、游道等	提升	2016.1—2016.4	2016.2.3
	17	人民生态园体育休闲公园	区政府对面	社区公园	1.5	100	健身步道、休闲架廊、游道、儿童游乐设施等	提升	2015.12—2015.12	2016.1.1
	18	玉带社区体育休闲公园	高水河东侧	社区公园	1.5	100	健身步道、休闲架廊、游道等	提升	2016.3—2016.4	2016.4.16
	19	自在公园	长江西路北侧	社区公园	3	4000	健身步道、健身器材、篮球场、室外乒乓球台、游道等	新建	2016.3—2016.8	2016.9.1
	20	勇龙生态体育休闲公园	武坚镇勇龙	社区公园	2	700	自行车道、健身步道、休闲架廊、游道等	提升	2016.1—2016.8	2016.9.1
	21	育才滨水体育公园	育才中学北侧	社区公园	0.7	200	棋牌桌、健身步道、健身路径器材	提升	2016.9—2016.9	2016.9.10
	22	仙女游园	引江桥西北侧	社区公园	1.26	160	篮球练习场、轨道棋、健身路径器材	提升	2016.7—2016.12	2016.12.12
	23	龙川北路游园	龙川北路西侧	社区公园	5	270	健身路径器材、儿童游乐器材	提升	2016.8—2016.12	2016.12.12
	24	华丰紫郡社区游园	华山路与新都北路东南角	社区公园	0.58	200	笼式篮球场、健身步道、健身路径器材	提升	2016.7—2016.12	2016.12.12
	25	仙女生态中心公园	砖桥花木大道	社区公园	6	2500	自行车骑道、健身步道	提升	2016.6—2016.12	2016.12.12
扬州经济技术开发区	26	朴席朴树湾公园	朴席朴园南，仪扬河北侧	社区公园	2.8	500	健身器材、慢道	新建	2015.10—2016.1	2016.1.1
	27	扬子新苑体育休闲公园	扬子新苑安置小区南侧	社区公园	1.1	600	健身器材、长椅凳	新建	2015.11—2016.1	2016.1.1
	28	蝶湖体育休闲公园	维扬路以西、茉莉花路以南、祥和路以东、蝶湖路以北	社区公园	9	300	健身器材、长椅凳、篮球场、塑胶跑道	提升	2016.1—2016.2	2016.2.3
	29	世纪广场公园	江阳路与维扬路交会处	社区公园	2.1	200	健身器材、篮球场	提升	2016.1—2016.2	2016.2.3
	30	富瑞公园（南绕城出入口景观公园）	南绕城出入口、扬子江南路两侧	社区公园	20	4000	健身器材、篮球场、儿童游乐设施、长椅凳	新建	2016.1—2016.4	2016.4.16
	31	扬子津监庄生态公园（沪陕高速北侧绿廊）	沪陕高速以北、G328国道以南	区级公园	17	5000	绿地、慢道、长椅凳	新建	2016.1—2016.4	2016.4.16

续表 3-1

地区	序号	名称	位置	类型	占地面积（公顷）	投资（万元）	体育、休闲设施等配置	新建/提升	建设周期	开放时间
扬州经济技术开发区	32	顺达广场公园	东临顺达商业广场，西临振兴花园二期	社区公园	2	100	健身器材、儿童游乐设施、长椅凳	提升	2016.2—2016.3	2016.4.16
	33	扬子津古渡公园二期（古运河风光带三湾段）	扬力围墙向北延伸至G328国道	社区公园	3.64	1800	健身器材、慢道、足球场、长椅凳	扩建	2016.2—2016.4	2016.4.16
	34	古运河八里段公园	八里敬老院向南延伸	社区公园	1.92	1500	健身器材、儿童游乐设施、长椅凳	扩建	2016.4—2016.8	2016.9.1
	35	扬子生态园	临江路以西、施港路以北、江海学院以东、吴州路以南	市级公园	45	3500	健身步道、健身器材、长椅凳	提升	2016.4—2016.8	2016.9.1
	36	扬子津古渡公园	东岸北起吴州路，南至扬子津路，西岸北起吴州路，南至吕桥河闸	社区公园	16.8	8000	健身器材、慢道、长椅	扩建	2016.5—2016.10	2016.9.10
生态科技新城	37	杭集中心广场公园	曙光路东侧、金鼎旺座小区南侧、五爱集团北侧、三笑大道西侧	社区公园	3.5	180	篮球场、健身广场、健身步道	提升	2015.12—2016.3	2016.4.16
	38	小运河体育休闲公园	杭集镇曙光路西侧、四通路以北、文昌路以南	社区公园	3.77	5000	休息平台、健身器材、廊架、坐凳等	新建	2015.12—2016.6	2016.7.1
	39	泰安城镇社区公园	泰安镇金泰北路、太平河两岸	社区公园	1.66	1200	健身器材、灯、坐凳、步道等	新建	2014.4—2016.8	2016.9.1
	40	廖家沟中央公园三期	廖家沟东岸	市级公园	10	10000	景观园路、网球场、休息平台、儿童老年活动广场、景观栈桥、亲水平台、趣味跑道、假日广场、亲子草坪、山石奇景园、廊架等	改建	2016.5—2016.12	2016.12.12
扬州化工园区	41	龙山森林公园	青山镇龙山风景区	市级公园	46.7	20000	健身器材、慢道、门球场、篮球场、长椅凳	新建	2016.2—2016.8	2016.9.1
	42	胥浦家园社区公园	青山镇胥浦家园	社区公园	4.5	1000	休闲小广场、胥浦河道、步道、亭等	提升	2016.4—2016.10	2016.12.12
蜀冈—瘦西湖风景名胜区	43	嘉境邻里公园	江都北路东侧、玉箫路北侧	社区公园	3.12	3000	篮球场、羽毛球场、儿童足球、环形跑道、健身器材、茶餐饮、活动室等	新建	2015.8—2016.1	2016.1.1
	44	花都汇——扬州园艺体验中心	玉人路西侧、肖庄路南侧	区级公园	16	16000	滑草场、健身游步道等	新建	2016.4—2016.12	2016.12.12
市城控集团	45	三湾公园	扬子江南路与兴扬路交会处东	市级公园	101	313095	健身步道、笼式足球场、篮球场、网球场、门球场、羽毛球场、儿童活动区等	新建	2015.6—2016.4	2016.4.16
	46	五台山大桥公园	五台山大桥东北侧	社区公园	3.6	230	健身步道、篮球场、羽毛球场、乒乓球场、棋牌区	提升	2016.3—2016.4	2016.4.16

第三节　各类绿地

公园绿地

参见第二章《公园》。

附属绿地

道路绿地

1937年,兴建新马路(淮海路)时,马路南段两侧人行道栽植悬铃木500株。1947年,江都县在瘦西湖风景区区域与北城河沿线栽植绿化。新中国成立后,市政府投入一定资金用于道路绿化建设,并纳入城市建设规划,列为城市基础设施项目。"文化大革命"期间,绿化管理工作停滞,道路绿化受到重创。1976年,市革命委员会印发《关于保护树木、加强绿化管理的通告》,园林绿化植树工作逐渐得到恢复。

80年代,道路绿化建设有较大发展。1980年,市园林绿化部门发动群众,掀起城市园林绿化植树高潮,重点对文昌路、石塔路、盐阜路、汶河路植树绿化。至1988年,市区道路共植乔木类行道树5.48万株、花灌木6.7万株、绿篱176.82万米,行道树绿化长度37.1公里,构成点、线、面相结合的绿地。

90年代,随着城市建设改造,道路绿化加快发展步伐,数量增加,质量提高,道路绿化全面实行统一规划。对新建道路按规划实施绿化,对原有道路绿化进行改造提升,在保证道路平面绿化的前提下,使道路平面绿化向竖向立体绿化延伸。

2000年后,道路绿化植物配置,充分考虑林木结构、色彩布局、有效绿量等,使改建、新建的道路成为各具特色的景观大道。2002—2003年,结合国家园林城市创建,建设汶河路、友谊路、江阳路等多条道路绿化。2004年开始,全力推进城市绿化建设,对新建道路进行高标准规划、高质量施工,道路两侧各建10米～20米宽绿化带,打破"一条路、两行树"的绿化格局。2010年后,对城市道路实施动态改造提升工程,包括文昌路、四望亭路、淮海路、盐阜路、泰州路、解放南路、大学路、南通路、扬子江路、大虹桥路、友谊路、史可法路、渡江南路等主干道绿化,对易受人流车流破坏地段道路绿化及时补植完善。

文昌路绿地

文昌路东接运河北路,西至启扬高速公路,分为文昌东路、文昌中路、文昌西路。运河北路至解放桥为文昌东路,解放桥至扬子江路为文昌中路,扬子江路至启扬高速公路为文昌西路。该路各段曾分别称为解放东路、琼花路、三元路、石塔路、石塔西路等,是市区东西向交通主动脉。全长12.6公里,绿地面积35.4公顷。

1978年,对三元路进行绿化,栽植一行乔木。1979年,对石塔路及文昌广场附近进行绿化补植。

1985年,石塔路—三元路段,结合房屋拆迁拓宽马路,把唐代银杏、石塔、明代文昌阁等文物组织到街景中，栽植雪松、桧柏、二球悬铃木、紫荆、紫薇、丁香等，做到春有花、夏有荫、秋有果、冬有绿。

1987年，三元路栽植黑松、国槐、二球悬铃木，并点缀常绿树种。绿地面积1171平方米，主要结构形式为一板两带。1988年，石塔路西段拓建，栽植国槐、女贞、石榴、蜀桧等。绿地面积3915平方米，主要结构形式为三板四带。

文昌路绿地

1992年，扬州市启动西区建设，石塔西路延伸至新城河路。以骨干树种女贞、国槐作为行道树，中间绿岛栽植石榴和丝兰，圃内种草坪，四周用蜀桧围栏。1997年，对三元路、琼花路、石塔西路进行绿化补植。

1998年，解放东路、琼花路、三元路、石塔路、石塔西路统称为文昌路。1999年，新建文昌东路绿地，东接沙河，西至胜利桥。2000年，实施文昌东路延伸段、文昌西路绿化建设工程。2001年，实施文昌西路至贾七路绿化建设工程。2001年10月，文昌中路（文昌阁—解放桥）实施绿化改造工程。2002年，实施文昌中路（文昌阁—扬子江路）绿化改造工程。同年，文昌东路向东延伸至运河北路。文昌西路西段拓建，全长4900米，路旁绿化带宽20米。2004年，实施文昌西路跨湖大桥至外环路道路绿化建设工程。2005年，实施文昌中路道路绿化改造工程。2013年3月，实施文昌路道路绿化提升工程，当年4月竣工。2014年，文昌路进行绿化补植。

文昌东路绿地，东起运河北路，西至解放桥。绿化形式为三板四带。快车道行道树为女贞，绿岛内有规律相间丛植金叶女贞、石楠，并植有垂丝海棠。人行道行道树为栾树，绿岛内瓜子黄杨、金森女贞、石楠相间丛植。

文昌中路绿地，东起解放桥，西至扬子江路。绿化形式为三板四带。行道树种主要有广玉兰、女贞、雪松，绿岛内植有紫薇、杜鹃、石楠、瓜子黄杨等。国庆路交叉口绿岛内植有银杏、树状月季。为营造垂直绿化效果，在快车道栏杆植有常春藤，该路段成为老城区一道亮丽的风景线。

文昌西路绿地，东起扬子江路，西至启扬高速公路。绿化形式为四板五带。邗江路段至明月湖桥东，行道树主要是香樟，绿岛内植有桂花、红叶石楠、日本五针松、鸡爪槭等，并满铺麦冬。博物馆路至站南路，绿岛内植有朴树、黑松、广玉兰、樱花、桂花等。站南路以西，主要栽植罗汉松、桂花、紫薇等。沿途主要景观节点搭配各种景观石，构成多处主题景观小品。该路段成为一条体现扬州园林特色的最美道路。

运河东路绿地

运河东路东起沙湾中路，西至扬州大桥，是城区东西方向重要交通要道。原名江都路，因位于京杭大运河东侧而改名。始建于 60 年代。80 年代实施绿化改造工程。2001 年 10 月，运河东路作为市城市环境综合整治首条拓建出入口道路，道路新增绿化地块，改善景观。2011 年，实施道路绿化提升工程，栽植女贞、瓜子黄杨等。绿化形式为四板五带。行道树以女贞、鹅掌楸、意杨为主，道路绿岛内有规律丛植瓜子黄杨、金边黄杨、小叶女贞等。绿地面积 6 公顷。该道路由原 328 国道改造而成，是市区绿化较好的一条景观大道。

运河西路绿地

运河西路东起扬州大桥，西至跃进桥，为城区东入口主要干道。全长 2360 米。原名江都路，因位于京杭大运河西侧而改名。始建于 60 年代。80 年代初实施绿化改造工程。2001 年，运河西路实施绿化提升工程。绿化形式为三板四带。行道树以女贞、鹅掌楸为主。道路东段接近扬州大桥处以雪松作为行道树，间植垂丝海棠。道路绿岛内有规律丛植瓜子黄杨、金边黄杨、小叶女贞等。绿地面积 4.06 公顷。

运河南路绿地

运河南路南起南绕城高速公路，北至运河西路。始建于 60 年代。1990 年改建，进行绿化种植，全长 1.7 公里，绿带宽度 3 米，绿地面积 5100 平方米，主要结构形式为两板一带。其行道树树种主要为水杉。2007 年 9 月，实施绿化提升工程，同年 11 月竣工，绿化面积 2.02 公顷。2008 年，对运河南路绿化进行整治，并延伸至南绕城高速公路。绿化形式为四板五带。栽植银杏、广玉兰、合欢、杜英、樱花、紫荆、龟甲冬青、紫叶李、琼花、红叶石楠、金叶女贞、红花檵木、杜鹃、麦冬等。绿地面积 4.64 公顷。

运河北路绿地

运河北路南起运河西路，北至江平东路。始建于 1960 年。1990 年，实施绿化补栽。2003 年、2007 年，实施道路绿化改造工程。绿化形式为四板五带。行道树为银杏，分车带绿岛内行道树为广玉兰，并植石楠、龟甲冬青、麦冬等。中央绿岛植有香樟、女贞、五针松、白玉兰、樱花、紫薇、桂花、石榴、石楠、红花檵木等，与道路两侧小块绿地相得益彰。绿地面积 6.86 公顷。

瘦西湖路绿地

瘦西湖路南起新北门桥，北至启扬高速公路，全长 7.1 公里，绿地面积 21 万公顷，是扬州市中心城区连接并辐射北部槐泗、公道以及高邮湖以西地区的直接通道，也是扬州市第一条以快速车道和辅道相结合的城市主干道，更是通往机场的交通大动脉。原为友谊路（南接新北门桥，北接邗沟路）和扬菱路（南接邗沟路，北至启扬高速公路）。

友谊路始建于 50 年代。80 年代，进行绿化更新、补植。1992 年、2003 年，扬菱路实施绿化改造工程，快车道两侧有 6 米宽绿化带。

改建工程于 2011 年 11 月开工，2012 年 5 月建成。工程定位为"展十里画卷，迎四海宾朋"，围绕"一线、三段、八节点"展开。"一线"即瘦西湖路主线以 58 米宽路幅的绿化为主线，包括两个 6 米侧分带、两个 2 米侧分带、两侧人行道行道树。"三段"即道路沿线经过 3 个不同区段：城区段、城郊段、城镇段。城区段从梅岭西路到平山堂东路，城郊段从平山堂东路到槐泗河，城镇段从槐泗河到启扬高速出口。"八节点"即梅岭西路交叉口、瘦西湖隧道、邗沟路交叉口、平山堂东路交叉口、北环路交叉口、槐泗河与隋炀西路交叉口、启扬高速出口。启扬高速出口展现"缤纷花雨"，隋炀西路交叉口展现"帝陵春秋"，北环路交叉口展现"修竹

瘦西湖路绿地

叠翠",平山堂东路交叉口展现"层林新绿",邗沟路交叉口展现"邗沟今韵",梅岭西路交叉口展现"迎送四方"。绿化形式主要为五板六带。新北门桥至梅岭西路为三板四带。栽植的植物多达 50 余种,行道树为银杏、香樟,绿岛内主要植有桂花、红枫、丁香、樱花、春梅、蜡梅、紫叶李、紫荆、垂丝海棠、桃树、夹竹桃、石楠、八角金盘、杜鹃等。为营造四季有景、七彩缤纷的路景效果,还栽植红花七叶树、荷兰黄枫、荚蒾、黄金菊、接骨木等新品种,并首次采用盆景艺术。同时,栽植大量美女樱、金娃娃萱草、石蒜、玉簪、绣球等宿根花卉。

万福路绿地

万福路是城区东西方向主干道,东起头道桥,西至瘦西湖路。原为五台山路和漕河东路、漕河西路。1998 年,实施漕河东西路绿化建设工程。绿化形式为三板四带。行道树为二球悬铃木和女贞。2001 年,实施五台山路绿化建设工程。五台山大桥立交处形成南北两块较大的绿地,植有香樟、紫叶李、海桐、龙柏、金叶女贞,并组成优美的图案。道路两侧留有多块绿地,形成一道绿色屏障。2013 年起改建,全部工程于 2015 年 12 月完工,绿化形式为四板五带。绿地面积 5 公顷。

瘦西湖路至运河北路段,乔木类主要种植朴树、广玉兰、女贞、北美枫香、国槐、二球悬铃木等,大灌木类主要种植樱花、桂花、红枫、垂丝海棠、紫薇、紫叶李、紫荆、丁香、石榴、山茶、石楠等,小灌木类主要种植杜鹃、红叶石楠、金森女贞、海桐等,球类有红叶石楠、小叶女贞、海桐等,地被为麦冬。

运河北路至京杭北路段,乔木类主要种植女贞、北美枫香、国槐等,大灌木类主要种植樱花、桂花、紫荆、石楠等,小灌木类主要种植杜鹃、红叶石楠、金森女贞等,球类有红叶石楠球等,地被为

万福路绿地

麦冬。

京杭北路至沙湾北路段,乔木类主要种植女贞、栾树、水杉等,大灌木类主要种植紫荆、桂花等,小灌木类主要种植杜鹃、红叶石楠、金森女贞等,球类有红叶石楠等,地被为麦冬。

沙湾北路至万福大桥段,乔木类主要种植女贞、栾树、水杉等,大灌木类主要种植樱花、桂花等,小灌木类主要种植杜鹃、红叶石楠、金森女贞等,球类有红叶石楠等,地被为麦冬。

万福大桥至头道桥段,乔木类主要种植女贞、栾树、水杉等,大灌木类主要种植樱花、桂花等,小灌木类主要种植杜鹃、红叶石楠、金森女贞、金边黄杨等,地被为麦冬。

四望亭路绿地

四望亭路是市区东西方向主干道和重要商业街,东起汶河北路,西至新城河路。原为西门街和双桥路。1989年,拓宽西门街,改名四望亭路。1998年,实施双桥路绿化建设工程。2004年,拓宽四望亭至扬子江路段,并对绿化进行调整充实。2008年,实施道路绿化提升工程,栽植女贞、洒金桃叶珊瑚、瓜子黄杨等。2010年,实施绿化补植。绿化形式为一板两带,行道树以女贞为主,部分地区种植香樟,丛植瓜子黄杨、红叶石楠、日本女贞、洒金桃叶珊瑚等植物坪。绿地面积1.29公顷。

史可法路绿地

史可法路是老城区南北方向次干道,南起盐阜西路,北至上方寺路。南段始建于1979年,因毗邻史可法纪念馆而得名。1987年,史可法路延伸至邗沟路,栽植黑松、紫薇、黄杨、柳树,绿地面积2165平方米。2005年,实施道路绿化改造工程。2008年,进行绿化补植。2010年,实施绿化补植。2011年,实施道路绿化提升工程。绿化形式主要为三板两带。行道树以柳树为主。绿岛内植桂花、雪松、瓜子黄杨、红花檵木、石楠、日本珊瑚树、杜鹃、山茶等,构成几何图案,高低错落。绿地面积1.38公顷。

史可法东路绿地

史可法东路是市区东西方向次干道,东起高桥路,西至史可法路。80年代,栽植二球悬铃木,黄杨球,绿地面积105平方米。2005年,实施绿化改造工程。2010年,实施绿化补植。2011年,实施绿化提升工程。绿化形式为一板两带。行道树为二球悬铃木,绿岛内植有日本珊瑚树。绿地面积6500平方米。

史可法西路绿地

史可法西路是市区东西方向次干道,东起史可法路,西至北门外大街。80年代,栽植二球悬铃木、泡桐、黄杨球,绿地面积302平方米。2005年,实施绿化改造工程。2011年,实施绿化提升工程。绿化形式为一板两带,行道树为二球悬铃木。绿地面积3300平方米。

北门外大街绿地

北门外大街是市区南北方向次干道,南起盐阜西路,北至梅岭西路。始建于1998年,原为老北门街。2002年、2007年,实施绿化改造工程。绿化形式为一板两带,行道树为香樟,间植石楠。道路东侧辟有一块较大的绿地,植以植物坪和花灌木。绿地面积9800平方米。

国庆路绿地

国庆路是老城区南北方向交通要道,南起甘泉路,北至盐阜西路,是扬州老城区重要的商业街道。1959年,栽植二球悬铃木。1987年,实施道路绿化改造工程,栽植黑松,花灌木。绿地形式为一板两带。行道树以二球悬铃木为主。绿地面积1.68公顷。

淮海路绿地

淮海路是老城区南北方向交通要道,南起荷花池路,北至新北门桥。始建于 1937 年,初名新马路,马路南段两侧人行道栽植二球悬铃木。1951 年,改为淮海路。1956 年,实施道路绿化补植。2005 年 9 月,实施道路绿化改造工程。2011 年,实施绿化补植。绿化形式为一板两带。行道树种为二球悬铃木,绿岛内植有杜鹃、小叶女贞、麦冬等,四季常绿。绿地面积 2.64 公顷。

甘泉路绿地

甘泉路是老城区东西方向交通干道,东起国庆路,西至淮海路。1931 年,时称模范马路。1951 年,拓建模范马路,向东延伸至国庆路,改称甘泉路(因路北有甘泉县县衙而得名)。50 年代,栽植二球悬铃木。绿化形式为一板两带。行道树为二球悬铃木。绿地面积 1.6 公顷。

大学路绿地

大学路是市区南北方向次干道,南起江阳中路,北至四望亭路。原为扬天公路段。1981 年,实施道路绿化建设。因路两侧多学校科研机构,曾名为文化路。1998 年,改名大学路。2003 年、2011 年、2014 年,实施绿化提升工程。绿化形式为三板两带。行道树以二球悬铃木、女贞为主,绿岛内种植石楠、杜鹃、桂花、红花檵木等。绿地面积 1.5 公顷。

广陵路绿地

广陵路是老城区东西方向次干道,东起南通东路,西至国庆路。始建于 50 年代。绿化形式为一板两带。行道树为二球悬铃木。绿地面积 3600 平方米。

渡江路绿地

渡江路是老城区南北方向交通要道,南起南通西路,北至人民商场。1959 年,栽植二球悬铃木。绿化形式为一板两带。行道树以二球悬铃木为主。绿地面积 4500 平方米。

渡江南路绿地

渡江南路南起望江路,北至渡江桥。始建于 50 年代,栽植二球悬铃木。2005 年,进行绿化改造。绿化形式为三板四带。行道树为栾树、女贞,地被植物有杜鹃、瓜子黄杨、小叶女贞、金边黄杨、日本珊瑚树等相间有序种植。绿地面积 1.3 公顷。

大虹桥路绿地

大虹桥路是老城区通向瘦西湖公园南大门东西向次干道,东起北门外大街,西至念四桥路。始建于 1951 年。1979 年,实施绿化补植。2004 年,进行绿化充实调整。2011 年,实施绿化提升工程。绿化形式为一板两带。行道树以银杏、二球悬铃木为主,树大成荫。大虹桥以西,行道树以水杉、女贞为主,绿岛内植有红叶石楠、杜鹃、小叶女贞等。绿地面积 4000 平方米。

江都路绿地

江都路是市区南北方向次干道,南起运河西路,北至万福西路。始建 1988 年 7 月,原为大庆路和江都北路,南接运河西路,北至解放东路。1996 年,实施绿化补植。2003 年、2008 年,实施绿化改造工程。绿化形式为一板两带。行道树以二球悬铃木为主,绿岛内植有紫叶李、杜鹃、红花檵木、海桐等。绿地面积 1.85 公顷。

文汇东路绿地

文汇东路是市区东西方向主干道,东起淮海路,西至维扬路。始建于 1963 年,原名苏农路。1994年，实施绿化改造工程。1998年，更名为文汇东路。2007年，进行绿化改造。绿化形式主要为三板四带。行道树为女贞、香樟，绿岛内植有紫薇、日本珊瑚树、金边黄杨、海桐、红花檵木等。大学路以东段为一板两带，行道树为女贞。绿地面积9400平方米。

文汇西路绿地

文汇西路是市区东西方向主干道，东起维扬路，西至启扬高速公路。始建于1963年，原名苏农路。1996年，实施绿化改造工程。1998年，更名为文汇西路。2002年，进行绿化改造。绿化形式主要为三板四带。新城河路以东段，行道树为女贞，绿岛内植有紫薇、红花檵木、金边黄杨、海桐、日本珊瑚树等，人行道绿地栽植香樟、桂花、紫叶李等；新城河路至邗江中路段，行道树为银杏、女

文汇西路绿地

贞，绿岛内品种较为丰富，由桂花、红花檵木、杜鹃、金叶女贞等组合种植，种植有序，立体感强。邗江中路至百祥路段，植有朴树、树状月季、日本五针松，地被满植麦冬。百祥路至润扬中路段，行道树为银杏、重阳木，绿岛内植有桂花、瓜子黄杨、杜鹃等。润扬中路至国展路段，快车道行道树为香樟，道路南侧行道树为女贞，道路北侧行道树为栾树，绿岛内植有紫叶李、杜鹃、瓜子黄杨等。国展路以西段绿化形式为三板两带，行道树为银杏，绿岛内植有紫叶李、杜鹃、瓜子黄杨、石楠等。绿地面积4.7公顷。

解放南路绿地

解放南路是市区南北方向次干道，南起运河西路，北至文昌中路。始建于80年代，为扬仙路一段。2006年，实施绿化补植。2010年，实施绿化补植。绿化形式为三板四带。行道树为二球悬铃木、女贞，绿岛内植有桂花、石楠、杜鹃、红花檵木等。绿地面积5000平方米。

解放北路绿地

解放北路是市区南北方向次干道，南起文昌中路，北至江都路。始建于80年代。2010年，实施绿化补植。绿化形式为三板四带，行道树为女贞、栾树，绿岛内植有桂花、石楠、杜鹃等。道路拐角处有一块较大的绿地，植有日本珊瑚树、金叶女贞、紫叶小檗，构成流线型图案。绿地面积1.14公顷。

长春路绿地

长春路位于蜀冈-瘦西湖风景名胜区内，东起瘦西湖路，西至平山堂东路。始建于70年代。1992年，进行道路绿化改造。2005年、2014年，进行绿化改造。绿化形式为三板四带。长春桥以西段快车道绿岛和慢车道绿岛行道树均为水杉，快车道绿岛内植有麦冬。瘦西湖隧道口有一绿岛，植

长春路绿地

有广玉兰、红枫、山茶、杜鹃、大叶黄杨、红花檵木等。绿地面积10.37公顷。

梅岭东西路绿地

梅岭东西路是老城区东西方向次干道,东起高桥路,西至瘦西湖路。始建于1985年。1996年,实施梅岭西路绿化建设工程。2004年,实施绿化改造。2010年,实施绿化补植。绿化形式为一板两带。行道树为二球悬铃木,绿岛内植有女贞、日本珊瑚树等。绿地面积6000平方米。

南通路绿地

南通路是老城区东西向次干道,东起跃进桥,西至淮海路苏北医院处。1952年,栽植刺槐。60年代,实施道路绿化提升工程。1981年、1998年,实施道路绿化补植。2003年、2010年,实施绿化提升工程。绿化形式为一板两带。行道树为香樟、二球悬铃木、女贞,并植有小叶黄杨、红花檵木、小叶女贞等。行道树种较为混杂。渡江桥以东段,道路南侧以女贞作为行道树,拐弯后道路东侧以香樟作为行道树,道路西侧以女贞作为行道树。渡江桥以西段道路两侧以女贞为主,绿岛内植有瓜子黄杨、红花檵木、小叶女贞等。绿地面积2.53公顷,为古运河畔主要风光干道。

江阳东路绿地

江阳东路是市区东西方向主干道,东起跃进大桥,西至通扬桥。由原328国道拓宽改造建成。始建于70年代。2002年,实施绿化改造工程。2010年,实施绿化补植。绿化形式为三板四带。两侧分车带绿岛内行道树为鹅掌楸,绿岛内以日本珊瑚树、瓜子黄杨、紫叶小檗构成几何图案做基础种植。人行道绿岛内以女贞作为行道树,并丛植金丝桃、云南黄馨,间植夹竹桃,乔木、灌木与地被植物相结合。绿地面积4.5公顷。

徐凝门路绿地

徐凝门路是市区南北方向次干道,南起江阳东路,北至广陵路。始建于90年代,因南北穿越原古城门徐凝门而得名。1999年11月,实施徐凝门路南延路段绿化建设工程。2015年,实施徐凝门路景观提升工程。绿化形式主要为一板两带。徐凝门桥北行道树为二球悬铃木。徐凝门桥南,行道树为女贞、香樟,绿岛内植有红花檵木、杜鹃等。绿地面积5000平方米。

平山堂东路绿地

平山堂东路是市区新建的一条由东部通往蜀冈－瘦西湖风景名胜区的道路,东起瘦西湖路,西至扬子江北路。始建于2003年5月。绿化形式为一板一带。平山堂至下马桥行道树为枫杨、水杉、银杏,绿岛内植有金边黄杨、石楠、麦冬等。下马桥至瘦西湖路行道树以柳树为主,道路南侧与保障湖之间形成一条绿带,种植雪松、紫薇、桃树、垂丝海棠、紫叶李、樱花、桂花、山茶、南天竹、金丝桃、红花檵木等。绿地面积3.57公顷。

平山堂西路绿地

平山堂西路东起扬子江北路,西至邗江北路。始建于2003年。绿化形式主要为一板两带。行道树主要有水杉、女贞,绿地内植有紫荆、桂花、广玉兰、红枫、樱花、麦冬等,并配以山石。绿地面积2.84公顷。

扬子江路绿地

扬子江路是市区南北向的交通要道,南起春江路,北接扬天路。原路段曾名为通港路、扬天路。1992年6月,实施通港南路绿化建设(苏农路至石塔路)工程。同年11月,实施

扬子江路绿地

通港北路绿化建设（杨庄路至苏农路）工程。1996年，实施绿化补植。1998年，实施通港北路绿化改造工程。1998年，改名为扬子江路。2000年，实施扬子江中路、南路绿化改造工程。2001年，实施扬子江北路绿化改造工程。2002年，实施扬子江南、中、北路绿化提升工程。2004年，进行扬子江南路绿化改造。2006年、2012年，实施道路景观提升工程。2014年，实施绿化补植。2015年，进行扬子江南路绿化改造。绿化形式为三板四带。江阳路以南，行道树为银杏，绿岛内植垂丝海棠、红枫、紫叶李等；文昌西路至江阳路，行道树为香樟、女贞，绿岛内栽植垂丝海棠、紫薇，金边黄杨、杜鹃、石楠等植物坪组成流线型图案；文昌西路以北，行道树为香樟、国槐，绿岛内栽植红枫、石榴、紫叶李、紫荆等，有序种植金边黄杨、杜鹃、石楠等植物。绿地面积35.3公顷。

盐阜东西路绿地

盐阜路是市区东西向次干道，东起便益门，西至淮海路。1952年，栽植刺槐。1981年，盐阜路实施道路绿化提升工程。1984年，对新北门桥至天宁寺段进行绿化改造，栽植银杏、柳树、紫叶李、桃树、蜀桧等。1996年，实施盐阜西路绿化改造工程。2011年，对南北岸沿线进行绿化提升。2014年，实施绿化补植。绿化形式为一板两带。行道树种为银杏。北侧外城河边树木均长大成林，成为道路的绿色背景。南侧行道树形成2米宽绿岛，绿岛内以红花檵木、瓜子黄杨、十大功劳、金叶女贞、紫叶小檗等地被植物组成的各种图案。道路北侧，宽窄不一，较宽处自然式种植女贞、桂花、紫叶李、八角金盘等，并点缀山石。较窄处由于行人较多，用植草砖铺设，其间种植草坪。绿地面积4.16公顷，是扬州市绿化较好的生态型道路。

盐阜路绿地

汶河南北路绿地

汶河南北路是市区南北方向主干道，北起盐阜西路，南至南通西路。1960年，栽植刺槐、

汶河南路绿地

国槐、青桐。1979年、1981年、1982年,实施绿化补植。1991年3月,汶河南路文昌阁至甘泉路段实施绿化改造。1992年7月,汶河北路东侧改建为文津园。1996年,对汶河北路进行人行道绿化改造。2000年,实施汶河北路绿化改造工程。2002年,实施汶河南北路绿化提升工程。2005年,进行汶河南路绿化改造。2010年,实施汶河南北路绿化补植。绿化形式为三板四带。快车道与人行道行道树均为香樟,绿岛内种植石楠、小叶女贞、红花檵木、金边黄杨、海桐、杜鹃等,高低错落,色彩丰富,立体感强。绿地面积5.04公顷。

泰州路绿地

泰州路是市区南北向次干道,南起跃进桥,北至盐阜东路。1952年,栽植刺槐。1981年、2002年、2010年,实施泰州路绿化提升工程。便益门以南段绿化形式为一板两带。道路西侧行道树为二球悬铃木、女贞,东侧为香樟,且均长大成形。道路两侧紧临古运河绿化带,为泰州路提供良好的绿色背景。绿地面积2.22公顷。

邗沟路绿地

邗沟路东起黄金坝路,西至瘦西湖路。始建于1959年。2004年,实施绿化改造工程。2010年,实施绿化补植。绿化形式为三板四带。行道树为杜英、女贞,快车道绿岛内栽植金边黄杨与小叶女贞,并构成几何图案,与道路两侧小块绿地相映成趣,增添道路绿色氛围。绿地面积6000平方米。

泰州路绿地

邗江路绿地

邗江路是市区南北方向主要干道,南起新328国道,北至司徒庙路。始建于1992年,因靠近邗江区政府而得名。2002年,实施邗江路绿化改造工程。2006年,实施邗江中路绿化改造工程。2012年,实施行道树提升工程。2015年,实施邗江南路绿化改造工程。绿化形式主要为三板四带。文昌西路以北段行道树为香樟,绿岛内植有樱花、紫叶李、大叶黄杨、小叶女贞、红花檵木、海桐等;文昌西路以南段行道树为银杏、香樟,绿岛内品种较为丰富,由紫叶李、红枫、红花檵木、石楠、杜鹃、金边黄杨、海桐等组成,种植有序,立体感强。江阳路以南,绿化形式为四板五带。行道树为香樟、栾树,绿岛内植有桂花、紫薇、垂丝海棠、樱花、红枫、红花檵木、金叶女贞、杜鹃、石楠等。绿地面积20.7公顷。

邗江路绿地

2016 年扬州市区部分道路绿化情况一览表

表 3-2

道路名称	起止点	行道树种	机动车道中间绿化带	机动车与非机动车分隔带	路测绿化带
文昌东路	曙光路—滨水路	广玉兰、银杏	银杏、广玉兰、石楠、南天竹、桂花、紫叶李、红枫、造型绿雕	樱花、金边黄杨、石楠	银杏
	滨水路—沙湾中路	香樟	石楠、紫叶李	香樟、红花檵木、石楠	香樟
	沙湾中路—运河北路	香樟	红枫、桂花、红花檵木、石楠、朴树、广玉兰、金叶女贞	香樟、红花檵木、石楠	香樟
文昌中路	运河北路—观潮路	女贞、栾树	—	女贞、石楠	栾树
	观潮路—泰州路	女贞、栾树	—	女贞、垂丝海棠、石楠	栾树、小叶女贞
	泰州路—国庆路	女贞	—	女贞、紫薇、杜鹃、广玉兰、石楠、麦冬	—
	国庆路—汶河南北路	广玉兰	—	广玉兰、常春藤、日本五针松、四季草花	—
	汶河南北路—淮海路	雪松、女贞	—	雪松、石楠、麦冬	女贞、麦冬
	淮海路—大学北路	女贞	香樟、银杏、紫叶李、垂丝海棠、桂花、石楠、月季、麦冬	女贞、桂花、金边黄杨、杜鹃、石楠、麦冬	女贞、海桐、麦冬
	大学北路—扬子江北路	女贞	—	女贞、金边黄杨、杜鹃、垂丝海棠、石楠、常春藤、麦冬、草花	女贞、香樟、樱花、紫荆、桂花、鸡爪槭、石楠、日本珊瑚树、杜鹃、月季、海桐、麦冬
文昌西路	扬子江北路—新城河路	女贞、栾树	—	女贞、桂花、香樟、红花檵木、日本珊瑚树、金边黄杨、垂丝海棠、小叶女贞	栾树、香樟、紫叶李、红枫、金边黄杨、日本珊瑚树、红花檵木、洒金桃叶珊瑚、石楠、麦冬
	新城河路—邗江中路	女贞、栾树	—	女贞、香樟、红枫、紫薇、红花檵木、日本珊瑚树、金边黄杨、垂丝海棠、小叶女贞	栾树、石楠、麦冬
	邗江中路—百祥路	女贞、香樟	香樟、桂花、红枫、樱花、金边黄杨、石楠、杜鹃、麦冬、草花	女贞、垂丝海棠、紫薇、海桐、日本珊瑚树、金边黄杨、红花檵木	香樟、银杏、麦冬
	百祥路—润扬北路	女贞、香樟	银杏、石楠、红枫、麦冬	女贞、垂丝海棠、日本珊瑚树、金边黄杨、红花檵木	香樟
	润扬北路—国展路	朴树、香樟	香樟、银杏、桂花	朴树、石楠、麦冬	香樟
	国展路—博物馆路	朴树、香樟	香樟、广玉兰、海桐、四季草花	朴树、香樟	香樟
	博物馆路—真州中路	香樟	垂丝海棠、桂花、紫叶李、柞木盆景、麦冬、	香樟、石楠、麦冬	香樟

续表 3-2

道路名称	起止点	行道树种	机动车道中间绿化带	机动车与非机动车分隔带	路测绿化带
文昌西路	真州中路—站南路	香樟	广玉兰、白玉兰、麦冬、四季草花	香樟、石楠、麦冬	香樟
	站南路—站西路	香樟	桂花、垂丝海棠、香樟、红花檵木、石楠	香樟、石楠、麦冬	香樟
运河东路	人民路—扬州大桥	鹅掌楸、女贞	瓜子黄杨、小叶女贞	鹅掌楸、紫叶李、金边黄杨、红枫	女贞、意杨、垂丝海棠、瓜子黄杨
运河西路	运河南北路—南通东路	鹅掌楸、女贞	—	鹅掌楸、雪松、女贞、垂丝海棠、日本女贞、瓜子黄杨、金边黄杨	女贞、雪松
运河南路	运河西路—南绕城高速公路	广玉兰、银杏	广玉兰、紫叶李、紫荆、合欢、琼花、杜英、红花檵木、金叶女贞、杜鹃	广玉兰、瓜子黄杨、龟甲冬青、石楠、杜鹃	银杏、女贞
运河北路	江平东路—运河西路	广玉兰、银杏	广玉兰、香樟、银杏、合欢、女贞、桂花、樱花、石榴、紫叶李、紫薇、石楠、日本五针松、杜鹃、红枫、瓜子黄杨、红花檵木、麦冬	广玉兰、瓜子黄杨、龟甲冬青、石楠、杜鹃	银杏、女贞
新328国道	完美路—银柏路	—	日本珊瑚树、紫薇	—	水杉、夹竹桃、女贞
	银柏路—祥园路	—	日本珊瑚树、紫薇	—	香樟、紫叶李、紫薇
	祥园路—润扬中路	—	日本珊瑚树、紫薇	—	香樟、白玉兰、女贞、紫薇
	润扬中路—邗江中路	—	龙柏、石楠	—	桂花、鸡爪槭
	邗江中路—扬子江中路	—	龙柏、石楠	—	香樟、柳树、桃树、鸡爪槭、夹竹桃、朴树、紫叶李、
	扬子江中路—渡江南路	—	蜀桧	—	垂丝海棠、云南黄馨、红花檵木、石楠
	渡江南路—杭集	—	蜀桧、紫薇	—	意杨、女贞、紫荆
江阳东路	运河西路—渡江南路	鹅掌楸、女贞	—	女贞、鹅掌楸、日本珊瑚树、瓜子黄杨、红花檵木、	女贞、夹竹桃、金丝桃、云南黄馨
江都南路	开发东路—施井路	香樟	—	樱花、桂花、海桐、紫薇、红枫、红花檵木、石楠	香樟
	施井路—运河西路	二球悬铃木、女贞	—	二球悬铃木、金边黄杨、红花檵木、紫叶李、石楠	女贞
江都路	运河西路—解放北路	二球悬铃木、女贞	—	二球悬铃木、杜鹃、红花檵木、紫叶李	女贞
	解放北路—万福西路	意杨、女贞	—	意杨、水杉、石楠、红花檵木、杜鹃	女贞

续表 3-2

道路名称	起止点	行道树种	机动车道中间绿化带	机动车与非机动车分隔带	路测绿化带
江都北路	万福西路—竹西路	香樟	—	桂花、樱花、紫薇、红枫、海桐、红花檵木	香樟
	竹西路—江平东路	香樟	—	桂花、樱花、紫薇、红枫、紫叶李、石楠、红花檵木、海桐	香樟
南通东路	渡江路—徐凝门大街	女贞	—	女贞、小叶女贞、瓜子黄杨、红花檵木	棕榈、香樟
	徐凝门路—广陵路	二球悬铃木、香樟	—		二球悬铃木、女贞、香樟
南通西路	淮海路—汶河南路	柳树	—	瓜子黄杨、石楠	柳树
	汶河南路—渡江路	女贞	—	女贞、红花檵木、小叶女贞、瓜子黄杨、石楠	桂花、广玉兰、柳树、杜鹃、日本珊瑚树
泰州路	广陵路—文昌中路	女贞	—	—	女贞、银杏、香樟、夹竹桃、紫叶李、云南黄馨
	文昌中路—盐阜东路	女贞、二球悬铃木、香樟	—	—	女贞、香樟、二球悬铃木、麦冬
高桥路	盐阜东路—邗沟路	香樟	—	香樟、瓜子黄杨、红花檵木	香樟
邗沟路	高桥路—瘦西湖路	杜英、女贞	—	杜英、女贞、金边黄杨、小叶女贞	—
甘泉路	淮海路—汶河南路	二球悬铃木	—	二球悬铃木、小叶女贞	—
	汶河南路—国庆路	二球悬铃木	—	—	二球悬铃木
广陵路	国庆路—南通东路	二球悬铃木	—	—	二球悬铃木
国庆路	盐阜东西路—甘泉路	二球悬铃木	—	—	二球悬铃木
渡江路	甘泉路—南通东西路	二球悬铃木	—	—	二球悬铃木
渡江南路	渡江桥—江阳东路	栾树、女贞	—	栾树、石楠、金边黄杨	女贞
	江阳东路—开发东路	银杏	—	银杏	
	开发东路—连运路	栾树、女贞	—	栾树、石楠、金边黄杨、金叶女贞	女贞、石楠
解放南路	文昌中路—运河西路	二球悬铃木、女贞	—	二球悬铃木、石楠、桂花、杜鹃、红花檵木、麦冬	女贞
解放北路	江都路—文昌中路	女贞、栾树	—	女贞、红花檵木、杜鹃、石楠、桂花	栾树
史可法东路	高桥路—史可法路	二球悬铃木	—	—	二球悬铃木、日本珊瑚树
史可法西路	史可法路—北门外大街	二球悬铃木	—	—	二球悬铃木

续表 3-2

道路名称	起止点	行道树种	机动车道中间绿化带	机动车与非机动车分隔带	路测绿化带
梅岭东路	高桥路—史可法路	二球悬铃木	—	—	二球悬铃木、女贞、日本珊瑚树
梅岭西路	史可法路—瘦西湖路	二球悬铃木	—	—	二球悬铃木、石楠
北门外大街	梅岭西路—盐阜西路	香樟	—	—	香樟、石楠、麦冬
盐阜东路	史可法路—泰州路	银杏	—	—	香樟、银杏、瓜子黄杨、小叶女贞
盐阜西路	汶河北路—史可法路	银杏	—	—	银杏、女贞、国槐、枫杨、棕榈、紫叶李、红花檵木、瓜子黄杨、山茶、杜鹃、小叶女贞
长征东路	史可法路—北门外大街	二球悬铃木	—	—	二球悬铃木
长征西路	北门外大街—瘦西湖路	二球悬铃木	—	—	二球悬铃木、栾树
大虹桥路	北门外大街—大虹桥	二球悬铃木	—	—	二球悬铃木、银杏
大虹桥路	大虹桥—念四桥路	水杉、女贞	—	水杉、红叶石楠、杜鹃、小叶女贞	女贞
柳湖路	四望亭路—大虹桥路	柳树	—	—	柳树、桂花、紫薇、紫叶李、石楠、金钟花
汶河南路	南通西路—文昌中路	香樟	—	香樟、石楠、海桐、瓜子黄杨、红花檵木、金边黄杨	—
汶河北路	文昌中路—盐阜西路	香樟	—	香樟、女贞、金边黄杨、红花檵木	香樟、枇杷、棕榈、紫叶李、石楠、瓜子黄杨、大叶黄杨、小叶女贞
淮海路	荷花池路—文汇东路	二球悬铃木	—	二球悬铃木	—
淮海路	文汇东路—文昌中路	二球悬铃木	—	二球悬铃木、麦冬、瓜子黄杨、石楠、红花檵木、日本珊瑚树	—
淮海路	文昌中路—盐阜西路	二球悬铃木	—	二球悬铃木、月季、杜鹃、红花檵木	—
瘦西湖路	盐阜西路—梅岭西路	鹅掌楸、香樟	—	鹅掌楸、金边黄杨、石楠	香樟、红花檵木、日本珊瑚树
瘦西湖路	万福西路—梅岭西路	银杏	石楠、麦冬	银杏	银杏
瘦西湖路	邗沟路—万福西路	银杏、香樟	银杏、香樟、绣球、红花矾根、玉簪、麦冬	银杏、麦冬	银杏
瘦西湖路	扬菱路—邗沟路	银杏、香樟	银杏、香樟、红枫、石楠、桂花、垂丝海棠、紫荆	银杏、龙柏、红花檵木、大叶女贞	银杏
万福东路	秦邮路—沙湾北路	女贞、水杉、栾树	水杉、紫荆、桂花、杜鹃、红叶石楠、麦冬	女贞、杜鹃、红叶石楠、麦冬	栾树

续表 3-2

道路名称	起止点	行道树种	机动车道中间绿化带	机动车与非机动车分隔带	路测绿化带
万福东路	沙湾北路—万福大桥	女贞、水杉、栾树	水杉、樱花、桂花、紫荆、红叶石楠、金森女贞、麦冬	女贞、红叶石楠、杜鹃、麦冬	栾树
	万福大桥—头道桥东侧	女贞、水杉、栾树	水杉、樱花、桂花、金森女贞、红叶石楠、麦冬	女贞、红叶石楠、杜鹃、麦冬	栾树
万福西路	瘦西湖路—五台山大桥	二球悬铃木、广玉兰	广玉兰、北美枫香、日本珊瑚树、桂花、紫薇、垂丝海棠、紫荆、紫叶李、红枫、金森女贞、红叶石楠、杜鹃、月季	二球悬铃木、石楠、海桐	二球悬铃木、香樟、朴树
	五台山大桥—运河北路	北美枫香、女贞、国槐	北美枫香、紫荆、桂花、丁香、山茶、石榴、红枫、樱花、石楠、金森女贞、海桐、小叶女贞、麦冬	女贞、杜鹃、麦冬	国槐
	运河北路—京杭北路	北美枫香、女贞、国槐	北美枫香、紫荆、桂花、樱花、石楠、金森女贞、麦冬	女贞、杜鹃、麦冬	国槐
	京杭北路—秦邮路	水杉、女贞、栾树	水杉、紫荆、杜鹃、金边黄杨、石楠、金森女贞、麦冬	女贞、杜鹃、红叶石楠、麦冬	栾树
长春路	瘦西湖路—长春桥	香樟、女贞	广玉兰、红枫、山茶、杜鹃、大叶黄杨、红花檵木	香樟、桂花、山茶、红枫、红花檵木、石楠	女贞
	长春桥—平山堂东路	水杉	—	水杉、麦冬	水杉
大学南路	江阳中路—文汇东路	二球悬铃木	—	二球悬铃木、女贞、桂花、日本珊瑚树、红花檵木、石楠、小叶女贞、杜鹃、麦冬	意杨
大学北路	文汇东路—四望亭路	二球悬铃木	—	二球悬铃木、桂花、杜鹃、麦冬、红花檵木、石楠	—
四望亭路	汶河北路—扬子江北路	女贞	—	—	女贞、小叶女贞、瓜子黄杨、石楠、洒金桃叶珊瑚、大叶黄杨
	扬子江北路—维扬路	女贞、香樟	—	—	女贞、香樟、朴树、广玉兰、桂花、二球悬铃木、乌桕
	维扬路—新城河路	—	—	石楠、麦冬	朴树、女贞、桂花、广玉兰、香樟、琼花、枇杷、紫薇、紫叶李、栾树、银杏、鹅掌楸、红花檵木
维扬路	平山堂西路—四望亭路	广玉兰、国槐	—	广玉兰、海桐、小叶女贞、红花檵木、女贞	国槐、三角枫、喜树、麦冬
	四望亭路—文汇东西路	广玉兰、国槐	—	广玉兰、红花檵木	国槐、三角枫、喜树、麦冬

续表 3-2

道路名称	起止点	行道树种	机动车道中间绿化带	机动车与非机动车分隔带	路测绿化带
维扬路	文汇东西路—江阳中路	广玉兰、香樟	—	广玉兰、海桐、小叶女贞、红花檵木	香樟、麦冬
	江阳中路—兴扬路	女贞、香樟	—	女贞、金边黄杨、红花檵木、石楠、樱花	香樟、桂花、广玉兰、紫叶李、麦冬
文汇东路	淮海路—大学南北路	女贞、香樟	—	女贞、紫薇、红花檵木、金边黄杨	香樟、女贞
	大学南北路—扬子江中路	女贞、香樟	—	女贞、紫薇、海桐、金边黄杨、日本珊瑚树、红花檵木	香樟、海桐
	扬子江中路—维扬路	女贞	—	女贞、紫薇、金边黄杨、日本珊瑚树、海桐	—
文汇西路	维扬路—新城河路	女贞	—	女贞、紫薇、红花檵木、日本珊瑚树、金边黄杨、龙柏、海桐	—
	新城河路—邗江中路	银杏、女贞	—	银杏、桂花、红花檵木、杜鹃、金叶女贞	女贞、麦冬
	邗江中路—百祥路	银杏、女贞	—	银杏、桂花、广玉兰、朴树、月季、石楠、杜鹃、海桐、日本女贞、红花檵木、小叶女贞	女贞
	百祥路—润扬中路	银杏、重阳木	—	银杏、女贞、桂花、麦冬、瓜子黄杨、红花檵木、杜鹃	重阳木、水杉、香樟、朴树、枇杷、柳树、紫薇
	润扬中路—国展路	香樟、银杏、栾树、女贞	—	香樟、银杏、杜鹃、美人梅、瓜子黄杨	女贞、香樟、樱花、桂花、广玉兰、银杏、枇杷、栾树、紫叶李、夹竹桃、金边黄杨、海桐
	国展路—博物馆路	银杏、香樟	—	银杏、香樟、美人梅、杜鹃、瓜子黄杨、石楠	银杏、栾树、女贞、朴树、桂花、紫叶李、垂丝海棠、樱花、金边黄杨、红花檵木
	博物馆路—真州中路	香樟、栾树	—	香樟、紫薇、红枫、南天竹、美人梅、日本女贞、海桐、石楠	栾树、香樟、银杏、朴树、广玉兰、桂花、樱花、紫叶李、日本珊瑚树、海桐、石楠
	真州中路—站南路	香樟	—	香樟、紫薇、红枫、桂花、南天竹、美人梅、石楠、海桐、紫叶李	香樟、朴树、女贞、雪松、红枫、樱花、石楠
	站南路—文汇西路分离立交	香樟	—	香樟、紫薇、石楠、南天竹、海桐	紫叶李、枇杷、红花檵木、石楠
兴城东路	大学南路—维扬路	女贞、香樟	—	女贞、香樟	—
兴城西路	维扬路—新城河路	香樟、桂花	—	香樟、桂花	—

续表 3-2

道路名称	起止点	行道树种	机动车道中间绿化带	机动车与非机动车分隔带	路测绿化带
兴城西路	新城河路—邗江中路	香樟	—	香樟、石楠、海桐、麦冬	—
	邗江中路—百祥路	香樟、银杏	—	香樟、银杏、桂花、樱花、日本五针松、石楠红花檵木、红枫	金边黄杨、红花檵木
	百祥路—润扬中路	银杏、香樟	—	银杏、金边黄杨、红花檵木、龟甲冬青、日本珊瑚树	香樟
	润扬中路—国展路	银杏、女贞	—	银杏、紫薇、月季、金边黄杨、杜鹃	女贞
	国展路—博物馆路	银杏	—	银杏、石楠、八角金盘、海桐、杜鹃、狭叶十大功劳、鸡爪槭、罗汉松	女贞、桂花、广玉兰
	博物馆路—真州中路	银杏	—	银杏、杜鹃、金边黄杨、石楠	紫叶李、樱花、红花檵木、金叶女贞
	真州中路—站南路	银杏	—	银杏、紫薇、金边黄杨、石楠	日本珊瑚树
	站南路—学苑路	香樟	—	香樟	紫叶李、金叶女贞
扬子江南路	吴州东西路—施沙路	女贞、意杨	—	女贞、小叶女贞、杜鹃、石楠、樱花	意杨、桂花、垂丝海棠
	施沙路—毓秀路	女贞、意杨	—	女贞、小叶女贞、杜鹃	意杨
	毓秀路—滨江路	女贞、意杨	—	女贞、小叶女贞、杜鹃	意杨、紫叶李、广玉兰
扬子江中路	文昌中路—秋雨路	香樟、国槐	—	香樟、石楠、金边黄杨、杜鹃、美人梅	国槐、香樟
	秋雨路—文汇东路	香樟、国槐	—	香樟、金边黄杨、杜鹃、紫薇	国槐、瓜子黄杨、垂丝海棠
	文汇东路—江阳中路	香樟、国槐	—	香樟、红枫、石榴、紫叶李、杜鹃、石楠、麦冬	国槐
	江阳中路—开发东西路	银杏	—	银杏、石楠、麦冬、杜鹃	香樟、雪松、红花檵木
	开发东西路—新328国道	银杏、香樟	—	银杏、紫薇、石楠、杜鹃、麦冬	香樟
平山堂东路	扬子江北路—瘦西湖北门	香樟	—	—	香樟、日本珊瑚树、水杉、枫杨、广玉兰
	瘦西湖北门—长春路	水杉	—	水杉	水杉
	长春路—下马桥	银杏	—	银杏、日本珊瑚树	—
	下马桥—瘦西湖路	柳树	—	—	柳树、雪松、广玉兰、水杉、紫叶李、桃树、垂丝海棠、樱花、桂花、山茶、云南黄馨、南天竹、迎春、红花檵木、金丝桃、石楠

续表 3-2

道路名称	起止点	行道树种	机动车道中间绿化带	机动车与非机动车分隔带	路测绿化带
平山堂西路	润扬北路—邗江北路	女贞	—	—	女贞
	邗江北路—维扬路	栾树	—	—	栾树、水杉、香樟、桂花、紫薇、红枫、广玉兰、樱花、紫荆、麦冬
	维扬路—扬子江北路	银杏、水杉	银杏、水杉、小叶女贞	—	水杉
邗江南路	春江路—运西东路	香樟、栾树	香樟、杜鹃、石楠、桂花、垂丝海棠、金边黄杨	香樟、石楠、金边黄杨、火棘	栾树
	运西东路—高旻寺路	广玉兰、香樟、栾树	广玉兰、紫薇、红花檵木	香樟、桂花、石楠、金边黄杨、火棘	栾树
	高旻寺路—吴州西路	香樟、栾树	银杏、石楠	香樟、红枫、桂花、石楠	栾树
邗江中路	兴扬路—开发西路	香樟、栾树	香樟、银杏、樱花、垂丝海棠、石楠、小叶女贞、金边黄杨、红花檵木、枸骨	香樟、红枫、桂花、石楠、龙柏	栾树
	开发西路—江阳中西路	香樟	香樟、紫薇、瓜子黄杨、石楠	香樟、红枫、桂花、石楠	石楠
	江阳中西路—兴城西路	香樟、银杏、朴树	—	香樟、石楠、毛鹃、五针松、红花檵木、苏铁、小叶女贞	银杏、朴树
	兴城西路—文汇西路	香樟、广玉兰	—	香樟、石楠、金边黄杨、红花檵木	广玉兰
	文汇西路—望月路	香樟、朴树	—	香樟、瓜子黄杨、红花檵木、红枫、苏铁、杜鹃	朴树、女贞、银杏
	望月路—文昌西路	香樟、银杏、朴树	—	香樟、红枫、金边黄杨、苏铁、杜鹃	银杏、朴树
邗江北路	文昌西路—翠岗路	香樟	—	香樟、红枫、石楠、红花檵木	香樟
	翠岗路—锦绣路	香樟、栾树	—	香樟、杜鹃	栾树、广玉兰、紫叶李
	锦绣路—杨柳青路	香樟	—	香樟、金叶女贞	二球悬铃木、紫叶李、白玉兰
	杨柳青路—平山堂西路	香樟	—	香樟、金叶女贞、麦冬	香樟
	平山堂西路—司徒庙路	香樟	—	香樟、石楠、麦冬	—
百祥路	翠岗路—文昌西路	栾树、女贞	—	栾树、桂花、海桐、石楠	女贞、紫叶李、海桐、石楠、麦冬
	文昌西路—望月路	栾树、女贞	—	栾树、海桐、石楠	女贞
	望月路—文汇西路	栾树、女贞	—	栾树、石楠、丝兰	女贞
	文汇西路—兴城西路	合欢	—	合欢、红花檵木、麦冬	红枫、紫薇
	兴城西路—江阳西路	合欢、栾树	—	合欢、栾树、桂花、红花檵木、海桐	樱花、小叶女贞

续表 3-2

道路名称	起止点	行道树种	机动车道中间绿化带	机动车与非机动车分隔带	路测绿化带
润扬南路	运西东路—冻青桥	女贞、枇杷、女贞	女贞、紫叶李、大叶黄杨球、红花檵木	—	枇杷、夹竹桃、女贞、紫叶李、小叶女贞
	冻青桥—华阳西路	水杉、香樟	水杉、夹竹桃、大叶黄杨	—	香樟、水杉、夹竹桃
润扬中路	华阳西路—开发西路	水杉、女贞	水杉、大叶黄杨	—	女贞、水杉、夹竹桃
	开发西路—江阳西路	广玉兰、栾树	棕榈、红花檵木、石楠、瓜子黄杨	广玉兰、紫薇、金边黄杨	栾树
	江阳西路—文汇西路	广玉兰、栾树	香樟、银杏、石楠、樱花、红枫、金边黄杨	广玉兰、紫薇、金边黄杨、小叶女贞、杜鹃	栾树、紫叶李、女贞
	文汇西路—京华城路	广玉兰、栾树	银杏、白玉兰、香樟、红枫、桂花、樱花、金边黄杨、红花檵木	广玉兰、紫薇、杜鹃、金边黄杨、小叶女贞、红花檵木	栾树、女贞、紫叶李、木槿、琼花、桂花、紫薇
	京华城路—文昌西路	广玉兰、栾树	垂丝海棠、香樟、桂花、红花檵木	广玉兰、金边黄杨、紫薇	栾树、紫薇、桂花
润扬北路	文昌西路—真州北路	女贞、栾树	香樟、银杏、紫叶李、樱花、红花檵木、金边黄杨、垂丝海棠、枸骨、五针松	女贞、红花檵木、金边黄杨、石楠	栾树
博物馆路	七里甸路—文昌西路	香樟、银杏	—	香樟、四季草花、红花檵木、杜鹃	银杏
	文昌西路—京华城路	广玉兰、银杏	—	广玉兰、红花檵木、小叶女贞、海桐	银杏、枸骨球
	京华城路—文汇西路	广玉兰、银杏	—	广玉兰、红花檵木、小叶女贞、海桐	银杏、紫叶李、苏铁、枸骨球
	文汇西路—兴城西路	香樟	—	香樟、紫薇、八角金盘、杜鹃、金叶女贞	香樟、红枫、桂花、红花檵木
	兴城西路—吉祥路	香樟	—	香樟、紫薇、金叶女贞、杜鹃	
站南路	牧羊路—吉祥路	银杏	—	樱花、红枫、红花檵木、金叶女贞	银杏、桂花、八角金盘
	吉祥路—栖祥路	银杏	—	银杏、石楠、金边黄杨、海桐	红花檵木、石楠等
	栖祥路—文汇西路	银杏	—	银杏、红花檵木、紫薇、金叶女贞	—
	文汇西路—同泰路	香樟	—	香樟、龟甲冬青、杜鹃、红花檵木	广玉兰
	同泰路—文昌西路	香樟	—	香樟、红花檵木、金边黄杨、龟甲冬青	雪松、桂花
	文昌西路—京华城路	香樟	—	紫叶李、紫薇、金边黄杨、石楠	香樟
	京华城路—文汇西路	香樟	—	紫叶李、紫薇、海桐、小叶女贞	香樟、朴树
	文汇西路—兴城西路	银杏	—	银杏、垂丝海棠、红花檵木、杜鹃	—

续表 3-2

道路名称	起止点	行道树种	机动车道中间绿化带	机动车与非机动车分隔带	路测绿化带
站南路	兴城西路—引潮路	银杏、广玉兰	—	银杏、金边黄杨、杜鹃、金叶女贞、四季草花	广玉兰
	引潮路—红旗路	银杏	—	银杏、南天竹、红花檵木、杜鹃、麦冬	—
	红旗路—江阳西路	银杏、香樟	—	银杏、五针松、石楠、金叶女贞	香樟、桂花、石楠
真州中路	江阳西路—吉祥路	香樟	—	香樟、紫薇、紫荆、金叶女贞、红花檵木、海桐、	—
	吉祥路—栖祥路	香樟	—	香樟、紫薇、紫荆	—
	栖祥路—兴城西路	香樟	—	香樟、紫薇、红花檵木、小叶女贞	—
	兴城西路—文汇西路	香樟	—	香樟、红花檵木、小叶女贞、紫荆、海桐	—
	文汇西路—同泰路	广玉兰	—	广玉兰、日本珊瑚树、红花檵木、洒金桃叶珊瑚、瓜子黄杨、桂花、麦冬	—
	同泰路—京华城路	广玉兰香樟	—	广玉兰、红花檵木、日本珊瑚树、瓜子黄杨	香樟、广玉兰
司徒庙路	扬子江北路—邗江北路	香樟	—	香樟、海桐、红枫、枸骨	香樟
	邗江北路—蜀冈西路	广玉兰、香樟	—	广玉兰、金叶女贞、枸骨	香樟
	蜀冈西路—荷叶西路	香樟	—	香樟、海桐、石楠	—
	荷叶西路—新甘泉路	香樟	—	香樟、海桐、石楠	女贞、香樟、广玉兰
新甘泉路	司徒庙路—扬天公路	香樟、二球悬铃木	—	香樟、杜鹃、石楠、垂丝海棠、紫薇、桂花、红枫、小叶女贞	二球悬铃木
	江平东路—司徒庙路	女贞	—	女贞、麦冬、红花檵木、大叶黄杨	紫薇、日本珊瑚树
	司徒庙路—杨柳青路	女贞	—	女贞、紫薇、红花檵木、大叶黄杨、杜鹃、金边黄杨、麦冬	国槐、香樟、日本珊瑚树、垂丝海棠
	杨柳青路—念四桥路	香樟	日本珊瑚树、石楠	香樟、红枫、金边黄杨	—
	念四桥路—四望亭路	香樟、国槐	—	香樟、金边黄杨、紫荆、杜鹃	国槐、紫薇、女贞、瓜子黄杨
	四望亭路—文昌中路	香樟、国槐、女贞	—	香樟、石榴、红枫、石楠、金边黄杨、杜鹃	国槐、女贞
开发西路	维扬路—扬子江中路	栾树、女贞	—	栾树、小叶女贞、红花檵木	女贞、小叶女贞、红花檵木、杜鹃、金叶女贞
开发东路	扬子江中路—渡江南路	栾树、女贞	—	栾树、小叶女贞、红花檵木	女贞、小叶女贞、红花檵木、毛鹃、金叶女贞

单位附属绿地

民国时期,扬州城市单位绿地较少,只有少数单位有些绿化基础。1950年春季,市政府发动全市机关、学校、团体开展绿化植物运动。"文化大革命"中,许多单位绿地被占用或荒废。1973年起逐步恢复。1979年,在工厂、机关、学校绿化植树38万株。1980年以后,随着全民义务植树运动发展,扬州市单位附属绿地总量明显增加,初步形成以工厂绿化为突破口的城市绿化体系。特别是在中心区,不少单位挤占绿地建房,出现单位绿地在市中心区减少,在新市区和近郊增加,以及老单位减少,新建单位增加的情况。至1988年,单位绿地面积121.8公顷。

1986年以后,全市开展绿化达标评比活动,涌现出绿化先进单位。至1988年,绿化达标单位154家、先进单位34家,占企事业单位的44%和9.7%。1990年,增至868家,占企事业单位总数的43.9%。1993年,市绿化委员会开展"十佳绿化部门""五十佳绿化单位"评选活动。1995年,根据全国绿化委员会第十四次全体会议决定,各系统、部门将造林绿化争先创优活动纳入争创全国造林绿化"四佳"(十佳城市、百佳县、百佳乡、千佳村)活动范畴。市绿化委员会开展"四佳"评选交流活动,25家企事业单位和49家造林绿化单位被评为最佳绿化单位。1996年起,每两年开展一次省级园林式居住区(单位)和市级园林式居住区(单位)评选工作。扬州大学农学院、师范学院、水利学院、税务学院,铁道部扬州培训中心,西园大酒店等6家单位被省政府命名为园林式单位。同年,扬州发电厂被评为全国造林绿化400佳单位。"八五"期间,有省级绿化先进单位6家(江苏石油勘探局、扬州大学农学院、扬州发电厂等)。

2001年,有扬州大学荷花池校区等14家机关、企事业单位创成市级园林式单位。2003年,新增20家市级园林式单位。

2010年后,扬州推进单位绿化改造提升工作,对扬州迎宾馆、市委党校、扬州国防园、鉴真图书馆、长城饭店等单位进行景观改造。2012年,省宁通高速公路路政支队获得"省级园林式单位"称号。至2012年,扬州市有省级园林式单位27家。至2013年,扬州市有市级园林式单位58家。2014年后停止开展评选工作。

1996—2012年扬州市省级园林式单位一览表

表3-3

序号	获评批次	单位名称	序号	获评批次	单位名称
1	第一批	西园大酒店	10	第三批	市自来水总公司
2		扬大师范学院	11		市燃气总公司液化气混合厂
3		扬大农学院	12		扬州玉器厂
4		扬大水利学院	13	第四批	江苏油田扬州管理服务中心
5		铁道部扬州培训中心	14		扬州中学
6		扬大税务学院	15		扬州大学荷花池校区
7	第二批	扬州发电厂	16		梅岭中学
8		扬州迎宾馆	17		翠岗中学
9		市委党校	18		邗江实验学校

续表 3-3

序号	获评批次	单位名称	序号	获评批次	单位名称
19	第五批	邗江区区级机关事务管理局	24	第六批	江海职业技术学院
20		邗江区建设局	25		市职业大学
21		维扬区区级机关事务管理局	26		扬州体育公园经营管理有限公司
22	第六批	市文津中学	27	第八批	省宁通高速公路路政支队
23		扬州大学附属中学			

2001—2013 年扬州市市级园林式单位一览表

表 3-4

序号	获评批次	单位名称	序号	获评批次	单位名称
1	第一批	扬州经济开发区管委会大院	30	第二批	邗江区蒋王中学
2		扬州大学荷花池校区	31		邗江区蒋王镇中心小学
3		市广播电视中心	32		市公安局开发区分局
4		扬州师范学校	33		扬州保来得工业有限公司
5		江苏石油勘探局扬州基地	34	第三批	江苏亚星客车集团有限公司
6		市委党校	35		中国船舶重工集团公司第 723 研究所
7		扬州农业学校	36		扬州电力设备修造厂
8		扬州生活科技学校	37		扬州大学附属中学
9		江苏曙光光学电子仪器厂	38		扬州大学广陵学院
10		梅岭中学	39		扬州市洁源排水有限公司
11		邗江区建委大院	40		扬州通讯设备有限公司
12		市消防支队三中队	41		扬州教育学院附属中学
13		市第三中学	42		市第一中学
14		扬州军分区机关大院	43	第五批	梅岭中学
15	第二批	扬州中学	44		平山乡人民政府
16		扬州电信局综合楼	45		扬州宏福铝业有限公司
17		省烟草公司扬州分公司	46	第六批	扬州大学附属中学东部分校
18		扬州社会福利院	47		扬州保来得科技实业有限公司
19		扬州大学盐阜路校区	48	第七批	扬州工业职业技术学院
20		市人民警察培训学校	49		扬州商务高等职业学校
21		扬州金陵西湖山庄	50	第八批	市城市客运管理处
22		新华中学	51		扬州大学附属中学东部分校
23		翠岗中学	52		市第一中学
24		竹西中学	53		市第一人民医院西区医院
25		邗江实验小学	54		市市政设施管理处
26		邗江中学	55		蒋王幼儿园
27		市公安局邗江分局	56		扬州大学农学院
28		邗江区瓜洲中学	57		江苏宝科电子有限公司
29		邗江职业高级中学			

2016 年扬州市区部分单位绿化面积情况一览表

表 3-5　　　　　　　　　　　　　　　　　　　　　　　　　　　　　　单位：公顷

单位名称	绿化面积
平山茶场	> 20
扬州大学师范学院　扬州发电厂　扬州大学荷花池校区　扬州大学水利学院　扬州大学农学院　扬州自来水总公司　江苏油田扬州管理服务中心　国家税务总局扬州税务进修学院　江苏扬力锻压机床有限公司	10～20
扬州中学　邗江实验学校	5～9
邗江中学　扬州大学工学院　扬州迎宾馆　江苏曙光光学电子仪器厂　瓜洲中学　扬农化工集团　市职业大学　江苏里下河地区农业科学研究所　市新华中学　竹西中学　扬州大学广陵学院　江海学院　南方协和医院　江苏信息服务产业基地(扬州)一期　扬州荣德太阳能有限公司　扬州冶金机械有限公司　西园大酒店	3～5
邗江区政府　扬州会议中心　扬州大学附属中学　江苏琴曼集团　市花园小学　扬州第二发电厂　武警江苏省总队医院　铁道部扬州培训中心　蒋王中学　扬子津科教园　中国船舶重工集团公司第723研究所　市第三中学　苏北人民医院　市翠岗中学　蒋王中心小学　扬州保来得工业有限公司　广播电视中心　市第六中学　扬州图书馆　蒋王中心幼儿园　鉴真学院　工商银行江苏金融培训中心　市警示教育基地　鉴真图书馆　扬州亚东水泥有限公司　宇理电子(扬州)有限公司　江苏璨扬光电有限公司　梅岭中学	1～3
省扬州五台山医院　市第一人民医院　广陵古籍刻印社　扬州军分区大院　石塔桥南社区　二十四桥宾馆　四季园小学　扬州教育学院附属中学	< 1

居住区附属绿地

清代以前，除少数达官显宦、富商巨贾修建一些宅邸园林以外，城镇中民居住宅周围少有树木。清末民初是扬州住宅建设的鼎盛时期，不但数量骤增，而且园林绿化设计风格各异。新中国成立初期，庭园绿化保护得较好，但在"文化大革命"期间遭到破坏。

1984 年，在东花园新住宅区的 20 幢楼房之间新建 2000 平方米的绿化带。1985 年，部分部门和单位"见缝插房"，挤占庭园绿地的情况时有所见，绿地面积明显减少。1987 年起，市园林、房产等部门每年均组织居住区绿化检查评比，涌现出不少绿化先进典型。同时，市政、园林、房产管理部门大力倡导家庭养花，开展家庭养花咨询服务和评比竞赛活动，发动群众利用阳台和居室空间绿化环境，初步形成城市绿化的又一特色。

90 年代以后，随着住宅建设和旧城区改造速度加快，居住区按照一定的比例，利用空间发展绿化，绿地面积逐年增加，绿化水平不断提高。1996 年，住宅区向园林化发展，住宅区绿化达标率 56.3%，基本符合省级园林城市标准，四季园小区被命名为省级园林式居住区。

2000 年后，扬州市加大居住区绿化力度，结合创建国家园林城市，广泛开展创建园林式小区活动。2001 年，实施新能源小区、石狮小区、四季园小区、宝带小区新建绿化和整治绿化工作。2003—2005 年，新增市级园林式居住区 11 个、省级园林式居住区 5 个，栖月苑小区绿化建设获得创建专家组一致好评。

2010 年后，充分发挥历史街区建筑密度高但庭园空间多的优势，整治民居院落环境，并制定政策鼓励居民在自家院落内种植花木，配置扬州特色盆景，达到绿化庭院、美化家园、愉悦身心的效果，重现古扬州城"园林多是宅"的景象。通过园林式居住区创建活动，促使房地产开发公司在每个新建居住区内配套建设小区绿地和小游园，使园林绿化指标符合园林式居住区要求。2012年，郡王府、香格里拉庄园获得"省级园林式居住区"称号。至2012年，扬州市有省级园林式居住区20个。至2013年，扬州市有市级园林式居住区34个。2014年后停止开展评选工作。

1996—2012年扬州市省级园林式居住区一览表

表3-6

序号	获评批次	单位名称	序号	获评批次	单位名称
1	第一批	四季园小区	11		奥都花城
2	第二批	康乐新村	12		淮左郡庄园
3		新城花园	13	第六批	京华城中城御景苑
4	第三批	翠岗小区	14		香樟苑
5		莱福花园	15		绿杨新苑
6	第四批	栖月苑	16		南浦花园
7		三笑花园	17	第七批	帝景蓝湾花园
8		东方合百园	18		扬州瘦西湖天沐温泉度假村
9	第五批	文昌花园社区	19	第八批	郡王府一期底层住宅区
10	第六批	京华城中城怡景苑	20		邗江区香格里拉庄园

2001—2013年扬州市市级园林式居住区一览表

表3-7

序号	获评批次	单位名称	序号	获评批次	单位名称
1	第一批	梅花园小区	18	第六批	开发区新港名兴花园
2		宝带新村	19		邗江区月亮园
3		新庄一村	20		邗江区香格里拉庄园
4		顾庄新村	21		蜀冈-瘦西湖风景名胜区瘦西湖新苑
5	第二批	梅香苑小区	22		蜀冈-瘦西湖风景名胜区瘦西湖景苑
6		栖月苑	23	第七批	茉莉花园
7		兰苑小区	24		杨庙镇加州庄园
8		凯莱花园	25		中信泰富锦苑
9		莱福花园	26		阳光地带花园小区
10		东方百合园	27		品尊国际花园一期
11		福泽苑小区	28	第八批	碧水栖庭住宅小区
12		锦旺苑小区	29		扬州天下花园
13		扬州大学苏农五村	30		东升苑
14		扬州电信局江阳东路宿舍区	31		弘扬花园
15		江苏石油勘探局扬州石油新村	32		康乐新村
16	第三批	桂香苑小区	33		四季园小区
17	第四批	崇文苑小区一期	34		苏农五村

2016 年扬州市区部分居住区绿化面积一览表

表 3-8 　　　　　　　　　　　　　　　　　　　　　　　　　　　　　　单位：公顷

名　称	绿化面积
文昌苑小区(三期)　海德公园　三笑花园　四季园新村　兰苑小区　沙口社区　树人苑社区	10～20
绿杨新苑　新城花园　石油新村　宝带小区　翠岗小区　连运小区　京华城小区　瘦西湖新苑二期　中海玺园　头桥红平小区　广福花园(三期)	5～10
栖月苑　荷花池小区　新能源小区　梅香苑小区　曙光新苑　东花园社区　康乐新村　莱福花园　顾庄新村　凯莱花园　砚池小区　桑北新村　税务学院宿舍　新庄小区　扬大苏农五村　鸿泰家园(一期)　文昌苑(二期)　东方百合园　崇文苑　锦旺苑　文昌苑小区(一期)　文昌北苑　联运小区　东方名城　水榭华庭　香格里拉　瘦西湖新苑(一期)　杉湾花园二期　保集半岛　阳光小区　金湖湾　富丽康城　新星小区　九龙小区　运河佳园小区　古运新苑小区　骏和天城小区　花半里安置房小区　雨江安置房小区　杉湾花园(三期)　瘦西湖新苑(三期)　古韵新苑　景岳云和　江南左岸　阳光花都　君悦首府(二期)	1～5
福泽苑小区　鸿大花园　金凤苑小区　淮左郡　翠岗紫薇苑　梅岭花园(二期)　电信局江阳东路宿舍区　梅花园小区　东盛花园小区(一期)　新东方房产　桑北新村(五期)　蒋庄新苑　新都芳庭　金湖湾小区　集贤小区　甘泉新苑(二期)	0.1～1

生产绿地

　　民国时期，除农业推广所有少量苗木生产地和北郊农民自行种植的零星花木生产地外，无专供城市绿化的苗木生产基地。新中国成立后，从 1956 年起，开始建设园林生产绿地。先后在瘦西湖劳动公园内部、莲性寺西南部、水云胜概、大明寺东园等处利用林间隙地和荒地辟为育苗基地。1956 年，市园林所新购 667 平方米土地作为桑苗用地，还建有植物温室 10 间，主要用于冬季热带植物越冬，培育冬季花草。1957 年，苗圃面积 1 公顷。

　　1958 年，市园林所将瘦西湖附近生产队土地划进改作种苗场。1959 年，实行园林与生产相结合方针，大力开展育苗工作，同时发动全市各单位新建苗圃。园林育苗面积达到 9.16 公顷(包括花圃)，主要用于播种果树，扦插、嫁接、靠接各种名贵花木。苗木生产主要以果树及经济林木为主，观赏树培育较少。

　　1960 年，扩大苗圃面积，实现苗木自给，采取专业育苗与群众利用空地分散育苗的方式。市政府决定将西湖公社一个生产队 70.37 公顷土地、2006 人划归园林管理，建"六场一厂"("六场"指种苗场、花木盆景场、畜牧场、水产养殖场、蘑菇场，"一厂"指香料厂)。培育的苗木品种有桑树、二球悬铃木、白杨、柳树、女贞、国槐、桃树、柿、紫薇等。1961 年，苗圃面积 44.3 公顷。1962 年，土地退赔中将种苗场土地退出。

　　1963 年，市政管理处绿化处在湾头镇红星岛北端(大运河堆土区上)新辟湾头苗圃 7.2 公顷，主要种植刺槐及其他豆科植物，以改良土壤。

　　1965 年，开辟荷花池北岸苗圃 1.29 公顷。1981 年，荷花池苗圃改建成公园后，苗圃面积保留 0.67 公顷。

　　1974 年，建立市园林处苗圃场。1977 年，西门街蔬菜组土地 1.73 公顷、桃园一片土地 1.27 公顷、扬州师院学院南大门路南一块 467 平方米，全部移交市园林处下属的虹桥花木苗圃场使用。1980 年，西园曲水改建为花木生产经营基地。1981 年，长春队划归园林管理部门，成为专门生产经营苗圃基地。至 1982 年，城市生产绿地面积一直维持在 10 公顷～14 公顷之间，基本达到苗木自给。至 1988 年，市区生产绿地面积 24 公顷。

90年代初,城市绿化建设加速,苗木需求量迅速增加。市绿化委员会把苗木生产作为绿化造林基础性工作,改善苗木品种结构,增加花灌木,发展庭园果木,推广林网杂交良种,普及优质速生林木,实行林、果、茶等相结合。1992年,新增小苗圃8家,新增育苗面积7.67公顷。

2000年后,生产绿地以引进一些适用于城市绿化的苗木和扩大用地面积为重点,在苗木规格、品种上提高档次。荼荑湾公园以培育大规格苗木为主,并进一步扩大苗圃面积;平山花木场、笔架山花木场、梅岭花木场等以培育灌木为主,保证城市绿化苗木自给自足。2003年,利用槐泗镇隋炀帝陵园南部11.34公顷土地,开辟市区常用绿化苗木培育基地,同时大量种植琼花,开展琼花品种和特性的基础性研究,形成以琼花观赏为主,结合苗木栽培的苗圃基地。至2016年,市建成区生产绿地面积294.21公顷,主要有新河花木公司、维扬农场、城北苗圃等。

2016年扬州市区部分生产绿地情况一览表

表3-9 单位:公顷

序号	名　称	位　置	面积	主要生产品种
1	堡城花木	唐城遗址西	46.2	琼花、广玉兰、桃树、柏类、柳树、香樟、女贞
2	扬州园林村红东绿化队	笔架山	30	香樟、广玉兰、白玉兰、桃树、日本珊瑚树、紫叶小檗、金叶女贞
3	市林业局苗圃基地	市第一人民医院东	20.7	马褂木、香樟、芍药等
4	城北苗圃	江平东路南	20.5	雪松、桃树、红叶李、龙柏
5	农科所苗圃	邗江北路与翠岗路交会处	13.2	香樟、果树苗
6	综合花木场	唐城遗址东	6.6	红枫、香樟、冬青、瓜子黄杨
7	蜀冈绿化工程公司	雷塘隋炀帝陵南侧	6.2	女贞、柳树、龙柏、金边黄杨
8	维扬农场	大学北路60号	5.3	盆景、花木
9	南柳村苗圃	汤汪南柳村	4.5	意杨、香樟、蜀桧、月季等
10	文华绿色环保园艺工程公司	扬子江路东侧	3.34	柳树、香樟、红花檵木
11	新河花木公司	江扬路与扬瓜路交会处东南侧	2.94	杜鹃、月季、百合
12	市开发区花木公司	扬瓜路与瘦西湖路交会处东北侧	2.81	香樟、柳树、金叶女贞
13	惠寿园艺公司	扬子江北路东	2	桂花、红枫、女贞、雪松
14	水云花木场	扬天路、宁启铁路交会处	1.2	草花
15	梅岭金鱼花卉盆景园	长春路与瘦西湖路交会处西	0.67	观赏植物、草花
16	梅岭花卉市场	梅岭路	0.24	杜鹃、松树、各类花卉

防护绿地

扬州属水网地带,民国前河岸植树处于自发的状态。1936年开始,在河道两岸青坎上植树,沿岸栽植柳树、枫杨等,河堤营造防护林。新中国成立后,城市防护林带建设薄弱。1959年,河岸沿线植柳树。扬州市与南京林业大学合作,通过引进水杉、池杉、落羽杉、意杨、杂交柳等速生优质树种,研究推广林农复合经营新技术,在里下河地区开发荒滩荒地,营造速生丰产林,改善里下河地区农业生态环境,增加林业资源。1980 年开始,结合河道治理推广植树,重点实施运河沿岸绿化,在古运河沿岸以市树柳树为主,间植水杉作为防护林带。1988 年,整治河道 3 条,设置防护栏杆,防护绿地 15.1 公顷。1989 年,公路道路绿化 59 公里。

1990 年后,市政府大力发展江堤绿化、城郊农田林网,营造各种林带,建设城市绿色环带。在电厂、水泥厂、化肥厂等外围营造 30 米宽的卫生防护隔离林带。在大中型江堤、河堤、圩堤两岸营造 30 米宽的防护林。沿铁路两侧栽植宽各 50 米的防护林带。

2002 年起,结合大型交通基础设施建设和林业发展要求,建设润扬大桥北接线、西北绕城公路、宁启铁路、宁通高速公路、沿江高等级公路防护林带和京杭大运河扬州段、古运河景观带、廖家沟防护林带 980 公顷,形成沿路、滨河、环城的城市绿化景观带。2005 年,防护绿地面积 325.9 公顷。

2009 年,在夹江滩地、南水北调引水源头及重点河道两侧各新增宽度 50 米以上的生态防护林带,成片造林 800 公顷。2009—2014 年,建设大江风光带、西北外环线防护林带、北外环路防护林带、南绕城公路防护林带。以扬子津风景区作为市中心区与沿江港口区之间重要的生态隔离带,并在港口分区、瓜洲分区、西南分区的重工业区与居住区衔接处设置两侧宽度 30 米的防护林带,面积 50.63 公顷,以减弱工业区大气污染,隔离污染对居住区带来的影响。

2015 年,结合南水北调东线防护林建设,推广"以林养河、以河兴林"模式,京杭大运河等大型河流绿化宽度 50 米以上,树种以榉树、广玉兰、香樟、银杏、水杉等乔木为主。至2016 年,防护绿地面积 830.24 公顷。

2016 年扬州市防护绿地情况一览表

表 3-10　　　　　　　　　　　　　　　　　　　　　　　　　　　　　　　　　单位:公顷

序号	名　称	位　置	面积	类　型
1	宁启铁路防护林	宁启铁路扬州段两侧	147.12	城区与外部交通防护林
2	廖家沟生态风光带	廖家沟河道两侧	119	河流防护绿地
3	南绕城高速公路防护林	南绕城高速公路两侧	97.5	道路防护绿地
4	西北绕城高速公路防护林	西北绕城高速公路两侧	80	城区与外部交通防护林
5	堡城风景林地	堡城周边	35	其他
6	南绕城绿色通道蒋巷段	南绕城高速两侧	33.66	道路防护绿地
7	灰粪河卫生隔离带	灰粪河两侧	22.5	卫生隔离带
8	新通扬运河隔离带	新通扬运河北岸	20.93	河流防护绿地
9	新通扬运河城市高压走廊绿带	新通扬运河南岸	12.75	河流防护绿带
10	宁通高速南侧防护绿地	宁通高速南侧	12	城区与外部交通防护林
11	永顺江滩	永顺村北侧	10	河流防护绿地
12	仪扬河堤	仪扬河堤两侧	10	河流防护绿地
13	芒稻河隔离带	芒稻河东侧	9.16	河流防护绿地

续表 3-10

序号	名　称	位　置	面积	类　型
14	西北绕城维扬段	西北绕城维扬段高速两侧	6.1	道路防护绿地
15	扬子江南路防护林	扬子江南路两侧	6	道路防护绿地
16	宁通高速北侧防护绿地	宁通高速北侧	5.85	城区与外部交通防护林
17	朴席通朴路两侧	朴席通朴路两侧	5.72	道路防护绿地
18	京杭大运河防护林带	京杭大运河两侧	5.45	河流防护绿地
19	长江防护林带	长江沿岸	5.1	河流防护绿地
20	通江河堤	通江两侧	4.67	河流防护绿地
21	西北工业区防护隔离带	西北工业区与居住区之间	4.5	工业、卫生隔离带
22	廖家沟防护林带	廖家沟河段两侧（除南绕城以北居住用地区段）	4.2	河流防护绿地
23	古运河防护林带	古运河两侧	4.1	河流防护绿地
24	北外环路防护林带	北外环路两侧	3.7	道路防护绿地
25	农科所农场	农科所周边	3.3	防护绿地
26	保障湖绿地	保障湖周边	3.1	河流防护绿地
27	西部工业区防护隔离带	工业区与居住区之间	3.1	工业、卫生隔离带
28	铁路两侧绿化	铁路两侧	3	道路防护绿地
29	金湾河东侧卫生隔离带	金湾河东侧	2.94	卫生隔离带
30	西南工业区防护隔离带	西南分区工业区周边	2.9	工业、卫生隔离带
31	港口分区防护林带	古运河与长江交汇处东侧	2.3	河流防护绿地
32	瓜洲分区防护林带	瓜洲分区工业区周边	1.28	工业、卫生隔离带
33	河东防护林带	河东分区工业区内河道两侧	1.1	河流防护绿地
34	小运河绿带	小运河两侧	0.66	河流防护绿地
35	金港路防护绿地	金港路两侧	0.62	道路防护绿地
36	西华门河道防护林	西华门西河沿岸	0.45	河流防护绿地
37	东北分区防护林带	东北分区工业区南侧	0.44	工业隔离带
38	西华门河道防护林	西华门东河沿岸	0.42	河流防护绿地
39	卜桥村河道绿带	卜桥村河道两侧	0.2	河流防护绿地

其他绿地

凤凰岛湿地公园

扬州凤凰岛又称凤凰岛生态旅游区，位于扬州市东北郊泰安镇，距市区 12 公里。旅游区水域面积 138 平方公里，陆地面积 35 平方公里，岛屿面积 6 平方公里，为国家级农业旅游示范点、国家 AAA 级旅游景区、省级森林公园，是市区目前唯一一家生态休闲度假类景区，也是华东地区保存最完好的原生态旅游区。

2001年6月,泰安镇党委、镇政府决定以"七河八岛"之一的凤凰岛冠名,开发凤凰岛生态旅游区。2002年6月,金湾岛最北端和聚凤岛全岛开工建设。当年10月,扬州凤凰岛生态旅游区对外开放。2011年1月,凤凰岛获批国家湿地公园(试点)单位。湿地公园总面积225公顷,由金湾半岛、聚凤岛和芒稻岛组成,其中金湾半岛面积88.8公顷、聚凤岛面积10.8公顷、芒稻岛面积10.7公顷、水域面积114.7公顷。2015年1月,浙江隐居集团参与公园管理,凤凰岛湿地公园发展进入新时期。2016年,由广州园林建筑规划设计院、广州草木蕃环境科技有限公司共同编制扬州凤凰岛国家湿地公园总体规划(2016—2020年)。当年,实施凤凰岛国家湿地公园景观提升工程项目,总面积73公顷,工程包括:游客服务中心、湿地科普馆、运河栈道以及游乐场区域湿地植被恢复工程。

凤凰岛以水、岛、林、鸟为基础,自然生态为特色,发展休闲度假游、生态养生游。公园内建有面积12公顷的芦苇荡、面积28公顷的野生林、面积16公顷的"候鸟天堂"——聚凤岛、面积5公顷的蝙蝠湖、面积2公顷的孔雀林,以及8.5公里的林荫小道和6公里的滨水大道等,形成"林无边,水连天,岛有仙,鸟蹁跹"的格局。

水韵广场中心,设一尊雕塑"治水"。雕塑由纯铜浇筑而成,表现一个健壮的女性,迎着滚滚而来的波涛,奋勇向前奔跑的姿态。雕塑由雕塑艺术家闵一民创作。该作品获得中国—比利时雕塑创作大赛金奖。

水韵广场西侧,沿邵伯湖边堤岸上,建有一座寺庙——敕赐护国禅寺。护国禅寺原址在现今的山河岛上的一座小庵附近,现仅留有一块石额镶嵌在庵房的一面墙体上。始建于清乾隆年间,为乾隆下江南巡游时题名。2005年秋,扬州凤凰岛生态旅游实业有限公司投资复建

凤凰岛湿地公园

寺庙。由山门殿（天王殿）、大雄宝殿、圆通宝殿、东西配殿、都天庙、关帝庙和凤凰塔等组成。寺庙规模不大，但临湖而立，暮鼓晨钟，亦颇具气象。

凤凰岛生态旅游区东侧，建有一座生态温泉度假酒店"隐居逸扬"。度假村的房屋均临水而筑，其外观由木板、石材和茅草建造，每间客房内均设置温泉泡池。

入门处，建有一尊"吹箫引凤"的大型花岗岩石雕。石雕由扬州籍旅美艺术家张亦平设计、扬州雕塑家赵东平制作。雕塑用花岗岩石琢制，高6米，重30多吨。

刺猬林为原生态次生林。林里植有楝树、榆树、刺槐、柞树、桑树、乌桕、朴树等本地适生树种，其中最多的是构树。

蝙蝠湖芦荡，从空中看它的形状像几只蝙蝠。芦荡里有5座砖石小桥相连，并建有3座休闲木亭：鱼花亭、蝙蝠亭和且停亭。在芦荡水边，建有一组8个裸体的小铁人雕塑《欢歌》。雕塑由雕塑艺术家于庆成创作。《欢歌》不仅是芦荡区最大的亮点，也是凤凰岛原生态湿地文化的象征。

凤凰岛桑葚园北侧的七里桥和华丰桥之间，建有一下沉式蜂巢形的建筑，是由中国养蜂学会主办的国内第一家以蜜蜂为主题的博物馆。博物馆内由蜂富人生、时光隧道、蜜蜂谷、蜜蜂王国、蜜蜂与环境、蜜蜂达人、蜜蜂史记、蜜蜂体验区8个部分组成。

归江十坝遗址，地处邵伯湖南部湖口，即凤凰岛"七河八岛"一线。通过10座大坝调节水位，集灌溉、防洪、通航诸多功能，被誉为中国古代水利史上和四川都江堰、广西灵渠以及新疆坎儿井齐名的四大人工水利枢纽工程之一。归江十坝在泰安镇境内有九坝，其中公园内有古东湾坝遗址。按照形成年代可分为：宋代两坝（沙河坝、老坝）、明代两坝（拦江坝、凤凰坝）、清代六坝（壁虎坝、褚山坝、金湾坝、东湾坝、西湾坝、新河坝）。

瓷韵山庄，山庄主人陆履俊，号抱一，原为画家，后赴瓷都景德镇专研青花瓷艺创作，其《瑞雪图》获全国首届陶瓷艺术展金奖，被誉为"当代中国青花王"。山庄由古今青花瓷展厅、制陶坊、绘画室及两座小型炉窑和供游人自娱的瓷吧组成。

聚凤岛陆地面积20公顷，在凤凰岛生态旅游区的8个岛中是最小、最具原生态的湿地小岛。它的形状从空中鸟瞰，像一只脖子埋在翅膀之中的天鹅静卧在碧波之上。其河、塘、荡、滩等地貌俱全。岛上杂树林立、藤蔓婆娑、野草丰茂，是白鹭、野鸭等候鸟的常年栖息地。聚凤岛是江淮之间，河湖相连之处一个典型的平原—湖泊湿地的活标本。建有木栈道、廊桥、索桥、鹊桥等步道。

湿地科普馆呈"水滴"造型，建于2016年，建筑面积2383平方米。展馆共分为两层，一层有3个展厅，布展主题分别为"山隐水迢""蹁跹舞态""浮生相聚"。二层有活动展示区、报告厅、VR互动体验区、自然教室、自然美学生活空间等。

大堤路外侧的保育区，除了符合水利防洪要求的硬质堤防外，还建有一条离岸消浪浅滩。公园于2012年，建设保育区运河沿岸消浪带护岸，以减少风浪对水岸的冲刷。2014年，在防洪大堤建设的基础上，建成长约620米、宽约2米的消浪带。

湿地生物多样性丰富，凤凰岛国家湿地公园共记录到维管植物79科179属224种，其中蕨类植物5科5属5种、裸子植物5科7属9种、被子植物69科167属210种。鱼类有5目10科36种，爬行类2目5科10种，两栖类1目5科8种，鸟类13目30科58种。记录到兽类有4目4科5种。其中，国家一级保护植物1种，为莼菜；国家二级保护植物1种，为野菱；国家二级保护动物1种，为小鸦鹃。列入《国家保护的有益的或者有重要经济、科学研究价值的陆生野生动物名录》的物种共有67种。其中，两栖类4种，包括黑眶蟾蜍、中华蟾蜍、泽蛙、饰纹姬蛙；爬行类9种，包括翠青蛇、王锦蛇、乌梢蛇等；鸟类51种，包括小䴙䴘、苍鹭、白鹭、夜鹭、白眉鸭、斑嘴鸭、黑水鸡等；兽类3种，包括刺猬、黄鼬和草兔。省重点保护陆生野生动物有30种：小䴙䴘、苍鹭、白鹭、夜鹭、白眉鸭、斑嘴鸭、中华蟾蜍、黑眶蟾蜍、王锦蛇、乌梢蛇等。

公园内桑果和茶园种植广泛，引进8000多株水果型桑葚树。休闲性项目有凤凰阁、凤凰台（喝花坊）、水岸咖啡吧、乡村烧烤、露营地等，参与性项目有越野车、跑马场、丛林飞鼠、激光战船、动力伞、世纪飞碟、摩天轮、丛林探险、疯狂迪斯科等和由游轮、画舫、快艇、摩托艇等组成的水上俱乐部。

三江营湿地公园

三江营湿地公园位于广陵区头桥镇九圣村、长江与夹江交汇口，南起联合桥江堤外侧河道岸线，北至金家庄东侧自然河口，总面积293.4公顷。湿地公园地处北亚热带与中亚热带的过渡地带，生物多样性程度高，湿地资源丰富。

三江营湿地公园规划前湿地总面积170.7公顷，湿地率88.5%。其中，永久性河流湿地面积50.7公顷，占总面积的26.3%，占湿地面积的29.7%；森林沼泽湿地面积78.9公顷，占总面积的40.9%，占湿地面积的46.2%；草本沼泽湿地面积10.1公顷，占总面积的5.2%，占湿地面积的5.9%；水产养殖塘面积28.6公顷，占总面积的14.8%，占湿地面积的16.7%；沟渠面积2.4公顷，占总面积的1.2%，占湿地面积的1.4%。

三江营湿地公园具有丰富的历史文化资源。同时，湿地公园位于长江之畔，区域丰富的文化资源也为湿地公园增添许多文化印记。典型的文化资源有：长江文化、淮河入江口、红色文化。

三江营湿地公园主要为河流湿地、沼泽湿地，且为扬州市重要的水源保护地，在长江流域内具备水质净化、湿地恢复的典型性。同时，三江营湿地生态系统既具陆地生态系统地带性分布特点，又具河流湿地水生生态系统地带性分布特点，表现出水陆相兼的过渡型分布规律。三江营湿地公园湿地类型多样，有典型的水域—洪泛湿地—人工湿地、水域—草本湿地—森林湿地—草本湿地—水域过渡的特征。三江营湿地公园生境类型多样，有大面积的水域、浅滩，形成适合水生、湿生、中生到旱生，草本和木本不同植物生长的生境，适合两栖类、水禽、涉禽、攀禽等不同的动物生长繁殖，展现区域湿地生态系统自然演替的规律。

三江营湿地公园为长江野生生物尤其是濒危野生动植物提供独特生境，也是扬州城区开展湿地科普宣教和生态旅游的重要场所。湿地公园天然分布及人工修复的湿地草本植物共107种。其中，茭白、香蒲、芦苇、喜旱莲子草等是构成挺水植物群落的主要物种，野菱、睡莲等是构成浮水植物群落的主要物种，水鳖、槐叶苹等是构成漂浮植物群落的主要物种，轮叶黑藻、金鱼藻、狐尾藻等是构成沉水植物群落的主要物种。香蒲、茭白、莲、马来眼子菜、苦草、红蓼、喜旱莲子草等植物是区域的主要优势种。洪泛湿地区最重要的两个建群种：杨树、柳树，构建湿地公园木本植物的框架。

三江营湿地公园区域内具有较高的湿地动物多样性，尤其以丰富的长江鱼类、湿地水鸟为特色。湿地公园所在长江水域鱼类共7目17科81种。其中,优势科为鲤科(47种,占比62.7%),其次为虾虎鱼科、鳅科和银鱼科,各占3种。长江流域内国家级保护鱼类7种。其中,一级保护3种,包括达氏鲟、中华鲟和白鲟;二级保护4种,包括四川哲罗鱼、胭脂鱼、松江鲈和花鳗鲡。观察记录鸟类37科142种,其中优势科为鸻科、鹭科、丘鹬科、鹟科、鸭科、燕雀科等。国家二级保护鸟类有白琵鹭、黑脸琵鹭、红隼、赤麻鸭、普通鵟等11种。

湿地公园内共有兽类5目8科13种,其中江豚和水獭为国家Ⅱ级保护动物,赤狐、黄鼬、刺猬等5种哺乳动物为省级保护动物。

湿地公园主要两栖类物种1目5科7种,其中花背蟾蜍、中华蟾蜍、黑斑侧褶蛙、金线侧褶蛙4种为省级保护动物。

湿地公园内共有爬行类物种2目5科13种,其中黄喉拟水龟、乌龟、短尾蝮、赤链蛇、黑眉锦蛇等8种为省级保护动物。

三江营湿地公园生态修复分两期建设,2020年全部建成。2016—2018年实施一期工程,主要包括滨江湿地生态保育区保护与管理。一期工程还包括修复重建区滨江湿地生态修复,以及滨江岸带湿地恢复与重建,宣教展示区长江湿地植物园建设,以及管理服务区建设(游客中心、集散广场)等。

2016年扬州市其他绿地情况一览表

表3-11　　　　　　　　　　　　　　　　　　　　　　　　　　　　　　　　单位:公顷

序号	名　称	位　置	面积	类　型
1	环邵伯湖湿地保护区	东起京杭大运河西大堤,西至扬州市与淮安市、安徽省交界,北起宝应县宝应湖环湖大堤北侧,南至邵伯湖邵伯船闸	64349	湿地保护区
2	夹江湿地保护区	霍桥镇和沙头镇境内、夹江东西大坝之间	420	湿地保护区
3	三江营湿地公园	头桥镇三江营	293.4	水源保护区
4	凤凰岛湿地公园	泰安镇	225	湿地公园
5	七河八岛生态中心	茱萸湾风景区北部	210	生态保护区

第四章　园林植物

雕栋飞楹易构，陋槐挺玉难成

维扬一株花

四海无同颣

宋祁诗句

庚辰春日棨书

　　扬州地处亚热带向温带过渡区，气候温和、地势平坦，有极为丰富的园林植物资源，形成春有花、夏有荫、秋有果、冬有绿的季相景观。

　　扬州市市花琼花、芍药，市树银杏、柳树是众多园林植物的典型代表，有着深厚的历史文化；扬州的古树名木是祖先留给我们的宝贵财富，是历史文化名城的见证者；扬州的乡土树种在本地土生土长多年，已融入扬州的自然生态系统中。

　　扬州不仅有丰富的植物资源，也有悠久的种植历史，素有"十里栽花算种田"的美誉，在长期的栽培过程中，人们培育出花朵硕大、香味浓郁、色彩艳丽、造型奇特的优良品种，经过文人墨客的挖掘、加工、吟咏，使花木具有文化气息。"岁寒三友""花中四君子""花中十二师""花中十二友""花中十二婢""花王花相""椿萱并茂""兰桂齐芳"赋予花木更深的文化内涵。

　　扬州在创建园林城市过程中，生物多样性是其中的重要内容。为丰富植物资源，根据附近城市引种的成功经验，扬州不断引进性状优良、观赏价值高、易于养护管理、抗性强的树种，极大丰富园林绿地系统的植物品种。

第一节 市树市花

　　1982年，市政府和有关部门先后组织园林工作者和市花卉盆景协会展开讨论，邀请专家、学者举行座谈，提出将柳树、银杏、杨树等列为候选市树，琼花、芍药和菊花等列为候选市花。1985年7月18日，市第一届人大常委会第十六次会议决定银杏、柳树为市树，琼花为市花。2005年1月5日，市第五届人大常委会第十二次会议决定增补芍药为市花。

银杏

　　银杏被称为中国的"国树"。扬州城内百年以上的古银杏有109株，居江苏前列。作家艾煊称赞银杏"它是扬州城史的载体，它是扬州文化的灵魂，它是一座有生命的扬州城的城标。"最古老的银杏为石塔寺旁边的唐代银杏，树高20多米，树冠17.5米，与石塔寺相顾成景，成为扬州的一个标志性景点。

史公祠银杏

柳树

柳树

　　扬州素有"绿杨城郭"的美称，柳树是扬州的标志之一。隋炀帝开凿运河下扬州，将柳树种植在运河两岸，并赐给其姓，便有"杨柳"之名。扬州的柳树多是垂柳，枝条细长柔顺，随风飘曳，是扬州秀美风光的典型代表。"街垂千步柳，霞映两重城""两堤花柳全依水，一路楼台直到山"都是对扬城柳树的赞美。

琼花

　　扬州琼花自古盛名，被称为"扬州第一花"。最早题咏和描述扬州后土祠琼花的为北宋文学家王禹偁，他在《后土庙琼花》中写到："扬州后土庙有花一株，洁白可爱。其树大而花繁，不知实何木也，俗谓之琼花云。"以后，韩琦、欧阳修、刘敞、鲜于侁和秦观等，

琼花

亦作有关于琼花的诗篇,琼花之名,得以流传于世。欧阳修任郡守时,因扬州琼花"世无伦",而在观内琼花树旁筑亭,其匾额上书"无双亭",以作饮酒观赏琼花之所,并作诗:"琼花芍药世无伦,偶不题诗便怨人。曾向无双亭下醉,自知不负广陵春"。

芍药

扬州芍药历史上名闻遐迩,广陵芍药与洛阳牡丹齐名,早有"扬州芍药甲天下""处处有之,扬州为上""芍药之种,古推扬州"之誉。扬州芍药栽培始于隋唐。宋代刘颁《芍药谱序》载,花开时节"自广陵南至姑苏,北入射阳,东至通州海上,西止滁、和州,数百里间人人厌观矣"。这一时期,蜀冈禅智寺、山子罗汉、观音与弥陀等寺院大量栽培。《析津日记》中有"芍药之盛,旧数扬州",宋代大

芍药

文学家苏东坡称"扬州芍药为天下之冠",清朝陈淏子《花镜》曰:"芍药唯广陵者为天下最。"还有"广陵芍药真奇美,名与洛阳相上下""多谢化工怜寂寞,尚留芍药殿春风"等。"芍药万花会"在扬州曾名噪一时,每次花会,用花"多十余万枝",《东坡志林》云:"扬州芍药天下冠,蔡繁卿始作万花会,共聚绝品十余万本,于厅实赏。""扬州以园亭胜",园以芍药而名。园中以芍药而命名的景点诸如"红药阶""浇药井"。扬州勺园,园主汪氏以种花、卖花为业,因所植芍药,颇多异种,李复堂乃为题"勺园"。瘦西湖的"白塔晴云"景点,旧亦为芍药栽培盛地。现代园林中,芍药常布置为花坛、花境,或沿着道路、林地边缘栽培。此外,芍药花大艳丽,品种丰富,在园林中常成片种植,花开时十分壮观。现今扬州芍药品种多达70余种,其中名品以胭脂点玉、大富贵、铁线紫、白玉楼台、观音面、虎皮交辉、金玉交辉、金带围最为有名,称为扬州芍药八大品种。

第二节　古树名木

扬州市古树名木数量位于全省第三位,仅次于南京、苏州。至2016年,共有古树名木458株,隶属于36科、53属、62种,其中落叶类40种、常绿类20种、半常绿两种。树种构成上,个体数量最多为银杏,共109株,占23.8%。10株以上其他树种分别为圆柏86株,占18.8%;桂花41株,占9%;瓜子黄杨32株,占7%;广玉兰25株,占5.5%;薄壳山核桃17株,占3.7%。树龄在1000年以上两种两株(唐代银杏、国槐各1株,树龄均为1065年),500～999年3种13株,300～499年6种23株,100～299年49种386株,100年以下23种34株。分布主要集中在蜀冈–瘦西湖风景名胜区、东关街历史街区、南河下历史街区、

文昌中路沿线和汶河路沿线,其中蜀冈–瘦西湖风景名胜区 166 株、大明寺 63 株、个园和何园 46 株。

古树名木普查

1962 年 5 月,市人民委员会发出《关于加强保护园林建筑、文物古迹、古老树木的通知》及《扬州市古建筑、庭园、树木保护管理暂行办法(草案)》。6 月,扬州市公布古树名木调查报告,发现百年以上的银杏等 38 株,其中唐代银杏、古槐各 1 株,宋代枸杞 1 株,银杏 1 株,其余古树名木大多是明清两代所植。由于当时调查范围局限在寺院和公共场所,很多大宅深院的古树名木未被发现,致使当时统计的数目有限。

1982 年 10 月,根据省城镇建设部门部署,市城建部门组织有关工程技术人员对市区古树名木进行普查登记。普查结果,市区共有古树名木 313 株,其中列为一级保护(树龄 500 年以上)18 株、二级保护(树龄 300～500 年)25 株、三级保护(树龄 100～300 年)270 株。另有树龄 100 年以上古盆景 27 盆。

2008 年 11 月 15 日,《扬州市古树名木和古树后续资源保护管理办法》经市政府常务会议讨论通过,于 2008 年 12 月 1 日起施行。按办法要求,市园林部门每年对一级古树名木普查 4 次,二级古树名木普查两次,古树名木后续资源普查不少于 1 次。

2011 年,市园林局开展扬州市区古树名木普查登记工作。

2015 年,市绿化委员会办公室要求在全市开展古树名木资源普查。市园林部门安排技术人员开展为期一年的实地普查,填写相关表格,建立档案资料。次年 11 月,将成果上报至市绿化委员会办公室。

2015 年 3 月 6 日,扬州市古树名木信息化管理系统建设方案专家评审会在市城市绿化养护管理处召开

千年古树

唐代银杏 一级古树名木。位于市区文昌中路与淮海路交会处石塔寺中央花圃内。估测树龄 1110 多年,树高 20 米,胸径 1.4 米,树冠冠幅 17.5 米,生长状况良好。

相传,这株古银杏与石塔同为古木兰院唐代遗物,俗称唐杏。1952 年,唐杏遭受严重雷击,被劈掉一半树干,部分木质部裸露在外,后从根部萌发新枝,至今干径达 40 厘米～50 厘米,整株树呈 V 字形。被劈掉的树干后移栽到瘦西湖风景区内,因没有根枝,后渐干枯,旁栽有"凌霄花"攀援而上,故名"生死相依""枯木逢春"。

唐槐 一级古树名木。位于市区淮海路北段东侧驼岭巷 10 号。估测树龄 1065 年,树高 8 米,胸径 1.1 米,树冠冠幅 8.5 米,生长状况良好。

60 年代,古树名木保护专家孙如竹发现唐槐被房屋紧紧包围,只露出树头,加之旁边烟

唐塔与千年银杏

驼岭巷古唐槐

熏火烤,长势不良。在他的建议下,政府将居民迁出,围以铁栏,并进行防虫治病等养护管理工作。

名园名树

瘦西湖叶林 叶林又叫叶园、万叶林园。位于瘦西湖长堤春柳西侧,是原国民党中央执委叶秀峰为其父叶赔谷建造的园林。新中国成立后这里成为劳动公园,50年代初合并到瘦西湖风景区。瘦西湖风景区内有古树166株,大部分在叶林,其中圆柏18株、薄壳山核桃17株、银杏11株、龙柏6株、雪松两株、榉树两株、短叶柳杉两株、馒头柳杉两株、柳杉两株、日本柳杉、香樟、紫薇、无患子、重阳木、香椿、朴树、榔榆各1株。

何园广玉兰 何园有座玉绣楼,是两栋前后并列的住宅楼的统称,因院内种植广玉兰和绣球而得名。院中有株广玉兰,

瘦西湖叶林古树群

何园古木绣球

树龄140多年,树叶苍翠,浓荫如盖。相传是北美的舶来品,慈禧太后奖给淮军及所有有功官员的纪念品,园主人得到两株,分植院内东西两侧。50年代初,因东边那株树冠太大,冬天遮去楼上阳光,遂被砍。院西那株因高出玉绣楼顶,为避免枝丫压坏房屋,园方用钢丝和铁箍予以固定。院内还有一株绣球,与广玉兰同龄。

个园名木 个园里共有23株百年古树,其中广玉兰4株、圆柏两株,枫杨、朴树、榆树、瓜子黄杨各1株,主要分布在夏山和宜雨轩附近。广玉兰树龄最老,为215年。万竹园和宜雨轩附近有12株百年桂花树。后院冬山内植有一株百年榆树,有"年年有余,岁岁平安"的吉祥含义。夏山上的圆柏树龄140多年,扎根于假山石缝中,百年来主干越长越倾斜,自然成趣。

个园古榆树

名寺名树

大明寺日本樱花 2010 年 4 月,以日本厚生劳动省副大臣细川律夫为团长的日中友好交流推进协会"思源之樱"植树访华团一行 22 人到扬州访问,在大明寺种下象征日中友好的樱花纪念树,以缅怀鉴真大师,故称"思源之樱"林。

大明寺红豆树 大明寺西园河边生长着一株红豆树,为 1980 年引种,2012 年首次挂果,树龄近 100 年。其果实种子就是唐代诗人王维《相思》诗里所谓的红豆,又名"相思子"或"相思豆"。1980 年,鉴真塑像回国展览,除栽种日本樱花等植物外,绿化人员特意从常熟引进一株野生红豆树,象征"相思"。

仙鹤寺古银杏 该树树龄 740 多年,树高 18 米,冠幅 20.3 米,胸径 1.3 米。早前银杏生长在花台里,因不利呼吸,后拆除花台,周围铺以透气砖。现银杏枝繁叶茂,树高参天。

大明寺日本樱花　　　　　　　　大明寺红豆树　　　　　　　　仙鹤寺古银杏

名校名树

汶河小学古银杏 共有 4 株古银杏,其中门口两株树龄 540 多年。

育才小学古枸骨树 学校小操场东北角有一株枸骨树,为创办人栽植,历经百年沧桑,依然郁郁葱葱。

汶河小学古银杏　　　　　　　　育才小学古枸骨树

琼花观古银杏　　国庆路与文昌路交叉口古银杏　　新河湾原龙衣庵内两株古银杏
　　　　　　　　"路让树"　　　　　　　搭建保护支架

古树名木保护

琼花观古银杏抢救　琼花观三清殿前有株古银杏,树龄 340 多年,生长在一个 4 米见方的木质围栏内。琼花观在建房时,为建造梯台,将银杏树根部圈在水泥地内,导致树木根系不透气。2012 年,市园林部门将周边的水泥铲除,深挖泥土,直至与银杏树根系部相平,在银杏附近安装排水管,银杏得以存活。

古银杏"路让树"　位于国庆路和文昌路交会处的古银杏,树龄 540 多年,一雄一雌,后仅雄株存活。修建三元路时,有关部门组织相关专家进行保护论证,采用建设绿岛、"路让树"保护措施,古银杏得以进行日常的保护,长势良好。

龙衣庵内搭建保护支架　龙衣庵山门殿前有两株银杏树,树龄 430 多年,西边一株树冠上部因自然原因枯死。为周围行人和建筑的安全,2011 年,市园林部门安排专业人员对枯死的主干进行修剪,对剩余枝干进行支撑保护,维持树形,消除安全隐患。

千年唐槐安装保护围栏　2014 年,市园林部门在普查过程中发现,部分游客随意践踏唐槐四周的保护绿篱,甚至剥树皮,严重影响古树生长。市园林部门随即在唐槐的保护范围内安装白玉栏杆。2015 年,制作警示牌安装于白玉栏杆内,提示攀越栏杆等不文明行为。2016 年,在唐槐四周白玉栏杆的内侧安装 1.5 米高的铁制防护围栏。

千年唐槐"安装保护围栏"

石塔寺唐杏伤口处理及白蚁防治　在古树普查中,发现该树树身伤口、树洞、创面较多,有的地方为贯通伤,对树体健康危害较大。2016 年,市园林部门安排专人对树洞和创面做检查,进行清理、消毒、修补和水泥封口工作,并对部分树干内部少量白蚁进行灭巢和药物杀灭。

唐杏唐槐种质资源库建立　2014年，市园林部门实施石塔寺唐代银杏和驼岭巷唐代古槐种质资源保护与扩繁科研项目，建立古树名木种质资源库，对唐槐和唐杏进行种质资源保护。

古树名木信息化管理系统建立　2015年，为整合扬州市古树名木信息资源，对全市458株古树名木的坐标进行采集，录入相应的文字和图片介绍信息，建立后台管理系统。创立微信公众发布平台，利用微门户、微服务等功能和微信二维码技术，实现古树名木信息查阅。

石塔寺唐杏"伤口处理，防治白蚁"

唐杏唐槐种质资源库

市区古树名木健康监测

2016年扬州市区古树名木分类、分级情况一览表

表4-1　　　　　　　　　　　　　　　　　　　　　　　　　　　　　　　　单位：株

科	属	种	数量		
			一级	二级	三级
松	松	白皮松	—	4	—
		五针松	—	1	—
	雪松	雪松	—	1	2
	冷杉	日本冷杉	—	1	—
柏	圆柏	圆柏	3	83	—
		龙柏	—	8	—
	侧柏	侧柏	—	5	—
杉（广义柏科）	柳杉	柳杉	—	2	—
		短叶柳杉	—	2	—
		圆头柳杉	—	2	—
	水杉	水杉	—	—	1
罗汉松	罗汉松	罗汉松	1	2	—
银杏	银杏	银杏	28	81	—

续表 4-1

科	属	种	数 量		
			一级	二级	三级
忍冬	荚蒾	琼花	1	2	2
		木绣球	—	2	—
卫矛	卫矛	丝棉木	—	—	2
冬青	冬青	枸骨	—	4	—
黄杨	黄杨	瓜子黄杨	—	32	
木犀	木犀	桂花	—	41	
	女贞	女贞	—	5	—
山茱萸	山茱萸	山茱萸	—	4	—
木兰	木兰	广玉兰	2	22	1
		白玉兰	—	—	1
	鹅掌楸	中国鹅掌楸	—	—	1
大戟	乌桕	乌桕	—	2	1
	秋枫	重阳木	—	1	—
壳斗	栎	麻栎	—	—	1
漆树	黄连木	黄连木	—	2	
无患子	无患子	无患子	—	1	
蔷薇	樱	日本樱花	—	—	2
	石楠	石楠	—	1	—
杨柳	杨	毛白杨	—	—	1
榆	榆	榆树	—	1	
		榔榆	—	—	1
	朴	朴树	—	4	4
	榉	榉树	—	2	1
豆	槐	国槐	1	6	—
	刺槐	刺槐	—	—	1
	黄檀	黄檀	—	—	1
	红豆树	红豆树	—	—	1
	紫藤	紫藤	1	2	—
	皂荚	皂荚	—	1	
芍药	芍药	牡丹	—	3	
胡桃	枫杨	枫杨	—	2	2
	胡桃	野核桃	—	1	—
	山核桃	薄壳山核桃	—	17	
樟	樟	香樟	—	1	1
悬铃木	悬铃木	二球悬铃木	—	1	
茄	枸杞	枸杞	1	—	

续表 4-1

科	属	种	数量		
			一级	二级	三级
楝	香椿	香椿	—	1	—
桑	桑	桑树	—	5	1
槭树	槭树	鸡爪槭	—	1	4
		三角枫	—	2	—
		元宝枫	—	3	—
蓝果树	喜树	喜树	—	1	—
千屈菜	紫薇	紫薇	—	10	—
蜡梅	蜡梅	蜡梅	—	1	1
紫葳	梓	黄金树	—	—	1
金缕梅	檵木	红花檵木	—	1	—
石榴	石榴	石榴	—	3	—
柿树	柿树	柿树	—	1	—
鼠李	枣	枣树	—	5	—

2016 年扬州市区古树名木情况一览表

表 4-2

序号	中文名	编号	等级	别名	科	属	树龄(年)	树高(米)	胸(地)径(厘米)	冠幅(米)	位置	管护责任单位(责任人)
1	银杏	扬城001	一	白果树	银杏	银杏	1065	20.0	142.0	17.5	文昌中路与淮海路交会处石塔寺中央	市城市绿化养护管理处
2	国槐	扬城002	一	槐树	豆	槐	1065	8.0	107.5	8.5	淮海北路东侧驼岭巷10号	市城市绿化养护管理处
3	银杏	扬城003	一	白果树	银杏	银杏	840	15.0	156.5	12.4	江都南路8号省武警总队医院内	省武警总队医院
4	银杏	扬城005	一	白果树	银杏	银杏	740	22.0	152.0	16.5	淮海北路东侧八怪纪念馆内(驼岭巷18号)	扬州八怪纪念馆
5	银杏	扬城007	一	白果树	银杏	银杏	740	12.0	183.0	13.4	文昌中路167号普哈丁墓园内	普哈丁墓园
6	银杏	扬城006	一	白果树	银杏	银杏	740	18.0	133.0	20.3	汶河南路南门街111号仙鹤寺内	仙鹤寺
7	紫藤	扬城004	一	朱藤	豆	紫藤	740	4.3	丛生	10.5	文昌中路537号紫藤园饭店内	紫藤园饭店
8	银杏	扬城012	一	白果树	银杏	银杏	540	20.0	145.5	11.0	国庆路与文昌路交会处中心绿岛内	市城市绿化养护管理处
9	银杏	扬城013	一	白果树	银杏	银杏	540	18.0	159.5	15.1	文昌中路538号市政协大院内	市政协
10	银杏	扬城014	一	白果树	银杏	银杏	540	12.0	116.5	11.3	文昌中路558号汶河小学门前(西)	市城市绿化养护管理处
11	银杏	扬城015	一	白果树	银杏	银杏	540	16.0	138.5	14.9	文昌中路558号汶河小学门前(东)	市城市绿化养护管理处

续表 4-2

序号	中文名	编号	等级	别名	科	属	树龄（年）	树高（米）	胸(地)径(厘米)	冠幅（米）	位　置	管护责任单位（责任人）
12	银杏	扬城009	一	白果树	银杏	银杏	540	15.0	103.0	12.0	万福西路省五台山医院内	省五台山医院
13	银杏	扬城010	一	白果树	银杏	银杏	540	14.0	106.0	13.0	万福西路省五台山医院内	省五台山医院
14	银杏	扬城011	一	白果树	银杏	银杏	540	18.0	140.4	17.1	盐阜东路6-1号扬州民间收藏馆	个园管理处
15	银杏	扬城016	二	白果树	银杏	银杏	435	13.0	120.0	9.3	水校西路100号新河湾原龙衣庵(西)	市城市绿化养护管理处
16	圆柏	扬城368	二	桧柏	柏	圆柏	420	12.0	43.5	6.0	平山堂东路1号大明寺入口处门前	大明寺
17	银杏	扬城017	二	白果树	银杏	银杏	425	16.0	109.0	15.0	文昌中路167号普哈丁墓园内	普哈丁墓园
18	银杏	扬城389	二	白果树	银杏	银杏	435	18.0	121.0	9.5	水校西路100号新河湾原龙衣庵(东)	市城市绿化养护管理处
19	圆柏	扬城020	三	桧柏	柏	圆柏	135	10.0	28.1	4.0	平山堂东路1号大明寺入口处门前	大明寺
20	圆柏	扬城019	二	桧柏	柏	圆柏	390	8.0	42.0	4.0	平山堂东路1号大明寺牌楼前(中)	大明寺
21	枸杞	扬城026	二	宁夏枸杞	茄	枸杞	360	3.0	丛生	3.8	皮市街板井巷向西灯草行20号	洪烨
22	罗汉松	扬城055	二	罗汉杉	罗汉松	罗汉松	340	3.5	39.5	6.5	徐凝门大街66号何园片石山房假山上	何园管理处
23	广玉兰	扬城030	二	荷花玉兰	木兰	木兰	340	15.0	102.0	15.5	南通东路88号723研究所住宿区平园内	723研究所
24	广玉兰	扬城031	二	荷花玉兰	木兰	木兰	340	14.0	90.0	11.5	南通东路88号723研究所住宿区平园内	723研究所
25	银杏	扬城025	二	白果树	银杏	银杏	340	13.0	74.0	12.5	文昌中路416号东关派出所内	广陵区东关派出所
26	银杏	扬城027	二	白果树	银杏	银杏	340	12.0	76.5	6.0	文昌中路360号琼花观三清殿前	琼花观
27	银杏	扬城028	二	白果树	银杏	银杏	340	20.0	117.5	19.5	文昌中路360号琼花观玉立亭北侧	琼花观
28	银杏	扬城033	三	白果树	银杏	银杏	150	15.0	73.5	10.0	施井村(东)	施井村委会
29	银杏	扬城022	二	白果树	银杏	银杏	340	19.0	102.0	11.0	文昌中路538号市政协大院西南角	市政协
30	银杏	扬城032	二	白果树	银杏	银杏	340	22.0	99.0	19.5	万福西路省五台山医院大门东侧	省五台山医院
31	银杏	扬城021	二	白果树	银杏	银杏	340	20.0	113.0	12.0	四望亭路16号西门街小学(西)	西门街小学
32	银杏	扬城029	二	白果树	银杏	银杏	340	14.0	102.0	11.0	东关街300号武当行宫西门外	市名城公司
33	银杏	扬城024	二	白果树	银杏	银杏	340	16.0	82.0	8.8	汶河南路16号育才幼儿园内北侧绿地(东)	育才幼儿园

续表 4-2

序号	中文名	编号	等级	别名	科	属	树龄(年)	树高(米)	胸(地)径(厘米)	冠幅(米)	位 置	管护责任单位(责任人)
34	银杏	扬城023	二	白果树	银杏	银杏	340	18.0	95.5	10.0	汶河南路16号育才幼儿园内北侧绿地(西)	育才幼儿园
35	银杏	扬城145	二	白果树	银杏	银杏	340	11.0	70.5	8.6	东关街300号武当行宫内偏南	武当行宫
36	银杏	扬城246	二	白果树	银杏	银杏	305	20.0	63.0	7.6	大虹桥路28号瘦西湖风景区小金山	瘦西湖风景区管理处
37	银杏	扬城245	二	白果树	银杏	银杏	305	20.0	70.0	13.0	大虹桥路28号瘦西湖风景区小金山	瘦西湖风景区管理处
38	银杏	扬城150	三	白果树	银杏	银杏	285	22.0	106.5	19.1	广储门外街24号史可法纪念馆大门内(西)	史可法纪念馆
39	银杏	扬城149	三	白果树	银杏	银杏	285	22.0	108.5	17.1	广储门外街24号史可法纪念馆大门内(东)	史可法纪念馆
40	广玉兰	扬城039	三	荷花玉兰	木兰	木兰	260	15.0	75.0	13.1	广陵路248号	市国土资源局广陵分局
41	银杏	扬城379	三	白果树	银杏	银杏	245	15.0	72.0	10.5	平山堂东路1号大明寺大雄宝殿(东)	大明寺
42	银杏	扬城378	三	白果树	银杏	银杏	245	23.0	110.0	23.3	平山堂东路1号大明寺大雄宝殿前(西)	大明寺
43	圆柏	扬城340	三	桧柏	柏	圆柏	240	11.0	47.5	6.2	蜀冈东峰平山堂东路观音山紫竹林内	观音山
44	白皮松	扬城043	三	虎皮松	松	松	245	11.0	44.0	6.5	广陵路广陵区公安分局宿舍内	广陵区公安分局
45	银杏	扬城079	三	白果树	银杏	银杏	240	15.0	63.0	14.7	盐阜东路1号扬州大学旅游与烹饪学院篮球场南	市基督教三自爱国运动委员会
46	圆柏	扬城078	三	桧柏	柏	圆柏	240	10.0	67.0	8.9	盐阜东路1号扬州大学旅游与烹饪学院篮球场旁	市基督教三自爱国运动委员会
47	银杏	扬城081	三	白果树	银杏	银杏	240	15.0	66.0	12.0	盐阜东路1号扬州大学旅游与烹饪学院老年之家内	市基督教三自爱国运动委员会
48	银杏	扬城082	三	白果树	银杏	银杏	240	16.0	68.0	15.8	盐阜东路1号扬州大学旅游与烹饪学院老年之家内	扬州市基督教协会三自爱国运动委员会
49	蜡梅	扬城148	三	金梅	蜡梅	蜡梅	245	3.5	丛生	7.1	广储门外街24号史可法纪念馆内北边建筑门前	市史可法纪念馆
50	银杏	扬城108	三	白果树	银杏	银杏	240	18.0	78.0	9.6	旌忠巷2号旌忠寺藏经楼前	旌忠寺
51	银杏	扬城123	三	白果树	银杏	银杏	245	19.0	80.0	8.0	皮市街158号田家炳实验中学	市田家炳实验中学
52	瓜子黄杨	扬城114	三	黄杨木	黄杨	黄杨	245	8.7	29.0	7.4	文昌中路459号市第一招待所游园内	市第一招待所

续表 4-2

续表 4-2

序号	中文名	编号	等级	别名	科	属	树龄（年）	树高（米）	胸(地)径(厘米)	冠幅（米）	位　置	管护责任单位（责任人）
53	银杏	扬城049	三	白果树	银杏	银杏	245	18.0	102.0	10.4	苏唱街1号市天海职业技术学院内	天海职业技术学院
54	银杏	扬城008	一	白果树	银杏	银杏	625	20.0	123.0	8.8	赞化巷18号	旌忠寺社区
55	圆柏	扬城279	三	桧柏	柏	圆柏	220	8.0	34.5	5.1	平山堂东路1号大明寺牌楼前(东)	大明寺
56	银杏	扬城264	三	白果树	银杏	银杏	220	12.0	96.0	10.0	淮海路209号广陵区公安分局内(东)	广陵区公安分局
57	银杏	扬城265	三	白果树	银杏	银杏	220	15.0	77.0	11.8	淮海路209号广陵区公安分局内(西)	广陵区公安分局
58	银杏	扬城266	三	白果树	银杏	银杏	220	18.0	100.5	13.5	文昌中路590号石塔宾馆旁(东)	市城市绿化养护管理处
59	银杏	扬城267	三	白果树	银杏	银杏	220	15.0	74.0	9.9	文昌中路590号石塔宾馆旁(西)	市城市绿化养护管理处
60	圆柏	扬城243	三	桧柏	柏	圆柏	220	14.0	39.0	6.0	大虹桥路28号瘦西湖风景区月观东南围墙角	瘦西湖风景区管理处
61	圆柏	扬城244	三	桧柏	柏	圆柏	220	15.0	27.0	5.2	大虹桥路28号瘦西湖风景区小金山琴室前	瘦西湖风景区管理处
62	圆柏	扬城184	三	桧柏	柏	圆柏	220	16.0	42.0	6.5	大虹桥路28号瘦西湖风景区叶林	瘦西湖风景区管理处
63	圆柏	扬城185	三	桧柏	柏	圆柏	220	14.0	50.5	7.0	大虹桥路28号瘦西湖风景区叶林	瘦西湖风景区管理处
64	圆柏	扬城186	三	桧柏	柏	圆柏	220	11.5	43.0	6.1	大虹桥路28号瘦西湖风景区叶林	瘦西湖风景区管理处
65	银杏	扬城129	三	白果树	银杏	银杏	220	12.0	78.0	8.0	东关街马家巷34号(西)	琼花观社区
66	银杏	扬城130	三	白果树	银杏	银杏	220	15.0	76.0	12.0	东关街马家巷34号(东)	琼花观社区
67	银杏	扬城143	三	白果树	银杏	银杏	220	17.0	68.0	14.1	丰乐上街3号天宁寺中殿前(东)	天宁寺
68	银杏	扬城144	三	白果树	银杏	银杏	220	17.0	70.5	13.1	丰乐上街3号天宁寺中殿前(西)	天宁寺
69	银杏	扬城273	三	白果树	银杏	银杏	220	18.0	111.0	18.3	文昌中路558号汶河小学内	汶河小学
70	银杏	扬城274	三	白果树	银杏	银杏	220	15.0	73.5	8.7	文昌中路558号汶河小学内	汶河小学
71	银杏	扬城263	三	白果树	银杏	银杏	225	13.0	79.6	10.5	四望亭路16号西门街小学(东)	西门街小学
72	广玉兰	扬城132	三	荷化玉兰	木兰	木兰	200	14.0	102.0	12.0	东关街道办拆迁指挥部门院内	名城公司
73	广玉兰	扬城070	三	荷花玉兰	木兰	木兰	215	13.0	60.0	6.3	盐阜东路10号个园夏景旁	个园管理处
74	广玉兰	扬城075	三	荷花玉兰	木兰	木兰	215	15.0	69.0	14.5	盐阜东路10号个园宜雨轩东侧	个园管理处

续表 4-2

序号	中文名	编号	等级	别名	科	属	树龄(年)	树高(米)	胸(地)径(厘米)	冠幅(米)	位　置	管护责任单位(责任人)
75	广玉兰	扬城071	三	荷花玉兰	木兰	木兰	215	15.0	78.0	11.0	盐阜东路10号个园夏景西侧	个园管理处
76	广玉兰	扬城076	三	荷花玉兰	木兰	木兰	215	16.0	67.0	11.8	盐阜东路10号个园宜雨轩东(东)	个园管理处
77	圆柏	扬城380	三	桧柏	柏	圆柏	190	13.0	39.0	4.5	平山堂东路1号大明寺入口处门前	大明寺
78	圆柏	扬城382	三	桧柏	柏	圆柏	190	12.0	46.0	5.2	平山堂东路1号大明寺入口处门前	大明寺
79	圆柏	扬城383	三	桧柏	柏	圆柏	145	13.0	30.0	3.8	平山堂东路1号大明寺入口处门前	大明寺
80	圆柏	扬城381	三	桧柏	柏	圆柏	145	12.0	31.5	4.1	平山堂东路1号大明寺入口处门前	大明寺
81	瓜子黄杨	扬城047	三	黄杨木	黄杨	黄杨	190	6.5	35.0	6.5	甘泉路221号匏庐	市名城公司
82	圆柏	扬城385	三	桧柏	柏	圆柏	170	8.0	35.5	3.8	平山堂东路1号大明寺牌楼前(西)	大明寺
83	瓜子黄杨	扬城391	三	黄杨木	黄杨	黄杨	175	5.0	30.0	3.5	木香巷27号	夏为庆
84	紫薇	扬城117	三	痒痒树	千屈菜	紫薇	170	2.2	10.5	1.5	文昌中路459号市第一招待所游园内	市第一招待所
85	圆柏	扬城228	三	桧柏	柏	圆柏	170	12.0	28.5	3.0	大虹桥路28号瘦西湖风景区月观(北)	瘦西湖风景区管理处
86	圆柏	扬城229	三	桧柏	柏	圆柏	170	12.0	28.0	3.1	大虹桥路28号瘦西湖风景区月观(北)	瘦西湖风景区管理处
87	圆柏	扬城211	三	桧柏	柏	圆柏	170	9.0	40.0	6.7	大虹桥路28号瘦西湖风景区花房(东)	瘦西湖风景区管理处
88	圆柏	扬城314	三	桧柏	柏	圆柏	170	13.0	43.5	6.9	大虹桥路28号瘦西湖风景区叶林(游乐场东北角)	瘦西湖风景区管理处
89	圆柏	扬城191	三	桧柏	柏	圆柏	135	15.0	34.0	5.6	大虹桥路28号瘦西湖风景区花房(东)	瘦西湖风景区管理处
90	圆柏	扬城225	三	桧柏	柏	圆柏	170	10.0	35.5	4.6	大虹桥路28号瘦西湖风景区小金山上(风亭西台阶南)	瘦西湖风景区管理处
91	圆柏	扬城247	三	桧柏	柏	圆柏	170	6.3	26.5	4.9	大虹桥路28号瘦西湖风景区徐园园路旁	瘦西湖风景区管理处
92	广玉兰	扬城331	三	荷花玉兰	木兰	木兰	175	13.0	76.0	10.0	探花巷内问井巷23号	市探花居委会
93	银杏	扬城067	三	白果树	银杏	银杏	165	12.0	52.0	8.3	大双巷3号	毛忠量
94	银杏	扬城068	三	白果树	银杏	银杏	165	13.0	58.5	8.3	大双巷3号	毛忠量
95	银杏	扬城041	三	白果树	银杏	银杏	160	14.0	57.0	11.2	广陵路272号广陵区公安分局宿舍内	广陵区公安分局

续表 4-2

序号	中文名	编号	等级	别名	科	属	树龄（年）	树高（米）	胸(地)径(厘米)	冠幅（米）	位　置	管护责任单位（责任人）
96	瓜子黄杨	扬城269	三	黄杨木	黄杨	黄杨	165	7.5	29.0	8.0	淮海路44号憩园饭店内（东）	憩园饭店
97	瓜子黄杨	扬城268	三	黄杨木	黄杨	黄杨	165	6.0	24.5	6.6	淮海路44号憩园饭店内（西）	憩园饭店
98	广玉兰	扬城086	三	荷花玉兰	木兰	木兰	165	15.0	83.0	14.8	盐阜东路1号扬州大学旅游与烹饪学院篮球场西南	市基督教三自爱国运动委员会
99	银杏	扬城034	三	白果树	银杏	银杏	150	16.0	56.0	9.5	曲江街道施井村（西）	施井村委会
100	瓜子黄杨	扬城277	三	黄杨木	黄杨	黄杨	165	5.0	13.0	4.6	文昌中路538号市政协大院西南角	市政协
101	柿树	扬城392	三	朱果	柿	柿	160	9.0	44.0	6.1	通江门3号	张荣
102	瓜子黄杨	扬城363	三	黄杨木	黄杨	黄杨	150	7.0	20.5	4.8	平山堂东路1号大明寺鉴真纪念堂前	大明寺
103	瓜子黄杨	扬城121	三	黄杨木	黄杨	黄杨	150	6.0	26.0	4.5	彩衣街39号彩衣苑内46号居民院内	市电子开发公司
104	银杏	扬城131	三	白果树	银杏	银杏	140	12.4	89.0	10.7	东圈门三祝庵邻里中心（三祝庵街28号）	琼花观社区
105	瓜子黄杨	扬城371	三	黄杨木	黄杨	黄杨	140	6.0	17.5	4.1	平山堂东路1号大明寺大雄殿前	大明寺
106	圆柏	扬城372	三	桧柏	柏	圆柏	140	9.5	31.0	4.6	平山堂东路1号大明寺大雄宝殿前商店门口（南）	大明寺
107	圆柏	扬城373	三	桧柏	柏	圆柏	140	11.0	23.5	3.3	平山堂东路1号大明寺大雄宝殿前商店门口（北）	大明寺
108	圆柏	扬城374	三	桧柏	柏	圆柏	140	7.0	29.0	3.8	平山堂东路1号大明寺入口处门前西侧草地	大明寺
109	圆柏	扬城375	三	桧柏	柏	圆柏	140	12.0	29.0	5.8	平山堂东路1号大明寺入口处门前西侧草地最北端	大明寺
110	圆柏	扬城376	三	桧柏	柏	圆柏	140	12.0	26.0	4.4	平山堂东路1号大明寺入口处门前西侧草地最南端	大明寺
111	圆柏	扬城377	三	桧柏	柏	圆柏	140	11.0	31.5	4.7	平山堂东路1号大明寺西园乾隆碑亭前	大明寺
112	三角枫	扬城351	三	三角槭	槭树	槭	140	20.0	62.0	11.6	平山堂东路1号大明寺西园竹林	大明寺
113	圆柏	扬城349	三	桧柏	柏	圆柏	140	10.0	24.5	4.1	平山堂东路1号大明寺西园谷林堂前	大明寺
114	圆柏	扬城341	三	桧柏	柏	圆柏	140	11.0	37.5	4.3	平山堂东路1号大明寺西园谷林堂前	大明寺
115	圆柏	扬城342	三	桧柏	柏	圆柏	140	12.0	30.0	5.0	平山堂东路1号大明寺西园谷林堂前	大明寺
116	圆柏	扬城369	二	桧柏	柏	圆柏	425	14.0	54.0	5.4	平山堂东路1号大明寺四松草堂内	大明寺

续表 4-2

序号	中文名	编号	等级	别名	科	属	树龄（年）	树高（米）	胸(地)径(厘米)	冠幅（米）	位　置	管护责任单位（责任人）
117	黄连木	扬城353	三	楷木	漆树	黄连木	140	18.0	49.5	110.5	平山堂东路1号大明寺西园	大明寺
118	黄连木	扬城355	三	楷木	漆树	黄连木	140	15.0	52.5	11.0	平山堂东路1号大明寺入口处竹林内	大明寺
119	银杏	扬城126	三	白果树	银杏	银杏	140	15.0	52.5	9.2	文昌中路241号东关小学操场东侧（南）	市东关小学
120	银杏	扬城127	三	白果树	银杏	银杏	140	16.0	55.5	10.4	文昌中路241号东关小学操场东偏北	市东关小学
121	银杏	扬城151	三	白果树	银杏	银杏	140	17.0	90.0	9.8	国庆路463号市妇幼保健医院内西边树池	市妇幼保健医院
122	圆柏	扬城073	三	桧柏	柏	圆柏	145	6.5	44.5	5.5	盐阜东路10号个园夏景假山上	个园管理处
123	圆柏	扬城077	三	桧柏	柏	圆柏	145	12.0	27.5	3.0	盐阜东路10号个园宜雨轩（北）	个园管理处
124	女贞	扬城128	三	女桢	木犀	女贞	145	11.0	90.0	10.7	观巷29号雏鹰幼儿园	琼花幼儿园
125	广玉兰	扬城040	三	荷花玉兰	木兰	木兰	140	14.0	76.0	14.0	广陵路272号广陵区公安分局宿舍内	广陵区公安分局
126	银杏	扬城042	三	白果树	银杏	银杏	145	17.0	57.0	14.4	广陵路272号广陵区公安分局宿舍内	广陵区公安分局
127	白皮松	扬城051	三	虎皮松	松	松	145	11.0	43.0	10.5	徐凝门大街66号何园赏月楼北假山上	何园管理处
128	白皮松	扬城052	三	虎皮松	松	松	145	9.0	28.5	9.8	徐凝门大街66号何园赏月楼北假山上	何园管理处
129	瓜子黄杨	扬城064	三	黄杨木	黄杨	黄杨	145	4.0	15.5	4.2	徐凝门大街66号何园入口处	何园管理处
130	桂花	扬城061	三	岩桂	木犀	木犀	145	4.4	15.0	3.4	徐凝门大街66号何园赏月楼西南假山上	何园管理处
131	女贞	扬城063	三	女桢	木犀	女贞	145	10.0	49.0	7.5	徐凝门大街66号何园水心亭南角	何园管理处
132	朴树	扬城060	三	黄果朴	榆	朴	145	18.0	78.0	10.1	徐凝门大街66号何园赏月楼西侧	何园管理处
133	石楠	扬城062	三	山官木	蔷薇	石楠	145	8.5	29.5	7.7	徐凝门大街66号何园赏月楼（北）	何园管理处
134	瓜子黄杨	扬城054	三	黄杨木	黄杨	黄杨	145	7.0	18.0	7.3	徐凝门大街66号何园船厅西南	何园管理处
135	瓜子黄杨	扬城053	三	黄杨木	黄杨	黄杨	145	5.5	22.5	4.8	徐凝门大街66号何园赏月楼北假山上	何园管理处
136	广玉兰	扬城057	三	荷花玉兰	木兰	木兰	145	6.0	93.0	15.4	徐凝门大街66号何园玉绣楼院内	何园管理处
137	木绣球	扬城056	三	绣球荚蒾	忍冬	荚蒾	145	6.0	丛生	6.5	徐凝门大街66号何园玉绣楼院内	何园管理处

续表 4-2

序号	中文名	编号	等级	别名	科	属	树龄（年）	树高（米）	胸（地）径(厘米)	冠幅（米）	位　置	管护责任单位（责任人）
138	女贞	扬城059	三	女桢	木犀	女贞	145	15.0	61.0	8.8	徐凝门大街66号何园赏月楼南	何园管理处
139	紫薇	扬城058	三	痒痒树	千屈菜	紫薇	145	3.0	10.0	2.0	徐凝门大街66号何园赏月楼南假山上	何园管理处
140	广玉兰	扬城089	三	荷花玉兰	木兰	木兰	145	14.0	81.0	11.6	小三元巷8号吉的堡幼儿园内	吉的堡幼儿园
141	银杏	扬城087	三	白果树	银杏	银杏	145	15.0	56.5	9.9	小三元巷8号吉的堡幼儿园内	吉的堡幼儿园
142	银杏	扬城088	三	白果树	银杏	银杏	145	17.0	73.5	14.9	小三元巷8号吉的堡幼儿园内	吉的堡幼儿园
143	女贞	扬城069	三	女桢	木犀	女贞	145	13.0	60.0	10.5	广陵路56号扬州军分区内	扬州军分区
144	银杏	扬城090	三	白果树	银杏	银杏	140	15.0	54.0	6.8	淮海路35号院士广场（原规划局）前（北）	市城市绿化养护管理处
145	银杏	扬城092	三	白果树	银杏	银杏	140	18.0	61.5	14.5	淮海路35号院士广场（原市规划局）前（南）	市城市绿化养护管理处
146	银杏	扬城093	三	白果树	银杏	银杏	145	19.0	80.0	16.0	淮海路35号院士广场	扬州中学
147	银杏	扬城091	三	白果树	银杏	银杏	145	21.0	80.0	19.0	淮海路35号院士广场	扬州中学
148	银杏	扬城115	三	白果树	银杏	银杏	135	18.0	64.0	11.7	南通西路58号育才小学北堂子巷4号利民超市北面（南门街附近）	扬州大学农学院
149	银杏	扬城095	三	白果树	银杏	银杏	135	18.0	57.5	11.4	南通西路58号育才小学北堂子巷4号利民超市北面（南门街附近）	扬州大学农学院
150	野核桃	扬城291	三	山核桃	胡桃	胡桃	145	20.0	99.5	18.7	瘦西湖路大虹桥路口盆景园	瘦西湖风景区管理处
151	圆柏	扬城294	三	桧柏	柏	圆柏	140	10.0	35.0	5.1	瘦西湖路大虹桥路口盆景园西园曲水台阶东	瘦西湖风景区管理处
152	圆柏	扬城388	三	桧柏	柏	圆柏	140	13.0	41.5	6.1	723所（泰州路43号）	723研究所
153	龙柏	扬城065	三	龙爪柏	柏	圆柏	140	8.5	38.0	6.2	泰州路43号723所北区门前	723研究所
154	银杏	扬城066	三	白果树	银杏	银杏	195	18.0	89.0	14.3	泰州路43号723所二零三工厂内	723研究所
155	银杏	扬城103	三	白果树	银杏	银杏	145	16.0	64.0	8.8	汶河南路65号人武部旁（西）	市城市绿化养护管理处
156	银杏	扬城104	三	白果树	银杏	银杏	145	16.0	68.0	14.8	汶河南路66号人武部旁（东）	市城市绿化养护管理处
157	银杏	扬城085	三	白果树	银杏	银杏	140	17.0	71.0	11.5	盐阜东路1号扬州大学旅游与烹饪学院南教堂西	市基督教三自爱国运动委员会

续表 4-2

序号	中文名	编号	等级	别名	科	属	树龄（年）	树高（米）	胸(地)径(厘米)	冠幅（米）	位　置	管护责任单位（责任人）
158	银杏	扬城080	三	白果树	银杏	银杏	140	12.0	87.5	11.5	盐阜东路1号扬州大学旅游与烹饪学院篮球场南	市基督教三自爱国运动委员会
159	国槐	扬城083	三	槐树	豆	槐	140	12.0	63.5	10.0	盐阜东路1号扬州大学旅游与烹饪学院南教堂西北	市基督教三自爱国运动委员会
160	国槐	扬城084	三	槐树	豆	槐	140	11.0	61.0	10.0	盐阜东路1号扬州大学旅游与烹饪学院南教堂东北	市基督教三自爱国运动委员会
161	罗汉松	扬城303	三	罗汉杉	罗汉松	罗汉松	145	6.5	丛生	8.0	四望亭路180号扬州大学瘦西湖校区敬文图书馆（东）	扬州大学师范学院
162	桂花	扬城147	三	岩桂	木犀	木犀	145	7.0	20.9/27.0	8.0	广储门外街24号史可法纪念馆内东边墙角	史可法纪念馆
163	瓜子黄杨	扬城110	三	黄杨木	黄杨	黄杨	140	6.2	20.0	6.0	文昌中路459号市第一招待所游园内	市第一招待所
164	瓜子黄杨	扬城111	三	黄杨木	黄杨	黄杨	140	4.0	20.0	3.7	文昌中路459号市第一招待所游园内	市第一招待所
165	罗汉松	扬城303	三	罗汉杉	罗汉松	罗汉松	140	6.0	22.5	5.0	文昌中路459号市第一招待所游园内	市第一招待所
166	桂花	扬城230	三	岩桂	木犀	木犀	140	6.0	19.0	6.0	大虹桥路28号瘦西湖风景区月观内	瘦西湖风景区管理处
167	桂花	扬城231	三	岩桂	木犀	木犀	140	6.5	21.0	5.5	大虹桥路28号瘦西湖风景区月观内	瘦西湖风景区管理处
168	桂花	扬城232	三	岩桂	木犀	木犀	140	6.0	17.0	5.4	大虹桥路28号瘦西湖风景区月观内	瘦西湖风景区管理处
169	桂花	扬城233	三	岩桂	木犀	木犀	140	6.0	16.0	5.3	大虹桥路28号瘦西湖风景区月观内	瘦西湖风景区管理处
170	桂花	扬城234	三	岩桂	木犀	木犀	140	6.5	20.0	6.0	大虹桥路28号瘦西湖风景区月观内	瘦西湖风景区管理处
171	桂花	扬城235	三	岩桂	木犀	木犀	140	6.5	23.0	5.7	大虹桥路28号瘦西湖风景区月观内	瘦西湖风景区管理处
172	桂花	扬城236	三	岩桂	木犀	木犀	140	6.0	19.0	6.0	大虹桥路28号瘦西湖风景区月观内	瘦西湖风景区管理处
173	桂花	扬城237	三	岩桂	木犀	木犀	140	5.5	17.0	5.5	大虹桥路28号瘦西湖风景区月观内	瘦西湖风景区管理处
174	桂花	扬城238	三	岩桂	木犀	木犀	140	6.5	28.0	6.2	大虹桥路28号瘦西湖风景区月观内	瘦西湖风景区管理处
175	桂花	扬城239	三	岩桂	木犀	木犀	140	6.4	20.0	6.0	大虹桥路28号瘦西湖风景区月观内	瘦西湖风景区管理处
176	桂花	扬城240	三	岩桂	木犀	木犀	140	6.5	20.0	6.1	大虹桥路28号瘦西湖风景区月观内	瘦西湖风景区管理处

续表 4-2

序号	中文名	编号	等级	别名	科	属	树龄（年）	树高（米）	胸(地)径(厘米)	冠幅（米）	位　置	管护责任单位（责任人）
177	桂花	扬城241	三	岩桂	木犀	木犀	140	6.0	20.0	6.1	大虹桥路28号瘦西湖风景区月观内	瘦西湖风景区管理处
178	桂花	扬城242	三	岩桂	木犀	木犀	140	6.0	19.0	6.0	大虹桥路28号瘦西湖风景区月观内	瘦西湖风景区管理处
179	日本冷杉	扬城316	三	—	松	冷杉	140	15.0	42.0	8.0	大虹桥路28号瘦西湖风景区叶林	瘦西湖风景区管理处
180	五针松	扬城311	三	日本五针松	松	松	140	3.5	37.0	5.2	大虹桥路28号瘦西湖风景区熙春台前	瘦西湖风景区管理处
181	圆柏	扬城224	三	桧柏	柏	圆柏	175	13.0	37.0	3.8	大虹桥路28号瘦西湖风景区小金山上	瘦西湖风景区管理处
182	银杏	扬城223	三	白果树	银杏	银杏	140	20.0	55.0	13.7	大虹桥路28号瘦西湖风景区玉佛洞旁	瘦西湖风景区管理处
183	银杏	扬城222	三	白果树	银杏	银杏	140	20.0	72.0	13.8	大虹桥路28号瘦西湖风景区玉佛洞旁	瘦西湖风景区管理处
184	银杏	扬城096	三	白果树	银杏	银杏	145	18.0	94.0	14.6	南通西路98号苏北医院6号楼银杏宣传廊(东)	苏北医院
185	瓜子黄杨	扬城048	三	黄杨木	黄杨	黄杨	140	5.5	19.0	3.7	头巷13号	金殿英
186	女贞	扬城139	三	女桢	木犀	女贞	145	10.0	53.0	7.6	东圈门地官第18号汪氏小苑	汪氏小苑
187	瓜子黄杨	扬城106	三	黄杨木	黄杨	黄杨	140	6.5	22.5	6.5	文昌中路269号文昌广场东侧怡庐院内	汇鑫物业
188	广玉兰	扬城105	三	荷花玉兰	木兰	木兰	140	8.0	44.0	5.0	文昌中路269号文昌广场内	市城市绿化养护管理处
189	牡丹	扬城140	三	洛阳花	毛茛	芍药	140	1.0	丛生	0.9	东关街243号谢馥春日用化工厂内	谢馥春日用化工厂
190	牡丹	扬城141	三	洛阳花	毛茛	芍药	140	1.0	丛生	1.7	东关街243号谢馥春日用化工厂内	谢馥春日用化工厂
191	牡丹	扬城142	三	洛阳花	毛茛	芍药	140	0.9	丛生	0.6	东关街243号谢馥春日用化工厂内	谢馥春日用化工厂
192	银杏	扬城044	三	白果树	银杏	银杏	140	17.0	67.0	12.8	四望亭路180号扬州大学瘦西湖校区15号楼前	扬州大学师范学院
193	瓜子黄杨	扬城046	三	黄杨木	黄杨	黄杨	140	8.0	26.0	9.1	四望亭路180号扬州大学瘦西湖校区15号楼前	扬州大学师范学院
194	紫薇	扬城045	三	痒痒树	千屈菜	紫薇	140	4.5	32.0	3.3	四望亭路180号扬州大学瘦西湖校区敬文图书馆南	扬州大学师范学院
195	广玉兰	扬城122	三	荷花玉兰	木兰	木兰	145	14.0	84.5	18.3	古旗亭社区永胜街42号	扬州图书馆
196	银杏	扬城396	三	白果树	银杏	银杏	140	18.0	73.0	12.5	湾头镇联合村朱家池塘	联合村村委会
197	银杏	扬城397	三	白果树	银杏	银杏	140	18.0	67.0	10.3	湾头镇联合村朱家池塘	联合村村委会

续表 4-2

序号	中文名	编号	等级	别名	科	属	树龄（年）	树高（米）	胸(地)径(厘米)	冠幅（米）	位　置	管护责任单位（责任人）
198	瓜子黄杨	扬城037	三	黄杨木	黄杨	黄杨	130	5.0	18.8	5.5	茱萸湾路888号茱萸湾风景区重九山房内	茱萸湾风景区管理处
199	枸骨	维扬009	三	鸟不宿	冬青	冬青	140	5.0	丛生	7.1	瘦西湖路48号扬州迎宾馆西长廊旁	扬州迎宾馆
200	枸骨	扬城328	三	鸟不宿	冬青	冬青	145	7.0	55.0	6.6	南通西路58号育才小学内校长办公楼(南)	育才小学
201	瓜子黄杨	扬城370	三	黄杨木	黄杨	黄杨	120	6.5	17.0	5.2	平山堂东路1号大明寺大雄宝殿西北平山堂花架旁	大明寺
202	朴树	扬城354	三	黄果朴	榆	朴	135	12.0	47.0	9.3	平山堂东路1号大明寺船厅北山上	大明寺
203	银杏	扬城362	三	白果树	银杏	银杏	120	17.0	75.0	14.5	平山堂东路1号大明寺鉴真纪念堂(西)	大明寺
204	圆柏	扬城361	三	桧柏	柏	圆柏	205	12.0	34.0	3.6	平山堂东路1号大明寺内	大明寺
205	桂花	扬城358	三	岩桂	木犀	木犀	120	7.5	33.7	6.2	平山堂东路1号大明寺内	大明寺
206	桂花	扬城359	三	岩桂	木犀	木犀	120	7.5	22.0	6.2	平山堂东路1号大明寺内	大明寺
207	桂花	扬城360	三	岩桂	木犀	木犀	120	6.0	20.0	2.0	平山堂东路1号大明寺内	大明寺
208	圆柏	扬城281	三	桧柏	柏	圆柏	135	13.0	36.0	4.0	平山堂东路1号大明寺下坡台阶处北侧	大明寺
209	圆柏	扬城282	三	桧柏	柏	圆柏	135	15.0	41.0	4.9	平山堂东路1号大明寺下坡台阶处北侧	大明寺
210	圆柏	扬城283	三	桧柏	柏	圆柏	135	11.0	28.0	49.0	平山堂东路1号大明寺下坡台阶处北侧	大明寺
211	圆柏	扬城284	三	桧柏	柏	圆柏	135	12.0	31.5	4.8	平山堂东路1号大明寺下坡台阶处北侧	大明寺
212	圆柏	扬城285	三	桧柏	柏	圆柏	135	15.0	42.5	5.5	平山堂东路1号大明寺下坡台阶处南侧	大明寺
213	圆柏	扬城286	三	桧柏	柏	圆柏	135	12.0	39.0	4.0	平山堂东路1号大明寺下坡台阶处南侧	大明寺
214	圆柏	扬城287	三	桧柏	柏	圆柏	135	11.5	33.0	3.6	平山堂东路1号大明寺下坡台阶处南侧	大明寺
215	圆柏	扬城288	三	桧柏	柏	圆柏	135	10.0	25.5	4.6	平山堂东路1号大明寺下坡台阶处南侧	大明寺
216	圆柏	扬城289	三	桧柏	柏	圆柏	135	9.5	26.5	3.3	平山堂东路1号大明寺下坡台阶处南侧	大明寺
217	圆柏	扬城290	三	桧柏	柏	圆柏	135	12.0	30.5	3.8	平山堂东路1号大明寺下坡台阶处南侧	大明寺
218	圆柏	扬城386	三	桧柏	柏	圆柏	135	13.0	39.5	5.5	平山堂东路1号大明寺下坡台阶处南侧	大明寺
219	皂荚	扬城357	三	皂角	豆	皂荚	120	10.0	61.5	4.5	平山堂东路1号大明寺西园	大明寺

续表 4-2

序号	中文名	编号	等级	别名	科	属	树龄（年）	树高（米）	胸(地)径(厘米)	冠幅（米）	位　置	管护责任单位（责任人）
220	圆柏	扬城344	三	桧柏	柏	圆柏	120	10.0	23.0	3.6	平山堂东路1号大明寺西园	大明寺
221	圆柏	扬城345	三	桧柏	柏	圆柏	120	12.0	21.0	3.3	平山堂东路1号大明寺西园	大明寺
222	圆柏	扬城346	三	桧柏	柏	圆柏	120	13.0	29.0	4.8	平山堂东路1号大明寺西园	大明寺
223	圆柏	扬城347	三	桧柏	柏	圆柏	120	10.0	18.5	1.8	平山堂东路1号大明寺西园	大明寺
224	圆柏	扬城348	三	桧柏	柏	圆柏	120	10.0	23.0	3.6	平山堂东路1号大明寺西园	大明寺
225	桂花	扬城398	三	岩桂	木犀	木犀	120	3.5	20.0	4.0	盐阜东路10号个园万竹园	个园管理处
226	桂花	扬城399	三	岩桂	木犀	木犀	120	3.5	15.0	3.5	盐阜东路10号个园万竹园	个园管理处
227	桂花	扬城400	三	岩桂	木犀	木犀	120	4.0	15.0	3.5	盐阜东路10号个园万竹园	个园管理处
228	桂花	扬城401	三	岩桂	木犀	木犀	120	3.0	14.0	3.0	盐阜东路10号个园万竹园	个园管理处
229	桂花	扬城402	三	岩桂	木犀	木犀	120	4.0	22.0	4.5	盐阜东路10号个园万竹园	个园管理处
230	桂花	扬城403	三	岩桂	木犀	木犀	120	4.0	17.0	4.0	盐阜东路10号个园万竹园	个园管理处
231	桂花	扬城404	三	岩桂	木犀	木犀	120	4.0	17.0	4.5	盐阜东路10号个园万竹园	个园管理处
232	桂花	扬城405	三	岩桂	木犀	木犀	120	4.0	17.0	4.0	盐阜东路10号个园万竹园	个园管理处
233	银杏	维扬010	三	白果树	银杏	银杏	125	18.0	65.0	7.5	广储门外街24号史可法纪念馆内	史可法纪念馆
234	紫薇	维扬011	三	痒痒树	千屈菜	紫薇	120	5.5	丛生	6.3	广储门外街24号史可法纪念馆内	史可法纪念馆
235	圆柏	扬城152	三	桧柏	柏	圆柏	135	9.0	34.5	7.1	大虹桥路28号瘦西湖风景区叶林	瘦西湖风景区管理处
236	圆柏	扬城153	三	桧柏	柏	圆柏	135	14.0	51.5	8.1	大虹桥路28号瘦西湖风景区叶林	瘦西湖风景区管理处
237	圆柏	扬城154	三	桧柏	柏	圆柏	135	13.0	52.0	7.3	大虹桥路28号瘦西湖风景区叶林	瘦西湖风景区管理处
238	圆柏	扬城155	三	桧柏	柏	圆柏	135	13.0	44.5	8.6	大虹桥路28号瘦西湖风景区叶林	瘦西湖风景区管理处
239	圆柏	扬城343	三	桧柏	柏	圆柏	135	10.0	32.5	4.7	平山堂东路1号大明寺西园鹤冢西北	大明寺
240	圆柏	扬城256	三	桧柏	柏	圆柏	125	12.0	33.0	6.4	大虹桥路28号瘦西湖风景区叶林	瘦西湖风景区管理处

续表 4-2

序号	中文名	编号	等级	别名	科	属	树龄(年)	树高(米)	胸(地)径(厘米)	冠幅(米)	位 置	管护责任单位(责任人)
241	圆柏	扬城257	三	圆柏	柏	圆柏	150	10.0	45.5	4.9	大虹桥路28号瘦西湖风景区叶林	瘦西湖风景区管理处
242	瓜子黄杨	扬城339	三	黄杨木	黄杨	黄杨	125	5.5	19.0	5.9	蜀冈东峰平山堂东路观音山方丈院内	观音山
243	银杏	扬城278	三	白果树	银杏	银杏	145	14.3	67.0	7.6	文昌中路548号广陵区政府内	广陵区政府
244	银杏	扬城275	三	白果树	银杏	银杏	120	14.0	61.0	11.9	紫藤路8号江凌花园内东北角	江凌花园
245	瓜子黄杨	扬城292	三	黄杨木	黄杨	黄杨	120	4.5	17.0	3.3	瘦西湖路大虹桥路口盆景园	瘦西湖风景区管理处
246	乌桕	扬城299	三	腊子树	大戟	乌桕	135	16.0	73.0	17.1	瘦西湖路大虹桥路口盆景园	瘦西湖风景区管理处
247	圆柏	扬城297	三	桧柏	柏	圆柏	135	9.0	32.8	5.1	瘦西湖路8号盆景园西园曲水(荷塘旁园路东)	瘦西湖风景区管理处
248	圆柏	扬城298	三	桧柏	柏	圆柏	135	14.0	38.3	7.3	瘦西湖路8号盆景园西园曲水(荷塘东侧绿地)	瘦西湖风景区管理处
249	瓜子黄杨	扬城193	三	黄杨木	黄杨	黄杨	135	6.0	17.0	5.9	瘦西湖路8号盆景园濯清堂前(东)	瘦西湖风景区管理处
250	圆柏	扬城295	三	桧柏	柏	圆柏	135	11.0	41.0	5.0	瘦西湖路8号盆景园西园曲水茶亭竹林内	瘦西湖风景区管理处
251	圆柏	扬城296	三	桧柏	柏	圆柏	135	11.0	34.0	5.8	瘦西湖路8号盆景园西园曲水茶亭北台阶西	瘦西湖风景区管理处
252	国槐	扬城300	三	槐树	豆	槐	125	13.0	60.0	11.3	四望亭路180号扬州大学瘦西湖校区敬文图书馆(东)	扬州大学师范学院
253	国槐	扬城302	三	槐树	豆	槐	125	13.0	42.5	67.0	四望亭路180号扬州大学瘦西湖校区敬文图书馆(东)	扬州大学师范学院
254	国槐	扬城301	三	槐树	豆	槐	125	15.0	57.0	9.8	四望亭路180号扬州大学瘦西湖校区敬文图书馆(东)	扬州大学师范学院
255	圆柏	扬城304	三	桧柏	柏	圆柏	125	9.8	39.8	7.2	四望亭路180号扬州大学瘦西湖校区敬文图书馆(南)	扬州大学师范学院
256	广玉兰	扬城253	三	荷花玉兰	木兰	木兰	135	14.0	84.5	13.5	大虹桥路28号瘦西湖风景区白塔(东)	瘦西湖风景区管理处
257	桑树	扬城251	三	桑	桑	桑	125	17.0	80.5	14.2	大虹桥路28号瘦西湖风景区白塔(西南)	瘦西湖风景区管理处
258	桑树	扬城252	三	桑	桑	桑	125	14.0	77.0	16.4	大虹桥路28号瘦西湖风景区白塔(南)	瘦西湖风景区管理处
259	桑树	扬城260	三	桑	桑	桑	125	13.0	76.5	13.5	大虹桥路28号瘦西湖风景区凫庄内	瘦西湖风景区管理处

续表 4-2

序号	中文名	编号	等级	别名	科	属	树龄（年）	树高（米）	胸(地)径(厘米)	冠幅（米）	位　置	管护责任单位（责任人）
260	银杏	扬城250	三	白果树	银杏	银杏	120	19.0	62.0	12.6	大虹桥路28号瘦西湖风景区白塔西侧	瘦西湖风景区管理处
261	银杏	扬城254	三	白果树	银杏	银杏	120	18.0	66.0	12.5	大虹桥路28号瘦西湖风景区白塔西侧	瘦西湖风景区管理处
262	银杏	扬城255	三	白果树	银杏	银杏	120	20.0	70.0	17.9	大虹桥路28号瘦西湖风景区白塔商店西侧	瘦西湖风景区管理处
263	银杏	扬城261	三	白果树	银杏	银杏	120	20.0	63.5	10.9	大虹桥路28号瘦西湖风景区法海寺内	法海寺
264	银杏	扬城395	三	白果树	银杏	银杏	140	49.0	15.0	10.1	长春路18号向西50米	市城市绿化养护管理处
265	广玉兰	扬城307	三	荷花玉兰	木兰	木兰	135	16.0	65.0	13.5	大虹桥路28号瘦西湖风景区长堤歇脚亭西侧	瘦西湖风景区管理处
266	广玉兰	扬城308	三	荷花玉兰	木兰	木兰	135	16.0	66.0	14.3	大虹桥路28号瘦西湖风景区长堤歇脚亭西侧	瘦西湖风景区管理处
267	侧柏	扬城306	三	扁柏	柏	侧柏	135	13.0	43.0	7.8	大虹桥路28号瘦西湖风景区徐园内	瘦西湖风景区管理处
268	龙柏	扬城318	三	龙爪柏	柏	圆柏	125	14.0	32.0	6.8	大虹桥路28号瘦西湖风景区叶林友谊厅前	瘦西湖风景区管理处
269	龙柏	扬城319	三	龙爪柏	柏	圆柏	125	13.0	43.0	6.6	大虹桥路28号瘦西湖风景区叶林	瘦西湖风景区管理处
270	龙柏	扬城320	三	龙爪柏	柏	圆柏	125	12.0	29.0	7.2	大虹桥路28号瘦西湖风景区叶林	瘦西湖风景区管理处
271	龙柏	扬城321	三	龙爪柏	柏	圆柏	125	10.5	28.5	6.4	大虹桥路28号瘦西湖风景区叶林	瘦西湖风景区管理处
272	龙柏	扬城322	三	龙爪柏	柏	圆柏	125	11.0	11.5	6.9	大虹桥路28号瘦西湖风景区叶林	瘦西湖风景区管理处
273	龙柏	扬城323	三	龙爪柏	柏	圆柏	125	11.5	33.0	5.5	大虹桥路28号瘦西湖风景区叶林	瘦西湖风景区管理处
274	龙柏	扬城324	三	龙爪柏	柏	圆柏	125	8.5	27.5	5.0	大虹桥路28号瘦西湖风景区叶林	瘦西湖风景区管理处
275	圆柏	扬城305	三	桧柏	柏	圆柏	120	8.0	29.0	6.5	大虹桥路28号瘦西湖风景区瘦西湖风景区徐园	瘦西湖风景区管理处
276	瓜子黄杨	扬城221	三	黄杨木	黄杨	黄杨	135	4.0	14.5	3.5	大虹桥路28号瘦西湖风景区湖上草堂前	瘦西湖风景区管理处
277	紫薇	扬城220	三	痒痒树	千屈菜	紫薇	135	6.5	28.5	3.1	大虹桥路28号瘦西湖风景区湖上草堂前(北)	瘦西湖风景区管理处
278	紫薇	扬城219	三	痒痒树	丁屈菜	紫薇	135	5.0	28.0	2.7	大虹桥路28号瘦西湖风景区湖上草堂前(南)	瘦西湖风景区管理处
279	瓜子黄杨	扬城218	三	黄杨木	黄杨	黄杨	135	5.0	19.5	4.5	大虹桥路28号瘦西湖风景区湖上草堂前	瘦西湖风景区管理处
280	紫藤	扬城210	三	朱藤	豆	紫藤	135	—	丛生	8.6	大虹桥路28号瘦西湖风景区号瘦西湖风景区花房东侧	瘦西湖风景区管理处

续表 4-2

序号	中文名	编号	等级	别名	科	属	树龄(年)	树高(米)	胸(地)径(厘米)	冠幅(米)	位 置	管护责任单位(责任人)
281	元宝枫	扬城212	三	平基槭	槭树	槭	125	17.0	55.5	8.9	大虹桥路28号瘦西湖风景区花房厕所旁	瘦西湖风景区管理处
282	元宝枫	扬城213	三	平基槭	槭树	槭	125	16.0	51.0	9.3	大虹桥路28号瘦西湖风景区花房厕所旁	瘦西湖风景区管理处
283	元宝枫	扬城214	三	平基槭	槭树	槭	125	17.0	68.5	9.8	大虹桥路28号瘦西湖风景区花房厕所旁	瘦西湖风景区管理处
284	桑树	扬城258	三	桑	桑	桑	125	17.0	50.5	8.7	大虹桥路28号瘦西湖风景区藕香桥东南	瘦西湖风景区管理处
285	桑树	扬城259	三	桑	桑	桑	125	17.0	66.5	10.4	大虹桥路28号瘦西湖风景区藕香桥东南侧	瘦西湖风景区管理处
286	三角枫	扬城315	三	三角槭	槭树	槭	115	13.5	34.1/42.0	12.2	大虹桥路28号瘦西湖风景区连理枝景点处	瘦西湖风景区管理处
287	香樟	扬城312	三	樟木	樟	樟	120	18.0	61.5	21.2	大虹桥路28号瘦西湖风景区叶林	瘦西湖风景区管理处
288	圆柏	扬城313	三	桧柏	柏	圆柏	135	16.0	42.0	6.0	大虹桥路28号瘦西湖风景区叶林	瘦西湖风景区管理处
289	瓜子黄杨	扬城309	三	黄杨木	黄杨	黄杨	120	5.5	22.0	4.8	大虹桥路28号瘦西湖风景区瘦西湖风景区南大门	瘦西湖风景区管理处
290	圆柏	扬城190	三	桧柏	柏	圆柏	120	12.0	28.3	5.3	大虹桥路28号瘦西湖风景区叶林	瘦西湖风景区管理处
291	瓜子黄杨	扬城216	三	黄杨木	黄杨	黄杨	120	6.5	17.7	3.9	大虹桥路28号瘦西湖风景区疏峰馆南侧	瘦西湖风景区管理处
292	侧柏	扬城227	三	扁柏	柏	侧柏	120	9.0	22.0	3.2	大虹桥路28号瘦西湖风景区小金山上	瘦西湖风景区管理处
293	侧柏	扬城388	三	扁柏	柏	侧柏	135	11.0	35.2	7.5	大虹桥路28号瘦西湖风景区小金山上	瘦西湖风景区管理处
294	圆柏	扬城226	三	桧柏	柏	圆柏	135	12.0	25.0	3.8	大虹桥路28号瘦西湖风景区小金山风亭东台阶南	瘦西湖风景区管理处
295	圆柏	扬城188	三	桧柏	柏	圆柏	135	13.0	47.3	7.1	大虹桥路28号瘦西湖风景区叶林	瘦西湖风景区管理处
296	圆柏	扬城189	三	桧柏	柏	圆柏	120	9.0	32.0	5.1	大虹桥路28号瘦西湖风景区叶林	瘦西湖风景区管理处
297	榉树	扬城181	三	大叶榉	榆	榉	135	16.0	43.0	12.0	大虹桥路28号瘦西湖风景区叶林	瘦西湖风景区管理处
298	榉树	扬城182	三	大叶榉	榆	榉	125	18.0	49.6	13.3	大虹桥路28号瘦西湖风景区叶林	瘦西湖风景区管理处
299	圆柏	扬城183	三	桧柏	柏	圆柏	135	12.0	42.0	7.2	大虹桥路28号瘦西湖风景区连理枝景点西侧	瘦西湖风景区管理处
300	圆柏	扬城178	三	桧柏	柏	圆柏	135	10.0	24.8	9.2	大虹桥路28号瘦西湖风景区叶林友谊厅西南草地	瘦西湖风景区管理处
301	侧柏	扬城325	三	扁柏	柏	侧柏	135	11.0	丛生	9.3	大虹桥路28号瘦西湖风景区叶林游乐场东北侧	瘦西湖风景区管理处

续表 4-2

续表 4-2

序号	中文名	编号	等级	别名	科	属	树龄（年）	树高（米）	胸（地）径（厘米）	冠幅（米）	位置	管护责任单位（责任人）
302	广玉兰	扬城317	三	荷花玉兰	木兰	木兰	145	12.0	63.7	12.6	大虹桥路28号瘦西湖风景区叶林友谊厅正西侧	瘦西湖风景区管理处
303	乌桕	扬城179	三	腊子树	大戟	乌桕	135	13.0	53.5	8.4	大虹桥路28号瘦西湖风景区叶林东南角	瘦西湖风景区管理处
304	银杏	扬城167	三	白果树	银杏	银杏	135	20.0	70.5	14.6	大虹桥路28号瘦西湖风景区叶林	瘦西湖风景区管理处
305	银杏	扬城168	三	白果树	银杏	银杏	135	17.0	63.0	12.25	大虹桥路28号瘦西湖风景区叶林	瘦西湖风景区管理处
306	银杏	扬城169	三	白果树	银杏	银杏	135	17.0	59.6	16.8	大虹桥路28号瘦西湖风景区叶林	瘦西湖风景区管理处
307	银杏	扬城170	三	白果树	银杏	银杏	135	18.0	45.5	15.8	大虹桥路28号瘦西湖风景区叶林	瘦西湖风景区管理处
308	银杏	扬城171	三	白果树	银杏	银杏	135	16.0	52.5	14.0	大虹桥路28号瘦西湖风景区叶林	瘦西湖风景区管理处
309	银杏	扬城172	三	白果树	银杏	银杏	135	17.5	50.0	11.8	大虹桥路28号瘦西湖风景区叶林	瘦西湖风景区管理处
310	银杏	扬城173	三	白果树	银杏	银杏	125	15.0	43.0	10.6	大虹桥路28号瘦西湖风景区叶林	瘦西湖风景区管理处
311	银杏	扬城174	三	白果树	银杏	银杏	135	17.0	54.5	14.3	大虹桥路28号瘦西湖风景区叶林	瘦西湖风景区管理处
312	银杏	扬城175	三	白果树	银杏	银杏	120	13.0	47.0	8.4	大虹桥路28号瘦西湖风景区叶林	瘦西湖风景区管理处
313	银杏	扬城176	三	白果树	银杏	银杏	135	16.0	43.5	10.1	大虹桥路28号瘦西湖风景区叶林	瘦西湖风景区管理处
314	银杏	扬城177	三	白果树	银杏	银杏	135	19.0	75.0	19.1	大虹桥路28号瘦西湖风景区叶林	瘦西湖风景区管理处
315	圆柏	扬城156	三	桧柏	柏	圆柏	135	11.0	33.7	8.6	大虹桥路28号瘦西湖风景区叶林	瘦西湖风景区管理处
316	圆柏	扬城159	三	桧柏	柏	圆柏	120	9.0	26.3	5.3	大虹桥路28号瘦西湖风景区叶林	瘦西湖风景区管理处
317	圆柏	扬城160	三	桧柏	柏	圆柏	120	11.5	27.1	5.2	大虹桥路28号瘦西湖风景区叶林	瘦西湖风景区管理处
318	圆柏	扬城161	三	桧柏	柏	圆柏	135	13.0	37.3	6.5	大虹桥路28号瘦西湖风景区叶林	瘦西湖风景区管理处
319	圆柏	扬城162	三	桧柏	柏	圆柏	135	13.0	42.0	6.2	大虹桥路28号瘦西湖风景区叶林	瘦西湖风景区管理处
320	紫薇	扬城163	三	痒痒树	千屈菜	紫薇	135	6.0	27.6	2.9	大虹桥路28号瘦西湖风景区叶林	瘦西湖风景区管理处
321	紫薇	扬城164	三	痒痒树	千屈菜	紫薇	135	6.0	19.5	2.7	大虹桥路28号瘦西湖风景区叶林友谊厅路旁	瘦西湖风景区管理处
322	银杏	扬城145	三	白果树	银杏	银杏	125	18.0	69.1	11.8	丰乐上街3号天宁寺前殿前西侧	天宁寺

续表 4-2

序号	中文名	编号	等级	别名	科	属	树龄（年）	树高（米）	胸(地)径(厘米)	冠幅（米）	位　置	管护责任单位（责任人）
323	银杏	扬城146	三	白果树	银杏	银杏	125	16.0	64.2	10.8	丰乐上街3号天宁寺前殿前西侧	天宁寺
324	瓜子黄杨	扬城334	三	黄杨木	黄杨	黄杨	120	2.5	12.5	3.1	丰乐上街1号西园大酒店门前草坪东北	西园大酒店
325	瓜子黄杨	扬城336	三	黄杨木	黄杨	黄杨	120	5.5	23.4	7.0	丰乐上街1号西园大酒店门前草坪东北	西园大酒店
326	紫薇	扬城332	三	痒痒树	千屈菜	紫薇	120	3.5	22.3	2.5	丰乐上街1号西园大酒店门前西侧草坪东南	西园大酒店
327	紫薇	扬城333	三	痒痒树	千屈菜	紫薇	120	3.6	30.0	1.9	丰乐上街1号西园大酒店门前西侧草坪西南	西园大酒店
328	广玉兰	扬城137	三	荷花玉兰	木兰	木兰	135	17.0	78.0	14.7	东关街马家巷2号中国剪纸博物馆	汪氏小苑
329	石榴	维扬001	三	安石榴	石榴	石榴	120	4.0	24.2	5.0	瘦西湖路48号扬州迎宾馆首芳园前	扬州迎宾馆
330	石榴	维扬002	三	安石榴	石榴	石榴	120	3.5	20.0	3.7	瘦西湖路48号扬州迎宾馆舒芳园前	扬州迎宾馆
331	枸骨	维扬003	三	鸟不宿	冬青	冬青	120	5.0	丛生	6.1	瘦西湖路48号扬州迎宾馆舒芳园前	扬州迎宾馆
332	枣树	维扬004	三	枣子	鼠李	枣	120	7.0	28.1	6.2	瘦西湖路48号扬州迎宾馆西长廊旁	扬州迎宾馆
333	枣树	维扬005	三	枣子	鼠李	枣	120	6.8	32.8	5.8	瘦西湖路48号扬州迎宾馆西长廊旁	扬州迎宾馆
334	枣树	维扬006	三	枣子	鼠李	枣	120	6.8	33.0	4.5	瘦西湖路48号扬州迎宾馆西长廊旁	扬州迎宾馆
335	枣树	维扬007	三	枣子	鼠李	枣	120	6.9	26.8	3.8	瘦西湖路48号扬州迎宾馆西长廊旁	扬州迎宾馆
336	枣树	维扬008	三	枣子	鼠李	枣	120	6.9	33.2	5.9	瘦西湖路48号迎宾馆西长廊旁	扬州迎宾馆
337	广玉兰	扬城136	三	荷花玉兰	木兰	木兰	135	17.0	69.1	12.8	东关街马家巷2号中国剪纸博物馆	汪氏小苑
338	枫杨	扬城072	三	平柳	胡桃	枫杨	125	17.0	96.5	11.5	盐阜东路10号个园宜雨轩西侧	个园管理处
339	二球悬铃木	扬城276	三	英桐	悬铃木	悬铃木	105	28.0	139.2	23.6	淮海路20号淮海路扬州中学东边花园北墙根	扬州中学
340	广玉兰	扬城270	三	荷花玉兰	木兰	木兰	115	13.0	56.1	12.2	淮海路44号憩园饭店内	憩园饭店
341	广玉兰	扬城271	三	荷花玉兰	木兰	木兰	115	14.0	58.4	13.3	淮海路44号憩园饭店内	憩园饭店
342	雪松	扬城272	三	喜马拉雅山雪松	松	雪松	115	17.0	66.9	18.2	淮海路44号憩园饭店内	憩园饭店

续表 4-2

续表 4-2

序号	中文名	编号	等级	别名	科	属	树龄（年）	树高（米）	胸（地）径（厘米）	冠幅（米）	位　置	管护责任单位（责任人）
343	无患子	扬城209	三	肥皂树	无患子	无患子	115	17.0	44.0	11.2	大虹桥路28号瘦西湖风景区叶林	瘦西湖风景区管理处
344	白皮松	扬城249	三	虎皮松	松	松	115	12.0	37.7	10.0	大虹桥路28号瘦西湖风景区连理枝景点西	瘦西湖风景区管理处
345	柳杉	扬城157	三	长叶孔雀松	杉	柳杉	105	10.0	26.4	5.4	大虹桥路28号瘦西湖风景区叶林	瘦西湖风景区管理处
346	柳杉	扬城158	三	长叶孔雀松	杉	柳杉	105	10.0	27.1	5.6	大虹桥路28号瘦西湖风景区叶林	瘦西湖风景区管理处
347	短叶柳杉	扬城165	三	—	杉	柳杉	135	11.0	39.5	7.1	大虹桥路28号瘦西湖风景区叶林	瘦西湖风景区管理处
348	短叶柳杉	扬城166	三	—	杉	柳杉	135	11.0	36.4	8.1	大虹桥路28号瘦西湖风景区叶林	瘦西湖风景区管理处
349	重阳木	扬城180	三	茄冬树	大戟科	秋枫属	115	19.0	48.1	12.8	大虹桥路28号瘦西湖风景区叶林	瘦西湖风景区管理处
350	枸骨	扬城098	三	鸟不宿	冬青	冬青	145	8.0	42.6	8.1	南通西路58号育才小学内教学楼南	育才小学
351	木绣球	扬城330	三	绣球荚蒾	忍冬	荚蒾	105	7.0	丛生	7.5	丰乐上街1号西园大酒店西南草坪南侧	西园大酒店
352	刺槐	扬城097	三	洋槐	豆	刺槐	95	15.0	47.1	11.9	南通西路98号苏北医院内东边	苏北医院
353	麻栎	扬城366	三	橡碗树	壳斗	栎	95	20.0	54.7	9.8	平山堂东路1号大明寺栖灵塔前	大明寺
354	中国鹅掌楸	扬城310	三	马褂木	木兰	鹅掌楸	95	18.0	39.3	11.0	大虹桥路28号瘦西湖风景区花房	瘦西湖风景区管理处
355	琼花	扬城335	三	聚八仙	忍冬	荚蒾	95	6.0	丛生	7.0	丰乐上街1号西园大酒店名人故居北侧	西园大酒店
356	香樟	扬城101	三	樟木	樟	樟	85	17.0	84.4	15.2	文汇东路48号扬州大学文汇路校区农学院楼前	扬州大学
357	毛白杨	扬城100	三	笨白杨	杨柳	杨	85	28.0	73.2	10.8	文汇东路48号扬州大学文汇路校区体育学院楼前	扬州大学
358	红豆树	扬城356	三	花梨木	豆	红豆	75	7.5	26.7	6.1	平山堂东路1号大明寺西园观鱼池处	大明寺
359	喜树	扬城367	三	喜树	蓝果树	喜树	115	14.0	46.4	9.4	平山堂东路1号大明寺接待室南侧	大明寺
360	馒头柳杉	扬城326	三	圆头柳杉	杉	柳杉	125	6.0	丛生	6.8	大虹桥路28号瘦西湖风景区叶林	瘦西湖风景区管理处
361	馒头柳杉	扬城359	三	圆头柳杉	杉	柳杉	125	6.0	丛生	6.8	大虹桥路28号瘦西湖风景区叶林	瘦西湖风景区管理处
362	薄壳山核桃	扬城199	三	美国山核桃	胡桃	山核桃	105	21.0	53.5	14.2	大虹桥路28号瘦西湖风景区叶林花房内	瘦西湖风景区管理处

续表 4-2

序号	中文名	编号	等级	别名	科	属	树龄（年）	树高（米）	胸(地)径(厘米)	冠幅（米）	位　　置	管护责任单位（责任人）
363	薄壳山核桃	扬城200	三	美国山核桃	胡桃	山核桃	105	19.0	45.2	11.5	大虹桥路28号瘦西湖风景区叶林花房内	瘦西湖风景区管理处
364	薄壳山核桃	扬城201	三	美国山核桃	胡桃	山核桃	105	20.0	50.2	14.0	大虹桥路28号瘦西湖风景区叶林花房内	瘦西湖风景区管理处
365	薄壳山核桃	扬城202	三	美国山核桃	胡桃	山核桃	105	20.0	51.6	11.5	大虹桥路28号瘦西湖风景区叶林花房内	瘦西湖风景区管理处
366	薄壳山核桃	扬城203	三	美国山核桃	胡桃	山核桃	105	18.0	52.2	11.0	大虹桥路28号瘦西湖风景区叶林花房内	瘦西湖风景区管理处
367	薄壳山核桃	扬城204	三	美国山核桃	胡桃	山核桃	105	17.0	38.8	10.0	大虹桥路28号瘦西湖风景区叶林花房内	瘦西湖风景区管理处
368	薄壳山核桃	扬城205	三	美国山核桃	胡桃	山核桃	105	19.0	50.3	12.0	大虹桥路28号瘦西湖风景区叶林花房内	瘦西湖风景区管理处
369	薄壳山核桃	扬城206	三	美国山核桃	胡桃	山核桃	105	17.0	43.3	10.0	大虹桥路28号瘦西湖风景区叶林花房内	瘦西湖风景区管理处
370	薄壳山核桃	扬城207	三	美国山核桃	胡桃	山核桃	105	18.0	41.2	11.0	大虹桥路28号瘦西湖风景区叶林花房内	瘦西湖风景区管理处
371	薄壳山核桃	扬城208	三	美国山核桃	胡桃	山核桃	105	19.0	45.6	11.0	大虹桥路28号瘦西湖风景区叶林花房内	瘦西湖风景区管理处
372	薄壳山核桃	扬城209	三	美国山核桃	胡桃	山核桃	105	22.0	59.2	15.0	大虹桥路28号瘦西湖风景区叶林花房内	瘦西湖风景区管理处
373	薄壳山核桃	扬城210	三	美国山核桃	胡桃	山核桃	105	20.0	44.5	10.0	大虹桥路28号瘦西湖风景区叶林花房内	瘦西湖风景区管理处
374	薄壳山核桃	扬城194	三	美国山核桃	胡桃	山核桃	105	23.0	55.2	15.3	大虹桥路28号瘦西湖风景区叶林花房内	瘦西湖风景区管理处
375	薄壳山核桃	扬城195	三	美国山核桃	胡桃	山核桃	105	23.0	66.1	14.2	大虹桥路28号瘦西湖风景区叶林花房内	瘦西湖风景区管理处
376	薄壳山核桃	扬城196	三	美国山核桃	胡桃	山核桃	105	16.7	50.5	8.6	大虹桥路28号瘦西湖风景区叶林花房内	瘦西湖风景区管理处
377	薄壳山核桃	扬城197	三	美国山核桃	胡桃	山核桃	105	18.0	49.6	14.3	大虹桥路28号瘦西湖风景区叶林花房内	瘦西湖风景区管理处
378	薄壳山核桃	扬城198	三	美国山核桃	胡桃	山核桃	105	15.0	51.5	11.6	大虹桥路28号瘦西湖风景区叶林友谊厅东青砖路北	瘦西湖风景区管理处
379	香椿	扬城187	三	香椿子	楝	香椿	135	15.0	51.4	15.4	大虹桥路28号瘦西湖风景区叶林	瘦西湖风景区管理处
380	银杏	扬城133	三	白果树	银杏	银杏	115	12.0	50.0	5.8	东关街300号武当行宫内偏北	武当行宫
381	水杉	扬城337	名木	梳子杉	杉	水杉	65	28.0	66.2	9.0	丰乐上街1号西园大酒店名人故居南侧	西园大酒店

续表 4－2

序号	中文名	编号	等级	别名	科	属	树龄（年）	树高（米）	胸（地）径(厘米)	冠幅（米）	位　置	管护责任单位（责任人）
382	山茱萸	扬城036	三	山萸肉	山茱萸	山茱萸	115	6.5	丛生	5.5	茱萸湾路888号茱萸湾风景区簪萸亭西侧	茱萸湾风景区管理处
383	日本樱花	扬城364	名木	东京樱花	蔷薇	樱	60	7.0	28.5	7.0	平山堂东路1号大明寺鉴真纪念堂内	大明寺
384	日本樱花	扬城365	名木	东京樱花	蔷薇	樱	60	7.0	25.0	6.8	平山堂东路1号大明寺鉴真纪念堂内	大明寺
385	丝棉木	扬城102	名木	白杜	卫矛	卫矛	65	12.0	55.2	10.1	文汇东路48号扬州大学文汇路校区食堂东南	扬州大学
386	银杏	扬城011	三	白果树	银杏	银杏	255	18.0	73.0	16.0	运河东路曲江小商品市场西侧	拆迁工地
387	枫杨	扬城407	三	平柳	胡桃	枫杨	125	20.0	72.0	13.5	盐阜东路10号个园西南角	个园管理处
388	桂花	扬城408	三	岩桂	木犀	木犀	115	6.1	19.2	4.5	盐阜东路10号个园宜雨轩西侧	个园管理处
389	桂花	扬城409	三	岩桂	木犀	木犀	115	6.0	丛生	5.0	盐阜东路10号个园宜雨轩南东侧	个园管理处
390	桂花	扬城410	三	岩桂	木犀	木犀	115	6.5	丛生	4.6	盐阜东路10号个园宜雨轩南中	个园管理处
391	桂花	扬城411	三	岩桂	木犀	木犀	115	6.0	丛生	4.6	盐阜东路10号个园宜雨轩南西侧	个园管理处
392	瓜子黄杨	扬城412	三	黄杨木	黄杨	黄杨	115	5.0	18.0	3.5	盐阜东路10号个园宜雨轩北侧	个园管理处
393	朴树	扬城413	三	黄果朴	榆	朴	115	14.0	46.2	12.2	盐阜东路10号个园售票旁	个园管理处
394	银杏	扬城414	三	白果树	银杏	银杏	225	16.0	76.4	12.0	文峰路墩祥皮草公司内	墩祥皮草公司
395	圆柏	扬城415	三	桧柏	柏	圆柏	195	11.0	35.6	4.6	平山堂东路1号大明寺鉴真纪念堂	大明寺
396	圆柏	扬城416	三	桧柏	柏	圆柏	165	12.0	39.6	5.2	平山堂东路1号大明寺谷林堂南假山树池	大明寺
397	圆柏	扬城417	三	桧柏	柏	圆柏	135	11.0	21.2	3.3	平山堂东路1号大明寺谷林堂南假山	大明寺
398	圆柏	扬城418	三	桧柏	柏	圆柏	135	11.0	27.3	4.2	平山堂东路1号大明寺谷林堂南假山	大明寺
399	圆柏	扬城419	三	桧柏	柏	圆柏	135	11.0	31.0	4.4	平山堂东路1号大明寺谷林堂南假山	大明寺
400	圆柏	扬城420	三	桧柏	柏	圆柏	135	11.0	27.1	4.2	平山堂东路1号大明寺谷林堂南假山	大明寺
401	琼花	扬城421	二	聚八仙	忍冬	荚蒾	315	5.8	丛生	7.9	平山堂东路1号大明寺平远楼南侧	大明寺

续表 4-2

序号	中文名	编号	等级	别名	科	属	树龄（年）	树高（米）	胸(地)径(厘米)	冠幅（米）	位 置	管护责任单位（责任人）
402	榆树	扬城422	三	白榆	榆	榆	135	18.0	83.4	7.5	盐阜东路10号个园冬季假山上	个园管理处
403	紫藤	扬城423	三	朱藤	豆	紫藤	175	3.3	丛生	4.8	古运河风光带南通东路1912街区卢氏盐商古宅内	扬子江投资集团
404	桂花	扬城424	三	岩桂	木犀	木犀	165	5.6	37.2	4.9	蜀冈东峰平山堂东路观音山方丈院内	观音山
405	桂花	扬城425	三	岩桂	木犀	木犀	155	5.5	21.7	5.0	蜀冈东峰平山堂东路观音山方丈前院内	观音山
406	瓜子黄杨	扬城426	三	黄杨木	黄杨	黄杨	125	5.0	18.0	3.8	蜀冈东峰平山堂东路观音山方丈院外	观音山
407	银杏	扬城427	三	白果树	银杏	银杏	145	12.0	43.8	5.8	湾子街广陵区公安分局宿舍内	广陵区公安分局
408	琼花	扬城428	三	聚八仙	忍冬	荚蒾	145	6.0	丛生	5.0	淮海路20号扬州中学东边花园内	扬州中学
409	桂花	扬城429	三	岩桂	木犀	木犀	115	6.2	丛生	7.6	大虹桥路28号瘦西湖风景区疏峰馆北	瘦西湖风景区管理处
410	侧柏	扬城430	三	扁柏	柏	侧柏	115	8.0	21.0	6.5	大虹桥路28号瘦西湖风景区小金山上	瘦西湖风景区管理处
411	鸡爪槭	扬城431	三	鸡爪枫	槭树	槭	115	10.0	29.8	7.7	大虹桥路28号瘦西湖风景区长堤歇脚亭西	瘦西湖风景区管理处
412	桂花	扬城432	三	岩桂	木犀	木犀	135	5.0	17.4	3.0	徐凝门大街66号何园船厅北侧花坛	何园管理处
413	桂花	扬城433	三	岩桂	木犀	木犀	135	5.0	15.8	4.5	徐凝门大街66号何园船厅北侧花坛内	何园管理处
414	桂花	扬城434	三	岩桂	木犀	木犀	135	5.5	14.7	3.8	徐凝门大街66号何园赏月楼旁	何园管理处
415	桂花	扬城435	三	岩桂	木犀	木犀	135	5.8	12.0	4.7	徐凝门大街66号何园赏月楼旁	何园管理处
416	桂花	扬城436	三	岩桂	木犀	木犀	135	5.5	12.3	2.9	徐凝门大街66号何园赏月楼旁	何园管理处
417	桂花	扬城437	三	岩桂	木犀	木犀	135	5.5	15.7	3.1	徐凝门大街66号何园赏月楼北侧	何园管理处
418	桂花	扬城438	三	岩桂	木犀	木犀	135	5.5	15.4	3.8	徐凝门大街66号何园赏月楼北侧	何园管理处
419	瓜子黄杨	扬城439	三	黄杨木	黄杨	黄杨	135	6.0	26.1	5.7	小秦淮河务本桥旁	市城市绿化养护管理处
420	广玉兰	扬城440	三	荷花玉兰	木兰	木兰	135	15.0	77.1	15.9	东圈门22号壶园内北边绿地内	市名城公司

续表 4-2

序号	中文名	编号	等级	别名	科	属	树龄（年）	树高（米）	胸(地)径(厘米)	冠幅（米）	位　置	管护责任单位（责任人）
421	银杏	扬城441	三	白果树	银杏	银杏	125	15.0	64.9	15.1	文昌路360号琼花观聚琼轩北侧墙边	琼花观
422	银杏	扬城442	三	白果树	银杏	银杏	125	15.0	58.5	15.2	文昌路360号琼花观聚琼轩北侧墙根	琼花观
423	银杏	扬城443	三	白果树	银杏	银杏	125	13.0	42.3	6.1	望月步行街万鸿城市花园内	翁学林
424	银杏	扬城444	三	白果树	银杏	银杏	125	15.0	65.9	12.7	广储门外街24号史可法纪念馆广陵琴派陈列馆前西侧	史可法纪念馆
425	国槐	扬城445	三	槐树	豆	槐	125	13.0	45.5	13.0	文昌中路459号市第一招待所游园内	市第一招待所
426	银杏	扬城446	三	白果树	银杏	银杏	125	15.0	45.0	8.8	前安家巷北院内偏西侧	市城市绿化养护管理处
427	琼花	扬城447	三	聚八仙	忍冬	荚蒾	115	6.5	丛生	6.1	东圈门地官第18号汪氏小苑	汪氏小苑
428	石榴	扬城448	三	安石榴	石榴	石榴	115	5.0	53.8	8.4	东圈门地官第18号汪氏小苑	汪氏小苑
429	山茱萸	扬城449	三	山黄肉	山茱萸	山茱萸	115	6.0	12.5	6.0	茱萸湾路888号茱萸湾风景区鹿鸣苑外千茱林	茱萸湾风景区管理处
430	山茱萸	扬城450	三	山黄肉	山茱萸	山茱萸	115	6.0	13.1	7.5	茱萸湾路888号茱萸湾风景区鹿鸣苑外千茱林	茱萸湾风景区管理处
431	山茱萸	扬城451	三	山黄肉	山茱萸	山茱萸	115	6.7	丛生	5.4	茱萸湾路888号茱萸湾风景区簪茱亭西南	茱萸湾风景区管理处
432	瓜子黄杨	扬城452	三	黄杨木	黄杨	黄杨	115	6.5	12.3	4.2	大虹桥路28号瘦西湖风景区徐园内	瘦西湖风景区管理处
433	朴树	扬城453	三	黄果朴	榆	朴	115	17.0	62.4	16.1	大虹桥路28号瘦西湖风景区叶林	瘦西湖风景区管理处
434	红花檵木	扬城454	三	红檵木	金缕梅	檵木	115	2.7	30.0	2.6	古运河风光带南通东路卢氏盐商宅第对面	市城市绿化养护管理处
435	桂花	扬城455	三	岩桂	木犀	木犀	135	7.2	21.7	3.7	大虹桥路28号瘦西湖风景区月观内	瘦西湖风景区管理处
436	桑树	扬城456	名木	桑	桑	桑	95	18.0	57.5	14.0	大虹桥路28号瘦西湖风景区长堤歇脚亭	瘦西湖风景区管理处
437	鸡爪槭	扬城457	名木	鸡爪枫	槭树	槭	95	5.5	21.8	6.1	大虹桥路28号瘦西湖风景区小虹桥南	瘦西湖风景区管理处
438	鸡爪槭	扬城458	名木	鸡爪枫	槭树	槭	95	5.0	21.6	7.1	大虹桥路28号瘦西湖风景区小虹桥南侧	瘦西湖风景区管理处
439	黄檀	扬城459	名木	不知春	豆	黄檀	95	13.0	30.2	6.8	大虹桥路28号瘦西湖风景区疏峰馆南	瘦西湖风景区管理处

续表 4-2

序号	中文名	编号	等级	别名	科	属	树龄（年）	树高（米）	胸(地)径(厘米)	冠幅（米）	位　置	管护责任单位（责任人）
440	广玉兰	扬城460	名木	荷花玉兰	木兰	木兰	95	12.0	丛生	10.7	大虹桥路28号瘦西湖风景区湖上草堂前	瘦西湖风景区管理处
441	榉树	扬城461	名木	大叶榉	榆	榉	95	13.0	40.8	8.7	大虹桥路28号瘦西湖风景区玉佛洞旁	瘦西湖风景区管理处
442	蜡梅	扬城462	名木	金梅	蜡梅	蜡梅	95	2.5	丛生	3.8	大虹桥路28号瘦西湖风景区小金山静观内	瘦西湖风景区管理处
443	枫杨	扬城463	名木	平柳	胡桃	枫杨	95	20.0	80.3	15.9	大虹桥路28号瘦西湖风景区玉板桥西侧	瘦西湖风景区管理处
444	黄金树	扬城464	名木	白花梓树	紫葳	梓	95	12.0	47.7	9.8	大虹桥路28号瘦西湖风景区藕香桥东侧	瘦西湖风景区管理处
445	乌桕	扬城465	名木	腊子树	大戟	乌桕	95	16.0	51.5	13.8	大虹桥路28号瘦西湖风景区白塔西侧	瘦西湖风景区管理处
446	朴树	扬城466	名木	黄果朴	榆	朴	95	17.0	60.0	15.3	大虹桥路28号瘦西湖风景区白塔北侧	瘦西湖风景区管理处
447	鸡爪槭	扬城467	名木	鸡爪枫	槭树	槭	95	5.0	29.0	4.5	大虹桥路28号瘦西湖风景区南大门	瘦西湖风景区管理处
448	鸡爪槭	扬城468	名木	鸡爪枫	槭树	槭	95	5.0	29.0	5.5	大虹桥路28号瘦西湖风景区南大门	瘦西湖风景区管理处
449	白玉兰	扬城469	名木	白玉兰	木兰	玉兰	95	12.0	29.0	11.0	大虹桥路28号瘦西湖风景区长堤	瘦西湖风景区管理处
450	枫杨	扬城470	名木	平柳	胡桃	枫杨	95	20.0	79.0	19.2	大虹桥路28号瘦西湖风景区歇脚亭	瘦西湖风景区管理处
451	丝棉木	扬城471	名木	白杜	卫矛	卫矛	95	11.0	55.7	11.3	徐凝门大街66号何园入口处	何园管理处
452	朴树	扬城472	名木	黄果朴	榆	朴	95	12.0	40.5	10.2	大虹桥路28号瘦西湖风景区叶林	瘦西湖风景区管理处
453	雪松	扬城473	名木	喜马拉雅山雪松	松	雪松	95	17.0	68.8	13.5	大虹桥路28号瘦西湖风景区叶林	瘦西湖风景区管理处
454	雪松	扬城474	名木	喜马拉雅山雪松	松	雪松	95	17.0	68.0	11.2	大虹桥路28号瘦西湖风景区叶林	瘦西湖风景区管理处
455	琼花	扬城475	名木	聚八仙	忍冬	荚蒾	95	5.0	丛生	6.8	驼岭巷18号八怪纪念馆内	扬州八怪纪念馆
456	朴树	扬城476	名木	黄果朴	榆	朴	95	16.0	63.0	13.0	大虹桥路28号瘦西湖风景区白塔西南	瘦西湖风景区管理处
457	朴树	扬城477	名木	黄果朴	榆	朴	95	16.0	67.8	16.8	大虹桥路28号瘦西湖风景区白塔旁	瘦西湖风景区管理处
458	榔榆	扬城478	名木	小叶榆	榆	榆	95	16.0	37.2	12.7	大虹桥路28号瘦西湖风景区叶林	瘦西湖风景区管理处

第三节 乡土树种

2011年初,市园林局组织植物专家对城区乡土树种进行调查,共有露地栽培的植物421种(包括亚种、变种、变型),其中裸子植物8科42种、被子植物66科379种。

2016年扬州市区乡土树种一览表

表4-3

门	科	序号	种	门	科	序号	种
裸子植物	苏铁	1	苏铁	裸子植物	柏	25	日本花柏
	银杏	2	银杏			26	柏木
	松	3	冷杉			27	中山柏
		4	日本冷杉			28	刺柏
		5	雪松			29	璎珞柏(欧洲刺柏)
		6	华山松			30	侧柏
		7	油松			31	圆柏
		8	赤松			32	铅笔柏
		9	白皮松			33	花柏
		10	湿地松			34	蜀桧(塔枝圆柏)
		11	火炬松			35	铺地柏
		12	马尾松			36	香柏
		13	日本五针松		罗汉松	37	罗汉松
		14	黑松			38	狭叶罗汉松
		15	金钱松			39	短叶罗汉松
	杉	16	柳杉		三尖杉	40	粗榧
		17	日本柳杉		红豆杉	41	红豆杉
		18	杉木			42	伽罗木
		19	水杉	被子植物	木兰	43	鹅掌楸
		20	油杉			44	北美鹅掌楸
		21	落羽杉			45	杂交鹅掌楸
		22	墨西哥落羽杉			46	白玉兰
		23	中山杉			47	广玉兰
	柏	24	日本扁柏			48	紫玉兰

续表 4-3

门	科	序号	种	门	科	序号	种
被子植物	木兰	49	二乔玉兰	被子植物	桑	81	构树
		50	凹叶厚朴			82	柘树
		51	含笑			83	无花果
		52	深山含笑			84	薜荔
		53	乐昌含笑			85	桑树
	蜡梅	54	蜡梅			86	鸡桑
	樟	55	香樟		胡桃	87	薄壳山核桃
		56	浙江楠			88	枫杨
		57	紫楠			89	野核桃
		58	山胡椒			90	胡桃
		59	狭叶山胡椒		杨梅	91	杨梅
	小檗	60	小檗		壳斗	92	板栗
		61	紫叶小檗			93	麻栎
		62	阔叶十大功劳			94	栓皮栎
		63	十大功劳			95	槲栎
		64	南天竹			96	北美红栎
	木通	65	木通			97	苦槠
		66	三叶木通			98	青冈栎
	连香树	67	连香树		桦木	99	江南桤木
	悬铃木	68	二球悬铃木		芍药	100	牡丹
	金缕梅	69	枫香		山茶	101	山茶
		70	北美枫香			102	茶梅
		71	蚊母树			103	油茶
		72	杨梅叶蚊母			104	茶
		73	檵木			105	厚皮香
		74	红花檵木		猕猴桃	106	中华猕猴桃
	杜仲	75	杜仲		金丝桃	107	金丝桃
	榆	76	朴树		杜英	108	杜英
		77	小叶朴		梧桐	109	梧桐
		78	榔榆		锦葵	110	木芙蓉
		79	白榆			111	木槿
		80	榉树		大风子	112	柞木

续表 4-3

门	科	序号	种	门	科	序号	种
被子植物	杨柳	113	加杨	被子植物	蔷薇	145	多花姊妹月季
		114	意杨			146	大花姊妹月季
		115	垂柳			147	微型月季
		116	河柳			148	藤本月季
		117	银芽柳			149	木香
		118	旱柳			150	黄木香
		119	金丝垂柳			151	重瓣黄木香
	杜鹃花	120	杜鹃花(映山红)			152	重瓣白木香
		121	满山红			153	玫瑰
		122	白花杜鹃			154	黄蔷薇
		123	马银花			155	刺梨
	柿树	124	柿树			156	金樱子
		125	老鸦柿			157	棣棠
		126	油柿			158	鸡麻
		127	君迁子			159	紫叶李
	海桐	128	海桐			160	杏
	八仙花	129	八仙花			161	梅
		130	溲疏			162	美人梅
	蔷薇	131	笑靥花			163	桃
		132	麻叶绣球			164	寿星桃
		133	粉花绣线菊			165	碧桃
		134	三桠绣线菊			166	紫叶桃
		135	中华绣线菊			167	榆叶梅
		136	野蔷薇			168	郁李
		137	粉团蔷薇			169	毛樱桃
		138	七姊妹			170	樱桃
		139	荷花蔷薇			171	樱花
		140	月季			172	重瓣樱花
		141	绿月季			173	重瓣红樱花
		142	紫月季			174	日本樱花
		143	小月季			175	日本晚樱
		144	杂种茶香月季			176	日本早樱

续表 4-3

续表4-3

门	科	序号	种	门	科	序号	种
被子植物	蔷薇	177	平枝栒子	被子植物	蝶形花	209	黄檀
		178	匍匐栒子			210	紫穗槐
		179	火棘			211	锦鸡儿
		180	细圆齿火棘			212	金雀花
		181	小丑火棘			213	紫藤
		182	山楂			214	多花紫藤
		183	枇杷		胡颓子	215	胡颓子
		184	石楠			216	牛奶子
		185	椤木石楠		千屈菜	217	紫薇
		186	红叶石楠			218	翠薇
		187	贴梗海棠			219	银薇
		188	木瓜海棠		瑞香	220	瑞香
		189	日本贴梗海棠			221	结香
		190	木瓜		石榴	222	石榴
		191	海棠花		八角枫	223	八角枫
		192	垂丝海棠			224	华瓜木
		193	西府海棠		蓝果树	225	喜树
		194	湖北海棠		山茱萸	226	洒金东瀛珊瑚
		195	白梨			227	灯台树
		196	沙梨			228	四照花
		197	杜梨			229	山茱萸
		198	豆梨			230	光皮梾木
	含羞草	199	合欢			231	红瑞木
		200	金合欢		卫矛	232	南蛇藤
	苏木	201	云实			233	丝棉木
		202	紫荆			234	卫矛
		203	紫叶加拿大紫荆			235	大叶黄杨
		204	伞房决明			236	北海道黄杨
		205	皂荚			237	扶芳藤
	蝶形花	206	国槐		冬青	238	冬青
		207	龙爪槐			239	大叶冬青
		208	刺槐			240	枸骨

续表4-3

续表 4-3

门	科	序号	种	门	科	序号	种
被子植物	冬青	241	无刺枸骨	被子植物	漆树	273	黄连木
		242	龟纹钝齿冬青			274	火炬树
	黄杨	243	黄杨			275	盐肤木
		244	雀舌黄杨			276	南酸枣
		245	锦熟黄杨		苦木	277	臭椿
	大戟	246	山麻杆		楝	278	苦楝
		247	重阳木			279	香椿
		248	乌桕		芸香	280	枸橘
	鼠李	249	枳椇（拐枣）			281	花椒
		250	枣			282	香橼
		251	雀梅藤			283	竹叶椒
	省沽油	252	银鹊树		五加	284	八角金盘
	葡萄	253	爬山虎			285	常春藤
		254	五叶地锦			286	熊掌木
		255	葡萄			287	中华常春藤
		256	蛇葡萄		夹竹桃	288	夹竹桃
	无患子	257	栾树			289	络石
		258	黄山栾树			290	长春蔓
		259	无患子		茄	291	枸杞
	七叶树	260	七叶树			292	宁夏枸杞
	槭树	261	三角枫		紫草	293	厚壳树
		262	五角枫		马鞭草	294	紫珠
		263	茶条槭			295	海州常山
		264	青榨槭			296	牡荆
		265	平基槭			297	黄荆
		266	鸡爪槭			298	荆条
		267	红枫			299	金叶莸
		268	蓑衣槭		醉鱼草	300	醉鱼草
		269	红蓑衣槭		木犀	301	金钟花
		270	秀丽槭			302	白蜡
		271	五裂槭			303	迎春
	漆树	272	黄栌			304	云南黄馨

续表 4-3

门	科	序号	种	门	科	序号	种
被子植物	木犀	305	探春	被子植物	忍冬	335	接骨木
		306	女贞			336	木绣球
		307	日本女贞			337	琼花
		308	小叶女贞			338	雪球荚蒾
		309	小蜡			339	蝴蝶荚蒾
		310	金叶女贞			340	珊瑚树
		311	广卵叶女贞			341	荚蒾
		312	桂花			342	欧洲荚蒾
		313	金桂			343	锦带花
		314	银桂			344	海仙花
		315	四季桂			345	枇杷叶荚蒾
		316	丹桂		棕榈	346	棕榈
		317	柊树		禾本	347	黎竹
		318	紫丁香			348	孝顺竹
		319	白丁香			349	湖南孝顺竹
	玄参	320	白花泡桐			350	花孝顺竹（小琴丝竹）
		321	毛泡桐			351	凤尾竹
	紫葳	322	凌霄			352	观音竹
		323	美国凌霄			353	小佛肚竹
		324	梓树			354	方竹
		325	楸树			355	白纹阴阳竹
		326	黄金树			356	箬竹
	茜草	327	栀子			357	阔叶箬竹
		328	大花栀子			358	美丽箬竹
		329	六月雪			359	橄榄竹
	忍冬	330	六道木			360	四季竹
		331	南方六道木			361	少穗竹（大黄苦竹）
		332	金银花			362	石绿竹
		333	金银木			363	黄槽石绿竹
		334	郁香忍冬			364	罗汉竹

续表 4-3

门	科	序号	种	门	科	序号	种
被子植物	禾本	365	黄槽竹	被子植物	禾本	394	黄皮刚竹
		366	金镶玉竹			395	花哺鸡竹
		367	黄秆京竹			396	雅竹
		368	金条竹			397	乌哺鸡竹
		369	桂竹			398	黄秆乌哺鸡
		370	斑竹			399	黄纹竹
		371	黄槽斑竹			400	黄秆绿槽乌哺鸡竹
		372	斑槽桂竹			401	苦竹
		373	金明竹			402	长叶苦竹
		374	白哺鸡竹			403	大明竹
		375	淡竹			404	螺节竹
		376	变竹			405	黄条金刚竹
		377	水竹			406	斑苦竹
		378	木竹			407	菲白竹
		379	毛竹			408	铺地竹
		380	花毛竹			409	菲黄竹
		381	龟甲竹			410	翠竹
		382	红哺鸡竹			411	茶秆竹
		383	花秆红竹			412	福建茶秆竹
		384	篌竹			413	辣韭矢竹
		385	实肚竹			414	曙筋矢竹
		386	紫竹			415	唐竹
		387	紫蒲头灰竹			416	光叶唐竹
		388	安吉金竹			417	鹅毛竹
		389	高节竹			418	倭竹
		390	早园竹			419	江山鹅毛竹
		391	花秆早竹			420	短穗竹
		392	刚竹			421	白竹
		393	黄槽刚竹				

第四节　传统花卉

扬州是一座花城,自汉吴王刘濞开始就有相关记载。至唐宋,大量歌颂扬州花卉的诗词不断出现,明清时代更是层出不穷。"广陵芍药真奇美,名与洛花相上下""念桥边红药,年年知为谁生""琼花观里花无比,明月楼头月有光""自摘园花闲打扮,池边绿映水红裙""维扬一枝花,四海无同类"等,说明花文化在扬州历史上具有举足轻重的地位。著名的"四相簪花"典故也出自扬州,说的就是芍药。扬州的传统花卉既是文化又是特色。郑板桥尝言之"十里栽花算种田",种植花卉为扬州农民的重要生活来源之一,经济性的种植花田,也成为扬州郊外的特有风景。古时扬州以芍药盛,宋代与洛阳牡丹齐名。

花卉选录

茉莉　茉莉自初夏到晚秋开花不绝。既可用于襟花佩戴、插瓶清供或盆栽点缀室内,也是薰制花茶的上等原料,为著名的花茶原料及重要的香精原料。2003年3月,市五届人大常委会第一次会议决定市歌为民歌《茉莉花》。

牡丹　扬州城中知名度最高的为谢馥春内的3株百岁牡丹,栽种于清同治三年(1864)。扬州还有很多牡丹赏花点,如史可法纪念馆,这里的牡丹品种为"赵粉",特点是花大,直径最大可达20厘米,花瓣多,有60多瓣。2008年,瘦西湖风景区引种不少牡丹,与市花芍药种在一起,从而有牡丹芍药圃。从花期上来看,牡丹、芍药堪称"姊妹花",牡丹花期在前,芍药花期在后,牡丹花谢时正是芍药花开时。瘦西湖牡丹品种丰富,部分品种在清明节前后也会盛开。牡丹还是何园的园花。园子以住宅为主,牡丹花种植在小型花坛中。

兰花　"扬州八怪"的兰、菊题画诗涉奇趣,体谐趣,托物寄情,淡中求味。金农在他的《幽兰图》中题道:"兰,香祖也,在幽谷绵谷中不出也。既不出矣,即三徵七聘十二命亦不出也,其惟世外肥遁之高士乎。"他还有首题在画兰扇页上的词:"楚山叠翠,楚水争流,有幽兰生长芳洲,纤枝骈萼,占住十分秋。无人问,国香零落抱香愁,岂肯同葱同蒜去卖街头。"郑板桥画的兰花配上他的书法堪称世间一绝,在《兰菊图》题诗:"昨日寻春出禁关,家家桃柳却无兰。市尘不是高人住,欲访幽宗定在山。"市兰花协会成立于2006年10月,会员200多人,至2016年共举办10届地方性春兰、蕙兰、秋兰展。其中2008年和2015年分别在瘦西湖万花园、市盆景园承办两届省蕙兰展。大一品、赛海鸥、老上海梅、程梅等多盆名品在历届兰展中获奖。江苏里下河地区农业科学研究所是现代兰花种植、科研、推广基地,基地春兰品种169个、蕙兰品种42个、建兰品种114个、墨兰品种21个、寒兰品种23个。个园以兰、竹、石闻名于世,个园兰园一直秉持精致养兰的原则,引进春兰、建兰数百盆,并致力于扬州兰花事业的推广发展。

梅花　扬州梅花栽植品种多数属直枝梅类,花色以粉色、白色、枚红色为主。明万历二十年(1592),扬州知府开浚城壕,掘出的淤泥堆成土丘,并在上面植梅数百株,而成梅花岭。扬州梅花书院是扬州古老书院之一,明嘉靖中建,初名甘泉书院,又名崇雅书院,清雍正十二年（1734）改为梅花书院，得名便与梅花相关。历史上的扬州梅花胜地，有的接扬州"地气"，如"东阁梅"典故，何逊离任归乡后仍眷怀扬州梅花，因唐大诗人杜甫一句诗"东阁官梅动诗兴，还如何逊在扬州"；有的寄托人们的情思，如梅花岭梅花，"数点梅花亡国泪"；有的是"借来"的景，如蜀冈东峰和中峰之间"十亩梅园"，梅趣深远，乾隆下江南时赐名"小香雪"。80年代起，扬州园林绿化开始大量引种梅花。堡城村曾是扬州的艺梅中心，俗有"宝塔湾的茉莉，曲江的牡丹，堡城的梅花"之说。当然，如今的堡城，艺梅很少，但传统艺人陆银宝家中依然有两件"宝贝"——疙瘩梅和提篮梅。"疙瘩梅"和"提篮梅"是扬州最著名的梅花盆景。疙瘩梅，梅树幼小时，将主干基部绕一圆圈，用棕丝扎缚固定。随着树龄的增长，圆圈逐渐长实，就变成"疙瘩"，有"苍老奇特"效果。提篮梅，把梅树主干一分为二剖开（从根部向上），再将两爿树干向外侧翻转180度，倒置呈"M"形，并用棕丝扎缚固定，最后把梅花树栽入盆中，这时"M"形树干如同"花篮柄"，花盆则是"花篮"了。生长过程中，梅花花枝会逐渐向上扬起，开花时就有"鲜花满篮"的感觉。为使"篮"中花儿色彩更为丰富，艺人往往事先在梅树上嫁接红、绿两种春梅。21世纪初，扬州从法国引进美人梅品种，为落叶小乔木或灌木，由重瓣粉型梅花与红叶李杂交而成。自然花期自3月第一朵花开以后，陆续开放至4月中旬，花粉红色，繁密。

茱萸 木本茱萸分山茱萸、吴茱萸、食茱萸。西汉时，吴王刘濞开挖邗沟支道，支道与主道交接处有一村庄，因村上遍植茱萸而得名茱萸村。又因邗沟从此处拐弯，刘濞便将此地命名为茱萸湾，后来建制为镇。据考证，当时种植的应该是吴茱萸。吴茱萸另一俗称为"艾子"，它的果实有杀虫消毒、逐寒祛风的功效，每到重阳节，果实成熟，又恰逢季节交替，人们为防止瘟疫，便采摘吴茱萸的果实，

茱萸湾茱萸林

插在头上，或者装在"茱萸囊"中，用以辟邪。到南朝时，民间开始流行佩戴"茱萸囊"。后茱萸生长环境发生变化，今扬州较常见的是山茱萸，80年代自南京、河南引进栽植。

菊花 隋唐之时，扬州就花事兴盛，多有培植菊花。明清之际，扬州菊花逐渐繁盛。1959年夏，在"水云胜概"厅东侧，新建温室5楹，并辟为花圃。翌年春，聘请堡城花农凌志远主持菊花栽培，后温室成为培育菊花基地。由此，瘦西湖公园每年举办盛大的菊花展览，并形成传统。

桃花 扬城水岸多植桃花，如瘦西湖、北护城河、宝带河、小秦淮河、念四河、玉带河、沿山河、漕河、古运河、二道河、大运河等。公园绿地或主干道上也有桃花，如蜀冈西峰生态公园、文昌路、江阳路、博物馆路等。扬城河道多将桃花与柳树搭配，瘦西湖风景区的长堤春柳就以"桃红柳绿"闻名。

桂花 70年代末80年代初，扬州开始大量引种桂花，第一批桂花栽种在个园。至2016年，扬州桂花从只有10多株老桂花树发展到上万株，其中百年以上树龄的古树几十株。

个园"竹西佳处"门内桂花树夹道列植

桂花品种多，适应性强，除作主景时的丛植和群植方式外，还时常被作为障景树、陪衬树、诱导树、过渡树配植。扬州八景中，"白塔晴云"有"桂屿亭"，"蜀冈朝旭"有"青桂山房"，养志园中有"八桂堂"等。瘦西湖公园中部有一"小桂花院"，院中精选山石叠成花台，其中植有多株桂花。扬州清代园林古陨园内有"修竹丛桂之堂"，即以桂、竹相配，并以景命名。

海棠　据《扬州画舫录》记载："影园在湖中长屿上，……堂下有西府海棠二株，池中多石磴，人呼为小千人坐，水际多木芙蓉，池边有梅、玉兰、垂丝海棠、绯白桃……"可见明代扬州园林中有海棠栽植。玉棠春富贵是扬州古典园林中常用的有吉祥寓意的园林植物，其中的棠即为海棠。我国约有 20 多个海棠品种，多数是观赏类，其中尤以西府海棠和垂丝海棠最为著名。扬州道路绿道中种植最多的是垂丝海棠，公园里"海棠四品"皆可见。

蜡梅　扬州在唐宋便有蜡梅的踪迹，明末影园中磬口蜡梅，至清代大小园圃多有栽培。素心蜡梅中的"扬州黄"、磬口蜡梅中的"乔种蜡梅"皆是扬州名品。徐园是蜡梅最集中之处，个园冬山、何园二道门边、小金山月观内、汪氏小苑春晖堂前等处，均有蜡梅景象可资观赏。扬州第一古蜡梅为史公祠里的蜡梅，乾隆三十七年（1772）建祠后不久所植。扬州学派领袖焦循终年读书著书的雕菰楼，轩窗为框，柳竹为画，庭内更有其曾祖手植黄梅一株。与焦循有姻亲的阮元，在《半九书塾八咏》中，以蜜梅花馆为题，专门赋诗："众卉已惊寒，黄梅独相耐。况是先人遗，书馆忽剪拜。一片冰雪心，留在湖波外。"瘦西湖、盆景园、个园、何园、史可法纪念馆等处都是扬州赏梅的好去处。

杜鹃　扬州主要杜鹃栽培品种为毛娟，花期 4—5 月，多植于文汇路、文昌路、扬子江路、邗江路等主要干道、公园的绿篱中。

紫薇　扬子江路、文汇路等城区多条主干道，可以看到紫薇花绽放。紫薇成为城区绿化的主要树种。扬州紫薇树在 10 万株以上，小区、单位、公园、街道，都喜欢用它做绿化。在扬州古树名木保护目录里，紫薇有 10 株，树龄均在 100 年以上。最老的在萃园城市酒店，树龄 170 年。

凌霄　凌霄常和各种大乔木、常绿灌木、常绿地被、草花等搭配栽种成各种景观。古街东圈门，曾是盐商的聚集地，街上多为青砖、黛瓦、杉木结构的传统建筑，凌霄花攀附墙头，摇曳生姿。何园的凌霄花多在亭台楼阁间绽放。瘦西湖有唐代银杏遭雷劈后残余树干，后植凌霄于旁，攀援而上，每年初夏，凌霄花盛开，似枯木逢春。清代扬州画家汪士慎在《凌霄图》题诗云："绕树缘山任屈盘，南风吹蕊飐云端。千丝万缕垂金纷，曾在双峰阁上看。"

绣球荚蒾　扬州人口中的绣球花即为绣球荚蒾品种，属木本绣球。扬州绣球最著名者位于何园玉绣楼院内。玉绣楼即得名于院中百年广玉兰和绣球。

荷花　高邮龙虬庄遗址考古发掘中发现完整的莲子，说明距今 7000 ～ 5000 年前扬州一带的先民就已经懂得食用莲子。
唐代扬州，荷花多珍异品种，尤
其以木兰院后池的荷花最为有
名，其一品种花开两重，成为重
台莲花。宋代扬州广植荷花，著
名的芙蓉阁，就因阁前大片荷
花而得名。扬州还有很多因荷
花而得名的名景，如莲花桥、莲
花埂、荷浦薰风、荷花池、莲性
寺等，扬州历来有"十里荷香不
断，两岸柳色绵延"之称。全世
界有 1400 多个荷品种，中国就

荷花池公园荷花

有 1200 多个。扬州主要栽培的藕莲和花莲有 600 多个品种，主要栽培的花莲品种有 136 个，其中植株大而花瓣少的品种有 13 个，植株大而花瓣是重瓣（花瓣多）的有 6 个，植株大且花瓣特别多的有 1 个，为千瓣莲；中小莲同样有花瓣多少（单瓣、重瓣）的区分，共有 97 个。还有引自美国，并利用美国荷花和中国荷花杂交的新品种荷花，共 19 个。扬州主栽品种中，最早盛开的荷花是富贵莲，5 月 10 日开花；而最晚开花的是千瓣莲，8 月 4 日开花。群体花期最长的是红娃莲和赛佛座，花期前后长达 92 天；花期最短的是红边玉碟和琴台歌手，前后花期累计不过 10 天。从花色上看，荷花有黄色系、白色系、红色系和复色系等多种颜色。扬州六大赏荷之处中，瘦西湖每年夏天举办荷花展，布展缸栽荷花；荷花池公园是市区唯一以荷花为主题、免费向市民开放的公园。还有个园的盆栽荷花、明月湖荷花塘、保障湖荷花塘、宝应荷园。

茶花　扬州最早关于山茶的记载，是苏轼游览邵伯镇梵行寺时所作的《邵伯梵行寺山茶》，诗云："山茶相对阿谁栽？细雨无人我独来。说似与君君不会，烂红如火雪中开。"

金钟花　别名黄金条，花冠深黄色。扬州将柳树与金钟花搭配，营造"黄花绿柳"的景观。瘦西湖湖岸柳树下均栽植一丛丛金钟花。3 月，金钟花迎风绽放，色呈金黄，其上是刚冒出嫩芽的柳树，黄绿相间。

连翘　俗称一串金，早春先叶开花，花开香气淡艳，满枝金黄，艳丽可爱，是早春优良观花灌木。扬州私家园林、街头绿地、道路两侧、滨河绿地成片种植。

樱花　扬州大明寺内有"名木"樱花，也有晚樱，数量约几百株。扬州的"樱花大道"上既有白色的早樱，也有绯红色的晚樱。瘦西湖风景区的樱花主要是粉色的日本晚樱。法海寺向东河道对岸有丛植的樱花，花开白色，花期初春，还有老花房、石壁流淙的山樱、寒樱等。通达学院有一条樱花大道，以绯红晚樱为主。谢馥春园内一株晚樱花大而多。何园的樱花一般在 3 月中旬盛开。茱萸湾的河畔樱花比较多。

地名与花卉

琼花观　汉代称后土祠，宋时改名蕃釐观，观内生长琼花一株，俗称琼花观。

芍药巷　传旧时巷内植有胭脂点玉、大富贵、金带围等名贵芍药。

梅花岭 梅花岭上遍植春梅，扬州八怪中多位名士经常到此赏梅、画梅。

小香雪 蜀冈之上，平山环坡，有千万株盛开的白梅。乾隆挥毫题名"小香雪"。此处梅花颇多，好似苏州香雪海，但规模较小，故称"小香雪"。观赏"十亩梅园"中漫天遍野盛开的梅花，正如乾隆题诗所描绘的"比雪雪昌若，曰香香澹如"，香气扑鼻，体现"雪逊梅花一缕香"的意境。

荷花池 在南门外大街的西侧。明朝时称影园，是康熙年间的扬州八大名园之一，"地盖在柳影、水影、山影之间"，故名。乾隆时期，扬州盐商在这一带翻建南园，内有九尊石峰，乾隆南巡时三度游历，赐名"九峰园"。后园废池在，池内遍种荷花，故名。

傍花村 为扬州城西北一个古老村落。曾是古代扬州的官僚、富贾以及文人雅士们品茶赏花、吟诗作赋、遁世隐居的绝好去处。郑板桥曾在傍花村一带居住。清代傍花村以园艺闻名。《扬州画舫录》记载："傍花村居人多种菊，薜萝周匝，完若墙壁。南邻北垞，园种户植，连架接荫，生意各殊。花时填街绕陌，品水征茶。沈学子大成诗云：'杖藜城外去，一径入烟村。碧树平围野，黄花直到门。乱雅投屋背，老字击篱根。寂寞深秋意，王蒙小笔存。'"

翠花巷 今称新胜街。《扬州画舫录》云"肆市韶秀，货分隧别，皆珠翠首饰铺也"，街因以名。街的北头有《扬州画舫录》作者李斗的故居——纻秋阁。

双桂巷 传巷内旧时长有两株桂花树而得名。另一说因巷内有双桂泉浴室而得名。

花局巷、花局里 位于个园东边，南接东关古街，北连盐阜路。扬州自古就是一个将栽花当作种田的城市，扬州人种花、赏花、簪花、懂花、惜花，对于花的酷爱和需求，成为不可或缺的生活方式，代代沿袭。扬州老百姓爱说局、设局，如书局、饭局、茶局、棋局等，"局"由此成为一个极具扬州市井意味的词汇。

花山涧 俗称牛大汪，今名柳湖路。《扬州画舫录》称西门"二钓桥跨子城外市河，桥下即花山涧，与南湖通处"。

花井南巷 原称弥勒庵桥，有明代名妓李亚仙墓。

第五节 引进树木

扬州自古以来就进行植物的引种栽培。在创建园林城市过程中，生物多样性是其中的重要内容。为丰富植物资源，扬州不断引进性状优良、观赏价值高、易于养护管理、抗性强的优秀树种。香樟就是扬州引种并成功驯化的重要行道树。1924—1927年，江都叶秀峰在瘦西湖长堤春柳土阜西侧始建叶林，以法桐为行道树，广植松柏，引种日本五针松、平头赤松、猿猴杉、柳杉、扁柏、花柏及美国薄壳山核桃等树种。21世纪初，随着扬州城市的发展，不断引进新的植物品种，主要有北美枫香、七叶树、栾树、杜英、大叶冬青、红果冬青、双荚槐、金枝槐、喜树、江南桤木、南酸枣、红叶石楠、日本女贞、金叶女贞、金森女贞、红叶小檗、红花檵木、金边黄杨、龟甲冬青、大花六道木、水果蓝、麦李、彩叶杞柳等。2015年，生态科技新城兴建新源林公园，引进新疆新源县的树木，如雪岭云杉、密叶杨、夏橡等。至2016年，扬州市共引进外来树种40多种。引进植物主要用于园林绿化和种源保护。栾树、重阳木、鹅掌楸、喜树等作为行道树栽种,水杉在七八十年代曾是扬州重要造林绿化树种之一。

北美枫香 2003 年,扬州从北美引进并改良北美枫香,取名"彩霞红",先后通过省林业局、省农委的审查认定,成为枫香彩叶观赏树新品种。2014 年,"彩霞红"开始应用在主城区景观彩化中。万福路绿化工程中有 200 多株"彩霞红"种植在道路中分带上。

万福路北美枫香

红叶石楠 原产印度、阿富汗、喜马拉雅山西部,春季新叶红艳,夏季转绿,秋、冬、春三季呈现红色,霜重色逾浓,低温色更佳,做行道树、绿篱、修剪造景,千姿百态,景观效果好。常见的有"红罗宾"和"红唇"两个品种,"红罗宾"叶色鲜艳夺目,观赏性更佳。2004 年,邗江路绿化改造工程中用红叶石楠做地被植物开始应用栽培。

金森女贞 也叫哈娃蒂女贞。花白色,果实呈紫色。春季新叶鲜黄色,至冬季转为金黄色,在扬州城市道路、公园、绿地中被广泛应用。

香樟 高可达 30 米,直径可达 3 米,是优良的绿化树、行道树及庭荫树。原产中国南方及西南各省区。50 年代,江苏农学院、里下河地区农科所引进上百株香樟用于提炼香精等科研工作。80 年代,汶河路绿化工程中使用香樟作为行道树。

杜英 原产中国南部,是庭院观赏和"四旁"绿化的优良品种。21 世纪初,在蜀冈西峰绿地内引种有大片杜英林。

广玉兰 又称荷花玉兰,也叫洋玉兰。原产于美国东南部,分布在北美洲以及中国大陆的长江流域及以南。清代末期进入扬州。

雪松 原产于亚洲西部、喜马拉雅山西部和非洲,分布于阿富汗至印度海拔 1300 米～3300 米地带。瘦西湖叶林的红房子旁,有两株粗壮高大的雪松,是扬州最早引种的雪松,也是扬州最大的雪松。解放后相当长一段时间,雪松在扬州零星分布。80 年代,雪松成为流行树种,开始大量应用。

文昌中路广玉兰

刺槐 又名洋槐。原生于北美洲。扬州刺槐多见于高丘地带或堤岸上,如蜀冈西峰、瘦西湖叶园、念四河堤岸、铜山、白羊山等地。1952 年,扬州环城路共栽植 1600 株刺槐作为行道树。

金边黄杨　最先于日本发现。21世纪初,扬州开始引入栽培,用于城市道路、公园、绿地作为地被植物使用。

雪柳　又名五谷树、挂梁青、珍珠花,产于河北、陕西、山东、江苏、安徽、浙江、河南及湖北东部。雪柳树是市区较为罕见的树种,市区只有两株,一株位于徐凝门街社区羊胡巷,另一株位于南通路原苏北影剧院门口东侧。相传是郑和下西洋时带回传入。

彩叶杞柳　原产于上海及周边地区。春季观新叶,幼树也可盆栽观赏。2016年,引种入扬州三湾湿地公园。

喜树　别名旱莲、水栗等。大明寺内有一株100多年的喜树。19世纪末,扬州开始引种栽培。2006年,维扬路部分路段以喜树作为行道树使用。

江南桤木　原产地为江南,现主要分布在四川、河南、云南、贵州、广东、江西、福建、北京、上海、中国台湾等省市。21世纪初,扬州开始引入栽培,用于城市道路、公园、绿地。

栾树　别名木栾、栾华等,分布在黄河流域和长江流域下游。21世纪初,扬州开始作为行道树使用,在文昌路、万福路、邗沟路等各条主要道路均有栽植。

邗沟路栾树

南酸枣　又名五眼果、化郎果、鼻涕果。果核大且坚硬,因其顶端有5个眼,自古以来就象征着"五福临门"的意思,分布于浙江、福建、湖北、湖南、广东、广西、云南、贵州等省。21世纪初,扬州开始引入栽培,用于城市道路、公园、绿地。

大花六道木　原产于江西、湖南、湖北、四川等地。21世纪初,扬州开始引入栽培,用于城市道路、公园、绿地作为地被植物使用。

大叶冬青　分布于日本及中国长江下游各省及福建等地。21世纪初,扬州开始引入栽培,用于城市道路绿化。

水果蓝　原产于地中海地区及西班牙。21世纪初,扬州开始引入栽培,用于城市道路、公园、绿地作为地被植物使用。

二球悬铃木　别名英国梧桐、槭叶悬铃木。原产欧洲,中国东北、北京以南各地均有栽培,尤以长江中下游各城市为多见,有"行道树之王"之称。扬州中学内有一株树龄100多年的二球悬铃木古树。20世纪初,扬州开始引种栽培。50年代,淮海路、甘泉路、国庆路作为行道树大量引种栽培。

扬州大学农学院内二球悬铃木

青杆　又名华北云杉,为中国特有树种,产于内蒙古、河北、山西、陕西南部、湖北西部、甘肃中部及南部洮河与白龙江流域、青海东部、四川东北部及北部岷江流域上游。80年代,茱萸湾公园开始引种栽培。

云杉　别名茂县云杉、茂县杉等。中国特有树种,产于陕西西南部、甘肃东部及白龙江流域等地。80年代,茱萸湾公园开始引种栽培。

北美红杉　原产美国加利福尼亚州海岸,上海、南京、杭州有引种栽培。北美红杉生长迅速,适用于湖畔、水边、草坪中孤植或群植,也可沿园路两边列植。80年代,茱萸湾公园开始引种栽培。

榧树　别名香榧、野榧、羊角榧、榧子。中国特有树种,产于江苏南部、浙江、福建北部、江西北部、安徽南部,西至湖南西南部及贵州松桃等地。80年代,瘦西湖公园开始引种栽培。

月桂　原产地中海一带,浙江、江苏、福建、台湾、四川及云南等省有引种栽培。80年代,瘦西湖公园开始引种栽培。

天竺桂　又名浙江樟、竺香等,原产于江苏、浙江、安徽、江西、福建及中国台湾。七八十年代,瘦西湖公园开始引种栽培。

化香　原产于连云港、江浦、南京、江宁、宜兴、四川、湖南、广东等地,生于向阳山坡杂木林中,分布于华东、华中、华南、西南等省。七八十年代,瘦西湖公园开始引种栽培。

木荷　分布于浙江、福建、中国台湾、江西、湖南、广东、海南、广西、贵州等地。七八十年代,瘦西湖公园开始引种栽培。

柽柳　别名垂丝柳、西河柳、西湖柳、红柳、阴柳。产于中国各地,野生于辽宁、河北、河南、山东、江苏(北部)、安徽(北部)等省,栽培于中国东部至西南部各省区。七八十年代,扬州开始引种栽培。

麦李　产自中国陕西、河南、山东、江苏、安徽、浙江、福建、广东、广西、湖南、湖北、四川、贵州、云南。21世纪初,瘦西湖公园开始引种栽培。

双荚槐　原产美洲热带地区。21世纪初,扬州开始引种栽培。

毛梾　分布于辽宁、河北、山西南部以及华东、华中、华南、西南等地。21世纪初，茱萸湾公园开始引种栽培。

吴茱萸　别名吴萸、茶辣、漆辣子、臭辣子树、左力纯幽子、米辣子等。21世纪初，茱萸湾公园开始引种栽培。

天目琼花　分布于黑龙江、吉林、辽宁、河北北部、山西、陕西南部、甘肃南部、河南西部、山东、安徽南部和西部、浙江西北部、江西、湖北和四川等地。21世纪初，瘦西湖公园引种栽培。

东门遗址广场吴茱萸

水杉　50年代，从南京首先引种到扬州西园宾馆。1973年，江都曹王林园场从湖北引进250克水杉种子，播种育苗取得成功。1974年，曹王林园场以红旗河河堤作为造林基地。80年代，在蜀冈西峰、长春路、润扬森林公园等处大量引种栽培。

长春路水杉

第五章　扬派盆景

西园曲水

置之盆盎中，日与山海对

以少勝多瑤草琪花榮四季
即小觀大方丈蓬萊見一斑
李聖和書

　　盆景起源于中国，后传入日本，现风靡世界。中国盆景历史悠久，源远流长。据现有考古成果和文献记载，中国盆景起源于东汉，形成于唐。宋代首创赏石，渍以盆水。明代，开创风格，欣赏承认。至清代，扬州广筑园林，大兴盆景，有"家家有花园，户户养盆景"之说，并形成流派。民国期间，扬派盆景衰落。新中国成立后，扬州盆景进入新的历史发展时期。扬州专业盆景工作者、业余盆景爱好者，在继承传统基础上，与时俱进，创新水旱盆景，并发展写意树木盆景、山水盆景，形成多元的扬州盆景艺术，为发展中国盆景艺术做出了新的贡献。扬派盆景老艺人万觐棠、王寿山，继承祖传，带徒授艺，使扬派盆景得以传承和发扬。扬派盆景老艺人受苍劲英姿的启示，依据中国画"枝无寸直"的画理，创造应用11种棕法组合而成的扎片艺术手法，使不同部位寸长之枝能有三弯（简称"一寸三弯"或"寸枝三弯"），将枝叶剪扎成枝枝平行而列，叶叶俱平而仰，如同飘浮在蓝天中极薄的云片，形成层次分明、严整平稳、富有工笔细描装饰美的地方特色。1981年，扬派盆景被列为中国盆景五大流派之一。2008年6月，扬派盆景技艺被国务院列入国家级非物质文化遗产名录。

第一节　历史演化

　　唐代，扬州是东南第一大都会，是江南粮、盐、铁的转运中心和贸易的港口商埠，有"扬一益二"（益即今成都）之说。经济的繁荣和文化的繁华，促进了扬州园林的兴盛。诗人姚合在《扬州春词》三首中就有"园林多是宅，车马少于船""有地惟栽竹，无家不养鹅"的记载，即可印证。

　　宋代苏轼于元祐七年（1092）出任扬州知州，他除筑谷林堂，吟诗作画外，还喜制作盆景。他在《双石》诗引中说："至扬州，获二石，其一绿色，冈峦迤逦，有穴达于背；其一玉白可鉴，渍以盆水，置几案间。忽忆在颍州日，梦人请住一官府，榜曰仇池。觉而诵杜子美诗曰：'万古仇池穴，潜通小有天。'乃戏作小诗，为僚友一笑。"诗曰："梦时良是觉时非，汲水埋盆故自痴。但见玉峰横太白，便从鸟道绝峨眉。秋风与作烟云意，晓日令涵草木姿。一点空明是何处，老人真欲住仇池。"苏轼不仅亲作盆景，并对入画的盆景加以吟颂："我持此石归，袖中有东海……置之盆盎中，日与山海对""试观烟云三峰外，都在灵仙一掌间""五岭莫愁千嶂外，九华今在一壶中。"

　　明初，运河经过整修，扬州成为南北交通的动脉、两淮盐运的集散地，经济繁荣，园林复兴。市盆景园（市扬派盆景博物馆前身）原收藏的一盆明末桧柏盆景，为古刹天宁寺遗物，干高两尺，屈曲如虬龙，树皮仅余三分之一，苍龙翘首。应用"一寸三弯"手法，将枝叶蟠扎而成的云片，枝繁叶茂，青翠欲滴，犹如高山苍松翠柏。正如屠隆在《考槃余事·盆玩笺》中云："至于蟠结，柯干苍老，束缚尽解，不露

明末桧柏盆景

做手，多有态若天生。"此时扬州民间通过应用棕丝，采用"一寸三弯"剪扎手法，将枝干剪扎成"游龙弯"式，并将枝叶剪扎成云片状，形成地方风格，并为清朝形成流派奠定基础。

　　清代，扬州成为南北漕运与盐运的咽喉，经济、文化再度出现兴盛的局面。特别是在扬州设立两淮都转盐运使司，全国各地盐商云集扬州。康熙与乾隆两帝多次下江南，扬州官僚、盐商为迎合帝王宸游，赋工属役，增容饰观，楼台画舫，十里不断，广筑园林，大兴盆景，有"家家有花园，户户养盆景"之说。明代形成的盆景风格，经广泛流传，不断提高，至清代形成流派；同时创新制作"花树点景""山水点景"盆景。《扬州画舫录》卷二记载："湖上园亭，皆有花园，为莳花之地……养花人谓之花匠，莳养盆景，蓄短松、矮杨、杉、柏、梅、柳之属。海桐、黄杨、虎刺，以小为最……盆以景德窑、宜兴土、高资石为上等。种树多寄生，剪

丫除肄，根枝盘曲而有环抱之势。其下养苔如针，点以小石，谓之花树点景。又江南石工以高资盆增土叠小山数寸，多黄石、宣石、太湖、灵璧之属，有扎、有岫、有巉、有杠，蓄水作小瀑布，倾泻危溜。其下空处有沼，畜小鱼游泳呴嚅，谓之山水点景。"扬州八怪之一郑板桥的题画，更形象地展示当时的梅花盆景艺术。

清代扬州八怪之一郑板桥题画《盆梅》形象

民国时期，扬派盆景衰落，扬州堡城王氏、陆氏、仇氏虽有传人剪扎扬派盆景，但无一代宗师。泰州、泰兴万觐棠、王寿山盆景世家仍代代相传。

新中国成立后，扬州盆景进入新的历史发展时期。1959年冬至1961年春，市园林所先后派员赴苏浙山区挖掘树桩制作盆景。1963年春，批量收购民间张氏、陆氏遗存的扬派黄杨盆景。同年5月，为发展扬派盆景，市园林所聘请泰州扬派盆景万氏五代传人万觐棠到瘦西湖公园主持盆景养护、剪扎工作，并带徒传艺。1964年10月，市政府根据国务院指示，决定将各单位培育的花卉盆景移交给瘦西湖公园培育。扬州专署的一批古老的扬派盆景以及解放初期扬州博物馆接管天宁寺一盆扬派明末桧柏盆景和两盆明末清初古柏盆景等，都集中到瘦西湖公园，由盆景老艺人培育、剪扎，得到精心养护。"文化大革命"前夕，在如皋收购被列为精品的大叶、小叶罗汉松盆景各一对。1966年秋，为保护国家财产，将明、清、民国时期扬派盆景和古盆趁夜及时转移至花房后偏僻处草丛中，免遭浩劫。这批盆景成为1986年国庆节试开放的市盆景园的镇园之宝。1973年5月，因接待需要，在瘦西湖公园接待室陈设扬派盆景，受到国内外来宾好评。此后，市园林处组织科技人员研究扬派盆景。

1979年9月11日至10月24日，在欢庆新中国成立30周年之际，国家城市建设总局园林绿化局在北京北海公园举办新中国成立后首次盛大的全国盆景艺术展览，扬州参展的以云片为特色的扬派盆景，得到全国盆景界认可和好评。为弘扬中国盆景艺术，1980年4月，国家城市建设总局下达"中国盆景艺术的研究"科研项目，由广州市园林管理局负责，邀请上海、成都、苏州、扬州等市专家、学者参加，对中国盆景进行系统探讨和研究，并编写、出版《中国盆景艺术》一书。在探讨和研究过程中，市园林处韦金笙研究的中国盆景史、扬派盆景两项成果，得到项目组好评。韦金笙分工编写《中国盆景艺术》盆景简史章节，并在各种艺术流派章节中，将扬派盆景列为中国盆景五大流派之一。1981年9月23—24日，国家城市建设总局科研教育设计局、园林绿化局在扬州召开"中国盆景艺术的研究"科研成果审定会，经全国专家、学者审定，一致通过该成果，并给予高度评价。翌年，科研成果由城乡建设杂志社出版发行。在科研成果中，以扬州、泰州为代表的具有"层次分明，严整平稳"特色的扬派盆景，被确认为全国树桩盆景五大流派之一。自此，扬派盆景经历明代开创风格、欣赏承认、清代广泛流传、形成流派，新中国成立后继承传统、发扬个性，而成为中国盆景艺术的重要流派。1982年3月，市花卉盆景协会成立。

2007年4月扬州盆景研究所揭牌仪式

1983年7月，市政府为发展扬派盆景，决定在西园曲水卷石洞天遗址筹建市盆景园。同年10月，在西园曲水破土动工迁建主展厅濯清堂和新建浣香榭、游廊。1984年9月，将瘦西湖公园培育的扬派盆景移至西园曲水。同年10月，组建市盆景园。1986年，新建西园曲水门厅，续建濯清堂平台、围栏以及维修石舫、拂柳亭等，并于当年国庆节对外试开放。扬派盆景万氏六代传人万瑞铭负责盆景园全面工作。2007年2月5日，市园林局成立扬州盆景研究所。4月18日，扬州盆景研究所举行揭牌仪式，韩国盆栽艺术苑苑长成范永夫妇应邀参加。2008年6月，扬派盆景技艺被列入国家级非物质文化遗产名录。2009年1月，在瘦西湖风景区内新建市扬派盆景博物馆，4月竣工并揭牌，成为集收藏、展示、普及、研究等多种功能于一体，展示扬派盆景的重要窗口，也是扬派盆景技艺的保护与传承单位。

2008年，扬派盆景技艺被列入国家级非物质文化遗产名录

1983年10月10—13日，中国花卉盆景协会在扬州召开新中国成立后首次全国盆景老艺人座谈会，全国27个省、自治区、直辖市的67位盆景老艺人和技术人员参加。扬州万觐棠、泰州王寿山等盆景老艺人还表演剪扎制作技艺。会议期间，还举办全国盆景艺术研究班，由参加座谈会的老艺人轮流讲课，传授技艺。

【链接】扬州市扬派盆景博物馆简介

市扬派盆景博物馆占地2.67公顷，其中建筑面积3200多平方米。分室内展示区、室外展示区和盆景制作养护区三部分，并设有盆景大讲堂、大师工作室及盆景研究所。为了更好地展示扬派盆景的人文历史价值，突出盆景主题，明确功能分区，配置相应设施，并与周边大环境相协调；以古典与现代相结合，同时充分突出扬州园林南秀北雄的地方特色。展馆建筑西立面的38米长墙面，应用盆景式园林小品，以树木盆景、山水盆景、水旱盆景和挂壁盆景相融合手法组景，与盆景博物馆的主题相呼应。室内展示区分盆景展示、古盆展示、几架展示和图文展示四部分。其中，图文展示包括中国盆景、世界盆景和扬州盆景三个板块。室外展示区通过曲折多变园林景墙构成展示背景群，展示馆藏盆景作品。盆景作品以单元组合进行陈设，每个单元展示5～9盆作品。

扬州市扬派盆景博物馆

市扬派盆景博物馆共藏有明、清遗存以及继承创新扬派盆景和创新水旱盆景800多盆，古盆200多件，常年展示的盆景保持在280盆左右。盆景展品根据盆景观赏期的不同，不定期进行更换，以最佳状态向参观者展示。

市扬派盆景博物馆的北端，为"2013国际盆景大会"专辟的纪念岛，题名"疏林观风"。岛上立有《2013国际盆景大会扬州宣言》石碑，以及栽植的纪念树，并展示10位国际盆景艺术大师在国际盆景大会上所创作的示范表演作品。

第二节　艺术特色

扬派盆景老艺人受苍劲英姿的启示，依据中国画"枝无寸直"的画理，创造应用11种棕法组合而成的扎片艺术手法，使不同部位寸长之枝能有三弯（简称"一寸三弯"或"寸枝三弯"），将枝叶剪扎成枝枝平行而列，叶叶俱平而仰，如同飘浮在蓝天中极薄的云片，形成层次分明、严整平稳、富有工笔细描装饰美的地方特色。这种源于自然、高于自然的特色，在以扬州、泰州为中心的地域得到发展，并广泛流传，形成流派。至今万氏、王氏五代传人万觐棠、王寿山的弟子，以及部分业余盆景爱好者，仍在市扬

扬派黄杨盆景《碧云》

派盆景博物馆、泰州盆景园等单位，精心从事扬派盆景创作，在继承扬派盆景传统技艺的基础上不断创新，多次参加国内外重大展览并获大奖。1981年9月，扬派盆景被列为中国盆景五大流派之一。

扬派盆景剪扎技艺，经历代盆景老艺人锤炼，师传口授，在继承的基础上，不断创新。在1983年10月全国盆景老艺人座谈会推动下，总结出剪扎扬派盆景的扬棕、底棕、平棕、撇棕、连棕、靠棕、挥棕、吊棕、套棕、拌棕、缝棕等11种棕法，使传统的师传口授转化为科学的图文并茂形式，以继承、创新扬派盆景剪扎技艺。

扬派盆景的个性在云片，云片的布局在立意，立意的实现在树本。在创作扬派盆景佳作时，选择树本成为成败的关键。当然也可因本制宜来立意，凭借灵感的有机结合，相得益彰。

扬派盆景的美感在于云片，云片的美感在于挺拔，挺拔的实现在于功底，在创作扬派盆景佳作时，除了要有美好立意，还需要具备运用11种棕法技巧功底。熟练掌握11种棕法绝非一朝一夕的事，需要多年实践才能应用自如。应用扬派盆景技艺，继承传统的扬派盆景，特别是运用11种棕法剪扎云片技艺，用以保存中国盆景发展史的历史见证，使活的"文物"永葆青春，但其技法所需功底较深，不易普及。如与时俱进创新扬派盆景，可运用金属丝替代棕丝进行剪扎，按大写意绘画手法进行造型，突出云片个性和美感。既融入大写意诗情画意的美感，又继承传统工笔细描的个性，源于自然，高于自然。

扬派刺柏创新盆景《青云天梯》

第三节 创作人才

在继承扬派盆景，开创水旱盆景，发展山水盆景、自然型树木盆景历程中，专业盆景工作者和业余盆景爱好者做出重要贡献。特别是扬派盆景老艺人万觐棠、王寿山，继承祖传，带徒传艺，使扬派盆景得以传承。市园林处韦金笙总结扬派盆景剪扎艺术11种棕法，突破"师传口授"传统，在《大众花卉》上首次发表《扬派树桩盆景剪扎技法》，全面阐述扬派盆景创作技艺，使扬派盆景得以"师传口授""总结提高"双管齐下，在继承传统基础上进行创新。在市盆景园万瑞铭、陆春富、蒋长林、窦永源、陈勇、朱建华，瘦西湖公园杜晓波、倪国俊、丁锦盛，个园步瑞平，市区绿化队吴玉林，市花木盆景公司杨永实以及泰州市泰山公园王五宝、陈希林、尤六扣、曹志德等扬派盆景专业工作者的共同努力下，扬派盆景享誉海内外。同时，在时任苏北农学院教授徐晓白指导下，扬州红园赵庆泉、林凤书开创水旱盆景，并在邢升清、孟广陵、李明、施爱芳等专业盆景工作者的共同努力下，水旱盆景得到国内外盆景界一致好评。瘦西湖公园汪波，市盆景园方卫东、张如庆、张龙，扬州红园高礼良等创作的山水盆景，亦得到国内盆景界青睐。业余盆景爱好者陈武、惠幼林、陈义田、徐大来和许荣林等创作的写意树木盆景,不仅丰富了扬州盆景类型,同时在国内重大展览中频频获奖。

1989 年 9 月,建设部城建司、中国园林学会、中国花卉盆景协会联合追授市盆景园已故盆景老艺人万觐棠"中国盆景艺术大师"荣誉称号。1994 年,中国盆景艺术家协会授予江苏农学院教授徐晓白、扬州红园赵庆泉"中国盆景艺术大师"荣誉称号。2001 年 5 月,建设部城建司、中国风景园林学会联合授予扬派盆景万氏六代传人万瑞铭、扬州红园赵庆泉"中国盆景艺术大师"荣誉称号,徐晓白、韦金笙获"中国盆景突出贡献奖"。

第四节　制作技艺

剪扎棕法

扬派盆景剪扎技艺,经历代盆景艺人锤炼,师传口授加以继承。

棕法,就是应用棕榈树干托片网状纤维,梳理出粗硬单棕(棕丝),或采用人工方法,将细软棕丝捻成粗细不等的棕线,将不同部位枝条,根据造型和扎片需要,剪扎成形时所采用的技艺(手法)。

用棕丝(线)剪扎盆景,其优点是:棕丝(线)强度高,易弯曲且日晒雨淋不易腐烂;颜色与树木相近、和谐;定型后,拆棕方便。

系棕方法有单套、双套和扣套三种。单套多用于树皮粗糙或有节疤,棕丝(线)不易滑脱的部位。双套多用于树皮光滑、无节,棕丝(线)易滑脱的部位。扣套多用于主干基部第一弯,树干紧靠土面的部位。

打结方法有活结和死结两种。活结:弯曲树干或枝条时,系棕后每弯先打活结,便于调节各弯松紧,待树干或枝条弯曲达到理想弯度,然后将各活结打成死结。死结:扎弯后无须进行调整,遂系死结,并随手剪除余棕。

11 种棕法和要领:

扬棕法:是在树干或枝

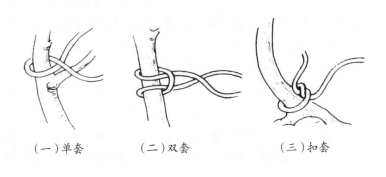

（一）单套　（二）双套　（三）扣套

扬派盆景棕丝系棕方法

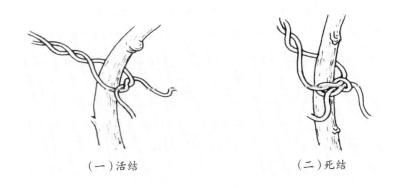

（一）活结　（二）死结

扬派盆景棕丝打结方法

条下垂时采用的一种棕法,在枝条上部系棕,使枝条向上扬起,然后拿弯带平。

底棕法:与扬棕法相反,在枝条下部系棕,使枝条下垂,然后拿弯带平。

平棕法:用于使枝条基本水平的一种棕法,使枝条水平弯曲。

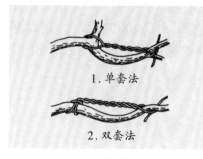

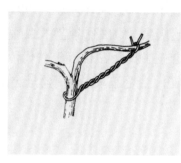

1.单套法 2.双套法		
(一)扬棕法	(二)底棕法	(三)平棕法

撇棕法:在遇到枝条有杈枝,形成两根枝条上下不等,拿弯又正巧在杈枝位置上时所用的一种棕法。要点是系棕的位置要适当,主要根据拿弯的方向而定。如向左边拿弯,棕丝先经杈枝偏下的枝条一面,由下而上,系棕在杈枝向上枝条一方,然后拿弯撇平。如向右边拿弯,则与向左拿弯相反。此棕法变化很大,有扬棕法的撇棕法、底棕法的撇棕法及平棕法的撇棕法。

连棕法:在桃、梅树的剪扎中或枝条长而直时,不必一棕一剪,可用一根细棕连续扎弯而不剪断棕丝。每扎一弯,先打一单结,然后把单结上的棕丝在前一棕丝上绕一下,从该棕丝下面抽出后,与单结下面的棕丝绞几下,再扎下一弯。

靠棕法:即在枝条的杈枝上,为防止杈枝因剪扎而撕裂的一种棕法。先在一枝上套上棕,交叉一下后,在另一枝外侧收紧打结,使两枝稍稍靠拢,这样下一步弯曲枝条时,丫杈处不会撕裂。

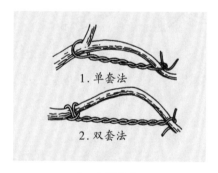

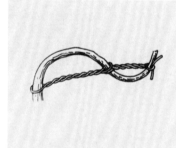

1.单套法 2.双套法		
(四)撇棕法	(五)连棕法	(六)靠棕法

挥棕法:在枝条上无下棕部位或下棕后易滑落,或离下棕的位置太远或太近,必须将棕丝系在枝条侧枝面,这就是挥棕法。系棕在枝条上面的称为挥棕法的扬棕法,系棕在枝条下面的称为挥棕法的底棕法。

吊棕法:分上吊法和下吊法两种。当扎片基本成形,发现枝条下垂,而又无法在本身枝条上用棕整平时可用上吊法,从主干上系棕,将枝条向上吊平。当枝片上翘,而又无法在本身枝条上用棕整平时,可用下吊法,即在主干上系棕,将枝条向下拉平。

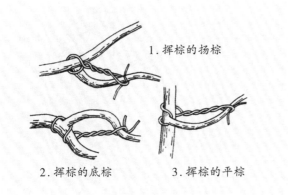

1. 挥棕的扬棕

2. 挥棕的底棕　　3. 挥棕的平棕

（七）挥棕法

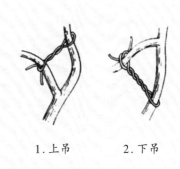

1. 上吊　　2. 下吊

（八）吊棕法

套棕法：当扎片基本成形，发现枝片或某枝条不十分水平时，可采用套棕法加以调整。系棕后一棕套在已扎好的前一弯的棕弦上，由枝条上方或下方抽出，扎一下弯，使枝条站在竖直方向稍微产生位置变化，达到整平目的。

拌棕法：当扎片基本成形，发现水平面内枝条分布不匀称时，用拌棕法在水平面内调整枝条位置，即在相邻或相隔的枝条上系棕，做左右移位。

缝棕法：当扎片基本成形，发现枝条顶片边缘小枝上翘或下垂，而又无法平整，可用缝棕法加以弥补。一般多用于扎好后的顶片，用一根细棕在顶片边缘像缝衣服一样，将顶端若干小枝连成一圈，使边缘小枝不易下垂或上翘。

以棕扎弯，讲究每棕一结，细扎细剪，藏棕藏结。

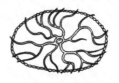

（九）套棕法　　　　　（十）拌棕法　　　　　（十一）缝棕法

放胚造型

剪扎时间：树本造型（放胚）、扎片一般在植物休眠期进行（10月下旬至翌年3月下旬），以春季萌芽前为最佳时期。当植物停止生长或枝条木质化后即可进行复片（云片成形后，隔年重复扎片称复片）。

剪扎顺序：树木造型一般从基部到主干，再到顶片。扎片先顶片，后下片。每片由主枝到小枝再到枝叶，使枝枝平行而列，叶叶俱平而仰。

树本造型：为完整表述扬派盆景树本造型剪扎技艺，以杨（瓜子黄杨）为树本材料，以剪扎传统的游龙弯式造型为例，阐述树本造型技法。

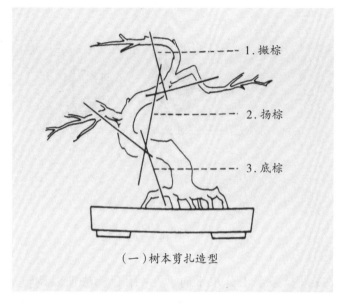

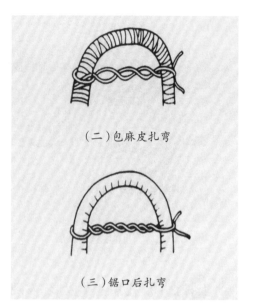

（一）树本剪扎造型

（二）包麻皮扎弯

（三）锯口后扎弯

扬派盆景树本剪扎

　　树本造型剪扎时，将精心选择的树本斜靠在盆口，第一棕用棕线，应用扣套法，尽量扎在主干贴近土面的位置，以使主干下部就近弯曲，然后用底棕法活结扎第一弯，调节棕线松紧，待弯曲状态达到理想时，系成死结，剪去余棕。然后应用扬棕法、底棕法、撇棕法，扎成第二弯、第三弯……弯曲角度大小、方向，一靠创作立意，二靠手腕功底。需造型者功底深厚，应用自如，否则，一不小心易折断树干。倘若树干较粗或较脆，为防止折断，先在需要弯曲部位缠上麻皮或布条，然后进行弯曲。亦可在需要弯曲的树干或主枝的内侧，用小锯拉几道小口，深度不可超过树干直径的三分之一，然后扎弯。主干按游龙弯式造型后，根据分枝多寡，选择最佳部位确定顶片，再定中下片。中下片数量视造型立意和分枝多寡而定，1～9片均可，无规定法式。

　　枝叶扎片：扎片形式万变不离其宗，多为云片，如同飘浮在蓝天中极薄的云朵。其中以观叶类的黄杨（瓜子黄杨）、桧柏、紫杉、榆树、银杏等品种尤为突出。一般顶片为圆形，中下片多为掌形。云片多寡视其创作立意、植株大小、造型形式而定，1～9片之间。1～2层称为台式，多层称为巧云式。小者如碗口，大者如缸口。

扬派黄杨盆景《巧云》

云片剪扎

　　扬派盆景的个性在云片，云片的布局在立意，立意的实现在树本。在创作扬派盆景佳作时，云片剪扎极为重要。

　　在树本剪扎的基础上，先将留作顶片的主枝或小枝用底棕法拿弯带平，然后应用平棕法水平状对其进行弯曲,再将第一侧枝向上呈反方向,应用平棕法水平状左右弯曲,形成圆形顶片骨干枝,必要时再用主枝下第二侧枝,甚至第三侧枝弥补空缺;然后因"枝"制宜,应用11种棕法,使寸长之枝能有三弯,将枝叶剪扎成平行而列,叶叶俱平而仰。圆形云片顶片扎成后,再由上而下剪扎中下片。中下片一般留在弯曲后主干的凸部,扎片时先用底棕法,将中央主枝拿弯拉平,然后应用平棕法左右弯曲,使寸长之枝能有三弯,形成骨干枝。随后将侧枝因"枝"制宜应用11种棕法,将其剪扎成掌状云片。顶片、中下片剪扎成形,剪去余枝。

管理养护

剪扎放胚后,需3～5年才能成形。特别是放胚后第一年,要加强水肥养护,必要时进行荫棚管理。生长期应及时进行整枝修剪,剪去枝片中向下或向上的小枝,保留侧生枝,剪去树本或根部长出的不定芽或徒长枝。通过修剪,调节枝片疏密,这样既通风透光,又可加快云片成形。

为使树本、云片成形后不留下剪扎痕迹,要及时拆棕,否则容易陷棕,会影响生长,甚至断枝。

云片复条(复片)

云片成形后,每隔1～2年或根据需要,在枝条木质化或休眠期进行复条,以展其姿,使云片更丰满。复条的技法如上文所述,运用11种棕法进行剪扎,以恢复其姿。复条时如无客观原因造成损坏,一般主枝仍按原状复条。侧枝或二级侧枝则视疏密强弱加以调整,如有缺损,用邻近侧枝加以弥补。

复条时除恢复其姿外,还需应用叶藏棕,使其不露棕丝。

如不按时复条,往往会出现"长荒了"的情况,小枝直立增粗(植物向阳特性使枝条向上),无法平整,甚至无法恢复云片状,以致影响作品的观赏价值。

"长荒了"的作品想要弥补,只有剪除直立增粗枝条,培养主枝、侧枝和小枝或不定芽,待逐年增粗后,重新剪扎成形。市盆景园黄杨盆景《腾云》即属此法,但耗时10余年才恢复其昔日姿态。

另类剪扎

创(制)作扬派盆景诸多树种中,不是所有树种都能剪扎成云片,其中唯有桧柏(含变种)、黄杨、紫杉等树种才能体现云片特色。其他树种,如松类、榆树、雀梅、檵木等应用11种棕法进行造型,其枝叶则按剪的手法形成树冠。

扬派盆景艺人不仅要精于剪扎技艺,还要富有诗情画意,胸有丘壑,即使不用剪扎的树种创作盆景,也应周密思考,以期获得"小中见大"的效果。如创作虎刺盆景,对于株距的疏密、树干的高低、安排的位置,需要精心设计,才能有山林茂密之感。

桃梅剪扎

扬州人喜将经剪扎的碧桃、梅花,在严冬烘晒,供春节时赏玩。碧桃多为三弯五臂式,梅花多为单干式、三干式、疙瘩式、提篮式造型。

碧桃三弯五臂式剪扎多在春分前，选用两年生苗斜栽于盆中，然后应用 11 种棕法，按三弯五臂式造型，待放叶后，移至室外进行养护管理，秋末见蕾后，再进行复条，春节前 50～70 天进房烘晒(保持室温 15℃)，届时即可放花赏玩。

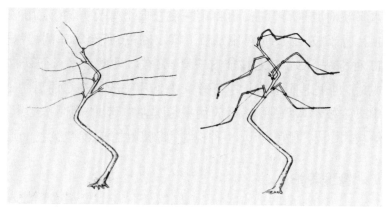

碧桃三弯五臂式造型

梅花单干式、三干式、疙瘩式、提篮式剪扎，多在春分前将梅胚应用 11 种棕法，按上述形式进行造型，待放叶后，移至室外养护管理，入梅时进行复条(此时枝条柔软)，春节前 15 天进房烘晒(保持室温 15℃)，届时即可放花赏玩。

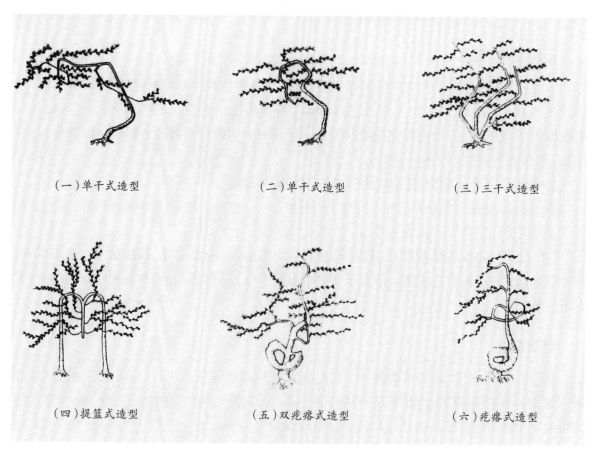

(一)单干式造型　　(二)单干式造型　　(三)三干式造型

(四)提篮式造型　　(五)双疙瘩式造型　　(六)疙瘩式造型

各种梅花造型

附：创新的扬州盆景

盆景不是普通意义上的盆栽树木，也不是随意放置在盆中的石头，而是经过精心艺术构思和技艺加工，布置在盆中的自然景观。在中国盆景中既有表现树木景观的树木盆景，又有表现山水景观的山水盆景，还有就是树木、山水景观兼而有之的水旱盆景。

水旱盆景

水旱盆景系树木与山水两大类盆景结合而成，制作的材料既有植物和土，又有石块和水，有时还放置一些小摆件，所表现的是自然界树木、山石、陆地、水面兼而有之的完整景观。

水旱盆景在发展过程中，深受中华民族传统文化影响，体现"天人合一"的诗情画意，使其创作的完整景观，形成微型的自然景观，具有"立体的画、无声的诗"的特色。

水旱盆景创作的自然美，首先体现在植物上，无论是树木，还是小草、苔藓，都具有自然的生命，无不显示出一派生机。水旱盆景中的树木多为丛林式，它所反映的植物群落在自然环境中"共生共济，又争又让"的生态机制，体现自然界生命的存在方式。其所表现的树木群落的结构美以及四季变化的色彩美，是其他形式盆景无法比拟的。水旱盆景中的自然美，更体现在采用上述自然材料所塑造出的自然景观上，再现峰、峦、冈、壑、崖、岛、矶、坡等各种山景，江、河、湖、海、溪、潭、塘、瀑等各种水景，甚至名山大川到小桥流水，山林野趣到田园风光，都有所表现。水旱盆景还表现不同季节的自然景色，不仅具有生机蓬勃的自然美，亦常因艺术表现需要，放置一些建筑、人物、动物等摆件，以表现生活情趣，达到"可望、可行、可游、可居"的意境，创造一种生活美的境界，使观赏者有身临其境之感。

水旱盆景的创作，不是对具体一山一水、一草一木的模仿，而是将大自然的美景进行高度的概括、提炼，使之达到艺术美的境界，犹如立体的山水画。水旱盆景的画境主要体现在布局，布局时需注意主次分清、疏密有致、虚实相生、空白处理、露中有藏、顾盼呼应、刚柔相济、高低相宜、动静相衬、轻重相衡、粗中有细、平中之奇、巧拙互用等要点，以表现景物生动而鲜明的神态和个性，讲究"形神兼备，以形写神"。

水旱盆景以追求意境为最高境界，在有限的空间表现无限的艺术景象。领受景外之情，达到情景交融，景有尽而意无穷的境地，即诗词所表达的境界。创作水旱盆景时，常借用山水诗词作为题材，或根据其所表现的意境进行创作，从而提高作品欣赏价值。并根据其主题和意境，用凝练的文字作为题名，扩大和延伸所达到的境界，增加作品的诗意。

写意树木盆景

写意树木盆景融诗、书、画、技于一体，寓精工巧思于整体景观之中，以清秀、古雅、飘逸、写意的创作风格，为历代文人墨客所重视，并流传千载。新中国成立后，特别是改革开放后，在历届中国盆景（评比）展览会和国际重大盆景会议暨展览会的推动下，扬州业余盆景爱好者在继承传统的基础上进行创新，重点发展写意树木盆景，形成多元的扬州盆景艺术。

树木盆景是以木本植物为主体，经艺术处理（修剪、攀扎）和精心培养，在盆中再现大自然孤木或丛林神貌的艺术品。不仅欣赏视觉感受到的形象美（源于自然），同时欣赏超越感受、给人以情调联想、移情境界的意境美（高于自然）。尤其是树木盆景的四季变化，不仅体现春日观花、夏日观叶、秋季观果、冬日观骨的景象，而且形态各异，令人遐思，移情自然，美不胜收。

写意树木盆景突破工笔画意，以欣赏自然之神功，领略造化之奥秘（源于自然），体会情景之交融，运用联想、想象、移情、思维等心理活动，以大写意绘画手法，创作"神形兼备，情景交融"的艺术效果。突破有限，通向无限，引导鉴赏者达到盆景艺术所追求的最高境界——意境美。

扬州业余盆景爱好者在发展写意树木盆景进程中，不受传统束缚，突破棕丝，以及棕丝、金属丝并用的剪扎手法,创新使用金属丝剪扎,并学习提升柏树丝雕制作技艺,创作作品"苍古意境"。

山水盆景

山水盆景可追溯至北宋元祐七年(1092)苏轼任扬州知州之时。

经几千年流传,发展至今形成以石为主体,通过截取、雕琢、拼配、胶合等手法,配置植物或摆件,在浅盆中注水,典型地再现大自然山水景观神貌的艺术品。山水盆景源于自然。创作者除亲历名山大川、田园农舍,以"搜尽奇峰打草稿",更是借鉴山水画论,因石(软石、硬石)制宜创作自近山而望远山之平远、自山前而窥山后之深远、自山下而仰山巅之高远的山水盆景。同时分别以独峰、双峰、多峰、奇峰、大山、岗岭、奇岩、危岩、怪岩、立嶂、峭壁、悬崖、层峦、洞窟、平波、悬瀑、远山、岛屿、矶礁、溪涧、夹谷、陂陀、小径等形式展现不同山水意境。

第五节　佳作举隅

明末古柏

树种:桧柏。规格:树高66厘米、宽150厘米。收藏者:市扬派盆景博物馆。

原为明末遗物,新中国成立后移交市盆景园时已"长荒",后经盆景艺人精心养护和剪扎,再现昔日风采。树本屈曲如虬龙,树皮仅余三分之一,苍龙翘首,头顶一片应用"一寸三弯"棕法将枝叶剪扎的云片,枝繁叶茂,青翠欲滴,犹如高山苍松古柏。

于1987年夏因施肥不当而枯死。

《明末古柏》

明末遗风

树种:桧柏。规格:树高83厘米、宽200厘米。收藏者:市扬派盆景博物馆。

原为明末遗物,新中国成立后移交市盆景园时已"长荒",并残缺一云片,后经盆景艺人精心养护和

《明末遗风》

剪扎,再现昔日风采。特别是近十余年来剪扎时,根据遗存明、清扬派盆景剪扎艺术风格研究成果,一改"将云片剪扎演化成水平状"的情况,云片加厚,中略微凸,更接近山巅翠柏之云片,还其原有本色。

明末遗韵

树种:桧柏。规格:树高85厘米、宽180厘米。收藏者:市扬派盆景博物馆。

原为明末遗物,新中国成立后移交市盆景园时已"长荒",并残缺一云片,经盆景艺人精心养护和剪扎,再现昔日风采。特别是近十余年来剪扎时,云片加厚,中略微凸,更接近山巅翠柏之云片,使作品既保持昔日风采,又体现雄秀兼备的特色。

《明末遗韵》

苍龙出谷

树种:桧柏。规格:树高75厘米、宽130厘米。再创作者:陈勇。

原为清代中期遗物,新中国成立后移交市盆景园养护时已"长荒",并残缺3片云片,经再创作者精心养护和剪扎,保留右侧一残枝,后补左侧一云片,使残桩完整,为弥补根部空缺,下垫片石,犹如石中古柏显世。

2001年获第五届中国盆景评比展览一等奖。

《苍龙出谷》

横空出世

树种:桧柏。规格:树高88厘米、宽130厘米。收藏者:市扬派盆景博物馆。

原为清代中期遗物,新中国成立后移交市盆景园时已"长荒",经盆景艺人精心养护和剪扎,再现昔日风采。该作品树本造型时,略作虬曲,体现古柏之雄健精神,并有序布局层层云片,其章法似乎还扬派盆景开创风格之本意。

《横空出世》

绿云

树种：刺柏。规格：树高45厘米、宽80厘米。收藏者：竹西公园。

在继承传统基础上进行创新，冲破"自幼栽培"手法，选用自然形成多姿（残）树桩，按传统棕法将枝叶剪扎成云片，以缩短成形年限，遂为成功之作。同时，右下枝吸取自然型造型手法，增添飘逸情趣。

1997年获第四届中国盆景评比展览一等奖。

《绿云》

巧云

树种：黄杨。规格：树高35厘米、宽110厘米。作者：万觐棠。

该作品自幼在根颈处绕一如意结，既变化丰富，又吉祥如意。主干按游龙弯式造型。干顶和弯凸处应用11种棕法，将枝叶剪扎成6片云片，层次分明，严整平稳，其下垂枝在平稳中增添动势，静中有动，为扬派盆景巧云式的典型佳作。

1985年获第一届中国盆景评比展览一等奖。

《巧云》

腾云

树种：黄杨。规格：树高42厘米、宽145厘米。再创作者：万瑞铭、陆春富。

原为清代中期遗物，新中国成立后移交市盆景园养护时已"长荒"，经十余年精心养护和复原，又焕发生机，并在原自幼剪扎双干造型古桩基础上，随势延长下层云片增添动势，形成具有阳刚之美的巧云式佳作。

1989年获第二届中国盆景评比展览一等奖，1990年获日本大阪国际花卉博览会金奖。

《腾云》

彩云

树种:黄杨。规格:树高 65 厘米、宽 185 厘米。再创作者:陆春富。

原为清代中期遗物,新中国成立后移交市盆景园养护时已"长荒",经十余年精心养护和复原,又焕发生机,并在原自幼剪扎卧干式造型古桩基础上,保留"舍利干",并另立一云片,弥补中缺,使其造型完整,形成具有飞舞之美的巧云式佳作。

2001 年获第五届中国盆景评比展览一等奖。

《彩云》

碧云

树种:黄杨。规格:树高 80 厘米、宽 90 厘米。再创作者:倪国俊。

自幼栽培时,选用双本合栽,并绕一如意结,经多年栽培,愈加形似独本双干,再经精心养护和剪扎,形成既苍古又生机盎然的巧云式佳作。该作品通过深厚功底,体现云片挺拔美。

1997 年获第四届中国盆景评比展览一等奖,1999 年获中国 '99 昆明世界园艺博览会金奖。

《碧云》

行云

树种:黄杨。规格:树高 58 厘米、宽 135 厘米。

原为清代中期遗物,新中国成立后移交市盆景园养护时已"长荒",经十余年精心养护和复原,又焕发生机,并在原自幼剪扎双干造型古桩基础上,选用"长荒"之粗枝,另立顶片,使其造型圆满。唯粗枝直立无法变化,但能将残桩复原成现状,实属不易,仍不失为巧云式佳作。

《行云》

1994 年获第三届中国盆景评比展览一等奖,1999 年获中国 '99 昆明世界园艺博览会铜奖。

岫云

树种:黄杨。规格:树高 56 厘米、宽 110 厘米。再创作者:杜晓波、吴玉林。

原为清代后期遗物,新中国成立后移交市盆景园养护时已"长荒",经精心养护和改造,在原主干出片处再现云片。

1989 年获第二届中国盆景评比展览"继承传统奖"。

《岫云》

祥云

树种:黄杨。规格:树高 29 厘米、宽 102 厘米。再创作者:步瑞平。

原为业余盆景爱好者收藏赏玩,经收购移交个园养护,后经精心养护和剪扎,锦上添花,特别是应用 11 种棕法剪扎的云片,挺拔柔美,与收购前相比,判若两物。

2001 年获第五届中国盆景评比展览二等奖。

《祥云》

凌云

树种:黄杨。规格:树高 34 厘米、宽 110 厘米。再创作者:吴玉林、万鹏。

原为清代后期遗物,新中国成立后由市园林所从张氏手中收购,后移交市盆景园养护。该作品主干自幼按游龙弯式造型,剪扎成蹲状舞姿,并舒展二水袖,柔美潇洒,为扬派盆景台式典型佳作。

1997 年获第四届中国盆景评比展览一等奖。

《凌云》

古木清池

树种：榔榆。石种：龟纹石。规格：盆长 145 厘米。作者：赵庆泉。

采用水旱盆景的形式，以数株大小不一的榔榆（主树树龄约 50 年）、龟纹石和浅口水盆为主要材料。在布局上，主树临水，最为突出，配树与之呼应；山石分开水面与旱地，并与树木形成对比；坡岸高低起伏，水岸线曲折蜿蜒。作品既多样又统一，表现出水畔古树的自然美景。

《古木清池》

1997 年获第四届中国盆景评比展览一等奖，1999 年，获中国 '99 昆明世界园艺博览会大奖。

秀色可餐

树种：紫薇。石种：英德石。规格：盆长 90 厘米。作者：林凤书。

将观花类的树种用于水旱盆景中，别具特色。此盆景中仅种一株紫薇，但干粗、枝繁、叶茂、花盛，树冠四展，孤而不单。水岸边的英德石，形态美观，皱纹丰富，与树木相得益彰，构图美观，色彩协调。静寂的水面倒映出花树倩影，意境深邃，秀色可餐。

1985 年获第一届中国盆景评比展览三等奖。

《秀色可餐》

游龙戏水

树种：雀梅。石种：龟纹石。规格：盆长 150 厘米。作者：汪波、杜晓波。

选用疑似两株交柯盘绕，实为连理同株，为难得的雀梅老桩，因材而宜，用龟纹石构筑成水涧，烘托山野林间以木为桥的景观，其外观又形似游龙戏水，故名。

2001 年获第五届中国盆景评比展览一等奖。

《游龙戏水》

古木情深

树种：雀梅。规格：树高100厘米、宽80厘米。作者：惠幼林。

树本雄健挺拔，虬曲有姿，雄秀兼备，在雀梅树种中不易多得，经作者精心造型，形成大树型更属不易，特别是枝叶结构梳理尤见功底。

1997年获第四届中国盆景评比展览一等奖。

碧云竞秀

树种：黄杨。规格：树高110厘米，宽75厘米。作者：李晓。

选用扬派盆景喜用的黄杨树种，剪扎成层次分明、严整平稳、工笔细描装饰美的云片风格。创新运用写意手法构图，将该树种少见同根多干组合成景，形成少见的黄杨丛林景观。经多年养护管理，枝繁叶茂，并修剪成自然云朵状，可谓"碧云竞秀"。

2012年获第八届中国盆景展览会金奖。

雨沐春山

石种：龟纹石。规格：盆长120厘米。作者：汪波。

以山为体，石为骨，树为衣，草为毛发，石、树、草、水相协调，构成完美图画。其中，配树养草与山体比例得当，尤以山腰配树，可谓源于自然，高于自然。

1997年获第四届中国盆景评比展览一等奖。

《古木情深》

《碧云竞秀》

《雨沐春山》

第六节　盆景展览

国内展览

1979 年 9 月 11 日至 10 月 24 日,在庆祝新中国成立 30 周年之际,国家城市建设总局园林绿化局在北京北海公园举办新中国成立后首次全国盆景艺术展览,13 个省、自治区、直辖市的 54 家单位参加展出,分综合、福建、广州、苏北、苏南、浙江、四川、广西、北京、上海 10 个馆,展出各种类型盆景 1100 余盆,成为中国盆景发展史上的重要里程碑。市园林处主持苏北馆

1979 年全国盆景艺术展览苏北馆

展出,并参加综合馆布展工作。在综合馆布展中,扬派盆景老艺人万觐棠创作的黄杨盆景《巧云》,被陈列在馆前序景架正中位置。同时,在综合馆简史部分,用一个版面展出扬州、泰州收藏的明代古柏盆景实物照片和文字说明,还展出清代扬州八怪之一李方膺《盆兰图》(复制品)。苏北馆采用扬州园林厅堂陈设形式,在古色古香红木家具、名人书画衬托下,展出扬州、泰州参展的扬派盆景和南通参展的通派盆景,特别是参展的以云片为特色的扬派盆景,得到全国盆景界的认可和好评。

1981 年 10 月 1—30 日,地区园艺学会、市园林处在瘦西湖公园联合举办扬州地区盆景艺术展览,分扬州、泰州、靖江、江都、综合五馆,展出各类盆景 1200 余盆。除展出传统的扬派盆景,扬州红园还展出水旱盆景、山水盆景。

1982 年 5 月 1 日至 6 月 2 日,由市园林处组织,瘦西湖公园、红园,江都曹王林园场、泰州市园林管理处、靖江县人民公园等单位组成的扬州馆,参加由省建委在南京玄武湖公园举办的江苏盆景艺术展览。《新华日报》在报道中介绍:"在扬州盆景馆里,我们看到三盆被题名为'瑞

1982 年江苏盆景艺术展览馆扬州馆

云''青云''凌云'的树桩盆景,就是典型的扬派盆景杰作。盘根错节,古老弯曲的树枝,托着一朵朵应用'一寸三弯'的棕法,将枝叶扎成扇面似的'云片'。"瘦西湖公园展出的黄杨盆景《凌云》获最佳盆景奖,瘦西湖公园展出的树木盆景《鹤舞》、红园展出的雀梅盆景《根深何必畏临崖》获优秀盆景奖。

1985年10月1—30日,市园林处组织参加由中国花卉盆景协会、上海市园林管理局联合在上海虹口公园(现鲁迅公园)举办的首届中国盆景评比展览。市盆景园扬派盆景老艺人万觐棠创作的黄杨盆景《巧云》、红园赵庆泉创作的水旱盆景《八骏图》获一等奖,市盆景园汪波创作的山水盆景《春风又绿江南岸》获二等奖,万瑞铭等人扬派盆景《翠云》、红园林凤书创作的水旱盆景《秀色可餐》获三等奖。

1987年4月28日至5月7日,省农林厅、省绿化委员会、省花木联合会组成的江苏展团,组织市盆景园、红园、泰州市园林管理处、靖江县人民公园培育、创作的盆景佳作,参加由中国花卉协会在北京农业展览馆举办的第一届中国花卉博览会。市盆景园万瑞铭参展的黄杨盆景《凌云》、红园赵庆

1987年第一届中国花卉博览会江苏馆内景

泉创作的水旱盆景《小桥流水人家》、泰州市园林管理处王五宝参展的圆柏盆景《鹤立衔芝》、靖江县人民公园盛定武创作的山水盆景《刺破青天》获佳作奖,6盆盆景获表扬奖。同时,由于获奖总数名列地市参展单位之首,扬州市还获得地市参展单位优胜奖奖杯。韦金笙设计的应用江苏园林艺术手法,采用竹木结构粉墙漏窗、博古隔断组合空间的手法,达到"小中见大""清秀典雅"展出效果的江苏馆获得展出奖。

1989年9月25日至10月25日,在武汉举办的第二届中国盆景评比展览上,市盆景园万瑞铭、陆春富参展的黄杨盆景《腾云》获一等奖,杜晓波、吴玉林参展的黄杨盆景《岫云》荣获继承传统奖。

1989年9月26日至10月3日,在北京举办的第二届中国花卉博览会上,扬州红园赵庆泉创作的水旱盆景《垂钓图》荣获一等奖。

1994年5月10—30日,在天津举办的第三届中国盆景评比展览上,市盆景园万瑞铭、蒋长林参展的黄杨盆景《行云》、扬州红园参展的椰榆盆景《雄健》获一等奖,另获二等奖2盆、三等奖4盆。

1997年10月16日至11月6日,为配合第四届中国盆景评比展览,市园林局、市花卉盆景协会主办,市盆景园举办扬州盆景展览,有12家单位的400余盆盆景参展。

1997年10月18日至11月6日,由中国风景园林学会、省建设委员会、市政府主办、市园林局承办的第四届中国盆景评比展览在瘦西湖公园举行,有全国53个城市的882盆(件)

盆景参展。市盆景园的黄杨盆景《凌云》、瘦西湖公园的山水盆景《雨沐春山》、瘦西湖公园的黄杨盆景《碧云》、红园的水旱盆景《古木清池》、竹西公园的刺柏盆景《绿云》以及雀梅盆景《峥嵘岁月》获一等奖。

2000年9月20日至10月15日,市园林局组织展品参加省首届园艺博览会。在盆景评比展览中,市园林局选送的盆景获特等奖1个、二等奖1个、三等奖4个;在插花比赛中获一等奖2个、二等奖1个、三等奖1个。

2000年9月23日至10月22日,在上海举办的第三届中国国际园林花卉博览会上,市盆景园陆春富参展的黄杨盆景《岫云》、江都业余盆景爱好者许荣林创作的黑松盆景《虎踞龙盘》获一等奖。此外,刺柏盆景《将军风度》获二等奖,黄杨盆景《叠云》《青云》获三等奖。

2001年5月15日至6月5日,在苏州举办的第五届中国盆景评比展览上,市盆景园陆春富参展的黄杨盆景《彩云》、陈勇参展的桧柏盆景《苍龙出谷》,瘦西湖公园汪波、杜晓波创作的水旱盆景《游龙戏水》,扬州红园孟广陵、施爱芳创作的水旱盆景《清泉石上流》,高礼良创作的山水盆景《巴山烟雨》均获一等奖。

2001年第五届中国盆景评比展览扬州展台

2003年6月28日至7月12日,由省政府主办,省建设厅、省农林厅和常州市政府共同承办的第三届省园艺博览会召开,《夫子登月》获盆景精品一等奖,《兰竹石》获盆景精品二等奖。

2004年9月30日至10月10日,在第六届中国盆景展览会上,市园林局组团参展的10盆盆景作品获1金3银。其中,市盆景园参展的圆柏盆景《横空出世》获金奖,个园参展的黄杨盆景《拂云》、红园参展的水旱盆景《溪畔人家》、武静园参展的五针松盆景《蛟龙奇碧》获银奖。

2005年9月18日至10月20日,在淮安举办的第四届省园艺博览会上,个园管理处参展的《探云》获盆景艺术奖一等奖,市扬派盆景博物馆参展的《叠云》、陈革的《壮志》获盆景艺术奖二等奖,倪国俊的《秀云》、王正生的《青龙迎春》获盆景艺术奖三等奖。9月26日至10月16日,在南京举办的首届中国绿化博览会上,扬州王正生制作的刺柏盆景《汉柏凌云》获一等奖,陈革制作的五针松盆景《怀旧》获优秀奖。9月28日至10月6日,在成都举办的第六届中国花卉博览会上,市扬派盆景博物馆参展的榔榆盆景《溪水人家》获一等奖,黄杨盆景《层云》获二等奖,黑松盆景《苍翠》、榔榆盆景《沃土》获三等奖。

2010年10月1—7日,参加在上海举行的中国盆景精品邀请展暨盆景创作比赛,瘦西湖风景区管理处选送的盆景《探海》获展览特别荣誉奖,盆景《清溪松影》获展览银奖,盆景

《清泉入翠》获展览铜奖,市扬派盆景博物馆的盆景《灿云》《飞天伎乐》获展览精品奖。杜晓波获创作比赛 B 组创作金奖,陆春富获创作比赛 A 组最佳创作奖,孟广陵获创作比赛 B 组最佳创作奖。

国际展览

1987 年 3—6 月,市盆景园万瑞铭组织扬派盆景赴联邦德国参加联邦德国国家园林节,在慕尼黑、法兰克福、明施特、康斯坦士、海德堡、不来梅等 6 个城市进行巡回展出,并进行现场表演。

1990 年 6 月 18 日,在日本大阪举办的花与绿国际花卉博览会上,市盆景园参展的黄杨盆景《腾云》获金奖。

1995 年 5 月,扬派盆景参加在新加坡举办的第三届亚太地区盆景赏石会议暨展览会,黄杨盆景《意云》获优秀奖。

1997 年 10 月 30 日至 11 月 2 日,在上海举办的第四届亚太地区盆景赏石会议暨展览上,市盆景园万瑞铭、陆春富参展的黄杨盆景《腾云》,扬州红园赵庆泉创作的水旱盆景《幽林曲》获银奖。

1999 年 5 月,扬派盆景参加在昆明举办的中国 '99 昆明世界园艺博览会。经专业评审组对参赛的 408 盆盆景评比,红园参展的水旱盆景《古木清池》获大奖,瘦西湖公园参展的黄杨盆景《碧云》获金奖,江都集翠居参展的朴树盆景《宝岛春归》获银奖,市盆景园参展的黄杨盆景《行云》获铜奖。市园林局获建设部授予的先进单位奖。

2002 年 4 月 5—14 日,市盆景园选送龙真柏盆景《铁骨峥嵘》《苍龙出谷》《蛟龙吟月》,黄杨盆景《腾云》《秀云》,雀梅盆景《友谊之虹》,银杏盆景《鸿鹄之志》《如意》,柳椤木盆景《叠翠》等扬派盆景参加第三届上海国际花卉节盆景精品邀请展。

2004 年 9 月 23 日至 2005 年 3 月 16 日,在第五届中国国际园林花卉博览会上,市园林局组团参展的 10 盆盆景作品获得 1 金 2 银 2 铜,其中市盆景园参展的黄杨盆景《瑞云》获金奖,个园参展的黄杨盆景《祥云》、江都龙川盆艺园参展的黑松盆景《风鹏正举》获银奖,瘦西湖公园参展的黄杨盆景《飘云》、江都龙川盆艺园参展的三角枫盆景《雄风》获铜奖。

2005 年 9 月 6—16 日,扬派盆景参加在北京举办的第八届亚太盆景赏石会议暨展览。市扬派盆景博物馆选送的黄杨盆景《行云》、椰榆盆景《饮马图》、圆柏盆景《苍龙出谷》、五针松盆景《清泉石上流》均获亚太参展入围奖和亚太佳作奖,瘦西湖风景区管理处选送的黄杨盆景《飘云》获银奖,个园选送的黄杨盆景《祥云》获铜奖。

2010 年 11 月 10—27 日,在广州举办的广州国际盆景邀请展上,市扬派盆景博物馆选送的黄杨盆景《飘云》获金奖,五针松盆景《探海》《清溪松影》获银奖。

2011 年 11 月 19 日至 2012 年 5 月 11 日,在重庆举办的第八届中国(重庆)国际园林博览会上,扬州市选送的《追风叠影》《松风远播》分获室内展盆景奖金奖、银奖。

2013 年,瘦西湖风景区举办 2013 国际盆景大会。国际盆景大会吸引了 40 个国家和地区的 500 余名嘉宾(其中境外嘉宾 260 名)参会,322 件顶级水平的精品盆景、赏石作品参展,13 位国际著名盆景大师现场进行技艺表演和盆景赏石讲座,共有 6.8 万名来自全国各地的盆景爱好者前来参观。

第六章　造园技艺

虽由人作，宛自天开

巧于因借，精在体宜

詩書歌舞好宿

園林無俗情

淡雲吾廬

扬州园林营造技艺是一门以建筑为主要表现形式,结合叠石、理水及植物配置,精心组合,构建诗画、宜居环境的综合艺术,涉及建筑学、美学、文学、民俗学等诸多学科。由于扬州地理位置、自然环境、文化基础的独特性,形成与以北京为代表的皇家园林、以苏州为代表的江南私家园林不同的造园技艺。2014年,扬州园林营造技艺以其独特的艺术价值入选国家级非物质文化遗产名录。

扬州园林营造技艺的形成,其所依赖的是独特的自然环境。扬州地处江淮平原南端,位于南北走向的大运河与东西走向的长江交汇处,自古即有"楚尾吴头,江淮名邑"之称。扬州境内地势平坦、气候温和、雨量充沛、土壤肥沃,有利于劳动生产和园林植物的生长,园林植物物种丰富多彩。

扬州园林营造技艺的形成,有其所依赖的文化环境。公元前486年,吴王夫差开凿邗沟,并在蜀冈上建邗城,邗沟成为中国最早的运河。隋代,隋炀帝开挖通济渠、永济渠,疏浚邗沟和江南运河,实现大运河的南北贯通。经过唐、宋、元,一直至明、清两代,大运河一直发挥着漕运的枢纽作用,南北文化在扬州交流、碰撞,促进扬州经济、文化的数度繁盛,园林营造技艺得到进一步发展。以《园冶》为代表的园林理论著作的出现,是扬州园林营造技艺高度发展的标志。明清时期,扬州成为漕运、盐运的枢纽,城市经济高度发达,带来扬州城市文化的高度发展,大批文人、画家、匠师聚集扬州,形成了扬州园林营造技艺所依赖的文化基础。

扬州园林营造技艺主要包括建筑、叠山、理水、植物等要素,在立意布局、造园手法、构建技法、民俗文化等方面形成了独具特色的艺术风格,滋生城市山林、湖上园林、寺观园林等多种园林形式,有着极高的艺术水平和独特的审美特征。园林专家陈从周认为,扬州园林"融汇南北,自成一格,雄伟中寓明秀,得雅健之致,而堂庑廊亭的高敞挺拔,假山的深厚苍古,花墙的玲珑透漏,更是别处所不及。其诗画品格和精致做派,于建筑上显现出独特的风格与成就,是研究我国传统建筑的一个重要地区"。

第一节 空间布局

清代文人沈复在《浮生六记》中提出,造园必先有总体布局,如果布局好,妙处很多。"若夫园亭楼阁,套室回廊,叠石成山,栽花取势,又在大中见小,小中见大,虚中有实,实中有虚,或藏或露,或浅或深"。布局不好,则"地广石多,徒烦工费"。由此可见,布局在园林中起着非常重要的作用。

山水布局

城市宅园

扬州宅园总体平面布局较为平整,动观与静观结合,观赏线路多层立体,宅与园结合较为紧密,没有严格的中轴线,灵活富有变化。主厅常是全园的活动中心,地位突出,景色秀丽。厅前凿池,隔池堆山作为对景。在有限的范围内,或环阁凿池,或贴壁叠山,最大限度地利用空间构筑无限的意境。园林虽无崇山峻岭、急水深流,但因为叠石理水、栽植花木、建筑点缀,都以自然为画本,从而创造出"山有脉、水有源""木欣欣以向荣,泉涓涓而始流"的小天地,体现出重自然山水的布局特点。

所谓山水自然之境即中国园林追求的"虽由人作,宛自天开"。同时,园景又因叠石、理水、建筑、花木在布局上的侧重,做到"园以景胜,景因园异"。如个园以假山为赏景核心,水景为辅。寄啸山庄以廊最为突出。清余元甲的万石园以石为主,"山与屋分,入门见山。山中大小石洞数百,过山方有屋。厅舍亭廊二三点,点缀而已"。

扬州城市宅园,布局多取向内集中的形式。建筑物、回廊、亭榭等均沿园的周边布置,墙体成为限定空间的重要元素。所有建筑均背朝外而面向内,由此形成较大且集中的庭园空间。扬州的城市宅园多为私园或会馆,受地理条件的限制,往往面积不大,有的只有数百平方米,如蔚圃、匏庐等。而位于扬州金鱼巷的容膝园,纵深约30步,宽仅10余步,取三面贴墙布景、向内集中的方式,除南侧留有隙地外,其余方向,东北叠有石山,西侧构半廊与半亭,西南为客斋三间。占地稍大的宅园,如个园占地2.4公顷,何园占地1.4公顷,小盘谷占地5700平方米,为突出主题,集

小盘谷水池

中赏景,往往以水池为中心,取内向布局的形式。何园的主景区西园以水池为中心,三面环廊,水池东有水心亭,北有蝴蝶厅等建筑,西有假山、石矶,水池上有石梁桥和曲桥点缀。小盘谷水池的东、南、西、北四面分别被假山、厅堂、长廊、船舫包围,主景区的核心地位非常明显。清道光时期的棣园,东、西园均以水面为中心,湖石假山环列四周,建筑位于边缘地带,空间开敞而自然。

总体而言,扬州城市宅园多为层叠向心式的布局,有一个较大、较集中的水面是向心布局所赖以取胜的重要因素之一,因为水体集中,往往产生空间开阔之感。环绕水面,布置山石、建筑、花木,其中往往在北侧筑两层楼房,俯视全园,向心力和内聚感会分外强烈。

湖上园林

湖上园林的规模远超私家小园,布局又有特点。瘦西湖被称为"视野之开阔为苏州园林所不及,而相互呼应却又较杭州西湖紧凑"。整体布局以散点分布,为避免松散、凌乱,往往结合具体情况,根据地形、水体、植物营构的变化,一方面,在园内选择一个制高点,或楼、或塔、或阁等,通过它俯瞰全园。五亭桥位于湖面的中轴线上,是赏景的布局中心,具有控制景观的作用,观赏视角丰富多样,平视有风亭,仰视有白塔,俯视有凫庄及广阔的湖面等。另一方面,湖上园林在组景空间分布上有恰当的轴线引导。瘦西湖的风亭、吹台和五亭桥自东向西三者几成一线,与熙春台共同构成湖上的东西向轴线,可以做到景点"散而有序""形散而神不散",整个景区显示出完整的景观构成,错落有致的空间层次、起承转合连绵不断的景观序列,体现突出的整体景观组织特征,是江南私家园林与北方皇家园林艺术相互借鉴融合的成功范例。

湖上园林的水系空间既聚又分,主宾分明。瘦西湖湖上草堂至熙春台的水面,就是"聚",就是"主"。而长堤春柳一侧的水面、小金山处的水面、万花园处的水面,就是"分",就是"宾"。聚可以有汪洋之感,分则有迂回曲折、深壑藏幽之感。湖面之上,用葑泥堆土于湖中的小金山、西园曲水中的琵琶岛以及伸入湖心长渚的钓鱼台,还有各种类型的桥,对水体进行有效划分,使得湖面线条产生高低起伏、疏密有致的空间组合,避免大型水面带来的单调和一览无余,充分丰富了水体样式,凸显了水面的层次效果。

寺观园林

寺观往往建在树木林立、山清水秀之地,它们一方面与四周的自然风景相协调,另一方面又大多成为公共游览的景点。寺外是景色宜人,寺内又大都有附属园林或庭院园林化的建置。园林专家周维权指出:"许多寺、观以园林之美和花木的栽培而闻名于世,文人们都喜欢到寺观以文会友、吟咏、赏花,寺观的园林绿化亦适应于世俗趣味,追私家园林。""一般与私家园林并没有多大区别,只是更朴实一些,更简练一些。"(周维权《中国古典园林史》)扬州的寺观也具有以上特点,从史料记载看,扬州天宁寺的西园、静慧寺的静慧园、高旻寺的附园、琼花观的琼花园,都是山水布局、多植花卉,颇有名气的园林。

扬州现存寺观园林大明寺的西园(又名芳圃、御苑),既不同于私家园林精于人工巧筑,也不同于公共园林(如瘦西湖)具有较大的规模和丰富的自然、人文景观,而是以树木、池水为主,点缀少量建筑,呈现出疏朗、天然的美。

西园为山林地园林，是明代计成《园冶》所推崇的最佳园林选址，具有独特的山野气息。西园建于蜀冈中峰，有山林地形之优，树木成林、池水成片是西园区别于其他园林的特色。西园以面积较大的水池为中心，水以聚为主，以散为辅，形成"水随山转，山因水活"的布局特点。建筑以隐为主，临水建筑都取低矮、近水、空透的形式。环池四周大部分是起伏的山丘，丘冈之上遍植朴树、榆树、松树等参天古木。在构景上，形成高树低水、中间点缀少量建筑的布局特点。全园层次分明，充满生机。同时，树木具有分隔空间、遮掩景观的作用，山石、建筑、水流在树木的婆娑中表现出"茂林在上，清泉在下，奇峰秀石，含雾出云"的境界。树木还具有渲染气氛的作用，四季的瞬息变化、自然界的种种场景、无形的时空之美，都会通过树木的盛衰荣枯，通过树木的万千姿态，通过树木的声、色、味表现出来，给游人脱尘出世、返归自然的快意。这种山林野趣之韵是作为城市宅园的个园、何园等所不具备的。

建筑布局

扬州现存园林中，最多的是宅园。扬州宅园布局以前宅后园为主，多南为住宅、北为庭园的"后园式"（即俗称的"后花园"），如个园。也有宅与园横向并立的"侧园式"（即园林在园居的一侧），如小盘谷。还有一种是住宅融于园中，如汪氏小苑，住宅居中，四周治园，即东西南北住宅四角各建一园，这种布局，打破宅与园的界限，比较少见。又如何园，园主何芷舠在原有寄啸山庄的基础上，扩建新园，又购得片石山房（小园）。园居住宅玉绣楼东面有东园，东南有片石山房，北面有大花园，西面有怡萱楼小园，这也是园居位于全园中心的一例。

扬州宅园的住宅部分，一般多为东、中、西三路，强调中轴对称的布局。如个园住宅建筑群，规划为三纵三进九宫格。东路建筑是生活用餐场所的清美堂、楠木厅及厨房等，中路建筑是待人接物与生活起居的汉学堂与二、五公子的起居所，西部建筑是祭祀祖先的清颂堂、园主黄至筠生活起居所及小姐绣楼等。整个建筑群排列规整，秩序井然，具有明确的轴线引导。又如周静成住宅，也是由东、中、西三路住宅组成，园林在西路。也有东、西两路并列（南河下170号汪鲁门住宅、康山街24号魏仲蕃住宅）或者四路并列（广陵路274号、276号"陇西后圃"）、五路并列的。每路三进、五进或七进，更有甚者前后达九进、十三进。院落进深与建筑高度基本为1:1，最大限度地满足采光要求。同时，每一进院落多是中轴贯穿，两厢对称，有的后一进地面比前一进略高五六寸，给人以视觉上层层递进、步步高升之感。住宅建筑群之间一般以火巷作为分隔。如南河下汪鲁门住宅，就是东西两路建筑并列，坐北朝南，中夹南北朝向火巷一道。有时火巷也是抵达园子的最佳通道，如汪鲁门住宅群，楼下前后腰门可隔可通，各进东厢俱有耳门通向火巷，可开可闭；楼上前后左右回廊相串，整个楼屋形成前后左右四通八达、能分能合、分合自如的立体交通环境。

扬州宅园建筑布局有以下四个特点：一是布局规整，住宅与庭院比例均衡，通风采光充足，纵横互连相通，内外分合自如，体现阴阳相辅相成的中国传统建筑美学思想。二是多路并列，中轴贯穿，左右两厢对称，体现的是儒家中庸之道的思想。三是正厅旁厢边廊，堂后寝室耳房，体现的是尊卑有序、男女有别的封建伦理观念。四是砌房造屋取奇数为组合，构架为三、五、七架，主房三进、五进连贯，多路并列，体现的是奇数为阳、偶数为阴的风水意识。

扬州住宅后花园中的建筑，种类丰富，有厅、堂、楼、阁、亭、轩、榭、舫、廊等多种类型。遵循因地制宜、随宜安排的原则，根据布局需要，建筑位置各有不同。

厅堂一般位于园林最重要的位置，既与生活起居部分之间有便捷的联系，又有良好的观景条件与朝向，常常成为园林建筑的主体与构图的中心，是园主人进行会客、治事、礼仪等活动的主要场所。其建筑特点是高而深，间架多，规模和装修较一般房屋复杂华丽。一般面阔三、五开间，正中明间较大，次间较小。面向庭院的一侧通透开敞，多在柱间安装连续槅扇（即落地的长窗），并有敞轩或回廊。如个园的宜雨轩（其实是个四面厅），是由住宅区进入园林的第一处显要建筑，面南而筑，东西阔三楹，四面有窗，厅外有环廊，可坐可倚。

扬州园林中常设花厅与对厅，如个园宜雨轩是男主人聚会活动的场所，而对厅透风漏月轩则是老夫人或女主人日常使用；何园桴海轩是男宾花厅，而南侧的牡丹厅为女宾所用；二分明月楼，原有一座歇山顶四面厅为男主人会客处，梅溪吟榭为女主人使用；汪氏小苑的春晖室和秋嫦轩，一是东偏厅，一是西偏厅，

个园宜雨轩

符合"男左女右"的宗法设置格局，功能上来说恰恰一个是男厅，一个是女厅，匾额的题字也是对应的，东厅为"春"，西厅为"秋"。

扬州私家园林中，常有以楼代厅堂的布局特色。楼在扬州园林中一般位于园的边侧或后部，以保证中部园林空间的完整，同时便于因借内外和俯览全园景色。如扬州棣园沁春楼在园林后部，登楼可以尽览全园景色。

楼在扬州园林的空间布置里，不但数量多，而且体量大。清代大洪园近水筑楼二十余楹，净香园内有迎翠楼、浣香楼、环翠楼、江山四望楼、天光云影楼等。元代扬州的二分明月楼，是当时"绮食琼杯阆苑游"的园林，书法家赵孟頫题联云："春风阆苑三千客，明月扬州第一楼。"今个园抱山楼，连接秋山和夏山，体量之大、之巨，几乎超过园中的山水环境。扬州园林中的楼还多和廊相搭配，如何园的复道楼廊，总长430余米，几乎环绕全园，贯穿住宅区（玉绣楼）和西园，曲折蜿蜒，极为恢弘。盐商周扶九宅园楼宅体量宏敞，砌筑考究。楼上下四面置廊相连，前后、左右、上下自由通达。楼、廊在扬州园林中的如此布局和园主身份有关，主要是作为大商人的园主人需要在园林里面进行广泛的社会活动，同时利用大体量的建筑物显示排场，满足其争奇斗富的心理。

舫在扬州园林中一般完全或部分建构于水上，如壶园、卷石洞天、静香书屋、小盘谷等处的舫。还有一种因地制宜、抽象化、变形化的舫，它完全建在陆地，外形似船或借助题额、楹联等，勾起人们对于船的联想和想象。汪氏小苑秋嫦轩庭院西廊，有一窄巷天井，南端大，北头小，宛如船尾。步入"船中"，再迈步向南，即为装修精致的"船头"，被称为"构筑船轩，因地制宜，构思巧妙，堪称佳作"。如此布局，使人"坐在船轩内，再透过玻璃窗格看小园景色，

葱茏滴翠,油然而生的感觉与前又有不同"。又如扬州何园的船厅,实际是个四面厅,但通过题额"桴海轩"、两侧楹联"月作主人梅作客,花为四壁船为家"以及厅前铺地采用站立的瓦片和鹅卵石子铺设成水波纹图案,给人以水波粼粼之感,达到不是船舫而似船舫的效果。

扬州宅园布局中还多设书房和读书处,与当时"贾为厚利,儒为名高"的风气有关。无论园主是官宦还是商贾,都希望通过将财富转化为科举及第,以仕宦上的成功,从而获得社会声望和地位。如寄啸山庄大公子何声灏的书房,藏在园林东北角,偏于一隅,清静而避喧哗,营造出一个不受干扰的苦读环境。其他还有如汪氏小苑静瑞馆东侧的书斋、壶园的悔馀庵、二分明月楼的夕照楼、小盘谷东北角的桐荫山房、逸圃的尘镜常磨书屋等。

何园桴海轩

总之,因园林居于住宅后,建筑分布整体而言是随形构置,不规则布局。园林中的建筑群,建筑与建筑之间不讲究对称和整齐划一,而是采取不对称的形式,自然化布局,完全服从于园中的山水环境,使建筑与山水环境尽量融为一体。如个园"壶天自春"长楼与假山合为一体,即可借山而登楼,又可倚楼而下山。即使个体建筑有明显的轴线,但这个轴线也只限于建筑物本身,并不引伸出去干预山水、树木的自然化。如小盘谷九狮图山上的风亭、山下状似曲尺形的花厅以及三面临水的水阁,建筑之间高低错落,无对称可言,完全视营造山水环境而定,构成一幅楼台参差、花树繁荫的庭园画面。

植物布局

植物在园林中几乎无处不在,扬州有些园林建筑的得名就来自配置的植物,如二十四景之一的白塔晴云"芍厅",就是因为此处主要栽培芍药而得名。扬州何园的桂花厅,因厅前植金桂、银桂、丹桂、四季桂等而得名;玉绣楼,因其院中植有广玉兰和木绣球而得名。

扬州园林中常见的植物有松、柏、榆枫、槐、银杏、女贞、梧桐、黄杨、桂花、海棠、玉兰、山茶、石榴、梅、蜡梅、碧桃、杜鹃、紫藤、木香、蔷薇等。一般根据它们的习性、时令性、观赏性进行配置,如岭上栽梅、山上植松、湖边治柳、水中种荷,藤萝夭桃,杂带其间,在丰富景观层次、讲究色彩搭配的同时,注重与建筑、假山、水景之间的关系,正所谓"山借树而为衣,树借山而为骨,树不可繁,要见山之秀丽;山不可乱,须显树之光辉"(荆浩《画山水赋》)。因此,植物配置的恰当与否是园林布局成败的关键。

植物在园林中的布局配置和功能作用是:隐蔽园墙,拓展空间;笼罩景象,成荫投影;分隔联系，含蓄景深；装点山水，衬托建筑；陈列鉴赏，景象点题；渲染色彩，突出季相；表现风雨，借听天籁；散布芬芳，招蜂引蝶；根叶花果，四时清供。汪氏小苑园内"挹秀"处的"可栖徏"，是最靠近女眷住处的小园，也是女眷活动的场所。此处种植有女贞、木香、枸杞。这些花木均与女性有关，在寓意、形态上，都易让人联想到女性。如女贞，寓意女性"冰清玉洁、守身如玉"。形态上，木香藤蔓纤柔，花丛簇簇；枸杞枝蔓倾垂，弱不胜风，都让人联想到女性的婀娜身姿和楚楚动人。

扬州园林中布局植物时，注重寓意与空间场景的协调。如何园的赏月楼，是园主人母亲的居所，因此楼前植松柏是象征老人长寿，植女贞体现女性节操，植紫薇寓意家庭和睦，植石榴代表多子多孙。又如个园宜雨轩前栽植大量桂树，就因为桂谐音"贵"，意在欢迎贵人来园，表达主人的好客之情。瘦西湖二十四景之一的"荷浦薰风"，就以种植各种荷花为主。《扬州画舫录》卷十二记载："荷浦薰风，在虹桥东岸，一名江园……是地前湖后浦，湖种红荷花，植木为标以护之；浦种白荷花，筑土为堤以护之。"二十四景之一的"梅岭春深"，以种植梅树为主。"梅岭春深即长春岭，在保障湖中……岭上多梅树，上构六方亭。"二十四景之一的"长堤春柳"，以杨柳为胜，垂柳最适宜临水种植，"两堤花柳全依水"就指出柳树在园林中的布局特点。陈从周在《说园续》中曾言："长条拂水，柔情万千，别饶风姿，为园林生色不少。"何园前身"双槐园"，是因园内植有古槐两株，遂名。休园的植槐书屋一景，是因为书屋前种植粗大的槐树。以竹为主题的扬州园林就更多，如元代平野轩、居竹轩，明代遂初园、影园，清代的筱园、让圃、净香园等。其中，个园题名更是完全以竹命名，从布局看，也是园中无处没有竹的身影。

扬州园林具有把空间布局转化为时间流程的特点。最能反映时间流程的，是以植物为媒介来体现。因为花木的开谢与时令的变化所形成的丰富性，为其他造园景观所不及。如春之牡丹、芍药、玉兰，夏之紫薇、石榴、凌霄，秋之丹桂，冬之蜡梅，一年四季花事不断，春夏秋冬皆有可观。利用落叶树种季相变化的特点，营造出动态的植物景观。个园的植物配置以竹为主，春景用刚竹（燕竹），夏景用水竹，秋景用四季竹（大明竹），冬景用斑竹，其间兼顾到变化和四季景观的视觉效果。春景处还配有迎春、芍药、海棠，夏景处有广玉兰、紫薇、石榴、紫藤，秋景处有古柏、黑松、枫树，冬景处有蜡梅，从而使四季之景的意象更加突出，更加分明，真正做到清代陈淏子《花镜》中所说的"（花木）因其质之高下，随其花之时候，配其色之浅深，多方巧搭，虽药苗野卉，皆可点缀姿容，以补园林之不足，使四时有不谢之花，方不愧名园二字"。

第二节　建筑营构

陈从周指出："扬州园林在保留江南园林淡薄、清况韵味的基础上，还凭借其雄厚的经济实力，借鉴北方皇家园林雄伟恢弘和高贵富丽的风格，建筑追求高贵富丽，形成雅健的南北过渡特色。"

扬州园林建筑基本为小瓦屋面，屋面形式多样，遵从固有的等级制度，如民居多用硬山，等级高的也用歇山屋面，但民居中不用斗拱；衙署等官式建筑等级高于民居，有悬山屋面，多用歇山，重要的建筑会用斗拱；寺庙建筑因其特殊的地位及功能性需求，大雄宝殿为等级较高的重檐甚至三重檐歇山顶，用斗拱，甚至施以彩绘；藏经楼多为两层歇山或硬山建筑，也用斗拱，其山门殿有时也会在后檐用斗拱。

扬州园林建筑擅长运用空窗达到互相"借景"的效果，从窗棂中构成的景色，产生移步换影的感觉。诸种花墙、花窗，使闭处能透，近处能远，小处能大，使冰冷隔膜的墙变

大明寺

得风情万种，充满人情味；花窗借景，又使景如镜中花、水中月，如美人"犹抱琵琶半遮面"，丰富园林景观的层次，增加园林景观含蓄的美感。瘦西湖的钓鱼台，结构非常简单，却极为巧妙地在两圆门内分别可见五亭桥与白塔两点全景，构成两幅相映成趣的"框画"。

扬州园林建筑善于营造立体交通与多层观赏线。以何园复道回廊为代

诗情画意瘦西湖

表，其形式有上下两层、或中间夹一道墙、或两者合二为一。其形或直或曲，或高或低，或离或合，因地赋形，依物成状，形成一条串联的立体通道。游客徜徉园内，可无虞日晒雨淋，将复道回廊的建筑功能与魅力发挥到极致。

扬州园林建筑在细节表现上无不体现出当年在建筑设计方面"意

何园复道回廊

与形"的完美糅合。砌造房屋在设计上必先立意，后成其形。意，即与建筑有关的哲学思想、风水理念、规制形制、比喻寓意等文化内涵；形，即建筑形式与风格、建筑尺度比例、建筑空间布局、建筑结构、建筑装修，不变中有变。

寓意吉祥的园林铺装

扬州营造宅园,精选材质,精工细作,不仅追求整体效果,而且在细微之处亦极尽雕琢之能事。复道回廊、花窗雕饰、磨砖对缝墙等,无不表现出扬州造屋之工的精致。精致不仅是扬州园林建筑的特征,也成为扬州文化的重要特征之一。传统园林建筑中的各种雕饰,均含有吉祥寓意。此类吉祥题材不仅丰富,而且在民间造物中广泛应用,百年不衰,有着惊人的稳定性。扬州传统园林建筑博采儒、释、道三家学术,处处凸现出带有特定时代特征的民风、民俗、民情。个园"抱山楼"题匾"壶

卢氏盐商住宅

寓意吉祥的木雕

天自春",寓含"移天缩地于君怀"之意,显然受到中国道家思想影响。

扬州传统住宅园林在外观上普遍是围墙高耸,而进入园门则豁然开朗,精工雕饰,秀美雅致。这种"藏而不露"的建筑做派,适应盐商大贾们既竭尽奢华而又不愿露富的矛盾心理。

扬州建筑行业自古以来还有一整套约定俗成、相沿成习的行规。这些行规带有浓郁的地方文化色彩和行业特征,有的还编成谚语或顺口溜,运用于砌房造屋的过程之中,显现出这支队伍的风范;有的表现为"口彩"或其他艺术形态,具有纯朴的民俗意义。

扬州园林建筑具南方之秀,兼北方之雄,外观介于南北之间,结构与细部的做法兼两者之长,整体风格以雅健著称。扬州传统园林建筑中被广泛应用的筑脊、歇山、瓦头、翘角、挂楣、歇腰、磉鼓、栏杆、窗洞等细部处理,均有别于他处,无不显现出一种独特的风格与美。传统建筑的匠人包括木作、瓦作、石作、漆作、雕作等等,分工巨细,各具其长。扬州传统园林建筑的匠师们是相师设计理念的具体实践者、体现者,同时能凭借其匠心和技艺,对初始的设计予以丰富、发展和再创造。清钱泳《履园丛话》中认为:"造屋之工,当以扬州为第一。"扬州的"造屋之工"以瓦作、木作、雕作最显特色和成就。

瓦作

扬州传统园林建筑的屋顶用硬山、歇山、悬山、攒尖、小瓦的形式。翘角平缓,屋脊中花脊高敞空透,小瓦筑脊沉稳简洁。屏风墙(封火墙)墙体厚实,稳重古朴,均匀对称,端头平实,造型别致。其中,"观音兜"式,状如观音菩萨头顶披风,给人以端庄典雅的感觉;"云山"式,状如凸起的弧线,高低起伏,绵延不断,给人以轻盈律动的感觉。

厅堂用方砖(讲究的用金砖)铺地,其下垫层砌成地垄或用钵子倒过来架空砖面,可防潮、隔音。砖面要经过细磨、泼墨、桐油浸擦、烫蜡等工序,油灰嵌缝,正方相接,规整铺设。园林铺地因景而异,因地制宜地分别选择青砖、石板、瓦片、瓷片、卵石等不同材料,运用多

种铺设方法,铺排出各种丰富的图案,使之美观、坚固且富有情调。

扬州砖作(歇山雕花、门楼砖刻、花窗、漏窗、砖窗外皮等),或不炝色,不粉刷,一律用磨砖,采用阴嵌(见缝不见灰)的手法,对缝相拼,制作极为精细工整。图案(几何图形)的形成因"境"因"景"而变,轮廓清楚,线条简洁、明快、挺拔。另门额用高级石料,磨砖镶边,古拙厚重。踏垛多用天然山石,朴实自然。尤其擅长用水磨青砖镶砌出门窗框宕,打磨细腻,工艺考究,造型丰富。宽宽的"贴脸",拼缝严密,圆润自然,穷极变化而又不失浑厚简练。厅堂的大脊、戗脊脊端也饰以花砖或砖雕,以显"刚中有柔"。

扬州传统园林建筑的屋脊分为小瓦筑脊和花脊两大类,用花脊为多。花脊因选用材料的不同分为小瓦花脊、板旺花脊、筒瓦花脊、瓦旺花脊、架砖花脊和"寿"字脊。至今,扬州未见有卷棚式黄瓜环屋面建筑形式的历史遗存。

扬州屋脊　　　　　　　　　　　　　北方屋脊

苏州屋脊

扬州传统园林歇山式建筑屋面上三角形山墙处叫做山花,一般为青灰粉刷墙(现为白粉墙),讲究的均外贴磨砖浮雕吉祥图案饰面。苏州为白粉墙或为泥塑吉祥图案饰面。

何园凤戏牡丹山花　　瘦西湖凫庄狮子盘球山花　　小盘谷二龙戏珠山花　　苏州园林建筑山花

北方园林歇山建筑

传统瓦屋面的垄瓦头谓之"勾头"，瓦槽瓦头谓之"滴水"。勾头外形为如意状，又形似猫脸，俗称"猫头"，合称"猫头滴水"，又称"勾头滴水"。有别于苏州与北方环状勾头，俗称"棺材头"。

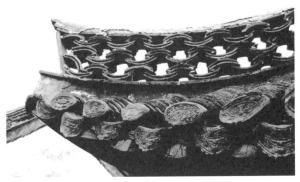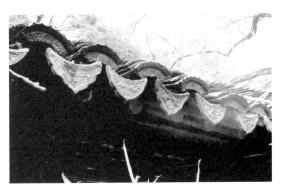

扬州勾头滴水　　　　　　　　　　　　　　苏州勾头滴水

扬州的园门门洞、窗洞均有磨砖镶框，砖角只简单地勒圆线，俗称"指甲圆"，较多的门洞、窗洞镶以宽宽的"贴脸"，方形门洞角上饰以砖雕。门洞上均置门额，磨砖镶框。

扬州门洞　　　　　　　　　　　　　　　　　苏州门洞

扬州围墙上使用的花窗极为丰富，不仅表现在花窗使用的图案上，更表现在使用材料的品种和工艺上。扬州的花窗可分为磨砖花窗、板旺花窗、小瓦花窗。磨砖花窗又称为"景窗"或"锦窗"。苏州的花窗为素式景窗，图案极富变化，极为丰富，采用相同的材料和工艺。北方未见类似形式的花窗。

磨砖花窗

小瓦花窗

板砖花窗

扬州窗洞

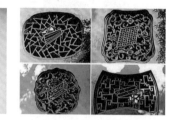

苏州素式景窗、窗洞

北方花窗、窗洞

扬州园林建筑的垛头做法较为简洁，面牌下均出挑两皮，面牌上出挑三皮、或五皮、或七皮。一般为青砖出挑，做圆线勾勒，青砖砌筑面牌，考究的为磨砖出挑，做圆线、抹头勾勒，磨砖面牌，更为考究的，磨砖面牌浮雕或深浮雕花草或人物故事等吉祥纹饰。苏州为白粉墙，出挑较大，出挑处做造型。北方垛头做法与扬州相近。

扬州园林建筑垛头

北方建筑垛头

苏州园林建筑垛头

屏风墙又称马头墙，其造型有独脚屏风墙、三山屏风墙、五山屏风墙、游山屏风墙、观音兜屏风墙形式。一般以三飞式超五层磨砖样式，经济条件一般的人家依其样式，以青砖砌筑，青灰粉饰。与苏南比较，挂枋以下墙头不出挑。与徽式比较，脊头不起翘，小瓦筑脊且平直，磨砖平雕回字纹脊头收头。

扬州屏风墙

徽州马头墙

苏州屏风墙

扬州园林建筑大多用青砖清水砌墙,墙体设计常规厚度0.37米～0.42米,常见墙面设计造型有磨砖对缝墙、青灰丝缝墙、玉带墙、空斗墙、相思墙、屏风墙、云山式墙、花窗墙8种,常见的有4种:

(1)磨砖对缝墙:砌筑每一块砖都要经过剥皮、铲面、刨平、磨光、对缝等数道工序,然后才能用于砌墙,常用于门墙。墙面光洁细腻,砖缝细如丝线,最薄的刀片也插不进去。技艺到家的匠人,砌墙砖与砖之间几乎看不到细缝。

(2)青灰丝缝墙:用青砖、青灰、丝缝横铺扁砌,砖与砖之间横平竖直,层层错缝,考究的墙面砖经过刨子刨平,墙面光洁,砖棱角规整,砖缝很细。墙体厚度通常是0.37米,有的厚达0.42米～0.52米。

(3)和合墙:即墙体下半段用青砖整砖青灰清水砌筑,上半段用空斗墙竖砌,故称和合墙。

(4)乱砖清水丝缝墙:因扬州历经战乱,造成众多碎砖烂瓦,战后重建,工匠们就地取材,创造出乱砖墙的砌筑形式。使用乱砖既是对残物的有效利用,也砌出一种别具样式的美,成为扬州墙体砌筑的一大特色,外地即使有此形式,也没有扬州砌筑得考究。此墙注重"三分砌墙,七分填馅",里外横铺扁砌,丁砖拉接,中间填碎砖馅。不但讲究墙面砌筑规矩细致,而且要求墙中填砖搭接"踩脚"严密,素泥抹平。考究的砖表面经过刨子刨平,棱角刀砍,墙面美观不亚于整砖墙。乱砖墙还有一种砌筑形式,即横铺扁砌与竖列成排,横竖相间,交替叠砌,形如编织带状,美其名曰"玉带墙"。乱砖墙因墙体厚实,隔音、隔热、防寒、保暖效果好。此外,墙体至下而上略有收分,但不明显。

扬州磨砖对缝墙	扬州青灰丝缝墙	扬州乱砖墙	扬州玉带墙
扬州和合墙	扬州相思墙	扬州磨砖灯草缝墙	扬州空斗墙
观音兜式		云山式	

在戗角做法中,扬州有带捎铁和无捎铁两种做法。

扬州翘角瓦作　　　　　　北方翘角瓦作　　　　苏州翘角瓦作

扬州园林建筑所用石磉、石鼓样式较为简洁,一般为荸荠式、腰鼓式,材质多为青石,有的在荸荠式鼓上作雕饰,与北方相似。

宋式柱础　　　　　　　　明式柱础　　　　　　　　清式柱础

木作

扬州木作(构架、装修)精工细磨,或不施彩、不髹漆,与砖作一样力求以显示原材料固有的色彩美与质地美。这种做法称之为"清水货",选材要求极高,制作精细,耗费工时。

屋面歇腰是指随着房屋的进深,由木构架的举架逐步升高而形成的屋面弧度。扬州传统园林建筑的举架从檐口梁架的高度开始起步算,一般是从5.5算算起,依次为6.5算和7.5算,部分脊架还附加草架。民居则依次为5算、6算、7算,行话为"边五中六拐七"。

扬州传统园林建筑的梁柱木构架用料较之苏州的梁柱木构架用料为粗壮,较之北方的用料为纤细。其他如木椽、门窗、栏杆、窗榥子等用料亦如此。建筑梁柱大木作多数为圆作做法,方作(扁作)做法较少。重要的厅堂,采用名贵的楠木、柏木制作;厅堂廊架置卷棚,有平卷、拱卷、如意卷等形式;木雕福寿、吉祥、喜庆等图样,用于门窗、挂楣、飞罩、连机、月梁、栏杆、美人靠。《履园丛话》载:"周制之法,惟扬州有之。明末有周姓者,始创此法,故名周制。"清代北京皇家园林的重要装修,采用"周制"之法。

扬州传统园林建筑戗角与苏州和北方不同。扬州的角有老戗与嫩戗,翘起舒缓。老戗与嫩戗间的夹角在135°～155°之间,一般为145°。燕尾椽檐口截面形状呈椭圆形,老戗两边的燕尾椽形似象牙,俗称象牙椽。苏州的翘角有两种做法,一种是有老戗无嫩戗(扬州俗称

扬州翘角木作　　　　　　扬州翘角木作　　　　　　北方翘角木作

"水戗""水串"），一种是老、嫩戗均有，老戗与嫩戗间的夹角在122°～130°之间，起翘角度大，燕尾椽（摔网椽）檐口截面呈圆形。北方翘角的样式和做法与扬州、苏州截然不同。

扬州传统建筑屋面的檐口椽头没有封檐板，椽头直露，依靠滴水瓦头出挑三分之一的瓦身及勾头，防止雨水的侵蚀，对防范斜风暴雨的侵蚀较弱，故有"出头椽先烂"的民间俗语。

扬州园林建筑厅堂显得高屋轩敞，主要在于大木构架的制作梁架尺度。扬州厅堂檐高为檐柱高与明间开间之比，一般在0.9～1之间，高的甚至达1.1，且屋面出檐深远，屋面举架较大。

扬州传统园林建筑屋檐下的梁柱间，亦即檐柱与拔檐梁间，有木雕件进行装饰，此木雕件谓之撑牙，对梁柱的稳固起到辅助作用。苏州与北方不使用。

扬州园林撑牙　　　　　　　　　　　　北方园林一般不用撑牙

扬州传统园林建筑檐口梁枋下，两柱间均用挂楣装饰，样式大多与门窗样式相近，或从门窗样式，多用宫式图案，有的还再嵌入木雕饰件，葵式图案相对较少。苏州均使用挂落。北方使用挂楣，为宫式，图案简洁，样式较少。

扬州园林挂楣　　　　　　　北方园林挂楣　　　　　　　苏州园林挂落

门窗样式多用宫式图案，有的再嵌入木雕饰件，葵式图案相对较少。苏州的门窗宫式、葵式图案均有运用，葵式偏多，讲究的再嵌入木雕饰件。北方使用宫式和菱式，图案简洁，样式较少。

雕作

砖雕精巧而不纤弱，浑厚与洗练、秀丽与健劲兼而得之。花色奇巧，意匠生新，无铺成堆砌痕迹。工艺以高浮雕为主，参以镂雕、浮雕和线刻，而以高浮雕尤为见长。图案主体突出，配景简约，层次清晰，空间感强，于浑厚中见秀丽清劲。

在戗角上，扬州只雕老戗头，嫩戗不雕刻，老戗下饰以雕刻的花篮，嫩戗头或以小瓦勾头盖之，或以砖雕饰之。苏州老戗、嫩戗均做雕刻，老戗下饰以短小的千斤坠，嫩戗头饰以"猢狲面"。

风水

扬州在砌房造屋上也体现阴阳学、风水等思想,讲究顺利、吉祥。依据《周易》"阳卦奇,阴卦偶"(单数为阳,偶数属阴),建筑物数字尺度讲究"明用单数,暗用双数"的做法。如房屋进数多用三进、五进、七进、九进单数,相贯组群。无前后六进相连组合,因六进有"六门干净""断子绝孙"之嫌。房屋构架架步多用三、五、七架排列顺序,有"前三后五、前五后七、七七连进"之说,即前一进三架梁,后一进五架梁,前一进五架梁,后一进七架梁,再后数进皆七架梁,其中还细分小五架、大五架、小七架、大七架等。规整宅园前五后七,左右为三格局,即前一进五架梁,后一进七架梁,左右廊厢三架梁。因女性属阴,偶有女厅、花厅为六架梁式。

汪氏小苑俯瞰图

房屋面阔间口尺度尾数暗用偶数。如汪氏小苑厅堂正间、安乐巷朱自清故居堂屋,按现代尺度是3.4米,折成清代营造尺是10.6尺,即一丈零六寸。甘泉路匏庐厅堂正间、东圈门丁苌臣厅堂正间,面阔间口按现代尺度是3.7米,折成清代营造尺是11.6尺,即一丈一尺六寸。还有用砖尺度,其尾数设计也有六。如旺砖尺度有大六与小六之别,即做官的人家旺砖尺寸为大六,民家旺砖尺寸为小六,寓意明不六暗六,子孙兴旺。

"转弯抹角"

房屋门尺度细节设计上也很讲究,其尺度与九、六、半数字有关。九象征天数、极数,六又含"六六大顺",半有"伴"的含意。如岭南会馆中路大门门墙之间,净档按现代尺寸为高3.5米、宽2.22米,折成清代营造尺为高一丈零九寸、宽八尺九寸;西路大门门墙之间净档尺寸为高2.85米、宽1.56米,折成清代营造尺为高八尺九寸、宽五尺五寸,若进一位称是9×6的尺度。再如,个园中路仪门门墙之间净尺度为高2.8米、宽1.76米,折成清代营造尺为高八尺九寸、宽五尺半,其半含有"伴"之意。另家具宽度设计多为四尺半、三尺半,含有夫妻要"伴"之意。

从风水意识选址、规划设计上看,盐商卢绍绪住宅最为典型。其宅坐落扬城东南隅,依道家说法,先迎日月光华、紫气东来,方位最佳;东南临古运河流畅活水,得龙脉之灵气;东傍盐宗庙,托盐祖保佑之神气;康山曾为先贤福地,相传为明代状元康海、清中期盐商总商江春、"三朝阁老,九省疆臣"阮元等名人住过,沾历史人文之文气;乾隆曾临幸康山草堂,又沾皇家之王气;住宅前建阳刚大屋相贯九进之多,后构"意园",颐养浩然之精气;造屋均选择上好杉木,而杉木在砌房造屋风水中称之为阳木,得其阳气;坐拥当年南河下众盐商大贾一条街之东首,可得财源之财气。

大中型民居在砌门楼墙时,在大门框上槛内侧门龙中间上端墙间暗留一小洞,内藏用红布或红纸包"顺治太平"铜钱各一枚,然后用灰粉平,寓意吉利。

门枕石,扬州人俗称石鼓子,衙署、官宦府第大门边侧可置圆形石鼓,而一般商贾、民宅只能置竖长方形石鼓子,不得用圆形石鼓子。

一般民居大门多为黑色,衙署大门为红色。大门不宜对正丁字路口,否则设置"石敢当"石,门上放置"照妖镜"。

大中型民居厨灶位置多设置在组群房东北隅。单体对合两进六间两厢或六间四厢民居,厨灶多设置在坐南朝北(称之对照房)东室。三间两厢民居,厨灶多设置在乐厢房。

愿生寺抱鼓石

开工、上梁、进宅也有风俗。首先要请风水先生相地,工头实地筹划。开工前要选择好"黄道吉日",通常选择阴历逢六日为最吉,最忌"十四日",为最不吉。开工前要办开工酒宴请工人。上正脊桁条俗称上梁,又称上正梁,较隆重,其程序是选梁(选好的木料)、烘梁(用点燃刨花在梁下象征性烘一下)、暖梁(用酒浇在梁上),再在梁上贴红纸书写"福"字或"吉祥高照"吉祥语。考究的备香案敬香。还有的在厅堂间两中柱上贴大红纸,书写"竖柱喜逢黄道日,上梁巧遇紫微星"等喜字。上梁只能投榫,不得用钉,否则不吉(因为盖棺材才用钉)。投好榫,称之"请"到位。系梁绳子必须打活结,不能打死结。考究的还要两个童男子来系绳子拎正梁。上梁时喊"说上就上,人财两旺"等喜语,并要一次到位。如果定下的好日子突然下雨,上梁时说"雨打梁头,子孙不愁"等喜话。梁上好后,由在上面上梁的工人抛散糕馒(糕、馒头),放鞭炮,说喜话,喊热闹,主家单独封红纸包喜钱给上梁工人。上梁这一天多有亲戚送贺礼。上梁结束后,还办上梁酒庆贺,竣工后要办酒,进宅也选好日期举行仪式。

扬州宅园在构筑中有对儒学、阴阳学、易学等思想的反映。注重阳宅"三要"即主大门、主房、厨房的风水。大门是第一要素,大户人家民居多为坐北朝南,不但砌筑考究,而且必偏于东南,原因在于风水学中巽方(东南)为最佳方向。入内二门,又称仪门,必偏于西南,不直对仪门。进入仪门,面南即为考究的正厅,也是群房中的主房。而厨房多设置在群房东北端。根据已公布的

汪氏小苑"笔锭万事如意"石雕脚踏

近百处市级以上文保单位民居，还发现一个事实存在的特色，除一两处大门朝西外，余均大门朝南或朝东。而朝东大门多偏于北，入内仪门多偏于南，称之上首。几乎没有人家大门直对山墙或墙角。

砌房造屋格局，前后中轴贯穿，左右两厢对称规矩，体现儒家中庸思想。正厅旁厢边廊，厅后寝室楼房，表现出尊卑有序、男女有别的封建伦理思想。正厅两厢边廊的橼头不能超越正厅明间中柱的中线，有"橼头出中，主人送终"的民俗。

讲究的大户人家还特地设置女厅、庭园等。从女厅设置方位来说，遵循男左女右宗法思想。从厅的构建形式上来说，采用方梁、方柱、方石磉、方砖铺地，厅前天井铺汉白玉石板，其意为女性要方方正正、规规矩矩、清清白白做人。

清代扬州建筑砖雕

第三节　叠石掇山

扬州叠石的兴起、发展与鼎盛，有其深刻的历史渊源。据文字记载，扬派叠石以技艺高超、造型奇险而见于古籍的，是从明代开始的。明代文学家张岱在《陶庵梦忆》中对扬州于园叠石的描述就是证明。明、清时期，扬州商业繁荣，私家造园蔚然成风，吸引大批南北叠石匠人聚于扬州。扬州同时是"扬州画派"与"扬州学派"的主要活动基地，扬州园林的主人们为提高自家园林的身价和品位，多邀集诗人、画家出谋划策、题诗撰记，诗人与画家的直接介入，确立扬派叠石的文人意识和美学品质。叠石创作，离不开园主人、相师和匠师的共同参与，园主人支撑叠石初始创作的意象。"三分匠人，七分主人"，园主人的文化素养往往决定叠石造山的品位和旨趣。

片石山房被誉为石涛叠石的"人间孤本"，是扬州园林现存年代最久远的一座假山。片石山房内有湖石假山一座，采用扬州常用的贴壁造山法，山形布局暗合石涛"峰与皴合，皴自峰生"画理，叠成"一峰突起，连岗断堑，变幻顷刻，似续不续"的章

何园片石山房

法。整体主次分明，虽然面积不大，布置却很自然，疏密适当，片石峥嵘，很符合"片石山房"园意。以石壁、磴道、山洞三者最是奇绝。

小盘谷现存的假山重修于清光绪年间，主峰在假山最北处，高9米多。山体临池而起，突兀而上，湖石垒块飞挑多姿，形成层层悬崖峭壁。再层叠而上，高险磅礴，形成绝峦危峰。山上绿树阴翳，石间绿蔓飘悬，构成一幅危峰耸翠、苍岩临流的图画。此叠山中多有形似狮兽者，或昂首朝天，或蹲伏伺敌，或侧卧歇息，或相对嬉戏，所以旧籍中多称之为九狮图山，并有诗文志之。园林专家陈从周在《扬州园林》一书中称："此园假山为扬州诸园中的上选作品""叠山的技术尤佳，足与苏州环秀山庄抗衡，显然出于名匠师之手。"

个园"四季假山"，是以石笋、湖石、黄石和宣石等不同石料，采用分峰用石的手法，堆叠成春、夏、秋、冬四景，表达出"春景艳冶而如笑，夏山苍翠而如滴，秋山明净而如妆，冬景惨淡而如睡"和"春山宜游，夏山宜看，秋山宜登，冬山宜居"的诗情画意，成为国内园林独一无二的佳作。

大明寺西园的假山为黄石堆叠，险峰并峙，参差林立，峡谷深邃，曲折蜿蜒，山洞上下，明暗分明。清乾隆年间，高晋编纂《南巡盛典》一书中的《名胜图录》里有一幅《平山堂》图，今平山堂和西园景色尽在图中。从这幅图中可以看到，假山屹立于第五泉水池旁。

大明寺西花园一角

扬派叠石在设计理念和营造技艺上均有许多独到之处：

善于叠入理趣。扬派叠石注重整体构思，拼叠山体时，将人生感悟也叠入山体，让观赏者在领略自然景观和艺术作品的同时获得相应的人文意蕴。如何园片石山房的"镜花水月"。又如大明寺西园，利用黄石堆叠出蓬莱、方丈、瀛洲海上"三仙山"。山石矗立于水中，山势陡峭，

大明寺西花园黄石假山

壁立千仞。置身假山之上，仿佛是置身于海中的一座孤岛，一望无际的碧波环绕，烟波浩渺处隐现亭台楼阁，汹涌的水声时远时近，拍打着假山下的基石，四下皆水，仿佛要绝尘而去。向远处眺望，感受到"烟涛微茫"的意境。而此种意境，是创造者渴望有一个超尘脱俗的仙境，既能远离世俗，又可修身养性，围绕着人的活动和欲求，在神话幻想的启发下，创造出的一个仙界。

擅作贴壁假山。扬州叠山常用"粉墙为纸，以石为绘"的叠石手法，借助高墙，叠出假山，呈四面环山围抱之势，手法自然，如同壁画。既可寓意墙外有山，又留出园中空间地貌，或建亭筑廊造屋，或挖池理水植树，或于显要处单立峰石赏玩，又以曲折道路穿插其间，即便布

石，也多低矮如山脚余脉之势，不仅手法自然，对比强烈，造型逼真，而且空间紧凑，节省用料及人工。

讲究"中空外奇"。所谓中空外奇，是指利用自然山石或搭架成空，或挑法造险，或飘法求动。扬州叠石造山不仅讲究人上山、下山、观山、游山时的自然山林效果，更追求人进入自然山腹之中的境界。个园东北角的秋山，用粗犷的黄石叠成，拔地而起，险峻摩空。在山洞中左登右攀，境界各殊，有石室、石凳、石桌、山顶洞、一线天，还有石桥飞梁、深谷绝涧；引水、布桥，造景别有洞天，可游、可观、可居，空透处深不可测，突兀处险象万千。整体山石有平面的迂回，有立体的盘曲，山上山下，又与楼阁相通，在有限的天地里给人以无尽之感，其堆叠之精，构筑之妙，可以说是达到登峰造极的地步，在现今江南园林中成为仅存孤例。

"小石包镶"和"挑飘"技法。扬派叠石擅长运用小石拼叠，即根据石形、石色、石纹、石理和石性，运用小料将石材呈横长形层层堆叠拼合成整体，从而表现出山石造型的流动感，利于造险取势。为了增强横纹拼叠山石造型的动势和险势，扬派叠石又大量运用"挑""飘"技法。在至要之处将石纹相通的石材叠置成伸出山体之外的峰峦或垒块为"挑"，在挑石端部再叠上一块石料为"飘"。"挑""飘"技法的运用打破山体的呆板、僵硬之态，增强活泼、灵动之势。

何园贴壁假山

个园秋山

卷石洞天假山

此外，扬派叠石擅用条石，大开大阖、四洞贯通、八面呼应，具有潇洒飘逸之美。条石作骨架，使山体沉稳坚固；作岩壁外挑，山体能后坚前悬；作山腹洞室结顶，洞室格外宽广坚实；作洞口池上飞梁，山水多呈现自然古朴之态。

自明朝末年起，扬州叠石名师辈出。明、清两代有叠影园山的计成，叠万石园、片石山房的石涛，叠怡性堂宣石山的仇好石，叠卷石洞天湖石九狮山的董道士，叠秦氏小盘谷的戈裕良，以及王庭余、张国泰等。晚清、民国年间余继之叠怡园、萃园、匏庐、蔚圃和冶春园假山。扬派叠石广泛吸纳各家技艺，更臻精妙，形成兼具南秀北雄的造型风格和技法特色。扬派叠石发展至今，人才济济，不乏叠石能手。堡城王氏为扬州叠石世家，其第七代传人王鹿枝享誉全国。深受王氏叠石影响的方惠，人称"方叠石"，作品遍及大江南北。他将理论学习心得和实践经验进行总结，著有《叠石造山》《叠石造山法》《叠石造山的理论与技法》，填补国内叠山技术理论的空白。另一位叠石技师孙玉根，其叠石作品遍及德国、加拿大、日本，曾获德国斯图加特国际园林博览会金奖。

第四节　理水手法

扬州园林大多为模拟自然风光的山水园林，水成为扬州园林中不可或缺的基本物质形态。造园者模仿自然，使园林多一些自然山水形态，或者常存濠濮之想，或者要仿拟瀛壶，园中必须有一定的水面。园林水体不但调节和改善园中的小气候，还能借助水面，扩大园林的空间感，增加造景的纵深效果。它和建筑、山石、花木一起经过艺术组合，使园林中的美景，虽由人工，却宛自天开。

纵观扬州古典园林的理水手法，主要表现为以下三种形式：

静态水景和动态水景

静态水景一般在园林中以片状的或条状的水面表现，如湖泊、水池、河沟等。扬州传统园林中以静态的水景为主，以表现水面或平静如镜、或烟波浩淼、或寂静深远的境界。人们或观赏水中山水景物的倒影，或观赏水中怡然自得的游鱼，或观赏水中摇曳的荷花，或观赏水中倒映的明月。这样的实例在瘦西湖风景区中颇多。在早春的五亭桥景区，柳树吐新叶，桃花绽枝头，五亭桥、白塔、凫庄沐浴在春光里，与蓝天倒映在平静如镜的水面，形成一幅绚丽多彩的画卷。

位于瘦西湖东岸的四桥烟雨楼，可南观虹桥、北望长春桥、西见玉版桥、远眺莲花桥，在雨帘烟幕之中，四桥如蒙上一层轻纱，忽隐忽现，空蒙变幻，仿佛化入仙境，游人如醉如痴，

瘦西湖"四桥烟雨"

宛若在梦幻之中。因最适合于烟雨朦胧之际观赏四桥,故名"四桥烟雨"。

瘦西湖小金山东麓的月观,东临宽阔的湖面,对岸树高林密。每当云淡风轻,明月高悬,似在隐隐青山环抱之中,凭栏尽赏天上水下之月,给人寂然幽深的感觉。有楹联赞曰:"月来满地水,云起一天山。"

动态水景是以流动的水为主体,形式上主要有流水、瀑布、喷泉三种,以水声、水色、水姿来表现其活力和动感。扬州历史上著名的二十四景之一"双峰云栈",就是动态水景的代表。据《扬州画舫录》卷十六记载:"蜀冈中、东两峰之间,猿扳蛇折,百陟百降,如龙游千里,双角昂霄。中有瀑布三级,飞琼溅雪,汹涌澎湃,下临石壁,屹立千尺。"上建栈道木桥,崖上刻"松风

双峰云栈瀑布

水月"四字,旁筑露香亭,以"泽兰浸小径,流水响空山"点出意境。该景是将自然的汇水口,进行人为的加工和提炼,形成十分动人的景观效果。双峰云栈木桥的建造,使流水潆于"万丈"栈道之下,"湖山之气",至此就愈加壮观。

明代影园北部媚幽阁石涧在高大石壁下面,涧旁多大石,引园中广池中的水入涧,由于地势高底悬殊,水流湍急。涧旁石隙中种植许多五色梅,其中有一枝向涧中石块伸去,形成影园中的石涧流水之景。

《扬州画舫录》卷十四记载:"石壁流淙,以水石胜也。是园萃巧石,磊奇峰,潴泉水,飞出巅厓峻壁,而成碧淀红涔,此石壁流淙之胜也。先是土山蜿蜒,由半山亭曲径逶迤至此,忽森然突怒而出,平如刀削,峭如剑利,襞积缝纫。淙嵌狱岨,如新篁出箨,匹练悬空,挂岸盘溪,披苔裂石,激射柔滑,令湖水全活,故名曰淙。淙者众水攒冲,鸣湍叠濑,喷若雷风,四面丛流也。"石壁流淙水景为徐履安所作。徐氏"长与海船进洋",其"作水法,以锡为筒一百四十有二伏地下,上置木桶高三尺,以罗罩之,水由锡筒中行至口,口七孔,孔中细丝盘转千余层。其户轴织具,桔槔辘轳,关捩弩牙诸法,由机而生,使水出高与檐齐,如趵突泉"。此种运用管道、机械而制作的喷泉,与圆明园内大小水法几乎同时,为扬州园林内最具时代气息、得风气之先的理水方法之一,极富创造精神。

聚集和分散

聚集式理水大多以水池为中心,周边营造建筑、置石叠山、配植花木,从而形成一种向心和内聚的格局,使有限的空间具有幽静和开朗的感觉。扬州小盘谷即为此例。小盘谷园中有湖山颓石临池而筑,旧名为"九狮图山",因其山石外形如群狮探鱼而得名。山下有洞,洞出西口,有池水一泓,池上架石梁三折。山洞北口,临水设汀步,石壁上镌刻"水流云在"四字。池西有水阁枕流,三面临水,以游廊南接三间面山作曲尺形花厅,与隔岸山石,隐约花墙,形成一种中国园林中惯用的以建筑物与自然景物对比的手法。整个园林是以小见大之手法

中最杰出者。小盘谷宜静观，或待清风于水阁，或数游鱼于槛前，或逍遥于山顶，或徜徉于回廊，或闲敲棋子，或倚楼纳凉，如此，方能领略到小盘谷的佳妙之处。片石山房亦为此种聚集式理水布局。

分散式理水是采用分隔的方法，以造桥、筑堤或堆岛的形式，将大的水域分隔成若干相互连通的大小、长短、深浅、形态各异的水域空间，各空间环境即自成一体，又互相

小盘谷水景

连通，形成水域的空间层次和变化，给人以连绵不尽之感。寄啸山庄、大明寺西园即为此种手法。寄啸山庄水池中建有水心亭，亭南有曲桥与复道廊相接，亭北有湖石叠堤与岸相连，同时分隔水池，形成东、西一小一大两个水域空间。西园为天然洼地，开池蓄水，周边坡陡树高，林木森森。穿真赏轩过园门，沿山径石磴拾级而下，山石嶙峋，眼前便是酷似"天池"的一汪池水，就东面高坡向水池引渡一组黄石假山，奔趋池中的石矶、汀石，犹如山水画中简单的临水一抹。池中设平渚浅岛两座，有条石平桥连接浮岛与山麓，形成南北两个大小不等的水域空间。浮岛上分别建船榭与美泉亭，与池东突入池中的黄石假山形成"一池三山"的景色效果。

旱园水意

又称为"旱园水作"或"旱地水做"。有两种表现形式：一是按北方住宅园林"旱园水作"的理水方式再现，即以较窄的水体或较小的水面，表现山水的意境，体现"小中见大"的园林手法。寄啸山庄即有此种实例。园主在现东门进园处北围墙堆叠贴壁假山，山上林木扶疏，山下凿一弯曲水，驳岸参差，蜿蜒至读书楼，使人行其间，疑入山林。扬州的匏庐为另一例。是园以横长别致著称，小中见大，别有洞天。园分东西两院，西院劈为南北两半。南半东部以湖石叠假山，缀以老树青藤，一派葱郁。山右构水阁，阁下临池，池仅数平方米，蕉影拂窗，明静映波。池水澄碧，植睡莲，金鱼悠游其中，亦得小有天地之意趣。

还有一种更有创见、更具象征性、艺术性的理水手法，它是对旱园水作更抽象、更写意的诠释。此法并不挖池引水，而是以地为水，用各种材质做出水形，或散置立石，或建船舫、水榭、池岸等临水景物，或以垒叠山石的方法堆出峰峦、峡谷、岛屿、桥梁等形状，使游人宛如置身于湖边、山溪、涧谷、渊潭之中，产生无水似有水，水在意中的感受。这种理水方式是对传统造园手法的丰富和创新，在国内传统园林营造技艺中，独树一帜。如扬州个园的秋山即用此法。黄石秋山的东峰之下，石壁高岩间，有凌空石梁及天桥飞渡，游人于此驻足俯视，只觉悬崖深涧，水意便油然而生。寄啸山庄的"坐雨观瀑"之景也是一例。水心亭东北部隔水池岸边、在建筑的转折处，以假山形式承接屋檐之水，山石堆掇仿国画中的流水皴法，流水部分成凹部，然后水分层沥下形成瀑布。游人驻足水心亭中，雨天可观瀑，晴天无水，亦可得"旱山水意"之感。扬州历史上最为著名的旱园水意作法，当推清道光年间建的二分明月楼。造

园者将四面厅筑于较高的黄石基上，周围地面则被压低，形成高者似岛、低者若水的效果。陈从周说："园中无水，而利用假山之起伏、平地之低降，两者对比，无水而有池意，故云水作。"朱江《扬州园林品赏录》说："全园虽属有山无水，而水意涵蓄其间。"与此相似，清末的汪氏小苑，入大门西行，南向过"可栖徲"月洞门进入院内，院内青砖卵石组成团寿、卍字纹墁地，间或数丛草木扶疏的湖石种植池，蜿蜒至东墙成贴壁假山，贴西墙筑数间曲尺

何园船厅旱园水作铺装

形小室，似一艘画舫停驻在山水天地间，令人遐想。

寄啸山庄的船厅，也是一个意会得水的佳例。船厅实际是一座建在地上的四面厅，但厅前的地面，用站立的瓦片和鹅卵石铺设成鱼鳞状图案，仿佛风起吹皱一池春水的波纹，游人至此，水意已浓。厅前两侧又有联云："月作主人梅作客，花为四壁船为家"，使意境得以深化和点题。

第五节　植物配置

清代，扬州就有"十里栽花算种田"俗语。扬州园林中，常见的花木有瓜子黄杨、女贞、银杏、柳、榆、槐、朴、竹、梧桐、紫薇、白玉兰、广玉兰、圆柏、罗汉松、三角枫、桂花、蜡梅、春梅、丁香、石榴、垂丝海棠、海桐、山茶、芙蓉、月季、牡丹、芍药、南天竹等，品种极为丰富。

扬州园林中的花木栽培，具有诗情画意。窗外花树一角，即折枝尺幅；山间苍松三五、幽篁一丛，俨然古木竹石图。正所谓"种树有姿，点石成景"。在造园者看来，造园即是以树木、花草、土、水、石以及建筑物等来"作画"，故挑选树木，须以能"入画"为标准。

片石山房读书房的"画"

作画讲究经营布局，花木的布置须能映衬园中的亭、台、楼、阁，结合地形、地貌，展现诗画一般的美好境界。树木的姿态、大小要与建筑物的形体、高低相称，参差散置，合理组合，疏密有致，相映成趣。同时，有经验的造园师会考虑到树木的生长速度，从而挑选合适的树种，避免树木体量增速过快而影响构图。树木栽种的位置，与建筑物保持适当的距离，防止树冠扫刮屋檐或影响室内光线，亦避免树根发育造成对建筑

物的破坏。

　　树形的选择须与建筑物的外观配合协调。扬州园林中的建筑，大都屋角起翘，外观庄严，平面均衡对称，因此常选用硕大的乔木。而水阁游廊，配以柳、槭、芭蕉等，取其姿态潇洒。树木的形态作适当修剪，让人的视线透过树木能看到后面的建筑。扬州园林中既有常绿树种，又有落叶树种。而扬州园林尤擅落叶树种的运用，在一些特定的地点，常能看到乌桕、栎、柿等，落叶后屈曲多姿的枝柯在蓝天的映衬下，清晰无比，生动如画。

　　花厅、书斋左右，常植桂花、蜡梅、南天竹、石榴、山茶等，庭院中可种梧桐、盘槐、修竹，花台中种植牡丹、芍药、杜鹃、玉簪等。品种选择，因地制宜，以能营造优雅的环境为要。

　　扬州园林花木与假山的结合堪称完美。假山叠得再好，山上若没有树木，终觉了无生趣。扬州园林中的假山不缺藤萝、佳木的点缀，且位置合宜，态若天生。如蔚圃假山上的紫藤、何园假山上的白皮松、片石山房的枫树、小盘谷贴壁假山上的盘槐等，均与山势配合得体，相得益彰。

　　树木与水景的关系也很密切。曲折的水际，往往临水植柳，水漫平坡，绿柳拂水，有一种纯朴的乡土气息。人们常说"书画重笔意"，扬州湖边的垂柳，活脱脱一幅动人心魄的水墨画。水边置石，是扬州园林的特色之一，有时甚至

片石山房假山上的朴树

箓竹轩植物配置

全部以山石叠成宛曲的溪涧。此种情形下，树木的配置就有更高的要求：一是树木应是符合山林生长的树种，二是树木形态应有野生的趣味，三是应该生长在合适的位置。扬州的造园家，在这方面是善于琢磨的，因此有不少佳作。例如，2009年万花园二期工程中，锦泉花屿清华亭下有一处太湖石叠成的水景，湍急的泉水沿着蜿蜒曲折的溪涧自上而下流淌，两侧峥嵘的山体中种植多株古梅、老桂，盘根错节，枝柯虬曲，临水俯偃，状极奇特。溪边的古木，渲染山溪的深邃，使眼前景色增添岁月的沧桑，游客身临其境，恍若隔世。

　　树木的经营布置，与园林中的细节都有密切关系。郑元勋在《影园自记》中记叙影园的树木布置："入门山径数折，松杉密布，高下垂荫，间以梅、杏、梨、栗。山穷，左荼蘼架，架外丛苇渔罟所聚。右小涧，隔涧疏竹百十竿，护以短篱。""入古木门，高梧十余株，交柯夹径，负日俯仰，人行其中，衣面化绿。"园记中还说：堂下种西府海棠；堂后之地种梅、玉兰、垂丝海棠、绯白桃；石隙种兰、蕙、虞美人、良姜、洛阳诸花草；岩上多植桂；岩下种牡丹、西府垂

丝海棠、玉兰、黄白大红宝珠茶、馨口蜡梅、千叶榴、青白紫薇、香橼；水际种荷花；屏立的大石旁边，屹立着古柏。影园别有见地的花木配置艺术，使扬州的造园水平达到前所未有的高度，堪称扬州古典园林的经典。花木不仅展现自身美，还与假山、池沼、亭台、路径和谐配合，使园林的韵致更为深邃、自然、美妙、高雅。

个园秋山花木配置

扬州园林给人留下朴素、自然、幽静、深邃的印象，与园中的垂直绿化关系很大。蔓木类的植物虽非园林植物中的主角，但它们营造的垂直绿化丰富了景观的层次。不同的藤蔓植物，各有所宜之处，展现它们的风采。冶春园内的餐英别墅，门内一隅种有一株紫藤，如臂粗的主干旋曲而上，将一缕缕藤蔓送上墙头，串串青紫色的花穗垂挂在密叶之中，如霞似锦，芳香怡人。问月山房的花墙上，金玉相间的金银花和

剪纸馆院内紫藤

粉红色的七姐妹探出墙头，迎风摇曳，交映生辉。透空的瓦格花窗中，缠绵着纤细的茑萝，翠绿的羽叶间点缀着喇叭状的小红花，显得文静而可爱。屋后墙垣，凌霄花织满墙面，橙红色的花儿烂漫开放，俨然一道花与绿的屏障。园中诸多蔓木，本为平凡之物，经造园者巧妙经营，便生出许多情趣，令人领略到垂直绿化的魅力。

园林中花木的布置技巧，离不开色彩的经营。花木的干、枝、叶、花、果，色彩极为丰富，并且随着季节的更替而发生变化。它们的颜色与建筑物产生对比，让人瞬间获得美的享受。扬州园林的高明之处，在于能够得心应手地运用色彩的搭配，增加园林的魅力。譬如，在粉墙前种植色彩艳丽的花木，让白色的背景将它们衬托得更加绚烂夺目；而在灰墙或髹漆的古建筑前，往往种植色浅的花木，使景致更为淡雅宜人。

扬州园林还利用花木招引鸟类和蜂蝶，营造出鸟语花香、富有动态的境界。如黄鹂喜柳，柳多则鹂多，

扬派盆景博物馆

鹂歌婉转，令人愉悦。瘦西湖徐园的听鹂馆便是一处适宜坐享闻莺之乐的所在。昔日北郊绿杨村茶社，蝴蝶翩跹，别成一景，原是茶馆主人特意种植香橼、佛手等芸香料植物，吸引蝴蝶前来产卵、取食。群蝶飞舞的美景，引来众多茶客品茗赏景。现万花园石壁流淙景区种有樱桃树，果熟时，晶莹红艳的樱桃引来四方飞鸟，它们在枝丛间欢欣跳跃，自由啄食，灵动的体态和艳丽的羽色，与樱桃果枝共同形成一幅幅美丽的画面。

品种繁多的花木，不仅姿态、色彩各异，而且具有不同的风韵。在扬州一些园林中，常常有意选种某种花木，反映出主人的兴趣爱好和精神追求。比如，竹之清高、竹之气节，广受文人推崇，扬州几乎无园不种竹。大园中万竹参天，气象迷人；小园中修篁绕屋，尘氛不入。扬州有不少园林或者园林景点是以竹命名的，如个园、居竹轩、箓竹轩等。扬州还有以槐命名的双槐园，以梧桐命名的百尺梧桐阁等。

柳树是扬州的市树之一。扬州适宜植柳，而扬州人也有爱柳的风韵。清代瘦西湖形成"两堤花柳全依水，一路楼台直到山"的旖旎景观。陈从周在《园韵》中写到："经过千年的沿袭，使扬州环绕了万丝千缕的依依柳色，装点成了一个晴雨两宜，具有江南风格的淮左名都，这不能不说是成功的。"柳树绿丝垂挂的风韵，与婉曲的湖水最为契合。瘦

瘦西湖两岸遍植桃柳

西湖的长堤春柳、四桥烟雨等景观，均展现湖上柳色绵延，烟起雾笼。西园曲水的"拂柳亭"也是因柳而得名，亭旁高柳映衬，柳丝轻拂，登亭小憩，垂柳婀娜柔媚之态尽收眼底。

古木是扬州园林中宝贵的资源。计成在《园冶》中写到："雕栋飞楹构易，荫槐挺玉难成。"扬州园林十分重视古树的保护和利用。昔日影园中，"石下有古柏一，偃蹇盘蹙；拍肩一桧，亦寿百年，然呼'小友'矣。"寿命超过百年的桧柏，只能算另一株古柏的"小友"。影园初成，就有了如此古柏，显然是造园者利用原地的古柏，将其融入园中，成为令人瞩目的一景。即便遇到枯死的古木，念其形态奇特，也会加以利用。瘦西湖玉佛洞前的"枯木逢春"一景，便是利用早年城内一株遭遇雷击遗存下来的古银杏顶部一截，栽于玉佛洞前，复于枯木脚下种植凌霄，让藤蔓攀缘而上，春夏绿叶繁茂，花时引人瞩目，使枯木俨然恢复生机。

扬州园林中的名花和古木一样占有重要的位置。宋代陈师

大明寺古树与建筑

道《后山丛谈》写到:"花之名天下者,洛阳牡丹、广陵芍药耳。"扬州芍药中的名贵品种"金带围",为人们留下宋代韩琦等"四相簪花"的故事。琼花的传说为人津津乐道,今琼花观内古琼花台犹存。2000年,在琼花园内湖石山上筑无双亭,登亭饮酒品茗,赏花观景,心旷神怡,令人联想起欧阳修的著名诗句:"琼花芍药世无伦,偶不题诗便怨人。曾向无双亭下醉,自知不负广陵春。"

扬州园林讲究花木的构景作用,追求其文化内涵,这从园林中台、阁、厅、轩的楹联中可以得到证明。扬州园林的楹联内容不少都与花木有关,如双峰云栈中的听泉楼楹联为:"瀑布松杉常带雨,橘洲风浪半浮花。"环绿阁的楹联为:"碧树锁金谷,遥天倚翠岑。"露香亭的楹联为:"泽兰浸小径,流水响空山。"松杉、碧树、兰草都在楹联中有所体现。园林的生境、画境、意境,通过花木的配置跃然而出。

瘦西湖"枯木逢春"

扬州园林还喜欢栽植书带草,不仅栽在沿阶、沿路,还栽在角隅、墙基、井边、池岸、树坛,随处可见。如扬州珍园、萃园,沿水池边岸栽植的书带草,既缓和边沿线,又使人觉得逸趣横生。而布置在假山基脚的书带草,所谓"建筑看顶,假山看脚",更起到对山石底部的修饰和遮掩,增加山野气息。

扬州园林中还有许多传统植物配置,如在进门转弯处植芭蕉,听"雨打芭蕉";在花墙一隅孤植琼花,以示独特;在庭院、小天井、路口等处,以台座栏篱为衬托,把珍贵花木独立陈设等。

第七章 园事活动和海外工程

天下三分明月夜，二分无赖是扬州

偕取西湖一角堪誇其瘦

為瘦西湖小金山撰此聯

移来金山半點何惜乎小

癸酉炎夏乙二六寅孚壬如並書

平山堂圖

鐘嶺
出於靜
無違卜
松間兮
夕人生
里深云路
秋日
溪月華
湾妙

　　北宋时期,扬州官府举办花事活动万花会。到清康熙、乾隆时期,地方官府在瘦西湖举办各种活动,如虹桥修禊、端午赛龙舟等。新中国成立后,瘦西湖、个园、何园等古典园林陆续对外开放,这些开放的园林景点每年举办各类展览、文艺、花事、园事等活动。1951 年,苏北地区土特产物资交流大会在扬州召开期间,瘦西湖举办游园晚会,4 万多名市民参加活动。1959 年、1969 年,瘦西湖公园举办欢度国庆 10 周年、20 周年大型游园活动。1962 年,史公祠举办史可法诞辰 360 周年纪念活动。1963 年,在大明寺举办纪念鉴真和尚圆寂 1200 周年活动。1979 年,何园举办工艺彩灯展览,参观瞻仰者 10 万人次。1980 年,大明寺举办鉴真大师像回故乡扬州巡展,参观者 20 万人次。1985 年,个园举办苏北六市青年书画艺术联展。1987 年,在个园举办中日少儿书法作品联展等。进入新世纪,扬州市举办的琼花节、“烟花三月”国际旅游节、中国扬州世界运河名城博览会等大型节庆活动,开幕式多次在园林举办,吸引众多游客和市民参与,为扬州旅游、文化事业的发展提供有力支撑。

　　扬州园林、建筑流传至海外的历史比较悠久。早在唐代,鉴真东渡日本,在传播佛教的同时,他还将医学、建筑、园林、书法、雕塑等传播到日本,促进中日文化交流。明代计成的园林著作《园冶》,东传到日本,以扬州园林为代表之一的中国造园技艺影响了日本园林。新中国成立后至改革开放前,扬州园林对外影响较小。改革开放后,随着国际交往的不断扩大,扬州园林作为扬州文化名片发挥越来越重要的作用。从 1985 年扬州建造的“风亭”亮相日本筑波科学世界博览会开始,扬州园林景点不断走出国门。至 2016 年,在世界各地实施 16 项海外园林工程,其中,包括目前欧洲规模最大、最为完整的中国古典园林——德国曼海姆市路易森公园多景园,以及建成后为中国在海外规模最大的园林工程——美国华盛顿中国园。这些海外园林工程的建设,传播了优秀中国园林文化,增进了扬州与相关国家人民的友谊。

<h1 style="text-align:center">第一节　园事活动</h1>

1951 年苏北地区土特产物资交流大会

1951 年,新中国百废待兴。为促进市场繁荣,搞活物资流通,中共苏北区党委、苏北行政公署作出决定,在扬州召开一次地区土特产物资交流大会,以此推动区域经济的快速发展。交流大会于 5 月 8 日至 6 月 9 日举行。大会会场从新北门出口处起,延展到平山堂。巨幅的毛泽东主席画像矗立瘦西湖湖心,会场内分布着土特产馆、工业馆、农业馆、外省馆、交通馆和文化卫生馆、公安馆等 7 个馆。

由于当时扬州的城市规模尚小,瘦西湖风景区一带属城市郊区,道路两旁多为农田空地,活动地点设在新北门桥到大明寺沿路,这一带搭建大棚、摆摊设点做买卖适宜方便。活动期间,每天红旗招展,商贾云集,人声鼎沸,外省及苏北、苏南多个城市的企业及个体工商户纷纷搭棚或摆摊展览、销售物品,参展的商品以土特产品为主,化妆品、酱菜,泰州的猪蹄、腊肉、蛋品,淮阴的金针菜、大头菜、红土、水晶石,南通、盐城的土布、海产品,以及洪泽湖、高宝湖的鸡头米、水产品等悉数参加展览、销售。交易形式,以批发为主,兼营零售。共售出参观券约 30 万张,4 万多人参加游湖晚会。签订合同和协议总金额 533 亿元(为当时货币值)。

纪念鉴真交流活动

1963 年是鉴真大和尚圆寂 1200 周年,日本政府决定将 1963 年 5 月至 1964 年 5 月定为鉴真年,并举行纪念活动。作为日本律宗祖庭的扬州大明寺(时称法净寺)未对外开放,为纪念鉴真,国务院决定在大明寺建鉴真纪念堂。1963 年 4 月,临时将大明寺晴空阁改作鉴真纪念堂,堂内供奉木雕鉴真大和尚坐像,供中日宗教界、文化界举行纪念活动。1963 年 10 月 13—15 日,平山堂内"唐鉴真大和尚纪念碑"落成,纪念碑由郭沫若题字,赵朴初撰书碑文。1964 年 10 月 13—15 日,日本佛教界、文化界代表团到扬州参加鉴真纪念堂奠基典礼。中日双方代表在大明寺签订中日文化、佛教有关协定,并发表公报。

1980 年 4 月 14—28 日,鉴真大和尚坐像由日本奈良唐招提寺森本孝顺长老一行护送至中国。1980 年 4 月 14 日,鉴真大和尚坐像回扬州巡展。

2003 年 11 月 2 日,扬州市召开纪念大会,纪念鉴真东渡日本 1250 周年。同日,1250 年前鉴真东渡日本时带去的 3 颗舍利子由日本唐招提寺长老益田

1980 年 4 月 14 日,鉴真大和尚坐像回扬州巡展

快范、执事西山明彦护送回归大明寺供奉。同时举行鉴真学院奠基典礼,召开鉴真东渡研讨会,举办鉴真东渡成功 1250 周年书画展及赵朴初诗碑揭碑仪式。

2010 年 11 月 26 日,日本东大寺鉴真坐像回扬省亲揭幕仪式在鉴真图书馆南广场举行。前国务委员、中日友好协会名誉顾问、第五届中日友好 21 世纪委员会中方首席委员唐家璇,省政协主席张连珍,日本前国土交通大臣冬柴铁三,日本奈良县知事荒井正吾为鉴真坐像揭幕。

缅甸仰光玉佛迎奉

1996 年 4 月 29 日,缅甸仰光市赠送的 5 尊玉佛运抵扬州,并被迎奉至大明寺。9 月 6 日上午,在大明寺卧佛殿内举行供奉仪式,仰光市市长吴哥礼一行 4 人专程到扬州参加。市长施国兴和吴哥礼及大明寺的慈光、真诠法师,一起为卧佛揭幕开光。

缅甸仰光市赠送的卧佛像

2012 年 12 月 26 日上午 10 点,在大明寺举行扬州市与缅甸仰光市建交 15 周年暨仰光市捐赠的玉佛安奉及佛像开光庆典。

扬州花市

扬州花市从 1982 年开始举办,每年一次。规模较大的有第九届、第十一届和第十二届。

第九届扬州花市于 1990 年 9 月 20 日在市区文昌阁广场东南侧开幕,主题是"让花卉进入千家万户"。参加花市的单位主要是郊区的梅岭花木场、堡城花木场、桥园花木场、水云花木场等 14 家花木生产单位和邗江县、江都县、市市政绿化队等所属花木场。花市以竹制牌楼为入口,竹扎仿文昌阁的花

1988 年花市期间扬州盆景展销会

亭坐落在花市广场中央,长串的小灯笼悬在空中,配以灯光设备,有浓郁的地方特色。10 月 30 日,花市闭幕,其间共接待游客 10 万多人次,总营业额 30 余万元。

1994 年 9 月 15 日至 10 月 15 日,在汶河路东侧举办第十一届花市。参加花市的有 13 家花木生产单位和 30 多户花木专业户,展销花卉品种 200 多个 2 万多盆,每天接待游客 1 万多人次,日销售额 3 万余元。

1995 年 11 月 23—29 日,在红园绿杨村市场举办第十二届扬州花市。花市汇集市区和

郊区数十家花木公司、园艺场的应时花卉、各式盆景,吸引市区及周边县市的大量游客前往观赏、购买。

史可法学术纪念活动

1985年6月13日(农历四月二十五日)是史可法殉难340周年纪念日。当天,扬州博物馆、市历史学会联合举行学术纪念活动,并在史公祠举行史可法塑像揭幕典礼。史可法十世孙、历史学家史旭出席活动。

扬州琼花艺术节

1988年10月,扬州举办首届琼花艺术节。自1991年起,每两年举办一次。1997年停办,共举办5届琼花艺术节。

1988年10月,在首届中国扬州琼花艺术节开幕式上,张弓排演的少儿百人古筝大齐奏,场面庞大,气势非凡,受到现场所有海内外来宾的瞩目。10月1日,市园林局配合琼花艺术节,在市盆景园举办盆景展销会。同时,市盆景园对外开放。

1988年首届琼花艺术节开幕式

1991年5月5日,扬州琼花艺术节开幕,瘦西湖公园二十四桥景区对外开放。艺术节于5月9日闭幕。

1993年4月28日,'93中国扬州琼花艺术节在扬州举行。组委会主任委员、市长李炳才致开幕词,副省长姜永荣在开幕式上讲话。参加开幕式的中外嘉宾近1500人。俄罗斯亚细亚舞蹈杂技团、莫斯科东方艺术团、省歌舞剧院、上海裕兰蒙现代艺术团联袂表演文艺节目。

1995年4月18日,'95中国扬州琼花艺术节在瘦西湖公园桂花厅前开幕,活动到5月1日结束。该届琼花节活动内容丰富,特色鲜明,群众参与度广泛。举行琼花节开幕式、工业展馆开馆仪式和扬州商城开业庆典。举办由各县(市、区)600多名群众演出的地方民间艺术表演和溱潼会船表演,邀请南京军区前线歌舞团、吉林歌舞团、宁波小百花越剧团,云南风情、时装和歌舞表演队作专场演出,开展烹饪大赛、知识竞赛、歌咏舞蹈比赛、电影周、琼花书市等多项活动。

中国首届风景园林美学学术研讨会

1991年5月26—29日,中国风景园林学会、建设部城市建设司和市园林局联合举办的中国首届风景园林美学学术研讨会在扬州召开。美学家李泽厚,园林学家汪菊渊、周维权、孟兆祯以及全国各地的风景园林美学专家、学者、专业工作者60多人出席会议。研讨会上交流论文52篇,其中扬州市提交论文6篇(包括园林系统4篇)。会议主要讨论研究风景园林的起源和定义界定问题。与会代表围绕自然美和风景园林,风景园林美学的理论框架,风景园林意境以及民族化、传统化、现代化,风景园林审美主体、审美教育、旅游心理学等方面展开讨论。1994年2月,研讨会论文集《园林无俗情》由南京出版社出版发行。

中国扬州二十四桥金秋赏月会

中国扬州二十四桥金秋赏月会自1992年首次举办,到1997年停止举办,共举办4次。

1992年9月14—16日,举办'92中国扬州二十四桥金秋赏月会。先后有海内外来宾和市民10多万人参加赏月暨游园活动。中外来宾游览水上游览线等景点,进行合资、合作、贸易项目洽谈和招商活动。

1993年9月23日至10月7日,举办'93中国二十四桥金秋赏月会。赏月会安排"二龙戏珠""八仙过海""玉女吹箫""十二生肖划龙船"等大型水上彩灯以及省民进作家书画展、扬州诗词、清曲等演唱活动,鲜花插花展览、扬州风味特色小吃、古筝演奏、声控音乐喷泉、浪卷珍珠等游艺项目和吟月茶楼歌舞等10项游园活动。特别是水云胜概露天音乐茶座,集点歌、灯谜和知识竞赛于一体,来宾和游客的参与性较强,形成瘦西湖公园东区活动的一个热点。赏月会共接待境内外游客8万余人次,取得较好的社会效益和经济效益。

1994年9月16日至10月15日,举办'94中国扬州二十四桥金秋赏月会。赏月会主体活动有扬州工业精品展销会、瘦西湖大型维扬灯展等。灯展共设置16组彩灯,灯展期间组织游园活动,并施放焰火;同时举行书市、电影展、企业职工文化月等活动。

1996年9月26日至10月5日,举办'96中国扬州二十四桥金秋赏月会暨友好城市产品展览会,10多万人次到瘦西湖观灯赏月。

第四届中国盆景评比展览

由中国风景园林学会、省建委、市政府主办,市园林局承办的第四届中国盆景评比展览,于1997年10月18日至11月6日在瘦西湖公园举行。参加展览的有北京、上海、天津、重庆、南京、合肥、成都、广州、贵阳、郑州、武汉、南昌、杭州、深圳等17个省、直辖市的53个城市。

选送的1000余盆(件)盆景,分别参加树木(桩)盆景、山水(石)盆景、树石(水旱)盆景、微型组合盆景、观果

1997年10月,第四届中国盆景评比展览在扬州开幕

盆景五大展区展出,其中参加评比展品882盆(件)。部分参评作品是将参加10月30日至11月2日在上海举办的第四届亚太地区盆景赏石会议暨展览的珍品,展前先在扬州展出,为本届展览锦上添花。

为配合在扬州举办第四届中国盆景评比展览,市园林局、市花卉盆景协会还同期在市盆景园举办扬州盆景展览,展示扬州盆景的整体水平。

展览期间,由中国风景园林学会主办,上海风景园林学会、上海植物园承办的第四届亚太地区盆景赏石会议暨展览会结束后,日本、印度尼西亚、美国、加拿大、德国、澳大利亚、毛

里求斯、南非以及中国香港、中国台湾代表76人,专程由上海到扬州参观展览。

中国扬州"烟花三月"国际经贸旅游节

2000年4月,首次举办中国扬州"烟花三月"旅游节,2002年4月更名为中国扬州"烟花三月"国际经贸旅游节。

2000年4月15日至5月10日,市政府和省旅游局联合举办2000年中国扬州"烟花三月"旅游节。旅游节期间,全市共举行观光旅游、经贸洽谈、美食休闲、文化娱乐、行业交流等8大类78项活动。接待境外旅游团1312个、境外宾客1万多人次,市区各主要旅游景区(点)接待人数近60万人次。

2001年4月15日至5月15日,举办中国扬州"烟花三月"旅游节。旅游节以弘扬扬州历史文化为主题,围绕"玩在扬州、吃在扬州、美在扬州",展开60多项旅游活动。主要有《好一朵茉莉花》大型文艺晚会、"古筝之乡"展演、沐浴节、美食节、中国曹禺戏剧奖颁奖仪式、小品小戏奖"农行杯"电视大赛、黄梅戏演出、舞龙舞狮游街、国际旅游摄影大赛等,全方位展示扬州的历史文化、饮食文化和秀美的风光景色。旅游节期间,境外游客1.32万人次、国内游客95万人次。

2002年4月18日至5月18日,举办中国扬州2002"烟花三月"国际经贸旅游节,共吸引美国、韩国和中国台湾、香港、澳门等30多个国家和地区的游客和客商110万人次,其中境外游客4100多人次、客商2100多人次,世界知名大企业客商100多人。旅游节期间,举办各类活动近60项。

2003年4月18日上午,2003中国扬州"烟花三月"国际旅游节暨经贸招商月活动开幕式在扬州国际展览中心广场举行,20多个国家和地区的2000多名客商参加。开幕式结束后,与会嘉宾和客商参观2003扬州精品·投资环境展览。当日下午,在扬州大剧院举行2003年中国扬州沿江开发推介会暨外资项目签约仪式。当晚,市委、市政府在瘦西湖公园举行2003年中国扬州"烟花三月"大型综艺晚会。

2004年4月18日上午,2004中国扬州"烟花三月"国际经贸旅游节开幕,30多个国家和地区的嘉宾、各界群众代表700余人参加开幕式。下午,2004中国扬州产业合作和投资环境展在扬州国际展览中心开幕。当晚,在扬州火车站广场举办"烟花三月下扬州"大型晚会。

2005年4月18日上午,2005中国扬州"烟花三月"国际经贸旅游节开幕式暨项目签约仪式在扬州国际展览中心举行,30多个国家和地区及国内大企业、大集团的客商2000人出席开幕式。荣智健等23位中外友好人士被授予2005年扬州"城市贵宾"荣誉称号。下午,中外客商参加"相聚在大桥"活动,并在润扬森林公园与万余名观众共同观看开幕式《跨越长江》大型文艺演出。晚上,市委、市政府在润扬森林公园商业街举办招待酒会及焰火晚会。

2006年4月18日,2006中国扬州"烟花三月"国际经贸旅游节开幕。扬州市举办商机说明会向来宾推介扬州的投资环境、招商政策。王卫和等29位中外友好人士被授予扬州市"城市贵宾"称号。

2007年4月18日,2007中国扬州"烟花三月"国际经贸旅游节开幕。扬州市举行投资扬州商机说明会暨项目签约仪式。

2008年4月18日下午,2008中国扬州"烟花三月"国际经贸旅游节开幕式在"双东"(东关街、东圈门）历史街区举行。节庆期间，举办 2008 扬州中国淮扬美食节、中国扬州名企名品名牌展、中国漆器艺术精品展览暨第四届中国扬州漆器文化艺术节、第三届中国玉石雕精品博览会、扬州佛教文化博物馆开馆、"双东"街区古城里坊游、扬州民俗文化风情巡游、万花会、第四届"市民日"以及扬州石化产业招商推介会、中国（扬州）车船产业发展论坛、扬州旅游国际化论坛等数十项活动。节庆期间，370 万人次到扬州旅游，其中境外游客 5.05 万人次；旅游总收入 34.2 亿元。

2009 年 4 月 18 日下午，2009 中国扬州"烟花三月"国际经贸旅游节开幕式在蜀冈-瘦西湖风景名胜区举行。中国花卉协会与市政府合作举办的第二届中国扬州万花会同时拉开帷幕。国家旅游局党组成员、纪检组长刘金平和中央文明办负责人为蜀冈-瘦西湖风景名胜区获得的"全国文明风景旅游区"揭牌。

2009 年 4 月 18 日中国扬州"烟花三月"国际经贸旅游节开幕式晚会——《水韵扬州》在瘦西湖万花园二期工程现场上演

2010 年 4 月 18 日中国扬州"烟花三月"国际经贸旅游节在宋夹城开幕

2010 年 4 月 18 日下午，2010 中国扬州"烟花三月"国际经贸旅游节开幕仪式在宋夹城考古遗址公园举行。

2011 年 4 月 18 日下午，2011 中国扬州"烟花三月"国际经贸旅游节开幕式在瘦西湖风景区万花园举行。全市接待游客 582.6 万人次，其中境外游客 5.8 万人次；旅游总收入 66 亿元。

2012 年 4 月 18 日至 5 月 18 日，举办 2012 中国扬州"烟花三月"国际经贸旅游节。此次"烟花三月"节以促进

经济转型升级、建设"三个扬州"（创新扬州、精致扬州、幸福扬州）为主题，举办开幕式暨项目开工仪式、"院士专家扬州行"、商机说明会暨项目签约仪式、经济发展咨询会议、软件和信息服务外包大会暨"智慧城市"发展论坛等重要活动 14 项，宣传扬州发展环境和人居环境，推介创新型经济发展蓝图，展示"开放、创新、精致、优雅"的城市形象，提升扬州的国际知名度，促进科技与产业合作，推进招商引资工作和旅游业发

2011 年 4 月 18 日"烟花三月"国际经贸旅游节暨万花会开幕式现场

展。节庆期间,全市接待游客658万人次,其中境外游客6.4万人次;旅游总收入76亿元。

2013年4月18日至5月18日,举办2013中国扬州"烟花三月"国际经贸旅游节。节庆期间,举办各类经贸、旅游和文体活动25项。

2014年4月18日至5月18日,举办2014中国扬州"烟花三月"国际经贸旅游节。节庆期间,举办主体活动、经贸活动、国际会议、文体旅游活动等4个板块活动25项。

2015年4月18日至5月18日,举办2015中国扬州"烟花三月"国际经贸旅游节。该届"烟花三月"节坚持"简朴、节约、注重实效"的理念,突出经贸、旅游、市民三大主题,重点围绕科技创新远征计划、机器人产业、食品工业、互联网经济、旅游资源开发、央企合作等内容。节庆期间,共举办主体活动、经贸活动、文体旅游活动、市民迎城庆活动等4个板块27项活动。

2016年4月18日上午,2016中国扬州"烟花三月"国际经贸旅游节开幕式暨重大项目签约开工投产仪式在生态科技新城马可·波罗花世界举行。开幕式上,10位与扬州结缘、助力扬州城市发展的中外友好人士被授予"城市贵宾"称号。活动期间,启动万花会、玉石雕精品博览会等活动,举办智能可穿戴产业高层论坛、鉴真国际半程马拉松赛、青年创客文化周、"扬州市民日"等活动。

"二分明月"文化节

中国扬州"二分明月"文化节自2000年9月首次举办,2002年停办,共举办2次。

2000年9月8日至10月8日,举办2000年中国扬州"二分明月"文化节。文化节期间,共举行灯会、学会、文会、美食节、沐浴节和其他活动共51项,其中规模较大的活动有大型筝会、中秋游园赏月活动、国庆焰火晚会、"二分明月"晚间水线游、瘦西湖公园艺术灯展、"爱我扬州"朗诵、中国艺术节系列活动、市少儿艺术节等。上海东方电视台"东方明珠江浙行"也在扬州举办系列活动。文化节期间接待游客超过60万人次。

2001年9月15日至10月20日,举办2001年中国扬州"二分明月"文化节。文化节以"天下月亮扬州明,亲情友情扬州情"为主题,以文化搭台,经贸、旅游唱戏为根本,举办丰富多彩的节庆活动。10月1日晚,中央电视台与扬州市在瘦西湖公园共同举办"天涯共此时"2001年中秋文艺晚会。文化节期间,中国对外友协、中国国际友城联合会、市政府联合举办中韩经济文化交流周,包括中韩文化交流展、扬州大学中韩文化研究中心落成仪式、韩国工业园区开园仪式等一系列活动,同时举办中国拳王武术散打比赛、第二届扬州国际友城美食节暨"淮扬菜之乡"美食展示活动以及第二届扬州沐浴节等。

国际盆景大会

2013年适逢国际盆栽协会(Bonsai Clubs International,简称BCI)成立50周年,美国、英国、捷克等国盆景协会都曾提出申办该年度大会的请求。2009年6月,扬州市组成申办代表团赴美国新奥尔良,在BCI理事会上通过播放专题片、现场申述等程序推介扬州。各国理事通过投票,最终将2013年国际盆景大会的举办权授予了扬州。

2010年10月4—6日,国际盆栽协会考察瘦西湖风景区。10月5日,签约仪式在扬州举行。此次签约仪式有20个国家和地区的130余名嘉宾参加,是瘦西湖风景区接待专业外宾团队规模最大的一次。代表团还参观何园和个园。

2013 年国际盆栽大会纪念石刻

2013 年 4 月 18—20 日，2013 国际盆景大会在扬州举行，近 40 个国家和地区的代表以及 11 个国家驻上海总领事和代表等 500 多人应邀参会，其中国内外盆景大师 13 人。会议期间，举办国际盆栽协会 50 周年庆典、盆景创作表演和专业讲座等活动，40 余名志愿者为参会嘉宾提供周到温馨的服务，6.8 万名全国各地的盆景爱好者和扬州市民参观，18 家国内知名生产商现场展销收入 50 多万元。来自日本、澳大利亚、美国、印尼、意大利及中国香港地区、中国台湾地区的 13 位盆景、赏石和制盆专家在会上作了精彩的示范表演与讲座，现场气氛热烈。

在宋夹城考古遗址公园展出国内外精品盆景和赏石作品 322 件、盆景作品图片 100 幅，评选出盆景金奖作品 10 件、银奖作品 22 件、铜奖作品 32 件、特别荣誉奖作品 1 件以及赏石金奖作品 8 件、银奖作品 14 件、铜奖作品 25 件。20 日下午，2013 国际盆景大会《扬州宣言》碑揭幕仪式在瘦西湖风景区国际盆景大会纪念岛举行，国际盆栽协会主席托马斯·伊莱亚斯宣读国际盆栽协会《扬州宣言》，并为《扬州宣言》碑揭幕。

国际盆栽协会前任理事长、中国台湾地区的苏义吉先生说："盆景艺术的源头在中国，扬派盆景又是中国盆景艺术的五大流派之一，2013 年国际盆景大会在中国扬州举办意义重大，必将进一步扩大中国盆景乃至扬州在世界的影响，推动世界盆景文化的发展。"

全国荷花展

2003 年 10 月，扬州市获得第十八届全国荷花展举办权。2004 年 7 月 8 日，第十八届全国荷花展开幕式在瘦西湖公园熙春台举行。全国 21 个省（市）64 家单位以及韩国、泰国、日本、澳大利亚等国家均有代表参加，共展出 400 余种荷花。展览期间，举行首届国际荷花学术研讨会，出版《扬州当代咏荷诗文选》，发行第十八届全国荷花展纪念邮品，个园举办高占祥荷花摄影展和剪纸荷花展，何园举办"写荷、画荷"书画展，瘦西湖公园举办英国皇家摄影协会高级会员、上海马元浩"莲缘"摄影展，吟月茶楼推出"荷香宴"。

2016 年 7 月 28—31 日，由中国花卉协会荷花分会、蜀冈－瘦西湖风景名胜区管理委员会、市园林局主办，瘦西湖

2004 年第十八届全国荷花展

风景区管理处、荷花池公园管理处承办的第三十届全国荷花展在瘦西湖风景区举办，全国27个省（市）110家单位参展，共展出400多个品种1万盆（缸）荷花。分会场设在个园、何园、荷花池公园、茱萸湾风景区，展期6月15日至8月15日。中国花卉协会荷花分会授予荷花池公园管理处"全国荷花展览组织奖先进团体"称号。荷花池公园管理处选送的荷花新品种"小红菊"获得大、中型荷花新品种评

2016年第三十届全国荷花展开幕式现场

比一等奖，培育的碗莲获碗莲栽培技术评比一等奖1个、二等奖3个（其中2个为文津园培育）。

中国扬州万花会

中国扬州万花会从2008年起举办，每年一次。

2008年4月18日，首届中国扬州万花会在瘦西湖风景区万花园开幕。花会历时1个月，分区展示中国传统花卉、欧洲花卉、各国国花等160多种200万盆（株）花卉。同时举办"万花神韵"国际插花展、花文化展示、地方花卉工艺展览、大型木偶剧《琼花仙子》表演、花车巡游、花田赛诗、花卉摄影大赛等活动。

2009年4月18日，第二届中国扬州万花会开幕式在瘦西湖风景区北大门外广场举行。花会历时1个月，集中展示200多种300万盆（株）花卉。花会期间，举办百米书画长卷、"四相簪花"舞蹈表演展、欧美风情表演、花车巡游、花造型卡通人物巡游等活动。

2010年4月18日，第三届中国扬州万花会在瘦西湖风景区开幕。花会历时1个月，展出200个品种约50万盆（株）花卉。花会期间，举办花车巡游、花主题舞蹈、地方文艺、扬州民俗表演、盆景大讲堂、花艺讲坛等活动。

2011年4月18日，第四届中国扬州万花会在瘦西湖风景区万花园开幕。花会历时1个月，集中展示名贵花卉100余万盆（株）。花会期间，举办"幸福家庭幸福花"斗花大赛、"花卉进万家"、盆景大讲堂、"花开祥瑞"专题歌舞表演等活动，设立琼花观赏周、广陵芍药节。

2012年4月8日至5月8日，第五届中国扬州万花会在瘦西湖风景区万花园举行。布置国际名花、城市名花、中国传统特色花卉以及新品花卉200余万盆（株），设置五亭茶香、春之

2012年4月8日第五届中国扬州万花会开幕式上演员表演

舞等主题花坛,开展"幸福像花儿一样"、"走秀·彩绘"、"万花迎春会,芳香弥雅来"、法国艺人"魔法双琴汇"、"墨香琴韵"、"微博随手拍"、"晒晒亲子脸"等活动。

2013年4月8日至5月8日,第六届中国扬州万花会在瘦西湖风景区万花园举行。景区布置100余万盆(株)花卉,制作花坛、花架、小品数十个,营造"处处以花为题,步步花香流动"赏花氛围。举行"缤纷万花园"、"微聚万花园"、"雅乐飘香"、"移动雕塑"、"情定万花园"、"魔术变变变"、儿童剧表演等活动。

2014年4月8日至5月8日,第七届中国扬州万花会在瘦西湖风景区万花园举行,共展出百万余盆(株)花卉。花会期间,举办全国十大媒体看扬州、互动情景剧《坐花载月》表演、"花仙子快闪"、"亲子插花"、"花语书签大派送"等活动。

2014年4月第七届中国扬州万花会在瘦西湖景区万花园举行

2015年4月8日至5月8日,第八届中国扬州万花会在瘦西湖风景区万花园举行。花会在主题为"花海徜徉,幸福相伴"公益徒步竞走中拉开帷幕,共展出郁金香、牡丹、琼花、樱花、丁香、海棠、芍药等100余万盆(株)。

2016年4月8日至5月8日,第九届中国扬州万花会在瘦西湖风景区万花园举行。花会主题为"'以花为媒',我和瘦西湖有个约会"。共展出郁金香、牡丹、琼花、樱花、丁香、海棠、芍药等世界各地名花100余万盆(株)。

国际诗人雅集活动

2011年12月3日,由瘦西湖风景区、市作家协会联合举办的"风雅无际,歌诗传薪——国际诗人2011蜀冈-瘦西湖雅集"活动在瘦西湖风景区西园曲水举行。英国诗人乔治·塞尔特斯与其画家夫人、英国女诗人帕斯卡·葩蒂,诗人、诗歌评论家唐晓渡,诗人肖开愚,诗人、《扬子江诗刊》主编子川,学者何言宏等人参加。中外诗人用双语吟诵瘦西湖古诗名篇、新创或代表作品,并围绕"古典诗意传统与当代之衔接"进行交流研讨。

2013年4月11日,首届国际诗人瘦西湖虹桥修禊新闻发布会举办。12—14日,英国皇家文学院院士,艾略特奖、前进奖多次得主奥布莱恩,英译大型中文当代诗选《玉梯》的共同主编赫伯特,英国诗歌协会理事克拉克,美国诗人协会会长施加彰(第二代旅美华裔诗人),德国柏林艺术节艺术总监、柏林世界文化宫艺术总监萨托留斯,诗人

2013年4月12日,首届国际诗人瘦西湖虹桥修禊活动开幕

唐晓渡、西川、翟永明、于坚、杨小滨、姜涛等 12 名诗人雅集瘦西湖，效仿古人，在虹桥之侧重演"虹桥修禊"文化盛景。

2014 年 4 月 1 日，由瘦西湖风景区主办的 2014 国际诗人瘦西湖虹桥修禊新闻发布会在扬州举行。2 日，2014 国际诗人瘦西湖虹桥修禊在"虹衢春风"景区开幕。美国、英国、斯洛文尼亚、牙买加以及中国的 13 位诗人嘉宾，受邀与千余名诗友、诗文爱好者雅聚对诗，抒情采风。4 月 3 日上午，"虹桥修禊暨腾讯书院论坛"举行。此次论坛以"诗·历史·当代性"为主题，国内外诗人分组探讨诗歌的发展现状和未来前景。4 日，中外诗人举行"四桥烟雨诗会"，合作翻译赞美扬州的中国古典诗歌。在闭幕式上，中外诗人依次登台，朗诵自己的作品。

2015 年 9 月 26—29 日，第四届扬州（秋季）瘦西湖国际诗人虹桥修禊举行。中外各 6 位诗人参加该届诗歌节，其中 6 位国际诗人是：美国诗人、记者、文学评论家维克托·罗德里格斯·努涅斯，瑞典诗人、出版家雍纳斯·穆迪格，德国东欧、俄国文学研究者伊尔玛·拉库萨，罗马尼亚笔会主席、诗人玛格达·卡尔聂奇，汉德诗歌翻译家、德国诗人顾彬，日本诗人平田俊子，6 位中文诗人是芒克、张炜、王家新、小海、周瓒以及中国台湾诗人郑愁予。

2016 年 10 月 26 日，中国扬州瘦西湖虹桥修禊系列活动在瘦西湖风景区举行。中外 12 位诗人在开幕式上集会。现场有国内外近 200 名诗歌爱好者和中外诗人及嘉宾手持兰草，身佩辟邪祈福香囊参加"虹桥修禊"活动，延续古老的虹桥修禊典仪：虹桥芳信、奏乐焚香、禊词祝祷、兰泉洒沐、天降诗雨等。随后进行绿杨城曲水流觞联诗。

2021 世界园艺博览会申办

2015 年 8 月，扬州市开始申办 2021 年世界园艺博览会。2016 年 1 月，扬州市确定世界园艺博览会选址在仪征市枣林湾核心区。3 月，扬州市代表团参加国际园艺生产者协会春季年会推介扬州，提出扬州市申办 2021 年世界园艺博览会意愿。4 月，中

2016 年 9 月，扬州代表团参加土耳其 AIPH 秋季年会

国花卉协会会长江泽慧考察 2021 年扬州世界园艺博览会选址现场。5 月，国际园艺生产者协会主席伯纳德·欧斯特罗姆带领国际专家组考察 2021 年扬州世界园艺博览会选址现场，调研扬州市情市貌，提供现场考察报告。7 月，中国花卉协会带领国内专家组考察 2021 年扬州世界园艺博览会选址现场，出具专家意见。9 月上旬提交申报材料。9 月 28—30 日，经过推介、答疑和投票，扬州市获得 2021 年世界园艺博览会承办权。

2500 周年城庆

2015 年 9 月 29 日是扬州市建城 2500 周年纪念日。为迎接建城 2500 周年,扬州市开展多种形式的活动,集中展示宣传,共祝城庆。全市共举办 80 多项庆祝活动,贯穿 2015 年全年。纪念日当天,扬州园林所有景点免费开放。

城庆集体婚礼

第十届省园艺博览会申办

2015 年 10 月,扬州市开始申办第十届省园艺博览会。2016 年上半年,编制完成申报规划方案。2016 年 5 月 6 日,扬州市初步获得承办权。5 月 18 日,在第九届省园艺博览会闭幕式上,省政府公布扬州市获得第十届省园艺博览会承办权。

2016 年 5 月第九届省园博会闭幕式

第十二届中国赏石展

2016 年 10 月 22—28 日,由中国风景园林学会盆景赏石分会、省风景园林协会花卉盆景赏石专业委员会、市风景园林协会主办,茱萸湾风景区管理处承办的第十二届中国(扬州)赏石展在茱萸湾风景区举办。该展主题是"弘扬中国赏石文化,品味扬州园林风韵",内容主要有赏石展览会开幕式、赏石精品展、赏石论坛、赏石评选颁奖、赏石交流展销会。赏石精品展分

2016 年 10 月第十二届中国赏石展现场

为全国馆和江苏馆,选择茱萸湾风景区内园林建筑重九山房、聆弈馆和鹿鸣苑作为展厅,合计面积约 3000 平方米,展示全国 30 多个城市的 500 多件展品。赏石交流展销会会场设于茱萸湾风景区门前东侧停车场,占地面积约 800 平方米,采用租赁展棚形式,12 个商家在此展销。

第二节 海外工程

日本筑波友谊亭

1985 年 3 月举办的日本筑波科学技术世界博览会中国馆内，仿扬州瘦西湖小金山风亭，建有友谊亭一座，风姿绰约，引起各国参观者对东方风情的兴趣。该亭由扬州古典园林建设公司承建，参与建设的主要人员有尹协庆、张友发、陈镭等。

日本厚木风月亭

1985 年 10 月，扬州市向日本厚木市赠送一座风亭。风亭安装在厚木市森云里区的若宫公园，按照瘦西湖小金山风亭式样仿制而成，是一座六角重檐亭。该亭在日本被命名为风月亭，系取鉴真大和尚所题"山川异域，风月同天"之意命名，象征中日友好。风月亭的抱柱楹联"骑鹤扬州万里松涛传韵事，驰帆厚木千秋水月寄深情"，为扬州国画院书画家王板哉手书。扬州市风亭施工组一行 6 人赴日安装。

日本奈良汉白玉栏杆

1987 年，日本奈良中国文化村建造汉白玉石栏杆，由扬州古典园林建设公司承建，参与建设的主要人员有陈锦贵、徐嘉宝、孙玉根等。

1985 年扬州市向日本厚木市赠送的风月亭

英国伦敦六角亭

英国伦敦六角亭

1987 年 10 月，英国伦敦华埠会出资邀请中国花卉进出口公司在英国唐人街副港坊兴建一座琉璃瓦六角亭。该亭为仿清建筑，金钩彩绘，富丽堂皇，东西柱上有楹联两副，为楠木阴文。一副取自个园，为清袁枚所撰"月映竹成千个字，霜高梅孕一身花"。另一副取自瘦西湖月观，为清郑板桥所撰"月来满地水，云起一天山"。该亭成为唐人街旅游观光和品味小憩的佳处。项目由扬州红园花木鱼鸟服务公司承建,参与建设的主要人员有王荣华、林凤书、王延龄等。

加拿大多伦多中国城

1989年5月,加拿大多伦多密西沙加市建有一座"中国城"。中国城主要建筑有:书写"中国城"牌匾的木结构琉璃瓦顶牌楼、琉璃瓦长廊、角楼、城楼、九龙壁、人工湖、木桥、太湖石和六角"谊亭"。项目由扬州古典园林建设公司承建,参与建设的主要人员有陈锦贵、王宝桢、徐嘉宝等。

加拿大密西沙加市中国城牌楼

美国华盛顿翠园、峰园

1989年9月,美国华盛顿世界技术中心大厦内建设两座中国式园林,分别命名为翠园和峰园。翠园采用"旱山水意"的手法,峰园运用中国园林"以石代山"的造园艺术。园内有木亭、长廊、石灯笼、山石花台、山石几案、鹅卵石铺装,还有匾额对联。项目由扬州古典园林建设公司承建,参与建设的主要人员有吴肇钊、徐家宝、梅德松等。

美国华盛顿峰园

德国斯图加特清音园

1993年,以瘦西湖静香书屋为蓝本设计的清音园参加德国斯图加特国际园艺展,以其鲜明的民族特色及独特的营造构思,获得德国园艺家协会金奖、联邦政府铜奖,并在当地永久保存。该园建有水榭、石灯笼、水池、黄石假山、四面八方亭。该园由扬州古典园林建设公司承建,参与建设的主要人员有吴肇钊、范续全、徐嘉宝等。1995年园艺展后,清音园被当地某富商购买,以原样移建到富商小区。拆除移建工作由扬州古典园林建设公司负责,参与建设的主要人员有王宝桢、徐嘉宝、洪军等。

德国斯图加特清音园

美国肯特四方八面亭

1994年4月，扬州市与美国西北部华盛顿州肯特市结为友好城市，扬州市向肯特市赠送一座古色古香、富有扬州园林特色的四面八方亭。该亭坐落在肯特市中心伯林顿绿色公园，在美国被命名为友谊亭。该亭由扬州古典园林建设公司承建，参与建设的主要人员有顾文明、范续全、杭行等。

日本唐津市中国园

1994年9月，在日本唐津市国际交流广场内建中国园，占地1000平方米，建有四面八方亭、半亭、月洞门、假山及铺装。该园由扬州古典园林建设公司承建，参与建设的主要人员有王宝桢、石方友、谈国炳等。

日本唐津市国际交流广场中国园（选自《中国园林设计优秀作品集锦·海外篇》）

缅甸仰光市画舫、四面八方亭

1996年9月，缅甸仰光市市长吴哥礼率团到扬州访问，向大明寺赠送5尊玉佛。扬州市回赠仰光市一艘"扬州号"画舫和一座四面八方亭。该亭坐落于缅甸仰光中国文化村，由扬州古典园林建设公司承建，参与建设的主要人员有齐述礼、范续全、徐嘉宝等。

德国曼海姆市路易森公园多景园

2001年1月，扬州古典园林建设公司承建德国曼海姆市路易森公园多景园，工程占地6000平方米，建筑面积1080平方米，是当时欧洲规模最大、最为完整的中国古典园林建筑群落。园内建造牌楼、小拱桥、两层茶楼、四周环水的平台、戏台、水榭、花厅、长廊、湖石假山、九曲桥、六角亭等，依照中国传统山水园

德国曼海姆多景园茶楼

林设计和建设。参与建设的主要人员有王宝桢、范续全、徐嘉宝等。

德国布吕尔幻想国

2001年12月，扬州古典园林建设公司承建、维修德国布吕尔幻想国的中国戏院、孔庙、茶楼、廊房、重檐六角亭。参与建设的主要人员有王宝桢、范续全、徐嘉宝等。

美国米德兰市东米友谊亭

2001年12月，扬州古典园林建设公司代表山东东营市，在其友好城市美国得克萨斯州米德兰市承建东米友谊亭。参与建设的主要人员有王宝桢、范续全、刘宽等。

德国布吕尔幻想国重檐六角亭

泰国清迈中国唐园

2006年8月，扬州古典园林建设公司承担泰国清迈世界园艺博览会（A1类）室外国际展园中国唐园建设任务，并获得室外展园最高奖一等奖。中国唐园运用中国传统园林造园手法，融合唐代园林风格与佛教文化，将自然山水风景浓缩于1000平方米的空间内。主体建

2006年，中国花卉协会代表中国参加A1类泰国世园会，获得组委会室外展园一等奖

筑包括仿唐门厅,一座两层木结构的仿唐楼阁"永怡楼",以1:1比例复制的扬州唐代木兰院五层石佛塔和一座仿唐石经幢,并饰以太湖石、古树等景观,生动展现典型的江南古典园林风格。园内所有建筑都是在扬州制作好后运至泰国组装而成。参与建设的主要人员有吴玉林、范续全、刘宽等。

附:泰国清迈中国唐园专记

2006年,在泰国举办的世界园艺博览会(以下简称园博会),是国际园艺生产者协会和国际展览局批准并注册的A1级国际园艺展会,举办时间为2006年11月1日至2007年1月31日。应泰国政府邀请,经国务院批准,国家林业局代表中国组织参加此次园博会,参展筹备工作由中国花卉协会负责。扬州古典园林建设公司受中国花卉协会委托,承担室外国际展园——中国唐园设计与施工任务,并获室外展园一等奖。

中国政府对参展工作十分重视,成立以国家林业局党组成员、中国花卉协会会长江泽慧为组长的筹备领导小组。中国花卉协会确定由扬州古典园林建设公司承担设计和施工任务。2006年4月,扬州古典园林建设公司总工程师范续全参加中国花卉协会副秘书长张引潮为组长的前期考察组赴泰国,实地考察清迈园博会和中国展区现场,拜访中国大使馆、泰国农业部、园博会组委会,了解当地花卉消费水平和植物品种,听取泰国农业部和组委会对园博会情况的介绍,双方就参展的具体问题,如设计施工、展品运输、植物检疫等进行沟通协商。

在中国林业科学研究院首席科学家、博士生导师、美国华盛顿中国园项目中方设计专家小组组长彭镇华教授指导下,确定将唐代建筑风格与佛教文化相融合,运用中国传统造园手法,营造出一个自然与人文景观相融合的园林环境,达到小中见大、层次丰富的园林景观,既体现中国园林与佛教历史的悠久,又充分表达中泰两国友谊源远流长的设计指导思想。

中国唐园位于清迈园博会室外世界展区,占地1000多平方米,呈扇形。长约50米,北高南低,高差达80厘米。该园入口设置在地块西南部,仿唐式门厅坐东面西,门额书园名,门前青砖铺地。入门右首置土丘一座,由南向东北延伸,呈环抱之势。前坡栽竹,竹林掩映之中,丘顶按1:1比例复制扬州唐代木兰院五层石佛塔一座,飞檐翘角,每层中有佛龛,龛中浮雕释伽牟尼佛坐像。汀步石阶穿行土丘之上而至石塔。后坡植树,起衬托石塔、分隔园界的作用。入门左首,栽树植木,在门内围合成一个小空间,达到"先抑后扬"的效果。土丘坡前,置湖石假山石数块,用石包土的垒石手法,堆叠成水口状,水口下铺装以黄色卵石围边,青砖置中,似山丘中有清泉流出,浸润地面。此为中国传统造园中"旱园水意"做法,给人无水似有水的感觉。园路铺装向北转折,路径曲折,花木横出,营造"庭院深深深几许"的意境。出曲径,现一宽阔平台,顿感"柳暗花明"。平台北端建仿唐

中国唐园永怡楼经幢

两层楼阁一座,唐代建筑的覆盘磉、梭形柱、直棂窗、腰鼓梁、人字拱、蜀柱、密檐脊、鸱尾吻等建筑特点融汇其中。楼阁坐北朝南,楼前平台铺装置仿唐石经幢一座,此为佛教特有建筑物,与石塔相呼应。园中按中国园林的特色布置植物景观,栽植泰国当地相关树种。门厅抱柱楹联为"人闲桂花落,夜静春山空"。楼阁命名为"永怡楼",楼外廊楹联"妙里清机都远俗,诗情画趣总怡神"为扬州当代篆刻家、书法家蒋永义书写。该园强调师法自然、高于自然,建筑美与自然美有机融合,既体现诗画情趣,又蕴涵无穷意境。

中国唐园设计方案确定后,扬州古典园林建设公司成立以总经理吴玉林为组长的工作小组,派人赴苏州、巢湖、天长等地采购木料、砖瓦、石材,组织精兵强将在扬州按图纸进行制作,并派工作组赴泰国清迈,落实货物运输路线、出入关手续、先期基础施工、当地工人雇佣、机械租赁、辅材采购、植物配置、工人食宿交通等具体事宜。经过精心组织,合理安排,总重量300吨、体积252立方米、计14个集装箱的货物于8月25—28日陆续运抵施工现场。经过项目部25名施工人员夜以继日的连续奋战,克服工期紧、工艺要求高、夏季高温、连绵阴雨及军事政变等带来的各种困难,提前3天于10月25日保质保量完成中国唐园施工建设任务。

2006年10月31日至11月2日,以江泽慧为团长的中国花卉林业代表团参加2006年泰国清迈园艺博览会。11月1日,泰国诗琳通公主一行参观中国唐园。11月2日,中国代表团在中国唐园内举行捐赠仪式。

泰国诗琳通公主参观中国唐园　　　　　　　　　中国唐园捐赠仪式

2013年10月12日,国务院总理李克强在泰国总理英拉的陪同下,到中国唐园参观。李克强说,唐园充分体现中国古典园林建筑的特色,泰国民众通过参观唐园,可以加深对中国园艺文化的了解。他指出,中国唐园落户清迈,既是两国文化交流的象征,也是两国人民友好的见证。

爱尔兰首都都柏林谊园

2016年6月,扬州园林建筑装饰工程有限公司作为设计和承建单位,受蜀冈－瘦西湖风景名胜区管委会委托,代表市政府参加第十届布鲁姆国际园艺节。其承建的谊园坐落于欧洲最大的城市公园——爱尔兰首都都柏林凤凰公园内。谊园采用典型江南文人园林手法,将自然山水风景浓缩

爱尔兰都柏林谊园

于200平方米的空间内,再现"绿杨城郭"的园林意境。运用榭、廊、半亭、假山、跌瀑、花窗、青砖小瓦、屏风墙等扬州园林元素,充分展现扬州园林的精致秀美。参与建设的主要人员有吴玉林、潘萌、陈元平等。

附: 美国华盛顿中国园筹建专记

　　改革开放以来,中国政治、经济、文化建设取得举世瞩目的成就,综合国力显著增强,国际地位不断提升。旅居美国华盛顿的爱国华侨们希望祖国能在美国首都华盛顿建造一座中国园林,向世界人民、特别是向美国人民展示中国悠久的历史、灿烂的文化,慰藉华人华侨爱国思乡之情。华侨代表推荐美国国际农业生命科学发展教育所所长戴维廉(原国民政府国大代表、扬州大律师戴天球幼子)向美国农业部副部长任筑山(原国民政府杭州市市长任显群之子),表达希望中美两国在华盛顿共建一座中国式园林的想法,任筑山当即表示赞同。

　　2002年下半年,任筑山委托戴维廉与中国驻美使馆联系,中国驻美使馆科技处公使衔参赞靳晓明建议最好与中国国家林业局党组成员、中国林业科学研究院院长江泽慧联系。2002年底,戴维廉访华期间约见江泽慧。江泽慧指出,此事可由美方与中国驻美大使杨洁篪联系,通过外交途径向国内有关部门正式提出。

　　2003年5月,中国驻美使馆将此事转至外交部并国家林业局。国家林业局决定由中国林业科学研究院具体运作此事。至此,美国华盛顿中国园项目正式启动。同年10月,江泽慧率团访问美国,与美国农业部副部长任筑山签署《中美关于在华盛顿美国国家树木园共建中国园意向书》。11月,中国园项目中方建设领导小组、设计专家组、工程建设组和建设办公室成立,中方建设领导小组组长由江泽慧担任,设计专家组组长由中国林业科学研究院首席科学家彭镇华担任,工程建设组组长由中国林业科学研究院副院长李向阳担任。12月22日,中国园项目中方建设领导小组第三次会议在扬州市举行。会上,江泽慧对中国园项目进行两点定位:一是定位在国家层次,即代表中国在美国首都华盛顿的国家树木园建中国园,不同于地方政府在其他国外城市建中国园。项目由中国林业科学研究院具体负责,由扬州市承建。二是定位以扬州园林为主,以苏州、上海和杭州等地园林为补充。

华盛顿"中国园"规划方案效果图

中国园鸟瞰效果图

2004 年 1 月 4 日，美国华盛顿中国园规划设计工作会议在北京召开。1 月 7 日，美国华盛顿中国园初步规划设计方案审议会议在北京召开。1 月 24 日，华盛顿中国园初步规划修改方案审议会在扬州召开。2 月 28 日至 3 月 8 日，由国家林业局组织，华盛顿中国园项目考察团赴美进行实地考察，对中国园规划用地及其周围环境进行实地查勘，并就中国园方案设计工作进行商谈。4 月 10—19 日，任筑山率中国园项目美方设计专家组考察中国江南园林，先

2005 年，任筑山率中国园项目美方设计专家组考察个园

后对扬州、苏州、杭州、上海等城市园林进行考察。2004 年 10 月 8 日，中国园项目谅解备忘录正式签字仪式在华盛顿举行，江泽慧和任筑山分别代表双方签字。

2005 年 6 月 10 日，中国园项目中方建设领导小组在扬州召开第六次会议，原则通过《中国园项目中方建设管理办法》，中国林业科学研究院和市政府签署中国园项目建设谅解备忘录。9 月 23 日，中国园项目中方建设领导小组在扬州召开第七次会议，审定中国园建设项目建议书，讨论通过中国园项目设计清单和奠基仪式安排。

2006 年 1 月 10—15 日，江泽慧率中国园项目代表团一行 12 人赴美出席中国园项目奠基仪式。4 月 18 日，中国园项目中方建设领导小组召开第八次会议，通报中国园项目宣传工作原则方案和宣传工作具体实施方案等事宜。5 月 14 日，中国园项目中方工程施工小组第一次会议在扬州召开，会议决定严格按谅解备忘录的条款，界定与细化中国园项目工程施工范围，并做好与美方专家的对接准备工作。

2007 年 3 月 10 日，中国园项目中方建设领导小组第九次会议在北京举行。7 月，美国众议院批准中国园项目。

2008 年 5 月 4 日，中国园项目办公室工作会议在扬州召开，会上通报中国园项目中美双方的工作进展情况，并就工艺品定购、建园材料订购、向美方咨询设计施工的问题等工作进行讨论。9 月 11 日，中国园项目方案、图纸、图片和文字全套电子文档拷贝给中国林业科学研究院档案管理处存档。9 月 24 日，中国园项目代表团与美国农业部在美国国家树木园共同举办中国园项目宣传会。

2009 年 6 月 5 日，中国园项目中方建设领导小组第十二次会议在北京召开。8 月 19 日，中国园项目中美双方联合工作小组会议在扬州召开。

2010 年 7 月 13 日，中国园项目中方建设领导小组第十三次会议在北京召开。会议主要有 4 项议程：一是通报中国园项目纳入中美战略经济对话 26 项成果清单情况，二是通报中国园项目近期进展情况，三是通报美方中国园项目谅解备忘录文本修改情况，四是就中国园项目设计情况、工程建设对接情况、资金筹集情况及其他事宜进行讨论、商定。

2011 年 6 月 7 日，在北京举行中国园项目中方建设领导小组第十六次会议，编制中国园项目概算。

2012 年 3 月 7 日，中国园项目进展情况讨论会在北京召开。5 月 6 日，中国园项目中方建设工作组工作会议在扬州召开。会议部署扬州古典园林建设有限公司再度联系黄山林场，准备针

对性购买木材；确定彭红明为驻美中国园基金会常务理事；交由中国林科院木材所进行木材测试；购买一套以"远香堂"为主的家具和可移动的八扇面屏风；选定四川大学智胜公司制作中国园 3D 宣传片；保持设计小组与施工小组的密切联系和交流。6 月 8 日，中国园项目中方设计工作会议在北京召开，讨论通过中国园总体规划方案的修改意见。

2013 年 7 月 12 日，中美共建中国园项目第七次联合工作组会议在美国国家树木园举行。重点听取全美中国园基金会筹资情况介绍，详细讨论中国园设计方案初步修改意见。10 月 30 日，中美共建中国园项目第八次联合工作组会议在扬州召开。会议详细讨论了中国园设计和施工方案。

2013 年 7 月中国园项目中美技术交流会议

2014 年，中国园项目中方进展主要有以下 8 个方面：一是落实中方所需各项建设资金；二是完成中国园项目工程方案设计和部分施工图设计；三是采购建筑用木材和室内陈列品；四是开始预制建筑木结构构件；五是订购造景用的石材；六是按照美国国家建筑标准，开始测试木材构件的物理力学性能；七是设计制作中国园 3D 宣传片；八是中美双方多次对项目设计方案进行对接，并对方案进行初步修改完善。

2015 年，中美共建中国园项目召开第十次联合工作组会议和设计工作组会议，签署中美双方共同建设中国园项目谅解备忘录和共同建设中国园项目合作协议。6 月 22—24 日，中国园项目代表团赴美参加第七轮中美战略与经济对话活动，并召开中美共建中国园项目第十一次联合工作组会议和设计组会议。10 月 9 日，中美共建中国园项目签约仪式暨工作组会议在扬州召开。受国家林业局委托，国际竹藤中心与市政府签署共同建设中国园项目谅解备忘录。国际竹藤中心与扬州古典园林建设有限公司签署共同建设中国园项目合作协议。

2016 年 3 月 6—10 日，中国园项目中方建设领导小组在扬州组织召开中国园项目施工图预算评审会。8 月 27 日，国家林业局局长张建龙与美国农业部副部长凯瑟琳签署中美共建中国园项目谅解备忘录。10 月 28 日，中美共建中国园项目开工典礼在美国首都华盛顿国家树木园举行。历时 14 年筹建的中国园项目正式开工。

第八章 园林管理

爱此如甘棠，谁云敢攀折

胜地擅淮南渺渺新愁与水
平分秋一色
吹笛月三更
雨画桥下问箫声何处有人

二十四桥楹联

一九八七年元月启功书

平山堂图

新中国成立后，扬州市园林管理处随即成立，主要负责市区北郊瘦西湖一带的少数几个古典园林管理。1952 年，扬州市园林管理处改称市园林管理所，属于市政府建设科。市园林所成立后，对湖上园林不断整修与复建，并成立瘦西湖公园。何园、个园、文峰公园等古典园林也在五六十年代相继修复开放。1973 年，市园林管理所改称市园林管理处。1986 年，建立市园林管理局（二级局）。1996 年，市园林局升格为市政府直属正处级事业单位，与蜀冈－瘦西湖风景名胜区管理委员会办公室合署办公。2005 年，蜀冈－瘦西湖风景名胜区管理委员会办公室撤销。2010 年，市园林局成为市政府工作部门，正处级建制。

50 年代开始，扬州逐步对瘦西湖、个园、何园、小盘谷、二分明月楼、平山堂、文峰公园、普哈丁墓园等古典园林进行修复开放。60 年代，市人民委员会公布《扬州市园林建筑及文物古迹保护单位名单》。80 年代以来，又陆续新建盆景园、东郊公园、二十四桥景区、万花园，复建片石山房、卷石洞天、白塔晴云、梅岭春深、四桥烟雨等景点，新辟蜀冈－瘦西湖风景名胜区、茱萸湾风景名胜区。扬州园林逐步成为扬州市的一张名片，外地游客逐年递增，经济效益和社会效益不断提高。园林经济从最初完全依靠市财政支持，逐步发展为依托门票经济自给自足。进入 21 世纪后，园林景点开始摆脱单一门票经营，朝向多元化发展。

随着扬州市园林管理处的成立，扬州市城市公共绿化由园林部门统一负责。60 年代初，城市绿化管理体制调整，道路绿化、河滨绿化归市政建设部门负责。1996 年 1 月，市政绿化队成建制划归市园林局，市区绿化及其管理由市园林局负责。

1997 年 3 月，扬州市提出创建国家园林城市。此后，扬州市加大对城市绿化基础设施建设投入，新建各类公园绿地，道路绿化率、单位绿化率、小区绿化率逐年提高。2001 年，中共扬州市第四次代表大会把生态园林城市建设确定为新世纪的四大跨越目标之一。2003 年 12 月 30 日，扬州市被建设部命名为国家园林城市。2011 年 6 月 18 日，扬州市被全国绿化委员会、国家林业局授予"国家森林城市"称号。2011 年 10 月，扬州市完成住房和城乡建设部对创建国家生态园林城市的实地考查。至 2016 年底，扬州市达到国家生态园林城市 73 项创建指标。

第一节　机构设置

行政管理机构

1936年，国民政府成立江都县风景委员会，负责瘦西湖、蜀冈一带绿化管理。

1949年10月29日，成立扬州市园林管理处，办公室设在徐园冶春后社，罗经才任主任。扬州市园林管理处成立后接收叶园（叶林）、徐园、阮家坟等园林，进行统一保护管理。1952年1月，扬州专区成立，扬州市园林管理处更名为扬州市园林管理所，归口市政府建设科，设主任、副主任各1名，此外还有技术员1名、管理员1名、会计1名、保管员5名、花木工5名、金鱼工1名、炊事员1名，主要负责管理劳动公园、徐园、阮家坟、小金山。1957年7月1日，劳动公园、徐园、小金山、五亭桥诸景点合并建立瘦西湖公园，进行统一管理。

1959年10月，为扩大瘦西湖风景区，市人民委员会决定市园林所实行"所带队"制度，将双桥人民公社园林大队、双桥大队的劳动、新庄和卜桥3个生产队划归市园林

1949年成立市园林管理处公文

所管理。翌年3月，市人民委员会明确市园林所隶属市城市建设局领导。1962年，撤销"所带队"制度，市园林所负责管理瘦西湖、平山堂、文峰塔、寄啸山庄等。

1964年1月8日，市绿化办公室成立，组织协调全市绿化工作。6月11日，成立市园林管理委员会，管理瘦西湖、平山堂、观音山、回回堂、仙鹤寺、何园、个园、史公祠、小盘谷、文峰塔、高旻寺、冶春园等10多处园林名胜。

1973年11月22日，经市革命委员会批复同意，市园林管理所改名为市园林管理处，内设组宣科、行政科、绿化科、生产科、旅游服务科、财务科、保卫科等7个科室。1983年3月，实行市管县体制，市园林管理处隶属市城乡建设环境保护局。

1986年7月14日，建立市园林管理局，隶属市城乡建设委员会，为二级局建制，核定事业编制25人，主管全市园林和城市绿化工作，下设秘书科、绿化管理科、生产经营科、规划建设科、组织宣传科、保卫科，直辖瘦西湖公园、何园、个园、茱萸湾公园、盆景园、花鸟盆景公司、古典园林建设公司等单位。1988年8月，市园林局撤销生产经营科，改设公园管理科和

计划财务科。翌年，市园林局迁至市区大虹桥路 19 号。

1991 年 9 月 16 日，市政府成立蜀冈 - 瘦西湖风景名胜区管理委员会，下设办公室，与市园林局合署办公。

1992 年 9 月 26 日，市园林局增设审计室，与公园管理科合署办公。

1995 年 9 月 11 日，市园林局建立市风景园林监察队。10 月 4 日，市绿化办城市组改为市市区绿化办公室，科级建制，在市建委统一领导下，由市园林局负责管理，市园林局一名副局长兼任市市区绿化办主任。原市绿化办城市组的 3 名事业编制列为市区绿化办编制。市市政管理处绿化队成建制划归市市区绿化办公室领导，该单位原规格、性质、人员编制、经费渠道等不变。

1996 年 12 月 10 日，市园林局改为市政府直属正处级事业单位，与蜀冈 - 瘦西湖风景名胜区管理委员会办公室合署办公。内设机构办公室、计划财务科（挂"审计科"牌子）、经营管理科、风景名胜管理科、规划建设科、城市绿化办公室（挂"绿化管理科"牌子）、人事教育科。局机关事业编制 28 名（含城市绿化办 3 名），领导职数：局长 1 名、副局长 3 名；正副科长（正副主任）9 名，其中科长（主任）7 名、副科长（副主任）2 名。1999 年 4 月，市园林局人事教育科改为组织人事科。2001 年 12 月，市园林局机构设置调整为：办公室、财务处（挂"审计处"牌子）、公园管理处、风景名胜管理处、城市绿化办公室（挂"公园景点管理处"牌子）、组织人事处。

2004 年 2 月 8 日，市政府成立市瘦西湖新区建设领导小组。领导小组下设指挥部，内设"一室三处"，即办公室、计划财务处、工程建设处、综合开发处。指挥部成立扬州瘦西湖旅游发展有限责任公司，与瘦西湖新区建设指挥部实行两块牌子、一套班子，为瘦西湖新区建设的投融资主体。公司注册资本 5000 万元，由瘦西湖公园（出资 2000 万元）、市城建控股公司（出资 1500 万元）、扬子江投资集团公司（出资 1500 万元）按照公司法规定以货币出资组建，负责瘦西湖新区开发建设。

2005 年 11 月 25 日，市蜀冈 - 瘦西湖风景名胜区管理委员会作为市政府派出机构，正县级建制，不再保留原与市园林局合署办公的市蜀冈 - 瘦西湖风景名胜区管理委员会办公室。

2007 年 2 月，市园林局调整内设机构，设办公室、党群处（挂"监察室""工会""团委"牌子）、财务审计处、风景园林处（挂"安全保卫处"牌子）、规划建设处、城市绿化办公室（挂"行政办事服务处""园林绿化监察处"牌子）。

2010 年 7 月 29 日，市园林局由市政府直属事业机构调整为市政府工作部门，正处级建制。设办公室、党群工作处、财务审计处、风景园林处（挂"安全保卫处"牌子）、规划建设处（挂"总工程师办公室"牌子）、城市绿化办公室（挂"行政办事服务处"牌子）等 6 个职能处室，均为正科级建制。核定市园林管理局机关行政编制 25 名。领导职数核定局长 1 名，副局长 3 名，纪委书记 1 名；内设机构正副处长（主任）10 名，其中正处长（主任）6 名，副处长（副主任）4 名。

2012 年 1 月，市园林局迁至市区大学南路 111 号。

2013 年 9 月，市园林局增设园林绿化监察办公室。

2016 年末，市园林局人员编制 26 人。领导职数核定局长 1 名、副局长 3 名、纪委书记 1 名、处长 8 名、副处长 4 名。

1949—2016 年扬州市园林管理机构负责人任职一览表

表 8-1

机构名称	正职			副职		
	职务	姓名	任职时间	职务	姓名	任职时间
扬州市园林管理处 （1949.10—1951）	主任	罗经才	1949.10—？			
扬州市园林管理所 （1952—1973）	主任	张瑞清	1952—1953	副主任	唐寿川	1952—1953
		庞宝安	1953—1959		魏献桂	1956.07—？
		武以坤	1959.10—1963.03		夏美友	1959.10—1962
					庞宝安	？—？
		肖尔康	1963.03—1968.02		王实符	？—？
		张日盛	1968.02—？		王孝智	1973—？
					顾思也	？—？
扬州市园林管理处 （1974—1979.07）	主任	严以祥	1974—1979.07	副主任	赵仁基	1976—？
扬州市园林管理处 （1979.08—1983.12）	主任	陈景贵	1979.08—1982.09	副主任	王寿桐	1979.09—1982.08
					吴肇钊	1981.06—1983.12
		杨文祥	1982.12—1983.12		韦金笙	1983.01—1983.12
扬州市园林管理处 （1984.01—1986.06）	主任	杨文祥	1984.01—1986.06	副主任	吴肇钊	1984.01—？
					韦金笙	1984.01—1986.06
扬州市园林管理局 （副处级） （1986.07—1991.08）	局长	赵明	1987.01—1988.03	副局长	张文德	1986.12—1988.07
					杨文祥	1986.12—1991.08
		张文德	1988.07—1991.08		陈景贵	1986.12—1991.08
					厉志翔	1990.09—1991.08
扬州市园林管理局 蜀冈–瘦西湖风景名胜区 管理委员会办公室 （副处级） （1991.09—1996.12）	局长 （主任）	张文德	1991.09—1996.12	副局长 （副主任）	杨文祥	1991.09—1991.12
					陈景贵	1991.09—1992.03
					厉志翔	1991.09—1996.12
					徐信阳	1993.03—1996.12
					季广明	1993.03—1996.12
扬州市园林管理局 蜀冈–瘦西湖风景名胜区 管理委员会办公室 （正处级） （1997.01—2005.12）	局长 （主任）	张文德	1997.01—1999.01	副局长 （副主任）	徐信阳	1997.01—2001.09
					季广明	1997.01—2001.11
					翟殿椿	1998.11—2005.12
		孙传余	1999.01—2005.12		赵御龙	2002.07—2005.12
					张家仁	2002.11—2005.12
					王庆余	2005.03—2005.12
扬州市园林管理局 （正处级） （2006.01—　）	局长	孙传余	2006.01—2006.08	副局长	翟殿椿	2006.01—2007.10
					赵御龙	2006.01—2012.08
		张福堂	2006.08—2012.08		张家仁	2006.01—2012.09
					王逍宵	2006.04—2009.12
					顾爱华	2012.08—

机构名称	正职			副职		
	职务	姓名	任职时间	职务	姓名	任职时间
扬州市园林管理局（正处级）（2006.01— ）	局长	赵御龙	2012.08—	副局长	唐红军	2010.10—
					张家来	2013.02—
					陆士坤	2013.10—

党组织

1959 年，市委批准成立中共扬州市园林管理所总支委员会，宋光洲任总支书记。1962 年，撤销中共扬州市园林管理所总支委员会，改建支部委员会，肖尔康兼任支部书记。1968 年 5 月 20 日，成立市园林管理所革命委员会，革委会由肖尔康、张文山、王孝智组成，肖尔康任主任委员。1970 年 3 月 25 日，经中共扬州市核心小组批准，成立中共扬州市园林管理所支部，吴宗瑞任书记。1979 年 8 月，经市委批准，成立中共扬州市园林管理处总支部委员会，陈景贵任党总支书记。1993 年 12 月，经市委批准，成立中共扬州市园林管理局委员会，张文德任党委书记。至 2016 年底，任党委书记的有：孙传余、张福堂、顾爱华。

1952—2016 年扬州市园林管理机构党组织负责人任职一览表

表 8-2

机构名称	正职			副职		
	职务	姓名	任职时间	职务	姓名	任职时间
扬州市园林管理所（1959—1962）	总支书记	宋光洲	1959—？			
扬州市园林管理所（1962—1973）	支部书记	肖尔康	1962—1968.02			
		吴宗瑞	1968.03—1971.05			
		张日圣	1971.06—1973.02			
		严以祥	1973.03—1973.12			
扬州市园林管理处（1974—1979.07）	支部书记	严以祥	1974.01—1979.07	支部副书记	赵仁基	1976—1979.07
扬州市园林管理处（1979.08—1983.12）	总支书记	陈景贵	1979.08—1982.09	总支副书记	赵仁基	1979.09—1981
					柏正国	1981.05—1984.01
扬州市园林管理处（1983.12—1986.07）	总支书记	厉志翔	1984.01—1986.07			
扬州市园林管理局（副处级）（1986.07—1991.08）	总支书记	厉志翔	1986.07—1986.12	总支副书记	厉志翔	1986.12—1990.12
		赵 明	1986.12—？			
		张文德	1988.07—1991.08		王庆余	1990.09—1991.08
扬州市园林管理局蜀冈-瘦西湖风景名胜区管理委员会办公室（副处级）（1991.09—1996.12）	总支书记	张文德	1991.09—1993.12	总支副书记	王庆余	1991.09—1993.12
	党委书记	张文德	1993.12—1996.12	党委副书记	王庆余	1993.12—1996.12
				纪委书记	王庆余	1996.12—1996.12

续表 8-2

机构名称	正职			副职		
	职务	姓名	任职时间	职务	姓名	任职时间
扬州市园林管理局 蜀冈-瘦西湖风景名胜区 管理委员会办公室(正处级) (1997.01—2005.12)	党委书记	张文德	1997.01—2001.11	党委副书记	王庆余	1997.01—2005.03
		孙传余	2001.12—2005.12		孙传余	1999.01—2001.12
				纪委书记	王庆余	1997.01—2005.03
扬州市园林管理局 (正处级) (2006.01—)	党委书记	孙传余	2006.01—2006.08	党委副书记	顾爱华	2007.11—2012.08
		张福堂	2007.09—2012.08		赵御龙	2012.08—
		顾爱华	2012.08—	纪委书记	张志安	2005.12—2013.08
					周玉清	2013.08—

下属单位

扬州市瘦西湖风景区管理处

新中国成立后,政府将劳动公园、徐园、小金山、五亭桥组成瘦西湖公园,属园林部门管理。1957年7月1日,瘦西湖公园经整建后对外开放。1987年3月3日,扬州市园林管理处瘦西湖公园更名为扬州市瘦西湖公园,为副科级全民事业单位,隶属市园林局,内部机构有秘书股、公园管理股、计划财务股、园艺绿化股、旅游服务股。1999年5月,市瘦西湖公园调整为正科级。2005年8月13日更名为扬州市瘦西湖风景区管理处,位于市区大虹桥路28号。2012年12月20日,瘦西湖风景区管理处整建制划归蜀冈-瘦西湖风景名胜区管理委员会。2016年末,共有在职职工619人,其中事业编制309人。

扬州市个园管理处

新中国成立前,个园花园部分荒芜。新中国成立后,个园收归国有,几经修缮,先后为市国画院、市京剧团、市广播事业局使用。1979年,划归市城建局管理。1982年2月,成立扬州市园林管理处个园,为副科级全民事业单位。1987年3月3日,更名为扬州市个园。2005年8月13日,更名为扬州市个园管理处,为正科级事业单位,位于市区盐阜东路10号。2016年末,内设机构有办公室、财务科、经营管理科、市场营销科、园容基建科、安全保卫科。办公室下设后勤服务班,经营管理科下设票务班、导游班、汪氏小苑班、馥园经营班,园容基建科下设花卉盆景班、园容厅馆班,安全保卫科下设安全保卫班,共有在职职工130人,其中事业编制21人。

扬州市何园管理处

新中国成立后,何园收归国有,交园林部门管理,先后为苏北军区、江苏军区文化速成学校、华东军区第五速成中学、南京军区第五速成中学、中国人民解放军第20文化速成中学、10所及六机部第七研究院七二三研究所所在地。1979年3月,何园部分区域重新划归市园林处。5月1日,何园由扬州无线电厂划归市园林处。10月,成立扬州市园林管理处何园,为副科级全民事业单位。1985年9月,住宅部分与片石山房由七二三所移交给市园林处。

1987 年 3 月 3 日,更名为扬州市何园。2005 年 8 月 13 日,更名为扬州市何园管理处,为正科级事业单位,位于市区徐凝门大街 66 号。2016 年末,内设机构有办公室、计划财务科、绿化基建科、经营管理科、市场营销科和安全保卫科,经营管理科下设票务班和导游班,共有在职职工 82 人,其中事业编制 19 人。

扬州市茱萸湾风景区管理处

1981 年 7 月 18 日,成立扬州市茱萸湾公园筹备处。1985 年 12 月,建立扬州市茱萸湾公园,为副科级全民事业单位。2004 年,瘦西湖内的动物园整体搬迁至茱萸湾,挂牌成立扬州动物园。2005 年 8 月 13 日,更名为扬州市茱萸湾风景区管理处(扬州动物园),为正科级事业单位,位于市区茱萸湾路 888 号。同年挂牌成立扬州市野生动物救助中心。2016 年末,内设机构有综合办公室、财务审计科、动物管理科、市场营销科、经营管理科、基建绿化科、安全保卫科等 7 个部门,共有在职职工 80 人,其中事业编制 23 人。

扬州市荷花池公园管理处

1981 年 7 月 18 日,建立荷花池公园,隶属市政管理处,为集体所有制性质。1992 年 4 月扩建荷花池公园,成立扬州市荷花池公园,为全民事业单位,相当于副科级。1997 年 10 月,荷花池公园建成开放。2005 年 8 月 13 日,更名为扬州市荷花池公园管理处,相当于正科级,位于市区荷花池路 102 号。2007—2013 年,荷花池公园管理处与市城市绿化养护管理处、文津园实行三块牌子、一套班子管理。2014 年起,与市城市绿化养护管理处分开办公,代管文津园。2016 年末,内设机构有办公室、财务科、安全保卫科、绿化科、经营科等 5 个科室,公园管理班、绿化养护队、经营管理部、荷花培植班等 4 个班组,共有在职职工(包括文津园编制)44 人,其中事业编制 20 人。

扬州市城市绿化养护管理处

1988 年 1 月成立,初名扬州市市政绿化队,隶属于扬州市市政管理处。1995 年 12 月,划归市园林局,相当于副科级。1996 年 3 月,更名为扬州市市区绿化队。2005 年 8 月 13 日,更名为扬州市城市绿化养护管理处,为全民事业单位,相当于正科级,位于市区平山堂西路 18 号。2013 年,市政府对市区两级绿化养护范围进行调整。市城市绿化养护管理处主要承担市区 9 条主要道路、9 条重要河道、部分街头绿地、古树名木的绿化养护管理;重点地段花卉布置,城市绿化监察以及数字化案件和突发情况处理等工作。2016 年末,内设机构有办公室、计划财务科、绿化养护科、绿化技术科、安全督查科、生产车队等 6 个部门,9 个绿化养护班组和 1 个生产车队管理班,人员编制 125 人。

扬州古典园林建设有限公司

1980 年 3 月 10 日成立,为全民所有制企业,注册资金 2000 万元,与市园林处一套机构、两块牌子,是全国最早成立的以园林工程和古典建筑为主的专业建筑企业之一。1981 年 11 月 26 日,经省建委批准,作为省古建公司的分支企业。1983 年 10 月 8 日,扬州古典园林建设公司重新划归市园林处。公司位于市区杨柳青路 99 号,拥有园林古建筑专业承包二级、文物保护二级、城市园林绿化施工二级、建筑装修装饰工程专业承包二级等多项资质,是国家级非物质文化遗产项目(扬州园林营造技艺)的保护传承单位。曾承建加拿大中国城项目、德国曼海姆多景园仿古建筑工程、德国科隆布吕尔幻想国项目、泰国世界园艺博览会中国唐园项目等多项海外工程。2016年末,共有在职职工60人。

扬州城市绿化工程建设有限责任公司

该公司为国有独资企业,隶属于市园林局。2010年,由市城市绿化养护管理处出资2000万元成立,下设行政部、财务部、市场经营部、工程管理部、项目部、设计部、苗圃等部门。2013年,设立安徽子公司。公司位于市区文汇西路现代广场,拥有城市园林绿化一级、市政公用工程施工总承包三级、古建筑工程专业承包三级等资质。公司所承建工程项目多次获得省级、市级各类奖项,如扬菱路绿化景观提升工程、东门遗址广场景观提升工程、新城西区拓展区核心区景观绿化工程、古运河生态保护(大王庙—太平路)工程、隋炀帝墓考古遗址文化公园景观绿化一期、隋炀帝墓考古遗址公园道路管网及景观节点标段、古运河三湾湿地保护与开发利用一期二标段等。2016年末,公司设董事长室、副总办公室、助理办公室、行政部、财务部、工程部、市场部、项目部、设计部,共有企业编制人员48人。

扬州市扬派盆景博物馆

原名扬州市盆景园,位于市区友谊路1号,1987年3月3日成立,为全民事业单位,相当于副科级,与扬州花鸟盆景公司合署办公。1992年10月13日,内设人事秘书科、绿化管理科、经营科、财务科。2005年8月13日,更名为市扬派盆景博物馆。2007年1月,市扬派盆景博物馆与瘦西湖风景区管理处合二为一。2009年4月,市扬派盆景博物馆新馆竣工。新馆位于市区长春路11号,占地2.67公顷,建筑面积3200多平方米,室外景墙300多米,主要分为室内展示区、室外展示区和盆景制作养护区三个部分,附有示范表演厅、大师工作室、扬州盆景研究所等场所。馆内收藏有古代遗存盆景,也展示国内外获奖的重要作品,藏品共分为"云壑松风""古木清池""志在凌云""横空出世""浓荫深处""古风古韵""秀色可餐""风华正茂"等18个组合。2012年12月20日,随瘦西湖风景区管理处整建制划归蜀冈-瘦西湖风景区管理委员会管理。

扬州花木盆景公司

原名扬州花鸟盆景公司,1987年3月3日成立,为副科级集体事业单位,与市盆景园合署办公。1988年8月,与市盆景园分开管理,单独核算。1989年1月,更名为扬州花木盆景公司,集体事业单位。2005年8月,转企改制,撤销事业编制。

协会

扬州市兰花协会

2006年10月1日成立,业务主管部门为市园林局,挂靠单位为市个园管理处、江苏里下河地区农业科学研究所。每年定期举办地方性春蕙、秋兰展,其中,2008年和2015年分别在瘦西湖风景区万花园、扬派盆景博物馆承办省蕙兰展。2016年末有会员206人。

扬州市风景园林协会

2014年7月9日成立，行业主管部门为市民政局，业务主管部门为市园林局，是省AAAA级社会组织。有会员单位42家、个人会员2人，分别由各县（市、区）风景园林主管部门、相关景点单位和一、二级园林绿化企业组成。2016年10月，协办第十二届中国赏石展览会。

扬州市公园协会

2014年9月16日成立，行业主管部门为市民政局，业务主管部门为市园林局。2016年7月，协办第三十届中国荷花展。2016年末，有单位会员29家。

第二节　保护建设

扬州园林至清代中期达到鼎盛，后因大运河与盐业的衰败，又历经战火，园林遭受严重破坏。新中国成立之初，北郊瘦西湖一带，除法净寺（今大明寺）、观音山、法海寺外，湖上园林仅存小金山、徐园、叶林（又称叶园）、陈氏别墅（凫庄）等。这些园林建筑的门窗罩隔、陈设布置被洗劫一空，花草树木也尽荒芜。城区私家园林也大多处于破败境地。

1949年10月29日，苏北行署成立扬州市园林管理处，接管徐园、叶林、阮家坟。1950年，维修徐园听鹂馆、疏峰馆，并重叠倒塌的峰石、假山。

1925年小金山

民国时期五亭桥

50年代钓鱼台

1951年5月8日，苏北行署在瘦西湖风景区举办苏北土特产物资交流大会。为举办此次大会，对瘦西湖的徐园、小金山、五亭桥、白塔等景点进行全面整修，并新建徐园通向小金山的小红桥，小金山通向北岸的八龙桥，重建凫庄水榭、草亭等，作为人民公园，于5月1日对外开放。铺筑新北门桥至大虹桥、大虹桥至徐园、小金山至五亭桥、五亭桥至平山堂道路路面，并栽植行道树，整修平山堂、观音山。5月19日，苏北人民行政公署批复扬州市人民政府的请示，指令将徐园、叶园命名为劳动公园。

1952年春，为迎接亚洲及太平洋区域和平会议代表团一行数十人访问扬州，继续整修瘦西湖风景区。9月17日，整修瘦西湖风景区设施及道路开工。在劳动公园，动工兴建劳动大厅。

1953年10—12月，维修小金山各厅馆，重建风亭。加固玉佛洞、五亭桥。维修法海寺及白塔，登塔台阶由原南向一面阶改为东西两面阶。同时维修法净寺、观音山、旌忠寺等寺庙建筑。

1954年8月，扬州遭遇特大洪水灾害，瘦西湖风景区的钓鱼台、绿荫馆、湖上草堂、月观、徐园、长堤春柳等低洼处受淹一个多月。小金山风亭由于经历数次暴雨，山坡被冲坏，亭身受到影响。10月8日，市人民委员会成立瘦西湖风景区整建规划委员会，潘江任主任委员，江树峰任副主任委员，下设园林、文物、建设、设计、管理5个组，对瘦西湖进行灾后整修工作。是年，在西园曲水增建草亭2座。拆砌观音山太峰阁危险石驳岸，加固小金山风亭，维护五亭桥。

1955年2—6月，瘦西湖新建八

龙桥、劳动公园六角亭、儿童游乐场(瘦西湖劳动公园内)、花廊、徐园金鱼池,修建凫庄、钓鱼台,铺筑沿河路面。同年对观音山鉴楼、文峰塔、个园内桂花厅及牡丹亭进行维修。同年4月6日,市政府印发《瘦西湖风景区管理规则》。10月,瘦西湖花房工程开工,11月完工。

1956年10月18日,省人民委员会公布全省第一批文物保护单位,其中包含:莲花桥(建筑二级文物保护单位)、莲性寺白塔(三级文物保护单位)。是年,为扩大瘦西湖游览面积,征用农田2公顷,迁移农户5户,共投资928元。是年,长堤春柳歇脚亭由路中移迁湖边,改建为临水方亭,置座栏,仍悬"长堤春柳"匾额。荷浦薰风新建草亭一座,并植松、竹、梅等花木。

1957年春,市园林所征用长堤春柳和疏峰馆西侧农田进行绿化,并翻建长堤春柳路面。在大虹桥西岸北侧新建竹木结构园门,将长堤春柳、劳动公园、徐园、小金山连成整体,外界围以竹篱,建立瘦西湖公园,并于7月1日对外开放。5月,劳动公园西南侧新建小型动物园。是年投资2.03万元,用于维修瘦西湖小金山、五亭桥、平山堂、观音山大殿、个园假山等。后又投入3.7万元,对四望亭、文昌阁、法海寺白塔、大成殿等古建筑进行维修。同年对文峰塔进行全面维修,于翌年2月对外开放。法净寺平远楼牮正工程于3月7日开工,当年7月28日竣工。除维修工作外,还完成个园五百分之一地形图测量、瘦西湖与平山堂千分之一地形图测量。8月,省人民委员会公布法净寺为省级重点文物保护单位。

1958年1—3月,市委、市人民委员会组织发动全市群众义务劳动,掀起瘦西湖清淤积肥支农热潮,对从老北门桥至五亭桥段的湖道进行全面疏浚。9月,规划瘦西湖风景区范围为:东至老北门、凤凰桥,北至观音山、平山堂,西至扬炳路,南至城河。在此范围内建成400公顷的风景区,疏浚淤塞的后湖和保障湖,并布置花园、果园、苗圃、文化场所、休养所等。12月,市人民委员会制定《瘦西湖水库规划》和施工方案,成立指挥部,组织群众义务劳动,先后挖土5万多立方米。

50年代五亭桥

1959 年春,拆除长春桥西侧、五亭桥、白塔西北侧农舍,迁移八龙桥至五亭桥段北岸坟墓。同时将长春桥西侧至五亭桥北岸东西两端土地、法海寺西侧及北侧土地、劳动公园西侧坟墓划归瘦西湖公园进行绿化。四桥烟雨遗址所在的长春队,北段交富春花园,南段交花木商店建立苗圃培育苗木。新建新北门广场,扩建新北门桥至大虹桥、新北门桥至法净寺道路。迁建瘦西湖公园内的水云胜概厅(俗称大桂花厅)、长春亭、白塔厅等,共计投资 4.2 万元。1—3 月,在瘦西湖内兴建动物园(从史公祠迁此)。10 月 1 日,瘦西湖公园整修一新,举行游园活动,庆祝新中国成立 10 周年。同时,何园(寄啸山庄)经过整修对外开放。同年,整建文峰公园,新建回回堂公园,改建瘦西湖凫庄,五亭桥西沿岸增加两座厅馆。是年,卷石洞天的南端汀屿迁建"歌吹古扬州"台一

50 年代白塔

榭。1960 年,西园曲水西端水池迁建石舫一座,兴建四桥烟雨楼、浮梅亭、夕阳红半楼、船舫等。3 月,维修大虹桥。

1961 年 11 月 21 日,市人民委员会印发《加强保护全市庭园、假山石的紧急通知》。通知认为历史上保留下来的园林是"全市人民共同享有的文化遗产",并部署开展园林清查工作,凡有庭园假山的单位要指派专人负责保管。5 月,文峰塔经加固大修后,交市园林所管理,并对外开放;维修平山堂倒塌的 3 座亭阁及第五泉;全面整修个园并对外开放。7 月,同济大学建筑系师生 120 余人到扬州进行 20 多天的古建筑调查测绘。由市城建、文化、文管等

部门有关人员组成调查组,在全市范围内进行为期 193 天的园林建筑、文物古迹、古树名木等普查工作。此次普查工作共调查住宅园林 56 处、文化古迹 30 处,基本弄清扬州古典庭园的布置手法和风格,为园林保护与发展提供大量的参考资料。

1962 年 3 月,征用水云胜概周围、法海寺西北侧、大虹桥西岸、劳动公园西侧十兄弟坟等处土地 5.34 公顷,使瘦西湖公园各景点连成一片。在湾头红星岛北端新辟苗圃 7 公顷(即后来的荼蘼湾公园北部)。是年 3 月,扬州市聘请古建筑园

1962 年,陈从周(前排中)考察平山堂西园

林专家、同济大学教授陈从周为扬州园林顾问。陈从周带领同济大学部分学生到扬州实习，调查、测绘扬州古建筑、园林。5月2日，市人民委员会印发《关于加强保护园林建筑、文物古迹、古老树木的通知》和《扬州市古建筑、庭园、树木保护管理暂行办法（草案）》，并公布《扬州市园林建筑及文物古迹保护单位名单》。

1963年，中国建筑学会副理事长、建筑史学家、清华大学建筑系主任梁思成教授受中国佛教协会委托到扬州规划设计鉴真纪念堂。9月，法净寺洛春堂改建的鉴真和尚纪念室、四松草堂改建的鉴真纪念堂门厅、鉴真大和尚纪念碑建成。是年，法海寺桥改建混凝土栏、柱，上饰荷花图案，重修石阶，并改名藕香桥，于桥旁湖上种植荷花。同年，修复古西方寺。

1964年10月10日，史可法祠修缮竣工，郭沫若题写楹联："骑鹤楼头难忘十日，梅花岭畔共仰千秋。"

1972年5月，为确保交通安全，翻建瘦西湖大虹桥，将原单孔改为三孔，加长桥身，降低坡度，桥墩改用钢筋混凝土，桥身青石块堆砌，桥栏、桥面用花岗岩精凿而成。

1973年，法净寺再次划归市园林所管理，并进行全面维修。5月24—26日，中国佛教协会副会长赵朴初陪同日本日中友好宗教者恳话会访华团访问扬州，并考察法净寺、鉴真纪念堂堂址。考察后，日方提出承建鉴真纪念堂。赵朴初请示周恩来总理后，决定委托扬州市承建。工程于7月动工，11月竣工，耗资24万元。该建筑在1984年全国优秀建筑设计评选中获国家优秀设计一等奖。鉴真纪念堂落成后，法净寺开始试开放。同年，普哈丁墓园划归市园林所管理。10月23日，经市革命委员会生产指挥组同意，拆除瘦西湖八龙桥。

1974年10月，瘦西湖公园竹木门厅改砖木门厅。新门厅由门厅、票房、游廊、水中亭等组成。

1976年5月，全面维修小金山的玉佛洞、小南海、磴道、风亭，并新辟观景平台，补种芽竹、春梅，重新开放。

1977年初，瘦西湖内小虹桥改建工程开工，改木质为混凝土仿古大跨度拱桥，翌年竣工。11月，拆除小金山天王殿，维修关帝殿，站脊改成花脊。在天王殿原址新建院墙，中设圆门，上嵌"小金山"石额，移明末石狮一对立门两侧。院中银杏树间置放钟乳石云盆，贴墙筑花坛，点缀花草、翠竹。

1978年3月，扩建瘦西湖长春桥，10月竣工。

1979年3月，为迎接日本国宝鉴真和尚像，省专项拨款90万元，对法净寺进行全面整修。维修天王殿、大雄宝殿，改建上山坡道，新建斋堂、寮房，粉刷、油漆各厅馆，对所有大小佛像整修贴金。3月，扬州无线电厂迁出何园，何园由市园林处接管。5月1日，何园再度对外开放。6月，市园林处接管个园，进行局部整修。12月，为迎接鉴真像回国探亲，市政府组织疏浚瘦西湖大虹桥至法净寺段全长近4公里湖道。同时结合地形开挖五亭桥至二十四桥新湖道。至此，瘦西湖湖道全线疏浚。是年，市园林处对普哈丁墓园进行恢复整修。下半年，市园林处对平山公园进行全面修理、新建。同年，市文化局组建唐城遗址文物保管所，全面整修观音山。

1980年3月，为迎接日本唐招提寺鉴真像到扬州展出，根据中国佛教协会副会长赵朴初建议，法净寺恢复原名大明寺，全面整修后对外开放。春季，全面疏浚瘦西湖从大虹桥至平山堂全长近4公里河道，拆迁市政府门口旧衙署门厅建成瘦西湖北大门，框建其西侧围墙，新建凫庄水榭、儿童游乐场、新动物园。4月22日，观音禅寺大修竣工。10月，普哈丁墓园、文峰公园经整修后对外试开放。至此，扬州市对外开放的公园有瘦西湖、何园、文峰公园3处，名胜有大明寺、观音山（唐代出土文物展览）、普哈丁墓园3处。是年9月4日，瘦西湖公园突遭11级飓风袭击，刮倒百年古柏14株、各类大树300多株，五亭桥的5个屋脊被刮跑，湖上草堂、绿荫馆、关帝庙、春草池堂等厅馆的花脊、门窗隔扇、桌椅等被大风掀掉，直接经济损失54万余元。飓风过后，市委、市政府立即对瘦西湖古建筑进行抢修。其中刮倒的14株古柏经过3个多月的抢救全部成活。

1981年1月1日，大明寺移交市民族宗教事务处和市佛教协会管理。7月1日，荷花池苗圃初步改建成荷花池公园，对外试开放。同年，茱萸湾苗圃基地一部分建成茱萸湾公园，并对外开放。市园林部门投资14万元，对个园进行全面维修，修复壶天自春、宜雨轩、透风漏月厅，新建住秋阁、拂云亭、鹤亭、竹西佳处入口，整修读书楼，新添抱柱、匾额数十副。是年，根据城市规划要求，对原西园曲水对岸老城墙基地进行绿化配置，以恢复"绿杨城郭"旧貌。

1982年3月25日，省政府印发《关于重新公布江苏省文物保护单位的通知》，瘦西湖莲花桥、大明寺、个园、何园、唐城遗址、天宁寺、小盘谷等被列为省级文保单位。6月29日，市政府公布全市第二批文物保护单位名单，观音山、汪鲁门住宅、吴道台宅第、萃园、杨氏小筑、冶春园等园林建筑入选。10月19日，市政府印发《扬州市文物保护管理暂行办法》。是年，普哈丁墓园移交市伊斯兰教协会管理。12月，市政府决定在解放桥东南角、普哈丁墓园东侧的原砂石、垃圾堆场建立东郊公园。该工程由市园林处承建，并于翌年5月1日建成对外开放。

1983年，市政府拨款15万元在西园曲水、卷石洞天旧址筹建市盆景园，由市园林处负责建设施工。9月，市政府决定用广东佛山籍旅日侨胞陈伸捐赠的24万元，在历史旧址复建白塔晴云景点，并于1985年10月25日对外开放。10月，动工迁建市区东关街400号明末清初大厅三楹，在西园曲水土墩东侧复建濯清堂，在水池北端新建浣香榭，堂榭之间以曲廊相接。是年，由市城乡建设局拨款3.5万元对瘦西湖公园的小金山进行加固维修。由国家文物部门拨款10万元对五亭桥进行加固维修。

1984年2月22日，市政府批准建立天宁寺、重宁寺维修工程办公室，负责对天宁寺、重宁寺进行全面维修。4月，观音禅寺划归宗教部门管理。5月19日，市公安局、市环保局将瘦西湖风景区列为禁猎区。

1985年1月，瘦西湖五亭桥基础维修经历半年多时间后竣工。8月，由赵朴初题名的大明寺藏经楼落成。该楼系由福缘寺藏经楼迁至大明寺复原重建。9月30日，在国务院的关心下，经城乡建设环境保护部和中国船舶工业总公司磋商，决定将723所占用的何园住宅部分及片石山房遗址移交市园林处，经整修后于翌年国庆节开放。

1986年，由国家旅游局拨款150万元、市政府拨款96万元，在春台明月旧址上复建以熙春台为中心的二十四桥景区。10月1日，市盆景园西园曲水景点重建工程竣工，对外试开放。10月9日，成立市瘦西湖二十四桥景区建设办公室，办公室组织扬州古典园林建设公司、江都古典园林建设公司一处于27日动工兴建二十四桥景区。12月3日，由省建委主持召开瘦西湖风景名胜区总体规划评议会议。是年，由市建委拨款75万元用于各公园的大型基建和维修。瘦西湖小金山由于塌方严重，自1982年起一直处于封闭状态。此次整修，堆叠黄石假山550吨，堆土方500多立方米，完成风亭、小南海维修，并修复陈列小南海观音阁玉佛像。

1987年8月24日，市政府公布茱萸湾公园为市级风景名胜区。是年，二十四桥景区建设完成玲珑花界景点、熙春台主体建筑。市园林局印发《关于加强文物管理和古建筑防火安全工作的通知》，要求重点抓防火、防盗两件大事，建立消防制度，加强经常性和节假日值班保卫工作。10月1日，何园住宅部分经整修后对外开放。11月14日，东郊公园划归市伊斯兰教协会管理。

1988年1月13日，个园、何园被国务院公布为第三批全国重点文物保护单位。8月1日，蜀冈-瘦西湖风景名胜区被列为第二批国家重点风景名胜区。是年，二十四桥景区工程完成十字阁、九曲桥、二十四桥等景点修复，小金山建成石拱玉版桥。瘦西湖公园、何园、市盆景园、个园等单位签订二级治安承包合同书。年底，由市园林局组织进行检查、考核。

1989年，市政府拨款42万元用于卷石洞天修复工程。二十四桥景区建设进行内部装修工程，并由市财政拨款16万元用于熙春台、十字阁内部装修和家具陈设布置。该工程由中央美院教授张世椿规划、设计并组织施工。同年在瘦西湖公园新建夕阳红半楼。为解决小金山与小南海之间峡谷的景观效果，瘦西湖公园投资3万元用于小金山维修。经过1983年、1986年、1989年三次对小金山的维修加固，共堆叠黄石假山1200多吨，堆积土方700立方米。年内，市盆景园群玉山房、薛萝水阁及游廊等建筑重建完成。是年，市政府拨款33.6万元用于片石山房景点修复建设和内部陈设布置。工程于4月动工，10月竣工，共完成厅、廊、榭建筑面积142平方米，堆叠湖石假山395吨，开凿水池420平方米，筑围墙50米。工程竣工后，经过试开放，社会反响较好。

1990年5月，瘦西湖公园全面维修加固五亭桥，工程于8月竣工。9月30日，二十四桥景区望春楼建成。年内，完成市盆景园卷石洞天景点建设，完成瘦西湖二期驳岸和新北门桥至大虹桥驳岸、清淤、水口治污处理以及平山堂码头驳岸，在瘦西湖二十四桥以北之西岸建650米湖滨长廊。

1991年3月18日，二分明月楼修复工程开工，12月31日竣工。7月，扬州遭遇特大洪涝灾害，瘦西湖和古运河水位在短时间内猛涨，导致古建筑、假山等大面积浸水受淹，众多古树名木出现险情。经过日夜抢险，各园林的古建筑、家具陈设、文物字画等财产得到妥善保护，同时转移苗木盆景3400余盆、花卉3.5万余株（盆），各类古盆景和获奖盆景没有因洪涝灾害而受损，古树名木未出现一株倒伏或死亡。

1994年《蜀冈-瘦西湖风景名胜区总体规划》

是年，市园林局制定《蜀冈－瘦西湖风景名胜区总体规划》和《区域规划》，完成石壁流淙景区静香书屋景点规划设计、论证、征地以及静香书屋木结构制作和基础部分施工，完成个园南部 2 户居民住宅的动迁和四桥烟雨景区 6 户居民住宅拆迁工作。

1992 年 8 月，瘦西湖风景区内建成吟月茶楼与静香书屋。

1993 年 4 月，市文津园建成并开放。6 月 15 日，瘦西湖公园内晴云桥建设开工，9 月 25 日竣工。该桥长 22 米，桥面宽 6 米，拱高 3 米，跨度 6 米。9 月，大明寺重建栖灵塔，翌年 12 月建成。

1994 年，石壁流淙景区二期工程征地 1.08 公顷，完成 220 米围墙建设。荷花池公园完成总体规划设计和门厅、围墙、附属用房规划设计。文峰塔底层维修完成。4 月 26 日，市政府提请市三届人大常委会第七次会议审议《蜀冈－瘦西湖风景名胜区总体规划》。7 月 12—14 日，建设部在扬州召开《蜀冈－瘦西湖风景名胜区总体规划》评审会，规划获原则通过。

1995 年，瘦西湖沿湖两岸、湖心岛周边 6000 余米驳岸工程竣工，荷花池公园建设工程启动。是年，占用个园北区的市广播电视局迁出，拆除中波发射塔、主机楼、招待所、花房等建筑 875 平方米，改建北大门办公楼，新建花房，个园面积由此扩大 8421.93 平方米。12 月，成立瘦西湖—北城河疏浚总指挥部，对瘦西湖—北城河进行全方位疏浚。

1996 年，瘦西湖北区建设征用土地 3.8 公顷，打通、铺设北区沿湖两岸道路 3500 平方米，回填土方 3000 立方米；瘦西湖东堤完成征地、撤组、劳力安置以及民居拆迁安置；建设瘦西湖乾隆水上游览线 7 组亭台、水榭。疏浚荷花池约 3 公顷，总清淤量 1.52 万立方米。建设完成虹桥修禊、石壁流淙景区清妍室、锦泉花屿景区香雪亭、蜀冈朝旭、春流画舫、梳妆台、小吹台等景点。9 月 12 日，富春花园月季园划归个园作游览通道，面积 1433.3 平方米，并新建围墙 60 米、停车场 500 平方米，拆除平房 400 平方米。至此，个园北区游览通道理顺贯通。是年，荷花池公园西区初步建成：新建西大门门厅及廊、亭、管理用房 220 平方米、清涟桥 1 座、景点小桥 1 座，建设 1800 平方米的大型自然式露天游泳池 1 座以及附属用房 345.6 平方米，建成荷花池湖心岛水榭平台、五曲桥水下基础。文津园改建芋萝园，拆除原围墙、部分建筑，整修原主厅，改建双拥轩。是年，市园林局开展瘦西湖全面疏浚工程，疏浚总长 7000 余米，总清淤量 16 万立方米。

1997 年 9 月，扬派盆景精品园建成并开放。是年，完成个园抱山楼、瘦西湖南大门、五亭桥油漆和徐园绿荫馆、春草池塘吟榭大修。市盆景园虹桥修禊景点建设完成。荷花池公园于国庆节对外开放。

1998 年，何园修缮蝴蝶厅、牡丹厅、船厅、玉绣楼、片石山房等古建筑。个园投资 200 万元，在北区种植花灌木及 30 多个品种的观赏竹 1.2 万余竿，铺设草坪 1000 平方米。荷花池公园建成五岳之外滴泉景观，在砚池染翰曲桥处增设砚池观鱼景点。

2000 年，市园林系统共投资 281.5 万元，完成维修建设项目 35 个。重点完成何园玉绣楼屋面翻修，片石山房、清楠木厅全面油漆；何园办公室搬迁，改善游览通道，拆除花房，改造东部园区；完成个园宜雨轩、丛书楼、透风漏月厅等厅馆的油漆和花房外盆景、兰花生产展览场地整治；完成瘦西湖公园关帝殿、琴室、绿荫馆大修，重新装修熙春台；完成市盆景园及荷花池公园部分厅馆油漆和维修。同年 4 月 20 日，琼花观复建完成并对外开放。

2001 年，主要对全国重点文物保护单位以及危、破古建筑进行维修保护。何园东三楼、玉绣楼全面维修，个园抱山楼大修和油漆。是年，市盆景园、荷花池公园、茱萸湾公园、文津园等园林单位进行不同程度维修。

2002年4月16日，普哈丁墓园对外开放。4月18日，汪氏小苑对外开放。6月10日，二分明月楼划归何园代管。9月，茱萸湾公园维修碑亭，立抱江控淮碑。10月22日，汪氏小苑、朱自清故居、吴道台宅第等13处文物古迹被省政府公布为第五批省文物保护单位。白塔、吹台被公布为省级文物保护单位莲花桥扩充项目。同年维修瘦西湖公园木樨书屋、熙春台、落帆栈道，何园玉绣楼南楼，市盆景园虹桥修禊等景点建筑。是年，个园回收南部31户居民占用住宅。11月，个园南部住宅修复工程启动。翌年10月1日，个园南部住宅全面对外开放。瘦西湖碑廊一期工程于4月竣工，共投资40万元。碑廊二期、三期工程分别于2004年8月、2006年4月竣工。

2003年，市园林系统投资1700万元进行各类古建筑维护整修。主要包括：维修瘦西湖白塔，整修须弥座砖雕；个园南部住宅进行恢复性建设；打通何园走马楼、东二楼、东三楼，以及玉绣楼整修。6—9月，修缮岭南会馆楠木厅。7月，荷花池公园影园遗址复建工程启动，并于12月竣工。

2004年2月8日，成立瘦西湖新区建设指挥部，专门负责瘦西湖新区规划与建设。划定蜀冈—瘦西湖风景名胜区核心保护区，占地2平方千米，完成勘界并设立核心景区界桩27根。完成国家重点风景名胜区出入口标志牌和景点指示牌。是年，完成曲江公园一期和二期工程、蜀冈西峰生态公园一期工程。3月，茱萸湾公园建成紫薇园，占地约1公顷；建成樱花园，占地约1公顷。市城市环境综合整治办公室投资620万元，对荷花池公园进行改造。10月1日起，荷花池公园实现敞开式开放。12月20日，茱萸湾公园猴岛建成，占地4700平方米。10月15日至12月25日，瘦西湖风景区内的春草池塘吟榭仿古修缮，木结构部分采用原始杉木，屋面采用小瓦。

2005年1月18日至4月18日，个园筚正拂云亭、知足斋，全面改造北区道路；修复南部住宅的门楼、门房、照壁、土福祠。3月18日，准提寺维修工程开工，4月20日建成开放，原藏经楼作为民间收藏展览馆。何园恢复石涛书屋，改造东大门围墙。瘦西湖风景区完成趣园复建工程。该工程由四桥烟雨楼修缮、锦镜阁复建、澄碧楼改造等部分组成。是年，瘦西湖风景区进行趣园复建、瘦西湖晚间亮化工程、白塔广场改造、长堤道路石材铺装、杨庄河桥建设。市盆景园建成市扬派盆景博物馆。茱萸湾风景区建成食草动物区、水禽观赏、海狮表演馆、动物表演馆等。荷花池公园改造湖心岛亮化，维修东西门厅、船厅墙体和湖心岛曲桥栏杆，安装《影园自记》石碑。

2006年2月6日，卢氏盐商住宅后花园复建工程开工，4月15日竣工。4月28日，准提寺民间收藏展览馆全面改造工程开工，10月1日对外开放。5月24日，何家祠堂产权由市房地产公司划归何园管理处。5月25日，莲花桥和白塔、吴氏宅第、大明寺、小盘谷等入选第六批全国重点文物保护单位。6月5日，扬州盐商住宅（廖宅、周宅、贾宅）、岭南会馆、文峰塔、净土寺塔、逸圃、匏庐等园林建筑入选第六批省级文物保护单位。11月，趣园水苑清音景点竣工。12月18日，万花园工程开工，翌年3月23日竣工。万花园西、南两面与瘦西湖相邻，北临小运河，东靠平山堂路，总面积约33公顷，由探花惊艳、奇花异草、群芳争艳、藤蔓回廊、田园野趣、花卉佳话、古迹寻芳、石壁流淙八大景观组成。12月25日，宋夹城湿地公园工程开工，翌年4月17日竣工。公园总占地40公顷，由农家小憩、世外桃源、曲水流翠、夹城寻遗、笔架野趣、林中小屋、水中漫步、都市闲情、垂钓佳处、戏水融情等10个景点组成。是年，瘦西湖风景区共投资6000多万元用于景点维修工程，主要有趣园光霁堂、流云水榭、玲珑花界扩建拆迁凫庄全面维修等。

2007年2月9日，个园、何园入选建设部首批20家国家重点公园名单。3月30日，瘦西湖风景区棋室、月观两处历史建筑修缮工程竣工。4月10日，何家祠堂修复工程竣工，并于5月1日对外开放。4月，万花园、傍花村建设完成。随着万花园建成开放，以及玲珑花界项目拆迁的结束和围墙的建成，瘦西湖风景区游览面积增加40多公顷。瘦西湖风景区年内累计投资3000多万元用于景点建设维修，其中包括五亭桥桥亭、月观、棋室、白塔晴云、疏峰馆以及玲珑花界、熙春台等。是年，个园与市商贸局及富春集团签订《个园东侧富春花园地块及建筑物转让协议书》，富春集团转让面积6474平方米，转让价约190万元。8月，个园通道建设和周边环境整治工程启动。该工程拆迁总面积1677.83平方米，拆迁总费用460余万元，拆迁总户数18户。

2008年4月9日，茱萸湾风景区珍稀动物馆竣工并对外开放。4月10日，个园通道建设和周边环境整治工程竣工，个园景区规模和容量大幅度提升，形成"南宅、东市、北园"的格局。4月，完成罗聘故居、壶园、李长乐故居、胡仲涵故居、华氏园等修缮工程。9月12日，瘦西湖被住房和城乡建设部公布为第二批国家重点公园。是年，瘦西湖风景区修缮湖上草堂、桃花岛亭、鹭岛亭、丛桂亭、友谊厅、叶林六角亭，完成杨庄河桥至平山堂两岸的亮化美化，制作凫庄木牌楼，完成二十四桥平台石材铺装及望春楼石栏杆制作安装，量身定制石壁流淙、湖上草堂等重要厅馆的家具。市扬派盆景博物馆修缮东大门、妙远堂、双亭。

2009年2月，瘦西湖风景区被中央文明办、住房和城乡建设部、国家旅游局联合授予第二批"全国文明风景旅游区"称号，成为全省首家获此称号的风景区。同年，被国家旅游局、文化部联合授予"全国文化旅游示范区"称号。4月，瘦西湖万花园二期建设完成，并对外开放。4月18日，市扬派盆景博物馆新馆在万花园落成揭牌，建筑规模和功能展示均达国内一流水平。7月28日，何园珍宝馆工程开工，9月16日竣工。7月，冬荣园修复工程开工，12月22日竣工。是年，瘦西湖风景区对十字阁进行整体修缮，完成听鹂馆、羊公片石、徐园门厅等木构架油漆和观自在彩绘出新。个园完成北区园路改造工程，修葺更新园内所有楹联抱柱；完成宜雨轩屋面维修改造工程；改造抱山楼地面，用方砖替代水泥地面；召开个园住宅陈设布置及历史沿革专家座谈会，并对南部住宅陈设布置及人文景观恢复项目展开资料收集和整理工作。

2010年1月20日，瘦西湖风景区修缮春波桥，2月8日竣工。2月，茱萸湾风景区芍药园景观改造提升工程与宋夹城考古遗址公园建设启动，前者于3月竣工，后者于4月18日完成建设并对外开放。个园盐商生活馆于4月开馆。何园新建何家史料新馆，成为何园文化展示点。茱萸湾风景区完成入口改造项目，占地约2.2公顷；实施茱萸轩厅馆改造、灯塔平台改建、聆弈馆和六角亭大修。是年，对若干古典园林住宅进行修缮与复建，包括匏庐、丁氏盐商住宅、马氏盐商住宅、岭南会馆。

2011年4月，个园盐商文化展示馆中的盐商豪府、名人名园两个展厅对外开放。5月20日，瘦西湖叶林明代双羊回归普哈丁墓园张忻将军墓园。是年，瘦西湖风景区先后投资

1000 余万元,实施晚间景观亮化提升,钓鱼台驳岸维护,古建筑屋面整修,落帆栈道、东大门和歇脚亭维修,西门广场铺装更换,西门游客集散中心扩建,种纸山房经营配套,市扬派盆景博物馆室内空间拓展和室外展墙加接等一系列景观提升工程。同时,投资 100 多万元对景区的标识标牌、导览系统进行个性化设计。瘦西湖东扩及水系景观改造工程被评为省优秀风景园林示范项目。茱萸湾风景区对鹤鸣湖区进行改造,扩大茱萸林茱萸种植面积,布置茱萸轩、簪萸亭、椒林堂、千萸林石碑等人文景观。何园全面维修蝴蝶厅、赏月楼及二分明月楼,完成读书楼和船厅油漆保养,提升牡丹厅内部功能,更新玉绣楼北楼展馆。何园与市建筑设计研究院、东南大学建筑设计研究院联合开展"扬州盐业历史遗迹保护"和"扬州瘦西湖、个园、何园保护规划及环境整治"两项科研课题的合作研究。

2012 年 3 月,个园完成丛书楼修复工程。8 月,茱萸湾风景区建成水禽湖鹈鹕展区,改造食草动物展区。何园完成水心亭区域电路改造和亮化工程,新建南大门和北大门车库。同年,何园对片石山房、二分明月楼进行维修。瘦西湖风景区全面整修熙春台。

2013 年 1 月,瘦西湖风景区启动白塔定期监测工作,为白塔保护及修缮工作提供数据支持。2 月 17 日,何园片石山房维护保养二期工程开工,4 月 1 日竣工。4 月 3 日,个园兰园和盆景花苑建成并对外开放。4 月,茱萸湾风景区建成金丝猴展区,占地约 2000 平方米;建成鹤生态园,占地约 1.6 公顷。6 月 15 日,何园骑马楼维护保养工程开工,7 月 18 日竣工。何园年内还完成片石山房维护保养,玉绣楼庭院地面铺装等工程。9 月 29 日,个园史料馆建成开放。是年,联合国世界遗产专家对大运河扬州段园林遗产点进行考察。

2014 年 6 月 22 日,在卡塔尔首都多哈召开的第三十八届世界遗产委员会会议上,扬州牵头申报的中国大运河申遗项目成功入选《世界遗产名录》,瘦西湖、个园、天宁寺行宫等扬州园林列入遗产点名录。同年,瘦西湖风景区完成新航测图,个园完成觅句廊抢救性修缮工程,何园抢救性工程项目获国家文物局立项。11 月 11 日,国务院公布第四批国家级非物质文化遗产代表性项目名录,"扬州园林营造技艺"入选。是年,茱萸湾风景区建成茱萸专类园和江苏市树市花园。

2015 年 8 月,个园复原模型制作完成并对公众展示。是年,个园启动个园维修与保护整治工程。该工程是大运河扬州段盐业历史遗迹保护工程的重要组成部分,获得国家文物保护专项资金支持。项目包含:个园南部住宅纠偏与修缮、个园遗产监测预警平台、个园复原模型制作三部分。瘦西湖风景区进行河道、河塘绞吸式清淤,清除 2000 米河段及 3 个重要节点池塘淤泥 1.7 万立方米;完成五亭桥保养维修、桃花岛和荷浦薰风驳岸加固以及小金山、五亭桥、吹台等修缮工程。同时,瘦西湖风景区完成西大门出入口及广场提升改造,实行进出口分离,通过架设景观人行钢桥,合理引导人流出入园,解决节假日、客流高峰时段拥堵问题;瘦西湖历史文化展览馆工程全面启动。何园邀请故宫宫廷部原状陈列专家对内部陈设方案进行论证,逐步完成船厅、牡丹厅、赏月楼等厅馆布置。茱萸湾风景区建成袋鼠生态园,占地约 3000 平方米;完成啸峰园平台、香樟林休闲设施改造。

2016 年 4 月,以展示古城扬州的水系脉络为主题的瘦西湖水系微缩园以及瘦西湖历史文化展览馆分别建成开馆。微缩园位于瘦西湖风景区北门外,占地 2.3 公顷。展览馆位于瘦西湖徐园西侧,占地 700 多平方米。6 月 20 日,瘦西湖风景区盐业历史遗迹保护修缮工程启动,主要项目有:观音殿落架大修、寒竹风松亭屋面维修、风亭维修等。观音殿、寒竹风松亭修复后均首次对外开放。何园抢修一期工程、二分明月楼维修与保护整治工程二期分别启动。茱萸湾风景区完成重九山房、聆弈馆和鹿鸣苑等古建筑维修。是年，个园委托同济大学建筑设计研究院（集团）有限公司、上海同济城市规划设计研究院、北京大学考古文博学院联合编制个园维修与保护整治工程设计方案。《个园保护规划》编制完成并提交市文物局。10月18日，《何园保护规划》获省政府批复通过。个园遗产监测预警展示平台方案由市文物局批复同意，进入政府采购环节；编制个园南部住宅纠偏方案。完成准提寺修缮工程设计方案，并提交市文物局审批。

第三节　绿化养护

城市绿化

民国时期，扬州无统一管理城市绿化的机构。1936年，江都县风景委员会负责瘦西湖、蜀冈风景区绿化和河滨绿化。

新中国成立后，城市公共绿化（包含园林绿化、道路绿化、河滨绿化）逐步展开，由园林管理部门（隶属城建系统）统一负责。1952年，环城路（即今盐阜东西路、泰州路、南通东西路）种植杨槐1600株，平山堂种植马尾松6500株。沿城河、瘦西湖一带普遍进行绿化。1955年冬季，扬州市发动群众绿化植树，重点绿化蜀冈中峰和东峰南向坡面。

1956年，城厢各街道和庭院内、郊区公路和荒山共植树16.8万株。其中，园林和各机关单位栽植8.5万株，成活率90%；发动群众栽植8.3万株，成活率20%。

1957年，在北环城路西段两侧布置花圃和苗圃，并在市区进行街道树补植和换植，动员居民在家前屋后种植水蜜桃树1500株。市区西城河、北城河、汶河路进行绿化补植，共投资1975元。是年，扬州市有行道树14万多株。

1958年，在"绿化、香化、美化"口号号召下，全市开展大规模绿化运动，共植树59.63万株。各居民区利用空地新辟小花圃130多个。市园林所在瘦西湖育苗6.7万株，郊区植树及支援农村树苗464.88万株。

1959年，制定全市园林化规划目标，要求在3年左右时间内，逐步达到全面园林化，即道路林荫化，河道立体化，居民区花园化，园林生产化，工厂、学校、机关、医院、部队驻地园林化，以

1959年春，园林职工在五亭桥畔植树

彻底改变扬州面貌，使之成为绿化、香化、彩化的美丽幸福新扬州。3 月，扬州市先后两次发动群众运动，建设小花园 337 个，普栽绿化树木 20.67 万株。

1960 年，市绿化造林指挥部成立，由市委直接领导，同时成立工业、经贸、文教、地区等 7 个分指挥部。各单位成立绿化队、绿化组等专业机构。坚持因地栽植、合理布局，突击进行与经常管理相结合、专业队伍和群众运动相结合的方针，实行"定人、定点、定时、定任务"的办法，分片包干，同时实行"边育、边管、边栽、边护"一竿到底的办法，在全市范围内掀起群众性绿化运动，共有 14.22 万人次参加绿化运动，植树 192.16 万株。

1961 年，植树 7.13 万株，其中行道树 1600 株、桑果树 3 万株、篱笆树 8000 株、观赏及其他树木 3.17 万株。按重点绿化与普遍养护管理原则，除风景区重点绿化外，主要是巩固自 1958 年以来的绿化成果，对行道树和城区干道的绿化树进行养护管理。是年，全市共有苗圃 11.67 公顷，出圃苗木 18.24 万株。

1962 年起，园林绿化由园林部门负责，道路绿化、河滨绿化由市政建设部门负责。5—6 月，扬州开展古树名木调查，发现百年以上银杏等古树名木 38 株，其中唐代银杏、古槐各 1 株，宋代枸杞 1 株、银杏 1 株，其余古花木大多是明清两代所植。

1963 年，按照"填空补缺、重点提高"的要求，美化城市环境和风景点。城市道路绿化主要是补植行道树和整顿花坛。市区各广场共植树 1.98 万株，其中乔木 942 株、灌木 1.89 万株；发动群众和各单位植树 11.69 万株，其中大部分是乔木。同时大力开展爱护树木宣传教育，如贴布告、放幻灯、召开群众会和有关部门会议与居民区签订护树合同，采取受益提成奖励，加强经常性养护，安排专人值夜巡回检查。对具有地方特色的传统花木盆景进行繁殖、培育、管理，如繁殖红叶桂、木本珠兰、海棠、芍药、琼花、蒲草、金橘、菊花等。当年繁殖苗木 7 万株，成活率 80% 以上。是年，湾头苗圃作为专供城市绿化育苗基地，移植苗木 10.18 万株、扦插 1.01 万株，移苗成活率 90% 以上。

1963 年冬天至 1964 年春天，共植树 21.66 万株，其中乔木 14.42 万株、灌木 7.24 万株。由于栽植质量较高，养护管理较实，人为损害少，成活率 90%。1964 年，坚持"三个结合"，即群众绿化与专业绿化相结合、普遍绿化植树与重点整顿提高相结合、植树与育苗相结合。

1965 年，共栽植乔木 17.8 万株，其中城市公共绿化植树 9.9 万株。

"文化大革命"期间，城市绿化管理松弛，绿化成果遭到破坏。1976 年 1 月 24 日，市革命委员会发布《关于保护树木、加强绿化管理的通告》。1978 年 10 月 29 日，市园林绿化管理委员会成立。同年冬季，发动群众进行城市园林绿化。

1979 年，全市植树 43 万株，其中工厂、机关、学校及城郊地区群众绿化植树 38 万株，市政管理处专业绿化队完成城市公共绿化植树 1.28 万株，除对一般行道树进行更新外，主要对石塔路、文昌阁附近、汶河路等地段行道树进行重点充实补植，成活率 83%。是年，市园林处完成绿化植树 4.12 万株，主要对新北门广场、大虹桥附近、长堤春柳、平山堂等进行补植移栽，成活率 70%。城市园林专业苗圃共育苗 5333.3 平方米。

1980 年春季，市园林绿化委员会发动群众开展城市园林绿化植树活动，共栽植乔灌木及花卉 75.56 万株。公共绿化重点是文化路、石塔路、瘦西湖、平山堂等处。育苗 6.09 万株，其中瘦西湖 3.32 万株、虹桥苗圃 2.77 万株。

1981 年，栽植绿篱 7200 株，育苗 5.57 万株，成活率 80% 以上。

1982 年 2 月 25 日，市政府印发《扬州市绿化管理暂行规定》。是年 3 月 12 日起，市区定期开展全民义务植树活动。当年，全市绿化植树 66.39 万株，种植大小花圃 620 个，育苗 14.3 公顷。调整充实汶河路、盐阜路等 14 条主要道路绿化带，城市绿化覆盖率 15.1%。

1984 年 5 月，开展市区树种资源普查工作，市区共有地栽树种 61 科 132 属 274 种，其中乔木 161 种、藤灌木 99 种、藤木 14 种、落叶树种 112 种、阔叶树种 216 种、针叶树种 58 种；乡土树种共 108 种。是年，盐阜东路、盐阜西路更新栽植银杏、桧柏、红叶李、碧桃等。

1986 年，市园林局对古树名木进行调查登记，并对全处 99 株古树进行白蚁防治。12 月，扬州市被国家绿化委员会授予"全国绿化先进单位"称号。

1987 年，植树 38.95 万株，参加义务植树 7 万人次。市区绿化覆盖率 23.2%，人均占有公共绿地 3.77 平方米。

1991 年，扬州市首次实行义务植树登记卡制度。是年，直接参加义务植树劳动 11.2 万人次，缴纳义务植树绿化费 22 万元。

1996 年，市园林局完成市区 15 条主次干道绿化与整治任务，栽植乔灌木 5.78 万株，铺设草坪 4.1 公顷，布置花草 19.2 万余盆，完成文津园北区和盐阜西路改建、整治工作。是年，全市共有 6 家单位被省政府命名为园林式单位，1 个住宅区被命名为园林式住宅区。

1997 年 2 月 21 日，扬州市被省政府命名为省首批园林城市。3 月 6 日，市政府印发《扬州市城市绿化管理暂行办法》和《扬州市创建园林城市总体规划》。8 月，市城市绿化办设立古树名木保护管理小组，负责市区范围内古树名木建档和养护管理。市园林局与市创建办联合印发《关于市区全面推行主次干道绿化管理承包责任制的通知》，并对签订责任状的 131 个单位和居住区进行检查考核。是年，完成市区 28 条路段、河道绿化，共栽植乔木 7000 余株、花灌木 2600 株、宿根花卉 1.53 万公斤，铺设草皮 25.4 公顷，布置盆花 30 万盆（株）。市区新增绿地 100 公顷，其中公共绿地 30 公顷，市区绿化覆盖总面积 1618 公顷，绿化覆盖率 35.1%，绿地率 32.7%，人均公共绿地 8.13 平方米，基本达到国家园林城市的有关指标。市园林局在国庆节和第四届中国盆景评比展览等重大节日和重要活动中，共布置草花 14 万多盆。

1998 年，市园林局完成柳湖路、北门大街、美食街西段、漕河路、双桥路、念泗路等 6 条新建道路绿化；完成琼花路、石塔西路、通港北路等 15 条道路绿化改造，共栽植乔木 954 株、花灌木 4.84 万株，铺设草坪 4400 平方米。对部分小游园、公共绿地进行新建、改造和调整充实，共栽植乔木 3000 株、花灌木 9 万株、宿根花卉 15 吨，铺设草坪 9 公顷。是年，扬州市通过省人大常委会《义务植树条例》和省政府《城市绿化条例》《江苏省绿化管理条例》执法检查。

1999 年，市区新增绿地 101.69 公顷，其中公共绿地新增 18.87 公顷，城镇绿地总面积 1376.64 公顷，绿化覆盖率 26.7%；公共绿地总面积 210.75 公顷，人均公共绿地 8.44 平方米。

2000 年，市区绿化工作会议和全市绿化美化工作会议提出要把扬州建设成为"城在园中，园在城中"的国家园林城市。是年，市区绿化直接投资 1750 万元，其中政府投资 450 万元、社会投资 1300 万元。市区新增绿地 47.38 公顷，其中公共绿地 19.22 公顷。市区总绿地面积 1750.08 公顷，公共绿地 347.52 公顷。公共绿地、河道、道路由专业城市绿化队进行统一管理，实行承包责任人负责制，定期修剪、施肥、治虫，并对市区每条主次干道进行绿化补植。

全年参加现场义务植树劳动人数 3800 人,收缴绿化费、义务植树统筹费 46 万元。

2001 年,市区绿化投资 2500 万元,其中市政府投资 1500 万元、社会投资 1000 万元,新增绿地 32.6 公顷,其中公共绿地 4.2 公顷。是年,完成扬子江北路、文汇南北路、文昌中路、盐阜西路、平山堂路、邗江路、同兴路等 10 余条道路绿化改造与整治工作;新建市农机公司、市建行培训中心、珍园、扬大农学院五村、新闻大楼、轻工技校等门前绿地,国际友好园三期等街头绿地、古运河绿地及林荫逸趣、树人苑等游园广场;新建和完善南绕城公路、扬子江南路等绿色通道。是年,完成对市区 400 余株古树名木的全面调查、建档和保护牌更新。

2002 年,市委、市政府提出市区绿化工作要以城市环境综合整治为中心,以市政府重大活动为契机,以创建国家园林城市为目标。是年,绿化建设投资超过 1 亿元,新增城市绿地近 150 公顷。小秦淮河绿化改造,新建绿地约 5 公里,面积 2.3 公顷;完成城市北入口(扬天线)绿化,绿化面积近 5 公顷;城市东入口绿化,绿化面积 12.1 公顷。12 月,市园林局印发《扬州市城市古树名木保护管理暂行规定》,加大对古树名木保护力度和执法力度。

2003 年,完成扬子江北路、扬子江南路、扬子江中路、友谊路等 29 条路段绿化,新增道路绿地 35.27 公顷;完成玉带河、二道河、念泗河等河道绿化,继续实施古运河绿化风光带建设;完成维扬广场、来鹤台广场等绿化建设,增建多处街头绿地;新增市级园林式单位 25 家、园林式小区 18 个。12 月 30 日,扬州市被建设部命名为国家园林城市。

2004 年,建成蜀冈西峰生态公园、火车站广场、漕河风光带、曲江公园等公共绿地,完成文津园北区、扬州迎宾馆和丰乐上街景观改造工程,完成沿江高等级公路、扬子江南路、西北绕城公路、文昌西路跨湖大桥至外环路等道路绿化建设,完成扬菱路(螺丝湾桥西)、便益门大桥东接线和扬天路等滨河绿带建设。

2005 年,完成润扬森林公园、双博馆广场等绿地建设,完善广陵产业园绿地、扬子津科教园等城市公共绿地,完成扬菱路延伸段、沿江高等级公路、扬瓜路等道路绿化建设改造,改造建设蒿草河、新城河、沿山河、安墩河等滨河绿化风光带。

2006 年,市区新建各类绿地 127.32 公顷,其中新增绿地 124.32 公顷。市区利用自然河湖水系、自然地貌以及丰厚的人文景观资源,构筑环行带状加楔形绿地的点、线、面相结合的"人工山水城中园、自然山水园中城"的城市绿地系统,初步形成古、文、水、绿、秀的名城特色。完成古运河康山文化园、解放桥—跃进桥景观提升、古运河东岸绿化工程、开发区出口加工区等绿化工程建设;完成沿江高等级公路、史可法东西路、解放南路、黄金坝北路、开发东路 20 多条道路绿化建设。市区绿化养护实施试点改革,对城市东入口、漕河风光带、邗沟风光带、蜀冈西峰生态公园等 4 块地块公开招标养护管理。

2007 年,市区新增绿地面积 190.86 公顷,其中公共绿地 137.52 公顷。完成古运河风光带沿线绿化扩建,大王庙广场、南门广场绿化,新建琼花圃、芍药圃,完善银杏园,完成蜀冈路、润扬北路、渡江南路等 10 多条道路绿化,完成二道河等河滨绿化建设与整治,完成义昌北苑、联谊花园、京华城中城等小区绿化。

2008 年 2 月 1 日,《扬州市城市绿化管理办法》《扬州市市区城市绿线管理办法》施行。11 月 15 日,经市政府第 12 次常务会议讨论通过《扬州市古树名木和古树后续资源保护管理办法》,12 月 1 日起施行。蜀冈西峰生态公园、古运河风光带等 13 块绿地开始实行市场化养护,在保证养护质量的基础上,增强养护资金使用的透明度,为实现城市绿化建、管、养分离奠定基础。是年起,打破"以费养人"传统,建立"以费养事"机制,对绿化养护经费进行动态管理,按绿地面积、行道树数量和养护等级核定绿化管养经费,提高养护资金使用效率。

2009年,城市绿化覆盖面积3419.78公顷,城市绿化覆盖率43.51%;绿地面积3215.8公顷,绿地率40.91%;人均公共绿地面积12.66平方米。3月12日,扬州绿化网开通。

2010年,完成黄金坝北路、百祥路、新甘泉大道、海德南路、蜀冈路延伸段、五台山东路等绿化工程。市绿化委员会办公室建立义务植树任务通知书制度。推行义务植树属地管理,完善义务植树检查验收与考核奖惩制度。

2011年,完成"五路一河一环"和市区道路52个重要节点绿化景观提升工程,新增城市绿地151.9公顷。

2012年1月1日起,施行《扬州市区占用绿地、破坏绿化及设施的补偿、赔偿标准》。6月1日起,施行《扬州市工程建设项目的附属绿化工程绿地面积计算办法》。是年,市园林局承担市区283公顷城市绿地养护管理,其中通过市场化养护的绿地面积125公顷。在道路节点首次采用盆景造型艺术手法,呈现出生态节约、四季有景、七彩缤纷的景观效果;改造提升全长7.1公里的友谊路绿化景观;完成廉政广场东侧绿地改造工程、仙鹤寺东侧绿地提升、汶河北路公交站台绿化调整等城市绿化工程。

2013年3月,扬州市开展以"深入开展造林绿化,大力推进生态文明建设"为主题的"绿化宣传月"活动。市园林局主持编制市地方标准《城市立体绿化技术规范》。市园林局实施城市绿地建管养分离初步改革,在保留部分专业建设和养护队伍的基础上逐步走向市场化。11月4日,省住建厅公布省首批城市园林绿化示范项目名单,扬州市5个项目入选。

2014年,市园林局完成文汇路(新城河—宝带河段)绿化迁移和恢复、邗江南路道路改造绿化迁移及邗江路公交快线苗木迁移和恢复。文汇路绿化迁移乔灌木700余株、绿篱2500平方米;邗江南路道路改造迁移乔灌木7700余株,绿篱、地被5.8公顷;邗江路公交快线迁移乔灌木220余株,绿篱3400平方米,恢复绿化2200平方米。建立城市绿化养护月历和古树名木管理月历。建立古树名木种质资源库,对石塔寺唐代古银杏和驼岭巷唐代古槐进行种质资源保护。

2015年是扬州建城2500周年,市园林局在文昌阁、廉政广场等街头绿地、游园广场的重要节点处布置立体花坛18组;在文昌中路、石塔寺等处悬挂组合式花球、立体花盆360个,摆放红叶石楠花箱16个。是年,在文昌路、扬子江路等重点路段补栽香樟、垂丝海棠等乔灌木1100多株,红叶石楠、毛鹃等9.2万株,麦冬4万塘。建设完成南河下立体绿化样板路段,二道河(柳湖路段)、文昌西路(润扬路段)等处绿化景观提升。创建古树名木信息数据库和管理平台。

2016年,完成邗江南路(江阳路—华扬路)、北城河北岸(联合桥—广储门桥)、漕河风光带(凤凰桥—史可法北路)、运河东西路、江平路平山乡雷塘段南侧、宝带河沿线、扬子江南路西侧绿地、扬州大桥绿地、跃进桥绿地、文昌西路体育公园门前绿地、古运河西南侧(解放桥)新建厕所周围等处绿化环境整治提升工作;改造文昌西路部分交叉口中央绿岛,增加花卉布置面积1000平方米。全市古树名木重新安装959个地下型饵剂系统。实施石塔寺唐代古银杏和驼岭巷唐代古槐种质资源保护与扩繁科研项目,将唐槐苗和唐杏苗移栽入试验田,繁殖唐杏小苗2000株、唐槐小苗1000株。

园林绿化

新中国成立后,园林绿地经过多年补植更新,恢复部分园林绿化景观。瘦西湖长堤春柳栽植松、竹、梅等绿化景观,并在局部进行绿化调整。1963年,瘦西湖重点绿化白塔晴云、平山堂西园、劳动公园,共植树6.3万株、灌木2万株,成活率90%左右。1965年,园林绿化植树6.1万株。1979年,市园林处完成绿化植树4.12万株,主要对新北门广场、大虹桥附近、长堤春柳、平山堂等进行补植移栽,成活率70%。

1979—1980年,瘦西湖公园对长堤春柳等沿湖绿化带的垂柳进行更新并配置其他花木,主景树种为沿湖的柳树、叶园的松柏以及月观、棋室的桂花等。是年,培育各种盆景1600盆,成活率64%。

1980年,市园林处按照"长规划短安排、全面部署、突出重点、定点包干、负责到底"的原则,植树9430株,其中瘦西湖公园3281株、平山堂公园3283株、文峰公园382株、文昌花圃1803株、花鸟盆景公司681株。是年,栽培盆景、盆花2.53万盆。

1983年,市区主要公园因地制宜开展绿化种植,共种植乔木1500多株、花木2691株、绿篱4.8万多株、草花700多塘。重点是瘦西湖公园的劳动公园、五亭桥以西的桃花山和东郊公园。东郊公园在种植设计时,结合宋明古银杏景观特色,以松柏、银杏、红枫、桂花等树种组成秋色景,同时配栽四季花木。为丰富绿化内容,个园从杭州植物园引进14个品种竹,从辽宁丹东园林处引进西鹃57个品种。瘦西湖公园从江西庐山林场引进15个松柏品种,从武汉植物研究所引进42个荷花品种。

1985年,市园林处植树1126株、花木等910株、各种花卉1.64万株、绿篱500株、草皮150平方米,成活率90%以上。其中,瘦西湖重点绿化大桂花厅,补栽桂花,艺术馆补栽黑松、竹子等,动物园补栽春梅、黑松等;何园为恢复双槐园补栽槐树一株,并补栽牡丹等花卉;个园重点补栽各类品种竹。此外,繁殖苗木16株、花卉1余盆。

1986年,市园林处共栽植苗木、花卉近70个品种8000余株。其中,个园从浙江引进品种竹30余种;瘦西湖徐园栽植4个品种,150塘睡莲,调整长堤一线的花木,整理湖中三岛。

1987年,市园林局对各公园绿化工作进行全面检查评比,从绿化责任制、成活率、病虫害防治、防旱排涝、清除杂草、景观效果等各方面进行考核计分。市园林局下属各园林单位建立绿化责任制,制定奖惩办法。公园绿化完成植树1.24万株,新铺植草坪1700平方米,林间、坡地种植地被植物,主要游览线的建筑物进行垂直绿化。

1988年,市区有公园6座,公共绿地面积100.08公顷。园林系统全年植树8043株,并配置球根花卉、爬山虎、凌霄等绿化植物。其中,瘦西湖公园以桃花、琼花、春梅、茶花为主,何园以牡丹、爬山虎为主,个园以兰、竹为主。

1989年,市园林局下属各公园植树2168株,栽花7376株,栽种草坪8380平方米。其中,瘦西湖公园完成二十四桥景区前期绿化工程,并在藕香桥东北侧新辟樱花观赏区。市盆景园在东大门内外和盆景展示区内外种植杜鹃、樱花、银杏及五针松等1094株;在水池内种植睡莲14缸,生产草花7000盆。何园种植80平方米的草坪,栽种以牡丹为主的花卉和茶花、桃花、棕榈、红枫等绿化树种,共种植草花4000盆。个园种植大规格紫藤、枸杞、黄杨等树种31株,整修竹园,购置87盆兰花。茱萸湾公园的茱萸林初步成形。文峰公园完成初步绿化。

1990 年,市园林局完成栽种花灌木 5324 株,配合移栽和布置矮秆美人蕉、红枫、月桂等 6 个品种 1200 余株,种植草坪 5630 平方米,分栽各类苗木 5783 株,生产草花 2.58 万盆,引进苗木 876 株、半成品盆景 73 盆,生产草坪 2950 平方米。

1991 年,市园林局共栽植树木 7515 株、芍药 945 穴、荷花 2000 穴、麦冬草 2693.5 公斤,铺植草坪 9280 平方米。

1992 年,市园林局完成植树 7500 株,铺草坪 8100 平方米,种植宿根花卉 2.82 万公斤。是年,瘦西湖提升二十四桥景区总体绿化,乾隆水上游览线两岸配植桃柳和草坪。全年共生产草花近 8 万盆(株)、树桩盆景 400 盆、水石盆景 120 盆、苗木 20 多公顷。

1993 年,市园林局完成玲珑花界、吟月茶楼、静香书屋和文津园总体绿化工程。在各园林配置桃柳、桂花、春梅等乔木 2189 株,月季、八角金盘等灌木类 2000 穴,麦冬、美人蕉等地被植物 3.5 吨,铺植草坪 1200 平方米,补植长堤春柳琼花。市盆景园在桃园开辟盆景植物材料生产基地 6666.7 平方米,茱萸湾公园新辟标准化苗木生产基地 2 公顷,并与市绿化办共同开发月季等花卉生产。是年,共分栽苗木 2.51 万株(穴),扦插苗 3 万株,铺植草坪 5500 平方米,生产盆景 1407 盆,种植草花 3.41 万盆。

1994 年,市园林局种植乔木 1540 株、花灌木 4606 穴、草坪 2350 平方米、地被 6.2 吨、荷花 1515 塘、草花 1.96 万穴。重点完成瘦西湖长堤春柳及东堤桃柳补种、桃花坞桃花观赏区和水云胜概琼花观赏区绿化完善,调整补植玲珑花界、熙春台、吟月茶楼一线的芍药、桂花等,新增瘦西湖静香书屋公共绿地面积 4000 平方米,生产 6 万余盆重大节日布置用花,新辟唐菖蒲观赏区,补植和完善文津园绿化。是年,生产草花 7.63 万盆(穴)、树桩盆景 2.47 万盆、水石盆景 324 盆,管理盆花 1.2 万盆。

1995 年,市园林局共种植草坪 1.02 公顷,地栽宿根花卉 2800 塘、乔木 1.18 万株、花灌木 5600 穴,完成二分明月楼公园整体绿化,改造充实文津园绿化,完成个园北区草坪栽植,充实完善静香书屋绿化和桃花、梅花、芍药观赏区,补植瘦西湖沿湖桃柳。

1996 年,园林绿化坚持突出重点、兼顾一般的原则,共种植草坪 9275 平方米、花灌木 8168 株(穴)、乔木 1215 株、宿根花卉 8307.5 公斤、草花 6.79 万盆。重点绿化长堤春柳、白塔广场草坪,完善充实静香书屋北区绿化和玲珑花界观赏区,完成瘦西湖北区草坪铺设,补植瘦西湖沿湖桃柳,更换桂花厅一线的绿篱为花篱。

1997 年,各公园共植乔木 3466 株、灌木 1.15 万株、宿根花卉(包括水生植物)1.53 万公斤、藤本 463 株、竹类 1821 塘、草花 1000 塘、草坪 2.28 公顷,完善瘦西湖北区、东堤、四桥烟雨景区绿化和荷花池绿化。

1998 年,园林系统共栽植乔木 1322 株、花灌木 1.25 万塘、荷花 2000 塘、竹子 3000 竿、宿根花卉 9 吨,铺设草坪 1.1 公顷。瘦西湖公园投资 40 万元,调整北区绿化,增植各种乔木、竹子、荷花,力求造就"浓荫蔽日,荷叶飘香"的优美环境,并进一步充实东堤、四桥烟雨景区绿化,栽植观赏树种。荷花池公园实施二期绿化,完善西区的绿化布局。

2000 年,个园品种竹与兰花、何园牡丹以及茱萸湾公园芍药观赏区和鲜花大棚初具规模,荷花池公园增加品种荷花数量。

2002 年,荷花池公园扩大缸栽荷花规模,引进"太空莲"等新品种。

2004 年,茱萸湾公园建成紫薇园、樱花园、植物迷宫;个园新增品种竹 600 竿,引进大吴风草、火炭母、狗牙天门冬、单芽狗脊蕨、贯众、花叶水葱等新品种;市盆景园接收红园盆景160盆,建造沿湖景墙进行布置陈设,添置五针叶松盆景4盆。

2005年,瘦西湖公园共栽植乔木493株、地被藤本3万余塘、孝母竹1200竿、水生植物1150塘、麦冬20余吨,铺植草坪4600平方米,首次引种栽植山麻秆、木荷、醉鱼草、单芽狗脊,成活率90%以上;个园在北区和秋山补栽7株大规格红枫,补植、移植龟甲竹、唐竹、晏竹等品种竹约400株,补植800平方米草坪,增添天竺、蜡梅、桂花等;何园完成园内植物的病虫害治理和玉兰树抢救工作,种植盆栽荷花140余盆,购置映山红、万寿菊及时令草花、盆景7万盆;茱萸湾公园完成猛兽园、食草动物区、猴岛、宠物园区、快餐厅及表演馆周边绿化,全年共生产草花2万多盆;荷花池公园补植龙爪槐、紫薇等117株,补植杜鹃等植物坪约400平方米、麦冬150平方米、草坪1000平方米,培植缸(盆)栽荷花2866缸(盆);文津园补植灌木19种、书带草600平方米。

2007年,瘦西湖新区完成万花园、傍花村、湿地公园和景区道路绿化建设。

2009年,瘦西湖风景区共栽植乔木5000株、花灌木2.8万株、地被植物1.8万塘、铺植草坪1万多平方米,水生植物近万株,麦冬等10吨。个园移栽芽竹200多杆、萱草30塘,补栽麦冬500多平方米,配植桂花树4株、黑松4株、腊梅1株、凌霄1株,新栽迎春40株,栽植爬山虎5塘。

2010年,完成文津园、蜀冈西峰生态公园、国际友好园、廉政广场绿化景观提升。

2011年,瘦西湖风景区布置盆花200余万盆,栽植养护花坛面积近万平方米,补栽麦冬15万塘、花灌木400余株及地被植物近万株。何园补植绿化480平方米,更新草花1.37万盆,布置荷花68缸,种植牡丹150株。茱萸湾风景区从河南、湖北、广西引进1000多株山茱萸、吴茱萸、食茱萸。

2012年,瘦西湖风景区春季新栽乡土树种近800株,引进彩叶树种近150株,栽植地被麦冬8.75万塘,补种草坪近2000亩。结合万花会、荷花节、菊花展及节假日,布置花卉135万盆,引进新品花卉10万盆,栽植郁金香16万株左右,荷花1200盆,菊花2万多盆,制作各式景观小品12个。何园更换花卉近十次,补植3万余盆,完成片石山房区域绿化,调整水生植物及全园牡丹。茱萸湾风景区引进吴茱萸,使山茱萸、吴茱萸、食茱萸三种观赏性茱萸有机结合,增强茱萸林的观赏效果,在河边移栽二月兰、油菜花。并在花房育种各类石竹、玉簪、四季混合野花等,于四月份移栽于林边、溪边丰富景观效果。

2013年,瘦西湖风景区结合万花会、盆景大会、菊花会等重要节会及假日,布置各类花卉85万余盆,新栽郁金香、风信子等球根花卉约11万株,设计制作鸟语花香廊、大型立体花坛2个、景观小品16个,栽植麦冬1.5万塘;种植草坪近25公顷。何园布置草花3万余盆;栽种吉祥草、大无风草、常春藤等地被和腊梅、杏花等花灌木。茱萸湾风景区新栽红瑞木、四照花、青荚叶等茱萸类植物,并增加水生植物配置。

2014年,瘦西湖风景区布置盆栽花卉150万盆,栽植乔木2600余株、花灌木12万余株、麦冬近20万塘,补种草坪35公顷,改造绿化面积4200平方米。茱萸湾风景区在茱萸湾宝塔下建设"江苏市树市花园",该片区域种植江苏13个省辖市共17种市树市花。

2015年,瘦西湖风景区布置盆栽花卉80万盆,新栽乔木300余株、花灌木2万余株、麦冬近18万塘,移栽花木5800余株,补种草坪1公顷。

2016 年，完成师姑塔生态体育公园、马可·波罗花世界公园等多个绿化项目。对琼花园、健身园、市政府西侧绿地等小游园进行绿化环境提升。瘦西湖风景区布置盆栽花卉 60 万盆，新栽乔木 300 余株、花灌木 2 万余株、麦冬近 18 万塘，移栽花木 2000 余株，补种草坪 1 公顷。茱萸湾风景区引进黄木香、花叶玉簪、鼠尾草、福禄考、灌木、球类等数 10 种植物。荷花池公园补栽果岭草 200 多平方米、吉祥草 150 平方米、麦冬 160 平方米，移植腊梅、植物球等 100 多株。

第四节　营销经营

经营与收入

新中国成立后，园林景点主要是瘦西湖一带的徐园、小金山、五亭桥等。1957 年，建立瘦西湖公园，门票价格 0.03 元/张。随后逐步开放的公园还有平山堂、观音山、冶春园、个园、何园、文峰公园等。1959 年，瘦西湖公园游客达到 14.74 万人次。此时期，园林维修、管理经费主要依靠政府财政拨款。

1960 年，园林采取"以园养园、以园建园"方针，开展多种经营。是年，市委研究决定，将西湖人民公社在瘦西湖风景区规划范围内的 1 个生产大队约 70.3 公顷土地和 2000 名居民划归园林部门管理。在统一领导、统一规划、统一经营，分级管理，"三包一奖"，基本工资加奖励等措施下，进行多种经营，建立"五场一厂"（即苗场、花木盆景场、畜牧场、水产养殖场、蘑菇场、香料厂）。瘦西湖除中心区和沿湖两岸以观赏为主外，其余园地选用芳香植物、药用植物、经济林等进行绿化，增加经济作物比重。

"文化大革命"期间，何园、文峰公园等相继关闭，仅瘦西湖公园对外开放。

1979 年，市园林处在平山公园进行单独核算、超产提成奖励试点工作，全年收入 10.19 万元，同比增长 8.3%。在平山公园试点基础上，1980 年 1 月 1 日，开始实行以公园为单位的单独经济核算。经过 5 个月试行，6 月 1 日起正式分开账户。从原来公园向市园林处报账制，改为记账、算账、报表制。8 月，开始在平山堂公园、何园试行超产提成浮动奖，即"超产奖励，不超不奖，欠产补偿"。

80 年代，为拓展收益，各园林景点逐步增设服务网点、服务项目，组织展览和游园活动等，如瘦西湖公园开始设立游船、儿童游乐场、动物园等游览项目。1980 年，园林营业收入 81.88 万元，同比增长 92.28%；利润 9.07 万元，同比增长 453%。1983 年，市园林处所属园林单位开始实行经济单独核算和核算到班组的岗位责任制。1984 年，开始试行"任务包干、定额补贴、超亏不补、减亏为盈"的经济承包责任制。1985 年起，全面实行经济承包责任制。

1983 年，瘦西湖公园门票由原价 0.05 元/张提高到 0.1 元/张。1985 年 9 月 12 日，瘦西湖公园、个园门票调整为 0.15 元/张，何园、文峰公园门票调整为 0.1 元/张。1986 年，瘦西湖公园在五亭桥开设工艺和食品小卖部、照相服务部；文昌园增设冷饮销售；个园增加彩像业务，并提供广告拍摄。同时，各公园举办画展、花展、灯展，提供场地拍摄电影、电视等。

1953 年劳动公园门票

1982 年个园门票

1980 年瘦西湖门票

2000 年瘦西湖门票

2010 年瘦西湖门票

1990 年个园门票

2015 年瘦西湖门票

个园 45 元门票

1981年何园门票

1980年何园灯展门票

何园门票

1990年茱萸湾公园门票

茱萸湾门票

1987年,市园林局开展"双增双节"(增产增收、节约节支)运动,坚持改革、搞活的方针,调整和增设商业网点,增加服务项目,扩大经营范围。在各园林继续实行经济承包责任制的同时,部分园林单位实行目标管理,将全年指标逐月分解,承包到班组和个人。是年10月13日,瘦西湖公园、个园、市盆景园、何园门票调整为0.2元/张,茱萸湾公园、文峰公园门票调整为0.15元/张。

1988年,市园林局全面推行经营、管理、生产、安全"四位一体"承包责任制,并制定百分考核标准和奖惩办法。全年实现营业额867.9万元,接待游客221.4万人次,其中瘦西湖公园170万人次,个园26万人次,何园11万人次,市盆景园9万人次,茱萸湾公园2.8万人次,文峰公园2.6万人次。

1989年3月22日,瘦西湖门票调整为0.5元/张,个园、何园、市盆景园门票调整为0.4元/张,茱萸湾公园、文峰公园门票调整为0.3元/张。

1990年开始,门票收入逐步成为各公园的主要经济来源。瘦西湖等公园通过举办各类展览和游园活动,增加公园收入;市盆景园逐步开展商品化生产和出口业务。1995年,市园林局下属差额补贴事业单位逐步向自收自支过渡。当年,园林单位营业收入1750.84万元。

1991年4月8日,各公园门票实行调价:瘦西湖公园由0.5元/张调为1元/张,何园、个园由0.4元/张调为0.8元/张,市盆景园由0.4元/张调为0.7元/张,茱萸湾公园、文峰公园由0.3元/张调为0.5元/张。9月25日,瘦西湖公园门票由1元/张调为2元/张,市盆景园门票由0.7元/张调为1.2元/张;瘦西湖公园画舫船从御马头至大明寺,全程每人15元(含途中园林票价),沿途停靠实行分段收费,机动船全程12元/人,分段均为3元/人。5月5日,大型旅游项目乾隆水上游览线建成开航。乾隆水上游览线是参照清代乾隆帝在扬州游览的一条水上线路,起于西园饭店门前御马头,行经瘦西湖,至蜀冈中峰平山山麓,全长5公里。

1993年3月6日,瘦西湖公园门票由3元/张调整为4元/张,个园门票由1元/张调整为2元/张,何园门票由1元/张调整为2元/张,市盆景园门票价格由1.2元/张调整为2元/张,茱萸湾公园门票价格由0.5元/张调整为1元/张。居民优惠券门票价格按调整后门票价格50%付费。10月29日,瘦西湖公园推出特殊游览参观点甲种门票,价格为12元/人次。1994年3月10日,瘦西湖公园乙种门票价格调整为5元/人次,从4月1日起执行。

1995年,园林经营实行"风景园林为主,多种经营为辅;各业细条发展,三个效益并举"的工作新思路,坚持为对外开放和发展经济服务,为广大市民和游客提供优美环境、优良秩序和优质服务。

进入21世纪,按照"一业为主,多种经营并举"的工作思路,保证占主体的门票收入情况下,逐步扩大园内经营范围、增加经营收入。

2000年,园林实行内部经营管理二级承包责任制,将经营目标逐级分解,责任到人。是年,瘦西湖公园在经营上做出改革:一是开始进行"事企分离"的试点工作,将游船和经营部以打包的形式进行承包,实行企业化管理;二是取消市盆景园门票,与瘦西湖公园实行"一票制"。10月,个园创成省级文明风景旅游区示范点。11月,瘦西湖公园通过国家AAAA级旅游景区质量评定。全年,市区主要公园接待游客218.5万人次,门票收入2300万元,完成经营收入1058万元。2001年,各园林单位开设旅游纪念品、地方特色工艺品、照像服务器材、副食品、餐饮饭店、招待所等服务经营项目。

2002年，瘦西湖公园门票调整为旺季票40元/张、淡季票30元/张。市园林局各公园接待游客230万人次，其中购票入园138万人次。

2004年，自园林管理体制改革后，经济上采取承包合同和目标管理责任制，由市园林局与各园林单位签约。各园林景点接待游客300万人次，其中购票入园180万人次。

2005年，市园林局所属园林景点接待游客350万人次，其中购票入园200万人次。

2006年，各园林景点融入华东线旅游景点，游客量显著提升。瘦西湖风景区购票游客量301.5万人次，总收入1.05亿元，其中门票收入8900万元、经营收入1430万元。园林景点全年接待游客415.67万人次，门票收入1.09亿元，首次突破亿元大关。市园林局获省建设系统"十大"服务窗口优质服务竞赛优质组织奖，个园管理处获省建设系统精神文明建设先进单位，瘦西湖风景区管理处获省建设系统"十大"服务窗口优质服务竞赛先进单位。

2007年，瘦西湖水上游特色经营项目增加荷花池—瘦西湖以及宋夹城河、小运河水上游览线路。为加大旅游纪念品开发力度，瘦西湖风景区将白塔晴云景区打造成扬州地方特色工艺现场表演、展示和销售的集中场所，将望春楼开辟为瘦西湖书场茶社。园林景点游客接待量近500万人次，门票收入1.27亿元。9月1日，园林景点实行旺季票价，瘦西湖旺季票价调整为90元/张，其他公园票价不变。是年，瘦西湖风景区门票收入首次突破亿元大关。

2008年，园林景点接待游客550万人次，实现门票及经营收入1.73亿元。

2009年2月3日，瘦西湖风景区管理处与大明寺达成协议，以承包的形式取得大明寺门票和导游的经营权，承包期限自是年2月16日至2019年2月15日。7月25日，个园管理处就承包馥园经营、管理（环境、绿化）及旅游产品开发销售等方面与扬州谢馥春化妆品有限公司达成合作协议，承包期自是年8月1日至2019年7月31日。9月20日，个园管理处与市直管公房管理处达成协议，取得汪氏小苑经营权，租赁期限自是年10月1日至2019年9月30日。瘦西湖风景区联手"驴妈妈"旅游网，首次实行门票电子化销售。瘦西湖风景区以"服务于游客"为宗旨，调整经营服务网点，合理利用厅堂馆榭，增设特产超市；个园开发"双东一日游"项目；个园花局里街区完成出租4685平方米，出租率67%。各园林景点接待游客687.09万人次，其中瘦西湖风景区395万人次，个园102.87万人次，茱萸湾公园63.72万人次，大明寺63万人次，何园62.5万人次。

2010年3月，瘦西湖风景区取得汉陵苑、扬州八怪纪念馆、唐城遗址等文博景点的10年门票经营权。4月18日，瘦西湖风景区被评为国家AAAAA级旅游景区，同年获评长三角世博体验之旅示范点、十大最受青睐的世博周边游特色景区、中华文化示范基地。9月，瘦西湖—古运河水上游览线开通。瘦西湖风景区管理处与市工艺美术集团联营开设扬州工艺品牌专营店。个园推行"个园·古城精品游"三园联票，以及古城文化体验游、盐商文化名园游、竹韵文化休闲游3条古城精品旅游线路。4月1日，个园获得史公祠门票经营权。准提寺古玩市场开业，成为扬州集古玩交易、收藏展览、拍卖、鉴宝功能于一体的专业市场。6月，瘦西湖风景区、个园、何园、汪氏小苑被授予"长三角世博体验之旅示范点"称号。是年，瘦西湖风景区经济收入1.35亿元，购票游客量（不含年卡）141.25万人次，门票收入1.18亿元，经营收入1700万元；个园购票游客52.7万人次，门票收入1920万元，园内经营收入159万元，园外综合经营收入352万元；何园门票总收入1260.5万元，经营收入231万元；茱萸湾风景区经济综合收入 1231 万元,其中门票总收入 1108 万元、各项经营收入 123 万元,接待购票游客 27 万人次。

2011 年 4 月 18 日,市园林局开通绿杨城郭水上游览线。7 月,开辟两条瘦西湖"月光游"专线。9 月 28 日,扬州旅游营销中心有限公司成立。9 月 30 日,扬州瘦西湖水上游览公司成立。个园与团市委在花局里街区联合开设全国首个青年文化休闲街区,商户出租率 100%。何园开展何家宴宣传,推介"何家千金"等自主品牌,调整园内游览路线,重新布局园内经营网点,实行经营统筹管理。茱萸湾风景区开发茱萸酒、鹿血酒、茱萸香囊、茱萸果制作的系列休闲食品等旅游商品,完成旅游服务公司注册。年内,瘦西湖风景区获评省旅游景区 20 强,扬州旅游景区营销中心获得省旅游宣传推广奖,个园获得省旅游优质服务奖,"瘦西湖船娘"获省旅游行业首批"优质服务品牌"称号,个园导游接待部获评全国"巾帼文明岗",茱萸湾风景区经营部、瘦西湖风景区熙春台班组获评省"巾帼文明岗"。是年,瘦西湖风景区接待购票游客 157.48 万人次,门票收入 1.27 亿元(含年卡、联票分成),经营性收入 2223 万元;个园门票总收入(含年卡、联票)2160 万元,经营性收入 566 万元,租赁景点收入 133 万元;何园门票总收入 1401 万元,经营收入 308 万元;茱萸湾风景区接待购票游客 29.7 万人次,各项经济收入 1350.9 万元,其中门票收入 1170.3 万元、经营性收入 180 万元。

2012 年,瘦西湖风景区对经营超市进行调整升级,推出移动超市;利用闲置厅馆开设古琴展销馆、陶笛吧、水果吧、特色面馆、风味小吃馆等特色服务项目;开拓婚庆市场,加大趣园餐饮品牌营销;对非门票经营的相关产业进行整合。个园举办馥园夜花园——千秋粉黛旅游综艺演出;花局里街区打造成为全国首个绿色生态休闲街区;准提寺与中国在线艺术网合作推出准提寺艺术收藏论坛;与市收藏协会、扬州晚报社合作筹建扬州民间收藏联谊会,成立扬州宜雨轩拍卖有限公司。何园开发 2012 年新版明信片,以玉绣楼、复道回廊、片石山房为题材的剪纸,何氏家训与实景相结合的书签,以何园为题材的邮票折,何园标识红木扇盒,以何园为主题的书画红木(竹)工艺扇。茱萸湾风景区开设参与性、互动性项目,采取门票收入分成的新模式。是年,瘦西湖风景区接待购票游客 165.98 万人次,门票收入 1.31 亿元(不含年卡、联票分成),经营性收入 2499 万元;个园接待购票游客 67 万人次,门票收入 2585 万元,经营性收入 476 万元;何园接待购票游客 39.5 万人,门票收入 1548 万元,经营收入 436.75 万元;茱萸湾风景区接待购票游客 32.1 万人次,各项经济收入 1514 万元,其中门票收入 1278 万元(含年卡分成 129.2 万元)、经营性收入 130 万元、承包租金收入 59.3 万元、动物交流收入 47 万元。

2013 年,瘦西湖风景区成立扬州瘦西湖经营管理有限责任公司。万花园餐饮服务中心团队餐、快餐和其他不同档次的餐饮类型,同时开办婚寿宴。与扬泰机场、香格里拉大酒店、西园酒店、扬州迎宾馆、铁道宾馆、瘦西湖天沐温泉度假村等进行票务合作,扩大门票销售渠道。何园与江、浙、沪、鲁、皖等多地旅行社展开合作,拓展直通车项目和散客游、自驾游市场;与携程网、驴妈妈网、同程网等网站合作销售门票。茱萸湾风景区主抓学生市场,重点攻关镇江、泰州市场及周边县(市)。年内,瘦西湖风景区、个园获"2012 美好江苏欢乐游"活动"游客最喜爱的旅游景区(点)奖"。是年,瘦西湖风景区接待购票游客 127.43 万人次,门票收入 1.73 亿元(含联票、年卡分成),经营性收入 2622 万元;个园接待购票游客 58 万人次,门票收入 2450 万元,经营性收入 369 万元,租赁景点收入 147 万元,租金收入 335 万元;何园门票收入 1527.71 万元,经营收入 445.13 万元;茱萸湾购票游客 29.8 万人次,经济收入 1512 万元,其中门票收入 1237.8 元(含年卡 173.9 万元)、经营性收入 155 万元、承包租金收入 63 万元、动物交流收入 69 万元。

2014 年 2 月 24 日,瘦西湖风景区与无锡太湖鼋头渚景区、苏州虎丘景区、镇江金山景区,首次联合发行"魅力新江南"2014 休闲游园年卡。同年,发行瘦西湖休闲卡,在"扬州的夏日"期间,开办市民"30 元游瘦西湖"活动。个园发行个园、汪氏小苑及馥园千秋粉黛组合套票,举办同程网"1 元游个园"等营销活动。何园开设何园印象品牌店,与多家公司联合开发"何家千金"系列古装娃娃,打造何园宴酒,开发茶饮文化系列产品;依托何家千金扇待天下客活动,设计牡丹扇系列产品。是年,何园正式进入华东线,与南京、上海、杭州 3 个主要华东游地接城市的龙头旅行社签订合作协议,与同程网、携程网、上海友声网、南京途牛网等各大电商网站合作,与建设银行签订全国网络电子门票销售协议;举办赠送卢氏盐商住宅门票、易游卡特价销售、"1 元游何园"等活动。茱萸湾风景区开办草食居儿童乐园、喂奶鱼、美食广场、糖画、碰碰船等经营项目,开设聆弈馆经营点、长颈鹿纪念品销售点,发行茱萸湾亲子年卡。是年,瘦西湖风景区接待购票游客 152.41 万人次,总收入 2.35 亿元,其中门票收入 1.78 亿元(含联票分成)、年卡收入 1136 万元、托管景点收入 1448 万元、经营性收入 2564 元;个园接待购票游客 74.11 万人次,门票收入(不含年卡、联票)2357.88 万元,经营性收入 231.46 万元;何园接待购票游客 40.76 万人次,门票收入 1873.1 万元,经营性收入 406.1 万元;茱萸湾风景区接待购票游客 38.34 万人次,经济收入 1608.75 万元,其中门票收入 1306.81 万元,租赁收入 54.49 万元,经营性收入 212.45 万元。

2015 年,个园以"把个园带回家"为主题,开发手绘明信片、竹叶茶及瓷竹系列纪念品;举办品味盐商四季宴、盐商文化实物展、盐商体验式集体婚礼、私人订制盐商休闲之旅、盐商人物肖像国画展等系列活动;开办千秋粉黛早宴游。个园宜雨轩拍卖公司举办春、秋书画拍卖会,建成宜雨轩画廊,举办"荷风清韵——扬州名家书画展"等当代名人书画展、书画交流和培训等活动。花局里街区开设中国古琴一条街,建成以古琴销售、展示、培训、研究、艺术品交易、演艺及相关文化形式相融合的互动体验式主题街区。何园开发何园牡丹扇、何家千金首饰、何园四季茶礼、何氏家训书法描红等旅游产品。茱萸湾风景区与同程网合作,开展"智游天下——首届茱萸湾冰雪企鹅季"活动。是年,瘦西湖风景区接待购票游客 183.5 万人次,大明寺接待购票游客 47.18 万人,汉陵苑接待购票游客 4.05 万人,实现总收入 2.55 亿元,其中门票收入 1.95 亿元(含联票分成)、经营性收入 3170 万元、年卡收入 1295 万元、托管景点收入 1553 万元;个园接待购票游客 80.8 万人次,门票收入 2595 万元,经营性收入 600 万元;何园接待购票游客 45.35 万人,门票总收入 2001.28 万元,经营性收入 221.2 万元;茱萸湾风景区接待购票游客 40.98 万人次,经济收入 2202.15 万元,其中门票收入 1637.85 万元、租赁收入 69.33 万元、经营性收入 352.15 万元。

2016 年,瘦西湖风景区开发瘦西湖游礼特色文创产品。个园开办"千秋粉黛+扬州早茶+扬州曲艺"和"做一日盐商,享浮生悠闲"私人定制;推出盐商四季宴、竹林清飨宴和荷香宴;开办个园微商城,实现旅游产品线上线下同步销售、微信支付扫码入园等功能;个园移动端游客服务平台获 2016 年度省"互联网+"智慧旅游示范项目;发行省百年景区联盟优惠年卡,参加 2016 长三角旅游景区联盟全域旅游秋季推介会。何园开设何园印象丝绸坊,开发何园系列牡丹扇、《何氏家训》精装笔墨纸砚及《何氏家训》临摹册等文创产品。茱萸湾风景区开办绿野仙踪研学游和烧烤篝火晚会项目,注册"茱萸湾"商品商标,研发的茱萸牛角香囊入选第二届乐购江苏旅游商品创意大赛。是年,瘦西湖风景区接待购票游客 184.36 万人次,总收入 2.35 亿元,其中门票收入 1.91 亿元(不含联票分成)、年卡收入 1150 万元、托管景点收入 1386 万元、经营性收入 3368 万元;个园门票收入(含租赁景点收入,不含年卡、联票)2963.31 万元,经营性收入 749.27 万元;何园接待游客 46.02 万人次,门票总收入 1948.06 万元,其中散客 28.38 万人次、团队 13.83 万人次、电商 3.31 万人次,经营性收入 203.47 万元;茱萸湾风景区接待购票游客 40.91 万人次,经济收入 2025.8 万元,其中门票收入 1617.6 万元、经营性收入 344.18 万元、租赁收入 61.1 万元。

宣传与活动

80 年代起,园林景点实行经济承包制,为提升知名度、提高经济收入,扬州园林逐步开展各类宣传活动。

1990 年,《园林》杂志第三期刊发《扬州园林专辑》,并刊登市委书记姜永荣撰写的《复兴园林,振兴扬州》一文。江苏电视台录制专题电视艺术片《中国扬州园林》(上、下集),并以英文、日文版向国外发行。6 月 26 日,市园林局、上海文化出版社、江苏商业专科学校烹饪研究所联合为朱江所著《扬州园林品赏录》出版发行举办新闻发布会。

1991 年,《中国园林》杂志第三期上刊发《扬州园林专辑》,中国香港杂志《世界经济》发表介绍扬州园林的文章与图片。

1992 年,中国扬州二十四桥金秋赏月会在瘦西湖公园举行,海内外 6000 多位嘉宾,近10 万人次参加赏月活动。

1995 年,由市园林局承办的中国扬州琼花艺术节,共接待境内外游客 15 万余人次;二十四桥中秋赏月游园晚会举行,客流量 2 万余人次。

1996 年,市园林局承办中国扬州二十四桥金秋赏月会。

1998 年,市园林局组织园林景点先后赴杭州、泉州、上海、合肥等地进行旅游促销,并联合《新民晚报》《文汇报》等新闻媒体进行旅游宣传。瘦西湖公园先后举办"烟花三月"民俗风情游、金秋菊展等游园活动;荷花池公园举办"荷花池之夏""98 荷花池——中行长城卡"赏月游园会等活动。

2000 年,市园林局组织各园林景点先后赴上海、杭州、北京等 14 个城市开展旅游促销,接待外地旅行社 600 余家,发放景点宣传资料 4 万份。

2001 年 10 月 1 日,扬州电视台和中央电视台第四套节目在瘦西湖公园联合举办"天涯共此时——2001 年中秋晚会",并通过国际卫星向全世界转播。全年接待游客 216 万人次,门票收入 3005 万元。

2002 年,瘦西湖公园开展"烟花三月瘦西湖"电视摄影采风和"中国湖上园林——瘦西湖"金秋摄影采风活动,举办"瘦西湖之夏"荷花展、荷花书画摄影作品展、金秋菊花展等活动;市盆景园举办精品盆景与花卉展。个园举办清代九道圣旨收藏展和书画展、鲜花站、地方文艺表演。何园举办"何家人·回何园"暨何园史料展、书画作品展、荷花展。茱萸湾公园开展野外烧烤、垂钓活动。扬州园林参加国内旅游交易会和各类旅游促销活动,在京沪高速、沪宁高速、杭州灵隐寺、雷峰塔、苏州火车站等处设立大型户外广告宣传牌,实施一本书、一张光盘、一本画册、一条旅游口号、一个网站的"五个一"宣传工程。

2003年,受"非典"影响,游客量大幅下降。市政府在瘦西湖公园举办"烟花三月"文艺晚会,开展武汉—扬州旅游互动活动,组织10家省、市级电视台举办"秋光水影瘦西湖"电视采风活动。瘦西湖公园投资80万元在中央电视台进行广告宣传,出版发行瘦西湖风光VCD、DVD。个园与扬州气象台合作发布电视景点气象信息。何园与南京电视台《自驾周周游》节目联合制作宣传专题片,与新浪扬州网合作改进何园网站。

2004年,瘦西湖公园联合无锡鼋头渚、苏州虎丘、吴江同里、镇江金山等景区和深航国旅共同举办"美丽新江南"品牌推广活动,使扬州第一次融入"新华东旅游线"。瘦西湖公园引进安徽怀远花鼓灯和俄罗斯大型马戏表演,举办中华奇石、雨花石展和"烟花三月"赏花游园会、金秋菊展等活动。个园联合汪氏小苑开辟古巷风情游、婚俗表演等旅游项目,举办第三届兰花艺术节。何园贯通1500米复道回廊,开放东楼建筑群。茱萸湾公园完善游览道路和设施,增设碰碰车、卡丁车等参与性项目,举办首届芍药节。

2005年,瘦西湖网站增加商务板块,与搜狐网合作建立旅游宣传门户网。个园加入同程网旅游交易平台。何园与搜狐网合作建立链接。瘦西湖风景区加强与上海、南京、武汉、宁波、无锡等地旅游集散中心及旅行社的深度合作,建立良好的营销网络;在上海旅游集散中心、杭州灵隐寺、南京禄口机场和扬州火车站等处设立大型户外广告,在上海至扬州的庞巴迪列车上进行形象宣传;制作瘦西湖揽胜风光长卷等多种旅游纪念品,编辑出版《诗画瘦西湖》系列丛书。个园先后在《中国旅游之窗》《江南时报》《扬州晚报》《金陵晚报》等发布形象宣传,邀请全国20家晚报记者采风。何园在市区各主要干道和高速公路增设景点指示牌,在旅游交通工具上进行广告宣传。茱萸湾风景区向周边城市和中小学校展开针对性宣传促销。瘦西湖风景区于7月举办"瘦西湖之夜"水上休闲游活动,共接待购票游客近2万人次,经营收入100余万元。个园推出"个园兰竹进万家"。何园推出"何家菜"。茱萸湾举办第二届芍药节。

2007年,瘦西湖风景区、个园、何园联合开办扬州园林清凉夏日精品一日游。瘦西湖风景区投资135万元首次在中央电视台一套和新闻频道《新闻30分》城市天气预报时段全年播出景区宣传画面。万花园建成开放后相继举办"共做扬州人,共读瘦西湖,共赏万花园""相约瘦西湖,共赏万花园"活动。在宁、镇、扬、泰等地销售扬州旅游年卡;与南京中山陵、安徽琅琊山合作开辟宁、滁、扬旅游新线路;在无锡市场进行宣传促销,针对学生、教师暑期休闲的特点,举办"夏日瘦西湖"活动。个园在中央电视台国际频道《同乐五洲——相聚扬州》专题节目和南京电视台黄金档《旅游真好》栏目中宣传推介。个园、何园针对华东市场试推"扬州园林双璧"。何园参加南京、苏州、山东、安徽、北京等地旅游推介,邀请中国科学院院士何祚庥作形象宣传,引起强烈反响;《何园的华彩》《何园的故事》《走出寄啸山庄》出版发行。茱萸湾风景区借助"非常平民秀"暨茱萸湾形象大使选拔赛活动,扩大在扬州、江都及周边地区的影响力。个园网站增设商务中心板块,与全市二星级以上宾馆饭店建立互访链接。

2008年,瘦西湖风景区开办扬州地方工艺、非物质文化遗产纪念品经营项目,发行新版明信片,继续打造导游、船娘两个班组品牌服务项目。个园以建设"老扬州·新名胜"为目标,与瘦西湖旅游发展有限责任公司合作,全面开发经营花局里商业街区,全年招商20户,经营总面积 2000 多平方米。

2009 年 1 月 18 日，扬州旅游景区营销中心成立，通过整合旅游景区内部营销资源，树立扬州园林整体品牌形象。瘦西湖风景区举办中国扬州万花会、"瘦西湖之夏"荷花节、瘦西湖之夜——欢乐万花园、金秋赏花游园会、迎春花卉展等活动；个园充分利用"双东"平台优势，举办民俗游园事活动，并与成都望江楼公园联合举办扬州个园竹文化艺术节暨花局里文化美食节活动。何园以"家文化"为主线，结合传统节日举办"牛的幸福年""谁是元宵达人""快乐国学堂"等活动。

2010 年，个园邀请朱自清长孙朱小涛担任"个园·古城旅游"形象大使；举办第二届竹文化节；开设"个园竹语坊"专卖店，注册"个园竹语坊"商标。何园结合春节、"烟花三月"旅游节、"五一"黄金周、端午节、中秋节，开展"虎虎生威""牡丹节""何氏大学堂"和"海宝端午何园行"等特色活动。瘦西湖风景区、扬派盆景博物馆、个园花局里等景区与百年老字号"谢馥春"合作开设"谢馥春"化妆品专卖店。茱萸湾风景区先后与30 多家旅行社签订团队接待协议，开拓苏南、苏北、上海等地市场。

2011 年 9 月 28 日，扬州旅游营销中心有限责任公司成立。9 月，中央电视台到扬州取景拍摄大型记录片《百年巨匠——黄宾虹》，何园协助央视摄制组完成黄宾虹与扬州、黄宾虹与何园的文史研究和情景再现。12 月，瘦西湖风景区举办国际诗人雅集修禊活动。同年，个园举办荷花展、扬州剪纸文化节等活动。宋夹城景区举办第二届苏台灯会，新增攀岩、射箭场、水上自行车等项目，举办户外旅游征婚、真人 CS 镭战等活动。茱萸湾风景区与扬州电视台开展"欢乐英雄会，茱萸湾赢大奖"闯关活动，与江苏优漫卡通卫视合作开展"相约茱萸湾，欢乐嘉年华"系列活动，举办 2011 中国扬州首届茱萸文化节。

2012 年，瘦西湖风景区举办欢乐开怀过新年、万花会、荷花节、夜游瘦西湖、菊花展等一系列活动。

2013 年，瘦西湖风景区举办 2013 国际盆景大会、第六届中国扬州万花会、菊花会、虹桥修禊国际诗人雅集等活动。瘦西湖风景区举行《春江花月夜·唯美扬州》国内首部园林实景演出。在《人民日报·海外版·欧洲刊》

个园宣传册页

何园宣传册页

茱萸湾宣传册页

开辟《世界级公园瘦西湖》专栏12期,向海外推介瘦西湖风景区。制作首部瘦西湖微电影。是年4月,情景艺术风光片《梦里个园》获得第四十六届休斯顿国际电影节"雷米金奖"。该片还在北美地区电视台进行播放。个园花局里街区举办"花局里之夜"激情夏日狂欢节,结合个园古城旅游线路成功打造"夜间嘉年华"式的文化特色旅游产品。何园开办南河下古巷游,举行"扬州夏日,印象何园"主题夜游活动;举办以何园园花牡丹为主题的刺绣、牙雕等作品展示会;开发剪纸纪念门票、剪纸明信片,开展现场书法作品销售。茱萸湾风景区举办非洲草原动物展、灵长动物展,举办第三届茱萸文化节。

　　2014年4月,国内及德国、美国等国的12位诗人雅集瘦西湖虹桥修禊,出版《国际诗人瘦西湖虹桥修禊典译丛书》一、二辑。瘦西湖风景区建成瘦西湖智能旅游综合管理系统,并被省旅游局授予"智慧旅游示范基地"称号。举办2014新丝路国际旅游形象大使大赛、2014中国扬州万花会,以及春季蕙兰展、夏季荷花节、秋季菊花会、冬季梅花蜡梅展"四季花事"等活动。举行"乾隆下江南　畅游瘦西湖"水陆实景巡演,瘦西湖特色纪念邮册、广告衫、旅游纪念币等。8月,个园花局里开办"两岸风情"观光夜市。个园还举办清代盐商体验式集体婚礼、2014国际象棋特级大师表演赛、中国古建筑摄影大赛全国影展、"中国运河文化"收藏精品展、市第七届春兰展、扬州非物质文化遗产——扬州八刻之竹木牙刻精品展、市首届碗莲展等活动。茱萸湾风景区举办第四届茱萸文化节。

　　2015年,瘦西湖风景区举办万花会、国际诗人瘦西湖虹桥修禊、"四季花会"、"瘦西湖之夜"等主题文化活动及"穿越秀"、"喜气洋洋迎好运"、端午诗会、中秋诗会等民俗文化活动,举行《瘦西湖》特种邮票首发式、省蕙兰展等活动。瘦西湖风景区实施景点惠客惠民大行动，免费发放瘦西湖门票 12 万张、大明寺和汉陵苑门票各 2.4 万张。宋夹城景区承办"瘦西湖杯"第十三届网球公开赛、"红牛杯"羽林争霸扬州赛区比赛、全国助残日活动、"苏浙鲁豫皖沪"千余小记者同庆扬城 2500 年等数十项大型活动；协办鉴真国际半程马拉松赛、中央电视台《寻宝》走进扬州活动、城庆集体婚礼等活动。个园举办第三届竹文化节，并举办 2015 扬州"园林杯"第五届中国古琴"幽兰·阳春奖"评选活动。

2016 年，瘦西湖风景区举办万花会、第三十届全国荷花展、国际诗人瘦西湖虹桥修禊、瘦西湖首届非物质文化遗产文化月等主题系列文化活动；举办百名学子走读扬州、研读瘦西湖修学旅行等研学旅游活动。个园举办第四届竹文化节和第三届盐商文化节。何园与上海豫园联办"百年情缘——何园美景巡展"、"中秋赏月·拜月诗会"、"国庆签名为祖国祝福"、第十一届何氏大讲堂、何园小翰林选拔等活动。茱萸湾风景区承办第十二届中国赏石展。

第五节 创建活动

国家园林城市创建

1997 年 2 月，扬州市被评为省级园林城市。3 月，市委、市政府提出创建国家园林城市的目标。中共扬州市第四次代表大会把建设"生态园林城市"作为 21 世纪四大跨越目标之一，再次作出创建国家园林城市的部署。2002 年初，市政府提出今后每年新增绿地 100 公顷的要求，在政府工作报告中又提出 2003 年扬州市实现创建国家园林城市、再现绿杨城郭的重要目标，明确将创建国家园林城市列入政府重点工作，并于 2002 年 8 月 29 日向省建设厅提交申报国家园林城市的请示。

为保证创建国家园林城市工作的顺利开展，市委、市政府专门成立创建领导小组及指挥部，全面负责创建工作的组织领导、指挥协调工作。指挥部下设办公室，在市园林局内办公，负责具体日常工作。各区、各系统分别设立分指挥部，成立专门的工作班子。创建指挥部研究制定创建工作意见，与各区、各部门、各单位签订创建目标责任状。

市园林局充分认识到创建工作的艰巨性和紧迫性，数十次召开创建专题工作会议，及时研究解决创建工作中出现的新问题和新情况。为切实加强对创建工作的领导，根据园林工作实际，结合创建工作要求，建立创建领导小组，各基层单位建立相应的组织机构，系统上下形成严密的组织网络。抽调有关处室、基层单位人员组成创建国家园林城市工作小组，分综合协调组、业务组、资料组 3 个小组，具体负责创建资料收集、整理、汇编以及创建迎查线路准备、创建督查等工作。利用彩牌、横幅、宣传栏等多种渠道和形式开展舆论宣传，增强全市各部门、单位和广大市民的创建意识，营造出浓郁的创建氛围。在建设部《城市绿化动态》和《风景园林》等刊物上宣传扬州市创建国家园林城市工作。对照建设部印发的《创建国家园林城市实施方案》《国家园林城市标准》，对涉及园林、绿化、建设、林业、环保、规划、城管、文化等多个行业和部门的 12 大类 60 项内容进行收集整理，汇编成册。编印《申报材料》《组织管理》《规划设计》《景观保护》《绿化建设》《园林建设》《生态建设》《市政建设》等10多本创建基础资料，制定《创建国家园林城市工作方案》《扬州市创建国家园林城市实施细则》，编制、完善《扬州市绿地系统规划》《城市规划区范围内植物多样性保护规划》《扬州市园林植物引种规划》等规划文本，编制完成《绿杨城郭新扬州》《绿杨城郭》等大型园林绿化宣传画册。与市委宣传部、市广电局联合制作创建国家园林城市宣传片，制作创建专题多媒体汇报片，共整理完成约250万字的创建软件资料。

申报国家园林城市以后，市园林局先后多次向建设部汇报扬州市创建工作，邀请建设部领导、专家到扬州考核验收。为科学排布考核迎查线路，凸显扬州城市个性和园林绿化特色，专程赴上海交大邀请专家到扬州进行现场指导。根据考核的道路绿化、河道绿化、单位绿化、居住区绿化、城市大环境绿化、防护林建设、立体绿化、苗圃建设等各方面要求精心设计考核路线。同时，市园林局明确分工，对创建的各项工作分类督查，坚持每日督查制度，对薄弱环节重点督查，发现问题及时与有关部门联系，下发整改通知书，并进行现场指导，确保在第一时间解决问题。在考核期间，现场工作人员连续奋战，按照考核日程安排落实好接待工作的各个环节，仔细排查考核线路，确保现场考核不失分，得到建设部领导和专家们的一致好评，认为扬州市各项指标达到或超过国家园林城市标准。

2002年12月19—20日，省创建国家园林城市调研指导组到扬州检查考核，对扬州市创建工作予以高度肯定。根据省建设厅对扬州市创建工作调研时提出的指导意见，对照国家园林城市标准，组织各区、各部门对存在问题的重点路段和单位落实整改，进一步提高城市园林绿化的整体水平。重新修编城市绿地系统规划，规划中注重均衡绿地布局、增加充实城市绿量、完善城市周边生态防护林体系。划定城市公园绿地、防护

2002年扬州市创建国家园林城市省级考核通报会

绿地、古树名木及各类生态敏感区的"绿线"，为城市绿化的发展留足空间。在城市建设中注重加强名园保护和风景名胜资源开发。在绿化建设中重视植物多样性运用，充分挖掘乡土

2003年国家园林城市称号牌

植物，丰富城市植物景观。2003年8月18—19日，通过省建设厅组织的国家园林城市省级考核，并由省建设厅向建设部提出扬州市创建国家园林城市申请。2003年11月20—21日，建设部创建国家园林城市专家考核组到扬州考核创建国家园林城市工作。考核组对扬州创建国家园林城市工作给予高度评价，并形成专家意见上报建设部。2003年12月30日，扬州市被建设部命名为国家园林

城市。

2002 年，在开展城市园林绿化建设的同时，通过拆除沿街破旧、低矮、违章建筑，新建国际友好园、江陵花园、市民广场、文昌广场、珍园绿地、新城西区景观大道等百余处街头绿地，面积最小的 100 多平方米，大的数公顷。按照城市绿地系统规划实施道路绿化建设，先后对扬子江路、文昌路、盐阜路、汶河路、328 国道城区段等 10 多条道路绿地进行改造和重新建设，美化街头景观，并结合道路改造增设小游园，保证市民出门 300 米～500 米有小游园。通过改造建设，城市 4 个出入口增加绿地 29 公顷，形成"先见绿色后见城"的绿化氛围。2002 年，市区主次干道 30 条、林荫路 5 条，道路绿化普及率 100%，达标率 83%。全市共有庭院单位 227 家、绿化达标单位 172 家，单位绿化达标率 75.8%，其中省级园林式单位 12 家、市级园林式单位 33 家，园林式单位占 20%。全市共有居住小区 30 个，其中园林式小区 19 个（省级园林式小区 4 个、市级园林式居住小区 15 个），园林式小区占 63%。2003 年，广陵区、维扬区、邗江区、市开发区及新城西区各建 1 个面积 5 公顷以上的区级公园，并兴建双瓮城遗址广场、圣心广场、便益门广场、大水湾广场、南门遗址广场、维扬广场、友谊广场、来鹤台广场等城市绿色广场，新建 100 公顷以上的城市绿地。高质量建设扬子江路、友谊路、平山堂东路、文汇南路、运河北路、大学路、泰州路延伸段、文昌西路二期、漕河西路等 29 条路段绿化，新增道路绿地 35.27 公顷。建设玉带河、二道河、念四河等河道绿化，继续实施古运河绿化风光带建设。拆除文昌西路、扬子江路、扬天路两旁违章及有碍观瞻的建筑，增建多处街头绿地。2003 年，新增市级园林式单位 25 家、园林式小区 18 个，并有 12 家单位、10 个居住小区申报省级园林式单位、小区。

国家森林城市创建

进入 21 世纪，市委、市政府对林业工作高度重视，大力开展"绿杨城郭，生态扬州"建设活动，绿化水平大幅度提高，生态环境显著改善，先后获"国家园林城市""联合国最佳人居环境奖"等称号。2004 年，国家绿化委员会、国家林业局启动创建国家森林城市工作。2005 年，扬州市启动"让森林走进城市、让城市拥抱森林"城市森林生态网络建设。

为进一步提升全市林业建设水平，2009 年，市委五届七次全会确定在扬州建城 2500 周年前，将扬州建成国家森林城市作为全市重大生态基础工程；通过 3 年左右努力，推进城市生态林业建设，增强扬州区域经济社会可持续发展能力。市委、市政府把创建国家森林城市作为"四城同创"（即创建国家森林城市、全国文明城市、国家生态市、世界文化遗产城市）的先导工程、开篇工程，作为全市生态文明建设和经济社会发展的基础工程、民生工程，开展"绿色攻坚"。2009 年 10 月，扬州市向国家林业局提出创建国家森林城市申请。2009 年 11 月，国家林业局复函同意扬州市申请，列入国家创建森林城市计划。

2009 年 9 月，市委、市政府召开全市林业工作会议，对创建国家森林城市工作进行总体部署。同年 10 月，成立以市长为组长，市委副书记和常务副市长、分管副市长为副组长，林业、建设、园林、财政等 20 个部门、园区及宝应、高邮、邗江等 7 个县（市、区）政府主要负责人为成员的创建国家森林城市工作领导小组。对照《国家森林城市评价指标》，市林业局牵头制定《扬州市创建国家森林城市工作方案》，明确总体目标、工作计划，同时明确重点工程和保障措施。

2010 年 1 月，召开全市创建国家森林城市动员会，全面动员部署创建国家森林城市工作。同时印发《扬州市创建国家森林城市部门和地方职责及任务分解表》《2010 年城区森林城市建设工程任务分解表》。市园林局抽调精干力量，细化创建方案、创建指标和创建责任，并对照目标任务分解表和国家森林城市评价指标体系，做到思想、组织、责任和工作"四落实"。

为提高城市绿地的精致程度、景观价值和使用价值，达到"幸福扬州"的要求，2010 年，重点实施以城区 8 个出入口、节点、高速公路匝道及文昌路、扬子江路等绿化工程为代表的城市森林建设工程。2011 年，实施以"五路一河一环"（文昌路、扬子江路、盐阜路、友谊路—扬菱路、328 国道扬州至江都段，古运河，扬州绕城高速公路）为重点的绿化提升工程 52 项。组织园林绿化专家和城市规划专家，绘制景观规划效果图。以园林的手法打造城市景观，形成"城在园中，园在城中"的景象。工程运作流程规范，各投资主体采用公平、公正、公开的招投标程序，并由纪检监察部门全程跟踪监督。严格执行节约型园林绿化原则，坚持多栽大苗、少栽大树，从苗木采购到苗木养护严把质量关，适地适树，提升绿化景观。同时，结合市区绿化景观提升工作，重点提升八卦塘、廉政广场、四望亭路街心花园等永久性保护绿地。根据创建国家森林城市的要求，市园林局坚持可持续发展园林绿化建设，打造特色生态园林绿化环境。根据城市绿地系统规划、城市绿线控制性规划，合理布局公园绿地，继承和发扬扬州悠久的历史文化特色，高标准、高起点建设大型公园绿地，推动城区绿地均衡布局。绿地建设坚持以绿为主，以景取胜，突出植物造景，把具有扬州地方特色的园林风格与现代生活相结合，形成具有地方特色的绿地景观。绿地建设力求做到大、中、小均匀分布，满足市民就近使用城区绿地空间，为市民提供休闲、游憩的场所。根据城市绿地系统规划和创建国家森林城市要求，注重突出城市特色和城市风格，做好绿地系统规划的深化细化工作，进一步明确城市绿地建设任务，做到目标明确、任务明确、时序明确，注重均衡绿地布局，为城市绿化的发展留足空间。同时，根据建设部《城市绿线管理办法》和扬州市城市总体规划、控制性详细规划以及城市绿地系统规划的要求，组织市区城市绿线控制规划编制工作，加强基础性调查和分片区绿线规划，细化各类绿地保护范围、面积、内容等，确定各类绿地性质、分类和使用功能，做到城市绿地的定性、定量、定位。针对城市绿化面积成倍增加、景观标准越来越高的情况，市园林局坚持依法治绿，规范管理。实施城市绿化数字化管理。依托数字化管理网络、二级信息平台建设，配备相应的处置队伍，结案率 100%，绿化管理的快速反应能力和处置水平大幅度提高。加大城市绿化执法力度，通过规范行政许可程序，最大限度地保护城市绿化成果，配合市城管执法局严肃查处随意侵占城市绿地、砍伐城市树木的行为，不断提升绿地和古树名木保护力度。实施城市永久性绿地保护。2007 年，国

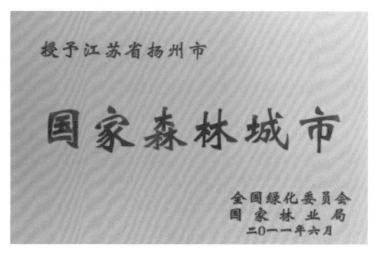

2011 年国家森林城市称号牌

内首创以市人大常委会决议的方式出台永久性绿地保护制度,公布第一批总面积118.2公顷10块永久性保护绿地;2009年,公布第二批总面积100.5公顷10块永久性保护绿地。永久性保护绿地总面积218.7公顷,约占市区公园绿地面积的15%。市园林局对直管的永久性绿地重点管护,同时督促各区做好所属永久性绿地管护工作。

2010年12月,扬州市提出验收申请。2011年4月26—29日,国家林业局创建国家森林城市工作考察组对扬州市创建工作进行综合考察。6月19日,在第八届中国城市森林论坛上,扬州市被全国绿化委员会、国家林业局授予"国家森林城市"称号。

国家生态园林城市创建

2001年,中共扬州市第四次代表大会把生态园林城市建设确定为21世纪四大跨越目标之一。2004年,建设部公布国家生态园林城市试行标准后,扬州市制定创建国家生态园林城市工作方案、创建目标责任及实施细则和达标要求,并确定每年新增城市绿地面积100公顷以上的刚性目标。2007年,扬州市被建设部列为全国首批11个国家生态园林城市试点城市之一。2009年,市委五届八次全会提出建设"创新扬州、精致扬州、幸福扬州"的工作目标。争创全国首批国家生态园林城市成为迎接建城2500周年工作的重要内容,更是城市园林绿化工作的首要目标。2010年8月,住房和城乡建设部印发国家生态园林城市标准与申报评审办法后,市委、市政府10月向住房和城乡建设部提交国家生态园林城市创建申请以及遥感基础资料。

2011年2月9日,市政府成立创建国家生态园林城市工作领导小组及办公室,市长任组长,各区和市各有关部门主要负责人为成员。创建工作领导小组办公室设在市园林局,具体负责创建工作协调推进。各区、各部门分别成立领导小组,全市构建两级创建领导机构,为国家生态园林城市创建工作提供组织保障。

根据创建工作的实际,市园林局从机关处室、基层单位抽调10余名工作人员组成创建工作小组办公室,并建立宣传督查组、规划建设组、资料一组、资料二组等4个工作小组。

整个创建过程中,市园林局拟定各区、各部门工作任务,并与各区、各部门签订目标责任书;完成1000份公众对城市园林绿化满意度调查问卷,并协助国家统计局扬州调查队形成专业调查报告;完成6月14日创建推进会、10月10日创建验收动员会、10月24日创建迎查动员部署会等会议相关材料;完成《城市园林绿化评价标准》8类73项指标自评综述材料;撰写并制作多媒体汇报材料;与电视台联合拍摄12分钟的扬州创建工作技术报告DVD音像片;共编印创建简报19期、创建特刊2期。与有关部门配合,先后编制、完善《城市蓝线规划》《城市绿线控制规划》《生物多样性保护规划》《城市防灾避险绿地规划》等数个规划文本,并在《扬州日报》、扬州百姓生活网、市园林局门户网站等媒体上公示城市绿线图、20块永久性保护绿地绿线图。参与茱萸湾植物园、宋夹城应急避险绿地等的相关建设工作。

市园林局一方面针对城市绿化现状、市政设施、生态环境等各方面相关内容反复现场排查,并根据现场情况做好详细记录,编写《市区绿化排查情况汇总表》,印发《关于迅速开展市区绿化整理工作的通知》等相关文件,全面做好迎查现场准备工作,市容环境和城市面貌大为提升。同时,通过举办生态园林城市摄影大赛等活动,加大报纸、电台、电视、网络等媒体的宣传报道力度,集中在公交站台、建筑工地围墙等公共场所设置大型公益广告牌,不断营造创建迎查的浓烈氛围。完成专家现场考核线路的编排(包括专家集中考核路线,园林绿化和生态环境考查线路,城市规划、住房保障和人居环境考查线路,市政设施和节能减排考查线路,专家组集中考查古城保护线路等),并完成5个考查线路图制作。

2011年5月,省住房和城乡建设厅组织专家根据住房和城乡建设部关于生态园林城市评选办法、标准及相关工作要求,通过现场踏勘、观看技术报告、查阅台账资料等形式,对扬州市申报资格进行初验。6月27日,国家生态园林城市创建座谈会在扬州召开。10月27—29日,住房和城乡建设部国家生态园林城市专家组一行10人到扬州,对创建国家生态园林城市工作情况进行为期3天的实地考查。2012年11月,住房和城乡建设部在2010年原标准基础上修订生态园林城市申报与定级评审办法和分级考核标准。对照新的分级考核标准,市园林局完成技术报告片DVD和各项新增指标补充材料。

2015年10月扬州市国家生态园林城市现场考查汇报会

至2016年,市区建成区绿化覆盖面积6528公顷,绿化覆盖率43.82%;绿地面积6201.81公顷,绿地率41.63%;城市人均公共绿地面积20.69平方米,73项创建指标全部达标,为创成国家生态园林城市奠定坚实基础。

第九章　人物　著作

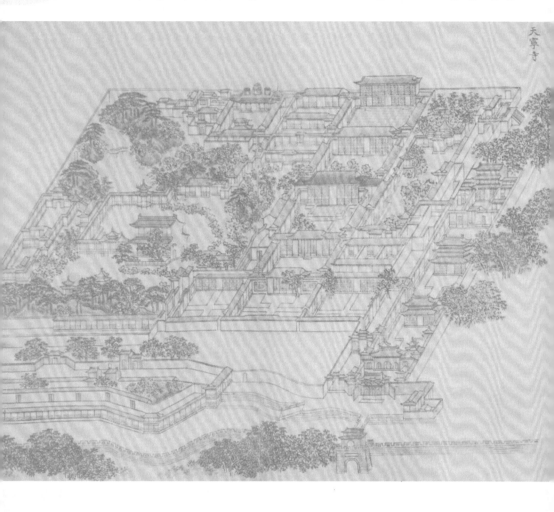

欲吊文章太守，仍歌杨柳春风

晋阁间竖三尺宅
助人场川笔一楼

平山堂圖

扬州园林的主人或出入扬州园林的宾朋,不少是著名的历史人物,他们直接指点造园活动,又邀请文人与画家参与设计谋划,加之能工巧匠精雕细作,为最终形成具有文人写意的山水园林体系奠定基础。

在扬州造园史上,造园者主要是官员、商贾、文人画家、园艺家等。平山堂是欧阳修知扬州时所建,谷林堂是苏轼任知州时所筑,贾似道守扬州时重建郡圃,程梦星回乡后筑筱园。他们对于山林野趣的追求,客观上促进了扬州园林的发展。盐商汪应庚建造的西园芳圃,深获皇帝的嘉许;盐商江春,在天宁寺兴建接驾的行宫;盐商汪玉枢所建南园,是当时名园之一。扬州造园的商人们,大都"贾而好儒",所以合乎人生哲学的园林建筑,不只是为了附庸风雅,而是蕴含了精明独到的处世准则。文人画家,因极具个人修养,筑园林寄托心志而成为默契。计成、戈裕良、余继之等造园大家,更是与扬州园林相互成就,名播大江南北。

园林方面的著作,首推明代造园学家计成所著《园冶》,它是在仪征寤园的扈冶堂中写成的,先是东传日本,后又西传欧洲。《平山揽胜志》《平山堂图志》《扬州览胜录》等对扬州的名胜古迹进行稽考与记录,留下翔实的图文记录。清代涉及扬州园林的另一部重要著作是李斗的《扬州画舫录》,其对扬州一地的园亭胜迹、风土人物的描写历来为文史学者所珍视。

新中国成立后,涌现出一大批研究扬州园林的专著,如陈从周的《扬州园林》、朱江的《扬州园林品赏录》、许少飞的《扬州园林史话》等,将扬州园林的理论研究引向深入。

第一节 园林人物

徐湛之（410—453） 东海郯县（今山东郯城）人，南朝宋大臣。他擅写公文，文辞顺达，音节流畅。作为皇亲国戚富豪之家，其家业非常庞大，楼台园林，贵族中无人能及。南朝宋元嘉二十四年（447），徐湛之到扬州任职，建风亭、月观、吹台、琴室，同时把建邺芍药园中的芍药带到扬州。徐湛之传中记载："广陵城旧有高楼，湛之更加修整，南望钟山。城北有陂泽，水物丰盛。湛之更起风亭、月观、吹台、琴室，果竹繁茂，花药成行，招集文士，尽游玩之适，一时之盛也。"

杨广（569—618） 隋文帝次子，隋朝第二位皇帝。早在南征陈朝时，杨广就对江南风物十分欣赏。杨坚得势后，杨广又做了九年扬州总管。他即位后，依然很怀念在扬州的日子，连看到宫中挂着描绘扬州的图画，都注目久之，流连不已。于是，他三下扬州，在扬州营建行宫——江都宫、显福宫和临江宫等。其中尤以江都宫规模最为宏大，分为归雁宫、回流宫、九里宫、松林宫、大雷宫、小雷宫、春草宫、九华宫、枫林宫、光汾宫等10处宫室。他在位时开凿的大运河，繁荣了运河沿线城市，也促进了城市园林的兴起。

欧阳修（1007—1072） 吉州永丰（今江西省吉安市永丰县）人，北宋政治家、文学家。北宋庆历八年（1048），欧阳修由滁州调任扬州。在扬州期间，于西北郊蜀冈上建造了"壮丽为淮扬第一"的平山堂。平山堂左有大明寺的晨钟暮鼓，右有西园的美泉鹤影。坐堂远眺，江南诸山，历历在目，似与堂平，平山堂也因此得名。叶梦得曾在《避暑录话》中这样描述其周边环境："老木参天，后有竹千余竿，大如椽，不复见日色。"

苏轼（1037—1101） 四川眉山人，唐宋八大家之一。元祐七年（1092），苏轼到扬州主政。在其主政的半年中，废除万花会，于平山堂后建谷林堂，以纪念恩师欧阳修。扬州的盆

隋炀帝杨广像　　　　　　欧阳修石刻像　　　　　　苏轼像

景一向知名，在扬州他获得两块奇石，欣喜不已，专门为此赋《双石》诗一首，并在序中详细回忆在扬州寻获奇石的情形："至扬州，获二石。其一绿色，冈峦迤逦，有穴达于背。其一玉白可鉴，渍以盆水，置几案间。"他回想在颍州时，做过一个梦，在梦中看见一个地方叫做仇池，因此，他把奇石命名为"仇池"，还把自己的一本杂著题作《仇池笔记》。

赵葵（1186—1266） 衡山（今属湖南）人，宋宗室，南宋儒将。自绍定六年（1233）至淳祐元年（1241），在淮东安抚制置使任上，赵葵兼知扬州达八年，其间造万花园。万花园建于蜀冈堡城的统制衙门内，范围不大，建筑不多，但以花取胜，故名万花园。后堡城一带以种花闻名，清代形成"堡城花市"一景，这大概与宋代的万花园有渊源关系。现扬州复建的万花园，沿用赵葵在扬州造园的名称。

贾似道（1213—1275） 浙江天台人，南宋理宗时权臣。南宋宝祐五年（1257）在扬州重建郡圃。宋代扬州郡圃，沿袭唐代郡圃，地在蜀冈上衙城内。唐代郡圃中有争春馆，多杏树。清嘉庆《江都县志》载，开元年间花盛时，太守张宴圃中，"一株杏令一妓倚其旁，立馆曰争春，宴罢夜阑，或闻花有叹息声。"唐人称郡圃为杏邨或杏花邨。

淳祐十年（1250），理宗贾妃之弟、京（杭州）湖（湖州）安抚制置大使贾似道移镇两淮，驻守扬州。宝祐二年（1254），贾改筑宝寨城。次年，易名宝祐城。并于开明桥西大安楼旧址建皆春楼，于小金山观稼堂建平野堂（该堂后圈入郡圃）。宝祐五年，重建郡圃。有飞檐雕栏、画栋层出的堂观，有高山危径、深沼浅池，渡以桥，钓以矶，观以亭台，绕以长堤朱栏。坡上有梅，水边有柳，堂外巨竹森森。登高可以眺远，临池可兴豪想。尽去此前郡圃天地的狭隘，特别是唐时争春馆的那股俗气，注进杭州、湖州山水的灵秀，可称得上是宋代官府在扬州兴造的一座最具规模并饶有画意的山水园林，也是扬州史籍上记述最为翔实的宋代官园。

普哈丁（？—1275） 伊斯兰教创始人穆罕默德第十六世裔孙。南宋咸淳元年（1265），普哈丁到扬州传教，其间，主持修建了与广州怀圣寺、泉州圣友寺、杭州凤凰寺并称为中国东南沿海四大古寺之一的仙鹤寺。寺大门对面照壁墙为鹤嘴；寺门是仿唐建筑，翘角牌楼，犹如鹤首昂起。从寺门至大殿，是一条狭长弯曲的甬道，形似鹤颈；大殿相当于鹤身；大殿南北两侧有飞檐起翘的半亭，如同鹤翼（南侧半亭即望月亭，北侧半亭已圮）；大殿后左右两侧庭院，有古柏两株，谓之鹤足；殿后原临河，遍植竹篁，形如鹤尾（填汶河筑路后竹篁不存）；大殿前，左右两侧各有水井一眼，视为鹤目。直至今天，每逢伊斯兰教节日，中外信仰者往往在这里聚礼，仙鹤寺成为扬州和阿拉伯人民友好交往的一座标志性建筑。

计成（1582—？） 江苏吴江人，明代杰出的造园家。他曾经游历各地，中年归吴后择居镇江。他所造的园林很多，但有资料可查的仅有 3 处：一在常州，为吴又予东第园；一在仪征，为汪士衡寤园；一在扬州，为郑元勋影园。前两座园林在影园建成之前，就饮誉大江南北。影园为明末清初扬州名园之一。当时有茅元仪的《影园记》、郑元勋的《影园自记》。存世 50 年，园即荒废。乾隆末李斗的《扬州画舫录》中关于影园的记载，多采自这两篇园记。郑元勋与计成友善，工诗能画，也懂得造园艺术。在《影园自记》中，郑氏还再次表达了对计成设计影园并指挥施工的感激之情。计成所著《园冶》，是国内系统阐述造园艺

计成像

术的一部不朽著作。东传日本后，被誉为世界造园学的开山专著，推崇备至。后又西传欧洲，欧洲的造园家在著作中又多次征引书中的论述及图式。

石涛（1642—约1707） 广西桂林人，祖籍安徽凤阳，清初画家、中国画一代宗师。一生与扬州结缘。他的中国画艺术在扬州开启一代风尚，影响并成就扬州又一大艺术群体——扬州八怪。

石涛在扬州足迹颇多，他在扬州度过了最后15个年头，葬于蜀冈大明寺后。

石涛在扬州留下的传奇和故事多与园林、叠石有关。最具想象空间的是石涛在扬州旧城大东门外所建的居所大涤草堂。石涛在康熙三十七年（1698）致八大山人求画《大涤草堂图》信中写道："济欲求先生三尺高、一尺阔小幅，平坡上老屋数椽，古木樗散数枝，阁中一老叟，空诸所有，即大涤子大涤草堂也。"这个诗意的居所究竟在哪儿，至今仍然是个

石涛像

谜。最具研究价值的是石涛的叠石艺术。如邻近康山有万石园，据《扬州画舫录》载，乃出自石涛手。据说，万石园为石涛造园使用山石最多的一座园林。再一个就是享誉至今、被称为"人间孤本"的片石山房。片石山房位于今何园内。《履园丛话》卷二十记载："扬州新城花园巷又有片石山房者，二厅之后，潄以方池，池上有太湖石山子一座，高五六丈，甚奇峭，相传为石涛和尚手笔。"片石山房如今被复制到中国园林博物馆。

郑元勋（1604—1644） 祖籍安徽歙县。明万历年间，先祖郑景濂业盐迁扬州。崇祯十六年（1643）进士，次年授兵部职方司主事。工善诗画，喜山水，才艺卓绝。家构影园，系江南造园名家计成精心设计、监造，书画家董其昌题额，为明末文人学士雅集之地，并因组织、主持征诗评定"黄牡丹状元"活动声名远播。

明万历末至天启初，郑元勋为奉母读书，准备构建一座私家园林。园址选在扬州旧城外西南隅，荷花池北湖，二道河东岸中长屿一处荒圃之上。至崇祯七年（1634），园林建设全部竣工，前后达14年之久。其所作《影园自记》云："盖得地七八年，即庀材七八年，积久而备，又胸有成竹，故八阅月而粗具。"选地、备材、聚工营建期间，郑元勋特地聘请忘年好友，时住在镇江的南方造园名家计成全面设计并监造此园。计成因地制宜，充分贯彻山水画法意蕴，潜心布局，巧妙采取借景、遮隔、虚实、烘托、渲染等技法，将蜀冈山色、河湖风光、名刹梵影、亭榭楼阁、桃柳花木等有机统一，组构入园景之内，以收望中犹在野、咫尺山水奇效；该园的营建原理、造园手法是《园冶》这一开创性的园林理论实践。崇祯五年（1632），郑元勋的忘年交、书画家董其昌到访。两人聚晤讨论山水画法甚欢。应郑元勋请求，董其昌见园之柳、水、山"三影"相映成趣，遂提议以"影园"命名。

郑氏兄弟四人皆以拥有园林名世。兄元嗣，构有五亩之宅、二亩之间，即王氏园；弟元化，有嘉树园；次弟侠如，有休园。兄弟以园林相竞，而影园声名尤著。

程梦星（1679—1755） 江都人。康熙五十一年（1712）进士，官编修。好交友，工书画，善弹琴，喜著述。主诗坛数十年。乾隆八年（1743），与厉鹗、全祖望在扬州举行陶潜诗会。

编有《平山堂小志》12 卷、《扬州府志》等。

筱园，是程梦星于康熙五十五年在扬州所筑的园子。筱园即"小园"，位于廿四桥旁，这里原先是当地人种芍药的地方，程梦星买下后重新构筑，使它焕然一新。筱园建好以后，成为天下文人会集之地。不仅厉鹗来过，听过这里的蝉声，钱塘人陈章侨寓扬州时也来过，同样对筱园的蝉声与清幽留下永久的存照："溪流凡几湾，荷叶欲无路。撑艇到篱门，一蝉吟碧树。"

汪应庚（1680—1742）　安徽歙县人，扬州盐商，工诗及书法，是《平山揽胜志》的编著者。他"业鹾于扬，遂籍江都。富而好礼，笃于宗亲"；他"秉性老成，孝思纯笃，沉默寡言，端庄不居，耆宿咸重之"；尤其是成为扬州盐业富甲一方的总商后，"肩承鹾业，综理琐务，任厥劳瘁"。汪应庚对公益事业甚是热心，他"处心积虑，常以汲汲济人利物为心"，积极参与救灾赈济等捐助且殚心竭智。雍正十二年（1734），他因赈灾有功，被赐予光禄寺少卿衔。他建造的西园芳圃，也深获乾隆皇帝的嘉许。

汪应庚建造的"西园曲水"是一个品茗交友的茶肆，同时他也对孤寡老人"施棉襦，设茗饮，瘟疫盛行之年，还备人参、鹿茸、黄连……日不下数千人，咸拊手赞叹"；热渴之人犹如久旱逢甘露，十分感激。汪应庚还常在自家门前摆上竹凳茶灶，供游人休憩、品饮，"汲而饮之，其味甘美，不减中泠、惠山。"人称西园茶棹子。

位于扬州大明寺的天下第五泉名声远扬，众多文人墨客和茶客到此赏泉品茗，并留下许多诗文佳作。汪应庚在《平山揽胜志》卷九第五泉一章中，亦收录有《大明寺水记》《大明寺第五泉隐语记》《第五泉铭并序》等文章以及以"第五泉"为题的诗词 10 余首。《扬州画舫录》记载："应庚建西园得泉……盖蜀冈本以泉胜，随地得之，皆甘香清冽。"而乾隆皇帝三度游历大明寺御花园，茶兴助其诗兴，作《第五泉》诗："有冽蜀冈上，春来玉乳新，可识品泉者，非关姓陆人。"所以，汪应庚发现"天下第五泉"的趣闻逸事，亦成为天下茶人津津乐道的话题。

高恒（？—1768）　字立斋，满洲镶黄旗人。乾隆初，以荫生授户部主事，再迁郎中，出监山海关、淮安、张家口榷税，署长芦盐政、天津镇总兵，乾隆二十二年（1757）授两淮盐政。乾隆三十年，以从兄高晋为两江总督当回避，调京署吏部侍郎，寻授总管内务府大臣。以两淮盐政任内坐两淮盐引案贪污罪，于乾隆三十三年被处死。

高恒初任两淮盐政，为迎接皇帝南巡，于瘦西湖建设颇多贡献。《扬州画舫录》卷十四《冈东录》称："乾隆二十二年，高御史开莲花埂新河抵平山堂，两岸皆建名园。北岸构白塔晴云、石壁流淙、锦泉花屿三段，南岸构春台祝寿、筱园花瑞、蜀冈朝旭、春流画舫、尺五楼五段。"他还改建红桥。

卢见曾（1690—1768）　字抱孙，号澹园，又号雅雨山人，山东德州人。乾隆元年（1736），卢见曾被授两淮盐运使，不久兼督扬州关税务，复护理两淮盐政。善诗文，好唱和，组织修禊。他复任两淮盐运使后，发起主办堪称清代规模最大的一次诗歌唱和盛会。卢首倡以《红桥修禊》为题，作七律组诗四首。时扬州八怪之一、卢见曾高足李葂为卢公作《虹桥揽胜图》。一石激起千层浪，当《红桥修禊》七律组诗出，即遐迩闻名，海内传为美谈，一时四方和者前后7000 余人，"编次得三百余卷"。此次红桥修禊诗歌盛会，为扬州文化史上绝无仅有，在中国文学史上也极为罕见。

卢见曾在扬州期间，凭借盐运使署的财力，疏通河流运道，支持城市建设。为迎接乾隆皇帝南巡，又组织盐商兴建、修复大量名胜景观，在蜀冈、瘦西湖一带兴建著名的北郊二十四景。乾隆二十年（1755），主持修葺筱园，即三贤祠，其内供奉扬州历史上三位名贤太守欧阳修、苏轼、王士祯。他雅好文艺，在雅士宴集时，大力倡导"牙牌二十四景"。他请静慧寺僧人文山，将二十四景的名称和图画刻在象牙骨牌上，又自行设计出行令的方法、要求。每当文人相聚，则将扬州二十四景牙牌放在一只方盘中，依次摸牌，以所得之景，作诗或吟诵古人相近诗句，不能及时对出诗句者则罚饮酒一杯。此种行酒令方式，很快传遍江南，觥筹交错之间，扬州的二十四景便随着文人们的诗句四处传扬。

江春（1721—1789） 祖籍安徽歙县，出身于盐商世家，居扬州南河下，为清乾隆时期"两淮八大总商"之首，而被誉为"以布衣结交天子"的"天下最牛的徽商"。乾隆六下江南，均由江春筹划张罗接待，即所谓"江春大接驾"。乾隆二十二年（1757），江春筹资在天宁寺兴建行宫，并将瘦西湖北边的江园献为官园迎驾；乾隆二十七年，乾隆游历江园，并赐名"净香园"。净香园中的荷浦薰风、香海慈云均为清北郊二十四景之一。又如，江春相中康山后，在此建随月读书楼，筑秋声馆，辟江家箭道。乾隆先后两次游历南河下康山草堂，并于乾隆四十五年（1780）游览康山时为江春的草堂书写"康山草堂"匾额。

江春在扬州构筑的园林建筑，共有 8 处之多，除康山草堂、净香园外，还有退园，东乡别墅深庄，及秋集好声寮、江氏东园、西庄、水南花墅等，他因此成为清代扬州盐商中拥有园林最多的一个。

鲍志道（1743—1801） 安徽歙县人。是明尚书鲍象贤八代孙。二十岁时到扬州辅佐乡人吴尊德经营盐业，后一跃成为扬城盐商大贾，被推举为两淮盐务总商，任职达二十年之久。因久客扬州，鲍志道在扬州建西园曲水、静修养俭之轩，西园内有濯清堂、觞咏楼、水明楼、拂柳亭等胜景。鲍志道在扬州出资修建东起康山、西至钞关、北抵小东门的街道，创立十二门义学，助修北京扬州会馆等。其子鲍淑芳曾为里下河赈灾捐米六万石、麦四万石，为疏浚芒稻河捐银六万两。鲍淑芳一生捐银计三百万两。天宁寺里展出的安素轩石刻由鲍家后人鲍娄先捐赠。其中，唐人书经、唐摹本王羲之《兰亭序》、李邕书《出师表》、苏轼书五言诗、米芾书小楷、赵孟頫书《老子》等摹刻十分细致。镌刻安素轩石刻工作始于鲍志道晚年，从嘉庆四年（1799）起，鲍淑芳从家藏唐宋元明各大家书法墨迹和宋拓本中，经鉴定择其精者，汇为《安素轩法帖》，延请扬州篆刻家党孟涛勾摹镌刻。鲍淑芳去世后，由他的儿子鲍冶亭、鲍钧亭继续这项工程，鲍氏家族为此花费了巨大的财力和精力，法帖经三代人之手，历时三十年之久，完成于道光九年（1829），全刻 300 余方。

李斗（1749—1817） 清仪征人，戏曲作家。字北有，号艾塘（一作艾堂）。博通文史，兼通戏曲、诗歌、音律、数学。《扬州画舫录》作者。《扬州画舫录》是李斗所著的清代笔记集，书中记载扬州城市区划、运河沿革以及文物、园林、工艺、文学、戏曲、曲艺、书画、风俗等，保存了丰富的人文历史资料，历来为文史学者所珍视。

阮元（1764—1849） 清仪征人，字伯元，号芸台、雷塘庵主，晚号怡性老人，清代嘉庆、道光间名臣。著作家、刊刻家、思想家，在经史、数学、天算、舆地、编纂、金石、校勘等方面都有着非常高的造诣，被尊为一代文宗。道光二十九年（1849），卒于扬州康山私宅，谥"文达"。

"万柳堂"是屡见于记载的古代北京别墅名。阮元在京期间，多次与翁方纲、秦瀛、朱鹤年等师友集万柳堂，留下诸多诗篇和佳话。退休后，阮元割舍不下对北京万柳堂的钟情，于是在家乡公道筑堤栽柳建"万柳堂",世称"南万柳堂",又得柳堂荷雨、太平渔乡、秋田获稻、定香亭四大观,复八景。阮元退出朝政后,在扬州"买北郊'邗上农桑'为别墅,优游林下者十二年"。阮元故居在扬州旧城毓贤街,在大东门南还有阮家大院。道光二十三年(1843),阮元买下一代名园康山草堂,改名为"康山正宅"居住,从此长居于此,至道光二十九年逝世,他在"康山正宅"一共生活了六年零两个月。

阮元像

戈裕良(1764—1830) 字立三,常州人。家境清寒,年少时即帮人造园叠山。好钻研,师造化,能融泰、华、衡、雁诸峰于胸中,所置假山,使人恍若登泰岱、履华岳,入山洞疑置身粤桂。曾创"钩带法",使假山浑然一体,既逼肖真山,又可坚固千年不败,驰誉大江南北。"奇石胸中百万堆,时时出手见心裁",这是清代学者洪亮吉对戈裕良的称誉。

乾嘉期间,叠山艺术趋于工巧的典型苏州环秀山庄的湖石假山是他的代表作之一。他以少量之石,在极有限的空间内,把自然山水中的峰峦洞壑概括提炼,使之变化万端,崖峦耸翠,池水相映,深山幽壑,势若天成,有"咫尺山水,城市山林"之妙。扬州意园小盘谷是戈裕良另一作品,峰危路险,苍岩探水,溪谷幽深,石径盘旋,今废。他的作品还有常熟燕园、如皋文园、仪征朴园、江宁五松园、虎丘一榭园等。

梁章钜(1775—1849) 字闳中,又字茝林,晚年自号退庵,祖籍福州府长乐县(今福州市辖区),清初迁居福州城。

梁章钜在江苏为官多年,多次到扬州,与扬州结下不解之缘。其所作《浪迹丛谈》的第二卷计18篇,其中15篇写的是扬州的名胜和掌故,涉及二十四桥、小玲珑山馆、棣园、建隆寺、桃花庵三贤祠、平山堂等。

他对扬州园林中的楹联极为欣赏,在《楹联丛话》中写道:"扬州各胜迹楹联,多集晋宋及唐人诗句。盖卢雅雨都转(见曾)属金棕亭(博士)兆燕为之,借载于李艾塘斗《扬州画舫录》中,今择其佳者,列之于左。"梁章钜不惜重墨,引用文字6040字之多,可见扬州园林中的楹联在梁章钜心中的地位。他也为扬州留下多副楹联,其中为平山堂作联:"高视两三州,何论二分月色;旷观八百载,难忘六一风流。"

汪玉枢(生卒年不详) 安徽歙县人。扬州盐商。他在扬州城南运河古渡桥旁的南池修建一座别墅,俗称南园,内有深柳读书堂、谷雨轩、延月室、玉玲珑馆、临池、风漪阁、海桐书屋等景点,时为扬州八大名园之一。别墅建成以后,汪玉枢和客人在南园内游玩,只见园中水木明瑟,美不胜收。当走到南池水边时,看到一汪清泓,水平如镜,汪玉枢看到此景,忙对宾客说,眼前的南池不就像盛满墨水的砚台。而文峰塔就在南池的附近,向南望去,文峰塔孤峰挺拔,就像一支笔杆伫立傲视群侪。在古代,"翰"被借指毛笔,汪玉枢认为此处堪为"砚池染翰"。周围的宾客都认为这一形容十分贴切。文峰为笔,南池为砚,互为景观,从此,南园中的景被命名为"砚池染翰"。清朝赵之壁的《平山堂图志》收录此典故。

吴家龙(生卒年不详) 安徽歙县人,瓜洲锦春园主人。吴家龙、吴光政父子作为家资雄厚的盐商,他们在大观楼旧址经营锦春园,与传统士人园居的文化背景、精神旨归多有不同。

锦春园萃集江南庭园理景和建筑形式、技巧之大成,以徽州自古冠绝江南的传统建筑工艺矜夸奇巧,在乾隆初年于瘦西湖湖上诸名园之先跃居一方名胜,成为南来北往仕宦显贵和骚人墨客的驻足流连之地。乾隆首次南巡后,钟情于扬州园林。乾隆回京后马上决意仿建一处具有代表性的扬州名园,选中的正是锦春园。乾隆后五次南巡,皆途经瓜洲驻跸锦春园。

方濬颐(1815—1889) 字子箴,号梦园,安徽定远人。道光二十四年(1844)进士,官至两广、两淮盐运使,擢四川按察使。收藏书画甚富,精鉴赏,颇负时名。

同治八年(1869),方濬颐授两淮盐运使,到扬州任职,到任的第二年即修复天宁寺和大明寺。"平山堂"牌匾为方濬颐亲笔题写,苍劲有力。方濬颐还为平山堂等建筑物题写了许多对联,为扬州景区的建设和维护做出了贡献。

余继之(生卒年不详) 民国扬州人,造园名家,精于绘事,尤以花鸟画最为擅长。

他善于设计园林与制作盆景,尤擅叠石。余继之的曾祖辈余鸣禄与余鸣谦兄弟隐居在扬州北郊傍花村。余鸣谦建屋数间于此,并给他的居所起名"餐英小榭"。余继之的旧宅也在傍花村中。旧宅旁是他栽种菊花的地方,称为"余家花院"。余继之后来成为近代扬州著名的园艺家,与傍花村美景的陶冶有很大关系。他还有一处种花之所在冶春园。冶春园中四时花木,色色俱备,尤以盆景为多。园中小假山,为其手叠,甚为奇致。园西有其住宅"餐英别墅"。"餐英别墅"的取名继承先祖遗风,由书法家包契常题额。历经30多年,"餐英别墅"仍风光不减。朱江写于1979年的《扬州园林旧游记·冶春园记游》述"餐英别墅":"虽已有不少改变,但还不失旧观。绕屋种树叠石少许,绿阴蔽窗,有园林之胜。"余继之后来在自己的住宅"餐英别墅"旁筑草堂数间附设茶社,出售点心、饭菜,兼营花木,四方游人,多集于此,亦称冶春花社。余继之造园的名声很大,能因地制宜,巧构园景,一时富家大族建园林,多延其布置。他所构筑的清末民初扬州名园有史公祠、蔚圃、匏庐、怡庐、杨氏小筑等,大都是以小取胜的名园。其中,杨氏小筑(园主人是盐商周扶九开办钱庄大管家杨鸿庆)是余继之所构园林中最为小巧的一例。

万觐棠(1904—1986) 泰州人。万氏盆景世家第五代传人,盆景老艺人。

万觐棠12岁随父万阳春学习扬派盆景剪扎技艺。青年时期云游大江南北,以艺会友,交流技艺,吸取苏(州)常(熟)派盆景、通(南)如(皋)派盆景之长,融化在祖传剪扎技艺之中。他应用人工造型与自然形态相结合手法,形成独特的艺术个性,并创立万家花园,从事扬派盆景剪扎和生产。

新中国成立后,他先后在泰州泰山公园、南京玄武湖公园从事盆景剪扎工作。1963年,受聘于瘦西湖公园,主持盆景工作,精心培育珍存古老盆景,并带徒传艺,为1984年筹建扬州市盆景园奠定了坚实基础。万觐棠将自己70年的艺术实践,在科技人员帮助下,总结出创(制)作扬派盆景"层次分明,严整平稳"、具有工笔细描装饰美等地方风格的剪扎技艺共11种棕法,为扬派盆景制作技艺的传承作出了重要贡献。他创作的作品技艺精湛、风格独特,多次参加国内外重大展览。其代表作黄杨盆景《巧云》获第一届中国盆景评比展览一等奖。1989年9月,万觐棠被建设部城建司、中国园林学会、中国花卉盆景协会联合追授为"中国盆景艺术大师"。

第二节 园林著作

《扬州芍药谱》

王观著。王观（1035—1100），字通叟，生于如皋，北宋词人。王安石为开封府试官时，科举及第。宋仁宗嘉祐二年（1057），考中进士。其后，历任大理寺丞、江都知县等职，在任时作《扬州赋》，又撰《扬州芍药谱》一卷。

扬州芍药，自宋初名扬天下，与洛阳牡丹齐名。《宋史·艺文志》载为之谱者有三家，其一孔武仲，其一刘攽，其一即王观《扬州芍药谱》。而王观谱最后出，至

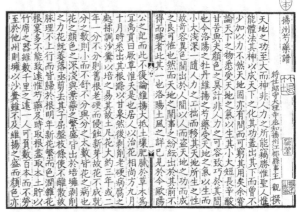

《扬州芍药谱》

今独存。孔、刘二家失传，仅陈景沂《全芳备祖》载有其略。《扬州芍药谱》，以上之上、上之下、中之上、中之下、下之上、下之中、下之下及新收分类，记载扬州芍药品种 39 种。

《扬州琼华集》

杨端撰。杨端，字惟正，明浙江鄞县人，成化间寓居扬州。集前自序云："三山杨公立斋以南台侍御来守是郡，始属端为之采辑。……稿成，公适以疾告归。端恐复漫为故纸，勉为倩镌工刻梓。"序末署"成化二十三年丁未岁二月既望四明杨端书于维扬寓舍"。考成化年间扬州知府杨姓者为杨成，闽县人，成化十四年任，二十二年去任，与"三山杨公立斋""稿成，公适以疾告归"和"成化二十三年刻梓"相合，故知是集作于明成化十四年到二十二年之间，是时任

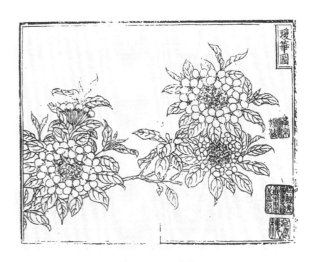

《扬州琼华集》

扬州知府的杨成命杨端采辑编撰而成。是集不分卷，除集前杨端自序一篇、琼花图一幅之外，正文汇集历代关于琼花的文赋诗词作品，首为宋杜斿《琼华记》，次为明卢昭《琼华图叙》，又次为明单安仁《琼华辩》，再次元冯子振、陈养浩《琼华赋》各一篇，以及辑由唐至明诸多文人题咏琼花诗、词各若干首。全书不标卷目，仅以文体相次。

《广陵琼花志》

马骈撰。马骈，字共甫，号南亭，明江都人。户部郎中、泉州知府马岱子。明成化二年进士。是书凡三卷。南京大学图书馆藏钞本缺卷一前半部分，后有单安仁《琼华辩》一篇，《锦绣万花谷》《西京杂记》所载与琼花有关典故各一则，卷二题为"炀帝看花"，为文言小说，载隋大

《广陵琼花志》

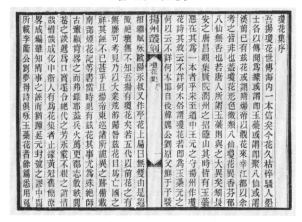

《琼花集》

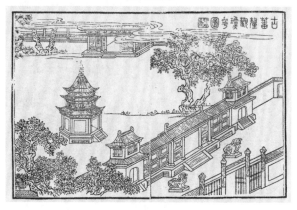

《琼花题咏全集》

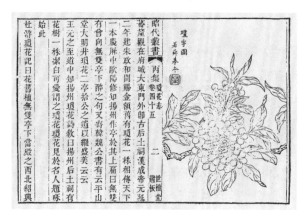

《琼花志》

业十二年隋炀帝前往扬州后土祠观赏琼花故事，卷三题为"古今题咏"，收录从唐至明历代诗人题咏琼花之作，按诗体分别编排，部分诗见于杨端《扬州琼华集》，在杨集基础上更有增补。

《琼花集》

曹璿辑。曹璿，字玉斋，明江都人。生平无考。集前自序云"命仲儿守贞遍考群籍，增所未备"，康熙《江都县志》亦云此书"中考证多出守贞"，知此书实为曹璿、曹守贞父子合作。曹守贞，字子一，嘉靖十年举人，十七年进士，历官浙江遂昌知县、工部营缮司主事、山东转运判官、南京户部郎中、平乐知府等。著有《畸伟轩稿》，以及《括冶记》《名贤纪事》各一卷。是书凡五卷，各卷按文体收录与琼花有关的作品，卷一考证、遗事，卷二宋、元、明诗，卷三诗余，卷四赋，卷五记。

《琼花题咏全集》

贵正辰纂辑。贵正辰，字祈年，明仪征人。是书凡六卷，面题"琼花题咏全集，古蕃釐观藏板"，集中序及每卷首页、版心，均题《琼花集》。首有阮元、但明伦、陈延恩序。序后有阮元题写"琼花真本"四大字，再后有"古蕃釐观琼花图"三幅。卷一为原始辨证，辑录历代关于琼花的考证记载，卷二为杂文，收录以琼花为题材的记、赋、辨，卷三、四、五、六分别为唐、宋、元、明各代题咏琼花的诗作。

《琼花志》

朱显祖编，周熙订。朱显祖，字以君，号雪鸿，清江都人。顺治三年副贡生。周熙，字式文，别号霞尚主人，扬州人。生平无考。《琼花志》后有朱显祖之子朱沄识语一通，云此书原稿"藏之巾笥十余年矣……吾友张子心斋木山刻《昭代丛书丙集》，检以授梓"，按《昭代丛书丙集》刻于清康熙四十二年，可知《琼花志》约为康熙二十年至三十年间所编订之作。是书一卷,无单行本,收入《昭代丛书丙集》卷四十五,题为《琼花志》,署"扬州朱显祖雪鸿编次,同郡周熙式文全订",首有琼花图一幅,云为临摹周熙原本上板镌刻。全书仅十页,辑录与琼花有关的典故、记录、考证、诗文等若干条。

《平山堂小志》

程梦星编纂。凡十二卷,卷一至卷七均记平山堂,体裁多样,有记、序、跋、赋、诗、词等,所录皆名士大家如沈括、刘敞、欧阳修、梅尧臣、王安石、二苏、潘耒、吴绮等之作。卷八至卷十二,集文人咏堂之左右别墅名园、琳宫梵刹、逸士栖隐、往哲祠墓诸景之诗文。全书以平山堂为主线,总计收文四十四篇,诗七百九十三篇,词七十一首,写尽平山堂之胜境。沈德潜为该书撰序,赞此志"博而不支,简而不漏。其与洛阳伽蓝、建康宫殿诸书并传无疑也""洵足兼吴越之胜观,增艺林之掌故也"。

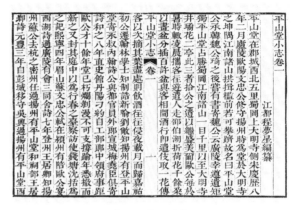

《平山堂小志》

《平山揽胜志》

汪应庚著。该书是一本以扬州平山堂为中心,以清代乾隆初年扬州城北各景点为纲,分别收录历代题咏各景点的记、赋、诗、词等各体艺文的地方志书。自北宋庆历八年(1048)欧阳修开创平山堂以来,平山堂即成为扬州的一方游览胜景,为历代文人、士大夫所景仰和向往。该堂屡废屡兴。清乾隆元年(1736),汪应庚出资重建平山堂,后又增建西园、平远楼,使其规模扩大。随后,汪氏又亲自编纂《平山揽胜志》十卷,于乾隆七年(1742)自刻行世。

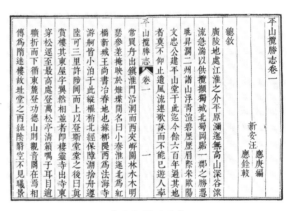

《平山揽胜志》

《平山堂图志》

赵之壁著。赵之壁(生卒年不详),宁夏天水(今属甘肃)人。

清乾隆三十年(1765),乾隆皇帝南巡,扬州盐商在北郊建卷石洞天、西园曲水、红桥揽胜、白塔晴云等二十景,从而形成"两堤花柳全依水,一路楼台直到山"的园林景观。同年,担任两淮盐运使的赵之壁在南巡接驾后纂成《平山堂图志》,对扬州北郊到平山堂的园林和名胜分别加以叙述,并次以历代艺文。

《平山堂图志》

《平山堂图志》十卷,卷首一卷。卷首为宸翰,收录清朝康熙、乾隆等皇帝御赐物名称以及御制诗文、联额等;卷一、卷二为名胜,对各景点依次作叙述和说明;卷三至卷九为艺文,收录历代歌咏平山堂一带景点的赋、诗、序、铭等;卷十为杂识,从历代诗话、笔记、史志中撷录有关平山堂的轶闻若干条。

《扬州休园志》

郑庆祐纂。郑庆祐,字受天,号昉村,清江都人,祖籍歙县。贡生,候选布政司理问。擅诗,著《浮吉阁诗》等。休园,旧在扬州城内流水桥东(今扬州田家炳中学附近),为郑氏别业。郑氏为明末扬州望族,先世郑景濂在扬州治盐起家。景濂次子郑之彦任盐筴祭酒,郑氏遂成两淮巨商。之彦有四子,在扬广筑园林,名重海内。崇祯年间,长子郑元嗣建有五亩之宅二亩之间,次子郑元勋有影园,三子郑元化有嘉树园。四

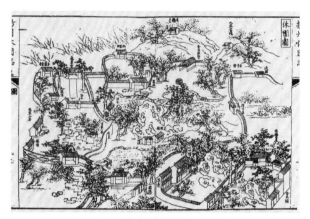

《扬州休园志》

子郑侠如将宅后先前所购朱氏园、汪氏园旧址合而新之,园广五十亩,颜曰"休园"。康熙间,侠如孙郑熙绩重葺休园、曾孙郑玉珩三葺休园。乾隆年间,玉珩子郑庆祐四葺休园,园景达三十二处。园中主要景点有空翠山亭、金鹅书屋、三峰草堂、语石、逸圃、来鹤台、止心楼、城市山林等。乾隆年间,扬州诗文之会,以马氏小玲珑山馆、程氏筱园及郑氏休园为最盛。乾隆三十八年,郑庆祐在修葺休园之际,将诸先贤所作园记、先人懿行之文、时人咏园诗文等裒成《休园志》八卷,首一卷。是书有凡例、绘图、世系、列景,书前有乾隆壬辰团昇序和郑庆祐自序。其中收有七篇园记,对园景有具体描述,是世人了解、研究休园的重要资料。

《扬州画舫录》

清代李斗所著笔记集,共十八卷。于乾隆二十九年(1764)开始搜集资料,于乾隆六十年(1795)成书刊行,历时30余年。书中记载扬州城市区划,运河沿革,以及文物、园林、工艺、文学、戏曲、曲艺、书画、风俗等,保存了丰富的人文历史资料,历来为文史学者所珍视。书中记载扬州一地的园亭奇观、风土人物。书中不仅有戏曲史料,还保存一些小说史料。卷十一有关于扬州评话的记载,其中包括浦天玉的《清风闸》、曹天衡的《善恶图》、邹必显的《飞跎全传》

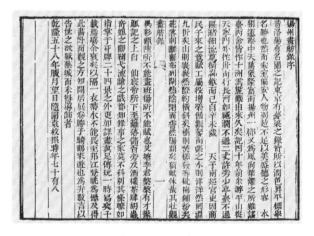

《扬州画舫录》

等。卷九介绍邹必显、浦琳(天玉)的生平,以及他们的作品《飞跎子书》《清风闸》。卷十还提到《儒林外史》作者吴敬梓及其子吴烺。乾隆五十八年,袁枚为此书作序,认为此书胜于宋李廌的《洛阳名园记》和吴自牧的《梦粱录》。现存的有乾隆六十年自然庵初刻本、同治十一年(1872年)方濬颐重印本等。

《浮生六记》

沈复著。沈复（1763—1832），字三白，苏州人，清代文学家、园艺师。其自传体作品《浮生六记》影响甚大，被誉为"晚清小红楼梦"。

扬州既是沈复应聘习幕的安身立命之处，又是痛失爱妻的伤心地，同时也是他游冶怡情的乐游之地。在《浮生六记》中，往来扬州的记载有四次。在第四卷《浪游记快》中，有一节专门写游览扬州名胜，笔墨涉及虹桥、长堤春柳、莲花桥、莲性寺、平山堂。对扬州的景色大为赞叹，写道："渡江而北，渔洋所谓'绿杨城郭是扬州'一语已活现矣！"

《履园丛话》

钱泳著。钱泳（1759—1844），原名鹤，字立群，号台仙，清代江苏金匮（今属无锡）人。长期做幕客，足迹遍及大江南北。工诗词、篆、隶，精镌碑版，善于书画。代表作品有《履园丛话》《履园谭诗》《兰林集》《梅溪诗钞》等。《履园丛话》有道光十八年（1838）述德堂刊本、同治九年（1870）钱泳子钱曰寿重刻本、1979 年中华书局张伟校点本。

此书共二十四卷，每卷一个门类，不相连属。有关瘦西湖者，仅园林卷中的"平山堂"条有所涉及。作者于乾隆五十二年（1787）到平山堂，"自天宁门外起直到淮南（东）第一观，楼台掩映，朱碧鲜新，宛入赵千里仙山楼阁中。今隔三十余年，几成瓦砾场，非复旧时光景矣。有人题壁云：'楼台也似佳人老，剩粉残脂倍可怜。'余亦有句云：'画舫录中人半死，倚虹园外柳如烟。'抚今追昔，恍如一梦。"乾隆五十二年后的三十余年，为道光初三十余年间瘦西湖的由盛转衰，作者于此作了简括的记录。作者自序云："然所闻所见，日积日多。乡居少事，抑郁无聊，惟恐失之，自为笔记，以所居履园名曰《丛话》。"书中所记，为作者所亲身经历，多有参考价值。

《北湖小志》

焦循著。焦循（1763—1820），字理堂，一作里堂，晚号里堂老人，江苏甘泉（今扬州邗江黄珏）人。清代乾嘉之际学者。

该书是一本记述清代扬州城北北湖地区（今分属扬州市邗江区和江都区）之地理水道、名胜古迹、人物风俗、孝子烈妇、风土民情的地方专志。全书六卷，为叙 6、记 10、传 21、书事 8、家述 2，共 47 篇，卷首有北湖图和旧迹名胜图，前有阮元序。

《广陵名胜图》

阮亨著。阮亨（1783—1859），字梅叔，号仲嘉，清代文学家。阮金堂之孙，阮承春次子，过继给阮元二伯父阮承义为子，阮元从弟。所撰骈体文、古近体诗、词录、诗话、传奇、随笔、杂记等 11 种 36 卷，汇为《春草堂丛书》刊行，还有《珠湖草堂诗钞》《琴言集》《珠湖草堂笔记》等。所辑、校有《七经孟子考文并补遗》200 卷、《广陵名胜图》、《皋亭唱和集》、《淮海英灵续集》12 卷、《广陵诗事补》等。

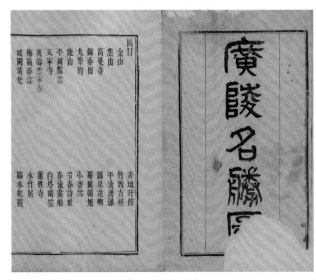

《广陵名胜图》

《广陵名胜图》含广陵名胜画图 48 幅，上图下文，图当为写实，构图简洁，笔墨精到，语言生动，如"趣园"文图："南望春波桥，北则长春桥，西则玉版桥，又西为莲花桥。曲槛方塘，汪洋千顷，青萍红蓼，飞鹭玉凫。"2015 年 3 月，广陵书社据清乾隆刻本影印，收入《扬州文库》。

《扬州览胜录》

王振世著。成书于 1936 年。40 年代印行时，又增补了 1937 年以后的记述。2002 年广陵书社出版蒋孝达校点本。

王振世(1877—1954)，扬州人，清末诸生，工吟咏。暮年与冶春后社成员联咏，颇多杰作，留心地方掌故，辑有《扬州览胜录》，与李斗《扬州画舫录》并传。

自《扬州画舫录》刊行后的近二百年间，书中所描绘的盛极一时的扬州园林，以及人文风貌、社会风俗等，都已荒芜萧条、零落殆尽。民国期间，

《扬州览胜录》

扬州地方成立风景整理委员会，以图逐步修复，并请王振世将各处名胜古迹分别稽考渊源与现状，作为纪录，汇为专集，使修复工程有所借鉴，亦可作导游之用。但不久卢沟桥事变忽起，继而扬州沦陷，扬州风景园林整理工作遂未果，王振世所著书亦无所用。书久久未能印行，直至 40 年代，方有热心人赞助，此书才得以印行，定名《扬州览胜录》。扬州名流陈含光为之题签，董玉书为之题诗，一时扬城风行。

此书共分七卷，以城市方位为纲，涉及瘦西湖者，卷一《北郊录(上)》有瘦西湖画舫停泊处、绿杨城郭故址、西园曲水、四桥烟雨故址、冶春诗社、叶林、长春岭、临水红霞故址、凫庄、莲性寺、五亭桥；卷二《北郊录(下)》有熙春台故址、高咏楼故址、尺五楼故址、水竹居故址、筱园故址、万松叠翠故址、白塔晴云故址、锦泉花屿故址、双峰云栈故址等。书中所记对今天瘦西湖的扩展和恢复景点，有很大的参考价值。其中有些记载，对了解景物的变迁颇有帮助。

《扬州园林》

陈从周著。该书初版于 1964 年，修订于 1977 年，分别于 1980 年、1983 年、2007 年再版。

陈从周(1918—2000)，浙江杭州人，古建筑园林专家，同济大学教授，博士生导师。他毕生从事园林艺术教学和研究，成绩卓著，尤其对造园具独到见解，是继明朝计成、文震亨，清朝李渔之后，现当代既能亲自

《扬州园林》(2007 年版)

动手造园、复园，又能著书立说，品评、记述中国园林的第一人。主要著作有《苏州园林》《扬州园林》《园林丛谈》《园韵》《春苔集》《帘青集》《山湖处处》等。

《扬州园林》共分四个部分：第一部分是总论，详细叙述了扬州园林与住宅产生的自然、政治、经济、文化背景，以及园林、住宅的设计手法与特征；第二部分是园林，以摄影142帧和实测图46幅，真实、充分、形象地反映了扬州园林的艺术及技术特征；第三部分是庭院住宅，以63幅实测图，反映扬州住宅的布局、结构、材料的艺术及技术特征；第四部分是建筑类编，以59帧摄影说明扬州建筑细部的造型和构造方法。该书是第一本介绍扬州园林的权威性著作，也是一部集艺术与工程于一体的学术专著，为扬州园林留下了珍贵的资料，也成为现在园林修复的依据。该书的价值，还在于刊出多幅珍稀的扬州园林图片，如清绘《扬州名胜图》、清拓《扬州棣园图》、清绘乔氏《扬州东园全图》。

《扬州园林甲天下——扬州博物馆馆藏画本集粹》

顾风主编。2003年8月广陵书社出版。

顾风（1953— ），历任市文保所所长、扬州中国雕版印刷博物馆和扬州博物馆馆长、市文物局局长、中国大运河联合申遗办主任，研究员，江苏省文物、博物馆专业学术带头人。

《扬州园林甲天下——扬州博物馆馆藏画本集粹》收录乾隆到民初扬州博物馆馆藏扬州园林题材画幅计85件，大部分为册页，也有图轴、扇面、横披、拓本等，作品真实地描绘了这一历史时期扬州主要的园林景象，内容丰富，形式多样。

《扬州园林甲天下——扬州博物馆馆藏画本集粹》

《叠石造山的理论与技法》

方惠著。2005年11月中国建筑工业出版社出版。

方惠（1952— ），扬州人，扬派叠石大师。曾经与扬州传统叠石家族王氏后人共同工作10年，独立叠石20年。叠石作品与叠石技艺理论均臻上乘，为当代扬州叠石中之佼佼者。他的作品不仅遍及大江南北，他将理论学习心得和实践经验结合起来进行总结，其叠石造山代表作有上海鲜花港新品展示园中的大型黄石假山；其叠石造山理论与技法专著有《叠石造山的理论与技法》《叠石造山》《叠石造山法》，填补了国内园林叠石技术理论史上的空白。

该书分为七章：叠石造山造型技法的演变、近现代的叠石造山、叠石造园的流派和造型的分类、叠石入门的条件和施工准备、相石拼叠技法、山体造型技法、与叠石相关要素分析。

《叠石造山的理论与技法》

《扬州园林古迹综录》

彭镇华编著。2016年1月广陵书社出版。

彭镇华(1931—2014),林学家、中国林业科学研究院首席科学家、博士生导师。

该书是彭镇华的遗作,全书前后历时6年,经多次裁剪钩沉,终撰成书。以扬州城市的区域划分为线索,整理记录269项扬州园林建筑遗迹,涵盖古宅、古桥、古亭、古巷、古井、寺观等,是研究扬州园林的珍贵资料,也是后人学习研究扬州园林的重要文献。最难能可贵的是,作者将每个古迹的位置在地图上进行标注,为扬州园林的研究者、爱好者以及对扬州园林有兴趣的普通游客,提供了极大的便利。

《扬州园林古迹综录》

《扬州盆景艺术》

韦金笙著。2014年11月安徽科技出版社出版。

韦金笙(1936—   ),上海市人。曾任市园林局总工程师、高级工程师、中国风景园林学会花卉盆景赏石分会副理事长,现任中国盆景园林学会花卉盆景赏石分会顾问。

该书在继承传统基础上进行创新视觉,论述传统的扬派盆景、创新的水旱盆景、发展的写意树木盆景和山水盆景的艺术特色、创作技艺要领及佳作赏析。作者精心选取近150件优秀盆景佳作,每一件都独具匠心,富有代表性,并配以精美图片,辅以赏析文字。

《扬州盆景艺术》

《扬州园林品赏录》

朱江著。1984年4月上海文化出版社初版,1990年2月二版,2002年三版(校订本)。另有台北惠风堂中文繁体字本。

朱江(1929—   ),1953年于北京大学考古训练班毕业。从事教育文化工作48年,曾任苏北博物馆文物部主任、省文物管理委员会调查征集组组长、省考古学会副理事长等职,1987年获江苏省文物与博物馆专业研究员资格。在考古、历史、园林、宗教、海外交通和乡土文化等诸多方面,均取得相当成就,发表论文200多篇。其所著《扬州园林品赏录》一书,在上海与台北一再重印,受到海内外读者广泛好评。作者为考古学家,以考古之法,而治园林之学。30年来,他踏勘扬州存留的60多座园林,广泛收罗材料,钩沉史实,于60年代初写成《扬州园林实录》。70年代,他将实地踏勘过的扬州存留的全

《扬州园林品赏录》

部 60 多座园林《实录》，扩充为《扬州园林丛谈》。1984 年，受上海文化出版社之约，增补提炼，写成《扬州园林品赏录》，凡 16 万余字。书前选载有关扬州园林的图片多帧，与原文相映成趣。

此书由四部分组成：一为扬州园林品赏，对众多的扬州园林作了精到的赏析；二为扬州园林史话，对扬州园林的方方面面作了饶有兴味的史述；三为扬州园林实录，是一部巨细无遗的园林档案，其湖上园林的湖东录、湖西录，保存瘦西湖资料最多，极为珍贵；四为扬州园林载述，收录了甚多不经见的扬州园林资料。附录有扬州园林载述书目选录和扬州方志所载园林选目索引，颇便检索。

《扬州园林史话》

许少飞著。2014 年 3 月广陵书社出版。

许少飞（1935—　），出生于镇江高资。1954 年考入苏北师范专科学校后留校任教，后在教育行政部门任职。1983 年，任市文联副秘书长，主持作家协会工作多年，并主持《春水》《扬州文学》等文学期刊的编辑出版。现为市作协顾问、市政协文史委顾问。

《扬州园林史话》为《扬州史话丛书》的一种。全书按时代先后，以朝代为经，以各朝代表性的名园为纬，叙述了扬州园林的发展历史，对各个时期扬州名园的修筑，后期新建、衰败、兴盛、现状作了梳理。作者从府志、野史、笔记中搜集了大量有关扬州历代名园的文献，对目前扬州城市园林风光带以及私家园林作了总结，极具资料价值，同时配以相关历史资料图片以及园林目前的照片，反映了扬州园林的发展全貌。

《扬州园林史话》

《扬州竹》

陈卫元、赵御龙编著。2014 年 8 月中国林业出版社出版。

陈卫元（1958—　），江苏丹阳人。1984 年毕业于南京农学院园艺专业。1985—1986 年，在南京林业大学园林专业脱产进修一年半。1998—2000 年，在南京农业大学观赏园艺研究生班学习二年，高级农艺师。共发表论文 20 多篇；合作编著、参编专著 6 种，起草制定地方标准 2 个。系扬州职业大学园林技术专业学科带头人。

赵御龙（1964—　），市园林局局长、住房和城乡建设部风景园林专家委员会委员、中国公园协会副会长、中国花卉协会花文化专业委员会副会长、中国风景园林协会盆景赏石委员会副秘书长、省花卉盆景赏石专业委员会主任委员。

《扬州竹》

该书是扬州第一本全面系统研究扬州竹景特点、竹文化内涵特点、竹子种类的专著，共分三部分：第一部分是扬州竹景，介绍扬州的竹景分类特点；第二部分是竹文化概述，介绍扬州竹文化的内涵与特点；第三部分是扬州竹介绍，从竹子的形态特征、竹景地点、观赏特性三个方面分别介绍扬州现有的13个属111种竹子。该书介绍扬州著名的竹子园林景区有个园、竹西公园、瘦西湖公园（锦泉花屿之篁竹轩）、铁道部扬州疗养院（筱园花瑞）、大禹风景竹园等。

《扬州荷》

赵御龙、陈卫元主编。2016年6月广陵书社出版。

该书是扬州第一本全面系统研究扬州荷景特点、荷文化内涵特点、荷种类和荷品种培育的专著。

该书共分四部分，第一部分是扬州荷景，介绍扬州的荷景特点；第二部分是荷文化概述，介绍扬州荷文化的内涵和特点；第三部分是扬州荷品种介绍，将扬州主要栽培的136个花莲品种按体型、立叶、叶径、花柄、花期、着花密度、花蕾、花型、花瓣、花径、花态、花色等分别加以介绍；第四部分是扬州荷培育，介绍了扬州选育的3个优良荷花新品种和29个有应用价值的新品系。该书图文并茂，介绍的每种荷花形态特征均配有彩图，并将瘦西湖风景区、荷花池公园、个园、宋夹城体育公园、何园、茱萸湾风景区、盆景园、蜀冈生态园、城市中央公园、保障河、明月湖、农科所、宝应、高邮等地方的

《扬州荷》

荷景，通过现场拍摄，以实景照片的形式，证明荷与扬州的渊源，荷在扬州园林和城乡绿化、美化中的作用和重要性。全书共配扬州荷景和荷形态特征照片293幅。

《扬州赏石》

赵御龙、陈跃主编。2016年8月广陵书社出版。

陈跃（1971—　　　），作家，诗人。凤凰网签约作家，省作家协会签约作家，扬州文化研究所特聘研究员，扬州《绿杨城郭》杂志主编。著有诗集、散文集、报告文学集12种。

该书是扬州第一本全面系统研究扬州赏石文化的专著，将赏石文化融入到扬州传统文化环境中，对扬州赏石文化进行了全方位、综合性的探讨。全书分六章，第一章为中国赏石的渊源与发展，介绍中国赏石的历史渊源、中国赏石在近代及新时期的发展、中国的赏石观及赏石对象；第二章为扬州赏石的历史与文化，介绍从远古时期至当代扬州的赏石传统及赏石文化；第三章为扬州园林赏石，介绍扬州公共园林、私家园林的赏

《扬州赏石》

石文化；第四章为扬州地产观赏石雨花石；第五章介绍扬派小品组合石；第六章为扬州赏石荣誉榜（获奖名录）。全书精选扬州园林置石、雨花石水石、供石、扬派小品组合石等精美图片近200幅。

附 录

冶春诗社

日午画船桥下过,[9] 衣香人影太匆匆

名園依綠水

仙塔儷雲莊

賴少其書

波光隔江山色暮　還向誰青間橙
上畫不盡期寒芳芳次第梅未改
膚翹猶殘春偏東風放眼波
一葉冷　醉翁之也敷墮霞仙侶
臨亞角冷凧寒芳新月鵃身頻
鴛鴦酒冷鄉寒洲壺買一片
公錦華若度口時歊吹重閣
懷有作巳邜冬日汪□堂并詞

一、诗词

唐五代

秋日登扬州西灵塔

李　白

宝塔凌苍苍，登攀览四荒。顶高元气合，标出海云长。
万象分空界，三天接画梁。水摇金刹影，日动火珠光。
鸟拂琼帘度，霞连绣栱张。目随征路断，心逐去帆扬。
露浴梧楸白，霜催橘柚黄。玉毫如可见，于此照迷方。

登广陵栖灵寺塔

高　适

淮南富登临，兹塔信奇最。直上造云族，凭虚纳天籁。
迥然碧海西，独立飞鸟外。始知高兴尽，适与赏心会。
连山黯吴门，乔木吞楚塞。城池满窗下，物象归掌内。
远思驻江帆，暮时结春霭。轩车疑蠢动，造化资大块。
何必了无身，然后知所退。

登扬州栖灵寺塔

刘长卿

北塔凌空虚，雄观压川泽。亭亭楚云外，千里看不隔。
遥对黄金台，浮辉乱相射。盘梯接元气，半壁栖夜魄。
稍登诸劫尽，若骋排霄翮。向是沧洲人，已为青云客。
雨飞千栱霁，日在万家夕。鸟处高却低，天涯远如迫。
江流入空翠，海峤现微碧。向暮期下来，谁堪复行役。

同乐天登栖灵寺塔

刘禹锡

步步相携不觉难，九层云外倚阑干。忽然笑语半天上，无限游人举眼看。

与梦得同登栖灵塔

白居易

半月悠悠在广陵,何楼何塔不同登。共怜筋力犹堪在,上到栖灵第九层。

扬州法云寺双桧

张 祜

谢家双植本图荣,树老人因地变更。朱顶鹤知深盖偃,白眉僧见小枝生。
高临月殿秋云影,静入风檐夜雨声。纵使百年为上寿,绿阴终借暂时行。

题扬州禅智寺

杜 牧

雨过一蝉噪,飘萧松桂秋。青苔满阶砌,白鸟故迟留。
暮霭生深树,斜阳下小楼。谁知竹西路,歌吹是扬州。

法云寺双桧

温庭筠

晋朝名辈此离群,想对浓阴去住分。题处尚寻王内史,画时应是顾将军。
长廊夜静声疑雨,古殿秋深影胜云。一下南台到人世,晓泉清籁更难闻。

旅次扬州,寓居郝氏林亭

方 干

举目纵然非我有,思量似在故山时。鹤盘远势投孤屿,蝉曳残声过别枝。
凉月照窗欹枕倦,澄泉绕石泛觞迟。青云未得平行去,梦到江南身旅羁。

宋代

登大明寺塔

宋 庠

寂寞南朝寺,徘徊北顾人。钟声含晓籁,塔相涌仙轮。
吊古千龄恨,观空万法尘。三车何处在,归鞅欲迷津。

游大明寺

宋 庠

总辔出西坰,寥寥旭宇明。丛冈森地秀,飞塔恍神行。

惠味霭仙露，疲心识化城。远香来不断，空梵过犹清。

坐惜忘机晚，居惭继组荣。抚怀今古恨，高世友僚情。

顾慕群芳歇，徘徊极野平。低云参驻盖，寒木隐前旌。

风转松添韵，霜余菊挫英。碧垂天势匝，红上日华轻。

垒废麏麚乐，池荒雁鹜鸣。宫垣除潦国，台址畏轩兵。

胜践欣同适，沈忧悔自婴。理融无物我，神照罢将迎。

绚藻春供丽，投珍佩合声。莫嗤三叹拙，聊谢两心倾。

和永叔答刘原甫游平山堂寄

梅尧臣

黄土坡陁冈顶寺，青烟羃历浙西山。半荒樵牧旧城下，一月阴晴连屿间。

人指废兴都莫问，眼看今古总输闲。刘郎寄咏公酬处，夜对金銮步辇还。

平山堂杂言

梅尧臣

　芜城之北大明寺，辟堂高爽趣广而意庞。欧阳公经始曰平山，山之迤逦苍翠隔大江。天清日明了了见峰岭，已胜谢朓觇觇远视于一窗。亦笑炀帝造楼摘星放萤火，锦帆落樯旗建杠。我今乃来偶同二三友，得句欲□霜钟撞。却思公之文字世莫双，举酒一使长咽慢肌高揭鼓笛腔，万古有作心胸降。

依韵和刘原甫舍人扬州五题

梅尧臣

时会堂二首

今年太守采茶来，骤雨千门禁火开。一意爱君思去疾，不缘时会此中杯。

雨发雷塘不起尘，蜀昆冈上暖先春。烟牙才吐朱轮出，向此亲封御饼新。

竹　西　亭

结雨竹西若若川，扬州歌吹思当年。刘郎若向风前唱，梦入青楼事惘然。

春　贡　亭

梦谷浮船稳且平，泊登冈顶看茶生。始从官属二三辈，时听春禽一两声。

蒙　谷

茗园葱蒨与山笼，一夜惊雷发旧丛。五马留连未能去，土囊深处路微通。

昆　丘

隋家宫殿昔初成，不道荒凉兽迹行。今日知来高处望，山川兴废使人惊。

时会堂二首

欧阳修

积雪犹封蒙顶树，惊雷未发建溪春。中州地暖萌芽早，入贡宜先百物新。

忆昔尝修守臣职，先春自探两旗开。谁知白首来辞禁，得与金銮赐一杯。

自东门泛舟至竹西亭，登昆丘入蒙谷，戏题春贡亭

欧阳修

昆丘蒙谷接新亭，画舸悠悠春水生。欲觅扬州使君处，但随风祭管弦声。

竹 西 亭

欧阳修

十里楼台歌吹繁，扬州无复似当年。古来兴废皆如此，徒使登临一慨然。

昆 丘 台

欧阳修

访古高台半已倾，春郊谁从彩旗行？喜闻车马人同乐，惯听笙歌鸟不惊。

朝中措·送刘仲原甫出守维扬

欧阳修

平山阑槛倚晴空，山色有无中。手种堂前垂柳，别来几度春风。 文章太守，挥毫万字，一饮千钟。行乐直须年少，尊前看取衰翁。

游平山堂寄欧阳永叔内翰

刘 敞

芜城此地远人寰，尽借江南万叠山。水气横浮飞鸟外，岚光平堕酒杯间。
主人寄赏来何暮，游子销忧醉不还。无限秋风桂枝老，淮王仙去可能攀。

再游平山堂

刘 敞

背城历历才十里，经岁悠悠能一来。可惜簿书捐白日，强从宾客宴平台。
暮云自与千山合，醉眼时令万宇开。老子谁怜兴不浅，黄花欲落更添杯。

后土庙琼花

刘 敞

庙吏云：今年开花绝少，比旧岁憔悴。

繁香簇簇三株树，冷艳飘飘六出霙。移植天中来几月，欲看憔悴老江城。

登禅智寺上方，赠同游诸公

刘 敞

重冈抱城起，清川带野回。旧都迁陵谷，遗寺空池台。
修竹入晻霭，荒溪转崔嵬。鸣禽畏人起，故老惊客来。
置酒感兴废，浩歌寄欢哀。伊昔游此人，于今安在哉？
谷深春先觉，地爽景后颓。造适假一笑，愿君尽余杯。

平 山 堂

王安石

城北横冈走翠虬，一堂高视两三州。淮岑日对朱栏出，江岫云齐碧瓦浮。
墟落耕桑公恺悌，杯觞谈笑客风流。不知岘首登临处，壮观当时有此不。

平 山 堂

刘 攽

吴山不过楚，江水限中间。此地一回首，众峰如可攀。
俯首孤鸟没，平视白云还。行子厌长路，秋风聊解颜。

平 山 堂

刘 攽

危栋层轩不易攀，万峰犹在户庭间。长空未省浮云碍，积草如遮去鸟还。
寡和阳春随白雪，知音流水与高山。吴中辩士嗤枚叟，漫说观涛可慰颜。

平 山 堂

王 令

豁豁虚堂巧架成，地平相与远山平。横岩积翠檐边出，度陇浮苍瓦上生。
春入壶觞分蜀井，风回谈笑落芜城。谢公已去人怀想，向此还留召伯名。

西江月·平山堂

苏 轼

三过平山堂下，半生弹指声中。十年不见老仙翁，壁上龙蛇飞动。　　欲吊文章太守，仍歌杨柳春风。休言万事转头空，未转头时皆梦。

扬州五咏之平山堂

苏 辙

堂上平看江上山，晴光千里对凭栏。海门仅可一二数，云梦犹吞八九宽。
檐外小棠阴蔽芾，壁间遗墨涕泛澜。人亡坐使风流尽，遗构仍须子细观。

平山堂二首

黄 裳

一隅不见古扬州，惟有平山尚自留。且看江南山色好，莫缘花月起闲愁。

水涵群影去悠悠，楼有三千转首休。想见经游人与物，而今知我梦扬州。

登平山堂

李昭玘

断槛攲檐风雨频，不逢心赏为重新。依稀叠嶂宛如画，憔悴垂杨今复春。
一阕高歌长在耳，后来佳客复何人。悠然未尽云烟思，不见扬州十里尘。

次韵子由题平山堂

秦 观

栋宇高开古寺间，尽收佳处入雕栏。山浮海上青螺远，天转江南碧玉宽。
雨槛幽花滋浅泪，风卮清酒涨微澜。游人若论登临美，须作淮东第一观。

登栖灵塔

米 芾

清露湿衣裳，心遐拉大荒。想雷云上见，觉蚁蛬中藏。
地献山川秘，天开日月光。太阿常耿介，未敢暂彷徨。

同似表叔易置酒平山堂

李 纲

暂停征棹此从容，叹息前贤结构雄。心眼乍随天宇阔，笑谈不觉酒樽空。
江光隐见轩楹里，山色虚无烟雨中。种柳仙翁何处去，年年疏翠自春风。

登扬州郡圃小金山遥碧亭

曾　几

绝岛浸中零，飞来枣叶轻。碧天围斗野，红日下芜城。

山作修眉翠，人添老眼明。园林多胜地，独爱小峥嵘。

宿大明寺

郭　印

历览成终日，禅房处处深。野僧应怪见，俗客可幽寻。

烟竹寒垂幄，风松静鼓琴。清谈不知寐，明月到天心。

陪元允大受游天宁寺

郭　印

寂寂禅林绕篆香，长廊古殿总虚凉。梗楠蔽日空交影，乌鹊驯除不乱行。

灭想自成清净界，争机端作是非场。灼然祖意休生解，炯炯寒灯一点光。

登平山堂

陈　造

平山堂上命琴樽，前辈风流肯见分？恋客懒斜当槛日，藏山不断隔江云。

吟笺得意窥天巧，醉面禁凉减缬纹。杖策归来新月上，落梅如雪点风裙。

次韵赵帅登平山堂三首

陈　造

东皇未憖养花功，远近娇红乱老红。胜赏已容陪隽轨，凭虚仍喜受雄风。

小蘄蜀井寒冰齿，旋俯波光碧蘸空。更看诗翁落椽笔，弹丸句法许谁同。

平章景物我何功，犹博宾筵醉颊红。欢甚锐戈思却日，吟余豪兴欲凌风。

急觞泛滟春浮渌，摻鼓喧轰雁堕空。白雪拜嘉仍袖手，汗颜终恐坐雷同。

修月于今第一功，后车九万蜀笺红。诗供寒食莺花课，袖拂平山杨柳风。

匜坐蕙兰歌似剪，生香笑语酒如空。胡床不减南楼兴，今古风流正自同。

沁园春·奉柬章史君再游西园

黄　机

问讯西园，一春几何，君今再游。记流觞亭北，偷拈酒戏；凌云台上，暗度诗阄。略略花痕，差差柳意，十日不来红绿稠。须重醉，便功名了后，白发争休。　　定谁骑鹤扬州。任书放床头盏瓮头。况殷勤莺燕，能歌更舞；轻狂蜂蝶，欲去还留。岁月易忘，姓名须载，笔势翻翩回万牛。归来晚,有烛明金剪,香暖珠篝。

金元

西园得西字

许 古

芳径层峦百鸟啼,芝廛兰畹自成蹊。仙舟倒影涵鱼藻,画栋销香落燕泥。
淑景晴熏红树暖,蕙风轻泛碧丛低。冈头醉梦俄惊觉,歌吹谁家在竹西?

临江仙·和元遗山题扬州平山堂

王 奕

二十四桥明月好,暮年方到扬州。鹤飞仙去总成休。襄阳风笛急,何事付悠悠。　　几
阕平山堂上酒,夕阳还照边楼。不堪风景事回头。淮南新枣熟,应不说防秋。

贺新郎·题扬州琼花观

王 奕

试问司花女,是何年、培植琼葩,分来何谱。禁苑岂无新雨露,底事刚移不去。偏恋定、
鹤城抔土。却怕杏花生眼觑。先廿年、和影无寻处。遗草木,悴风雨。　　看花老我成迟暮。
绕阑干、追忆沉吟,欲言难赋。根本已非枝叶异,谁把赝苗裨补。但认得、唐人旧句。明月楼
前无水部。扣之梅、梅又全无语。询古柏,过东鲁。

平 山 堂

陈 孚

堂上醉翁仙去,芦花雪满汀洲。二十四桥烟水,为谁流下扬州。

蕃釐观感琼花

宋 无

后土祠南裔,坤维媲室家。国封严典礼,宫祀尚褒嘉。
不是神灵异,焉能眷迟遐。应须有玉女,到此赏琼葩。
丽服从空降,明妆倚日斜。同挥五云扇,共驻七香车。
月姊羞调粉,风姨罢散花。青童回绛节,金母屏彤霞。
故事唐时盛,佳名数代夸。尘根虽下界,天意在中华。
雪让珑璁巧,冰销刻镂瑕。人间惟独尔,地上更何加。
万花殊寥落,群芳避艳邪。玫瑰诚执御,芍药等泥沙。
圣运俄惊辍,兵强忽肆拏。舛讹难核实,真赝遂鳌牙。
雷雨还惊蛰,潜藏重发芽。旁枝微旧崛,新叶漫荣苄。

尤品终芜没,珍蕤逐水涯。两朝成草莽,九庙杂龙蛇。
古殿兰旗暗,残炉桂燎赊。薾颜愁想像,珠树绝骄奢。
寂寞无双誉,徘徊但自嗟。八仙聊免俗,消得宝栏遮。

扬州万花园

张 耒

九曲池平带蜀冈,吴公台远隔雷塘。闲寻遗迹怀千古,迥立高秋望八荒。
黄落山川秋广大,青冥风露日凄凉。一樽不慰登临地,朔雁南云恨更长。

琼 花 观

李孝光

画阁朱帘映小星,东风淡淡度重城。扬州十月如三月,却入琼花观里行。

登平山堂故址

李孝光

蜀山有堂已改作,骑马出门西北行。日落牛羊散平楚,风高鸿雁过三城。
山河已失金汤固,汗竹空遗带砺盟。骆驼坡头孔融墓,令人忆尔泪纵横。

维扬九咏(录六首)

舒 頔

明 月 楼
昔年明月照盈盈,今日楼空月自明。银甲锦筝歌舞地,寒鸦落日澹孤城。

骑 鹤 楼
辽海胎禽去不归,人民城郭是邪非。腰缠休作扬州客,设使相逢起祸机。

平 山 堂
平山山上构高堂,堂下青芜接大荒。堂废山空人不见,冷云秋草卧横冈。

皆 春 楼
楼前景物逐时新,楼上笙歌日日春。华丽已随时节换,东风吹恨柳眉颦。

嘉 会 楼
壮年登览醉歌口,况是人平全盛时。燕子衔将春色去,画阑宽处树旌旗。

蕃 釐 观
天上奇花玉色浮,只留一种在扬州。如今后土无根蒂,蜂蝶纷纷各自愁。

题平山堂，次黄先生韵

赵汸

虚堂昈平冈，积翠凌天半。仿像识瑶台，熹微窥玉案。
颇疑巨灵力，划削非一旦。森森古树齐，奕奕朝霞烂。
地近巇易陟，池清莲不蔓。莺啼午梦残，客至琴声断。
胜境契中襟，雅怀知弗畔。脩然忘物我，讵肯存崖岸。
马迹遍幽燕，华颠乐村闲。居夷非矫曲，悼猛得前算。
巇崄世所趋，真淳日凋散。跬步视安危，片言几理乱。
苟能领斯会，未觉身为患。嘉谋谅贻厥，岂曰夸殊观。

鹧鸪天·扬州平山堂，今为八哈师所居

李齐贤

乐府曾知有此堂，路人犹解说欧阳。堂前杨柳经摇落，壁上龙蛇逸杳茫。　　云澹泞，
月荒凉。感今怀古欲沾裳。胡僧可是无情物，毳衲蒙头入睡乡。

明代

题广陵李史君园

张以宁

最爱燕山李使君，名园草木有清芬。竹光夕度淮南月，松色秋连海上云。
九日登临来此地，百年忠厚见斯文。酒阑怀我幽栖处，松树苍苍猿夜闻。

题扬州琼花观

茅大方

秦山楚水路迢迢，不道琼花乱后凋。鹤背仙游清梦远，月明谁度紫鸾箫。

游扬州蕃釐观

邱浚

蕃釐观里草芊芊，不见琼花见八仙。岂是花神知厌乱，香魂先返大罗天？

过扬州登平山堂二首

文徵明

莺啼三月过维扬，来上平山郭外堂。江左繁华隋柳尽，淮南形胜蜀冈长。
百年往事悲陈迹，千里归人喜近乡。满地落花春醉醒，晚风吹雨过雷塘。

平山堂上草芊绵,学士风流五百年。往事难追嘉祐迹,闲情聊试大明泉。
隔江秀色千峰雨,落日平林万井烟。最是登临易生感,归心遥落片帆前。

法 海 寺

桑 乔

野寺滨寒水,山僧卧白云。鸟啼花竹杳,日出曙烟分。
宝筏迷方渡,金经贝叶文。西郊天宇豁,山势欲纠纷。

琼 花 观

王 磐

洞天春色锁重关,数百年余不放看。已遣东风随帝辇,空留明月守仙坛。
白云有恨瑶台远,流水无声玉笛寒。安得司花人不老,朝来骑鹤暮骖鸾。

同子明宿广陵天宁寺觉上人房

朱当世

萧寺逢支遁,东林半榻清。风回仙梵远,花落法筵平。
别院钟初定,中宵月更明。翛然忘俗虑,相对话无生。

琼花观二十韵

汤显祖

千岁琼花花树奇,琼窗月影香风吹。广陵恨结烟霞种,后土情生冰雪蕤。
淡缟妆成不死树,光珠凝在独摇枝。清疏欲下桐花凤,宛转那栖柳叶雏。
遂有飞琼来戏集,犹迟弄玉与追随。蓬莱望后今何夕,玉李餐来得几时。
乍似灵俦喧洛浦,还如宝媵出天池。俱烧鹊尾青沉发,并曳龙绡紫帔垂。
天上只闻香素远,人间空记露华滋。飀缨绕处初传曲,雪袖攀来欲寄谁。
不夜清都两凌滴,长明辉影一参差。真妃爱逐琳霄赏,道士疑从碧海窥。
拜乞会应怜玉斧,攀依少得驻瑶辎。似闻人气翻鸾举,偏度春阴许鹤知。
别袂晓催留翠潋,洞箫人语隔红姿。惊看桂叶银婵落,笑问桃花金母期。
但道芜城争艳逸,安知隋苑即披离。时移画色零金粉,地老青苔没绛墀。
生小好仙恒欲访,风尘怀旧益相悲。楼台尚觉江都好,丝管能禁海月迟?
四海一珠今玉茗,归休长此忆琼姬。

与张学礼游平山堂

吴 兆

并辔城西门,沵迤亘平陆。秋原野火烧,寒郊猎骑逐。

集平山堂用平山字为韵，偕游者方子、两谢生也

袁宏道

衰草乱畦平，长江一线明。云开智者寺，山表润州城。
万井晴霞气，千樯晚吹声。隋宫何处问，荆杞傍墙生。

大业空遗事，披图咫尺间。斜桥兴废水，淡墨有无山。
野老耕香泽，妖狐学黛鬟。荒亭犹故井，马上挈泉还。

玉勾草堂二首

郑元勋

卜筑依河曲，为亭继竹西。浅矶延白鹭，重影合青霓。
鹤病门无守，蓬深鹿方迷。主人方铩羽，凡鸟固应题。

新绿经微雨，初晴野步宜。撤藩通棹入，布石任尊移。
坐必幽花侍，行应好鸟随。清音能展待，为我进悲丝。

扬州同诸公社集郑超宗影园，即席咏黄牡丹十首

黎遂球

一朵巫云夜色祥，三千丛里认君王。月华照露凝仙掌，粉汗更衣染御香。
舞傍锦屏纷孔雀，睡摇金锁对鸳鸯。何人见梦矜男宠，独立应怜国后妆。

宫额亭亭廿四桥，披离新柳乱春朝。柘枝拍待莺喉啭，杏子衫匀蝶翅消。
酒半倚栏浮琥珀，风前骑鹤报笙箫。姮娥桂殿堪同伴，贮艳还从觅阿娇。

宠诏封泥第一枝，赐袍帘外拜恩时。春风律应清平调，夜雨香留绝妙词。
天上有机遥织谱，河阳无影谢流澌。金罍玉瓒交携醉，任是蜂狂总未知。

持买长门作赋才，守宫砂尽故徘徊。燕衔落蕊涂金屋，凤蚀残钗化宝胎。
三月繁华春梦熟，六朝芳草暮霞堆。上尊合赐词臣阁，邀赏犹传八骏来。

栀子同心缀缬斜，融融宵露湿涂鸦。潘郎寄署迷新省，姚姒闲妆见旧家。
解佩临风疑橘柚，郁轮凝碧怨琵琶。微瑕别有闲情赋，犹记秋容认菊花。

披庭昏霭怨春归，叠拍匡床怅望稀。窥浴转愁金照眼，割盟须记赭留衣。
梳成堕马泥拖障，梦起微兰粉更肥。谁借橘媒生羽翼，可怜鸿鹄已高飞。

花阵纵横紫翠重，木兰金甲绣盘龙。团圆月照莲心苦，廿四风围柳带松。
涿鹿战场云结帜，谷城兵法怒蟠胸。娇娆亦有王侯骨，一笑功成学赤松。

谁写春容出塞看，胡沙漠漠照衿寒。扶来更学灵妃步，睡起羞为道士冠。
锁骨传灯开五叶，鞠衣持芣献三盘。相思莫是朱成碧，烛泪何曾蜡晕干。

憔悴西风梦不成,娉婷相见在春城。欢场九锡传花瑞,隐语双文赠鸟名。
宝镜背悬交吐焰,索铃初护尽无声。看多怕有香尘上,出浴依然媚晚晴。

天宝何因为改元,尚怜芳影浸泉温。不同金鉴留丞相,多恐玉环蒙至尊。
朱紫故宜当日贱,衣裳能得几时恩。扬州芍药看前事,勋业纶扉并尔存。

影园即景六首

强惟良

竹　径

淇园一幅小裁林,水石萦纡致独深。把臂固应还我辈,古烟幽月共萧森。

芦　中

苍茫风雨际江天,钓舸流歌响节舷。梦起卷帘看漠漠,一行鸿雁下秋烟。

月　梁

曲槛烟回柳度风,戏鱼珠藻碧流通。滩声昨夜添溪水,镜里时时下饮虹。

塔　影

柳眠晴日午烟销,楼上青山看不遥。浩劫涌飞山色里,宝幢珠彩欲干霄。

雨　阁

阁里云生阁外寒,飔空迷远思漫漫。东风几度苍虬过,化作鸣泉百道看。

梅　碉

碉冰新响动春泉,破笑梅花映晓烟。水部拟分东阁赋,客来孤鹤是逋仙。

影园即景诗八首(节选)

梁于涘

石　上

衲子蒲团羽客琴,几回扫石了闲心。眼前坐卧平如砥,何事寻山深又深?

钓　船

泛泛悠悠一叶轻,渔童荡桨水痕清。出游深觉鯈鱼乐,总有轮钩钓不成。

柳　堤

委蛇堤何长?两边种高柳。春来处处花,吹香绿满酒。

邻　圃

隔浦楼台出,连村草树迷。相邀斗茶去,不觉日沉西。

平 山 堂
姚思孝

暂去尘氛问野关，一樽潦倒醉名山。蜀冈望处黄云徽，楚树分来画戟班。
短笛乱吹蝴蝶醒，游人输却鹭鸶闲。君家脱履寻常事，何日勋名敝屣间？

天宁寺杏花
袁世振

古木疏阴绿色迟，老僧坚锁最繁枝。一帘夜雨犹堪听，十里春风总不知。
陌道马蹄飞雪后，秋千蝉影出墙时。胆瓶暂借游人看，晴霭依依上苑姿。

清代

广陵郑超宗圃中忽放黄牡丹一枝，群贤题咏烂然，聊复效颦，遂得四首
钱谦益

玉勾堂下见姚黄，占断风流旧苑墙。但许卿云来侧畔，即看湛露在中央。
菊从土色论三正，葵让檀心向太阳。作贡会须重置驿，轩辕天子正垂裳。

郑圃繁华似洛阳，斩新一萼御袍黄。后皇定许移栽植，青帝知谁作主张。
栀貌花神刊谱牒，檀心香国与文章。若论魏紫应为匹，月夕依稀想菊裳。

一枝红艳并沉香，道貌文心两擅场。富贵看谁夸火齐，妖娆任尔媚青阳。
开尊正爱鹅儿色，拂槛偏怜杏子妆。此是郑花人未识，无双亭畔为评量。

花事升平羡洛阳，小阑何意见维扬。仙人鹤骑来云表，玉女香车驻道傍。
华省三阶翻雨露，金闺九锡换风光。竹西歌吹雷塘路，梦里华胥日正长。

水阁云岚
钱谦益

秋水阁负山面湖，山庄实经始于此，今兹丙舍尽改旧观，独此阁岿然如故。
月观风亭夜半舟，依然帘额夕阳楼。江边水寨挐荒垒，天际郊台没古丘。
梯几山容分向背，凭栏云物变春秋。钓矶只在渔湾畔，闲看晴湖下白鸥。

题广陵菽园
钱谦益

架构平临邗水涯，隋堤迎却俯尘沙。南塘路识将军第，东阁梅如水部衙。
十里珠帘丛腐草，二分明月冷梅花。轻轩奉母承平事，会有新诗补白华。

查德尹表兄招同戴南枝、王紫铨、孙物皆、闵宾连、费此度、李简子、李苍存、程松皋、乔东湖、张星闲诸公大集平山堂，分咏扬州古迹，得浮山石五律一首

丘上仪

成平怀禹绩，拳石压沧溟。岁久犹遗响，春来不见青。

六鳌分一鼠，古庙冠孤亭。淮泗年年决，江城亦泛萍。

九日同吴茞次、杜茶村、孙豹人、汪扶晨、吴绮园、家火传伯平山堂登高

丘上仪

相期不醉毋归去，秋至重阳晴最难。风雨每从今日到，江山肯负此回看。

槛平远岫同人倚，心系南天一雁寒。更欲移尊松下坐，浮云薄暮正漫漫。

东塘国博招同艾山、此度、仙裳、孝威、宾连、东湖、景州、勿斋、彤本、木念、昔陈、方师、岩湘、芷义行红桥修禊

丘上仪

晴暖正逢修禊日，泛舟难得使君闲。庙堂有议还开海，宾客乘时且看山。

隋苑池塘青草外，杏花楼馆绿杨间。笙歌更逐轻鸥去，遍采芳兰水一湾。

大明寺第五泉

李 沛

风火遥山暗，招提识大明。寻源应第一，忆旧若前生。

冈岭通三蜀，轮蹄会两京。闲来看饮马，丧乱几时平？

重九，同道士胎簪、无长集平山堂

王猷定

日落高台俯大荒，连天江树隐微茫。双悬日月存空寺，十里烟花坠野棠。

对酒战场孤雁叫，佩萸秋墅古泉香。伤心不待韦郎至，黄菊歌残鬓已霜。

九 曲 池

王 节

隋家弦管动人愁，莲子花香簇小舟。画桨一枝波一幅，红儿绿女绣扬州。

琼 花 观

方拱乾

蕃釐观创在隋前，谁遣琼花大业传。自是君王耽国色，遂教草木窃神仙。

玉钩夜冷雷塘月，金蕊香销阆苑天。何似舜陵松柏树，菁葱霜雪尚年年。

朝中措·平山堂和欧公原韵

李　渔

每临此地忆欧公，海内数英雄。宦辙每经到处，山光点墨增浓。　　平山如扫，烟鬟稀少，态亦疏媚。只为当年嫁与，鸡皮渐返娇容。

扬州咏（选六首）

刘应宾

竹 西 寺

春风隋苑树头青，宸从当年院院娉。寂寞迷宫破寺里，更无人诵法华经。

天 宁 寺

别墅围棋忆谢安，天宁古刹江干寒。山河一睹雄雌判，留作福田世世看。

法 云 寺

太保重来镇广陵，阿姑祝发愿为僧。即今双桧名徒在，始信法云是上乘。

木 兰 院

饭后鸣钟黄面行，纱笼旧话不须惊。佛门子弟多皮相，王播当年亦世情。

蕃 釐 观

琼花后土哆孤传，妃嫔随銮娇问天。一夜东风花尽落，有谁白璧再生烟。

茱 萸 湾

茱萸湾里吴王游，煮海铸山志未休。七国当时空跋扈，长江碧草看悠悠。

人日同诸子游平山堂、大明寺、迷楼故址一带还，醵饮法海寺

黄周星

十载龙蛇记昔游，凭高细认旧扬州。名悬二曜谁家寺，舞破千峰此处楼。
对酒客星莲社笑，寄诗人日草堂愁。兴亡满眼莺花老，空向斜阳叹故侯。

清明日诸子游法海寺，共酌红桥野馆

黄周星

客里莺花似旧贫，郊行随到趁芳辰。牛头衮衮青山意，马尾翩翩紫陌尘。
绣幕水嬉轻薄子，缟衣野笑太平人。板桥村馆浑相识，十五年前醉几春。

影园黄牡丹（二首）

冒　襄

鹤背仙人淡月裳，遥临金谷斗云芳。游蜂梦入晴迷影，浅蜡春浮雪化香。
似柳栖莺新湿雨，疑秋绣橘小含霜。妃红配紫寻常眼，正色偏留媚草堂。

剪雾浓烟未可寻，朝来磁采发秾阴。微分傲菊三秋色，并与孤葵一日心。
富贵幻成金粟相，艳香忽落羽衣吟。繁华不领春工意，芳草滋荣独尔深。

宿姜开先衍园

方　文

弥节邗沟霜水清，离人归路阻重城。楼前且系青骢马，月下还吹白玉笙。
瑶草琼花何处觅，兔葵燕麦不胜情。倏然一醉唯高枕，邻妇休疑阮步兵。

立秋日汪叔定、季甪招同张韫中饮爱园

方　文

江城风雅甚，唱和非一人。君家好兄弟，臭味尤相亲。
况我所寓居，适与芳园邻。园中多竹树，密荫绝嚣尘。
今日是何日，秋气方鲜新。置酒北楼下，嘉招无杂宾。
射陂隐君子，苦节同松筠。与我别离久，此会怡心神。
爱园名甚佳，四时皆阳春。春晖被连理，欢乐难具陈。
先是采风者，歌咏何纷纶。我老无饰词，鄙朴道其真。

扬州九日，同王贻上司理登蜀冈观音阁

方　文

芜城西北有高丘，当日繁华逐水流。月下游魂来炀帝，冢边衰草失迷楼。
山川只是僧长在，风雨何曾客不愁。恰喜新晴逢令节，凭阑一望思悠悠。

平山堂留别稚恭、友沂、穆倩

周亮工

直北踪无定，淮南路未通。寒沙迷古驿，浊酒纪春风。
岭客新呼艇，吴儿学挽弓。台前人影乱，何处盼飞鸿。

红桥园亭宴集（二首）

孙　默

出郭人俱远，招携近水隈。红桥新酒榭，渌水旧歌台。

小伎能分韵,山僧亦举杯。更思霜雪里,留兴问寒梅。

好友当遥集,移尊漾碧流。丹枫初照日,残菊远含秋。
选胜还寻渡,分题更倚楼。前村渔唱罢,寒月送归舟。

念奴娇·丙午小春,善伯、希韩招诸同人宴集红桥之韩园分韵

宋 琬

玉钩斜畔,最伤心游子,断肠难续。佳丽繁华谁领略,惟有清狂杜牧。我辈重来,为欢苦短,急办三条烛。天寒木落,佳人同倚修竹。 况乃词客都豪,雍容车骑,落笔云烟簇。乐莫乐兮今夕会,莫学阮公痴哭。绿酒黄橙,银筝翠袖,偷送初成目。朦胧别后,知他何处金屋。

竹 西 亭

方亨咸

竹西遗址官河北,歌吹诗传纪胜游。自遭雷塘尘起后,重悲大业草迎秋。
披荆鬼火侵碑路,种柳军书点驿楼。不遇兰桡歌越调,无人知是古扬州。

游红桥湄园

邓汉仪

与君把酒上空亭,极望隋宫尽窈冥。三十年来种杨柳,今朝遮得半天青。

朝中措·平山堂和欧公韵

华 衮

平山月映五泉空,烟寺翠微中。重挂千条柳线,新闻十里荷风。 横塘进艇,妖童打桨,红袖擎钟。且按桃花歌扇,由他白发成翁。

扬州十咏(选四首)

张幼学

甲申之岁,兵掠维扬,台榭已空,士女困瘁。吴州有诗叹之,因步其韵。

梅 花 岭
铁马南来踏破春,园丁扫地坐戎臣。重门镇日无关锁,何处烟花欲恼人。

天 宁 寺
摧残金碧歇繁华,贫衲依稀三两家。断砌有风吹白草,荒台无雨长莼花。

平 山 堂
荒风猎猎野棠开,横石当门绣古苔。犹忆清明好云日,女郎携手踏歌来。

琼 花 观

琼花无复旧时台,遗址空教认绿苔。况复又经兵燹惨,玉勾从此不须开。

续扬州十咏(选三首)

张幼学

禅 智 寺

走马上方春正韶,桥头红袖互相招。西风一阵吹戈甲,夜夜花宫锁寂寥。

法 海 寺

平时不减乐游原,一旦荒凉不忍言。人立断桥生永叹,满山黄叶自幡幡。

杏 花 村

亭榭销亡瓦砾存,几番寒雨吊花魂。为怀当日承平乐,无数春风酒一樽。

平山堂僧烹第五泉

张幼学

胜概凄凉后,招提仅燕泥。倒存僧是老,都耶客来奇。
姓氏劳新问,衣冠认旧知。烹泉破孤闷,酬以壁间诗。

创游平山堂诗(选五首)

张幼学

兵火之后,城郭虽是,人民已非。台榭倾颓,烟火绝望。荒溪断岸,不复维舟。古寺残阳,空悲牧马。余与右臣,秋客广陵。携酒与榼,初涉山巅。目蒿心伤,怆焉涕下。为诗记事,兼以写怀。

红 桥

红桥箫鼓夕阳多,今日颓垣挂薜萝。溪水不浮桥影去,酒帘何处醉人酡。
城阿别馆空留迹,树外残虹自照波。尚忆春游酣醉袖,侍儿扶过笑声涡。

法 海 寺

缓步山椒览昔游,蒿藜全没古青楼。翠微有壁容风入,金碧无言听雨流。
寓鸟客前啼旧恨,老僧茶后说闲愁。断桥久立生遥慕,簌簌冈前一阵秋。

游法海寺见郑子房旧读书处

故人旧馆溪山曲,游客新樽水树涯。昔日下帷犹有地,今年挟策并无家。
一江南北唯歌哭,几度干戈费岁华。惆怅康成望何许,满庭书带夕阳斜。

平山吊古

断草惊尘几度秋,乱山残寺忆同游。徘徊古哲曾遗迹,题跋当年旧酒楼。
一旦有家同作客,几回提剑欲封侯。登临共叹成今昔,拾取荒冈万古愁。

平山饮酒望江南山色

蜀冈秋到草生埃，把酒荒天诵七哀。客似远归悲我去，山如衰妓望人来。
登临但许成遥望，潦倒无何乏旧醅。莫羡江南风物好，潮头旌鼓正喧阗。

扬州杂咏（选八首）

吴嘉纪

董 井

一泓汉家水，苔深汲者寡。当日供大儒，今日饮战马。

琼 花

荆榛满荒台，奇花不可睹。闻道芳菲时，只爱扬州土。

玉 勾 斜

莫叹他乡死，君王也不归。年年野棠树，花在路旁飞。

第 五 泉

山人不可遇，石甃久萧条。我乞僧家火，时来煮一瓢。

平 山 堂

荒丘青草深，永叔没已远。日落荷花香，长堤一僧返。

隋 堤

何地春最多，隋堤临渌水。飞飞杨柳花，愁杀行路子。

浮 山

苍黝一片山，城中自渺渺。春风草不生，绝却牛羊扰。

梅 花 岭

步出广储门，见草不见树。陌头往来人，遥指梅开处。

登观音阁

吴嘉纪

荒丘萧瑟绝人踪，坐看江南远近峰。隋苑杪秋还落叶，平山亭午正鸣钟。
草间杂沓谁家墓，楼上梳妆旧日容。多少繁华今已矣，西风吹老木芙蓉。

过 孙 园

吴嘉纪

北郭繁华里，闲园人不知。野荷入门长，堤柳向亭垂。
老圃收桑葚，邻家唱竹枝。开樽因取醉，莺语夕阳时。

初冬郊园饮集分得殊、幽二字(二首)

吴嘉纪

北郭竞提壶,暄风春不殊。词人多在眼,吾道几曾孤?
篱下花迎马,池边树集乌。疏慵来自晚,非是厌欢娱。

应接吾曹简,追陪此地幽。停歌闻落叶,把酒傍闲鸥。
胜会兼红粉,欢场已白头。论文永今日,人醉古扬州。

葭园宴集第二会,分得东、台二字(二首)

吴嘉纪

葭园清绝郡城中,邃屋层岩一径通。岂少名贤吟竹下,又传折柬到墙东。
月明隋苑夜方永,烛照子都歌未终。自愧沉疴常止酒,黄花笑杀白头翁。

尚未离群君莫哀,生涯今夜是樽罍。树中曲槛鹭鸾宿,池上幽居窗牖开。
闻笛可怜人欲醉,观鱼应许客重来。老夫实爱垂纶好,不向沧溟忆钓台。

饮康山草堂

吴嘉纪

九月八日,汪长玉招同王西樵、郭饮霞、汪左严、程翼士分韵,得一东。
山堂木脱草芊芊,客子登临思不穷。塞马偏嘶南郭外,篱花只似故园中。
樽开已见当头月,发短先惊落帽风。座上酒人交最古,悲歌何用吊康公。

蜀冈下过依园,同鸿宝分韵得依字

吴嘉纪

高处正寻径,园丁已启扉。石前容我拜,竹上见樵归。
地主能相迓,乡心到此稀。沿冈寒树静,何鸟不思依。

天宁寺晓月

吴嘉纪

竟夜不能寐,数疑天已晨。披衣闻去雁,出寺看归人。
野外连霜白,城头上月新。无劳冷相照,还是远游身。

题漪园,次丽祖韵

吴嘉纪

虚亭新水中,处处受微风。一座尽无夏,四邻唯有空。
柳阴连草碧,人面近花红。歌起游鱼至,悠然乐意同。

初春，友沂邀同芝麓先生及仙裳、定九诸子泛舟平山

吴 绮

山川不易好，终古念垂杨。　正月人多暇，初春景正芳。
遥怜几两屐，共赏一吟囊。　飞盖随王粲，交衿集谢庄。
挂帆牵杜若，吹笛上沙棠。　曲栌吟朝旭，浮桥践晓霜。
冰澌鳞始跃，寒峭羽犹藏。　荇带鹦哥绿，芹芽燕子黄。
娟娟分鹭影，的的入鸥乡。　毛女逢挑菜，秋胡问采桑。
停车寻月观，响屟看雷塘。　指点遗墟蠹，低回舞榭荒。
可怜隋大业，不及鲁灵光。　覆辙羞秦帝，雄才慕汉皇。
斗鸡千帐锦，养鹤九州粮。　赐柳称官姓，收萤选夜妆。
龙船飘彩缆，犀管溜绒缰。　一镜柔情冶，三更艳曲忙。
有山皆绿酒，无水不红廊。　驻马临邛客，调笙下蔡倡。
越罗裁翡翠，赵瑟画鸳鸯。　绣幕留张顾，珠灯醉沈郎。
林阴惊柘弹，莺语落银床。　金粉矜时俗，烟云互渺茫。
地闻连建业，尘已蔽渔阳。　石碎天心缺，岚枯岳势凉。
凤皇辞故岭，麋鹿爱欢场。　宫竟迷仁寿，涂空认蜀冈。
紫苔铜雀瓦，青草玉鱼铛。　怪鼠穿棋墅，妖抓斗射堂。
耕夫终落落，游子或伥伥。　溯涧频回棹，沿波为举觞。
寺生前代想，僧剩六朝装。　拂碣思南朱，摹碑记大唐。
诗存名士影，钿拾美人香。　我自难成醉，天应莫遽凉。
惊飚僵鸟雀，斜日下牛羊。　望望暮烟碧，迟迟暝色苍。
曹刘争壁垒，苏李又河梁。　云暗鸿归处，星稀鹊绕方。
横琴流素徵，倚剑发清商。　杜宇宫花湿，琵琶墓棘长。
开元客自老，德祐史难忘。　凭吊徒挥涕，城鸦噪女墙。

平山堂杂感，和苏江陵韵（四首）

吴 绮

千载关情地，频来绕砌行。　过江山翠近，倚槛暮云轻。
游女矜妆束，山僧少送迎。　莫愁浮棹远，春水正淳泓。

此地山光好，春来二月时。　微风响铃铎，残月在罘罳。
慷慨仍怀古，苍茫独咏诗。　所思曾不见，天末碧霞披。

尚有先生阁，都无帝子楼。　乾坤千古换，江海一亭收。
杨柳存枯柿，荷花记胜游。　坐深明月起，帆影认瓜洲。

昔日征歌地，今为般若田。　残钟生落月，孤笛起寒烟。
不见深宫树，难开陆地莲。　宝钗耕后出，泥蚀问谁怜？

金长真太守兴复平山堂落成宴集纪事三十韵

张　惣

延眺芜城外，平畴耸碧坡。冈原通蜀峡，涛尚涌隋波。
历代繁华在，当年烟月多。废兴翻若掌，今古忽如梭。
地胜人尤杰，官清政益和。佳辰看淡荡，太守爱婆娑。
五马牵珠勒，孤峰振玉珂。微阴方窈窕，乍霁正嵯峨。
曲水红桥岸，鲜云翠竹阿。江声远近入，山色有无拖。
翰苑邹枚至，骚坛屈宋过。雕梁题树杪，粉壁抚庭柯。
挥麈俱潇洒，临笺各揣摩。群公才少敌，列座艺殊科。
句就遥闻雁，书成直换鹅。黄初欣接席，白下忝收罗。
轩冕趋林樾，琳琅映薜萝。缤纷吟未已，缥缈兴如何。
六一词非渺，十千酒欲酡。行旌才络绎，归骑倍逶迤。
腾跃分樵径，飞扬及钓蓑。炬光辉夕野，灯影乱寒河。
翘首氓苏困，关心日拯疴。惠风偏感激，灵雨既滂沱。
往事攀垂柳，新篇咏踏莎。但令挥宝瑟，已见靖雕戈。
炼石疑逢髓，调羹喜借磋。星辰瞻画鹢，箫鼓伫鸣鼍。
登阁望弥永，留碑思不磨。东山余缱绻，南国早讴歌。

同人小集秘园，看垂丝海棠和韵

李宗孔

好鸟啼云二月时，卷帘侧看亦垂垂。艳阳得伴临妆早，红烛宜人照影迟。
著意三春添绣线，柔情一寸袅晴丝。胆瓶莫漫轻攀折，正恐花魂恋故枝。

春日游平山堂（二首）

孙枝蔚

郭外平山近，年年续胜游。与僧寻古碣，对妓笑迷楼。
鸟望江南树，渔归日暮舟。茸茸春草绿，故国竟忘愁。

异代登临处，才名那易攀。至今传雅会，于此得佳山。
乱后诗人在，春来酒伴闲。浮生头已白，烟月正相关。

春日游徐幼长园林有赠（五首选一）

孙枝蔚

岸引平山近，阶添春水浑。自然藏野色，无意斗邻园。
歌为临城急，舟因傍夜喧。主人朝夕在，客至有清樽。

游韩长源园林有赠(二首选一)

孙枝蔚

沿堤车马乱,愁汝户难关。老日交逾盛,名园事不闲。
钗钿遗竹里,枕簟藉山间。舟子徒相促,严城及早还。

第 五 泉

孙枝蔚

夏日依初地,山僧泉上逢。客来惟汲水,茶罢欲鸣钟。
战伐碑犹在,飘零杖偶从。听经吾未得,涧畔愧长松。

冶春口号(三首)

孙枝蔚

桃花李花不值钱,娇莺戏蝶绝可怜。醉归未怕城门闭,便向徐家亭子眠。

今日风雨太无赖,愁杀桥边卖酒家。吾与尔曹结相识,一壶日日可能赊?

冒雨放船只十里,因花载酒须千回。老翁新授种桃法,归去篱边也遍栽。

汪长玉招同徐松之、闵宾连、汪虚中、扶晨、程飞涛诸子饮郝氏园亭

孙枝蔚

把酒重阳后,游园古寺中。霜迟无落叶,台迥见冥鸿。
老耐光阴变,才输句法工。主人情最好,赏菊爱诗翁。

红 桥

孙枝蔚

画舫日将斜,红桥对酒家。歌声传水调,女伴折荷花。
明月临城树,凉风乱野蛙。竹西骑马客,归路不言赊。

宋荔裳观察、王西樵司勋招同程穆倩、宗定九、沈方邺泛舟红桥,遇大风移饮程园分韵(二首)

孙枝蔚

出城山在眼,风起乱垂杨。舟重迷前浦,杯寒借小堂。
吟诗菊花下,携客鹭丝旁。萤苑今何处,渔歌隔岸长。

天使文章伯,身行水竹居。他乡同把酒,二老暂观鱼。
绿恐苔痕破,红怜木未舒。欢娱逢胜地,景物记冬初。

宗定九邀同韩醉白饮红桥酒家，各赋四绝

孙枝蔚

春雨春风花乱开，相思相见且衔杯。却惊买酒陶元亮，二万钱谁会饷来？

酒家临水复临桥，画舫中吹紫玉箫。破费杖头拚不管，可怜天气近花朝。

卫娘歌处宜年少，潘岳花边愧老翁。听罢韩郎新柳咏，英姿矫矫酒人中。

濛濛细雨洒棠梨，沙路归来未有泥。天下赏心输此地，客身曾过太行西。

观察金长真以丁巳八月十三日祀欧阳公于平山堂，招客赋诗，予亦与焉，诗限体不拘韵

孙枝蔚

古人既已往，接踵赖后贤。子舆训尚友，子长愿执鞭。
欧公守此郡，惠政到今传。当时宴饮处，遗迹留平山。
平生勤为文，吾徒费仰钻。如稷勤于农，禹勤于水官。
干戈尚满眼，文教废多年。山堂久已毁，祀典谁相关。
当途实不遑，书生徒慨然。继起惟金公，瓣香何其虔。
构堂复筑楼，木主设中间。思齐诚无怠，化俗亦有权。
重来摄盐政，俎豆最拳拳。日闻古名臣，英灵长在天。
虽同人代换，魂魄继山川。胜友况云集，文词何翩翩。
迎神神所喜，旷世成周旋。祝毕还觞客，令名各勉旃。

汪季甪避暑平山堂之真赏楼，次宗鹤问韵奉寄（六首）

孙枝蔚

求闲果否得长闲，亦欲求闲懒上山。曾拟程诗嘲热客，竟无庾赋动江关。

百尺梧桐阁上人，宵看月色一般新。哲兄书报山中弟，洗罢高梧亦少尘。

纵不能诗不恨曾，文章经术有师承。若论爬痒麻姑爪，岂独昌黎与少陵？

宾客寻常满四筵，暑中曾废午时眠。如今坐到泉香处，茶学卢仝每自煎。

楼上久停京兆手，镜中看惯夕阳山。惟愁此路莲歌女，勾得诗情不放闲。

爱向前贤行处行，不因消夏费经营。只道儒门长冷淡，谁知吾道有干城。

平山堂怀古，和彭骏孙

孙枝蔚

邵伯湖中花正开，青娥皓齿此同来。争传四海文章伯，痛饮千秋歌舞堆。
撰就小词山馆里，携将胜友古塘隈。只今明月依然至，照见虚堂长野苔。

初秋，同家无言、查二瞻陪王西樵考功出郭纳凉，放船至法海寺，遇雨不得登平山（二首）

孙枝蔚

触热愁为客，开春始放船。幽怀厌城郭，暑气散林泉。
秋有仍飞蝶，塘余未采莲。浴童兼洗马，声乱画桥边。

风雨君何往，跻攀客不能。无烦挥白羽，有负拄青藤。
古院看新竹，空房问老僧。怀人一怅望，作记旧时曾。

朝中措·平山堂怀古，和欧公原韵

孙枝蔚

平山今昔对晴空，得句酒杯中。依旧荷花开了，人今化作飘风。　　山堂久废，风流如见，万古情钟。何必曾游门下，方思太守仙翁。

壶 春 园

宗元鼎

佳丽楼传大市东，壶春园内落花红。欲寻名迹不知处，多少啼鸦古树中。

第五泉（二首）

宗元鼎

石甃苍苔合，遗踪古寺前。辘轳悬暮景，碑碣倚秋天。
位置何尝定，流传亦偶然。繁华今不见，无恙独清泉。

刘氏乘名迹，欧阳有旧题。野人汲不尽，远客惜难携。
水味从秋冽，炉声动晚低。何时采薪荈，常坐此山溪。

平山春望

宗元鼎

荒台高与落霞平，一望尊前积思盈。天遣莺花连水国，春随烟雨度江城。
青山对亘三吴势，碧草遥含六代情。无限夕阳愁不尽，伤心还听踏歌声。

法 海 寺

吴 山

闻说隋家帝，于此建宫阙。种色玉钩斜，年年芳草发。
代往存形胜，古刹依林樾。轻风吹锦帆，今昔一明月。

送宗定九读书法海寺四绝句

黄　云

扬子亭前车马烦，花间鸡犬日闻喧。不因避客荒山去，肯自骑驴出北门。

只多啼鸟不逢僧，收尽江山槛可凭。莫讶把书无伴侣，松龛犹有六朝灯。

莲社难容近酒杯，竹林茶社共追陪。大明寺里清泠水，乘月闲行汲几回。

见说偷闲到上方，竹西歌吹隔雷塘。初时尽爱山中住，莫被云山笑客忙。

上巳平山试第五泉

黄　云

栖灵寺畔涓涓濑，细路松间我旧谙。最是禊辰宜水洁，偏于乡味觉泉甘。
吟诗客爱亲寒碧，洗钵僧多就石潭。夕照马嘶人去后，独留清浅伴烟岚。

扬州金太尊重建平山堂开工邀饮

黄　云

金尊重洗到行厨，五马翩翩踏旧芜。何用风流夸庆历，即看堂宇壮江都。
秋泉石甃疏寒碧，夕照松冈入画图。鼛鼓不催人定劝，落成几日又提壶。

扬州慢·平山堂落成赋此

金　镇

　　碑洗莓苔，僧移钟磬，巍堂重创岩椒。与醉翁坡老，千载缔神交。最喜是、才捐鹤俸，竞劝鸠工，便插丹霄。把庐陵、重付扬人，俎豆休祧。　　徽流余韵，夙平生、仰止山高。爱花种无双，泉名第五，共斗清标。朱栱碧栏之外，双峰隐，对峙金焦。望环滁不远，往来风斾云韶。

天 宁 寺

毛奇龄

香刹倚岩峣，珬坛耸碧霄。石龙环胜地，铁佛认前朝。
阁岫凭栏豁，江云到座遥。斋钟萦野竹，禅榻覆甘蕉。
榜复先贤迹，门停过客镳。登临怀未及，春雨正潇潇。

朝中措·平山堂续词有序

毛奇龄

扬州平山堂倾废久矣。康熙甲寅冬十月，予过扬州，值太守金公从古处重建，命予以酒，且勒欧阳公《朝中措》原词,使坐客续其后。予思欧公赠刘原父时,平山阑槛方盛,犹然瞻念手植,若有感于春风之易度者,况距公千载而兴是堂,其藉于世之为原父岂鲜也!因被醉书此词,附坐客后。

青山犹在画阑空,人去夕阳中。不道十年重到,还披此地清风。　　蜀冈无恙,堂成命酒,一听歌钟。未识后来太守,是谁能继仙翁?

题扬州琼花观

陈维崧

破院随人过,西风落日斜。此间名紫府,何处觅琼花?

重过天宁寺

陈维崧

谢傅风流自不同,千年遗宅上方通。绿杨丝里过隋苑,黄蘗堂西拜具公。
鸽下定贪香积饭,龙归应傍梵王宫。三年两度曾经此,太息浮生逐转蓬。

招林茂之先生、刘公戬比部小饮红桥野园数日,茂之先生赋诗枉赠,奉酬(二首选一)

陈维崧

迟日和风泛绿蘋,飞花落絮罥红巾。此间帘影空于水,何处琴声细若尘?
水上管弦三月饮,坐中裙屐六朝人。独怀红板桥头路,白发淮南又暮春。

毕刺史招同诸子宴集韩园,歌以纪事

陈维崧

广陵城头花正飞,广陵郭外春欲归。山东太守大置酒,遍招城南诸布衣。
旦日会从宾客饮,夜阑雨打珊瑚枕。春泥滑滑几时干,鼓声统统那便寝。
晓来莺燕坐春风,忽报画梁朝日红。披衣惊起看天色,急买双桨摇晴空。
玉钩斜畔金丝柳,人家半住红桥口。夹岸绡衣卷处轻,隔船水调听来久。
园林竹粉何离离,正是兰舟初到时。朝霞小着樱桃树,春草乱拍垂杨陂。
回廊复阁参差见,主人揖客开芳宴。弹棋格五共纵横,赌酒题诗各游衍。
须臾众宾坐满堂,梨园法曲调宫商。青春有恨唱渌水,白昼不语凝红妆。
谁家游冶白面郎,三三两两夸身强。秋千旗下看春去,翻身捷下南山冈。
此时欢乐不可当,为君立饮黄金觞。君不见坐中彩笔健如虎,太守风流映千古!
天意刚留一日晴,江声又作三更雨。

念奴娇·红桥园亭宴集,同限一屋韵

陈维崧

霜红露白,借城南佳处,一餐秋菊。更值群公联袂到,夹巷雕鞍绣轴。一抹红霞,二分明

月，此景扬州独。挥杯自笑，吾生长自碌碌。　　且喜绝代娥媌，元机娣姒，更风姿妍淑。恼乱云鬟多刺史，何况闲愁似仆。小逗琴心，轻翻帘额，一任颠毛秃。倚栏吟眺，云鳞坟起如屋。

平山堂吊古(二首)

曾 灿

爽气四来积翠寒，金陵千嶂见龙蟠。君王只爱听歌舞，碧水丹山不肯看。

荒堆古路散斜阳，见说宫人葬蜀冈。芳草不知春去久，西风犹带绮罗香。

游 红 桥

费 密

飞乌女蝶绕黄昏，火攻犹见旧烧痕。春游画舫都年少，一路箫声进水门。

避暑平山堂(八首)

陶 澂

周遭鬖鬖万株松，稚竹千竿尽筇龙。随意踏歌行不倦，佛堂才打午时钟。

薄云无定望中销，历历风帆信晚潮。山色隔江青一抹，不知何地是金焦。

江云尽处海云低，坐对黄鹂自在啼。殷殷怒雷挝雨脚，被风吹过蛺蝶西。

心知造物巧安排，几日山中事事佳。顾渚白茶当饱饭，不妨一月太常斋。

清酒何须日数升，当杯容易醉薯腾。百千万事都忘了，兀坐擎空似定僧。

空林残月叫鸺鹠，下有陈人土一丘。不记往时清夜曲，只余明灭乱萤流。

绿满平畴下上同，曾无人与说离宫。匆匆尽向桥边去，送盏藏钩蜡炬红。

疏帘清簟两相宜，卧诵坡公雪夜诗。才喜汲泉烹茗后，北堂听雨又多时。

初冬李艾山、宋射陵、宗子发、李季子、王景洲、歙州昆绳集饮平山堂分韵

冷士嵋

扁舟渡寒江，独访广陵客。故人忻我至，呼我为莫逆。
超然谢尘烦，挟引肆游屐。晨登郭外山，山高出陂泽。
松柏何栾栾，上有古人迹。古人亦已往，山川尚犹昔。
极目眺芜城，但感荒烟积。仰视俯云流，冥怀旷所适。
高朋集远驾，觞咏倾日夕。良会须极欢，无为叹暌隔。

平山堂

朱彝尊

平山堂成蜀冈涌，百里照耀连云樯。工师斫扁一丈六，众宾叹息相瞠眙。
须臾望见簏来至，井水一斗研隃糜。由来能事在独得，笔纵字大随手为。
观者但妒不敢訾，五加皮酒浮千鸥。

望海潮·游平山堂登真赏楼，用秦淮海《广陵怀古》韵

董元恺

画堂插汉，危楼挂斗，迷离一带云封。拾级而登，凭阑四望，飘然如欲凌风。日影漾晴虹。
便髯公三过，指点无从。山色青青，醉翁漫道有无中。　　平山词赋称雄。奈寒鸦落木，衰
草连空。玉洞莺花，邗沟佳丽，尽夸百尺元龙。极目送飞鸿。总零烟剩雨，埋没隋宫。恰又
斜阳金刹，天外度疏钟。

梅花岭吊史阁部

屈大均

墓林犹见阵云屯，丞相衣冠尺土尊。自丧兴平无将帅，难归白下哭陵园。
江都竟作鸿沟界，梅岭何殊百丈原。痛绝宁南频呕血，晋阳戈甲岂王敦？

平山堂怀古

彭孙遹

春尽平山长薜萝，虚堂寂寞少经过。欧公一往空陈迹，羁客重来起浩歌。
京口晴云江树坼，蜀冈春草墓田多。低回千载情何限，斜日芜城奈晚何。

栖灵寺第五泉

彭孙遹

指点名泉处，招提迹未湮。亭空碑记在，草翳井干新。
漱石明微尚，临风忆古人。清泉如可荐，更采涧中蘋。

红　桥

彭孙遹

草树依微合，烟波缥缈长。红桥一极目，城郭半斜阳。
舟渡蘋花水，风薰耦叶香。旗亭何处曲？春怨绕垂杨。

瑞鹤仙·题袁氏园亭

彭孙遹

携来一片石。直压倒江上,三山无色。名园堪永日。有翠干萧萧,明玕鲜碧。桐阴竹实,香联翮、鹓雏接翼。问何人、领袖烟霞,身是东吴倦客。　　犹忆。梁鸿庑下,梅福门前,旧曾相识。重逢此地,同访琼花消息。待粗酬婚嫁,远寻禽,向五岳安排游屐。记他年、行药归来,龙鳞千尺。

重茸休园

陈 瑄

翩翩冠盖古城东,选胜园林到处同。须信贻谋传世德,方能肯构继家风。
楼台秀起声歌外,泉石思深仁孝中。自是高踪推郑谷,时闻赋就气成虹。

傅自远明府招同韩醉白泛舟红桥,舍舟上法海寺,绕蜀冈登平山堂而还,得十截句

梁佩兰

二十年来寻好梦,于今始得客扬州。锦帆莫笑隋天子,风俗依然尚冶游。

故人知我好遨游,买得蜻蜓一小舟。共同绿杨深处棹,不须桃叶亦淹留。

谁家园子百花香,半出青山半女墙。晴日满河瓜蔓水,照人巾舄尽生凉。

荇田河渚放渔篙,山径松门石路高。试着青鞋凌绝顶,茫茫应见广陵涛。

杰阁孤峰杳霭间,迷楼新作道场山。蜀冈垅坂青松路,赢得高僧日往还。

城阁楼台烟火里,平山堂上豁然开。江南江北看无际,建业钟声又到来。

当年名姓早相闻,绝代词人孰似君。今日山头聊一拜,白杨青草已成坟。

不饮那知水位全,泠泠香雪寺门前。怪来未试龙纲饼,辜负名山第五泉。

前头金笛后银箫,隔浦歌声向晚娇。醉倚夕阳人影外,绿烟如水浸红桥。

忆从水上跨虹霓,归路谁知傍竹西。爱杀城南好风景,万家灯火酒楼齐。

泛舟红桥(二首)

彭 桂

大东门出北门关,两岸楼窗对水闲。转过一湾回首看,城头还在绿杨间。

绿阴深处隐垂霞,知是红桥隔水斜。前路棹歌寻不见,自挐双桨拨荷花。

小重山·红桥

彭　桂

曲绕城湾绿柳村。红桥帘影外，易斜曛。荷花十里美人魂。莲舟唱，溅水湿罗裙。　　沽酒忆王孙。阑干频醉倚，晚霞痕。归来歌吹寂黄昏。无聊今夜梦，郭西门。

念奴娇·红桥野望

季公琦

淳泓萧瑟，莽郊原回首，雷塘耕镢。十里红楼成往事，败瓦苔痕余绿。锦瑟风轻，灵旗云满，尽日驰雕毂。盈盈沟水，燕支剩有残沫。　　坐待斜阳微曛，飘零塞雁，如听翁离曲。略记董逃杨叛日，丞相孤军全覆。鹿走荒原，羊驱高陇，旧鬼啾啾哭。无心欲学，山僧闲拾枯竹。

重葺休园

陈　琮

广陵涛色映城东，台榭平临兴不穷。见说山光新漾碧，应怜花径旧飘红。紫薇月带仙郎韵，翠竹霜高御史风。闭户晴窗开万卷，康成家学几人同。

步平山堂怀六一居士二首

顾九锡

平山风物尚依稀，遥忆当年旧事微。一片荒烟迷蔓草，几株寒柳照晴晖。

闲来着屐向平山，太守风流未可攀。日暮忽闻衰柳外，一声清磬落人间。

邀严子问徵君、子餐都谏、方贻孝廉集依园

王士祯

客从南屏来，衣上烟霞斑。落帆广陵郭，顾我虞清闲。
置酒莲叶上，鸣琴竹林间。池引汴河水，楼观瓜步山。
清秋有明月，留醉莫言还。

瓜洲于园二首

王士祯

于家园子俯江滨，巧石回廊结构新。竹木已残鱼鸟尽，一池春水绿怜人。

风寒江上草萋迷，闲踏春泥过涧西。一树冬青青不改，映门犹自照清溪。

天 宁 寺
王士禛

黄叶城东市，闲将坐具来。谈禅松子落，留客竹园开。
几日过休夏，何年见渡杯。相逢有都讲，初地一徘徊。

九日平山堂二首
王士禛

昔曾游处景依稀，第五泉边旧路微。日暮江城闻玉笛，便无离恨已沾衣。

九日登临帝子家，夕阳人影玉勾斜。尊前莫话南朝事，几树垂杨有暮鸦。

九日与方尔止、黄心甫、邹訏士、盛珍示集平山堂醉歌，送方、黄二子赴青州谒周司农
王士禛

西风萧萧天雨霜，秋高木落当重阳。鶗鴂先鸣蕙芳歇，雁门鸿雁来何方。
今我不乐出行迈，城西近对平山堂。欧公风流已黄土，旧游寂寞风烟苍。
乔木修竹无复在，荒芜断陇栖牛羊。刘苏到日已陈迹，况复清浅论沧桑。
京江南望流汤汤，北固山高枕铁瓮。萧公旌旆何飞扬，云龙直北云茫茫。
彭城戏马启高宴，至今边朔传名章。孤蓬惊沙振丛薄，哀萤蔓草缠雷塘。
从来王霸已如此，牛山何必沾衣裳。与君并坐但鼓瑟，醉倒聊复呼葛彊。
樽前聚散况难必，羽声变徵何激昂。明朝送汝望诸泽，欲趁桓公作急装。

同诸公访栖灵寺
王士禛

平山堂外柳如烟，古寺同寻第五泉。风静钟声临岸曲，雨晴山色隔江天。
雷塘有径生春草，板渚无波作墓田。惆怅隋唐一弹指，不如初地老栖禅。

第 五 泉
王士禛

西忆峨眉雪，高寒万里心。蜀冈汲春水，犹是峡中音。

冶春绝句二十首（选二首）
王士禛

同林茂之前辈、杜于皇、孙豹人、张祖望、程穆倩、孙无言、许力臣、师六修禊红桥。酒间，赋冶春诗。

今年东风太狡狯，弄晴作雨送春来。江梅一夜落红雪，便有夭桃无数开。

红桥飞跨水当中，一字阑干九曲红。日午画船桥下过，衣香人影太匆匆。

红桥（二首）

王士禛

舟入红桥路，垂杨面面风。销魂一曲水，终古傍隋宫。

水榭迎新秋，素舸自孤往。漠漠柳绵飞，时时落波上。

平山堂二首

宋荦

路出红桥畔，秋原问蜀冈。穿林寻曲径，拾级到高堂。
远岫平襟带，长江得渺茫。呼童扫黄叶，好煮石泉尝。

昔贤良宴会，兹事遂千秋。胜地几兴废，闲云此去留。
楼开歌舞外，塔入海天浮。何处雷塘路，萧骚起暮愁。

红 桥

宋荦

最是扬州胜，红桥带绿杨。著名同廿四，佳话自渔洋。
去住笙歌接，空濛烟水长。几回凭吊处，诗思寄斜阳。

寓扬州天宁寺，同吕藻南、李荆涛、吴符邺至寺后眺览

唐孙华

偶趁春风泛短艭，喜逢萧寺绿阴遮。门无过客寻修竹，径有闲僧扫落花。
放眼苍茫看塔影，凭栏晻暖见人家。怪来窈窕多层宇，应为当年驻翠华。

维扬程衣闻招同吕藻南、李荆涛、家弟薪禅、改堂、婿吴符邺载酒游平山堂，登眺即事

唐孙华

我来三月泊扬州，萧森古寺松门幽。樱桃花谢莺欲老，南陌未遂巾车游。
幸有良朋解余趣，招携载酒登轻舟。才过红桥心眼豁，快意有若鹰离韝。
名园华馆纷连属，隔林遥见繁花稠。榜人扬舲瞥一过，系缆不得成淹留。
树影低速啼好鸟，兰桡宛转随轻鸥。青丝挈瓶倾美醑，珊盘进食罗珍馐。
稍觉暗风吹醉面，舍舟纵步聊夷犹。平山咫尺得登憩，愿游有志今方酬。
缅想嘉祐全盛日，文章太守矜风流。偶携宾从恣宴赏，觞咏盛事垂千秋。
堂中扁额遗笔在，字大如斗雄且遒。况有天意悬日月，星河照耀虹光浮。
第五泉枯井已堙，中泠水味何从求？遥望平原树如荠，隋宫泯灭成荒丘。
张吴二子并名士，倾盖已喜情相投。别烹香茗杂粗粝，说诗论史真吾俦。

回船洗盏更深酌，薄云细雨风飕飕。一日已当十日费，主人厚意何绸缪。
旅客那能逢此乐，旷荡殊足销烦忧。却笑当年狂小杜，不寻山水梦青楼。

金长真太守兴复平山堂落成宴集纪事

许承家

登临频纵眼，逸兴寄巃嵸。望古情难惬，怀新意不穷。
逶迤当蜀岭，指点向隋宫。疏凿人踪灭，芊眠地轴通。
江光摇几席，山色上苍穹。一水金焦外，三峰涧壑中。
蜿蜒因断续，崔崒转朦胧。平楚烟浮白，边沙气射红。
夕阳斜度鸟，秋露暗惊鸿。名胜夸淮海，栖迟傍岳嵩。
壮游悲大业，往事付新丰。廿四歌吟歇，三千饮马雄。
玉勾青冢在，金殿碧箫空。堂构庐陵创，珉碑庆历耆。
巍檐凌远岫，绝壁锁清潨。宴罢芙渠丽，题来锦字工。
诗词倾白纻，楼阁倚丹枫。学士闲凭槛，征人尽驻骢。
如何千尺栋，欻作十花丛。叶变林初敞，台欹草欲芃。
游观资顾画，兴复自金公。仗策追千载，临轩试五戎。
端居销斥堠，惠泽起疲癃。暇豫营基稳，规模视昔崇。
云楣收岳势，绣椽藉人功。匠石不知斫，公输信有终。
当檐回旧燕，落影断长虹。路入青鸾异，堂将白鹿同。
鼓钟新俎豆，天地入帘栊。用肃二千驾，忻承六一风。
循崖凭野屐，召客费诗筒。簪药他年宴，浣花昔日翁。
才华微楚越，物望及崝潼。韩富行堪配，邹枚到处逢。
江南金箭薮，吴会凤鸾从。野服堪调鹤，朝冠任伏熊。
玉珂盈耳彻，草笠半头童。作赋先曹植，传觞忆孔融。
风流依岸柳，气谊引丝桐。佛火斜逾逼，泉声夜欲流。
醉颜临紫陌，信步向青葱。荒墅纷停马，寒郊夕拓弓。
喧呼来怨鸟，离别舞吟虫。下坂冲残碣，还车映晚菘。
撤筵歌未断，归路月初曈。东阁人全盛，西园咏比隆。
骑前无锦贮，寺后有纱笼。真为芜城艳，谁因羽檄恫？
琴樽摧剑戟，礼乐罢檬幢。胜迹流清响，幽人慰转蓬。

寻影园旧址，同郝山渔赋

江楫

园废影还留，清游正暮秋。夕阳横渡口，衰草接城头。
词赋四方客，繁华百尺楼。当时有贤主，谁不羡扬州。

雨中同唐耕坞舍人、施愚山少参、刘公考功、程穆倩、孙无言、豹人诸子泛舟红桥（二首）

汪 楫

邗河十日雨，大水忽平堤。泛泛红桥近，家家绿树低。
旗亭连画舫，树笛杂黄鹂。最爱游人少，新诗属共题。

城北放萤苑，城西戏马台。雨余尤寂寞，客到重徘徊。
野店风前敞，垂杨乱后栽。但令尘市远，小艇不时来。

步平山堂旧址，有怀六一居士

汪 楫

扬州自古繁华区，深溪峻壑无与娱。品题惯得文章伯，名邦从此称江都。
枚邹已往鲍照远，涛声寂寞芜城晚。庐陵学士剖符来，平野一朝同绝巘。
平山山上几间屋，绕屋新栽万竿竹。上客赋诗风满楼，小史传觞花映肉。
有时湖上采莲归，十里渔歌到山麓。翻波荷叶乱花红，隔江岩岫当门绿。
山光花气未全非，只是堂前竹影稀。把酒还来太古月，肯教早放画船归。

观 音 阁

汪 楫

登临更上最高台，九月风多烟雾开。过树钟声邻寺出，入门山色隔江来。
美人自合六宫妒，天子谁怜一代才。只有繁华足凭吊，荒原落日重徘徊。

第 五 泉

汪 楫

汲得山头第五泉，共携新火入林煎。如何天下清泠水，不上人间歌舞筵。

第 五 泉

汪 楫

不愁迷处所，一路有青苔。边马嘶风去，山僧抱瓮来。

蕃釐观怀古

闵 鹏

落尽琼英尚有台，春来惟见野花开。前朝辇路如相识，古洞仙葩只自猜。
天上一枝无异种，人间浩劫等寒灰。凭高却望隋皇路，槛外游云去不来。

红桥秋泛（十首）

冒丹书

秋到偏宜作胜游，扬州风物不禁愁。风流往事浑如梦，惟有红桥碧水流。

桥外烟波水面桥，斜阳一带画楼高。呼童隔岸忙沽酒，绿柳溪头系小舠。

水阔苍茫四面空，画船次第荡轻风。沿流又过无人迹，浮碧渲清一望中。

漠漠烟迷古寺前，登临旧迹尚依然。刘郎曾有题名处，不识谁名第五泉？

芰荷深处晚风凉，风送红衣细细香。隔水采莲人不见，碧波燕子掠横塘。

冶游清景不须论，寒食莺花多丽人。怪煞深闺愁听镜，寂寥那复似浓春。

目断迷楼衰草多，玉钩斜畔冷烟萝。当时迎辇司花女，零落红颜唤奈何。

尚忆霜天此送君，两年踪迹叹离群。比来不共司勋语，回首湖山怅暮云。

风流刺史说欧阳，近代琅琊独擅场。留得冶春诸绝句，红牙齐唱小秦王。

山影迷离带夕阳，草陂深碧卜牛羊。濛濛烟雨人归去，欸乃歌声入渺茫。

游琼花观

李　颖

无复琼花在，空寻后土祠。春风闲自到，阶草暗还滋。
谁见云軿访，翻教羽士嗤。观门长寂寂，烟雨锁台基。

仲冬，平山堂落成，太守金公招同诸君燕集，即席得五十韵

汪懋麟

旷野看飞鸟，山堂拥巨鳌。新晴云日变，昨夜雨风号。
天意兴名迹，群情寄浊醪。轩车来古寺，供帐起平皋。
贤守从何得，斯文喜再遭。此中关典礼，岂独系风骚。
转觉经营易，回思计画劳。十年谋筑舍，九月始闻謷。
佞佛人情怯，驱僧物议嚣。名山何寂寂，淫祀久滔滔。
正气思韩愈，遗书念李翱。忧来常独往，论定忝同操。
地脉还绵亘，山精莽遁逃。檐楹穿树直，栋宇入云牢。
俎豆尊先哲，诗书养俊髦。台前宜骋望，岭上辨纤毫。
细草嘶骑马，轻波泛画舠。蜂喧依锦勒，鱼动响春篙。
蚕女条桑叶，溪翁摘涧毛。诸峰环几席，一水接城壕。
堂外仍栽柳，门前好种桃。榜题悬篆籀，碑版剪蓬蒿。
百堵工余作，层楼愿尚饕。倚栏观海日，侧枕听江涛。

雾气腾双塔，风帆走万艘。雷塘传法曲，隋苑想云璈。
莫道繁华改，频嗟战伐鏖。多泉湮石瓷，隐语觅神膏。
事更追唐宋，人还得谢曹。应求来越峤，宾客有临洮。
剑气齐腾上，珠光不可弢。上梁文竞作，招隐赋相挑。
白雪歌难和，青天首自搔。芳筵歌鱮鲤，美酒泻蒲萄。
选味宜烹韭，升堂拟献羔。朱弦调玉柱，铁拨转檀槽。
花谶围金带，诗盟夺锦袍。清游同落帽，险韵续题糕。
劝客持荷叶，留宾送海鳌。已知情倒极，何惜醉酕醄。
烽火传三楚，经纶重六韬。长江空似带，群盗实如毛。
吏是今年借，思从此日叨。使君多暇豫，黎庶失喁嘈。
美绩真难及，天书特赐褒。四郊驰驿骑，三命锡旌旄。
惜别挥金碗，弹冠赠宝刀。似余原懒拙，何幸倚贤豪。
情雅推张载，循良继叔敖。他时怀旧德，名与碧山高。

红桥泛舟四首

刘中柱

荷香十里拔行舟，今古谁人不爱游？何处管弦歌舞盛，韩家园子敞朱楼。

尽日妖姬画舫多，湘帘卷映往来过。凭阑却爱临流照，疑是莲花落碧波。

谁按红牙送远声，娇喉宛转遏行云。须臾看倚篷窗坐，肠断吴儿一种情。

垂杨垂柳映红桥，倾盖残尊话昔朝。一到江都归不得，风流天子也魂销。

梅花岭怀古

刘中柱

不见梅花傍岭开，沉瘳风起野猿哀。中原事业余荒土，半壁江山冷劫灰。
啼血蜀鹃何处听，招魂辽鹤几时回？夕阳秋草无人到，暗读残碑剔绣苔。

大 涤 堂

石 涛

未许轻栽种，凌云拔地根。试看雷震后，破壁长儿孙。

泛舟红桥因至观音阁

费锡璜

绣桨荡晨波，春城千柳影。水窗三十六，卷帘落红粉。
佛阁绛仙宫，胭脂沉废井。鬼唱念家山，桃花泪如绠。

韩 园

费锡璜

柳莺三四啭，舟始过红桥。野兴偏宜缓，歌声何太娇。
秧针初刺眼，蒲剑已齐腰。为问韩园叟，藤花发几条？

幸天宁寺

爱新觉罗·玄烨

空濛为洗竹，风过惜残梅。鸟语当阶树，云行动早雷。
晨钟接豹尾，僧舍踏芳埃。更觉清心赏，尘襟笑口开。

幸茱萸湾行宫，登五云楼

爱新觉罗·玄烨

财赋称兹地，时巡复此经。春膏宜豆麦，烟景遍林亭。
靡丽风应换，敦庞训屡形。施恩频已责，聊尔翠华停。

幸静慧园

爱新觉罗·玄烨

红栏桥转白蘋湾，叠石参差积翠间。画舸分流帘下水，秋花倒影镜中山。
风微瑶岛归云近，日落青霄舞鹤还。乘兴欲成兰沼咏，偶从机务得余闲。

平 山 堂

爱新觉罗·玄烨

宛转平冈路向西，山堂遗构白云低。帘前冬暖花仍发，檐外风高鸟乱啼。
仙仗何尝惊野梦，鸣镳偶尔过幽栖。文章太守心偏忆，墨洒龙香壁上题。

天 宁 寺

爱新觉罗·玄烨

小艇沿流画桨轻，鹿园钟磬有余清。门前一带邗沟水，脉脉常含万古情。

忆扬州天宁寺竹

爱新觉罗·玄烨

久别金焦十一年，依稀寒暑递推迁。此君有意虚心待，叹我徒劳幽思牵。
雁逐西风何处问，云回北地竟谁传。翠筠晚节饶苍箨，远寄宸章梵宇前。

重葺休园

鲁衷淑

寂寂园林怅共时，断桥烟柳一丝丝。花开乍落人非旧，鹤去还来水满池。
当日漫传蝴蝶句，于今争唱鹧鸪词。西窗月落青桐晓，喜见明霞映玉枝。

游平山堂

孔尚任

庆历遗堂见旧颜，晴空栏槛俯邗关。密疏堤上千丝柳，深浅江南一带山。
文酒犹传居士意，烟花总待使君闲。行吟记取松林路，每度春风放艇还。

蜀冈观音阁是迷楼故址

孔尚任

回首芜城半是烟，轻鞭策马意凄然。满冈黄叶秋深路，几寺红楼夕照天。
萤苑苍凉迷乱水，雷塘疑似访荒田。香消粉坏何年恨，且解征衣唤钓船。

平山堂题壁

孔尚任

放眼晴空万事无，沉吟座上想欧苏。春风杨柳挥毫处，一幅江山好画图。

补种平山堂杨柳

孔尚任

太守行吟路，春风几度荒。从新删乱竹，照旧补垂杨。
园老遗佳本，山僧得种方。明年寒食节，烟雨满空堂。

除岁，同李厚余、黄仙裳饮田氏半园题壁

孔尚任

名园位置眼初经，整幅溪山似画屏。寒雨才收梅破玉，春冰未化柳包青。
庭前日暮群鸦过，客里年除两鬓星。题壁那能诗句好，流传倚借子云亭。

王学臣同春江社友招集秘园

孔尚任

锦水飞凫后，翛然野意存。归田诗总好，结社友皆尊。
梅岭曾经路，春江未到村。追陪诸旧隐，宛转问柴门。

秘　园

孔尚任

北部名园水次开,酒筹茶具乱苍苔。客催白舫争先到,花近红桥赌胜栽。
海上犹留多病体,樽前又识几诗才。蒲帆满挂行还在,似为维扬结社来。

法海寺楼上坐眺

孔尚任

雪消蜀岭寺犹寒,尽敞窗阑放眼宽。修竹偏宜沿路种,遥山不似隔江看。
寻思兴废闲吟足,爱惜晴春偶步难。溪上游人惊小队,风流才是马牛官。

平山堂僧院看梅,柬道弘上人

孔尚任

春晴立蜀冈,苍翠群山变。村郭飐午风,残梅似雪霰。
老僧同看足,缓步入深院。两树药栏中,清香扑佛面。
红者已彻梢,白者枝犹恋。雨后绿苔阶,落英无一片。
对此盛开花,枯禅情亦眷。出入闭重关,不遣东风见。

载酒登法海寺平楼,偕黄仪逓、卓子任、陈鹤山,访卢歊庵、于臣虎消夏尽日分韵

孔尚任

荡出荷花十里湾,南朝古寺看僧闲。长流溪水通何处,冰冷窗风异世间。
入座齐开轻白袷,隔江相就好青山。著书高士经年住,引我扁舟数往还。

过法海寺于臣虎寓楼

孔尚任

芳草隋堤路,船游到寺根。笙歌随耳换,风雅赖谁尊。
老树虫鸣叶,荒楼雨坏门。看花人去尽,吟句坐黄昏。

寓天宁寺杏园闻百舌

孔尚任

客里闲眠感岁华,无端百舌近窗纱。最愁绿树临明雨,苦叫红楼未醒花。
万啭难言春结恨,五更不放梦还家。子规亦是消魂鸟,那得撩人泪似麻。

初夏再寓天宁寺杏园

孔尚任

杏园雨过又停车，老树低枝巷曲斜。风定更无花逐阵，泥多才见燕成家。
往来朋少门空设，坐起身轻吏不哗。布袜青鞋随意好，却嫌僧院苦留茶。

禅 智 寺

孔尚任

寺门松阴合，遥接江南烟。时有访碑客，低徊立松边。

康山书屋

孔尚任

老树响秋堂，琵琶声如在。买山主人多，康姓谁能改。

影 园

孔尚任

牡丹状元诗，相传事颇韵。至今潦倒人，闲步夕阳间。

梅 花 岭

孔尚任

梅枯岭亦倾，人来立脚叹。岭下水滔滔，将军衣冠烂。

题平山堂后楼曰晴空阁

孔尚任

平山真赏楼，予改曰晴空。除却江山色，无物在眼中。

晴空碧四垂，中有高阁起。缅彼昔贤词，真作平山倚。

平 山 堂

纳兰性德

竹西歌吹忆扬州，一上虚堂万象收。欲问六朝佳丽地，此间占绝广陵秋。

西城看梅吴氏园

曹 寅

轻舆细马唤游频，较雨量晴动浃旬。老我曾经香雪海，五年今见广陵春。
山邻青玉树浮水，城转红桥道少人。且就高台赊暝色，暂避飞片缀衣巾。

寄题东园八首

曹　寅

其 椐 堂

何以筑斯堂，婆娑荫嘉树。置身丘壑间，萧散不出户。回风集群英，流览畅玄度。

几 山 楼

川原净遥衍，缥影烟中楼。澄江曳修练，突兀露几丘。推棍纳浩翠，永日成淹留。

西池吟社

凭崖结新茅，池水廓然碧。有时泛诗瓢，知汝共吟癖。蒙葺散鱼烟，手弄秋月白。

分 喜 亭

连稛积嘉穟，卧陇收文瓜。西成陈百宝，滴酒生欢花。谁夸挂斗金，未抵焦谷芽。

心 听 轩

遥听长在山，幽听不离水。卷帘白日长，挥箑清飙起。时来垂钓人，偶遇饭牛子。

西 墅

桃坞下多蹊，三三别一径。花丁扫残霞，顷刻没畦稜。主人祝大年，且喜少丹甑。

鹤 厂

支郎偏爱马，处士独怜鹤。飞行用故岐，同赏入冲漠。西风惊新巢，群起松子落。

渔 庵

白沙有渔庵，甪里有渔庵。庵前活流水，万里通江潭。中藏短尾鲤，时达尺一函。

早春泛舟至平山堂分韵

曹　寅

遨头吟兴未嫌劳，城脚淮流绿满壕。恰趁扬人看新水，红桥正月上轻舠。

东园看梅，戏为俚句八首

曹　寅

飞飞灵鹊声，强起试春行。不是昨朝雨，肩舆懒出城。

肩舆去何所，东园古流水。今日不来看，陌上红尘起。

陌上绿还浅，园中草欲萋。寻常叉手处，只过小亭西。

小亭背夕阳，坐久发花光。消尽经时盹，东风满园香。

东风清向晓，无赖亦黄昏。此夜江边月，纤纤正返魂。

纤纤方酌月，淰淰复添衣。莫拗芳条去，先生絮帽归。

先生游不时，潜出春已半。笑倒路旁儿，花时灯火乱。

花时逐春尾，花事竞春头。剩取看花眼，浮岚望五州。

过 甘 园
曹 寅

依然薜荔旧墙阴，再拜河阳松柏林。一二年间春更好，八千里外恨难沉。
峻嶒石笋穿窗见，狼藉风花绕地寻。已是杜鹃啼不尽，忍教司马重沾襟。

吴园饮饯查浦编修，兼伤竹垞、南洲
曹 寅

离会漫无据，风花多半吹。怪来情思减，添得暮春悲。
路即蓬山远，欢非地主为。眼前三百盏，何用不申眉。

晚过南园
曹 寅

百虫声里雨初晴，压架葡萄秋水明。十亩熟田千树果，读书空老不知耕。

史阁部墓
沈德潜

阁部余丘垅，碑文笔有神。虫蛇残四镇，冠剑葬孤臣。
一死人常在，千秋草不春。忠魂吊萝石，南北并成仁。

舟行至蜀冈，上平山堂，记一路所见（十首）
沈德潜

放艇红桥畔，径行入画图。花林纷四序，楼观俨三壶。

堆阜森高岭，通川淼大湖。岸旁游冶客，连辔跃骅骝。

第五泉边过，淮东第一观。古冈随迤逦，怪石欲飞抟。

禅宇尘嚣外，天章云日端。僧雏供导引，到处许盘桓。

欧苏留古迹，后代每追寻。山借南徐色，人怀北宋心。

两区江界限，四度帝登临。为忆芜城赋，升平感自今。

春半梅方绽，冈前几万丛。林深难觅路，香透不因风。

绀色余银色，人工夺化工。御题三字额，佳景忆吴中。

日暮几忘返，寻芳不厌频。红霞旋送晚，翠袖尚探春。

酒旆招花雨，看轮碾玉尘。二分明月好，恰照咏归人。

初筑筱园

程梦星

造化付褊性，卜筑忻幽栖。五塘远城郭，延伫塘之西。
清阴忽到眼，风来时高低。猗猗十亩竹，宛转苍苔蹊。
佳哉适我意，足以扶我藜。宁复待丘壑，然后堪攀跻。
夕阳自相度，畚锸呼童携。野外无华屋，茅茨开荒畦。
柴门临野水，槿楥连长堤。宽闲留余地，种树青翳翳。
昔者竹林下，传有阮与嵇。自顾非其人，难免凡鸟题。
春秋集兄弟，馈饷有莱妻。茫茫天地内，永听幽禽啼。

筱园十咏并序

程梦星

园在郭西北，其西南为廿四桥。蜀冈迤逦而来，可骋目见者，栖灵、法海二寺也。上下雷塘、七星塘，皆在左右。因得“夕阳双寺外，春水五塘西”二语，书为堂联，即以为十韵之次。

今有堂

谢康乐《山家》诗云：“中为天地物，今成鄙夫有。”何古非今，即今成有，遂以名堂。

林野有清旷，天意闷荒僻。偶然落吾手，榛莽倏已辟。长啸惬幽怀，于焉乐晨夕。

修到亭

环亭种子梅百本，花下可布十余席。“几生修得到梅花”，谢叠山句也。

诛茅面高阜，种树南山阳。先春挺孤秀，一一凌雪霜。因之结夙契，竟体凝寒香。

初月沜

池半规如初月，植菡萏，畜水鸟其中，跨以略彴，激湖水灌之，四时可不竭。

蟾影纤如钩，下照白石淙。向夕池上酌，一泻倾春缸。鸥群久相狎，来往时一双。

南坡

筑土为坡，乱石间之，当今有堂之南，其高出林杪，蹑小桥而升。

杖策过危桥，拾级上空翠。曲塍急春流，前林出高寺。遥见耦耕人，携钼话农事。

来雨阁

竹坞之西阁，可眺可咏，知旧能来，当不间今雨矣。

万个罗清阴，萧散人境外。旧雨时来游，一径入烟蔼。风细殊不闻，嘹然发天籁。

畅馀轩

启庵扉而入，平轩三楹，以觞以弈。刘灵预《答竟陵王书》云：“畅馀阴于山泽，托暮情于鱼鸟。”

归怀在山泽，好景无冬春。孤赏白日静，佳趣已毕陈。永言畅馀阴，企彼羲皇人。

饭松庵

堂之北偏，杂植花药，缭以周垣，为偃息之所。故多松，其秀色可餐云。

山客了无营，提筐拾松子。食之润毛发，清芬味如水。愿与素心友，共此烟霞髓。

红药栏

芍药以广陵为最，近无好事者。西轩新植数十本，虽无奇种，亦自可人。

不见广陵花，一别岁云五。丰台擅奇艳，所惜涴尘土。归吟红药词，移种及春雨。

藕䕯

栏槛之外，一篱界之，其外湖田百顷，遍种芙蕖，朱华碧叶，水天相映。《毛诗》“䕯”与“湄”通。

采莲去东渡，鼓枻下回塘。日晚歌声起，满湖风露香。落月冷葭苇，夜宿湖中央。

桂坪

畅馀轩多隙地，桂三十树，移自白门，密叶浓阴皆可爱，不必花时也。

天香发遥夜，山月方衔西。森森坪间桂，绿叶含丹黄。连蜷不自闷，招我成深栖。

休 园

程梦星

三休著司空，名园想遗老。避地构亭台，选胜凿池沼。
风樯隔城闉，烟岫列江表。森然园中木，手植今合抱。
长廊行转纤，曲径净如埽。时闻幽鸟啼，未许俗客造。
广陵多园亭，易世半倾倒。谁能数传后，丘壑永相保。
翩翩贤主人，神致见清矫。赏心媚寒葩，梦吟发春草。
当轩列奇石，图书坐围绕。壶觞招我来，境胜情弥好。
乍经获殊观，重游展遐眺。爱之不能归，永日洽言笑。
繄予辟五亩，本以护林筱。方兹仅十二，齐大邾邻小。
巾车向林峦，出郭每清晓。何如延望间，极意得幽讨。
君虽简交游，未必厌频到。更欲挈同人，步屧订秋杪。

可园探梅

程梦星

昨日探梅城西北，一树寒花笑迎客。今日探梅城东南，几株素萼横苍岩。
春来游屐无虚日，到处有花成莫逆。主人潇洒启园扉，收拾香光入词笔。

只愁零落飞香尘，花片随风早谢春。愿花岁岁留春久，烂醉不辞杯在手。

东园八咏

程梦星

其 椐 堂

乔木荫虚堂，入门失尘想。秋气日夕佳，平楚正苍莽。不见伐柯人，众山满清响。

几 山 楼

拾级巡危栏，振衣蹑高阁。坐对南山南，空翠入林薄。等闲风雨来，云气白帘幕。

西 池 吟 社

曲沼环西池，琮琤鸣以泻。桂子落秋衫，寒如山雨洒。招月共清吟，开尊风露下。

分 喜 亭

半亩犁春云，田畯亦吾耦。鼓腹行且歌，帝力知何有。浩然赋归来，古人不相负。

心 听 轩

斋居兀无事，日长小年永。吾心古井水，山光淡云影。天风半夜吹，妙悟入虚牝。

西 墅

西蹊桃试花，红树缘流转。无语笑东风，飞香落苍藓。欲问前度人，烟中辨鸡犬。

鹤 厂

此鸟讵可笼，幽柴接烟渚。虽怀稻粱恩，终恋江海侣。多事笑乘轩，凌云任遐举。

渔 庵

澄净爱秋潭，架屋倚崖侧。游鱼簇浪花，水痕细如织。向夕独垂纶，忘筌亦忘得。

平山堂雅集(二首)

卢见曾

蜀冈高倚碧霄寒，学士遗堂历劫残。江气混茫遥向海，山光低亚近平栏。
空余咏啸酬嘉会，未解繁华负美官。还棹竹西歌吹路，红桥灯火月明看。

选胜应输此地豪，江山雄丽称风骚。花籥第四名犹重，亭表无双韵自高。
一石清才频代谢，二分明月又吾曹。衙官屈宋分明在，虚左逢迎未惜劳。

平 山 堂

高凤翰

昔人守牧地，堂古得平山。我来成俯仰，风物还清妍。
缅想文宴盛，车骑如飞烟。百有非故物，惟余夕阳田。
贤者无浪游，政优乃敢闲。愧我牛马吏，束带常沕颜。

偷隙忽掩至，惕息如惊猿。耳目苦荒獐，神明安能全。
徙倚日顿尽，新月生前川。溪上明细路，野风吹沦涟。
三过感颇翁，弹指语凄然。应从此间来，想见髯蹁跹。
行歌踏石磴，露下松风寒。青林隔渔火，箫鼓杂游船。
飞潜各适意，何必高名传。樊笯羁鸿鹄，华发悲流年。

平 山 堂
汪士慎

堂空寂寂倚烟岚，庆历风流未可探。只有衰杨抱城郭，好山都在大江南。

元日登文峰寺塔，同幼孚、蔚洲作
汪士慎

梵音齐唱众僧忙，引客梯空眺四方。霁日正明江上雪，北风犹著树头霜。
到来野服消尘蠹，归去吟囊带妙香。共喜消斋过元日，祇园应结古欢场。

马曰琯、曰璐兄弟招同王岐、余元甲、汪埙、厉鹗、闵华、汪沆、陈皋集小玲珑山馆
金 农

少游兄弟性相仍，石屋宜招世外朋。万翠竹深非俗籁，一圭山远见孤棱。
酒阑遽作将归雁，月好争如无尽灯。尚与梅花有良约，香黏瑶席嚼春冰。

平山堂看牡丹
黄 慎

平山三月春将半，蚁织游人看鼠姑。芳尘遥忆京华远，风景无如庆历殊。
画船载得豨苓酒，蜀道寻来连理榆。醉眼红妆开顷刻，檀心玉兔妒须臾。
缅邈欧阳评第一，难教敏叔复全图。花开那得年年似，身老无常事事如。
好怀几见佳时节，寂寞蹉跎岁月余。君不见金高难买花前醉，醉杀狂夫得似无？

梅 花 岭
黄 慎

吊史可法葬衣冠处。
昔为偕乐园，今为芜城墩。苍茫分淮甸，平野罩烧痕。
白鸟顾将夕，梅萼静无言。谯楼悲晓角，古冢号夜猿。
请奠上世人，欲荐涧溪荪。

三月晦日集饮万石园(二首选一)

马曰琯

满庭林木暗斜阳,石罅天然漏冷光。试上高楼一凭槛,绿杨城郭晚苍苍。

平山堂秋望

马曰琯

前贤遗躅地,风韵至今留。剩有寒泉冽,空余梧叶秋。
江澄三面绕,山远一堂收。冉冉斜阳下,钟鱼起客愁。

街南书屋十二咏

马曰琯

小玲珑山馆

虚庭宿莽深,开径手芟剔。会有云壑人,时来踏苍藓。

看 山 楼

我有山中心,不得山中宿。爱此两三峰,凭栏肆遥瞩。

红 药 阶

绮钱晴日丽,粉缬苔花侵。春去亦等闲,鬓丝吹上簪。

透风透月两明轩

摩围老人语,借似颜吾轩。弹琴复解带,此意谁为传?

石 屋

洞中若有室,片云入我怀。长松覆阴窦,烟萝褰阳崖。

清 响 阁

疑游水乐洞,石激波漋洄。启窗无所有,海桐花乱开。

藤 花 庵

垂垂紫璎珞,可玩复可摘。摘以供清斋,玩之比薝萄。

丛 书 楼

下规百弓地,上蓄千载文。他年亲散帙,惆怅岂无人。

觅 句 廊

长廊敛夕曛,味甘思益苦。起予者寒虫,唧唧墙根语。

浇 药 井

井上二杨柳,掩映同翠幕。空瓶响石栏,寒泉溅芒屩。

七峰草亭

七峰七丈人，不巾亦不袜。偃蹇立篔筜，清冷逼毛发。

梅　寮

瘦竹窗棂青，寒梅屋角白。雏鹤小褵褷，约略见风格。

游蕃釐观

厉　鹗

淮甸何年祀媪神，云阶月地锁青春。隔江远见山凝黛，斜日初来雨洗尘。
仿佛韦郎情是幻，凄凉花史怨如新。无双亭下青苔色，阅尽闲游多少人。

登平山堂

厉　鹗

落日堪销暑，疏蝉唤客游。析酲尝蜀井，过眼叹迷楼。
天净山容出，堂空树影浮。昔贤遗胜地，抚槛小迟留。

题秋玉、佩兮街南书屋十二首

厉　鹗

小玲珑山馆

凿翠架檐楹，虚敞宜宴坐。题作小玲珑，孰能为之大？

丛 书 楼

世士昧讨源，泛滥穷百氏。君家建斯楼，必自巢经始。

透风透月两明轩

前后风直入，东西月横陈。主既如谢谌，客合思许询。

觅 句 廊

步榈何逶迤，昼静无剥啄。好句忽圆时，花阴转斜桷。

红 药 阶

种从亳州移，不是刘郎谱。春风一尺红，阶前晕交午。

石　屋

窐豁似天造，华阳南便门。寻仙恐迷路，不敢蹑云根。

看 山 楼

青山复何在，烟雨晦平陆。待得晚秋晴，徙倚阑干曲。

七峰草亭

青峭落窗中，翛翛竹风举。悠然欲揖之，恍见林下侣。

梅 寮

绕舍玉梢发，嫩寒先起探。绝胜尘土客，落月梦江南。

清 响 阁

横琴小阁间，希声寄弦指。萧寥不可名，松风乱流水。

浇 药 井

久视讬灵苗，仰流资灌溉。际晓辘轳声，众芳欣所在。

藤 花 庵

依格青条上，垂檐紫萼斜。天然妙香色，合是佛前花。

题嶰谷、半槎南庄七首

厉 鹗

青畬书屋

平远眺林坰，肥仁绕江水。入云读书声，时出豆田里。

卸 帆 楼

空楼晴亦雨，桐竹风披薄。飞来北固云，帆影窗中落。

庚 辛 槛

水气入虚楗，幽澹心自领。鱼行无所依，旁穿高柳影。

春江梅信

我来过花时，纸阁绿阴碎。惊鸟蹴梅丸，忽堕小山背。

君 子 林

仿佛西溪路，风吹绿玉香。入林深似许，新粉满衣裳。

小 桐 庐

零露响闲砌，凉阴翳微霄。我欲揖桐君，独唱怀仙谣。

鸥 滩

小构傍云沙，岷流通漭渺。待君秋雨余，同盟三品鸟。

雨中泛舟过筱园三首

厉 鹗

三日邗沟雨，能添打桨声。红荷如欲语，白鸟故相迎。

水亭布砚席，初蝉流碧树。菰芦积无边，不辨来时路。

微雨或时作，乡心何处消。垂杨拍新涨，烟艇第三桥。

平 山 堂
胡天游

连冈回合剧蟠虬，尽拥高楼照此州。人在云霄秋浩渺，天开图画翠沉浮。
水香欲问前朝寺，江迥真看万里流。记取他年骑马路，劲松风下共来不？

江春重建铁佛寺，于腊八日落成，追和
杭世骏

香云遮涌十由旬，造寺还须佛地人。害气已销兵后劫，铁灵重现幻中身。
观空海月传心印，感梦天风转法轮。恰喜清斋逢腊八，虚堂容我算微尘。

十八峰草堂雨中写望
杭世骏

草堂俯春郊，列岫青不舍。一一排闼来，秀色堪玩把。
地胜辰又良，于此掩群雅。东风不世情，密雨乱飘洒。
俄焉顽云封，婍婳露者寡。远势接混茫，目营力难假。
既虞妨履綦，聊且荐杯斝。亟呼米于菟，浓墨恣涂写。
酒阑雨未阑，簌簌响檐瓦。

郑氏休园二首
杭世骏

巷逐城阴转，人传谷口居。入门三径曲，过岭一亭虚。
捉麈鸥边席，行厨竹里庐。不知寻鹿砦，裴迪近如何？

藓壁青萝绣，苔楹老树撑。穿花莎径窄，照影古潭清。
高卧茶喧枕，微吟鸟继声。即看仙迹杳，犹剩石棋枰。

瓜步游锦春园五首（选四首）
杭世骏

画船停橹认瓜洲，绿柳缘堤入望幽。凤泊鸾停瞻御墨，锦春园字恰当头。

修廊窈窕短亭孤，丹垩玲珑碉不枯。一上莎桥抬眼望，万花环处赤阑扶。

论斛浓香散曲台，日烘飞扇长根荄。豪情欲与花魂赛，唤取清歌两部来。

年来绮思渐消磨，老转颠狂爱艳歌。一段清愁遗陶写，酒边哀乐比人多。

秋 雨 庵

杭世骏

看竹有结习，勇往不待劝。巷从青杨弯，路陟黄泥畈。
僧庐一舍遥，疏篱六枳楗。入门数筶筤，离立何止万。
虚亭纳天风，吹绿午逾嫩。乃知阴暍重，力可洗烦闷。
有石苍藓交，有树古藤蔓。色借寿眉青，凉助诗骨健。
清吟杼山释，撰句如造论。沃我紫笋茶，施我松花饭。
饭软茶更香，不叹齿牙钝。因师谢襁襸，毋令数来恩。

游乔氏东园

杭世骏

威迟甪里庄，荒僻来游稀。宛转渡石梁，遂款白板扉。
万竹不受暑，湿翠时扑衣。野水纵横流，新涨没钓矶。
初过其椐堂，解带量松围。下有芝草长，上有白鹭飞。
微行遵枉渚，丘亭俯曲碕。菰叶青戎戎，波漩鱼来依。
即此玩群动，逌然悟化机。错履惭灭明，玄言思张讥。
挥手云间招，我去鹤未归。循崖策短健，林罅窥金微。

题水东小圃

杭世骏

小圃何人筑，裁量在水东。桐阴樵笠雨，荷气钓丝风。
石壁嵯峨立，云房窈窕通。披星来采药，只欠两仙童。

熙春台月夜弄泉

杭世骏

奔流激豪湍，过雨势转急。抵罅力趋险，触石声少涩。
华月出云衢，照我头上笠。寒光堕重渊，净洗一轮湿。
寂寞熙春台，夜色美难及。舟师耽幽便，棹拣柳阴入。
相于弄玎瑝，惊瀑溅衣褶。气慑龟鱼骄，香恋菱荷袭。
扣舷歌皎兮，清影俯可拾。回头白塔尖，独抱翠微立。

题秋声馆

杭世骏

两树梧桐一拳石，染透生衣绿无迹。凄风一至叶自摇，宛学诗人抱吟癖。

秋入遥空淡不收，羁孤心事每如秋。知君已筑秋声馆，听到秋深我欲愁。

寒夜集汪棣萱园

杭世骏

夜气茅堂静，庭柯堕月深。故人多旨酒，独客减乡心。
散帙青灯闪，催吟白发侵。江春坚后约，不厌数招寻。

游法云寺，同用温飞卿法云寺咏双桧韵

杭世骏

春阴接日萃鸥群，入寺寻僧静趣分。草色不殊骠骑宅，风声犹张皖城军。
空枝野烧归尘劫，落日残钟殷梵云。公等共深怀古意，香林清呗几回闻。

积雨初晴，江昉招集净香园即事

杭世骏

积雨连朝净洗尘，乍晴天气健游人。轻风唤柳傲傲舞，迟日烘花渐渐新。
碧草借他修禊地，画船著我苦吟身。溪头磐石双跌稳，欲乞丝竿钓锦鳞。

重过休园即事

杭世骏

城隅路转净尘沙，又到荥阳外史家。压帽枝低妨野鹤，穿篱水急漾修蛇。
投闲心性便看竹，颂酒生涯只惜花。应是诗翁天与福，今朝风景更清嘉。

净香园秋日观荷

杭世骏

陂塘入秋晓，绿水弥冲瀜。亭亭万柄荷，离立清涟中。
红白各自好，间错造物工。妙香蕴无迹，逆鼻因微风。
白鸥傲我闲，晒翅渔梁东。刺船一相就，飞堕菰蒲丛。
乐方窈难状，物理将安穷。须臾万象敛，高柳悬青铜。
殷勤照瑶席，花气逾溟濛。何图清凉国，招邀两仙童。
娇歌恻心脾，四野无号虫。人影各在地，宛似枯莲蓬。

过小玲珑山馆复酬诸公

杭世骏

才子趋庭过，诗朋隔巷招。相思仍昨日，相见喜今朝。
寒色归吟笔，清言佐酒瓢。冬街少冰雪，不畏去途遥。

二月宿天宁寺

夏之蓉

兰若东偏地，无人静掩扉。晚钟初破睡，春藓暗添肥。
雨过丝仍拂，花繁香遍飞。退耕吾久恋，肯使素心违。

陪卢运使宴集平山堂

刘大櫆

楼台俯瞰万山苍，北固烟峦接渺茫。千古醉翁长在眠，一时词客又登堂。
江流日夜争归海，桂影萧疏不满墙。且凭阑干倾一斗，梦中谁暇问雷塘。

康山宴集

何嘉延

此地共跻攀，临风忆对山。城边看树拥，雪后爱峰闲。
忧世烽烟外，论交樽酒间。心期同岁暮，莫惜一开颜。

平山堂秋望

马曰璐

迥与常时别，登临有此朝。堂高随境古，山远挟秋骄。
到眼空云物，吟诗入沆寥。无烦唱杨柳，梧叶暮萧萧。

秋霁集看山楼，得山字

马曰璐

秋色矜新霁，凭阑此解颜。云凉花气薄，天净鸟行闲。
喜有三间屋，还添一角山。何当诸胜侣，吟望不知还。

街南书屋十二咏

马曰璐

小玲珑山馆

爱此一拳石，置之在庭角。如见天地初，游心到庐霍。

看 山 楼

隐隐江南山，遥隔几重树。山云知我闲，时来入窗户。

红 药 阶

孤花开春余，韶光亦暂勒。宁藉青油幕，徒夸好颜色。

觅句廊

诗情渺何许，有句在空际。寂寂无人声，林阴正摇曳。

石屋

嵌空藏阴崖，不知有三伏。苍松吟天风，静听疑飞瀑。

透风透月两明轩

好风来无时，明月亦东上。延玩夜将阑，披襟坐闲敞。

藤花庵

何来紫丝障，侵晓烟濛濛。忘言独立久，人在吹香中。

浇药井

井华清且甘，灵苗待洒沃。连筒及春葩，亦溉不材木。

梅寮

瘦梅具高格，况与竹掩映。孤兴入寒香，人闲总清境。

七峰草亭

七峰七丈人，离立在竹外。有时入我梦，一一曳仙佩。

丛书楼

卷帙不厌多，所重先皇坟。惜哉饱白蟫，抚弄长欣欣。

清响阁

林间鸟不鸣，何处发清响。携琴石上弹，悠然动遐想。

初夏，闵玉井邀集休园

马曰璐

歌吹喧中天漠漠，一片清阴占林薄。扬州池馆竞繁华，扫去朱丹留淡泊。
东邻水竹对门居，浅夏邀游殊不恶。隔日先教瘦鹤知，中宵预梦游鱼乐。
行来夏木挂寒藤，依旧石池横略彴。境寂惟闻翠鸟呼，窗虚只有浓云幕。
不须陈迹感沧桑，未免流光判今昨。碧水难樵石无语，我有吟情何处著。
强将淡景入豪端，开遍亭边万丹若。

续筱园花下看灯歌

马曰璐

五日不来花应愁，华灯晃漾光悠悠。鸥闲鹤散未冷落，复此花下成清游。
一杯在手月相向，留得余香北枝上。池上歌声度水来，水映横斜似初放。
以灯写花花传神，能使幽艳回阳春。但恐明日风还起，一点相思老却人。

弹指阁落成

马曰璐

炎氛欲至喜落成，蹑尽梯桄树与平。何日闲游无此地，占将清胜许谁争。
高僧八十猿猱似，吟客三庚枕簟横。南户东窗俨屏障，不知林外有喧声。

学圃八咏

马曰璐

松槐双荫之居

攫挐松自高，布濩槐亦茂。含风有双清，映石无孤秀。珍簟倘相从，可以坐炎昼。

即 林 楼

林林绕楼树，绿意实楼虚。轩窗敞四面，中有仙人居。置身云气上，俯视夫何如？

绿 净 池

小池展镜奁，过雨无光入。熨帖绉不成，蘋末风无力。将何以状之，寸寸割秋色。

帆 影 亭

孤亭瞰通津，侧见往来艇。因占五两风，忽堕一片影。欲寻欸乃声，已入苍烟暝。

桐 花 舫

青桐擢烟柯，白舫泊幽渚。当窗已作花，隔叶未垂乳。微风入低枝，认作菰蒲雨。

碧 山 栖

中黑深窈窕，外青高嵯峨。虽云迩庭户，俨若山之阿。谁欤栖息此，冠笋衣薜萝。

舒 啸 台

丝竹不如肉，儗议惟清歌。清歌能移情，未若啸旨多。试问台上人，吾论非偏颇。

让圃八咏

马曰璐

松 月 轩

深林留禅栖，松月遥相待。不见结茅人，清晖在偃盖。

简 公 塔

乔柯荫石塔，其下爪发藏。幽人时往来，落叶寒苍苍。

萝 径

憩此绿萝阴，径曲凡几转。不知午梦凉，但觉冲襟远。

云木相参楼

悠悠无心云，矗矗干霄木。虚楼群木间，孤云檐际宿。

遗 泉

谁遗花外泉,苔滋久不食。晓起爱清泠,修绠时一汲。

黄 杨 馆

黄杨本贞材,低枝讬高馆。青青一院阴,婆娑老霜霰。

碧梧修竹之间

碧梧高亭亭,修竹寒森森。日落微风起,满耳山水音。

梅 坪

高低数本梅,相过惟瘦鹤。宁藉春风吹,年年自开落。

贺氏东园

蒋 溥

遥闻贺监最风流,吟遍芜城寺寺楼。杨柳阴浓忘溽暑,芙蓉艳发采清秋。
百城岂独图书富,三径还从求仲游。我亦江南凭眺久,何当问讯到林丘。

九月十九日泛舟登平山堂,奉和洪宝田明府《陪运使苏公登高》原韵

鲍 皋

堂下山平水复平,重来重九忆端明。依然画鹢衔楼影,何处仙凫和履声。
霜后松泉秋寺老,天边枫雁晚江清。使君闻道同寻菊,未要先生磬折迎。

史阁部墓

鲍 皋

祠堂昔拜文丞相,墓道今寻史督师。甲仗西门严自守,乾坤南国蹙何为。
二陵丹腾中兴色,四镇枭雄服驭姿。异代用兵诸葛短,艰难时命使人悲。

高旻寺

爱新觉罗·弘历

兰若青莲宇,浮图碧落天。名湾真不愧,埋雁亦堪传。
未纵晴明望,谁忘言象诠。金山不速客,暂尔隐江烟。

天宁寺小憩

爱新觉罗·弘历

昨朝望里烟云渺,今日坐觉春光舒。阿大中郎留别业,优娄比丘得广居。
鸟是南音真惬听,花欺北地无虚誉。平山更在绿云外,俯畅楼窗恰受虚。

平 山 堂

爱新觉罗·弘历

梅花才放为春寒,果见淮东第一观。馥馥清风来月牖,枝枝画意入云栏。
蜀冈可是希吴苑,永叔何曾逊谢安。更喜翠峰余积雪,平章香色助清欢。

平山堂杂咏(五首)

爱新觉罗·弘历

镜川经几曲,舣棹陟山蹊。兰若真殊绝,曾邀太白题。

岩松无偃盖,一一欲干霄。禹贡还堪验,维扬厥木乔。

江南山尽下,淮北野无边。胜地谁名此,欧阳两字传。

玉梅香已发,天竹红且蒨。冀北盆中珍,寻常烟野见。

齐谐以蜀传,茗叶未抽全。且就携来种,试烹第五泉。

咏平山堂梅花

爱新觉罗·弘历

平山万树发新花,胜举清游两可夸。试问欧公应可否,相形邓尉并横斜。
凭参疏影生香趣,未许歌莺语燕哗。不种牡丹种梅朵,殚财人亦厌繁华。

高旻寺行宫即事

爱新觉罗·弘历

塔影遥瞻碧水隈,北来驻跸又南来。风光一日更春夏,俯仰几时经往回。
燕蹴残红点瑶席,鹤行浓绿印苍苔。江城婉晚犹牵兴,堤外兰舟且漫催。

天 宁 寺

爱新觉罗·弘历

天宁门外天宁寺,最古花宫冠广陵。指月禅枝阅百代,度经阿阁耸三层。
亲民乍为思苏轼,传法何须问慧能。我自多忧非独乐,岂能香界镇吟凭。

雨中游平山堂

爱新觉罗·弘历

麦颖新抽正资泽,梅英乍擢雅宜游。可教古寺徒吟谢,遂使平山不问欧。
堤柳垂垂度烟重,篷筇淰淰入寒浮。微嫌丝管饶繁会,咫尺林泉负冥搜。

莲 性 寺

爱新觉罗·弘历

一朵花宫结净因，周环绿水漾波新。歌台画舫何妨闹，恰是亭亭不受尘。

题九峰园

爱新觉罗·弘历

策马观民度郡城，城西池馆暂游行。平临一水入澄照，错置九峰出古情。
雨后兰芽犹带润，风前梅朵始敷荣。忘言似泛武夷曲，同异何须细致评。

游倚虹园，因题句

爱新觉罗·弘历

虹桥自属广陵事，园倚虹桥偶问津。闹处笙歌宜远听，老人年纪爱亲询。
柳拖弱缕学垂手，梅展芳姿初试嚬。预借花朝为上巳，冶春惯是此都民。

题净香园

爱新觉罗·弘历

满浦红荷六月芳，慈云大小水中央。无边愿力超尘海，有喜题名曰净香。
结念只须怀烂漫，洗心雅足契清凉。片时小憩移舟去，得句高斋兴已偿。

青琅玕馆喜成口号

爱新觉罗·弘历

万玉丛中一径分，细飘天籁迥干云。忽听墙外管弦沸，却恐无端笑此君。

趣 园

爱新觉罗·弘历

偶涉亦成趣，居然水竹乡。因之道彭泽，从此擅维扬。
目属高低石，步延曲折廊。流云凭木榻，喜早晤窗光。

高 咏 楼

爱新觉罗·弘历

高楼苏迹久膻芗，今古风流翰墨场。八咏遥年符瘦沈，一时同气近欧阳。
山堂返棹闲留憩，画阁开窗纳景光。却忆髯翁拟搁笔，似闻翁语正何妨。

三月晦日锦春园即景

爱新觉罗·弘历

名园瓜步傍江滨，彩艒凌江到及晨。梅朵落同萱荚尽，麦芒润逼菜花新。
鸟言似惜芳菲意，石态全含浅淡皴。绿柳红桃流水阅，锦春即景恰婪春。

九峰园小憩

爱新觉罗·弘历

观民缓辔度芜城，宿识城南别墅清。纵目轩窗饶野趣，遣怀梅柳入诗情。
评奇都入襄阳拜，举数还符洛社英。小憩旋教进烟舫，平山翠色早相迎。

净 香 园

爱新觉罗·弘历

雨过净猗竹，夏前香想莲。不期教缓步，率得以神传。
几洁待题砚，窗含活画船。吹笙桥那畔，可入牧之篇。

趣园即景

爱新觉罗·弘历

多有名园绿水渍，清游不事羽林纷。何曾日涉原成趣，恰值云开亦觉欣。
得句便前无系恋，遇花且止足芳芬。问予喜处诚奚托，宜雨宜旸利种耘。

水 竹 居

爱新觉罗·弘历

柳堤系桂舣，散步俗尘降。水色清依榻，竹声凉入窗。
幽偏诚擅独，揽结喜无双。凭底静诸虑，试听石壁淙。

题小香雪居

爱新觉罗·弘历

竹里寻幽径，梅间卜野居。画楼真觉逊，茅屋偶相于。
比雪雪昌若，曰香香淡如。浣花杜甫宅，闻说此同诸。

游康山即事二首

爱新觉罗·弘历

邗城策马进南门，闻说康山旧迹存。谁识浚河疏运道，竟成筑馆作名园。
时花二月之中遇，古树千年以上论。为仿画禅书四字，似于不似缅钗痕。

汴州节木久名扬,更说康山有草堂。城市已云擅幽绝,管弦何事闹纷忙。
爱他梅竹秀而野,致我吟情静以偿。略步楼台高下者,谓因数典愧香光。

万寿重宁寺纪事

爱新觉罗·弘历

天宁寺后建重宁,众志殷勤未可停。祝颂虽称七月什,庄严过甚梵王经。
却看植竹还植卉,奚必有池更有亭。太守闲情留岭在,几株仍剩古梅馨。

青琅轩馆

爱新觉罗·弘历

问底泠泠拂耳过,琅玕丛里奏云和。莫嫌个个联肩臂,君子由来岂厌多。

筱园咏芍药

爱新觉罗·弘历

筱园远为趣,药径瑞兼称。未免犹时态,偶来因兴乘。
饯春风度逸,迎夏露光凝。得句还前进,平山约我曾。

小金山(二首)

爱新觉罗·弘历

俯仰烟霞尽可招,试求高处只三霄。客来正值新秋景,白日凉飔天沕寥。

嵚崎巉巘许谁攀,想象罗天咫尺间。不必扬帆过扬子,小金山胜大金山。

泛舟至法海寺

蒋元益

烟艇夷犹去路赊,寻春萧寺夕阳斜。风迎桂棹听歌客,影乱湘帘隔水花。
载酒俊游消此日,殢人浓艳落谁家。暮钟欲动香尘远,拟认轻雷逐钿车。

扬州康山诗,为主人江春作(二首)

袁 枚

青山如高士,不肯居城中。难得邗江城,中藏一华峰。相传栖息者,昔为康武功。
于今属江淹,规址增穹隆。倚寮花历历,月榭烟重重。我来逢日暮,海棠开深红。
高登九层台,恍入凌霄宫。近览一郡尽,远极诸天空。指掌月欲堕,乘云仙可逢。
凛乎难久留,此身非孤鸿。

竹垞曾题诗,有约江春到。主人名姓同,巧合如天造。在昔杨凭园,香山来凭眺。

萧复旧楼台,王缙领其妙。江山怕冷落,罗绮须炫耀。君今继前徽,风雅有同调。
宜乎海内人,争买邗江棹。上迎丞相车,下招居士屏。分领丘壑情,合参仁智乐。
灯红花不落,酒满月常照。康公如有知,凌云应一笑。

东 园
吴 均

卅年未访古林庐,邗水名园总不如。无复清香飘鼎茗,空余老翠落岩据。
荒池露冷枯荷雨,断壁碑残倒薤书。回首烟云成小劫,重来那得不欷歔。

扬州杂咏(选一首)
赵 翼

平 山 堂

平山堂成大宴客,夜折荷花邵伯驿。晓来一客间一花,人面花姿互光泽。
命妓传花趣侑觞,花当落处辄浮白。一时佳话遂千古,风流太守文章伯。
后来流寓叶石林,俯仰山光已陈迹。名人韵事安可常,但有千个琅玕碧。

蕃釐观怀古(二首)
赵 翼

一朵奇香换国家,蕃釐观里出名葩。遂劳下水风帆锦,此亦南朝玉树花。
应笑阁梅空冷淡,曾偕堤柳映夭斜。至今根已无遗种,化作倾城粉黛华。

想见当年绵绣窠,香车宝辇日来过。二分月下清游夕,四海辽东浪死歌。
遗迹已无琼砌在,香魂曾葬玉钩多。道人不解兴亡事,犹买名花种绿莎。

平山高咏
钱大昕

平山一篑地,留题始欧阳。群峰隔江外,放眼青茫茫。
龙蛇壁上字,千秋镇蜀冈。后来苏玉局,持节临维扬。
翠翁翰墨在,拂拭识不忘。两公人中豪,经济兼文章。
今识铅山翁,眉宇真堂堂。祝公继前哲,姓氏同芬芳。

偕蒋春农舍人、王元亭给事、金莳亭御史登江鹤亭康山草堂
姚 鼐

忆昔武功身不用,南走江津作游弄。江风海月四天垂,中有琵琶声一纵。
清浊都忘身后名,轩裳那计当年重。世间从此有康山,二百年来存屋栋。
江君新葺作阶墀,千岁虬龙今始种。每年放鹤羽如轮,缥缈云霄思独控。

扬州三面邗沟上,中皋独临天宇空。风前帆影入城来,天际斜阳低首送。台省两贤皆鸶鹗,舍人文章真苞凤。淮南芍药落花时,记入层轩留玉鞚。独余不饱复无诗,应愧主人开馥瓮。

南园即事

罗　聘

团团树影绿遮窗,酒意诗情两未降。隔岸水禽忽惊起,片帆将雨下烟江。临流小阁记曾登,依旧青山感慨增。朋辈凋零园易主,南邻只有破庵僧。

平　山

汪　中

平山山下路,寒食有炊烟。歌管停春社,樵苏问墓田。
赋诗金谷宴,修禊永和年。旧日经行地,风流在眼前。

九峰园感旧

洪亮吉

一雨园林足,泉声百道来。夕阳明蟏蛸,高阁暗莓苔。
燕绕横塘楫,鱼窥曲水杯。古藤应识我,亲见五回开。

游天宁寺

吴锡麒

风生曲径晚凉偏,翠合危楼鸟鼠穿。偶遇老僧皆白发,只宜诗句问青天。江山过眼欧同梦,钟鼓无声佛坐禅。搜剔残碑文字坏,不知劫火阁何年。

平山堂梅树下作

吴锡麒

此花已负醉翁时,墙角犹能发好枝。恰衬山光寒转峭,独争雪格瘦尤奇。酒杯兼为青苔赏,月夕休凭玉笛吹。江北江南吾相忆,徘徊难得美人知。

晓过莲性寺

吴锡麒

莎径引凉飔,到门风气清。云飘一磬入,霞洗几花明。
慢水忘喧寂,闲僧谢送迎。但未参净旨,热老未由生。

梦扬州·泛舟平山堂

凌廷堪

绿无涯。鼓画桡、摇破春苔。细雨乍晴,几树桃花争开。粉香飞满重帘下,听佩环、人在楼台。湖光冷,玻璃滑,好风吹尽纤埃。　　无限凄凉客怀。思赋得新诗,好景偷裁。淡柳弄黄,恰好莺儿飞来。十年留得青楼梦,笑杜郎、虚负清才。宁似我,豪游载酒,不问金钗。

随驾自高桥易舟至天宁寺,即景八首

爱新觉罗·颙琰

迎恩河畔御舟航,如意春帆转曲塘。六渡来巡天泽浃,黎民富庶盛维扬。

笙歌夹岸贺升平,共效吹豳击壤情。崇俭帝心屏彩饰,豫游俯顺觐光诚。

四桥斜抱碧渠心,荡漾波光景可寻。烟外溟濛隐楼阁,轻舟渐转绿杨阴。

岸角汀头尽放梅,先烘春色浅深开。微风乍送清香过,恰是龙斿拂处来。

绿竹猗猗几万竿,烟梢云叶耐轻寒。斜通一径青巷里,隐约歌楼十二栏。

城闉恰对古招提,弭棹横塘傍御堤。试叩花宫风景别,频伽时在隔林啼。

圣人心境烛遐陬,示度非关数豫游。但务农桑勤本实,筹量甘雨沃良畴。

行殿宏开额大观,观民观物驻和銮。群生尽识衢尊乐,永固金瓯万祀安。

九 峰 园

爱新觉罗·颙琰

奇石多佳致,森然立九峰。危屏如卧虎,仄径俨蟠龙。
草色青青接,苔痕点点浓。米颠应下拜,故友喜常逢。

净 香 园

爱新觉罗·颙琰

曲缭通幽室,松云豫圣颜。老梅芬馥馥,小沼韵潺潺。
竹径清堪步,文窗景可攀。相忘真幻际,香色有无间。

趣 园

爱新觉罗·颙琰

随处都成趣,天然竹与梅。千竿鸾凤夏,万朵浅深开。
林外含清致,窗前得静陪。何缘幽妙地,喜迓六龙来。

三月廿九日与客筱园看芍药

曾　燠

今年春二百二十，一春孤负到今日。劳人眼中春更疾，颇闻鸢尾红芳开。
我犹不饮花应猜，饯春岂可无尊罍。虹桥总是行云处，筱园却被花围住。
面面窗扉彩霞护，花上星光罩银烛。花间露气倾红麴，春到此时百分足。
请君惜此春足时，明朝风雨安能知？扬州黄九鬓易丝。

题琼花观

曾　燠

玉勾仙客飘然引，不管琼花数当尽。神如后土亦可怜，阅遍繁华似朝菌。
石台草长秋风凄，井甃苔深春雨滋。我恐琼花即玉树，芳魂殉国同青溪。
人情宜为花叹息，我独言花寿无匹。隋杨赐姓不多时，仙李蟠根能几日。
优昙一现五百年，重擢灵芽应有缘。试向井中敲洞户，返魂丹药问真仙。

张古愚太守敦仁招同赵味辛司马、何兰士太守、孙渊如观察暨江子屏、汪孝婴、李滨石雨中泛湖，夕饮于倚虹园

焦　循

冷雨侵人未减欢，一舟来往兴无端。岂缘太守襟怀放，只为名流聚会难。
自愧独无珠在握，也来同唤酒频干。要知政简庭无讼，莫当红桥禊事看。

壬戌五月晦日，江文叔邀同汪晋蕃、张开虞、蒋春榭、袁又恺集康山草堂（二首）

焦　循

穆穆清华堂，坐久暑不知。窗外一池水，梧桐花满枝。

枝上两黄鹂，飞飞桐树西。不知时已夏，犹自向人啼。

平山堂望江南山色

黄承吉

兹乡乏崇山，山光固宜远。陟此一览观，遂已得层巘。
江外如列屏，岚翠生早晚。戢戢飞鸟微，沉沉度云满。
京口形胜奇，起伏争蜒蜿。全吴亘地脉，迤逦不能断。
遐情兴睫端，幽韵含舌本。吟望酌泠泉，飘飘欲忘返。

筱园作二首

黄承吉

去岁抵家，是小满后四日，询芍药，已杳然。今是日而花始盛，行复北上，未知来岁如何也。筱园尤富此花，遂题二作。

丰台四望处，佳兴广陵同。节候浓芳极，光华绮茜中。
日高塍影乱，风暖榭香空。密荇牵浮鷁，低杨碍转骢。
园亭欣若此，藻缋欲何穷。昼远云层幄，春迟露百弓。
称量去时事，还与发群蒙。

百芳中戴锦离披，看取千枝与万枝。岂必天时常较燠，由来花事不妨迟。
帘栊四起贪相著，衫袖双垂醉未知。城郭绕灯连十里，棹歌声里动将离。

棣　园（二首）

梁章钜

人生适意在丘壑，底用豪名慕卫霍。有山可垒地可凿，闭户观书殊卓荦。
何况耽耽盛楼阁，满眼金迷复彩错。二分明月此一角，南河名胜画舫拓。

永叔荷花魏公药，千载风流春有脚。卸装我忆寄庑昨，隔墙先听鸣皋鹤。
名园果冠绿杨郭，闲居永昼与轩乐。何必缁尘涴京洛，因依幸许芳邻托，
日日从君泥杯杓。

东园看梅，过天宁寺

梅曾亮

去年我到后梅开，今及花开雨又催。疏影尚余林下态，高寒惜未雪中来。
华堂昨正杯盘舞，缓步今谁杖屦陪。幽赏更寻兰若近，小阑花韵重徘徊。

谒史公祠

梅曾亮

孤臣难挽鲁阳戈，传有衣冠葬碧萝。一士存亡随社稷，百年凭吊永江沱。
深林黛色虚堂肃，老圃青门后裔多。旧事谁从遗老问，往来都为好花过。

邀叶耳山同游小盘谷，偶用山谷进退格

梅曾亮

主人邻卜盘中地，我更相邀访旧踪。今日不愁山径古，向来误认水源穷。
尝思云卧终何得，近识天游未压重。余勇惜无君共贾，留看江影月明中。

过廿四桥登平山堂（二首）

梅植之

宿雨野径湿，暖烟林树横。二十四桥水，萋萋春草生。

落日下天末，暮云归树间。振衣据危磴，满目江南山。

扬州絜园闲咏九首

魏　源

喜称萱堂笑，春晖满一园。每浇花供佛，新饲鹤如孙。
小雅怀明发，高云荫短轩。敢同嵇阮放，啸傲漫琴尊。

幽院月当心，花深灯影深。月斜水边槛，照见花间禽。
此际无言客，眠桐不鼓琴。中宵微雨过，积翠滴成音。

幽人常早起，幽事在鸦先。人静深山外，心空万籁前。
池楼凉似水，林月淡于烟。夜气澄平旦，浑忘先后天。

万竹绿围花，百花香绕家。书声花际出，石气树阴斜。
静昼乾坤古，幽芬岁月华。百城南面里，有客拥皇娲。

池涨鱼平槛，松凉鹤守栅。池鱼行树影，阶鹤爱书声。
使婢烹晨汲，呼儿课夜更。理家无惰政，带月扫柴荆。

长夏隔群动，闭关成一军。绿天蕉欲雨，阴地石生云。
万影围墙合，幽香静昼闻。百城南面里，有客拥皇坟。

高风梢树动，暑气到台舒。扫地逢香客，更衣新浴初。
邻园蝉响起，熟茗雨声余。始识墙头月，墙中亦太虚。

驯鹤千年羽，藤龙百尺阴。偶来藤下坐，欲把鹤当琴。
阔步恒高视，长鸣自赏音。百年吾与汝，不操履霜吟。

莫道冬园寂，霜华缟一林。空山落木夜，孤客坐禅心。
立雪鹤深睡，负冰鱼聚沉。寒梅初破绽，谁证定中音。

絜园暑夜登月台

魏　源

炎暑走入冰壶里，天风凉得心如洗。此是谪仙何世界，梧影不动檐鸦死。
月华有露兼有霜，月气非烟亦非水。此时灵光不用回，万象无声念无起。

个 园

金长福

门庭旋马集名流,兵燹余生感旧游。五十余年行乐地,个园云树黯然收。

扬州魏默深留饮絜园

何绍基

著述匒匒吾老默,今日絜园真请客。杯盘好在不经意,正似征人有行色。
霜余果味方满园,读书养亲天所恩。今古微言恣深讨,又闻精猛课宗门。

蕃釐观

方濬颐

荒台寥落掩灵根,蝴蝶秋来冷玉魂。魏国品题何处觅,平章风调不堪论。
千珠旧压唐昌观,卅载曾移后土垣。云萼琼丝归想象,至今仙客渺无存。

个园即席有赠

汪 镇

璧月华灯照绮筵,云端一鹤下翩翩。毳衣茸帽风流甚,错认谁家侠少年。

游张孟则小园

陈重庆

出郭不半里,谁家构别业。曲径得深幽,园小不嫌狭。
疏篱当短墙,满架藤萝压。花深忽迷路,引我双蝴蝶。
蝴蝶飞翩翩,相依若相狎。茅斋三五楹,静气到眉睫。
拂檐柳垂丝,倚石松蟠鬣。林横太古琴,书叠沉香匣。
主人甘冷宦,消闲颇日涉。但结世外缘,即避尘中劫。
我亦山林姿,情味与狭洽。时来醉一觞,忘机到鹅鸭。

西园放生池观鱼

陈重庆

牛蹄之涔涸鲋辙,伊谁活我东海波。西园池水白于鹅,游鱼瀺灂嬉天和。
赤鲤三尺长,拨剌如穿梭。不随琴高上天去,扬鬐鼓鬣知云何。
投以香饵各争食,噞喁跋浪珠翻荷。庄周惠施恣谐谑,非我非鱼乐其乐。
岂知鱼乐人不知,身自潜渊心纵壑。化龙非我愿,不向龙门跃。
亦不愿作天池鲲,喷云腾雾相吐吞,江湖浩渺思所存。
忘机惬元化,游泳乾与坤。世间何处避罗网,令我魂梦寻西园。

饮个园，和子宜韵

陈重庆

秋风零落摧园葵，槐阴自吐青虫丝。窗前但爱幽兰馥，亭台曾赭牛山木。
两姓兴衰近百年，繁华过眼如云烟。主人命酒莫叹息，世间沧海原桑田。

雨中饮何园（二首）

陈重庆

买山不肯隐，窥园聊借慰。微雨养韶光，生意颇荟蔚。
柳线织春痕，花裀卧香气。莺啭谷尚幽，鱼戏波如沸。
揽胜惬旷怀，饮醇得真味。寂坐谢众喧，知希我方贵。

曲折鹤涧桥，玲珑狮岩石。薄润不沾衣，藉草铺瑶席。
携手宫额黄，照影春流碧。箫管画帘深，灯火珠楼夕。
何氏此山林，醉客纷游屐。海上有神山，朱门锁空宅。

上海古学保存会于三月三日集同人于徐园，以追昔年陶然亭上之聚，折柬邀往，作此以答

陈重庆

绿杨三月扬州城，漫天飞絮春风晴。春风吹人忽上巳，感时对景心怦怦。
玉钩斜畔雷塘路，琼花旧是隋朝树。十里珠帘不解愁，却指迷楼最高处。
挑菜歌成陌上归，采兰剪出花心素。衣香人影荡韶光，士女昌丰不知数。
我意伤春独自悲，秋千起落太离奇。华林马射当年赋，芳草飞莺故国思。
曲水陪游谁应制，舞雩归咏是酬知。杏梁巢幕怜栖燕，柑酒寻诗懒听鹂。
辜负东皇拼弃掷，只余南浦怨乖离。丽人消息长安远，脉脉含情欲语谁。
琼瑶手捧神飞舞，遥想朋簪杂龙虎。雅集重开桃李园，仙游如到蓬莱圃。
艳说良辰三月三，陶然亭上曾宾主。挲敦欢惊杳莫追，梦魂飞渡申江浦。
君亦莫忆楚春申，我亦莫悲史道邻。骚人兰佩终遗恨，岭上梅花不忍春。
阳春召我开烟景，我未游春先酩酊。金人捧剑玉人箫，无限心情水中影。
好春犹是永和春，但写兰亭笔有神。山阴不少流觞客，逸少原来誓墓人。

徐园即冶春诗社旧址，后为倚虹园，纯庙南巡，曾赐题额，昨以无意，畚锸出之土中，恭纪数行，镌之碑末。顷以拓本持赠南友观察，诗来褒许，益感予心，依韵作答

陈重庆

绘图结构何崔巍，可怜遭乱园林稀。但见揪身蛟窟里，居然食肉虎头飞。
岂知十里亭台下，六次南巡祝纯嘏。春风翠华路无尘，湛露彤弓诗奏雅。
宝翰亲挥墨渖新，擘窠突过颜清臣。倚虹三字字如斗，龙跳虎卧疑通神。
天子非常赐颜色，潢池盗弄纷蟊贼。迩来金爵梦觚棱，坐看铜驼没荆棘。

百年转瞬判兴亡，欲谋医国无长桑。剩有硬黄拓飞白，如日杲杲星煌煌。
冶春诗社寻遗址，烛天光采凌霄起。明神呵护照颜开，片石留贻和泪纪。
当年游豫颂明良，断碣摩挲不忍忘。蝇头小楷龟跌侧，葵藿倾阳附末光。

二月望，李允卿个园消寒八集（四首）

陈重庆

平分春一半，风雨过花朝。铁干梅横路，金丝柳拂桥。
名园留胜迹，贤主惯嘉招。犹记觞荷宴，香云压酒瓢。

此树霜皮白，蟠根不计年。至今人爱惜，令我意流连。
忆昔承光殿，参天结荫圆。五云何处所，剩对鹤巢巅。

慧业庞居士，清吟孟浩然。淡真人比菊，香竟钵生莲。
刻竹琅玕字，飞花玳瑁筵。醉余纷唱和，应笑老来颠。

到处园林好，君家王谢家。亭台留朴素，水木况清华。
名士登盘鲫，衰翁赴壑蛇。闲来就杯酌，未惜日西斜。

何骈熹觞我壶园，是为消寒九集，长歌赠之

陈重庆

翩翩浊世佳公子，高门荣戟歌钟起。少年器宇识青云，累代勋名耀朱履。
君家家世吾能说，近日壶觞尤密迩。重游何氏访山林，杜老诗篇狂欲拟。
是时晴暖春融融，夭桃含笑嬉东风。升阶握手喜相见，冯唐老去惭终童。
虾帘弹地围屏护，蛎粉回廊步屧通。半榻茶烟云缥缈，数峰苔石玉玲珑。
方池照影宜新月，复道行空接采虹。洞天福地神仙窟，白发苍颜矍铄翁。
中丞箕尾归神后，台榭荒凉不如旧。尘封破网冒蛛丝，泥落空梁探鸟鷇。
终是乌衣王谢家，楹书一卷仍堂构。蕉窗分绿句笼纱，松阁浮青香满袖。
客至都簪插帽花，酒余或跃投壶豆。山斗人间说祖庭，大江东下乍扬舲。
飘然骑上扬州鹤，点缀山楼又水亭。草泽英雄终剪灭，竹西歌吹最娉婷。
遂开上相中台宴，用奏钧天广乐听。歌舞太平真盛事，至今花草余芳馨。
吾之外祖季文敏，与君在昔同乡井。老辈相呼定纪群，末流无分惟箕颖。
不但文章世所希，如斯时局心常耿。莫向君山看白云，且寻春色梅花岭。
梅花岭上春风多，何逊诗怀近若何。主人劝客金叵罗，春华努力须爱惜，
众宾皆醉吾其歌。

公园亦开红牡丹一朵，或曰瑞也

陈重庆

也是扬州一捻红，居然摇曳唤春风。半舒琼蕊葭霜拂，错认珊枝谷雨笼。

画手调脂真宋院，酡颜酣酒想唐宫。当年瑞芍金围带，坐对猩屏或许同。

七夕宴集小金山有作（五首）

陈重庆

画桨轻摇水化烟，乘槎无路问张骞。仙瀛莫遣风波恶，好赠支机石一拳。

可人生小便多情，一握纤腰掌上轻。惭愧东山高卧稳，只将丝竹当苍生。

彩云低拂影婷娉，笑解罗襦酒半醒。碧海青天无限恨，双鬟低首拜双星。

半弯新月斗蛾眉，携手风亭醉一卮。美酒名花足欢谑，枉教乞巧冒蛛丝。

聘钱十万意如何，试拨琵琶宛转歌。万树蝉声山寂寂，香肩倦倚望天河。

同人酾饮平山堂之平远楼

陈重庆

未许金焦载榼游，蜀冈高处一登楼。碧峰有约频招手，黄叶无声乱打头。
梦境觚棱天北极，佛心杯渡水东流。风吹萍皱干卿事，聊斗诗牌当酒筹。

高旻寺晚眺

陈重庆

遗址依稀卍字亭，残荷衰柳共飘零。管弦无复池凝碧，城郭遥看岫拥青。
我佛西来空卓锡，大江东去快扬舲。令威华表千年恨，怕读焦岩瘗鹤铭。

允卿约消夏，三集个园觞荷（四首）

陈重庆

一片红云积水潭，荷花深处柳挼蓝。鸳鸯浴浪如相识，可似昆明晓露含。

风裳水佩舞涟漪，香气盈盈入酒卮。忽向闻根参解悟，一花一佛拜莲池。

倒影花光照镜屏，俨然觞咏泛吴舲。偶拈何氏山林句，不把红妆斗尹邢。

并坐银塘吹玉笙，耳边犹忆笑呼声。令威华表今安在，合署蓉城石曼卿。

次韵方子箴都转重建平山堂落成之作二首

袁　昶

堂成突兀俯增冈，水北山南总面阳。檀施公应同外护，劫余山亦老名场。
晶盐粲供形成虎，偃盖松栽气似羊。几点浮青望京口，隔江山色晚苍苍。

雾霏藕花红满湖，堂下碧草畦蘼芜。山猿啼处日将午，野鹤归时云住无。

使君擅场出妙墨，释子传写操奇觚。颇闻庐陵有从事，作记将属眉州苏。

游瓠园
董玉书

昔年何水部，池馆在扬州。绿锁开金谷，朱轩敞玉楼。
蒲萄筵进酒，箫管夜吟秋。觞咏今如昨，吾侪恨晚游。

端阳日，偕地山、泽山、谷人泛湖，言念旧游，怆然有作
刘师培

凉风五月吹菰蒲，芙蓉急雨跳明珠。蕉窗兀坐尘事少，寻芳偶踏隋宫芜。
瘦湖一角城西隅，水天如镜扁舟趋。亭轩窈窕豁云水，静观自得皆欢愉。
前度游踪历历记，良朋聚首倾玉壶。浮云缥缈隔天际，饯别又绘春湖图。
人生自古有离合，譬如蓬梗随江湖。过眼云烟刹那顷，百年一隙驶白驹。
方今世事堕尘雾，大厦将倾谁则扶。眼中云物阅今昔，风景不异山河殊。
天涯沦落那可说，世路荆棘非坦途。我生哀乐原斯须，游欢未已斜阳晡。

五亭桥
李豫曾

五亭桥上去思亭，二十年前我惯经。记否画阑身徙倚，夕阳孤塔瘦闻铃。

清溪低濯柳丝丝，桥底移篙送艇时。立向桥头望归客，江淹叉手我吟诗。

与子云访九峰园
李豫曾

九峰奇石不可见，惟剩园门一块砚。砚田十顷水漾波，南来塔势冲烟萝，青天倒写墨痕多。记昔全盛时，九峰修禊人所知。都转两淮不视事，崔前卢后能唱诗。风流文物易衰歇，岂知古月非今月。古月照人欢笑多，今月在天奈愁何，江湖浩浩皆风波。吁嗟乎！前人不见六元宝，多才宁有汪硕公。安得牵牛饮砚水，谢绝富贵如耳聋。

过徐园
李豫曾

英雄草莽不识字，贩盐坐食江淮利。时来夺稍跨龙驹，赤于经营骑鹤地。
坐前吐纳云与霞，粪土黄金结豪士。死后湖山占好春，要将草木光华被。
门前大字擘窠书，以顶濡墨张颠醉。墙角碑文突怪奇，胡帝胡天无不至。
书生侥用文昌笔，忍使昌黎才放弃。水榭风亭殿阁凉，山花石竹松萝翠。
周处当年一莽夫，射虎杀蛟成底事。赭衣墨索阶下囚，转眼高冠横剑佩。

王侯将相宁有种,屠狗卖浆容尔辈。可怜五十六十翁,替作捉刀香案吏。
笔酣班固勒燕然,藻耀扶风颂西第。乱世文章不值钱,耻说青云能附骥。
时事茫茫物态非,无言花木含清泪。

冶春后社落成,有诗和萧无畏（四首）

李豫曾

前辈风流后辈师,新城群展重当时。竭来别却桥西叟,湖水湖云会入诗。

小红桥外瘦西湖,剪入徐园作画图。月黑风高山虎出,有谁放胆捋黄须?

几人狂瘦几痴肥,步出州门景物非。惨绿少年霜改鬓,浪游京洛不曾归。

鸥水寻盟事可怜,有人替出买山钱。莫嫌筑屋才容膝,跳入壶中别有天。

过李氏珍园（四首）

李豫曾

廿年游宦海,高枕梦江湖。别业在城市,名园当画图。
小桥穿曲水,仙客聚方壶。四面楼窗启,秋晴月可呼。

百城书坐拥,疑是小琅嬛。有雨即飞瀑,无云多假山。
市声丘壑外,人影竹梧间。尽可栖枝借,天空任鸟还。

尘嚣都谢绝,来往几幽人。近竹宜长啸,看花不厌贫。
水光浮潋滟,石骨露嶙峋。儿辈亲文史,翩翩皆凤麟。

暑退凉生早,花枝见蝶衣。园亭能免俗,树木已成围。
洗砚看鱼出,停琴待鹤归。何时邀月饮,主客共清辉。

二、文

平山堂记

（宋）沈　括

　　扬州常节制淮南十一郡之地，自淮南之西、大江之东，南至五岭、蜀汉十一路，百州之迁徙贸易之人往还皆出其下，舟车南北日夜灌输京师者，居天下之七。虽选帅尝用重人，而四方宾客之至者，语言面目，不相谁何，终日环坐满堂，而太守应决一府之事自若，往往亦不暇尽举其职。不然，大败不可复支，虽足以自信，始皆不能近；谓之可治，卒亦必出于甚劳，然后能善其职。故凡州之宴赏享劳，太守之所游处起居，率皆有常处，不能以意有所拣选，以为宾客之欢。

　　前守令欧阳公为扬州，始为平山堂于北冈之上，时引客过之，皆天下豪俊有名之士。后之人乐慕而来者，不在于堂榭之间，而以其为欧阳公之所为也。由是平山之名盛闻天下。嘉祐八年，直史馆丹阳刁公自工部郎中领府事，去欧阳公之时才十七年，而平山仅若有存者，皆朽烂剥漫，不可支撑。公至逾年之后，悉撤而新之。凡工驵廪饩材藁之费，调用若干，皆公默记素定，一日指授其处，所以为堂之壮丽者，无一物不足。又封其庭中以为行春之台，昔之乐闻平山之名而来者，今又将登此以博望遐观，其清凉高爽有不可以语传者也。

　　扬为天下四方之冲，夕至乎此者，朝不知其往；朝至乎此者，夕不知其往。民视其上，若通道大途，相值偶语，一不快其意，则远近摇摇谤喧，纷不可解。公于此时能使威令德泽洽于人心，政事大小无一物之失，而寄乐于山川草木虚闲旷快之境，人知得此足以为乐，而不知其致此之为难也。后之人登是堂，思公之所以乐，将有指碑以告者也。

平山堂后记

（宋）洪　迈

　　扬为州最古，南薄江，北接淮，井而方之盖万里。后世华离钚析，殆且百郡，独广陵得鼎其名，故常称巨镇，为刺史治所，为总管府，为大都督府，为淮南节度使。方唐盛时，全蜀尚列其下，有"扬一益二"之语。入本朝，势权虽杀，而太守犹一道钤辖安抚使，品其域望，他方莫与京也。迷楼九曲，珠帘十里，二十四桥风月，登临气概，足以突兀今古。兹堂最后出，前志所谓江南诸峰植立阑户，且肩摩领接，若可攀取。山既佳，而欧阳又实张之，故声压宇宙，如揭日月。缙绅之东南，以身不到为永恨，意谓层城阆风、中天之台抑末耳。然百余年间，屡盛屡歇，瓦老木腐，因之以倾陊，荐之以兵革，而禾黍离离，无复一存，荒烟白露，苍莽灭没，使人意象萧然，诵"山色有无"之句，付之三叹而已。（以下原集缺）

扬州新园亭记

（宋）王安石

诸侯宫室台榭，讲军实，容俎豆，各有制度。扬古今大都，方伯所治处，制度狭庳，军实不讲，俎豆无以容，不以偪诸侯哉？宋公至自丞相府，化清事省，喟然有意其图之也。今太常刁君，实集其意。会公去镇郓，君即而考之，占府乾隅，夷弗而基，因城而垣，并垣而沟，周六百步，竹万个覆其上。故高亭在垣东南。循而西三十轵，作堂曰"爱思"，道僚吏之不忘宋公也。堂南北乡，袤八筵，广六筵，直北为射埒，列树八百本，以翼其旁。宾至而享，吏休而宴，于是乎在。又循而西，十有二轵，作亭曰"隶武"，南北乡，袤四筵，广如之；埒如堂，列树以乡。岁时教士战射坐作之法，于是乎在。始庆历二年十二月某日，凡若干日卒功云。

初，宋公之政，务不烦其民。是役也，力出于兵，材资于宫之饶，地赜于公宫之隙，成公志也。噫！扬之物与监，东南所规仰，天子宰相所垂意而选，继乎宜有若宋公者，丞乎宜有若刁君者。金石可弊，此无废已。

影 园 记

（明）茅元仪

士大夫不可不通于画，不通于画，则风雨烟霞，天私其有；江湖丘壑，地私其有；逸态冶容，人私其有；以至舟车楔桷、草木鱼虫之属，靡不物私其有，而我不得斟酌位置之。即文人之笔，诗人之咏，亦我为彼役，而彼之造化，所不得施其力；雨露雷霆，所不得施其巧；精营力构，点缀张设，所不得施其无涯之致者，我亦不得风驱而鬼运之。故通于画而始可与言天地之故、人物之变、参悟之极、诗文之化，而其余事，可以迎会山川、吞吐风日、平章泉石、奔走花鸟而为园。故画者，物之权也；园者，画之见诸行事也。

我于郑子之影园，而益信其说。凡园必有所因，而扬州繁茂，如雕墙绮阁，中惟平山苍莽浑朴，欲露英雄本色，而一堂据之，苦于易尽，易尽则不可因。玉勾洞天，其胜秘于井内，神仙私之。人所见者郛耳，郛则不可因。于是为园者皆因于水，因水者或奔放，或轰激，或文漪，或长源。而扬之水则不然。城之濠，不足以称深沟，而广可以涉，独以柳为衣，苇为裙，城阴为骨，蜀冈为映带，而即以所因之园，为眼为眉，互相映，而歌航舞艇，游衍往返，为其精神。故园者，竹树以映之，亭阁以迎之，虚轩以适乎己之体，朱栏以饰乎人之目，虽有智者，不能益矣。郑子独不然。隔水南城，夹岸桃柳者，其门也。松杉密布，间以杂莳，丛苇隔架，渔罟聚焉。疏林护篱，高梧流露，枯木槎牙，甃墙如锦者，其径也。窄径隔垣，梅枝横出，不知何处；水来柳尽，疑若已穷，而小桥忽横，苔华上下者，其折入草堂之路也。有水一方，四面池，池尽荷，远翠交目，近卉繁植，似远而近，似乱而整，楣楯不学人间，俯仰自适形神者，其玉勾草堂也。池外堤，堤上柳，柳万屯，取于人之所因，及因而成者，柳多而鹏喜，声所萃，徙倚不能去，遂筑以安之，其阁"半浮"也。或意所不尽，则一叶以迎之，其舟"泳庵"也。以石为磴，或肖生公石，或出水中，如郭璞墓；芙蓉千百本夹其傍，如金谷合乐；玉兰、海棠、绯白桃护于石，如美人居闲房。良姜、洛阳、虞美人，曰兰、曰蕙，俱如媵婢，盘旋呼应恐不及，赤栏小桥，蔽窥其中，虽屐履不及，亦俨然白帽鹤氅主人在矣。曲廊无多，左入而读书堂在焉。堂界为室三楹，庭如之，或以避客，或以藏书。室穷而阁出，阁出于下而峙于上，侧其体，若廊若庑，而中则逶迤曲廊，入者不知其孤阁也。石以为岩，或屏之，无山而石疑山。一亭倚菰芦，菰芦之色射于外，雁鹜之来家于中，水狭而若有万顷之势矣。"媚幽"所以自托也，"一字"所以课子也。诵读之声与歌吹相答，仙乎？人乎？吾不知其际也。董玄宰颜之曰"影园"，以柳影、水影、山影，足以表其胜。而郑子曰："安知其非梦影乎？"茅子曰："夫大地山河，孰非梦影哉！而烦子私焉！吾尝徘徊于琼花之下、智井之间，求其玉勾洞天者而不可得。子于尺幅之间，变化错纵，出人意外，疑鬼疑神，如幻如蜃，吾焉知其非玉勾之影耶？子以名其堂，亦有感于是夫！"

郑子名元勋，字超宗，善著书，通于画。记之者，茅子名元仪，字止生。

影园自记

（明）郑元勋

山水竹木之好，生而具之，不可强也。予生江北，不见卷石，童子时从画幅中见高山峻岭，不胜爱慕，以意识之，久而能画，画固无师承也。出郊见林水鲜秀，辄留连不忍归，故读书多僦居荒寺。年十七，方渡江，尽览金陵诸胜。又十年，览三吴诸胜过半，私心大慰，以为人生适意无逾于此。归以所得诸胜，形诸墨戏。壬申冬，董玄宰先生过邗，予持诸画册请政。先生谬赏，以为予得山水骨性，不当以笔墨工拙论。余因请曰："予年过三十，所遭不偶，学殖荒落，卜得城南废圃，将葺茅舍数椽，为养母读书终焉之计，间以余闲临古人名迹，当卧游可乎？"先生曰："可！地有山乎？"曰："无之，但前后夹水，隔水蜀冈，蜿蜒起伏，尽作山势，环四面柳万屯，荷千余顷，蓷苇生之，水清而多鱼，渔棹往来不绝。春夏之交，听鹂者往焉。以衔隋堤之尾，取道少纡，游人不恒过，得无哗。升高处望之，迷楼、平山皆在项臂，江南诸山，历历青来。地盖在柳影、水影、山影之间，无他胜，然亦吾邑之选矣。"先生曰："是足娱慰。"因书"影园"二字为赠。甲戌放归，值内子之变，又目眚作楚，不能读，不能酒，百郁填膺，几无生趣。老母忧甚，令予强寻乐事，家兄弟亦从臾葺此，盖得地七八年，即庀材七八年，积久而备，又胸有成竹，故八阅月而粗具。

外户东向临水，隔水南城，夹岸桃柳，延袤映带，春时舟行者呼为"小桃源"。入门，山径数折，松杉密布，高下垂荫，间以梅、杏、梨、栗。山穷，左荼蘼架，架外丛苇，渔罟所聚；右小涧，隔涧疏竹百十竿，护以短篱，篱取古木槎牙为之。围墙甃以乱石，石取色班似虎皮者，俗呼"虎皮墙"。小门二，取古木根如虬蟠者为之。入古木门，高梧十余株，交柯夹径，负日俯仰，人行其中，衣面化绿。再入门，即榜"影园"二字。此书室耳，何云园？古称附庸之国为"影"，左右皆园，即附之得名，可矣。转入窄径，隔垣梅枝横出，不知何处。穿柳堤，其灌其栵，皆历年久苔之华，盘盘而上，垂垂而下。柳尽，过小石桥，亦乱石所甃，虎卧其前，顽石横亘也。折而入草堂，家冢宰元岳先生题曰"玉勾草堂"，邑故有"玉勾洞天"，或即其处。堂在水一方，四面池，池尽荷，堂宏敞而疏，得交远翠，楣楯皆异时制。背堂池，池外堤，堤高柳，柳外长河。河对岸亦高柳，阎氏园、冯氏园、员氏园，皆在目。园虽颓而茂竹木，若为吾有。河之南通津，津吏闸之。北通古邗沟、隋堤、平山、迷楼、梅花岭、茱萸湾，皆无阻，所谓"柳万屯"，盖从此逮彼，连绵不绝也。鹂性近柳，柳多而鹂喜，歌声不绝，故听鹂者往焉。临流别为小阁，曰"半浮"。半浮水也，专以候鹏。或放小舟迓之，舟大如莲瓣，字曰"泳庵"，容一榻、一几、一茶炉。凡邗沟、隋堤、平山、迷楼诸胜，无不可乘兴而往。堂下旧有蜀府海棠二，高二丈，广十围，不知植何年，称江北仅有，今仅存一，殊有鲁灵光之感。池以黄石砌高下磴，或如台，如生水中，大者容十余人，小者四五人，人呼为"小千人坐"。趾水际者，尽芙蓉；土者，梅、玉兰、垂丝海棠、绯白桃；石隙种兰蕙、虞美人、良姜、洛阳诸草花。渡池曲板桥，赤其栏，穿垂柳中，桥半蔽窥，半阁、小亭、水阁不得通，桥尽石刻"淡烟疏雨"四字，亦家冢宰题，酷肖坡公笔法。

入门曲廊，左右二道，左入予读书处，室三楹，庭三楹，虽西向，梧、柳障之，夏不畏日而延风。室分二，一南向，觅其门不得，予避客其中。窗去地尺，燥而不湿。窗外方墀，置大石数块，树芭蕉三四本，莎罗树一株，来自西域，又秋海棠无数，布地皆鹅卵石。室内通外一窗作栀子花形，以密竹帘蔽之，人得见窗，不得门也。左一室东向，藏书室上，阁广与室称，能远望江南峰，收远近树色。流寇震邻，磋使邓公乘城，谓阁高可瞰，惧为贼据。予闻之，一夜毁去，后遂裁为小阁一楹，人以为小更加韵。庭前选石之透、瘦、秀者，高下散布，不落常格，而有画理。室隅作两岩，岩上多植桂，缭枝连卷，溪谷崭岩，似小山招隐处。岩下牡丹，蜀府垂丝海棠、玉兰、黄白大红宝珠茶、磬口蜡梅、千叶榴、青白紫薇、香橼，备四时之色，而以一大石作屏。石下古桧一，偃蹇盘蹙，拍肩一桧，亦寿百年，然呼"小友"矣。石侧转入，启小扉，一亭临水，菰芦冪羃，社友姜开先题以"菰芦中"。先是，鸿宝倪师题"漻翠亭"，亦悬于此。秋，老芦花白如雪，雁鹜家焉。昼去夜来，伴予读，无敢欢哗。盛暑卧亭内，凉风四至，月出柳梢，如濯冰壶中。薄暮望冈上落照，红沉沉入绿，绿加鲜好，行人映其中，与归鸦相乱。小阁虽在室内，室内不可登，登必迂道于外，别为一廊，在入门之右。廊凡三周，隙处或斑竹、或蕉、或榆以荫之。然予坐内室，时欲一登，懒于步，旋改其道于内。由"淡烟疏雨"门内廊右入一复道，如亭形，即桥上蔽窥处，亦曰亭，拟名"湄荣"：临水，如眉临目，曰"湄"；接屋为阁，曰"荣"。窗二面，时启闭。亭后径二，一入六方窦，室三楹，庭三楹，曰"一字斋"。先师徐硕庵先生所赠，课儿读书处。庭颇敞，护以紫栏，华而不艳。阶下古松一、海榴一，台作半剑环，上下种牡丹、芍药，隔垣见石壁二松，亭亭天半。对六方窦为一大窦，窦外又曲廊，丛筱依依朱槛，廊俱疏通，时而密致，故为不测，留一小窦，窦中见丹桂，如在月轮中，此出园别径也。半阁在"湄荣"后，径之左，通疏廊，即阶而升，陈眉公先生曾赠"媚幽阁"三字，取李太白"浩然媚幽独"之句，即悬此。阁三面水，一面石壁，壁立作千仞势，顶植剔牙松二，即"一字斋"前所见，雪覆而欹其一，欹益有势。壁下石涧，涧引池水入，畦畦有声。涧傍皆大石，怒立如斗。石隙俱五色梅，绕阁三面，至水而穷，不穷也，一石孤立水中，梅亦就之，即初入园隔垣所见处。阁后窗对草堂，人在草堂中，彼此望望，可呼与语，第不知径从何达。大抵地方广不过数亩，而无易尽之患，山径不上下穿，而可坦步，皆若自然幽折，不见人工。一花、一竹、一石，皆适其宜。审度再三，不宜，虽美必弃。别有余地一片，去园十数武，花木豫蓄于此，以备简绌。荷池数亩，草亭峙其坻，可坐而督灌者。花开时，升园内石磴、石桥，或半阁，皆可见之。渔人四五家错处，不知何福消受。诗人王先民结"宝蕊栖"为放生处，梵声时来。先民死，主祀其中，社友阎舍卿护之，至今放生如故。先民，吾生友也，今犹比邻，且死友矣。

是役八月粗具，经年而竣，尽翻陈格，庶几有朴野之致。又以吴友计无否善解人意，意之所向，指挥匠石，百不一失，故无毁画之恨。先是，老母梦至一处，见造园，问："谁氏者？"曰："而仲子也。"时予犹童年。及是鸠工，老母至园劳诸役，恍如二十年前梦中，因述其语，知非偶然,予即不为此,不可得也。然则玄宰先生题以"影"者,安知非以梦幻示予,予亦恍然寻其谁昔之梦而已。夫世人争取其真而遗其幻,今以园与田宅较之,则园幻;以灌园与建功立名较之,则灌园幻。人即乐为园,亦务先其田宅、功名,未有田无尺寸,宅不加拓,功名无所建立,而先有其园者。有之,是自薄其身,而隳其志也。然有母不遑养,有书不遑读,有怡情适性之具不遑领,灌园累之乎?抑田宅、功名累之乎?我不敢知,虽然,亦各听于天而已。梦固示之,性复成之,即不以真让而以幻处,夫孰与我?

崇祯丁丑清和月,邗上郑元勋自记。

影园自记跋
(明)刘 侗

物生而影具之矣。影者,万物之天也。日月影物,不舍昼夜,五行惟火,全天之为,是故灯影同功日月。曰:水不影乎,承天光也。影者,万物之真也。谓影不详,乃审厥像,或塑焉,或绘焉,有似有不似矣。亲莫若鉴鉴,不似者恒有之。夫人为营营,天真炱炱,以物仅似为我至巧,其可哉!知道之士,修其质不修其影,存厥影以听天真,世人多为多营,离物求似貌,貌愈似,去真愈远,是像人之多也。

郑子超宗求真悟影,游志林园,以影名园,时俗罕喻,记之千言,用告刘子。刘子读之徜徉。然耳目失治,指趾错贸,未身至园也。见所作者卜筑自然,因地因水,因石因木,即事其间,如照生影,厥惟天哉!记曰:母梦是园,园成惟肖。刘子曰:梦影园耶,影无先质之理;园影梦耶,觉有坚寐之相。园欤,影欤?其未有归也。谓夫我园而我影之为愈乎?彼影而我园之者也,郑子超宗其知道乎!社弟刘侗跋。

重修平山堂记
(明)赵洪极

郡城之西,逶迤而亘者曰蜀冈。冈自西来,直走千里,隆隆隐隐,若奔若赴,而郡承其委。冈拔地可百赴,而其魁然冠之,构为平山堂,前郡守庐陵文忠先生创而颜也。后先生五百余年,乌程吴公领郡事。吴公号平山,与堂名适符云。

夫扬故都会,然区区一薮耳,非有京洛之雄钜、吴越之郁葱,乃四方啧啧称胜地,则徒以兹堂重,而兹堂以庐陵先生重。兹堂之当兹郡也,质也,吴公苕人,亦何所当于兹堂,而平山为公号,固不能逆持数十年之左券,他日错采标最,必扬是守;庐陵先生又岂能逆持数百年之左券,异世一新兹土,非他人,必公也。为公之符堂名耶?为堂名之符公耶?其有天合、有冥契,吾无以知之矣。大都尤物之物,震俗之行,必无偶然会逢者。公下车多所擘画,总之抒独见、破拘挛,于民薪必利而不惮虑始。卒之峙储练武,不三月竣;疏滞凿埋,不五月竣;增城雉,缮完诸官廨祠宇,不七月竣。又以其余封台浚沼,时偕里氓田媪,且游且息。语云:君子信而后劳其民,不信则以为厉己也。公以数大役,一旦丛兴,而民恬然,若以为固。然输财输力,不驱追赴若流水,此尼侨不辄得于鲁郑,公独何异于扬哉!

窃计公丹诚素节,屹然如鲁灵光,有庐陵之风裁;剔蠹开利,指顾立办,有庐陵之经济;雄词正脉,横绝作坛,有庐陵之文章;一典文衡,宇内名杰,毕入网罗,有庐陵之鉴识;公事湖山，诗酒泉石，有庐陵之风调。则公盖庐陵之神再降而福星兹郡，郡之民沐公之遗泽而更奉其新程，五百余年若旦暮遇之，又奚以征而发、戒而赴，必信而后可劳耶？天下唯人心为最神，余于是知公之生不偶，公之莅扬尤不偶，一名堂于五百年之先，一自号于五百年之后，各各不偶也。公把酒登兹堂，颜翰淋漓，恍然故物。一时僚属洎诸士夫，奇其事，且感公德政，可藉是识不忘，各捐赀为葺而新之。

依园游记

（清）陈维崧

出扬州北郭门百余武为依园。依园者，韩家园也。斜带红桥，俯映渌水，人家园林以百十数，依园尤胜，屡为诸名士宴游地。

甲辰春暮，毕刺史载积先生觞客于斯园。行有日矣，雨不止。平明天色新霁，春光如黛，晴丝罥人，急买小舟，由东门至北郭。一路皆碧溪红树，水阁临流，明帘夹岸，衣香人影，掩映生绡画縠间。不数武，舟次依园，先生则已从亭子上呼客矣。

园不十亩，台榭六七处，先生与诸客分踞一胜。雀炉茗碗，楸枰丝竹，任客各选一艺以自乐。少焉，众宾杂至，少长咸集，梨园弟子演剧，音声圆脆，曲调济楚，林莺为之罢啼，文色于焉出听矣。

是日也，风日鲜新，池台幽靓。主宾脱去苛礼，每度一曲，坐上绝无人声。园门外青帘白舫，往来如织。凌晨而出，薄暮而还，可谓胜游也。

越一日，复雨，先生笑曰："昨日游，意其有天焉否耶！虽然，岁月迁流，一往而逝，念良朋之难遘，而胜事之不可常也。子可无一言以纪之？"并属崇州陈菊裳鹄为之图。图成，各系以诗。

同集者，闽中林那子先生古度，楚黄杜于皇濬，秣陵龚半千贤，新安孙无言默，山阴吕翠字师濂，山左刘孔集大成，曲智仲勋，吴门钱德远梦麟，真州王仲超昆，崇川陈菊裳鹄、李瑶田遴、张麓逑鸯、徐春先禧，秦邮李次吉乃纲，舍弟天路骞暨崧，共十有七人。

虹桥修禊序

（清）孔尚任

康熙戊辰春，扬州多雪雨，游人罕出。至三月三日，天始明媚，士女被禊者，咸泛舟红桥，桥下之水若不胜载焉。予时赴诸君之招，往来逐队，看两陌之芳草桃柳，新鲜弄色，禽鱼蜂蝶，亦有畅遂之意，乃知天气之晴雨，百物之舒郁系焉。盖自秋徂冬，霜寒凛栗。物之欲自全者，藏伏惟恐不深，其濒死而不死也，欲留余生以受春光。两月雪雨，又失去春光之半。幸逢一日之晴，亦安有不畅遂自得之物哉？虽然，晴雨者天之象也，舒郁者物之迹也，宜雨而不雨谓之亢晴，宜晴而不晴谓之淫雨，则物之舒者亦郁矣。不宜晴而即雨，不宜雨而即晴，曰膏雨，曰时晴，则物之郁者亦舒矣。况尧汤之世，不乏水暵，而当其时者，止见为光天化日，则百物舒郁之情，又出于天气晴雨之外。予今者大会群贤，追踪遗事，其吟诗见志也，亦莫不有畅遂自得之意，盖欣赏夫时和者犹浅，而兴感于盛世者则深。因序述诸篇，为之流传，俾读者知吾党舞蹈所生，有非寻常迹象之可拘耳。

琼花观看月序

（清）孔尚任

游广陵者，莫不搜访名胜，以侈归口。然雅俗不同致矣，雅人必登平山堂，而俗客必问琼花观。琼花既已不存，又无江山之可眺，久之，俗客亦不至，寂寂亭台，将成废土。

丁卯冬，余偶一游之，叹其处闹境而不喧，近市尘而常洁，乃招集名士七十余人，探琼花之遗址。流连久立，明月浮空，恍见淡妆素影，绰约冰壶之内。于是列坐广庭，饮酒赋诗，间以笙歌，夜深景阒，感慨及之。夫前人之与会，积而成今日之感慨；今日之感慨，又积而开后贤之兴会。一兴一感，若循环然，虽千百世可知也，而况花之荣枯不常，月之阴晴未定。旦暮之间，兴感每殊。计生平之可兴可感者，盖已不能纪极矣。今日之集，幸而传也，不过在不能纪极中，多一兴感之迹，其不传也，并兴与感亦无之。而所谓琼花与明月，固千古处兴感以外耳。

扬州东园记

（清）屈 复

东园曰扬州者，别于真州也。园在城西而曰东园者，地居莲性寺东，因以名之，从旧也。

前五十年，余尝登平山堂，北郭园林，连锦错绣，惟关壮缪祠外，荒园一区，古杏二株，扶疏于云日，丛篁蓊密，荆棘森然。去年春，又过之，则芜者芬，块者殖，凹凸者因之而高深，游人摩肩继踵矣。周以修廊，纡以曲槛，右结翛然亭，左构春雨堂。岭下为池，梁偃其上，新泉出焉，味甘冽不减蜀冈，名曰品外第一泉。云山、吕仙二阁，矗乎前后。门临流水，花气烟霏，而古杏新箨，愈浓且翠。纵步跻攀，携手千里。堂以谶，亭以憩，阁以眺，而隔江诸胜，皆为我有矣！

临汾贺吴村举酒属予曰："此某偶约同乡诸君所新葺者也。欧文忠《东园》有云：'四方之客，无日而不来。吾三人者，则有时而皆去也。'今扬之冲繁过于真，来者日益多。君行且归老渭北，余明年亦将旋里矣，幸为余记之。"夫君与乡之同志，标举胜概，既各适其适，而篱门不闭，扬之人士又时游焉。虽去，而乡之同志，有不封殖其林木，修葺其墙屋者乎？扬之人有不因鉴湖而怀贺监者乎？则君固未尝去耳。

吴村名君召，喜风雅，好宾客，与人不设町畦，每觞余于此。余知其襟度洒然，异夫拥所有以自封者，故为之记。

乾隆九年八月，蒲城屈复撰。

东 园 记

（清）王士禛

广陵，古所称佳丽地也。自隋唐以来，代推雄镇，物产之饶甲江南，而旁及于荆豫诸上游。居斯土者大都安乐无事，不艰于生。又其地为南北要冲，四方仕宦多侨寓于是，往往相与凿陂池，筑台榭，以为游观宴会之所。明月琼箫，竹西歌吹，盖自昔而然矣。

予顺治中佐扬州，每于谳决之暇，辄呼朋携酒，往来于平山、红桥间。宴游之盛，迄今人争道之。昨岁,儿沨从淮来归,为言绿杨城郭,依稀似旧。予溯洄久之,犹若前游在吾心目中也。

辛卯初夏,门人殷彦来书来,为其友乔君逸斋征予文,纪其东园之胜,且绘图邮示。披卷谛视,不自觉其意移焉。夫广陵,本无所谓岩壑幽邃、江湖浩渺之观,亦不过蜀冈一抔、邗沟一曲耳。然而富家巨室,亭馆鳞次,金碧相望,倘更得一山水绝胜处,则人将争据之矣。

乔君斯园,独远城市,林木森蔚,清流环绕,因高为山,因下成池,隔江诸峰,耸峙几席,珍禽奇卉,充殖其中,抑何其审处精而位置宜也!予足迹未经,不能曲写其状,姑就图中所睹,已不啻置身辟疆、金谷间矣!彦来又言乔君孝友谨厚,笃于故旧,其行谊有过人者。予深憾道里辽远,且迫于耄年,无由与之把臂。至其风雅好事,则固于图中略窥一斑矣。

书报彦来,寄语逸斋,五十年前旧使君白头无恙,犹能捉笔记斯园之胜,亦不可谓非予之幸也已!

扬州东园记

(清)张云章

余往时客仪真,仪真者,古之真州也。至则急求所谓东园者,由宋迄今七百余年矣。尝口咏心维于欧阳子之文,则所谓拂云之亭、澄虚之阁、清谦之堂,仿佛如见其处焉。既而得其遗址,往往于荒烟蔓草、野田落日之间,低徊留之弗忍去,土人见者,辄怪而笑之甚矣。名胜之迹,文字之美,溺人也。

扬州去真州不三舍,余客居尤久,又数数过之,但见城北园林迤逦,且数十家,而市尘未离,游目未旷,心辄少之,未闻有所谓东园者。今年甫至扬,而东园之名已籍籍人口。问之,则乔君逸斋之所作,三年于兹矣。君兄弟与予有旧好,闻其至,心甚喜,闻其与吾家匠门俱至,益喜,已洁尊俎而待之。其地去城,以六里名村,盖已远嚣尘而就闲旷矣。问园之列屋高下几何,则虚室之明,温室之奥,朝夕室之左右俱宜,不可以悉志。其佳处辄有会心,则孰为之名?通政曹公时方为蹉使,于此游而乐焉,一一而命之也。堂曰"其柽",取《诗》所谓"其柽其椐"者言之也。堂之前数十武,因高为丘者二,上有百年大木。其面堂而最正且直者,椐也。堂后修竹千竿,绿净如洗。由堂绕廊而西,有楼曰"几山"。登其上者,临眺江南诸峰,若在几案,可俯而凭也。楼之前,有轩临于陂池,曰"心听"。听之不以耳而以心,万籁之鸣,寥静者之所自得也。由轩西北出,经楼下折而西,则葺茅为宇,不斫椽列墙,第阑槛其四旁,倦者思想,可以坐卧,其宽广可觞咏数十客,颜曰"西池吟社",以西池浸其前也。又西则曰"分喜亭",筑台以为之基,亭翼然出,可以观稼,欲分田畯之喜也。亭之南,为高丘者又二,取径上下,达于西墅,推窗而望,则平畴一目千顷。由西墅而东,重冈逶迤,密树荟蔚,有修廊架险,亘乎沼沚之中,则曰"鹤厂",以其为放鹤、招鹤之所,又昌黎所谓"开廊架崖厂"者也。又东出,则启其门,即"心听轩"之左,循山径数百步,屡折而南,入于渔庵,前临沧波,可容数十艇。折而东北,则园之跨梁而入者在焉。其西农者数家,与渔人杂处。其外旷若大野,视西墅增胜,盖江水西来,潆洄于园之前,环匝其四围,而委注于此,故作庵以踞之。

大抵此园之景,虽出于乔君之智所设施,寔天作而地成,以遗之者多也。游者随其所至,皆有所得。余与匠门挟其少长以来,浩浩乎,悠悠乎,其心真与造物者为侣。计园之胜,非独城北诸家所不能媲美，即当日真州之东园，未必能尽游观之适如此也。余既不能为欧阳子之文，安能使后之想慕乎斯园者，如想慕乎真州？然余深嘉乔君之能脱遗轩冕而弗居，当四方之冲，舟车之繁会，独超然埃壒而为此，又能自为言以道其志，亦足以垂于无穷矣。且求文于新城王先生，先生，今之有欧阳子之望者也。而继之者又文章巨公，如通政之题其胜处，而客系以诗，家匠门属而和之，皆可传示于后。后之来游来歌者，方未有已也，则余得以谢其责也夫。康熙五十年十一月。

东 园 记
（清）宋　荦

广陵乔君逸斋，构园于城东之角里村，曰"东园"。银台曹公为赋《东园八咏》，嘉定张汉瞻文以记之，而吾友王尚书阮亭复为之记，参镇姜君图以示余，援阮亭以为请。余观园中陂池台榭之美、禽鱼树石之奇，已具于诗与纪，而阮亭则忆昔时宦游之地，深羡夫东园之晚出而最胜，且以白头撰述，引为身世之幸，一唱三叹，若有余慕焉。阮亭一代宗匠，其言足以取重于世，兹园之传可知也。

余老矣，安能泚笔以从阮亭后？顾阮亭尝为扬州李官，而余之抚吴也，亦屡莅其地，宦辙所经，殆与阮亭后先共之。阮亭去扬四十余载，而余纳节亦经一纪。所谓东园者，皆想像其处而不能以详矣。阮亭当日释褐佐郡，才高意远，听断之暇，与逸民遗老徜徉城郭之外，东园惜未及早与之际。若余往来行部，多值俭岁，征发赈匮，鞅掌不遑，东园即早成，亦将无由而至焉。是余与阮亭所历之时不同，而东园之游览则均憾其所遇之悭也。

今阮亭已归道山，余里居笃老，西陂鱼麦，久不作三吴之梦，因披图伸纸，恍见淮南风物，老人胸中兴复不浅。昔湛甘泉年九十尚为南岳之游，余异日或发兴云山，道经于此，乔君其于渔莽鹤厂间，预除一席之地，俾老人策杖逍遥，登览其胜，而暮霭朝烟，尚能为君一赋也。

张印宣柘园记
（清）陈霆发

吾扬新、旧两城，四方所称繁华地，而小东门外市肆稠密，居奇百货之所出，繁华又甲两城，寸土拟于金云。小东市衢约长三里，居人往往置别业于室之左右。以余所熟游者，其东则有李词臣之春晖园，再东则有乐介冰之乐圃。他闻名未尝一至者，不知凡几。而春晖以西则实无园，盖其地益与市相逼，其势以有所不宁，乌在近市而居，必有游观之乐乎？

余友张君印宣，温雅蕴藉人也，于书无所不读，工诗古文词，气崇而容寐，每宾客杂坐，议论蜂起，印宣抱膝微吟，悠然独有所得，不向喧啾中措一语。辟其屋后地为园，用曲江柘树事，名以"柘园"。有堂，有楼，有台，有廊，巡廊折入，有轩，有别室，有池，有山。山尤突兀，起伏作势，梅杏、竹松、辛夷、木樨之属难以悉数。丙子九月，余与清溪兄坐卧园中，竟日观览，无不到。印宣引余登台而望，指苍然鳞次而列者曰："此新胜街市屋之毁而复构者。"指树杪之蚩尾上矗，巍然而峙者曰："此李氏故楼，所谓春晖园者也。"余始恍然。柘园在小东门外春晖之西，于是怃焉叹词臣不得蒙业而安，至移家云阳，不得时一见。又念春晖以西故无园，静深自好如印宣，乃若争奇斗胜，园于市廛近地。顾余自朝及夕，神气爽朗，而耳目清明，隐跃有林壑闲趣，若忘此身之在城市者。然后知印宣之筑此园，犹之抱膝孤吟于众宾之际，无二道也。

往时，归震川倅邢州，记其厅壁有云："时独步空庭，槐花黄落，遍满阶砌，殊欢然自得。"夫宫庭簿书桎梏地，震川所见如此，然未审震川风度得如九龄否？印宣之不愧，而拓其园所由，善承其家学也哉。岁行尽矣，一夕朔风起，雪霰击石，铮铮有声，酒壶将空，炉火不暖，印宣得毋有深山之感乎？徐验之。

存 园 记

（清）储 欣

广陵距江山仅数十里，贵富家饰台榭为观游，鳞次栉比。于所谓虹桥者，地局促闷然，无登眺之乐，举步面墙，至者失望。独东郊二里桥存园，吴君尚木别业也。横从百余亩。门以外，江帆村舍，纵目无际。入门，土山川梁。稍进，堂轩、亭楼、台阁、茅斋、斗室、长廊、曲栏、藤架、竹篱，位置楚楚，大段素朴，少丹刻者。佳花卉夹路，古树大竹森列。鸟善啼者满林，跃鱼满池。树之古率百年。玉兰连理，相传数百岁，拱把有元，于今益荣。其地，某氏废圃也，售于君。相方结宇，量趣移植，洒扫壅溉，顿成钜观。子蔚起从予学，邀余读书园中。四时明晦，景物千状。属文摘辞，如有天助。庚辰，拓园之东，构半阁，尤雅以旷，与坐大阁露台，望江南诸山，皆一园最胜处。居氓语余：此地曩为废圃，守者滋懈，杏桂合抱，涂人得斲以为薪。今之翁然秀者，莫非斧斤之余也？余叹曰：物得主而存，园以存名，岂虚哉！主人曰：否！否！不然，吾以存吾心。康熙辛巳。

容 园 记

（清）汪 濂

江都地狭而民稠，巨室大家，排薨雁齿。然自谒舍寝堂已外，不易有隙地以为园林。而好事者往往于近郊负郭，小筑池台，仅足以供人之假借谦游。主人之能过而乐者，盖一旬之中无二三日焉。况特浮慕繁华，非真有岩壑之性，其志意又无所专属，则虽偶得而有之，吾知其弗能乐也。今比部黄君昆华，才情豪迈，风怀潇洒，而兼有至性，能以色养太夫人。其第在城之东南隅，旁有地数百弓，于是垒石为山，捎沟为池。导以回廊，纡以曲榭，杂植嘉葩名卉。几榻琴尊，相与分张，掩映而并，自署曰"容"。容之云者，非容膝之谓，盖直以良辰美景，优犹以容其养；一丘一壑，倘佯以容其身。故每值朝花夕月之际，或奉太夫人鸠杖游止，或与二三同志赋诗论文，弹棋斗茗。于时频仰眺听，池可容鱼，树可容鸟，三径可容松菊，复廊突厦可容金石书画之储。天以人伦天性之乐容君，而君即能以天之容君者容群物。容之义，其尽是乎？余尝系缆春江，一访辟疆之胜，心识者久之。既而君通籍于朝，方为西宪望郎，又不久，请假归觐北堂。余适于役，再至江都，遂属余记其园。夫江都之为园者多矣，若不如君之所以娱其亲，自适其性，徒以亭馆之瑰丽争艳耳。目彼平泉花木，尚不转盼而荆棘生焉，遑论其他哉？余既嘉君之志，而又爱园之名，因书以为记。乾隆五年岁在庚申春中。

御题九峰园记

（清）钱陈群

扬州名园甲江左，而汪氏南园以御题九峰得名。庚寅十月，予携幼子就昏邗江，舣舟数日，访之城南，则主人椒谷主事，故予世契也。导予游，见所谓砚池者，池上修竹千个，水木明瑟，亭馆参差，往往有佳石掩映其间。汪氏有此，传四叶百余年矣。而天笔留题，则自二十七年壬午，上三巡江甸，幸蜀冈，取道于此，御制诗"九峰园畔换轻舟"是也。始有扁联之赐，椒谷晋阶一级，并拜尚方珍物。乙酉四巡，亦如之。先是，椒谷得湖嵌九于江南，高以寻丈计，次亦及屋梠，偃仰拱揖，主人各以其状目之。列者如屏，耸者如盖，夭矫如盘螭，怒张如鲸鬛，皴透玲珑者曰"抱月"，曰"镂云"。离其窟如顾兔，傲其曹如立鹤，其闲散独处者曰"紫芝"，相传为米海岳庵中物也。好事者据元章石刻一帖云：上皇山樵人，以异石告，遂视八十一穴，大如碗，小容指，制在淮山一品之上。百夫运至宝晋、桐杉之间，今证以所得之地，或不诬耳。顾此九石者，米氏有之，遇其人矣，而不甚传于世。又七百余年，为汪氏所有，得其所矣，而未必称于人。自翠华来游，宠以宸翰，于是名流骚客之集于此，莫不低徊吟赏不能去。昔元章得南唐研山石，径长才余尺，而峰有华盖、月岩、翠峦、方坛、玉笋、上洞、下洞、龙池诸胜，与苏仲恭学士以易甘露寺古宅，题曰"北园"。既而悔之，笔想成图，复题曰"吾斋"，秀气当不复泯矣。后研山流转数姓，吾乡朱文恪公得之。至竹垞前辈出，乞名贤题识。今九峰之大有什百于研山者，而昔垒北园，只供颠拜，今植南园，得邀宸赏，岂非奇石之奇遇哉！椒谷出图及纪恩诗请予记，因书以泐诸壁。

维扬记游

（清）沈　复

癸卯春，余从思斋先生就维扬之聘，始见金、焦面目。金山宜远观，焦山宜近视。惜余往来其间，未尝登眺。渡江而北，渔洋所谓"绿杨城郭是扬州"一语，已活现矣。

平山堂离城约三四里，行其途有八九里，虽全是人工，而奇思幻想，点缀天然，即阆苑瑶池、琼楼玉宇，谅不过此。其妙处在十余家之园亭合而为一，联络至山，气势俱贯。其最难位置处，出城八景，有一里许紧沿城郭。夫城缀于旷远重山间，方可入画。园林有此，蠢笨绝伦。而观其或亭或台，或墙或石，或竹或树，半隐半露间，使游人不觉其触目，此非胸有丘壑者断难下手。

城尽，以虹园为首。折而向北，有石梁，曰"虹桥"。不知园以桥名乎？桥以园名乎？荡舟过，曰"长堤春柳"。此景不缀城脚而缀于此，更见布置之妙。再折而西，垒土立庙，曰"小金山"。有此一挡，便觉气势紧凑，亦非俗笔。闻此地本沙土，屡筑不成，用木排若干层垒加土，费数万金乃成。若非商家，乌能如是？过此有胜概楼，年年观竞渡于此。河面较宽，南北跨一莲花桥。桥门通八面，桥面设五亭，扬人呼为"四盘一暖锅"。此思穷力竭之为，不甚可取。桥南有莲性寺，寺中突起喇嘛白塔，金顶缨络，高矗云霄。殿角红墙，松柏掩映，钟磬时闻，此天下园亭所未有者。过桥见三层高阁，画栋飞檐，五采绚烂，叠以太湖石，围以白石阑，名曰"五云多处"，如作文中间之大结构也。过此，名"蜀冈朝旭"，平坦无奇，且属附会。将及山，河面渐束，堆土植竹树，作四五曲，似已山穷水尽，而忽豁然开朗，平山之万松林已列于前矣。

平山堂为欧阳文忠公所书。所谓"淮东第五泉"，真者在假山石洞中，不过一井耳，味与天泉同。其荷亭中之六孔铁井栏者，乃系假设，水不堪饮。

九峰园另在南门幽静处，别饶天趣，余以为诸园之冠。康山未到，不识如何。此皆言其大概，其工巧处、精美处，不能尽述。大约宜以艳妆美人目之，不可作浣纱溪上观也。

余适恭逢南巡盛典，各工告竣，敬演接驾点缀，因得畅其大观，亦人生难遇者也。

个 园 记

（清）刘凤诰

广陵甲第园林之盛，久冠东南。士大夫席其先泽，家治一区。四时花木容与，文谦周旋，莫不取适于其中。仁宅礼门之道，何坦乎其无不自得也。

个园者，本寿芝园旧址，主人辟而新之。堂皇翼翼，曲廊邃宇，周以虚槛，敞以层楼，叠石为小山，通泉为平池，绿萝袅烟而依回，嘉树翳晴而翁匆。闳爽深靓，各极其致。以其目营心构之所得，不出户而壶天自春，尘马皆息。于是娱情陔养，授经庭过，暇肃宾客，幽赏与共，雍雍蔼蔼，善气积而和风迎焉。

主人性爱竹，盖以竹本固，君子见其本，则思树德之先沃其根；竹心虚，君子观其心，则思应用之务宏其量。至夫体直而节贞，则立身砥行之攸系者，实大且远，岂独冬青夏彩，玉润碧鲜，著斯州筱之美云尔哉！主人爱称曰"个园"。

园之中珍卉丛生，随候异色。物象意趣，远胜于子山所云"欹侧八九丈，从斜数十步；榆柳两三行，梨桃百余树"者。主人好其所好，乐其所乐，出其才华以与时济，顺其燕息以获身润，厚其基福以逮室家，孙子之悠久咸宜，吾将为君咏乐彼之园矣。

嘉庆戊寅中秋刘凤诰记并书。

个 园 记 跋

（清）吴 鼒

鼒与黄君个园定交，在嘉庆丁巳、戊午间。己未，通籍史馆，十年不相见矣，而鱼雁之通，岁月无间。既以养归，佣笔邗上，相与数晨夕，叙平生欢者，倏忽十二年。个园以名太守之子治谱家传，练于时务，恋恋庭闱，不汲汲仕进，吟风储雨，而军国重事效忠爱不已，其报国与仕同也。性嗜山水，新筑一园，极林泉树石之妙，前辈金门宫保已为作记。个园以余性情近，踪迹熟，更索一言书后。

夫个园崇尚逸情，超然霞表，故所居与所位置，不染扬州华肮之习，而自得晋宋间人恬适潇远之趣。然个园之抱负岂久于山中者哉！扬州亭馆，比胜吴越，余欲仿李格非《洛阳名园记》，罗列为一编，今且跋此记以先之。

嘉庆岁阳三在己斗指巳午之间，全椒吴鼒并书。

棣园十六景图自记

（清）包良训

园自国初程汉瞻始筑，号"小方堂"，载《画舫录》；继归黄观祈中翰，为"驻春园"；后归洪铃庵殿撰，名"小盘洲"；又转入某家，未几，复不能有，以道光甲辰岁，求售于余。自审不足继诸名公后为此园主，顾念太夫人春秋高，旧居湫隘，晨夕无以为娱。又园之前有屋数十楹，余先购以为宅，喜园之适与宅邻，可合而一也，因遂购之。于是，花晨月夕，奉板舆，列长筵，庶有以承一日之欢也。

夫邗上之名园，近代若大小洪园、江之康山、马之小玲珑，盛衰兴废，可慨良多，而复不自量以汲汲营此园耶？曰：凡夫人之境皆适有之，既适有之，则相与乐之。矧我太夫人春秋日高，而气体和顺，精神茂悦，扶花拂柳，听鸟观鱼，挈妇弄孙，婆娑以嬉，此园亦有为功者。复进小子而命之曰：以汝早孤，鲜兄弟，弗竟于学，然婾陋弗可为也。我闻昔之称贤母者，皆教子以延接魁硕英俊，以广学识而成德业。今幸有此园，堂可以筵，室可以馆，斋可以诵，台可以望，池沼亭榭可以陟而游。有其地矣，当思所以无负此居诸为也。小子于是退而益求交于四方之贤士大夫，而惧其鄙弃也。将之以诚，申之以敬，奉老成以典型，冀良朋之磨琢。窃以为：文字者，性命之契；诗歌者，讽咏所资。于是以园奉诸君子游，藉游以求诸君子之诗若文。既获诸君子之诗若文，诸君子不常萃此园，或不必身至园，而如常身在此园，小子得朝夕从游，洗蒙昧而涤灵明也，则太夫人之所以教小子者，此园之为功也益大。既已功之，益思有以传之。于是有图之作，先为长卷，合写全图之景，有诗有文。而客子游我园者，以为图之景，合之诚为大观，而画者与题者以园之广，堂榭、亭台、池沼之稠错，花卉、鱼鸟之点缀，或未能尽离合之美，穷纤屑之工也。于是相与循陟高下，俯仰阴阳，十步换影，四时异候，更析为分景之图十有六。幸诸君不鄙弃，得以交日广。扬又为四方贤士大夫游览必至之地，咸许过我园、观我图，而锡我以诗若文，是二册复衮然成帙。盖溯作图之日，于兹又三年矣。今年异常，水潦灌浸，前门及础一尺。园顾高，皆由以出入。潦退霜高，木亦黄落，秋气感人。重览是册，深念有此园之不易，即为此图，以有此诗若文，固皆赖太夫人之教，得以不鄙弃于君子。"夙兴夜寐，无忝尔所生""循彼南陔，言采其兰"，于是更颂《诗》而俯仰增惕也。是为记。

道光岁在乙酉重阳后三日，棣园主人包良训撰。

徐园碑记

（清）吴恩棠

扬州名胜，城西北称最。按《画舫录》，虹桥迤北，旧为"长堤春柳"。堤上有韩醉白园"韩园"，比邻则"桃花坞"。郑氏于桃花丛中构园，门在河曲处。沧桑以后，风流歇绝，诗坛酒社，倏焉蔓草。吾侪好事，凭吊烟水，瓣香冶春。春秋佳日，集饮村舍，买鱼烧笋，觞咏竟夕。我生也晚，流连图志，某丘某壑，尚能摭拾旧闻，粗述大概。后起髦俊，鲜有知其旧名者。地运盛衰，理有固然，无足深怪。至于亭沼爵位，林木名节，丹青照人，湖山有光，地灵人杰，亦自有说。

吾扬自洪杨乱后，休养生息将数十载，风尚文靡，民不知兵。宣统辛亥，武汉义师，响应全国。九月十七日，突有孙天生者挟驻扬定字营变兵，掠运库，纵狱囚，居民大恐，不知所措。亟电京口，乞援于徐公怀礼。十八日，徐公来，被拥为军政分府，旋下令捕劫库匪，生擒孙天生，乱遂定。江淮草木，知名向风，马首既东，所至欢跃。时苏浙诸军会攻金陵，公谋夺浦口，断金陵之后，私计浦口有失，必扰天、六。天、六不保，行祸吾扬。乃星夜往攻浦口，亲冒矢石，督战甚力。金陵克复，联军推公为江北北伐总司令。旋南北统一，共和告成，以公统第二军，嗣以饷绌，改编成一师兼护军一营。讲武余暇，审定金石，鉴别精微，室中图书彝鼎，古香溢座，彬彬有儒将风。

顾韩范威重，惮极生忌；彭歆功高，祸来无端。民国二年春，南北风潮激烈，奸谋谲诡，杀机潜伏，大星贯地，乃惊一军。吁，可哀已！溯义旗初起，奸人乘机煽乱，东南半壁糜烂相寻，吾扬当孙匪之扰，大局危如累卵。其从容坐镇，使吾扬人生命财产得无毫末之损者，谁之赐与？盛德大业，允宜不朽。张君锦湖、方君维新、杨君少彭、马君伯良，皆公旧部，累功至中将，思所以报公，拟于扬州谋建祠园以为纪念。首先集银币三千元，合词吁前都督张公转请中央补助。前大总统袁公许之，给帑万元，俾资建筑，典至隆也。方君泽山、许君云浦、金君树滋、杨君丙炎，曩以弹力筹饷，有功徐军，商请担任监造，而以吴君次皋总其成焉。

吴君于徐公，以平原故人作将军揖客。公长第二军时，官高等顾问，军事多所赞画。以为今兹建筑，首重择地。锦官翠柏，依丞相祠而永春；岳庙灵旗，并西子湖而千古。几经相度，而始于小金山之对岸得地九亩余，在旧日韩园、桃花坞之间。其河曲处有村曰"钟庄"，养鱼种竹，食息于兹，以长养其子女者有年矣。称其屋之，直使迁之，而此九亩余之旷土，遂一空其障碍。鸠工庀材，缭以周垣，面东则朱门临水，门内南向，建享堂三楹，中设上将徐公位，附祀攻宁死难诸将士。面南有门为圆形，榜曰"徐园"。西北建厅事二，回廊蜿蜒，衔接一气，有花木、竹石、池沼之胜。

当其缔造伊始，工拙而惰，縻金旷时。经营及半，款绌不继，匠石辍斤，将亏一篑。公夫人孙阆仙女士闻而叹曰："今日之事，凡我夫子袍泽同俦，车笠旧交，莫不崇德报功，输金负土。其家之人第坐观厥成而已，在天之灵，其能无怨恫乎？"乃易簪珥，得二千元为助。复由吴、方、许诸君丐于淮鹾各商，又共得万余元。杨君丙炎躬任其劳，亲为监督，以周甲老翁，日徒步往来工次，侵晨而出，戴星月而返，一花一石，位置不称意，往往画船箫鼓络绎归去，犹见翁指挥夕阳人影间，如是者阅一寒暑。暇乃拾其所遗木头竹屑为制园中陈设，器略备。不足，又取诸其家所有者以益之。沿岸筑高堤，种桃柳殆遍。湖桥烟雨，长堤柳色，顿复旧观，邦人游谶，咸集于是。

是役也，经始于乙卯，落成于丁巳，计费银元三万有奇。碑亭翼然，执事者将刊石以垂久远，余为之记其始末，并详考地址，以告来者，庶亦好古之士所乐闻与！

平山堂记

（清）汪懋麟

扬自六代以来，宫观、楼阁、池亭、台榭之名，盛称于郡籍者莫可数计，而今罕有存者矣。地无高山深谷，足恣游眺，惟西北冈阜蜿蜒，陂塘环映。冈上有堂，欧阳文忠公守郡时所创立，后人爱之，传五百年屹然不废。康熙元年，土人变制为寺，而堂又无复存焉矣！扬在古今号名郡，僚庶群集，宾客日来，所至无以陈俎豆、供燕飨，为羞孰甚？而老佛之宫，充塞四境，日大不止，金钱数千万，一呼响应，独一欧阳公为政讲学之堂，亦为所侵灭，而吾徒莫之救，不甚可惜哉？！

堂初废，余为诸生，莫能夺。六年释褐，与余兄叔定为文告守令，将议复，又迫于选人去京师五年，而兹堂之兴废，未尝一日忘也。十二年秋，山阴金公补扬州，余喜曰："是得所托矣！"金公诺。至郡，废修坠举，士民和悦。会余丁先姚忧归里，相与蓄材量役度景于明年之七月，经始于九月，告成于十一月，不征一钱、劳一民，五旬而堂成。公置酒大召客，四方名贤，结驷而至，观者数千人，赋诗落之。会公迁按察驿传道，移治江宁去。明年春，公按部过郡，又属余拓堂后地，为楼五楹，名"真赏楼"，祀欧阳公与宋代诸贤于上，皆昔官此土而有泽于民者。堂下为公讲堂，左钟右鼓，礼乐巍然，所以防后人不得奉佛于斯也。堂前高台数十尺，树梧桐数本，旧名行春之台，今仿其制，台下东西长垣，杂植桃李梅竹柳杏数十本，敞其门为阀阅，广其径为长堤。垣以西，古松翁翳，松下有井，即第五泉，覆以方亭，罗前人碑石，移置其上，是则平山堂之大概焉。为用二千四百四十八两六铢，为工万有八千五百六十，为时周一岁，资出御史、转运、太守、诸佐令、乡士大夫、两河诸商，而百姓无与焉。任土木之计者，道人唐心广，劳不可没，例得书。

噫嘻！平山高不过寻丈，堂不过衡宇，非有江山奇丽、飞楼杰阁，如名岳神山之足以倾耳骇目，而第念为欧阳公作息之地，存则寓礼教、兴文章，废则荒荆败棘，典型凋落，则兹堂之所系何如哉？余愿继此而来守者，尚其思金公之遗意，而吾郡人亦相与保护爱惜，则幸矣！因勒此以告后祀。

扬州东园题咏序

（清）贺君召

扬之游事盛于北郊，香舆画船往往倾城而出，率以平山堂为诣极，而莲性寺中道也。余乡人所创关侯祀侧，隙地一区，界寺之东，丛竹大树，蔚有野趣，爰约同人括而园之。中为文昌殿、吕仙楼，付僧主焉。篱门不扃，以供游者往来，乃未断手而舸织舟经，题咏者遍四壁。

夫扬州古称佳丽，名公胜流，屡为交错，固骚坛之波斯市也。城内外名园相属，目营心匠，曲尽观美，而赏者独流连兹地弗衰。将无露台月榭、华轩邃馆外，有自得其性情于萧淡闲远者与。昔人园亭，每藉名辈诗文，遂以不朽。兰亭觞咏无论，近吴中顾氏玉山佳处，叩其遗迹，知者鲜矣。而读铁崖、丹邱、蜕岩、伯雨诸公倡和，则所为绿波斋、浣华馆之属，固历历在人耳目也。

今冬，拟归里门，惜壁上作渐次湮蚀，乃就存者副墨以传，胜赏易陈，风流不坠，不深为兹园幸耶！且以是夸于故乡亲旧，知江南久客，为不虚耳。

红桥游记

（清）王士禛

出镇淮门，循小秦淮折而北，陂岸起伏多态，竹木翁郁，清流映带。人家多因水为园亭树石，溪塘幽窈而明瑟，颇尽四时之美。挐小艇，循河西北行，林木尽处，有桥宛然，如垂虹下饮于涧；又如丽人靓妆袨服，流照明镜中，所谓红桥也。

游人登平山堂，率至法海寺，舍舟而陆，径必出红桥下。桥四面皆人家荷塘，六七月间，菡萏作花，香闻数里，青帘白舫，络绎如织，良谓胜游矣。予数往来北郭，必过红桥，顾而乐之。登桥四望，忽复徘徊感叹。当哀乐之交乘于中，往往不能自喻其故。王谢冶城之语，景晏牛山之悲，今之视昔，亦有然耶！壬寅季夏之望，与箬庵、茶村、伯玑诸子，倚歌而和之。箬庵继成一章，予亦属和。

嗟乎！丝竹陶写，何必中年；山水清音，自成佳话。予与诸子聚散不恒，良会未易遭，而红桥之名，或反因诸子而得传于后世，增怀古凭吊者之徘徊感叹，如予今日，未可知也。

重建平山堂记

（清）蒋超伯

岁丙寅，超自潮阳移守广州。时丁雨生都转衔命来粤，濒行，超以平山为请，都转欣然。迨抵广陵，旋迁苏藩而去，超怅惘者久之。己巳春，今都转方公自广移淮，百废具举。以斯堂为欧苏遗迹，锐意营之。具粮，程土物，称其畚筑，稽其版干，既成之后，厅事雄屹，篨廊曲榭，乔林石濑，涌现于峭蒨青葱之间。自下而高，廉级弥峻；由左而右，碱岯孔朓。有屋九筵，若为斯堂之后劲者，东坡所憩之谷林也；若修虹亘空、毗卢示现，杂花绮错于庭际者，重构往时之平远楼及洛春堂也；有泉涓涓，沫珠涎玉，喷薄于岩窦中者，即古塔院西廊第五泉也。於戏！可谓壮观已！

超尝检故籍求之，堂始于宋庆历八年。越十七年，郎中刁公约撤而一新。南渡后，凡五修。明神宗时，则重建。国朝康熙十二年，金太守镇暨汪刑部懋麟诸君鼎而新之。自是而后，叠加崇饰，益廓且大。然是役也，视康熙初为倍难。方国初，王师渡河而南，诛不顺命者而已，其余安堵也。顷者，粤贼之祸，文武官寺则悉燔矣；商民廛次，则悉摧矣；唐园徒林，则悉赭矣；工师匠伯，则悉系累之为沟中瘠矣。稽故址则无尺瓴寸甓之遗，简物料则踊什百倍蓰之贵。守土者修明学校，安妥山川四廊之神，犹且弗给，而况其余乎？自公之来，禹笇岁溢，出其余力，复营斯堂。量功而命日，弗愆于素；浚渠而除道，有益于农；崇朴而去华，无侈于旧。盖公于民生休戚，艖纲肯綮，一一旁通曲达，故措之尽善，恢恢乎并不见为劬也。抑余犹有说焉。夫是堂之在宇内，大泽之垒空耳！然景陵纯庙，赐诗赐额，星云纨缦，与天无极。公是役也，所以兴邦人忠敬之思；四方之宾与乡之士大夫献酬雍容，来游来集，所以示闾阎礼让之教。自宋以后，扬帅夥矣。公独于欧苏两贤，拳拳致意，所以坚士林景行之怀。役不妨耕，费不出珉，金碧弗加，京陵必辨，所以防浇俗浮靡之渐。盖一举也，四善备焉。超归自岭南，见斯堂之复完，幸我民之饮公福也。爰不敢辞，而为之记。

洛春堂记

（清）汪应庚

余为堂于栖灵寺之乾隅，堂之前后檐庑，豁然开朗，而叠石于庭中，为秀峰层嶂，其上栽牡丹十数丛，露葩风叶，烂漫芳菲，于春暮花时，载酒为宜。夫造物之娱人也莫若春，春之娱人也莫若花，花之娱人也莫若牡丹。故唐人以牡丹为花中首冠，又以为占断一春。而宋欧阳公则云："牡丹出洛阳者独为天下第一。"予在洛阳四见春，目之所瞩，已不胜其丽焉。是则万花首冠之中，洛阳之钟美又为特异。然欧公又谓天地中和之气，不宜偏在洛阳，诚通人之论，不可易也。盖所谓中和之气者，春是也，故四时独曰春和。气未有不中而和者，春和满天地，岂私于一隅者乎？予故以花名堂，颜曰"洛春"，以为花之娱人，处处如洛之春也。

云盖堂记

（清）汪应庚

云盖堂在栖灵寺中，堂凡五楹，其上为藏经阁，翼以两庑，凡八间；外为门，凡三间。雍正十一年，予捐赀创建，越二年告成，而名之曰"云盖"。或有问于余曰："子取释氏'香云成盖'之义乎？"余应之曰："固有取尔也，而不尽取也。"或又问曰："香爇于鼎，烟袅而上腾，非云也。何取尔也？"曰："子不闻司马迁《史记》所云乎？'若烟非烟，若云非云，郁郁纷纷，萧索轮囷，是谓庆云。'由是言之，云可谓之烟，烟可谓之云。且以释氏之说推之，非烟亦可谓之云，可谓之烟；非云亦可谓之烟，可谓之云。其不可以有迹拘，不可以有象执也；无非烟也，无非云也。"或又问曰："然则所谓不尽取者，何也？"曰："香云成盖，一室中氤氲梁栋间耳，其小小者也。独不闻佛之大云乎？其函盖于物也，若员穹之覆焉。即如大藏经典，火宅之焰，道中之暍，一切消归何有？皆大云清凉，布叶开花，遍满人天者也。庋经于阁，在堂之上，吾取'云盖'名堂，何不可？抑又有唐沈云卿《施香绍隆寺》诗云：'云盖看木秀'，亦可以为僧堂之嘉号也已。"问者欣然而退。

重葺康山草堂落成记

（清）吴锡麒

夫肯堂肯构，论作述之绪，某水某山，纪钓游之迹。克笃前人，以诏后起。琴书偃息，言依旧居；风烟郁深，永护乔木。凡疏房樛貌之相承，皆孝子慈孙所有事也。而况韦家别业，清跸屡邀；嵇公竹林，古人宛在乎？盖康山者，明康武功海读书处，而鹤亭主人葺以为园者也。有林亭之峙，兼水木之饶；列雉所环，一簣隆起；大河相对，群帆翼如。清风被乎林条，白云过于岩户。往时高宗南巡，曾俞所请，一再幸焉，迄于今又二十五年矣。天章藻被，御座云拱；飏荣竦华，罔敢勿恪。然而土木之陊剥，鸟鼠之穿漏，高台或倾，芳草如积；不能常新榱桷，无损丹腹，亦其势也。令嗣文叔，筑楹受书，斫轮喻教。经史万卷，枕葄毕登于心；书画一船，云烟不迷于目。慨想先世，冀光成模，振四窗八达之才，别十匠九柯之用。庋疏泉石，袯饰烟霞。皓羽影鳞，还其深旷之乐；寿藤耄柏，发其峭蒨之姿。涤滞宣幽，绵视娱听，用召群彦，集于草堂，告落成也。

呜呼！书堂甲馆之遗，琴馆吹台之盛，白日过隙，好音从风；人事一乖，风流顿歇。兹幸文翁石室，不改家基；魏公古棠，常留笏泽。聚名流丁异地，缔良会于同岑。歌吹尤哗，烟毫有托。茗谈甫毕，敲深竹而吟来；苔坐渐深，抖落花而唱起。其或究八法于书圣，参三昧于画禅，并效专长，成斯胜集。不有所述，又何以传于是？合会者二十有二人，阄其胜景，行赋一诗，俾高君迈庵为之图，记者钱唐吴锡麒云。

游康山草堂记

（清）宗元鼎

广陵康山，旧传康德涵弹琵琶处。德涵落职后，放游江南，常与妓女同跨一蹇驴，令从者赍琵琶自随，游行道中，傲然不屑。其山在外城东南隅姚公宅内，故游人罕得至焉。余犹记少时，亲知屡约游观，皆以在内宅，不果。自流离旅食以来，不复问康山游事矣。

顺治乙未上巳后二日，郡斋俞公持楹邀余同游，余是日又以冒雨抱疾，不果。孟夏二日，始访客于康山。爰思里门故迹，游复何难，而二十年间不能遂登临之兴，始信人生行止微末，亦有定数，可以淡天下人躁竞驰逐之心矣。

山方圆仅五亩余，上有古树十余株，周围回廊石栏，旧址尽皆颓毁。中央草堂三间，颇轩敞，俯视郡城，环抱于前，状如月池，似有意为山而设城者。极目平原，旷莽无际，远则江南金、焦、北固，近则文峰佛塔；外则邗关辐辏，竹西歌馆、青楼红粉之地；内则殷商巨族，高楼宅第，通衢夹道、阛阓市桥之处，俱瞭若指掌间。其视村墟人物，走马击筑，耕田溉畦，桔槔辘轳，牛羊鸡犬，垒舍庐宿，负贩担肩，车船徒涉，种种琐细，纤毫备悉。

嗟乎！昔为康氏之山，今为姚氏之山矣。康之山不能保其长为康之有也，而涂者、居者犹呼之曰"康山"。夫琵琶，伶人之伎耳，士君子豪迈之余，游情末艺，后人犹传其名以不坠，则世之人苟能出处不愧乎经济廉节之义，则所传又岂止一山而已哉！

姚公名思孝，字永言，居翰林，以风范尊于时，是有重于兹山者也。

真赏楼记

（清）朱彝尊

平山之堂既成，越明年，中书舍人汪君季甪拓堂后地，为楼五楹，设栗主以祀欧阳永叔、刘仲原父、苏子瞻诸君子，名曰真赏之楼，盖取诸永叔寄仲原父诗中语也。君既为文勒堂隅，识落成之岁月，请予作斯楼记。于是楼成又逾年矣。方山阴金公将知扬州府事，实期予适馆，既而予不果往。及闻堂成之日，四方知名士会者百人，多予旧好，咸赋诗纪其事。顾予独客二千里外，不获与，私心窃悔且憾。

回忆曩时客扬州，登堂之故址，草深数尺，求颓垣断砌所在，不能辨识，怃然长喟，谓兹堂之胜，殆不可复睹。曾几何时，而晴阑画槛，忽涌三城之表，且有飞楼峙其后。既感废兴之相寻，复叹贤者之必有其助也。当永叔筑堂时，特出一时兴会所寄，然春风杨柳，盖别久而不忘。子瞻三过其下，怅仙翁之不见，至题词快哉亭，尚吟思此堂未已。即永叔亦感仲原父能留其游赏之地，赋诗远寄。是当时诸君子，未尝一日忘兹堂可知已。肇祀焉，庶其冯依而不去者与？堂之废，自世人视为游观之所，可以有无，守是邦者或不为葺治，至于日圮，理固然也。试登是楼，见永叔以下，凡官此土有泽于民者，皆得置主以祀。后之君子，必能师金公之遗意，克修前贤之迹，则是斯楼成，而平山之堂始可历久不废，足以见汪君之用意深且远也。予虽不获观堂落成，与诸名士赋诗之末，犹幸勒名楼下，附汪君之文并传于后，亦可以勿憾矣夫！

看山楼记

（清）徐用锡

维扬马君嶰谷及难弟涉江，英年嗜学好古，与其友汪子袚江搜扬幽遐，重雕宋椠将湮废之书，修治别业，贮经史子集及法书名画，艺林所称为"小玲珑山馆"也。

今年夏，袚江舟行五百里访余，谈次述马君于山馆左右掘井泉，莳花竹，翼以轩楹，前起小楼，扁之曰"看山"，盖取唐姚秘监《题田将军宅》"近砌别穿浇药井，临街新起看山楼"句，欲得一言以为记。余迂陋无似，独爱看山，与居闲趣寂为宜。马君处烟花迷离之场，可娱目者何限，而喜看山乎？询其所看之山，袚江笑曰："过江山色亦云烟杳霭间，取其意而已。"余曰：有是哉！看山一也，得其形不若得其意。得其形以山为主，而看者遇焉则有局乎山者；得其意以看者为主，而山会焉则有进乎山者。"不识庐山真面目，只缘身在此山中"，得其形者似之；"采菊东篱下，悠然见南山"，得其意者似之。忆余平生途次所看之山，自齐鲁至燕，出居庸，比抵晋，由赵、魏历襄、荆、郧，西界蜀，过岭南，逼粤西、黔中矣。若往游可指数者，如京师之西山、房山，保阳之葛公山，黄州之赤壁、樊山，襄之岘万、鹿门、龙山、习家池山，永州磨厓刊《中兴颂》之浯溪山，柳州作记之钴鉧潭、西山。秀奥若新安之黄山，壮伟磅礴若武当。五岳陟巅者二：曰泰、曰衡。徐、泗、吴、越，近地不与焉。归八年矣，终岁兀然一编，盘旋一亩之宫。宅旁隙地，儿子种竹木，十五年郁然成林。拟构小草阁，西北六十里外望邳之峄山，卒以贫不就。虽远山一簇，不能为我有也。于马君之所起，能无概于中乎？虽然，余平生所看者多矣，曾无一能为我有，何必峄山？若高下远近，浅深清旷，夸坦秀奥，瑰诡之状，其赏心尽在闭目时，则凡平生所看者，俱为我有，而峄山乌足道哉！人心之无定也，局乎中而蔽于前，一拳可以障泰、华；中有所得，而观其会通方寸，可以运五岳。我与马君得其观之者，则进乎山矣！得其所以观之者，又进乎观矣！于己取之而已。圣人象兼山而名卦，阳上阴下，止其所当止，而极乎静。体立而用行，"艮其背"所云者，廓然而大公也；"行其庭"所云者，物来而顺应也。马君不独笑余昔之局于形也，而且有会乎意之表，怡神定性，以与道俱，则其所看者远矣。《诗》曰："高山仰止"，心向往之矣。

丛书楼记

（清）全祖望

扬州自古以来，所称声色歌吹之区，其人不肯亲书卷，而近日尤甚。吾友马氏嶰谷、半查兄弟横厉其间。其居之南，有小玲珑山馆。园亭明瑟，而岿然高出者，丛书楼也，迸叠十万余卷。予南北往还，道出此间，苟有宿留，未尝不借其书。而嶰谷相见寒暄之外，必问近来得未见之书几何，其有闻而未得者几何，随予所答，辄记其目，或借钞，或转购，穷年兀兀，不以为疲。其得异书，则必出以示予。席上满斟碧山朱氏银槎，侑以佳果，得予论定一语，即浮白相向。方予官于京师，从馆中得见《永乐大典》万册，惊喜，贻书告之。半查即来问写人当得多少，其值若干，从臾予甚锐。予甫为钞宋人《周礼》诸种，而遽罢官。归途过之，则属予钞天一阁所藏遗籍，盖其嗜书之笃如此。

百年以来，海内聚书之有名者，昆山徐氏、新城王氏、秀水朱氏，其尤也。今以马氏昆弟所有，几几过之。盖诸老网罗之日，其去兵火未久，山岩石室，容有伏而未见者。至今日而文明日启，编帙日出，特患遇之者非其好，或好之者无其力耳。马氏昆弟有其力，投其好，值其时，斯其所以日廓也。

聚书之难，莫如雠校。嶰谷于楼上两头，各置一案，以丹铅为商榷。中宵风雨，互相引申，真如邢子才思误书为适者。珠帘十里，箫鼓不至，夜分不息，而双镫炯炯，时闻雠诵，楼下过者，多窃笑之。以故其书精核，更无讹本，而架阁之沉沉者，遂尽收之腹中矣。

半查语予，欲重编其书目，而稍附以所见，盖仿昭德、直斋二家之例。予谓鄱阳马氏之考经籍，专资二家而附益之。黄氏《千顷楼书目》，亦属《明史·艺文志》底本。则是目也，得与石渠、天禄相津逮，不仅大江南北之文献已也。马氏昆弟其勉之矣！

万松亭记

（清）汪应铨

蜀冈东最高处，万松亭在焉，吾家光禄君所作也。蜀冈无石，其土厚，宜树木，顾无好事者。君辇松栽十万余，缘冈之坳突直屈，栉比而环植之。数岁中，蟠亘苍翠，日晴风疏，远望如荠。鳞张鬣竦，即之挺立。步入林樾，弥天翳景。其东冈势中断，旁扈而下削，亭踞其巅，带长林，倚遥野，二十四桥之烟景，三十六湖之波澜，浮映檐槛，可揽可掬，洵奇胜也。或曰：松逾十万，而以"万松"名亭，何也？曰：柳子厚《万石亭记》，所谓石之数不可知，以其多则命之万石者也。或曰：凡亭之胜，游观觞咏之乐，寒饿疾痛之夫不与也。万松之芘，绳床瓮牖，旁风上雨之居，民弗善也。光禄君自其子姓以暨涂人，燠寒饫饥，孤露而荫庥之，呻而医药之，婴而遂长之，溺而筏之、岸之者，其人其事，不可殚数。天子褒异之，国人铭诗之，吾子阙焉。而斯亭是志，何也？曰：此吾所以志斯亭也。苏子瞻为麻城令，作《万松亭》诗云："县令若同仓庾氏，亭松应长子孙枝。"君则万松之乡人也，又有德于其乡，子孙之祥与松俱长矣。《传》有《嘉树》、《雅》有《角弓》，无忘封殖，敢谂来者。君名应庚，亦自号万松主人云。

小玲珑山馆图记

（清）马曰璐

扬州古广陵郡，女牛之分野，江淮所汇流。物产丰富，舟车交驰，其险要扼南北之冲，其往来为商贾所萃。顾城仅一县治，即今之所谓旧城也。自明嘉靖间以防倭故，拓而大之，是以城式长方。其所增者，又即近今之所谓新城也。

余家自新安侨居是邦，房屋湫隘，尘市喧繁，余兄弟拟卜筑别墅，以为扫榻留宾之所。近于所居之街南得隙地废园，地虽近市，雅无尘俗之嚣；远仅隔街，颇适往还之便。竹木幽深，芟其丛荟，而菁华毕露；楼台点缀，丽以花草，则景色胥妍。于是，东眺蕃釐观之层楼高耸，秋萤与磷火争光；西瞻谢安宅之双桧犹存，华屋与山丘致慨。南闻梵觉之晨钟，俗心俱净；北访梅岭之荒戍，碧血永藏。以古今胜衰之迹，佐宾主杯酒之欢。余辈得此，亦贫儿暴富矣。于是鸠工匠，兴土木，竹头木屑，几费经营。掘井引泉，不嫌琐碎。从事其间，三年有成。中有楼二：一为看山远瞩之资，登之则对江诸山约略可数；一为藏书涉猎之所，登之则历代丛书勘校自娱。有轩二：一曰"透风披襟"，纳凉处也；一曰"透月把酒"，顾影处也。一为"红药阶",种芍药一畦,附之以"浇药井",资灌溉也。一为"梅寮",具朱绿数种,縢之以石屋,表洁清也。阁一,曰"清响",周栽修竹以承露。庵一,曰"藤花",中有老藤如怪虬。有草亭一,旁列峰石七,各擅其奇,故名之曰"七峰草亭"。其四隅相通处,绕之以长廊,暇时小步其间,搜索诗肠,从事吟咏者也,因颜之曰"觅句廊"。将落成时,余方拟榜其门为"街南书屋",适得太湖巨石,其美秀与真州之美人石相埒,其奇奥偕海宁之皱云石争雄,虽非娲皇炼补之遗,当亦宣和花纲之品。米老见之,将拜其下;巢民得之,必匿于庐。余不惜资财,不惮工力,运之而至。甫谋位置其中,藉作他山之助,遂定其名"小玲珑山馆"。适弥伽居士张君过此,挽留绘图。只以石身较岑楼尤高,比邻惑风水之说,颇欲尼之。余兄弟卜邻于此,殊不欲以游目之奇峰,致德邻之缺望。故馆既因石而得名,图以绘石之矗立,而石犹偃卧以待将来。若诸葛之高卧隆中,似希夷之蛰隐少室,余因之有感焉。夫物之显晦,犹人之行藏也。他年三顾崇而南阳兴,五雷震而西华显,指顾间事,请以斯言为息壤也可。图成,遂为之记。

小玲珑山馆图跋

(清)包世臣

予读《韩江雅集》诗,一时觞咏之盛,不减山阴,未尝不神往于平山蜀阜间也。此卷乃秀水弥伽居士张浦山征君庚为祁门马半槎先生曰璐所绘《小玲珑山馆图》,半槎自作记,言之綦详。余生也晚,未获躬逢其盛。今山馆已再易主人,记中所云小坽珑巨石,于馆归雪礓汪氏本,始克建立,巍然于茂林修竹间,惜半槎已不及见矣。此卷本藏马氏,顷为山尊学士所得。予适旅邗上,学士持此索题,觉盛衰之理,今昔之感,不免怦怦欲动矣。至浦山之画、半槎之记,有目者所共赏,无俟鄙人喋喋也。抚今追昔,为之慨然。倦翁包世臣跋。

小玲珑山馆图跋

(清)汪研山

此卷为张浦山所绘图,马半槎自为记,旧藏小玲珑山馆。迨山馆归吾宗雪礓先生,此卷亦转徙为山尊学士所得,乞包慎老题跋者。曾几何时,巨石迭被迁移,山馆亦成瓦砾。此卷乃予得之市上,观慎老跋云:"抚今追昔,为之慨然。"倘使慎老天假之年,以至今日,更不知如何感慨矣。亟重装潢什袭藏之。研山銮志。

小玲珑山馆图跋

(清)吴凤韶

展图欣赏羡当年,山馆名留感变迁。嶰谷半槎两昆玉,诗清品洁世称贤。

马曰琯,号嶰谷;弟曰璐,号半槎,祁门人。乾隆初,同举鸿博不就。嗜学好客,皆以诗名,藏书甲东南。在邗上筑小玲珑山馆,四方名士游邗上者,多主其中。结邗江吟社,与全祖望、刘大櫆、厉樊榭、杭世骏、金冬心觞咏无虚日。著《沙河逸老集》行世。馆图为秀水张浦山庚至邗就地所绘,笔墨苍润,久为艺林珍赏。半槎自撰馆记,书法朴茂,有晋唐风味。二百年间,胜衰无常,山馆易主,馆图撰记为吴山尊所获。厉樊榭、金冬心等跋,必已散失。山尊持图请包慎伯跋，慎伯已叙其详。曾几何时，又转徙汪研山处。瞬息百年，今为吾乡姚蔼士文学所得，名书名画寓有墨缘，非可以寻常离合论也。独羡马氏昆玉，举鸿博不就，隐逸林下，筑山馆觞咏终日，诗名品洁，风雅一时。若吴梅村、钱牧斋，虽拥诗名，未全晚节，较之马氏相去远矣。兹拟俚句一章，并录梗概，呈请蔼士文学斧政。

颐翁吴凤韶，时癸巳四月，年七十有二。

小倦游阁记

（清）包世臣

嘉庆丙寅，予寓扬州观巷天顺园之后楼，得溧阳史氏所藏北宋枣版《阁帖》十卷，条别其真伪。以襄阳所刊定本校之，不符者右军、大令各一帖，而襄阳之说为精。襄阳在维扬倦游阁成此书，予故自署其所居曰"小倦游阁"。十余年来，居屡迁，仍袭其称。而为之记曰：

史言长卿故倦游，说者谓：倦，疲也。言疲厌游学，博物多能也。然近世人事游者，辄使才尽，何耶？盖古之游也有道，遇山川则究其形胜厄塞；遇平原则究其饶确与谷木之所宜；遇城邑则究其阴阳流泉，而验人心之厚薄、生计之攻苦；遇农夫野老则究其作力之法、勤惰之效；遇舟子则究水道之原委；遇走卒则究道里之险易迂速，与水泉之甘苦羡耗，而以古人之已事，推测其变通之故。所至又有贤士大夫讲贯切磋，以增益其所不及。故游愈疲则见闻愈广，研究愈精，而足长才也。今之游者则不然，贫则谋在稻粱，富则娱于声色，其善者乃能于中途流连风物，咏怀胜迹，所至则又与友朋事谈宴、逐酒食，此非惟才易尽也，而又长恶习。

予自嘉庆丙辰出游，以至于今，廿有七年矣。少小记诵，荒落殆尽，而心智益拙，志意颓放，不复能自检束，而犹日冒此倦游之名也。其可惧也夫？其可愧也夫？

小玲珑山馆

（清）梁章钜

邗上旧迹，以小玲珑山馆为最著。余曾两度往探其胜，寻所谓玲珑石者，皆所见不逮所闻。

地先属马氏，今归黄氏，即黄右原家，右原之兄绍原太守主之。余曾检扬州郡志及《画舫录》，皆不得其详，遂固向右原索颠末。右原为录示梗概云：康熙、雍正间，扬城鹾商中有三通人，皆有名园。其一在南河下，即康山，为江鹤亭方伯所居。其园最晚出，而最有名。乾隆间翠华临幸，亲御丹毫。鹤亭身后，因欠帑，园入官。今仪征太傅领买官房，即康山正宅。园在其侧，已荒废不可收拾，终年键户，为游踪所不到。盖康山以"康对山来游"得名，扬郡无石山，仅三土山，平山、浮山及康山是也。康山若再过数年，无人兴修，故迹必愈湮，恐无有能指其处者，而不知当日楼台金粉，箫管烟花。蒋心余先生尝主其园中之秋声馆，所撰九种曲内，《空谷香》《四弦秋》，皆朝拈斑管，夕登氍毹，一时觞宴之盛，与汪蛟门之百尺梧桐阁、马半槎之小玲珑山馆后先媲美，鼎峙而三。汪、马之旧迹，皆在东关大街。汪、马、江三公皆鹾商，而汪、马二公又皆应词科。汪氏懋麟，江都人，由丁未进士授中书，以荐试康熙鸿博，为渔洋山人高足弟子。园中有百尺梧桐、千年枸杞。今枸杞尚存，而老梧已萎，所苗孙枝，无复曩时亭苕百尺矣。此园屡易其主，现为运司房科孙姓所有。

至小玲珑山馆，因吴门先有玲珑馆，故此以小名。玲珑石即太湖石，不加追琢，备透、绉、瘦三字之奇。马氏两兄弟，兄名曰琯，字嶰谷，一字秋玉，弟名曰璐，字半槎，皆荐试乾隆鸿博科。开四库馆时，马氏藏书甲一郡，以献书多，遂拜《图书集成》之赐，此《丛书楼书目》所由作也。然丛书楼转不在园。园之胜处为街南书屋、觅句廊、透风漏月两明轩、藤花庵诸题额。主其家者为杭大宗、厉樊榭、全谢山、陈授衣、闵莲峰，皆名下士，有《邗江雅集》《九日行庵文宴图》问世。辗转十数年，园归汪氏雪礓。汪氏为康山门客，能诗善画，今园门石碣题"诗人旧径"者，犹雪礓笔也。

园之玲珑石，高出檐表，邻人惑于形家言，嫌其与风水有碍，而惮鸿博名高，隐忍不敢较。鸿博既逝，园为他人所据，邻人得以伸其说，遂有瘗石之事。故汪氏初得此园，其石已无可踪迹，不得已以他石代之。后金棕亭国博过园中觞咏，询及老园丁，知石埋土中某处。其时雪礓声光藉甚，而邻人已非复当年倔强，遂决计诹吉，集百余人起此石复立焉。惜石之孔窍为土所塞，搜剔不得法，石忽中断。今之玲珑石岿然而独存者，较旧时石质不过十之五耳。

汪氏后人又不能守，归蒋氏，亦运司房科，又从而扩充之，朱栏碧甃，烂漫极矣，而转失其本色，且将马氏旧额悉易新名。今归黄氏，始渐复其旧云。

刘庄记

（清）徐　镛

是园昔系陇西后圃，今为吴兴刘氏旅扬别墅。台榭轩昂，树石幽古，颇极曲廊邃室之妙。庭前白皮松株，盘根错节，皆非近代所有。窃忆光绪中叶，余曾游扬府幕，夙耳是园名胜，惜以公牍劳形，不获涉足为憾。

庚申之冬，余受刘氏聘任，来扬管理鹾务，寓斯园中。以是昔之心向往之者，今得晏安其中矣，乃悟天意、人事之巧合，殆佛家所谓因果也欤！

惜园屋年久失修，势将坍塌，今春特鸠工修葺一新，并自涂书画，聊资补壁，爰题名之曰"刘庄"，藉壮观瞻，以志区别，而为之记。

何园游记

易君左

余等避难来扬之次日，游平山堂；又次日，闻城中有名园曰何园者，偕霁光、西云、立人往访焉。晴雪初霁，春梅正香，唯街陌泥滑难行。一路探询，遥望甲第连云，气象雄伟，为花园巷；护弁数人，拱一门而立，江苏绥靖署在其中，即何园也。余出名刺，由一副官导余等游，绕园一周，穿石百洞。读前人游记，谓此园荒废已甚，衰柳残荷，栋宇凋敝，无处不起凄其之感。自余观之，兴亡成败，理自有常。此日之衰柳残荷，即当年之雕梁画栋。盖创业难，守业尤难！苟百人而有为者，则破碎江山，犹可一致兴复，况区区一园乎！斯园虽不足奇，然于承平时，充美女百人，歌吹沸天，仿平山、竹西佚事，亦自成其趣。又有古藤如巨蟒，盘大树而下，作吓人状，亦一景也。余家丘壑园林，毁于兵，覆于水，而余又不肖，不能继先人之业，坐令天下荒废。今游何园，岂能无所思？昔唐人乱后还京，诗云："唯有终南山色在，晴明依旧满长安！"余登高楼而望金陵，背斜阳而入京口，真不知感慨之何从矣！

烟花三月下扬州

叶灵凤

有一年的春天，我同全平应洪为法之邀，到扬州去玩。我们从上海乘火车到镇江，摆渡过江到瓜洲，再乘公共汽车到扬州。那时正是莺飞草长的三月天气，"春风十里扬州路，卷上珠帘总不如"，一路坐在车中，油绿的郊原不停地从车窗外飞过，不曾进城，我已经心醉了。那时洪为法正在第五师范教书，热心写作，写诗也写小说。"沫若哥哥，沫若哥哥"，他同郭老的许多通信，曾经发表在当时的《创造周报》和《创造日》上。后来创造社出版部成立，《洪水》创刊，他同我们的书信往还也繁密起来，可是彼此一直不曾见过面，这时他便一再写信来邀我们到扬州去玩几天。恰巧我这时在美术学校已经读到最后一年，要缴毕业制作，便决定趁这机会到扬州去作旅行写生，实在一举两得。因此，那次"烟花三月下扬州"，我并不曾"腰缠十万贯"，却是背了画架画箱去的。

全平因为事忙，同洪为法见了面，在"香影廊"喝了一次茶，游了一下瘦西湖，就在第二天又遄回上海去了，我则一人在扬州住了将近十天左右。

本来，我在镇江住过几年，对于一江之隔的扬州，两三星火，望是久已望见了，可是始终不曾有机会去过。这时住在上海，反而远道经过镇江再过扬州去，想到人生的际遇真是难以预料，心中不免有了许多感慨。

扬州是一个具有悠久浓厚的我国古老文化传统的地方。可是即使在三十年代，当我们第一次去时，盐商的黄金时代早已是历史上的陈迹，一代繁华，仅余柳烟，社会经济的凋敝，已经使得扬州到处流露了破落户的光景。我晒着午后微暖的阳光，踏着青石板的街道，背着画架，到西门外去写生时，沿街那些人家的妇女，往往两代三代一起，坐在门口糊火柴盒，可知衰落的暗影已经笼罩着这个城市了。

扬州当时的土产，除了酱菜和化妆品以外，还有漆器，这是一般人少知道的。洪为法领了我到街上去逛，有一条街一连有许多家漆器店，所制的文房用具和小摆设都十分精致，当时使我见了十分诧异，因为一向只知道福州以漆器著名，从不知道扬州也出产漆器的。我买了一只嵌螺甸的黑漆小盒，可以放书案上的零物，一直用了十多年还不曾坏。

最近读报，知道扬州地下发现了许多古代漆器，都是楚国文化遗物，原来扬州的漆器生产已经有这样悠久的历史了。

瘦西湖在扬州西门外。我到扬州的目的，除了拜访洪为法之外，另一目的就是作画，因此，在那十多天之中，差不多每天背了画架，独自步出西门，到瘦西湖上去写生。

那时的瘦西湖上，五亭桥、小金山、白塔诸胜，由于年久失修，显得有点零落之感。沿湖的一些园林，又被白宝山、徐老虎之流的小军阀和土豪恶霸占去了，一般游客休想随便闯得进去，只有沿岸的垂柳和芦苇，那一派荡漾的春光是不用钱买的。因此，我总是在西门的桥下雇一只小船，叫他沿湖缓缓的划，一直划到平山堂，然后弃船上岸去写生，同时同船家约好，在夕阳西下之际，到原处来接我回去。

有一天，不知怎样，船家竟失约不来。我在平山堂山冈的岸边等了又等，松树上归巢的喜鹊乱叫，仍不见有小船来，眼看暮色四垂了，只好赶紧沿湖步行回城。好在那时年纪轻，腰脚健，走几里路实在不算一回事，反而藉此欣赏了一次薄暮中的瘦西湖。

在整个瘦西湖上，除了沿岸的芦丛垂柳，那种草木明瑟的风光之外，当时最令我流连的是平山堂的景色。那一带布满松林的山冈，仿佛已经是瘦西湖的尽头。高建在山冈上的平山堂，前面有一座大坪台，可以凭栏眺望瘦西湖时宽时狭的湖面。

山冈并不高，但是形势非常好，"竹床跣足虚堂上，卧看江南雨后山"，平山堂确是有这样的一种好处。

扬州在旧时不愧是一个风雅的地方。当时虽然已经破落了，但是也破落得毫不俗气。湖上有乞丐，在岸边追着船上的游客要钱，但他们并不口口声声的"老爷太太，少爷小姐"，而是用一根长竹竿系着一个白布兜，仿佛生物学家捉蝴蝶所用的那样，从岸上一直伸到你的船边，口中随意朗诵着《千家诗》里的绝句："两个黄鹂鸣翠柳，一行白鹭上青天……"除非你自命是一个俗物，否则对着这样风流的乞丐，你是无法不破钞的。

有一次，我同洪为法一起坐在瘦西湖边上那家有名的茶馆"香影廊"喝茶，有一个乞丐大约看出我是一个从外地来的"翩翩少年"，竟然念出了杜甫赠李龟年的那首绝句："正是江南好风景，落花时节又逢君。"喜得洪为法拍手叫绝，连忙给了他两角小洋。

平山堂所在地的那座山冈，古称蜀冈。据近人考证，明末有名的大画家石涛，晚年寄寓扬州，运用画理为人家园林叠石，死后就葬在蜀冈之麓，在平山堂之后，可惜现在已经湮没，找不到了。

近年国内有消息，说自古闻名的扬州琼花，绝迹已久，现在又被人发现了一株，发现的地点也在平山堂，可见在瘦西湖的名胜之中，这实在是一个重点。在平山堂的后面，有一片洼地，像是山谷，又像是沼泽，四周有大树环绕，景致特别幽静。山鸟啼一声，也会在四周引出回响。我看得着了迷，摆下了画架要想画。可是这是诗的境界，哪里画得出？我便坐在三脚帆布小凳上出神，直到脚底下给水浸湿了才起身，始终无法落笔，然而那一派幽静的景色至今仍不曾忘记。

隋炀帝开凿运河到扬州来看琼花的故事，流传已久。可是据明人的考据，琼花到宋代才著名，因此，隋炀帝是否曾到扬州看过琼花，大有疑问。宋人笔记《齐东野语》说：

> 扬州后土祠琼花，天下无二本，绝类聚八仙，色微黄而有香，仁宗庆历中，尝分植禁苑，明年辄枯，遂复载还祠中，敷荣如故。淳熙中，寿皇亦尝移植南内，逾年，憔悴无花，仍送还之。其后宦者陈源，命园丁取孙枝移接聚八仙根上，遂活，然其香色则大减矣。今后土之花已薪，而人间所有者，特当时接木，仿佛似之耳。

据此，后土祠的真本琼花，在宋朝就已经绝了迹，后人所见，全是由聚八仙接种而成，所以，一般人都将琼花与聚八仙合而为一。郑兴裔有《琼花辨》，言之甚详。不过，缺乏实物作证，即使是聚八仙，也已经很少见。

近人邓之诚的《骨董琐记》，引《续夷坚志》，说陕西长安附近的户县，也有一株真琼花。原文云：

> 户县西南十里曰炭谷，入谷五里，有琼花树。树大四人合抱，逢闰开花。初伏开，末伏乃尽，花白如玉，攒开如聚八仙状。中有玉蝴蝶一，高出花上。花落不着地，乘空而起。

乱后为兵所砍去。

那么，即使真有，现在已同样不存在了。

琼花既是木本植物，最近在平山堂发现的那一株，在我流连在那里的时候，应该早已存在，可惜当时年少，不曾留意到这样的问题。不说别的，我当时在扬州玩了十多天，只知道流连在瘦西湖上，连梅花岭史公祠也不曾去拜谒过一次。虽然那时我已经读过《扬州十日记》，却交臂失之。现在想来，真有点令我惭愧而且懊悔了。

瘦西湖追感

刘庆文

鲍舍利Bottieelli欧洲极著名的美术大家，他在文艺复兴时代，不但也是崇拜在大自然界中探讨其幽微精妙的美，并且时常以理想超出实现之外的作品，来表现一切大自然界的各个的想象的印象。他有最精工的一幅画上，是用人体代替风和花的神，而他所绘美女，又和西方画家，崇尚健康美的，极其不同。他是拜服而摹仿东方色彩，以中国历来所尚的病态美为其绝技。这是西方惟一的美术名家，而钦佩吾华的美术理想和技能的，真是我国艺术史中多么有价值的荣幸！我国美学家，于大自然界中，本来有充分的认识，故自伏羲画卦，即有少女风之称。而词章家多吟风为封家十八姨，行居十八，也是含少艾的意思。画家绘兰花每题曰“空谷佳人”，其对相是绝代国色了。其他诗歌绘事中，以美女寓意于花者，不一而足了，这是以美女代替自然界的象征。我国古代称扬病态美的，则为庄子所说的西子捧颦了。

现以西方美术家的眼光，观察大自然界中的一切，能超乎理想实现之外，而以苏东坡诗句“欲把西湖比西子”移赠于邗江之瘦西湖，则“瘦西湖”三字之题名，比一切诗画家的想象作品，能引起人们优美和善的感想，而瘦西湖则有如一幅美女图，开展于游人目前了。瘦西湖的命名，因其湖身瘦削，而位于邗江城西，又取意于杭州的西湖，而冠以“瘦”字以为分别的，此湖风景，亦可说是杭州西子湖的缩影了。邗江在《禹贡》即划为扬州，隋为幸都，宋欧阳修休憩处，建有平山堂。亡清王渔洋在邗江，主持风雅，尝以文会友于瘦西湖，筑有馆舍，今增改作徐园了。清代豪富盐商，荟萃于此，穷奢极侈，所有古迹名胜，皆修葺装潢，称盛一时，所以邗江有江北底江南之誉。而其风景尤美者，则为瘦西湖。其游径，出西门，乘小舫，由驾娘刺篙轻驶，荡漾逍遥，湖光潋滟，山色翠微，目睹神移，有如置身西子湖中，而心灵幻想，超乎物外，又仿佛和绝代丽姝承颜接色了。呀！物华天宝，那晴空怎么幻出彩云明霞来，多么灿烂绚丽，莫是锦绣罗裳吗？蓦地的树木，林鸦阵阵的翻飞，这是乌云般的鬟鬓所堆成的吧。邗江昔有隋堤柳的称胜，此湖沿岸，绿杨成行，弥望无际，叶儿修长，殆似淡扫翠眉，枝儿袅娜，仿佛轻盈腰肢；那糁径似雪的杨花，可是凝脂的肌肤吗？附近多漪漪的绿竹，当酿着清冷的时气，大有“天寒翠袖薄，日暮倚修竹”的意态。而那纤嫩的玉笋，恰似了手如柔荑了。桃花逞笑，宛如红润粉面；银杏结成，又如惺忪星眸；樱桃初熟，那似点绛朱唇；青山倒影，如同画眉螺黛；树林阴翳，禽鸟幽鸣，若闻环佩玳玳铮铮的细响。蓦然间，皓月腾辉，繁星射芒，这似所系的明珰宝珠吧？那这金光齐扑到湖面上来，而湖心的小金山的浮屠梵宇，映着这晶莹明澈的天空水底，则成了西天的瑶池琼宫了。这小金山又是江南名胜金山寺具体而微的幽境。寺内有高僧讲经，善男子，信女人，多有来听的。平山堂之厅事中，悬有不全的大屏条十数幅，拓《尚书》一篇，字颇遒劲。徐园院内，有古镈二座，铸满古篆，剥蚀难辨。此二物虽稍残缺，而古色古香，适合润饰这病态美瘦西湖的风了。当邗江富盛时，这湖虽名为瘦，而因相属的古迹名胜，装修顿饬，而愈征其病态足美的，所谓"带一分愁容更好"也。自邗江盐业衰歇，运使迁于海州，文士富商，两相灭影，斯湖未免荒废减色，那末，无乃太病了。

既罢此游，所得美感遥深，不禁太息今人有些学识，每含斗争的意向，惟美学最能默化人类于和美亲善，犹如经解篇所说：温柔敦厚之教也。现在列强竞争，莫不有狰狞鬼怪之恶面具，互相残杀，违背天道的自然。国际和平，等于梦境呓语。世界倘欲消散此紧张空气，则各国教育，必积极提倡美学，修养人们的高尚旨趣，使其于大自然界中有深刻的认识。以美术代宗教之意义，或者就在此点。

扬州纪游
谢国桢

余偶读王渔洋《红桥雅集·浣溪纱》"绿杨城郭是扬州"的词句，仿佛那碧水涟漪，绿杨城郭，远看着红桥，有两三只画舫在那里临游荡漾，也许船上坐着一两位美人，在那里手摇团扇，目送斜晖，的确是一幅绝好的画图。我想，在以往的一百年或者二三百年前，扬州不但是风景佳丽之区，而且是人文荟萃之地。前者如王渔洋、孙无言诸君的红桥酬唱，稍后便有马氏玲珑山馆的邗江雅集，预会的人，如全祖望、厉樊榭诸君，集句联吟，读起来怎样的令人神往，所以我早蓄有欣然愿往的意思。可是我屡次南来，游遍了五湖三泖，看了不少江乡的烟景，不是因为风波未静，便是路途阻隔，扬州总没有去过；今年清明，我本打算到扬州去了，又因病中止。到了炎暑初退，白露初凉的季节，我与我的朋友何杰午兄，约定在最近期间，无论如何要到扬州去逛一次。乃于十月十日的早晨，竟然成行。

这几天来，上海连着下了几天的雨，到了晚间，天已放晴，我们非常愉快，是日凌晨，搭七时的火车，十三时即到镇江。下了火车，改乘人力车到了江边，登过江的轮渡。在轮渡上候了有一点钟的时光，然后开行。到了六圩，重上汽车，上下的人非常拥挤，几无立足之处。路是崎岖不平，颠簸得像摇篮的样子，走约五十分钟，远看有些村舍房屋，大家都说到了扬州了。我们下了汽车，便看见古老的城郭，城外围绕着长河，我们步行过了渡桥，进了城门，雇人力车到安东巷十二号何杰午兄的家里，他的大哥绍周先生已经在家里等候着我们了。我们在何家稍微休息一刻，就跑到辕门桥去游玩，石皮的道路，窄狭的巷子，两旁古老的房屋和店面，这些房子，至少建筑在二三百年以前，还保存着原来的样子。走过了两三条窄巷后，到辕门桥一家书店里访一点旧书，可惜这一家很有名的陈恒和旧书店已经卖起新书和文具来了。主人陈君绍和蔼的给我找出几本旧书来，刘文淇、刘恭甫的手稿，也都断烂不全，不禁教我失望。我们从书店里出来，就到富春花局去吃茶。提起了富春，那是扬州最有名的茶馆。维扬的风俗，早上皮包水，晚上水包皮，一天的生活，要大半消磨在茶馆里。我们进了富春的矮矮大门，便看见错综着好几处茶厅，正是菊花和桂花开放的时候，微风吹来木樨花的香味，茶厅的窗上，摆列着深黄的菊花。我们进到屋子里来，看见里面放着七八张方桌，几张骨牌式的方凳，桌子上摆着茶碗和杯筷，桌面上浮出来浸润的油光，这是表明多少年来茶客光顾的成绩。一般老顾客，一边吃着茶吸着纸烟，一边吃着点心，却不因为座位的不舒适，桌面上的油光，而减少了悠然自得的心情，仍是一点钟两点钟这样的坐下去。我们拣了一张在厅堂中间的方桌旁坐下，随便吃了几杯茶，叫了一碗干丝，吃完了信步仍回到何家。这时已到黄昏时候，主人替我们点了一盏煤油灯，摆上四样菜和一碗鸡汤来，无非是红烧狮子头，一些扬州的名菜。我们一面喝着酒，一面谈着天，一直到街传更鼓，四壁寂然，连街上行人的足步都可以听得见，这和上海的红尘十丈，车走雷声，真大不同了。以前蒋剑人的诗"入梦繁华记不清"，已是陈迹，而今恐怕要比同光时的扬州，更要清静了许多。刚刚敲过了九点钟，杰午兄为我收拾了一间极洁静的卧室，引我到那间屋子里去休息，我看见那卧室内，陈列着一张楠木架子床，床的左边放着一排楠木衣柜，床的右面，摆着楠木长桌，靠着窗户，有一张方桌和两把椅子，以及梳妆台之类，十足表现南方闺阁一般的陈设。这时候，我觉得我真是置身在江乡了。及至一觉醒来，清晨的阳光，已透过纱窗，我觉得时候不早了，马上起来，杰午兄已经等候着我了。

我们洗过面后，就到富春去吃茶，随便吃了些包饺，便走出了福运门，过了板桥，在河边的土坡上雇了一只瓜皮艇子。下得船来，信风荡漾着往前走。这正是中秋初过，草木未凋的时候，城根河边，一排青翠的杨柳，拂水掠影，非常的蔚茂，不愧称为绿杨城郭。转了几个弯子，就是有名的红桥，船从红桥底下穿过去，经过了小金山，远望着五亭桥，金碧辉煌，浮在水面。可是隋堤上的杨柳桃花，早被人斫了去，只剩得童童然一条长堤。再往前就是法华寺，过了法华寺，萍藻阻梗，鼓桨前行，便到平山堂。舍舟登岸，过了长岗，走进了平山堂，楹柱上挂着长联，上面写着是"登堂如见其人，我曾经泰岱黄河，举酒还生千古感；饮水当同此味，且莫道峨眉大白，隔江喜看六朝山"。我们在平山堂凭眺移时，江南金焦诸山，如浮水面，历历在望，山岗上绿树环合，这无怪名作平山堂了。可惜顶好的房子，满堆了稻草，已经糟蹋得不成样子。我们信步下山，乘船到小金山游览，虽然比平山较为好一点，但是也呈荒凉的样子。我们在湖上草堂小坐，水光浮照，桂子飘香。我想，在当时不知有多少浓妆艳抹的小姐们在那里游玩，现在只剩下几个野老俗僧与海鸥为盟了。这里有不少扬州旧守伊秉绶的遗墨，湖上草堂的匾额，雄伟秀丽，疏密得宜。堂上悬着墨卿隶书"白云初晴，旧雨适至"；"幽赏未已，高谭转清"的对联，古拙雄浑，这可以想见邗江雅集，诗酒流连的景象。我们从小金山出来，仍到原处下船，沿着城墙往前走，天宁寺已驻了兵，不能进去。走不多远，就是史阁部祠堂，和梅花岭的衣冠墓，我们不能不进庙瞻拜。祠堂里只剩了牌位，墓门的影堂里，悬着"数点梅花亡国泪；二分明月故臣心"的对联。我急欲瞻望最有名的梅花岭，才发现阁部墓旁有一棵小树上贴了一个纸条，上面写着"仅留残梅一株，岂堪再折"。我正在那里徘徊，恰遇见一位老者，便请问他为什么梅花岭上没有梅花，他老人家很和蔼的回答道："这里本来有很多的梅花和其他的花木，江北的天气，不像江南梅花那样开得早，可是一到初春天气，梅花盛开的时候，士女如云，都来看花，既而经过这次的事变，扬州陷落，被日本鬼子斫了不少；不久，这里又驻了兵，虽然有白部长保护民族英雄煌煌的告示，但是剩余的几棵梅花树，全都斫去当柴烧了。"闻之不禁怃然。吾想不但梅花岭上的梅花岂堪再折，就是吾国的人民，屡经事变，疮痍未复，也正应如爱护梅花的心理，不堪再折了！我们从梅花岭出来，沿着城墙闲步，路旁有不少养金鱼和卖花的地方，进得城来，还见有胭脂花粉店。这表明虽然是古老的扬州，在昔盐商鼎盛的时代，正有不少闲阶级，在那里附庸风雅，粉饰太平，虽然是没落的家庭还是留了不少的遗迹，正和北平一样，老是保存着温雅的态度。但是扬州因为交通不便，在江乡地方保留旧式的样子，比任何城市都要丰富。我从梅花岭回来，天色已经不早，吃过晚饭，便去休息了。

第二天早晨起来，辞别了杰午兄，仍由原路回到镇江。因为时光尚早，顺便领略镇江的景物。先到金山游览，四面临水，凭眺长江，登到金山的顶上，烟水树木，城市街道，历历在望。我看金山寺的全景，和北平北海琼岛的景象差不多，也许是乾隆皇帝下江南，采取了金山寺的格式来修筑琼岛吧！在法海洞小坐片刻，下得山来，到第一泉啜茗。这时红蕉盛开，绿树成林，点缀其间，极为幽洁可喜。从第一泉再到北固山的甘露寺。到了后山亭子上远眺，俯视焦山，蜷伏江心，乱石崩云，惊涛裂岸，虽非赤壁，然犹可以想见其景象。及重下山来，业已四时，连忙到火车站赶五时的凯旋号回到上海。虽然短短的行程，来往仅有三天，只可以说是走马观花，谈不到有什么领略，可是偿了我游览维扬的夙愿，减去了不少的疲乏。回到上海虽在午夜，仍是霓虹灯在那里照耀着，路上仍然车水马龙，风云电驰，在市声嘈杂中，仍度我"万人如海一身藏"的生活。

扬州的风景（节选）

易君左

让我们个别的来介绍扬州的风景吧！

史阁部祠

这是明史忠正公史可法的祠堂，史公的衣冠冢就在祠的正面，背后就是梅花岭。我在一个新春作第一次的游，有记：

> 游何园第二天，我们几人出天宁门。这天又下大雪，西云打伞，我和霁光带帽，尽覆着一层层银花。正在张望，见破屋一栋，气象堂皇，里面花木好像很多；入门一问，此地便是史阁部祠，祠后就是梅花岭。
>
> 木床上酣卧一和尚，我们叫他起来，睡眼朦胧的在周旋，瓜子花生十六世纪物，罗卜干还脆。
>
> 在史阁部衣冠冢前致敬，由一妇人向导游梅花岭，万花如海，一将撑天！到了此等地带，只是一番怀感，我站在岭上高歌：

梅花岭歌

梅花岭下埋忠骨，梅花岭上唯痛哭！

壮士头颅烈士心，梅花片片飞香雾。

国亡家破那有身？男儿立志扫胡尘。

飞来香雾都成雪，寻入梅花不见人。

斯人已足垂千古，梅花纷纷落如雨；

独登岭上吊梅花，今日谁人史阁部？

绿杨城郭是扬州，淘尽兴亡古渡头，

唯有梅花照明月，天南哀角几时休？

回到所寓瀛洲旅馆，向儿童们讲史可法的故事；讲完后，在晃动的电灯光下写了一篇小文：

谒史阁部祠记

史可法岂独有明一代完人，吾族光荣精神之不绝如缕，实赖此一人之维系而传递。乾坤之精英，天地浩然之气，使无此一人，则不待夷侵而自虏矣！嗟乎，余谒史阁部祠而重有感焉。墓后梅花岭，阁部生前有"死当葬我梅花岭"之嘱；余于瑞雪纷飞中踏岭穿梅，花香似海，念此幽芳，叹千古一人，可以领略。其旁列崇祯年巨炮一尊，古斑灿然，欲仗忠正公英灵，移之吴淞口，尽覆倭寇。岭左有樱花数百株，若寒梅侍者。僧指祠后空楼而叹曰："数经兵燹，非复旧观矣！"又出示全祖望《梅花岭记》一轴，述阁部殉难始末，寥寥数百字，写尽平生，文字并足珍贵。联之佳者，取其二：一曰"数点梅花亡国泪，二分明月故臣心"。一曰"生有自来文信国，死而后已武乡侯"。余与霁光、西云徘徊瞻仰，复念今日时事，弥增悲痛！祠前花草为雪所覆，若带重哀。唯古木翠柏，挺峙院中，即一藤一葛，亦饶正直之气，信矣精忠烈绩之照耀彻寰也！余赋诗一首，折梅十余枝，购墨拓阁部一联而归；过天宁寺，以驻兵不得入。归而勖诸儿：下杀贼之决心，而法史可法！

虹　桥

过绿杨村、西园曲水，就到了虹桥。过虹桥就是瘦西湖的领域了。你可以从虹桥桥孔里远望瘦西湖一带的垂杨和滟滟的波光，像蜻蜓一般的画艇。

虹桥出名是在王渔洋一班诗人的歌咏，后来有些慕渔洋山人清风的仿王逸少先生的故事在虹桥大修其禊，于是虹桥便成了一个诗史上的名辞。

从前桥的两岸大概很热闹，在本文上面说的那些神乎其神的火食担子船就常常徘徊在这座桥边，现在只有一座孤桥了，水仍是清清的，有些时候在水里映着一些军队赶马、乡下人骑驴的影子。

徐　园

入瘦西湖，左岸便是一道杨柳长堤，你如果不坐船在堤上闲步，是人生至乐之事。你的影子会被鱼儿欢迎。

行不多远就到徐园，包他后面去是陆行到平山堂的大道，依湖边行走入他正门。

徐园是江北大盐枭、陆军上将、被袁世凯派人害死的徐宝三的祠堂，他的浑名叫"徐老虎"，是无人不知的。在这个园内，所有的对联匾额都与徐老虎有关系，以一个名园而献奉这种杀气腾腾的武人未免不大相称，因之关于徐园的文字无一足取。

可是园林的设计真不错！除开留园——江南第一园林以外，徐园的花木楼台，假山奇石，大可以流连。一切陈设也很简洁。徐老虎祠堂前有两口绝大的铁锅，传说是明末遗物。徐园的牡丹芍药是有名的，慕王渔洋而起的"冶春后社"的诗社的招牌挂在一间幽房画槛里，这里最清俏！一株好红牡丹。

向湖的一面有竹林一片，中间一座亭子，幽静宜人；挂的对联是："日暮倚修竹，隔浦望人家。"那一天，我们去游，遇见一个绝色女郎在竹林里吃樱桃，因为是诗情画景，记以一词：

> 美目春波盼，长眉翠黛描，藕花衫子最魂销；转入竹林深处，香口试樱桃。　　照影清溪镜，依人画舫桡，含声深怕损纤腰；一阵兰香一片彩云飘，才是小金山畔，又遇五亭桥。

后来我们回镇江，在镇扬长途汽车上遇着两位大家闺秀，也是穿着藕花衫子；我曾有一词：

> 淡淡藕花衫，似媚还憨；人间消瘦此双鬟，四面青山螺子黛，都上眉弯！　　深怕污娇颜，玉立珊珊；锦香菱镜几回看？一路春风三十里，同到江南！

小 金 山

"不见塔而有塔意，无山而有山情"——见后面《平山堂游记》——的小金山几次被我们忽略过了，以为一目了然，没有什么，那里知道他的胜境，可以说是瘦西湖一带之冠！

一巴掌大的地方，有崇楼画阁，有孤屿危亭，有曲沼回廊，有茂林修竹，有幽径古洞，有静院平堂，假使一个人胸无丘壑，最好在小金山住上一年半载。

最令人留意的就是湖边的两棵垂柳，深深的弯入湖心，古意盎然！若将自己的影儿挂在柳梢头，飘飘然飘飘然是何等的幽美！

我曾带着翔儿坐在这弯柳上摄影，题了一诗：

> 春柳丝丝一万条，令人回忆是垂髫！
> 含情笑问波中镜，未必朱颜已渐凋？

许多游船大都停在小金山和徐园。有些船是专为过渡用的，只须铜元二枚。没事时，闲步这一带，真是惬意！我曾描写小金山的情景，做了一首小词：

> 红桥照影迎香袖，翠柳垂丝拂玉鬟，一弯春水小金山。　　画舫停桡吹短笛，锦衣结伴试雕鞍，从来游兴不阑珊！

这里也有一个庙，至多只有一两个俗和尚，带人游览讨几个香火钱。又有一个看相算命的，生意尚好；没着事儿，他便一人幽幽的背着手在湖边踱来踱去招揽生意。

小金山是宋宝祐中有名的贾似道重建云山阁的地方。年代湮没，胜迹荡然，原不足怪；"梅岭春深"也在此地，但现在不容易看见一树梅花，倒是对门徐园反而梅花盛开。

三贤祠就在小金山侧面对岸，荒颓了，现在将牌位移供小金山的一间破屋里，三贤是韩琦、欧阳修、苏轼。

听说小金山的烧猪头肉最有名，可是我不是一个肉食者。如此清雅仙境，只合柳上湖边，一竿垂钓！

法海寺

挨徐园的一边前去不多远便是法海寺。远望一座罗卜塔，像《广陵潮》上田福恩的蜡痢头。这一座巍峨的巨塔，传说是乾隆游江南，盐商一晚工夫造成的，在佛教的建筑间往往充实封建社会的色彩，本来不算希奇。

进庙门第一个印象就是一个穷和尚见客人来了大敲其木鱼讨钱，第二个印象也是和尚讨钱，第三个印象就是乞丐讨钱了！几间破得不堪的房子，大概就是和尚与乞丐的栖流所。

这就是前代有名的莲性寺，现在荒凉如此！

凫　庄

像一只鸭儿浮在水面的凫庄，实兼有西湖刘庄与湖心亭之胜，现在水阁的屋顶不知所终，回廊岌岌可危，垂杨——两株最好的垂杨——间小楼有观音像，黯自凄清落泪！有一次我们去游，一只翠鸟儿静悄悄的站在观音头上，好像在慰藉这位湖边落寞者。

从法海寺到凫庄有一曲红桥，中间断了一节，须用木板搭起来才能通行，须用钱钞才肯搭起这木板。

虽然一小块地，园林丘壑及屋宇都十分相衬，难得是绕湖一带的垂杨！

五　亭　桥

靠着凫庄便是五亭桥。

这是天下闻名的一座桥！前几年因为有地方官舍不得四十块钱的修理费，竟至把巍巍的五个亭子哗啦啦的一齐倒了！这是中国名胜的一大损失，其重要不减于雷峰塔之倾颓。

现在变成"无"亭桥了！桥上的亭基宛然犹在，站——现在无处可坐了——在亭基上俯视往来的游船非常有趣，只可惜亭子全倒。听说现在有人打算重修吧！

有一般人想入非非，每到夏天撑船到桥孔里看牌——扬州人叫打牌为看牌——呜呼！中国人的享乐主义！

熊　园

过五亭桥，远远有些竹林松木，一道很长的围墙，这便是势将兴工建筑的熊园。

熊园是扬州地方人士，尤其是王柏龄——为纪念熊成基烈士而建的一个大花园。有一个委员会董理其事。

西园曲水旁边也有一个新兴的园林，粗笨的红桥，墨漆顶的亭子，建筑去古太远，全无美术性。将来的熊园不知能否点缀湖滨春色？然而在今日八方飘摇的中间而能引起山水的兴趣，倒也未可厚非。

二十四桥

从虹桥到五亭桥，这一带是扬州风景的结晶！过了五亭桥后，不远的地方，湖要转弯；隐隐丘林间有一座桥，很小的，那就是相传的名满天下的二十四桥。

实际上，二十四桥是指当时扬州所有的名桥而言，并不是真有一个桥叫二十四桥，只是二十四座桥罢了。然而关于这点也很有些议论；如《江都县志》所载：

　　二十四桥，隋置。《方舆胜览》云："二十四桥，并以城门坊市为名；自韩令坤省筑州城，分布阡陌。别立桥梁，所谓二十四桥者，或存或废，不可得而考。"沈括《补笔谈》云："扬州在唐时最为富盛！旧城南北十五里一百一十步，东西七里三十步。可纪者有二十四桥：最西，浊河茶园桥，次东大明桥，入西水门有九曲桥，次东正当帅牙，南门有下马桥，又东作坊桥，东河转向南有洗马桥，次南桥，又南阿师桥，周家桥，小市桥（今存），广济桥（今存），新桥（今存），开明桥（今存），顾家桥，通明桥，太平桥，利国桥（今俱存），出南水门有万岁桥（今存），青园桥。自驿桥北河流东出有参佐桥，次东水门东出有山光桥，又自衙门下马桥直南有北三桥南三桥号九桥，不通船，不在二十四桥之类，皆在西门外。"按《方舆胜览》云："二十四桥或存或废不可得而考。"《补笔谈》所载，何历历可数也！又传炀帝于月夜同宫女二十四人吹箫桥上，因名；则所谓二十四桥者，止一桥矣。

我们却懒去做考古专家，第觉此桥隐隐林泉深处，如果在月光之下，静静的吹起箫来，似乎真有点诗意，也不必限定要什么"玉人"啦！

每过此桥，便联想起杜牧和欧阳修的两首绝唱：

> 青山隐隐水迢迢，秋尽江南草未凋；
> 二十四桥明月夜，玉人何处教吹箫？
> ——杜诗

> 绿荚红莲画舸浮，使君那复忆扬州？
> 都将二十四桥月，换作江南十顷秋！
> ——欧阳诗

观 音 山

瘦西湖的尽头便是蜀冈，号称三峰：右峰是司徒庙，中峰是平山堂，左峰便是观音山。观音山一名功德山，古摘星亭故址，一模一样的像南京鸡鸣寺。

每当夕阳返照在萧寺的红墙上，寒林漠漠，使你有阅尽六代兴亡之感！

过五亭桥向北直走——坐船又当别论——可以从古时十里珠帘的大道遍览春野的荒冢累累，冷落的人烟，悲愤的吠犬，满壁的牛粪，从此处才看见真正中国式的乡村，然而女孩儿穿的洋袜子，樵夫有的含一枝香烟，这又看出帝国主义的厉害！

观音山的方丈维净听说到城里去了，这天一个朋友的请客是临时通知的，和尚们特为跑进城买菜。在一座既供观音又供罗汉的佛堂前，大家曝日闲谈消遣；有人说这座宝殿真是男女同学，我说观音本是成佛的一个阶段，各寺院总塑他一个女像，不知何解？

插了两炷香，吃了一碗面，接着吃素菜。自从游了九华山在祇园寺几天款待以后，这一次的斋味还算爽口。村酿半斤，别有滋味——"对酒且呵呵！人生能几何？"

我们素食的地方是一间大客堂，满悬伟人政客官僚军阀以及所谓诗人才子文学家等的大笔，康圣人以他向来吹牛的本领说"登蜀冈可揽天下形胜"，我则说登蜀冈才知道康圣人真正的牛皮。

可是风景不坏，从湖中向上望，平山堂还低于观音山；从观音山望，平山堂则恰与相平，我笑对一位朋友说：此山应叫做"平平山堂"。

每年农历六月十八日是所谓观音生日，我们读过《广陵潮》就可以晓得这一天热闹的情形。前一向来游，见送子观音神龛前还是萧条，此日重游，黄幔高悬了！烧香妇女虔心跪拜，我们在神龛旁大缸内掏盐菜吃。

又参观坐关的地方，别有洞天，精洁无伦！如果不经和尚指点，谁也找不着这样的秘密所在。又登高楼远眺，楼上布置井井。

方丈住的一室格外精美。佛经几种，《平山堂图志》几册，鸡蛋糕片一碗，《江都新报》一张。

平 山 堂

平山堂之名震天下！凡游扬州的人不到平山堂，等于游杭州不到西湖。

我前后游平山堂，截至现在止，已二十多次；为介绍这一个名胜起见，将我其间四次——第一次、第二次、第九次、第十四次——的游记节选下来：

第一次游平山堂是在一个雪的黄昏。

谁也料不到我们一行人又飘泊来扬州！霁光也离开他的光华而来了。到扬州是二月三日晚，细雨濛濛。第二天大雪纷飞！我们乘着一个闲暇，游名满天下的平山堂。

平山堂游记

呜呼！国难未已而来游平山堂！平山堂出扬州北郭约五里，清溪成河，水平如砥；夹岸垂杨，一带修篁者，瘦西湖也！行此地，始知瘦字之妙；维扬妍丽尽于此，犹西子之纤腰。是日大雪纷飞，银光耀寰宇，从古无人雪夜游平山堂，有之自君左始。过徐园，极泉石花木之盛！五色梅花，争妍怒放于琼枝玉树巅，余拾数枝而归，幽香满船。对岸小金山，一寺巍然，不见塔而有塔意，无山而有山情。穿五亭桥，亭已圮，桥影历历，令余回忆与亡友曾眉之游虎丘。有园塔巍峙天表，询知为法海寺；其前别墅，名凫庄，倘刘庄移筑湖心亭，庶几近之。舟逆风行，晚晴欲然，不觉其冷。遥望观音山侧，苍林含烟，银冈拥峦，则平山堂至矣！弃舟登陆，拾级而上，穿古刹，谒六一先生祠，觅天下第五泉，吊鹤冢，访仙人遗迹而入平山堂。斯堂严正精洁，呼吸不需向上，即可直通帝座；江南诸峰，争欲与堂平！金山一塔，隐约云际，时近薄暮，眼底虽不见山，而山已尽奔眼底。因念寇氛未息，我独登临，此志未伸，唯有痛哭！唤寺僧取大笔高桌，拂壁题诗——三湘灵秀聚维扬，乱世飘蓬滞异乡；销尽江南烽火气，万梅花拥平山堂！——堂下寒梅万花，拥余而上。古藤二树，幽篁千竿，经数百年而一遇知己！呜呼！堂与山平，而孰与堂平也！僧烹第五泉饮客，谢客题诗。天下崩乱，有客来游；胜迹荒凉，赖诗尚在。庚阑成且休作赋，王仲直何必登楼，击楫横江，此其时矣！综观游境，尽是图画，实具素质西湖之美，兼擅银装北海之幽。一篙返城，万家灯火。乃添炉炭，煮笋肉，聚亲朋，酣饮畅谈平山堂风物，而其乐真无穷！呜呼！又谁知国难正无已时也！同游者余友龚霁光、魏西云，及内侄黄立人，民国二十一年二月四日。

我们在雪花如掌中游平山堂，及至归时，晚霞一抹，映在远远的疏林之外，红得像胭脂一般。假使在一个花明柳媚的春天，荡着画舫，穿过虹桥，明月当空，玉人隔座，欧阳修传花的故事也不能专美于前了！

如今一片萧条，何能无诗？

平 山 堂

南朝自古多佳丽，维扬一片繁华地；

二十四桥何处寻？玉人不见箫声寂。

名园古刹恣遨游，垂杨夹岸拂人头，

梅花香雪飘红袖，春水轻波荡绿舟。

平山堂外山何在？平山堂在山之外，

塞北悲笳动戍愁，江南哀泪偿时债。

问君含笑为何因？斯堂惜仅与山平；

若教我化堂前竹，一叶远较千峰青！

第二次游平山堂是在一个晴和的正午。

次仙兄一家人从南京来，我同学艺带着翔儿同他们游平山堂，我是再游了；这次领略了小金山的风味，并在平山堂实行远眺——因天气很是晴和。尤其是万松岭上，一片风涛，驻足静听者移时。

学艺徘徊堂上，口占一诗：

塔影山光作画屏，寒梅修竹一般清；

人人都道西湖瘦，究比西湖瘦几分？

我对次仙说："瘦西湖固佳；但若再取上一个名字，叫做嫩西湖或俏西湖，岂不都好吗？"

一路到平山堂，风景以凫庄一带为最佳；可惜五亭桥的亭子已圮。平山堂的妙处，就是小河曲曲折折弯到深深的地方，忽然一座平冈，冈上万株苍松，遥遥与观音山古寺红墙相映，越显出苍凉幽媚的古趣。

我因感于学艺的诗兴，成了一首七律：

重游平山堂

万松岭上听风涛，万树梅花尚未凋。

半抹青山云影淡，一弯垂柳夕阳娇。

人才激荡欧苏易，堂构巍峨岱岳高。

寻遍淮东三万里，不堪回首五亭桥！

第九次游平山堂是在一个远方好友的会合。

九游平山堂记

余旅维扬，亲友自远方来者，咸邀余为向导，遍游瘦西湖诸胜，而至平山堂。余最富情感，兼能健步，又游兴甚豪，无论风雪晴晦，必乘兴而游，尽兴而返。自偕余妻学艺游后，其间又若干次，民国二十一年三月二十九日，九游平山堂；同游者，芷香、钦明、立人、天予及云锦，由立人刻名于竹，以记同游之不易，余有句云："乱世妻孥鱼水观，飘零朋旧脂膏腻！"朗吟此联登蜀冈，万松齐啸，山河壮丽。入寺抽得第一签，上吉。忆昔游观音山,曲院禅房,共证菩提,心香双炷,爇檀一枝,曾几何时,回首旧游,已如梦幻!是知天地为万物之逆旅,人生等沧海之浮萍,离合悲欢,阴晴圆缺,自有其一定之因果花絮;然则今日之游,聚相会不可必之人而天涯海角魂梦且数年不通者,一旦欢然道故,把酒论心,胜地寻春,扁舟打桨,其殆有莫之然而然莫之为而为者与?折小金山垂柳一枝,系以一片,书曰:"便化作万缕柔丝,随着清波,流到情人处!"投之湖心,一瞥而远。

第十四次游平山堂是一个诗酒的留连。

向复庵兄过江来,我们大家陪他游平山堂。这一天,极烟雨阴晴之变化。我们在乡下借雨伞,访雷塘。我有一小诗是:

觅雷塘过宋堡城遗址
隋家旧苑草连冈,指点荒台古墓旁;
有客远来豪兴足,携风抱雨觅雷塘。

复庵和诗:

细雨如丝过蜀冈,徘徊歧路故城旁;
吴台隋墓知何处?遍觅雷桥上下塘。

游雷塘后,由周星北兄招待,在平山堂饮酒赋诗(详见《江苏教育月刊》第三、四期合刊),我的几首诗是:

次复庵韵
求仙不必访瀛洲,检点春衫汗漫游。
太白题诗寻五岳,祖生击楫正中流。
六朝风月双蛾黛,千古江山一蜃楼!
乍雨还晴烟淡淡,暮春天气觉如秋!

平山堂与天鸥联句
忆曾雪夜上平山,白玉堆成竹万竿;
今日春光笼满袖,坐观烟雨过江南!

偶得二十八字
客心淡似风前柳,诗兴浓如饭后茶;
半月平山同啸傲,斜阳颜色最宜鸦!

栖灵寺僧折兰花为赠
寻歌沽酒小秦淮,谁识侯生有积哀?
已是兰花消息断,山僧又折一枝来。

法 净 寺

平山堂旁的法净寺即古大明寺,亦即古栖灵寺,旧有塔九级,隋时建,后毁于火。唐李白、刘长卿、刘禹锡、白居易皆有诗。清重修。

第 五 泉

平山堂后院有第五泉。唐张又新《煎茶水记》，品扬州大明寺井为第五，明御史徐九皋立石书"第五泉"；清雍正间，汪应庚于平山堂凿池得井，味甘冽，人以为此乃古第五泉。

六一先生祠

欧阳文忠公祠在平山堂后，巨栋雕栏，气象轩伟；祠前有大树白兰花两株，花时香闻十里。祠供文忠公石刻像，衣冠须眉，奕奕如生。此地即真赏楼古址。

双 鹤 冢

在平山堂后院第五泉旁，仅余残土；法净寺前有双鹤碑，颇为一般初学习字之用。

五 烈 祠

在蜀冈西峰，初祀池、霍二烈女，后增祀裔、程、周三烈妇。

司 徒 庙

在五烈祠西。祀茅、许、祝、蒋、吴五神。

范 公 祠

在司徒庙西，祀范文正公。又有胡安定祠。

雷 塘

过平山堂西北行十里即雷塘。雷塘一名雷陂。《寰宇记》有大雷、小雷宫，即此地。《西征记》云："雷陂有台高二丈。"即吴王濞之钓台。《冢记》云："雷塘，炀帝葬地也！"

吴 公 台

在县西北，一名鸡台。宋沈庆之攻竟陵王诞所筑弩台也，后陈将吴明彻增筑之，因号吴公台。

隋炀帝墓

即在雷塘，齐王暕、赵王杲、燕王倓并葬焉。贞观二十二年，太宗诏复萧后位号，使护送至江都合葬。

明 月 楼

在县东北，扬州赵氏建。一时题咏甚多；赵子昂题楣帖云："春风阆苑三千客，明月扬州第一楼！"赵氏撤酒器为赠，传为韵事。

迷 楼

在县西，幽房曲室，玉栏朱楣，互相连属。隋炀帝建，尝曰："使真仙游其中，亦当自迷！"因名。今观音阁即其故址。

骑 鹤 楼

在县东北，昔有四人作客于此，各言其志：一愿为扬州刺史，一愿积钱十万，一愿骑鹤上升，一并言腰缠十万贯，骑鹤上扬州，于愿始足；后人于此地建楼，因名。

隋 堤

在县城北，隋大业初，开邗沟入江，渠广四十步，旁筑御道，左右树以杨柳，北有戏马台，其下有路曰玉钩斜，为炀帝葬宫人处。

淳于棼墓

在蜀冈北，俗名南柯太守墓。（参见淳于棼宅条）

其余如尺五楼、万松亭、行春台等，早已无存，故不记。

三、楹联

瘦西湖楹联

瘦西湖门联

天地本无私,春花秋月,尽我留连,得闲便是主人,且莫问平泉草木;湖山信多丽,杰阁幽亭,凭谁点缀,到处别开生面,真不减清幽画图。

长堤路亭

佳气溢芳甸;宿云淡野川。

绿荫馆大门

四面绿荫少红日;三更画船穿藕花。

绿荫馆内

仍从水竹开轩,免辜负十里春风、二分明月;偶向湖山放棹,为领略红桥烟雨、白塔晴云。

西园曲水

具体而微,居然峭壁悬崖,平沙阔水;根植虽浅,何妨虬枝铁干,密叶繁花。

湖上草堂

白云初晴,旧雨适至;幽赏未已,高谭转清。

关帝殿大门

弹指皆空,玉局可曾留带去;如拳不大,金山也肯过江来。

关帝殿内

义感长春,好指青山开画境;威闻武圣,真凭赤胆薄云天。

琴　室

一水回环杨柳外;画船来往藕花天。

钓鱼台

浩歌向兰渚;把钓待秋风。

听鹂馆大门

绿印苔痕留鹤篆;红流花韵爱莺簧。

听鹂馆内

斗酒双柑,三月烟花来胜侣;湖光山色,四时风物待游人。

个园楹联

个园北大门

春夏秋冬,山光异趣;风晴雨露,竹影多姿。

竹里馆

为重凌霄节;能虚应物心。

映碧水榭

暗水流花径；清风满竹林。

竹　语　馆

两枝修竹出重霄；几叶新篁倒挂梢。

壶天自春

淮左古名都，记十里珠帘二分明月；园林今胜地，看千竿寒翠四面烟岚。

抱山楼上

峭壁削成开画障；玉峰晴色上朱阑。

抱山楼下

修竹抱山，春亭映水；幽兰得地，虚室当风。

鹤　亭

立如依岸雪；飞似向池泉。

宜　雨　轩

朝宜调琴，暮宜鼓瑟；旧雨适至，今雨初来。

宜雨轩内

世无遗草真能隐；山有名花转不孤。

透风漏月

虚竹幽兰生静气；和风朗月喻天怀。

清　漪　亭

何处箫声，醉倚春风弄明月；几痕波影，斜撑老树护幽亭。

觅　句　廊

月映竹成千个字；霜高梅孕一身花。

住　秋　阁

秋从夏雨声中入；春在寒梅蕊上寻。

丛　书　楼

清气若兰，虚怀当竹；乐情在水，静趣同山。

清　美　堂

传家无别法，非耕即读；裕后有良图，惟俭与勤。

竹宜著雨松宜雪；花可参禅酒可仙。

住宅东路中进

家余风月四时乐；大羹有味是读书。

饮量岂止于醉；雅怀乃游乎仙。

汉　学　堂

三千余年上下占；一十七家文字奇。

咬定几句有用书，可忘饮食；养成数竿新生竹，直似儿孙。

住宅中路中进

漫研竹露裁唐句；细嚼梅花读晋书。

住宅中路后进

云中辨江树；花里听鸣禽。

清 颂 堂

几百年人家无非积善；第一等好事只是读书。

何园楹联

船 厅

月作主人梅作客；花为四壁船为家。

清楠木厅（现与归堂）

退士一生藜苋食；散人万里江湖天。

莫放春秋佳日过；最难风雨故人来。

玉 绣 楼

一帘风月王维画；四壁云山杜甫诗。

烟霞结癖襟期古；云水论交遇合奇。

何园保管室

佳气生朝夕；清言见古今。

竹因临水情斯畅；兰以当风气亦和。

垂帘静对黄筌画；种树频翻郭橐书。

经纶诸葛真名士；文赋三苏是大家。

近簇湖光帘不卷；远生花坞网初开。

茱萸湾风景区楹联

鹿鸣苑正门

洞府人闲，酒三瓯，棋两局；芝田春到，云一缕，玉千竿。

重九三房

芝草琅玕培福地；乡云宝露润仙林。

荷花池公园楹联

正 门

平临一水入澄照；错置九峰出古情。

湖 心 岛

层轩皆画水；芳树曲迎春。

萃园楹联

清心赏月亭

百尺楼边人语静；千竿竹外月华升。

茗 轩

大红袍加身，观音无奈何；绿杨春登阶，碧螺亦首肯。

华氏园茶室楹联

轻丝半拂朱门柳；细缬全披画阁梅。

雨后双禽来占竹；秋深一蝶下寻花。

冬荣园冬荣亭楹联

茶亦醉人何须酒；梅自傲雪况于松。

胡仲涵公馆开禧厅楹联

正谊不谋其利；非学无以广才。

街南书屋楹联

门 厅

一庭花醉琴生月；半榻风生鹤近人。

玲 珑 馆

瑶池泛彩霭；琼苑集香风。

华堂来紫燕；乔木倚青云。

国 学 馆

文章意不浅；礼乐道逾弘。

丛 书 楼

学业醇儒富；文章大雅存。

陶 月 亭

青苔满阶砌；白鸟故迟留。

透风透月轩

疏影横斜水清浅；暗香浮动月黄昏。

长乐客栈楹联

鸣凤栖梧堂

人间转徙都成例；客里平安到处春。

枕卧羲皇，睡起只因黄鸟唤；橡栖巢许，闲来犹笑白云忙。

画 舫

鸟啭歌来，花浓雪聚；云随竹动，月共水流。

逸圃楹联

忠 恕 堂

世泽薮平渊，草木争荣茵作地；家声传邺架，子孙有幸好藏书。

浏览古今当日永；静观山水畅天和。

涵 清 阁
半亩方塘，领取天光云影；数弓余地，商量种竹栽花。

读 书 楼
瓶花落砚香归字；窗竹鸣琴韵入弦。

朱草诗林楹联

诗书敦宿好；园林无俗情。

卢氏盐商住宅楹联

庆 云 堂
秋月照人，春风坐我；青山当户，白云过庭。

淮 海 厅
屑玉披沙品清洁；熬霜煮雪利丰盈。

兰 馨 厅
十里香山春富贵；一路楼台直到山。

盐 德 厅
帘栊香霭和风细；庭院春深化日长。

内 宅 楼
一庭春雨瓢儿菜；满架秋风扁豆花。

书 斋
藜火光联书案月；墨花香蘸砚池云。

吴氏宅第楹联

正 门
处事无他，莫若为善；传家有道，还是读书。

爱 日 轩
夜灯咏史虫吟草；朝几研书獭祭鱼。

测 海 楼
旧学商量须邃密；新知培养要深沉。
高阁凌虚，有清流激湍映带左右；宸章在上，胜商彝周鼎传示儿孙。

有福读书堂
几段祥云穿雁阵；一帘瑞雪卷梅花。

小盘谷楹联

风清南服厅
粤海波澄资上略；蓬山春霭眷长年。

茶 室
窗外溪山增画意；厅前花鸟助诗情。

二分明月楼楹联

伴 月 亭

留云笼竹叶;邀月伴梅花。

二分明月楼

春风阆苑三千客;明月扬州第一楼。

迎 月 楼

朗抱开晓月;高文激颓波。

汪氏小苑楹联

树 德 堂

咫尺但愁雷雨至;苔藓饮尽波涛痕。

春 晖 室

既肯构,亦肯堂,丹膜塈茨,喜见梓材能作室;无相犹,式相好,竹苞松茂,还从雅什咏斯干。

大明寺楹联

平 山 堂

晓起凭栏,六代青山都到眼;晚来对酒,二分明月正当头。

隔江诸山,到此堂下;太守之宴,与众宾欢。

谷 林 堂

深谷下窈窕;高林合扶疏。

要使名驹试千里;更邀明月作三人。

六 一 宗 风

六一居士,到今俎豆;三千世界,如此江山。

万卷图书集成部;千秋风雅始欧阳。

观音禅寺大殿楹联

大医王演说终生疗病方;慈心切三十二应觉红尘。

愿生禅寺大雄宝殿楹联

佛说法时,白鹿衔花猿献果;僧谈经处,青龙侧耳虎低头。

仙鹤寺望月亭楹联

万古清风传道统;一轮新月照人和。

武当行宫楹联

真 武 殿

华堂瑞绕,喜光辉栋宇;金殿香生,贺锦绣阳春。

三 清 殿

功成武当名扬梵地；积善南岩德比苍天。

史公祠楹联

享 堂

数点梅花亡国泪；二分明月故臣心。

享 堂 内

骑鹤楼头，难忘十日；梅花岭畔，共仰千秋。

生有自来文信国；死而后已武乡侯。

晴 雪 轩

一死报朝廷，求高帝烈皇鉴亡国孤臣恨事；三忠扶天纪，与戢山漳浦为有明结局完人。

梅 观

千朵梅花满池水；一弯明月半亭风。

祠 堂

一代兴亡归气数；千秋庙貌傍江山。

普哈丁墓园二贤亭楹联

念主恩至普；弘圣泽中庸。

阮元家庙楹联

阮元家庙正面

经史之泽可以及后；道义所植随处称尊。

南阮宗风大门

左传云养福，书范之福，身其康，养者以之；礼记曰期颐，易卦之颐，口自实，期焉而已。

享 堂

鲁浙试文章，杜绝院棚关节；江湖种芦稻，筹开祭赡章程。

隋文选楼

七录旧家宗塾；六朝古巷选楼。

奉 恩 楼

公羊传经，司马记史；白虎论德，雕龙文心。

亮功锡祜

难进易退，易事难悦；先劳后禄，后乐先忧。

掔经室

学如逆水行舟，不进则退；心似平原走马，易放难收。

四、碑刻 匾额

瘦西湖书画碑刻

1. 乾隆行书

　　一朵花宫结净因，
　　周环绿水漾波新。
　　歌台画舫何妨闹，
　　恰是亭亭不受尘。
　　　　　　丁丑春二月御笔

2. 郑燮隶书

　　歌吹古扬州

3. 史可法草书

　　太山北斗，人知其高，而
　　不能穷其量，双井之书，
　　其如斯乎？

4.查士标行草

　　为忆城南池上篇，
　　新秋落月片帆前。
　　草堂未便惊猿鹤，
　　招取幽人对榻眠。

5.乔崇烈行书

　　柳条拂地不须折，
　　松树披云从更长。
　　藤花欲暗藏猱子，
　　柏叶初齐养麝香。

6.宋曹行书

　　老去伤怀客梦多，
　　登楼高放醉时歌。
　　人间此夕重分巧，
　　天上双星又渡河。
　　乌鹊情深偏助驾，
　　红桥月朗喜回波。
　　纵教岁岁如今日，
　　两度相逢亦几何。
　　我欲乘槎望晚晴，
　　应怜牛女复寻盟。
　　隔年残梦余今夕，
　　前月相期又此行。
　　世短总因人倍巧，
　　会难更见两无情。
　　虽然两度河桥约，
　　转觉离然缱绻生。

7. 石涛山水题画诗

　　故人西辞黄鹤楼，
　　烟花三月下扬州。
　　孤帆远影碧空尽，
　　唯见长江天际流。

8. 郑板桥行书

　　江东贾客木绵裘，
　　会散金山月满楼。
　　夜半潮来风又熟，
　　卧吹箫管到扬州。

9. 李鱓题画

　　不涂铅粉不施朱，
　　破冻芙蕖色转殊。
　　为问君家旧花墅，
　　雪深有此一枝无。

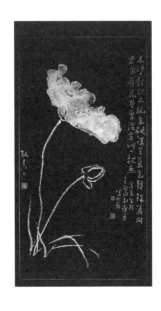

10. 闵贞题画

　　正斋闵贞画

11. 华嵒行书

　　画山写水动里静；
　　酒盏诗筒闲复忙。

12. 高凤翰隶书

　　江上流莺破晓听，
　　江烟啼处树冥冥。
　　梦回忘却江南路，
　　错认山园旧草亭。

13. 罗聘书画

野梅瘦得影如无,
多谢山僧分一株。
此刻闭门忙不了,
酸香咽罢数花须。

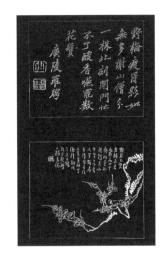

14. 李鱓花卉题画

辕门桥上卖花新,
舆隶凶如马踢人。
滚热扬州居不得,
老夫还踏海边春。

15. 边寿民题画

广陵水仙短而肥,花高叶
上十月尽,犹作拥(臃)肿
含胎态,然香心勃窣,玩
之味更长也。

16. 李斗楷书

　　九狮山，中空外奇，玲珑磊块，矫龙、奔象、擎猿、伏虎，堕者将压，翘者欲飞。有窍、有罅，有筋、有棱，手指攒撮，铁线疏剔如老松皮，如恶虫蚀。蜂房相比，蚁穴涌起，冻云合遝。波浪激冲，下本浅土，势若悬浮，横竖反侧，非人思议。树木森戟，既老且瘦。附藤无根，红叶艳若。夕阳红半楼，飞檐峻宇，斜出石隙。北郊第一假山也。

17. 张镠篆书

　　我来消受藕花风，
　　占断银塘地几弓。
　　凉露满天蛩两岸，
　　夜深闲杀水廊红。

18. 伊秉绶隶书

　　尚方作镜真大好，
　　上有仙人不知老。
　　渴饮玉泉饥食枣，
　　寿如金石嘉且好。

19. 阮元行书

　　春深何处古人情，
　　十幅轻帆半雨晴。
　　万树桃花万杨柳，
　　南江春冶北湖清。
　　兄弟相邀共放舟，
　　湖中游过又芳洲。
　　绝胜十日小楼坐，
　　不见一人闲待愁。

20. 李育行草

　　流水匆匆逐景光，
　　青山隐隐笑人忙。
　　白头野老浑无事，
　　坐对松阴话夕阳。

21. 吴让之篆书

　　扬子江头杨柳春，
　　杨花愁杀渡江人。
　　数声风笛离亭晚，
　　君向潇湘我向秦。

22．康有为行书

　　乔木见孤忠，天予大耋；
　　种瓜存高节，月在扬州。

23．陈含光篆书《从军行》

　　却望冰河阔，
　　前瞻雪岭高。
　　征人几多在，
　　又拟战临洮。

24．卞綍昌隶书

　　垂杨荫薘，成安平域。
　　美稼乐利，书大有年。

25. 高翔题画
　　弹指阁

26. 金农隶书轴
　　蜀人景焕文，雅士也，卜
　　筑玉垒山，茅堂花榭，足
　　以自娱。尝得墨材甚精，
　　止造五十团，日以此终
　　身，墨印文曰"香璧"。

27. 李鱓花卉题画
　　花是扬州种，
　　瓶是汝州窑。
　　注以吴江水，
　　春深锁一乔。

28. 汪士慎隶轴

> 不知泾邑山之涯,
>
> 春风茁此香灵芽。
>
> 两茎细叶雀舌卷,
>
> 炙焙工夫应不浅。
>
> 宣州诸茶此绝伦,
>
> 芳馨那逊龙山春。
>
> 一瓯瑟瑟散轻蕊,
>
> 品题谁比玉川子。
>
> 共向幽窗吸白云,
>
> 令人六府皆芳芬。
>
> 长空霭霭西林晚,
>
> 疏雨湿烟客忘返。

29. 郑板桥竹石图

> 扬州鲜笋趁鲥鱼,
>
> 烂煮东风三月初。
>
> 为语厨人休斫尽,
>
> 清光留此照摊书。

30. 黄慎草书

> 裘马邗沟上,怜君已倦游。
>
> 三春京国梦,七月海门秋。
>
> 文字空刍狗,琴尊狎水鸥。
>
> 前期未可卜,更拟共沧洲。
>
> 《送韩墨庄》
>
> 梅花三十树,数亩草堂分。
>
> 竟日无来客,关门理旧文。
>
> 馨瓶防夜冻,洒酒待朝醺。
>
> 堤上闲叉手,风生水面纹。

(陆植园、曾子羽)

31. 李方膺盆兰

　　买块兰花要整根，
　　神完气足长儿孙。
　　莫嫌此日银芽少，
　　只待来年发满(盆)。

32. 罗聘题画

　　老梅愈老愈精神，
　　水店山楼若有春。
　　清到十分寒满把，
　　始知水月是前身。

33. 金农隶书

　　德行人间金管记，
　　姓名天上碧纱笼。

34．臧毂行书《二十四桥》

　　烟花寥落水云隈，
　　何处箫声更一回。
　　唐代自然隋代近，
　　诗人曾记玉人来。
　　试看月色还相映，
　　遍数桥名枉费才。
　　我独系怀姜石帚，
　　殿春红药几枝开。

35．高凤翰隶书

　　文心别寄

36．汪士慎行书《湖上杂诗》

　　桥边新柳正浮烟，
　　江汉词人共画船。
　　清兴那如儿辈乐，
　　风筝掌上落花天。
　　酒杯到手莫迟留，
　　归到章江鬓已丝。
　　今日风流他日梦，
　　教人只爱衍波词。

37. 杨法篆书

只言啼鸟堪求侣，
传道孤松最出群。

38. 李鱓行书

诗书敦宿好，
园林无俗情。

39. 高翔行书

周柳窗先生招陪诸前辈泛
舟红桥，即作饯秋之会，分
得齐字：旧好新知手共携，
泊舟偏近古城西。篱边菊
老香仍在，堤外风摧柳不
齐。遂韵欲沉山色暝，杯深
难恋夕阳低。去年记得时
逢闰，水蓼花红碧叶萋。

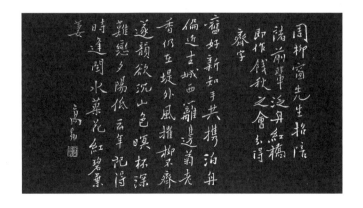

40. 汪鋈行楷

　　扬州自汉以来为一大都会，沿及本朝，财赋人物之盛，园囿服御之美，尤甲于天下。

41. 樊遯园行书

　　积毁成高卧，
　　疏狂护散才。

42. 谢觉哉行书

　　今年生日在扬州，
　　十里扬州景物稠。
　　寺里琼花繁若锦，
　　湖中西子瘦于秋。
　　偶从僧舍观书画，
　　又向同人问乐忧。
　　八十年华如水逝，
　　红旗招我再来游。

43. 李一氓行书《杜牧诗》

青山隐隐水迢迢，
秋尽江南草木凋。
二十四桥明月夜，
玉人何处教吹箫。

44. 郭沫若行书

咄咄奇哉，开元有鉴真和尚，盲目后，
东瀛航海，奈良驻杖。五度乘桴拼九
死，十年讲学谈三量。招提寺，犹有大
铜钟，声宏亮。

晁衡来，鉴真往，唐文化，交流畅，恨
今朝，有美帝从中阻障，千二百年堪纪
念，樱花时节殊豪放，要同心，协力保
和平，驱狂妄。

45. 赵朴初行书《梦扬州》

暮天开，望片云江上飞来。振衣蜀冈，
千古高踪长怀。当年舍生弘道，涉风
涛、远渡蓬莱。奈良代，招提寺，风流
懿矣休哉！

两国宗师共推，算诗酒欧苏，只合追
陪。明月扬州，多少雄姿英才！东风
换却芜城面，报群功挹注江淮，排险
阻，津梁重任，留与吾侪。

46. 林散之草书

漫说西湖天下瘦，
环肥燕瘦各知名。
怜他玉立亭亭柳，
送客迎宾总尽情。
茉莉开罢又荼蘼，
正是扬州四月时。
雨后烟鬟无限碧，
媚人原不让西施。

47 启功行书

巍然歌吹古扬州，
历历名贤胜迹留。
劫火十年烧未尽，
绿杨丝外夕阳楼。
饭后钟声壁上纱，
院中开谢木兰花。
诗人啼笑皆非处，
残塔欹危日影斜。
非关胡马践江干，
大破天荒是自残。
待写扬州十年记，
游魂血污笔头干。

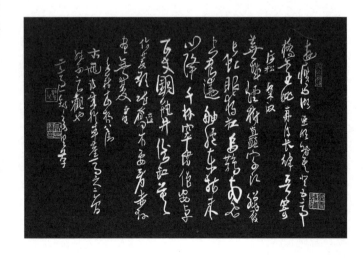

48. 高二适草书《游瘦西湖亚明邀吾
登五亭桥远眺再得长律一首寄阿松
粲政》

芜城烟树蠢家江，
腊屐长虹眼独扛。
乌鹊南飞空树绕，
舳舻东指未心降。
千林窣堵僧安卓，
百丈铜瓶井倒缸。
莫作菱歌赋乔木，
要看赤县画无双。

49.欧阳中石行书王安石《泊船瓜洲》

京口瓜洲一水间，

钟山只隔数重山。

春风又绿江南岸，

明月何时照我还？

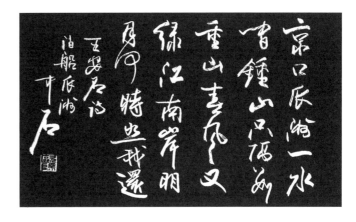

50.沈鹏草书

玉环飞燕两相宜，

佳处淮都隐竹西。

船过五亭云水阔，

垂杨细雨入清奇。

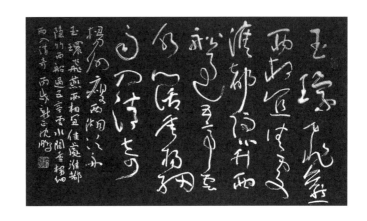

51.魏之祯隶书

维扬一枝花，四海无同类。

年年后土祠，独此琼瑶贵。

52. 萧劳行书

邗江春暖，瓜步花红。

53. 谢稚柳行书

烟云送客归瑶水，

山木分番绕阆风。

戊辰秋初，壮暮翁稚柳

54. 钱君匋汉简书王建《夜看扬州市》

夜市千灯照碧云，

高楼红袖客纷纷。

如今不是时平日，

犹自笙歌彻晓闻。

55.周而复行书杜甫《解闷》

　　商胡离别下扬州，

　　忆上西陵故驿楼。

　　为问淮南米贵贱，

　　老父乘兴欲东游。

56.费新我行书

　　日出山花红胜火，

　　春来湖水绿如蓝。

57.赵冷月书龚自珍《过扬州一首》

　　春灯如雪浸兰舟，

　　不载江南半点愁。

　　谁信寻春此狂客，

　　一茶一偈到扬州。

58．赖少其行书《重游扬州》
　　久别扬州应流连，
　　平山堂静美西园。
　　长廊寄啸龙吟水，
　　春暖半竹艳阳天。

59．孙龙父行草
　　谁家歌水调，
　　明月满扬州。

60．王板哉行书欧阳修诗
　　琼花芍药世无伦，
　　偶不题诗便怨人。
　　且向无双亭下醉，
　　自知不负广陵春。

61. 李圣和楷书

名葩端合号无双，
绝世风姿压众芳。
一树团栾花簇蝶，
满庭璀璨玉生香。
坚贞岂许移殊域，
萌蘖依然茁故乡。
留得蕃釐遗迹在，
至今佳话忆维扬。

62. 李亚如隶书

借取西湖一角，堪夸其瘦；
移来金山半点，何惜乎小。

63. 陈大羽篆书陈文述《红桥秋泛》

面面垂杨面面风，
画桥西北画楼东。
夕阳只在阑干外，
一半芙蓉水上红。

64.尉天池行草徐凝《忆扬州》
　　萧娘脸下难胜泪，
　　桃叶眉头易得愁。
　　天下三分明月夜，
　　二分无赖是扬州。

65.聂成文草书白居易《长相思》
　　汴水流，泗水流，流到瓜洲
　　古渡头，吴山点点愁。
　　思悠悠，恨悠悠，恨到归时
　　方始休，月明人倚楼。

66.张海隶书苏轼《西江月·平山堂》
　　三过平山堂下，半生弹指声
　　中。十年不见老仙翁，壁上
　　龙蛇飞动。
　　欲吊文章太守，仍歌杨柳春
　　风。休言万事转头空，未转
　　头时皆梦。

67. 黄惇行草王士祯《浣溪沙》

北郭青溪一带流,红桥风物眼中秋,绿杨城郭是扬州。

西望雷塘何处是?香魂零落使人愁,淡烟芳草旧迷楼。

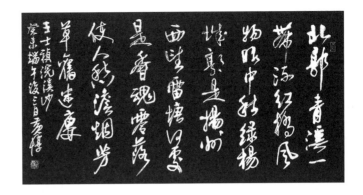

68. 周志高草书杨泰瑛诗

无人不道扬州好,

我亦年年骑鹤来。

到此不胜今昔感,

崭新世界是天开。

69. 王冬龄草书顾嗣同诗

竹西歌吹视平芜,

廿四桥边有月无。

堤上青青数株柳,

半分犹得似西湖。

个园碑刻、门额、匾额

1. 个园记：位于抱山楼楼下长廊

刘凤诰撰

2. 园主黄至筠扇面

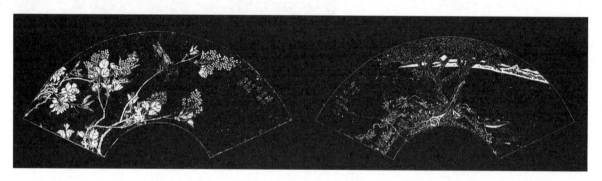

3. 罗哲文题"中国四大名园之一"：位于个园北大门

4. 个园：位于春景园洞门

5. 崇德：位于个园南门入口走廊门洞

款署：李刚田

6. 兰园：位于个园北部兰园正门

款署：辛未春初王板哉书

7. 袅烟：位于个园北部通向夏山门洞南面

款署：永义

8.润碧：位于桂花大道南端八角门
款署：无落款

9.寿芝：位于抱山楼一楼八角门南侧
款署：陈社旻

10.听玉：位于抱山楼一楼北侧走廊八角门西面
款署：福烓

11.息尘：位于抱山楼北侧圆门
款署：辛巳夏日永义

12. 怡情：位于抱山楼一楼八角门北侧

款署：雪松

13. 映碧：位于抱山楼一楼北侧走廊八角门东面

款署：辛巳新秋衍云

14. 幽赏：位于兰园北侧门

款署：熊百之

15. 幽邃：位于个园北部通向夏山门洞北面

款署：癸亥春王板哉书

16. 竹西佳处: 位于桂花大道北入口
　　款署: 魏之祯

17. 个园: 位于北大门
　　款署: 无

18. 抱山楼: 位于抱山楼二楼
　　款署: 丙寅年山左王板哉书

19. 壶天自春: 位于抱山楼一楼
　　款署: 王冬龄书

20. 丛书楼：位于丛书楼

款署：明子章炳文于鉴古斋

21. 拂云：位于秋山拂云亭

款署：壬戌春海陵居士许慎书

22. 鹤亭：位于夏山鹤亭

款署：壬戌年隆冬题

23. 步芳：位于步芳亭

款署：曹骥

24. 觅句廊：位于觅句廊
　款署：壬午之秋海上周志高题

25. 清漪：位于清漪亭
　款署：壬午七月雪松

26. 住秋阁：位于秋山住秋阁
　款署：李圣和书

27. 宜雨轩：位于宜雨轩
　款署：刘海粟年方八七

28. 透风漏月：位于透风漏月厅
　　款署：魏之祯书

29. 汉学堂：位于中路住宅第一进
　　款署：无落款

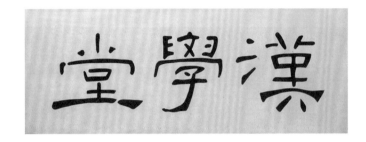

30. 清美堂：位于东路住宅第一进
　　款署：无落款

31. 清颂堂：位于西路住宅第一进
　　款署：雪松

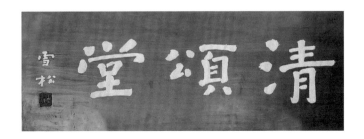

32. 勤博：位于中路建筑第二进

款署：阮元

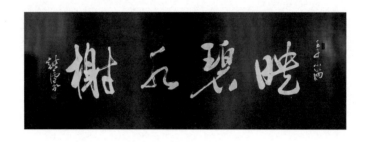

33. 映碧水榭：位于映碧水榭轩

款署：龙云书

34. 竹里：位于竹里亭

款署：永义

35. 竹语：位于竹语馆

款署：癸巳正月永义

何园碑刻、门额、匾额

1. 晚清第一园：位于东大门墙壁

款署：罗哲文题

2. 唐人双钩《十七帖》刻石：位于水心亭东侧复道回廊

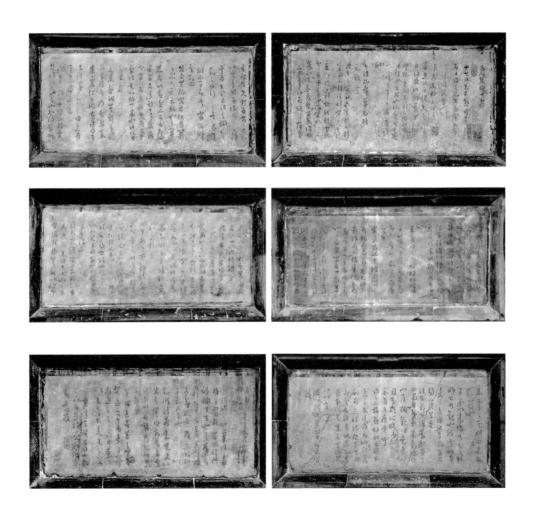

3.颜鲁公三表真迹刻石：位于寄啸山庄西园西侧复道回廊

 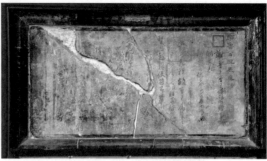

4. 苏东坡《海市并序》：位于船厅西侧复道回廊

5. 何园：位于东大门

款署：绍基

6.寄啸山庄：位于后花园北圆门
款署：无

7.片石山房：位于南大门
款署：无

8.片石山房：位于片石山房门楣
款署：石涛（集石涛字）

9.片石山房：位于片石山房进门左边屏门内围墙
款署：陈从周

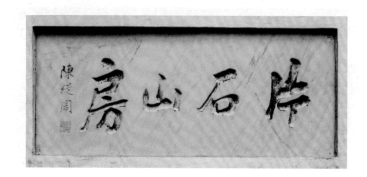

10. 片石山房：位于片石山房内东墙
款署：无

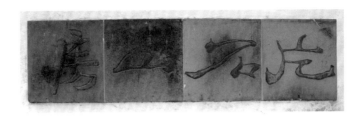

11. 接风：位于东园贴壁假山方亭
款署：抑之

12. 桴海轩：位于船厅
款署：昌智

13. 近月：位于贴壁假山圆亭
款署：写心斋主书

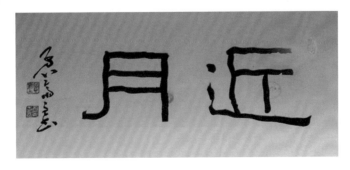

14. 蝴蝶厅：位于西花园楼下主大厅

款署：辛未年九月皖人汉体书并制

15. 与归堂：位于清楠木厅

款署：石涛（集石涛字）

16. 桂花飘香：位于桂花厅廊下门楣

款署：康有为（仿康有为书体写）

17. 芷虹斋：位于玉绣楼南楼楼上东起第一间

款署：集黄宾虹书

18. 重修片石山房记：位于片石山房

陈从周撰书

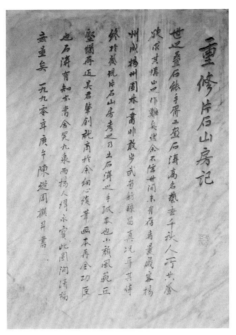

趣园碑刻

郭则沄、朱益藩、夏孙桐、邵章等十二家题跋本、乾隆皇帝书趣园拓本

倚虹园碑刻

门额拓本

三贤祠

扬州三贤祠宋刻东坡像残石拓本

五、重要文件

1949 年 10 月成立苏北扬州园林管理处苏北扬州行政区专员公署训

一九四九年十月二十九日

令扬州市政府

　　兹决定该市成立园林管理处决定主任一人,办事员一人,工友二人,并派罗经才前来为该市园林管理处主任,即日到职工作,按月发给该主任薪粮除供给伙食外,每月大米贰百市斤,仰即遵热("热"疑作"执")为要。

　　此令

专员　杜幹全

关于加强保护园林建筑文物古迹、古老树木的通知

各有关单位:

　　为了更有效地加强保护本市园林建筑、文物古迹和古老名贵树木,现将我市第一批文物保护名单予以公布。凡本市各机关、部队、学校、团体、企事业单位与市民等,在住所范围内存有这类建筑及树木者,均有进行保护的义务和责任,并应按《扬州市古建筑、庭园、树木保护管理暂行办法》与有关主管部门签订保护合同,切实按照规定加强保护管理为要。

　　附件:《扬州市古建筑、庭园、树木保护管理暂行办法》《扬州市园林建筑及文物古迹保护单位名单》。

江苏省扬州市人民委员会
1962 年 5 月 2 日

扬州市古建筑、庭园、树木保护管理暂行办法

（草案）

　　一、为了更好地保护本市古建筑、庭园和树木,以便接受历史文化遗产来促进科学研究和社会主义文化建设以及向广大人民进行革命传统教育和爱国主义教育,并使这些文化遗产来充实和丰富城市建设内容,特制定本办法。

　　二、凡本市境内下列古建筑、庭园、树木均应予以保护。

　　1.古建筑:包括具有历史纪念意义或艺术价值的古庙宇、寺院、祠堂、碑亭、牌坊、古塔和具有一定民族风格、地方特色的居住建筑以及所附属的建筑等。

2．庭园：包括具有悠久历史和艺术价值的假山、水池、小桥、亭台、楼阁、厅榭以及奇花异草、名贵树木、盆景等。

3．树木：包括所有古树、大树、行道树以及为绿化美化城市所植之一切花草树木等。

4．碑刻、石刻、砖刻及其他。包括古碑碣和具有一定艺术价值的砖刻、石刻、花窗、隔扇、屏风以及门楼照壁、花墙等。

三、本市所有各机关、学校、医院、部队、工厂、企业、事业、团体等单位以及地区居民、公社社员，凡存有上列各项古建筑和庭园者，均有保护的责任，不得任意改动，更不可拆迁改建。如因修建、耕种或其他需要，必须改动时，应事先与各主管部门联系，非经同意，不得改变现状。

四、凡属本办法第二条所列保护对象，均应由城市建设局、文化处负责管理、调查研究、宣传、搜集、发掘等具体工作，并向国家及省推荐申报，以列入国家或省级保护单位。

五、凡存有本办法第二条所列各项保护对象的单位，均应与城市建设局、文化处签订协议，以明确保护范围，作出标志说明，以及负责保护的单位、名称、负责人等，以便明确保护和管理的责任。市人民委员会委托城市建设局、文化处进行日常检查监督这些保护对象的保护和管理工作。

六、凡市区内为绿化城市所植之行道树及一切花草树木，均由各城市人民公社划分地段。由居民委员会负责划片包干。定人定点地进行培育、灌溉、除虫等保管工作，如因修建或因妨碍交通、电线及建筑物安全而需修剪、移植树木时均应事先与市园林管理所联系，按照园林管理所要求进行，不得任意修剪或移植。

七、凡新发现本办法第二条所列各项建筑和庭园时，应先主动予以保护并立即报告各主管部门处理之。

八、一切具有艺术价值的庭园布置及其庭园陈设装饰物品以及名贵花草树木等，需返往外地时，应持有有关管理部门的证明文件，否则任何单位或个人不得私自携运。如有违犯者，一经发觉，有关管理部门有权予以追回或扣留，并按情节实行收购或没收，必要时予以适当处分。

九、凡负有保管责任的单位或个人，其保护成绩优良者，应加以表扬和适当奖励。如因保护不力或违反本办法规定致遭损坏、改动或遗失等情，除应负责赔偿外，并予以批评教育，其情节严重者得给予处分。

十、全市人民均有共同保护本办法第二条所列各项的义务和责任。如发现有盗窃、破坏、损害等情，应立即制止，其情节严重者得报告就地公安机关依法予以处理。

十一、本办法参照国务院颁发的《文物保护管理暂行条例》中的有关条例进行处理。

十二、本办法自公布之日起施行。

1962 年 4 月

关于扬州市园林管理所要求更改名称报告的批复

园林管理所革命委员会：

你所一九七三年十一月十一日的报告悉。经研究，同意将扬州市园林管理所改名为扬州市园林管理处。

江苏省扬州市革命委员会

一九七三年十一月二十二日

关于同意建立扬州市园林管理局的批复

扬州市城乡建设委员会：

你委扬政建(86)67号《关于建立扬州市园林管理局的报告》收悉。

为理顺我市园林管理体制,适应历史文化名城和旅游城市的发展需要,经研究,同意建立扬州市园林管理局,隶属扬州市城乡建设委员会领导,为二级局级单位,核定事业编制二十五人(原市绿化委员会城市绿化办公室编制、人员及业务从市城乡建设委员会划拨给市园林管理局,其余编制和人员原则上从原园林管理处中划拨),主管全市的园林和城市绿化工作。直辖瘦西湖公园、何园、个园、茱萸湾公园、古典园林建设公司以及盆景园、花鸟盆景公司等单位。

特此批复。

扬州市人民政府

一九八六年七月十四日

省政府关于同意扬州市为省级园林城市的批复

扬州市人民政府：

你市《关于申报创建省级园林城市的请示》(扬政发〔1996〕135号)悉。经研究,批复如下：

扬州是历史文化名城,素有"绿杨城郭"之称,近年来,你市积极开展"绿化美化扬州,创建园林城市"活动,城市园林绿化工作成效显著,绿化三项指标基本达标,基本符合省级园林城市标准,省政府同意你市为省级园林城市。

希望进一步巩固和发展创建成果,加强城市新区、居住区和城市防护林的绿化建设,逐步形成风格古朴典雅、文化内涵深厚的城市风貌,为创建国家园林城市打下坚实的基础。

特此批复。

江苏省人民政府

一九九七年十二月二十一日

关于印发《扬州市园林管理局主要职责、内设机构和人员编制规定》的通知

各县(市、区)人民政府,市各委、办、局(公司),市各直属单位：

《扬州市园林管理局主要职责、内设机构和人员编制规定》已经市机构编制委员会审核,并报市政府批准,现予印发。

二〇一〇年七月二十九日

扬州市园林管理局主要职责、内设机构和人员编制规定

根据《中共江苏省委、江苏省人民政府关于印发〈扬州市人民政府机构改革方案〉的通知》(苏委〔2009〕574号)和《中共扬州市委办公室、扬州市人民政府办公室关于印发〈扬州市人民政府机构改革实施意见〉的通知》(扬办发〔2010〕11号),扬州市园林管理局由市政府直属事业机构调整为市政府工作部门,正处级建制。

一、主要职责

(一)贯彻执行风景园林、城市绿化法律、法规、规章和方针、政策,根据职权和授权制定有关的实施细则、规范性文件和政策。

(二)拟订风景园林、城市绿化的发展战略、中长期发展规划和年度计划,并负责组织实施和监督检查。

(三)组织风景名胜区资源调查和评价,按权限申报风景名胜区等级并负责相应的规划管理。

(四)实施公园资源调查、评估和等级审查报批;监督、检查和指导全市公园规划建设、保护和管理工作;参与审核新建公园规划方案及建成公园的调整方案,参与新建城市公园的验收和定级工作;承担直管古典园林的建设、保护、管理、修缮和现代公园的规划、建设、管理工作;指导非直管古典园林的保护、修复、开放工作。

(五)会同有关部门依法保护风景区、公园等范围内的地形、地貌、水体、植被、文物古迹(含古树名木、古典园林遗址、古建筑)等自然景观和人文景观,参与审核风景区、古典园林周边控制范围内新建建筑物、构筑物的项目及设计方案。

(六)会同城乡规划部门编制城市绿地系统规划和城市绿线规划,并组织实施和管理。

(七)负责城市绿化工程设计、施工、养护单位的资质审核、申报工作,按权限审批有关资质;负责审查城市园林绿化工程项目的规划设计方案,审查城市建设项目附属绿化工程设计方案,并监督管理;负责城市公园绿地、防护绿地、风景林地及干道绿化带和滨河绿带的组织建设和管理工作;制定绿化养护质量等级标准,指导监督园林绿化工程监理和工程招投标;负责对绿化养护市场的管理,负责市属绿地养护招投标管理工作并实施考核。

(八)负责全市城市绿化行业管理;指导单位庭院绿地、居住小区绿地和生产绿地的管理工作;负责城市古树名木管理工作;组织实施园林式居住区和园林式单位以及与城市绿化相关的创建达标工作;审批临时占用绿地;审批城市移、伐树木。

(九)管理城建资金中安排的公益性公园补助经费、城市绿化重点建设项目资金和城市维护费中城市绿化费;编制绿化和管理项目的专项经费及正常业务经费预决算。

(十)制定风景园林、城市绿化行业科技发展规划和计划,组织重大科技项目攻关、科技成果转化和推广应用。

(十一)负责风景园林、城市绿化的行政执法工作,履行行政处罚职能。

(十二)指导县(市、区)风景园林、城市绿化工作。

(十三)承办市政府交办的其他事项。

二、内设机构

根据上述职责,市园林管理局设6个职能处室,均为正科级建制。

（一）办公室

负责参与局重点工作的协调服务工作；负责局机关综合协调和对外联络接待工作；负责各种会议的组织协调工作，督促检查会议决议事项的实施；负责调研工作；负责综合性文稿的起草、文电处理、文书档案、政务信息工作；负责保密、信访和对外宣传等工作；承担局机关资产管理、后勤服务和机动车辆的安全管理等工作；负责牵头组织人大代表、政协委员议案、提案办理工作；负责机关信息化管理和扬州园林网站的建设、维护和管理工作；组织编写史志。

（二）党群工作处

负责党的建设、精神文明建设管理工作；负责人事管理、机构编制管理、专业技术职称申报、劳动工资、社会保险等工作；组织干部、职工继续教育和岗位培训工作；负责人武、双拥、社会治安综合治理等工作；负责局行政执法责任制的贯彻落实工作；负责党的纪律检查、行政监察工作；负责党风、政风、行风、廉政建设和违纪案件查处；受理党员和监察对象的申诉，接受群众的控告、举报；负责工会、共青团、妇女、计划生育工作及离退休干部的管理工作。

（三）财务审计处

负责编制系统内年度预决算草案并组织执行；管理基建维修项目经费、古树名木保护经费、市属各类绿地养护招标经费、绿化项目经费等专项资金；管理局机关非税收入；监督管理经营承包计划；监督系统内国有资产的保值增值；负责系统内的审计监督；参与风景名胜资源费、义务植树统筹费和城市绿化费的管理。

（四）风景园林处（挂"安全保卫处"牌子）

贯彻执行风景园林的法律、法规、规章和方针政策，参与制定风景园林的行政措施和规范性文件；组织全市风景名胜资源调查、评价，按权限申报风景名胜区、公园等级，建立健全风景名胜区档案资料；负责风景名胜资源费的收取；参与系统内国有资产的管理工作；负责风景名胜区、公园门票价格的调整申报以及票务管理工作；负责系统内经营管理、宣传促销、优惠政策制定与执行工作；负责对风景名胜区、公园环境管理及各类展览活动、规范服务的检查监督；负责系统内各单位的安全生产、安全保卫工作和游乐设施管理工作。

（五）规划建设处

负责编制所辖风景名胜区、公园的总体规划和详细规划；审查所辖范围内基建项目立项、工程管理工作；参与审核风景区、古典园林周边控制范围内新建建筑物、构筑物的项目及设计方案；负责制定园林建设、维修计划，负责施工队伍的资质审核，督促检查工程项目前期准备工作及施工质量、安全、造价、进度等工作；承担有关工程项目的招、投标工作具体事宜，组织工程竣工验收等工作；负责各类园林展览的组织实施；负责收集和发布风景园林绿化专业科技信息，组织重点科研项目攻关，负责科研课题申报、研究、成果鉴定和推广应用，主持编制年度科技经费预算；指导园林行业协会工作。

（六）城市绿化办公室（挂"行政办事服务处""园林绿化监察处"牌子）

贯彻执行城市绿化法律、法规、规章和方针政策；编制城市绿化规划和年度计划，并组织实施；负责全市古树名木调查、评价、登记并制定保护措施；负责城市园林绿化企业资质认定，临时占用城市绿地核准，修剪、砍伐城市树木审批，城市绿化工程设计方案审批，改变绿化规划、绿化用地使用性质审批等行政办事服务工作；负责对绿化养护市场的管理，负责市属绿地养护招投标管理工作并实施考核,制定绿化养护质量等级标准;负责城市绿化数字化管理工作;负责城市绿化监察工作;指导监督园林绿化工程监理和工程招投标;组织开展单位和居住区绿化达标创建工作;组织绿化、花卉盆景展览;负责系统内风景区、公园的绿化管理工作;指导县(市、区)城市绿化工作。

机关党组织、纪检监察、群团等机构设置按有关规定执行。

三、人员编制和领导职数

核定市园林管理局机关行政编制 25 名。后勤服务人员编制另行核定。

核定领导职数为:局长 1 名,副局长 3 名,纪委书记 1 名;内设机构正副处长(主任)10 名,其中正处长(主任)6 名,副处长(副主任)4 名。

四、其他事项

所属事业单位的设置、职责和编制事宜另行规定。

五、附则

本规定由市机构编制委员会办公室负责解释并对执行情况进行监督检查和评估,其调整由市机构编制委员会办公室按规定程序办理。

扬州市人民代表大会常务委员会关于建立城市永久性绿地保护制度的决议

(2007 年 9 月 29 日扬州市第五届人民代表大会常务委员会第二十九次会议通过)

扬州市第五届人民代表大会常务委员会第二十九次会议,听取并审议了市政府《关于建立城市永久性绿地保护制度的议案》的情况汇报。会议认为,城市绿化是城市重要的基础设施,是城市生态中人与自然和谐发展的物质基础。近几年来市政府在不断加大城市环境综合整治力度的同时,通过规划建绿、沿路植绿、沿河布绿、见缝插绿等措施,使市区的城市绿化建设取得了较快发展,再现了"绿杨城郭是扬州"的城市特色。为巩固现有绿化成果,强化绿地保护,有效防止随意侵占和破坏绿地情况的发生,特作如下决议:

1. 建立城市永久性绿地保护制度,努力构建人与自然和谐发展的宜居环境。实施城市永久性绿地保护,既是美化城市,保持扬州绿杨城郭城市特色的需要,也是体现以人为本改善城市人居环境,提升城市品质,维护生态平衡的客观要求。市政府要从建设生态市,彰显"人文、生态、宜居"的城市个性特色出发,高度重视永久性绿地保护工作。这项工作要依据城市总体规划、城市绿地系统规划和其他相关规划,从已经建成或规划建设的大型城市公园绿地、重要防护林带中予以确定,实施永久性保护。

2. 抓紧做好永久性绿化地块的绿线划定工作,明确每个地块的保护范围、面积和内容,做到定位、定址、定量。要本着成熟一批,公布一批,保护一批的原则,分期分批确定永久性绿地保护名单并向社会公布。本次会议同意市政府将蜀冈西峰生态公园、曲江公园、明月湖中央水景公园等 10 个绿化地块确定为第一批永久性绿地保护对象。

3. 严格执行永久性绿地保护管理规定,对保护地块实施有效管理。市规划、国土和园林等相关部门要各司其职,加强配合,严格管理。永久性绿地保护要视地块的不同情况,明确其周边的视野保护控制地带和范围,严格控制周边建筑的体量、高度、色彩和形式,确保整体风貌的协调。要通过设立保护标示牌,明确管理责任,落实奖惩措施等方法,规范保护管理行为。要限期整治和取缔保护地块范围内不符合规划要求的各类建筑物和构筑物。

4.永久性绿化地块一经确定,不得随意变动或改作他用,更不得进行经营性开发建设。要从严查处各类擅自占用绿化用地、擅自改变绿化用途以及破坏城市绿化的违法行为。若因事关全局的城市公共服务设施、市政基础设施建设等公益项目,确需调整永久性绿地用途的,由市政府提出调整议案,经市人大常委会审查同意,形成决议后向社会公布。永久性绿地调整要坚持占补平衡,落实好易地建设用地,并实行严格的绿化补偿制度。

5.强化对永久性绿地保护的监督。要利用多种形式,广泛宣传永久性绿地保护的重要意义,不断增强全社会对永久性绿地保护的责任意识。要建立公众参与机制,扩大公民对永久性绿地保护的知情权、参与权和监督权,形成全社会关心、支持、监督绿地保护的社会氛围。

本决议的实施情况,市政府要定期向市人大常委会作出报告。

扬州市城市绿化管理办法

第一章 总 则

第一条 为促进我市绿化事业的发展,绿化美化城市,改善城市生态环境,根据国务院《城市绿化条例》《江苏省城市绿化管理条例》等有关规定,结合我市实际,制定本办法。

第二条 本办法适用于扬州市城市绿化的规划、建设、保护和管理。

第三条 扬州市园林管理局是扬州市城市绿化行政主管部门,负责扬州市城市绿化管理工作;各县(市、区)城市绿化行政主管部门在市园林管理局的业务指导下,负责辖区内的城市绿化工作。

林业、规划、建设、城管、公安、财政、国土、房管、交通、水利、物价等有关部门应当按照各自的职责,协同做好城市绿化管理工作。

第四条 各级人民政府应当把城市绿化纳入经济和社会发展规划,加大对绿化事业的投入,积极开展全民义务植树活动,鼓励和加强城市绿化的科学研究,提高城市绿化的科学技术和艺术水平。

第五条 鼓励市民利用庭院植树种花,垂直绿化,美化环境。

任何单位和个人,都应当依照国家有关规定履行城市绿化义务。

任何单位和个人都有权检举、控告和制止损害绿化及其设施的行为。

对在城市绿化工作中成绩显著的单位和个人,由各级人民政府给予表彰和奖励。

第二章 规划和建设

第六条 城市绿化行政主管部门会同规划行政主管部门依据城市总体规划要求,共同编制城市绿地系统规划,经同级人民政府批准后逐步实施,并纳入城市总体规划。

第七条 城市绿地系统规划一经批准,任何单位和个人不得擅自调整或者变更。确需调整或者变更的,依据管理权限应当向城市绿化、规划行政主管部门提出申请,经组织论证后,按法定程序批准;涉及城市总体布局的重大变更,须由本级人民政府提出,经本级人大常委会审查同意后报上级人民政府批准。

第八条　城市绿地系统规划应当安排与城市性质、规模和发展需要相适应的绿化用地面积。

在城市新建区，绿化用地应当不低于总用地面积的 30%；在旧城改造区，绿化用地应当不低于总用地面积的 25%；城市生产绿地应当不低于城市总用地面积的 2%。

城市绿地系统规划应当合理设置公园绿地、防护绿地、生产绿地、附属绿地和其他绿地等。

第九条　城市建设工程项目的绿化用地面积占建设工程总用地面积的比率，应当符合下列规定：

（一）城市新建区的大专院校、机关团体、部队、公共文化设施、医院、疗养院、宾馆、电子企业等单位的附属绿地面积，不得低于单位总用地面积的 35%。

（二）工业、商业金融、仓储、交通枢纽、市政公用设施等单位，绿化率不小于 20%。

（三）对环境有大气、噪音等污染的单位，附属绿地面积不得低于总用地面积的 30%，并根据有关国家标准中环境保护的规定设置宽度不小于 30 米～ 50 米的防护林带；如果防护林带宽度达不到要求，单位绿地率应达到 40%。

（四）新建、扩建、改建居住区的附属绿地面积，不得低于总用地面积的 30%，并按居住人口人均 1.5 平方米的标准建设公园绿地。

（五）新建、扩建、改建道路的绿化面积占道路总用地面积的比率，主干道不低于 25%，次干道不低于 20%；属过境公路的，按公路绿化养护技术标准执行。

（六）属于旧城改造区的，可对本款第（一）、（四）、（五）项规定的指标降低 5 个百分点。

单项工程建设项目规划方案按基本建设程序报批时，参照前款执行。

第十条　规划行政主管部门在审批建设工程项目规划方案时，应当按照本办法第九条规定核定其绿化用地面积标准，以确保建设项目达到绿化用地指标。

第十一条　城市绿化工程的设计应当委托具有相应资质的设计单位承担，工程建设项目的绿化工程，应当与工程建设项目的主体工程同时规划设计，其设计方案应当同时报城市绿化行政主管部门批准。

建设单位必须按照批准的绿化工程设计方案进行施工，确需改变设计方案的，应当报原批准机关重新审批。

第十二条　城市公园绿地、防护绿地、道路和河道绿化带的绿化，由城市绿化行政主管部门负责组织实施；新建、扩建、改建的居住区绿地的绿化，由建设单位负责实施；现有居住区绿地的改造建设，由居住区管理机构负责实施；机关、部队、学校、工厂等企事业单位附属绿地的绿化，由本单位负责实施；生产绿地的绿化建设由建设单位负责实施。生产绿地、居住区绿地和单位附属绿地的绿化建设应当接受城市绿化行政主管部门的监督和指导。

第十三条　城市新建、扩建、改建工程项目和居住区开发项目的配套绿化，应当按照规定的绿地指标进行建设。

对确有困难，绿化用地安排不足的项目，须经城市绿化行政主管部门批准，并由建设单位在批准后十个工作日内向城市绿化行政主管部门缴纳绿化工程代建款，以用于异地建设和补偿，并由城市绿化行政主管部门在建成区范围内代建，在下一个绿化季节内完成。

第十四条　城市工程建设项目基本建设投资中必须将配套绿化建设经费列入工程预算，

统一安排绿化工程施工,在不迟于主体工程建成后的第一个绿化季节完成绿化任务。

第十五条 城市绿化工程项目应当由具有相应资质的施工单位承担,并应当接受城市绿化行政主管部门的监督和指导。

绿化工程竣工验收后,建设单位应在十个工作日内落实养护管理队伍、资金和措施,报城市绿化行政主管部门备案。

第三章 保护和管理

第十六条 城市绿化按下列分工进行管理:

(一)城市公园绿地、防护绿地、城市行道树、道路和河道绿化带,由城市绿化行政主管部门按职责范围组织管理;

(二)各单位附属绿地和单位管界内的风景林地、防护绿地,由所在单位负责管理;

(三)居住区、小街巷、近郊庄台绿地,由其管理机构管理;

(四)苗圃、花圃、草圃等生产绿地,由经营单位负责管理。

城市绿化管护单位要建立健全绿化管护责任制度,不断加强绿化的养护管理,保持整洁美观。

第十七条 城市绿化养护管理采取以下措施:

(一)城市公园绿地、防护绿地、城市行道树、道路和河道绿化带,由城市绿化行政主管部门组织开展市场化养护管理,对现行绿地逐年推行市场化养护,新建绿地完成后全部实行市场化养护,绿化养护资金由各级财政统筹安排;

(二)其他各类绿地的养护方式由其管理单位按规定执行。鼓励各单位推行市场化养护管理措施。

第十八条 城市绿化树木依据以下投资来源明确其所有权:

(一)各级财政投入栽植的树木,所有权归国家;

(二)义务栽植的树木所有权依照《江苏省全民义务植树条例》的规定确定;

(三)各单位庭院内自行投资栽植的树木,所有权归本单位;

(四)城市绿化管理部门供苗,由各单位栽植和管护的树木,其所有权按有关约定执行;

(五)居民在私人庭院内自费栽植的树木,所有权归个人。

第十九条 任何单位和个人不得擅自占用城市绿化用地。因城市建设需要占用的,必须经城市绿化行政主管部门审批,并按有关规定补偿绿地重建费用。

临时占用城市绿地的,应当经城市绿化行政主管部门批准,并按照有关规定交纳临时占用绿地费用,且应在规定期限内恢复原状。

第二十条 城市中的树木,不论其权属,任何单位和个人均不得擅自砍伐、移植、重修剪。确需砍伐、移植、重修剪的,应当经城市绿化行政主管部门批准,办理有关手续,并按有关规定向树木所有者支付树木补偿费用。

交通、水利、林业等部门管理的护路林、护岸林等树木的砍伐、移植、重修剪,依据相关法律、法规的规定办理。

第二十一条 任何单位和个人不得有下列损坏城市绿化及其设施的行为:

(一)在风景名胜区、公园内开山采石、毁林种植、围湖造田、放牧狩猎、葬坟立碑、砍竹挖笋、砍伐树木;

（二）在草坪、花坛、绿地内堆放杂物，挖掘、损毁花木；

（三）在树木上刻画、钉钉、缠绕绳索；

（四）在绿地内擅自采花摘果、采收种条、挖采中草药、挖采野生种苗；

（五）在绿地内擅自搭建建筑物、构筑物，围圈树木、设置广告牌；

（六）在离树干一米范围内埋设影响树木生长的排水、供水、供气、电缆等各种管线；

（七）向城市公园绿地扔倒生活垃圾、建筑垃圾等废弃物；

（八）其他损坏城市绿化及其设施的行为。

第二十二条　在城市公园绿地开设商业、服务摊点，必须经城市绿化行政主管部门同意，并应在公园绿地管理单位指定的地点设置，不得出店、流动换址经营。

第二十三条　城市中百年以上树龄的树木、稀有珍贵树木，具有历史价值或者重要纪念意义的树木，均属古树名木，由市城市绿化行政主管部门调查立档，作出标志，明确管护单位。散生在单位、小区的古树名木，在城市绿化行政主管部门技术指导下，分别由单位、小区指定专人负责管护。居民庭院内的古树名木由该居民负责管护。分布于城市公共区域内的古树名木由城市绿化行政主管部门指定专业单位管护。

严禁砍伐古树名木。对因特殊需要移植的古树名木，必须经城市绿化行政主管部门组织有关部门和专家鉴定后，报市人民政府批准，由绿化专业队伍组织实施；申请移植单位支付移植费用，落实后期管护措施。

第二十四条　城市中新建各类管线应当避让现有树木。确实无法避让的，在设计中及施工前，有关部门应当会同城市绿化行政主管部门确定保护措施。

供电、电信、路灯、市政、消防等部门维护管线需要修剪树木或者砍伐、移植、截干、切根的，必须经城市绿化行政主管部门批准，并委托绿化专业队伍按照兼顾管线安全使用和树木正常生长的原则实施。由于自然灾害等不可抗拒的原因，致使树木危及管线、交通、公民生命财产等安全时，有关单位需立即砍伐或者截干、修枝的，可先行处理，并于事后二个工作日内报城市绿化行政主管部门备案。

第四章　经　费

第二十五条　各级政府在年度财政预算和城市建设维护费中，应当足额拨款用于城市绿化建设和管护。

第二十六条　城市新建、扩建、改建工程项目的绿化配套费，应在建设项目总投资中列支。

第二十七条　居住区绿地管护费用在居住区物业管理费中按一定比例提取；未实施物业管理的由居住区管理机构筹措资金或向上一级主管部门申请相关费用。

第二十八条　经过批准临时占用绿地、移伐城市树木、损坏城市绿化及设施的补偿、赔偿费，由城市绿化行政主管部门收取。

第二十九条　绿化工程代建款、绿地占用费和绿地重建费的收费标准，由物价部门按有关规定核定后报政府批准后执行。

第三十条　绿化各项费用，应坚持专款专用原则，足额安排，用于绿化建设，不得挪作他用。

绿化各项经费的使用，必须接受本级财政、审计部门的监督与审计。

第五章 法律责任

第三十一条 违反本办法规定,有下列行为之一的,由城市绿化行政主管部门责令停止侵害,可以并处损失费一倍以上五倍以下的罚款:

(一)损坏城市树木花草的;

(二)擅自修剪或者砍伐城市树木的;

(三)砍伐、擅自迁移古树名木或者因养护不善致使古树名木受到损伤或者死亡的;

(四)损坏城市绿化设施的。

第三十二条 擅自占用城市绿化用地的,由城市绿化行政主管部门责令限期退还、恢复原状,可以并处所占绿化用地面积每平方米五百元以上一千元以下的罚款;造成其他损失的,应当负赔偿责任。

对违反已批准的绿化规划,缩小绿地面积的单位和个人,由城市绿化行政主管部门责令改正,可以并处每平方米五百元以上一千元以下的罚款。

第三十三条 对不服从公共绿地管理单位管理的商业服务摊点,由城市绿化行政主管部门给予警告,可以并处一千元以上五千元以下的罚款;情节严重的,由城市绿化行政主管部门取消其设点批准文件,并可以提请工商行政管理部门吊销营业执照。

第三十四条 本办法规定的行政处罚条款,行政处罚主体按相对集中行政处罚权的规定作出明确的,从其规定。

第三十五条 对违反本办法的直接责任人和单位负责人,由其所在单位或者上级主管机关依法给予行政处分;应当给予治安管理处罚的,依照《中华人民共和国治安管理处罚法》的有关规定处罚;构成犯罪的,依法追究其刑事责任。

第三十六条 当事人对行政处罚不服的,可依法申请复议或直接向人民法院起诉。逾期不申请复议也不向人民法院起诉又不履行处罚决定的,由作出处罚决定的机关申请人民法院强制执行。

第三十七条 各级城市园林绿化行政主管部门和城市绿地管理单位的工作人员玩忽职守、滥用职权、徇私舞弊的,由其所在单位或者上级主管机关给予行政处分;构成犯罪的,依法追究刑事责任。

第六章 附 则

第三十八条 本办法自 2008 年 2 月 1 日起施行。1997 年 3 月颁布施行的《扬州市城市绿化管理暂行办法》(扬政发〔1997〕68 号)即行废止。

扬州市市区城市绿线管理办法

第一条 为建立和严格实行城市绿线管理制度,切实保障城市绿地系统规划的实施,加强城市绿化的保护和管理,根据《中华人民共和国城市规划法》、国务院《城市绿化条例》、建设部《城市绿线管理办法》等相关规定,结合本市实际,制定本办法。

第二条 本办法所称城市绿线是指城市各类绿地范围的控制线,包括已建成绿地的控制线和规划预留绿地的控制线。

第三条 扬州市城市规划区范围内绿线的划定和监督管理,适用本办法。

第四条　城市绿线实施分级保护制度。对已建成的城市公园、广场绿地、重点防护绿地、古典园林、文物保护单位绿地、古树名木保护范围和规划的重点公园绿地、防护绿地划定绿线，实施一级保护，对其他绿地划定绿线实施二级保护。

第五条　城市绿化行政主管部门、规划行政主管部门，按照职责分工负责城市绿线的监督和管理工作。

第六条　城市绿线由城市绿化行政主管部门、规划行政主管部门会同建设、土地等管理部门依据城市总体规划、城市绿地系统规划、控制性详细规划，结合城市现有绿地、风景名胜、自然地貌予以划定，经市人民政府批准后实施。

第七条　下列区域应界定城市绿地，并划定城市绿线：

（一）城市规划区内已建成的和规划的公园绿地、防护绿地、生产绿地、附属绿地、其他绿地；

（二）城市规划区内的河流、湖泊、湿地等城市生态控制区域；

（三）城市规划区内的风景名胜区、古典园林、规定的古树名木保护范围等；

（四）其他对城市生态和景观具有积极作用的区域。

第八条　经批准的城市绿线要向社会公布，接受公众监督。

任何单位和个人都有保护城市绿地、服从城市绿线管理的义务，有监督城市绿线管理、举报投诉城市绿线管理违法行为的权利。

第九条　任何单位和个人不得擅自占用城市绿线内的用地。因特殊情况，确需调整城市绿线的，依照下列规定办理：

（一）调整一级保护城市绿地绿线的，由城市绿化行政主管部门、规划城市绿化行政主管部门组织论证，进行公示，按法定程序审批后，方可调整；

（二）调整城市总体规划、城市绿地系统规划、控制性详细规划确定的二级保护城市绿地界定坐标的，由城市绿化行政主管部门、规划行政主管部门组织论证，按法定程序审批后，方可调整；

（三）调整已建成的二级保护城市绿地绿线的，由城市绿化行政主管部门组织论证，按法定程序审批后，方可调整。

第十条　城市绿线范围内的公园绿地、防护绿地、生产绿地、附属绿地及其他绿地，必须按照建设部《城市绿化规划建设指标的规定》《公园设计规范》等标准，进行绿地建设。

第十一条　建设工程必须按照规定的绿地指标配套建设绿地。

各类建设工程配套绿地应按照划定的绿线和审定的绿化方案与建设工程同步设计、同步施工、同步验收，不得擅自减少绿化面积和擅自变更绿化设计。

建设工程竣工后，城市绿化行政主管部门、规划行政主管部门应对配套建设绿地的绿线进行核定，未达到规划设计要求的，城市绿化行政主管部门、规划行政主管部门不予出具竣工验收合格证明文件，建设工程不得投入使用。

第十二条　城市绿线范围内的用地，不得擅自改作他用。任何单位和个人不得擅自在城市绿线范围内进行建设和设置其他设施。

因城市建设或其他特殊情况，确需临时占用城市绿线内用地的，必须依法办理相关审批手续，并按有关规定给予经济补偿。

在城市绿线范围内,不符合规划要求的建筑物、构筑物及其他设施必须限期迁出。

第十三条　城市绿线范围内的现有绿地,由城市绿化行政主管部门、规划行政主管部门登记造册、存档,编制现有绿线控制图,并确定管理单位。

第十四条　城市绿线范围内的地上、地下空间内的各种管线或设施,由城市绿化行政主管部门根据有关技术标准提出管制要求,保证栽植树木的生长空间。

第十五条　违反本办法规定的,按照《中华人民共和国城市规划法》、国务院《城市绿化条例》、建设部《城市绿线管理办法》和相对集中行政处罚的有关规定予以处罚。

第十六条　对违反本办法的主管人员或直接责任人员由其所在单位或上级主管机关给予行政处分;构成犯罪的,依法追究刑事责任。

第十七条　各县(市)城市绿线管理参照本办法执行。

第十八条　本办法自 2008 年 2 月 1 日施行。

扬州市古树名木和古树后续资源保护管理办法

《扬州市古树名木和古树后续资源保护管理办法》已于 2008 年 11 月 15 日市政府第 12 次常务会议讨论通过,现予发布施行,自 2008 年 12 月 1 日起施行。

市长:王燕文

2008 年 11 月 19 日

第一条　为了加强对古树名木和古树后续资源的保护和管理,保护国家重要生物资源和历史文化遗产,根据《中华人民共和国森林法》、国务院《城市绿化条例》、建设部《城市古树名木保护管理办法》等有关法律法规规章的规定,结合本市实际情况,制定本办法。

第二条　本办法所称古树是指树龄在一百年以上的树木。

本办法所称名木是指下列树木:

(一)树种珍贵、稀有的;

(二)具有重要历史价值或者纪念意义的;

(三)具有重要科研价值的。

本办法所称古树后续资源是指树龄在八十年以上一百年以下的树木。

第三条　本市行政区域内古树名木和古树后续资源的保护和管理,适用本办法。

第四条　市、县(市、区)城市园林绿化、林业行政主管部门(以下统称古树名木行政主管部门)按照各自职责负责辖区内古树名木和古树后续资源的保护管理工作。城市园林绿化行政主管部门负责辖区内城市建成区、风景名胜区内古树名木和古树后续资源的保护管理工作;林业行政主管部门负责辖区内城市建成区以外的古树名木和古树后续资源的保护管理工作。

规划、建设、城管、财政、水利、交通、环保、文化、旅游、房管、国土、民族宗教、公安等有关部门以及市经济开发区、新城西区、蜀冈－瘦西湖风景名胜区、化学工业园区管理委员会按照各自职责,密切配合,协同做好古树名木和古树后续资源的保护和管理工作。

市、县(市、区)绿化委员会对古树名木和古树后续资源的保护和管理工作进行协调、监督和检查。

第五条　各地、各有关部门应当加强对古树名木和古树后续资源保护的科学研究,推广应用科研成果,宣传普及保护知识,提高保护水平。

第六条　古树名木是国家的宝贵财富,任何单位和个人都有保护古树名木和古树后续资源及其附属设施的义务,都有权对损害古树名木和古树后续资源及其附属设施的行为予以制止、举报和控告。

第七条　鼓励单位和个人资助古树名木的管理养护。对保护古树名木和古树后续资源有突出贡献的单位和个人,各级人民政府给予表彰和奖励。

古树名木和古树后续资源所有权人对其依法享有所有权和收益权,负有保护、养护义务;未经古树名木行政管理部门批准,不得买卖或转让,不得擅自修剪。捐献给国家的,由各级人民政府给予适当的奖励。

第八条　古树名木和古树后续资源按下列规定实施分级保护:

(一)特别珍贵稀有,或具有重要历史价值和纪念意义,或具有重要科研价值的名木以及树龄在三百年以上(含三百年)的古树为一级保护;

(二)前项规定以外的名木及树龄在一百年以上(含一百年)三百年以下的古树为二级保护;

(三)古树后续资源为三级保护。

第九条　古树名木行政主管部门应当定期在辖区内进行古树名木和古树后续资源的调查,并按照下列规定进行鉴定和确认:

(一)一级保护的古树名木,由市古树名木行政主管部门组织鉴定,按程序报经确认后由市人民政府予以公布;

(二)二级保护的古树,由市、县(市)古树名木行政主管部门组织鉴定,报本级人民政府确认后予以公布;

(三)古树后续资源,由古树名木行政主管部门组织鉴定、确认后予以公布。

鼓励单位和个人向古树名木行政主管部门报告未登记的古树名木和古树后续资源。各级古树名木行政主管部门应当按照前款的规定,及时组织鉴定和确认。

第十条　古树名木行政主管部门应当对本辖区内的古树名木和古树后续资源进行登记,统一编号,建立档案,并将登记情况向上一级古树名木行政主管部门备案。

第十一条　古树名木行政主管部门应当在古树名木和古树后续资源周围醒目位置设立标明树木编号、名称、保护级别等内容的标牌。有特殊历史价值和纪念意义的,还应当在古树名木生长处树立解读牌。

第十二条　古树名木行政主管部门应当根据古树名木生长需要按照下列规定划定古树名木和古树后续资源的保护区,并将保护档案送规划部门备案:

(一)列为古树名木的,其保护区为不小于树冠垂直投影外5米;

(二)列为古树后续资源的,其保护区为不小于树冠垂直投影外3米。

第十三条　在古树名木和古树后续资源保护区内,养护责任人应当采取措施保持土壤的透水、透气性,不得从事挖坑取土、焚烧、倾倒有害废渣废液、新建扩建建筑物和构筑物等损害古树名木和古树后续资源正常生长的活动。

第十四条 古树名木和古树后续资源实行养护责任制,每一株树木都必须按下列规定明确养护责任和责任人:

(一)机关、部队、学校、社会团体、企业、事业单位、风景名胜区、寺庙等用地范围内的古树名木和古树后续资源,养护责任人为所在单位;

(二)铁路、公路、河道用地范围内的古树名木和古树后续资源,养护责任人为铁路、公路、水务管理部门和单位;

(三)城市公园、广场、小游园、街头绿地和城市道路用地范围内的古树名木和古树后续资源,养护责任人为城市绿地管理单位;

(四)居住小区内的古树名木和古树后续资源,养护责任人为居住小区管理机构;

(五)居民庭院内的古树名木和古树后续资源,养护责任人为业主;

(六)房屋拆迁范围内有古树名木或者古树后续资源的,养护责任人为建设单位。

前款规定以外的古树名木和古树后续资源,养护责任人由古树名木行政主管部门依据先树木权属、后土地权属确定;权属不明确的,由相关主管部门指定。

第十五条 古树名木行政主管部门应当向养护责任人发放养护责任告知书,明确养护责任。养护责任人发生变更的,养护责任人应当到古树名木行政主管部门办理养护责任转移手续。

第十六条 古树名木行政主管部门应当根据古树名木和古树后续资源的保护需要,制定养护技术标准,并向养护责任人提供必要的养护知识培训和养护技术指导。

第十七条 古树名木和古树后续资源的养护费用由养护责任人承担。接受委托承担养护责任的,养护费用由委托人承担。承担养护费用确有困难的单位或者个人,可以向古树名木行政主管部门申请养护补助经费。各级政府在年度财政预算中,应当安排相应的经费用于古树名木和古树后续资源的管理、养护和复壮。

鼓励单位和个人以捐资、认养等形式参与古树名木和古树后续资源的养护。

第十八条 建设项目的选址定点涉及古树名木的,建设单位须提出保护方案,经古树名木行政主管部门同意后规划部门方可办理有关规划许可手续。建设和施工单位必须按照批准的保护方案保护古树名木。

养护责任人认为建设项目的施工可能影响古树名木和古树后续资源正常生长的,应当及时向古树名木行政主管部门报告。古树名木行政主管部门可以根据古树名木和古树后续资源的保护需要,向建设单位提出相应的保护要求,建设单位应当根据保护要求实施保护。

第十九条 因重大基础设施建设,确需移植古树名木的,建设单位应当向古树名木行政主管部门提出申请,经市古树名木行政主管部门审查同意后,按照国家有关规定报送审批后按照移植技术标准允许的时间实施。

因重大工程项目或者城市基础设施建设,需要移植古树后续资源的,建设单位应当按照古树名木行政主管部门提出的移植技术标准和允许的时间实施。

古树名木和古树后续资源的移植和移植后五年内的养护,应当由具有相应专业资质的绿化养护单位承担。古树名木和古树后续资源的移植费用以及移植后五年内的养护费用,由申请移植单位承担。

第二十条 古树名木行政主管部门应当确定专门管理人员负责古树名木和古树后续资

源保护管理工作,并按照下列规定定期进行检查:

(一)一级保护的古树名木至少每三个月进行一次;

(二)二级保护的古树名木至少每六个月进行一次;

(三)古树后续资源至少每年进行一次。

在检查中发现树木生长有异常或者环境状况影响树木生长的,应当及时采取保护措施。

第二十一条 生产、生活产生的废水、废气或者废渣等危害古树名木和古树后续资源正常生长的,养护责任人可以要求有关责任单位或者个人采取措施,消除危害。

第二十二条 禁止下列损害古树名木和古树后续资源的行为:

(一)砍伐;

(二)挖根、剥损树皮、攀树、折枝、刻画、敲钉;

(三)未经养护责任人同意,采摘花朵、果实或种籽;

(四)借用树干做支撑物,在树上悬挂、缠绕其他物品或倚树搭棚;

(五)损坏古树名木和古树后续资源的支撑、围栏、避雷针、标牌或者排水沟等相关保护设施;

(六)在树木生长保护区内擅自搭建建(构)筑物、埋设管道、挖坑取土、堆放物料动用明火、排放废气、或者倾倒有害污水污物;

(七)影响古树名木和古树后续资源正常生长的其他行为。

第二十三条 养护责任人发现古树名木和古树后续资源生长衰萎、濒危的,应当及时向当地古树名木行政主管部门报告。古树名木行政主管部门应当及时组织具有相应专业资质的绿化养护单位进行复壮和抢救。

第二十四条 古树名木和古树后续资源死亡的,养护责任人应当及时向古树名木行政主管部门报告,经古树名木行政主管部门核实、鉴定和查清原因后,予以注销,并按程序向上一级古树名木行政主管部门备案。

古树名木和古树后续资源死亡后未经古树名木行政主管部门核实注销的,养护责任人不得擅自处理。

古树名木死亡后,原古树名木保护范围内的用地不得擅自挪作他用。

第二十五条 违反本办法规定,古树名木行政主管部门应依据《中华人民共和国森林法》《城市绿化条例》等法律、法规对责任人进行处罚。

违反本办法规定,损坏古树名木和古树后续资源及其相关保护设施的,应当依法承担赔偿责任;构成犯罪的,依法追究刑事责任。

第二十六条 当事人对古树名木行政主管部门的具体行政行为不服的,可以依照《中华人民共和国行政复议法》或者《中华人民共和国行政诉讼法》的规定,申请行政复议或者提起行政诉讼。

当事人在法定期限内不申请复议,不提起诉讼,又不履行的,作出具体行政行为的行政主管部门可以申请人民法院强制执行。

第二十七条 古树名木行政主管部门工作人员玩忽职守、滥用职权、徇私舞弊,致使古树名木和古树后续资源损伤或者死亡的,由其所在单位或者上级主管部门依法给予行政处分;构成犯罪的,依法追究刑事责任。

第二十八条 国家和省颁布新的有关古树名木和古树后续资源保护管理法规的,从其规定。

第二十九条 本办法自 2008 年 12 月 1 日起施行。

城市立体绿化技术规范

1 范围

本标准规定了城市立体绿化的术语与定义、原则、栽培基质、施工要求、绿化形式、养护管理和质量验收。

本标准适用于扬州各类城市公园、绿地、道路、桥体、坡岸以及专用绿地(含单位庭院、居住区)等场所,包括墙面、棚架、绿篱和栅(护)栏、护坡、阳台、设施顶面等立体绿化的技术规范。

2 规范性引用文件

下列文件对于本文件的应用是必不可少的。凡是注日期的引用文件,仅所注日期的版本适用于本文件。凡是不注日期的引用文件,其最新版本(包括所有的修改单)适用于本文件。

GB 50345 屋面工程技术规范(附条文说明)

CJJ 82-2012 园林绿化工程施工及验收规范

JGJ 155 种植屋面工程技术规程(附条文说明)

3 术语与定义

3.1 立体绿化

充分利用城市中不同的立地条件,在设施顶面、墙面、阳台、窗台、河堤、廊(柱)、栅(护)栏、棚架、桥体等处栽植植物,以增加城市绿量、拓展城市绿化空间、改善城市生态环境。

4 原则

4.1 基本原则

4.1.1 因地制宜原则

立体绿化应根据环境、景观需要,结合栽植位置的朝向、日照、风力、地势、人流、面积、立面条件、栽培基质等状况合理选择植物。

4.1.2 安全性原则

立体绿化的实施,应充分考虑建(构)筑物的承重、排水和周围环境等因素,不得影响其结构安全和其他功能需要。辅助物必须具有足够的抗腐蚀能力和结构抗力,能抵抗自然的腐蚀、破坏,能承受一定时期内植物生长后的重量。

4.1.3 节约性原则

立体绿化的设计、实施和养护应采取节约型园林绿化的相关措施,做到节水、节地、节能、节材。

4.1.4 生态环保性原则

立体绿化应遵循生态环保的原则。

4.1.5 观赏性原则

立体绿化在满足功能要求的前提下应具有美化环境的作用。

4.1.6 创新性原则

积极采用新方法、新技术、新材料、新工艺。

4.2 植物选择原则

4.2.1 遵循立体绿化植物多样性、适应性和共生性原则，以生长特性和观赏价值相对稳定、适应能力较强的本地常用植物和引种成功的植物为主。绿化植物选用参见附录A。

4.2.2 以草坪、地被植物、低矮灌木和攀援植物等为主，原则上不用大型乔木，条件允许的可少量种植耐旱小型乔木。依据植物的不同习性，创造满足其正常生长的环境条件，并结合植物的观赏效果和功能要求进行设计。

4.2.3 选择须根发达的植物，但不宜选用根系穿刺性较强的植物，防止植物根系穿透建(构)筑物表面防水层。

4.2.4 选择耐瘠薄、粗放管理的植物，一般以抗风、耐旱、耐高温、耐修剪、耐粗放管理、生长缓慢、外形低矮的植物为主。

4.2.5 选择抗污性强，可耐受、吸收、滞留有害气体或污染物质的植物。

4.2.6 攀援植物的选择应考虑种植地的朝向、立面和建(构)筑物的高度等因素。

4.3 植物配置原则

4.3.1 遵循植物造景多样性原则，水生与陆生、常绿与落叶(色叶)、乔灌草等植物合理配置，注重观赏效果。

4.3.2 应用攀援植物造景，要根据周围的空间布局和植物环境进行合理配置，在色彩和空间大小、形式上协调一致。

4.3.3 按照植物种类、形式多样的原则配置，结合植物生长习性、观赏特征、环境及与攀援依附物关系采用点缀式、花境式、整齐式、悬挂式、垂吊式等不同形式。

5 栽培基质

5.1 地栽栽培基质选用疏松、透气、渗水性好、保水、保肥、清洁无毒、来源广泛、价格便宜的基质，如：草灰、木炭、锯木屑、蛭石、珍珠岩、炭渣、泥炭土、腐殖土。栽植土理化性状应满足相应绿化植物的要求。

5.2 有条件的可选择无土栽培，根据植物的不同需求在基质中配制各种生长营养元素。

6 施工要求

6.1 立体绿化的施工依据为设计施工图纸及相关技术规范。

6.2 根据选用植物品种的生长特性合理选择施工时间，应尽量避免反季节施工。应选择生长健壮、根系丰满、无病虫害的植株。

6.3 施工前应该了解水源、基质、攀援依附物等情况，若依附物表面光滑，应设牵引铅丝或其他合适的人工牵引物。

6.4 地栽栽植前应整地。翻地深度应不低于相应植物的生长要求，原土不能使用时应更换培养土。在人工叠砌的种植池种植攀援植物时，种植池的高度宜为50cm～60cm，内沿宽度宜为50cm，铺设厚5cm～10cm的排水层，并应预留排水孔。

6.5 墙面可采用辅助设施支架及辅助网。支架及紧固件的承重能力应满足能够承受植物自重及本地区自然风荷载作用的要求。

6.6 设施顶面绿化应根据植物习性及气候环境栽植植物。复层绿化种植时应先栽植乔灌木,后栽植草本植物。不得任意在设施顶面绿化中增设超出原设计范围的大型景物,以免造成设施顶面超载。设施顶面绿化应设置独立出入口和安全通道,必要时应设置专门的疏散楼梯,并设置相应高度的安全防护设施。

6.7　植物栽植应做到随挖、随运、随种、随灌,且按下列要求:

a)按照种植设计所确定的坑(沟)位定点、挖坑(沟),坑(沟)穴应四壁垂直,坑径(或沟宽)应大于植物根土球径 10 cm ～ 20 cm。

b)栽植前,可结合整地向基质中施基肥,肥料宜选择腐熟的有机肥。栽植前应验收苗木,植株干枯、根部腐烂、有病虫害的苗木不得栽植。

c)栽植时覆土以略高于根颈部为准,埋土时应舒展植株根系,并分层踏实。

d)栽植后应做树堰,树堰应稳固,用脚踏实土埂,以防跑水。在草坪地栽植攀援植物时,应先起出草坪。

e)栽植后要按时、按需浇水,确保成活。

6.8　栽植无吸盘的植物,应予牵引和固定。固定点的设置,可根据植物枝条的长度、硬度而定,墙面贴植应剪去内向、外向的枝条,按主干、主枝、侧枝的顺序进行固定。

7　绿化形式

7.1　墙面绿化

在墙面进行绿化。种植形式分为攀爬式、上垂下爬式和内栽外露式等。根据植物的生长形态、墙面材料及周围的环境,因地制宜地选择攀援植物,尽量选用速生攀援植物。

7.2　阳台绿化

根据建筑物整体效果和阳台的形式进行合理搭配。选择抗旱性强、管理粗放、根系发达的植物以及一些中小型草(木)本攀援植物或花灌木栽植,也可进行容器栽植。栽培基质必须保证养分和水分。

7.3　门庭绿化

根据绿化与周围环境及建筑风格相协调的原则进行配置,应选用一些耐干旱瘠薄的植物,还应根据门庭的朝向选择合适的植物。

7.4　篱笆与栏杆绿化

分为自然式和规则式。一般高 80 cm 以上的栏杆,可选用攀援植物。

7.5　假山绿化

假山的绿化一般应用藤本植物进行假山置石的美化,植物宜少不宜多。所选植物应与山石体量、纹理、色彩相协调。

7.6　坡面、驳岸、台地绿化

根据坡地不同类型进行设计。一般以生长快、适应性强、病虫害少、植株低矮、四季常绿的植物为主,注意色彩搭配、高度控制和季相变化。坡度大的,应先对坡面进行稳固处理。可选用构件进行绿化,也可以用藤本植物进行绿化。

7.7　桥体绿化

立柱造景应选择耐阴的吸附类、缠绕类攀援植物,中央隔离带绿化宜采用抗旱、耐瘠薄的植物,桥体下方如没有供植物生长的土壤,可采取悬挂和摆放的形式进行绿化。桥柱绿化时,可以在立柱上用附件固定,让吸附能力较弱的植物自行攀援。

7.8 停车场立体绿化

在停车位上部适当进行立体绿化,宜采用棚架形式。根据棚架的结构不同,合理选用绿化植物品种。

7.9 平台绿化

7.9.1 平台绿化一般要根据地形特点和使用要求进行设计,平台下部空间可作为停车场、商场或其他活动场地,上部空间可进行绿化布置。

7.9.2 平台绿化应根据平台结构的设计承载力进行种植设计。

7.9.3 平台种植土的厚度最小不得低于30cm。

7.10 水体绿化

根据城市建设的总体要求和水体的形式来选择植物,应以能够体现滨水景观特点、地域特色和具有一定净化水体作用的植物为主。河、湖、渠护坡临水面,应选择耐湿、抗风的植物。在滨水区应种植水生植物。河堤的植物种植区要乔、灌、花、草相结合,根据河堤保护的需要,可搭配荆棘类乔(灌)木等。水生植物应以浮水型和挺水型水生植物为主,高度宜低于人的视线,并与河岸的景观相协调。

7.11 设施顶面绿化

7.11.1 适用范围

原则上水平设施顶面上可以进行绿化。

7.11.2 设施顶面绿化的类型

7.11.2.1 草坪式

采用适应性强的草本植物栽植于设施顶面结构层上,重量轻,适用范围广,养护投入少。

7.11.2.2 组合式

使用少部分低矮灌木、小乔木和更多种类的地被植物,形成较丰富的绿化景观。

7.11.2.3 庭院式

采用更多的造景形式,包括景观小品、地面铺装和人工水体。在植物种类上也进一步丰富,可适当栽植乔木类植物。

7.11.3 设计原则

7.11.3.1 遵循安全、适用、生态、美观、经济的原则。

7.11.3.2 建筑结构设计应将设施顶面绿化的总体重量计入,结构应满足安全性要求。如原建筑未考虑绿化荷载,则不宜进行绿化。

7.11.3.3 植物景观设计和植物种类选择应坚持生态和景观相结合,并充分考虑设施顶面高度、管养方便、绿化布局、观赏效果、防风安全、水肥供应、光照条件等综合因素。

7.11.3.4 不宜在设施顶面上兴建大型的假山和建筑工程,确有需要的宜选用轻质材料制作,尺度不宜太大。

7.11.3.5 乔灌木主干距设施顶面边界的距离应大于乔灌木本身的高度(乔木种植位置距离女儿墙应大于2.5m)。常年风力较大的设施顶面,不宜种植大型乔木。

7.11.3.6 拟绿化的设施顶面应符合GB 50345规定的防水等级和设防要求,防水耐久年限不少于20年,且宜采用二道设防。设施顶面绿化构造层自设施顶面向上依次为:防水层、排(蓄)水层、隔离过滤层、基质层、植物层等,且要达到下列要求:

a）可选用普通防水层和耐根穿刺防水层组成二道以上防水层设防。当采用二道或二道以上防水层设防时，最上道防水层必须采用耐根穿刺防水材料。防水层的材料应相容。防水层材料应符合 GB 50345 和 JGJ 155 的要求。

b）排（蓄）水层应根据屋顶排水沟情况设计，可选用凸台式、模块式、组合式等多种形式的排（蓄）水板，或使用直径大于 4 mm，厚度宜 15 mm ～ 20 mm 的陶粒层，或采用重量不小于 400 g/m² 的蓄排水毡等排（蓄）水材料。

c）隔离过滤层在基质层下、排（蓄）水层之上，采用兼具透水和过滤性能的材料。采用单层卷状聚丙烯或聚酯无纺布材料：单位面积质量必须大于 150 g/m²，搭接缝的有效宽度应达到 100 mm ～ 200 mm；采用双层组合卷状材料：上层蓄水棉，单位面积质量应达到 200 g/m² ～ 400 g/m²，下层无纺布材料，单位面积质量应达到 100 g/m² ～ 150 g/m²。卷材铺设向建筑侧墙面延伸至与基质层表面齐高，端部收头应用胶黏剂粘接，粘接宽度不小于 50 mm 或用金属条固定。

d）绿化设计可适当进行地形改造，可用轻质填充材料。堆高处需在承重梁及柱墙顶位置或经安全验算处，应选用专用基质，其理化性质须符合种植植物的要求。

7.11.4 灌溉设施

充分利用自然降水，做到人工浇灌与自然降水相结合。必须有灌溉设施，有条件时，可采用喷灌、滴灌方式。

8 养护管理

8.1 灌溉与排水

栽植后应及时浇水，生长期应松土保墒，保持土壤持水量。以采用自动喷灌、滴灌、喷淋系统为佳。设施顶面绿化一般基质较薄，应根据植物种类和季节不同，调整灌溉次数。

8.2 施肥

基肥应使用有机肥，宜在秋季植株落叶后或春季发芽前进行。追肥宜在春季萌芽后至当年秋季进行。叶面喷肥宜在早晨或傍晚进行，也可结合喷药一并喷施。使用有机肥时必须充分腐熟，使用化肥时必须粉碎、施匀，施用有机肥深度不少于 20 cm，施用化肥深度不少于 10 cm，施肥后应及时浇水。

8.3 牵引

新植苗木发芽后应做好植株生长的引导工作，使其向指定方向生长。应根据攀援植物种类、生长时期的不同使用不同的牵引、理藤方法。以逐步达到均匀满铺的效果，理藤时应将新生枝条进行固定。

8.4 修剪整形

8.4.1 修剪时间要避开树木伤流，一般落叶树种在落叶后两周至萌芽前两周内进行修剪，常绿树种在冬季严寒过后修剪。

8.4.2 乔木类：主要修剪内膛肢、徒长枝、病虫枝、交杈枝、扭伤枝及枯枝。

8.4.3 灌木类：灌木修剪应促进枝叶繁茂、分布均匀。花灌木修剪要有利于短枝和花芽的形成，遵循"先上后下、先内后外、去弱留强、去老留新"的原则进行修剪。

8.4.4 绿篱类：绿篱修剪应促其分枝，保持全株枝叶丰满，也可作整形修剪，特殊造型的绿篱要逐步修剪成形，修剪次数视绿篱生长情况而定。

8.4.5 地被、攀援类：地被、攀援类植物的修剪要促进分枝，增强其覆盖和攀援的功能，对多年生攀援植物应清除枯枝。

8.4.6 枝条修剪时，切口必须靠近枝节，剪口应在剪口芽的反侧呈45度倾斜，剪口要平整，对于粗壮的大枝应采取分段截枝法，防止扯裂树皮，剪后应涂抹防腐剂，操作时要注意安全。休眠期修剪以整形为主，可稍重剪；生长期修剪以调整树势为主，宜轻剪。在树木生长期要进行剥芽、去蘗、疏枝等工作，不定芽不得超过20cm，剥芽时不得拉伤树皮。修剪剩余物要及时清理干净，保证作业现场的洁净。

8.5 中耕除草

中耕除草应在整个杂草生长季节内进行，以早除为宜，要将绿地中的杂草彻底除净，并及时清理。在中耕除草时不得伤及攀援植物根系。

8.6 补充基质

浇水和雨水的冲淋会使种植基质流失，应及时补充基质。

8.7 病虫害防治

在病虫害防治上应坚持"预防为主、综合防治"，要及时清理遭受病虫危害的落叶、杂草等，消灭病源虫源，防止病虫扩散、蔓延。要加强病虫害发生情况检查，发现病虫害应及时进行防治。在防治方法上要因地、因树、因病虫制宜，采用人工防治、物理机械防治、生物防治、化学防治等各种有效方法。对各种不同的病虫害可根据具体情况选择无公害药剂或高效低毒的化学药剂进行防治，严禁使用违禁农药。推广生物防治和生态控制技术，维持生态平衡。

8.8 防风防寒

8.8.1 宜根据植物抗风性和耐寒性的不同，采取搭风障、支防寒罩和包裹树干等措施进行防风防寒处理。所用材料应耐火、坚固、美观。

8.8.2 对易受冻害的植物种类，可用稻草和草绳进行包裹防寒。盆栽的搬进温室越冬。

8.8.3 定期检查建(构)筑物的安全性。

8.9 设施维护

8.9.1 定期检查屋顶排水系统的畅通情况，及时清理枯枝落叶，防止排水口堵塞。

8.9.2 屋顶绿化园林小品应定期检查，消除安全隐患。

8.9.3 树木固定设施和周边护栏应经常检查，防止脱落。

8.10 文明作业

8.10.1 养护人员养护作业时应采取必要的安全措施。

8.10.2 立体绿化施工和养护应选择不影响周围居民作息的时间进行，不得影响他人的工作和生活。

9 质量验收

按CJJ 82-2012中有关规定进行。

附 录A

（规范性附录）

立体绿化植物选用参考名录

1 小乔木

日本五针松、苏铁、红枫、日本晚樱、梅花、花桃、紫薇、金桂、银桂、垂丝海棠、西府海棠、龙爪槐、山茱萸、四照花、丁香、山茶、金花槐、木槿、枇杷、紫叶李、紫玉兰、无刺枸骨、寿星桃、法国冬青、大叶黄杨、红叶石楠、海桐等。

2 灌木

丹桂、四季桂、花石榴、紫荆、羽毛枫、十大功劳、狭叶十大功劳、八仙花、琼花、麻叶绣线菊、绣球荚蒾、粉花绣线菊、锦鸡儿、溲疏、小叶女贞、小蜡、金叶女贞、金森女贞、紫叶小檗、茶梅、栀子花、山麻杆、蜡梅、六月雪、火棘、贴梗海棠、木芙蓉、月季、榆叶梅、牡丹、结香、杜鹃、雀舌黄杨、红花檵木、红瑞木、连翘、金钟花、胡颓子、迎春、棣棠、锦带花、枸杞、金丝桃、南天竹、夹竹桃、洒金桃叶珊瑚、八角金盘等。

3 竹类

紫竹、斑竹、黄杆乌哺鸡竹、茶杆竹、刚竹、孝顺竹、金镶玉竹、佛肚竹、龟甲竹、凤尾竹、翠竹、箬竹、鹅毛竹、菲白竹、菲黄竹等。

4 藤蔓植物

木通、三叶木通、猕猴桃、葡萄、紫藤、鸡血藤、金银花、藤本月季、野蔷薇、木香、云南黄馨、凌霄、络石、扶芳藤、薜荔、爬山虎（地锦）、五叶地锦（美国地锦）、大花牵牛、何首乌、茑萝、葫芦、常春藤等。

5 草本花卉

鸡冠花、雁来红、雏菊、金盏菊、翠菊、矢车菊、天人菊、松果菊、万寿菊、孔雀草、百日草、波斯菊、菊花、银叶菊、长春花、彩叶草、千日红、凤仙花、矮牵牛、半支莲、一串红、美女樱、三色堇、大花萱草、玉簪、鸢尾、芍药、石竹、月见草、金鱼草、薰衣草、毛地黄、石蒜、观赏向日葵、羽衣甘蓝、美人蕉、大丽花、五色草等。

6 草本水生植物

荷花、睡莲、菖蒲、黄花鸢尾、芡实、莼菜、千屈菜、萍蓬莲、梭鱼草、慈姑、茭白、水葱、旱伞草、香蒲、菱、莎草、灯心草等。

7 地被植物

铺地柏、小叶栀子花、平枝枸子、龟甲冬青、酢浆草、葱兰、麦冬、沿阶草、石菖蒲、金叶苔草、过路黄、蔓长春花、蛇莓、二叶萆、鸭跖草、吊竹梅、虎耳草、人吴风草、佛甲草、垂盆草、八宝景天等。

8 草坪植物

狗牙根、杂交狗牙根、结缕草、假俭草、马蹄金、剪股颖、早熟禾、高羊茅、黑麦草等。

9 蔬果类植物

草莓、甘蓝、红叶甜菜、苋菜（红苋、彩色苋）、五色椒、茄子、番茄、樱桃番茄、观赏南瓜、花叶艳山姜、香豌豆等。

关于印发《扬州市市区城市绿化养护管理考核办法（试行）》的通知

各县（市、区）建设局：

为了进一步贯彻落实《市政府关于2014年全市绿化工作的意见》（扬府发〔2013〕231号）精神，认真做好市区城市绿化养护管理工作。经研究，现将《扬州市市区城市绿化养护管理考核办法（试行）》印发给你们，予以试行。在试行过程中如有意见或建议，请及时反馈至我局城市绿化办公室。

附件：《扬州市市区城市绿化养护管理考核办法（试行）》。

二〇一四年二月十九日

扬州市市区城市绿化养护管理考核办法

（试行）

第一章　总则

第一条　为进一步加强扬州市区城市绿化养护管理工作，提高城市绿化养护质量，维护城市绿化养护市场秩序，根据国家和省、市有关城市绿化养护管理技术规定，结合市区实际情况，制定本办法。

第二条　本办法适用于扬州市区范围内由市、区两级政府投资建设并已交付使用的城市绿地。

第三条　扬州市园林管理局（以下简称市园林局）负责市区城市绿化养护管理、指导、监督和考核工作。

第四条　市区城市绿地根据规模、区位、人流量等，实行三级养护管理。

1. 一级绿地，规模1万平方米及以上或在全市有较大影响并具有示范作用及的开放式公园、广场、风景区绿地和市区主干道、河道绿地、城市主要出入口绿地等。

2. 二级绿地，规模2000平方米及以上、1万平方米以下的人流量较大的街头绿地、游园、公园、湿地公园，城市次干道、河道绿地等。

3. 三级绿地，规模2000平方米以下的小街巷绿地、社区绿地，防护绿地和其他绿地等。

第五条　城市绿化养护考核点由固定考核点和随机考核点组成。

1. 各区于每年12月底前上报所辖绿地明细表，标明名称、位置、类型、面积、建成时间、养护等级、养护责任主体和养护单位，从中选择公园绿地2个、道路绿地2条、河道绿地2条作为下一年度绿化考核固定考核点，其中一级、二级、三级绿地一般各确定一个以上，如确实没有相应等级可不选择。

2. 市园林局将根据考核要求，在各区绿地明细表中随机抽取绿地作为随机考核点，随机抽取各区的绿地类别、数量和等级原则上保持一致。

第二章 考核内容

第六条 市园林局负责组织人员开展城市绿地养护管理的检查和考核工作。考核人员应遵循公开、公平、公正的原则,按照《扬州市城市绿地养护质量标准》和《扬州市城市绿地养护管理考核细则》,认真、严格地考核评分,确保检查考核工作扎实有效。

第七条 市区绿地的检查考核将采取定期考核和巡查考核相结合的方式评定绿化养护质量,考核实行百分制,其中定期考核占总分的70%,巡查考核占总分的30%,合格分为90分,每季度计算一次。

定期考核是指每季度末由市园林局组织,各区城市绿化行政主管部门参加,对市区绿地进行养护质量的定期考核。

巡查考核是指由市园林局组织人员不定期地对市区绿地养护管理情况进行巡查,发现问题将及时发出整改通知书,各区应按照规定时间要求及时整改。

考核项目所占分值详见《扬州市城市绿地养护管理考核细则》,根据不同类型绿地、不同季节情况、不同养护等级,各项分值可稍做调整。考核意见和得分情况在定期考核后十五日内以书面形式向各区通报。

第八条 年度考核平均分将作为《扬州市绿化工作考核计分表(城镇部分)》养护水平项15分的计算依据。不接受城市绿化养护管理考核的,《扬州市绿化工作考核计分表(城镇部分)》养护水平项不得分。

第三章 奖惩办法

第九条 各区城市绿化行政主管部门每年须向市园林局交纳城市绿化养护管理保证金10万元,该保证金将与年度城市绿化养护考核分数挂钩,由市园林局根据年度城市绿化养护考核结果对各区城市绿化行政主管部门进行奖惩。

第四章 市场管理

第十条 城市绿化的养护单位应具备相应资质条件。由财政拨付养护经费的绿地,各区应积极引入市场竞争机制,逐步推行市场化公开招标,建立城市绿化养护单位激励和退出制度。

第五章 附则

第十一条 本办法自2014年1月起试行,各县(市)、江都区参照执行。

第十二条 本办法由市园林局负责解释。

扬州市绿地养护管理质量标准(试行)

项 目		一级养护管理质量标准	二级养护管理质量标准	三级养护管理质量标准
园林植物	乔木	树冠完整美观,分枝点合适,枝条粗壮,无枯枝死杈;主侧枝分布匀称、数量适宜;内膛不乱,通风透光。行道树树穴有平整盖板或种植地被植物,黄土不裸露,设施完好。	树冠基本完整,主侧枝分布均称、数量适宜,内膛不乱,通风透光。行道树树穴有平整盖板或种植地被植物,黄土基本不裸露,设施基本完好。	树冠基本正常,修剪及时,无明显枯枝死杈。分枝点合适,枝条粗壮,行道树树穴裸露土地不明显。
	花灌木	适时开花,株形丰满,枝叶茂密,无缺株,花后修剪及时合理。绿篱、色块等修剪及时整齐一致。	花灌木开花适时、正常,花后修剪及时。绿篱、色块枝叶正常,整齐一致。	花灌木开花适时,花后修剪及时。绿篱、色块枝叶正常。

续表

项　目		一级养护管理质量标准	二级养护管理质量标准	三级养护管理质量标准
园林植物	地被草坪	外观整齐，边缘线清晰，生长旺盛，草根不裸露，生长季节不枯黄，修剪及时，基本无杂草。	外观整齐一致，生长良好，修剪及时，边缘线清晰，杂草率在3%以下。	草坪及地被植物外观较整齐，控制杂草，及时修剪。杂草率在5%以下。
	花坛花带	轮廓清晰，整齐美观，色彩艳丽，无残缺，无残花败叶。花卉生长健壮，色彩鲜艳，株行距适宜，花期整齐，图案清晰。	轮廓清晰，整齐美观，适时开花，无残缺。花卉生长良好，花期基本一致，无枯枝残花。	轮廓基本清晰，整齐美观，无残缺。花卉生长基本正常，枯枝残花清除及时。
	病虫害防治	绿化养护技术措施完善，管理得当，病虫害控制及时，无明显虫害发生。	绿化养护技术措施比较完善，管理基本得当，病虫害控制及时。	绿化养护技术措施基本完善，病虫害控制比较及时。
设施维护		园林建筑、雕塑喷泉、园路广场以及路灯等公园绿地基础设施维护良好，桌椅、垃圾桶、井盖和指示牌等园林设施完整、安全，维护及时。	园林建筑、雕塑喷泉、园路广场以及路灯等公园绿地基础设施维护良好，桌椅、垃圾桶、井盖和指示牌等园林设施基本做到维护及时。	绿地基础设施维护良好，桌椅、垃圾桶、井盖和指示牌等能维护及时，保持基本完整。
卫生保洁		绿地及广场整洁，无杂物、无白色污染（树挂），对作业废弃物（如树枝、树叶、草屑等）、绿地内水面杂物，重点地区随产随清，其他地区日产日清，做到巡视保洁。	绿地及广场整洁，无杂物、无白色污染（树挂），绿化生产垃圾（如树枝、树叶、草屑等）、绿地内水面杂物应日产日清，做到保洁及时。	绿地及广场基本整洁，无明显杂物，无白色污染（树挂），绿化生产垃圾（如树枝、树叶、草屑等）、绿地内水面杂物能日产日清，能做到保洁及时。
绿地保护		绿地完整，无堆物、堆料、搭棚，树干、园林建筑、小品等上面无钉拴刻画等现象。绿地安保全天候24小时。	绿地较完整，无堆物、堆料、搭棚，树干、园林建筑、小品等上面无钉拴刻画等现象。绿地安保全天候24小时。	绿地基本完整，无明显堆物、堆料、搭棚，树干、园林建筑、小品等上面无钉拴刻画等现象。绿地安保全天候24小时。

扬州市城市绿地养护管理考核细则（河道、游园绿地）

考核时间：　　年　　月　　日　　　　　考核人：　　　　　　　　　　　　　　得分

项目名称	考核细则及工作要求	扣分标准	扣分	扣分说明
绿化整体景观（15分）	乔木（行道树） 1.根据树木生长习性，及时修剪定形，截口平整，不拉伤树皮，截口涂抹防腐剂；无枯枝危枝，生长季节无异常黄叶； 2.同一路段相同树种的行道树，树形留养一致，枝条分布均匀； 3.妥善处理树线、树屋矛盾，无事故隐患； 4.根据树种确定剥芽次数及剥芽部位。剥芽需及时，芽长不超过10cm；剥芽时不允许拉伤树皮。	（1）发现树皮拉伤或有异常枯黄枝叶等现象，每株每次扣0.5分。		
		（2）发现未按树种要求修剪，每株每次扣1分。		
		（3）未及时处理树线、树屋矛盾，每处每次扣1分。		
		（4）发现剥芽未剥清或未剥到位，每株每次扣0.5分。		
	花灌木修剪 1.根据花灌木品种生长习性进行修剪、剥芽（含脚芽）； 2.无枯枝败叶，无修后枝叶残存或散落不清。	（1）未按要求进行修剪、剥芽，发现一株扣0.5分。		
		（2）枯枝败叶未及时清除，发现一处扣0.5分。		
	绿篱修剪 1.修剪面整齐划一，目测一条线或光滑曲面； 2.日常修剪及时到位，不脱脚，不得出现单枝（芽）超出5cm未剪现象。	（1）修剪线条缺断或不一致，发现一处扣1分。		
		（2）修后枝叶残存，或单枝（芽）超出5cm未剪现象，发现一处扣0.5分。		

续表

项目 名称	考核细则及工作要求	扣分标准	扣 分	扣分 说明
绿化整体 景观 （15分）	地被草坪修剪 1. 根据不同地被、草坪品种，及时修剪，其中暖季型草坪秋后最后一次需重修； 2. 草坪中的树坑边缘应切边，保持线条清晰。	（1）草坪修剪高度不一致，发现一处扣1分。		
		（2）草坪中的树坑边缘切边不平的，发现一处扣1分。		
施肥 （10分）	1. 根据植株生长势，及时追肥； 2. 根据草坪生长势，及时施肥，用量适当，不发生灼伤现象。	（1）未及时追肥，造成生长势衰弱，乔木每株扣2分，花灌木每株扣1分。		
		（2）发现施肥不及时或有灼伤现象，每次扣3分。		
病虫害 防治 （15分）	1. 及时防治和控制病虫害的发生，无群众举报、媒体曝光事件发生； 2. 用药配比正确，操作安全，喷药均匀，不发生药害事故。	（1）乔木、花灌木有明显虫口、虫粪、成（幼）虫现象，发现一株扣0.5分。		
		（2）草坪未及时进行病虫害防治，发现一次扣3分。		
		（3）药液配比不正确，造成树木伤害，每株扣0.5分。		
除草及树 池维护 （8分）	1. 树穴内无杂草； 2. 及时清理绿地内杂草； 3. 攀缘植物的残花枯藤需及时清理干净； 4. 加强树池维护，确保树池完好。	（1）树穴杂草率高于5%，一株扣0.25分。		
		（2）未及时清理绿地杂草，每发现一处扣1分。		
		（3）残花枯藤未及时清理干净，每发现一处扣1分。		
		（4）树池损坏每个扣1分。		
浇水、排 涝及防冻 处理 （5分）	1. 根据天气，酌量浇水，另外夏季需及时抗旱、排涝，不能发生严重缺水或积水现象； 2. 及时抗旱，冬季易冻害的树木及时做防冻处理。	（1）植株严重缺水或积水，叶片枯萎，发现一株扣1分。		
		（2）植物成片缺水或积水，发现一处扣3分。		
		（3）防冻处理不正确，发现一处扣3分。		
保存率 （15分）	1. 如出现死亡乔木、花灌木、草坪及时报批倒伐； 2. 死亡乔木、花灌木、草坪及时补植。	（1）发现死亡的，每株（块）扣3分。		
		（2）未及时补植同品种、同规格苗木，每株（块）扣3分。		
卫生 保洁 （15分）	1. 绿地保洁 （1）绿地及广场整洁，无杂物，无白色污染（树挂）； （2）绿地内水面杂物及时清理，做到巡视保洁。	（1）发现绿地及广场有生活垃圾等杂物，每处扣0.5分。		
		（2）发现绿地内水面有杂物，每处扣0.5分。		
	2. 植物垃圾处理 （1）废弃物（如树枝、树叶、草屑等），重点地区随产随清，其他地区日产日清； （2）叶面无蒙尘及粘滞物。	（1）检查植物垃圾处理情况，对垃圾收集和处理不及时的，发现一处扣0.5分。		
		（2）叶面蒙尘或粘滞物不及时清除，每发现一处，扣0.5分。		
	3. 做好日常保洁，做到定员定岗、着装上岗。	安排养护工人进行日常保洁，着装上岗。如发现缺勤、不在岗的，每次扣1分。		
绿地保护 及设施 维护 （10分）	1. 绿地中无堆物、堆料、搭棚，建筑墙面和树干上无钉拴刻画等现象； 2. 路面、设施维护良好； 3. 绿地无重大破坏和偷盗案件。	（1）检查中发现违规现象，每处每次扣1分。		
		（2）路面、设施有破损，发现一处扣2分。		
		（3）若发生重大破坏或偷盗案件，每次扣2分，并按价赔偿。		

续表

项目 名称	考核细则及工作要求	扣分标准	扣 分	扣分 说明
资料 档案 （3分）	1.绿化资料分类清楚，基础数据、图纸齐备； 2.绿化统计报表应在规定时间内及时正确报送。	（1）未按规定要求建立台账的，每次扣2分。		
		（2）月度工作总结及养护计划未及时报送，每次扣1分。		
其他 （4分）	1.及时处理突发事件及应急事件，灾害性天气及时检查清理断枝和倒伏树木； 2.在规定时限内完成工作及指令性任务，配合做好各类活动工作； 3.树木及时扶正，植株无歪斜、倒伏现象。	（1）按时保质完成上级交给的突击和重大抢险任务，每次加1分。		
		（2）未在规定时间内完成指定性任务，发现一次扣2分。		
		（3）发现断枝、倒伏树木每株扣2分；歪斜植株不及时扶正，每发现一株扣0.5分。		

注：1.第一次考核每单项扣分不超过本单项总分值。
　　2.每次考核通报的问题未在下次考核前整改的或在之后的考核中发现同样问题的，加倍扣除按考核细则应扣分值，累计每单项扣分不受本单项总分值限制。

扬州市城市绿地养护管理考核细则道路绿地

考核时间：　　　年　　月　　日　　　　　考核人：　　　　　　　　　　得分

项目 名称	考核细则及工作要求	扣分标准	扣 分	扣分 说明
绿化 整体 景观 （20分）	乔木（行道树） 1.根据树木生长习性，及时修剪定形，截口平整，不拉伤树皮，截口涂抹防腐剂；无枯枝危枝，生长季节无异常黄叶； 2.同一路段相同树种的行道树，树形留养一致，枝条分布均匀； 3.妥善处理树线、树屋矛盾，无事故隐患； 4.根据树种确定剥芽次数及剥芽部位。剥芽需及时，芽长不超过10cm；剥芽时不允许拉伤树皮。	（1）发现树皮拉伤或有异常枯黄枝叶等现象，每株每次扣0.5分。		
		（2）发现未按树种要求修剪，每株每次扣1分。		
		（3）未及时处理树线、树屋矛盾，每处每次扣1分。		
		（4）发现剥芽未剥清或未剥到位，每株每次扣0.5分。		
	花灌木修剪 1.根据花灌木品种生长习性进行修剪、剥芽（含脚芽）； 2.无枯枝败叶，无修后枝叶残存或散落不清。	（1）未按要求进行修剪、剥芽，发现一株扣0.5分。		
		（2）枯枝败叶未及时清除，发现一处扣0.5分。		
	绿篱修剪 1.修剪面整齐划一，目测一条线或光滑曲面； 2.日常修剪及时到位，不脱脚，不得出现单枝（芽）超出5cm未剪现象。	（1）修剪线条缺断或不一致，发现一处扣1分。		
		（2）修后枝叶残存，或单枝（芽）超出5cm未剪现象，发现一处扣0.5分。		
	地被草坪修剪 1.根据不同地被、草坪品种，及时修剪，其中暖季型草坪秋后最后一次需重修； 2.草坪中的树坑边缘应切边，保持线条清晰。	（1）草坪修剪高度不一致，发现一处扣1分。		
		（2）草坪中的树坑边缘切边不平的，发现一处扣1分。		

续表

项目名称	考核细则及工作要求	扣分标准	扣分	扣分说明
施肥（10分）	1.根据植株生长势，及时追肥； 2.根据草坪生长势，及时施肥，用量适当，不发生灼伤现象。	（1）未及时追肥，造成生长势衰弱，乔木每株扣2分，花灌木每株扣1分。		
		（2）发现施肥不及时或有灼伤现象，每次扣3分。		
病虫害防治（15分）	1.及时防治和控制病虫害的发生，无群众举报、媒体曝光事件发生； 2.用药配比正确，操作安全，喷药均匀，不发生药害事故。	（1）乔木、花灌木有明显虫口、虫粪、成（幼）虫现象，发现一株扣0.5分。		
		（2）草坪未及时进行病虫害防治，发现一次扣3分。		
		（3）药液配比不正确，造成树木伤害，每株扣0.5分。		
除草及树池维护（10分）	1.树穴内无杂草； 2.及时清理绿地内杂草； 3.攀缘植物的残花枯藤需及时清理干净； 4.加强树池维护，确保树池完好。	（1）树穴杂草率高于5%，一株扣0.25分。		
		（2）未及时清理绿地杂草，每发现一处扣1分。		
		（3）残花枯藤未及时清理干净，每发现一处扣1分。		
		（4）树池损坏每个扣1分。		
浇水、排涝及防冻处理（10分）	1.根据天气，酌量浇水，另外夏季需及时抗旱、排涝，不能发生严重缺水或积水现象； 2.冬季易冻害的树木及时做防冻处理。	（1）植株严重缺水或积水，叶片枯萎，发现一株扣1分。		
		（2）植物成片缺水或积水，发现一处扣3分。		
		（3）防冻处理不正确，发现一处扣3分。		
保存率（15分）	1.如出现死亡乔木、花灌木、草坪及时报批倒伐； 2.死亡乔木、花灌木、草坪及时补植。	（1）发现死亡的，每株（块）扣3分。		
		（2）未及时补植同品种、同规格苗木，每株（块）扣3分。		
卫生保洁（5分）	1.废弃物（如树枝、树叶、草屑等），重点地区随产随清，其他地区日产日清； 2.叶面无蒙尘或粘滞物； 3.做好日常保洁，做到定员定岗、着装上岗	（1）检查植物垃圾处理情况，对垃圾收集和处理不及时的，发现一处扣0.5分。		
		（2）叶面蒙尘或粘滞物不及时清除，每发现一处，扣0.5分。		
		（3）安排养护工人，进行日常保洁，着装上岗。如发现缺勤、不在岗的，每次扣1分。		
绿地保护及设施维护（4分）	1.绿地中无堆物、堆料、搭棚，建筑墙面和树干上无钉拴刻画等现象； 2.道路基础设施维护良好； 3.绿地无重大破坏和偷盗案件。	（1）检查中发现违规现象，每处每次扣1分。		
		（2）道路基础设施有破损，发现一处扣1分；		
		（3）若发生重大破坏和偷盗案件，每次扣2分，并按价赔偿。		
资料档案（3分）	1.绿化资料分类清楚，基础数据、图纸齐备； 2.绿化统计报表应在规定时间内及时正确报送。（2分）	（1）未按规定要求建立台账，每次扣2分。		
		（2）月度工作总结及养护计划未及时报送，每次扣1分。		
其他（8分）	1.及时处理突发事件及应急事件，灾害性天气及时检查清理断枝和倒伏树木； 2.在规定时限内完成工作及指令性任务，配合做好各类活动工作； 3.树木及时扶正，植株无歪斜、倒伏现象。	（1）按时保质完成上级交给的突击和重大抢险任务，每次加1分。		
		（2）未在规定时间内完成指定性任务，发现一次扣2分。		
		（3）发现断枝、倒伏树木每株扣2分；歪斜植株不及时扶正，每发现一株扣0.5分。		

注：1.第一次考核每单项扣分不超过本单项总分值。

2.每次考核通报的问题未在下次考核前整改的或在之后的考核中发现同样问题的，加倍扣除按考核细则应扣分值，累计每单项扣分不受本单项总分值限制。

扬州市公园条例

（2017年7月26日扬州市第八届人民代表大会常务委员会第四次会议制定　2017年9月24日江苏省第十二届人民代表大会常务委员会第三十二次会议批准）

目　录

第一章　总　则

第一条　为了促进公园事业健康发展,改善生态和人居环境,根据相关法律、法规,结合本市实际,制定本条例。

第二条　公园是指具备良好绿化环境和较完善设施,向公众开放的,以休憩、健身、游览、娱乐为主要功能的公共场所,包括开放式管理公园和封闭式管理公园。

第三条　开放式管理公园的规划、建设、管理、使用等活动适用本条例。

第四条　公园事业发展坚持政府主导、社会参与、统一规划、规范建设、科学管理、充分利用的原则。

第五条　公园实行名录管理。公园名录应当包括公园名称、类别、位置、面积、四至范围和管护单位等内容。

公园名录编制、公布、调整的标准和程序由市人民政府确定。

第六条　各级人民政府应当将公园事业发展纳入国民经济和社会发展规划、计划,保证公园规划、建设和管理所必需的经费。

鼓励自然人、法人和非法人组织通过投资、捐赠、参加志愿服务等方式,依法参与公园的建设、管理和服务。

第二章　规　划

第七条　市城乡规划主管部门应当会同市公园行政主管部门、县(市、区)人民政府,依照国民经济和社会发展规划、土地利用总体规划、城乡规划,编制市公园体系发展和保护专项规划。

编制市公园体系发展和保护专项规划应当符合下列要求:

(一)明确全市公园体系的发展和保护目标,做到布局合理、覆盖均衡、体系完整、功能多样;

(二)根据不同区域人口数量,科学规划综合公园、社区公园的选址、面积和服务半径,方便公众使用;

(三)因地制宜,配套建设农村文体活动广场;

(四)改善城乡环境,鼓励利用荒滩、荒地等建设公园。

编制市公园体系发展和保护专项规划应当广泛征求意见,规划报送审批前,公示时间不得少于三十日。

第八条　市公园体系发展和保护专项规划经市人民政府批准后,任何单位和个人不得擅自变更;确需变更的,公园数量和面积不得减少,并报市人民政府批准。

市公园体系发展和保护专项规划应当报市人民代表大会常务委员会备案。

第九条　任何单位和个人不得侵占公园用地或者擅自改变公园用地的使用性质。

确因国家重点工程和城市重大基础设施建设,需要改变已建成的公园用地使用性质,属于市规划区范围内的,应当经市人民代表大会常务委员会审议后按照法定条件和程序进行调整;属于县(市)规划区范围内的,应当经县(市)人民代表大会常务委员会审议后按照法定条件和程序进行调整。

涉及城市永久性绿地的,按照市人民代表大会常务委员会有关城市永久性绿地保护规定执行。

第十条　科学合理利用公园地下空间,严格控制商业性开发。确因公益性项目建设需要开发公园地下空间的,应当依法审批。

第三章　建　设

第十一条　市人民政府应当根据国家公园设计规范,制定符合本市实际、体现本地特色的市公园设计规范和技术标准。

第十二条　公园设计应当充分利用原有地形地貌、水体植被等自然条件,注重人文景观和文化艺术教育内涵。

第十三条　新建、改建、扩建的公园,绿地面积应当符合公园设计规范,栽植的树木应当符合本地区自然生长条件。

第十四条　新建、改建、扩建公园的,建设单位应当根据市公园体系发展和保护专项规划,组织编制公园设计方案。

建设单位申请建设工程规划许可,应当提交公园设计方案。

城乡规划主管部门审查公园设计方案,应当征求公园行政主管部门的意见,公园行政主管部门应当及时提交意见。

第十五条　新建、改建、扩建公园竣工后,建设单位应当依法组织验收。验收合格后,方可交付使用。交付使用前公园的养护和安全管理责任,应当在施工合同中约定。

公园建设单位应当在竣工验收后三个月内将公园建设工程档案移交城建档案管理机构存档。

第十六条　公园配套服务设施的设置应当符合设计方案、技术规范和安全标准,并与公园景观、环境相协调。

第十七条　社区公园照明和亮化设施的建设、维护,纳入市政路灯系统统一管理。

第十八条　公园名称依照地名管理规定确定。

第四章　管　理

第十九条　市园林主管部门负责本市公园行政管理工作,是本市公园行政主管部门。市人民政府有关部门按照各自职责做好公园行政管理相关工作。

各县(市、区)人民政府应当将公园行政管理职责落实到所属部门。

第二十条　市公园行政主管部门承担下列管理职责：

（一）参与编制市公园体系发展和保护专项规划；

（二）组织起草市公园设计规范和技术标准；

（三）制定公园管护和服务规范、操作规程；

（四）监督检查公园管护质量；

（五）组织培训公园管理人员和专业技术人员；

（六）组织公园资源调查，负责公园名录管理工作；

（七）指导县（市、区）公园行政主管部门业务工作；

（八）市人民政府赋予的其他职责。

第二十一条　建设单位应当确定公园管护单位，并报公园行政主管部门备案。

第二十二条　公园管护单位负责公园的日常管理、维护，履行下列职责：

（一）建立健全公园管护制度；

（二）建立、管理公园档案；

（三）管理公园内文化健身娱乐、配套服务等活动；

（四）执行安全管理规范，落实公园内安全管理措施；

（五）组织公园志愿服务活动；

（六）公园行政主管部门规定的其他职责。

第二十三条　公园管护单位应当制定安全管理制度，明确安全管理责任人并予以公布。

公园管护单位应当制定突发事件应急预案，定期组织演练。游客数量超过公园容量设计规定或者发生自然灾害、突发事件时，应当启动应急预案。

第二十四条　公园管护单位应当制定公园设施管护制度，加强公园内建（构）筑物以及各类设施的日常维护和安全管理，保持设施完好、安全。

第二十五条　公园管护单位应当按照园林绿化养护技术规范管理养护公园内的植物，加强植物病虫害防治。

第二十六条　公园管护单位发现水体污染、水位异常，应当立即向环境保护、水利部门报告，并配合采取措施治理。

公园管护单位应当保持公园内封闭式景观水体清洁。

第二十七条　公园管护单位应当制定公园卫生保洁制度，保持公园环境优美、整洁。

公园内应当实行垃圾分类管理。

第二十八条　公园内绿化养护、保洁、安保等项目委托相关专业单位实施的，应当按照公开、公平、公正的原则依法确定实施单位。

第二十九条　公园管护单位违反本条例规定，不履行管护职责的，由公园行政主管部门责令改正并告知公园建设单位；不予改正的，公园建设单位应当及时变更管护单位。

第五章　使　用

第三十条　公园应当定时开放，每日开放时间不得少于十六小时。公园管护单位应当将开放时间在公园入口处公告。

因特殊情况需要闭园的，应当提前三日向社会公布，并向公园行政主管部门备案。

第三十一条　鼓励公园管护单位根据公园规模、游客容量等，依法组织民间交流、文化体育等活动,提高公园使用效率。

第三十二条　市公园行政主管部门应当建立公园名录信息系统,便于公众查询。

鼓励公园管护单位运用信息化、智能化方式提供服务。

第三十三条　根据游客容量和公众需求,公园内应当合理设置座椅、园灯、厕所、垃圾箱等公共服务设施和医疗、消防等应急设施,并按照有关标准设置无障碍设施。

第三十四条　综合公园入口处等显著位置应当设置游园示意图、公园简介、游园须知、服务指南、禁止行为警示牌,园内的路口应当设置指示标牌。

公园内的危险区域应当设置警示标志,健身、游乐等设施应当设置安全提示标志。

公园内的各类标牌应当规范清晰、整洁完整,文字、图形符合国家标准。

第三十五条　综合公园和有条件的社区公园应当配套建设健身步道、健身区、儿童户外活动场所,设置老年人休憩区、母婴室。

第三十六条　利用公园场地或者设施临时举办展览、宣传、演出、影视剧拍摄、商业摄影等活动的,应当符合相关管理规定,并与公园管护单位签订协议,在指定范围和时间内进行,不得损坏公园设施和景观。

在公园内举办大型群众性活动,应当符合国务院《大型群众性活动安全管理条例》的规定。

第三十七条　在公园内设置配套服务项目,应当符合公园设计方案的要求。

在公园内提供配套服务,应当遵守公园管理制度,接受相关行政管理部门的监督管理。

公园内禁止设立为特定群体服务的会所、会馆等非公益性场所。

第三十八条　公园内严格控制设置户外广告。需要设置的,应当依法审批。

第三十九条　公园管护单位可以禁止携带犬类等动物进入公园,残疾人需要携带导盲犬、扶助犬的除外。

禁止携带犬类等动物进入的公园,应当在公园入口处等显著位置设置禁止标志。未禁止的,动物携带者应当遵守公园管理规定,自行管理好动物,备好处置袋并及时清除动物的排泄物。

第四十条　禁止车辆进入公园,但下列车辆除外:

(一)老、幼、病、残者专用的非机动车;

(二)执行公务的执法车辆和执行任务的消防、救护、抢险等车辆;

(三)经公园管护单位准许进入的施工、养护、配送等车辆。

第四十一条　公园内的活动应当遵守噪音管理的有关规定。

第四十二条　公园内禁止下列行为:

(一)乱扔果皮、纸屑、烟蒂等废弃物,随地吐痰、便溺;

(二)在建(构)筑物、标志标牌、树木上涂写、刻画;

(三)在非指定区域游泳、滑冰、垂钓、烧烤、宿营;

(四)恐吓动物或者在非投喂区投喂动物;

(五)伤害、捕杀动物;

(六)擅自砍伐、移植公园内树木;

(七)损毁、采挖花草,损坏各类设施、设备;

(八)营火和在禁火区使用明火;

(九)算命、占卜等活动;

(十)散发商业性广告宣传品、流动兜售物品;

（十一）其他影响园容、景观和环境卫生，或者妨碍人身、财产安全的行为。

第六章 法律责任

第四十三条 负有公园行政管理职责的行政机关违反本条例，不依法履行行政管理职责的，由其上级机关或者监察机关责令改正；不予改正的，对直接负责的主管人员、其他直接责任人员依法给予处分。

第四十四条 公园建设单位违反本条例规定，有下列行为之一的，由有关机关责令改正；不予改正的，依法给予处罚：

（一）不按照公园规划和设计方案建设的；

（二）不按照依法批准的土地用途和规划建设的；

（三）未经验收或者验收不合格即交付使用的。

第四十五条 违反本条例第三十六条规定，利用公园场地或者设施临时举办展览、宣传、演出、影视剧拍摄、商业摄影等活动，损坏公园设施或者景观的，由公园行政主管部门责令改正；拒不改正的，处以一千元以上五千元以下罚款。

第四十六条 违反本条例第三十九条规定，携带犬类进入犬类禁入的公园，劝阻无效的，由公安机关责令改正；拒不改正的，处以五十元以上二百元以下罚款。

违反本条例第三十九条规定，携带其他动物进入动物禁入的公园，劝阻无效的，由公园行政主管部门责令改正；拒不改正的，处以五十元以上二百元以下罚款。

第四十七条 违反本条例第四十条规定，不符合规定的车辆进入公园，劝阻无效的，由公园行政主管部门对车辆驾驶人给予警告，责令改正；拒不改正的，处以五十元以上二百元以下罚款。

第四十八条 违反本条例第四十二条第一项、第三项、第四项、第八项、第九项、第十项规定，劝阻无效的，由公园行政主管部门给予警告，责令改正；拒不改正的，处以二十元以上五十元以下罚款。

违反本条例第四十二条第二项、第五项、第七项规定，劝阻无效的，由公园行政主管部门给予警告，责令改正；拒不改正的，处以五十元以上二百元以下罚款。

违反本条例第四十二条第六项规定，由公园行政主管部门责令停止侵害，可以并处树木价值一倍以上五倍以下罚款。

第四十九条 依照国务院相对集中行政处罚权的规定，公园行政主管部门的行政处罚权确定由其他行政机关集中行使的，相关公园违法行为由其他行政机关负责查处。

第五十条 违反本条例规定，构成违反治安管理行为的，由公安机关依法予以处罚；构成犯罪的，依法追究刑事责任；造成损失的，依法予以赔偿。

第七章 附 则

第五十一条 本条例中下列用语的含义是：

（一）"综合公园"是指具有较完善设施和绿化环境，适合公众开展各类户外活动的规模较大的公园；

（二）"社区公园"是指为一定居住用地范围内的居民服务，具有良好设施和绿化环境的公园。

第五十二条 封闭式管理公园依照有关法律、法规的规定实施管理。

第五十三条 本条例自 2017 年 12 月 1 日起施行。

后 记

　　《扬州市园林志》编纂始于 2016 年 11 月，到 2018 年 8 月结束，历时 21 个月，经历调研准备、志稿纂写、评审出版三个阶段。

　　一、调研准备（2016 年 11 月至 2017 年 3 月）：2016 年 11 月 30 日，市档案局局长、方志办主任殷元松与市园林局局长赵御龙共同商定，在 2018 年 9 月 28 日第十届省园艺博览会开幕之前，出版《扬州市园林志》，向园艺博览会献礼。为此，当年 12 月 7 日至 9 日，我局副局长陆士坤带队赴苏州、济南园林局，向同行学习志书编纂经验。2017 年 3 月 22 日，我局出台《关于成立〈扬州市园林志〉丛书领导小组的通知》，确定志书领导小组及办公室成员，组建了志书编纂工作班子，正式启动志书的编纂工作。3 月 31 日，市方志办柏桂林副主任、刘扣林处长专程到我局调研、座谈，对志书编纂大纲、撰写分工、资料搜集等提出了具体的意见和建议。

　　二、志稿纂写（2017 年 4 月至 2018 年 6 月）：2017 年 4 月 7 日，我局邀请许少飞、孙如竹、刘扣林、李金宇等专家，讨论《扬州市园林志》编纂大纲。4 月 21 日，副局长陆士坤主持召开《扬州市园林志》撰写任务分工会议。为提升志书编纂水平，7 月 25 日，我局组织相关人员参加由市方志办举办的业务培训班。12 月 4 日，我局召开编纂工作推进会，就编纂中遇到的具体问题和难点进行深度讨论。市方志办柏桂林副主任、刘扣林处长提出统筹兼顾，力争将撰写、统稿、校对等工作提前，并尽早落实好图片收集、整理、编辑工作。根据市方志办建议，志稿编纂采取分工负责、齐头并进的方法。2018 年 6 月，完成《扬州市园林志》初稿。

2017 年 4 月 21 日编志办召开撰写任务分工会议

　　三、评审出版（2018 年 6 月 23 日至 2018 年 8 月 30 日）：2018 年 6 月 23 日，市方志办组织省方志办陈华处长、黄静副处长，苏州市方志办傅强处长、市方志办刘扣林处长以及市方志办特聘专家庄晓明等 5 位专家对《扬州市园林志》进行初审。根据初审结果，编纂人

2018 年 7 月 21 日《扬州市园林志》终审会与会人员合影

员对志稿进行修改、完善。7 月 21 日,市方志办组织专家对志稿进行终审。终审意见认为:"志稿全面系统、真实客观地记述了扬州园林的发展历史与现状,能做到指导思想正确,体例得当,布局合理,资料丰富,内容详实,文风朴实,语言顺畅。在突显专业特色的同时,注重反映地方特点和时代特征,如古典园林、扬派盆景和城市绿地等章的设置。总之,该志稿是一部资料性、专业性、可读性兼具的,质量基础较好的志稿。"根据终审意见,我们对志稿再次进行修改、完善,拾遗补缺,力求志稿完善通达。市方志办刘扣林处长在繁忙的工作中又抽出时间通读全部志稿。在完善文字稿的同时,我们与广陵书社共同整理、选择、编辑志书图片。市方志办李斯尔为志书的图片编辑付出很多辛劳。广陵书社刘栋、王志娟担任该志书责任编辑,两位经验丰富的编辑从众多扬州古代文献中精选出具有代表性的古典园林图片,作为志书插图,为本志书增色不少。2018 年 8 月 30 日,经市园林局局长赵御龙审阅定稿,志书付印出版。

2018 年 8 月 12 日《扬州市园林志》验收定稿会

本志书能够顺利出版,

首先离不开每一位编纂人的辛勤付出。编纂人员主要为园林部门在职技术人员，在短短一年多的时间内，各位编纂人不辞辛劳，不计报酬，加班加点，如期完成编纂任务。究其因，是各位编纂人对扬州园林怀有真诚的挚爱之情。尤其难能可贵的是，83 岁高龄的市园林局原总工程师韦金笙以及已退休的市园林局办公室原主任科员万平始终参与了志书编纂工作。全书由局编志办常务副主任徐亮担任执行副主编，具体负责志书编纂工作。凡例、总述、第一章、第七章第一节由徐亮编纂；大事记由万平编纂；第二章、第三章第三节由高艳波编纂；第三章第一、二节，第八章第五节由黄春华编纂；第四章由孙桂平编纂；第五章由韦金笙编纂；第六章第一节由李金宇编纂；第六章第二、三、四、五节，第七章第二节由范续全编纂；第八章第一、二、三、四节由沈学峰编纂；第九章由陈跃编纂；附录部分由沈学峰、裴舒禾负责编录。局编志办方凯负责志书资料收集工作，编志办副主任陈跃参与审阅部分志稿。茅永宽、王虹军、李斯尔、程建平、慕相中、刘江瑞等为志书提供了大量精美的、富有历史价值的图片。

在志书编纂过程中，市方志办为志书编纂提供了大量档案资料。市方志办柏桂林副主任、刘扣林处长对编纂工作全过程给予了精心指导；蜀冈 – 瘦西湖风景名胜区管委会、市建设局、市文物局等部门提供了相关的基础资料；许少飞、华干林等扬州文史专家对志书初稿提出了不少修改意见，孙传余、陈景贵、杨文祥、韦金笙等老领导十分关心编志工作，给予了极大的帮助；局机关各处室、基层各单位也对志书编纂给予了大力支持，在此一并表示感谢。

"事非经过不知难"。尽管我们付出了不少努力，但扬州园林历史悠久、史料丰富、头绪纷繁复杂，加之时间仓促，准备不足，水平有限，志书可能存在不少欠缺和疏漏之处，敬请社会各界多提宝贵意见，以便修订时予以改正。

编 者

2018 年 8 月 30 日